ISBN 978-0-364-69463-3
PIBN 11048267

This book is a reproduction of an important historical work. Forgotten Books uses
state-of-the-art technology to digitally reconstruct the work, preserving the original format
whilst repairing imperfections present in the aged copy. In rare cases, an imperfection in
the original, such as a blemish or missing page, may be replicated in our edition. We do,
however, repair the vast majority of imperfections successfully; any imperfections that
remain are intentionally left to preserve the state of such historical works.

# SITZUNGSBERICHTE

DER KAISERLICHEN

# AKADEMIE DER WISSENSCHAFTEN.

MATHEMATISCH-NATURWISSENSCHAFTLICHE CLASSE.

ZWEIUNDSECHZIGSTER BAND.

WIEN.

AUS DER K. K. HOF- UND STAATSDRUCKEREI.

IN COMMISSION BEI KARL GEROLD'S SOHN, BUCHHÄNDLER DER KAIS. AKADEMIE
DER WISSENSCHAFTEN.

1870.

# SITZUNGSBERICHTE

DER

# THEMATISCH – NATURWISSENSCHAFTLICH CLASSE

DER KAISERLICHEN

## AKADEMIE DER WISSENSCHAFTEN.

————

## LXII. BAND. I. ABTHEILUNG.

### JAHRGANG 1870. — HEFT VI BIS X.

(Mit 24 Tafeln und 5 Holzschnitten.)

WIEN.

AUS DER K. K. HOF- UND STAATSDRUCKEREI.

—

COMMISSION BEI KARL GEROLD'S SOHN, BUCHHÄNDLER DER KAIS. AKADEMIE
DER WISSENSCHAFTEN.

1870.

# INHALT.

# SITZUNGSBERICHTE

DER

## KAISERLICHEN AKADEMIE DER WISSENSCHAFTEN.

MATHEMATISCH-NATURWISSENSCHAFTLICHE CLASSE.

### LXII. Band.

ERSTE ABTHEILUNG.

## 6.

Enthält die Abhandlungen aus dem Gebiete der Mineralogie, Botanik, Zoologie, Anatomie, Geologie und Paläontologie.

## XV. SITZUNG VOM 2. JUNI 1870.

---

Der Präsident zeigt an, daß der Secretär durch Unwohlsein verhindert ist der Sitzung beizuwohnen, und macht die folgenden Mittheilungen:

Das k. k. Handelsministerium setzt die Akademie mit Note vom 22. Mai d. J. in Kenntniß, daß der Verwaltungsrath der Dampfschiff-fahrts-Gesellschaft des österreichischen Lloyd sowie die Administration der Ersten priv. Donau-Dampfschifffahrts-Gesellschaft den zum geographisch-commerciellen Congreß zu Antwerpen Delegirten Fahrpreis-Ermäßigungen zugestanden haben.

Herr Dr. Sam. Müller, praktischer Arzt in Pest und gräflich Batthyány'scher Badearzt in Tatzmansdorf, übersendet eine Abhandlung, betitelt: „Medicinisch - physiologische Probleme über das menschliche Gehirn und einige sogenannte Seelenthätigkeiten desselben etc."

Herr Dr. Basslinger hinterlegt ein versiegeltes Schreiben mit dem Ersuchen um Aufbewahrung zur Sicherung seiner Priorität.

Herr Director v. Littrow theilt mit, daß nach einem am 30. Mai vom Herrn Hofrath C. Winnecke in Carlsruhe eingelangten Telegramme, dieser einen neuen teleskopischen Kometen entdeckt hat, und daß dieses Gestirn von Herrn Prof. Weiß an der hiesigen Sternwarte constatirt worden ist.

Wenige Stunden später traf ein Telegramm vom Herrn Tempel in Marseille über die von ihm gemachte Entdeckung desselben Kometen ein.

An Druckschriften wurden vorgelegt:

Akademie der Wissenschaften, Königl. Preuss., zu Berlin: Monatsbericht. März—April 1870. Berlin; 8⁰.

Annalen der Chemie & Pharmacie, von Wöhler, Liebig & Kopp.
N. R. Band LXXVIII, Heft 1. Leipzig & Heidelberg, 1870; 8⁰.

Astronomische Nachrichten. Nr. 1803—1804 (Bd. 76, 4).
Altona, 1870; 4⁰.

Comptes rendus des séances de l'Académie des Sciences. Tome
LXX, Nrs. 19—20. Paris, 1870; 4⁰.

Cosmos. XIX⁰ Année. 3ᵉ Série. Tome VI, Nrs. 21ᵉ—22ᵉ Paris,
1870; 8⁰.

Gesellschaft, österr., für Meteorologie: Zeitschrift. V. Band,
Nr. 10. Wien, 1870; 8⁰.

Gewerbe-Verein, n.-ö.: Verhandlungen & Mittheilungen. XXXI.
Jahrg. Nr. 21—22. Wien, 1870; 8⁰.

Jahrbuch, Neues, für Pharmacie & verwandte Fächer, von Vorwerk. Band XXXIII, Heft 3. Speyer, 1870; 8⁰.

Landbote, Der steirische. 3. Jahrg., Nr. 11. Graz, 1870; 4⁰.

Landwirthschafts-Gesellschaft, k. k., in Wien: Verhandlungen und Mittheilungen. Jahrgang 1870, Nr. 18. Wien; 8⁰.

Mittheilungen aus J. Perthes' geographischer Anstalt. 16. Bd.,
1870, Heft 5. Gotha; 4⁰.

Moniteur scientifique. Tome XIIᵉ, Année 1870. 322ᵉ Livraison.
Paris; 4⁰.

Nature. Nrs. 29—30. Vol. II. London, 1870; 4⁰.

Osservatorio del R. Collegio Carlo Alberto in Moncalieri:
Bullettino meteorologico. Vol. V, Nr. 2. Torino, 1870; 4⁰.

Revue des cours scientifiques et littéraires de la France et de l'é-
tranger. VIIᵉ Année, Nrs. 25—26. Paris & Bruxelles, 1870; 4⁰.

Scientific Opinion. Part. XIX, Vol. III. London, 1870; 4⁰.

Société Linnéenne de Bordeaux: Actes. Tom. XXIV. (3ᵉ Serie:
Tome IV.), 5ᵉ—6ᵉ Livraisons. Paris & Bordeaux, 1868 &
1870; 8⁰.

— Médico-chirurgicale des hôpitaux et hospices de Bordeaux: Mémoires et Bulletins. Tome IV. 1ᵉʳ fascicule, 1869. Paris & Bordeaux, 1869; 8⁰.

— géologique de France: Bulletin. 2ᵉ Série Tome XXVI. 1869.
Nrs. 5—6. Paris; 8⁰.

Société entomologique de France: Annales. 4ᵉ Série, Tome IXᵉ. Paris, 1869; 8⁰.

Vierteljahresschrift, österr., für wissenschaftl. Veterinärkunde. XXXIII. Band, 1. Heft. (Jahrgang 1870. I.) Wien; 8⁰.

Wiener Medizin. Wochenschrift. XX. Jahrgang, Nr. 26—27. Wien, 1870; 4⁰.

## XVI. SITZUNG VOM 17. JUNI 1870.

In Verhinderung des Präsidenten führt Herr Hofrath A. Freih. v. Burg den Vorsitz.

Das k. k. Handelsministerium ladet mit Note vom 8. Juni die Akademie ein sich an der vom 1. September bis 30. November d. J. zu Neapel stattfindenden internationalen, maritimen Ausstellung zu betheiligen.

Herr Prof. Dr. L. v. Barth dankt mit Schreiben vom 14. Juni für die ihm zur Ausführung einer Untersuchung über das Thymol bewilligte Subvention von 50 fl.

Das Kepler-Denkmal-Comité in Weilderstadt ladet mit Schreiben vom 1. Juni zur Theilnahme an dem am 24. Juni d. J. daselbst stattfindenden Feste der Enthüllung des Kepler-Denkmals ein.

Der Secretär legt folgende eingesendete Abhandlungen vor:

„Nachrichten über den Meteoritenfall bei Murzuk im December 1869", vom Herrn Director Dr. G. Tschermak.

„Über Wärmemenge und Temperatur der Körper" vom Herrn K. Puschl, Capitular zu Seitenstetten.

„Über die Curven des Anklingens und des Abklingens der Lichtempfindungen," vom Herrn Dr. K. Exner, Prof. der landwirthschaftlichen Lehranstalt in Mödling.

„Über Reflexe von der Nasenschleimhaut auf Athmung und Kreislauf," vom Herrn Dr. F. Kratschmer, k. k. Oberarzt und Assistenten am physiologischen Institute der Josephs-Akademie, eingesendet und empfohlen durch Herrn Prof. Ew. Hering.

Herr J. Schubert übermittelt die Beschreibung einer Lampe nebst einer Zeichnung zu einem elektrischen Läutapparate, mit dem Ersuchen um deren Beurtheilung.

Herr Prof. Dr. A. Winckler überreicht eine Abhandlung:

„Über die Relationen zwischen den vollständigen Abel'schen Integralen verschiedener Gattung."

Herr Regierungsrath & Director Dr. K. v. Littrow macht auf das am 9. Juni versandte Circular mit den von dem c. M. Herrn Dr. Th. R. v. Oppolzer gerechneten Elementen des am 30. Mai von Winnecke und Tempel entdeckten Kometen aufmerksam.

Herr Prof. Dr. H. Hlasiwetz übergibt eine für den „Anzeiger" bestimmte vorläufige Mittheilung über die hauptsächlichsten Thatsachen einer auf seine Veranlassung vom Herrn Dr. Ph. Weselsky unternommenen größeren Versuchsreihe „über die Bildung der Chinone".

Herr Prof. Dr. A. Bauer legt eine Abhandlung: „Über die Legirung des Bleies mit Platin" vor,

An Druckschriften wurden vorgelegt:

Akademie der Wissenschaften, Königl. Bayer., zu München: Sitzungsberichte. 1869. II. Heft 3—4; 1870. I. Heft 1. München; 8⁰.

American Museum of Natural History: First Annual Report. New York, 1870; 8⁰.

Annales des mines. VI⁰ Série. Tome XVII⁰. 2⁰ Livraison de 1870. Paris; 8⁰.

Apotheker-Verein, allgem. österr.: Zeitschrift. 8. Jahrgang, Nr. 11. Wien, 1870; 8⁰.

Association, The American Pharmaceutical: Proceedings. XVII[th] Annual Meeting 1869. Philadelphia, 1870; 8⁰.

Astronomische Nachrichten. Nr. 1805. (Bd. 76. 5.) Altona, 1870; 4⁰.

Barrande, Joachim, Défense des colonies. IV. Prague & Paris, 1870; 8⁰.

Comptes rendus des séances de l'Académie des Sciences. Tome LXX, Nrs. 21—22. Paris, 1870; 4⁰.

Cosmos. XIX⁰ Année. 3⁰ Série. Tome VI, 23⁰—24⁰ Livraisons. Paris, 1870; 8⁰.

Gesellschaft, Astronomische: Vierteljahrsschrift. V. Jahrgang, 2. Heft. Leipzig, 1870; 8⁰.

— anthropologische, in Wien: Mittheilungen I. Band, Nr. 3. Wien, 1870; 8⁰.

Gesellschaft, österr., für Meteorologie: Zeitschrift. V. Band,
Nr. 11. Wien, 1870; 8⁰.

— geographische, in Wien: Mittheilungen. N. F. 3, Nr. 8.
Wien, 1870; 8⁰.

Gewerbe-Verein, n.-ö.: Verhandlungen und Mittheilungen.
XXXI. Jahrg., Nr. 23. Wien, 1870; 8⁰.

Grunert, Joh. Aug., Archiv der Mathematik und Physik. LI. Theil,
2. & 3. Heft. Greifswald, 1869; 8⁰.

Isis: Sitzungs-Berichte. Jahrgang 1870, Nr. 1—3. Dresden; 8⁰.

Istituto, R., Veneto di Scienze, Lettere ad Arti: Atti. Tomo XIV°,
disp. 5ᵃ. Venezia, 1869—70; 8⁰.

Journal für praktische Chemie, von H. Kolbe. N. F. Band I,
8. & 9. Heft. Leipzig, 1870; 8⁰.

Landbote, Der steirische: 3. Jahrgang, Nr. 12. Graz, 1870; 4⁰.

Landwirthschafts-Gesellschaft, k. k., in Wien: Verhandlungen und Mittheilungen. Jahrgang 1870, Nr. 19.
Wien; 8⁰.

Lotos. XX. Jahrgang, April-Mai 1870. Prag; 8⁰.

Mittheilungen über Gegenstände des Artillerie- und Genie-
Wesens. Jahrgang 1870, 4. & 5. Heft. Wien; 8⁰.

Moniteur scientifique. 323ᵉ Livraison. Tome XII°. Année 1870.
Paris; 4⁰.

Nature. Nrs. 31—32. Vol. II. London, 1870; 4⁰.

Osservatorio del R. Collegio Carlo Alberto in Moncalieri;
Bullettino meteorologico. Vol. V, Nr. 3. Torino, 1870; 4⁰.

Revue des cours scientifiques et littéraires de la France et de
l'étranger. VIIᵉ Année, Nrs. 27—28. Paris & Bruxelles,
1870; 4⁰.

Rittmann, Alex., Culturgeschichtliche Abhandlungen über die
Reformation der Heilkunde. III. Heft. Brünn, 1870; 8⁰.

Société médico-chirurgicale des hôpitaux et hospices de Bordeaux: Mémoires et Bulletins. Tome IV. 1869, 2ᵉ Fasc. Paris
& Bordeaux; 8⁰.

— botanique de France: Bulletin. Tome XVIIᵉ. 1870. Comptes
rendus des seances. 1. Paris; 8⁰.

Society, The Asiatic of Bengal: Proceedings. 1869, Nrs. 2—3.
Calcutta; 8⁰.

Verein, Nassauischer, für Naturkunde: Jahrbücher. Jahrgang XXI.
& XXII. Wiesbaden, 1867 & 1868; 8⁰.

Wiener Medizin. Wochenschrift. XX. Jahrgang, Nr. 28—31. Wien,
1870; 4⁰.

Zeitschrift für Chemie, von Beilstein, Fittig & Hübner.
XIII. Jahrgang, N. F. VI. Band, 9. Heft. Leipzig, 1870; 8⁰.

— des österr. Ingenieur- und Architekten-Vereins. XXII. Jahrgang,
4. Heft. Wien, 1870; 4⁰.

## XVII. SITZUNG VOM 23. JUNI 1870.

Herr W. Tempel in Marseille dankt mit Schreiben vom 18. Juni l. J. für den ihm übersendeten Preis, bestehend in 20 k. k. Münzdukaten und einer gleichwerthigen goldenen Medaille, für die Entdeckung der neuen teleskopischen Kometen 1869 II und 1869 III.

Der Secretär legt folgende eingesendete Abhandlungen vor:

„Kritische Durchsicht der Ordnung der Flatterthiere oder Handflügler *(Chiroptera)*. Familie der Fledermäuse *(Vespertiliones)*." III. Abtheilung, vom Herrn Dr. L. J. Fitzinger in Pest.

„Über die Bahn des Hind'schen Kometen vom Jahre 1847 (1847 I.)," von dem c. M. Herrn Director Dr. K. Hornstein in Prag.

„Zur Statistik der Krystall-Symmetrie," vom Herrn Prof. G. Hinrichs in Iowa, eingesendet durch Herrn Hofrath W. Ritt. v. Haidinger.

„Über ähnliche Kegelschnitte," vom Herrn Ed. Weyr in Prag.

„Zwei Theorien für die Bewegung freier, ruhender Massen, erläutert an dem Bahnzuge," vom Herrn Dr. Recht in München.

Herr Director Dr. K. Jelinek überrreicht eine Abhandlung: „Über den jährlichen Gang der Temparatur zu Klagenfurt, Triest und Árvaváralja".

An Druckschriften wurden vorgelegt:

Académie Impériale des Sciences de St. Pétersbourg: Mémoires. Tome XVI; Part 2. St. Pétersbourg, 1870: 8° (Russisch).

Academy, The Royal Irish: Transactions. Vol. XXIV. Science: Parts IX—XV; Antiquities: Part VIII; Polite Literature: Part IV. Dublin, 1867—1870; 4°.

Accademia delle Scienze dell'Istituto di Bologna: Memorie. Serie II. Tomo IX, fasc. 3. Bologna, 1870; 4°.

Akademie der Wissenschaften und Künste, südslavische: Arbeiten. Band XI. Agram, 1870; 8°.

Anales del Museo público de Buenos Aires. Entrega VI<sup>a</sup>. Buenos
  Aires, Paris & Halle a. S., 1869; 4º.

Annalen der Chemie von Wöhler, Liebig & Kopp. N. R.
  Band LXXVIII, Heft 2. Leipzig & Heidelberg, 1870; 8º.

Apotheker-Verein, allgem. österr. Zeitschrift. 8. Jahrgang,
  Nr. 12. Wien, 1870; 8º.

Astronomische Nachrichten. Nr. 1806. (Bd. 76. 6.) Altona,
  1870; 4º.

Bibliothèque Universelle et Revue Suisse: Archives des Sciences
  physiques & naturelles. N. P. Tome XXXVIII<sup>e</sup>, Nr. 149. Genève,
  Lausanne, Paris, 1870; 8º.

Comptes rendus des séances de l'Académie des Sciences. Tome
  LXX, Nr. 23. Paris, 1870; 4º.

Cosmos. XIX<sup>e</sup> Année. 3<sup>e</sup> Série. Tome VI, 25<sup>e</sup> Livraison. Paris,
  1870; 8º.

Gesellschaft, österr., für Meteorologie: Zeitschrift. V. Band,
  Nr. 12. Wien, 1870; 8º.

— Naturhistorische, zu Hannover: XVIII. & XIX. Jahresbericht.
  1867—1869. Hannover, 1869; 4º.

— physikalisch-ökonomische, zu Königsberg: Schriften. X. Jahr-
  'gang (1869), I. & II. Abthlg. Königsberg; 4º.

Gewerbe-Verein, n.-ö.: Verhandlungen und Mittheilungen.
  XXXI. Jahrg., Nr. 24. Wien, 1870; 8º.

Instituut, Koninki., voar de Taal-, Land- en Volkenkunde van
  Nederlandsch Indië: Bijdragen. III. Volgreeks. IV. Deel, 4<sup>e</sup> Stuk.
  'S Gravenhage, 1870; 8º. — Bloemlezing uit Malaische Ge-
  schriften. I. Stuk. Door G. K. Niemann. 'S Gravenhage,
  1870; 8º.

Istituto, R., Veneto di Scienze, Lettere ed arti: Atti. Tome. XV°,
  Serie III<sup>a</sup>, disp. 6<sup>a</sup>. Venezia, 1869—70: 8º.

Jahrbuch, Neues, für Pharmacie und verwandte Fächer, von
  Vorwerk. Band XXXIII, Heft 4. Speyer, 1870; 8º.

Jahresbericht über die Fortschritte der Chemie etc. Herausgegeben von A. Strecker. Für 1868, II. Heft. Gießen, 1870; 8º.

Magazijn voor Landbouw en Kruidkunde. III, reeks. I. decl. 1—4.
  aflev. Utrecht. 1869—1870; 8º.

Moniteur scientifique. Tome XII<sup>e</sup>. Année 1870. 324<sup>e</sup> Livraison.
  Paris, 1870; 4º.

Nature. Nr. 33, Vol. II. London, 1870; 4⁰.

Reichsanstalt, k. k. geologische: Verhandlungen. Jahrgang 1870,
Nr. 8. Wien; 4⁰.

Reichsforstverein, österr.: Monatsschrift für Forstwesen.
XX. Band. Jahrgang 1870. Februar- und März-Heft. Wien; 8⁰.

Revue des cours scientifiques et littéraires de la France et de
l'étranger. VIIᵉ Année, Nr. 29. Paris & Bruxelles, 1870; 4⁰.

Société des Ingénieurs civils: Séance du 3 Juin 1870. Paris; 8⁰.

Verein, naturhistor. - medizin., zu Heidelberg: Verhandlungen.
Band V, III. 8⁰.

— Offenbacher, für Naturkunde: X. Bericht. Offenbach a. M.,
1869; 8⁰.

— der Freunde der Naturgeschichte in Meklenburg: Archiv.
23. Jahr. Güstrow, 1870; 8⁰.

Wiener Medizin. Wochenschrift. XX. Jahrgang, Nr. 32. Wien,
1870; 4⁰.

Zeitschrift für Chemie, von Beilstein, Fittig und Hübner.
XIII. Jahrgang. N. F. VI. Band, 10. Heft. Leipzig, 1870; 8⁰.

# Kritische Durchsicht der Ordnung der Flatterthiere oder Handflügler (Chiroptera).

## Familie der Fledermäuse (Vespertiliones).

### III. Abtheilung.

Von dem w. M. Dr. **Leop. Jos. Fitzinger.**

18. Gatt.: **Doggengrämler (Nyctinomus).**

Der Schwanz ist mittellang, länger als die Schenkelflughaut und mit seinem Endtheile mehr oder weniger weit frei über dieselbe hinausragend. Der Daumen ist frei. Die Flügel sind an den Leibesseiten angesetzt. Die Ohren sind einander genährt und an der Wurzel ihres Innenrandes entweder voneinander getrennt, oder zusammenstossend, oder über der Stirne durch ein Hautband oder einen häutigen Wulst miteinander vereinigt, oder auch miteinander verwachsen. Die Oberlippe ist der Quere nach gefaltet. Die Daumen- oder Außenzehe der Hinterfüße ist den übrigen Zehen nicht entgegensetzbar.

Zahnformel: Vorderzähne $\frac{4}{6}$, $\frac{2}{6}$, $\frac{4}{4}$, $\frac{2}{4}$, $\frac{2}{2}$ oder $\frac{2}{0}$, Eckzähne $\frac{1-1}{1-1}$, Lückenzähne $\frac{1-1}{2-2}$ oder $\frac{0-0}{2-2}$, Backenzähne $\frac{4-4}{3-3}$ = 34, 32, 30, 28, 26 oder 24.

1. **Der rothrückige Doggengrämler** *(Nyctinomus Geoffroyi).*

*N. limbati magnitudine; labio superiore plicis transversalibus parum profundis sulcato; auriculis modice longis rotundatis, apicem versus paullo irregulariter curvatis, in margine interiore ad basin separatis, in exteriore basi lobo rotundato instructis, trago*

*profunde sito brevi; alis modice longis angustis, maximam partem
calvis et ad corporis latera tantum fascia pilosa circumdatis; patagio anali calvo, fibris muscularibus nullis instructo; cauda mediocri
tenui, dimidii corporis fere longitudine et antibrachio multo breviore, ad dimidium usque patagio anali inclusa; corpore pilis
brevibus incumbentibus mollibus et in occipite ac supra nucham
longioribus dense vestito; notaeo rufo, imprimis in occipite saturatius colorato, gastraeo fusco, versus corporis latera parum rufescente
et in medio vitta longitudinali valde obsoleta alba notato, fascia
alari ad corporis latera alba.*

*Nyctinomus Aegyptiacus.* Geoffr. Descript. de l'Egypte. V. II.
p. 28. t. 2. f. 2.

Desmar. Nouv. Dict. d'hist. nat. V. XXIII.
p. 138. Nr. 1.

„          Horsf. Zool. Research. Nr. V.

„          „          Desmar. Mammal. p. 116. Nr. 161.

*Dysopes Geoffroyi.* Temminck. Monograph. d. Mammal. V. I.
p. 226. t. 19. (Thier), t. 23. f. 9. (Zähne).

*Nyctinomus Aegyptiacus.* Desmar. Dist. des Soc. nat. V. XXXV.
p. 242. c. fig.

„          „          Griffith. Anim. Kingd. V. V. p. 181. Nr. 1.

*Molossus Aegyptiacus.* Fisch. Synops. Mammal. p. 92, 550. Nr. 5.

*Dysopes Geoffroyi.* Wagler. Syst. d. Amphib. S. 10.

„          „          Wagn. Schreber Säugth. Suppl. B. I. S. 469.
Nr. 3.

„          „          Wagn. Schreber Säugth. Suppl. B. V. S. 703.
Nr. 3.

*Nyctinomus Geoffroyi.* Wagn. Schreber Säugth. Suppl. B. V. S. 703.
Nr. 3.

*Dysopes aegyptiacus.* Giebel. Säugeth. S. 957.

*Nyctinomus Geoffroyi.* Fitz. Heugl. Säugeth. Nordost-Afr. S. 9.
Nr. 6. (Sitzungsber. d. math. naturw. Cl. d.
kais. Akad. d. Wiss. B. LIV.)

Eine schon seit längerer Zeit bekannte Art, welche für die
typische Form dieser Gattung betrachtet werden muß, die Geoff-
froy auf sie gegründet.

Sie zählt zu den mittelgroßen Formen und ist mit dem gesäumten *(Nyctinomus limbatus)* und schlanken Doggengrämler *(Nyctinomus tenuis)* von gleicher Körpergröße.

Die Oberlippe ist von seichten Querfalten durchzogen, die Ohren sind mittellang und gerundet, gegen den oberen Rand zu etwas unregelmäßig gekrümmt und an der Wurzel ihres Innenrandes voneinander getrennt. An der Basis ihres Außenrandes befindet sich ein rundlicher Lappen und die Ohrklappe ist kurz und tief gestellt. Die Flügel sind mäßig lang und schmal, größtentheils kahl und nur längs der Leibesseiten von einer Haarbinde umsäumt. Die Schenkelflughaut ist kahl und bietet keine Muskelbündel dar. Der mittellange dünne Schwanz ist fast von halber Körperlänge, viel kürzer als der Vorderarm und wird bis zu seiner Hälfte von der Schenkelflughaut eingeschlossen.

Die Körperbehaarung ist kurz, dicht, glatt anliegend und weich, am Hinterhaupte und auf der Oberseite des Halses aber länger.

Die Oberseite des Körpers ist roth und insbesondere am Hinterkopfe, der lebhafter gefärbt erscheint, die Unterseite ist braun, gegen die Leibesseiten etwas röthlich und längs der Mitte von einem sehr schwach hervortretenden weißen Streifen durchchzogen. Die Haarbinde längs der Leibesseiten auf den Flügeln ist weiß.

Gesammtlänge          3″ 5‴.    Nach Geoffroy.

Länge des Vorderarmes 1″ 7‴.

Spannweite der Flügel 9″ 6‴.

Die Zahl der Vorderzähne beträgt im Oberkiefer 2, im Unterkiefer bei jungen Thieren 6, bei älteren 4, bei sehr alten 2.

Vaterland. Nordost-Afrika, Ägypten, wo Geoffroy diese Art, die er auch zuerst beschrieb und abbildete, in unterirdischen Gewölben und Gräbern entdeckte.

Temminck veränderte den von Geoffroy dieser Art gegebenen Namen „*Nyctinomus Aegyptiacus*" in „*Dysopes Geoffroyi*".

## 2. Der europäische Doggengrämler *(Nyctinomus Cestonii)*.

*N. Rüppellii fere magnitudine, ast plerumque minor; rostro parum elongato lato, oblique introrsum truncato, maxilla superiore inferiore eximie longiore, naribus valde distantibus subrotundis antice versus latera rostri sitis, supra papillis acutis in linea transversali recta seriatis instructis, et alteris in linea verticali*

*dispositis tribusque sulcis longitudinalibus juxtapositis diremtis;
labio superiore crasso latissimo pendulo, plicis transversalibus
confertis sulcato et in margine interno pilis brevibus dense ciliato;
auriculis maximis latis amplissimis longis, rostro longioribus,
rotundatis, antrorsum declinatis, in margine interiore pilis longis
obtectis et ad basin supra frontem congredientibus, in margine
exteriore leviter emarginatis basi lobo magno rotundato instructis
et ultra oris angulum protractis, interne carina longitudinali obliqua
et versus marginem exteriorem plicis 12—14 transversalibus percursis, externe fascia longitudinali pilosa; trago profunde sito
brevissimo lato, apicem versus dilatato, supra rotundato; oculis
parvis plica cutanea in auricularum internam protensa obtectis;
alis longis angustis valde excisis, supra infraque maximam partem
calvis, versus corporis latera solum fascia lata pilosa limbatis,
et usque ad tibiae finem supra tarsum attingentibus; metacarpis
a digito tertio ad quintum longitudine valde decrescentibus; digitis
podariorum supra unguiculos pilis longis introrsum curvatis obtectis, halluce distante et cum digito quinto subtus pulvillo magno instructo; patagio anali parum lato supra dense piloso, infra in margine incrassato ciliato, fibris muscularibus nullis; calcaribus longis,
utrinque ⅔ patagii longitudine; cauda mediocri, modice crassa,
dimidio corpore paullo longiore et antibrachio distincte breviore,
ultra dimidium prominente libera; palato plicis septem transversalibus percurso, tribus anticis integris, quatuor posticis divisis;
gutture marium fossula minima instructo; corpore pilis sat brevibus incumbentibus mollibus large ac dense vestito, facie pilis
confertis, excepta macula trigona calva in medio ante oculos;
notaeo obscure grisescente-fusco, gastraeo dilutiore grisco-fusco
in flavidum vergente; rostro, labiis, auriculis, cauda et patagiis
fusco-nigris.*

*Cephalotes taeniotis.* Rafin. Prodr. de Semiologie. 1814.

    ,,       ,,       Desmar. Nouv. Dict. d. hist. nat. V. V. p. 495.

    ,,       ,,       Desmar. Mammal. p. 113. Note.

*Dinops Cestoni.* Savi. Nuov. Giorn. di Letter. Nr. 21. (1825.)
           p. 230. — Nr. 37. (1828.)

    ,,       ,,       Savi. Bullet. des Sc. nat. V. VIII. p. 386. Nr. 323.

    ,,       ,,       Temminck. Monograph. d. Mammal. V. I. p. 262.

*Cephalotes taeniotis* Fisch. Synops. Mammal. p. 89. Nr. 1. *

*Harpyia taeniotis.* F i s c h. Synops. Mammal. p. 89. Nr. 1. *

*Molossus? Cestoni.* F i s c h. Synops. Mammal. p. 91. Nr. 4.

*Dinops Cestoni.* W a g l e r. Syst. d. Amphib. S. 10.

*Harpyia taeniotis.* G r a y. Magaz. of Zool. und Bot. V. II. p. 504.

*Dinops Cestoni.* K e y s. B l a s. Wiegm. Arch. B. V. (1839.) Th. I.
S. 304.

*Dinops Cestoni.* B o n a p a r t e. Iconograph. della Fauna ital. Fasc.
XIV, XVI. c. fig.

*Dinops Cestoni.* K e y s. B l a s. Wirbelth. Europ. S. XIII, 44. Nr. 78.

*Dysopes Cestonii.* W a g n. Schreber Säugth. Suppl. B. I. S. 467.
Nr. 1. t. 61. A.

„   W a g n. Schreber Säugth. Suppl. B. V. S. 702.
Nr. 1.

*Nyctinomus Cestonii.* W a g n. Schreber Säugth. Suppl. B. V. S. 702.
Nr. 1.

*Dysopes Cestoni.* G i e b e l. Säugeth. S. 953.

*Dysopes Cestonii.* K o l e n a t i. Allgem. deutsche naturhist. Zeit. B. II.
(1856.) Heft 5. S. 185.

„   K o l e n a t i. Monograph. d. europ. Chiropt. S. 132.
Nr. 26.

Die einzige in Europa vorkommende Art dieser Gattung und
zugleich die größte Form unter den europäischen Handflüglern, an
welche sich einige andere afrikanische Arten anreihen.

Sie gehört zu den großen Formen in der Gattung, indem sie
mit dem nordafrikanischen Doggengrämler *(Nyctinomus Rüppellii)*
beinahe von gleicher Größe, fast immer aber etwas kleiner als derselbe ist, und kommt in ihren körperlichen Merkmalen mit dieser
Art, mit Ausnahme der Färbung, beinahe vollständig überein.

Die Schnauze ist etwas verlängert, breit und schief nach Innen
abgestutzt. Der Oberkiefer ist beträchtlich länger als der Unterkiefer
und die weit auseinander stehenden Nasenlöcher sind rundlich und
öffnen sich vorne an den Seiten der Schnauze. Dieselben sind oben
mit einer Reihe spitzer Papillen besetzt, die sich mit der entgegengesetzten in gerader Linie verbindet und durch eine von dieser senkrecht zur Oberlippe verlaufenden Reihe solcher Papillen und drei
sich hieran schliessende flache Längsfurchen voneinander geschieden.
Die Oberlippe ist dick, sehr breit und hängend, von gedrängt stehenden Querfalten durchzogen und an ihrem Innenrande dicht mit

kurzen Haaren gewimpert. Die Ohren sind sehr groß, breit, weit geöffnet und lang, länger als die Schnauze, nach vorwärts geneigt und gerundet, und stoßen an der Wurzel ihres mit langen Haaren besetzten Innenrandes über der Stirne miteinander zusammen. Ihr Außenrand, der sich bis etwas über den Mundwinkel erstreckt, bietet nur eine schwache Ausrandung dar und ist an seiner Basis mit einem großen runden Lappen versehen. Auf der Innenseite sind dieselben von einem schiefen Längskiele und gegen den Außenrand von 12 —14 Querfalten durchzogen, auf der Außenseite mit einem Längs- streifen von Haaren besetzt, der von der Wurzel bis an die Spitze reicht. Die tief gestellte Ohrklappe ist sehr kurz und breit, nach oben zu erweitert und an der Spitze abgerundet. Die Augen sind klein und werden von einer Hautfalte überdeckt, welche von dem Längskiele auf der Innenseite des Ohres ausgeht. Die Flügel sind lang, schmal und sehr stark ausgeschnitten, auf der Ober- wie der Unterseite größtentheils kahl, nur längs der Leibesseiten von einer breiten Haar- binde umgeben und reichen bis an das Ende des Schienbeines ober- halb der Fußwurzel, wo sie sich taschenartig nach Innen umschlagen. Die Mittelhandknochen nehmen vom dritten bis zum fünften Finger auffallend an Länge ab. Die Daumen- oder Außenzehe der Hinter- füße ist von den übrigen Zehen merklich abstehend und so wie die fünfte oder Innenzehe mit einem breiten Zehenballen besetzt, sämmt- liche Zehen um die Krallen herum mit langen, hakenförmig nach ein- wärts gekrümmten Haaren. Die Schenkelflughaut ist nur von geringer Breite, auf der Oberseite dicht behaart, auf der Unterseite am wul- stigen Rande gewimpert, und nicht von Muskelbündeln durchzogen. Die Sporen sind lang und nehmen jederseits $2/_3$ der Länge der Schenkelflughaut ein. Der Schwanz ist mittellang und mäßig dick, etwas länger als der halbe Körper und merklich kürzer als der Vor- derarm, vollkommen gerundet und ragt etwas über seine Hälfte frei aus der Schenkelflughaut hervor. Der Gaumen ist von sieben Quer- falten durchzogen, von denen die drei vordersten ungetheilt, die vier folgenden aber durchbrochen sind. Am Vorderhalse des Männchens befindet sich eine sehr kleine Grube.

Die Körperbehaarung ist ziemlich kurz, reichlich und dicht, glatt anliegend und weich. Das Gesicht ist dicht behaart, mit Aus- nahme einer dreieckigen kahlen Stelle am Nasenrücken vor den Augen.

Die Oberseite des Körpers ist dunkel graulichbraun, die Unterseite lichter graubraun und etwas in's Gelbliche ziehend. Die Schnauze, die Lippen, die Ohren, die Flughäute und der Schwanz sind braunschwarz.

| | | | |
|---|---|---|---|
| Körperlänge . . . . . . . . | | 3″. | Nach Savi. |
| Länge des Schwanzes . . . . | 1″ | 9‴. | |
| „ der Ohren . . . . . . | | 10‴. | |
| Breite „ „ . . . . . . | | 8‴. | |
| Länge des Daumens der Hand . | | 3‴. | |
| Spannnweite der Flügel . . . . | 1′ 3″ | 2‴. | |
| Gesammtlänge des Männchens . | 4″ | 4‴. | Nach Savi. |
| Körperlänge . . . . . . . . | | 2″ 9‴. | |
| Länge des Schwanzes . . . . | | 1″ 7‴. | |
| „ des Vorderarmes . . . . | | 2″ 3‴. | |
| „ der Ohren . . . . . . | | 1″ 1‴. | |
| Breite „ „ . . . . . . | | 1″ 9‴. | |
| Länge des Schenkels . . . . . | | 8‴. | |
| Höhe der Mundspalte . . . . . | | 11½‴. | |
| Breite „ „ . . . . . | | 6‴. | |
| Entfernung der oberen Vorderzähne von der Schnauzenspitze . . | | 3½‴. | |
| Spannweite der Flügel . . . . | 1′ 3″. | | |
| Gesammtlänge des Weibchens . | 4″ | 5½‴. | Nach Savi. |
| Körperlänge . . . . . . . . | | 2″ 10½‴. | |
| Länge des Schwanzes . . . . | | 1″ 7‴. | |
| „ des Vorderarmes . . . . | | 2″. | |
| Spannweite der Flügel . . . . | 1′ 2″. | | |
| Körperlänge nach der Krümmung | | 3″ 4‴. | Nach Wagner. |
| „ in gerader Richtung | | 3″ 1‴. | |
| Länge des Schwanzes . . . . | | 1″ 10‴. | |
| „ der Ohren . . . . . . | | 1″. | |
| Länge des Kopfes . . . . . . | | 1″ 3‴. | |
| „ des Vorderarmes . . . | | 2″ 3‴. | |
| Spannweite der Flügel . . . . | 1′ 2″. | | |

In den von Savi angegebenen Körpermaaßen ist bezüglich der Länge und Breite der Ohren offenbar ein Fehler unterlaufen.

Im Oberkiefer sind 2, im Unterkiefer bei jüngeren Thieren 6, bei älteren 4 Vorderzähne vorhanden und bei sehr alten Thieren fehlen dieselben im Unterkiefer gänzlich. Lückenzähne befinden sich im Oberkiefer jederseits 1, im Unterkiefer 2, Backenzähne im Oberkiefer 4, im Unterkiefer 3.

Die oberen Vorderzähne sind lang und einspitzig, die unteren sehr kurz und zweikerbig, und die inneren stehen etwas mehr nach vorne.

Vaterland. Süd-Europa, wo diese Art im mittleren und südlichen Italien von Toskana bis nach Sicilien hinab verbreitet ist, die südliche Türkei und Griechenland, wo sie noch auf der Insel Euboea oder Negroponte angetroffen wird, und der mittlere Theil von West-Asien, wo sie an den südlichen Abhängen des Kaukasus noch vorkommt und von Kolenati daselbst in der kaukasischen Provinz bei Kobi beobachtet wurde.

Es kann wohl kaum einem Zweifel unterliegen, daß die Ehre der Entdeckung dieser ausgezeichneten Art Rafinesque gebühre, welcher dieselbe schon im Jahre 1814 kurz beschrieb, aber irrigerweise für eine zu der von Geoffroy aufgestellten Gattung „Cephalotes" gehörige Art betrachtete. Savi, welcher so wenig als alle seine Nachfolger eine Ahnung hiervon hatte, glaubte eine neue noch unbeschriebene Art in ihr entdeckt zu haben und beschrieb sie im Jahre 1825 unter dem Namen „Dinops Cestoni", indem er der 6 Vorderzähne wegen, die er im Unterkiefer bei ihr traf, eine besondere Gattung für sie errichtete, für welche er die Benennung „Dinops" in Vorschlag brachte und die auch von Geoffroy angenommen wurde. Wagner wies ihr zuerst ihre richtige Stellung in der von Gray genauer begrenzten Gattung Doggengrämler (Nyctinomus) an.

### 3. Der nordafrikanische Doggengrämler (Nyctinomus Rüppellii).

*N. Cestonii similis et ejusdem fere magnitudine, ast plerumque major; rostro pilis confertis setisque aliquot divergentibus deplanatis curvatis nigris obtecto; labio superiore lato pendulo, plicis transversalibus sulcato; auriculis permagnis longis latisque amplis conchaeformibus antrorsum declinatis, in margine interiore ad basin supra frontem congredientibus. in exteriore basi lobo rotundato instructis et ultra oris angulum protractis, trago profunde sito brevi. apicem versus dilatato, supra rotundato; oculis plica cutanea in auricularum internam protensa obtectis; alis longis angustis, tibiae finem supra tarsum attingentibus, maximam partem calvis et versus corporis latera solum supra infraque fascia lata pilosa circumdatis; digitis podariorum pilis albidis obtectis, halluce distante et cum digito quinto subtus pulvillo luto instructo; patagio anali fibris muscularibus nullis percurso; cauda mediocri crassa compressa, antibrachio paullo breviore et dimidio corpore parum longiore, ultra dimidium prominente libere; corpore pilis breviusculis teneris incumbentibus dense et large vestito; notaeo unicolore fuscescente- vel murino-griseo, gastraeo parum dilutiore.*

*Dysopes Rüppelii.* Temminck. Monograph. d. Mammal. V. Í. p. 224.
t. 18. (Thier), t. 23. f. 6, 7, 8. (Schädel.)

*Molossus Rüppelii.* Lesson. Mam. d. Mammal. p. 101. Nr. 250.

„         „         Fisch. Synops. Mammal. p. 91. Nr. 3.

*Dysopes Rüppelii.* Wagler. Syst. d. Amphib. S. 10.

*Nyctinomus Rüppelli.* Gray. Magaz. of Zool. and Bot. V. II. p. 501.

*Dinops Cestoni.* Keys. Blas. Wirbelth. Europ. S. XIII, 44. Nr. 78.

*Dysopes Rüppellii.* Wagn. Schreber Säugth. Suppl. B. I. S. 468.
Nr. 2.

*Dysopes Cestonii.* Wagn. Schreber Säugth. Suppl. B. I. S. 551.

*Nyctinomus Rüppellii.* Gray. Mammal. of the Brit. Mus. p. 35.

*Dysopes Cestonii.* Wagn. Schreber Säugth. Suppl. B. V. S. 702. Nr. 1.

*Nyctinomus Cestonii.* Wagn. Schreber Säugth. Suppl. B. V. S. 702.
Nr. 1.

*Dysopes Rüppelli.* Giebel. Säugeth. S. 957.

*Nyctinomus Rüppellii.* Fitz. Heugl. Säugeth. Nordost-Afr. S. 9.
Nr. 4. (Sitzungsber. math. naturw. Cl. d. kais.<br>Akad. d. Wiss. B. LIV.)

*Dysopes Cestonii.* Kolenati. Monograph. d. europ. Chiropt. S. 132.
Nr. 26.

Jedenfalls eine dem europäischen Doggengrämler *(Nyctinomus Cestonii)* sehr nahe stehende und leicht mit demselben zu verwechselnde Art, welche fast von gleicher Größe, meistens aber etwas größer als derselbe ist und sonach den großen Formen in der Gattung angehört, auch in ihren körperlichen Formen und den Verhältnissen ihrer einzelnen Körpertheile beinahe vollständig mit demselben übereinkommt und sich nur durch die abweichende Färbung von dieser Art zu unterscheiden scheint.

Die Schnauze ist mit dicht stehenden Haaren bekleidet und einigen wenigen divergirenden flachen, hakenartig gekrümmten schwarzen Borsten besetzt. Die Oberlippe ist breit, hängend und der Quere nach gefaltet. Die Ohren sind überaus groß, lang, breit und weit geöffnet, von muschelförmiger Gestalt, nach vorwärts geneigt, am Innenrande an der Wurzel nicht miteinander vereinigt, und stoßen mit derselben über der Stirne miteinander zusammen. An der Basis ihres Außenrandes, der sich bis über den Mundwinkel verlängert, befindet sich ein rundlicher Lappen. Die Ohrklappe ist tief gestellt, kurz, nach oben zu erweitert und an der Spitze abgerundet. Die Augen sind von einer starken Hautfalte bedeckt, welche bis in das Innere des Ohres reicht. Die Flügel sind lang und schmal, bis an das Ende des Schienbeines oberhalb der Fußwurzel reichend, größtentheils kahl und nur längs der Leibesseiten auf der Ober- wie der Unterseite von einer breiten Haarbinde umsäumt. Der Daumen der Hinterfüße ist etwas abstehend und der Ballen desselben, so wie auch der fünften Zehe ist sehr breit. Die Zehen sind mit weißlichen Haaren bedeckt. Die Schenkelflughaut bietet keine Muskelbündel dar. Der mittellange dicke, zusammengedrückte Schwanz ist etwas kürzer als der Vorderarm und nur wenig länger als der halbe Körper, und ragt mit seiner größeren Hälfte frei aus der Schenkelflughaut hervor.

Die Körperbehaarung ist ziemlich kurz, dicht, reichlich, glatt anliegend und fein.

Die Färbung ist einfärbig bräunlichgrau oder mausgrau, auf der Unterseite etwas heller.

Das Männchen scheint stets größer als das Weibchen zu sein.

| | | |
|---|---|---|
| Gesammtlänge . . . . | 5″ 2‴— 5″ 6‴. Nach Temminck. |
| Körperlänge . . . . | 3″ 2‴— 3″ 6‴. |
| Länge des Schwanzes . | 2″. |
| „ des Vorderarmes | 2″ 2‴— 2″ 3‴. |
| Spannweite der Flügel . 1′ 1″ | —1′ 2″ 6‴. |

Vorderzähne sind im Oberkiefer 2, im Unterkiefer bei jüngeren Thieren 6, bei älteren 4 vorhanden. Der Lückenzahn im Oberkiefer ist sehr klein.

Vaterland. Nordost-Afrika, Ägypten, wo Rüppell diese Art entdeckte, und vielleicht auch West-Afrika. Fernando Po, wenn es sich bestätigen sollte, daß ein im britischen Museum zu London befindliches Exemplar derselben wirklich daselbst gesammelt wurde. Ein zweites im britischen Museum aufbewahrtes Exemplar soll angeblich aus Singapore stammen, was jedoch offenbar unrichtig ist. Keyserling und Blasius betrachten diese Art mit dem europäischen Doggengrämler *(Nyctinomus Cestonii)* für identisch und Wagner und Kolenati schließen sich dieser Ansicht an.

### 4. Der sennaarische Doggengrämler *(Nyctinomus Midas)*.

*N. Epomophori schoënsis fere magnitudine; rostro longiusculo lato oblique introrsum truncato, maxilla superiore inferiorem longitudine valde superante; naribus subrotundis, antice versus rostri latera sitis, valde distantibus; labio superiore crasso pendulo, plicis transversalibus confertis sulcato, in margine pilis brevibus dense ciliato; auriculis maximis, latis longisque amplis rotundatis, antrorsum deflexis, in margine interiore ad basin supra frontem congredientibus, in margine externo basi lobo rotundato instructis et paullo ultra oris angulum protractis, interne carina obliqua longitudinali plicisque transversalibus numerosis percursis; trago profunde sito brevissimo lato, versus apicem dilatato, supra rotundato; oculis parvis, plica cutanea in auricularum internam protensa obtectis; alis longis angustis, supra infraque perfecte calvis, fascia pilosa versus corporis latera nulla, usque ad finem tibiae supra tarsum attingentibus; digitis podariorum versus unguiculos pilis longis obtectis, halluce distante; patagio anali parum lato, fibris muscularibus nullis; cauda mediocri, modice crassa, parum ultra dimidium prominente libera; corpore pilis sat brevibus incumbentibus mollibus dense vestito, rostro calvo; notaeo nigro-fusco vel obscure castaneo-fusco dilute griseo-lavato, gastraeo ferrugineo-fuscescente, albido-griseo lavato.*

*Dysopes Midas.* Sundev. Vetensk. Akad. Handl. 1842. p. 207. t. 2. f. 7. (Kopf u. Schädel.)

*Dysopes Cestonii. Var?* Sundev. Vetensk. Akad. Handl. 1842. p. 207. t. 2. f. 7. (Kopf u. Schädel.)

*Dysopes Midas.* Wagn. Schreber Säugth. Suppl. B. V. S. 702. Nr. 2.

*Nyctinomus Midas.* Wagn. Schreber Säugth. Suppl. B. V. S. 702. Nr. 2.

*Dysopes Cestonii. Var.?* Wagn. Schreber Säugth. Suppl. B. V.
S. 702. Nr. 2.

*Nyctinomus Cestonii. Var?* Wagn, Schreber Säugth. Suppl. B. V.
S. 702. Nr. 2.

*Dysopes midas.* Giebel. Säugeth. S. 958. Note 2.

*Nyctinomus Midas.* Fitz. Hengl. Säugeth. Nordost-Afr. S. 9.
Nr. 5. (Sitzungsber. d. math. naturw. Cl. d.
kais. Akad. d. Wiss. B. LIV.)

Diese uns erst in neuerer Zeit bekannt gewordene Art schließt
sich in Ansehung ihrer körperlichen Formen zunächst dem nordafrikanischen *(Nyctinomus Rüppellii)* und europäischen Doggengrämler *(Nyctinomus Cestonii)* an, unterscheidet sich aber von
beiden ausser der beträchtlicheren Größe, durch den verhältnißmäßig
etwas kürzeren Vorderarm, den Mangel einer Haarbinde längs der
Leibesseiten auf der Ober- und Unterseite der Flügel und die verschiedene Färbung.

Sie ist nebst der erstgenannten Art und dem rothbraunen
Doggengrämler *(Nyctinomus ventralis)* die größte Form in der
Gattung, indem sie fast von gleicher Größe wie der Schoa-Woll-
flederhund *(Epomophorus schoënsis)* und der dickköpfige Harpyien-
flughund *(Harpyia Pallasii)* ist.

Die Schnauze ist ziemlich lang, breit und schief nach Innen
abgestutzt, der Oberkiefer weit den Unterkiefer überragend. Die
Nasenlöcher sind rundlich, weit auseinander gestellt und liegen
vorne an den Seiten der Schnauze. Die Oberlippe ist dick und
hängend, dicht der Quere nach gefaltet und am Rande dicht mit
kurzen Haaren gewimpert. Die Ohren sind sehr groß, breit und lang,
länger als die Schnauze, weit geöffnet, nach vorwärts geneigt und
gerundet, und stoßen an der Wurzel ihres Innenrandes über der
Stirne miteinander zusammen. An ihrem Außenrande sind dieselben
an der Wurzel mit einem rundlichen Lappen versehen und reichen
bis etwas über den Mundwinkel hinaus, während sie auf der Innenseite von einem schiefen Längskiele und zahlreichen Querfalten
durchzogen sind. Die Ohrklappe ist tief gestellt, sehr kurz und
breit, nach oben zu erweitert und an der Spitze abgerundet. Die
Augen sind klein und von einer Hautfalte bedeckt, die sich an den
Längskiel auf der Innenseite des Ohres anschließt. Die Flügel sind
lang und schmal, auf der Ober- wie der Unterseite kahl, ohne Haar-

binde an den Leibesseiten und heften sich am Schienbeine oberhalb der Fußwurzel an. Die Daumen- oder Außenzehe der Hinterfüße ist von den übrigen Zehen deutlich abstehend und die Zehen sind gegen die Krallen zu mit langen Haaren besetzt. Die Schenkelflughaut ist nur von geringer Breite und bietet keine Muskelbündel dar. Der Schwanz ist mittellang, mäßig dick und nicht ganz bis zu seiner Hälfte von der Schenkelflughaut eingeschlossen.

Die Körperbehaarung ist ziemlich kurz, dicht, glatt anliegend und weich. Die Schnauze ist kahl.

Die Oberseite des Körpers ist schwarzbraun oder dunkel kastanienbraun und hellgrau überflogen, gleichsam wie bereift, wobei die einzelnen schwarzbraunen Haare an der Wurzel licht und an der Spitze auf eine kurze Strecke hellgrau gefärbt sind. Die Unterseite desselben ist rostbräunlich und weißgraulich überflogen, da die einzelnen Haare hier in längere weißgrauliche Spitzen ausgehen.

Körperlänge . . . . . . . 3″ 10‴. Nach Sundevall.

Länge des Vorderarmes . . 2″ 3‴.

Vaterland. Nordost-Africa, Sennaar.

Sundevall hat uns zuerst mit dieser Form bekannt gemacht und uns auch eine Abbildung des Kopfes und Schädels derselben mitgetheilt. Obgleich er sie für eine selbstständige Art betrachtet, hält er doch nicht für unmöglich, daß sie vielleicht nur eine Varietät des europäischen Doggengrämlers *(Nyctinomus Cestonii)* bilden könnte. Auch Wagner neigt sich dieser Ansicht hin.

### 5. Der rothbraune Doggengrämler *(Nyctinomus ventralis)*.

*N. Rüppellii magnitudine; facie calva, solum supra nasum usque inter auriculas et circum labium superiorem pilis brevibus rigidis obscure fuscis et setis singulis longioribus obtecta; naribus obtuse subtubuliformibus tumidis, antice asserculo angusto diremtis; labio superiore pendulo, plicis transversalibus sulcato, inferiore in marginibus integro, sulco transversali a mento diremto plicisque duabus longitudinalibus juxtapositis brevibus; auriculis latis subrotundatis, in margine interiore ad basin plica cutanea humili brevi conjunctis, in exteriore basi lobo semirotundo erecto instructis et fere usque ad oris angulum protractis, interne plicis 8—12 transversalibus et altera longitudinali per-*

*cursis, externe fascia angustiore longitudinali pilosa; trago sat profunde sito brevi oblongo-ovato lobato; oculis minus parvis, plica cutanea transversali obtectis; alis maximam partem calvis. infra tantum juxta brachium fascia lata villosa dilute rufo-flavida limbatis, ad tarsum usque adnatis; calcaneo valido, calcaribus patagium anale parum superantibus et infra limbo cutaneo sensim angustato instructis; digitis podariorum in lateribus nec non in articulis unguicularibus setis longis albis curvatis obtectis; patagio anali valde plicato; cauda mediocri crassa plicata, dimidio corpore paullo longiore et antibrachio multo breviore, in basali triente patagio anali inclusa; palato plicis septem transversalibus divisis percurso; corpore pilis brevibus holosericeis vestito: notaeo fusco-rufo, gastraeo pallidiore fascia longitudinali lata rufescente flava in abdominis medio.*

*Nyctinomus ventralis.* Heuglin. Beitr. z. Fauna d. Säugeth. N.-Ost-Afr. S. 4, 11. (Nov. Act. Acad. Nat. Curios. V. XXIX.)

Diese ausgezeichnete Art ist eine Entdeckung Heuglin's und bisher nur von ihm allein beschrieben worden. Sie bildet unzweifelhaft eine selbstständige Form, welche sehr leicht durch ihre Färbung zu erkennen und mit keiner anderen zu verwechseln ist.

In Ansehung der Größe kommt sie mit dem nordafrikanischen Doggengrämler *(Nyctinomus Rüppellii)* überein, wornach sie den großen Formen in der Gattung beizuzählen ist.

Das Gesicht ist kahl und nur über der Nase bis zwischen die Ohren und um die Oberlippe befinden sich kurze, rauhe, bürstenartige Haare, aus denen einzelne längere und theilweise über 2 Linien lange Borsten hervorragen. Die Nasenlöcher sind stumpfröhrenförmig aufgetrieben und vorne durch eine schmale, aber sehr deutliche Leiste geschieden. Die Oberlippe ist hängend und von Querfalten durchzogen, die Unterlippe ganzrandig und durch eine Querfurche vom Kinne geschieden, an dessen Seiten sich zwei kurze Längsfalten befinden. Die Ohren sind breit, von rundlicher Gestalt und an der Wurzel ihres Innenrandes durch eine kurze niedere Hautfalte über der Stirne miteinander verbunden. An der Basis ihres Außenrandes, der fast bis an die Mundspalte reicht, befindet sich ein nach aufwärts gerichteter halbrunder Lappen. Auf der Innenseite sind dieselben von 8—12 Querfalten und einer diesen gegenüberstehenden Längsfalte durchzogen, welche bis gegen den oberen Rand hinaufreicht und auf der Außenseite mit einem schmäleren behaarten Längsstreifen besetzt. Die Ohrklappe ist ziemlich tief gestellt, kurz und länglich-eiförmig, und mit einem zum Verschlusse des Gehörganges dienenden Lappen versehen. Die Augen sind verhältnißmäßig nicht besonders klein und liegen in einer langen, fast unter den Ohren versteckten Querfalte, welche eine vor dem Auge liegende, scharf hervortretende thränengrubenartige Furche überdeckt. Die Flügel sind größtentheils kahl, nur auf der Unterseite längs des Oberarmes mit einer 3—5 Linien breiten zottigen Haarbinde besetzt und reichen bis an die Fußwurzel. Das Fersenbein ist kräftig und geht in einen langen und an seiner Spitze etwas über die Schenkelflughaut hinausragenden Sporn über, der unten mit einem von der Wurzel an allmählig sich verschmälernden Hautsaume versehen ist. Die Zehen sind an den Seiten und am Nagelgliede mit bürstenartig gereihten langen und theilweise die Krallen überragenden gekrümmten weißen Borstenhaaren besetzt, von denen einige eine Länge von 2 Linien erreichen. Die Schenkelflughaut ist stark gefaltet und sehr dehnbar. Der dicke, faltige, mittellange Schwanz, welcher etwas länger als der halbe Körper und viel kürzer als der Vorderarm ist, ragt ungefähr mit seinen beiden letzten Dritteln frei aus der Schenkelflughaut hervor und wird an der Stelle, wo er aus derselben heraustritt, von einer sehr muskulösen Scheide umgeben, welche willkürlich nach auf- und abwärts geschoben werden kann. Der Gaumen ist von 7 getheilten Querfalten durchzogen.

Die Körperbehaarung ist kurz und sammtartig.

Die Färbung ist auf der Oberseite des Körpers braunroth, auf der Unterseite desselben ebenso, aber blasser, und längs der Mitte des Bauches verläuft ein breiter röthlichgelber Längsstreifen. Die Haarbinde auf der Unterseite der Flügel längs des Oberarmes ist blaß rothgelblich. Die Borstenhaare des Nasenrückens und der Oberlippe sind dunkelbraun.

| | | | | |
|---|---|---|---|---|
| Gesammtlänge | . . . . . . | | 5″ | 5‴. Nach Heuglin. |
| Körperlänge | . . . . . . | | 3″ | 6‴. |
| Länge des Schwanzes | . . . | | 1″ | 11‴. |
| „ „ Vorderarmes | . . | | 2″ | 6‴. |
| „ der Ohren | . . . . | | | 9‴. |
| „ des Kopfes | . . . . | | 1″ | 1‴. |
| Spannweite der Flügel | . . | 1′ | 3″ | 6‴. |

Im Oberkiefer sind 2, im Unterkiefer 4 Vorderzähne vorhanden. Jene des Oberkiefers stehen ziemlich eng nebeneinander und sind eckzahnähnlich verlängert, die des Unterkiefers sind sehr klein und an der schaufelförmigen Kronschneide mit einer Kerbe versehen. Die oberen Eckzähne sind einfach, die unteren an der Kronbasis mit einem gegen die angrenzenden Vorderzähne gerichteten zackenartigen erweiterten Ansatze versehen.

Vaterland. Nordost-Afrika, Abyssinien, woselbst diese Art im Samhara-Gebiete vorkommt und von Heuglin bei Kérén angetroffen wurde.

### 6. Der centralafrikanische Doggengrämler *(Nyctinomus hepaticus)*.

*N. dilatato major; facie pilis brevibus rigidis obtecta, naribus sublateralibus obtuse tubuliformibus tumidis, labiis pilis setosis obtectis, superiore tumido plicisque 7—8 transversalibus percurso; auriculis brevibus latis, irregulariter tetragonis, in margine superiore reflexis, in interiore ad basin supra frontem connatis loboque parvo praeditis, et in exteriore basi ad oris angulum usque protractis et lobo majore instructis; trago parvo erecto obtuse acuminato; oculis proportionaliter sat magnis in sulco profundo sitis; alis patagioque anali plicato tenuibus diaphanis paene calvis; digito podariorum exteriore ac interiore in articulo ultimo nec non halluce antipedum setis aliquot longis rigidis albis unguiculos valde superantibus obtectis; cauda mediocri, dimidii corporis longitudine et antibrachio breviore, sat crassa, in besse apicali libera; palato pliciis 5—6 transversalibus indistinctis percurso; corpore pilis brevibus incumbentibus dense vestito. mento gulaque sat calvis exceptis; notaeo plerumque griseo-fusco, gastraeo in medio albescente, versus latera cum istis vivide rufescente-fusco vel hepatico et in inguina in grisescentem vergente; mento gulaque carneis; auriculis, facie ac unguiculis fuscis; cauda nigrescente; patagiis pallide fuscis, infra versus basin in coerulescentem vergentibus; aut notaeo interdum subtiliter albo-irrorato, et facie nonnunquam nigrescente.*

*Dysopes hepaticus.* Henglin. Beitr. z. Zool. Central-Afrika's. S. 14. (Nov. Act. Acad. Nat. Cur. V. XXXI.)

Eine durch ihre eigenthümliche Färbung leicht zu erkennende
Art, welche erst in neuester Zeit durch Heuglin bekannt geworden ist.

Sie gehört zu den mittelgroßen Arten in der Gattung und
reiht sich zunächst den großen Formen an, indem sie den breitflügeligen Doggengrämler *(Nyctinomus dilatatus)* an Größe noch
übertrifft.

Das Gesicht ist kurz und rauh behaart. Die Nasenlöcher sind
etwas seitlich gestellt und stumpf röhrenförmig aufgetrieben. Die
Lippen sind mit borstigen Haaren besetzt und die Oberlippe ist
wulstig und von 7—8 Querfalten durchzogen. Die Ohren sind kurz
und breit, von unregelmäßig vierseitiger Gestalt, am oberen Rande
zurück geschlagen und an der Wurzel ihres Innenrandes über
der Stirne miteinander verwachsen. An der Basis ihres Hinter-
oder Außenrandes, der sich bis an den Mundwinkel erstreckt, befindet
sich ein größerer Hautlappen, der umgeschlagen den Gehörgang
verschließt und an der Wurzel ihres Vorder- oder Innenrandes ein
kleiner rundlicher beweglicher Lappen, der sich an den wulstigen
Außenrand des Ohres hinter dem Mundwinkel anschließt. Die Ohrklappe ist aufrechtstehend, klein und stumpfspitzig. Die Augen sind
verhältnißmäßig ziemlich groß und liegen in zwei tiefen Furchen
nahe an der vorderen Ohrwurzel. Die Flügel und die gefaltete
Schenkelflughaut sind dünnhäutig und durchscheinend, und beinahe
vollständig kahl. Am letzten Gliede der ersten und fünften Zehe und
am Daumen der Hand befinden sich einige lange rauhe, die Krallen
weit überragende weißliche Borsten. Der Schwanz ist mittellang,
von halber Körperlänge, kürzer als der Vorderarm, ziemlich dick,
und ragt mit den beiden letzten Dritteln seiner Länge frei aus der
Schenkelflughaut hervor. Der Gaumen bietet 5—6 undeutliche Querfalten dar.

Die Körperbehaarung ist kurz, dicht und glatt anliegend, das
Kinn und die Kehle sind ziemlich kahl.

Die Färbung ist nicht beständig und bietet einige, wenn auch •
nicht erhebliche Verschiedenheiten dar.

In der Regel ist die Oberseite graubraun, die Unterseite in der
Mitte weißlich, gegen die Leibesseiten so wie diese lebhaft röthlich-
oder leberbraun und in den Weichen in's Grauliche ziehend. Kinn
und Kehle sind fleischfarben, die Ohren, das Gesicht und die Krallen

braun. Der Schwanz ist schwärzlich. Die Flughäute sind blaßbraun und auf der Unterseite gegen die Wurzel zu in's Blauliche ziehend. Bisweilen ist die ganze Oberseite aber auch fein weiß gesprenkelt und das Gesicht erscheint bei manchen Individuen schwärzlich. Das Männchen unterscheidet sich vom Weibchen nur durch die geringere Größe.

Körperlänge eines erwachsenen

| | | |
|---|---|---|
| Weibchens . . . . . . . | 2″ 10‴. | Nach Heuglin. |
| Länge des Schwanzes . . . . | 1″ 5‴. | |
| „  „  Vorderarmes . . . | 1″ 9‴. | |
| Spannweite der Flügel . . . | 1′ 1″. | |

Die Zahl der Vorderzähne beträgt bei jungen Thieren im Oberkiefer 2, im Unterkiefer 4. bei alten Thieren in beiden Kiefern 2. Die oberen Vorderzähne sind kräftig. mit etwas convergirenden Spitzen, die unteren außerordentlich klein und kaum bemerkbar. Die oberen Eckzähne sind vorne einfach gefurcht, die unteren mit stark divergirenden Spitzen und einem spitzen zackenartigen Ansatze an der vorderen Innenseite der Kronbasis versehen.

Vaterland. Central-Afrika, woselbst diese Art im Req-Negerlande bis zum Djurflusse angetroffen wird und von Henglin entdeckt wurde. Sie ist zu allen Tageszeiten wach und sieht selbst beim hellsten Sonnenlichte, obgleich sie nur selten bei Tage fliegt.

### 7. Der zweistreifige Doggengrämler (*Nyctinomus bivittatus*).

*N. plicato parum major; naribus lateralibus subtubuliformibus tumidis, sulco parvo diremtis; labio superiore plicis transversalibus percurso, marginibus crenatis; maxilla inferiore superiore eximie breviore, fere calva, in mento fossula rotundata excavata; auriculis mediocribus, supra vix rectangulis, in margine interiore ad basin fascia cutanea antrorsum protracta supra frontem connatis, interne plicis 6—7 transversalibus percursis et sicut externe stria longitudinali pilosa notatis; trago profunde sito brevissimo acuminato, apice seorsum ac extrorsum directo; alis maximam partem calvis, in angulo brachiali tantum pilosis et infra dimidium tibiae affixis; halluce antipedum infra ad basin callo rotundato disciformi corneo instructo, digitis podariorum circa unguiculos nec non in marginibus digiti exterioris ac inte-*

*rioris setis obtectis; patagio anali calvo, infra verruculis albidis dense obtecto; calcaribus debilibus, lobo cutaneo limbatis; cauda mediocri, dimidio corpore perparum longiore et antibrachio distincte breviore, in parte basali patagio inclusa pilis parce dispositis obtectu, in apicali fere dodrante libera; palato plicis transversalibus 5 distinctis et sexta indistincta percurso; corpore pilis brevibus incumbentibus dense vestito; occipite dorsoque obscure nigrescente- vel umbrino-fuscis, lateribus colli, gula pectoreque parum dilutioribus, abdomine fulvescente, in medio fuscescentegriseo, in lateribus et regione pubis leviter ferrugineo-rufescentelavato; capite supra utrinque stria longitudinali angusta alba a vertice ad auricularum basin posteriorem protensa notato; humeris, pectoris lateribus nec non parte gulae media et auricularum basi subtiliter albo-irroratis; labio superiore, auriculis alisque nigrescentibus, patagio anali dilutiore in coerulesceute-carneum vergente, labio inferiore pallide nigrescente - carneo; notaeo in maribus junioribus magis obscure rufescente-fusco et striis albis supra caput minus distinctis; foemina mare distincte debiliore.*

*Nyctinomus bivittatus.* Henglin. Beitr. z. Fauna d. Säugeth. N. O.-Afr. S. 4, 13. (Nov. Act. Acad. Nat. Cursos. V. XXIX.)

Ebenfalls eine höchst ausgezeichnete Art, deren Kenntniß wir Heuglin zu verdanken haben und von welcher er uns eine sehr genaue Beschreibung mittheilte. Sie ist nur wenig größer als der bengalische *(Nyctinomus plicatus)*, gemeine *(Nyctinomus Naso)* und breitzehige Doggengrämler *(Nyctinomus murinus)*, somit eine mittelgroße Form in der Gattung.

Die Nasenlöcher sind seitlich gestellt, nur wenig röhrenförmig aufgetrieben und durch eine kleine Furche voneinander getrennt. Die Oberlippe ist von zahlreichen Querfalten durchzogen und am Rande gekerbt, der Unterkiefer beträchtlich kürzer als der Oberkiefer, beinahe vollständig kahl und am Kinne von einer rundlichen Vertiefung ausgehöhlt. Die Ohren sind von mittlerer Größe, oben kaum rechtwinkelig begrenzt, an der Wurzel ihres Innenrandes durch ein sehr deutlich hervortretendes und in seiner Mitte nach vorwärts gezogenes Hautband über der Stirne miteinander verwachsen, auf der Innenseite von 6—7 deutlichen Querfalten durchzogen und auf dieser sowohl als auch auf der Außenseite mit einem behaarten Längsstreifen besetzt, der mit dem Innenrande fast parallel verläuft, auf der Außenseite sehr deutlich ist und gegen die Wurzel des Ohres zu breiter wird. Die Ohrklappe ist sehr kurz und tief gestellt, zugespitzt und mit der Spitze nach seit- und auswärts gebogen. Die Flügel sind größtentheils kahl, nur in dem Winkel, welchen der Oberarm an seiner Basis bildet, behaart und reichen bis unter die Mitte des Schienbeines. Der Daumen der vorderen Gliedmassen ist auf der Unterseite an der Wurzel mit einer etwas erhabenen runden, hornigen scheibenartigen Schwiele versehen. Die Zehen der Hinterfüße sind um das Nagelglied und die Außen- und Innenzehe auch am Rande mit borstigen Haaren besetzt. Die Schenkelflughaut ist kahl und auf der Unterseite mit dicht gestellten weißlichen Hautwärzchen bedeckt. Die Sporen sind schwach und von der Flughaut umgeben. Der mittellange Schwanz ist nur sehr wenig länger als der halbe Körper, aber merklich kürzer als der Vorderarm, in seinem in die Schenkelflughaut eingeschlossenen Wurzeltheile nur spärlich mit rauhen Haaren besetzt und ragt nahezu mit $^3/_4$ seiner Länge frei aus derselben hervor. Der Gaumen ist von fünf deutlichen und einer undeutlichen Querfalte durchzogen.

Die Körperbehaarung ist kurz, dicht und glatt anliegend.

Das Hinterhaupt und der Rücken sind dunkel schwärzlich- oder umberbraun, die Halsseiten, die Kehle und die Brust ebenso, aber etwas heller. Der Bauch ist rothgelblich und in der Mitte bräunlichgrau, an den Seiten und in der Schamgegend schwach roströthlich überflogen. Von der hinteren Ohrwurzel zieht sich jederseits ein schmaler weißer Längsstreifen über den Ober- und Hinterkopf. Die Schultern, die Brustseiten, der mittlere Theil der Kehle und die Ohren an ihrer Wurzel sind fein weiß gesprenkelt. Die Oberlippe, die Ohren und die Flügel sind schwärzlich. Die Schenkelflughaut ist heller und in's Blaulich-Fleischfarbene ziehend. Die Unterlippe ist blaß schwärzlich-fleischfarben.

Das jüngere Männchen ist auf der Oberseite des Körpers mehr dunkel röthlichbraun und die weißen Kopfstreifen sind minder deutlich.

Das Weibchen ist merklich schwächer als das Männchen.

Gesammtlänge des alten Männchens .     4″. Nach Henglin.

Körperlänge . . . . . . . . . .     2″ 7‴.

Länge des Schwanzes . . . . . . 1″ 5‴.

„ „ Vorderarmes . . . . . 1″10‴.

„ der Ohren . . . . . . . 8‴.

Spannweite der Flügel . . . . . 1′ 6‴.

Im Oberkiefer sind 2, im Unterkiefer 4 Vorderzähne vorhanden. Die oberen sind stumpf, die unteren sehr klein und zweispitzig. Lückenzähne befinden sich im Unterkiefer jederseits 2. Die oberen Eckzähne sind mit einem erhabenen Kronenrande und auf der Vorderseite mit einer Längsfurche versehen, welche jedoch nicht bis an die Spitze hinaufreicht, die unteren, welehe die oberen weit an Größe übertreffen, mit einem stärkeren gegen die Vorderzähne gerichteten Höcker und bieten eine kaum meißelförmige einfach eingeschnittene Spitze dar. Bei j ü n g e r e n  T h i e r e n sind die unteren Eckzähne spitzer und an der Spitze noch nicht gestreckt.

V a t e r l a n d. Südost-Afrika, Abyssinien, wo H e u g l i n diese Art im Sambara-Gebiete in der Nähe von Kérén entdeckte.

## 8. Der gesäumte Doggengrämler *(Nyctinomus limbatus)*.

*N. Geoffroyi magnitudine; rostro lato obtuso oblique truncato, labio superiore crasso, plicis transversalibus sulcato, in marginibus crenato et pilis brevibus rigidis obtecto; auriculis brevibus latis, in margine exteriore lobo distincto destitutis, in interiore ad basin supra frontem in tuberculo cutaneo conjunctis et interne magna parte pilosis, trago minimo, anguloso, supra fere recto; alis longis angustis, maximam partem calvis et ad corporis latera tantum limbo piloso lato circumdatis et infra brachia et femora fasciculis pilorum parvis obtectis, nec non cum patagio anali diaphanis; patagio anali supra infraque ad dimidium usque piloso, calcaribus longis; halluce podariorum infra ad basin callo corneo disciformi calvo instructo cauda mediocri, antibrachio paullo breviore et dimidio corpore perparum longiore, ultra dimidium libera; corpore pilis brevibus incumbentibus tenerrimis mollibus dense vestito; colore secundum sexum et aetatem variabili, notaeo in maribus adultis obscure ex nigrescente ferrugineo-fusco, gastraeo paullo pallidiore et in medio sicut in lateribus et uropygio albo, pilis notaei ad basin albidis, in gastraeo fuscis; corpore in foeminis adultis obscuriore, in animalibus junioribus multo dilutiore ferrugineo-fusco.*

*Dysopes limbatus.* Peters. Säugeth v. Mossamb. S. 56. t. 14.

    „     „    Wagn. Schreber Säugth. Suppl. B. V. S. 703. Nr. 4.

*Nyctinomus limbatus.* Wagn. Schreber Säugth. Suppl. B. V. S. 703· Nr. 4.

*Dysopes limbatus.* Giebel. Säugeth. S. 953.

Wir kennen diese Form, deren Artberechtigung wohl nicht in Zweifel gezogen werden kann, bis jetzt nur aus einer Beschreibung und Abbildung von Peters.

Sie bildet eine der mittelgroßen Formen in der Gattung, indem sie mit dem rothrückigen *(Nyctinomus Geoffroyi)*, kurzflügeligen *(Nyctinomus brachypterus)* und schlanken Doggengrämler *(Nyctinomus tenuis)* von gleicher Größe ist.

Die Schnauze ist breit. stumpf, flachgedrückt und schief abgestutzt, die Oberlippe dick, von zahlreichen Querfalten durchzogen, am Rande gekerbt und mit kurzen steifen Haaren besetzt. Die Ohren sind kurz und breit, am Außenrande mit keinem deutlichen Lappen versehen, auf der Innenseite großentheils behaart und an der Wurzel ihres Innenrandes durch einen breiten Hautwulst über der Stirne miteinander vereinigt. Die Ohrklappe ist sehr klein, eckig und oben fast gerade. Die Flügel sind mäßig lang und schmal, größtentheils kahl, nur an den Leibesseiten von einem breiten Haarsaume umgeben, zwischen dem Oberarme und den Schenkeln mit kleinen Haarbüscheln besetzt. und so wie die oben und unten bis zur Hälfte behaarte Schenkelflughaut sehr dünnhäutig und durchscheinend. An der Daumenwurzel befindet sich eine kahle hornige scheibenartige Schwiele. Die Sporen sind lang, und der mittellange Schwanz ist etwas kürzer als der Vorderarm, nur sehr wenig länger als der halbe Körper und in der größeren Hälfte frei.

Die Körperbehaarung ist kurz, dicht, glatt anliegend, sehr fein und weich.

Die Färbung ändert etwas nach dem Geschlechte und dem Alter.

Beim alten Männchen ist die Oberseite des Körpers dunkel schwärzlich-rostbraun, die Unterseite ist etwas blasser und in der Mitte und an den Seiten, so wie auch in der Steißgegend weiß. Die einzelnen Körperhaare sind auf der Oberseite an der Wurzel weißlich und die braunen Haare der Unterseite geben in hellere Spitzen aus. Die Flughäute sind bräunlich, der Haarsaum der Flügel längs der

Leibesseiten ist braun, die Ohren sind schwarzbraun, die Krallen sind braun.

Das alte Weibchen ist dunkler als das Männchen gefärbt.

Junge Thiere sind viel heller rostbraun.

Körperlänge . . . . . . . . .　2" 3"'. Nach Peters.

Länge des Schwanzes . . . . .　1" 3"'.

„ des Vorderarmes . . . .　1" 5"'.

Spannweite der Flügel . . . . .　9" 6"'.

Vorderzähne sind bei jungen Thieren im Oberkiefer 2, im Unterkiefer 4, bei alten in beiden Kiefern 2 vorhanden.

Vaterland. Südost-Afrika, wo diese Art sowohl auf der Insel Mozambique, als auch auf der Küste Sena angetroffen wird.

### 9. Der kurzflügelige Doggengrämler *(Nyctinomus brachypterus)*.

*N. limbato paullo major et gracilis magnitudine; capite corporeque sat magnis crassis; labio superiore plicis transversalibus minus numerosis sulcato, in marginibus laevi; auriculis brevibus latis, in margine exteriore lobo distincto instructis, in interiore ad basin supra frontem in tuberculo cutaneo conjunctis; trago supra rotundato : alis calcaribusque sublongis; patagio anali parum piloso: cauda mediocri, antibrachio distincte et dimidio corpore parum breviore, longe ultra dimidium patagio anali inclusa; corpore pilis brevissimis incumbentibus mollibus dense vestito; notaeo nec non lateribus colli, pectoris et abdominis obscure ferrugineo-fuscis, gastraeo in medio griseo; patagiis auriculisque saturate ac obscure ferrugineo-fuscis, unguiculis fuscescente-albidis.*

*Dysopes brachypterus.* Peters. Säugeth. v. Mossamb. S. 59.
t. 15. f. 1.

Wagn. Schreber Säugth. Suppl. B. V.
S. 704. Nr. 5.

*Nyctinomus brachypterus.* Wagn. Schreber Säugth. Suppl. B. V.
S. 704. Nr. 5.

*Dysopes brachypterus.* Giebel. Säugeth. S. 954.

Auch diese ausgezeichnete Form ist eine Entdeckung von Peters und ohne Zweifel eine selbstständige Art.

Sie ist nahe mit dem gesäumten Doggengrämler *(Nyctinomus limbatus)* verwandt, von demselben aber hauptsächlich durch den größeren und dickeren Kopf und Leib, eine minder stark gefaltete

3*

und an ihrem Rande nicht gekerbte Oberlippe, kürzere Flügel und Sporen, einen verhältnißmäßig kürzeren Schwanz und abweichende Färbung verschieden.

In Ansehung der Körpergröße kommt sie mit dem gesäumten *(Nyctinomus limbatus)* rothrückigen *(Nyctinomus Geoffroyi)* und schlanken Doggengrämler *(Nyctinomus tenuis)* überein, wornach sie so wie diese, zu den mittelgroßen Formen in der Gattung gerechnet werden muß.

Kopf und Leib sind verhältnißmäßig ziemlich groß und dick. Die Oberlippe ist von nicht sehr zahlreichen Querfalten durchzogen und am Rande vollkommen glatt. Die Ohren sind kurz und breit, am Außenrande mit einem deutlichen Lappen versehen und an der Wurzel ihres Innenrandes durch einen Hautwulst über der Stirne miteinander vereinigt. Die Ohrklappe ist oben abgerundet. Die Flügel und die Sporen sind verhältnißmäßig etwas kurz. Die Schenkelflughaut ist nur wenig behaart und der mittellange Schwanz ist merklich kürzer als der Vorderarm, nur wenig kürzer als der halbe Körper und weit über die Hälfte von der Schenkelflughaut eingeschlossen.

Die Körperbehaarung ist sehr knrz, dicht, glattanliegend und weich.

Die ganze Oberseite des Körpers, so wie auch die Seiten des Halses, der Brust und des Bauches sind dunkel rostbraun, während die Mitte der Unterseite grau erscheint. Sämmtliche Körperhaare sind an der Wurzel und an der Spitze blasser. Die Flughäute und die Ohren sind gesättigt rostbraun und noch dunkler als die Oberseite. Die Krallen sind bräunlich weiß.

| | | |
|---|---|---|
| Körperlänge . . . . . . . . . | 2″ 3‴. | Nach Peters. |
| Länge des Schwanzes . . . . . | 1″. | |
| „ des Vorderarmes . . . . . | 1″ 5‴. | |
| Spannweite der Flügel . . . . . | 8″ 6‴. | |

Vaterland. Südost-Afrika, Mozambique.

Peters erhielt nur ein einziges Exemplar und zwar ein Männchen von dieser Art.

### 10. Der Sena-Doggengrämler *(Nyctinomus dubius)*.

*N. brachyptero valde similis, ast multo major; omnibus corporis partibus fere aequali modo conformatis et in eadem proportione, nec non ejusdem coloris; auriculis multo latioribus quam longis, pedibus permagnis.*

*Dysopes dubius.* P e t e r s. Säugeth. v. Mossamb. S. 60. t. 15. f. 2.

„ „ W a g n. Schreber Säugth. Suppl. B. V. S. 704. Note 1.

*Nyctinomus dubius.* W a g n. Schreber Säugth. Suppl. B. V. S. 704. Note 1.

*Dysopes dubius.* G i e b e l. Säugeth. S. 954. Note 8.

Eine von P e t e r s entdeckte, dem kurzflügeligen Doggengrämler *(Nyctinomus brachypterus)* außerordentlich nahe stehende Form, von welcher er jedoch nur ein einziges und zwar noch ganz junges Exemplar erhalten hatte, nach dessen Körpergröße er die Ansicht gewinnen mußte, daß beide Formen specifisch von einander verschieden seien.

Fast in allen ihren körperlichen Merkmalen, so wie größtentheils auch in den Verhältnissen ihrer Körpertheile und selbst in der Färbung stimmt sie mit der genannten Art beinahe vollständig überein und unterscheidet sich von derselben hauptsächlich durch die weit beträchtlichere Größe, die viel breiteren als langen Ohren, die sehr großen Füße und einige osteologische Verschiedenheiten des Schädels.

Körpermaaße sind nicht angegeben.

V a t e r l a n d. Südost-Afrika, Küste Sena.

### 11. Der maurizische Doggengrämler *(Nyctinomus acetabulosus)*.

*N. pumili circa magnitudine; auriculis magnis, acutis, apicem versus deflexis, basi calvis; cauda ultra dimidium patagio anali inclusa; notaeo gastraeoque nigrescente-fuscis.*

*Petit chauve-souris de Port Louis.* C o m m e r s. Mscpt. Nr. 51.

*Vespertilio acetabulosus.* H e r m a n n. Observ. zool. T. I. p. 19..

*Nyctinomus acetabulosus.* G e o f f r. Descript. del'Egypte. V II. p. 130.

D e s m a r. Nouv. Dict. d'hist. nat. V. XXIII. p. 193. Nr. 3.

*Nyctinomus Mauritianus.* H o r s f. Zool. Research. Nr. 5.

*Nyctinomus acetabulosus.* D e s m a r. Mammal. p. 117. Nr. 163.

„ „ D e s m a r. Dict. des Sc. nat. V. XXXV. p. 242.

*Nyctinomus acetabulosus.* G r i f f i t h. Anim. Kingd. V. V. p. 183. Nr. 3.

*Molossus acetabulosus.* F i s c h. Synops. Mammal. p. 92, 550. Nr. 8.
*Dysopes acetabulosus,* W a g n. Schreber Säugth. Suppl. B. V. S. 715. *

Obgleich diese Art schon in älterer Zeit von C o m m e r s o n
entdeckt wurde, so ist sie uns bis zur Stunde noch immer nur sehr
unvollständig bekannt, da Alles was wir über dieselbe wissen, sich
nur auf einige sehr kurze Angaben beschränkt, die wir von H e r-
m a n n und G e o f f r o y über sie erhalten haben.

Offenbar gehört sie zu den kleinsten Formen in der Gattung,
da sie noch um ein Fünftel kleiner als der rothrückige Doggengrämler
*(Nyctinomus Geoffroyi)* ist, wornach sie in der Größe mit dem
Zwerg-Doggengrämler *(Nyctinomus pumilus)* übereinzukommen
scheint, an welchen sie auch in der Färbung lebhaft erinnert.

Die Ohren sind groß und spitz, mit der Spitze nach abwärts
gebogen und an der Wurzel kahl. Der Schwanz ist über die Hälfte
seiner Länge von der Schenkelflughaut eingeschlossen.

Die Färbung des Körpers ist schwärzlichbraun.

Spannweite der Flügel 10″. Nach G e o f f r o y.

Andere Körpermaaße sind nicht angegeben.

Im Ober- wie im Unterkiefer sind 4 Vorderzähne vorhanden.

V a t e r l a n d. Südost-Afrika, wo C o m m e r s o n diese Art bei
Port Louis auf der Maskarenen-Insel Mauritius oder Isle de France
entdeckte.

H e r m a n n, der uns zuerst Kunde von ihr gab, bezeichnete
sie mit dem Namen „*Vespertilio acetabulosus*“, während H o r s f i e l d
die Benennung „*Nyctinomus Mauritianus*“ für sie in Vorschlag
brachte.

Das kaiserliche zoologische Museum zu Wien ist wohl bis jetzt
das Einzige in Europa, das diese Art besitzt und ich behalte mir
vor, dieselbe in den Nachträgen zu meiner Arbeit über die Flatterthiere nebst manchen anderen, welche ich unberücksichtiget zu
lassen genöthiget war, näher zu beschreiben.

### 12. Der Zwerg-Doggengrämler *(Nyctinomus pumilus)*.

*N. Geffroyi eximie minor; labio superiore magno plicis
transversalibus percurso; auriculis magnis longis latisque, in margine interiore ad basin supra frontem connatis; jugulo in maribus
fossula destituto; cauda mediocri, dimidio corpore perparum*

*breviore et antibrachio longitudine aequali; corpore pilis brevibus incumbentibus teneris mollibus laneis dense vestito; notaeo nigro-fusco, gastraeo dilutiore pallide griseo-fusco; alis auriculisque nigro-fuscis.*

*Dysopes pumilus.* Cretzschm. Rüppell's Atlas. S. 69 t. 27. a.

*Nyctinomus pumilus.* Gray. Magaz. of Zool. and Bot. V. II. p. 501ˑ

*Dysopes pumilus.* Temminck. Monograph. d. Mammal. V. II. p. 354.

*Dysopes pumilus.* Wagn. Schreber Säugth. Suppl. B. I. S. 470. Nr. 4.

*Nyctinomus pumilus.* Gray. Mammal. of the Brit. Mus. p. 35.

*Dysopes pumilus.* Wagn. Schreber Säugth. Suppl. B. V. S. 704. Nr. 6.

*Nyctinomus pumilus.* Wagn. Schreber Säugth. Suppl. B. V. S. 704. Nr. 6.

*Dysopes pumilus.* Giebel. Säugeth. S. 957. Note 5.

    „       „    Heugl. Fauna d. roth. Meer. u. d. Somàli-Küste. S. 13.

*Nyctinomus pumilus.* Fitz. Hengl. Säugeth. Nordost-Afr. S. 9. Nr. 7. (Sitzungsber. d. math.-naturw. Cl. d. kais. Akad. d. Wiss. B. LIV.).

    „    Heugl. Beitr. z. Fauna d. Säugeth. N. O-Afr. S. 4. (Nov. Act. Acad. Nat. Curios. V. XXIX.).

Mit dieser ausgezeichneten Art, welche eine Entdeckung Rüppell's ist, hat uns Cretzschmar zuerst bekannt gemacht, indem er uns eine kurze Beschreibung und eine Abbildung derselben mittheilte.

Sie ist nebst dem maurizischen Doggengrämler *(Nyctinomus acetabulosus)* die kleinste Art der Gattung und noch beträchtlich kleiner als der rothrückige Doggengrämler *(Nyctinomus Geoffroyi)*.

In ihrer Gesammtform bietet sie große Ähnlichkeit mit dem nordafrikanischen Doggengrämler *(Nyctinomus Rüppellii)* dar.

Die Oberlippe ist groß und der Quere nach gefaltet. Die großen langen breiten Ohren sind an der Wurzel ihres Innenrandes über der Stirne miteinander verwachsen. Am Vorderhalse des Männchens befindet sich keine grubenartige Vertiefung. Der mittellange Schwanz ist nur sehr wenig kürzer als der halbe Körper und von gleicher Länge wie der Vorderarm.

Die Körperbehaarung ist kurz, dicht, glatt anliegend, fein, wollig und weich.

Die Oberseite des Körpers ist schwarzbraun, die Unterseite heller und blaß graubraun. Die Flügel und die Ohren sind schwarzbraun.

| | | | |
|---|---|---|---|
| Gesammtlänge . . . . | 2″ | 7‴—3″. Nach Cretzschmar. |
| Körperlänge . . . . . | 1″ | 9‴. |
| Länge des Schwanzes . | | 10‴. |
| „  „ Vorderarmes . | | 10‴. |
| „  der Ohren . . . | | 6‴. |
| Spannweite der Flügel . | 7″ | 6‴. |

Vaterland. Nordost-Afrika, wo diese Art von Abyssinien, woselbst sie Rüppell in Massaua entdeckte, durch Nubien bis nach Ägypten hinaufreicht.

### 13. Der bengalische Doggengrämler (*Nyctinomus plicatus*).

*N. Nasonis magnitudine; rostro calvo, in margine superiore nasi tantum pilis brevibus confertis rigidis in serie transversali dispositis et inter nares in longitudinali instructo, facie pilis deplanatis et apicem versus arcuatis dispersis obtecta; labio superiore pendulo, plicis transversalibus percurso pilisque brevibus et antice fasciculo e pilis longioribus formato obtecto; auriculis sat magnis rotundatis, in margine interiore ad basin protuberantia tumida supra frontem conjunctis, in exteriore basi lobo rotundato alto et antice ad basin non emarginato instructis, in superiore verrucis parvis obtectis; alis corporis lateribus affixis, maximam partem calvis, ad corporis latera solum limbo piloso circumdatis; halluce antipedum nec non pulvillis digitorum podariorum angustis, et halluce infra ad basin callo rotundato magno disciformi corneo instructo; patagio anali calvo, fibris muscularibus numerosis percurso; cauda mediocri, corpore eximie breviore incrassata ad dimidium usque patagio inclusa; corpore pilis sat longis incumbentibus tenuibus mollibus laneis dense vestito, praesertim in dorso; notaeo gastraeoque fuligineis griseo-mixtis vel ex flavescente fusco-griseis, plus minusve in grisescentem vergentibus, notaeo obscuriore, gastraeo paullo diluriore; alis caeterisque corporis partibus calvis fuligineis.*

*Vespertilio plicatus.* Buchanan. Linnean Transact. V. V. p. 261. t. 13. (Männch.).

*Nyctinomus Bengalensis.* Geoffr. Descript. de l'Egypte. V. II. p. 130.

*Nyctinomus Bengalensis*. D e s m a r. Nouv. Dict. d'hist. nat. V. XXIII.
p. 138. Nr. 2.

D e s m a r. Mammal. p. 116. Nr. 162.

„   D e s m a r. Dict. des Sc. nat. V. XXXV.
p. 242.

„   „   H o r s f. Zool. Research. Nr. V.

*Dysopes mops*. F r. C u v. Dents des Mammif. p. 49.

*Dysopes plicatus*. T e m m i n c k. Monograph. d. Mammal. V. I. p. 223.

*Nyctinomus Bengalensis*. G r i f f i t h. Anim. Kingd. V. V. p. 182. Nr. 2.

*Dysopes mops*. G r i f f i t h. Anim. Kingd. V. V. p. 243. Nr. 1.

*Molossus plicatus*. F i s c h. Synops. Mammal. p. 91, 550. Nr. 2.

*Dysopes Moops*. F i s c h. Synops. Mammal. p. 97. Nr. 551. Nr. 1.

*Mops* . . . . L e s s o n.

*Nyctinomus plicatus*. G r a y. Illustr. of Ind. Zool. t.

„   „   G r a y. Magaz. of Zool. and Bot. V. II. p. 500.

„   ⸴   „   G r a y. Ann. of Nat. Hist. V. IV. (1839.) p. 6.

*Dysopes plicatus*. W a g n. Schreber Säugth. Suppl. B. I. S. 471.
Nr. 6.

*Dysopes mops*. W a g n. Schreber Säugth. Suppl. B. I. S. 472. Note 15.

*Nyctinomus plicatus*. G r a y. Mammal. of the Brit. Mus. p. 34. b—g.

*Dysopes plicatus*. B l y t h. Ann. of Nat. Hist. V. XV. (1845.) p. 475.

„   „   B l y t h. Journ. of the Asiat. Soc. of Bengal. V. XX.
(1851) p. 517.

„   W a g n. Schreber Säugth. Suppl. B. V. S. 704.
Nr. 7.

*Nyctinomus plicatus*. W a g n. Schreber Säugth. Suppl. B. V. S. 704.
Nr. 7.

*Dysopes mops*. W a g n. Schreber Säugth. Suppl. B. V. S. 715. ∗

*Dysopes plicatus*. G i e b e l. Säugeth. S. 957.

*Dysopes tenuis?* G i e b e l. Säugeth. S. 954. Note 9.

Über die Artberichtigung dieser Form kann nicht leicht ein
Zweifel erhoben werden, ungeachtet sie in ihrer Körpergestalt im
Allgemeinen lebhaft an den schlanken *(Nyctinomus tenuis)* sowohl,
als auch an den breitflügeligen Doggengrämler *(Nyctinomus dilatatus)* erinnert und in manchen ihrer Merkmale große Ähnlichkeit
mit denselben zeigt, da sich bei einer näheren Prüfung und gegenseitiger Vergleichung Unterschiede ergeben, die eine Vereinigung
mit denselben nicht gestatten.

Sie gebört zu den mittelgroßen Formen in der Gattung und ist mit dem breitzehigen *(Nyctinomus murinus)* und gemeinen Doggen- grämler *(Nyctinomus Naso)* von gleicher Größe.

Die Schnauze ist kahl und nur am oberen Rande der Nase mit einer Querreihe und zwischen den Nasenlöchern mit einer Längsreihe von kurzen steifen gedrängt stehenden Haaren besetzt, das Gesicht mit zerstreuten abgeflachten und an der Spitze gekrümmten Haaren. Die Oberlippe ist hängend, von Querfalten durchzogen, mit kurzen Haaren besetzt und vorne mit einem Büschel längerer Haare. Die Ohren sind ziemlich groß und gerundet, an der Wurzel ihres Innen- randes durch einen wulstigen Höcker über der Stirne miteinander vereinigt, an der Basis ihres Außenrandes mit einem hohen abge- rundeten und an der Wurzel seines Vorderrandes mit keiner Aus- kerbung versehenen Lappen besetzt und am oberen Rande mit kleinen Warzen. Die Flügel sind an den Leibesseiten angeheftet, größtentheils kahl und nur längs der Leibesseiten von einem Haar- saume umgeben. Der Daumen der vorderen Gliedmaßen und die Zehenballen sind schmal und auf der Unterseite der ersteren befindet sich an seiner Basis eine große, runde, hornige scheibenartige Schwiele. Die Schenkelflughaut ist kahl und von zahlreichen Muskel- bündeln durchzogen. Der mittellange Schwanz, welcher beträchtlich kürzer als der Körper ist, ist verdickt und bis zu seiner Mitte von der Schenkelflughaut eingeschlossen.

Die Körperbehaarung ist ziemlich lang, dicht, glatt anliegend, dünn, wollig und weich, und auf der Oberseite sehr dicht.

Die Färbung des Körpers ist rußfarben mit Aschgrau gemischt oder gelblich-braungrau, bald mehr, bald weniger in's Grauliche ziehend, auf der Oberseite dunkler, auf der Unterseite etwas heller. Die Flügel und die übrigen kahlen Theile des Körpers sind ruß- farben.

Gesammtlänge . . . . . . . . . 4″ 3‴. Nach Geoffroy.
Länge des Körpers . . . . . . 2″ 6‴.
  „   „ Schwanzes . . . . . 1″ 9‴.
Spannweite der Flügel . . . . . 11″ 6‴—11″ 7‴.

Vorderzähne befinden sich bei jungen Thieren im Oberkiefer 2, im Unterkiefer 4, bei alten Thieren in beiden Kiefern 2. Lücken- zähne sind im Oberkiefer jederseits 1 vorhanden, der jedoch bei

zunehmendem Alter ausfällt, im Unterkiefer 2, Backenzähne im Oberkiefer in jeder Kieferhälfte 4, im Unterkiefer 3.

Vaterland. Süd-Asien, Ost-Indien, Bengalen, wo diese Art
in der Gegend um Calcutta vorkommt und von Buchanan daselbst
entdeckt wurde.

Er hat dieselbe auch zuerst nach einem männlichen Exemplare
beschrieben und abgebildet, und mit dem Namen „*Vespertilio plicatus*" bezeichnet. Bald darauf beschrieb sie auch Geoffroy unter
der Benennung „*Nyctinomus Bengalensis*" und Temminck wies
die Identität dieser beiden Formen nach. Friedrich Cuvier, der
offenbar dieselbe Art, aber ein noch jüngeres Thier vor sich hatte,
glaubte wegen der Abweichung im Gebisse nicht nur eine selbstständige Art, sondern auch eine besondere Gattung aus demselben
bilden zu sollen, indem er seinen „*Dysopes mops*" auf dieses Exemplar gründete. Griffith, Fischer und Wagner schloßen sich
der Ansicht Friedrich Cuvier's an und ebenso auch Lesson,
der den Namen „*Mops*" als Gattungsnamen vorschlug. Giebel ist
geneigt diese Art mit dem schlanken Doggengrämler *(Nyctinomus
tenuis)* zu vereinigen.

Von den Eingebornen in Ost-Indien wird sie „*Chamché*"
genannt.

### 14. Der schlanke Doggengrämler *(Nyctinomus tenuis)*.

*N. Geoffroyi magnitudine; capite magno crasso, naribus
prominentibus, labiis maximis crassis, valde tumidis, superiore
plicis 9—10 transversalibus profunde sulcato, inferiore in marginibus incrassato et verrucis parvis per aliquot series dispositis
obtecto, nec non verruca majore in medio gulae; auriculis permagnis latissimis amplissimisque, in margine externo emarginatis
et basi lobo rotundato instructis, in interno late reflexis et ad
basin supra frontem connatis; alis longissimis perangustis,
maximam partem calvis, infra tantum versus corporis latera
pilosis; patagio anali fibris muscularibus paucis percurso, ad
marginem plicato et calcaribus brevibus debilibusque suffulto;
digitis podariorum in articulis unguicularibus setis curvatis albis
obtectis et digito externo ac interno etiam in marginibus lateralibus; cauda mediocri tenui cylindrica, dimidio corpore parum
longiore et antibrachio longitudine aequali, in basali triente solum*

*patagio anali inclusa; corpore pilis brevissimis incumbentibus mollibus dense vestito; colore in utroque sexu aequali, notaeo nigrescente-fusco, gastraeo cinereo, patagiis auriculisque fuligineo-nigris.*

*Nyctinomus tenuis.* Horsf. Zool. Research. Nr. V. c. fig.

*Dysopes tenuis.* Temminck. Monograph. d. Mammal. V. I. p. 228. t. 19. bis. (Thier), t. 24. f. 1. (Shelet), t. 23. f. 10—16. (Schädel u. Zähne).

*Nyctinomus tenuis,* Griffith. Anim. Kingd. V. V. p. 185. Nr. 5.

*Molossus tenuis.* Lesson. Man. d. Mammal. p. 101. Nr. 252.

„          „     Fisch. Synops. Mammal p. 92, 550. Nr. 6.

*Dysopes tenuis.* Wagler. Syst. d. Amphib. S. 10.

*Nyctinomus plicatus.* Gray. Magaz. of Zool. and Bot. V. II. p. 500.

*Nyctinomus tenuis.* Horsf. Zool. Javan. c. fig.

*Dysopes tenuis.* Wagn. Schreber Säugth. Suppl. B. I. S. 471. Nr. 7.

*Nyctinomus plicatus.* Gray. Mammal. of the Brit. Mus. p. 34. a.

*Nyctinomus tenuis.* Cantor. Journ. of the Asiat. Soc. of Bengal. V. XV. p. 179.

*Dysopes tenuis.* Wagn. Schreber Säugth. Suppl. B. V. S. 705. Nr. 9.

*Nyctinomus tenuis.* Wagn. Schreber Säugth. Suppl. B. V. S. 705· Nr. 9.

*Dysopes tenuis.* Giebel. Säugeth. S. 954.

*Nyctinomus tenuis.* Fitz. Säugeth. d. Novara-Expedit. Sitzungsberichte d. math.-naturw. Cl. d. kais. Akad. d. Wiss. B. XLII. S. 390.

*Dysopes tenuis.* Zelebor. Reise d. Fregatte Novara Zool. Th. B. I. S. 15.

Eine durch ihre Merkmale wohl unterschiedene selbstständige Form, welche zwar manche Ähnlichkeit mit dem bengalischen *(Nyctinomus plicatus)* und breitflügeligen Doggengrämler *(Nyctinomus dilatatus)* hat und mit denselben ohne genauere Vergleichung auch leicht verwechselt werden kann, sich aber von beiden sehr deutlich unterscheidet.

Sie ist nicht nur merklich kleiner als dieselben und insbesondere als die letztgenannte Art, sondern bietet auch durchaus verschiedene Verhältnisse in den einzelnen Theilen ihres Körpers dar.

In Ansehung der Größe kommt sie mit dem rothrückigen *(Nyctinomus Geoffroyi)*, gesäumten *(Nyctinomus limbatus)* und kurzflügeligen Doggengrämler *(Nyctinomus brachypterus)* überein, daher sie zu den mittelgroßen Formen in der Gattung zählt.

Der Kopf ist groß und dick, und die Nasenlöcher sind vorspringend. Die Lippen sind sehr groß und dick, und stark aufgetrieben. Die Oberlippe ist von 9—10 tiefen Querfalten durchzogen, die Unterlippe an den Rändern verdickt und an denselben mit einigen Reihen kleiner Warzen besetzt, zwischen denen sich in der Mitte des Kehlganges eine einzelne größere Warze befindet. Die Ohren sind von beträchtlicher Größe, sehr breit und weit geöffnet, den Kopf an seinen Seiten beinahe flügelartig überragend, und am Außenrande mit einer Ausrandung und an dessen Basis mit einem rundlichen Lappen versehen. Am Innenrande sind dieselben breit nach Außen umgeschlagen und an der Wurzel über der Stirne miteinander verwachsen. Die Flügel sind sehr lang und überaus schmal, insbesondere dem Ellenbogengelenke gegenüber, größtentheils kahl und nur auf der Unterseite längs der Leibesseiten behaart. Die Schenkelflughaut ist nur von wenigen Muskelbündeln durchzogen, am Rande gefaltet und durch kurze schwache Sporen unterstützt. Sämmtliche Zehen sind an ihrem Krallengliede und die Daumen- und fünfte Zehe auch an ihren Seiten mit hakenförmig gekrümmten weißen Borsten besetzt. Der Schwanz ist mittellang, walzenartig gerundet und dünn, nur wenig länger als der halbe Körper und von gleicher Länge wie der Vorderarm, und ragt nahezu mit $3/4$ seiner Länge frei aus der Schenkelflughaut hervor.

Die Körperbehaarung ist sehr kurz, dicht, glattanliegend und weich.

Beide Geschlechter sind sich in der Färbung völlig gleich. Die Oberseite des Körpers ist schwärzlichbraun, die Unterseite aschgrau. Die Flughäute und die Ohren sind rußschwarz.

| | | |
|---|---|---|
| Gesammtlänge | 3″ 9‴. | Nach Horsfield. |
| Körperlänge | 2″ 3‴. | |
| Länge des Schwanzes | 1″ 6‴. | |
| „ „ Vorderarmes | 1″ 6‴. | |
| „ „ Oberarmes | 1″ 2‴. | |
| Spannweite der Flügel | 10″ 6‴—10″ 11‴. | |
| Körperlänge | 2″ 3‴. | Nach Temminck. |

Länge des Schwanzes  . . . .  1″ 5‴.

„  des freien Theile desselben  1″.

„  des Vorderarmes . . .  1″ 9‴.

Breite der Ohren  . . . . . .  8‴.

Spannweite der Flügel  . . . .  10″ 6 ″—11″.

In den von Temminck angegebenen Maaßen scheint bezüglich der Länge des Vorderarmes eine Irrung unterlaufen zu sein·

Vorderzähne sind im Oberkiefer 2, im Unterkiefer bei jüngeren Thieren 4, bei älteren aber nur 2 vorhanden.

Vaterland. Süd-Asien, und zwar sowohl der indische Archipel, wo diese Art auf Java, Sumatra und Borneo angetroffen wird und angeblich auch auf der Insel Banda vorkommen soll, und das Festland von Ost-Indien, wo sie die malayische Halbinsel bewohnt.

Auf Java wird sie von den Eingeborenen mit dem Namen „Lowo-churut“ bezeichnet.

Horsfield hat dieselbe auf Java entdeckt und auch zuerst beschrieben und abgebildet, und später hat auch Temminck nach den von Kuhl und van Hasselt auf Java gesammelten Exemplaren eine Beschreibung derselben geliefert. Gray hält diese Art vom bengalischen Doggengrämler (Nyctinomus plicatus) nicht für specifisch verschieden.

## 15. Der breitflügelige Doggengrämler (Nyctinomus dilatatus),

*N. hepatico parum minor et tenui similis; capite rostroque magnis crassis, labiis valde tumidis, superiore plicis transversalibus sulcato; auriculis permagnis latissimis amplissimisque, in margine exteriore at basin lobo instructis, in interiore basi supra frontem connatis; alis longissimis angustis, maximam partem calvis, infra tantum ad corporis latera fascia pilosa circumdatis; patagio anali fibris muscularibus parum numerosis percurso; digitis podariorum in articulis unguicularibus setis curvatis obtectis et digito externo ac interno etiam in marginibus lateralibus; cauda mediocri tenui, corpore distincte longiore et antibrachio longitudine aequali ad dimidium usque patagio anali inclusa; gutture fossula nulla instructo; corpore pilis brevibus incumbentibus mollibus dense vestito; colore variabili et secundum sexum; notaeo in maribus aut fuligineo-vel fuscescente-nigro, aut vivide obscure castaneo-*

*fusco, gastraeo vel dilutiore fusco-nigro, vel ex rufo-fusco et dilute fusco mixto; patagiis nigris; notaeo in foeminis ex rufo-flavido fusco, gastraeo paullo dilutiore et magis in rufum vergente, patagiis rufescentibus.*

*Nyctinomus dilatatus.* H o r s f. Zool. Research. Nr. V.

    „        „     G r i f f i t h. Anim. Kingd. V. V. p. 184. Nr. 4.

*Molossus dilatatus.* L e s s o n. Man. d. Mammal. p. 101. Nr. 251.

    „       „     F i s c h. Synops. Mammal. p. 92, 550. Nr. 7.

*Nyctinomus plicatus.* G r a y. Magaz. of Zool. and Bot. V. II. p. 500.

*Dysopes dilatatus.* T e m m i n c k. Monograph. d. Mammal. V. II.

                    p. 352. t. 68. f. 1—3.

*Nyctinomus dilatatus.* H o r s f. Zool. Javan. c. fig.

*Dysopes dilatatus.* W a g n. Schreber Säugth. Suppl. B. I. S. 472.

                    Note 15.

*Nyctinomus plicatus.* G r a y. Mammal. of the Brit. Mus. p. 34.

*Dysopes dilatatus.* W a g n. Schreber Säugth. Suppl. V. p. 705.

                    Nr. 8.

*Nyctinomus dilatatus.* W a g n. Schreber Säugth. Suppl. B. V. S. 705.

                    Nr. 8.

*Dysopes tenuis?* G i e b e l. Säugeth. S. 954. Note 9.

*Nyctinomus dilatatus.* F i t z. Säugeth. d. Novara-Expedit. Sitzungs-

           ber. d. math.-naturw. Cl. d. kais. Akad. d.

           Wiss. B. XLII. S. 390.

*Dysopes tenuis. Var. dilatatus.* Z e l e b o r. Reise d. Fregatte Novara.

           Zool. Th. B. I. S. 15.

Nahe mit dem schlanken *(Nyctinomus tenuis)* und bengalischen Doggengrämler *(Nyctinomus plicatus)* verwandt, doch größer als dieselben und von beiden specifisch verschieden, wie dieß aus einer genaueren Vergleichnng mit diesen Formen unwiderlegbar hervorgeht, indem nicht nur die Körpergröße, sondern auch die Verhältnisse der einzelnen Körpertheile sehr beträchtliche Abweichungen darbieten.

Sie gehört zu den größten unter den mittelgroßen Formen ihrer Gattung, da sie dem centralafrikanischen Doggengrämler *(Nyctinomus hepaticus)* nur wenig an Größe nachsteht.

Die Körpergestalt im Allgemeinen hat große Ähnlichkeit mit jener der beiden oben genannten Arten, und insbesondere mit der des schlanken Doggengrämlers *(Nyctinomus tenuis)*. Kopf, Schnauze und Ohren sind aber größer, die Flügel breiter, der Schwanz ist mehr in die Schenkelflughaut eingeschlossen und die Färbung ist nicht nur verschieden, sondern ändert auch nach dem Geschlechte.

Der Kopf ist sehr groß und dick, und ebenso auch die Schnauze. Die Lippen sind sehr stark aufgetrieben und die Oberlippe ist der Quere nach gefaltet. Die Ohren sind sehr groß und breit und sehr weit geöffnet, an der Basis ihres Außenrandes mit einem rundlichen Lappen versehen und an der Wurzel ihres Innenrandes über der Stirne miteinander verwachsen. Die Flügel sind sehr lang und schmal, größtentheils kahl, und bloß auf ihrer Unterseite längs der Leibesseiten von einem Haarsaume umgeben. Die Schenkelflughaut ist von nicht sehr zahlreichen Muskelbündeln durchzogen. Die Zehen der Hinterfüße sind an ihrem Krallengliede und die Außen- und Innenzehe auch an ihren Seitenrändern mit hakenförmig gekrümmten Borsten besetzt. Der mittellange dünne Schwanz ist merklich länger als der halbe Körper, von derselben Länge wie der Vorderarm und nur bis zur Hälfte von der Schenkelflughaut eingeschlossen. Am Vorderhalse befindet sich keine Grube.

Die Körperbehaarung ist kurz, dicht, glatt anliegend und weich.

Die Färbung ist nicht beständig und ändert auch nach dem Geschlechte.

Beim Männchen ist die Oberseite entweder rußschwarz oder bräunlichschwarz, oder auch lebhaft dunkel kastanienbraun, die Unterseite lichter bräunlichschwarz, oder aus Rothbraun und Lichtbraun gemischt. Die Flughäute sind schwarz.

Beim Weibchen ist die Oberseite rothgelblichbraun, die Unterseite aber etwas heller und mehr in's Rothe ziehend. Die Flughäute sind röthlich.

Gesammtlänge . . . 4″ 3‴—4″ 7‴. Nach Temminck.
Körperlänge . . . . 2″ 6‴—2″ 9‴.
Länge des Schwanzes 1″ 9‴—1″10‴.
„ „ Vorderarmes 1″ 9‴—1″10‴.

Im Oberkiefer sind 2 Vorderzähne vorhanden, im Unterkiefer bei jungen Thieren 4, bei älteren 2, bei sehr alten fehlen sie gänzlich.

Vaterland. Süd-Asien, Java, wo Horsfield, der diese Art zuerst beschrieben, entdeckte. Später theilte uns auch Temminck eine Beschreibung derselben mit, die er durch eine Abbildung erläuterte. Gray vereinigt sie mit dem bengalischen Doggengrämler *(Nyctinomus plicatus)* in einer Art und Giebel ist im Zweifel, ob sie vom schlanken Doggengrämler *(Nyctinomus tenuis)* der Art nach getrennt werden könne. Zelebor will sie nur für eine Abänderung desselben angesehen wissen.

### 16. Der saumschwänzige Doggengrämler *(Nyctinomus laticaudatus)*.

*N. auriti magnitudine; facie pilis brevissimis dense obtecta, maxilla superiore inferiore obtusata eximie longiore, labio superiore plicis transversalibus numerosis rugosis percurso ; auriculis sat magnis valde dilatatis parumque elongatis semicircularibus, marginibus integris, in margine interiore ad basin supra frontem connatis, in exteriore ad oris angulum usque protractis et ad basin lobo parvo erecto instructis, paene calvis et externe tantum pilis brevibus paucis obtectis; alis supra infraque calvis, versus corporis latera solum pilis paucis parce dispositis obtectis, ad tarsum usque attingentibus; patagio anali parum lato, fere plane calvo, ad basin solum pilis paucis obtecto, tarso adnato et caudam utrinque limbo angusto circumcingente; cauda mediocri, dimidio corpore parum longiore, maximam partem calva, basi tantum pilis parce dispositis obtecta et ad dimidium usque patagio anali inclusa; lingua fere cylindrica, infra ad dimidium usque tumida, molli; corpore pilis brevibus incumbentibus teneris mollibus dense vestito, artubus calvis; notaeo obscure nigrescente-fusco, gastraeo dilutiore in fuscescente-griseum vergente; rostro, auriculis patagiisque fuscescente nigris, artubus caudaque ejusdem coloris in rufescente-carneum vergentibus.*

*Chauve-souris obscure ou huitième.* Azara. Essais sur l'hist. des Quadrup. de Paraguay. V. II. p. 286.

*Molossus laticaudatus.* Geoffr. Ann. du Mus. V. VI. p. 156. Nr. 7.

Desmar. Nouv. Dict. d'hist. nat. V. XXI. p. 297. Nr. 7.

*Molossus laticaudatus.*　D e s m a r. Mammal. p. 115. Nr. 157.
　　„　　　　„　　　　D e s m a r. Dict. des Sc. nat. V. XXXII.
　　　　　　　　　　　p. 399.
　　　　　　　　　　　G r i f f i t h. Anim. Kingd. V. V. p. 174.
　　　　　　　　　　　Nr. 7.
　　　　　　　　　　　F i s c h. Synops. Mammal. p. 96, 551.
　　　　　　　　　　　Nr. 22.
　　　　　　　　　　　R e n g g e r. Naturg. d. Säugeth. von Para-
　　　　　　　　　　　guay. S. 87.
*Dysopes laticaudatus.*　W a g n. Schreber Säugth. Suppl. B. I.
　　　　　　　　　　　S. 478. Nr. 15.
　　　　　　　　　　　W a g n. Schreber Säugth. Suppl. B. V.
　　　　　　　　　　　S. 707. Nr. 14.
*Nyctinomus laticaudatus.* W a g n. Schreber Säugth. Suppl. B. V.
　　　　　　　　　　　S. 707. Nr. 14.
*Dysopes laticaudatus.* G i e b e l. Säugeth. S. 955.

Mit dieser überaus ausgezeichneten Art, welche keine Verwechselung mit irgend einer anderen gestattet, wurden wir zuerst durch
A z a r a bekannt. G e o f f r o y hat dieselbe später gleichfalls, doch
nur nach A z a r a's Angaben beschrieben und R e n g g e r hat uns in
neuerer Zeit eine sehr genaue Beschreibung von ihr nach seinen
eigenen Untersuehungen mitgetheilt.

Sie bildet eine der größeren Formen in der Gattung, da sie
mit dem schmalschnauzigen Doggengrämler *(Nyctinomus auritus)*
von gleicher Größe ist.

Das Gesicht ist dicht mit sehr kurzen Haaren bedeckt, die
Schnauze kahl. Der Oberkiefer ist beträchtlich länger als der abge-
stumpfte Unterkiefer, und die Oberlippe hängend und von zahlreichen
runzeligen Querfalten durchzogen. Die Ohren sind ziemlich groß
und von ansehnlicher Breite, doch verhältnißmäßig nicht sehr lang,
da sie den Scheitel nicht überragen, aber nach rückwärts über den
Kopf hinausreichen. Sie sind von halbkreisförmiger Gestalt, ohne
Ausschnitt an ihren Rändern, an der Wurzel ihres Innenrandes in
einer Entfernung von 3—3½ Linie hinter der Schnauzenspitze über
der Stirne miteinander verwachsen, mit ihrem Außenrande bis an
den Mundwinkel vorgezogen und an der Basis desselben mit einem
kleinen aufrechtstehenden Lappen versehen, beinahe völlig kahl und

nur auf der Außenseite mit einigen wenigen kurzen Haaren besetzt. Die Flügel sind auf der Ober- wie der Unterseite kahl, bloß an den Leibesseiten mit einigen spärlich vertheilten Haaren bekleidet und reichen bis an die Fußwurzel. Die Schenkelflughaut ist nur von sehr mäßiger Breite, fast vollständig kahl, und an ihrer Wurzel mit einigen wenigen Haaren besetzt, an die Fußwurzel angeheftet und bildet zu beiden Seiten des Schwanzes einen schmalen Saum, der denselben bis an die Spitze umgibt. Der mittellange Schwanz ist nur wenig länger als der halbe Körper, seiner größten Länge nach kahl, blos an der Basis spärlich mit einigen Haaren besetzt und bis zu seiner Hälfte von der Schenkelflughaut eingeschlossen. Die Zunge ist beinahe walzenförmig, auf der Unterseite bis zur Hälfte ihrer Länge aufgetrieben, und weich.

Die Körperbehaarung ist kurz, dicht, glatt anliegend, fein und weich. Die Gliedmaßen sind kahl.

Die Färbung ist auf der Oberseite des Körpers dunkel schwärzlichbraun, auf der Unterseite lichter und in Bräunlichgrau übergehend. Die Schnauze, die Ohren und die Flughäute sind bräunlichschwarz, die Gliedmaßen und der Schwanz ebenso, aber in's Fleischrothe ziehend.

| | | |
|---|---|---|
| Gesammtlänge . . . . . . | 4″—5″ 9‴. | Nach A z a r a. |
| Körperlänge . . . . . . . | 2″ 6‴. | |
| Länge des Schwanzes . . . | 1″ 6‴. | |
| Gesammtlänge . . . . . . | 5″. | Nach R e n g g e r. |
| Körperlänge . . . . ⸲ . . | 3″ 2‴. | |
| Länge des Schwanzes . . . | 1″10‴. | |
| Spannweite der Flügel . . . | 1′ 3″. | |

Im Ober- wie im Unterkiefer sind nur 2 Vorderzähne vorhanden, von denen jene des Oberkiefers durch einen Zwischenraum voneinander getrennt, die des Unterkiefers aber nahe an den Eckzähnen stehen und sehr klein sind. Lückenzähne befinden sich in beiden Kiefern jederseits 1, Backenzähne 4.

V a t e r l a n d. Süd-Amerika, Paraguay, wo A z a r a diese Art entdeckte. R e n g g e r traf sie in Tapua, nicht ferne von Assuncion. Seine Beschreibung hat er nur nach einem Männchen entworfen.

### 17. Der tiefaugige Doggengrämler (*Nyctinomus coecus*).

*N. gracilis magnitudine; capite subelongato, rostro antice parum angustato, facie fere plane calva, maxilla superiore inferiore valde longiore, naso eximie prosiliente, labio superiore plicis transversalibus numerosis percurso; auriculis magnis longis latisque amplissimis calvis, in margine exteriore ad oris angulum usque protractis, in interiore basi non procul a rostri apice fascia cutanea supra frontem connatis, et interne plicis tranversalibus percursis; oculis parvis profunde sitis oblongis, plica catanea opertis; alis longissimis angustis, fere plane calvis, ad corporis latera tantum parum pilosis, tibiae medium attingentibus; patagio anali calvo, tarso affixo; cauda mediocri, dimidio corpore eximie longiore, in apicali dimidio rotundato non limbato libera; corpore pilis brevibus incumbentibus mollibus dense vestito; notaeo nigrescente-fusco, gastraeo fusco.*

Petit chauve-souris obscure ou neuvième. A z a r a. Essais sur l'hist. des Quadrup. de Paraguay. V. II. p. 228.

*Molossus obscurus?* F i s c h. Synops. Mammal. p. 95, 551. Nr. 17.

*Molossus caecus.* R e n g g e r. Naturg. d. Säugeth. v. Paraguay. S. 88.

*Nyctinomus murinus?* G r a y. Magaz. of Zool. and Bot. V. II. p. 501.

*Dysopes coecus.* W a g n. Schreber Säugth. Suppl. B. I. S. 479. Nr. 16.

*Dysopes auritus?* W a g n. Abhandl. d. München. Akad. B. V. S. 204. Nr. 9.

*Dysopes coecus.* W a g n. Schreber Säugth. Suppl. B. V. S. 706. Nr. 10.*

*Nyctinomus coecus.* W a g n. Schreber Säugth. Suppl. B. V. S. 706. Nr. 10.*

*Dysopes auritus?* W a g n. Schreber Säugth. Suppl. B. V. S. 706. Nr. 10.*

*Nyctinomus auritus?* W a g n. Schreber Säugth. Suppl. B. V. S. 706. Nr. 10.*

*Dysopes coecus.* G i e b e l. Säugeth. S. 955.

Auch mit dieser ausgezeichneten Art hat uns A z a r a zuerst bekannt gemacht, und R e n g g e r verdanken wir eine genauere Kenntniß von derselben.

Bezüglich der Größe kommt sie mit dem zierlichen Doggengrämler *(Nyctinomus gracilis)* überein, daher sie eine mittelgroße Form in der Gattung bildet.

Der Kopf ist schwach gestreckt, die Schnauze vorne etwas verschmälert, das Gesicht beinahe vollständig kahl. Der Oberkiefer ist weit länger als der Unterkiefer, die Nase beträchtlich vorragend, die Oberlippe von zahlreichen Querfalten durchzogen. Die Ohren sind groß, lang, breit, sehr weit geöffnet und kahl, und ragen an den Kopf angedrückt, oben und hinten über denselben hinaus. Mit ihrem Außenrande sind sie bis an den Mundwinkel verlängert, an der Wurzel ihres Innenrandes in einer Entfernung von ungefähr zwei Linien hinter der Schnauzenspitze durch ein häutiges Band über der Stirne miteinander verwachsen und auf der Innenseite von stark hervortretenden Querfalten durchzogen. Die Augen sind klein, länglich und tiefliegend, und werden von einer Hautfalte überdeckt, welche durch die weit nach vorne gezogene Gegenecke der Ohren gebildet wird. Die Flügel sind sehr lang und schmal, beinahe vollständig kahl, nur längs der Leibesseiten etwas behaart und reichen bis an die Mitte des Schienbeines in die Nähe der Fußwurzel, während die kahle Schenkelflughaut am Fußwurzelgelenke angeheftet ist. Der Schwanz ist mittellang, beträchtlich länger als der halbe Körper und ragt mit seiner gerundeten und nicht gesäumten Hälfte frei aus der Schenkelflughaut hervor.

Die Körperbehaarung ist kurz, dicht, glatt anliegend und weich.

Die Färbung ist auf der Oberseite des Körpers schwärzlichbraun, auf der Unterseite braun.

| | | | |
|---|---|---|---|
| Gesammtlänge . . | 4″. | | Nach Rengger. |
| Körperlänge . . . | 2″ | 5‴. | |
| Länge des Schwanzes | 1″ | 7‴. | |
| „ der Ohren . | | 8‴. | |
| Breite der Ohren . . | | 10‴. | |
| Spannweite der Flügel | 1′. | | |
| Gesammtlänge . . | 3″ | 9‴. | Nach eigener Messung. |
| Körperlänge . . . | 2″ | 4‴. | |
| Länge des Schwanzes | 1″ | 5‴. | |

Vorderzähne befinden sich im Ober-, wie im Unterkiefer 2, Lückenzähne im Oberkiefer jederseits 1, im Unterkiefer 2, Backenzähne im Oberkiefer 4, im Unterkiefer 3.

Vaterland: Süd-Amerika, Paraguay, wo Azara diese Art entdeckte, und wo sie auch von Rengger in der Umgebung von Assuncion getroffen wurde, und Süd-Brasilien, von wo sie Helmenreichen brachte. In Paraguay ist sie selten, da Rengger nur ein einziges Exemplar, und zwar blos ein Weibchen derselben erhalten konnte, nach welchem er seine Beschreibung entwarf.

Das kaiserliche zoologische Museum zu Wien ist vielleicht das einzige unter den europäischen Museen, das sich im Besitze dieser Art befindet.

Fischer war geneigt sie mit dem rauchschwarzen Grämler *(Molossus obscurus)*, Gray mit dem breitzehigen Doggengrämler *(Nyctinomus murinus)* für identisch zu betrachten, während Wagner es für möglich hielt, daß sie mit dem schmalschnauzigen Doggengrämler *(Nyctinomus auritus)* der Art nach zusammenfallen könnte.

### 18. Der schmalschnauzige Doggengrämler *(Nyctinomus auritus)*.

*N. laticaudati magnitudine; capite elongato, antice angustato, facie maximam partem calva, naso fere tubuliformi fisso, lato, simo, oblique introrsum truncato, naribus valde distantibus oblongo rotundatis, maxilla inferiore superiore multo breviore, labio superiore plicis transversalibus profundis percurso, marginibus crenatis, rictu oris amplissimo; auriculis maximis longis latisque amplissimis, latioribus quam longis, horizontalibus oculos nasumque tegentibus membranaceis, oblongo-tetragonis rotundatis integris, in margine interiore basi fascia angusta cutanea rostrum versus prolongata supra frontem connatis, in exteriore ad oris angulum usque protractis et interne versus marginem exteriorem plicis transversalibus 5 valde distinctis percursis, versus interiorem plica longitudinali latissima; corpore sat gracili; alis longissimis angustis, maximam partem calvis, infra juxta corporis latera tantum limbo lato piloso abrupte finito circumdatis, supra juxta collum et brachium levissime pilosis et infra medium tibiae affixis; antibrachio longissimo; cauda mediocri, dimidio corpore parum longiore et antibrachio eximie breviore, majore parte apicali libera; corpore pilis sat brevibus subincumbentibus teneris mollibus large ac dense vestito; notaeo saturate obscure castaneo-fusco paullo in fuligineum vergente nitidiusculo, gastraeo versus medium paullo dilutiore, languidiore; fascia pilosa alarum albido-fuscescente; patagiis obscure fuscis.*

**Dysopes auritus.** N a t t e r er. Mscpt.

        „       „      W a g n. Wiegm. Arch. B. IX. (1843) Th. I. S. 366.

               „      W a g n. Abhandl. d. München. Akad. B. V. S. 204.

                        Nr. 9. t. 4. f. 4. (Kopf).

               „      B u r m e i s t. Säugeth. Brasil. S. 69.

               „      W a g n. Schreber Säugth. Suppl. B. V. S. 706.

                        Nr. 10. t. 49.

**Nyctinomus auritus.** W a g n. Schreber Säugth. Suppl. B. V. S. 706.

                        Nr. 10. t. 49.

**Dysopes coecus.** G i e b e l. Säugeth. S. 955.

Eine durch ihre Merkmale höchst ausgezeichnete Art, welche von N a t t e r er entdeckt und von W a g n er zuerst beschrieben und abgebildet wurde.

Sie gehört zu den größeren Formen in der Gattung und ist mit dem saumschwänzigen Doggengrämler *(Nyctinomus laticaudatus)* von gleicher Größe.

Vom tiefaugigen Doggengrämler *(Nyctinomus coecus).* mit welchem sie in sehr naher Verwandtschaft steht, unterscheidet sie sich außer der weit beträchtlicheren Größe durch den verhältniß-mäßig kürzeren Schwanz und zum Theile auch durch die verschiedene Färbung.

Der Kopf ist gestreckt und nach vorne zu verschmälert, das Gesicht größtentheils kahl. Die Nase ist fast röhrenförmig gestaltet, gespalten, breit, aufgeworfen und schief nach Innen abgestutzt. Die Nasenlöcher sind weit auseinander stehend und länglich rund. Der Unterkiefer ist viel kürzer als der Oberkiefer und die Oberlippe von tiefen Querfalten durchzogen, wodurch der Rand derselben gekerbt erscheint. Die Mundspalte ist überaus tief, und bei geöffnetem Rachen ziehen sich die Querfalten der Oberlippe auseinander. Die Ohren sind von außerordentlicher Größe, wagrecht gestellt und überdecken die Augen und die Nase. Sie sind dünnhäutig, fast von länglich-viereckiger Gestalt, abgerundet und ganzrandig, lang, breit und sehr

weit geöffnet, etwas breiter als lang und ragen noch an drei Linien
über die Nasenspitze hinaus. An der Wurzel ihres Innenrandes sind
dieselben durch ein schmales häutiges Band, das sich gegen den
Nasenrücken zu verlängert, über der Stirne miteinander verwachsen,
mit dem Außenrande bis an den Mundwinkel vorgezogen und auf
ihrer Innenseite gegen den Außenrand von fünf stark hervortretenden
Querfalten durchzogen, und gegen den Innenrand mit einer sehr
breiten Längsfalte besetzt, die sich nach unten zu so beträchtlich
erweitert und vorspringt, daß sie, wenn das Ohr an den Kopf angedrückt wird, das Auge vollständig überdeckt. Der Leib ist ziemlich
schlank. Die Flügel sind sehr lang und schmal, größtentheils kahl,
auf der Unterseite an den Leibesseiten von einem breiten scharf begrenzten Haarsaume umgeben, auf der Oberseite längs des Halses und
des Oberarmes mit einem sehr schwachen Haaranfluge besetzt und
heften sich unterhalb der Mitte des Schienbeines an, von wo sie sich
mit einem schmalen Hautrande noch etwas tiefer hinabziehen. Die
Vorderarme sind sehr lang. Der Schwanz ist mittellang, nur wenig
länger als der halbe Körper, beträchtlich kürzer als der Vorderarm
und in der größeren Hälfte frei, ragt aber bald mehr, bald weniger
weit aus der Schenkelflughaut hervor, da sich dieselbe auf dem
Schwanze auf- und niederschiebt.

Die Körperbehaarung ist ziemlich kurz, reichlich und dicht, nicht
sehr glatt anliegend, zart und weich.

Die Oberseite des Körpers ist schwach glänzend gesättigt, dunkel kastanienbraun, etwas in's Rußfarbene ziehend, die Unterseite
gegen die Mitte zu etwas lichter und matter. Die einzelnen Körperhaare sind beinahe einfärbig und nur auf der Oberseite dicht
an der Wurzel hell, auf der Unterseite aber kaum. Die Haarbinde auf
der Unterseite der Flügel längs der Leibesseiten ist weißbräunlich,
und die einzelnen Haare derselben sind am Außenrande an der Wurzel dunkelbraun. Die Flughäute sind dunkelbraun.

| | | |
|---|---|---|
| Körperlänge . . . . . . . | 3″ 2‴. | Nach Wagner. |
| Höhe des Körpers . . . . . | 2″ 7‴. | |
| Länge des Schwanzes . . . | 1″ 9½‴. | |
| „ des Vorderarmes . . . | 2″ 3‴. | |
| „ des Kopfes . . . . . | 11‴. | |
| „ der Ohren . . . . . . | 11‴. | |
| Breite der Ohren . . . . . . | 1″ 1½‴. | |

Spannweite der Flügel  . . .  1′ 1″ 5‴.
Länge der Ohren . . . . . .    1″ 1‴.  Nach Natterer.
Breite der Ohren .  . . . .    1″ 7‴.
Entfernung der beiden Mund-
   winkel voneinander  . . . .        6½‴.

Im Oberkiefer sind 2, im Unterkiefer 4 Vorderzähne vorhanden. Die Eckzähne sind lang und schlank.

Vaterland. Süd-Amerika, Brasilien, wo Natterer diese Art bei Cuyaba in der Provinz Mato grosso entdeckte, von welcher er aber nur zwei Weibchen habhaft werden konnte, die sich im kais. zoologischen Museum zu Wien befinden, und nach welchen Wagner seine Beschreibung entwarf. Giebel ist der Ansicht, daß dieselbe mit dem tiefaugigen Doggengrämler *(Nyctinomus coecus)* identisch sei.

### 19. Der zierliche Doggengrämler *(Nyctinomus gracilis)*.

*N. coeci magnitudine; rostro elongato antice valde angustato; labio superiore plicis transversalibus percurso, marginibus crenatis, rostro supra leviter piloso, lateribus faciei calvis; auriculis permagnis, longis latisque amplissimis, latioribus quam longis, in margine interiore basi connatis, in exteriore ad oris angulum usque protractis, interne calvis et versus marginem exteriorem plicis aliquot transversis percursis; corpore gracili; alis longis angustis, tenuibus, maximam partem calvis, supra infraque juxta corporis latera fascia pilosa limbatis necnon punctis obscuris dense notatis; patagio anali ad basin tantum et juxta caudam lanugine tenera parce obtecto; cauda mediocri, dimidii corporis fere longitudine et antibrachio distincte breviore ad dimidium usque patagio inclusa; corpore pilis brevibus incumbentibus mollibus dense vestito; notaeo sordide nigrescente-vel-umbrino-fusco parum obscuro, in dorso et lateribus rufescente-griseo-lavato, gastraeo distincte dilutiore.*

*Dysopes gracilis.* Natterer. Mscpt.

„      „     Wagn. Wiegm. Arch. B. IX. (1843.) Th. I. S. 368.

„      Wagn. Abhandl. d. München. Akad. B. V. S. 206.
   Nr. 10.

„      Wagn. Schreber Säugth. Suppl. B. V. S. 708.
   Nr. 15.

*Nyctinomus gracilis.* W a g n. Schreber Säugth. Suppl. B. V. S. 708. Nr. 15.

*Dysopes gracilis.* G i e b e l. Säugeth. S. 956.

*Nyctinomus gracilis.* F i t z. Säugeth. d. Novara-Expedit. Sitzungsb. d. math.-naturw. Cl. d. kais. Akad. d. Wiss. B. XLII. S. 390.

*Dysopes gracilis.* Z e l e b o r. Reise der Fregatte Novara. Zool. Th. B. I. S. 15.

Gleichfalls eine von N a t t e r e r entdeckte und von W a g n e r zuerst beschriebene Art, welche den mittelgroßen Formen ihrer Gattung angehört und mit dem tiefaugigen Doggengrämler *(Nyctinomus coecus)* von gleicher Größe ist.

Sie ist dem schmalschnauzigen Doggengrämler *(Nyctinomus auritus)* sehr nahe verwandt, aber viel kleiner als derselbe und sowohl durch den etwas kürzeren Schwanz, als zum Theil auch durch die abweichende Färbung deutlich von demselben verschieden.

Vom tiefaugigen Doggengrämler *(Nyctinomus coecus)*, mit welchem sie gleichfalls verwandt ist, trennen sie dieselben Merkmale und die kürzeren und schmäleren Ohren.

Die Schnauze ist gestreckt und nach vorne zu stark verschmälert. Die Oberlippe ist der Quere nach gefaltet und an ihrem Rande gekerbt. Der Schnauzenrücken ist schwach behaart, die Gesichtsseiten sind kahl. Die Ohren sind verhältnißmäßig von sehr ansehnlicher Größe, lang, breit und weit geöffnet, etwas breiter als lang, an der Wurzel ihres Innenrandes zusammenstoßend und miteinander verwachsen, mit dem Außenrande bis an den Mundwinkel vorgezogen, und auf der Innenseite kahl und gegen den Außenrand zu von einigen Querfalten durchzogen. Der Leib ist schlank. Die Flügel sind lang und schmal, dünnhäutig, größtentheils kahl, auf der Ober- sowohl als Unterseite längs der Leibesseiten von einer Haarbinde umgeben, welche auf der Unterseite von gleicher Breite ist und gegen den Leib zu auf die Strecke von 1 Zoll dicht mit dunklen Punkten besetzt. Die Schenkelflughaut ist an der Wurzel und längs des Schwanzes spärlich von einem feinen Flaume überflogen. Der Schwanz ist mittellang, nahezu von halber Körperlänge, merklich kürzer als der Vorderarm und ragt zur Hälfte frei aus der Schenkelflughaut hervor.

Die Körperbehaarung ist kurz, dicht, glatt anliegend und weich.

Die Oberseite des Körpers ist ziemlich licht, schmutzig schwärzlich- oder umberbraun, auf dem Rücken und den Leibesseiten röthlichgrau überflogen, die Unterseite merklich heller. Die einzelnen Körperhaare sind auf der Ober- wie der Unterseite einfärbig und nur dicht an der Wurzel licht. Die Ohren sind dunkler schwärzlichbraun.

| | | |
|---|---|---|
| Körperlänge . . . . . . . . | 2″ 5‴. | Nach **Wagner**. |
| Höhe des Körpers . . . . . . | 1″ 8‴. | |
| Länge des Schwanzes . . . . . | 1″ 2‴. | |
| „ des Vorderarmes . . . . | 1″ 6‴. | |
| „ des Kopfes . . . . . . | 9‴. | |
| „ der Ohren . . . . . . | 6½‴. | |
| Breite der Ohren . . . . . . | 5½‴. | |
| Länge des dritten Mittelhandknochens . . . . . . . . . | 1″ 6‴. | |
| Länge des Schienbeines . . . . | 5‴. | |
| Spannweite der Flügel . . . | 9″ 10‴. | |

**Vaterland.** Süd-Amerika, Brasilien, wo **Natterer** diese Art in der Provinz Mato grosso in der Gegend um Cuyaba entdeckte und Chili, wo **Zelebor** dieselbe traf.

### 20. Der stachelohrige Doggengrämler *(Nyctinomus aurispinosus)*.

*N. dilatato vix minor; rostro ad apicem disco antice aculeis corneis verrucaeformibus circumdato instructo, naribus anticis; labio superiore magno, plicis transversalibus rugosis sulcato; auriculis maximis, in margine interiore ad basin supra frontem connatis, in exteriore retrorsum reflexis et ad marginem hujus plicae aculeis 6 vel 8 corneis armatis; cauda mediocri, dimidio corpore eximie breviore; corpore dense piloso; notaeo obscure nigrescente-fusco, gastraeo dilutiore, nitore cocrulescente, patagiis purpureo-nigris.*

*Dysopes aurispinosus.* **Peale.** Unit. Stat. explor. expedit. V. VIII.
p. 21. t. 3. f. 1.
**Wagn.** Schreber Säugth. Suppl. B. V.
S. 707. Nr. 12.

*Nyctinomus aurispinosus.* Wagn. Schreber Säugth. Suppl. B. V.
S. 707. Nr. 12.

*Dysopes aurispinosus.* Giebel. Säugeth. S. 956. Note 3.

Ohne Zweifel eine selbstständige Art, mit welcher wir erst in
neuester Zeit durch Peale, der sie beschrieben und abgebildet, bekannt geworden sind.

Sie zählt zu den größten unter den mittelgroßen Formen ihrer
Gattung und steht dem breitflügeligen Doggengrämler *(Nyctinomus
dilatatus)* kaum an Größe etwas nach.

Die Nasenlöcher öffnen sich auf der Vorderseite der Schnauze in
einer besonderen Scheibe, welche vorne von warzenförmigen hornigen Stacheln umsäumt ist. Die Oberlippe ist groß und von tiefen
runzelartigen Querfalten durchzogen. Die Ohren sind sehr groß, an
der Wurzel ihres Innenrandes über der Stirne miteinander verwachsen, an ihrem Außenrande nach rückwärts umgeschlagen
und an der hiedurch gebildeten Falte mit 6 oder 8 hornigen stachel-
artigen Fortsätzen versehen. Der Schwanz ist mittellang und
beträchtlich kürzer als der halbe Körper.

Die Körperbehaarung ist dicht.

Die Oberseite des Körpers ist dunkel schwärzlich- oder sepia-
braun, die Unterseite lichter mit blaulichem Schimmer. Die Flughäute sind purpurschwarz.

| | | |
|---|---|---|
| Gesammtlänge | 4″ 6‴. | Nach Peale. |
| Körperlänge | 2″ 8²/₅‴. | |
| Länge des Schwanzes | 1″ 9³/₅‴. | |
| Spannweite der Flügel | 1′ 2″ 6‴. | |

Im Oberkiefer sind 2, im Unterkiefer 4 Vorderzähne vorhanden.
Lückenzähne befinden sich im Oberkiefer jederseits 1, im Unterkiefer 2, Backenzähne im Oberkiefer in jeder Kieferhälfte 4, im Unterkiefer 3.

Vaterland. Süd-Amerika, wo Peale diese Art auf offener
See 100 englische Meilen vom Cap St. Rochus entfernt getroffen.

### 21. Der großohrige Doggengrämler *(Nyctinomus macrotis).*

*N. plicato similis, ast labiis auriculisque multo majoribus;
rostro maximam partem calvo, carina e pilis brevibus rigidis confertis formata longitudinali in medio et altera transversali in margine*

*instructa; labio superiore maximo pendulo, plicis transversalibus sulcato et infra nasum fasciculo e pilis longioribus nigris composito obtecto; auriculis permagnis longis latis amplissimisque, in margine interiore ad basin supra frontem in tuberculo cutaneo conjunctis, in exteriore basi lobo lato supra subtruncato et infra in margine anteriore leviter emarginato instructis, interne pilosis; trago majusculo, supra truncato et ad marginem in duos vel tres lobulos partito; planta podariorum postice pulvillo parvo rotundato instructa, digito externo et interno sat latis pilisque apicem versus curvatis et parum crassioribus albis obtectis; pollice antipedum ad basin pulvillo magno circulari disciformi praedito; cauda mediocri cylindrica, ultra dimidium prominente libera.*

*Nyctinomus macrotis.* Gray. Ann. of Nat. Hist. V. IV. (1839) p. 5. t. 1. f. 3. (Kopf.)

*Dysopes macrotis.* Wagn. Schreber Säugth. Suppl. B. I. S. 481. Nr. 19.

*Nyctinomus macrotis* Gray. Mammal. of the Brit. Mus. p. 35.

*Dysopes macrotis.* Wagn. Schreber Säugth. Suppl. B. V. S. 706. Nr. 11,

*Nyctinomus macrotis.* Wagn. Schreber Säugth. Suppl. B. V. S. 706. Nr. 11.

*Dysopes macrotis.* Giebel Säugeth. S. 956.

Unsere Kenntniß von dieser Art beruht nur auf einer Beschreibung und Abbildung, welche uns Gray von derselben gegeben.

Sie gehört unstreitig zu den ausgezeichnetsten in der Gattung, doch hat uns Gray leider weder über ihre Größe, noch über ihre Färbung irgend einen Aufschluß gegeben. Aus der Abbildung des Kopfes und der Ohren läßt sich jedoch entnehmen, daß sie zu den größeren unter den mittelgroßen Formen ihrer Gattung gehört.

In manchen ihrer Merkmale erinnert sie lebhaft an den bengalischen Doggengrämler *(Nyctinomus plicatus)*, und insbesondere sind es die Form des Kopfes und der Nase, so wie auch die Bildung des Daumens, worin sie mit derselben große Ähnlichkeit hat.

Die Lippen aber und die Ohren sind verhältnißmäßig viel größer als bei dieser Art, und letztere bieten auch in Ansehung ihrer Bildung wesentliche Verschiedenheiten dar.

Die Schnauze ist größtentheils kahl und nur mit einem aus kurzen steifen, gedrängt stehenden Haaren gebildeten Längskiele in der
Mitte und einem Querkiele am Rande besetzt. Die Oberlippe ist sehr
groß und hängend, von Querfalten durchzogen und unterhalb der
Nase mit einem Büschel längerer Haare besetzt. Die Ohren sind von
sehr beträchtlicher Größe, lang, breit und sehr weit geöffnet, an der
Wurzel ihres Innenrandes durch einen Hautwulst über der Stirne
miteinander vereinigt, an der Basis ihres Außenrandes mit einem
breiten, oben etwas abgestutzten und an seinem vorderen Rande
unten schwach ausgekerbten Lappen versehen und auf der Innenseite
ziemlich behaart. Die Ohrklappe ist groß, oben abgestutzt und am
Rande in 2—3 kleine Lappen getheilt. Die Füße bieten auf der Sohle
hinten einen kleinen runden Ballen dar. Die Außen- und Innenzehe
sind ziemlich breit und mit weißen, an der Spitze gekrümmten und
etwas verdickten Haaren bedeckt, und die Außen- oder Daumenzehe
ist an ihrer Wurzel mit einem großen kreisförmigen, scheibenartigen
Ballen versehen. Der Schwanz ist mittellang, walzenförmig gerundet
und ragt über die Hälfte seiner Länge frei aus der Schenkelflughaut
hervor.

Körpermaaße sind nicht angegeben.

Die Länge des Ohres beträgt nach der Abbildung 1″.

Vaterland. Mittel-Amerika, West-Indien, Cuba, wo Mac
Leay diese Art im Inneren der Insel antraf.

Das britische Museum zu London besitzt ein Weibchen
dieser Art.

### 22. Der breitzehige Doggengrämler (*Nyctinomus murinus*).

*N. Nasonis magnitudine; facie pilosa, rostro vibrissis obtecto;
labio superiore in lateribus plicis transversalibus sulcato, antice
laevi; auriculis rotundatis et in margine interiore ad basin separatis, trago parvo augusto; alis longiusculis angustis, digito
podariorum interno et externo pulvillo magno lato instructis;
patagio anali parum lato, fibris muscularibus nullis; cauda mediocri, dimidio corpore breviore et in basali triente patagio anali
inclusa; notaeo nigrescente, gastraeo fusco, capite, auriculis alisque nigris.*

*Nyctinomus? murinus.* G r a y. Mscpt.

„ „ G r i f f i t h. Anim. Kingd. V. V. p. 187. Nr. 7.

*Molossus? murinus.* F i s c h. Synops. Mammal. p. 550. Nr. 15. a.

*Nyctinomus murinus.* G r a y. Magaz. of Zool. and Bot. V. II. p. 501.

„ „ G r a y. Mammal. of the Brit. Mus. p. 35.

*Dysopes murinus.* W a g n e r. Schreber Säugth. Suppl. B. V. S. 715.*

Ohne Zweifel eine selbstständige Art, welche von G r a y aufgestellt und von G r i f f i t h zuerst beschrieben, später aber von G r a y
durch einige Zusätze zu dieser kurzen Beschreibung näher erläutert
wurde.

Sie ist zunächst mit dem gemeinen Doggengrämler *(Nyctinomus Naso)* verwandt und mit demselben auch von gleicher Größe,
daher eine der mittelgroßen Formen in der Gattung, unterscheidet
sich von diesem aber durch die großen Zehenballen der Außen- und
Innenzehe, die verhältnißmäßig kürzeren Flügel und den kürzeren
Schwanz, welcher auch weiter frei aus der Schenkelflughaut hervorragt, so wie auch durch die verschiedene Färbung.

Das Gesicht ist behaart, die Schnauze mit Schnurrborsten
besetzt, die Oberlippe an den Seiten der Quere nach gefaltet, vorne
aber einfach und glatt. Die Ohren sind gerundet und an der Wurzel
ihres Innenrandes voneinander getrennt. Die Ohrklappe ist klein und
schmal. Die Flügel sind schmal und nicht besonders lang, die Außen-
und Innenzehe mit einem großen, breiten Zehenballen besetzt. Die
Schenkelflughaut ist nur von geringer Breite und bietet keine Muskelbündel dar. Der Schwanz ist mittellang, merklich kürzer als der
halbe Körper, und ragt mit $^2/_3$ seiner Länge frei aus der Schenkelflughaut hervor.

Die Oberseite des Körpers ist schwärzlich, die Unterseite desselben braun. Der Kopf, die Ohren und die Flügel sind schwarz.

Körperlänge . . . . . . . . . . . 2″6‴. Nach G r i f f i t h.

Länge des Schwanzes . . . . . . . 1″.

Spannweite der Flügel . . . . . . 8″.

V a t e r l a n d. Mittel-Amerika, West-Indien, Jamaica, wo R e d-
m a n diese Art entdeckte.

G r a y und G r i f f i t h waren Anfangs im Zweifel ob sie dieselbe
der Gattung Doggengrämler *(Nyctinomus)* einreihen sollten und

Fischer war gleichfalls nicht gewiß, ob er sie zu seiner Gattung „*Molossus*" zählen dürfe.

Bis jetzt scheint das Britische Museum zu London das einzige in Europa zu sein, welches diese Art besitzt.

### 23. Der gemeine Doggengrämler. (*Nyctinomus Naso*).

*N. plicati magnitudine; rostro brevi, naribus prosilientibus, labio superiore plicis transversalibus percurso; auriculis magnis rotundatis approximatis, basi interna separatis; alis longis augustis maximam partem calvis, infra tantum juxta corporis latera fascia pilosa limbatis; digitis podariorum pilis longis albis obtectis; cauda mediocri, dimidio corpore paullo longiore in apicali dimidio libera; corpore pilis brevibus incumbentibus mollissimis dense vestito; colore variabili, notaeo ex nigro-fusco nubilo in griseo-fuscum variante, pilis singulis unicoloribus, gastraeo dilutiore, pectore excepto obscuriore; patagiis fuscis.*

*Dysopes nasutus.* Temminck. Monograph. d. Mammal. V. I. p. 233. t. 24. f. 2. (Skelet), f. 3. (Zähne).

*Nyctinomus Brasiliensis.* Isid. Geoffr. Ann. de Sc. nat. V. II. p. 343, t. 22. f. 1—4.

„ Isid. Geoffr. Zool. Journ. c. fig.

„ Desmar. Dict. des Sc. nat. T. XXXV. p. 243.

*Nyctinomus Braziliensis.* Griffith. Anim. Kingd. V. V. p. 186. Nr. 6.

*Molossus nasutus.* Fisch. Synops. Mammal. p. 94, 550. Nr. 15.

*Dysopes nasutus.* Wagler. Syst. d. Amphib. S. 10.

*Nyctinomus nasutus.* Gray. Magaz. of Zool. and Bot. V. II. p. 501.

*Molossus rugosus.* D'Orbigny. Voy. dans l'Amér. mérid. p. 13. t. 10. f. 3.

*Dysopes Naso.* Wagn. Schreber Säugth. Suppl. B. I. S. 475. Nr. 12.

*Dysopes rugosus.* Wagn. Schreber Säugth. Suppl. B. I. S. 481. Note 20.

*Molossus Naso.* Tschudi. Fauna Peruana. p. 80.

*Molossus nasutus.* Gay. Hist. nat. d. Chili. p. 35.

*Dysopes Naso.* Wagn. Schreber Säugth. Suppl. B. V. S. 707. Nr. 13. t. 49.

*Nyctinomus Naso.* W a g n. Schreber Säugth. Suppl. B. V. S. 707.
Nr. 13. t. 49.

*Dysopes nasutus.* G i e h e l. Säugeth. S. 957.

*Nyctinomus Naso.* F i t z. Säugeth. d. Novara-Expedit. Sitzungsber.
d. math. naturw. Cl. d. kais. Akad. d. Wiss.
B. XLII. S. 390.

*Dysopes Naso.* Z e l e b o r. Reise d. Fregatte Novara. Zool. Th. B. I.
S. 15.

Eine sehr leicht zu erkennende Art, welche wir zuerst durch
T e m m i n c k kennen gelernt haben, der uns eine genaue Beschrei-
bung von derselben mittheilte, und welche später auch von I s i d o r
G e o f f r o y beschrieben und abgebildet wurde.

Unter den zahlreichen Arten dieser Gattung ist der breitzehige
Doggengrämler *(Nyctinomus murinus)* die einzige bis jetzt bekannte,
mit welcher sie verwechselt werden könnte, doch trennen sie die Abweichungen in den körperlichen Verhältnissen und in der Färbung
deutlich von derselben.

In der Größe kommt sie mit dieser Art sowohl als auch mit
dem bengalischen Doggengrämler *(Nyctinomus plicatus)* vollständig
überein, wornach sie eine der mittelgroßen Formen in ihrer Gattung
darstellt.

Die Schnauze ist kurz und die Nasenlöcher sind vorspringend.
Die Oberlippe ist von Querfalten durchzogen. Die Ohren sind groß
und abgerundet, stehen einander genähert, stoßen aber an der Wurzel ihres Innenrandes nicht miteinander zusammen. Die Flügel sind
lang und schmal, größtentheils kahl und nur auf der Unterseite längs
der Leibesseiten von einer Haarbinde umsäumt. Die Zehen der Hinterfüße sind mit langen weißen Haaren besetzt. Der Schwanz ist mittellang, etwas länger als der halbe Körper und zur Hälfte frei aus der
Schenkelflughaut hervorragend.

Die Körperbehaarung ist kurz, dicht, glatt anliegend und sehr
weich.

Die Färbung ist nicht beständig und geht auf der Oberseite des
Körpers vom trüb Schwarzbraunen bis in's Graubraune über, wobei
die einzelnen Körperhaare bis an die Wurzel einfärbig sind. Die Unterseite ist heller, die Brust etwas dunkler gefärbt. Die Flughäute
sind braun.

Gesammtlänge . . . . . . . 4″      Nach Temminck.
Körperlänge . . . . . . . . 2″6‴.
Länge des Schwanzes . . . . 1″6‴.
Spannweite der Flügel . . . . 10″8‴.

Im Oberkiefer sind bei jungen Thieren 4, bei älteren aber nur 2 Vorderzähne vorhanden, im Unterkiefer bei jungen Thieren 6, später 4 und bei alten 2. Lückenzähne befinden sich im Oberkiefer jederseits 1, im Unterkiefer 2, Backenzähne im Oberkiefer 4, im Unterkiefer 3.

Vaterland. Süd-Amerika, Buenos-Ayres, Corrientes, Bolivia, Chili, Peru und Brasilien.

Temminck, der diese Art zuerst beschrieben, hielt sie irrigerweise mit dem zweifärbigen Grämler *(Molossus nasutus)* für identisch, der jedoch einer anderen Gattung angehört, und ebenso auch Fischer, Gray und Giebel, obgleich mittlerweile schon Wagler diesen Irrthum nachgewiesen hatte. Isidor Geoffroy beschrieb sie unter dem Namen „*Nyctinomus Brasiliensis*", D'Orbigny unter der Benennung „*Molossus rugosus*".

## C. Gruppe der Fledermäuse *(Vespertiliones)*.

Der Schwanz ist eben so lang oder nur sehr wenig länger als die Schenkelflughaut, vollständig oder wenigstens dem allergrößten Theile seiner Länge nach von derselben eingeschlossen und ragt nur mit seiner äußersten Spitze an ihrem hinteren Rande mehr oder weniger weit, frei aus ihr hervor.

### 19. Gatt.: Scheibenfledermaus (Thyroptera).

Der Schwanz ist lang, größtentheils von der Schenkelflughaut eingeschlossen und nur mit seinen beiden Endgliedern frei aus derselben hervorragend. Der Daumen ist frei. Die Ohren sind weit auseinander gestellt, mit ihrem Außenrande bis gegen den Mundwinkel verlängert und mittellang. Die Sporen sind von einem Hautlappen umsäumt. Die Flügel reichen bis an die Zehenkrallen. Die Zehen der Hinterfüße sind zweigliederig und miteinander verwachsen. Im Unterkiefer sind jederseits 3 Lückenzähne vorhanden, Backenzähne befinden sich in beiden Kiefern jederseits 3.

Zahnformel. Vorderzähne $\frac{2-2}{6}$, Eckzähne $\frac{1-1}{1-1}$, Lückenzähne $\frac{3-3}{3-3}$, Backenzähne $\frac{3-3}{3-3} = 38$.

## 1. Die weissbauchige Scheibenfledermaus. *(Thyroptera tricolor)*.

*Th. Vesperi Aristippes circa magnitudine; rostro leviter acuminato, antice truncato calvo fossulisque duabus in excavatione parum profunda sitis praedito, supra piloso, naribus valde distantibus magnis rotundatis anticis, labiis sat angustis, superiore ad medium usque vibrissis ex rufescente castaneo-fuscis instructo; auriculis majusculis distantibus sat brevibus latis, tenuibus fere infundibuliformibus, supra rotundatis, in margine interiore supra basin sinuatis, in exteriore ad basin arcuatis, dein sinuatis, versus oris angulum protractis et in eadem altitudine cum isto finitis, interne plicis 7 transversalibus parvis percursis; trago occulto parvo brevi crasso, in medio sat incrassato, in margine exteriore valde arcuato et basi protuberantia gemmaeformi instructo, in interiore sinuato; oculis parvis; corpore gracili; alis longis angustissimis tenuibus diaphanis cum dimidio brachio et toto antibrachio calvis, ad digitorum pedis apicem usque attingentibus: halluce antipedum brevissimo, infra tumescentia et supra istam callo magno rotundato-ovali fere circulari disciformi plano corneo instructo, unguiculo valde compresso; metatarso infra callo simili minore; podariis parvis, digitis concretis biarticulatis, exteriore non distante; patagio anali postice triangulariter terminato angulo plano, lineis transversalibus obscuris percurso et in margine inter calcaria et caudam ciliato; calcaribus horizontalibus sat longis, lobo cutaneo verruculoso et appendicibus duabus parum distantibus brevissimis osseis in medio suffulto limbatis; cauda mediocri, corpore eximie et antibrachio parum breviore, apice ultra ¼ suae longitudinis libera; palato plicis transversalibus 8 percurso; corpore pilis longiusculis incumbentibus mollibus dense vestito, fronte et rostro supra pilis brevioribus; notaeo vel rufescente-fusco in nigrescentem vergente, vel ex rufescente castaneo-fusco et in lateribus in dilute griseo-fuscum transeunte; pectore, regione pubis et femoribus ac cauda ad basin pure albis vel argenteis abrupte finitis, pilis corporis omnibus unicoloribus; mento, gula et maxillae inferioris*

5*

*lateribus dilute griseo-fuscis; auriculis, patagiis, artubusque cum callis distiformibus ac cauda colore dorsi, ast dilutioribus et magis in nigrescentem vel obscure cinereum vergentibus.*

*Thyroptera tricolor.* Spix. Simiar. et Vespertil. Brasil. spec. novae.
p. 61. t. 36. f. 9.

*Dysopes acuticaudatus?* Temminck. Monograph. d. Mammal. T. I.
p. 240.

*Thyroptera tricolor.* Griffith. Anim. Kingd. V. V. p. 245. Nr. 1.

*Molossus? tricolor.* Fisch. Synops. Mammal. p. 97, 551. Nr. 22*

*Dysopes? tricolor.* Wagler. Syst. d. Amphib. S. 10.

*Thyroptera tricolor.* Gray. Magaz. of Zool. and Bot. V. II. p. 502.

*Nyctinomus? tricolor.* Gray. Ann. of Nat. Hist. V. IV. (1839) p. 5.

*Thyroptera tricolor.* Wagn. Schreber Säugth. Suppl. B. I. S. 482,
551. Note 22.

*Dysopes? tricolor.* Wagn. Schreber Säugth. Suppl. B. I. S. 482.
Nr. 22.

*Thyroptera tricolor.* Rasch. Nyt. Magaz. for. Naturvidensk. B. IV.
Hft. 1. (1843.) m. Fig.

„        Rasch. Wiegm. Arch. B. IX. (1843.) Th. I.
f. 361.

*Thyroptera bicolor.* Cantraine. Bullet. de l'Acad. de Bruxelles.
V. XII. (1845) P. I. p. 489. c. fig.

*Thyroptera tricolor.* Wagn. Schreber Säugth. Suppl. B. V. S. 778.
Nr. 1.

*Thyroptera tricolor.* Giebel. Säugeth. S. 952.

*Thyroptera bicolor.* Giebel. Säugeth. S. 952.

Diese höchst merkwürdige, aber lange verkannte und falsch gedeutete Form ist eine Entdeckung von Spix, der sie mit vollem Rechte für den Repräsentanten einer besonderen Gattung erklärte, welche er mit dem Namen „*Thyroptera*" bezeichnete.

In Ansehung der Größe kommt sie ungefähr mit der spitzschnauzigen (*Vesperus Aristippe*), stumpfschnauzigen (*Vesperus Bonapartii*) und capischen Abendfledermaus (*Vesperus minutus*) überein, daher sie zu den kleinsten Formen in der ganzen Familie zählt.

Die Schnauze ist schwach zugespitzt, vorne abgestutzt und mit zwei in einer seichten Höhlung liegenden Grübchen versehen. Der Nasenrücken ist behaart, das Schnauzenende kahl. Die Nasenlöcher

sind groß und gerundet, weit auseinander gestellt und liegen auf
der Vorderseite der Schnauze. Die Lippen sind ziemlich schmal und
die Oberlippe ist von der Mundspalte bis zu ihrer Mitte mit röthlich
kastanienbraunen Schnurrborsten besetzt. Die verhältnißmäßig nicht
sehr großen völlig voneinander getrennt stehenden Ohren, sind
ziemlich kurz und breit, fast trichterförmig, dünnhäutig und oben
abgerundet, an ihrem Innenrande über der Wurzel mit einer bogenförmigen Einbuchtung versehen, am Außenrande von der Basis an
ausgebuchtet, im oberen Viertel aber eingebuchtet und reichen mit
demselben bis gegen die Mundspalte, wo sie ungefähr zwei Linien
hinter derselben und in gleicher Höhe mit ihr enden. Auf ihrer Innenseite sind sie gegen den oberen Theil des Außenrandes zu von 7 kleinen
Querfalten durchzogen. Die kleine dicke versteckt liegende Ohrklappe
ist in der Mitte ziemlich fleischig, am Außenrande stark bogenförmig
gekrümmt und an der Wurzel mit einem knospenartigen Vorsprunge
versehen, am Innenrande aber eingebuchtet. Die Augen sind klein
und liegen fast in gleicher Linie zwischen der vorderen Ohrwurzel
und den Nasenlöchern, zwei Linien vor dem Innenrande der Ohren.
Der Leib ist schmächtig. Die Flügel sind lang, sehr schmal, dünnhäutig
und durchscheinend, nebst dem halben Ober- und dem ganzen Vorderarme kahl, bis zum ersten Daumengliede angeheftet und reichen
bis an die Zehenspitzen. Der Zeigefinger hat keine knöcherne Phalanx und der Mittelfinger ist scheinbar aus drei Phalangen zusammengesetzt, da das dritte sehnige Glied vollständig verknöchert. Der
Daumen ist sehr kurz und bietet auf seiner Unterseite an der Verbindungsstelle seines Mittelhandknochens mit dem ersten Gliede eine
ausgebreitete Verdickung und über derselben auf dem ersten Gliede
eine große rundlich-ovale und beinahe kreisförmige, vollkommen
flache hornige schildartige Schwiele dar. Die Kralle desselben ist
sehr stark zusammengedrückt. Die Hinterfüße sind klein, die Zehen
derselben zusammengewachsen und zweigliederig, und die Dau-
men- oder Außenzehe nicht von den übrigen Zehen gesondert. Am
Mittelfuße befindet sich eine ähnliche runde scheibenartige Schwiele
wie am Daumen der vorderen Gliedmaßen, doch ist dieselbe um die
Hälfte kleiner. Die Schenkelflughaut ist hinten flach, dreieckig abgegrenzt, von zahlreichen dunklen Querlinien durchzogen und am Rande
zwischen der Spitze der Sporen und dem vierten Schwanzgliede, an
welches sie sich heftet, mit Haaren gewimpert. Die wagrecht ver-

laufenden Sporen sind ziemlich lang, von einem ziemlich dicken und mit kleinen rundlichen warzenartigen Auswüchsen besetzten lappenartigen Hautrande umgeben und in ihrer Mitte mit zwei sehr kurzen und nur wenig voneinander abstehenden Fortsätzen versehen, welche bis an den Rand des Lappens reichen. Der mittellange, aus 6 Gliedern bestehende Schwanz ist beträchtlich kürzer als der Körper, nur wenig kürzer als der Vorderarm und von gleicher Länge wie der Rumpf, und ragt etwas über ein Viertel seiner Länge frei aus der Schenkelflughaut hervor. Der Gaumen ist von 8 Querfalten durchzogen.

Die Körperbehaarung ist ziemlich lang, dicht, glatt anliegend und weich. Die Stirne und der Nasenrücken sind kürzer behaart.

Die Oberseite des Körpers ist röthlichbraun in's Schwärzliche ziehend oder röthlich kastanienbraun und an den Leibesseiten in licht Graubraun übergehend. Die Brust, der Bauch, die Schamgegend und die Wurzel der Schenkel und des Schwanzes sind rein weiß oder silberweiß, welche Farbe sich von jener der Oberseite scharf abschneidet, und sämmtliche Körperhaare sind einfärbig. Das Kinn, die Kehle und die Seiten des Unterkiefers sind licht graubraun. Die Ohren, die Flughäute, die Gliedmaßen nebst den Haftscheiben und der Schwanz sind wie die Oberseite des Körpers aber heller und mehr in's Schwärzliche oder dunkel Aschgraue ziehend gefärbt.

| | |
|---|---|
| Länge des Rumpfes . . . . . 1″ 3‴. Nach Spix. | |
| „ des Schwanzes über . . 1″ 1/2‴. | |
| „ des eingeschlossenen Theiles desselben über . . . 9‴. | |
| „ des freien Theiles desselben 3 1/2‴. | |
| Länge des Oberarmes . . . . 9‴. | |
| „ des Vorderarmes . . . . 1″ 3 1/2‴. | |
| „ der Sporen . . . . . . 2‴. | |
| Spannweite der Flügel . . . . 9″ 4‴. | |
| Gesammtlänge . . . . . . . 2″ 6 2/3‴. Nach Rasch. | |
| Körperlänge . . . . . . . . 1″ 6 2/3‴. | |
| Länge des Schwanzes . . . . 1″. | |
| „ des freien Theiles desselben 3 1/2‴. | |
| „ des Rumpfes . . . . . . 1″. | |
| „ des Kopfes . . . . . . 7‴. | |
| „ der Ohren . . . . . . 4 1/3‴. | |
| Breite der Ohren . . . . . . 3 1/2‴. | |

Länge des Vorderarmes . . . . 1″ 4‴.

„ der Daumenspitze . . . . 1½‴.

„ des Mittelhandknochens des
2. Fingers . . . . . . 4⅓‴.

„ des Mittelhandknochens des
3. Fingers . . . . . . 1″ 3⅙‴.

„ des 1. Gliedes des 3. Fingers . . . . . . . . 6½‴.

„ des 2. Gliedes des 3. Fingers . . . . . . . . 6½‴.

„ des Mittelhandknochens des
4. Fingers . . . . . 1″ 3½‴.

„ des 1. Gliedes des 4. Fingers . . . . . . . . 4‴.

„ des 2. Gliedes des 4. Fingers . . . . . . . . 3‴.

„ des Mittelhandknochens des
5. Fingers . . . . . . 1″ 1⅔‴.

„ des Hinterfußes . . . . 2⅓‴.

„ der Sporen . . . . . . 4⅓‴.

Spannweite der Flügel . . . . 3″ 10⅔‴.

Gesammtlänge . . . . . . . . 2″ 6½‴. N. Cantraine.

Körperlänge . . . . . . . . 1″ 5½‴.

Länge des Schwanzes . . . . . 1″ 1‴.

„ des Kopfes . . . . . . 7½‴.

„ des Oberarmes . . . . . 9‴.

„ des Vorderarmes . . . . 1″ 4⅔‴.

„ der Daumenscheibe . . . 1⅔‴.

„ des Mittelfingers . . . . 2″ 3⅔‴.

„ des Schenkels . . . . . 6½‴.

„ des Schienbeines . . . . 8‴.

Spannweite der Flügel . . . . 3″ 10⅔‴.

Länge des Schwanzes . . . . . 1″ ⅔‴. Nach Wagner.

„ des freien Theiles desselben 3½‴.

„ des Vorderarmes . . . . 1″ 4⅔‴.

Länge des Mittelhandknochens des
3. Fingers . . . . . . 1″ 3‴.

„ des ersten Gliedes desselben 7‴.

Länge der Daumenscheibe . . . .  $1\,^2/_3\,'''$.

„ des Schienbeines . . . .  $8'''$.

„ der Sporen . . . . . . .  $3\,^1/_2\,'''$.

Im Oberkiefer sind 4, im Unterkiefer 6 Vorderzähne vorhanden. Lückenzähne befinden sich in beiden Kiefern jederseits 3 und Backenzähne gleichfalls 3. Die Vorderzähne des Oberkiefers sind paarweise gestellt und beide Paare sind durch einen Zwischenraum voneinander getrennt. Auf ihrer Rückseite sind dieselben mit einem kleinen Fortsatze versehen, ihre Kronenschneide ist zweilappig und der vordere Zahn ist um $^1/_3$ länger als der hintere. Jene des Unterkiefers sind etwas schräg in einem Halbkreise gestellt, an der Kronenschneide dreilappig und nehmen an Größe von hinten nach vorne ab. Die Eckzähne sind dreizackig, die oberen fast doppelt so lang als der vordere Vorderzahn und vorne an ihrer Basis mit einem überaus kleinen Vorsprunge versehen, die unteren sind kleiner. Von den Lückenzähnen des Oberkiefers sind die beiden vorderen einspitzig, während der hintere auf der Innenseite an der Basis mit einer Nebenspitze versehen ist und alle drei sind zusammenstoßend und fast von gleicher Größe. Im Unterkiefer sind dieselben durchaus einspitzig und so wie im Oberkiefer gleich groß und aneinander gereiht. Die beiden vorderen Backenzähne im Oberkiefer sind sechsspitzig mit drei kleineren Spitzen an der Außenseite, zwei mittleren, welche die höchsten sind und einer tieferen an der Innenseite. Der hintere ist fünfspitzig. Die Backenzähne des Unterkiefers sind durchaus fünfspitzig, mit zwei äußeren und drei inneren Spitzen.

Vaterland. Süd- und Mittel-Amerika, wo diese Art sowohl in Brasilien, als auch in Surinam getroffen wird. Spix brachte sie von den Ufern des Amazonenstromes, Cantraine erhielt sie aus Surinam.

Die höchst mangelhafte und bezüglich der Angabe über die Anheftung der Flügel sogar unrichtige Beschreibung so wie die mißlungene Abbildung, welche Spix von derselben gegeben, brachten Temminck auf die Vermuthung, daß sie zur Gattung Grämler (Molossus) gehören könne und vielleicht sogar mit dem spitzschwänzigen Grämler (Molossus acuticaudatus) identisch sei. Auch Fischer, Wagler und früher auch Wagner glaubten in ihr eine Art dieser Gattung zu erkennen, und ebenso Gray, welcher geneigt war sie in der Gattung Doggengrämler (Nyctinomus) einzureihen. Erst Rasch, der uns im Jahre 1843 eine höchst genaue Beschrei-

bung von derselben nebst einer Abbildung mittheilte, wies nicht nur
ihre Selbstständigkeit als Art, sondern auch als Gattung nach, und
zwei Jahre später auch C a n t r a i n e, der ohne von der Beschreibung von R a s c h Kenntniß erhalten zu haben, sie als eine selbstständige Art und Gattung unter dem Namen „*Thyroptera bicolor*"
beschrieb. W a g n e r stellte die Identität der beiden von R a s c h und
C a n t r a i n e beschriebenen Formen fast außer allen Zweifel, während G i e b e l dieselben für zwei verschiedene Arten angesehen wissen will.

### 2. Die zimmtfarbene Scheibenfledermaus *(Thyroptera discifera)*.

*Th. tricolore minor et Vesperi innoxii magnitudine; rostro*
*abrupte a fronte discreto elongato, antice recte truncato, in mar-*
*gine superiore limbo cutaneo angusto circumdato, calvo; naribus*
*valde distantibus in antica et inferiore rostri parte sitis; auriculis*
*sat magnis distantibus irregulariter tetragonis, in margine externo*
*dupliciter emarginatis et fere ad oris angulum usque protractis;*
*trago brevi acuminato trilobo; alis longis tenuibus ad digitorum*
*unguiculos usque attingentibus; halluce antipedum infra callo*
*magno rotundato disciformi corneo instructo, metatarso infra callo*
*simili minore; pedibus perparvis, digitis concretis biarticulatis,*
*exteriore non distante; calcaribus longis lobo cutaneo limbatis;*
*cauda longa, corpore parum breviore et antibrachio longitudine*
*fere aequali, apice tantum articulis duobus prominentibus libera;*
*corpore pilis modice longis incumbentibus mollibus dense vestito;*
*notaeo gastraeoque cinnamomeo-fuscis, notaeo obscuriore, gastraeo*
*dilutiore; alis obscure nigrescente — vel umbrino-fuscis.*

*Hyonycteris discifera.* L i c h t e n s t. P e t e r s. Über neue merkwürd.
Säugth. 1855. S. 9. t. 2.
*Thyroptera discifera.* P e t e r s. In litteris.
„              „         W a g n. Schreber Säugth. Suppl. B. V. S. 780.
Nr. 2.

Eine der weißbauchigen Scheibenfledermaus *(Thyroptera tri-*
*color)* nahe verwandte, sicher aber specifisch von derselben verschiedene Form, welche sich außer der geringeren Größe sowohl durch
die Abweichungen in ihren körperlichen Verhältnissen, als auch in
der Färbung sehr deutlich von ihr unterscheidet und erst in neuester

Zeit von Lichtenstein und Peters beschrieben und abgebildet wurde.

Sie ist eine der kleinsten unter allen bis jetzt bekannt gewordenen Formen in der Familie der Fledermäuse und von derselben Größe wie die peruanische Abendfledermaus *(Vesperus innoxius)*. Die Schnauze ist scharf von der Stirne abgegrenzt, rüsselartig verlängert, vorne gerade abgestutzt, am oberen Rande von einem schmalen Hautsaume umgeben und kahl. Die Nasenlöcher sind weit auseinander gestellt und liegen vorne auf der Unterseite der Schnauze. Die Ohren sind verhältnißmäßig ziemlich groß, von einander getrennt stehend, von unregelmäßig viereckiger Gestalt, am Außenrande mit einem doppelten Ausschnitte versehen und fast bis an den Mundwinkel vorgezogen. Die Ohrklappe ist kurz, zugespitzt und dreilappig. Die Flügel sind lang, dünnhäutig und reichen bis an die Krallen der Zehen. Der Zeigefinger bietet keine knöcherne Phalanx dar, während der Mittelfinger aus drei knöchernen Gliedern zu bestehen scheint, indem das dritte sehnige Glied vollständig verknöchert. Der Mittelhandknochen des Zeigefingers ist sehr kurz, da seine Länge nicht einmal ein Viertel der Länge des Mittelhandknochens des dritten Fingers beträgt. Der Daumen ist frei und bietet an der Verbindungsstelle seines Mittelhandknochens mit dem ersten Gliede eine große rundlich-ovale hornige scheibenartige Schwiele dar. Die Hinterfüße sind sehr klein, die Zehen derselben zusammengewachsen und zweigliederig, und die Daumen- oder Außenzehe ist nicht von den übrigen Zehen gesondert. Am Mittelfuße befindet sich eine ähnliche, aber kleinere scheibenartige Schwiele wie am Daumen der vorderen Gliedmaßen. Die Sporen sind lang und von einem lappenartigen Hautrande umgeben. Der lange aus sechs Gliedern gebildete Schwanz ist nur wenig kürzer als der Körper, fast von derselben Länge wie der Vorderarm und ragt mit seinem letzten knöchernen und seinem knorpeligen Endgliede frei aus der Schenkelflughaut hervor.

Die Körperbehaarung ist mäßig lang, dicht, glatt anliegend und weich.

Die Färbung des Körpers ist einfärbig zimmtbraun, auf der Oberseite dunkler, auf der Unterseite heller. Die Flügel sind dunkel schwärzlich- oder umberbraun.

Gesammtlänge . . . . . 2″ 6²/₃‴. Nach Lichtenstein u. Peters.
  Körperlänge . . . 1″ 4²/₃‴.

Länge des Schwanzes 1″ 2‴.

„ des Kopfes . 6½‴.

„ der Ohren . 4⅔‴.

Breite der Ohren . . 4⅓‴.

Länge der Ohrklappe 1⅔‴.

„ des Vorder-

armes . . . 1″ 2½‴.

„ des Mittelhand-

knochens des 3.

Fingers . . 1″ 1⅔‴.

„ des 1. Gliedes

des 3. Fingers 6½‴.

„ des Mittelhand-

knochens des 4.

Fingers . . 1″ 1½‴.

„ der Daumen-

scheibe . . 1½‴.

„ des Schienbei-

nes . . . . 6½‴.

„ der Sporen . 6‴.

Im Oberkiefer sind 4, im Unterkiefer 6 Vorderzähne vorhanden und die beiden mittleren im Oberkiefer sind durch einen Zwischenraum voneinander getrennt. Lückenzähne befinden sich in beiden Kiefern jederseits 3 und ebenso auch 3 Backenzähne. Die oberen Vorderzähne sind zweilappig, die unteren dreilappig. Die Eckzähne beider Kiefer sind vorne und hinten noch mit einem kleinen Nebenzacken versehen.

Vaterland. Mittel-Amerika, Columbien, wo diese Art in der Republik Venezuela um Puerto Cabello vorkommt.

## 20. Gatt. Zehenfledermaus (Exochurus).

Der Schwanz ist mittellang oder lang, größtentheils von der Schenkelflughaut eingeschlossen und nur mit seinen beiden Endgliedern frei aus derselben hervorragend. Der Daumen ist frei. Die Ohren sind weit auseinander gestellt, mit ihrem Außenrande bis gegen den Mundwinkel oder noch über denselben hinaus verlängert und mittellang. Die Sporen sind von einem Hautlappen umsäumt. Die Flügel reichen bis an die Fußwurzel. Die Zehen der Hinterfüße sind dreigliederig und voneinander getrennt. Im Unterkiefer sind jederseits 2 Lückenzähne vorhanden, Backenzähne befinden sich in beiden Kiefern jederseits 4.

Zahnformel: Vorderzähne $\frac{4}{6}$, Eckzähne $\frac{1-1}{1-1}$, Lückenzähne $\frac{2--2}{2-2}$ oder $\frac{1-1}{2-2}$, Backenzähne $\frac{4-4}{4-4}$ = 38 oder 36.

## 1. Die russschwarze Zehenfledermaus *(Exochurus macrodactylus)*,

*E. Horsfieldii distincte major et Vesperi Savii magnitudine; rostro parum elongato acuminato; auriculis modice longis, capite brevioribus, parum latis acuminatis erectis, in margine exteriore sinuatis et ad basin lobo nullo instructis, trago longo recto subulaeformi acuminato; alis ad tarsum usque adnatis; metatarso digitisque podariorum pilosis longis, unguiculis validis; patagio anali parum lato, supra ad basin piloso; cauda mediocri, antibrachio eximie et corpore multo breviore, apice prominente libera; corpore pilis brevibus incumbentibus dense vestito; notaeo fuligineo-nigro, gastraeo ejusdem coloris grisescente-lavato; patagiis obscure fuscis.*

*Vespertilio macrodactylus.* Temminck. Monograph. d. Mammal.
         V. II. p. 231. t. 58. f. 3—5.
         Keys. Blas. Wiegm. Arch. B. VI. (1840)
         Th. I. S. 2.
         Wagn. Schreber Säugth. Suppl. B. I.
         S. 518. Nr. 45.
         Wagn. Schreber Säugth. Suppl. B. V.
         S. 737. Nr. 29.
  „       „    Giehel. Säugeth. S. 939.

Wir kennen diese Art, welche den Repräsentanten einer besonderen Gattung bildet, bis jetzt nur aus einer Beschreibung von Temminck und einer derselben beigefügten Abbildung.

Sie ist von gleicher Größe wie die herzohrige Abendfledermaus *(Vesperus Savii)*, daher merklich größer als die braune Zehenfledermaus *(Exochurus Horsfieldii)* und gehört sonach den größten unter den kleineren Formen dieser Gattung an.

Von der letztgenannten Art, so wie auch von der grauen Zehenfledermaus *(Exochurus macrotarsus)*, welche nebst ihr die einzigen
bis jetzt bekannten Arten dieser Gattung sind, unterscheidet sie sich,
— abgesehen von der verschiedenen Größe, — durch den verhältnißmäßig kürzeren Vorderarm, den weit kürzeren Schwanz und die
Färbung.

Die Schnauze ist etwas gestreckt und zugespitzt. Die Ohren
sind mittellang, kürzer als der Kopf und nur von geringer Breite,
gerade aufrecht stehend und zugespitzt, am Außenrande ausgeschweift, an der Wurzel desselben mit keinem Lappen versehen und
reichen bis gegen den Mundwinkel. Die Ohrklappe ist lang, gerade,
pfriemenförmig und zugespitzt. Die Flügel reichen bis zur Fußwurzel
hinab. Der Mittelfuß und die Zehen sind lang, die Zehen behaart,
die Krallen stark. Die Schenkelflughaut ist nur von geringer Breite
und auf der Oberseite an der Wurzel behaart. Der Schwanz ist mittellang und im Verhältnisse zu den übrigen Arten kurz, nicht viel
kürzer als der Vorderarm, aber viel kürzer als der Körper und ragt
mit seinem Ende frei aus der Schenkelflughaut hervor.

Die Körperbehaarung ist kurz, dicht und glatt anliegend.

Die Oberseite des Körpers ist rußschwarz, die Unterseite ebenso,
aber graulich überflogen, da die einzelnen Haare hier in kurze grauliche Spitzen endigen. Die Flughäute sind dunkelbraun.

Körperlänge . . . . . . . . . 1″  11‴  Nach Temminck.
Länge des Schwanzes . . . . 1″  1‴.
„ des Vorderarmes . . . 1″  3‴.
Spannweite der Flügel . . . . 9″.

In beiden Kiefern sind jederseits 2 Lücken- und 4 Backenzähne
vorhanden.

Vaterland. Ost-Asien, Japan.

Keyserling, Blasius, Wagner und Giebel reihten diese
Art ihrer Gattung „*Vespertilio*" ein.

## 2. Die braune Zehenfledermaus *(Exochurus Horsfieldii)*.

*E. macrodactylo distincte minor et Cnephaiophili pellucidi
magnitudine; rostro acuminato, naribus subtubuliformibus; facie
glandulis numerosis oculos cingentibus obtecta; auriculis modice
longis, angustis, emarginatis, in margine exteriore ultra oris
angulum protractis, trago lanceolato recto; alis ad tarsum usque*

*adnatis; digitis podariorum validis; patagio anali supra infra-*
*que ad basin dense piloso et infra verruculis irregulariter dis-*
*positis perparvis et pilo singulo instructis obtecto; cauda longa,*
*antibrachio parum longiore et corpore non multo breviore, apice*
*prominente libera; corpore pilis brevibus incumbentibus mollibus*
*dense vestito; colore secundum sexum variabili; notaeo in mari-*
*bus fusco, lateribus griseis, gastraeo albo; notaeo et lateribus in*
*foeminis sicut in maribus coloratis, gastraeo magis griseo.*

*Vespertilio Horsfieldii.* Temminck. Monograph. d. Mammal. V. II.
　　　　　p. 226. t. 56. f. 9—11.

　　„　　Keys. Blas. Wiegm. Arch. B. VI. (1840).
　　　　　Th. I. S. 2.

　　„　　Wagn. Schreber Säugth. Suppl. B. I. S. 514.
　　　　　Nr. 39.

*Miniopterus Horsfieldii.* Wagn. Schreber Säugth. Suppl. B. I. S. 514.
　　　　　Nr. 39.

*Vespertilio Horsfieldii.* Wagn. Schreber Säugth. Suppl. B. V. S. 737·
　　　　　Nr. 28.

*Vespertilio Horsfieldi.* Giebel. Säugeth. S. 939.

*Vesperus Horsfieldii.* Fitz. Säugeth. d. Novara-Expedit. Sitzungsber.
　　　　　d. math. naturw. Cl. d. kais. Akad. d. Wiss.
　　　　　B. XLII. S. 390.

*Vespertilio Horsfieldi.* Zelebor. Reise d. Fregatte Novara. Zool.
　　　　　Th. I. S. 16.

　　Auch mit dieser Form hat uns Temminck zuerst bekannt
gemacht, der uns eine ausführliche Beschreibung und eine Abbildung
von derselben mittheilte.

　　Bezüglich ihrer Größe kommt sie mit der glasflügeligen Spätfledermaus *(Cnephaiophilus pellucidus),* der weißen *(Vesperus lac-*
*teus)* und argentinischen Abendfledermaus *(Vesperus furinalis)*
überein, daher sie eine der kleineren Formen in der Familie und die
kleinste unter den bis jetzt bekannt gewordenen Arten dieser Gattung ist.

　　Von der rußschwarzen Zehenfledermaus *(Exochurus macro-*
*dactylus)* unterscheidet sie sich hauptsächlich durch den längeren
Vorderarm und längeren Schwanz, von der grauen *(Exochurus ma-*
*crotarsus)* durch den kürzeren Vorderarm und kürzeren Schwanz, von
beiden aber durch die geringere Größe, und die verschiedene Färbung.

In manchen ihrer Merkmale erinnert sie auch lebhaft an die kurzzehige Nachtfledermaus *(Nyctophylax tralatitius)* und die indische Sackfledermaus *(Miniopterus Horsfieldii)*, welche jedoch durchaus verschiedenen Gattungen angehören

Die Schnauze ist zugespitzt und die Nasenlöcher sind etwas röhrenförmig gestaltet. Das Gesicht ist mit zahlreichen, sich weit über dasselbe verbreitenden Drüsen besetzt, die von den Nasenröhren ausgehen, sich über die Augenhöhlen hinwegziehen und ringsum die Augen umgeben. Die Ohren sind mittellang, schmal und ausgerandet, und mit ihrem Außenrande bis über den Mundwinkel hinaus verlängert. Die Ohrklappe ist lanzettförmig und gerade. Die Flügel reichen bis an die Fußwurzel hinab. Die Zehen sind lang und stark. Die Schenkelflughaut ist auf der Ober- und der Unterseite an der Wurzel dicht behaart und auf der Unterseite mit überaus kleinen, unregelmäßig vertheilten Wärzchen besetzt, von denen jedes nur ein einzelnes Haar trägt. Der Schwanz ist lang, nur wenig länger als der Vorderarm und nicht viel kürzer als der Körper, und ragt mit seinen beiden Endgliedern frei aus der Schenkelflughaut hervor.

Die Körperbehaarung ist kurz, dicht, glatt anliegend und weich. Die Färbung ist nach dem Geschlechte etwas verschieden.

Beim **Männchen** ist dieselbe auf der Oberseite braun, an den Leibesseiten grau und auf der Unterseite weißlich, welche Färbung dadurch bewirkt wird, daß die ihrer größeren Länge nach schwarzen Haare auf der Oberseite des Körpers in braune, an den Leibesseiten in graue Spitzen endigen, während sie auf der Unterseite und insbesondere längs der Mitte des Bauches in hellweißliche Spitzen ausgehen.

Beim **Weibchen** sind die Oberseite und die Leibesseiten wie beim Männchen, die Unterseite aber mehr grau gefärbt.

| | | |
|---|---|---|
| Körperlänge . . . . . . | 1″ 8‴ | Nach **Temminck**. |
| Länge des Schwanzes . | 1″ 5‴. | |
| „ des Vorderarmes | 1″ 4‴. | |
| „ der Ohren . . . | 6‴. | |
| Spannweite der Flügel . | 9″ 2‴—9″ 3‴. | |

Lückenzähne sind im Oberkiefer jederseits 1, im Unterkiefer 2 vorhanden, Backenzähne in beiden Kiefern jederseits 4.

**Vaterland.** Süd-Asien, Java.

Keyserling und Blasius theilten diese Art ihrer Gattung
„*Vespertilio*“, Wagner früher seiner Gattung „*Miniopterus*“, später aber gleichfalls der Gattung „*Vespertilio*“ zu. Giebel betrachtet
sie für eine zu eben dieser Gattung gehörige Art. Ich reihte sie —
bevor ich noch die Gattung „*Exochurus*“ aufgestellt hatte, — der
Gattung „*Vesperus*“ ein.

### 3. Die graue Zehenfledermaus *(Exochurus macrotarsus)*.

*E. macrodactylo distincte major et Cnephaiophili ferruginei
magnitudine; rostro parum elongato; auriculis modice longis
angustis acutis, in margine exteriore fere rectis, trago subulaeformi elongato, apicem versus angustato acuto; alis dorso alte
affixis usque ad tarsum adnatis; podariis validissimis; cauda
longa, antibrachio vix longiore et corpore non multo breviore, apice
prominente libera; corpore pilis incumbentibus dense vestito;
notaeo cinereo, gastraeo albescente, pilis corporis omnibus basin
versus obscurioribus.*

*Vespertilio macrotarsus.* Waterh. Ann. of Nat. Hist. V. XVI. (1845.)
        p. 51.

    „        Wagn. Schreber Säugth. Suppl. B. V.
            S. 742. Nr. 44.

    „        „      Giebel. Säugeth. S. 951. Note 3.

Eine sehr ausgezeichnete Art, deren Kenntniß wir Waterhouse zu verdanken haben, der sie bis jetzt allein nur beschrieb.

In Ansehung der Größe kommt sie mit der silberhaarigen *(Cnephaiophilus noctivagans)* und röthlichbraunen Spätfledermaus
*Cnephaiophilus ferrugineus)*, und mit der weißscheckigen *(Vesperus discolor)*, langschwänzigen *(Vesperus megalurus)* und bestreuten Abendfledermaus *(Vesperus pulverulentus)* überein, daher sie
beträchtlich größer als die rußschwarze Zehenfledermaus *(Exochurus macrodactylus)* und den mittelgroßen Formen in dieser Familie
beizuzählen ist, obgleich sie die größte unter den bis jetzt bekannten
Arten ihrer Gattung bildet.

Von den beiden ihr zunächst verwandten Arten unterscheidet
sie sich außer der beträchtlicheren Größe durch den verhältnißmäßig
längeren Vorderarm, den längeren Schwanz und die Färbung.

Die Schnauze ist etwas gestreckt. Die Ohren sind mittellang, schmal und spitz, und am Hinter- oder Außenrande fast gerade. Die Ohrklappe ist verlängert, nach oben zu verschmälert, pfriemenförmig und spitz. Die Flügel sind hoch am Rücken angesetzt, so daß nur ein schmaler 6 Linien breiter Raum am Rücken zwischen denselben frei bleibt und reichen bis zur Fußwurzel. Die Hinterfüße sind sehr stark. Der Schwanz ist lang, kaum merklich länger als der Vorderarm und nicht viel kürzer als der Körper, und ragt mit seinem Ende frei aus der Schenkelflughaut hervor.

Die Körperbehaarung ist dicht und glatt anliegend.

Die Oberseite des Körpers ist aschgrau, die Unterseite weißlich und sämmtliche Körperhaare sind an der Wurzel dunkler als an der Spitze.

Körperlänge . . . . . . . . . 2″ 3‴. Nach Waterhouse.
Länge des Schwanzes . . . 1″ 10‴.
„ des Vorderarmes . . 1″ 9 1/3‴.
„ der Ohren . . . . . 6 1/2‴.

Die Zahl der Lücken- und Backenzähne ist nicht angegeben.

Vaterland. Südost-Asien, Philippinen.

## 21. Gatt. Spätfledermaus (Cnephaiophilus).

Der Schwanz ist mittellang, lang oder sehr lang, größtentheils von der Schenkelflughaut eingeschlossen und nur mit seinen beiden Endgliedern frei aus derselben hervorragend. Der Daumen ist frei. Die Ohren sind weit auseinander gestellt, mit ihrem Außenrande bis gegen den Mundwinkel oder noch über denselben hinaus verlängert und mittellang. Die Sporen sind von einem Hautlappen umsäumt. Die Flügel reichen bis an die Fußwurzel. Die Zehen der Hinterfüße sind dreigliederig und voneinander getrennt. Im Unterkiefer ist jederseits nur 1 Lückenzahn vorhanden, Backenzähne befinden sich in beiden Kiefern jederseits 4.

Zahnformel: Vorderzähne $\frac{4}{6}$, Eckzähne $\frac{1-1}{1-1}$, Lückenzähne $\frac{1-1}{1-1}$ oder $\frac{0-0}{1-1}$, Backenzähne $\frac{4-4}{4-4} = 34$ oder 32.

## 1. Die schlanke Spätfledermaus *(Cnephaiophilus macellus)*.

*C. ferrugineo distincte minor et Vesperi irretiti magnitudine; rostro leviter acuminato-obtusato; auriculis modice longis perprofunde emarginatis, trago foliiformi supra rotundato; alis ad tarsum usque adnatis; podariis sat validis, digitis longis, unguiculis valde arcuatis instructis; cauda mediocri, antibrachio parum breviore et dimidio corpore paullo breviore, apice prominente libera; corpore pilis brevibus incumbentibus nitidis vestito; notaeo nigrescentefusco, gastraeo ejusdem coloris et albescente-griseo-lavato.*

*Vespertilio macellus.* Temminck. Monograph. d. Mammal. V. II. p. 230.

*Vesperus macellus.* Keys. Blas. Wiegm. Arch. B. VI. (1840.) Th. I. S. 2.

*Vespertilio macellus.* Wagn. Schreber Säugth. Suppl. B. I. S. 510. Nr. 28.

*Vesperus macellus.* Wagn. Schreber Säugth. Suppl. B. I. S. 510. Nr. 28.

*Trilatitus macellus.* Gray. Ann. of Nat. Hist. V. X. (1842.) p. 257.

*Vespertilio macellus.* Wagn. Schreber Säugth. Suppl. B. V. S. 741. Nr. 40.

*Vesperugo macellus.* Wagn. Schreber Säugth. Suppl. B. V. S. 741. Nr. 40.

*Vesperus macellus.* Wagn. Schreber Säugth. Suppl. B. V. S. 741. Nr. 40.

*Vespertilio macellus.* Giebel. Säugeth. S. 939. Note 5.

Ohne Zweifel eine selbstständige Form, welche sich durch die ihr zukommenden Merkmale sehr deutlich von den übrigen dieser Gattung unterscheidet, in manchen ihrer Kennzeichen aber an die braune Zehenfledermaus *(Exochurus Horsfieldii)*, die indische Sackfledermaus *(Miniopterus Horsfieldii)* und insbesondere an die kurzzehige Nachtfledermaus *(Nyctophylax tralatitius)* erinnert, mit welcher letzteren sie bei nicht genauerer Vergleichung leicht verwechselt werden könnte.

In der Größe kommt sie mit der verstrickten *(Vesperus irretitus)*, Creeks- *(Vesperus Creeks)* und haarigen Abendfledermaus *(Vesperus polythrix)* überein, da sie merklich kleiner als die röthlichbraune *(Cnephaiophilus ferrugineus)* und silberhaarige Spätfledermaus *(Cnephaiophilus noctivagans)* ist, wornach sie zu den kleinsten unter den mittelgroßen Formen in der Familie sowohl, als auch in ihrer Gattung gehört.

Die Schnauze ist schwach zugespitzt und abgestumpft. Die Ohren sind mittellang und sehr stark ausgerandet. Die Ohrklappe ist blattförmig und an der Spitze abgerundet. Die Flügel reichen bis an die Fußwurzel. Die Füße sind ziemlich stark, die Zehen lang und mit stark gekrümmten Krallen versehen. Der Schwanz ist mittellang, nur wenig kürzer als der Vorderarm und blos wenig länger als der halbe Körper, und ragt mit seinem Ende frei aus der Schenkelflughaut hervor.

Die Körperbehaarung ist kurz, glatt anliegend und glänzend.

Die Oberseite des Körpers ist schwärzlichbraun, die Unterseite ebenso und weißlichgrau überflogen, da die einzelnen Haare hier in weißlichgraue Spitzen endigen.

Körperlänge . . . . . . . . . . . 2″.   Nach Temminck.
Länge des Schwanzes . . . . . 1″ 2‴.
„ des Vorderarmes . . . . 1″ 4‴.
Spannweite der Flügel . . . . . 8″ 9‴.

Im Oberkiefer ist kein Lückenzahn vorhanden, im Unterkiefer befindet sich jederseits 1. Backenzähne sind in beiden Kiefern in jeder Kieferhälfte 4.

Vaterland. Süd-Asien, Borneo.

Temminck hat diese Art bis jetzt allein nur beschrieben. Keyserling und Blasius theilten sie ihrer Gattung „*Vesperus*" zu und ebenso auch Wagner. Gray zieht sie zu seiner Gattung „*Trilatitus*", Giebel reiht sie in die Gattung „*Vespertilio*" ein.

## 2. Die glasflügelige Spätfledermaus *(Cnephaiophilus pellucidus)*.

*C. macello distincte minor et Exochuri Horsfieldii magnitudine; auriculis magnis, modice longis acutis, in margine exteriore emarginatis, trago elongato; alis valde tenuibus diaphanis, ad tarsum usque adnatis; podariis longis gracilibus; cauda longissima, corpore paullo et antibrachio multo longiore; notaeo rufescente, gastraeo griseo-albo.*

*Vespertilio pellucidus.* Waterh. Ann. of. Nat. hist. V. XVI. (1845.) p. 52.

6*

*Vespertilio pellucidus.* W a g n. Schreber Säugth. Suppl. B. V. S. 742.
  Nr. 45.

     „        „     G i e b e l. Säugeth. S. 951. Note 3.

Bis jetzt blos aus einer kurzen Beschreibung von W a t e r h o u s e
bekannt, welche jedoch zureicht um die Überzeugung zu gewinnen,
daß es eine selbstständige Art sei, auf welche sich dieselbe gründet.
Der sehr lange Schwanz unterscheidet sie deutlich von den übrigen
bis jetzt bekannt gewordenen Arten dieser Gattung.

Sie ist kleiner als dieselben, daher die kleinste Art der Gattung
und gehört überhaupt zu den kleineren Formen in der Familie, da sie
mit der braunen Zehenfledermaus *(Exochurus Horsfieldii)*, so wie
auch mit der weißen *(Vesperus lacteus)* und argentinischen Abendfledermaus *(Vesperus furinalis)* von gleicher Größe ist.

Die Ohren sind groß, mittellang und spitz, und am Hinter- oder
Außenrande mit einer Ausrandung versehen. Die Ohrklappe ist verlängert. Die Flügel sind sehr dünnhäutig und durchscheinend, und
reichen bis an die Fußwurzel. Die Hinterfüße sind lang und schmächtig. Der Schwanz ist sehr lang, etwas länger als der Körper und auch
viel länger als der Vorderarm.

Die Oberseite des Körpers ist röthlich, die Unterseite desselben
graulichweiß.

Körperlänge . . . . . . . . . 1″ 8‴.   Nach W a t e r h o u s e.
Länge des Schwanzes . . . . 1″ 9½‴.
  „   des Vorderarmes . . . 1″ 3‴.
  „   der Ohren . . . . . -   7‴.

Über die Zahl und das Verhältniß der Lücken- und Backenzähne
liegt keine Angabe vor.

V a t e r l a n d. Südost-Asien, Philippinen.

### 3. Die röthlichbraune Spätfledermaus *(Cnephaiophilus ferrugineus)*

*C. noctivagantis magnitudine; rostro brevi obtuso; auriculis
modice longis, angustis, paullo emarginatis, trago saliciformi
brevi; alis ad tarsum usque adnatis; cauda longa, corpore eximie breviore et antibrachio perparum longiore, basi leviter
pilosa, apice prominente libera; notaeo vel ex fuscescente flavido-
rufo, vel pure rufo, gastraeo albo nigro — adsperso; pilis singulis*

*in notaeo ad basin nigro-fuscis, in gastraeo rufescente-nigris;*
*unguiculis flavescente-albidis.*

*Vespertilio ferrugineus.* Temminck. Monograph. d. Mammal. V. II.
p. 239. t. 59. f. 2.

*Vesperus ferrugineus.* Keys. Blas. Wiegm. Arch. B. VI. (1840.)
Th. I. S. 2.

*Vespertilio ferrugineus.* Wagn. Schreber Säugth. Suppl. B. I.
S. 526. Nr. 61.

*Vesperus ferrugineus.* Wagn. Schreber Säugth. Suppl. B. I. S. 526.
Nr. 61.

*Vespertilio ferrugineus.* Wagn. Schreber Säugth. Suppl. B. V.
S. 757. Nr. 89.

*Vesperugo ferrugineus.* Wagn. Schreber Säugth. Suppl. B. V.
S. 757. Nr. 89.

*Vesperus ferrugineus.* Wagn. Schreber Säugth. Suppl. B. V. S. 757.
Nr. 89.

*Vespertilio ferrugineus.* Giebel. Säugeth. S. 943.

*Vesperus ferrugineus.* Giebel. Säugeth. S. 943.

Mit dieser sehr leicht zu erkennenden und schon durch ihre Färbung ausgezeichneten Art hat uns Temminck zuerst bekannt gemacht.
indem er uns eine Beschreibung und Abbildung derselben mittheilte,

In der Größe kommt sie mit der silberhaarigen Spätfledermaus
*(Cnephaiophilus noctivagans),* der grauen Zehenfledermaus *(Exo-*
*churus macrotarsus),* der weißscheckigen *(Vesperus discolor),*
langschwänzigen *(Vesperus megalurus)* und bestreuten Abendfledermaus *(Vesperus pulverulentus)* überein, daher sie eine der mittelgroßen Formen in der Familie und nebst der erstgenannten Art die
größte zur Zeit bekannte in der Gattung bildet.

Die Schnauze ist kurz und stumpf. Die Ohren sind mittellang,
schmal und etwas ausgerandet. Die Ohrklappe ist kurz und von weidenblattförmiger Gestalt. Die Flügel reichen bis zur Fußwurzel hinab,
Der Schwanz ist lang, doch beträchtlich kürzer als der Körper und
nur sehr wenig länger als der Vorderarm, an der Wurzel etwas behaart und ragt mit seinem Ende frei aus der Schenkelflughaut hervor.

Die Oberseite des Körpers ist bräunlich gelbroth oder bisweilen
auch mehr oder weniger rein röthlich, wobei die einzelnen Haare an
der Wurzel schwarzbraun sind. Die Unterseite desselben ist weiß

und schwarz gesprenkelt, da die an der Wurzel röthlichschwarzen
Haare in rein weiße Spitzen endigen. Die Krallen sind gelblichweiß.

Körperlänge . . . . . . . 2″ 3‴—2″ 5″. Nach Temminck.
 Länge des Schwanzes . . 1″ 9‴.
 „ des Vorderarmes . . 1″ 8‴.
 Spannweite der Flügel . . 11″—11″ 6‴.

Lückenzähne fehlen im Oberkiefer gänzlich, im Unterkiefer
befindet sich jederseits 1. Backenzähne sind in beiden Kiefern in
jeder Kieferhälfte 4 vorhanden.

V a t e r l a n d. Mittel-Amerika, Surinam.

K e y s e r l i n g und B l a s i u s weisen dieser Art eine Stellung in
der von ihnen aufgestellten Gattung „Vesperus“ ein und W a g n e r
und G i e b e l folgen ihrem Beispiele.

### 4. Die silberhaarige Spätfledermaus (Cnephaiophilus noctivagans).

C. ferruginei magnitudine; rostro longiusculo, sat lato,
obtuso; auriculis modice longis, longioribus quam latis, oblongo-
ovatis, obtuse-rotundatis, emarginatis calvis; trago brevi lato, tri-
gono-oblongo, obtuso; alis sat latis calvis, ad tarsum usque adnatis;
pollice antipedum tenuissimo longo; patagio anali pilis parce
dispositis et supra solum prymnam versus pilis confertis obtecto;
cauda longa, antibrachio et corpore distincte breviore, apice prominente libera; corpore pilis brevibus incumbentibus mollibus
dense vestito; notaeo nigrescente-fusco argenteo-irrorato, gastraeo
ejusdem coloris flavido-adsperso.

Vespertilio noctivagans. Le C o n t e. Append. to Mc. Murtrie's Cuv.
V. I. p. 431.
Vespertilio Auduboni. H a r l a n. Amer. Monthl. Journ. V. I. p. 220. t. 4.
Vespertilio noctivagans. C o o p e r. Ann. of the Lyc. of New-York.
V. IV. p. 59.
W a g n. Schreber Säugth. Suppl. B. V.
S. 754. Nr. 81.
Vesperugo noctivagans. W a g n. Schreber Säugth. Suppl. B. V. S. 754.
Nr. 81.
Scotophilus noctivagans. H. A l l e n. I. A. Allen Mammal of Massa-
chusetts. p. 209. Nr. 41.

Eine wohl unterschiedene und leicht zu erkennende Art, welche
in Ansehung ihrer Färbung zwar einige Ähnlichkeit mit der bestreuten

Abendfledermaus *(Vesperus pulverulentus)* hat, aber generisch von derselben verschieden ist.

Sie ist den mittelgroßen Formen in der Familie beizuzählen, da sie mit der röthlichbraunen Spätfledermaus *(Cnephaiophilus ferrugineus)*, der grauen Zehenfledermaus *(Exochurus macrotarsus)*, der weißscheckigen *(Vesperus discolor)*, langschwänzigen *(Vesperus megalurus)* und bestreuten Abendfledermaus *(Vesperus pulverulentus)* von gleicher Größe ist und bildet nebst der erstgenannten Art die größte bis jetzt bekannte Form in ihrer Gattung.

Die Schnauze ist nicht sehr lang, ziemlich breit und stumpf. Die Ohren sind mittellang, etwas länger als breit, von länglich-eiförmiger Gestalt, stumpf gerundet, ausgerandet und kahl. Die Ohrklappe ist kurz, breit, länglich-dreiseitig und stumpf. Die ziemlich breiten Flügel sind kahl und reichen bis an die Fußwurzel. Der Daumen der Vorderfüße ist sehr dünn und lang. Die Schenkelflughaut ist nur mit dünn gestellten Haaren besetzt und blos auf der Oberseite gegen den Leib zu dicht behaart. Der Schwanz ist lang, merklich kürzer als der Vorderarm und auch als der halbe Körper, und ragt mit seinem Ende frei aus der Schenkelflughaut hervor.

Die Körperbehaarung ist kurz, dicht, glatt anliegend und weich.

Die Oberseite des Körpers ist schwarzbraun und silberweiß gesprenkelt, die Unterseite ebenso und gelblich gesprenkelt, welche Färbung dadurch bewirkt wird, daß die einzelnen schwarzbraunen Haare auf der Oberseite in silberweiße, auf der Unterseite in gelbliche Spitzen ausgehen. Die Flughäute und die Ohren sind schwarz.

Gesammtlänge . . . . . . . . . . 3″ 7‴. Nach Harlan.
Körperlänge . . . . . . . . . 2″.
Länge des Schwanzes . . . . . 1″ 7‴.
   „  der Ohren . . . . . . . 5‴.
Breite „ „ . . . . . . . . 4‴.
Länge der Hinterschenkel . . . . 1″ 7‴.
Spannweite der Flügel . . . . . 10″ 7‴.
Gesammtlänge . . . . . . . . . 3″ 8‴. Nach Cooper.
Körperlänge . . . . . . . . . 2″ 3‴.
Länge des Schwanzes . . . . . 1″ 5‴.
   „  des Vorderarmes . . . . 1″ 8‴.

In beiden Kiefern sind jederseits 1 Lückenzahn und 4 Backenzähne vorhanden. Die Vorderzähne des Oberkiefers sind paarweise
gestellt und beide Paare durch einen breiten Zwischenraum voneinander geschieden. Die Kronenschneide derselben ist gekerbt.
Vaterland. Nord-Amerika, vereinigte Staaten und Long-Island.
Le Conte hat diese Art zuerst beschrieben und dieselbe mit
dem Namen „*Vespertilio noctivagans*" bezeichnet und bald darauf
wurde sie auch von Harlan unter dem Namen „*Vespertilio Auduboni*" beschrieben und abgebildet. Cooper erkannte die Identität
beider Formen, worin ihm auch Wagner folgte, der diese Art seiner
Gattung „*Vesperugo*" zuwies. Allen zieht sie zur Galtung „*Scotophilus*."

## 22. Gatt. Abendfledermaus (Vesperus).

Der Schwanz ist mittellang oder lang, größtentheils von der
Schenkelflughaut eingeschlossen und nur mit seinen beiden Endgliedern
frei aus derselben hervorragend. Der Daumen ist frei. Die Ohren sind
weit auseinander gestellt, mit ihrem Außenrande bis gegen den
Mundwinkel oder noch über denselben hinaus verlängert und kurz
oder mittellang. Die Sporen sind von einem Hautlappen umsäumt. Die
Flügel reichen bis an die Zehenwurzel. Die Zehen der Hinterfüße sind
dreigliederig und voneinander getrennt. Im Unterkiefer ist jederseits
nur 1 Lückenzahn vorhanden, Backenzähne befinden sich in beiden
Kiefern jederseits 4.

Zahnformel: Vorderzähne $\frac{4}{6}$, Eckzähne $\frac{1-1}{1-1}$, Lückenzähne
$\frac{0-0}{1-1}$, Backenzähne $\frac{4-4}{4-4} = 32$.

### 1. Die spätfliegende Abendfledermaus (Vesperus serotinus).

*V. isabellini magnitudine; rostro subelongato obtuse acumi-
nato-rotundato, naribus reniformibus, labio inferiore antice protuberantia semilunari calva notato, rictu oris ultra oculorum medium
fisso; auriculis sat brevibus fere quadrante capite brevioribus,
basi latis, trigono-oblongo-ovatis, in margine exteriore usque versus oris angulum protractis et in eadem altitudine cum isto finitis,
externe basi dense pilosis, interne plicis 4 transversalibus percursis; trago brevi angusto semicordato, infra marginis exterioris*

*medium latissimo, apicem versus angustato ac introrsum curvato, in margine interiore sinuato, in exteriore leviter arcuato et basi protuberantia dentiformi instructo, apice rotundato; alis sat longis latisque ad digitorum pedis basin usque attingentibus; plantis podariorum callis rotundatis obtectis; patagio anali fibris muscularibus per 10 series dispositis et fere verticaliter versus caudam decurrentibus percurso; cauda longa, corpore distincte breviore et antibrachio perparum longiore, apice articulis duobus prominentibus libera; palato plicis 7 transversalibus percurso, duabus anticis integris, caeteris divisis; corpore pilis longiusculis incumbentibus mollibus nitidis dense vestito: colore secundum sexum et aetatem variabili; notaeo in maribus adultis saturate rufescente-fusco vel ex nigrescente castaneo-fusco in rufescentem vergente, gastraeo dilutiore griseo-fuscescente; rostro, auriculis patagiisque nigris; corpore in foeminis adultis paullo dilutiore, in animalibus junioribus obscuriore magisque flavo-fusco; nucha in animalibus senilibus inter axillas albescente.*

*Sérotine.* D a u b e n t. Mém. del'Acad. 1759. p. 380. t. 2. f. 2. (Kopf.)

„       B u f f o n. Hist. nat. d. Quadrup. V. VIII. p. 119, 129.
t. 18. f. 2

*Serotine bat.* P e n n a n t. Synops. Quadrup. p. 370. Nr. 288.

*Serotina.* A l e s s a n d r i Anim. quadrup. V. III. t. 110. f. 2.

*Vespertilio serotinus.* Schreber Säugth. B. I. S. 167. Nr. 11. t. 53.

*Blasse Fledermaus.* M ü l l e r. Natursyst. Suppl. S. 16.

*Vespertilio serotinus.* E r x l e b. Syst. regn. anim. P. I. p. 147. Nr. 4.

„       „       Z i m m e r m. Geogr. Gesch. d. Mensch. u. d.
Thiere. B. II. S. 413. Nr. 364.

*Serotine Bat.* P e n n a n t. Hist. of Quadrup. V. II. p. 560. Nr. 408.

*Vespertilio Serotinus.* B o d d a e r t. Elench. anim. V. I. p. 69. Nr. 6.

*Vespertilio serotinus.* G m e l i n. Linné Syst. Nat. T. I. P. I. p. 48.
Nr. 11.

*Serotine bat.* S h a w. Gen. Zool. V. I. P. I. p. 132.

*Vespertilio serotinus.* B e c h s t. Naturg. Deutschl. B. I. S. 1170.

*Vespertilio Noctula.* G e o f f r. Ann. du Mus. V. VIII. p. 193. Nr. 3.
t. 47, 48. (Kopf und Schädel.)

*Vespertilio murinus.* P a l l a s. Zoograph. rosso-asiat. V. I. p. 121.
Nr. 46.

*Vespertilio serotinus.* Kuhl. Wetterau. Ann. B. IV. S. 45.

*Sèrotine.* Cùv. Règne anim. Edit. I. V. I. p. 129.

*Vespertilio serotinus.* Desmar. Nouv. Dict. d'hist. nat. V. XXXV.
p. 469. Nr. 5.

„              „        Desmar. Mammal. p. 137. Nr. 205.
Encycl. méth. t. 33. f. 4.

*Vespertilio serotinus.* Gray. Zool. Journ. V. II. p. 109.

*Vespertilio rufescens.* Brehm. Isis. 1825.

*Vespertilio serotinus.* Griffith. Anim. Kingd. V. V. p. 249. Nr. 2.

*Vespertilio Wiedii.* Brehm. Ornis. Heft. III. S. 17, 24.

„              „        Brehm. Bullet. des Sc. nat. V. XIV. p. 251. Nr. 2.

„              „        Brehm. Isis. 1829. S. 643.

*Vespertilio Okenii.* Brehm. Ornis. Hft. III. S. 17, 25.

„              „        Brehm. Bullet. des Sc. nat. V. XIV. p. 251. Nr. 3.

„              „        Brehm. Isis. 1829. S. 643.

„              „        Fisch. Synops. Mammal. p. 103. Nr. 4. ✳

*Vespertilio Wiedii.* Fisch. Synops. Mammal. p. 103. Nr. 4. ✳

*Vespertilio serotinus.* Fisch. Synops. Mammal. p. 103, 552, Nr. 5.

„              „        Wagler. Syst. d. Amphib. S. 13.

„              Jäger. Würtemb. Fauna. S. 13.

„              Fitz. Fauna. Beitr. z. Landesk. Österr. B. I.
S. 294.

„              Gloger. Säugth. Scbles. S. 6.

„              Zawadzki. Galiz. Fauna. S. 16.

„              Bonaparte. Iconograf. della Fauna ital.
Fasc. 13. c. fig.

„              Temminck. Monograph. d. Mammal. V. II.
p. 175.

„              Bell. Brit. Quadrup. p. 34.

„              „        S-elys Longch. Faune belge. p. 23.

*Scotophilus serotinus.* Gray. Magaz. of Zool. and Bot. V. II. p. 497.

*Vesperus serotinus.* Keys. Blas. Wiegm. Arch. B. V. (1839.) Th. I.
S. 313.

*Vesperugo serotinus.* Keys. Blas. Wirbelth. Europ. S. XIV, 49.
Nr. 86.

*Vesperus serotinus.* Keys. Blas. Wirbelth. Europ. S. XIV. 49. Nr. 86

*Vespertilio serotinus.* Wagn. Schreber Säugth. Suppl. B. I. S. 496.
Nr. 11.

*Vesperus serotinus.* W a g n. Schreber Säugth. Suppl. B. I. S. 496.
Nr. 11.

*Vespertilio serotinus.* F r e y e r. Fauna Krain's S. 1. Nr. 3.

*Scotophilus serotinus.* G r ay. Ann. of Nat. Hist. V. X. (1842.) p. 257.

„         „    G r ay. Mammal of the Brit. Mus. p. 28.

*Vespertilio serotinus.* B l a i n v. Ostéograph. Chiropt.

„         „    G i e b e l. Odontograph. S. 12. t. 4. f. 6.

„         „    W a g n. Schreber Säugth. Suppl. B. V. S. 732.
Nr. 15.

*Vesperugo serotinus.* W a g n. Schreber Säugth. Suppl. B. V. S. 732.
Nr. 15.

*Vesperus serotinus.* W a g n. Schreber Säugth. Suppl. B. V. S. 732.
Nr. 15.

*Cateorus serotinus.* K o l e n a t i. Allg. deutsche naturh. Zeit. B. II.
(1856.) Hft. 5. S. 162, 163.

*Vesperugo serotinus.* B l a s. Fauna d. Wirbelth. Deutschl. B. I.
S. 76. Nr. 9.

*Vesperus serotinus.* B l a s. Fauna d. Wirbelth. Deutschl. B. I. S. 76.
Nr. 9.

*Vespertilio serotinus.* G i e b e l. Säugeth. S. 940.

*Vesperus serotinus.* G i e b e l. Säugeth. S. 940.

*Cateorus Serotinus.* K o l e n a t i. Monograph. d. europ. Chiropt. S. 49.
Nr. 1.

Diese höchst ausgezeichnete Form, mit welcher uns schon D a u-
b e n t o n vor 110 Jahren bekannt gemacht, bildet den Repräsentanten
dieser von K e y s e r l i n g und B l a s i u s aufgestellten Gattung.

Sie gehört zu den größeren unter den mittelgroßen Formen
derselben und ist mit der isabellfarbenen Abendfledermaus *(Vesperus
isabellinus)* von gleicher Größe.

Die Schnauze ist etwas gestreckt und stumpfspitzig gerundet.
Die Nasenlöcher sind nierenförmig und die Unterlippe ist vorne mit
einem kahlen halbmondförmigen Wulste versehen. Die Mundspalte
reicht bis hinter die Mitte der Augen. Die Ohren sind verhältnißmäs-
sig ziemlich kurz und fast um $1/4$ kürzer als der Kopf, an der Wurzel
breit, von dreieckig länglich-eiförmiger Gestalt, mit ihrem Außenrande bis gegen den Mundwinkel vorgezogen und in gleicher Höhe
mit demselben dicht vor der Ohrklappe endigend, auf der Außenseite an der Wurzel dicht behaart und auf der Innenseite von 4 Quer-

falten durchzogen. Die Ohrklappe ist kurz, schmal, von halbherzförmiger Gestalt, unter der Mitte ihres Außenrandes am breitesten, nach
oben zu verschmälert und nach Innen gebogen, am Innenrande eingebuchtet, am Außenrande schwach ausgebogen und an der Wurzel
desselben mit einem zackenartigen Vorsprunge versehen, und an der
Spitze abgerundet. Die Flügel sind ziemlich lang und breit, und reichen bis an die Zehenwurzel. Die Sohlen sind mit rundlichen
Schwielen besetzt. Die Schenkelflughaut ist von 10 Reihen Muskelbündeln durchzogen, welche in geraden Linien fast in senkrechter
Richtung gegen den Schwanz zu verlaufen. Der Schwanz ist lang,
doch merklich kürzer als der Körper und nur sehr wenig länger als
der Vorderarm, und ragt mit seinen beiden Endgliedern frei aus der
Schenkelflughaut hervor. Der Gaumen ist von 7 Querfalten durchzogen, von denen die beiden vorderen nicht getheilt sind.

Die Körperbehaarung ist ziemlich lang, dicht, glatt anliegend,
glänzend und weich.

Die Färbung ändert etwas nach dem Geschlechte und dem Alter.

Beim alten Männchen ist die Oberseite des Körpers gesät-
tigt röthlichbraun oder schwärzlich kastanienbraun in's Röthliche
ziehend, die Unterseite lichter graubräunlich, wobei die einzelnen
Haare des Rückens an der Wurzel und der Spitze heller, an den
Leibesseiten und auf der Unterseite aber durchaus einfärbig sind. Die
Schnauze, die Ohren und die Flughäute sind schwarz.

Das alte Weibchen ist immer etwas lichter, das junge
Thier aber dunkler und mehr gelbbraun gefärbt.

Sehr alte Thiere sind am Hinterhalse zwischen den Achseln
weißlich.

| | | | |
|---|---|---|---|
| Körperlänge .... | 2″ | 8‴. | Nach Kuhl. |
| Länge des Schwanzes | 2″ | 1½‴. | |
| „ des Kopfes . | | 11‴. | |
| „ der Ohren . . | | 9‴. | |
| „ des Daumens | | 3½‴. | |
| Spannweite der Flügel 1′ | 1″ | 4‴. | |
| Körperlänge .... | 2″ | 6‴. | Nach Keyserling u. Blasius. |
| Länge des Schwanzes | 2″. | | |
| „ des Vorderarmes | 1″ | 11‴. | |
| „ der Ohren . . | | 9‴. | |

Länge der Ohrklappe            2⅘'''.
„ des Kopfes  .         11'''.
„ des dritten Fin-
    gers . . . .      3''  5'''.
„ des fünften Fin-
    gers . . . .      2''  6⅓'''.
Spannweite der Flügel .  1' 1''.
Spannweite der Flügel .  9'' 8'''— 10''.        Nach B r e h m.
Spannweite der Flügel .  1' 2''  6'''—1' 3''.        Nach B r e h m.

Im Oberkiefer ist kein Lückenzahn vorhanden, im Unterkiefer jederseits 1. Backenzähne befinden sich in beiden Kiefern jederseits 4. Die Zähne sind sehr stark und die Vorderzähne des Unterkiefers schief gestellt.

V a t e r l a n d. Mittel- und Süd-Europa und der südwestliche Theil von Nord-Asien.

In Europa reicht sie im westlichen Theile von Süd-England durch Frankreich bis in die Pyrenäen nach Spanien, im östlichen Theile, von Nord-Deutschland südwärts durch die Schweiz, Tyrol, Kärnthen, Steyermark, Krain und Croatien bis nach Dalmatien, Mittel-Italien und die nördliche Türkei, ostwärts durch Österreich, Böhmen, Mähren, Schlesien, Galizien, Ungarn, Siebenbürgen, die Wallachei, Moldau und Bessarabien, bis in das südliche Rußland, während sie in Asien im südwestlichen Sibirien bis in den Kaukasus und an den Ural vorkommt.

Die nächsten Nachfolger D a u b e n t o n's, der diese Art zuerst beschrieben, schlossen sich der Ansicht desselben an, indem sie diese Form, für welche S c h r e b e r den Namen „*Vespertilio serotinus* in Vorschlag brachte, als eine selbstständige Art betrachteten. G e o f f r o y, der gleichfalls diese Art beschrieben hatte, beging jedoch — wahrscheinlich blos durch ein Versehen — den Irrthum, den ihr schon von S c h r e b e r gegebenen Namen auf die große Waldfledermaus *(Noctulinia Noctula)* und umgekehrt den Namen dieser auf jene Art zu übertragen. In einen ähnlichen Fehler verfiel auch P a l l a s, der für diese Art den von L i n n é für einige andere Formen gebrauchten Namen „*Vespertilio murinus*" wählte. B r e h m beschrieb sie unter drei verschiedenen Benennungen, „*Vespertilio rufescens*", „*Vespertilio Wiedii*" und „*Vespertilio Okenii*", von denen die beiden letzteren auch von F i s c h e r angewendet wurden.

Keyserling und Blasius gründeten auf dieselbe ihre Gattung „*Vesperus*", Kolenati seine Gattung „*Cateorus*".

## 2. Die turkomanische Abendfledermaus (*Vesperus turcomanus*).

*V. serotino paullo major et Hilarii magnitudine; rostro parum elongato, obtuse-acuminato; auriculis majusculis, modice longis latisque, capite brevioribus, apicem versus parum attenuatis, supra late obtuse-rotundatis et in margine exteriore usque versus oris angulum protractis; trago brevi, in margine exteriore arcuato, in interiore fere recto; alis usque ad digitorum pedis basin adnatis, supra infraque cum patagio anali calvis; cauda mediocri, dimidio corpore paullo longiore et antibrachio distincte breviore, apice articulis duobus prominentibus libera; corpore pilis brevibus incumbentibus mollibus dense vestito; notaeo dilute flavido-fuscescente, gastraeo albo, pilis corporis omnibus unicoloribus; capite interdum albo, nec non nucha in lateribus flavescente-lavata.*

*Vespertilio serotina.* Pallas. Zoograph. rosso-asiat. V. I. p. 123. Nr. 47.
*Vespertilio discolor.* Eversmann. In litteris.

„ „ Fisch. Synops. Mammal. p. 104, 552. Nr. 7.
*Scotophilus discolor.* Gray. Magaz. of Zool. and Bot. V. II. p. 497.
*Vesperugo discolor.* Keys. Blas. Wirbelth. Europ. S. XV, 50. Nr. 87.
*Vesperus discolor.* Keys. Blas. Wirbelth. Europ. S. XV, 50. Nr. 87.
*Vespertilio discolor.* Wagn. Schreber Säugth. Suppl. B. I. S. 497.
Nr 12.
*Vesperus discolor.* Wagn. Schreber Säugth. Suppl. B. I. S. 497. Nr. 12.
*Vesperus turcomanus.* Eversm. Bullet. des Natural. d. Moscou.
·V. I. (1840) p. 21. — V. XVIII. (1845)
p. 499. t. 12. f. 2. (Ohr u. Zähne).
*Vespertilio serotinus.* Wagn. Schreber Säugth. Suppl. B. V. S. 732.
Nr. 15.
*Vesperugo serotinus.* Wagn. Schreber Säugth. Suppl. B. V. S. 732.
Nr. 15.
*Vesperus serotinus.* Wagn. Schreber Säugth. Suppl. B. V. S. 732.
Nr. 15.
*Vespertilio discolor.* Wagn. Schreber Säugth. Suppl. B. V. S. 733.
Nr. 16.
*Vesperugo discolor.* Wagn. Schreber Säugth. Suppl. B. V. S. 733.
Nr. 16.

*Vesperus discolor.* Wagn. Schreber Säugth. Suppl. B. V. S. 733.
　　Nr. 16.

*Vesperugo discolor.* Blas. Fauna d. Wirbelth. Deutschl. B. I. S. 73.
　　Nr. 8.

*Vesperus discolor.* Blas. Fauna d. Wirbelth. Deutschl. B. I. S. 73.
　　Nr. 8.

*Vesperugo serotinus. Var. local.* Blas. Fauna d. Wirbelth. Deutschl.
　　B. I. S. 76. Nr. 9.

*Vesperus serotinus. Var. local.* Blas. Fauna d. Wirbelth. Deutschl.
　　B. I. S. 76. Nr. 9.

*Cateorus serotinus. Var. local.* Kolenati Monograph. d. europ. Chi-
　　ropt. S. 49. Nr. 1.

*Meteorus discolor.* Kolenati. Monograph. d. europ. Chiropt. S. 55.
　　Nr. 3.

*Vespertilio turcomanus.* Giebel. Säugeth. S. 941.

*Vesperus turcomanus.* Giebel. Säugeth. S. 941.

So auffallend auch die nahe Verwandtschaft dieser Form mit
der spätfliegenden Abendfledermaus *(Vesperus serotinus)* erscheinen
mag, so ergeben sich doch bei einer genaueren gegenseitigen Vergleichung derselben solche Unterschiede, welche ihre specifische
Verschiedenheit hinreichend darzuthun geeignet sind und ihre Trennung vollkommen zu rechtfertigen scheinen.

Sie bildet eine der größeren unter den mittelgroßen Formen
ihrer Gattung, und ist mit der schwarzbraunen Abendfledermaus
*(Vesperus Hilarii)* von gleicher Größe, daher etwas größer als die
spätfliegende Abendfledermaus *(Vesperus serotinus)*, mit welcher
sie von einigen Naturforschern verwechselt worden ist.

Ihre Gestalt im Allgemeinen ist zwar dieselbe wie die der
genannten Art, doch unterscheidet sie sich von ihr, außer dem etwas
größeren Körper, durch den beträchtlich kürzeren Schwanz, den verhältnißmäßig kürzeren Vorderarm, kürzere Ohren und Abweichungen
in der Färbung.

Die Schnauze ist schwach gestreckt und stumpf zugespitzt. Die
Ohren sind ziemlich groß, mittellang und breit, kürzer als der Kopf,
nach oben zu etwas verschmälert und an der breiten Spitze stumpf
gerundet, und mit ihrem Außenrande bis gegen den Mundwinkel verlängert. Die Ohrklappe ist kurz, am Außenrande bauchig, am Innenrande fast gerade. Die Flügel reichen bis an die Zehenwurzel und

sind so wie die Schenkelflughaut auf der Ober- und Unterseite kahl. Der mittellange Schwanz ist etwas länger als der halbe Körper und merklich kürzer als der Vorderarm, und ragt mit seinen beiden Endgliedern frei aus der Schenkelflughaut hervor.

Die Körperbehaarung ist kurz, dicht, glatt anliegend und weich.

Die Oberseite des Körpers ist licht gelbbräunlich, die Unterseite weiß, und sämmtliche Haare sind einfärbig. Bisweilen sind auch der Kopf und Nacken weißlich und letzterer an den Seiten schwach gelblich überflogen.

Körperlänge . . . . . . . 2″ 9‴.    Nach Eversmann.
Länge des Schwanzes . . . 1″ 8‴.
„   des Vorderarmes . . 1″ 10‴.
„   der Ohren . . . . .    7½‴.
„   der Ohrklappe . . .    3½‴.

Im Oberkiefer ist kein Lückenzahn, im Unterkiefer jederseits nur 1 vorhanden. Backenzähne befinden sich im Ober- wie im Unterkiefer zu beiden Seiten 4. Die beiden Vorderzähne des Unterkiefers sind schief gestellt.

Vaterland. Mittel-Asien, woselbst diese Art von Turkomanien — wo sie Kotschy um Bagdad und Babylon getroffen, — nördlich bis in das westliche Sibirien zwischen dem caspischen und Aral-See reicht, — wo sie Eversmann gesammelt, — südlich sich durch Persien und Afghanistan bis an den Himalaya erstreckt und östlich durch Turkestan und die Bucharei- wo sie ebenfalls von Eversmann beobachtet wurde, — bis in die Mongolei und nach Daurien sich verbreitet, wo sie Pallas getroffen.

Schon Pallas hat diese Art gekannt, verwechselte sie aber irrigerweise mit der weißscheckigen Abendfledermaus (*Vesperus discolor*), die er von der spätfliegenden (*Vesperus serotinus*) nicht für verschieden hielt und unter dem Namen „*Vespertilio serotinus*“ beschrieb. Eversmann glaubte Anfangs gleichfalls nur die weißscheckige Abendfledermaus (*Vesperus discolor*) in ihr erkennen zu sollen, und Fischer, Gray, Keyserling und Blasius, so wie auch Wagner und Kolenati begingen denselben Irrthum. Erst später erkannte Eversmann die specifische Verschiedenheit beider Formen und beschrieb die über einen großen Theil von Mittel-Asien verbreitete Form als eine besondere Art unter dem Namen „*Vesperus turcomanus*“. Wagner zog dieselbe jedoch mit der spätfliegenden

Abendfledermaus *(Vesperus serotinus)* zusammen, und ebenso auch Blasius, der sie nur für eine Local-Varietät dieser Art betrachtet wissen will, worin ihm auch Kolenati beistimmt. Alle drei begehen aber den Fehler, den Verbreitungsbezirk der weißscheckigen Abendfledermaus *(Vesperus discolor)* nicht zu beschränken und fassen somit mit derselben zugleich auch die turkomanische Abendfledermaus *(Vesperus turcomanus)* zusammen.

### 3. Die weissscheckige Abendfledermaus *(Vesperus discolor)*.

*V. megaluri magnitudine; rostro subelongato obtuso, naribus cordiformibus, labio inferiore antice protuberantia trigona calva notato, rictu oris usque ad oculorum medium fisso; auriculis sat brevibus latis, capite brevioribus fere ³/₄ capitis longitudine, oblongo-ovato-rotundatis, apice extrorsum flexis, in margine interiore lobo sat prosiliente rotundato instructis, in exteriore ad oris angulum usque protractis et infra istum finitis, externe basi pilosis et interne plicis 4 transversalibus percursis; trago brevi lato, paullo ultra marginis exterioris ac interioris medium latissimo, apicem versus vix angustato, perparum acuminato ac introrsum curvato, in margine interiore sinuato, in exteriore leviter arcuato et basi protuberantia dentiformi instructo, apice rotundato; alis modice longis latisque, infra versus corporis latera tantum pilosis, ad digitorum pedis basin usque attingentibus, phalange secunda digiti quinti ad medium phalangis secundae digiti quarti attingente et antibrachio corpori appresso ad oris rictus medium pertingente; plantis podariorum callis rotundatis obtectis; patagio anali supra ad basin tantum piloso, infra uropygium versus limbo piloso circumdato et fibris muscularibus per 9 series dispositis percurso, superioribus subarcuatis, inferioribus obliquis; cauda mediocri, dimidio corpore parum longiore et antibrachio longitudine fere aequali, apice articulis duobus prominentibus libera; palato plicis 7 transversalibus percurso, antica et postica integris, caeteris divisis; corpore pilis longiusculis incumbentibus mollibus dense vestito; notaeo castaneo-fusco, albo-variegato, gastraeo albo dilute fuscescente-lavato; mento macula fusca notato; fascia pilosa alarum nec non patagii analis in maribus adultis sordide alba, in foeminis fere pure alba, in animalibus junioribus dilute grisescente-fusca, pilis brevioribus; patagiis fusco-nigris.*

*Vespertilio caudatus, naso oreque simplici.* Linné. Fauna Suec.
Edit. I. p. 7. Nr. 18.

„    Linné. Syst. Nat.
Edit. VI. p. 7. Nr. 2.

*Vespertilio murinus.* Linné. Syst. Nat. Edit. X. T. I. p. 32. Nr. 7.

„    „    Linné. Fauna Suec. Edit. II. p. 1. Nr. 2.

„    Linné. Syst. Nat. Edit. XII. T. I. P. I. p. 47.
Nr. 6.

„    Schreber. Säugth. B. I. S. 165. Nr. 9.

„    Exleb. Syst. regn. anim. P. I. p. 143. Nr. 2.

„    Zimmerm. Geogr. Gesch. d. Mensch. u. d.
Thiere. B. II. S. 412. Nr. 361.

*Vespertilio Noctula.* Retz. Fauna. V. I. p. 7.

*Vespertilio Pipistrellus.* Retz. Fauna. V. I. p. 7.

*Vespertilio murinus.* Gmelin. Linné Syst. Nat. T. I. P. I. p. 48.
Nr. 6.

*Vespertilio serotina.* Pallas. Zoograph. rosso-asiat. V. I. p. 123.
Nr. 47.

*Vespertilio discolor.* Natterer, Kuhl. Wetterau. Ann. B. IV.
S. 43. Nr. 8. t. 15. f. 2.

„    Desmar. Mammal. p. 138. Nr. 208.

„    Boie. Isis. 1823. S. 967.

„    Wagler. Syst. d. Amphib. S. 13.

„    Griffith. Anim. Kingd. V. V. S. 267. Nr. 20.

„    „    Fisch. Synops. Mammal. p. 104, 552. Nr. 7.

*Vespertilio murinus.* Nilss. Skandin. Fauna. Edit. I. p. 17.

*Vespertilio discolor.* Fitz. Fauna. Beitr. z. Landesk. Österr. B. I.
S. 294.

„    Gloger. Säugeth. Schles. S. 6.

„    Zawadzki. Galiz. Fauna. S. 16.

„    Temminck. Monograph. d. Mammal. V. II.
p. 173.

„    „    Bell. Brit. Quadrup. p. 21. fig. p. 22.

*Scotophilus discolor.* Gray. Magaz. of Zool. and Bot. V. II. p. 497.

*Vesperus discolor.* Keys. Blas. Wiegm. Arch. B. V. (1839.) Th. I.
S. 314.

*Vesperugo discolor.* Keys. Blas. Wirbelth. Europ. S. XV, 50. Nr. 87.

*Vesperus discolor.* Keys. Blas. Wirbelth. Europ. S. XV, 50. Nr. 87.

*Vespertilio discolor.* E v e r s m. Bullet. de la Soc. des Natural. d. Moscou. V. I. (1840.) p. 25.

 „  W a g n. Schreber Säugth. Suppl. B. V. I.
 S. 497. Nr. 12.

*Vesperus discolor.* W a g n. Schreber Säugth. Suppl. B. I. S. 497.
 Nr. 12.

*Scotophilus discolor.* G r a y. Ann. of Nat. Hist. V. X. (1842.) p. 157.

 „  „  G r a y. Mammal. of the Brit. Mus. p. 28.

*Vesperus discolor.* E v e r s m. Bullet. de la Soc. des Natural. d. Moscou.
 V. XVIII. (1845.) p. 502. t. 12. f. 3. (Kopf.)

*Vespertilio discolor.* W a g n. Schreber Säugth. Suppl. B. V. S. 733.
 Nr. 16.

*Vesperugo discolor.* W a g n. Schreber Säugth. Suppl. B. V. S. 733.
 Nr. 16.

*Vesperus discolor.* W a g n. Schreber Säugth. Suppl. B. V. S. 733.
 Nr. 16.

*Vespertilio discolor.* R e i c h e n b. Deutschl. Fauna. S. 2. t. 2. f. 7.

*Meteorus discolor.* K o l e n a t i. Allgem. deutsche naturh. Zeit. B. II.
 (1856.) Hft. 5. S. 164, 165.

*Vesperugo discolor.* B l a s. Fauna d. Wirbelth. Deutschl. B. I. S. 73.
 Nr. 8.

*Vesperus discolor.* B l a s. Fauna d. Wirbelth. Deutschl. B. I. S. 73.
 Nr. 8.

*Vespertilio discolor.* G i e b e l. Säugeth. S. 941.

*Vesperus discolor.* G i e b e l. Säugeth. S. 941.

*Meteorus discolor.* K o l e n a t i. Monograph. d. europ. Chiropt. S. 55.
 Nr. 3.

Obgleich schon L i n n é diese Art gekannt und in der ersten
Hälfte des verflossenen Jahrhunderts kurz beschrieben hatte, so haben
wir doch erst durch P a l l a s, N a t t e r e r und K u h l im zweiten Decennium des gegenwärtigen Jahrhunderts nähere Kenntniß von derselben erhalten.

In der Größe kommt sie mit der langschwänzigen *(Vesperus
megalurus)* und bestreuten Abendfledermaus *(Vesperus pulverulentus)*, der silberhaarigen *(Cnephaiophilus noctivagans)* und röthlichbraunen Spätfledermaus *(Cnephaiophilus ferrugineus)*, und der
grauen Zehenfledermaus *(Exochurus macrotarsus)* überein, daher

sie zu den kleineren unter den mittelgroßen Formen ihrer Gattung gerechnet werden muß.

Die Schnauze ist etwas gestreckt und stumpf. Die Nasenlöcher sind herzförmig und vorne an der Unterlippe befindet sich eine kahle dreieckige wulstige Erhöhung. Die Mundspalte reicht bis unter die Mitte der Augen. Die Ohren sind ziemlich kurz und breit, kürzer als der Kopf, fast $3/4$ der Kopflänge einnehmend, länglich - eiförmig gerundet, mit der Spitze nach auswärts gebogen, am Innenrande mit einem gerundeten, ziemlich vorragenden Lappen versehen, mit ihrem Außenrande bis an den Mundwinkel vorgezogen und tief, doch dicht unter demselben endigend, und auf ihrer Außenseite an der Wurzel dicht behaart, auf der Innenseite aber von 4 Querfalten durchzogen. Die Ohrklappe ist kurz und breit, etwas über der Mitte ihres Innen- und Außenrandes am breitesten, nach oben zu kaum schmäler als unten, nur sehr schwach zugespitzt und nach Innen gebogen, am Innenrande eingebuchtet und am Außenrande schwach ausgebogen und an der Wurzel desselben mit einem zackenartigen Vorsprunge versehen, und an der Spitze abgerundet. Die Flügel sind mäßig lang und breit, blos auf der Unterseite längs der Leibesseiten behaart, und reichen bis an die Zehenwurzel. Das zweite Glied des fünften Fingers reicht nicht bis zur Mitte des zweiten Gliedes des vierten Fingers vor, und der an den Leib ausgedrückte Vorderarm bis zur Mitte der Mundspalte. Die Sohlen sind mit rundlichen Schwielen besetzt. Die Schenkelflughaut ist auf der Oberseite nur an der Wurzel dicht behaart auf der Unterseite gegen den Steiß zu von einem Haarsaume umgeben, und von 9 Reihen von Muskelbündeln durchzogen, von denen die oberen etwas bogenförmig, die unteren schief verlaufen. Der Schwanz ist mittellang, fast von derselben Länge wie der Vorderarm, nur wenig länger als der halbe Körper und ragt mit seinen beiden Endgliedern frei aus der Schenkelflughaut hervor. Der Gaumen ist von 7 Querfalten durchzogen, von denen die vorderste und hinterste nicht getheilt sind.

Die Körperbehaarung ist ziemlich lang, dicht, glatt anliegend und weich.

Die Färbung erscheint auf der Oberseite des Körpers kastanienbraun und weiß gescheckt, auf der Unterseite weiß und lichtbräunlich überflogen, da die einzelnen Körperhaare auf der Oberseite von der Wurzel an bis über $3/4$ ihrer Länge dunkelbraun sind und in glänzend weißliche Spitzen endigen, auf der Unterseite aber in der Wurzelhälfte bis zur Mitte braun, in der ganzen Endhälfte aber weiß sind. Nur an der Kehle und zwischen den Hinterbeinen sind die Haare einfärbig weiß. Am Kinne befindet sich ein brauner Flecken, und der Haarsaum auf den Flügeln und der Schenkelflughaut ist einfärbig-weiß. Die Flughäute sind braunschwarz.

Das alte Männchen unterscheidet sich vom alten Weibchen nur dadurch, daß der Haarsaum auf den Flughäuten schmutzig weiß und nicht so wie bei diesem fast rein silberweiß ist. Bei jungen Thieren ist derselbe kurzhaariger und licht graubraun.

Körperlänge . . . 2″ 3$\frac{1}{3}$‴. Nach Kuhl.
Länge des Schwanzes 1″ 3$\frac{1}{3}$‴.
„ des Kopfes . 9‴.
„ der Ohren . 6$\frac{3}{4}$‴.
„ der Ohrklappe 2$\frac{2}{3}$‴.
„ des Daumens 2$\frac{1}{3}$‴.
Spannweite der Flügel 10″—11″.
Körperlänge . . . 2″ 1‴. Nach Keyserling u. Blasius.
Länge des Schwanzes 1″ 6$\frac{1}{2}$‴.
„ des Vorderarmes 1″ 7‴.
„ der Ohren . . 7$\frac{1}{2}$‴.
„ der Ohrklappe . 2‴.
„ des Kopfes . . 8‴.
„ des dritten Fin-
gers . . . . 2″ 9$\frac{1}{2}$‴.
„ des fünften Fin-
gers . . . . 1″ 10$\frac{1}{2}$‴.
Spannweite der Flü-
gel . . . . . . 10″ 6‴.

Im Oberkiefer ist kein Lückenzahn vorhanden, im Unterkiefer jederseits 1. Backenzähne befinden sich in beiden Kiefern in jeder Kieferhälfte 4. Die Vorderzähne des Unterkiefers stehen gerade und berühren sich an den Seiten.

Vaterland. Mittel-Europa, wo sich diese Art vom südlichen Schweden und England durch Dänemark und ganz Deutschland ostwärts über Österreich, Böhmen, Mähren, Schlesien, Galizien, die Bukowina, Ungarn, Siebenbürgen, die Wallachei und das südliche

Rußland bis in die Krim verbreitet und südwärts durch die Schweiz, Tyrol, Kärnthen, Steyermark, Krain und Croatien, bis nach Dalmatien und in die nördliche Türkei hinabreicht. In Frankreich und Holland scheint sie zu fehlen.

Linné, obgleich er diese Form gekannt, fand sich dennoch nicht bestimmt, dieselbe von der gemeinen Ohrenfledermaus (*Myotis murina*) der Art nach zu trennen und alle älteren Naturforscher mit Ausnahme von Retz, der sie für verschieden hielt und unter einem zweifachen Namen anführte, folgten seinem Beispiele. Erst Pallas wies ihre specifische Verschiedenheit unwiderlegbar nach, glaubte aber irrigerweise die spätfliegende Abendfledermaus (*Vesperus serotinus*) in ihr zu erkennen und zog auch fälschlich die turkomanische Abendfledermaus (*Vesperus turcomanus*) mit ihr zusammen, welchen Irrthum Anfangs auch Eversmann beging. Natterer und Kuhl beschrieben sie unter dem Namen „*Vespertilio discolor*" als eine selbstständige Art, welche auch von allen ihren Nachfolgern als solche anerkannt wurde und für welche Nilsson allein den alten Linnéschen Namen „*Vespertilio murinus*" anwenden zu sollen glaubte.

Keyserling und Blasius zählen diese Art zu ihrer Gattung „*Vesperus*" und Kolenati stellte sie als den Repräsentanten seiner Gattung „*Meteorus*" auf.

#### 4. Die nordische Abendfledermaus (*Vesperus Nilssonii*).

*V. discolore plerumque minor et irretito perparum major; rostro parum elongato, sat lato obtuso, naribus cordiformibus, labio inferiore antice protuberantia trigona calva notato, gula macula linguaeformi longitudinali depilata signata, rictu oris usque ad oculorum medium fisso; auriculis sat brevibus latis, capite brevioribus, ultra* ³/₄ *capitis longitudine, oblongo-ovato-rotundatis, in margine exteriore versus oris angulum protractis et in eadem altitudine cum isto ac pone eum finitis, externe basi pilosis et interne plicis 4 transversalibus percursis; trago-oblongo brevi lato ultra marginis exterioris et infra marginis interioris medio latissimo, apicem versus vix angustato ac introrsum curvato, in margine interiore sinuato, in exteriore leviter arcuato et basi protuberantia dentiformi instructo; apice rotundato; alis modice longis latisque, maximam partem calvis, infra versus cor-*

*poris latera tantum pilosis, ad digitorum pedis basin usque attin-
gentibus; phalange secunda digiti quinti valde ultra medium
phalangis secundae digiti quarti attingente et antibrachio corpori
appresso ad oris rictus initium pertingente; plantis podariorum
callis rotundatis obtectis; patagio anali supra in parte basali ad
dimidium usque pilis longis dense vestito, infra solum uropygium
versus piloso et fibris muscularibus per 12 series dispositis et valde
oblique versus caudam decurrentibus percurso; cauda longa, corpore parum breviore et antibrachio paullo longiore, apice articulis
duobus prominentibus libera; palato plicis 7. transversalibus percurso, duabus anticis integris, caeteris divisis; corpore pilis brevibus incumbentibus mollibus dense vestito; colore secundum
aetatem variabili; notaeo in adultis obscure fusco, area fusco-
albido-vel flavido-variegata trigona et acumine retrorsum directa
a nucha supra dorsum explanata signato, gastraeo unicolore
dilute fusco; capite macula infra aures dilutiore fuscescente-
flava notato; rostro nigrescente, auriculis nigris, patagiis nigro-
fuscis fusco-pilosis; area dorsali in junioribus in striam longitu-
dinalem angustum restricta.*

*Vespertilio Kuhlii.* Nilss. Illum. figur. Till Skandin. Fauna. fol. 2.
　　fig. 5.
*Vespertilio borealis.* Nilss. Skandin. Fauna. Edit. I. p. 25.
*Vesperus Nilssonii.* Keys. Blas. Wiegm. Arch. B. V. (1839.) Th. I.
　　S. 315.
*Vesperugo Nilssonii.* Keys. Blas. Wirbelth. Europ. S. XV, 51.
　　Nr. 88.
*Vesperus Nilssonii.* Keys. Blas. Wirbelth. Europ. S. XV, 51. Nr. 88.
*Vespertilio Nilssonii.* Wagn. Schreber Säugth. Suppl. B. I. S. 498.
　　Nr. 13.
*Vesperus Nilssonii.* Wagn. Schreber Säugth. Suppl. B. I. S. 498.
　　Nr. 13.
　　　　„　　　Eversm. Bullet. de la Soc. des Natural. d. Mos-
　　　　　　cou. 1853. p. 490. t. 3. f. 2.
　　„　　　„　　Blas. Reise im europ. Rußl. B. I. S. 264.
*Vespertilio Nilssonii.* Wagn. Schreber Säugth. Suppl. B. V. S. 733.
　　Nr. 17.
*Vesperugo Nilssonii.* Wagn. Schreber Säugth. Suppl. B. V. S. 733.
　　Nr. 17.

*Vesperus Nilssonii.* W a g n. Schreber Säugth. Suppl. B. V. S. 733.
    Nr. 17.
*Meteorus Nilssonii.* K o l e n a t i. Allgem. deutsche naturh. Zeit. B. II.
    (1856.) Hft. 5. S. 163, 164.
*Vesperugo Nilssonii.* B l a s. Fauna d. Wirbelth. Deutschl. B. I. S. 70.
    Nr. 7.
*Vesperus Nilssonii.* B l a s. Fauna d. Wirbelth. Deutschl. B. I. S. 70.
    Nr. 7.
*Vespertilio Nilssoni.* G i e b e l. Säugeth. S. 942.
*Vesperus Nilssoni.* G i e b e l. Säugeth. S. 942.
*Meteorus Nilssonii.* K o l e n a t i. Monograph. d. europ. Chiropt. S. 52.
    Nr. 2.

Mit dieser wohl unterschiedenen Art sind wir erst in neuerer
Zeit durch N i l s s o n bekannt geworden.

Sie ist mit der weißscheckigen Abendfledermaus *(Vesperus
discolor)* zwar nahe verwandt, unterscheidet sich von derselben aber,
außer der in der Regel etwas geringeren Größe, durch die Verschiedenheit in den Verhältnissen ihrer einzelnen Körpertheile und in der
Färbung.

Sie bildet eine der kleineren unter den mittelgroßen Formen
ihrer Gattung, indem sie die verstrickte *(Vesperus irretitus),* haarige *(Vesperus polythrix)* und Creeks-Abendfledermaus *(Vesperus
Creeks),* sowie auch die schlanke Spätfledermaus *(Cnephaiophilus
macellus)* nur sehr wenig an Größe übertrifft.

Die Schnauze ist schwach gestreckt, ziemlich breit und stumpf.
Die Nasenlöcher sind herzförmig. Auf der Unterlippe befindet sich
vorne eine kahle dreieckige wulstige Erhöhung, auf der Kehle ein
unbehaarter zungenförmiger Längsflecken. Die Mundspalte reicht bis
unter die Mitte der Augen. Die Ohren sind ziemlich kurz und breit,
kürzer als der Kopf, über ³/₄ der Kopflänge einnehmend, länglich-
eiförmig gerundet, mit ihrem Außenrande bis gegen den Mundwinkel
vorgezogen, wo sie in gleicher Höhe mit demselben, aber in einer
Entfernung von 1⁸/₄ Linien hinter ihm endigen, und auf ihrer Außenseite an der Wurzel nur wenig behaart, auf der Innenseite von
4 Querfalten durchzogen. Die Ohrklappe ist länglich, kurz und breit,
über der Mitte ihres Außenrandes und unter der Mitte des Innenrandes am breitesten, nach oben zu kaum schmäler als unten und

nach Innen gebogen, am Innenrande eingebuchtet, am Außenrande schwach ausgebogen und an der Wurzel desselben mit einem zackenartigen Vorsprunge versehen, und an der Spitze abgerundet. Die Flügel sind von mäßiger Länge und Breite, größtentheils, kahl, nur auf der Unterseite längs der Leibesseiten behaart und reichen bis an die Zehenwurzel. Das zweite Glied des fünften Fingers reicht weit über die Mitte des zweiten Gliedes des vierten Fingers hinaus und der an den Leib angedrückte Vorderarm bis zum Anfange der Mundspalte. Die Sohlen sind mit rundlichen Schwielen besetzt. Die Schenkelflughaut ist auf ihrer Oberseite in der Wurzelhälfte bis zur Mitte lang und dicht behaart, auf der Unterseite aber nur gegen den Steiß zu und von 12 sehr schief verlaufenden Reihen von Muskelbündeln durchzogen. Der Schwanz ist lang, nur wenig kürzer als der Körper und etwas länger als der Vorderarm, und ragt mit seinen beiden Endgliedern frei aus der Schenkelflughaut hervor. Der Gaumen ist von 7 Querfalten durchzogen, von denen die beiden vorderen ungetheilt sind.

Die Körperbehaarung ist kurz, dicht, glatt anliegend und weich.

Die Färbung ist nach dem Alter etwas verschieden.

Bei a l t e n  T h i e r e n ist die Oberseite des Körpers dunkelbraun und bietet auf dem Rücken vom Nacken an ein mit der Spitze nach hinten gekehrtes dreiseitiges , braunweißlich oder braungelblich geschecktes Feld dar, während die Unterseite einfärbig hellbraun erscheint, welche Färbung dadurch bewirkt wird, daß die Haare der Oberseite von der Wurzel an bis zu $^2/_3$ ihrer Länge dunkelbraun sind und in braunweißliche oder braungelbliche Spitzen endigen, jene der Unterseite aber von der Wurzel an bis zu $^3/_4$ ihrer Länge dunkelbraun mit hellbraunen Spitzen. Unterhalb der Ohren befindet sich ein hellerer bräunlichgelber Flecken. Die Schnauze ist schwärzlich, die Ohren sind schwarz , die Flughäute schwarzbraun, die Behaarung derselben ist braun.

Bei j u n g e n  T h i e r e n erscheint das braunweißlich gescheckte Feld nur in der Gestalt eines schmalen Streifens angedeutet.

Körperlänge  .  .  .  .    2''  1'''.·    Nach K e y s e r l i n g  u. B l a s i u s.
Länge des Schwanzes .   1''  9'''.
  „    des Vorderarmes  1''  6'''.
  „    der Ohren  .  .     7$^1/_2$'''.
  „    der Ohrklappe .    2'''.

Länge des Kopfes . . 8 1/3'''.

„ des dritten Fin-

gers . . . . . 2'' 6 1/2'''.

„ des fünften Fin-

gers . . . . . 1'' 11 1/2'''.

Spannweite der Flügel 10''.

Im Oberkiefer ist kein Lückenzahn vorhanden, im Unterkiefer jederseits 1. Backenzähne befinden sich in beiden Kiefern in jeder Kieferhälfte 4. Die Vorderzähne des Unterkiefers sind schief gestellt.

Vaterland. Nord- und Mittel-Europa, woselbst diese Art bis gegen den Polarkreis hinaufreicht und in Rußland noch in der Nähe des weißen Meeres vorkommt, und Nordwest-Asien, wo sie durch den mittleren und südlichen Ural sich bis in die Wolgagegenden, den Kaukasus und den Altai verbreitet.

In Europa kommt sie vorzugsweise im nördlichen Rußland, in Norwegen und Schweden und in den Ost-See Provinzen vor, von wo sie durch den Harz südlich bis nach Baiern reicht und noch in der Gegend von Regensburg angetroffen wird, während sie sich ostwärts über Böhmen, Mähren, Schlesien, Preußen, Polen und Galizien ausdehnt.

Nilsson, welchem wir die erste Kunde von dieser Art verdanken, hielt sie Anfangs mit der haarbindigen Dämmerungsfledermaus (*Vesperugo Kuhlii*) für identisch, erkannte aber bald seinen Irrthum und bezeichnete sie als eine selbstständige Art mit dem Namen „*Vespertilio borealis*“, welchen Keyserling und Blasius zu Ehren des Entdeckers mit der Benennung „*Vesperus Nilssonii*“ vertauschten. Kolenati reiht sie seiner Gattung „*Meteorus*“ ein.

### 6. Die herzohrige Abendfledermaus (*Vesperus Savii*).

*V. discolore distincte minor et Exochuri macrodactyli magnitudine; rostro breviusculo, modice lato, obtuse-acuminato, angulo oris infra oculorum medium terminato; auriculis brevibus, capite 1/2 brevioribus, latis cordiformibus, in margine exteriore leviter emarginatis et versus oris angulum usque protractis, trago reniformi brevi, dimidio auriculae breviore, in margine exteriore supra medium dilatato, apice rotundato; alis usque ad digitorum pedis basin adnatis, supra infraque paene calvis; antibrachio corpori*

*appresso usque ad rostri apicem porrecto; patagio anali supra
pilis fuscescentibus parce dispositis, infra pilis griseo-albidis sat
confertis obtecto; cauda longa, corpore eximie breviore et antibrachio longitudine aequali, apice articulis duobus prominentibus
libera; corpore pilis brevibus incumbentibus mollibus dense vestito;
notaeo fumigineo-fusco in nigrescente-vel umbrino-fuscum vergente, gastraeo cum maxilla inferiore, mento nigrescente excepto,
griseo-albido; pilis singulis in notaeo ad basin nigrescentibus, in
gastraeo languide nigris, patagiis fuscescente-nigris.*

*Vespertilio Savii.* B o n a p a r t e. Iconograf. della Fauna ital. Fasc. XX.
    c. fig.

*Scotophilus Savi.* G r a y. Magaz. of Zool. and Bot. V. II. p. 498.

*Vespertilio Savii.* T e m m i n c k. Monograph. d. Mammal. V. II. p. 197.

    „    , , K e y s. B l a s. Wiegm. Arch. B. V. (1839.) Th. I.
    S. 316.

*Vesperugo Savii.* K e y s. B l a s. Wirbelth. Europ. S. XV, 51. Nr. 89.

*Vesperus Savii.* K e y s. B l a s. Wirbelth. Europ. S. XV, 51. Nr. 89.

*Vespertilio Savii.* W a g n. Schreber Säugth. Suppl. B. I. S. 499.
    Nr. 14.

*Vesperus Savii.* W a g n. Schreber Säugth. Suppl. B. I. S. 499. Nr. 14.

*Vespertilio Savii.* W a g n. Schreber Säugth. Suppl. B. V. S. 734.
    Nr. 18.

*Vesperugo Savii.* Wa g n. Schreber Säugth. Suppl. B. V. S. 734. Nr. 18.

*Vesperus Savii.* W a g n. Schreber Säugth. Suppl. B. V. S. 734. Nr. 18.

*Vespertilio Savii.* D e h n e. Allg. deutsche naturh. Zeit. Jahrg. I.
    (1855.) S. 438.

*Meteorus Savii.* K o l e n a t i. Allg. deutsche naturh. Zeit. Jahrg, II.
    (1856.) Hft. 5. S. 166.

*Vespertilio Savii.* G i e b e l. Säugeth. S. 942.

*Vesperus Savii.* G i e b e l. Säugeth. S. 942.

*Vesperus Savii.* F i t z. H e u g l. Säugeth. Nordost-Afr. S. 10. Nr. 12.
    (Sitzb. d. math.-naturw. Cl. d. k. Akad. d. Wiss.
    B. LIV.)

*Meteorus Savii.* K o l e n a t i. Monograph. d. europ. Chiropt. S. 58. Nr. 4.

Das Verdienst der Entdeckung dieser ausgezeichneten europäischen Art gebührt dem P r i n z e n B o n a p a r t e, dem wir auch eine
genaue Beschreibung und Abbildung zu verdanken haben.

Sie schließt sich der Gruppe der weißscheckigen Abendfledermaus *(Vesperus discolor)* an, ist merklich kleiner als die nor-
dische Abendfledermaus *(Vesperus Nilssonii)* und mit der rußschwarzen Zehenfledermaus *(Exochurus macrodactylus)* von
gleicher Größe, daher die größte unter den kleineren Formen in der
Gattung.

Die Schnauze ist nicht sehr kurz, ziemlich breit und stumpf
zugespitzt. Die Mundspalte reicht bis unter die Mitte der Augen. Die
Ohren sind kurz, um $1/_3$ kürzer als der Kopf, breit, von herzförmiger
Gestalt, am Außenrande mit einer schwachen Ausrandung versehen
und mit demselben bis gegen den Mundwinkel verlängert. Die Ohrklappe ist kurz, kürzer als die Ohrhälfte, von nierenförmiger Gestalt,
über der Mitte ihres Außenrandes erweitert und am oberen Ende
abgerundet. Die Flügel sind an der Zehenwurzel angeheftet, und auf
der Ober- wie der Unterseite beinahe vollständig kahl, und der an
den Leib angedrückte Vorderarm reicht nur bis zur Schnauzenspitze.
Die Schenkelflughaut ist auf der Oberseite nur sehr spärlich mit
bräunlichen Haaren besetzt, auf der Unterseite aber ziemlich dicht
mit grauweißlichen Haaren bekleidet. Der Schwanz ist lang, doch
beträchtlich kürzer als der Körper und von derselben Länge wie der
Vorderarm, und tritt mit seinen beiden Endgliedern frei aus der
Schenkelflughaut hervor.

Die Körperbehaarung ist kurz, dicht, glatt anliegend und weich.

Die Oberseite des Körpers ist rauchbraun in's Schwärzlich- oder
Umberbraune ziehend, die Unterseite nebst dem Unterkiefer, mit Ausnahme des schwärzlichen Kinnes, graulichweiß, da die einzelnen
Haare auf der Oberseite an der Wurzel schwärzlich und an der Spitze
braungelblich, auf der Unterseits an der Wurzel matt schwarz und an
der Spitze weißlich sind. Die Flughäute sind bräunlichschwarz.

Körperlänge . . . . . . . 1″ 11‴. Nach **Prinz Bonaparte**.
Länge des Schwanzes . . . 1″ 3‴.
  „   des Vorderarmes . . 1″ 3‴.
  „   der Ohren . . . . . 5‴.
  „   des Kopfes . . . . . 8‴.
Spannweite der Flügel . . . 8″ 2‴.
Körperlänge . . . . . . . 1″ 6‴. Nach **Temminck**.
Länge des Schwanzes . . . 1″ 6‴.
Spannweite der Flügel . . . 8″ 2‴.

In den von Temminck angegebenen Maaßen ist offenbar ein Irrthum unterlaufen.

Der Lückenzahn im Oberkiefer fehlt und im Unterkiefer befindet sich jederseits nur 1 Lückenzahn. Die Zahl der Backenzähne beträgt in beiden Kiefern in jeder Kieferhälfte 4. Der erste Vorderzahn des Oberkiefers ist fast so groß als der zweite.

Vaterland. Südost-Europa, woselbst diese Art einerseits von Toskana durch den Kirchenstaat, wo sie insbesondere in der Gegend um Rom vorkommt, und durch Neapel, wo sie von Rabenhorst im Basilicate bei Tursi angetroffen wurde, bis nach Sicilien und auf die Insel Sardinien reicht, und andererseits sich von Dalmatien, wo sie Parreyss bei Cattaro gesammelt, durch die südliche Türkei und Griechenland bis auf die Insel Euboea oder Negroponte, wo sie Lindermayer traf, verbreitet, und Nordost-Afrika, wo sie Rüppell bei Suez in Ägypten fand.

### 7. Die stumpfnasige Abendfledermaus *(Vesperus Bonapartii)*.

*V. Aristippe minor; rostro obtuso; auriculis breviusculis, capite 1/3 brevioribus, oblongo-ovatis, vix emarginatis, trago brevi, dimidio auriculaebreviore; alis ad digitorum pedis basin adnatis; cauda longa, antibrachio longitudine aequali et corpore non multo breviore, apice articulis duobus prominentibus libera; corpore pilis brevibus incumbentibus mollibus dense vestito; notaeo fusco-rufescente, gastraeo parum pallidiore, pilis notaei in basali parte obscure fuscis, in apiacli ex rufescente flavido-griseis, gastraei basin versus pallide fuscis, apice albido-griseis, patagiis nigrescentibus.*

*Vespertilio Bonapartii.* Savi. Nuov. Giorn. di Letter. (1839.)

„           „       Bonaparte. Iconograf. della Fauna ital. fasc. XII. c. fig.

„       Wagn. Schreber Säugth. Suppl. B. V. S. 734. Nr. 19.

*Vesperugo Bonapartii.* Wagn. Schreber Säugth. Suppl. B. V. S. 734. Nr. 19.

*Meteorus discolor.* Kolenati. Monograph. d. europ. Chiropt. S. 55, 57. Nr. 3.

Mit dieser erst in neuerer Zeit entdeckten europäischen Art sind wir zuerst durch Savi und bald darauf auch durch den Prinzen Bonaparte näher bekannt geworden.

In manchen ihrer Merkmale erinnert sie sowohl an die seiden-
haarige (*Vesperus Leucippe*), als auch an die weißscheckige
Abendfledermaus (*Vesperus discolor*), zu deren Gruppe sie gehört.
Sie ist noch kleiner als die spitzschnauzige Abendfledermaus
(*Vesperus Aristippe*) und selbst als die capische (*Vesperus minutus*),
daher eine der kleinsten Formen ihrer Gattung und auch unter den
europäischen Fledermäusen.

Die Schnauze ist stumpf. Die Ohren sind ziemlich kurz, um $1/3$
kürzer als der Kopf, länglich-eiförmig und bieten kaum eine Ausrandung
dar. Die Ohrklappe ist kurz und kürzer als die Ohrhälfte. Die Flügel
reichen bis an die Zehenwurzel. Der Schwanz ist lang, von derselben
Länge wie der Vorderarm und nicht viel kürzer als der Körper, und
ragt mit seinen beiden Endgliedern frei aus der Schenkelflughaut
hervor.

Die Körperbehaarung ist kurz, dicht, glatt anliegend und weich.

Die Oberseite des Körpers ist braunröthlich, wobei die einzelnen
Haare im Wurzeltheile dunkelbraun und an der Spitze röthlich gelbgrau sind, die Unterseite ist nur wenig blasser, da hier die Haare
in weißlichgraue Spitzen ausgehen. Die Flughäute sind schwärzlich.

| | | |
|---|---|---|
| Körperlänge . . . . . . . . . . . | 1″ 6‴. | Nach Savi. |
| Länge des Schwanzes . . . . . . . | 1″ 2‴. | |
| „ des Vorderarmes . . . . . . | 1″ 2‴. | |
| „ der Ohren . . . . . . . . | 5‴. | |

Vaterland. Süd-Europa, wo diese Art im mittleren und südlichen Italien von Toskana durch den Kirchenstaat und Neapel bis
nach Sicilien hinab getroffen wird, und Nordwest-Afrika, wo sie in
Algier vorkommt. Savi traf sie in Toskana bei Pisa und Ascoli, und
im Kirchenstaate in der Umgegend von Rom, Prinz Bonaparte
erhielt sie aus Sicilien und Guyon, sammelte sie in Algier, woher
durch ihn auch das kaiserl.-zoologische Museum zu Wien ein Exemplar erhielt. Kolenati wollte in demselben nur die weißscheckige
Abendfledermaus (*Vesperus discolor*) erkennen.

### 8. Die seidenhaarige Abendfledermaus (*Vesperus Leucippe*).

*V. Savii distincte minor et lacteo parum major; rostro bre-
viusculo lato depresso, antice fere semicirculariter rotundato,
angulo oris infra oculorum medio terminato; auriculis brevibus,*

*capite* ⅓ *brevioribus obtuse acuminato-rotundatis, in margine
exteriore usque infra oris angulum protractis et supra medium
leviter emarginatis, trago brevissimo, vix* ⅓ *auriculae longitudine, semirotundato, in margine exteriore supra medium dilatato;
alis usque ad digitorum pedis basin adnatis, supra infraque
paene calvis; antibrachio corpori appresso vix usque ad oris
angulum porrecto; podariis perparum liberis; patagio anali
supra solum versus basin dense piloso; cauda longa, corpore
exime breviore et antibrachio longitudine aequali, apice articulis
duobus prominentibus libera; corpore pilis brevibus incumbentibus
tenerrimis mollibus sericeis dense vestito; notaeo dilute cinnamomeo-fusco, gastraeo argenteo vel sericeo albo, pilis corporis omnibus basin versus obscurioribus, in notaeo in fuscum, in gastraeo
in griseum vergentibus, patagiis nigrescentibus.*

*Vespertilio Leucippe.* Bonaparte. Iconograf. della Fauna ital. Fasc.
XXI. fig. 2.

*Scotophilus Leucippe.* Gray. Magaz. of Zool. and Bot. V. II. p. 498.

*Vespertilio Leucippe.* Temminck. Monograph. d. Mammal. V. II.
p. 199.

     „     Keys. Blas. Wiegm. Arch. B. V. (1839.)
Th. I. S. 316.

*Vesperugo Leucippe.* Keys. Blas. Wirbelth. Europ. S. XV, 51.
Nr. 90.

*Vesperus Leucippe.* Keys. Blas. Wirbelth. Europ. S. XV, 51.
Nr. 90.

*Vespertilio Leucippe.* Wagn. Schreber Säugth. Suppl. B. I. S. 500.
Nr. 15.

*Vesperus Leucippe.* Wagn. Schreber Säugth. Suppl. B. I. S. 500.
Nr. 15.

*Vespertilio Leucippe.* Wagn. Schreber Säugth. Suppl. B. V. S. 734.
Nr. 20.

*Vesperugo Leucippe.* Wagn. Schreber Säugth. Suppl. B. V. S. 734.
Nr. 20.

*Vesperus Leucippe.* Wagn. Schreber Säugth. Suppl. B. V. S. 734.
Nr. 20.

*Vesperugo discolor. Iun.* Blas. Fauna d. Wirbelth. Deutschl. B. I.
S. 73. Nr. 8.

*Vesperus discolor.* Iun. B l a s. Fauna d. Wirbelth. Déutschl. B. I.
S. 73. Nr. 8.

*Vespertilio Leucippe.* G i e b e l. Säugeth. S. 942.

*Vesperus Leucippe.* G i e b e l. Säugeth. S. 942.

*Vesperus discolor.* Iun. K o l e n a t i. Monograph. d. europ. Chiropt.
S. 55. Nr. 3.

Auch mit dieser wohl unterschiedenen Art wurde die Wissenschaft und die europäische Fauna durch den P r i n z e n  B o n a p a r t e
bereichert, da er dieselbe nicht nur entdeckt, sondern auch genau
beschrieben und abgebildet hat.

An Größe steht sie der herzohrigen Abendfledermaus *(Vesperus
Savii)* merklich nach, da sie nur wenig größer als die weiße *(Vesperus lacteus)* und argentinische Abendfledermaus *(Vesperus furinalis)*, die gleichflügelige Spätfledermaus *(Cnephaiophilus pellucidus)* und braune Zehenfledermaus *(Exochurus Horsfieldii)*, und
etwas kleiner als die Lanzett-Abendfledermaus *(Vesperus lanceo-
latus)* ist, daher den kleineren Formen ihrer Gattung angehört.

In ihren körperlichen Formen erinnert sie einigermaßen an die
weißscheckige Abendfledermaus *(Vesperus discolor)*, deren Gruppe
sie sich anreiht.

Die Schnauze ist nicht besonders kurz, breit und flachgedrückt,
und vorne beinahe halbkreisförmig gerundet. Die Mundspalte reicht
bis unter die Mitte der Augen. Die Ohren sind kurz, um $1/3$ kürzer
als der Kopf, stumpfspitzig gerundet und an ihrem Außenrande, der
bis unter den Mundwinkel reicht, über ihrer Mitte mit einer
schwachen Ausrandung versehen. Die Ohrklappe ist sehr kurz, kaum
$1/3$ der Ohrlänge einnehmend, von halbrunder Gestalt und über der
Mitte ihres Außenrandes erweitert. Die Flügel reichen bis an die
Zehenwurzel und sind auf der Ober- wie der Unterseite beinahe
völlig kahl. Der an den Leib gedrückte Vorderarm reicht kaum bis
zum Mundwinkel hinauf. Die Füße sind klein und ragen nur sehr
wenig aus der Flughaut hervor. Die Schenkelflughaut ist auf der
Oberseite nur gegen die Wurzel dicht behaart. Der Schwanz ist
lang, aber beträchtlich kürzer als der Körper und von gleicher Länge
wie der Vorderarm, und ragt mit seinen beiden Endgliedern frei aus
der Schenkelflughaut hervor.

Die Körperbehaarung ist kurz, dicht, glatt anliegend, sehr fein,
weich und seidenartig.

Die Oberseite des Körpers ist hell zimmtbraun, die Unterseite silber- oder seidenweiß und sämmtliche Körperhaare sind an der Wurzel dunkler, auf der Oberseite mehr in's Braune, auf der Unterseite mehr in's Graue fallend. Die Flughäute sind schwärzlich.

Körperlänge . . . . . 1″ 9‴. Nach Prinz Bonaparte.
Länge des Schwanzes . 1″ 3‴.
„ des Vorderarmes 1″ 3‴.
„ der Ohren . . . 5‴.
„ des Kopfes . . . 7‴.
Spannweite der Flügel . 8″ 10‴.

Der Lückenzahn im Oberkiefer fehlt, im Unterkiefer ist jederseits 1 Lückenzahn vorhanden. Backenzähne befinden sich in beiden Kiefern in jeder Kieferhälfte 4.

Vaterland. Südost-Europa, und zwar sowohl Sicilien, von wo Prinz Bonaparte diese Art erhielt, als auch Dalmatien, wo Neumayer dieselbe bei Ragusa sammelte, und Griechenland, wo sie Lindermayer auf der Insel Euboea oder Negroponte traf.

Blasius will in ihr in neuerer Zeit nur ein junges Thier der weißscheckigen Abendfledermaus *(Vesperus discolor)* erblicken, und ebenso Kolenati.

### 9. Die spitzschnauzige Abendfledermaus *(Vesperus Aristippe)*.

*V. Bonapartii parum major; rostro breviusculo compresso obtuse-acuminato, angulo oris infra oculorum medium terminato; auriculis semiovalibus brevibus, capite* 1/4 *brevioribus, obtuse acuminato-rotundatis, in margine exteriore usque infra oris angulum protractis et infra medium levissime sinuatis, trago semielliptico brevi, paullo ultra* 1/3 *auricularum longitudine, in margine exteriore supra medium dilatato; alis usque ad digitorum pedis basin adnatis, supra infraque fere plane calvis; antibrachio corpori appresso ultra rostri apicem porrecto; podariis parvis parum liberis; patagio anali supra solum versus basin dense piloso; cauda longa, corpore non multo breviore et antibrachio longitudine aequali, apice articulis duobus prominentibus libera; corpore pilis brevibus incumbentibus teneris mollibus dense vestito; notaeo pallide griseo-flavescente vel isabellino, gastraeo griseo-albescente vel fordide stanneo, pilis singulis in notaeo· ad basin obscure fuscis, in gastraeo obscure griseis.*

*Vespertilio Aristippe.* B o n a p a r t e. Iconograf. della Fauna ital. Fasc.
XXI. fig. 3.

*Scotophilus Aristippe.* G r a y. Magaz. of Zool. and Bot. V. II. p. 498.

*Vespertilio Aristippe.* T e m m i n c k. Monograph. d. Mammal. V. II.
p. 200.

„          K e y s. B l a s. Wiegm. Arch. B. V. (1839.)
Th. I. S. 316.

*Vesperugo Asistippe.* K e y s. B l a s. Wirbelth. Europ. S. XV, 52.
Nr. 91.

*Vesperugo Aristippe.* K e y s. B l a s. Wirbelth. Europ. S. XV, 52.
Nr. 91.

*Vespertilio Aristippe.* W a g n. Schreber Säugth. Suppl. B. I. S. 500.
Nr. 16.

*Vesperus Aristippe.* W a g n. Schreber Säugth. Suppl. B. I. S. 500.
Nr. 16.

*Vespertilio Aristippe.* W a g n. Schreber Säugth. Suppl. B. V. S. 734.
Nr. 21.

*Vesperugo Aristippe.* W a g n. Schreber Säugth. Suppl. B. V. S. 734.
Nr. 21.

*Vesperus Aristippe.* W a g n. Schreber Säugth. Suppl. B. V. S. 734.
Nr. 21.

*Vesperugo discolor. Var. climat.* B l a s. Fauna d. Wirbelth. Deutschl.
B. I. S. 73. Nr. 8.

*Vesperus discolor. Var. climat.* B l a s. Fauna d. Wirbelth. Deutschl.
B. I. S. 73. Nr. 8.

*Vespertilio Aristippe.* G i e b e l. Säugeth. S. 943.

*Vesperus Aristippe.* G i e b e l. Säugeth. S. 943.

*Meteorus discolor. Var. climat.* K o l e n a t i. Monograph. d. europ.
Chiropt. S. 55. Nr. 3.

Es ist dieß eine dritte vom P r i n z e n B o n a p a r t e entdeckte,
beschriebene und abgebildete Art, welche ein neues Glied in der
Reihe der europäischen Fledermäuse bildet.

Auch sie schließt sich der Gruppe der weißscheckigen Abendfledermaus *(Vesperus discolor)* an und gehört zu den kleineren
Formen ihrer Gattung, indem sie merklich kleiner als die seiden-
haarige *(Vesperus Leucippe)* und nur wenig größer als die stumpfnasige Abendfledermaus *(Vesperus Bonapartii)* ist.

Die Schnauze ist nicht sehr kurz, zusammengedrückt und stumpf zugespitzt. Die Mundspalte reicht bis unter die Mitte der Augen. Die Ohren sind kurz, um $1/4$ kürzer als der Kopf, stumpf-spitzig-gerundet, von halbeiförmiger Gestalt, mit ihrem Außenrande bis unter den Mundwinkel vorgezogen und unterhalb der Mitte der Ohrhöhe an demselben mit einer sehr schwachen und kaum bemerkbaren Einbuchtung versehen. Die Ohrklappe ist kurz, etwas über $1/3$ der Ohrlänge einnehmend, von halbelliptischer Gestalt und über der Mitte ihres Außenrandes erweitert. Die Flügel sind an die Zehenwurzel angeheftet und auf der Ober- wie der Unterseite beinahe vollständig kahl. Der an den Leib gedrückte Vorderarm ragt über die Schnauzenspitze hinaus. Die Füße sind klein und nur wenig frei aus der Flughaut hervorragend. Die Schenkelflughaut ist auf der Oberseite nur gegen die Wurzel zu dicht behaart. Der Schwanz ist lang, doch nicht viel kürzer als der Körper und von gleicher Länge wie der Vorderarm, und ragt mit seinen beiden Endgliedern frei aus der Schenkelflughaut hervor.

Die Körperbehaarung ist kurz, dicht, glatt anliegend, fein und weich.

Die Oberseite des Körpers ist blaß graugelblich oder isabellfarben, die Unterseite grauweißlich oder schmutzig zinnweiß. Die einzelnen Körperhaare sind auf der Oberseite an der Wurzel dunkelbraun und an der Spitze graugelblich, auf der Unterseite an der Wurzel dunkelgrau und an der Spitze weißlich.

Körperlänge . . . . . . 1″ 7‴. Nach Prinz Bonaparte.
Länge des Schwanzes . . 1″ 3‴.
„ des Vorderarmes . 1″ 3‴.
„ der Ohren . . . . 5½‴.
„ des Kopfes . . . 7‴.
Spannweite der Flügel . . 8″ 3‴.

Im Oberkiefer ist kein Lückenzahn vorhanden, im Unterkiefer befindet sich jederseits nur 1. Die Zahl der Backenzähne beträgt in jeder Kieferhälfte in beiden Kiefern 4.

Vaterland. Süd-Europa, Sicilien.

Blasius betrachtet diese Art jetzt nur für eine klimatische Abänderung der weißscheckigen Abendfledermaus *(Vesperus discolor)* und Kolenati schließt sich dieser Ansicht an.

8*

10. **Die isabellfarbene Abendfledermaus** *(Vesperus isabellinus).*

*V. scrotini magnitudine; rostro obtuso; auriculis latis amplis oblongo-ovatis, in margine exteriore ad basin lobo instructis et usque versus oris angulum protractis, in interiore reflexis et interne versus marginem interiorem plica longitudinali percursis, trago brevi foliiformi; alis patagioque anali valde venosis; cauda mediocri, corpore multo et antibrachio parum breviore, apice prominente libera; corpore pilis brevibus incumbentibus dense vestito; notaeo vivide isabellino, gastraeo dilutiore, rostro ad apicem cum labiis nigris.*

*Vespertilio isabellinus.* Temminck. Monograph. d. Mammal. V. II.
    p. 205. t. 52. f. 2.

*Vesperus isabellinus.* Keys. Blas. Wiegm. Arch. B. VI. (1840.)
    Th. I. S 2.

*Vespertilio isabellinus.* Wagn. Schreber Säugth. Suppl. B. I. S. 520.
    Nr. 50.

*Vesperus isabellinus.* Wagn. Schreber Säugth. Suppl. B. I. S. 520.
    Nr. 50.

*Vespertilio isabellinus.* Wagn. Schreber Säugth. Suppl. B. V.
    S. 746. Nr. 58.

*Vesperugo isabellinus.* Wagn. Schreber Säugth. Suppl. B. V.
    S. 746. Nr. 58.

*Vesperus isabellinus.* Wagn. Schreber Säugth. Suppl. B. V. S. 746.
    Nr. 58.

*Vespertilio isabellinus.* Giebel. Säugeth. S. 943.

*Vesperus isabellinus.* Giebel. Säugeth. S. 943.

Eine sehr ausgezeichnete Art, deren Kenntniß wir Temminck zu danken haben, der uns eine Beschreibung und Abbildung von derselben mittheilte.

In der Größe kommt sie mit der spätfliegenden Abendfledermaus *(Vesperus scrotinus)* überein, wornach sie den größeren unter den mittelgroßen Formen dieser Gattung beizuzählen ist.

Die Schnauze ist stumpf. Die Ohren sind breit, weit geöffnet und von länglich-eiförmiger Gestalt, am Hinter- oder Außenrande an der Wurzel mit einem Lappen versehen und bis gegen den Mundwinkel verlängert, am Vorder- oder Innenrande aber umgeschlagen, wodurch eine Längsfalte am inneren Ohrrande gebildet wird. Die Ohrklappe ist kurz und blattförmig. Die Flügel und die Schenkelflughaut sind kahl und stark geadert. Der Schwanz ist mittellang, viel kürzer als der Körper, doch nur wenig kürzer als der Vorderarm und ragt mit seinem Ende frei aus der Schenkelflughaut hervor. Die Körperbehaarung ist kurz, dicht und glatt anliegend.

Die Färbung ist auf der Oberseite des Körpers lebhaft isabellfarben, auf der Unterseite lichter. Die Schnauzenspitze und die Lippen sind schwarz.

| | |
|---|---|
| Körperlänge . . . . . . . . . | 2″ 8‴. Nach Temminck. |
| Länge des Schwanzes . . . . . | 1″ 7‴. |
| „ des Vorderarmes . . . . | 1″ 8‴. |
| Spannweite der Flügel . . . . | 11″ 7‴—11″ 8‴. |

Der Lückenzahn im Oberkiefer fehlt, im Unterkiefer ist jederseits nur 1 vorhanden. Backenzähne befinden sich in beiden Kiefern jederseits 4.

**Vaterland.** Nord-Afrika, Tripoli.

**Keyserling, Blasius, Wagner** und **Giebel** zählen diese Art wohl mit vollem Rechte zur Gattung „*Vesperus*".

#### 11. Die capische Abendfledermaus *(Vesperus minutus)*.

*V. Aristippe vix minor; rostro maximam partem calvo pilisque paucis obtecto; auriculis modice longis, longioribus quam latis, in margine exteriore emarginatis usque versus oris angulum protractis et in eadem altitudine terminatis, trago breviusculo, dimidii auriculae longitudine, in margine externo arcuato et apicem versus paullo introrsum directo; alis fere usque ad digitorum pedis basin adnatis, versus corporis latera tantum pilosis; digitis podariorum validis; patagio anali maximam partem calvo et solum uropygium versus piloso; cauda longa, corpore eximie et antibrachio parum breviore, apice prominente libera; corpore pilis brevibus incumbentibus dense vestito, unicolore nigrescente- vel umbrino-fusco, notaeo obscuriore, gastraeo paullo dilutiore, occipite nuchaque saturate obscure fuscis, patagiis nigrescentibus.*

*Vespertilio minutus.* Temminck. Iconograph. d. Mammal. V. II. p. 209.

*Vesperugo minutus.* Keys. Blas. Wiegm. Arch. B. VI. (1840.)
Th. I. S. 2.

*Vespertilio minutus.* Wagn. Schreber Säugth. Suppl. B. I. S. 521.
Nr. 52.

*Vesperus minutus.* Wagn. Schreber Säugth. Suppl. B. I. S. 521.
Nr. 52.

*Vespertilio minutus.* Wagn. Schreber Säugth. Suppl. B. V. S. 747.
Nr. 60.

*Vesperugo minutus.* Wagn. Schreber Säugth. Suppl. B. V. S. 747.
S. 60.

*Vesperus minutus.* Wagn. Schreber Säugth. Suppl. B. V. S. 747.
S. 60.

*Vespertilio minutus.* Sundev. Victorin Zoologiska Anteckningar under en Resa af Caplandet. p. 13. Nr. 6. (Ve-
tensk. Akad. Handl. 1858. B. II. Nr. 10.)

„          „          Giebel. Säugeth. S. 948.

*Vesperugo minutus.* Giebel. Säugeth. S. 948.

Auch diese Art haben wir bisjetzt nur durch Temminck näher
kennen gelernt, der sie seither auch allein nur beschrieben.

In ihren Formen im Allgemeinen erinnert sie einigermaßen an
die kahlschienige Dämmerungsfledermaus *(Vesperugo Pipistrellus),*
doch ist sie etwas größer als dieselbe und schon durch die stärkeren
Zehen von dieser Art, welche auch einer anderen Gattung angehört,
sehr leicht zu unterscheiden.

Sie ist nur sehr wenig größer als die stumpfnasige *(Vesperus
Bonapartii)* und kaum merklich kleiner als die spitzschnauzige
Abendfledermaus *(Vesperus Aristippe),* daher eine der kleinsten
Formen dieser Gattung.

Die Schnauze ist größtentheils kahl und nur mit wenigen Haaren
besetzt. Die Ohren sind mittellang, länger als breit, am Außenrande
mit einer Ausrandung versehen, bis gegen den Mundwinkel vorgezogen und in der Höhe desselben endigend. Die Ohrklappe ist ziemlich kurz, nur von der halben Länge des Ohres, am Außenrande
bauchig und an der Spitze etwas nach einwärts gewendet. Die Flügel reichen fast bis an die Zehenwurzel und sind nur längs der
Leibesseiten behaart. Die Zehen sind verhältnißmäßig stark. Die
Schenkelflughaut ist größtentheils kahl und blos gegen den Steiß zu

behaart. Der Schwanz ist lang, doch beträchtlich kürzer als der Körper und nur wenig kürzer als der Vorderarm, und ragt mit seinem Ende frei aus der Schenkelflughaut hervor.

Die Körperbehaarung ist kurz, dicht und glatt anliegend.

Die Färbung des Körpers ist einfärbig schwärzlich- oder umberbraun, die Oberseite dunkler, die Unterseite etwas lichter, wobei sämmtliche Körperhaare an der Wurzel schwarzbraun sind. Der Hinterkopf und der Nacken sind tief·dunkelbraun, die Flughäute schwärzlich.

| | | |
|---|---|---|
| Körperlänge . . . . . . . | 1″ 6½‴. | Nach Temminck. |
| Länge des Schwanzes . . . | 11‴. | |
| „ des Vorderarmes . . . | 1″ 1‴. | |
| „ der Ohren . . . . . | 4⅓‴. | |
| Spannweite der Flügel . . . | 7″. | |
| Spannweite der Flügel . . . | 10″ 6‴. | Nach Victorin. |

Im Oberkiefer ist kein Lückenzahn vorhanden, im Unterkiefer jederseits nur 1. Backenzähne befinden sich in beiden Kiefern in jeder Kieferhälfte 4.

Vaterland. Süd-Afrika, Cap der guten Hoffnung.

Keyserling und Blasius, und auch Giebel, reihen diese Art ihrer Gattung *„Vesperugo“*, Wagner der Gattung *„Vesperus“* ein, eine Ansicht, welche auch von mir getheilt wird.

## 12. Die langschwänzige Abendfledermaus *(Vesperus megalurus)*.

*V. discoloris magnitudine; rostro acutiusculo; auriculis modice longis distantibus acuminatis, trago valde elongato saliciformi; corpore gracili; alis patagioque anali maximis, maximam partem calvis, supra tantum versus corporis latera et uropygium fascia pilosa limbatis; cauda longa, corpore antibrachioque parum breviore, apice prominente libera; notaeo olivaceo-fusco, gastraeo sub jugulo et in abdomine griseo-fusco, versus corporis latera dilute ex fulvescente griseo-fusco vel isabellino et in regione pubis albo.*

*Vespertilio megalurus.* Temminck. Iconograph. d. Mammal. V. II. p. 206.

*Vesperus megalurus.* Keys. Blas. Wiegm. Arch. B. VI. (1840.) Th. I. S. 2.

*Vespertilio megalurus.* W a g n. Schreber Säugth. Suppl. B. I. S. 521. Nr. 51.

*Vesperus megalurus.* W a g n. Schreber Säugth. Suppl. B. I. S. 521. Nr. 51.

*Vespertilio megalurus.* W a g n. Schreber Säugth. Suppl. B. V. S. 747. Nr. 59.

*Vesperugo megalurus.* W a g n. Schreber Säugth. Suppl. B. V. S. 747. Nr. 59.

*Vesperus megalurus.* W a g n. Schreber Säugth. Suppl. B. V. S. 747. Nr. 59.

*Vespertilio megalurus.* G i e b e l. Säugeth. S. 941.

*Vesperus megalurus.* G i e b e l. Säugeth. S. 941.

Offenbar eine der ausgezeichnetsten Arten in der Gattung, welche sehr leicht zu erkennen und mit keiner anderen zu verwechseln ist.

Sie ist mit der weißscheckigen *(Vesperus discolor)* und bestreuten Abendfledermaus *(Vesperus pulverulentus)*, der röthlichbraunen *(Cnephaiophilus ferrugineus)* und silberhaarigen Spätfledermaus *(Cnephaiophilus noctivagans)* und grauen Zehenfledermaus *(Exochurus macrotarsus)* von gleicher Größe und gehört sonach den mittelgroßen Formen in der Gattung an.

Die Schnauze ist ziemlich spitz. Die Ohren sind mittellang, abstehend und zugespitzt. Die Ohrklappe ist verhältnißmäßig sehr lang und von weidenblattförmiger Gestalt. Der Körper ist schmächtig. Die Flügel und die Schenkelflughaut sind sehr groß, größtentheils kahl und beide blos auf der Oberseite und zwar erstere längs der Leibesseiten, letztere gegen den Steiß zu von einer Haarbinde umgeben. Der Schwanz ist lang, nur wenig kürzer als der Körper und auch als der Vorderarm, und ragt mit seinen beiden Endgliedern frei aus der Schenkelflughaut hervor.

Die Oberseite des Körpers ist olivenbraun, die Unterseite am Halse und am Bauche graubraun, gegen die Leibesseiten licht gelbröthlich-graubraun oder isabellfarben und in der Schamgegend weiß, welche Färbungen dadurch bewirkt werden, daß die Haare der Oberseite, welche an der Wurzel schwärzlich sind, in olivenbraune Spitzen endigen, jene der Unterseite aber, die an ihrem Grunde braun sind, am Halse und am Bauche in graubraune und gegen die

Leibesseiten in licht gelbröthlich-graubraune oder isabellfarbene Spitzen ausgehen, während jene in der Schamgegend ihrer ganzen Länge nach weiß sind.

Körperlänge . . . . . . . . 2″ 3‴. Nach **Temminck.**
Länge des Schwanzes . . . . . 2″.
„ des Vorderarmes . . . . 1″ 10‴.
Spannweite der Flügel . . . . 11″—11″6‴.

Lückenzähne fehlen im Oberkiefer gänzlich und im Unterkiefer ist jederseits nur 1 vorhanden. Backenzähne befinden sich in beiden Kiefern jederseits 4.

**Vaterland.** Süd-Afrika. **Temminck** verdanken wir die erste Beschreibung dieser Art, welche von **Keyserling**, **Blasius**, **Wagner** und **Giebel** der Gattung „*Vesperus*" zugewiesen wurde.


**13. Die verstrickte Abendfledermaus *(Vesperus irretitus)*.**

*V. polythrychos magnitudine; rostro obtuso piloso; auriculis brevibus, capite eximie brevioribus rotundatis, trago brevissimo lanceolato, auriculae dimidii longitudine; cauda mediocri dimidio corpore perparum longiore, apice prominente libera; corpore pilis mollibus vestito; nataeo fusco-griseo, gastraeo dilute fuscescente-griseo, rostro nigro.*

*Vespertilio irretitus.* **Cantor.** Ann. of Nat. Hist. V. X. (1842.) p. 481.

„ **Blyth.** Journ. of the Asiat. Soc. of Bengal. V. XX. (1851.) p. 159.

„ **Wagn.** Schreber Säugth. Suppl. B. V. S. 741. Nr. 42.

*Vesperugo irretitus.* **Wagn.** Schreber Säugth. Suppl. B. V. S. 741. Nr. 42.

*Vesperus irretitus,* **Wagn.** Schreb. Säugth. Suppl. B. V. S. 741. Nr. 42.

*Vespertilio irretitus.* **Giebel.** Säugeth. S. 951. Note 3.

Von der Existenz dieser durch ihre körperlichen Merkmale scharf abgegrenzten Art, welche nebst der turkomanischen Abend-fledermaus *(Vesperus turcomanus)* der einzige bis jetzt bekannt gewordene Repräsentant dieser Gattung in Asien ist, haben wir zuerst durch Cantor Kunde erhalten, der uns, so wie später auch Blyth, eine kurze Beschreibung derselben mittheilte.

Bezüglich ihrer Größe kommt sie mit der haarigen *(Vesperus polythrix)* und Creeks-Abendfledermaus *(Vesperus Creeks)* und der schlanken Spätfledermaus *(Cnephaiophilus macellus)* überein, wornach sie den kleinsten und den mittelgroßen Formen ihrer Gattung beizuzählen ist.

Die Schnauze ist stumpf und behaart. Die Ohren sind kurz, beträchtlich kürzer als der Kopf und gerundet. Die Ohrklappe ist sehr kurz, nur von der halben Länge des Ohres und von lanzettförmiger Gestalt. Der mittellange Schwanz, welcher nur sehr wenig länger als der halbe Körper ist, ragt mit seinem Ende frei aus der Schenkelflugkaut hervor.

Die Körperbehaarung ist weich.

Die Oberseite des Körpers ist braungrau, die Unterseite licht bräunlich grau. Die Schnauze ist schwarz.

| | | |
|---|---|---|
| Körperlänge . . . . . . . . . . . | 2″. | Nach Cantor. |
| Länge des Schwanzes . . . . . . . . | 1″ 1‴. | |
| „ des Kopfes . . . . . . . . | 6‴. | |
| „ des Rumpfes . . . . . . . . | 1″ 6‴. | |
| „ der Ohren . . . . . . . . | 2½‴. | |

Im Oberkiefer ist kein Lückenzahn vorhanden, im Unterkiefer jederseits 1. Backenzähne befinden sich in beiden Kiefern in jeder Kieferhälfte 4.

**Vaterland.** Ost-Asien, China, woselbst diese Art auf der Insel Tschusan sowohl, als auch bei Hongkong angetroffen wird.

**Wagner** zieht sie wohl mit vollem Rechte zur Gattung „*Vesperus*".

### 14. Die Larven-Abendfledermaus *(Vesperus phaiops)*.

*V. ursini circa magnitudine; auriculis modice longis, in margine exteriore profunde emarginatis, trago saliciformi, alis patagioque anali calvis; cauda longa, corpore longitudine aequali vel parum breviore et antibrachio longiore, apice prominente libera; notaeo obscure rufo-fusco, gastraeo dilutiore, pilis corporis omnibus unicoloribus, facie patagiisque nigrescentibus.*

*Vespertilio phaiops.* Rafin. Amer. Monthly Magaz.

„          „     Desmar. Nouv. Dict. d. hist. nat. V. XXXV. p. 465.

„     Desmar. Mammal. p. 135. Note 5.

„     Fisch. Synops. Mammal. p. 115. N. 42.*

„     Temminck. Monograph. d. Mammal. V. II. p. 234.

*Vesperus phaiops.* Keys. Blas. Wiegm. Arch. B. VI. (1840.) Th. I. S. 2.

*Vespertilio phaiops.* Wagn. Schreber Säugth. Suppl. B. I. S. 525. Nr. 59.

*Vesperus phaiops.* Wagn. Schreber Säugth. Suppl. B. I. S. 525. Nr. 59.

*Vespertilio phaiops.* Wagn. Schreber Säugth. Suppl. B. V. S. 756. Nr. 85.

*Vesperugo phaiops.* Wagn. Schreber Säugth. Suppl. B. V. S. 756. Nr. 85.

*Vesperus phaiops.* Wagn. Schreber Säugth. Suppl. B. V. S. 756. Nr. 85.

*Vespertilio phaiops.* Giebel. Säugeth. S. 941.

*Vesperus phaiops.* Giebel. Säugeth. S. 941.

Über die Artselbstständigkeit dieser Form kann nach den ihr zukommenden Merkmalen nicht wohl ein Zweifel bestehen, ungeachtet die Beschreibung derselben, welche wir durch Rafinesque — der diese Art entdeckte, — erhalten haben, in Bezug auf Vollständigkeit manches zu wünschen übrig läßt, und auch die nachträgliche Ergänzung, die wir Temminck zu verdanken haben, über mehrere wichtige Kennzeichen durchaus keinen Aufschluß gibt.

Sie gehört zu den mittelgroßen Formen in der Gattung und ist mit der langkralligen Abendfledermaus *(Vesperus ursinus)* ungefähr von gleicher Größe, daher merklich kleiner als unsere europäische gemeine Ohrenfledermaus *(Myotis murina)*.

Die Ohren sind mittellang und am Außenrande mit einer tiefen Ausrandung versehen. Die Ohrklappe ist von weidenblatförmiger Gestalt. Die Flügel und die Schenkelflughaut sind kahl. Der Schwanz ist lang, von gleicher Länge oder nicht viel kürzer als der Körper und länger als der Vorderarm, und ragt mit seinem Ende frei aus der Schenkelflughaut hervor.

Die Oberseite des Körpers ist dunkel rothbraun, die Unterseite
desselben lichter, und sämmtliche Haare sind einfärbig. Das Gesicht
und die Flughäute sind schwärzlich.

Körperlänge . . . . . . 2″4‴—2″5‴. Nach Temminck.
Länge des Schwanzes . . 2″.
„ des Vorderarmes . 1″8‴.
Spannweite der Flügel . 1′—1′4″.
Gesammtlänge . . . . . . 4″6‴. Nach Rafinesque.
Körperlänge . . . . . . 2″3‴.₁
Länge des Schwanzes . . 2″3‴.
Spannweite der Flügel . 1′ 1″.

Lückenzähne im Oberkiefer fehlen, im Unterkiefer ist jederseits
nur 1 vorhanden. Backenzähne befinden sich in beiden Kiefern in
jeder Kieferhälfte 4. Die Vorderzähne des Oberkiefers sind paarweise gestellt und beide Paare sind durch einen breiten Zwischenraum von einander geschieden. Die äußeren sind größer als die
inneren und an der Kronenschneide zweilappig.

Vaterland. Nord-Amerika, vereinigte Staaten und insbesondere Tennessee.

Keyserling, Blasius, Wagner und Giebel betrachten
diese Art als eine zur Gattung „*Vesperus*" gehörige Form.

### 15. Die langkrallige Abendfledermaus (*Vesperus ursinus*).

*V. phaiopos circa magnitudine; capite magno, rostro sat longo
latoque, naribus majusculis lateralibus, sulco diremtis; auriculis
modice longis verticem multo superantibus ovatis . in margine exteriore rectis ac apicem versus leviter emarginatis et externe ad
basin pilosis, trago longo lanceolato supra paullo rotundato; pollice antipedum crasso, unguiculo valde arcuato instructo; cauda
mediocri, dimidio corpore distincte longiore, apice prominente
libera; notaeo nitide nigrescente- vel umbrino-fusco, gastraeo dilutiore, pilis corporis omnibus bicoloribus basin versus griseis;
patagiis auriculisque nigris.*

*Vespertilio ursinus.* Temminck. Monograph. d. Mammal. V. II.
p. 235.
*Vesperus ursinus.* Keys. Blas. Wiegm. Arch. B. VI. (1840.) Th. I.
S. 2.

*Vespertilio ursinus.* W a g n. Schreber Säugth. Suppl. B. I. S. 525.
Nr. 60.

*Vesperus ursinus.* W·a g n. Schreber Säugth. Suppl. B. I. S. 525.
Nr. 60.

*Vespertilio ursinus.* W a g n. Schreber Säugth. Suppl. B. V. S. 556.
Nr. 85.

*Vesperugo ursinus.* W a g n. Schreber Säugth. Suppl. B. V. S. 556.
Nr. 85.

*Vesperus ursinus.* W a g n. Schreber Säugth. Suppl. B. V. S. 556.
Nr. 85.

*Vespertilio ursinus.* G i e b e l. Säugeth. S. 943.

*Vesperus ursinus.* G i e b e l. Säugeth. S. 943.

Wir kennen diese Form bis jetzt nur aus einer Beschreibung
von Te m m i n c k, aus welcher sich jedoch ergibt, daß man dieselbe
für eine selbstständige Art betrachten müsse.

Sie bildet eine der mittelgroßen Formen in der Gattung, indem
sie mit der Larven-Abendfledermaus *(Vesperus phaiops)* ungefähr
von gleicher Größe ist.

Ihr Kopf ist groß, die Schnauze ziemlich lang und breit. Die
verhältnißmäßig großen Nasenlöcher sind seitwärts gestellt und
durch eine Furche voneinander getrennt. Die Ohren sind mittellang,
viel höher als der Scheitel, von eiförmiger Gestalt, am Hinter- oder
Außenrande vollkommen gerade und nur nach oben zu mit einer
schwachen Ausrandung versehen, und an der Wurzel ihrer Außenseite behaart. Die Ohrklappe ist lang, lanzettförmig und oben etwas
abgerundet. Der Daumen der Vorderfüße ist dick und mit einer stark
gekrümmten Kralle versehen. Die Zehenkrallen sind sehr lang und
stark gekrümmt. Der mittellange Schwanz, welcher merklich länger
als der halbe Körper ist, ragt mit seinem Ende frei auf der Schenkelflughaut hervor.

Die Oberseite des Körpers ist glänzend schwärzlich oder umberbraun, die Unterseite desselben ebenso, aber lichter. Sämmtliche
Haare sind zweifärbig und an der Wurzel grau. Die Flughäute und
die Ohren sind schwarz.

Körperlänge . . . . . . . .  2″ 4‴. Nach Te m m i n c k.
Länge des Schwanzes . . . .  1″ 6½‴ .

Länge der Ohren . . . . . .    $4\tfrac{1}{2}'''$.

Spannweite der Flügel . . . .    $10''\ 9'''$.

Im Oberkiefer ist kein Lückenzahn, im Unterkiefer jederseits nur 1 vorhanden. Die Zahl der Backenzähne beträgt in beiden Kiefern jederseits 4.

Vaterland. Nord-Amerika, wo Prinz von Neuwied diese Art an den Ufern des Missuri entdeckte.

Keyserling und Blasius, so wie auch Wagner und Giebel reihen diese Art der Gattung „Vesperus" ein.


### 16. Die bestreute Abendfledermaus *(Vesperus pulverulentus)*.

*V. discoloris magnitudine; rostro obtuso; auriculis longioribus quam latis, externe in dimidio basali pilosis, trago securiformi; patagio anali supra valde et imprimis basin versus piloso, infra pilis parce et concentrice dispositis albidis obtecto; cauda mediocri, dimidio corpore paullo longiore; notaeo gastraeoque obscure castaneo-fuscis, albo-irroratis, pilis omnibus albo-terminatis.*

*Vespertilio pulverulentus* Neuw. Mscpt.

„            „            Temminck. Monograph d. Mammal. V. II. p. 235.

*Vesperus pulverulentus,* Keys. Blas. Wiegm. Arch. B. VI. (1840.) Th. I. S. 2.

*Vespertilio pulverulentus.* Wagn. Schreber Säugth. Suppl. B. I. S. 537. Nr. 84.

Wagn. Schreber Säugth. Suppl. B. V. S. 756. Nr. 88.

*Vesperugo pulverulentus.* Wagn. Schreber Säugth. Suppl. B. V. S. 756. Nr. 88.

*Vesperus pulverulentus.* Wagn. Schreber Säugth. Suppl. B. V. S. 756. Nr. 88.

*Vespertilio pulverulentus.* Giebel. Säugeth. S. 943. Note 2.

*Vesperus pulverulentus.* Giebel. Säugeth. S. 943. Note 2.

Eine vom Prinzen von Neuwied entdeckte und von Temminck zuerst beschriebene Art, welche sich unzweifelhaft als eine selbstständige darstellt und einigermaßen an unsere europäische weißscheckige Abendfledermaus *(Vesperus discolor)* erinnert.

Sie ist mit der weißscheckigen *(Vesperus discolor)* und langschwänzigen Abendfledermaus *(Vesperus megalurus)*, der silberhaarigen *(Cnephaiophilus noctivagans)* und röthlichbraunen Spätfledermaus *(Cnephaiophilus ferrugineus)*, und der grauen Zehenfledermaus *(Exochurus macrotarsus)* von gleicher Größe und gehört daher zu den mittelgroßen Formen ihrer Gattung.

Die Schnauze ist stumpf. Die Ohren sind länger als breit, abgerundet und in der unteren Hälfte auf der Außenseite behaart. Die Ohrklappe ist von beilförmiger Gestalt. Die Schenkelflughaut ist auf der Oberseite sehr stark behaart, insbesondere aber gegen die Wurzel zu, während sie auf der Unterseite nur mit dünn gestellten und in concentrische Linien vertheilten weißlichen Haaren besetzt ist. Der Schwanz ist mittellang und etwas länger als der halbe Körper.

Die Ober- sowohl als Unterseite des Körpers ist dunkel kastanienbraun und weiß gesprenkelt, da die einzelnen dunkel kastanienbraunen Haare in kurze rein weiße Haarspitzen endigen, wodurch das Fell gleichsam wie gepudert erscheint.

Körperlänge . . . . . . . . 2″ 3‴. Nach Temminck.  
Länge des Schwanzes . . . . 1″ 3‴.  
„ des Vorderarmes . . . 1″ 6‴.  
Spannweite der Flügel . . . . 10″.

Die Zahl und Vertheilung der Lücken- und Backenzähne in den Kiefern ist nicht angegeben.

Vaterland. Nord-Amerika, woselbst diese Art an den Ufern des Missuri vorkommt.

Obgleich das Zahnverhältniß derselben nicht bekannt ist, sahen sich Keyserling und Blasius, so wie auch Wagner und Giebel veranlaßt, diese Art ihrer unverkennbaren Verwandtschaft mit der weißscheckigen Abendfledermaus *(Vesperus discolor)* wegen, der Gattung „*Vesperus*" einzureihen, eine Ansicht, deren Richtigkeit auch mir sehr wahrscheinlich dünkt.

### 17. Die Lanzett-Abendfledermaus *(Vesperus lanceolatus)*.

*V. Savii paullo minor; auriculis mediocribus sat magnis, trago lanceolato angusto acuminato, auriculae dimidium attingente; alis usque ad digitorum pedis basin adnatis calvis; cauda mediocri,*

*corpore multo breviore, apice prominente libera; notaeo ex flaves-
cente griseo-fusco, gastraeo ex flavescente albo-griseo, pilis corporis omnibus ad basin nigris; patagiis alterisque corporis partibus
calvis nigro-fuscis.*

| | | |
|---|---|---|
| *Vespertilio lanceolatus.* | Neuw. Beise in Nord-Amerika. B. I. S. 364. |
| „ „ | Wagn. Schreber Säugth. Suppl. B. I. S. 532. Note 22. |
| | Wagn. Schreber Säugth. Suppl. B. V. S. 759. Nr. 95. |
| *Vespertilio subulatus?* | Wagn. Schreber Säugth. Suppl. B. V. S. 759. Nr. 95. |
| „ „ | Giebel. Säugeth. S. 936. Note 3. |

Auch diese ausgezeichnete Art ist eine Entdeckung des Prinzen von Neuwied und wurde von demselben bis jetzt allein nur
beschrieben.

In der Färbung erinnert sie einigermaßen an die pfriemklappige
Fledermaus *(Vespertilio subulatus)*, welche jedoch einer ganz anderen Gattung angehört und wesentliche Abweichungen in ihren körperlichen Verhältnissen zeigt.

Sie ist eine der kleineren Arten in der Gattung und nur wenig
kleiner als die herzohrige Abendfledermaus *(Vesperus Savii)* und
die rußschwarze Zehenfledermaus *(Exochurus macrodactylus)*.

Die Ohren sind mittellang und verhältnißmäßig ziemlich groß.
Die Ohrklappe ist schmal, lanzettförmig und zugespitzt, und reicht
bis zur Mitte des Ohres. Die Flügel sind kahl und bis an die Zehenwurzel reichend. Der Schwanz ist mittellang, viel kürzer als der
Körper und ragt mit seinem Ende frei aus der Schenkelflughaut hervor.

Die Oberseite des Körpers ist gelblich-graubraun, die Unterseite
desselben gelblich-weißgrau und sämmtliche Körperhaare sind an
der Wurzel schwarz. Die Flughäute und die übrigen kahlen Theile
des Körpers sind schwarzbraun.

| | |
|---|---|
| Gesammtlänge . . . . . . | 3″ 1‴. Nach Prinz Neuwied. |
| Körperlänge . . . . . . . | 1″ 10‴. |
| Länge des Schwanzes . . . | 1″ 3‴. |
| „ der Ohren . . . . . | 6‴. |

Über die Zahl und Vertheilung der Lücken- und Backenzähne liegt keine Angabe vor.

V a t e r l a n d. Nord-Amerika, Pennsylvanien.

W a g n e r und G i e b e l sind geneigt diese Art mit der pfriemklappigen Fledermaus *(Vespertilio subulatus)* für identisch zu betrachten.

## 18. Die weiße Abendfledermaus *(Vesperus lacteus)*.

*V. furinalis magnitudine; auriculis brevibus, trago brevissimo lanceolato; alis patagioque anali ad basin piloso subangustis; corpore pilis brevibus incumbentibus dense vestito; notaeo gastraeoque unicoloribus albis, pilis omnibus in notaeo ad basin nigrescentibus, in gastraeo rufescente-fuscis; patagiis flavis.*

*Vespertilio lacteus.* T e m m i n c k. Monograph. d. Mammal. V. II.
     p. 245.
*Vesperus lacteus.* K e y s. B l a s. Wiegm. Arch. B. VI. (1840.) Th. I.
     S. 2.
*Vespertilio lacteus.* W a g n. Schreber Säugth. Suppl. B. I. S. 538.
     Nr. 85.
  „   W a g n. Schreber Säugth. Suppl. B. V. S. 759.
     Nr. 96.
  „  „  G i e b e l. Säugeth. S. 943. Note 2.
*Vesperus lacteus.* G i e b e l. Säugeth. S. 943. Note 2.

Eine schon durch ihre eigenthümliche, in der Ordnung der Flatterthiere nur sehr selten vorkommende Färbung ausgezeichnete und mit keiner anderen zu verwechselnde Art, welche uns bis jetzt nur durch T e m m i n c k bekannt geworden ist und in ihren körperlichen Formen lebhaft an die kahlschienige Dämmerungsfledermaus *(Vesperugo Pipistrellus)* erinnert.

In Ansehung der Größe kommt sie mit der argentinischen Abendfledermaus *(Vesperus furinalis)*, der glasflügeligen Spätfledermaus *(Cnephaiophilus pellucidus)* und braunen Zehenfledermaus *(Exochurus Horsfieldii)* überein, wornach sie den kleineren Formen in der Gattung beizuzählen ist.

Die Ohren sind kurz, und die Ohrklappe ist lanzettförmig und sehr kurz. Die Flügel und die Schenkelflughaut sind ziemlich schmal und letztere ist an der Wurzel behaart. Der Schwanz ist mittellang, von gleicher Länge wie der Vorderarm und etwas über ein Drittel kürzer als der Körper.

Die Körperbehaarung ist kurz, dicht und glatt anliegend.

Die Färbung ist auf der Ober- sowohl als Unterseite des Körpers einfärbig weiß, wobei jedoch die einzelnen Körperhaare durchaus zweifärbig, und zwar auf der Oberseite an der Wurzel schwärzlich, auf der Unterseite röthlichbraun sind und oben wie unten in rein weiße Spitzen endigen. Die Flughäute sind gelb.

Körperlänge noch nicht völlig erwachsener Thiere . . . . . . . . . 1″ 8‴. Nach Temminck.

Länge des Schwanzes . . . . . 1″.

„ des Vorderarmes . . . . 1″.

Spannweite der Flügel . . . . . 7″.

Die Zahl der Lücken- und Backenzähne ist nicht angegeben.

Vaterland. Nicht mit Bestimmtheit bekannt. wahrscheinlich aber Nord-Amerika.

Keyserling und Blasius reihen diese Art ihrer Gattung „Vesperus" ein und ebenso auch Giebel, eine Ansicht, welcher auch ich gefolgt bin, obgleich es noch keineswegs ausgemacht ist, ob dieselbe richtig sei.

### 19. Die Creeks-Abendfledermaus (*Vesperus Creeks*).

*V. irretiti magnitudine; auriculis emarginatis, trago cultriformi; cauda mediocri, 3/4 corporis longitudine; notaeo flavidofusco, gastraeo sordide grisco, pilis omnibus ad basin nigris.*

*Vespertilio Creeks.* Fr. Cuv. Nouv. Ann. du Mus. V. I. p. 18.

*Vesperus Creeks.* Keys. Blas. Wiegm. Arch. B. VI. (1840.) Th. I. S. 2.

*Vespertilio Creeks.* Wagn. Schreber Säugth. Suppl. B. I. S. 526. Note 19.

*Vesperus Creeks.* Wagn. Schreber Säugth. Suppl. B. I. S. 526. Note 19.

*Vespertilio Creeks.* Wagn. Schreber Säugth. Suppl. B. V. S. 756. Nr. 87.

*Vesperugo Creeks.* Wagn. Schreber Säugth. Suppl. B. V. S. 756. Nr. 87.

*Vesperus Creeks.* **Wagn.** Schreber Säugth. Suppl. B. V. S. 756. Nr. 87.

*Vespertilio creeks.* **Giebel.** Säugeth. S. 941. Note 3.

*Vesperus creeks.* **Giebel.** Säugeth. S. 941. Note 3.

Bloß aus einer sehr kurzen und höchst ungenügenden Beschreibung von **Fr. Cuvier** bekannt, aller Wahrscheinlichkeit nach aber eine selbstständige Form, welche in manchen ihrer Merkmale lebhaft an die langkrallige Abendfledermaus *(Vesperus ursinus)* erinnert, sich aber durch geringere Größe, kürzere Flügel, einen verhältnißmäßig längeren Schwanz und verschiedene Färbung unterscheidet.

Sie gehört den kleinsten unter den mittelgroßen Formen ihrer Gattung an und ist mit der verstrickten *(Vesperus irretitus)* und haarigen Abendfledermaus *(Vesperus polythrix)* und der schlanken Spätfledermaus *(Cnephaiophilus macellus)* von gleicher Größe.

Die Obren sind ausgerandet und die Ohrklappe ist messerförmig. Der Schwanz ist mittellang und nimmt $^3/_4$ der Körperlänge ein.

Die Oberseite des Körpers ist gelblichbraun, die Unterseite desselben schmutzig grau, und sämmtliche Körperhaare sind an der Wurzel schwarz.

Körperlänge . . . . . . . . . . 2″. Nach **Fr. Cuvier.**
Länge des Schwanzes . . . . . . 1″ 6‴.
Spannweite der Flügel . . . . . . 9″.

Im Oberkiefer ist kein Lückenzahn vorhanden, im Unterkiefer jederseits 1. Backenzähne befinden sich in beiden Kiefern in jeder Kieferhälfte 4. Der Lückenzahn und der vorderste Backenzahn beider Kiefer ist einspitzig.

**Vaterland.** Nord-Amerika, Georgien.

**Keyserling** und **Blasius** sowohl, als **Wagner** und **Giebel,** weisen dieser Art ihre Stellung in der Gattung „*Vesperus*" zu.

### 20. Die Riesen-Abendfledermaus *(Vesperus nasutus).*

*V. Epomophori Wahlbergii fere magnitudine ; capite elongato, rostro longo acuminato ; auriculis modice longis latisque oblongo-ovatis, longioribus quam latis et capite brevioribus, trago subulae-formi ; corpore supra dorsum pilis sat longis, in lateribus breviori-*

9*

*bus et subabdomine brevissimis vestito, capite minus large piloso; notaeo rufescente-fusco, lateribus dilute flavis, gastraeo albescente vel sordide albo, patagiis nigrescentibus, unguiculis albidis.*

*Grande sérotine de la Guyane.* Buffon. Hist. nat. d. Quadrup. Suppl. VII. p. 288. t. 73.

*Great serotine.* Pennant. Hist. of Quadrup. V. II. p. 318.

*Vespertilio nasutus.* Shaw. Gen. Zool. V. I. P. I. p. 142.

*Vespertilio maximus.* Geoffr. Ann. du Mus. V. VIII. p. 202. Nr. 13.

„　　　　„　　Desmar. Nouv. Dict. d'hist. nat. V. XXXV. p. 475. N. 16.

„　　　　„　　Desmar. Mammal. p. 143. Nr. 218. Encycl. méth. t. 32. f. 1.

*Vespertilio nasutus.* Griffith. Anim. Kingd. V. V. p. 255. Nr. 8.

„　　　　„　　Fisch. Synops. Mammal. p. 109, 553. Nr. 26.

„　　　　Temminck. Monograph. d. Mammal. V. II. p. 254.

*Vespertilio maximus.* Keys. Blas. Wiegm. Arch. B. VI. (1840.) Th. I. S. 2.

*Vespertilio nasutus.* Wagn. Schreber Säugth. Suppl. B. I. S. 532. Nr. 75.

„　　Wagn. Schreber Säugth. Suppl. B. V. S. 761. Nr. 104.

*Vespertilio maximus.* Giebel. Säugeth. S. 951. Note 3.

Die größte unter allen bis jetzt bekannt gewordenen Arten dieser Gattung, vorausgesetzt, daß sie wirklich zu derselben gehört, und zugleich auch die größte Form in der ganzen Familie, welche nahezu von derselben Größe wie der Kaffern-Wollflederhund *(Epomophorus Wahlbergii)* ist und daher den taschenohrigen Grämler *(Molossus perotis)* und sundaischen Handgrämler *(Chiromeles caudatus)* an Größe noch beträchtlich übertrifft.

In ihren körperlichen Formen erinnert sie an die spätfliegende Abendfledermaus *(Vesperus serotinus)*.

Der Kopf ist etwas gestreckt, die Schnauze verhältnißmäßig lang, breit und zugespitzt. Die Ohren sind mittellang, kürzer als der Kopf, länger als breit, und von länglich-eiförmiger Gestalt. Die Ohrklappe ist pfriemenförmig.

Die Körperbehaarung ist auf dem Rücken ziemlich lang, indem das Haar hier eine Länge von 4 Linien erreicht, an den Seiten kürzer und am Bauche sehr kurz. Der Kopf ist minder stark behaart.

Die Oberseite des Körpers ist röthlichbraun, die Leibesseiten sind hellgelb, die Unterseite ist weißlich oder schmutzigweiß. Die Flughäute sind schwärzlich, die Krallen weiß.

| | | |
|---|---|---|
| Körperlänge . . . . . . . . | 5″ 8‴. | Nach B u ff o n. |
| Länge der Ohren .  . . . . | 1″ 1‴. | |
| Breite „  „  . . . . . . | 9‴. | |
| Spannweite der Flügel bei . . . 2′. | | |
| Spannweite der Flügel beinahe . 1′ 6″. | | Nach G e o ff r o y. |

V a t e r l a n d. Mittel-Amerika, Guyana.

Bis jetzt ist diese Art nur aus einer kurzen Beschreibung und einer derselben beigefügten Abbildung bekannt, welche wir durch B u ff o n erhalten haben, denn seit jener Zeit ist sie von keinem Naturforscher mehr beobachtet worden, ungeachtet sie in der Umgegend von Cayenne in Menge angetroffen werden soll. B u ff o n verglich sie mit unserer europäischen spätfliegenden Abendfledermaus *(Vesperus serotinus)* und dieß ist der Anhaltspunkt, weßhalb sie von den Zoologen in dieselbe Gattung eingereiht wird.

S h a w wählte den Namen „*Vespertilio nasutus*“, G e o f r o y den Namen „*Vespertilio maximus*“ für sie.

### 21. Die antillische Abendfledermaus *(Vesperus Dutertreus)*.

*V. derasi fere magnitudine; auriculis modice longis apicem versus angustatis emarginatis, trago cultriformi recto, dimidio auriculae longitudine aequali, supra obtusato; alis patagioque anali calvis; cauda mediocri, corpore fere* $^2/_5$ *breviore, apice prominente libera; notaeo ex fuscescente flavo-rufo, gastraeo in castaneo-fuscum vergente.*

*Vespertilio Dutertreus.* G e r v a i s. Institut. V. V. p. 253.

   „         „         G e r v a i s. Ram. de la Sagra Hist. de Cuba. Mammif. p. 7. t. 2.

         „    W a g n. Schreber Säugth. Suppl. B. I. S. 527, 550. Note 20.

*Vesperus Dutertreus.* W a g n. Schreber Säugth. Suppl. B. I. S. 527, 550, Note 20.

*Vespertilio Dutertreus.* W a g n. Schreber Säugth. Suppl. B. V.
S. 757. Note 91.

*Vesperugo Dutertreus.* W a g n. Schreber Säugth. Suppl. B. V. S. 757.
Nr. 91.

*Vesperus Dutertreus.* W a g n. Schreber Säugth. Suppl. B. V. S. 757.
Nr. 91.

*Vespertilio dutertreus.* G i e b e l. Säugeth. S. 950. Note 9.

*Vesperugo dutertreus.* G i e b e l. Säugeth. S. 950. Note 9.

Nur eine sehr kurze und höchst ungenügende Beschreibung und
eine derselben beigefügte Abbildung, die wir G e r v a i s zu verdanken
haben, sind es, auf welche sich unsere Kenntniß von dieser Form
gründet, die aller Wahrscheinlichkeit nach eine selbstständige Art
in dieser Gattung bildet.

Sie gehört zu den mittelgroßen Formen in derselben, da sie mit
der feinhaarigen *(Vesperus arctoideus)* und kurzhaarigen Abendfledermaus *(Vesperus derasus)* nahezu, und mit der spätfliegenden
Abendfledermaus *(Vesperus serotinus)* ungefähr in der Größe
übereinkommt.

In ihren körperlichen Formen erinnert sie einigermaßen an die
carolinische Dämmerungsfledermaus *(Vesperugo carolinensis)*, welche jedoch einer ganz anderen Gattung angehört und auch beträchtlich kleiner ist, in der Färbung entfernt an die pfriemklappige Fledermaus *(Vespertilio subulatus)*.

Die Ohren sind mittellang, nach oben zu verschmälert und ausgerandet. Die Ohrklappe ist messerförmig, gerade, halb so lang als
das Ohr und oben abgestumpft. Die Flügel und die Schenkelflughaut
sind kahl. Der Schwanz ist mittellang, nicht ganz um zwei Fünftel
kürzer als der Körper und ragt mit seinem Ende frei aus der Schenkelflughaut hervor.

Die Oberseite des Körpers ist bräunlich-gelbroth, wobei die einzelnen Haare an der Wurzel schwarz, an der Spitze gelbroth sind;
die Unterseite desselben geht mehr in's Kastanienbraune über.

| | | | |
|---|---|---|---|
| Gesammtlänge . . . . . . . | 4″ | 3‴. | N. G e r v a i s. |
| Körperlänge . . . . . . . . | 2″ | 6½‴. | |
| Länge des Schwanzes . . . . . | 1″ | 8½‴. | |
| Spannweite der Flügel . . . . 11″ | —1′ | 10‴. | |

Lückenzähne sind im Oberkiefer keine, im Unterkiefer jederseits 1 vorhanden, Backenzähne in beiden Kiefern jederseits 4.
Vaterland. Mittel-Amerika, West-Indien, Cuba.

Wagner schaltet diese Art in der Gattung „*Vesperus*" ein, zu welcher sie auch aller Wahrscheinlichkeit nach gehört, Giebel in die Gattung „*Vesperugo*".

## 22. Die argentinische Abendfledermaus *(Vesperus furinalis)*.

*V. lactei magnitudine; rostro lato, naso parum prominente; trago fere recto linguaeformi, apicem versus magis angustato, supra rotundato; cauda mediocri, antibrachio fere* $1/3$ *et corpore parum ultra* $1/3$ *breviore; notaeo cinnamomeo-fusco, gula pallidiore, pectore aldomineque ex cinnamomeo-fusco et griseo mixtis.*

*Vespertilio furinalis.* D'Orbigny. Voy. dans. l'Amér. mérid.
    Mammif. p. 13.
   „    Wagn. Schreber Säugth. Suppl. B. V. S. 758.
    Nr. 92.
*Vesperugo furinalis.* Wagn. Schreber Säugth. Suppl. B. V. S. 758.
    Nr. 92.
*Vesperus furinalis.* Wagn. Schreber Säugth. Suppl. B. V. S. 758.
    Nr. 92.
*Vespertilio furinalis.* Giebel. Säugeth. S. 950. Note 9.
*Vesperugo furinalis.* Giebel. Säugeth. S. 950. Note 9.

Alles was wir über diese Form bis jetzt wissen, beschränkt sich nur auf eine kurze und sehr unvollständige Beschreibung von D'Orbigny, der diese Art entdeckte.

So ungenügend diese Beschreibung aber auch ist, so läßt sich doch mit ziemlicher Bestimmtheit aus derselben entnehmen, daß die Form, welche ihr zu Grunde liegt, eine selbstständige Art bilde, die durch ihre eigenthümliche Färbung von allen übrigen Arten dieser Gattung verschieden und rücksichtlich derselben nur mit der zimmtfarbenen Schwirrfledermaus *(Nycticejus cinnamomeus)* verwechselt werden könnte, welche jedoch einer ganz anderen Gattung angehört, im Oberkiefer nicht 4, sondern nur 2 Vorderzähne hat und auch nicht zimmtbraun, sondern zimmtroth gefärbt ist. Beide Formen weichen auch bezüglich der Körpergröße und der Verhältnisse ihrer einzelnen Körpertheile von einander ab.

Die argentinische Abendfledermaus bildet eine der kleineren
Arten in der Gattung und ist mit der weißen Abendfledermaus *(Ves-*
*perus lacteus)*, der glasflügeligen Spätfledermaus *(Cnephaiophilus*
*pellucidus)* und braunen Zehenfledermaus *(Exochurus Horsfieldii)*
von gleicher Größe.

Die Schnauze ist breit, die Nase etwas vorragend. Die Ohrklappe ist wie bei der kahlschienigen Dämmerungsfledermaus *(Ves-*
*perugo Pipistrellus)* beinahe gerade, zungenförmig, nach oben zu
aber etwas mehr verschmälert und abgerundet. Der Schwanz ist mittellang, fast um $1/_3$ kürzer als der Vorderarm und etwas über $1/_3$
kürzer als der Körper.

Die Färbung des Körpers ist auf der Oberseite zimmtbraun, auf
der Kehle blasser, und auf der Brust und dem Bauche zimmtbraun mit
Grau gewässert oder gemischt.

Körperlänge . . . . . . . . 1″ 8‴.   Nach D'Orbigny.
Länge des Schwanzes . . . . 1″.
„    „ Vorderarmes . . . 1″ 5‴.

Die unteren Vorderzähne sind schief gestellt und der erste obere
Vorderzahn ist sehr groß. Im Oberkiefer ist kein Lückenzahn, im
Unterkiefer jederseits nur 1 vorhanden. Backenzähne befinden sich in
beiden Kiefern jederseits 4.

Vaterland. Süd-Amerika, Argentinische Republik, Provinz
Corrientes.

Wagner reiht diese Art wohl mit Recht der Gattung „*Vespe-*
*rus*" ein, Giebel zieht sie zur Gattung „*Vesperugo*".

### 23. Die peruanische Abendfledermaus *(Vesperus innoxius)*.

*V. minuto minor et Vesperuginis Pipistrelli magnitudine;*
*corpore supra infraque unicolore nigro-fusco.*

*Vespertilio innoxius.* Gervais. Voy. de la Bonite. Zool. V. I. p. 35.
t. 11. f. 7—9. (Schädel.)
„        Wagn. Schreber. Säugth. Suppl. B. V. S. 759.
Nr. 94.
*Vesperugo innoxius.* Wagn. Schreber Säugth. Suppl. B. V. S. 759.
Nr. 94.
*Vesperus innoxius.* Wagn. Schreber Säugth. Suppl. B. V. S. 759.
Nr. 94.

*Vespertilio innoxius.* G i e b e l. Säugeth. S. 941. Note 3.

*Vesperus innoxius.* G i e b e l. Säugeth. S. 941. Note 3.

Unsere Kenntniß von dieser Form gründet sich nur auf eine ganz kurze Notiz, welche uns G e r v a i s über dieselbe mitgetheilt und eine derselben beigefügte Abbildung des Schädels.

Jener Angabe zu Folge gehört sie zu den kleinsten Formen in der Familie, da sie die kahlschienige Dämmerungsfledermaus *(Vesperugo Pipistrellus),* welche höchstens eine Körperlänge von 1 Zoll 4½ Linien erreicht, an Größe nicht übertreffen soll. Sie ist daher die kleinste unter den bis jetzt bekannt gewordenen Arten ihrer Gattung und selbst noch kleiner als die stumpfnasige *(Vesperus Bonapartii)* und capische Abendfledermaus *(Vesperus minutus).*

Die Färbung ist auf der Ober- wie der Unterseite des Körpers einfärbig schwarzbraun.

Körpermaaße sind nicht angegeben.

Lückenzähne befinden sich im Oberkiefer keiner, im Unterkiefer jederseits nur 1, Backenzähne in beiden Kiefern jederseits 4.

V a t e r l a n d. Süd-Amerika, Nord-Peru, wo G e r v a i s diese Art bei Amatope entdeckte.

W a g n e r zieht sie nicht ohne Begründung zur Gattung „*Vesperus*“, zu welcher sie aller Wahrscheinlichkeit nach gehört, und ebenso auch G i e b e l.

Für ihre Artberechtigung sprechen sowohl die geringe Körpergröße, als auch das Vaterland.

### 24. Die kurzhaarige Abendfledermaus *(Vesperus derasus).*

*V. arctoidei magnitudine; rostro antice et in lateribus calvo; auriculis parvis, fere tam longis quam latis trigonis, in margine exteriore leviter emarginatis, trago oblongo; patagio anali plane calvo; cauda mediocri, antibrachio distincte breviore dimidioque corpore perparum longiore; corpore pilis brevibus incumbentibus mollibus dense vestito; notaeo ex nigrescente castaneo-fusco, gastraeo ex grisescente rufo-fusco.*

*Vespertilio derasus.* B u r m e i s t. Säugeth. Brasil. S. 77.

*Vespertilio Hilarii?* W a g n. Schreber Säugth. Suppl. B. V. S. 757. Nr. 90.

*Vesperugo Hillarii?* W a g n. Schreber Säugth. Suppl. B. V. S. 757. Nr. 90.

*Vesperus Hilarii?* W a g n. Schreber Säugth. Suppl. B. V. S. 757. Nr. 90.

*Vespertilio Hilarii.* G i e b e l. Säugeth. S. 940.

Sehr nahe mit der schwarzbraunen Abendfledermaus *(Vesperus Hilarii)* verwandt und auch leicht ohne genauere Prüfung mit derselben zu verwechseln, doch durch die merklich geringere Größe, den längeren Vorderarm und den kürzeren Schwanz deutlich von dieser Art verschieden.

Sie zählt zu den mittelgroßen Formen in der Gattung, da sie mit der feinhaarigen Abendfledermaus *(Vesperus arctoideus)* von gleicher Größe ist und bezüglich derselben nahezu mit der antillischen *(Vesperus Dutertreus)* und ungefähr auch mit der spätfliegenden Abendfledermaus *(Vesperus serotinus)* übereinkommt.

Die Schnauze ist vorne und an den Seiten kahl. Die kleinen dreiseitigen Ohren sind fast von gleicher Länge und Breite, und schwach am Außenrande ausgerandet. Die Ohrklappe ist länglich. Die Schenkelflughaut ist vollständig kahl. Der mittellange Schwanz ist merklich kürzer als der Vorderarm und nur sehr wenig länger als der halbe Körper.

Die Körperbehaarung ist kurz, dicht, glatt anliegend und weich.

Die Färbung ist auf der Oberseite des Körpers schwärzlich kastanienbraun, auf der Unterseite graulich rothbraun.

Körperlänge . . . . . . . 2″ 6‴. Nach B u r m e i s t e r.
Länge des Schwanzes . . . 1″ 4‴.

Im Oberkiefer ist kein Lückenzahn vorhanden, im Unterkiefer jederseits 1. Backenzähne befinden sich in beiden Kiefern jederseits 4.

V a t e r l a n d. Süd-Amerika, Brasilien, wo B u r m e i s t e r diese Art, die er zuerst beschrieb, entdeckte.

W a g n e r, der sie zur Gattung „*Vesperus*" zieht, ist im Zweifel, ob sie mit der schwarzbraunen Abendfledermaus *(Vesperus Hilarii)* der Art nach zu vereinigen sei und G i e b e l, der sie als zur Gattung „*Vespertilio*" gehörig betrachtet, hält sie unbedingt für identisch mit dieser Art.

**25. Die schwarzbraune Abendfledermaus** *(Vesperus Hilarii).*

*V. turcomani magnitudine; lateribus faciei et apice rostri calvis; auriculis brevibus, parum elongatis, fere tam longis quam latis trigonis, in margine exteriore emarginatis et obsolete transversaliter rugosis, basi tantum pilosis, trago oblongo; corpore brachio et antibrachio parum longiore; alis cum patagio anali calvo angustis; cauda mediocri, antibrachio perparum et dimidio corpore multo longiore; corpore pilis brevibus incumbentibus mollissimis sericeis vestito; notaeo nigro-fusco obscure castaneofusco-lavato, gastraeo grisescente in rufo-fuscum vergente, patagiis nigris.*

*Vespertilio Brasiliensis.* Desmar. Nouv. Dict. d'hist. nat. V. XXXV.
p. 478. Nr. 20.

„ „ Desmar. Mammal. p. 144. Nr. 222.

*Vespertilio Hilarii.* Isid. Geoffr. Ann. des Sc. nat. V. III. p. 441,
445.

„ „ Griffith. Anim. Kingd. V. V. p. 258. Nr. 33.

*Vespertilio Brasiliensis.* Fisch. Synops. Mammal. p. 110. Nr. 31.

*Vespertilio Hilarii.* Fisch. Synops. Mammal. p. 111, 553. Nr. 30.＊

„ „ Temminck. Monograph. d. Mammal. V. II.
p. 241.

„ Blainv. Ann. des Sc. nat. 2. Série. V. IX.
p. 362.

„ Keys. Blas. Wiegm. Arch. B. VI. (1840.)
Th. I. S. 2.

„ Wagn. Schreber Säugth. Suppl. B. I. S. 526.
Nr. 62.

*Vesperus Hilarii.* Wagn. Schreber Säugth. Suppl. B. I. S. 526.
Nr. 62.

*Vespertilio Hilarii.* Wagn. Schreber Säugth. Suppl. B. V. S. 757.
Nr. 90.

*Vesperugo Hilarii.* Wagn. Schreber Säugth. Suppl. B. V. S. 757.
Nr. 90.

*Vesperus Hilarii.* Wagn. Schreber Säugth. Suppl. B. V. S. 757.
Nr. 90.

*Vespertilio Hilarii.* Giebel. Säugeth. S. 940.

Obgleich die nahe Verwandtschaft dieser Art mit der kurzhaarigen Abendfledermaus *(Vesperus derasus)* nicht zu verkennen ist, so ergeben sich doch bei einer näheren Vergleichung beider Formen Unterschiede zwischen denselben, welche für ihre specifische Verschiedenheit sprechen.

Die beträchtlichere Größe, der kürzere Vorderarm und der längere Schwanz sind die Hauptmerkmale, wodurch sich diese Art von der kurzhaarigen Abendfledermaus *(Vesperus derasus)* unterscheidet.

Sie ist von gleicher Größe wie die turkomanische *(Vesperus turcomanus)* und etwas größer als die spätfliegende Abendfledermaus *(Vesperus serotinus)*, daher eine mittelgroße Form in der Gattung.

Die Gesichtsseiten und das Schnauzenende sind kahl, die Ohren kurz und nur wenig verlängert, fast ebenso lang als breit, von dreiseitiger Gestalt, am Außenrande leicht ausgerandet, undeutlich der Quere nach gerunzelt, und an der Wurzel behaart. Die Ohrklappe ist länglich. Der Körper ist nur wenig länger als der Ober- und Vorderarm. Die Flügel und die Schenkelflughaut sind schmal, und letztere ist vollkommen kahl. Der Schwanz ist mittellang, nur sehr wenig länger als der Vorderarm, viel länger als der halbe Körper und ungefähr von der Länge des Leibes.

Die Körperbehaarung ist kurz, dicht, glatt anliegend, sehr weich und seidenartig.

Die Färbung ist auf der Oberseite des Körpers schwarzbraun und dunkel kastanienbraun überflogen, auf der Unterseite graulich, in Rothbraun übergehend. Die Flughäute sind schwarz.

| | | |
|---|---|---|
| Körperlänge . . . . | 2″ 4½‴. | Nach Isidor Geoffroy. |
| Länge des Schwanzes | 1″ 8‴. | |
| „ des Vorderarmes | 1″ 6‴. | |
| Spannweite der Flügel | 1′. | |
| Körperlänge . . . . | 2″ 9‴. | Nach Temminck. |
| Länge des Schwanzes | 1″ 9‴. | |
| „ „ Vorderarmes | 1″ 8‴. | |
| Spannweite der Flügel | 11″ 6‴. | |
| Spannweite der Flügel | 11″—1′. | Nach Desmarest. |

Die von Isidor Geoffroy angegebenen Maaße sind einem jüngeren Thiere entnommen.

Im Oberkiefer ist kein Lückenzahn vorhanden, im Unterkiefer befindet sich jederseits 1. Die Zahl der Backenzähne beträgt in beiden Kiefern in jeder Kieferhälfte 4. Die unteren Vorderzähne sind sehr klein.

V a t e r l a n d. Süd-Amerika, woselbst diese Art, welche von A u-g u s t St. H i l a i r e entdeckt wurde, sowohl in Brasilien, in der Provinz Goyaz, als auch in der argentinischen Republik in der Provinz der Missionen angetroffen wird.

D e s m a r e s t hat sie zuerst unter dem Namen „*Vespertilio Brasiliensis*" beschrieben und später lieferte auch I s i d o r G e o f-f r o y eine Beschreibung von derselben unter dem Namen „*Vespertilio Hilarii*", F i s c h e r hielt beide Formen, welche diesen Beschreibungen zu Grunde liegen, für selbstständige Arten und erst T e m m i n c k hat ihre Identität bewiesen

K e y s e r l i n g und B l a s i u s reihten sie ihrer Gattung „*Vespertilio*", W a g n e r der Gattung „*Vesperus*" ein. G i e b e l tritt der Ansicht von K e y s e r l i n g und B l a s i u s bei.

## 26. Die feinhaarige Abendfledermaus *(Vesperus arctoideus)*.

*V. derasi magnitudine; rostro labioque superiore vibrissis obtecto, rhinario calvo; auriculis modice longis, sat latis, emarginatis, trago angusto supra rotundato; alis usque ad digitorum pedis basin adnatis, cum patagio anali calvis; cauda mediocri, antibrachio parum breviore et dimidio corpore non multo longiore; corpore pilis brevibus incumbentibus mollibus dense vestito, imprimis in capite large pilis obtecto; notaeo ex fuligineo vel nigrescente castaneo-fusco, gastraeo flavescente-fusco, patagiis nigris.*

*Vespertilio arctoideus.* W a g n. Schreber Säugth. Suppl. B. V. S. 758. Nr. 93.

*Vesperugo arctoideus.* W a g n. Schreber Säugth. Suppl. B. V. S. 758. Nr. 93.

*Vesperus arctoideus.* W a g n. Schreber Säugth. Suppl. B. V. S. 758. Nr. 93.

Eine erst in neuester Zeit bekannt gewordene Art, welche seither blos von W a g n e r beschrieben wurde und in naher Verwandtschaft mit der haarigen Abendfledermaus *(Vesperus polythrix)* zu stehen scheint, von welcher sie sich jedoch außer der weit beträcht-

lieberen Größe, durch den verhältnißmäßig kürzeren Vorderarm,
den viel kürzeren Schwanz, die vollkommen kahle Schenkelflughaut
und die Färbung unterscheidet, welche letztere einigermaaßen an die
der kahlschienigen Dämmerungsfledermaus *(Vesperugo Pipistrellus)*
erinnert.

Sie bildet eine der mittelgroßen Formen in der Gattung, ist von
derselben Größe wie die kurzhaarige Abendfledermaus *(Vesperus
derasus)*, und kommt auch mit der antillischen Abendfledermaus
*(Vesperus Dutertreus)* nahezu und mit der spätfliegenden Abendfledermaus *(Vesperus serotinus)* ungefähr in der Größe überein.

Die Schnauze und die Oberlippe sind mit Schnurrborsten besetzt,
die Nasenkuppe ist aber kahl. Die Ohren sind mittellang, ziemlich
breit und ausgerandet. Die Ohrklappe ist schmal und an der Spitze
abgerundet. Die Flügel, welche bis gegen die Zehenwurzel reichen,
sind wie auch die Schenkelflughaut kahl. Der Schwanz ist mittellang,
nur wenig kürzer als der Vorderarm und nicht viel länger als der
halbe Körper.

Die Behaarung ist kurz, dicht, glatt anliegend und weich, und
besonders reichlich am Kopfe.

Die Oberseite des Körpers ist rußig- oder schwärzlich-kastanienbraun, wobei die einzelnen Haare gegen die Wurzel zu dunkler
sind. Die Unterseite desselben ist gelblichbraun, da die Haare hier
durchaus zweifärbig, und zwar in der Wurzelhälfte schwarzbraun, in
der Endhälfte gelblichbraun gefärbt sind. Die Flughäute sind schwarz.

Körperlänge . . . . . . . . . 2″ 6‴. Nach Wagner.
Länge des Schwanzes . . . . . 1″ 5‴.
„    „  Vorderarmes . . . . 1″ 6‴.
„    der Ohren . . . . . . . 5½‴.

Lückenzähne sind im Oberkiefer keine, im Unterkiefer jederseits nur 1 vorhanden, Backenzähne in beiden Kiefern jederseits 4.
Der Lückenzahn und der vorderste Backenzahn beider Kiefer sind
einspitzig.

Vaterland. Süd-Amerika, Brasilien.

Das königl. zoologische Museum zu München dürfte bis jetzt
das einzige unter den europäischen Museen sein, das diese Art
besitzt.

### 27. Die haarige Abendfledermaus *(Vesperus polythrix)*.

*V. irretiti magnitudine; facie fere tota pilis longis villosis distantibus densis obtecta; auriculis sat parvis, longioribus quam latis, in margine exteriore emarginatis; corpore brachii et antibrachii fere longitudine; patagio anali supra parum piloso; cauda mediocri, ³/₄ corporis longitudine et antibrachio perparum longiore; notaeo obscure castaneo-fusco, gastraeo ejusdem coloris leviterque in grisescentem vergente.*

*Vespertilio polythrix.* Isidor Geoffroy. Ann. des Sc. nat. V. III. p. 443.

    „      Griffith. Anim. Kingd. V. V. p. 259. Nr. 12.

    „      Fisch. Synops. Mammal. p. 111, 553. Nr. 32.

    „      Temminck. Monograph. d. Mammal. V. II. p. 248.

*Scotophilus polythrix.* Gray. Magaz. of. Zool. and Bot. V. II. p. 498.

*Pachyotus polythrix.* Gray. Magaz. of Zool. and Bot. V. II. p. 498.

*Vespertilio polythrix.* Wagn. Schreber Säugth. Suppl. B. I. S. 535. Nr. 81.

    „      Wagn. Schreber Säugth. Suppl. B. V. S. 758. Nr. 93.*

*Vesperugo polythrix.* Wagn. Schreber Säugth. Suppl. B. V. S. 758. Nr. 93.*

*Vesperus polythrix.* Wagn. Schreber Säugth. Suppl. B. V. S. 758. Nr. 93.

*Vespertilio arctoideus?* Wagn. Schreber Säugth. Suppl. B. V. S. 758. Nr. 93.*

*Vesperugo arctoideus?* Wagn. Schreber Säugth. Suppl. B. V. S. 758. Nr. 93.*

*Vesperus arctoideus?* Wagn. Schreber Säugth. Suppl. B. V. S. 758. Nr. 93.*

*Vespertilio polythrix.* Giebel. Säugeth. S. 940. Note 8.

Ohne Zweifel eine selbstständige Art, welche von Isid. Geoffroy zuerst und später auch von Temminck beschrieben wurde.

Sie steht der feinhaarigen Abendfledermaus *(Vesperus arctoideus)* zwar nahe, unterscheidet sich von derselben aber durch viel geringere Größe, den verhältnißmäßig längeren Vorderarm und viel längeren Schwanz, so wie auch durch die behaarte Schenkelflughaut und die verschiedene Färbung.

Bezüglich ihrer Größe kommt sie mit der Creeks- *(Vesperus Creeks)* und verstrickten Abendfledermaus *(Vesperus irretitus)*, und mit der schlanken Spätfledermaus *(Cnephaiophilus macellus)* überein, daher sie den kleinsten unter den mittelgroßen Formen dieser Gattung beizuzählen ist.

In ihren körperlichen Formen im Allgemeinen erinnert sie an die kahlschienige Dämmerungsfledermaus *(Vesperugo Pipistrellus)*.

Das Gesicht ist beinahe ganz mit langen dicht gestellten, zottigen, abstehenden Haaren besetzt. Die Ohren sind ziemlich klein, länger als breit und am Außenrande mit einer Ausrandung versehen. Der Körper ist fast von der Länge des Ober- und Vorderarmes, die Schenkelflughaut auf der Oberseite nur wenig behaart. Der Schwanz ist mittellang, drei Viertel der Körperlänge einnehmend und nur sehr wenig länger als der Vorderarm.

Die Färbung ist dunkel kastanienbraun, auf der Unterseite schwach'in's Grauliche ziehend.

| | | |
|---|---|---|
| Körperlänge über . . . . | 2″. | Nach Isidor Geoffroy. |
| Länge des Schwanzes . . | 1″ 5‴. | |
| „ „ Vorderarmes . | 1″ 4‴. | |
| Spannweite der Flügel . . | 9″ 6‴. | |
| Körperlänge . . . . . . | 2″. | Nach Temminck. |
| Länge des Schwanzes . . | 1″ 6‴, | |
| „ „ Vorderarmes . | 1″ 5‴. | |
| Spannweite der Flügel . . | 9″. | |

Die Zahl und Vertheilung der Lücken- und Backenzähne in den Kiefern ist nicht bekannt.

Vaterland. Süd-Amerika, Brasilien, wo diese Art in den Provinzen Rio grande do Sul und Minas Geraes angetroffen wird.

Gray wies ihr eine Stelle in seiner Gattung „Scotophilus" an und zwar in seiner Untergattung „Pachyotus", und Wagner reihte sie der Gattung „Vesperus" ein, zog ihre Artberechtigung aber in Zweifel, indem er es für möglich hielt, daß sie mit der feinhaarigen Abendfledermaus *(Vesperus arctoideus)* vielleicht zusammenfallen könnte. Giebel zieht sie zur Gattung „Vespertilio".

---

Aus der k. k. Hof- und Staatsdruckerei in Wien.

# SITZUNGSBERICHTE

DER

KAISERLICHEN AKADEMIE DER WISSENSCHAFTEN.

MATHEMATISCH-NATURWISSENSCHAFTLICHE CLASSE.

LXII. Band.

ERSTE ABTHEILUNG.

7.

Enthält die Abhandlungen aus dem Gebiete der Mineralogie, Botanik,
Zoologie, Anatomie, Geologie und Paläontologie.

## XVIII. SITZUNG VOM 7. JULI 1870.

Der Secretär legt folgende eingesendete Abhandlungen vor:

„Über das Vorkommen von Mannit in der Wurzel von *Manihot utilissima* Pohl. *(Jatropha Manihot)*", vom Herrn Regierungsrathe u. Prof. Dr. Fr. Rochleder in Prag.

„Über Schopenhauer's Theorie der Farbe. Ein Beitrag zur Geschichte der Farbenlehre", von dem c. M. Herrn Prof. Dr. J. Czermak in Leipzig.

„Beobachtungen über die Herzbeutelnerven und den *Auricularis vagi*", vom Herrn Emil Zuckerkandl, Demonstrator der Anatomie, eingesendet und empfohlen vom Herrn Hofrathe u. Prof. Dr. J. Hyrtl.

„Geometrische Mittheilungen." III., vom Herrn Dr. Emil Weyr in Prag.

„Eine Methode zur Übertragung bestimmter Punkte einer Geraden auf ihre Perspective", vom Herrn Fr. Malý, Techniker in Wien.

„Über die Wärmecapacität des Wassers in der Näbe seines Dichtigkeitsmaximums", von den Herren Dr. L. Pfaundler und H. Platter.

„Vorläufige Mittheilung über eine merkwürdige Relation, betreffend die Anziehung, welche eine Magnetisirungsspirale auf einen beweglichen Eisenkern ausübt", vom Herrn Prof. Dr. A. v. Waltenhofen in Prag.

„Elemente der Dione ⑩⑥ ", vom Herrn Aug. Seydler, Hörer der Philosophie in Prag, eingesendet durch das c. M. Herrn Director Dr. K. Hornstein in Prag.

Vorstehende zwei Mittheilungen sind für den „Anzeiger" bestimmt.

Herr Director Dr. J. Stefan überreicht eine vom Herrn Dr. Boltzmann eingesendete Bemerkung über eine Abhandlung Prof. Kirchhoff's im Crelle'schen Journal. Bd. 71.

Herr Hofrath u. Prof. Dr. E. Brücke legt eine im physiologischen Institute der Wiener Universität ausgeführte Arbeit des Herrn
*Stud. Med.* Siegm. Exner: „Über Ammoniakentwicklung aus faulen-
dem Blute" vor.

Herr C. Beckerhinn, k. k. Artillerie-Oberlieutenant, übergibt eine Abhandlung: „Über das Monoacetrosanilin."

An Druckschriften wurden vorgelegt:

Akademie der Wissenschaften, Königl. Preuss., zu Berlin: Monatsbericht. Mai 1870. Berlin; 8⁰.

Annalen der k. k. Sternwarte in Wien. Dritte Folge. XVI. Band.
Jahrgang 1866. Wien, 1870; 8⁰.

Apotheker-Verein, allgem. österr.: Zeitschrift. 8. Jahrgang,
Nr. 13. Wien, 1870; 8⁰.

Astronomische Nachrichten. Nr. 1807 (Bd. 76. 7). Altona,
1870; 4⁰.

Beobachtungen, Schweizer. meteorologische. Juni — August
1869. 4⁰.

Comptes rendus des séances de l'Académie des Sciences.
Tome LXX, Nrs. 24—25. Paris, 1870: 4⁰.

Cosmos. XIXᵉ Année. 3ᵉ Série. Tome VI, 26ᵉ Livraison; Tome VII.
1ʳᵉ Livraison. Paris, 1870; 8⁰.

Davy, Edmund W., On Flax, and the Practicability of extending
its Cultivation in Ireland. Dublin, 1865; 8⁰. — On the injurious
Effects resulting from the Employment of Arsenical Pigments in
the Manufacture of Paper-Hangings, in Painting etc. (Journ. of
the R. Soc. of Dublin, January, 1862.) 8⁰. — On the Presence
of Arsenic in some artificial Manures, and its Absorption by
Plents Grown with such Manures. (From the Philosophical
Magazine for August 1859.) 8⁰. — On a simple and expedi-
tious Method of estimating Phosphoric Acid and its Compounds
etc. (*Ibidem*, March 1860.) 8⁰. — On some further Applica-
tions of the Ferrocyanide of Potassium in Chemical Analysis.
(*Ibidem*, March 1861.) 8⁰. — On the Action of Nitric and
Nitrous Acids on the Sulphocyanides. (*Ibidem*, September
1865.) 8⁰.

Gazette médicale d'Orient. XIVᵉ Année, Nr. 1. Constantinople
1870; 4⁰.

Gesellschaft der Wissenschaften, königl. böhm., in Prag: Abhandlungen. Sechste Folge. III. Band. Prag, 1870; 4⁰. — Sitzungsberichte. Jahrgang 1869. Prag; 8⁰. — Repertorium sämmtlicher Schriften der k. h. Ges. d. Wiss. 1869; 8⁰. — *Codex juris Bohemici. Tomi II. pars 2. Edidit Hermenegildus Jireček. Pragae 1870; 8⁰.*

— geographische, in Wien: Mittheilungen. N. F. 3. Nr. 9. Wien. 1870; 8⁰.

— österr., für Meteorologie: Zeitschrift. V. Band, Nr. 13. Wien, 1870; 8⁰.

Gewerbe-Verein, n.-ö.: Verhandlungen und Mittheilungen. XXXI. Jahrg. Nr. 35. Wien, 1870; 8⁰.

Guyon, J. L. G., Histoire naturelle et médicale de la chique, *Rhinchoprion penetrans* (Oken). Paris, 1870; 8⁰.

Istituto, R., Lombardo di Scienze e Lettere: Memorie. Classe di Lettere è Scienze morali e politiche, Vol. XI (II della serie III.) Fasc. 1—2; Classe di Scienze mathemat. e naturali, Vol. XI, (II. della serie III.) Fasc. 1—2. Milano, 1868 & 1869; 4⁰. — Rendiconti. Serie II. Vol. I, Fasc. 11—20. (1868); Vol. II, Fasc. 1—16. (1869.) Milano; 8⁰. — Annuario. 1868. Milano: 12⁰. — Solenni adunanze. 1864, 1865, 1868. Milano; 8⁰. — Atti della fondazione scientifica Cagnola. Vol. V, Parte 1. 1867 al 1869; 8⁰.

— R., tecnico di Palermo: Giornale di Scienze naturali ed economiche. Anno 1869. Vol. V, Fasc. 1—2. Palermo; 4⁰.

Journal für praktische Chemie, von H. Kolbe. N. F. Band I, 10. Heft. Leipzig, 1870; 8⁰.

Landbote, Der steirische. 3. Jahrg., Nr. 13. Graz, 1870; 4⁰.

Landwirthschafts-Gesellschaft, k. k., in Wien: Verhandlungen und Mittheilungen. Jahrgang 1870, Nr. 20—21. Wien; 8⁰.

Moritz, A., Materialien zur Klimatologie des Kaukasus. Heft I. Tiflis, 1868; 8⁰. (Russisch.)

Nature. Nrs. 34—35, Vol. II. London, 1870; 4⁰.

Revue des cours scientifiques et littéraires de la France et de l'étranger. VII⁰ Année, Nrs. 30 — 31. Paris & Bruxelles, 1870; 4⁰.

Scientific Opinion. Part. XX. Vol. III. London, 1870; 4º.

Secchi, P., Sul sole. Roma, 1870; 8º.

Société des Ingénieurs civils. Séance du 17 Juin 1870. 8º.

Verein für vaterländische Naturkunde in Württemberg: Jahreshefte. XXV. Jahrgang, 2. & 3. Heft. Stuttgart, 1869; 8º.

Zeitschrift für Chemie, von Beilstein, Fittig & Hübner. XIII. Jahrgang. N. F. VI. Band, 11. Heft. Leipzig, 1870; 8º.

# Beobachtungen über die Herzbeutelnerven und den *Auricularis vagi*.

Von **Emil Zuckerkandl,**

Demonstrator der Anatomie.

(Mit 1 Tafel.)

## I. Über die Herzbeutelnerven.

Bei den' bis jetzt gemachten Untersuchungen über die Herzbeutelnerven wurden hauptsächlich die Fasern berücksichtigt, mit denen sich der *Nervus phrenicus* an der Innervation des Herzbeutels betheiligt; fast gar keine Beachtung fand der Vagus.

Ich erlaube mir daher meine Beobachtungen über die Innervation des Herzbeutels, und insbesondere die Betheiligung des Vagus an derselben, bier darzulegen.

Diesen Beobachtungen schließe ich noch Anomalien einiger Verbreitungsbezirke des Vagus an.

Vieussens [1]) war der erste, der Fäden vom Phrenicus und einen Faden vom rechten Vagus zum Herzbeutel ziehen sah. In seiner Neurographia universalis steht in der Erklärung der 24. Tafel pag. 216: „Nervus diaphragmaticus aliquando pericardio surculos quosdam impertitur" — und ebendaselbst S. 183: „Infra nervum recurrentem dextrum, paris vagi truncus ramum emittit, qui fibram unam aortae tunicis, binas dextris pulmonum lobis, et unam plexui cardiaco superiori tribuit, deinque in duas propagines dividitur, quarum exterior in plures surculos divisa, in partem dextram pericardii cordis posteriora occupantem, inseritur; interior vero pericardio perforato descendentem venae cavae truncum, cui surculos largitur,

---

[1]) Neurographia universalis, Lugduni. 1664.

adinstar annuli circumligat, pluresque fibrillas dimittit, quae per
dextram cordis auriculam disseminantur."

Baur [1]) erwähnt Herzbeutelnerven, die nach seiner Angabe
öfter vom rechten als vom linken Phrenicus herstammten. Valentin
bestätigte sie. Arnold [2]) hingegen bestreitet überhaupt die Existenz dieser Nerven. So schwankte das Schicksal der Herzbeutelnerven hin und her, und die Angaben, welche die erwähnten Zer-
gliederer machten, wurden nicht berücksichtigt, bis endlich Luschka
durch seine gründliche, in der Abhandlung [3]) über den Phrenicus
niedergelegte Untersuchung die Betheiligung beider Zwerchfellnerven, und außerdem noch eines vom rechten Vagus abgebenden
Fadens, an der Innervation des Herzbeutels außer allen Zweifel
setzte. — Luschka glaubt, daß die Schmerzen, welche bei *Pericarditis* in der Schulter und der Oberarmgegend auftreten, Reflexe
sind, bedungen durch die häufige Anastomose des Phrenicus mit dem
fünften Cervicalnerven, und letztgenannter somit mittelbar in Verbindung steht mit den Hautnerven der Schulter und des Oberarmes.

Oppolzer [4]) leitet die Unregelmäßigkeiten der Herz- und
der Athembewegungen, ferner die mitunter auftretenden Anfälle von
Schwindel, Schlingbeschwerden bei ganz geringem Pericardial-
exsudate, so wie das Erbrechen bei *Pericarditis* her, von dem Mit-
ergriffensein der in der Nachbarschaft des Herzbeutels verlaufenden
Nerven. Diese Erscheinungen sind in erster Linie auf die directe
Betheiligung des Vagus an der Innervation des Pericardiums zurück-
zuführen.

Die Nervenäste des Phrenicus für den Herzbeutel sind stets vorhanden, jedoch in Beziehung auf Anzahl und Stärke häufigen Varia-
tionen unterworfen; sie sind mit unbewaffnetem Auge zu sehen, und
nur dann ist ihre Präparation Schwierigkeiten unterworfen, wenn
sowohl der Phrenicus als auch die ihn begleitenden Gefäße, in Fett
gehüllt sind. Sie begeben sich stets unmittelbar in die Substanz des

---

[1]) Baur, Tractatus de nervis anterioris superficiei trunci humani, thoracis prä-
sertim abdominisque. Tübingae 1818.
[2]) Handbuch der Anatomie. Freiburg 1851.
[3]) Tübingen 1853.
[4]) Oppolzer's Vorlesungen über specielle Pathologie und Therapie, herausgegeben
von Dr. Emil Stoffella. Erlangen 1866, pag. 19.

Herzbeutels, und versorgen hauptsächlich die vordere Fläche und die seitlichen Wände desselben.

Einige Male habe ich einen langen Faden gleich nach Eintritt des Phrenicus in das vordere Mediastinum, vom letztgenannten Nerven bis gegen die Medianlinie des Pericardiums verfolgen können. Wieder ein anderes Mal gab der Phrenicus, an der Stelle, wo er sich in die eigentlichen Zwerchfellnerven auflöst, einen langen Nerven ab, der an der vorderen Herzbeutelwand aufwärts lief.

Das Fädchen vom rechten Vagus, dessen Luschka gedenkt, und welches sich an der vorderen Wand des Herzbeutels verzweigt, gibt nach seiner Untersuchung auch ein Reiserchen für die obere Hohlader ab.

Die zahlreichen Untersuchungen, die ich selbst über den Vagus und seine Verbreitungsbezirke an Kindesleichen gemacht, haben mir gezeigt, daß die Innervation des Herzbeutels mit den, bis jetzt von verschiedenen Autoren beschriebenen Nerven durchaus nicht erschöpft ist. Denn von den Hauptstämmen des Vagus, und zwar meistens vom linken, ferner von dem sehr starken und reichen Nervengeflechte der Speiseröhre, und außerdem noch von den unmittelbar in den Oesophagus eindringenden Nerven, habe ich Äste präparirt, die zur hinteren Wand des Herzbeutels verliefen, und da diese Nerven ziemlich stark sind, habe ich die Verzweigungen zweiter, oft auch jene dritter Ordnung, klar und deutlich gesehen. Diese meistens zur hinteren Herzbeutelwand verlaufenden Nerven habe ich nie vermißt, doch sind sie der Zahl, Stärke und Abgangsstelle nach manchen Verschiedenheiten unterworfen. Zur hinteren Herzbeutelwand gelangen sie um so leichter, als eben diese hintere Wand mit den Bestandtheilen der Umgebung am losesten in Verbindung steht.

Drei der schönsten Fälle, die ich präparirte, will ich beschreiben, und zweien davon eine Zeichnung beifügen.

I. An einem Präparate (Fig. 1) gehen vom *Plexus oesophageus*, mehr dem linken Vagus angehörend, drei Fäden zur hinteren Wand des Herzbeutels, welche bis zu dessen Medianlinie deutlich zu sehen sind.

Die ersten zwei ziemlich starken Fäden innerviren den Herzbeutel, und schickt außerdem noch ein jeder einen Zweig zu den, auf der hinteren Wand des Herzbeutels liegenden Lymphdrüsen. Der dritte und stärkste Ast geht von einem kleineren Nebengeflechte des

Oesophagus ab, und verschwindet in mehrere Zweige getheilt in der
hinteren Pericardialwand.

II. Von der Mitte des *Plexus oesophageus* (Fig. 2) geht ein
über ein Zoll langer, dünner Nerv ab, der in schwachem Bogen an
der hinteren Wand des Herzbeutels gegen die linke Lungenwurzel
verläuft, und nachdem er dem Pericardium 3—4 Äste gegeben, in
zwei feine Fäden gespalten, sich in den Hilus der Lunge begibt.
Gleich nach Abgabe dieses Nerven geht ebenfalls vom Speiseröhregeflechte ein in drei Zweige gespaltener Ast zur linken Hälfte der
hinteren Herzbeutelwand.

III. In gleicher Höhe mit dem oberen Rande des Aortenbogens
geht vom linken Vagus ein Nerv zur vorderen Herzbeutelwand ab.
Auch von den hinteren Lungengeflechten sah ich öfters Fäden zum
Pericardium ziehen, doch stehen diese an Zahl und Stärke den Pericardialnerven des *Plexus oesophageus* weit nach, und verzweigen
sich stets direct im Herzbeutel.

Um Verwechslungen so feiner Nerven mit Gefäßen zu verhüten,
habe ich die beschriebenen Nervenfäden mikroskopisch untersucht.
Sie sind keine Gefäße, sondern wahre Nerven.

Drei Hauptquellen sind es also, die sich an der Nervenversorgung des Herzbeutels betheiligen:

1. Der Vagus mit den stärksten Fäden, an der vorderen, hauptsächlich aber an der hinteren Wand.
2. Der Phrenicus an der vorderen und an den seitlichen Wänden;
und
3. der Sympathicus mit Fäden von den beiden unteren Halsknoten, ferner nach L u s c h k a, die Schlüsselbeingeflechte und
der *Plexus diaphragmaticus.*

## II. Über den Nervus auricularis vagi.

Öfters habe ich an Leichen mit sehr starken Nerven, sobald ich
die hintere Wand der *Vena jugularis* spaltete, durch die vordere
äußere Wand der Vene, den *Auricularis vagi* durchscheinen, sogar
das dem *Auricularis vagi* entsprechende Stück der Venenwand,
faltenförmig nach hinten gedrängt gesehen. Besonders stark war
diese Falte an einer Anomalie des *Auricularis vagi* (Fig. 3) entwickelt, die ich deswegen mittheilen will, weil sie deutlich zeigt,

daß die untere Anastomose des *Auricularis* mit dem *Nervus fascialis*
Nervenfäden enthält, die sich in die Facialisbahn begeben.

Der *Auricularis vagi* spaltet sich gleich nach Aufnahme der
Glossopharyngeuswurzel in zwei Äste, welche durch eigene Kanäle
in den Fallopischen Gang einbiegen. Der obere Ast begibt sich,
nachdem er eine aufsteigende Anastomose mit dem Facialis einge-
gangen, in das Zitzenfortsatzcanälchen, und fungirt als eigent-
licher Ohrenast des herumschweifenden Nerven. Der untere Ast
der den oberen 3—4mal an Stärke übertrifft. legt sich auf die
hintere Fläche des Facialis, doch ohne mit demselben zu anastomo-
siren, und verläßt 4 Linien lang das *Foramen stylomastoideum*,
gesellt sich zum *Auricularis profundus* des *Facialis* gleich an der
Abgangsstelle des Letztgenannten und verläuft in dessen Bahn zur
Ohrmuschel. Die Hauptmasse dieses *Auricularis profundus*, wird
unzweifelhaft von Vagusfasern gebildet; und da ich diesen Ast blos
für eine besonders starke Entwicklung der unteren Anastomose des
*Auricularis* und *Facialis* halte, so ist meine Meinung, daß auch im
normalen Falle, übereinstimmend mit den Angaben Bischoff's und
Arnold's, die untere Wurzel des *Auricularis* jedenfalls Vagusfasern
in die Facialisbahn sendet.

August Solinville beschreibt in seiner „Dissertatio inaugu-
ralis“ Turici, 1838, eine von Arnold beobachtete Anomalie, die
der oben beschriebenen ähnlich ist. Seite 14 daselbst heißt es: „In
hominis stupidi utroque latere, singularis apparebat ratio decursus hujus
nervi, mira quidem propterea, quod ei, qui in vitulo est, simillima
erat. Nervus enim non solum solito crassior erat, sed jam ab initio decursus e pluribus constabat filis, quae pariter ac in isto animale rami-
ficabantur. Unum jam in canali Fallopiae cum nervo faciali con-
fluebat, aliud cum pluribus ramulis hujus nervi per foramen stylomastoideum procedebat, tertium denique et quartum canalem mastoideum intrabant, in eoque separata, partim ad posteriorem nervum
auricularem, partim ad posteriorem arteriam auricularem accedebant.“

Für die obige Ansicht, betreffs der Vagus- und Facialis-Ana-
stomose, spricht auch folgender Fall, den ich beobachtete.

Ein starker *Nervus auricularis vagi* ging ganz normal aus dem
*Ganglion jugulare* des Vagus ab, theilte sich jedoch im Fallopischen
Gange in einen schwächeren Ast, der in den *Canalis mastoideus*
eintrat, während die Hauptmasse sich in den *Facialis* begab.

Arnold sah einen zwei Linien unter dem *Ganglion jugulare*
abgehenden *Auricularis vagi* sich mit dem *Facialis*, seiner ganzén
Masse nach, verbinden. Eine Anastomose des *Auricularis vagi* mit
dem *Auriculo temporalis* an dem knorpeligen Gehörgange, und Ab-
gehen des *Nervus ad membranam tympani* vom convexen Rande
dieser Anastomose habe ich einmal gesehen.

In der Retromaxillargrube geht unter dem *Plexus nodosus* vom
rechten Vagusstamme ein starker Nervenast ab, welcher sich mit
dem *Ramus descendens* des Hypoglossus, oberhalb der Verbindungsstelle des Letztgenannten mit den Cervicalnerven verbindet, aber
die Fasern in der Hypoglossusbahn so vertheilt, daß die eine
Hälfte centrifugal sich an der Innervation hochliegender Halsmus-
keln betheiligt, die andere Hälfte bogenförmig centripetal laufend,
als recurrirende Schlinge sich an den *Ramus descendens nervi hypo-
glossi* anlegt. Ich habe diese Anomalie dreimal gesehen, letzt-
erwähnte Nervenschlinge aber nur an dem hier beschriebenen Falle.

Endlich will ich noch ein nicht uninteressantes Verhalten des
*Nervus laryngeus inferior dexter* zur *Trachea* und zum Halsstücke
der Speiseröhre erwähnen.

Die vom rechten *Laryngeus recurrens* zum Oesophagus laufen-
fenden Nerven, bilden Arkaden, welche an manchen Stellen in zwei
Reihen, an anderen in drei Reihen übereinander stehen. Aus diesen
Arkaden gehen die einzelnen Fäden zu ihren Bestimmungsorten ab.
Die Arkaden selbst sind offenbar und zwar recht auffällig N e r v e n
o h n e  E n d e. (H y r t l.)

An demselben Präparate geht auch von der hinteren Fläche des
*Ganglion cervicale primum* ein Nerv zur hinteren Fläche der
Schilddrüse, wo er sich in zwei Äste spaltet, und von welchen Ästen
der obere in der Substanz der Schilddrüse verschwindet, während
dem der untere in der Schilddrüse eine Anastomose mit dem *Laryngeus inferior* eingeht.

Ich will nicht unberührt lassen, daß gewöhnlich bei dieser
Anomalie, das *Ganglion cervicale medium* des Sympathicus fehlt.

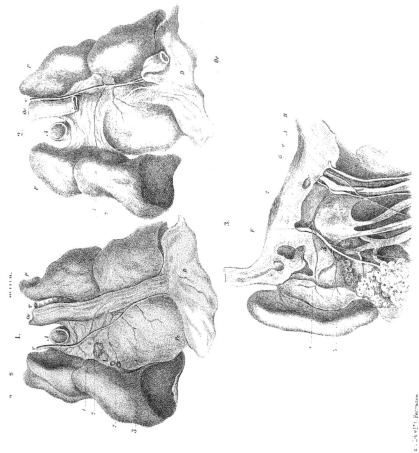

# Erklärung der Abbildungen.

---

Fig. 1. Brusteingeweide von hinten.

    *P.* Lunge.

    *Pe.* Herzbeutel.

    *Oe.* Speiseröhre.

    *T.* Luftröhre.

    *D.* Zwerchfell.

    *A.* Aorta.

    *V. Nerv. vagus.*

    *L.* Lymphdrüsen.

    1, 2 und 3. Pericardialnerva des *Plexus oesophageus.*

Fig. 2.

    *P.* Lunge.

    *Pe.* Herzbeutel.

    *Oe.* Speiseröhre.

    *D.* Zwerchfell.

    *A.* Aorta.

    *V. Nerv. vagus.*

    1 und 2. Herzbeutelnerven.

Fig. 3. Der *Auriculais vagi* von hinten dargestellt.

    *H. N. hypoglossus.*

    *A. N. accessorius Willisii.*

    *V. N. vagus.*

    *G. N. glossopharyngeus.*

    *F. N. facialis.*

    1. *N. auricularis vagi.*

    2. Aufsteigende Anastomose mit dem *Facialis.*

    3. Absteigende Anastomose des *Auricularis* mit dem *Facialis.*

    4. *Nerv. auricularis profundus.*

## XIX. SITZUNG VOM 14. JULI 1870.

Das k. k. Handelsministerium zeigt mit Note vom 7. Juli l. J. an, daß der geographisch - commercielle Congreß zu Antwerpen in der Zeit vom 14. bis zum 21. August stattfinden werde, und übermittelt zugleich eine Anzahl von Exemplaren des Congreß-Programmes.

Herr Prof. Dr. Fr. Simony dankt mit Schreiben vom 8. Juli für die ihm zur Fortsetzung der Untersuchungen der Seen des Traungebietes bewilligte Subvention von 300 fl.

Herr Prof. Dr. A. v. Waltenhofen in Prag übersendet eine Abhandlung: „Über einen einfachen Apparat zur Nachweisung des magnetischen Verhaltens eiserner Röhren.“

Herr Dr. Jul. Wiesner übermittelt eine Abhandlung, betitelt: „Beiträge zur Kenntniß der, indischen Faserpflanzen und der aus ihnen abgeschiedenen Fasern, nebst Beobachtungen über den feineren Bau der Bastzellen.“

Herr Dr. A. Boué legt eine Abhandlung: „Über die verschiedenartige Bildung vereinzelter Berg- oder Felsenkegel oder Massen“ vor.

Herr Prof. Dr. K. Langer überreicht eine Abhandlung: „Über Lymphgefäße des Darms einiger Süßwasserfische.“

Herr C. Beckerhinn, k. k. Artillerie-Oberlieutenant, übergibt eine Abhandlung, betitelt: „Neue Methode der Darstellung des Jodphosphonium“.

An Druckschriften wurden vorgelegt:

Académie Royale de Belgique: Bulletin. 38ᵉ Année, 2ᵉ Série, Tomes XXVII & XXVIII (1869.) Bruxelles; 8º. — Mémoires couronnés in 4º. Tome XXXIV. 1867—1870. Bruxelles, 1870. — Mémoires couronnés in 8º. Tome XXI. Bruxelles, 1870. — Annuaire. 1870. kl. 8º. — Compte rendu des séances de la

Commission Royale d'histoire. 3ª Série, Tome XIᵉ 1ʳᵉ—4ᵉ et 6ᵉ
Bulletins. Bruxelles, 1869; 8⁰. — Table générale des Notices
concernant l'histoire de Belgique dans les revues belges, de
1830 à 1865. Par M. Ernest van Bruyssel. Bruxelles,
1869; 8⁰. — Snellaert, F. A., Nederlandsche Gedichten
van Jan Boendale, Hein van Aken en anderen. Brussel,
1869: gr. 8⁰.

Aeadémie Impériale des Sciences de St. Pétersbourg: Mémoires.
VIIᵉ Série, Tome XIII, Nr. 8. (1869.); Tome XIV, Nrs. 1—14.
(1869.); Tome XV, Nrs. 1—4. (1869—1870.) St. Pétersbourg;
4⁰. — Mémoires in 8⁰. Tome XIV. 2; Tome XVI, 1. (1869.) —
Bulletin. Tome XIV, Nrs. 1—6. St. Pétersbourg, 1870; 4⁰.

Association, The British, for the Advancement of Science: Report
of the 39ᵗʰ Meeting held at Exeter in August 1869. London,
1870; 8⁰.

Astronomische Nachrichten. Nr. 1808. (Bd. 76, 8.) Altona,
1870; 4⁰.

Comptes rendus des séances de l'Académie des Sciences. Tome
LXX, Nr. 26. Paris, 1870; 4⁰.

Cosmos. XIXᵉ Année. 3ᵉ Série. Tome VII. 2ᵉ Livraison. Paris,
1870; 8⁰.

Erlangen, Universität: Akademische Gelegenheitsschriften aus
dem Jahre 1869. 4⁰ & 8⁰.

Halle, Universität: Akademische Gelegenheitsschriften aus dem
Jahre 1869. 4⁰ & 8⁰.

Hamburg, Stadtbibliothek: Gelegenheitsschriften aus dem Jahre
1869. 4⁰.

Institution, The Royal, of Great Britain: Proceedings. Vol. V,
Parts 5—7. London, 1869; 8⁰. — List of the Members etc.
1868; 8⁰.

Landbote, Der steirische. 3. Jahrgang, Nr. 14. Graz, 1870; 4⁰.

Landwirthschafts - Gesellschaft, k. k., in Wien: Verhandlungen und Mittheilungen. Jahrgang 1870, Nr. 22.
Wien; 8⁰.

Lotos. XX. Jahrgang. Juni 1870. Prag; 8⁰.

Moniteur scientifique. Tome XIIᵒ. Année 1870, 325ᵉ Livraison.
Paris; 4⁰.

Nature. Nr. 36. Vol. II. London, 1870; 4⁰.

Observatoire Royal de Bruxelles: Annales; Tome XIX. Bruxelles,
1869; 4⁰. — Observations des phénomènes périodique pen-
dant les années 1867 et 1868. 4⁰.

Quetelet, Ad., Physique sociale ou essai sur le développement des
facultés de l'homme. Tome II. Bruxelles, Paris. St. Pétersbourg,
1869; gr. 8⁰. — Notice sur le Congrès statistique de Florence
en 1867. 4⁰.

Reichsanstalt, k. k. geologische: Verhandlungen. Jahrgang 1870.
Nr. 9. Wien; 4⁰.

Revue des cours scientifiques et littéraires de la France et de
l'étranger. VIIᵉ Année, Nr. 32. Paris & Bruxelles, 1870; 4⁰.

*Societas entomologica Rossica: Horae. T. VI, Nr. 4. Petro-
poli, 1870;* Supplément au VIᵉ Vol. St. Pétersbourg, 1869; 8⁰.

Society, The Royal, of London: Philosophical Transactions for
the Year 1869. Vol. 159, Parts 1 & 2. London. 1869 & 1870;
4⁰. — Proceedings. Vol. XVII, Nrs. 109—113; Vol. XVIII,
Nrs. 114—118. London, 1869 & 1870; 8⁰.

— The Zoological, of London: Transactions. Vol. VII, Parts 1—2.
London, 1869—1870; 4⁰. — Proceedings for the Year 1869.
Parts II & III. London; 8⁰.

— The Chemical: Journal. N. S. Vol. VII, Nov. & Dec. 1869;
Vol. VIII, January-April 1870. London; 8⁰.

— The Anthropological: Anthropological Review. Nrs. 27—29.
London, 1869 & 1870; 8⁰. — Memoirs. 1867—8—9. Vol. III.
London, 1870; 8⁰.

Verein, naturhistor., der preuß. Rheinlande und Westphalens:
Verhandlungen. XXIV. (3. Folge, 4.) Jahrgang. 1867; XXVI.
(3. Folge. 6.) Jahrgang. 1869. Bonn; 8⁰.

— Naturw., für Sachsen und Thüringen in Halle: Zeitschrift für
die gesammten Naturwissenschaften. Jahrgang 1869. XXXIV.
Band. Berlin; 8⁰.

Wiener Medizin. Wochenschrift. XX. Jahrgang, Nr. 35. Wien,
1870; 4⁰.

# Über Lymphgefäße des Darmes einiger Süßwasserfische.

## Von dem w. M. Prof. C. Langer.

(Mit 1 Tafel.)

Im Anschlusse an meine Mittheilungen über die Lymphgefäße der Batrachier bringe ich im Folgenden einen kleinen Beitrag zur Kenntniß der Lymphgefäße der Fische. Er betrifft also ein Kapitel der Zootomie, in welchem noch so große Lücken vorhanden sind, daß die Literatur selbst über makroskopische Verhältnisse keine genügende Auskunft zu geben im Stande ist. Was aber insbesondere die Anlage der Capillaren betrifft, so liegt meines Wissens mit Ausnahme einiger Notizen über die subserösen Netze, die übrigens auch schon Hewson und Monro bekannt waren, nichts anderes vor, als die Arbeit von N. Melnikow [1]) über die Lymphwege des Darmcanals der *Lota*. Denn die Angaben Fohmann's über die Chylusgefäße der Darmschleimhaut bei *Anarrhichas Lupus* und *Torpedo* müssen um so mehr einer gründlichen Revision unterworfen werden, als sie sich auf Quecksilberpräparate stützen und ihnen zufolge sich daselbst unmittelbare Übergänge von Lymphgefäßen in Venen finden sollen.

Bei meinen Untersuchungen habe ich vorerst die Capillaren ins Auge gefaßt, um auch in dieser Thierclasse die typische Anordnung derselben kennen zu lernen, und zunächst wieder die des Darmcanals untersucht, da in diesem Organ die Darstellung beider Gefäßsysteme verhältnißmäßig leichter ist als in anderen Körpertheilen. Das Material, an das ich bis jetzt hauptsächlich angewiesen war lieferte mir die Familie der Cyprinoiden unter denen ich die Genera *Tinca*, *Squalius* und *Chondrostoma* untersucht habe. Ich kenne zwar auch schon manche Theile des Lymphgefäßsystems vom Hecht, der Forelle und dem Huchen, hatte aber noch zu wenig taugliches Materiale davon

---

[1]) Du Bois und Reicherts Archiv 1867, pag. 512.

unter der Hand (die Fische sollen frisch gefangen und nicht nüchtern
sein), um bereits die jeder Gattung zukommenden Eigenthümlichkeiten hervorheben zu können. Deßhalb berichte ich diesfalls nur
über den Befund bei den Cyprinoiden, insbesondere den beim *Chondrostoma*, weil ich bei diesem dieselben Verhältnisse, wie bei den
zwei anderen Gattungen der Cyprinoiden angetroffen habe.

----

Wenn es erlaubt ist von den untersuchten drei Gattungen auf
die ganze Familie der Cyprinoiden einen Schluß zu ziehen, so läßt
sich sagen, daß der Darmcanal bei allen Cyprinoiden
vom Anfang bis ans Ende drüsenlos ist.

Es fehlen nämlich den Cyprinoiden nicht nur die Dünn- und
Dickdarmdrüsen, sondern auch die Magendrüsen, zum Unterschiede
von anderen Gattungen, bei welchen, wie z. B. beim Hecht, Magendrüsen aber keine Darmdrüsen vorkommen und anderen z. B. *Lota*,
welche nach Melnikow nicht nur Magendrüsen, sondern auch
Darmdrüsen besitzt. In Folge dieses Mangels aller drüsigen Einla-
gerungen gestalten sich die Structurverhältnisse der Darmwände
sehr einfach, und die Unterschiede der einzelnen Abschnitte beruhen
eben nur auf der Menge und Anordnung der zahlreichen Schleimhautfalten, die aber gerade wieder bei den Cyprinoiden zwar sehr viele,
aber, wie es scheint nur unwesentliche Verschiedenheiten zeigen.

Beim *Chondrostoma*, dessen Darm durch Abknickungen in neun
Stücke geschieden werden kann, reichen die leisten- oder kammartigen Schleimhautfalten vom Schlunde bis an den After herab, sind
im Magen länger, im Afterdarm kurz, beinahe zottenartig. Die längeren, welche bis in den vorletzten Abschnitt herab vorkommen, sind
nach der Länge des Darmes gestellt, etwas wellig hin und her gewunden und durch alternirend abgehende kürzere Querfortsätze in die
Zwischenräume der benachbarten Falten eingeschoben oder mit ihnen
in Verbindung gebracht. Die kurzen Fortsätze des Afterdarmes sind
bald zungenförmig schmal, bald länger, löffelförmig gebogen, mitunter, wenn sie länger sind, noch mit Andeutungen von Nebenblättchen versehen, verschieden gestellt, aber alle gleichmäßig vertheilt.

Die Muskelschichte zeigt nichts besonderes; bemerken
will ich nur, daß im Anfangsstück des Magens in die Schichten der

glatten Muskelfasern auch quer gestreifte bündelweise eingeflochten sind.

Die Schleimhaut läßt sich nicht eigentlich in zwei Strata, die Submucosa und die Adenoide zerlegen; sie zeigt sich vielmehr an Durchschnitten als eine zusammenhängende Masse, deren Aussehen sich mitunter, wie in den Zwischenräumen der Kämme, nur an der Oberfläche etwas anders gestaltet. Sie besteht in ihren tiefen Lagen aus gröberen Bindegewebssträngen, welche unter einander in Verbindung gebracht und der Art dicht nach der Fläche und Höhe zusammengeschoben sind, daß zwischen ihnen nur schmale, längliche Lücken verbleiben. Die Lücken erscheinen in Durchschnitten als enge, parallel mit der Schleimhautfläche geordnete Spalten und veranlassen dadurch den Anschein einer regelmäßigen Schichtung des Gewebes.

In den Lücken sind rundliche, granulirte kernartige Körperchen aufgenommen, welche wegen der beschriebenen Anordnung der Lücken reihenweise geordnet zur Ansicht gelangen.

Gegen die Muscularis steht diese bindegewebige Grundlage der Schleimhaut mit anderen bindegewebigen Bündeln in Zusammenhang, welche die zur Schleimhaut tretenden Blut- und Lymphgefäße begleiten.

An der Oberfläche sind die Schleimhautelemente feiner, rücken noch dichter zusammen und bilden daher ein compacteres, fein gestreiftes Gewebe. In diesem kann man da und dort einzelne stäbchenförmige Kerne, als Andeutungen eingeflochtener glatter Muskelfibrillen wahrnehmen.

Die beschriebene Anordnung der Formelemente der Schleimhaut findet sich aber nur in den Zwischenräumen zwischen den Schleimhautleistchen. An den Basen dieser letzteren, welche in Durchschnitten als Dreiecke sich darstellen, lösen sich nämlich die Balken von einander, und werden feiner; das Gewebe wird locker, seine Lücken werden größer und rundlich und die eingelagerten rundlichen, granulirten Körperchen überwiegen über das bindegewebige Gerüst mitunter so sehr, daß die Schleimhautsubstanz das Aussehen eines adenoiden Gewebes annimmt. Dieses Gewebe zieht sich dann in das Innere der Schleimhautleistchen fort, bleibt aber immer von einer Rinde jenes muskelhältigen fibrillären Gewebes bedeckt, welches vorhin als oberflächliche Schleimhautschichte beschrieben wurde. Werden daher an Durchschnitten die Kämme in der Mitte ihrer Länge getroffen, wo sie dick sind, so bekommt man an ihnen beide Substanzen zu Gesicht; trifft man aber blos die Enden, so scheint es dann, als ob diese Kämme nur Duplicaturen der oberflächlichen Schleimhautlagen wären.

Da die Schleimhautkämme und ihre Nebenblättchen verschieden hin- und hergestellt sind, so gehen Längen- und Querschnitte des Darmrohres häufig genug auch zwischen den Blättern der Kämme hindurch und bringen so ein Blatt derselben und dieses bald von der inneren, bald von der äußeren Seite zur Ansicht. Und dann kann man sich vollständig von der Anwesenheit einer compacten Schichte von glatten Muskelfasern überzeugen, welche innerhalb der Rindenschichte dicht beisammen lagern und von der Basis zum freien Saum des Kammes aufsteigen. Dabei kann man sich auch überzeugen, daß diese Muskeln in der That Bestandtheile einer *Musculosa mucosae* sind, welche sich längs der ganzen Oberfläche der Schleimhaut hinzieht.

Außer dieser Musculatur habe ich keine andere im Schleimhautgewebe wahrgenommen, weßhalb wohl auch in dem Ausnahmsfalle bei *Tinca* die tiefere glatte *Muscularis externa* nicht etwa als *Muscularis mucosae*, sondern als eigentliche *Muscularis* des Darmrohres und die äußere quergestreifte Lage als eine Zugabe, gleichsam Wiederholung der ersteren zu betrachten ist.

Die Unterschiede in Bezug auf die Structur der Schleimhaut in verschiedenen Darmabschnitten betreffen nur die Menge der eingelagerten Körperchen. Im Magen, der, wie gesagt, ganz drüsenlos ist, überhaupt in den oberen Darmtheilen finden sich immer mehr Körperchen, nicht nur im Inneren der Schleimhautleisten, sondern auch in den Schleimhautlagen innerhalb der Zwischenräume zwischen den Kämmen, deren Gewebe alsdann ebenfalls gelockert erscheint.

Ich glaube auch nicht zu irren, wenn ich annehme, daß frisch im Sommer gefangene Thiere mehr granulirte Substanz in der Schleimhaut besitzen, als im Winter gefangene und nüchtern in der Gefangenschaft gehaltene Thiere.

In Bezug auf Unterschiede in diesem Bau der Schleimhaut, die bei anderen Fischen angetroffen werden, kann ich nur sagen, daß beim Hecht und der Forelle die oberflächliche Schichte von jener der bindegewebigen Balken ganz scharf geschieden ist, und daß namentlich bei der letzteren und dem Huchen sowohl an Quer- als Längsschnitten die Grenze durch einen hyalinen, sehr breiten Balken dargestellt wird, der durch Ausläufer mit dem bindegewebigen Gerüste beider Lagen in Zusammenhang steht. Der Richtigstellung des Thatbestandes wegen muß ich noch bemerken, daß alle Präparate durch Essig-Glycerin aufgehellt wurden.

Bei der Untersuchung des Lymphgefäßsystems darf natürlich die Darstellung der Blutgefäße nicht umgangen werden. Die Injection der Darmgefäße wurde durch die *Arteria coeliaco-mesenterica* vorgenommen. Die Venen konnten aber nicht unabhängig von der Arterien-Injection dargestellt werden, da dieselben bei den Cyprinoiden in keinen größeren Pfortaderstamm zusammenlaufen, sondern einzeln in das Leberparenchym eingehen. Ich mußte daher die Arterien-Injection bald bis zur vollständigen Füllung der Venen fortführen, bald sie gleich nach Füllung der Vorcapillaren unterbrechen.

Die arteriellen und venösen Stämmchen verlaufen in den Peritoneal-Duplicaturen, welche die Darmwindungen unter einander verknüpfen und sind daselbst in die diese Duplicaturen erfüllenden Fettkörper eingetragen.

Die Injection der Lymphgefäße gelingt ebenfalls nach einiger Übung nicht schwer, wenn man die Canüle in den an die *Art. coeliaco-mesenterica* angeschlossenen Lymphgang einsetzt.

Was die Anordnung der größeren Gefäße betrifft, so ist bekannt, daß die Arterien in der Regel von zwei eng an sie angelegten und vielfach unter einander anastomosirenden Lymphgefäßen begleitet werden, und daß sich diesem Gefäßbündel die Venen bald einzeln, bald paarweise anschließen.

Das oberflächliche sogenannte subseröse Blut- und Lymphgefäßnetz besteht aus unregelmäßig viereckigen Maschen, deren Seiten je von einer Blut- und einer Lymphcapillare dargestellt werden. Nur die arteriellen Stämmchen werden noch von zwei Lymphröhrchen begleitet. Das ganze lockere Netz liegt eigentlich zwischen den zwei Muskelschichten, also nicht subperitoneal, sondern unterhalb der *Longitudinalis*.

Da die Schleimhautkämme sehr dicht beisammen stehen, so
concentrirt sich die Gefäßbildung hauptsächlich auf diese blätterigen
Erhabenheiten. Besitzen sie Nebenblätter, so findet man die Gefäßstämmchen allemal in den Abgangswinkeln derselben und ihre
Querschnitte in Dreiecken, welche durch den Zusammentritt
dreier Blättchensegmente zu Stande kommen. Die Anordnung der
Gefäßstämmchen innerhalb dieser Kämme ist ebenfalls wieder die
typische, indem die Arterien daselbst meistens von zwei Lymphgefäßen und Venen umfaßt werden.

Die B l u t c a p i l l a r e n der blätterigen Kämme, welche aus den
kleinen, aber verhältnißmäßig zahlreichen und von der Basis an
gerade aufsteigenden Arterien hervorgehen, sind sehr fein, feiner als
die in den menschlichen Zotten; sie bilden ein dichtes Netz mit unregelmäßig polygonalen Maschen, welche am Rande der langen
Kämme des Magens und des oberen Darmes diesem Rande entlang
gestreckt sind. Das Netz ist in doppelter Lage vorhanden und als
Korb über die sich vertheilenden größeren Blutgefäße, Arterien und
Venen und über die Lymphgefäße hinübergelegt. Das *Stratum mus-*
*culare mucosae* befindet sich an der äußeren Seite dieser zarten
Capillaren.

In den Zwischenräumen der Schleimhautblätter findet sich nur
ein äußerst lockeres, aus denselben feinen Röhrchen bestehendes
Capillarnetz. Es entzieht sich aber sehr häufig der Beobachtung,
da es nur an besonders gelungenen Injections-Präparaten gefüllt
erscheint.

Eigenthümlich ist das Verhalten der V e n e n. Diese gehen nämlich aus einem Netze hervor, welches sich im Inneren der Schleimhautkämme, bedeckt von den äußerst feinen capillaren Netzen, ausbreitet. Dasselbe wurzelt in den feinen Capillaren der Oberfläche
und übergeht erst an der Basis der Kämme in ein Bündel von
drei bis vier Stämmchen, welche an den kleinen Arterien entlang
durch die Zwischenräume der Schleimhautblätter, dann unter den
Basen dieser letzteren hinwegziehen, um mit den Stämmchen derselben sich theils anastomostisch zu verbinden, theils aber zusammen-
zutreten und mit ihnen größere Venenwurzeln darzustellen.

Die venösen Röhrchen des in den Kämmen lagernden Wurzelnetzes zeigen ein sehr wechselvolles Aussehen; sie sind mitunter
nur klein und bilden größere Maschen, zeigen sich aber manchmal

auch so sehr aufgequollen, daß die Lücken zwischen ihnen bis auf
feine Spalten vollständig verstrichen erscheinen und die ganze Ge-
fäßformation das Aussehen eines Schwellnetzes bekommt. Das Kaliber
der so aufgequollenen Röhrchen kann um das Dreifache das Kaliber
der ableitenden Venen übertreffen. Zweifelsohne wird der Grad der
Füllung dieses Netzes von dem Contractionszustande der äußeren
*Muscularis* regulirt.

Die Röthung der Schleimhautfalten an abgestandenen (erstick-
ten) Fischen beruht offenbar auf dem in diesen Netzen aufgestauten
Blute.

———

Auch die Formationen der L y m p h g e f ä ß e haben ihre Centra in
den kammartigen Schleimhaut-Erhabenheiten, indeß in den Zwischenräumen derselben nur kleine Stämmchen zur Ansicht gelangen, welche
mit dem Blutgefäßbündel von Kamm zu Kamm fortziehen und sich in
der tiefen Lage der *Mucosa* zu ableitenden Stämmchen sammeln,
welche mit den Blutgefäßstämmchen durch die Ringfaserschicht nach
außen sich begeben.

Ein der glatten Schleimhautfläche eigenthümliches Netz, welches dem dargestellten feineren großmaschigen Netze der Blutcapillaren an die Seite zu stellen wäre, habe ich nicht darzustellen
vermocht; dagegen ist es mir gelungen, die L y m p h w e g e  d e r
K ä m m e in befriedigender Weise zur Ansicht zu bringen, insbesondere jene am Enddarm.

Vorerst muß ich constatiren, daß ich allenthalben ein Netz, allerdings mit verschieden geformten Maschen dargestellt habe, welches
sich am Saume der Kämme in kleinen Arcaden abschließt. Da M e l -
n i k o w  die Lymphgefäße bei der *Lota* in den Schleimhautauswüchsen
als einfache, kolbig endigende Röhrchen abbildet, muß ich bemerken,
daß ich beim *Chondrostoma* mitunter auch an dem Rande der Kämme
einzelne anscheinend blind endigende Ausläufer des Netzes wahrgenommen habe, sie aber doch nur für unvollständig injicirte Netz-
partien ansehe, weil ich unter denselben Formverhältnissen sogar
öfters ganz compact injicirte Netze, also statt der blinden Ausläufer
geschlossene Arcaden wahrgenommen habe.

Es ist sogar leicht zu constatiren, daß das Lymphnetz gegen
den Rand der Kämme ganz dicht wird, daselbst von kurzen, dicken

Ästchen dargestellt, welche durch ihren Zusammentritt unregelmäßig rundliche Maschen begrenzen. Gegen die Basis der Scheimhautkämme ist das Netz lockerer. Ich fand an dieser Stelle meistens nur einige absteigende Röhrchen, die mittelst etlicher Querästchen unter einander in Verbindung gebracht sind, glaube aber nicht diese Partie ganz vollständig dargestellt zu haben, da sich sonst aus diesem Netze ein zweites Netz hätte füllen sollen, jenes welches in den Zwischenräumen der Kämme vorkommen dürfte.

In Betreff des Calibers der das Netz darstellenden Röhrchen kann ich sagen, daß dieselben dünner sind als die gefüllten Zweige des Wurzelnetzes der Venen, dagegen bis dreimal dicker als die Röhrchen des feinen äußeren Capillarnetzes.

Die Lage des Lymphnetzes betreffend, läßt sich leicht constatiren, daß dasselbe von dem Netze der feinen Blutcapillaren bedeckt wird, weßhalb es bei Flächenansichten der Kämme vom Rande derselben durch die feinen Blutcapillaren geschieden erscheint. Mittelst stärkerer Vergrößerungen läßt sich aber noch zeigen, daß das Lymphgefäßnetz der Kämme in zwei Lagen geschieden ist, und daß die absteigenden Röhrchen, die ebenfalls in zwei Flächen vertheilt liegen, durch Röhrchen mit einander in Verbindung stehen, welche durch das Netz der Venenwurzeln von einer Seite zur andern hindurchziehen. Hieraus ergibt sich, daß das Netz der Venenwurzeln von den zwei Lagen des Lymphgefäßnetzes umgriffen ist, dieses selbst aber wieder von dem oberflächlichen Netze der feineren Blutcapillaren umgeben wird.

Schematisch aufgefaßt besteht daher jede Kammleiste aus folgenden Schichten: Der *Muscularis mucosae*, dem feinen capillaren Blutgefäßnetze, dann dem Lymphgefäßnetze, endlich den Kerngebilden, nämlich den feinen Stämmchen der Arterien und dem groben Netze der Venenwurzeln, welche durchsetzt werden von den Arterien und Venenzweigchen des peripherischen Capillarnetzes und von den Lymphröhrchen, welche beide Netzlagen mit einander verbinden.

Der beschriebene Befund betrifft insbesondere die Schleimhautformationen des unteren Darmes, von denen ich ganz exquisite Präparate erzielt habe. In Betreff der Verhältnisse im obersten Darme kann ich aber nur so viel sagen, daß die Vertheilung der zum Kammrande aufsteigenden Lymphröhrchen nicht nach dem Schema dendri-

tischer Ramification vor sich geht, sondern in der Abgabe von hori-
zontalen Ästchen besteht, welche aus dem Netze hervorgehen.
Es dürfte nicht nothwendig sein besonders hervorzuheben, daß
Übergänge von Lymphgefäßen in Venen im Bereiche des Darmes
nicht vorhanden sind; auch kann ich versichern, daß eine Verwechs-
lung von Blut- mit Lymphgefäßen nicht vorkommen konnte, da ich
stets auch die Blutgefäße, sei es mit Farben oder Blut gefüllt vor
mir hatte.

Noch muß ich einer Angabe von Ch. R o b i n [1]) entgegentreten, der
zu Folge es bei den Fischen keine anderen Lymphgefäße geben solle,
als die Chylusgefäße, dann die des Peritoneums, insbesondere an jenem,
welches den Urogenitalapparat bekleidet, endlich die des Pericardiums; so daß daher eine Unterscheidung zwischen oberflächlichen und
tiefen Lymphgefäßen, die noch von manchen Auctoren gemacht wird,
nicht begründet sei. Es ist mir nämlich bei meinen Untersuchungen
gelungen nebst den oberflächlichen auch t i e f e, p a r e n c h y m a t ö s e
L y m p h g e f ä ß e aufzufinden und zwar gerade am Genitalapparate,
im H o d e n von *Chondrostoma, Squalius, Esox* und *Hucho.* Fig. 6
zeigt diese parenchymatösen Lymphgefäße des Hodens von *Chondrostoma* an einem Durchschnitte dieses Organs. Dieselben umgreifen
wie beim Frosch und der Kröte gepaart mit den Blutcapillaren die
Samengänge. Beim Huchen, dessen Hoden im Frühjahre beträchtlich aufgetrieben sind, hält es in dieser Jahreszeit nicht schwer die
Blut- und Lymphgefäße bis ins Innere des Organs hinein zu injiciren.

---

[1]) Journal de l'Anatomie et de la Physiologie. 1867. pag. 32.

# Erklärung der Figuren.

**Fig. 1.** Querdurchschnitt durch die Wand der oberen Magenhälfte mit der Basis eines kammartigen Schleimhautblättchens. *a.* Die musculöse Kreisfaserschicht. *b.* Die Mucosa mit zahlreichen eingelagerten Körperchen. *c.* Schichte der *Muscularis mucosae.* Gezeichnet mit Immersions-System 9.

**Fig. 2.** Kammartiges Schleimhautblatt aus der oberen Darmhälfte mit roth injicirten Blutgefäßen und blau gefärbten Lymphgefäßen. *a.* Musculöse Längsfaserschicht des Darmrohres. *b.* Die quere Muskelschichte.

**Fig. 3.** Zottenartiges Schleimhautblatt aus dem Enddarm mit dem injicirten aber nicht geschwellten Netze der Venenwurzeln und dem Netze (blau) der Lymphgefäße.

**Fig. 4.** Peripherische Blutgefäßcapillaren mit einem Arterienstämmchen und einem Lymphgefäße aus einem kammartigen Schleimhautblatte des oberen Darmes. Gezeichnet bei System 8.

**Fig. 5.** Theil eines etwas längeren Schleimhautblättchens aus der vorletzten Darmwindung mit injicirten Lymphgefäßen und mit blutig gefülltem und stark ausgedehntem Wurzelnetz der Venen. Bei Nr. 8.

**Fig. 6.** Blättchen aus dem Hoden mit injicirten Lymphgefäßen; die Blutgefäße waren mit Blut gefärbt. Zeichnung bei Nr. 8.

Alle gezeichneten Objecte stammen von *Chondrostoma nasus.*

Langer. Lymphgefässe etc.

1.

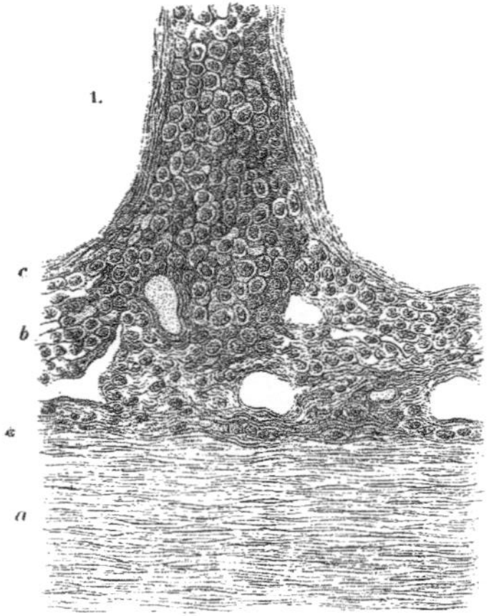


2.

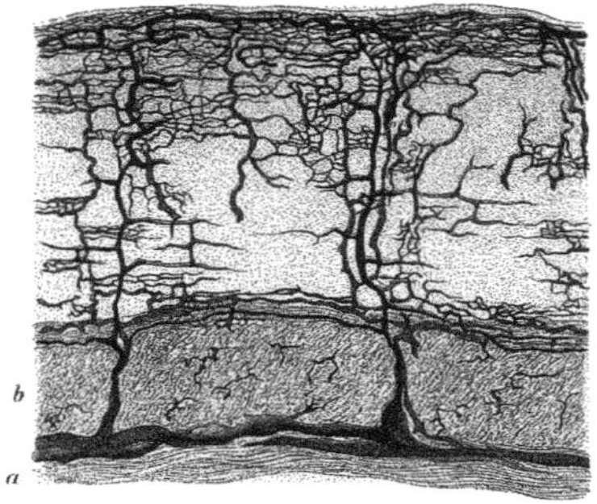


4.

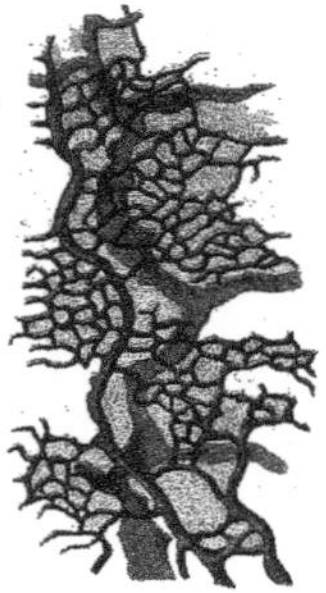

3.

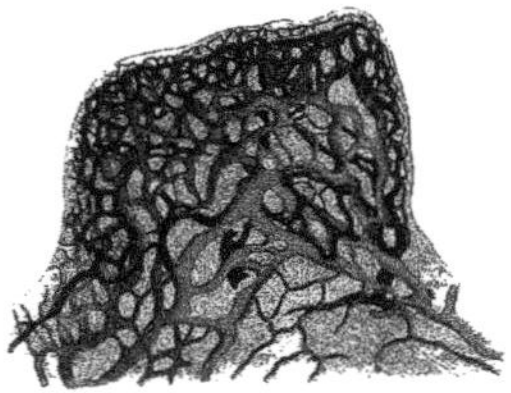

5.

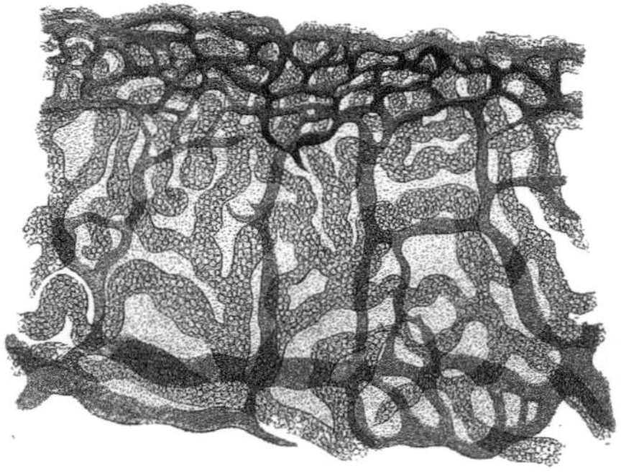

6.

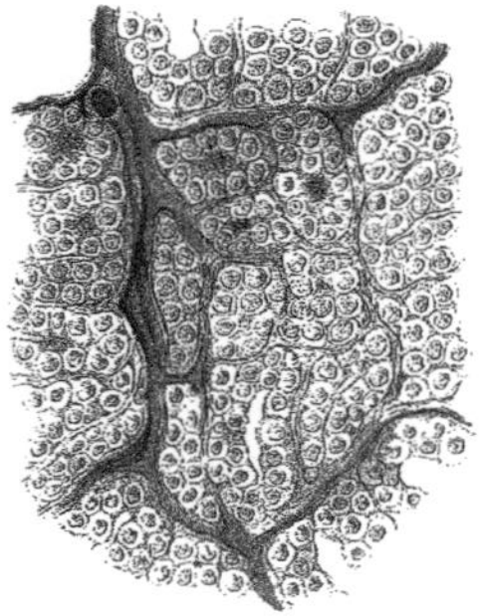

Aus d. k. k. Hof- u. Staatsdruckerei

# Beiträge zur Kenntniß der indischen Faserpflanzen und der aus ihnen abgeschiedenen Fasern, nebst Beobachtungen über den feineren Bau der Bastzellen.

Von Dr. Julius Wiesner,

a. ö. Professor am k. k. polytechnischen Institute.

(Mit 2 Tafeln.)

Es ist hinlänglich bekannt, daß viele bastreiche Pflanzen Indiens daselbst zur Abscheidung von spinnbaren und anderweitig technisch verwerthbaren Fasern dienen. Einige dieser Faserstoffe *(Jute, Sunn* etc.*)* finden schon gegenwärtig, wie nicht minder bekannt, in Europa eine ausgedehnte industrielle Verwerthung.

Durch eine treffliche Arbeit Royle's [1] wurden viele dieser faserliefernden Pflanzen Ostindiens bekannt. Nichts destoweniger sind aber unsere Kenntnisse über diese Pflanzen noch sehr lückenhafte. Als noch viel mangelhafter ist aber unser Wissen über die Fasern selbst zu bezeichnen. Namentlich liegen über den feineren Bau jener Gewebe, aus welchen die Fasern abgeschieden werden, und über die morphologischen Verhältnisse der Fasern noch gar keine exacten, auf histologischer Grundlage ruhenden Beobachtungen vor, obwohl heute wohl Niemand mehr läugnen wird, daß gerade die aus diesen Gestaltverhältnissen abgeleiteten Charaktere die sichersten Mittel zur Erkennung der Fasern darbieten.

Diese Umstände haben mich bewogen, in der Instruction für die fachmännischen Begleiter der k. und k. österr. Expedition nach Ostasien darauf hinzuweisen, wie wichtig es wäre, über die Faserpflanzen Indiens Beobachtungen zu sammeln, besonders aber ausreichendes und authentisches Materiale, nämlich die Fasern nebst den betreffenden Stammpflanzen im botanisch bestimmbaren Zustande, zu acquiriren.

---

[1] The fibrous plants of India. London, Bombay, 1855.

Diese Anregung ist nicht ohne Erfolg geblieben. Schon im Frühlinge des verflossenen Jahres erhielt ich durch Herrn Ministerialrath Dr. v. Scherzer eine höchst werthvolle Sendung indischer Faserpflanzen in instructiven Herbarexemplaren, nebst mehreren daraus abgeschiedenen Fasern. Das Herbar sowohl als die Fasern wurden von einem Hindu-Arzte, Mr. Náráyan Dáji, gesammelt, dessen Verläßlichkeit und tüchtige wissenschaftliche Bildung ich aus dem Inhalte der Sendung genau kennen lernte. Die botanische Bestimmung der Pflanzen hat sich als durchaus correct herausgestellt, und auch die Fasern waren in Betreff ihrer Abstammung, wie ihr Vergleich mit den correspondirenden Gewebsantheilen der Stammpflanzen lehrte, richtig bezeichnet. Durch die Sorgfalt, welche Mr. Náráyan Dáji auf die Sammlung der Pflanzen und Fasern, so wie auf die Bestimmung beider verlegte, wurde mir die Bearbeitung des Materiales wesentlich erleichtert.

Die genannte Sendung enthielt folgende Faserpflanzen, von welchen blos die mit Sternchen bezeichneten bereits als faserliefernd bekannt waren.

| Pflanze | Familie | Indischer Name |
|---|---|---|
| *Thespesia Lampas* Dulz. | Malvaceen | *Ráu bhend* |
| *Abelmoschus tetraphyllos* Graham[1]) | ,, | *Rai bhendá* |
| *Gossypium herbaceum* L.* | | |
| „ *acuminatum* Roxb. | | *Kápschin* |
| „ *obtusifolium* Roxb. | | *Rau- Kápschin* |
| *Abutilon indicum* G. Don. | | *Káshki* |
| *Sida alba* L. | | *Chikau Kadia* |
| *Sida retusa* L. | ,, | *Chikau Kadia* |
| *Urena sinuata* L.* | ,, | *Tup Khadia* |
| *Kydia calycina* Roxb. | Büttneraceen | *Wárang, Wilia* |
| *Cochlospermum Gossypium* DC. | Ternströmiaceen | |
| *Sterculia villosa* Roxb.* | Sterculiaceen | *Udali* |
| „ *guttata* Roxb.* | ,, | *Kukkur* |
| „ *colorata* Roxb. | | *Kháus* |
| *Helicteres Isora* L.* | ,, | *Khavan* |
| *Erinocarpus Knimoni* Hassk. (hort. Bomb.) | Tiliaceen | *Cher* |
| *Grewia elastica* Royle | | *Dhamann* |
| „ *villosa* Roxb. (?) | | *Khat Kati* |
| *Corchorus capsularis* L.* | | *Phatáki* |

---

[1]) Wahrscheinlich *Hibiscus (Manihot) tetraphyllus* Roxb.

| Pflanze | Familie | indischer Name |
|---|---|---|
| *Corchorus olitorius* L.* | Tiliaceen | *Chunch* |
| *Lasiosyphon speciosus* D e c n. | Thymelaceen | *Râmeta* |
| *Antiaris suecidora* D u l z | Artocarpeen | *Jâsund* |
| *Urostygma benghalense* G u s p. | Moreen | *Wad* |
| „       *retusum* M i q. | „ | *Nandrukh* |
| *Holoptelea integrifolia* P l a n c h. | Ulmaceen | *Wawla* |
| *Sponia Wightii* P l a n c h. | Celtideen | *Chitrang.* |

Mit Ausnahme der drei *Gossypium*-Arten, deren S a m e n-
h a a r e den Faserstoff constituiren, nämlich die indische Baumwolle
liefern, ist es durchwegs der B a s t der aufgeführten Pflanzen, aus
welchem die Faser abgeschieden wird.

Sämmtliche hier aufgeführte Gewächse werden, nach brieflichen Mittheilungen des N á r á y a n D á j í, behufs Fasergewinnung
im w i l d e n Zustande gesammelt, mit Ausnahme der drei *Gossypium*-
Arten und der beiden *Corchorus*-Species, welche fünf Pflanzenarten
in Indien bekanntlich in ausgedehntem Maße cultivirt werden.

Schriftlichen Mittheilungen des Mr. N á r á y a n D á j í entnehme
ich, daß auch wildwachsende Exemplare von *Corchorus olitorius*
und *capsularis* zur Gewinnung von Jute dienen.

Von folgenden im obigen Verzeichnisse enthaltenen Pflanzen
lagen Fasern der Sendung bei: *Thespesia Lampas, Abelmoschus
tetraphyllos, Sida retusa, Urena sinuata, Kydia calycina, Sterculia villosa, Lasiosyphon speciosus, Holoptelea integrifolia* und
*Sponia Wightii*.

Eine genaue vergleichende Untersuchung der genannten Fasern
mit dem den Stammpflanzen selbst entnommenen Baste hat erwiesen, daß sämmtliche Angaben über die Abstammung der Fasern
correct waren. Die neun aufgeführten Objecte konnten mithin mit
aller Beruhigung zur Feststellung der Kennzeichen und Eigenschaften
dieser Fasersorten benützt werden, da über ihre Abstammung keinerlei Zweifel mehr obwalten konnte.

Die Sendung enthielt ferner noch zwei Fasern, welche von den
zugehörigen Stammpflanzen nicht begleitet waren, nämlich den Bast
von:

| Pflanze | Familie | Indischer Name |
|---|---|---|
| *Bauhinia racemosa* L a m. | Leguminosen | *Aptâ* |
| *Cordia latifolia* R o x b. | Cordiaceen | *Shelti; Wadguudi.* |

Durch vergleichende Untersuchung dieser Fasern mit den betreffenden histologischen Antheilen der angeblichen Stammpflanzen (Herbarexemplare) habe ich mir auch über die richtige botanische Herleitung dieser beiden Fasern Gewißheit verschafft.

Außer den Beobachtungen über die Charaktere der eilf genannten Fasern, folgen in dieser Abhandlung noch Mittheilungen über die, bekanntlich die Jute liefernden Bastfasern der *Corchorus*-Arten, ferner über die Faser *Sunn*, die bereits für den englischen Handel von Bedeutung ist, von welcher Faser ich mir authentisches und ausreichendes Untersuchungsmateriale zu verschaffen in der Lage war. — Über die Charaktere der Jute habe ich zwar schon vor Kurzem in einem für das große Publicum bestimmten populär gehaltenen Artikel Mittheilungen gemacht [1]. Ich konnte aber in jenem Aufsatze nicht in die Details der mikroskopischen Untersuchung eingehen, und es an jener Stelle nicht unternehmen, die feinen Unterschiede, die zwischen der Bastfaser von *Corchorus olitorius* und von *C. capsularis* bestehen, zu beleuchten. — Die Charakteristik der Faser *Sunn* habe ich in den Rahmen dieser Abhandlung eingefügt, da über diesen wichtigen Spinnstoff Ostindiens noch keine Untersuchung vorliegt.

Ehe ich an die Mittheilung meiner Beobachtungen über die Eigenschaften und über die histologischen Charaktere dieser vierzehn Fasern schreite, will ich noch einige Faserpflanzen namhaft machen, welche nach brieflichen Mittheilungen des Mr. Náráyan Dájí in Indien zur Fasergewinnung dienen, aber in Royle's Werk noch nicht aufgeführt sind.

| Pflanze | Familie | Indischer Name |
|---|---|---|
| *Butea parviflora* Roxb. | Leguminosen | *Palshin* |
| *Bauhinia purpurea* L. | „ | *Machal* |
| *Prosopis spicigera* L. | „ | *Sarmdal* |
| *Acacia procera* Willd. | „ | *Kinai* |
| *Salmalia malabarica* Schott. | Sterculiaceen | *Sáwar* |
| *Grewia microcos* L. | Tiliaceen | *Hasuli* |
| *Terminalia glabrata* Forsk. | Combretaceen | *Un* |
| „       *paniculata* L. | „ | *Kinjal* |
| *Cordia Rothii* R. et Sch. | Cordiaceen | *Gunduj* |

---

[1] Ausland 1869. Nr. 35. Dingler's Journ. 157. H. 3.

| Pflanze | Familie | Indischer Name |
|---------|---------|----------------|
| *Celtis Roxburghii* M i q. | Celtideae | ? |
| *Urostygma religiosum* [1]) M i q. | Moreen | *Pimpal* |
| „      *inflectoria* M i q. | „ | *Kel* |
| „      *pseudo-Tjiela* M i q. | „ | *Páyar* |
| *Pandanus furcatus* R o x b. | Pandaneen | *Boudki.* |

Von allen aufgeführten Gewächsen, mit Ausnahme des zuletzt genannten, dessen B l ä t t e r Fasern liefern, ist es der B a s t, aus welchem die Fasern abgeschieden werden.

Die vorliegende Untersuchung hatte, wie schon oben angedeutet wurde, hauptsächlich den Zweck, eine möglichst genaue, auf histologischer Grundlage ruhende Charakteristik jener indischen Fasern zu geben, von welchen ich authentisches und ausreichendes Materiale zu erwerben in der Lage war. Bei der Feststellung der Charaktere hatte ich Gelegenheit so viele Details in Betreff der Morphologie, der chemischen und physikalischen Eigenschaften der Bastzellen kennen zu lernen, welche mir, vom histologischen Standpunkte aus betrachtet, nicht ohne Werth erscheinen; weßhalb ich sie am Schlusse dieser Abhandlung in einen besonderen Abschnitt zusammengefasst habe.

Bei der mühevollen Arbeit, deren Resultate im Nachfolgenden zusammengestellt sind, wurde ich vielfach von den Herren Albert U n g e r e r aus Pforzheim und Melchior H o c k, welche in meinem Laboratorium einen Theil der Wägungen und der mikroskopischen Messungen ausführten, unterstützt.

## I. Charakteristik der Fasern.

### 1. Thespesia Lampas D u l z [2]).

Diese Malvacee wird im Bezirke Concan (Hindostan), wo sie in großen Massen wild wächst, zur Fasergewinnung benützt. Die Baststreifen, welche sich von den Stämmen ablösen lassen, haben eine Länge von 1—1·8 Meter, und eine Breite von 0·5—3 Centimeter.

---

[1]) Wild und cultivirt. Alle übrigen aufgeführten Faserpflanzen sind wildwachsend.

[2]) Über die Verwendung der Faser von *Thespesia populnea* als Faser, s. Royle l. c. p. 262.

Die ganzen Baststücke zeigen eine große Festigkeit und werden als
solche wie Bast verwendet. Feine Fasern von 5—12 Ctm. Länge
lassen sich leicht vom Baste ablösen. Solche Fasern geben ein dem
Sunn gleiches Spinnmateriale.

Die vom untersten Stammtheile herrührenden Bastpartien sind
bräunlich gefärbt. Sonst ist der Bast weiß, mit einem Stich ins
Gelbliche. Die innere Partie des Bastes, welche an der Pflanze dem
Holzkörper zugewendet war, ist feinfaseriger und glänzender als die
äußere, und beinahe rein weiß. Die äußeren Bastpartien setzen sich
aus netzförmig verbundenen Bastbündeln zusammen, welche von
Hohlräumen durchbrochen sind, an deren Stelle am Stamme die
Bastmarkstrahlen lagen. Die Bastbündel haben eine mittlere Breite
von 0·3 Mm.

Jodlösung färbt die Faser goldgelb. Auf Zusatz von Schwefelsäure wird die Farbe etwas dunkler [1]). — Kupferoxydammoniak
färbt die Zellen schwach bläulich und bringt eine schwache Aufquellung hervor [2]). — Schwefelsaures Anilin färbt diese Faser intensiv
goldgelb.

Die lufttrockene Faser führt 10·83 Proc. Wasser. In mit Wasserdampf völlig gesättigtem Raume nimmt die völlig trocken gedachte
Substanz bei mittlerer Temperatur (15—$20°$ C.) 18·10 Pct. Wasser
auf [3]). Die trockene Faser liefert 0·70—0·89 Pct. Asche.

Der Bast setzt sich aus Bastbündeln zusammen, welche von
scharf zugespitzten Hohlräumen (Markstrahlräume) durchsetzt sind.
Die Bastbündel bestehen blos aus Bastzellen. Die Markstrahlenzellen
sind beinahe gänzlich zerstört.

Die Bastzellen, welche die Markstrahlräume begrenzen, sind
wellig contourirt (Fig. 1). Die Länge einer Welle entspricht der

---

[1]) Die Jodlösuug, welche zu diesen und den folgenden Versuchen verwendet wurde,
war eine weingeistige und enthielt 0·16% Jod. Nach Vorbehandlung mit Chromsäure, wird diese und jede der folgenden Fasern durch Jod und Schwefelsäure blau.

[2]) Diese und alle noch folgenden Fasern können durch Kupferoxydammoniak in Lö-
sung gebracht werden, wenn sie früher mit verdünnter Chromsäure behandelt
wurden.

[3]) Sowohl bei dieser als bei den folgenden Fasern wurde zuerst die lufttrockene
Faser gewogen, dann in den mit Wasserdampf gesättigten Raum gebracht und
nach 24 Stunden gewogen. Dann erst wurde sie im Luftbade so lange getrocknet,
bis sie keinen Gewichtsverlust mehr gab.

Länge einer Markstrahlzelle, und beträgt 0·016—0·056. meist
0·046 Mm. Diese Wellenformen sind fast an jeder Faser, die man
vom Baste abtrennt, unschwer nachzuweisen.

Die Bastzellen lassen sich durch Chromsäure leicht aus dem
Verbande bringen, und kann dann ihre Länge leicht ermittelt wer-
den. Sie schwankt zwischen 0·92—5·7 Mm. Im Allgemeinen sind
die Bastzellen der inneren Bastlagen kürzer als die der äußeren. —
Der größte Querdurchmesser der Bastzellen beträgt 0·012—0·021,
meist 0·016 Mm. Die Dickenzunahme der Zelle erfolgt von den
Enden der Zelle gegen die Mitte hin ziemlich regelmäßig. Kleine
Unregelmäßigkeiten kommen indeß fast an jeder Zelle vor. Die
Enden der Bastzellen sind sehr langgestreckt konisch, und haben meist
eine etwas abgerundete Spitze. Der Querschnitt der Bastzellen ist
polygonal, 4—6seitig (Fig. 2). — Die Verdickung der Bastzellen ist
meist eine so starke, daß der Hohlraum der Zelle auf eine dunkle
Linie reducirt ist. Nicht selten ist die Wanddicke so mächtig, daß gar
kein Hohlraum vorhanden zu sein scheint; in diesem Falle tritt das
Zell-Lumen erst nach Einwirkung von Chromsäure hervor. Erscheint
das Zell-Lumen doppelt contourirt, dann laufen die äußeren Zellgrenzen den inneren nicht parallel, ein Verhältniß, welches ich
zuerst bei der Jute aufgefunden habe. Porencanäle sind an den Bastzellen nicht selten zu bemerken, an den Enden der Zellen häufiger
als in deren Mitte. Die Poren der Zellwand erscheinen schief spalten-
förmig und kurz (Fig. 1, B), im Querschnitte überaus fein und bogig
gekrümmt. Eine gabelförmige Theilung des Porencanals kommt
häufig vor; auch scheinen die Poren zweier benachbarter Zellen
manchmal durch Tüpfel verbunden zu sein. Die äußeren Partien der
quer durchschnittenen Bastzellen werden durch Chromsäure in parallele Schichten zerlegt (Fig. 2, C). Die gequetschte Bastzelle zeigt eine
feine spiralige Streifung.

Wie schon erwähnt, ist das Gewebe der Bastmarkstrahlen in
der Faser theils gar nicht mehr, theils nur rudimentär vorhanden,
und es bedarf langen Suchens, bis man Zellen dieses Gewebes an
der Faser findet. In den Markstrahlenzellen finden sich Krystallgruppen vor (Fig. 2. D, a). Wie schwer es hält, diese Krystallaggregate direct an der Faser aufzufinden, so leicht ist es, dieselben
in der Asche nachzuweisen. Verbrennt man eine größere Partie der
Faser, so wird dieselbe zum größten Theile zerstört; die Krystalle

aber bleiben in morphologisch unverändertem Zustande zurück.
Nicht nur in der Faser der *Thespesia Lampas* sondern noch in
mehreren anderen der nachfolgenden Fasern habe ich in der Asche
die Gegenwart von Krystallen nachgewiesen. Sie sind in all' diesen
Fällen so constant in ihrer Form, ja sogar in der Größe, sie sind so
constante Begleiter der betreffenden Fasern, daß sie sehr wichtige
Anhaltspunkte zur Erkennung der Faser darbieten.

Alle von mir in den Fasern aufgefundenen Krystalle lassen sich,
so gering ihre Menge in der Faser selbst ist, stets leicht in der Asche
nachweisen. Ich habe mich überzeugt, daß alle diese Krystalle aus
oxalsaurem Kalk bestehen, beim Verbrennen sich in Kalk verwan-
deln, ohne ihre Form zu verändern. Wohl aber sind an ihnen zahlreiche, überaus feine, mit Luft erfüllte Risse zu bemerken, welche so
dicht neben einander liegen, daß die Krystalle schwärzlich erscheinen, und sich erst beim längeren Liegen in Flüssigkeiten aufhellen.

## 2. Abelmoschus tetraphyllos Graham.

Die aus dem Baste dieser in den gebirgigen Theilen Hindostans
gemeinen Pflanze abgeschiedene Faser hat eine Länge von 0·7 Meter.
Ihre Farbe ist flachsgelb, nur stellenweise hellbraun. Sie unterliegt,
der Feuchtigkeit ausgesetzt, mehr als die Jute einer Bräunung. Deßhalb sind auch alle von den unteren Stammtheilen herrührenden
Faserbündel braun. Die Güte der Faser leidet unter dieser Bräunung, indem nicht nur die Festigkeit mit der Zunahme der (durch
Auftreten von Huminsubstanzen bedingten) Bräunung abnimmt, sondern sich auch die Hygroskopicität der Faser steigert.

Durch ihre Feinfaserigkeit und Farbe nähert sich diese Faser
sehr der Jute, ist aber geringer als diese, besonders wegen der
raschen partiellen Verwandlung ihrer Zellwände in Huminsubstanzen.
Unter der Jute des europäischen Handels habe ich in einigen Proben
diese Faser nachgewiesen.

Durch Jodlösung wird die Faser goldgelb. Auf Zusatz von
Schwefelsäure nimmt die Farbe an Intensität zu. Kupferoxydammoniak bläut die Faser und bringt sie zur starken Quellung. Schwefelsaures Anilin färbt die Faser intensiv goldgelb.

Der Wassergehalt der lufttrockenen Faser beträgt 6·8—9·7 %.
Im mit Wasserdampf völlig gesättigten Raume steigt der Wasser-

gehalt auf 13·0—22·7 Pct. Die niedersten Wassergehalte entsprechen den flachsgelben, die höchsten den gebräunten Partien der Faser. Die Aschenmenge beträgt 1·05 Pct.

Die Faser besteht aus einzelnen oder einigen wenigen netzförmig verbundenen Bastbündeln, welche eine Dicke von 0·03—0·07 Mm. aufweisen. Hohlräume, von zerstörten Bastmarkstrahlen herrührend, sind auch an dieser Faser leicht aufzufinden, doch sind diese Hohlräume nie so deutlich wellenförmig contourirt wie bei *Thespesia lampas*.

Die Bastbündel setzen sich aus zweierlei Elementen zusammen, aus Bastzellen und Bastparenchymzellen (gefächerte Bastzellen). Die **Bastzellen** sind durch Chromsäure leicht zu isoliren. Ihre Länge beträgt 1—1·6 Mm. Ihr größter Querdurchmesser schwankt fast stets zwischen 0·008—0·020 Mm., und beträgt oft nahezu 0·016 Mm. Nur selten steigt die Zellbreite bis 0·04 Mm. Im Allgemeinen sind die breiten Zellen dünnwandiger als die schmalen. Die Mehrzahl der Bastzellen ist dickwandig. Das Lumen solcher Zellen beträgt etwa ein Drittel von der ganzen Zellbreite. Nur selten ist die Verdickung der Zellwand so mächtig, daß das Lumen nur als dunkle Linie erscheint. Ein Nichtparallelismus zwischen dem inneren und äußeren Contour der Bastzellen kömmt auch hier nicht selten vor. Spaltenförmige Poren sind nicht selten. Auch spiralige Streifung ist an den gequetschten Zellen oft zu bemerken.

Das **Bastparenchym** der Bastbündel bildet Zellenzüge, welche aus einer oder wenigen Zellreihen bestehen und den Bastzellen parallel laufen. Die Bastparenchymzellen sind vierseitig prismatisch, nach der Richtung der Bastzellen etwas in die Länge gestreckt, und weisen die Breite der Bastzellen auf. Dort wo zwei oder mehrere Reihen von Bastparenchymzellen auftreten, sind die Seitenwände relativ stark verdickt und deutlich poröser. Jede dieser Zellen enthält einen fast die ganze Zelle ausfüllenden Krystall von oxalsaurem Kalk. In der Asche sind diese Krystalle leicht nachzuweisen. (Die Form der Krystalle gleicht völlig jener in Fig. 4. *C*). Die Asche führt aber auch noch Krystallgruppen, welche in der Form jenen von *Thespesia Lampas* gleichen. Auch diese Aggregate bestehen aus oxalsaurem Kalk und stammen aus den Bastmarkstrahlen, welche hin und wieder in kleinen Resten der Faser anhaften.

### 3. Sida retusa [1]).

Der Bast dieser in ganz Indien gemeinen Malvacee bildet 0·8 bis 1 Meter lange, theils faserförmige, theils bandartige, bis 6 Mm. breite Stücke. Breitere Baststreifen sind von spaltenförmigen, für das freie Auge eben noch erkennbaren Hohlräumen durchsetzt, welche von Bastmarkstrahlen, die bei der Abscheidung des Bastes zerstört wurden, herrühren. Stellenweise sind die Bastmarkstrahlen noch erhalten und ertheilen dem Baste ein kreidiges Aussehen. Die äußere Seite des Bastes stimmt völlig mit der inneren überein. Die Farbe der Faser gleicht jener von frisch angeschnittenem Weißbuchenholze *(Carpinus betulus)*. Bast und Faser sind glanzlos.

Die Festigkeit ist eine beträchtliche, indem Faserstücke, welche eine Breite von $1/2$ Mm. haben, sich nur sehr schwer zerreissen lassen. Wie die Faser anderer *Sida*-Arten, wird auch diese zur Verfertigung von Stricken und Tauen verwendet.

Jodlösung färbt die Faser bräunlich und ruft ferner eine schwärzlich grüne Punktirung hervor. Diese Punkte entsprechen, wie das Mikroskop lehrt, den noch unverletzten Bastmarkstrahlen, deren Zellen reichlich Stärkekörner führen. Letztere werden durch Stärke blau, die umschließenden Zellwände aber gelb, wodurch für das freie Auge Grün als Mischfarbe erscheint. Auf Zusatz von Schwefelsäure tritt das Grün noch deutlicher hervor. — Durch Kupferoxydammoniak werden die Bastbündel anfangs grünlich, später unter beträchtlicher Quellung bläulich gefärbt. Die Markstrahlzellen färben sich sofort blau und quellen merklich auf. — Mit schwefelsaurem Anilin behandelt, nimmt die Faser eine intensiv gelbe, stellenweise in's Zimmtbraune geneigte Färbung an.

Lufttrocken führt die Faser 7·49, mit Wasserdampf gesättigt 17·11 Pct. Wasser. Die Aschenmenge beträgt 1·90 Pct.

Der Bast und die Faser bestehen aus Bastbündeln, welche eine Breite von 0·06—0·29 und eine Dicke von 0·04—0·10 Mm. aufweisen. Zwischen den Bastbündeln liegen Markstrahlen oder häufiger noch Markstrahlenräume. Die Länge der Markstrahlen schwankt zwischen 0·17—3·5, ihre (tangentiale) Breite zwischen 0·02 und 0·23 Mm.

---

[1]) Über die Fasern anderes Species von Sida, s. Royle l. c. p. 262 ffd.

Sie sind meist lang zugespitzt. Ihre seitlichen Grenzen sind entweder gänzlich wellenlos oder nur schwach ausgebuchtet. Die den Bastzellen unmittelbar anhaftenden Markstrahlenzellen sind dickwandig, deutlich poröse (Fig. 3, *B*, *m*) und langgestreckt, die übrigen kurz und dünnwandig. Die Länge der ersteren beträgt meist 0·075, die Breite 0·042 Mm. Häufig sind vom ganzen Markstrahl bloß dessen äußere, dickwandigeren Elemente erhalten. Die in den Markstrahlenzellen vorkommenden Stärkekörnchen haben einen Durchmesser von 0·004 Mm.

Die Bastbündeln bestehen bloß aus Bastzellen. Letztere zeigen abgerundete, in tangentialer Richtung meist abgeplattete, häufig unregelmäßige Querschnittsformen. Der Umriß der Zellen ist ein höchst unregelmäßiger, wie sich leicht durch Chromsäure, welche die Bastzellen sehr rasch isolirt. erweisen läßt. Höcker, mehr oder minder tiefe Ein- und Ausbuchtungen, Erweiterungen und Verjüngerungen sind beinahe an jeder Bastzelle wahrnehmbar (Fig. 3, *C*). Die Querschnittsmaxima schwanken zwischen 0·015—0·025 Mm. Die Länge der Bastzellen beträgt 0·8—2·29 Mm. Porencanäle sind oft, namentlich in der Flächenansicht häufig anzutreffen. Sie erscheinen in Form feiner. schief verlaufender Spalten.

In der Asche fand ich nur Spuren von Krystallen. Die Menge derselben in der Faser ist eine ungemein geringe. Niemals habe ich direct in der Faser Krystalle gesehen.

#### 4. Urena sinuata.

Schon Royle[1]) hat darauf aufmerksam gemacht, daß diese und die naheverwandte *Urena lobata* einen Bast besitzen, dessen feine Faser selbst feinen Flachs zu substituiren vermag. Beide Pflanzen sind Unkräuter, welche über ganz Indien verbreitet sind.

Die Faser hat in Betreff der Feinheit, des Glanzes und der Farbe viel Ähnlichkeit mit Jute, nähert sich aber in den genannten Eigenschaften noch mehr der Bastfaser von *Abelmoschus tetraphyllos* und theilt mit dieser die Eigenschaft, besonders in der Feuchte, rasch und stark nachzudunkeln. Die Länge der Faser beträgt 1·2 Meter. Auch diese Faser scheint nach mehreren Beobachtungen an roher

---

[1]) L. c p. 263.

und versponnener Jute nicht selten der echten Jute (*Corchorus*-Bast)
substituirt zu werden.

Jodlösung färbt diese Faser goldgelb. Auf Zusatz von Schwefelsäure nimmt die Färbung kaum merklich zu. — Kupferoxydammoniak
färbt die Faser unter Quellung der Bastzellen blau. — Schwefelsaures Anilin ruft eine goldgelbe Farbe hervor.

Der Wassergehalt der lufttrockenen Faser beträgt 7·02 bis
8·77 Pct. Im mit Wasserdampf gesättigten Raume steigt der Wassergehalt bei den noch wenig gefärbten Stücken auf 15·2, bei den bereits braungefärbten auf 16·2 Pct. Die Faser liefert 1·47 Pct. Asche.

Größere Bastmarkstrahlen sind in der Faser nicht mehr
zu finden, auch nicht Gewebsreste derselben. Wohl aber erkennt
man hie und dort wellenförmige Eindrücke in den Bastzellen, welche
die Stellen bezeichnen, wo ehedem die Markstrahlen lagen. Sehr
schmale, in der Breite einer Bastzelle gleich kommende Markstrahlen
sind in der Faser hin und wieder anzutreffen.

Die Bastbündel sind stets deutlich abgeplattet. Wie der Vergleich mit dem Baste der Stammpflanze lehrt, ist die Abplattung eine
radiale. Der längste Durchmesser des Bündelquerschnittes beträgt
0·042—0·197 Mm. Die Bastbündel enthalten zweierlei histologische
Elemente: Bastzellen und Bastparenchymzellen.

Die Bastzellen weisen eine Länge von 1·08—3·25 und eine
Dicke von 0·009—0·024 Mm. auf. Meist beträgt die Länge nahezu
1·8, die Dicke 0·015 Mm. Die Formen der Bastzellen sind fast stets
regelmäßig. Die Dicke nimmt von den stumpfen oder gar abgerundeten Enden ziemlich regelmäßig gegen die Mitte hin zu. Die Verdickung der Zellwand ist eine ungleichförmige, indem der innere
Contour der Zelle dem äußeren nicht parallel läuft (Fig. 4, *A*). Nicht
selten verschwindet an einzelnen Stellen der Bastzelle das Lumen
gänzlich. Da man durch Chromsäure und andere Reagentien an diesen Stellen häufig die Gegenwart des Lumens nicht zu constatiren
im Stande ist, so bleibt nichts anderes übrig, als anzunehmen, daß
an einzelnen Bastzellen dieser Pflanze Partien vorkommen, welche
gänzlich solid sind (Fig. 4, *A*, *x*). Der Querschnitt der Bastzellen ist
entweder rundlich oder polygonal. Poren kommen in der Wand dieser
Zellen nur selten vor. Wo ich solche an den Fasern bemerkte, erschienen sie in der Flächenansicht rhombisch (Fig. 4, *A*, *p*).

Die **Bastparenchymzellen** bilden einzelne oder zwei bis drei Längsreihen, die den Richtungen der Bastzellen parallel laufen. Die Breite der Bastparenchymzellen gleicht jener der Bastzellen. Ihre Länge ist meist etwas größer, seltener kleiner. Viele dieser Zellen führen Krystalle von oxalsaurem Kalk, von denen jede einzelne die Zelle, die ihn birgt, ausfüllt. Sehr leicht lassen sich diese Krystalle in der Asche der Faser nachweisen. Hier bilden sie nicht selten Ketten, welche ihrer Anordnung nach einem Stücke Bastparenchym entsprechen. Das Aneinanderhaften der Krystalle in der Asche deutet darauf hin, daß die Membranen der die Krystalle umschließenden Zellen stark mit unverbrennlicher Substanz (wahrscheinlich Kalk an Oxalsäure gebunden) infiltrirt sind.

### 5. Lasiosyphon speciosus.

Der Bast dieser auf den Ghats in Dekan häufigen Pflanze hat eine Länge von 1 — 1·2 Meter, und eine Breite von 2 — 7 Mm. Die Dicke des Bastes ist eine außergewöhnlich mächtige; sie beträgt nämlich 0·5—1·0 Mm. Bei der Eintrocknung des Bastes tritt oft ein dichtes Übereinanderlegen der Schichten ein, so daß er dann eine viel größere Mächtigkeit zu besitzen scheint, als der natürlichen Bastschichte in der That zukömmt. Schon mit freiem Auge erkennt man, daß zahlreiche, einem an Ort und Stelle zu Grunde gegangenen Markstrahlgewebe ihr Entstehen verdankende Hohlräume in Form feiner Längsspalten den Bast durchziehen. Der Bast hat nur wenig Glanz und eine beinahe kreideweiße Farbe. Seine Oberfläche ist mit feinen, baumwollenartigen Fasern, den sich von selbst ablösenden Zellen des Bastgewebes, bedeckt.

Der Bast als solcher hat eine enorme Festigkeit. Er läßt sich mechanisch sehr leicht in lange flachsähnliche Fasern, durch weitere mechanische Bearbeitung selbst in eine feine baumwollenartige (jedoch kurzfaserige) Masse zerlegen. Über seine gegenwärtige Verwendung liegen mir keine Daten vor. Seine Eigenschaften deuten darauf hin, daß er eine sehr vielseitige Verwendung finden könnte; als Bast, zu Seilerarbeiten, zu feineren und gröberen Geweben, und zur Papierbereitung. Die daraus bereiteten Papiere würden in den Eigenschaften dem japanesischen Papiere (aus dem Baste der *Broussonetia papyrifera*) gleich kommen.

Befeuchtet man die Faser mit Jodlösung, so nimmt sie eine olivengrüne Farbe an, und zeigt reichlich schwärzliche Flecke. Mit der Loupe ist sofort zu erkennen, daß diese dunklen Flecke den Markstrahlen, welche mit Stärke erfüllt sind, folgen. Auf Zusatz von Schwefelsäure wird die Faser schwarzgrün. Die dunkle Farbe rührt von den durch Jod blau gefärbten Stärkekörnern her. Die grüne Farbe verdankt ihr Entstehen sowohl den Zellen des Gewebes, welche mit Jod eine gelbe, als den Stärkekörnchen der kleineren Markstrahlen, die in diesem Reagens eine blaue Farbe annehmen. Das Grün ist mithin auch bei diesem Baste eine Mischfarbe aus Blau und Gelb, wie die mikroskopische Betrachtung lehrt. — Kupferoxydammoniak färbt die Faser sofort unter starker Aufquellung blau. — Schwefelsaures Anilin färbt die Faser isabellgelb.

Die lufttrockene Faser enthält 8·00 Pct. Wasser. Im Maximum der Sättigung führt sie 18·67 Pct. Wasser und liefert 3·31 Pct. Asche.

Der Bast hat, wie aus den oben angeführten Zahlen hervorgeht, eine ansehnliche Dicke. Er ist aber auch im Vergleiche zum Querschnitt des Stammes als mächtig anzusehen. Ich fand, daß ein einjähriger 3 Mm. im Durchmesser haltender Stamm eine Bastlage enthielt, welche in radialer Richtung gemessen 0·29 Mm. betrug. Zieht man an einem trockenen Exemplare der Pflanze die Rinde vom Stamme ab, so erkennt man, daß der Bast zum Theile aus losen Fasern besteht. Also schon an der Pflanze selbst, wahrscheinlich bei der Eintrocknung des Rindengewebes ist eine starke Resorption der Intercellularsubstanz des Bastgewebes eingetreten. Hierdurch erklärt sich der feinfaserige Charakter dieses Bastes und das baumwollenartige Äußere desselben.

Im Baste treten neben den Bastzellen noch reichlich parenchymatöse Zellen, theils in Form von Markstrahlen, theils in Form von Rinden- und Bastparenchym, auf.

Die Bastzellen haben eine Länge von 0·42—5·08, und eine Dicke von 0·008—0·029 Mm. Der Umriß der Zelle ist höchst variabel. Eine continuirliche Dickenzunahme von den Enden nach der Mitte hin kömmt an dieser Faser beinahe niemals vor. Fast an jeder Zelle treten plötzliche Erweiterungen und Verjüngungen ein. Bastzellen mit schmalen Enden und breiter Mitte überwiegen. Aber auch der umgekehrte Fall gehört nicht zu den Seltenheiten (Fig. 5). Die

Zellenden sind meist spitz, nicht selten kolbig oder unregelmäßig, die Querschnitte der Zellen sind meist polygonal, seltener rund. Structurverhältnisse sind an der von der Fläche aus gesehenen Zelle nur selten wahrzunehmen. Hin und wieder erkennt man zarte spalten-förmige Poren (Fig. 5, *D, p*). Eine Streifung der Wand ist direct nicht kenntlich. Wohl aber tritt sie bei der Quetschung der Zellen deutlich hervor; sie erscheint dann in Form feiner zur Längsrichtung senkrechten Linien. Auf dem Querschnitt der Faser ist die Streifung im Umfange der Zelle angedeutet. Es hat den Anschein, als würde die Streifung in den peripheren Partien der Wand senkrecht, in den inneren schief gegen die Grenzfläche der Zelle verlaufen. Es er-scheinen nämlich die inneren Partien der Wand häufig spiralförmig gestreift.

Markstrahlgewebe und Bastparenchym sind am Baste stark ent-wickelt. Auch Reste des Rindenparenchyms sind noch häufig zu finden. Die Markstrahlenzellen (0·042—0·063 Mm. breit) und Rinden-parenchymzellen führen Stärke in großer Menge. Die Stärkekörnchen sind kugelig, oder elliptisch, seltener abgeplattet, und so viel ich gesehen habe, stets einfach. Ihr Durchmesser (bei symmetrisch ge-bauten Körnchen der längste Durchmesser) mißt 0·0039—0·0098, meist 0·006 Mm. Die Stärkekörnchen erfüllen häufig das ganze Innere der genannten Zellen.

Das Bastparenchym besteht aus Zellen, welche parallel der Richtung der Bastzellen gestreckt sind. Ihre Länge beträgt zumeist nahezu 0·07, ihre Breite 0·02 Mm. Diese Zellen sind sehr dünnwan-dig und führen nichts als kleine Plasmareste (Fig. 5, *D, p*); ihre radialen Wände sind häufig mit großen Poren versehen.

Die Asche besteht aus formlosen Zellwandskeletten. Krystalle sind darin nicht nachweisbar.

### 6. Sterculia villosa.

Der Bast dieses in den Gebirgsgegenden Indiens, vornehmlich in Concan und Canara häufigen baumartigen Gewächses steht in In-dien schon lange zur Herstellung von Bindfäden, Stricken, Seilen und dgl. in Verwendung[1]). Die Baststreifen dieser Pflanze haben eine

---

[1]) Über die Verwendung des Bastes dieser und anderer *Sterculia*-Arten (*Sterculia guttata* und *S. Ivria)* berichtet schon R o y l e (l. c. p. 265 ffd.)

Breite von 1—3 Ctm., eine Länge von 2—6 Dcm. und eine Dicke
von 0·4—2 Mm. Die Structur dieses völlig glanzlosen licht-zimmt-
braun gefärbten Bastes ist eine lockere, netzfaserige. Der netzartige
Charakter rührt von den überaus zahlreich auftretenden großen
Markstrahlenräumen her. Gröbere, vom Baste abgespaltene Streifen
(von etwa 2 Mm. Breite und 0·5 Mm. Dicke) erweisen sich noch
als sehr fest und schwer zerreißbar. Feinere flachsartige Fasern
sind hingegen sehr schwach.

Jodlösung färbt die Faser goldgelb bis auf einzelne feine Längsstreifen, welche eine schwärzliche Farbe annehmen. Auf Zusatz von
Schwefelsäure färbt sich die Faser grünlich. — Kupferoxydammoniak
bläut die Faser und bedingt ein Aufquellen der freiliegenden Zellen.
— Schwefelsaures Anilin färbt sie eigelb.

Lufttrocken führt die Faser 8·86 Pct. Wasser. Im extremsten
Falle nimmt sie 18·69 Pct. Wasser auf. Die Aschenmenge beträgt
3·13 Pct.

So dick der Bast auch erscheinen mag, so haben die ihn zusam-
mensetzenden Bastbündel doch nur gewöhnliche Dimensionen; ihr
Querschnitt mißt nämlich in der Richtung der Tangente 0·13—0·29,
in der Richtung des Radius 0·06—0·15 Mm. Die Dicke des Bastes
kömmt nur durch mehrfache Bastlagen zu Stande, indem der Bast
von mehrjährigen Stämmen abgenommen wird.

Jede Bastlage besteht aus Bastbündeln und Markstrahlen; letztere
kommen am künstlich abgetrennten Baste nur mehr in Resten
vor. Selbst die Markstrahlzellen sind häufig stark demolirt; an ihren
Wänden haftet stets noch Stärke an, deren Körnchen einfach und
ellipsoidisch sind und deren Längsdurchmesser etwa 0·007 Mm.
beträgt.

Die Bastzellen sind leicht durch Chromsäure zu isoliren. Länge
der Bastzellen = 1·52—3·55 Mm. Maximaldicke der Bastzellen =
0·017—0·025. Ich finde es höchst bemerkenswerth, daß die Maximaldicke, d. i. der größte Querschnitt der Bastzelle im Gewebe
sehr constant ist, und beinahe immer 0·02 Mm. beträgt. Auch die
Form der Zelle ist sehr constant. Die Dicke der Zellen nimmt von
den etwas abgestumpften Enden gleichmäßig bis zur Mitte zu. Die
mittlere Partie jeder einzelnen Faser ist beinahe durchwegs etwas
angeschwollen. Die Zellwand weist eine höchst charakteristische Verdickung auf. Die mittlere angeschwollene Partie der Zellwand ist nämlich

verhältnißmäßig schwächer als die anderen Stellen verdickt, mithin das Lumen in der Mitte der Zelle verhältnißmäßig groß (vgl. Fig. 6, *A, m*). Sonst ist das Lumen entweder so schmal, daß es nur als dunkle Linie erscheint oder aber seine Gegenwart gar nicht zu erweisen. An der Wand sind kurze, schief verlaufende Poren häufig zu sehen. Durch Quetschung tritt eine feine Spiralstreifung hervor (Fig. 6).

Das B a s t p a r e n c h y m bilden ein-, seltener zwei- und mehrreihige Zellenzüge, welche den Richtungen der Bastzellen parallel laufen. Die Breite der Bastparenchymzellen entspricht entweder völlig jener der Bastzellen oder ist etwas größer. Ihre Wände sind stets deutlich poröse. Jede Bastparenchymzelle enthält einen Krystall von oxalsaurem Kalk.

Die Asche der Faser ist überaus reich an Krystallen, welche oft noch in ganzen Zügen aneinanderhaften.

### 7. Holoptelea integrifolia.

Die von dieser im Westen Indiens häufigen Pflanze abgeschiedenen Baststreifen sind 0·7—1 Meter lang, 3—5 Mm. breit und 0·06—0·09 Mm dick. Sie sind gelblich, stellenweise licht graubräunlich gefärbt und fast ohne allen Glanz. Die Außenseite des Bastes ist glatt, die Innenseite rauh, nicht selten weißlich. Große Strecken des Bastes erscheinen dem freien Auge völlig dicht und homogen, andere sind von kurzen, beinahe elliptischen Spalten durchsetzt, an deren Stelle in der Rinde die Bastmarkstrahlen lagen. Die Festigkeit des Bastes ist eine geringe, indem selbst breite Streifen leicht zerreißbar sind. Feinere aus dem Baste abgeschiedene Fasern sind sehr schwach. Der Bast kann wohl nur als solcher, etwa so wie Lindenbast verwendet werden.

Jodlösung färbt die Hauptmasse des Bastes gelb; nur kleine Längstreifchen, welche dem stärkereichen Bastmarkstrahlgewebe entsprechen, nehmen hierbei für das freie Auge eine schwarze Farbe an. — In Kupferoxydammoniak färbt sich der Bast bläulich. Die einzelnen Zellen zeigen hierbei eine merkliche Quellung. — Schwefelsaures Anilin ruft eine isabellgelbe Farbe hervor. — Läßt man durch kurze Zeit Chromsäure auf den Bast einwirken, wäscht man sodann aus, fügt Jodlösung und schließlich Kupferoxydammoniak zur Faser, so nimmt sie eine intensiv zinnoberrothe Farbe an. (U n g e r e r.)

Der Wassergehalt der lufttrockenen Faser beträgt 9·73 Pct. Im mit Wasserdampf gesättigten Raum steigert sich der Wassergehalt bis auf 23·12 Pct. Der Bast liefert 4·79 Asche, welche sich beinahe gänzlich in Wasser löst. (Ungerer.)

Der Bast enthält außer Bastzellen noch ein krystallführendes Bastparenchym und Stärke führende Bastmarkstrahlen. Die Länge der Bastzellen schwankt zwischen 0·88—2·13 Mm.; die Maximaldicke beträgt 0·009—0·014, meist 0·012 Mm. Die Zellenden sind meist spitz, seltener kolbig. In der Regel nehmen die Bastzellen ziemlich gleichmäßig von den Enden gegen die Mitte hin an Breite zu. Seltener kömmt es vor, daß sie stellenweise plötzlich breiter werden. Die Zellen sind meist stark und ungleichförmig verdickt; ihre Querschnittsform ist polygonal.

Die Markstrahlenzellen sind an diesem Baste zumeist schon so stark demolirt, daß sich die Contouren der Zellen nicht mehr deutlich erkennen lassen. Ich beobachtete rundliche, mäßig verdickte Markstrahlenzellen mit einem Durchmesser von 0·05 Mm. Die Markstrahlen sind mit Stärke erfüllt, deren Körnchen einfach oder zu zweien und dreien componirt sind, eine elliptische Form und einen Längsdurchmesser von 0·003 Mm. aufweisen.

Die Bastparenchymzellen haben die Breite der Bastzellen, sind in der Richtung der Bastzellen etwas gestreckt; jede dieser Zellen enthält einen Krystall von oxalsaurem Kalk.

Die Asche ist überaus reich an Krystallen.

## 8. Kydia calycina.

Der Bast dieser auf den Ghats des westlichen Indien's häufigen Büttneracee hat eine Länge von 0·9—1·3 Meter, eine Breite von 2—8, und eine Dicke von 0·07—0·1 Mm. Die Außenseite des Bastes ist gelblich, etwa wie Zürgelbaumholz, glatt und schwach glänzend, die Innenseite matt, weiß, beinahe kreidig. Auf den ersten Blick erscheint der Bast ziemlich dicht; genauer, besonders im durchfallenden Lichte betrachtet, werden zahlreiche feine Längsklüfte erkennbar, welche einem Markstrahlgewebe, das an diesen Stellen vorhanden war aber zerstört wurde, ihr Entstehen verdanken. Breite Baststreifen, wie sich solche vom Stamme leicht ablösen lassen, haben eine beträchtliche Festigkeit; feine davon abgetrennte Fasern von der Dicke einer spinnbaren Faser, fallen nur kurz aus und sind sehr schwach. Zur Herstellung einer Spinnfaser ist der Kydia-Bast

nicht tauglich, wohl aber könnte er einen vortrefflichen Ersatz für
Bast (Linden- oder russischen Bast) abgeben.

Jod färbt den Bast schmutziggrün, welche Farbe sich auf Zusatz
von Schwefelsäure in grasgrün verwandelt. Die grüne Farbe ist
Mischfarbe aus blau (Stärke) und gelb (Zellwände). — Kupferoxydammoniak ruft schwache Bläuung und schwache Quellung hervor. —
Schwefelsaures Anilin färbt den Bast isabellgelb. — Es ist höchst
bemerkenswerth, daß dieser Bast durch Chromsäure nur schwer und
unvollständig in seine Elemente zu zerlegen ist, während doch gewöhnlich diese Säure vollständig und leicht die Isolirung der Zellen
ermöglicht. — Besser, wenn auch gerade nicht vollständig gelingt
die Isolirung der Zellen durch Natronlauge, wobei die Bastzellen eine
gelbe Farbe annehmen, während die parenchymatischen Zellen un-
gefärbt bleiben.

Die lufttrockene Faser enthielt 8·63, die mit Wasserdampf
völlig gesättigte 19·44 Pct. Wasser. Die Faser liefert 7·23 Pct.
Asche.

Die Bastbündel sind von zahlreichen kurzen Markstrahlen durchsetzt, welche, von der Fläche aus betrachtet, meist nur 0·7—2·1 Mm.
lang, 0·05—0·26 Mm. breit sind. Nur an Stellen des Bastes, welche
von den untersten Stammtheilen herrühren, kommen noch größere
und breitere Markstrahlen vor. Die Kleinheit der Markstrahlen
bedingt das homogene Aussehen dieses Bastes. Das Markstrahlen-
gewebe ist meist noch sehr wohl erhalten, wie schon die Loupe
erweist, mit welcher betrachtet, jeder Markstrahl als kreideweißer
Längsstrich erscheint.

B a s t z e l l e n. Ihre Länge ist wegen der Schwierigkeit sie vollständig zu isoliren nicht genau bestimmbar. Sie scheint sich auf 1—2 Mm.
zu belaufen. Die Maximaldicke der Bastzellen beträgt 0·0168 bis
0·0242 Mm. Die Enden der Zellen sind spitz, die Formen der Zelle
regelmäßig, sowohl in Bezug auf den Querschnitt als auf die Dickenzunahme von der Spitze nach der Mitte zu. Die Wandverdickung
ist mäßig stark und irregulär. Porencanäle kommen sehr häufig vor.

Das spärlich vorhandene Bastparenchym besteht aus siebartig
verdickten Zellen, es ist Siebparenchym.

Die Markstrahlen sind im Ganzen wohl erhalten. Von der Fläche
gesehen, beträgt die Länge meist circa 0·05, die Breite 0·03 Mm.

Sie sind reich mit Stärke erfüllt. deren Körnchen einfach und elliptisch sind und einen mittleren Längsdurchmesser von 0·004 Mm.
aufweisen. Diese Zellen führen auch kleine Mengen von oxalsaurem
Kalk in Form von die Zelle erfüllenden Aggregaten.

Die Asche besteht aus ziemlich großen zusammenhängenden
Zellwandskeleten, welche hin und wieder Krystallaggregate umschließen. Sie entstammen dem Markstrahlgewebe.

### 9. Sponia Wightii.

Die Pflanze kömmt in den hügeligen Districten Concan's häufig
vor. Die Länge des Bastes beträgt 0·3—0·8 Meter, die Breite der
Stücke 0·5—9, die Dicke 0·1—0·8 Mm. Einzelne Stücke sind
zimmtbraun, andere beinahe kreideweiß. Die meisten halten in Betreff der Farbe die Mitte zwischen diesen beiden Extremen. Nicht
nur die Baststreifen sondern auch die Fasern, welche sich in belie-
biger Dicke vom Baste abtrennen lassen, erweisen sich sehr fest.
Zur Herstellung von Seilerwaaren ist diese Faser sehr geeignet.
Die Intercellularsubstanz der Bastzellen hat sehr gelitten. Die Folge
davon ist eine gleiche wie bei *Lasiosyphon speciosus;* auch der
Bast der *Sponia Wightii* ist beinahe wollig, so reichlich trennen
sich von ihm feine Zellen und Zellgruppen ab.

Jodlösung färbt die Faser braun. Einzelne Fasern nehmen durch
Jod eine kupferrothe Farbe an. Auf Zusatz von Schwefelsäure wird
die Faser blau. — Kupferoxydammoniak färbt die Faser blau und
bringt sie zur starken Quellung, stellenweise sogar Auflösung. —
Schwefelsaures Anilin färbt schmutzig gelb mit einem Stich ins
Zimmtbraune.

Die braunen Partien verdanken ihre Farbe dem Auftreten von
Huminkörpern. In Folge dessen ist auch die Hygroskopicität dieser
braunen Theile größer. — Im lufttrockenen Zustande führt die weiße
Faser 8·66. die braune 8·75 Pct. Wasser. Im mit Wasserdampf gesättigten Raume steigert sich die Wassermenge bei der weißen Faser
bis auf 18·86, bei der braunen bis auf 21·82 Pct. Die weiße Faser
liefert 3·69, die braune 3·55 Asche.

Der Bast führt in einem reich entwickelten Parenchym gruppenweise, hin und wieder sogar vereinzelt auftretende
Bastzellen. Die Zellen dieses Gewebes lassen sich durch Chromsäure
nur schwer isoliren, so daß es auf diese Weise unmöglich ist, eine

Längenmessung der Bastzellen vorzunehmen [1]). Hingegen gelingt die Freilegung der einzelnen Zellen sehr leicht durch Kochen in Natronlauge. Die Bastzellen haben meist eine Länge von 4·0 und eine Dicke von 0·021 Mm. Es scheint eine außerordentliche Constanz in den Dimensionen der Zellen des Gewebes statt zu haben. Die Bastzellen sind außerordentlich stark verdickt bis auf die Spitzen, welche zumeist nur sehr zarte Wände zeigen. Einzelne Stellen mancher Bastzellen sind völlig solid. Die Zellwände erscheinen deutlich geschichtet. Die äußeren Wandpartien sind nahezu senkrecht zur Axe, die inneren schief gegen diese gestreift. Die äußere Zellhülle ist von der inneren Partie des Zellkörpers optisch stark verschieden.

Die Markstrahlen sind reich an Stärke, deren Körnchen theils einfach, theils zu 2—3 componirt sind. Die einfachen und die Theilkörner haben einen Längsdurchmesser von 0·0033 Mm.

In dem reich entwickelten Bastparenchym habe ich trotz emsigen Suchens keine Krystalle aufgefunden.

### 10. Bauhinia racemosa.

Über die Verwendung der Bastfaser dieses in den Hymalayathälern gemeinen Gewächses hat schon R o y l e [2]) berichtet. Der Bast ist grobfaserig und läßt sich leicht in Fasern von mehreren Centimetern Länge zerlegen, welche fest, schwer zerreißbar und biegsam sind, auch eine große Resistenz gegen Wasser zeigen und sich deßhalb zur Verfertigung von Tauen, Stricken, Fischernetzen etc. wozu sie auch im Heimathlande vielfach verwendet werden, eignen.

Jodlösung färbt diesen Bast schwärzlich, Jod und Schwefelsäure tiefbraun. — Kupferoxydammoniak bläut die Zellen und treibt sie blasenförmig auf. — Schwefelsaures Anilin bringt keinerlei Änderung hervor.

Die lufttrockene Faser führt 7·84, die mit Wasserdampf gesättigte Faser 19·12 Pct. Wasser. Sie liefert 3·32 Pct. Asche.

Im quer durchschnittenen Baste treten in einem reich entwickelten, theils tangential, theils radial angeordneten Parenchym

---

[1]) Nach langer Einwirkung von Chromsäure wird allerdings die Intercellularsubstanz völlig gelöst: dann ist aber die Zellwand bereits so stark angegriffen, daß sie schon bei der leisesten Berührung mit der Nadel zerreißt.

[2]) L. c. p. 295. Daselbst auch über Bauhinia scandens.

Bastzellen auf, meist in kleinen, aus dicht gedrängten, polygonal begrenzten Zellen bestehenden Gruppen, seltener vereinzelt. Die Bastbündel messen in radialer Richtung meist 0·03, in tangentialer meist 0·06 Mm.

Die Bastzellen lassen sich durch Chromsäure nur schwer und unvollständig, hingegen durch Natronlauge leicht, rasch und vollständig aus dem Verbande bringen. Die theils farblosen, theils schwach bräunlich gefärbten Bastzellen entfärben sich in der Lauge vollkommen. Die äußere Zellhülle hebt sich dann scharf von den inneren Zellwandschichten ab (Fig. 8, *A. a*). Die Länge der Zellen fällt nicht unter 1·5 Mm., scheint aber häufig über 3 Mm. zu steigen. Die maximale Dicke beträgt 0·008—0·02 Mm. Die Zellen sind häufig höckerig. Die Verdickung ist meist stark. Viele Zellen sind gänzlich solid.

Die parenchymatischen Elemente des Bastes sind mit braunem Inhalte gefüllt, der zum großen Theile die Löslichkeitsverhältnisse der Harze besitzt aber auch die Reaction gewisser Gerbstoffe zeigt, nämlich durch Eisenchlorid dunkel grün gefärbt wird.

Durch Kochen mit Natronlauge werden auch die Parenchymzellen isolirt, anfänglich unter Contraction später unter Auflösung des Zellinhaltes.

Das Bastparenchym führt reichlich Krystalle von oxalsaurem Kalk, welche in der Asche leicht nachweisbar sind.

## 11. Cordia latifolia.

Diese Pflanze wird in Indien ihrer genießbaren Früchte wegen cultivirt. Junge Individuen sowohl der wilden als der cultivirten Form dienen zur Abscheidung der „*Narawali fibre*" [1]). In dem Districte Guzerate (Hindostan) ist die Pflanze besonders häufig.

Die Länge des Bastes beträgt 0·5—0·9 Meter, die Breite 1—8 Mm., die Dicke 0·08—0·16 Mm. Die einzelnen Baststreifen erscheinen theils dicht, theils erkennt man daran schon mit freiem Auge kleine Markstrahlräume. Der Bast ist blaß bräunlich (Farbe des Eisenholzes) und glanzlos. Die Baststreifen sind ungemein fest

---

[1]) Auch *Cordia angustifolia* dient zur Abscheidung einer Faser gleichen Namens. Vgl. R o y l e. l. c. p. 311.

und auch die davon abgetrennten feinen Fasern von etwa 0·20 Mm.
Breite zeichnen sich noch durch hohe Festigkeit aus. Der Bast könnte
als solcher angewendet werden; die daraus abgeschiedene Faser
ist zur Verfertigung grober Gewebe, zu Seilen, Tauen, Netzen etc.
tauglich.

Jodlösung färbt die Faser schmutziggelb mit einem Stich ins
Grünliche, der auf Zusatz von Schwefelsäure noch deutlicher hervortritt. Das Grün ist wie bei einigen der früher angegebenen Fasern
Mischfarbe aus Gelb (Bastfaser) und Blau (Stärkekörner der Markstrahlen). — Kupferoxydammoniak färbt die Zellen blaß bräunlich
und bringt sie an den Enden zu schwacher Aufquellung. — Schwefelsaures Anilin ruft eine isabellgelbe Farbe hervor.

Die lufttrockene Faser enthält 8·93, die feuchte im Maximo
18·22 Pct. Wasser und liefert 5·54 Pct. Asche.

Der Bast besteht aus dicht gedrängt stehenden Bastbündeln,
welche nur durch schmale Züge von zum großen Theile wohlerhal-
tenen Markstrahlen durchsetzt sind.

Die Bastzellen, durch Chromsäure leicht zu isoliren, zeigen eine
große Constanz in der Länge, welche 1—1·6 Mm. beträgt. Auch die
Maximaldicke der Bastzellen ist ziemlich constant; sie liegt nämlich
zwischen 0·0147 und 0·0168 Mm. Die Enden der Bastzellen sind
lang zugespitzt. Die Breite der Zellen nimmt regelmäßig nach der
Mitte hin zu. Unregelmäßigkeiten in der Form der Bastzellen, nämlich
keulenförmige Enden, Ausbuchtungen und dgl. sind nur selten zu
beobachten. Das Lumen der Zelle ist in der Mitte der Zelle weiter
als an den Enden (Fig. 7, *A*), die Verdickung eine mäßige. Eigenthümlich sind die Poren der Zellwand, nämlich entweder sehr steil
(Fig. 7, *B, p*), oder winkelig (Fig. 7, *C, p'*). Eine Streifung der
Zellwand konnte ich trotz sehr sorgfältiger Untersuchung selbst an
der gequetschten Zelle nicht bemerken.

Die Markstrahlen bestehen gewöhnlich nur aus wenigen Zellen,
oft gar nur aus e i n e r Zellreihe. Die Länge der Markstrahlenzellen
beträgt meist 0·042, die Breite etwa 0·015 Mm. Diese Zellen führen
theils Stärke, theils oxalsauren Kalk. Erstere prävalirt. Die Stärkekörnchen sind theils einfach, theils zu 2—3 zusammengesetzt. Der
Durchmesser der einfachen und jener der Theilkörner mißt 0·0025 bis
0·0039 Mm. Der oxalsaure Kalk tritt in Form rundlicher, die Zelle

ausfüllender Aggregate auf, welche sich auch in der Asche leicht
nachweisen lassen.

Ein Bastparenchym konnte ich im Baste trotz sorgfältigen Suchens nicht auffinden.

## 12. Crotalaria juncea.

Diese Pflanze, in Indien *Sunn* oder *Taag* genannt, wird daselbst
der Faser wegen häufig cultivirt. Die Faser gelangt auch in den europäischen Handel und wird aus Calcutta, Bombay und Madras bezogen.
Sie führt im Handel den Namen Sunn und wird gar nicht selten mit
dem unrichtigen Namen „indischer Hanf" *(Indian Hemp)* belegt.

Der Sunn sieht wergartig aus, seine flachsgelben Fasern haben
oft trotz ziemlicher Feinheit, welche sie auch als Spinnstoff geeignet
macht, eine Länge von mehreren Decimetern. Bastartige Streifen,
wie solche am Hanfe oft zu finden sind, kommen auch im Sunn
häufig vor. Die Breite der Fasern beträgt 0·029—0·352 Mm. [1]).

Von allen bis jetzt von mir untersuchten Fasern ist keine so
wenig hygroskopisch als der Sunn. Die lufttrockene Faser führt
nämlich blos 5·31 Pct. Wasser und es steigert sich im mit Wasserdampf gesättigten Raume die Wassermenge blos bis auf 10·87 Pct.
Die Asche beträgt 0·99 Pct.

Mit Jc  sung färbt sich die Faser gelb und nimmt auf Zusatz
von Schwef  äure eine kupferrothe Farbe an. — Kupferoxydammoniak färbt d  Faser sofort blau, bringt sie zur Quellung und löst die
aus dünnwandigen Zellen bestehenden Fasern völlig auf. — Schwefelsaures Anilin färbt den Sunn blos schwach gelblich, etwa wie den
Hanf.

Die Isolirung der Bastzellen gelingt gut und leicht sowohl durch
Chromsäure als Natronlauge. Für die Zwecke der Längenbestimmung
ist die Anwendung von Lauge vorzuziehen, da die durch Chromsäure
isolirten Zellen überaus leicht reißen. — Die Länge der Bastzellen
ist in der Regel eine beträchtliche, beträgt nämlich 4·5—6·9 Mm.
Doch habe ich hin und wieder auch Bastzellen in der Faser aufgefunden, welche blos 0·5 Mm. maßen. Das Maximum der Breite,

---

[1]) Über die Verwendung der Faser *Sunn* zu Seilerarbeiten, Gespinnsten etc. vergl.
Royle l. c. p. 252 ff, wo auch über die Faser von *Crotalaria Burhia, retusa* und
*tenuifolia* abgehandelt wird.

selbst der zuletztgenannten überaus kurzen Zellen
beträgt 0·02—0·042 Mm. Die Bastzellen der *Crotalaria
juncea* zählen zu den breitesten, die bis jetzt bekannt geworden sind.

Die Bastzellen sind meist sehr dünnwandig und zeigen direct
keinerlei Structurverhältnisse. In Natronlauge gekocht erscheint an
ihnen eine deutlich spiralige Streifung, welche durch Quetschung
nicht zu erzielen ist. Auch durch Kupferoxydammoniak gelingt es
leicht, die Streifung hervorzurufen.

Außer Bastzellen führt diese Faser noch ein aus zartwandigen,
meist 0·032 Mm. langen und 0·022 Mm. breiten Zellen bestehendes
Bastparenchym, welches keinerlei Einschlüsse führt. Die Asche ist
völlig krystallfrei.

### 13, 14. Corchorus capsularis und olitorius.

Diese beiden Tiliaceen liefern bekanntlich die echte indische
Jute. Über die mikroskopischen Kennzeichen dieser Faser im Allgemeinen habe ich schon einige Mittheilungen gemacht [1]. Hier ver-
vollständige ich die Chárakteristik, indem ich auch auf die Eigenthümlichkeiten der Bastfasern von jeder der beiden Stammpflanzen
dieser Faser eingehe. Sowohl die Faser der *Corchorus capsularis*
als jene der *C. olitorius* wird durch Jodlösung goldgelb, auf Zusatz
von Schwefelsäure dunkler und nur an den Faserenden etwas blau-
grün gefärbt. — Kupferoxydammoniak färbt die Faser nur schwach
bläulich und bringt sie nur zur schwachen Quellung. Schwefelsaures
Anilin färbt die Faser goldgelb.

Weiße Jute enthält nur etwa 6 Pct. Wasser. Der Wassergehalt
steigt in einem mit Wasserdampf gesättigten Raum bis auf 23·3 Pct.
Stark bräunlich gewordene Jute enthält lufttrocken über 7·11, und
im Maximum der Sättigung 24·01 Pct. Wasser. Die Aschenmenge
beträgt 0·9—1·74 Pct.

Die Bastbündel beider *Corchorus*-Arten sind in radialer Richtung abgeplattet, bei *C. olitorius* etwas unregelmäßiger (im Querschnitte) als bei *C. capsularis*. Die Breite der Bündel, wie sie erscheint, wenn die Fasern der Länge nach ausgebreitet sind, beträgt

---

[1] Polyt. Journ. Bd. 194. H. 3.

meist etwa 0·08 Mm. Die Bastbündel setzen sich blos aus Bastzellen zusammen, ein Bastparenchym habe ich in ihnen nicht aufgefunden. Wellenförmige Contouren finden sich hin und wieder an den Bastzellen vor. Ihre Bedeutung ist aus dem Vorhergegangenen klar. (Vgl. Fig. 1.)

Die Länge der Jute-Bastzellen beträgt 0·8—4·1 Mm. In Betreff der Längen scheint zwischen den Bastzellen von *Corch. caps.* und jenen von *Corch. olit.* kein Unterschied zu bestehen. Beiden Bastfasern gemein ist der häufige Nichtparallelismus zwischen dem äußeren und inneren Contour der Zelle (ungleichförmige Verdickung) [1]), die Schichtung der Zellwand, die spiralige Streifung, welche besonders deutlich nach der Isolirung der Zelle mittelst Natronlauge hervortritt, ferner die Löslichkeitsverhältnisse der Intercellularsubstanz, welche sich leicht und rasch in Chromsäure und ziemlich vollständig in kochender Natronlauge löst.

Die Bastzellen von *Corch. caps.* haben eine maximale Breite von 0·01—0·021; meist von 0·016 Mm. und sind dadurch ausgezeichnet, daß ihre Enden von langausgezogener konischer Gestalt, meist sehr schwach verdickt sind.

Die Bastzellen von *C. olit.* zeigen eine maximale Breite von 0·016—0·032 meist von 0·020 Mm.: ihre ebenfalls langausgezogenen kegelförmigen Enden sind meist stark verdickt.

Weder in der Asche von *C. caps.* noch in jener von *C. olitorius* fand ich Krystalle.

Meine zahlreichen Beobachtungen an Jute des europäischen Handels bestätigen die Angabe, daß *C. caps.* häufiger als *C. olit.* zur Jutegewinnung dient.

## II. Beobachtungen über Bastzellen.

### 1. Auftreten von Bastparenchym in den Bastbündeln.

Wie die vorstehenden Mittheilungen lehren, können die Bastbündel entweder blos aus einerlei Elementen, nämlich Bastzellen, be-

---

[1]) Als ich diese Eigenschaft der Jutefaser auffand, wußte ich noch nicht, daß auch andere Bastzellen dieselbe Ausbildung der Zellenwand zeigen und hielt dieses Formverhältniß für ein der Jute allein zukommendes. welchen Irrthum ich hiermit berichtige. (Vgl. Polyt. Journ l c.)

stehen, oder außerdem noch Parenchym, entweder in Form sogenannter gefächerter Bastzellen (Bastparenchym z. Th.) oder endlich in Form von Siebparenchym führen.

Frei von parenchymatischen Antheilen fand ich die Bastbündel von *Thespesia Lampas, Sida retusa, Corchorus capsularis, C. olitorius* und *Cordia latifolia*. Mit Ausnahme von *Kydia calycina,* in deren Baste ein Siebparenchym nachweisbar ist, führen die Bastbündel aller übrigen hier genannten Gewächse gefächerte Bastzellen. Das Bastparenchym von *Abelmoschus tetraphyllos, Urena sinuata, Sterculia villosa* und *Holoptelea integrifolia* enthält Krystalle von oxalsaurem Kalk, von welchem je ein Krystall das Lumen je einer Zelle erfüllt. Durch Veraschung des Bastes bleiben die Krystalle, in Kalk umgewandelt, zurück. In der Asche von *Urena sinuata* erscheint das ganze Bastparenchym, nämlich die Krystalle nebst den umschließenden Zellmembranen, welche hier stark mit Kalksalzen infiltrirt sind.

## 2. Form und Grösse der Bastzellen.

In Betreff der Form der Bastzellen machte ich die Beobachtung, daß in einem parenchymarmen Bast zumeist regelmäßig gestaltete, d. h. Bastzellen auftreten, deren Durchmesser continuirlich von den Enden nach der Mitte hin zunehmen. Der Querschnitt wurde durchgängig polygonal (5—6eckig) befunden. Die prosenchymatösen Zellen eines Bastes, der reich ist an Bastmarkstrahlen und Bastparenchym zeigten stets unregelmäßige Formen. An den Stellen, wo die Bastmarkstrahlen an die Bastzellen grenzen, weisen die letzteren wellenförmige Contouren auf, welche dadurch hervorgerufen werden, daß die radiale Seitenwand der Markstrahlzelle sich in die Wand der Bastzelle einwölbte *(Thespesia Lampas, Urena sinuata, Holoptelea integrifolia, Corchorus caps.* und *olit.)*. Eigenthümlich ist das Auftreten von Höckern an den Bastzellen von *Bauhinia racemosa*.

Die Länge, welche den Bastzellen der genannten Gewächse zukommt, beträgt nur wenige Millimeter. Es ist dies neuerdings eine Bestätigung der Behauptung M o h l's, daß die Bastzellen gewöhnlich nur eine so geringe Länge aufweisen [1]). Die Längen der Bastzellen

---

[1]) Vergl. bot. Zeitg. 1855, p. 876. Daß die Bastzellen in einzelnen seltenen Fällen eine außerordentliche Länge haben, darauf machte schon V. M o h l in der ge-

wurden mit Sorgfalt gemessen, nachdem sie früher durch geeignete
Reagentien (verdünnte, mit Schwefelsäure versetzte Chromsäure,
oder Natronlauge) aus dem Verbande gebracht, und durch die Nadeln
freigelegt wurden.

Die zahlreichen Messungen, welche ich anstellte, um die Dimensionen der Bastzellen kennen zu lernen, deren Resultate oben mitgetheilt wurden, haben gezeigt, daß die Sckwankungen in den Längen
dieser Elementarorgane im Allgemeinen größer sind als in den Dicken.
Die größten Schwankungen, welche ich in den Dicken der Bastzellen
beobachtete, sind durch das Verhältniß 1 : 3·6, jene in den Längen
dieser Zellen hingegen durch 1 : 12 ausgedrückt. Bei einigen Gewächsen habe ich sogar eine merkwürdige Constanz in der Dicke
der Bastzellen beobachtet; so bei *Thespesia Lampas, Urena sinuata*
und *Sterculia villosa.* (Vgl. oben.)

### 3. Verdickung der Zellwand.

An allen von mir untersuchten Bastzellen habe ich eine ungleichmäßige Verdickung wahrgenommen. Der Querdurchmesser der Zelle
steht zum Durchmesser des Lumens im Verlaufe der ganzen Zell-
länge durchaus nicht im constanten Verhältniß. Am deutlichsten
nimmt man diese ungleichmäßige Verdickung der Zellwand an der
isolirten Bastzelle wahr, an welcher diese Eigenschaft dadurch erkennbar wird, daß der äußere Contour der Zellwand dem inneren
nicht parallel läuft.

Die ungleichmäßige Verdickung der Zellwand tritt bei verschiedenen Pflanzen mit mehr oder minder großer Deutlichkeit hervor.
Am schönsten ausgeprägt fand ich sie bei *Thespesia Lampas, Sida
retusa, Abelmoschus tetraphyllos, Urena sinuata* und den beiden
*Corchorus*-Arten. Bei den Bastzellen der *Corchorus*-Arten erscheint
das Lumen der Zelle stellenweise nur auf eine dunkle Linie reducirt,
es ist jedoch stets direct nachweisbar. Bei den Bastzellen von *Thespesia lampas* hat es hingegen den Anschein, als würden die Bast-

---

nannten Abhandlung aufmerksam. Ich bemerke hier, daß *Urtica nivea* L. *(Boehmeria
nivea* Gaud.*)* wohl die längsten Bastzellen besitzen dürfte, welche bis jetzt beobachtet wurden. Nach einer sehr sorgfältigen Untersuchung, welche Herr Ungerer
bei mir ausführte, weisen die Bastzellen dieser Pflanze Längen bis zu 22 Centimeter auf.

zellen stellenweise völlig solid sein. Läßt man jedoch auf diese Zellen Chromsäure einwirken, so erscheint alsbald das Lumen als überaus zarter Hohlraum. Hingegen ist es mir bei *Urena sinuata*, *Sterculia villosa* und *Sponia Wightii* nicht gelungen, das Lumen durch die ganze Zelle hindurch verfolgen zu können. Einzelne Stellen erwiesen sich als völlig solid; ich konnte an diesen Partien weder durch Chromsäure noch durch Natronlauge und andere Reagentien die Gegenwart eines Hohlraumes erweisen. Zahlreiche Zellen der *Bauhinia ramosa* habe ich sogar ihrer ganzen Länge nach solid gefunden.

## 4. Schichtung und Streifung der Zellwand.

Die Bastzellen lassen entweder schon direct oder nach Behandlung mit Chromsäure eine der Zelloberfläche parallele Schichtung erkennen. Die Schichtung tritt sowohl auf dem Querschnitte als an der der Länge nach ausgebreiteten Bastzelle hervor. An Querschnitten läßt sich erkennen, daß bei manchen Pflanzen die peripheren Partien der Bastzellen weitaus deutlicher als die inneren geschichtet sind, (*Thespesia Lampas*, Fig. 2, *C*). Bemerkenswerth finde ich auch, daß die äußerste Schichte der Bastzellen von *Bauhinia racemosa* sich optisch scharf von den angrenzenden Partien unterscheidet (Fig. 8, *A*, *a*).

An keiner der untersuchten Bastzellen habe ich direct eine Streifung beobachtet. Selbst nach stundenlangem Liegen in Wasser zeigte die Membran dieser Zellen diese Eigenthümlichkeit in der Structur der vegetabilischen Zellmembran nicht, über deren Vorkommen und über deren Zustandekommen Nägeli so umfassende Untersuchungen anstellte [1]. — Hingegen erschien die Streifung beinahe an den Bastfasern aller untersuchten Pflanzen durch Quetschung, nach Vorbehandlung in mit Schwefelsäure versetzter, verdünnter Chromsäure. Die Bastzellen von *Crotalaria juncea* zeigten sich erst nach Behandlung mit Natronlauge oder Kupferoxydammoniak gestreift. Bei den Bastzellen der *Cordia latifolia* wollte es mir in keiner Weise gelingen die Streifung darzulegen. Die Bastzellen von *Lasiosyphon speciosus* und *Sponia Wightii* ließen, und zwar die ersteren auf Einwirkung von Chromsäure, die letzteren auf Einwirkung von Natron-

[1] Sitzb. der Münchener Akad. 1862. 8. März, 1864, Mai.

lauge nach hierauf vorgenommener Quetschung zweierlei Streifen-
systeme erkennen. An beiden Bastzellen lag das die äußeren Mem-
branschichten durchsetzende Streifensystem ziemlich genau senkrecht
zur Axe der Zellen; das die inneren Zellwandpartien durchsetzende
stieg spiralig an. Die äußeren Zellwandschichten der Bastzellen von
*Lasiosyphon speciosus* ließen im Querschnitte auch eine deutliche
radiale Streifung erkennen.

### 5. Poren der Zellwand.

In Betreff der speciellen Ausbildung der Poren verweise ich
auf die hierauf bezüglichen Angaben in der Detailbeschreibung der
Bastzellen. Hier sei nur bemerkt, daß ich an den Bastzellen aller von
mir untersuchten Gewächse spaltenförmige Poren antraf, welche in
den Richtungen meist sehr steil ansteigender Spiralen zu liegen
kamen. Ich bin mit Sorgfalt den Richtungen dieser Spiralen gefolgt;
und obschon ich gewiß Hunderten von Poren begegnete, habe ich
doch nicht eine einzige gefunden, welche in einer nach rechts gehenden Spirale angelegt gewesen wäre. Alle liefen auf der von oben
im Mikroskope gesehenen Bastzelle von links (unten) nach rechts
(oben), lagen mithin in der That alle in umgekehrter Richtung.
Ich bemerke hier, daß schon vor längerer Zeit Hugo v. Mohl die
gleiche Beobachtung an den Poren (v. Mohl nennt sie bekanntlich
Tüpfel) der Bastzellen machte [1]).

### 6. Intercellularsubstanz.

Die Intercellularsubstanz, welche in den Bastbündeln der untersuchten Gewächse vorkömmt, zeigt in Betreff der Löslichkeit nicht
geringe Unterschiede. — Die Auflösung der Intercellularsubstanz,
welche die Zellen der Bastbündel von *Cordia latifolia, Abelmoschus
tetraphyllos, Sida retusa* und *Urena sinuata* verbindet, gelingt überaus leicht und vollständig durch Chromsäure, recht gut auch durch
ein Gemenge von chlorsaurem Kali und Salpetersäure, weit unvoll-
ständiger durch Kali- oder Natronlauge. Hingegen löst sich die Intercellularsubstanz der Bastzellen von *Kydia calycina, Sponia Wightii, Bauhinia racemosa* und *Heloptelea integrifolia* sehr leicht in

---

1) Bot. Zeitg. 1855, p. 876.

Kali- oder Natronlauge, unvollständig und langsam in den genannten stark oxydirend wirkenden Lösungsmitteln auf. Sowohl in Lauge als auch in Chromsäure leicht löslich ist die Intercellularsubstanz der Bastzellen von *Corchorus capsularis* und *C. olitorius.*

Ein eigenthümliches Verhalten zeigt die Intercellularsubstanz der Bastzellen von *Lasiosyphon speciosus* und *Sponia Wightii.* Im Baste der erstgenannten Pflanze ist die Intercellularsubstanz beinahe gänzlich, im Baste der letzteren zum großen Theile geschwunden. Legt man Baststücke der ersteren in Wasser oder fettes Öl ein, so kann man dieselben mittelst der Nadeln beinahe vollständig in ihre histologischen Elemente zerlegen. Der Rest ist zum Theile in heißem Wasser, zum Theile in Chromsäure oder Lauge löslich. Bringt man den Bast der *Sponia Wightii* in fettes Öl, so ist man im Stande einen großen Theil der Bastzellen aus dem Verbande zu bringen, nämlich jene, deren Intercellularsubstanz bereits gänzlich geschwunden ist. Bringt man den in Öl nicht isolirbaren Rest in kaltes Wasser, so gelingt neuerdings die Isolirung eines Theils der Bastzellen. Ein nächster Theil der Bastzellen läßt sich nach dem Kochen in heißem Wasser freilegen. Der Rest der Bastzellen kann erst durch Chromsäure oder Lauge aus dem Verbande gebracht werden. Verfolgt man die Löslichkeitsverhältnisse der Intercellularsubstanz in verschieden alten Trieben beider Pflanzen, so ergibt sich der Schluß, daß dieser Körper seine Löslichkeitsverhältnisse, also seinen chemischen Charakter mit dem Alter der Zellen ändert. Anfänglich ist die Intercellularsubstanz blos in Lauge und Chromsäure löslich, hierauf verwandelt sie sich in eine in heißem, sodann in eine in kaltem Wasser lösliche Substanz. In diesem Zustande wird sie in Auflösung gebracht und hiedurch wird der im Baste der genannten Pflanzen stattfindende Schwund der Intercellularsubstanz hergerufen. Diese Änderung des chemischen Charakters der Intercellularsubstanz tritt erst ein, nachdem die Organisationsvorgänge der Bastzellen, welchen die Intercellularsubstanz angehört, beendigt sind [1]).

---

[1]) Eine gleiche Änderung in den Löslichkeitsverhältnissen der Intercellularsubstanz beobachtete ich beim Grauwerden des Holzes S. Sitzb. d. k. Akad. math.-nat. Cl. Bd. 49.

### 7. Auftreten der sogenannten Holzsubstanz in der Zellmembran.

Bis in die neueste Zeit wird von den echten Bastzellen aus-
gesagt, daß sie nur selten verholzen[1]). Dennoch scheint die sogenannte Holzsubstanz ein in Bastzellen häufig auftretender Körper zu
sein. Hierfür spricht gewiß sehr der Umstand, daß ich in den Bastzellen aller von mir untersuchten Gewächse seine Anwesenheit con-
statirte, trotzdem die letzteren den verschiedensten Pflanzenfamilien
angehörten.

Wie ich schon früher zeigte[2]) ist schwefelsaures Anilin ein
ausgezeichnetes Erkennungsmittel für Holzsubstanz, welches selbst
die Anwesenheit von sehr kleinen Quantitäten dieses Körpers erweist
(Bastzellen des Lein's, der *Crotalaria juncea* etc.). Spuren dieses
Körpers geben sich durch eine schwach gelbliche, größere Mengen
durch eine intensiv gelbe Farbe zu erkennen. Je nach den übrigen
Substanzen, welche die Zellwand constituiren, ist die durch schwefelsaures Anilin hervorgerufene Farbe goldgelb *(Corchorus caps.* und
*olit., Abelmoschus tetraphyllos, Urena sinuata)*, eigelb *(Sterculia
villosa)*, isabellgelb *(Lasiosyphon speciosus, Holoptelea integrifolia,
Kydia calycina* und *Cordia latifolia)* oder in's Zimmtbraune geneigt
*(Sida retusa)*.

### 8. Aschenmenge.

Die Aschenmenge der Bastgewebe scheint zwischen weiten
Grenzen zu schwanken. Die obigen Beobachtungen haben die Grenz-
werthe 0·7—5·57 Pct. ergeben.

Den fast nur aus fibrösen Elementen bestehenden Bast habe
ich durchwegs arm, den an parenchymatösen Elementen reichen auch
reich an Mineralbestandtheilen gefunden, wie die nachfolgende Zusammenstellung lehrt.

---

[1]) Vergl. S a c h s, Lehrbuch der Botanik. Leipzig 1868. p. 91.

[2]) K a r s t e n's bot. Unters. Bd. l. p. 120 ffd.

### Parenchymarmer Bast.

Aschenmenge

| | |
|---|---|
| *Thespesia Lampas* . . . . . . . | 0·7—0·9 Pct. |
| *Abelmoschus tetraphyllos* . . . . . | 1·05 „ |
| *Sida retusa* . . . . . . . . . . | 1·90 „ |
| *Urena sinuata* . . . . . . . . . | 1·46 „ |
| *Crotalaria juncea* . . . . . . . . | 0·99 „ |
| *Corchorus caps.* und *olitorius* . . . | 0·9—1·7 „ |

### Parenchymreicher Bast.

Aschenmenge

| | |
|---|---|
| *Lasiosyphon speciosus* . . . . . . | 3·31 „ |
| *Sterculia villosa* . . . . . . . . | 3·13 „ |
| *Holoptelea integrifolia* . . . . . . | 4·79 „ |
| *Sponia Wightii* . . . . . . . . | 3·64 „ |
| *Bauhinia racemosa* . . . . . . . | 3·32 „ |
| *Cordia latifolia* . . . . . . . . | 5·54 „ |

### 9. Die Hygroskopicität

des Bastgewebes schwankt in der Regel nur innerhalb enger Grenzen. Bei mittlerer Temperatur ($15—20°$ C.) und mittlerer Luftfeuchtigkeit enthält der Bast der untersuchten Gewächse fast durchweg 7—9 Pct. Wasser. Im mit Wasserdampf gesättigten Raume steigerte sich bei der gleichen Temperatur die aufgenommene Wassermenge meist auf 16—19 Pct.

Auffällig erschien mir das geringe Wasserabsorptionsvermögen des Bastes der *Crotalaria juncea* (lufttrocken: 5·3; gesättigt 10·8 Pct.).

### 10. Optisches Verhalten.

Alle von mir untersuchten Bastzellen zeigten im Polarisationsmikroskop in ausgezeichneter Weise die Erscheinungen doppelbrechender Körper.

Einen auffälligen Unterschied im Lichtbrechungsvermögen verschiedener Zellwandpartien habe ich an den Bastzellen mehrerer der untersuchten Gewächse beobachtet. — Die äußeren, häufig höckeri-

gen Zellwandschichten der Bastzellen von *Bauhinia racemosa* sind
auffallend stärker lichtbrechend als die inneren. An jenen Bastzellen
der *Thespesia Lampas*, welche unmittelbar an die Bastmarkstrahl-
zellen grenzen, ist jener Theil der Wand, welcher den Markstrahlenzellen unmittelbar anliegt und stets durch eine wellenförmige Gestalt
ausgezeichnet ist, stärker lichtbrechend als der an die Bastzellen
grenzende. Durch Einlegen von, durch Chromsäure eben isolirten
und nicht weiter durch dieses Reagens veränderten Bastzellen in
stark lichtbrechende Flüssigkeiten ist der stärker brechende Antheil
dieser Zellen noch deutlich wahrnehmbar, während der andere beinahe völlig ausgelöscht erscheint, und erst bei starker Abblendung
erkennbar wird. Auch an einigen anderen Bastzellen, und zwar solchen, deren gegen die Markstrahlen gekehrte Seite wellenförmige
Zellgrenzen zeigt, habe ich das gleich optische Verhalten, wenn
auch nicht in so ausgesprochenem Maße wie bei *Thespesia Lampas*
beobachtet.

# Erklärung der Figuren.

## Tafel I.

**Fig. 1.** *Thespesia Lampas.*

> *A.* Bast, *b* Bastbündel, *m* Markstrahlräume, *w* Welle, entsprechend der Länge einer Markstrahlzelle, *r* Rest der Wand einer Markstrahlenzelle.
>
> *B.* Bruchstück einer Bastzelle von *Thespesia Lampas.* *w* Welle, *p* Poren der Zellwand.

**Fig. 2.** *Thespesia Lampas.*

> *A.* Quer durchschnittenes Bastbündel vom Stamm; *a* Bastzellen, *bb* Markstrahlräume.
>
> *B.* Bruchstücke isolirter Bastzellen. *l* Lumen, *p* Poren, *s* Streifung der Wand.
>
> *C.* Querdurchschnittene Bastzellen. *w* Zellwandschichte, *p* Poren.
>
> *D.* Asche der Faser. *a* Krystallgruppe, *b* Mineralskelet der Bastzellen.

**Fig. 3.** *Sida retusa.*

> *A.* Querschnitt durch den Bast. *b* Bastbündel, *m* Markstrahlen, *p* Rindenparenchym.
>
> *B.* Ein Stück des Bastes, *b* Bastbündel, *m* Markstrahlenzellen.
>
> *C.* Bruchstücke isolirter Bastzellen. *p* Poren.

## Tafel II.

**Fig. 4.** *Urena sinuata.*

> *A* Bruchstücke von Bastzellen, durch Chromsäure isolirt. *l* Lumen der Zelle, *p* Poren. *x* Stelle, an welcher gar kein Lumen zu erweisen ist.
>
> *B* Querschnitt durch den Bast. *bb* Bastbündel, *r* Reste des Rindenparenchyms, *m* der Markstrahlen.
>
> *C.* Krystalle aus der Asche der Faser, welche als oxalsaurer Kalk die Rindenparenchymzellen ausfüllten.

**Fig. 5.** *Lasiosyphon speciosus.*

> *A.* Bastzellen und Enden von Bastzellen.
>
> *B.* Querschnitte durch die Bastzellen.
>
> *C.* Bruchstück einer gequetschten Bastzelle.
>
> *D.* Bastparenchymzellen. *p* Plasmareste.

**Fig. 6.** *Sterculia villosa.*

> *A.* Bruchstücke von Bastzellen. *mm* angeschwollene, relativ schwach
> verdickte mittlere Partie der Faser, *p* Poren der Zellwand, *s* Spiral-
> streifung der gequetschten Wand.
>
> *B.* Bastparenchym mit Krystallen von oxalsaurem Kalk.

**Fig. 7.** *Cordia latifolia.*

> *A, B, C.* Bruchstücke von Bastzellen. *pp'* Poren der Wand.

**Fig. 8.** *Bauhinia racemosa.*

> *A.* Stücke von Bastzellen. *a* äußere, stärker lichtbrechende Zellenhülle,
> *s* spiralige Streifung.
>
> *B.* Bastparenchym. *i* brauner, körniger Zellinhalt, durch Natronlauge
> contrahirt.

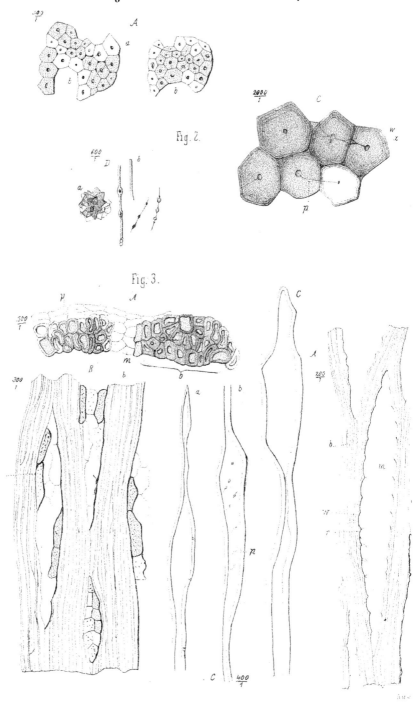

Fig. 2.

Fig. 3.

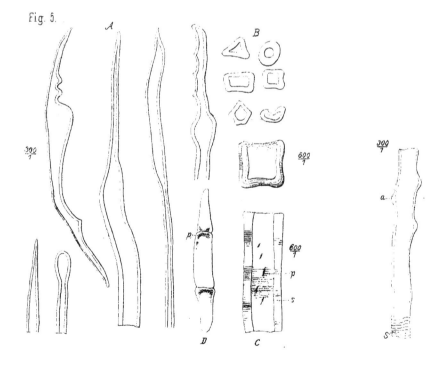

Fig. 4.

Fig. 6.

Fig. 5.

iesner del.

Aus k k. P

Sitzungsb. d. k. Akad. d. W. math. naturw. Cl. LXII Bd. I Abth. 1870.

## XX. SITZUNG VOM 21. JULI 1870.

Das k. k. Handelsministerium zeigt mit Note vom 14. Juli l. J. an, daß die cisleithanischen Eisenbahnverwaltungen sich zu Ermäßigungen der Fahrpreise für die Theilnehmer an dem geographisch-commerciellen Congreß in Antwerpen bereit erklärt haben.

Der Secretär legt folgende eingesendete Abhandlungen vor:

„Zur wissenschaftlichen Verwerthung des Aneroides", von Sr. Excellenz, dem Ehrenmitgliede Herrn Vice-Admiral B. Freiherrn v. Wüllerstorf-Urbair.

„Kritische Durchsicht der Ordnung der Flatterthiere oder Handflügler (*Chiroptera*). Familie der Fledermäuse (*Vespertiliones*)." IV. Abtheilung, vom Herrn Dr. L. J. Fitzinger in Pest.

„Beiträge zur Theorie der elektrischen Nervenreizung," vom Herrn Julius König in Heidelberg.

„Über die Anziehung, welche eine Magnetisirungsspirale auf einen beweglichen Eisenkern ausübt", vom Herrn Prof. Dr. A. v. Waltenhofen in Prag.

„Notiz über die Beziehungen zwischen der chemischen Zusammensetzung und dem Siedepunkt", vom Herrn Prof. Dr. Ad. Lieben in Turin. Dieselbe ist für den „Anzeiger" bestimmt.

Herr L. Hasselmann zu Söndershoved bei Veile in Jütland, übersendet eine Abhandlung zur Prüfung, betitelt: „Die Theorie der Schöpfung und ihre Anwendung."

Herr Wilh. Zippe, Wardein beim k. k. Punzirungsamte in Triest, übermittelt als Geschenk für die Akademie 35 Briefe von Mohs und 37 vom Grafen Sternberg an seinen Vater, weil. Franz Xav. Zippe.

Herr Hofrath Dr. J. Škoda überreicht eine Abhandlung des Vorstandes der Klinik für Laryngoskopie, Herrn Docenten Dr. Leopold von Schrötter: „Über die Wirkung des *Tartar emet.*

und des *Chinin bisulf.* aut die Temperatursverhältnisse bei der croupösen Pneumonie."

Herr Prof. Dr. Edm. Weiss übergibt eine „Zusammenstellung der auf die Physik der Sonne sich beziehenden Beobachtungen während der totalen Sonnenfinsterniß vom 18. August 1868".

Herr Custos Dr. A. Schrauf legt eine Abhandlung: „Mineralogische Mittheilungen" vor.

Herr L. Gegenbauer überreicht eine Abhandlung, betitelt: „Aufsuchung der Bedingungen, welche erfüllt sein müssen, damit alle particulären Integrale einer linearen Differentialgleichung, deren Coëfficienten rational, ganz und algebraisch sind, von der Form $y = \varphi[(\varkappa + a)^n]$ sind."

Herr H. Wittek, Assistent an der k. k. Centralanstalt für Meteorologie & Erdmagnetismus, legt eine Abhandlung: „Über die tägliche und jährliche Periode der rel. Feuchtigkeit in Wien" vor.

Herr Dr. C. Toldt, k. k. Oberarzt und Docent an der Josephs-Akademie, übergibt eine Abhandlung: „Beiträge zur Histologie und Physiologie des Fettgewebes."

Herr Dr. E. Lippmann überreicht zwei Abhandlungen, und zwar: 1. „Untersuchungen über die Phenoläther," und 2. „Über das Benzoylsuperoxyd und sein Verhalten gegen Amylen."

An Druckschriften wurden vorgelegt:

Accademia delle Scienze di Torino: Atti. Vol. IV, Disp. $1^a$—$7^a$. Torino, 1869; 8⁰. — Sunti dei lavori scientifici letti e discussi nella classe di Scienze morali, storiche e filologiche dal 1859 al 1865, da Gasp. Gorresio. Torino. 1868; 8⁰.

Ångström, A. J., Recherches sur le spectre solaire. Upsal, 1868; 4⁰.

Annalen der k. Sternwarte bei München. XVII. Band und IX. Supplementband. München. 1869; 8⁰.

Apotheker-Verein, allgem. österr.: Zeitschrift. 8. Jahrgang, Nr. 14. Wien, 1870; 8⁰.

Argelander, Fr. W. A., Astronomische Beobachtungen auf der Sternwarte zu Bonn. VII. Band, 2. Abthlg. Bonn, 1869; 4⁰.

Basel, Universität: Akademische Gelegenheitsschriften aus dem Jahre 1869. 4⁰.

Comptes rendus des séances de l'Académie des Sciences. Tome LXXI, Nr. 1. Paris, 1870; 4⁰·

Cosmos. XIXᵉ Année, 3ᵉ Série. Tome VII, 3ᵉ Livraison. Paris, 1870; 8⁰.

Des Moulins, Rapport sur deux Mémoires de MM. Linder et le Cᵗᵉ Alexis de Chasteigner etc. Bordeaux, 1870; 8⁰.

Gasthuis, Nederlandsch, voor ooglijders: Het tienjarig bestaan van het —. Utrecht, 1869; 8⁰. — IX. jaarlijksch verslag. Utrecht. 1868; 8⁰.

Gesellschaft der Wissenschaften, k., zu Göttingen: Abhandlungen. XIV. Band. Göttingen, 1869; 4⁰. — Gelehrte Anzeigen. 1869. I, & II. Band. Göttingen; 8⁰. — Nachrichten aus d. J. 1869. Göttingen; 8⁰. — Astronomische Mittheilungen von der k. Sternwarte zu Göttingen. — I. Theil. Göttingen, 1869; 4⁰.

— — k. Dänische: Skrifter. 5 Raekke, naturvidensk. og mathem. Afd. VIII. Bd., Nr. 3—5. Kjøbenhavn. 1869; 4⁰. — Oversigt. Aaret 1868, Nr. 5; Aaret 1869, Nr. 2. Kjøbenhavn; 8⁰.

— Provinzial Utrecht'sche, für Kunst und Wissenschaft. Verslag. 1869. Utrecht; 8⁰. — Aanteckeningen. 1869. Utrecht; 8⁰. — Haeckel, Ernst, Zur Entwicklungsgeschichte der Siphonophoren. Gekrönte Preisschrift. Utrecht 1869; 4⁰.

Gewerbe - Verein, n.-ö.: Verhandlungen und Mittheilungen. XXXI. Jahrg. Nr. 26. Wien, 1870; 8⁰.

Göttingen, Universität: Akademische Gelegenheitsschriften aus dem Jahre 1868/9. 4⁰. & 8⁰.

Greifswald, Universität: Akademische Gelegenheitsschriften aus dem Jahre 1869. 4⁰. & 8⁰.

Leyden, Universität: *Annales academici. MDCCCLXIV — MDCCCLXV. Lugduni - Batavorum, 1869; 4⁰.*

Miquel, F. A. Guil., *Annales Musei botanici Lugduno - Batavi. Tom. IV., Fasc. VI—X. Amstelodami, Trajecti ad Rhenum, Lipsiae, Londini, Parisiis, Bruxellis, 1869; folio. — Catalogus Musei botanici Lugduno-Batavi. Pars I. Hagae Comitis, 1870; 8⁰.*

Mittheilungen des k. k. technischen & administrativen Militär-Comité. Jahrgang 1870, 6. Heft. Wien; 8⁰.

Nature, Nr. 37, Vol. II. London, 1870; 4⁰.

Onderzoekingen gedaan in het physiologisch Laboratorium der Utrecht'sche Hoogeschool. Tweede Recks I & II. 1867—1868 & 1868—1869. 8⁰.

Osservatorio, R., dell' Università di Torino: Bollettino meteorologico ed astronomico. Anno III. 1868. 4⁰.

Peabody Institute: III$^d$ Annual Report of the Provost. Baltimore, 1870; 8⁰.

Radcliffe Observatory: The second Radcliffe Catalogue of Stars. Oxford, 1870; 8⁰.

Revue des cours scientifiques et littéraires de la France et de l'étranger. VII$^e$ Année, Nr. 33. Paris & Bruxelles, 1870; 4⁰.

Schmidt, Oscar, Grundzüge einer Spongien-Fauna des atlantischen Gebietes. Leipzig, 1870; Folio.

*Societas, Regia, scientiarum Upsalensis: Nova acta. Serie III$^{nae}$. Vol. VII. fasc. I. 1869. Upsaliae; 4⁰.*

Société des Sciences naturelles de Strasbourg: Mémoires. Tome VI$^e$, 2$^e$ Livraison. Strasbourg, 1870; 4⁰. — Bulletin. I$^{re}$ & II$^e$ Année. 1868 & 1869. 8⁰.

— botanique de France: Bulletin. Tome XVII$^e$, 1870. Revue bibliographique. B. Paris; 8⁰.

Society, The Cambridge Philosophical: Transactions. Vol. XI, Part 2. Cambridge, 1869; 4⁰. — Proceedings. Parts III—VI. 8⁰.

— The Royal Geological, of Ireland: Journal. N. S. Vol. II, Part 2. 1868—69. London, Dublin, Edinburgh; 8⁰.

— The Royal, of Edinburgh: Transactions. Vol. XXV, Part. 2. 1868—1869. 4⁰. — Proceedings. Vol. VI, Nrs. 77—79. 1868 —69. 8⁰.

Tarry, H., Sur les pluies de poussière et les pluies de sang. 4⁰.

Tübingen, Universität: Akademische Gelegenheitsschriften aus d. J. 1869. 4⁰. & 8⁰.

Wiener Medizin. Wochenschrift. XX. Jahrgang, Nr. 36. Wien, 1870; 4⁰.

# Kritische Durchsicht der Ordnung der Flatterthiere oder Handflügler (Chiroptera).

## Familie der Fledermäuse (Vespertiliones).

### IV. Abtheilung.

Von dem w. M. Dr. **Leop. Jos. Fitzinger.**

### 23. Gatt. Waldfledermaus (Noctulinia).

Der Schwanz ist mittellang oder lang, größtentheils von der Schenkelflughaut eingeschlossen und nur mit seinem Endgliede frei aus derselben hervorragend. Der Daumen ist frei. Die Ohren sind weit auseinander gestellt, mit ihrem Außenrande bis gegen den Mundwinkel oder noch über denselben hinaus verlängert und kurz oder mittellang. Die Sporen sind von einem Hautlappen umsäumt. Die Flügel reichen bis an die Fußwurzel. Die Zehen der Hinterfüße sind dreigliederig und voneinander getrennt. Im Unterkiefer ist jederseits nur 1 Lückenzahn vorhanden, Backenzähne befinden sich in beiden Kiefern jederseits 4. Die Vorderzähne des Oberkiefers sind auch im Alter bleibend.

Zahnformel: Vorderzähne $\frac{4}{6}$, Eckzähne $\frac{1-1}{1-1}$, Lückenzähne $\frac{1-1}{1-1}$ oder $\frac{0-0}{1-1}$, Backenzähne $\frac{4-4}{4-4} = 34$ oder 32.

### 1. Die große Waldfledermaus (*Noctulinia Noctula*).

*V. Myotis murinae circa magnitudine; capite magno rotundato, fronte parum arcuata, rostro breviusculo lato obtusissimo, leviter arcuato, paene calvo; naso subsimo, in medio plano rugoso; naribus reniformibus lateralibus obliquis; labio inferiore protuberantia transversali et cum verruca trigono-rotundata sub mento conjuncta instructo; auriculis crassis brevibus latis, capite brevioribus, sat amplis trigono-ovalibus vel rhombeis rugosis, in margine exteriore leviter emarginatis et ad oris angulum usque protractis, externe basi dense pilosis, interne versus marginem interiorem tantum pilis parce dispositis obtectis; trago fere reniformi rugoso brevissimo lato, basi angustato, apicem versus dilatato, in medio latissimo, supra rotundato et oblique introrsum curvato, in margine interiore sinuato, in exteriore ad basin unidenticulato et fasciculo pilorum instructo; oculis minimis valde dissitis; alis longis angustissimis, infra juxta brachium et antibrachium fascia lata pilosa obtectis, nec non inter metacarporum radices et ad basin digiti quinti dense pilosis, usque ad tarsum attingentibus; antibrachio corpori appresso rostri apicem attingente; pedibus sat brevibus, plantis transversaliter rugosis; patagio anali juxta tarsum valde exciso, supra infraque calvo et 13—14 seriebus vasorum parum diremtis et in lineis fere rectis oblique versus caudam decurrentibus percurso; calcaribus lobo cutaneo valde prosiliente limbatis; cauda mediocri, dimidio corpore paullo longiore et antibrachio eximie breviore, apice prominente libera; palato plicis transversalibus 7 percurso, antica integra, caeteris divisis; corpore pilis brevibus incumbentibus mollibus dense vestito; notaeo gastraeoque unicoloribus fulvescente-fuscis, gastraeo paullo dilutiore, pilis corporis omnibus unicoloribus; naso, auriculis patagiisque obscure nigro-fuscis; maribus foeminis gracilioribus.*

*Vespertilio.* Gesner. Hist. anim. Lib. III. de avium nat. p. 733. c. fig.

„    Aldrov. Ornith. T. I. p. 571, flg. p. 576.

*Noctule.* Daubent. Mém. de l'Acad. 1759. p. 380. t. 2. f. 1. (Kopf.)

„    Buffon Hist. nat. d. Quadrup. V. VIII. p. 118, 128. t. 18. f. 1.

*Great bat.* Pennant. Brit. Zool. t. 103.

*Noctule Bat.* Pennant. Synops. Quadrup. p. 369. Nr. 287.

*Vespertilio Noctula.* Schreber. Säugth. B. I. S. 166. Nr. 10. t. 52.

*Vespertilio lasiopterus.* Schreber. Säugth. B. I. t. 58. B.

*Speckmaus. Vespertilio lardarius.* Müller. Natursyst. Suppl. S. 15.

*Vespertilio Noctula.* Erxleb. Syst. regn. anim. P. I. p. 146. Nr. 3.

„    „    Zimmerm. Geogr. Gesch. d. Mensch. u. d. Thiere. Bd. II. S. 412. Nr. 362.

*Noctule bat.* Pennant. Hist. of Quadrup. V. II. p. 559. Nr. 407.

*Vespertilio Noctula*. B o d d a e r t. Elench. anim. V. I. p. 69. Nr. 5.

„         „    G m e l i n. Linné Syst. Nat. T. I. P. I. p. 48.
Nr. 10.

*Vespertilio lasiopterus*. G m e l i n. Linné Syst. Nat. **T.** I. P. I. p. 50.
Nr. 22.

*Vespertilio noctula*. C u v. Tabl. élém. d'hist. nat. p. 105. Nr. 4.

*Vespertilio lasiopterus*. M e y e r. Zool. Ann. B. I. S. 322.

*Speckmaus*. *Vespertilio Noctula*. S c h r a n k. Fauna Boica. B. I.
S. 63. Nr. 22.

*Vespertilio altivolans*. W h i t e. S e l b. Edit. Bennett. p. 116, 130.

*Lasiopter bat*. S h a w. Gen. Zool. V. I. P. I. p. 133.

*Noctule bat*. S h a w. Gen. Zool. V. I. P. I. p. 136.

*Speckfledermaus*. B e c h s t. Naturg. Deutschl. B. I. S. 1172.

*Vespertilio lasiopterus*. B e c h s t. Abbild. Cent. II. S. 35. t. 22.

*Vespertilio Noctula*. H e r m a n n. Observ. zool. T. I. p. 17.

*Vespertilio noctula*. S a r t o r i. Fauna Steyerm. S. 11.

*Vespertilio serotinus*. G e o f f r. Ann. du Mus. V. VIII. p. 194. Nr. 4.

*Vespertilio lasiopterus*. G e o f f r. Ann. du Mus. V. VIII. p. 203. Nr. 15.

„         „    I l l i g e r. Prodrom. p. 119.

*Vespertilio proterus*. K u h l. Wetterau. Ann. B. IV. S. 41. Nr. 5.

*Noctule*. C u v. Règne anim. Edit, I. V. I. p. 129.

*Vespertilio Noctula*. D e s m a r. Nouv. Dict. d'hist. nat. V. XXXV.
p. 468. Nr. 4.

*Vespertilio lasiopterus*. D e s m a r. Nouv. Dict. d'hist. nat. V. XXXV.
p. 476. Nr. 17.

*Vespertilio Noctula*. D e s m a r. Mammal. p. 136. Nr. 4.
E n c y c l. m é t h. t. 33. f. 3.

*Vespertilio Noctula*. G r i f f i t h. Anim. Kingd. V. V. p. 250. Nr. 3.

*Vespertilio ferrugineus*. B r e h m. Ornis. Hft. 3. p. 17, 26.

„         „    B r e h m. Bullet. des Sc. nat. V. XIV. p. 251.
Nr. 4.

*Noctule*. F r. C u v. G e o f f r. Hist. nat. d. Mammif. V. II. Fasc. 38.
c. fig.

*Vespertilio Noctula*. F i s c h. Synops. Mammal. p. 102, 551. Nr. 4.

*Vespertilio ferrugineus*. F i s c h. Synops. Mammal. p. 102. Nr. 4*.

*Vespertilio proterus*. W a g l e r. Syst. d. Amphib. S. 13.

*Vespertilio Noctula*. J ä g e r. Würtemb. Fauna. S. 13.

„         „    N i l s s. Skandin. Fauna. Edit. I. S. 29.

*Vespertilio proterus.* F i t z. Fauna. Beitr. z. Landesk. Österr. B. I.
        S. 293.

„        G l o g e r. Säugeth. Scbles. S. 6.

„        „        Z a w a d z k i. Galiz. Fauna. S. 16.

*Vespertilio Noctula.* J e n y n s. Brit. Vertebr. fig. p. 127.

„        „        B o n a p a r t e. Iconograf. della Fauna ital.
                Fasc. XXI. c. fig.

„        T e m m i n c k. Monogr. d. Mammal. V. II. p. 169.

„        D a n i e l l. Proceed. of the Zool. Soc. V. II.
                (1834.) p. 130.

„        B e l l. Brit. Quadrup. p. 12. fig. p. 17.

„        „        S e l y s L o n g c h. Faune belge. p. 24.

*Scotophilus Noctula.* G r a y. Magaz. of Zool. and Bot. V. II. p. 497.

*Vesperugo Noctula.* K e y s. B l a s. Wiegm. Arch. B. V. (1839.)
        Th. I. S. 317.

*Vespertilio Noctula.* T e m m i n c k. Fauna japon. V. I. p. 15.

*Vesperugo Noctula.* K e y s. B l a s. Wiegm. Arch. B. VI. (1840.)
        Th. I. S. 7.

„        K e y s. B l a s. Wirbelth. Europ. S. XIV, 45.
        Nr. 80.

*Vespertilio Noctula.* W a g n. Schreber Säugth. Suppl. B. I. S. 501.
        Nr. 17.

*Vesperugo Noctula.* W a g n. Schreber Säugth. Suppl. B. I. S. 501.
        Nr. 17.

*Vespertilio serotinus.* W a g n. Schreber Säugth. Suppl. B. I. S. 496.
        Nr. 11.

*Vesperus serotinus.* W a g n. Schreber Säugth. Suppl. B. I. S. 496.
        Nr. 11.

*Vespertilio Noctula.* F r e y e r. Fauna Krain's. S. 2. Nr. 5.

*Noctulinia proterus.* G r a y. Ann. of. Nat. Hist. V. X. (1842.) p. 258.

*Noctulinia altivolans.* G r a y. Mammal. of the Brit. Mus. p. 31.

*Vespertilio Noctula.* B l a i n v. Ostéograph. Chiropt.

*Vesperugo Noctula.* E v e r s m. Bullet. de la Soc. des Natural. d.
        Moscou. V. XVIII. (1845.) p. 490. t. 12. f. 1.
        (Ohren und Zähne.)

*Vespertilio noctula.* G i e b e l. Odontograph. S. 12. t. 4. f. 7, 8.

*Vespertilio Noctula.* W a g n. Schreber Säugth. Supp. B. V. S. 728.
        Nr. 8.

*Vesperugo Noctula.* Wagn. Schreber Säugth. Suppl. B. V. S. 728.
Nr. 8.

*Vespertilió Noctula.* Reichenb. Deutschl. Fauna. S. 1, 2. t. 1.
f. 3, 4.

*Panugo noctula.* Kolenati. Allg. deutsche naturh. Zeit. B. II. (1856.)
Hft. 5. S. 172, 173.

*Vesperugo Noctula.* Blas. Fauna d. Wirbelth. Deutschl. B. I. S. 53.
Nr. 1.

*Vespertilio noctula.* Giebel. Säugeth. S. 944.

*Vesperugo noctula.* Giebel. Säugeth. S. 944.

*Panugo Noctula.* Kolenati. Monograph. d. europ. Chiropt. S. 82.
Nr. 14.

Diese weit verbreitete und fast allgemein bekannte Art, welche
unsere Vorfahren schon vor 365 Jahren durch Gesner kennen gelernt
haben, der auch eine Abbildung von derselben gegeben, bildet den
Repräsentanten einer besonderen Gattung, die von Gray aufgestellt
und mit dem Namen „*Noctulinia*" bezeichnet wurde.

Sie ist nebst der Mozambique - Waldfledermaus (*Noctulinia
macuana*) die größte unter den mittelgroßen Formen dieser Gattung,
zwar viel kleiner als die Doggen - Waldfledermaus (*Noctulinia Molossus*), doch merklich größer als die wollhaarige Waldfledermaus
(*Noctulinia lasiura*) und mit der gemeinen Ohrenfledermaus (*Myotis
murina*) ungefähr von gleicher Größe.

Der Kopf ist groß und gerundet, die Stirne nur wenig gewölbt,
die Schnauze ziemlich kurz, breit, sehr stumpf, schwach gewölbt und
beinahe völlig kahl. Die Nase ist etwas aufgestülpt und in der Mitte
flach und runzelig. Die Nasenlöcher sind nierenförmig, schief und
seitlich gestellt. Die Unterlippe ist vorne mit einem kahlen Querwulste
versehen, der mit einer dreieckig - rundlichen Warze am Kinne in
Verbindung steht, an welche sich eine Längsspalte anschließt, zu
deren beiden Seiten einige Längsfurchen verlaufen und hinter welchen
sich eine runzelige Querfurche befindet. Die Ohren sind dickhäutig,
kurz und breit, kürzer als der Kopf, ziemlich weit geöffnet, dreiseitig-eiförmig oder rautenförmig, gerunzelt, am Außenrande schwach
ausgerandet und mit demselben bis an die Mundspalte vorgezogen,
auf der Außenseite an der Wurzel dicht, auf der Innenseite aber nur
gegen den Innenrand zu dünn behaart. Die Ohrklappe ist sehr kurz
und breit, an der Wurzel verschmälert, nach oben zu ausgebreitet,

an der Spitze abgerundet und schief nach Innen gewendet, über ihrer Mitte am breitesten, am Innenrande eingebuchtet, fast von quernierenförmiger Gestalt, gerunzelt, und an der Basis ihres Außenrandes mit einem zahnartigen Vorsprunge und vor demselben mit einem Haarbüschel versehen. Die Augen sind sehr klein und weit auseinander gestellt. Die Flügel sind lang und sehr schmal, auf der Unterseite längs des Ober- und Vorderarmes mit einem ungefähr 6 Linien breiten Haarstreifen besetzt, und auch zwischen den Wurzeln der Mittelhandknochen und an der Wurzel des fünften Fingers dicht behaart, und reichen bis an die Fußwurzel. Der an den Leib gedrückte Vorderarm reicht bis zur Schnauzenspitze vor. Die Füße sind ziemlich kurz und die Sohlen sind der Quere nach gerunzelt. Die Sehenkelflughaut ist an der Fußwurzel stark ausgeschnitten, auf der Ober- wie der Unterseite kahl und mit 13—14 eng aneinander stehenden und in völlig geraden Linien schief gegen den Schwanz zu verlaufenden Reihen von Gefäßwülstchen besetzt. Die Sporen sind von einem stark hervortretenden bogenförmigen und am Rande etwas wulstigen Lappen umgeben. Der Schwanz ist mittellang, etwas länger als der halbe Körper, und beträchtlich kürzer als der Vorderarm, und ragt nur mit seinem Endgliede frei aus der Schenkelflughaut hervor. Der Gaumen ist von 7 Querfalten durchzogen, von welchen nur die erste nicht durchbrochen ist.

Die Körperbehaarung ist kurz, dicht, glatt anliegend und weich.

Die Färbung ist auf der Ober- wie der Unterseite des Körpers einfärbig gelbröthlichbraun, auf der Unterseite etwas heller, und sämmtliche Haare sind durchaus einfärbig. Die Nase, die Ohren und die Flughäute sind dunkel schwarzbraun.

Das Männchen unterscheidet sich vom Weibchen nur durch den schlankeren Körperbau.

| | | |
|---|---|---|
| Gesammtlänge . . . . | 4″ 6‴—5″. | Nach Kuhl. |
| Körperlänge . . . . . | 2″ 8‴. | |
| Länge des Schwanzes . | 1″ 10‴. | |
| „ „ Kopfes . . . | 10‴. | |
| „ der Ohren . . . | 7½‴. | |
| „ des Daumens . . | 2½‴. | |
| Spannweite der Flügel . | 1′ 2″—1′ 2″ 6‴. | |
| Körperlänge . . . . . | 2″ 9‴. | Nach Keyserling u. Blasius. |

Länge des Schwanzes . 1″ 6‴.

„ „ Vorderarmes 1″ 11½‴.

„ der Ohren . . . 8½‴.

„ „ Ohrklappe . 2‴.

„ des Kopfes . . . 9⅘‴.

„ „ dritten Fingers 3″ 7½‴.

„ „ fünften „ 2″ ½‴.

Spannweite der Flügel 1′ 1″.

Spannweite der Flügel 1′ 3″—1′. 3″ 6‴. Nach Brehm.

Das von Brehm angegebene Ausmaaß ist offenbar einem gewaltsam ausgedehnten Exemplare abgenommen.

Die Vorderzähne des Unterkiefers sind schief gestellt. In beiden Kiefern befindet sich jederseits 1 Lückenzahn und 4 Backenzähne, doch ist der Lückenzahn des Oberkiefers sehr klein und ganz aus der Zahnreihe heraus und nach Innen gerückt. Die oberen Eckzähne sind kaum länger als die unteren.

Vaterland. Mittel-Europa und Mittel-Asien, wo diese Art durch die ganze gemäßigte Zone hindurch reicht. In Europa kommt sie in England, im südlichen Schweden und im gemäßigten Rußland, in Frankreich, Holland, Belgien, Dänemark, ganz Deutschland, Österreich, Böhmen, Mähren, Schlesien, Ungarn, Galizien und in Polen vor, und reicht südlich einerseits durch die Schweiz, Ober-Italien und Toskana bis in die nördlichen Appenninen, andererseits durch Croatien und Slavonien bis in die Türkei und das nördliche Griechenland, wo sie noch auf der Insel Euboea oder Negroponte angetroffen wird.

In Asien verbreitet sie sich von der Levante und dem caspischen See, durch Süd-Sibirien, wo sie noch am Jenisei angetroffen wird, durch die Mongolei und Daurien bis nach Japan, vorausgesetzt, daß die daselbst vorkommende Form wirklich zur selben Art gehört.

Schreber beschrieb sie unter zwei verschiedenen Namen „*Vespertilio Noctula*" und „*Vespertilio lasiopterus*" und ebenso auch Gmelin, Shaw, Bechstein, Geoffroy und Anfangs auch Desmarest, und Geoffroy beging den Irrthum, bei einer dieser vorgeblich verschiedenen Arten, den ihr von Schreber gegebenen Namen „*Vespertilio Noctula*" mit jenem der spätfliegenden Abendfledermaus *(Vesperus serotinus)* zu verwechseln. Kuhl erkannte zuerst den Irrthum Schreber's und seiner Nachfolger und vereinigte beide Formen unter dem Namen „*Vespertilio proterus*".

Brehm glaubte eine specifisch verschiedene Form aufgefunden
zu haben, welche er mit dem Namen „ *Vespertilio ferrugineus*" bezeichnete und Fischer hielt diese Ansicht aufrecht. Erst Keyserling
und Blasins klärten diesen Irrthum auf.

Diese beiden letztgenannten Zoologen, so wie auch Wagner
und Giebel zählten sie zur Gattung „*Vesperugo*", doeh beging
Wagner früher den Irrthum, sie theilweise mit der spätfliegenden
Abendfledermaus *(Vesperus serotinus)* zu verwechseln, indem er
Fr. Cuvier's und Geoffroy's „*Noctule*" fälschlich für diese Art
hielt. Gray betrachtet sie für die typische Form seiner Gattung
„*Noctulinia*" und übertrug die alte schon von White ihr gegebene
Benennung „*Vespertilio altivolans*" auf sie, und Kolenati bezeich-
nete sie als den Repräsentanten seiner Gattung „*Panugo*".

### 2. Die kleine Waldfledermaus *(Noctulinia Leisleri)*.

*N. sumatranae fere magnitudine; rostro brevi lato obtuso
depresso, versus labium superiorem tumido; auriculis crassis bre-
bus latis, capite brevioribus sat amplis trigono-ovalibus vel rhombeis, in margine exteriore fere ad oris angulum usque protractis
et in eadem altitudine cum isto terminatis, in interiore carinam
versus rotundatis; trago brevissimo, basi angustato, supra medium
dilatato, supra late-rotundato ac introrsum curvato, in margine
interiore sinuato, in exteriore ad basin unidenticulato; alis longis
angustissimis, infra juxta brachium et antibrachium fascia
latissima pilosa obtectis, nec non inter digitorum radices et imprimis ad basin digiti quinti dense pilosis, usque ad tarsum attingentibus; antibrachio corpori appresso usque ad dimidium oris
rictus circa attingente; pedibus sat brevibus, plantis transversaliter rugosis; patagio anali supra calvo, infra basi tantum piloso
et 11 seriebus vasorum percurso; calcaribus lobo cutaneo limbatis;
cauda mediocri, dimidio corpore non multo longiore et antibrachio
paullo breviore, apice prominente libera; palato plicis transversalibus 7 percurso, duabus anticis integris, caeteris divisis;
corpore pilis breviusculis incumbentibus mollibus dense vestito;
notaeo flavescente-ferrugineo, gastraeo pallidiore ex griseo flavescente-fusco; pilis corporis omnibus bicoloribus, notaei ad basin
dilutioribus, gastraei obscurioribus fuscis.*

*Vespertilio dasycarpos.* L e i s l e r. Mscpt.

*Vespertilio Leisleri.* K u h l. Wetterau. Ann. B. IV. S. 46. Nr. 6.

     „    D e s m a r. Nouv. Dict. d'hist. nat. V. XXXV.
            p. 470. Nr. 6.

     „    D e s m a r. Mammal. p. 138. Nr. 206.

     „    G r i f f i t h. Anim. Kingd. V. V. p. 274. Nr. 27.

     „    F i s c h. Synops. Mammal. p. 104, 552. Nr. 6.

     „    G l o g e r. Säugeth. Schles. S. 6. Anmerk.

     „    T e m m i n c k. Monograph. d. Mammal. V. II.
            p. 271.

     „      „    B e l l. Brit. Quadrup. p. 18. fig. p. 20.

*Scotophilus Leisleri.* G r a y. Magaz. of Zool. and Bot. V. II. p. 497.

*Vesperugo Leisleri.* K e y s. B l a s. Wiegm. Arch. B. V. (1839.) Th. I.
            S. 318.

     „    K e y s. B l a s. Wiegm, Arch. B. VI. (1840.)
            Th. I. S. 7.

     „    K a y s. B l a s. Wirbelth. Europ. S. XIV, 46.
            Nr. 81.

*Vespertilio pachygnathus.* M i c h a h e l l e s. Wagn. Schreber Säugth.
            Suppl. B. I. t. 55. B.

*Vespertilio Leisleri.* W a g n. Schreber Säugth. Suppl. B. I. S. 502.
            Nr. 18.

*Vesperugo Leisleri.* W a g n. Schreber Säugth. Suppl. B. I. S. 502.
            Nr. 18.

*Scotophilus Leisleri.* G r a y. Ann. of Nat. Hist. V. X. (1842.) p. 257.

     „      „    G r a y. Mammal. of the Brit. Mus. p. 28.

*Vesperugo Leisleri.* E v e r s m. Bullet. de la Soc. des Natural. d. Moscou.
            V. XVIII. (1845.) p. 495. t. 12. f. 4. (Ohr.)

*Vespertilio Leisleri.* W a g n. Schreber Säugth. Suppl. B. V. S. 728.
            Nr. 9.

*Vesperugo Leisleri.* W a g n. Schreber Säugth. Suppl. B. V. S. 728.
            Nr. 9.

*Panugo Leislerii.* K o l e n a t i. Allgem. deutsche naturh. Zeit. B. II.
            (1856.) Hft. 5. S. 172.

*Vesperugo Leisleri.* B l a s. Fauna d. Wirbelth. Deutschl. B. I. S. 56.
            Nr. 2.

*Vespertilio Leisleri.* G i e b e l. Säugeth. S. 944.

*Vesperugo Leisleri.* G i e b e l. Säugeth. S. 944.

*Panugo Leislerii.* K o l e n a t i. Monográph. d. europ. Chiropt. S. 80.
Nr. 13.

*Vesperugo Leisleri.* F i t z. Säugeth. d. Novara-Expedit. Sitzungsber.
d. math.-naturw. Cl. d. kais. Akad. d. Wiss.
B. XLII. S. 390.

*Vespertilio Leisleri.* Z e l e b o r. Reise d. Fregatte Novara. Zool. Th.
B. I. S. 16.

*Vesperugo Leisleri.* Z e l e b o r. Reise d. Fregatte Novara. Zool. Th.
B. I. S. 16.

Mit dieser durch ihre körperlichen Merkmale scharf begrenzten
und leicht zu erkennenden Form, welche von L e i s l e r entdeckt
wurde, sind wir erst zu Anfang des zweiten Decenniums des gegenwärtigen Jahrhunderts durch K u h l näher bekannt geworden.

Sie gehört zwar zu den mittelgroßen Arten in der Familie, aber
zu den kleineren in der Gattung, da sie mit der sumatranischen
Waldfledermaus *(Noctulinia sumatrana)* nahezu von gleicher Größe
und nur wenig kleiner als unsere europäische rauhschienige Stelzfußfledermaus *(Comastes dasycneme)* ist.

Die Körperform im Allgemeinen ist beinahe dieselbe wie jene
der großen Waldfledermaus *(Noctulinia Noctula)*.

Die Schnauze ist kurz, breit, stumpf und flachgedrückt, und
gegen die Oberlippe aufgetrieben. Die Ohren sind dickhäutig, kurz
und breit, kürzer als der Kopf, ziemlich weit geöffnet, dreiseitig-
eiförmig oder rautenförmig, mit dem Außenrande fast dicht bis an
den Mundwinkel vorgezogen und ungefähr in gleicher Höhe mit demselben endigend, und an der Basis ihres Innenrandes gegen den Kiel
zu abgerundet. Die Ohrklappe ist sehr kurz, an der Wurzel verschmälert, über ihrer Mitte erweitert, oben breit abgerundet und
nach Innen gewendet, an der Basis ihres Außenrandes mit einem
zahnartigen Vorsprunge versehen und am Innenrande eingebuchtet.
Die Flügel sind lang und sehr schmal, auf ihrer Unterseite längs des
Ober- und Vorderarmes mit einer sehr breiten Haarbinde besetzt und
auch an der Wurzel der Finger, insbesondere aber des fünften dicht
mit Haaren bekleidet und reichen bis an die Fußwurzel. Der an den
Leib angedrückte Vorderarm reicht ungefähr bis zur Mitte der Mundspalte. Die Füße sind ziemlich kurz und die Sohlen sind von Querrunzeln durchzogen. Die Schenkelflughaut ist auf der Unterseite an

der Wurzel behaart und mit 11 Reihen von Gefäßwülstchen durchzogen, größtentheils aber, so wie auf der Oberseite kahl. Die Sporen sind von einem Hautlappen umsäumt. Der Schwanz ist mittellang, nicht viel länger als der halbe Körper und etwas kürzer als der Vorderarm und ragt mit seinem Endgliede frei aus der Schenkelflughaut hervor. Der Gaumen ist von 7 Querfalten durchzogen, von denen die beiden ersten nicht getheilt sind.

Die Körperbehaarung ist ziemlich kurz, dicht, glatt anliegend und weich.

Die Färbung ist auf der Oberseite des Körpers gelblich rothbraun, auf der Unterseite blasser und graugelblichbraun. Sämmtliche Körperhaare sind zweifärbig, jene der Oberseite an der Wurzel heller braun und an der Spitze dunkler gelblichrothbraun, die der Unterseite an der Wurzel dunkler braun und an der Spitze heller graugelblichbraun.

| | | |
|---|---|---|
| Gesammtlänge . . . . . | 3″ | 9‴—4″ 2‴. Nach Kuhl. |
| Körperlänge . . . . . | 2″. | |
| Länge des Schwanzes . . | 1″ | 9‴. |
| „     „   Kopfes . . . | | 7‴. |
| „     „   Daumens . . | | 2‴. |
| Spannweite der Flügel . . | 11″. | |
| Körperlänge . . . . . | 2″ | 1‴. Nach Keyserling u. Blasius. |
| Länge des Schwanzes . . | 1″ | 5‴. |
| „     „   Vorderarmes . | 1″ | 7‴. |
| „     der Ohren . . . . | | 7‴. |
| „     „   Ohrklappe . . | | 1⁴/₅‴. |
| „     des Kopfes . . . | | 8¹/₂‴. |
| „     „   dritten Fingers | 2″ | 10¹/₂‴. |
| „     „   fünften    „ | 1″ | 9⁴/₅‴. |
| Spannweite der Flügel . . | 10″ | 6″. |

Die Vorderzähne des Unterkiefers sind gerade gestellt und berühren sich an den Rändern. In beiden Kiefern sind jederseits 1 Lückenzahn und 4 Backenzähne vorhanden, der Lückenzahn des Oberkiefers ist aber sehr klein und völlig aus der Zahnreihe heraus und nach Innen gerückt. Die oberen Eckzähne sind doppelt so lang als die unteren.

Vaterland. Mittel-Europa und Mittel-Asien. In Europa verbreitet sieh diese Art vom mittleren England durch das östliche
Frankreich, wo sie vorzugsweise in den Vogesen vorkommt und durch
Deutschland, wo sie insbesondere am Harze und in Baiern angetroffen
wird, über Österreich, Böhmen, Mähren, Schlesien, Galizien und
Ober-Ungarn bis in das mittlere Rußland und südwärts durch den
ganzen Alpenzug bis nach Dalmatien, wo sie Michahelles angetroffen und Zelebor zwischen Gravosa und Triest auf offener
See gefangen, während sie in Asien durch den westlichen Theil des
südlichen Sibirien bis an den Ural reicht.

Gray wies ihr eine Stelle in seiner Gattung „Scotophilus" an
und Keyserling und Blasius, so wie auch Wagner und Giebel
reihten sie in der Gattung „Vesperugo" ein, Kolenati in seiner
Gattung „Panugo". Michahelles hielt die von ihm in Dalmatien
aufgefundene Form für eine verschiedene Art, die er mit dem Namen
„Vespertilio pachygnathus" bezeichnete.

### 3. Die kurzohrige Waldfledermaus (Noctulinia brachyotis).

*N. Eschholtzii distincte minor et Vesperuginis Kuhlii magni-
tudine; auriculis eximie parvis brevibus, multo brevioribus quam
longis, trigonis; trago brevissimo obtuso; alis patagioque anali
calvis; cauda mediocri, dimidio corpore perparum longiore et
antibrachio non multo breviore; corpore pilis sat brevibus incumbentibus mollibus dense vestito, fronte, vertice et collo supra pilis
brevioribus; notaeo vivide flavescente rufo, gastraeo languidiore.
pilis singulis ad basin nigris; fronte, vertice nec non collo in parte
superiore nigris, et quasi macula lata nigra obtectis; patagio anali
albido-marginato, cauda apice albida.*

*Vespertilio brachyotis.* Baillon. Catal. de la Faune des envir.
d'Abbéville.

„ Temminck. Monograph. d. Mammal. V. II.
p. 172.

„ „ Selys. Longeh. Faune belge. p. 23, 300.

*Vespertilio Pipistrellus.* Selys. Longch. Études. p. 140.

*Vesperugo Pipistrellus.* Keys. Blas. Wirbelth. Europ. S. XIV, 49.
Nr. 85.

*Vesperugo brachyotis.* W a g n. Schreber Säugth. Suppl. B. I. S. 499. Note 9.

*Vesperus brachyotis.* W a g n. Schreber Säugth. Suppl. B. I. S. 499. Note 9.

*Vespertilio Pipistrellus.* W a g n. Schreber Säugth. Suppl. B. V. S. 730. Nr. 13.

*Vesperugo Pipistrellus.* W a g n. Schreber Säugth. Suppl. B. V. S. 730. Nr. 13.

*Nannugo Pipistrellus.* K o l e n a t i. Allgem. deutsche naturh. Zeit. B. II. (1856.) Hft. 5. S. 170.

*Vesperugo Nilssonii.* B l a s. Fauna d. Wirbelth. Deutschl. B. I. S. 70. Nr. 7.

*Vesperus Nilssonii.* B l a s. Fauna d. Wirbelth. Deutschl. B. I. S. 70. Nr. 7.

*Vespertilio Nilssoni.* G i e b e l. Säugeth. S. 942.

*Vesperus Nilssoni.* G i e b e l. Säugeth. S. 942.

*Meteorus Nilssonii.* K o l e n a t i. Monograph. d. europ. Chiropt. S. 52. Nr. 2.

*Nannugo Pipistrellus.* K o l e n a t i. Manograph. d. europ. Chiropt. S. 74. Nr. 11.

Alles was wir über diese seither nur sehr unvollständig bekannt gewordene Form wissen, beschränkt sich einzig und allein nur auf eine kurze Beschreibung von T e m m i n c k, welcher dieselbe einem todt aufgefundenen Exemplare abgenommen hat, das sich in der Sammlung von B a i l l o n zu Abbeville befindet.

So viel sich aus derselben entnehmen läßt, bietet diese höchst sonderbare Form in mancher Beziehung einige Ähnlichkeit mit der haarschienigen *(Vesperugo Nathusii)* sowohl, als auch mit der kahlschienigen Dämmerungsfledermaus *(Vesperugo Pipistrellus)* dar, von denen sie sich jedoch, abgesehen davon, daß sie ohne Zweifel einer anderen Gattung angehört, durch die Verschiedenheiten in den körperlichen Verhältnissen so wie auch in der Färbung in auffallender Weise unterscheidet, während sie bezüglich des letzteren Merkmales auch an die zimmtbraune Dämmerungsfledermaus *(Vesperugo Alcythoë)* erinnert.

Ihre Größe ist dieselbe wie die der haarbindigen *(Vesperugo Kuhlii)*, zimmtbraunen *(Vesperugo Alcythoë)*, netzhäutigen *(Vesperugo Hesperida)* und rothfingerigen Dämmerungsfledermaus *(Vespe-*

*rugo erythrodactylus)*, daher sie merklich kleiner als die kleindäu-
mige Waldfledermaus *(Noctulinia Eschholtzii)* ist und die kleinste
Form in der Gattung bildet.

In der Gestalt im Allgemeinen hat sie sehr viel Ähnlichkeit mit
der großen Waldfledermaus *(Noctulinia Noctula)*.

Die Ohren sind sehr klein und kurz, viel breiter als lang und
von dreieckiger Gestalt. Die Ohrklappe ist sehr kurz und stumpf. Die
Flughäute sind kahl. Der Schwanz ist mittellang, nur sehr wenig länger als der halbe Körper und nicht viel kürzer als der Vorderarm.

Die Körperbehaarung ist ziemlich kurz, dicht, glatt anliegend
und weich, auf der Stirne, dem Scheitel und der Oberseite des Halses
aber noch kürzer.

Die Oberseite des Körpers ist lebhaft gelblich- oder fahlroth, die
Unterseite matter, und die einzelnen Körperhaare sind an der Wurzel
schwarz. Die Stirne, der Scheitel und die Oberseite des Halses sind
schwarz, wodurch ein breiter Flecken gebildet wird. Der hintere
Rand der Schenkelflughaut und die Schwanzspitze sind weißlich.

| | | |
|---|---|---|
| Körperlänge . . . . . | 1″ 8‴. | Nach T e m m i n c k. |
| Länge des Schwanzes . | 11‴. | |
| „　„ Vorderarmes . | 1″ 1‴—1″ 2‴. | |
| „　der Ohren höchstens | 1½‴. | |
| Spannweite der Flügel . | 7″ 6‴. | |

Im Oberkiefer soll der Lückenzahn fehlen und sind nur jederseits
4 Backenzähne vorhanden, im Unterkiefer dagegen in jeder Kieferhälfte 1 Lückenzahn und 4 Backenzähne. Wahrscheinlich ist der
Lückenzahn des Oberkiefers aber sehr klein, und aus der Zahnreihe
heraus und nach Innen gerückt, daher von T e m m i n c k übersehen
worden.

V a t e r l a n d. West-Europa, Frankreich, wo diese Form im
nordöstlichen Theile des Landes im Departement der Somme bei Abbeville getroffen wurde.

S e l y s L o n g c h a m p will in ihr nur die kahlschienige Dämmerungsfledermaus *(Vesperugo Pipistrellus)* erkennen, worin ihm
K e y s e r l i n g und B l a s i u s, so wie auch später W a g n e r, der sie
Anfangs für eine besondere zur Gattung „*Vesperus*" gehörige Art
hielt, beistimmten. Neuerlichst glaubte sie B l a s i u s mit der nordischen Abendfledermaus *(Vesperus Nilssonii)* vereinigen zu sollen

und ebenso auch G i e b e l. K o l e n a t i führt sie zweimal auf, indem er sie einmal mit der nordischen Abendfledermaus *(Vesperus Nilssonii)* identificirt, das zweite Mal aber mit der kahlschienigen Dämmerungsfledermaus *(Vesperugo Pipistrellus)*. Ich glaube wohl keinen Fehlgriff zu begehen wenn ich dieselbe für eine zur Gattung Waldfledermaus *(Noctulinia)* gehörige Art betrachte. Möglich ist es allerdings, daß sie vielleicht mit der kleinen Waldfledermaus *(Noctulinia Leisleri)* der Art nach identisch und nur ein junges Thier oder eine besondere Abänderung derselben sei. Die Folge wird es lehren, welche von den verschiedenen Ansichten hierüber sich bewähren wird.

### 4. Die Mozambique-Waldfledermaus *(Noctulinia macuana)*.

*N. Noctulae similis et lasiurae magnitudine; rostro brevi lato valde obtuso; auriculis brevibus latis rhombeis, in margine exteriore ad oris angulum usque protractis; trago brevi, basi angustato, apicem versus dilatato, supra rotundato et oblique introrsum directo, in margine interiore sinuato; alis longis angustissimis sat cutaneis, infra juxta brachium et ad digitorum radices dense pilosis, usque ad tarsum attingentibus; patagio anali lato sat cutaneo calvo; plantis podariorum transversaliter rugosis; cauda longa, corpore distincte breviore, apice articulo ultimo prominente libera; corpore pilis brevibus incumbentibus molliusculis subcrassis nitidis dense vestito; notaeo gastraeoque obscure ex rufescente flavo-fuscis, auriculis patagiisque flavido-fuscis in nigrescentem vergentibus.*

*Vespertilio macuanus.* P e t e r s. Säugeth. v. Mossamb. S. 61. t. 6. f. 1.
*Vesperugo Noctula.* B l a s. Fauna d. Wirbelth. Deutschl. B. I. S. 53.
Nr. 1.
*Vespertilio Noctula.* W a g n. Schreber Säugth. Suppl. B. V. S. 728.
Nr. 8. — S. 749. Note 1.
*Vesperugo Noctula.* W a g n. Schreber Säugth. Suppl. B. V. S. 728.
Nr. 8. — S. 749. Note 1.
*Vespertilio macuanus.* G i e b e l. Säugeth. S. 945.
*Vesperugo macuanus.* G i e b e l. Säugeth. S. 945.

P e t e r s hat diese Art entdeckt und dieselbe auch bis jetzt allein nur beschrieben und durch eine Abbildung erläutert.

Sie ist sehr nahe mit unserer europäischen großen Waldfledermaus *(Noctulinia Noctula)* verwandt und auch nur wenig kleiner als dieselbe, da sie von gleicher Größe wie die wollschwänzige Waldfledermaus *(Noctulinia lasiura)* ist und daher zu den größten unter den mittelgroßen Formen in der Gattung gehört.

Ihre körperlichen Formen sind beinahe dieselben, wie jene der erstgenannten Art und die Merkmale wodurch sie sich von dieser unterscheidet, sind die kürzere Ohrklappe, der verhältnißmäßig längere Schwanz, die dickeren Flughäute, das dickere Körperhaar, eine dunklere und glänzendere Färbung und einige osteologische Verschiedenheiten des Schädels.

Die Schnauze ist kurz, breit und sehr stumpf. Die kurzen breiten Ohren sind von rautenförmiger Gestalt und mit dem Außenrande bis an den Mundwinkel verlängert. Die Ohrklappe ist kurz, gegen die Wurzel zu verschmälert, nach oben ausgebreitet, an der Spitze abgerundet und schief nach Innen gewendet, und am Innenrande eingebuchtet. Die Flügel sind lang, sehr schmal und ziemlich dickhäutig, auf der Unterseite längs des Armes und an der Wurzel der Finger dicht behaart, und reichen bis an die Fußwurzel. Die Schenkelflughaut ist breit, kahl und ziemlich dickhäutig. Die Fußsohlen sind der Quere nach gerunzelt. Der Schwanz ist lang, doch merklich kürzer als der Körper und ragt mit seinem Endgliede frei aus der Schenkelflughaut hervor.

Die Körperbehaarung ist kurz, dicht, glatt anliegend, glänzend und nicht besonders weich, das Haar ziemlich dick.

Die Färbung des Körpers ist auf der Ober- wie der Unterseite dunkel röthlich-gelbbraun, die Ohren und die Flughäute sind tief gelblichbraun in's Schwärzliche ziehend gefärbt.

Körperlänge . . . . . . . 2″ 6‴. Nach Peters.
Länge des Schwanzes . . . . . 2″.
Spannweite der Flügel . . . . 1′ 1″.

In beiden Kiefern sind jederseits 1 Lückenzahn und 4 Backenzähne vorhanden.

Vaterland. Südost-Afrika, Mozambique, wo diese Art im Inneren des Makuaslandes angetroffen wird.

Blasius betrachtet diese Art mit der großen Waldfledermaus *(Noctulinia Noctula)* für identisch und Wagner schloß sich dieser Ansicht an.

## 5. Die Doggen-Waldfledermaus *(Noctulinia Molossus)*.

*N. Molossi albi fere magnitudine; rostro crasso obtusissimo ad nares usque piloso; auriculis magnis, sat longis latisque fere rotundis, externe a basi usque ad dimidium pilosis; trago brevi; alis parum latis, supra plane calvis, infra juxta corporis latera et antibrachium valde pilosis; patagio anali magno, calcaribus ad basin lobo cutaneo limbatis; cauda mediocri, dimidio corpore perparum longiore et antibrachio non multo breviore; corpore pilis brevibus incumbentibus mollibus dense vestito; colore secundum sexum variabili; notaeo in maribus unicolore obscure rufescente-fusco, gastraeo nec non partibus alarum pilosis fuso-flavis; patagiis nigrescente-fuscis.*

*Vespertilio Molossus.* Temminck. Monograph. d. Mammal. V. II.
     p. 269.

  „    Temminck. Fauna japon. V. I. p. 15. t. 3.
     f. 5.

*Vesperugo molossus.* Keys. Blas. Wiegm. 'Arch. B. VI. (1840.)
     Th. I. S. 2.

*Vespertilio Molossus.* Wagn. Schreber Säugth. Suppl. B. I. S. 509.
     Nr. 26.

*Vesperus Molossus.* Wagn. Schreber Säugth. Suppl. B. I. S. 509.
     Nr. 26.

*Vespertilio Molossus.* Wagn. Schreber Säugth. Suppl. B. V. S. 738.
     Nr. 30.

*Vesperugo Molossus.* Wagn. Schreber Säugth. Suppl. B. V. S. 738.
     Nr. 30.

*Vespertilio Molossus.* Giebel. Säugeth. S. 948.

*Vesperugo Molossus.* Giebel. Säugeth. S. 948.

Eine überaus ausgezeichnete Art, welche schon durch ihre Größe auffällt und sich durch ihre körperlichen Merkmale scharf von allen übrigen sondert.

Sie ist die größte Art der Gattung und gehört zu den großen Formen in der Familie, da sie mit dem weißlichen *(Molossus albus)* und schlaffohrigen Grämler *(Molossus auripendulus)*, so wie auch mit dem europäischen Doggengrämler *(Nyctinomus Cestonii)* fast von gleicher Größe, daher viel größer als die gemeine Waldfledermaus *(Noctulinia Noctula)* ist, deren Körperform sie im Allgemeinen theilt.

Die Schnauze ist dick und überaus stumpf, und bis zu den Nasenlöchern behaart. Die Ohren sind groß, ziemlich lang und breit, beinahe rundlich und auf der Außenseite von der Wurzel an bis zur Hälfte ihrer Länge behaart. Die Okrklappe ist kurz. Die Flügel sind nur von geringer Breite, auf der Oberseite vollkommen kahl, auf der Unterseite aber längs der Leibesseiten und des Vorderarmes sehr stark behaart. Die Schenkelflughaut ist groß, und die Sporen sind an ihrer Wurzel von einem Hautlappen umsäumt. Der Schwanz ist mittellang, nur sehr wenig länger als der halbe Körper und nicht viel kürzer als der Vorderarm.

Die Körperbehaarung ist kurz, dicht, glatt anliegend und weich. Die Färbung ändert nach dem Geschlechte.

Beim Männchen ist dieselbe auf der Oberseite des Körpers einfärbig dunkel röthlichbraun und auf der Unterseite, so wie auch auf dem behaarten Theile der Flügel braungelb. Die Flughäute sind schwärzlichbraun.

Das Weibchen ist auf der Oberseite lebhaft rostroth, auf der Unterseite nebst dem behaarten Theile der Flügel braungelb.

| | | |
|---|---|---|
| Körperlänge . . . . . . . | 3″ 3‴. | Nach Temminck. |
| Länge des Schwanzes . . . | 1″ 9‴. | |
| „ des Vorderarmes . . . | 2″. | |
| Spannweite der Flügel . . . | 1′ 1″—1′ 2″. | |

Im Oberkiefer ist kein Lückenzahn vorhanden, im Unterkiefer jederseits 1. Backenzähne befinden sich in beiden Kiefern in jeder Kieferhälfte 4.

Vaterland. Ost-Asien, Japan, wo Bürger diese Art entdeckte.

Keyserling und Blasius zählten sie zu ihrer Gattung „Vesperugo", Wagner theilte sie Anfangs der Gattung „Vesperus" zu, später der Gattung „Vesperugo. Giebel schloß sich der letzteren Ansicht an.

### 6. Die breitlippige Waldfledermaus *(Noctulinia labiata)*.

*N. Molosso parum minor; capite lato depresso tumido, rostro brevi distincte finito, supra longitudinaliter excavato. antice rotundato; labiis valde tumidis, nec verrucosis, nec calvis; auriculis*

*brevibus, capite brevioribus, valde distantibus rotundatis, margine
exteriore usque versus oris angulum protensis et externe plicatis;
trago rotundato introrsum directo; alis longis angustis magna
parte calvis, ad tarsum usque attingentibus; patagio anali depilato;
cauda longa* ²/₃ *corporis longitudine, apice articulo ultimo prominente libera; corpore pilis brevissimis incumbentibus dense
vestito; notaeo gastraeoque unicoloribus saturate fuscis; patagiis
caeterisque corporis partibus calvis purpureo-nigris.*

*Vespertilio labiata.* H o d g s. Journ. of the Asiat. Soc. of Bengal. V. IV.
(1835.) p. 700.

*Vespertilio labiata.* H o d g s. Proceed. of the Zool. Soc. V. VI. (1836.)
p. 46.

*Dysopes? labiatus.* T e m m i n c k. Mscpt.

*Nyctinomus plicatus.* G r a y. Magaz. of Zool. and Bot. V. II. p. 500.

*Vespertilio labiatus.* H o d g s. Zool. Nepal. c. fig.

*Noctulinia labiata.* G r a y. Mammal. of the Brit. Mus. p. 32.

„          „          B l y t h. Journ. of the Asiat. Soc. of Bengal. V. XXI.
(1853.) p. 360.

*Vespertilio labiatus.* W a g n. Schreber Säugth. Suppl. B. V. S. 743.
Note 1.

*Noctulinia Noctula?* B l y t h. Catal. of the Mammal. of the Mus. of
the Asiat. Soc. (1863). p. 30.

Zur Zeit blos aus einer kurzen Beschreibung von H o d g s o n und
einigen nachträglichen Bemerkungen von B l y t h bekannt, aber ohne
Zweifel eine selbstständige Art, welche sich durch die ihr eigenthümlichen Merkmale scharf von allen übrigen sondert.

Bezüglich ihrer Größe steht sie der Doggen-Waldfledermaus
*(Noctulinia Molossus)* nur wenig nach, daher sie zu den größten
Formen ihrer Gattung zählt.

Der Kopf ist breit, flachgedrückt und angeschwollen, die
Schnauze kurz, deutlich abgegrenzt, der Länge nach ausgehöhlt und
vorne abgerundet. Die Lippen sind sehr stark aufgetrieben, aber
weder warzig, noch kahl. Die Ohren sind kurz, kürzer als der Kopf,
weit auseinander gestellt, von rundlicher Gestalt, am Außenrande an
der Außenseite gefaltet und mit demselben bis gegen den Mundwinkel
vorgezogen. Die Ohrklappe ist rundlich und nach einwärts gerichtet.
Die Flügel sind lang und schmal, großentheils kahl, und reichen bis

an die Fußwurzel. Die Schenkelflughaut ist nicht behaart. Der Schwanz ist lang, ²/₃ der Körperlänge einnehmend und ragt mit seinem Endgliede frei aus der Schenkelflughaut hervor.

Die Körperbehaarung ist sehr kurz, dicht und glatt anliegend. Die Färbung ist auf der Ober- wie der Unterseite des Körpers einfärbig gesättigt braun. Die Flughäute und die kahlen Körpertheile sind purpurschwarz.

Körperlänge . . . . . . . . .     3″.   Nach Hodgson.
Länge des Schwanzes . . . . .     2″.
Spannweite der Flügel . . . . .  1′ 3″.

Im Oberkiefer sind 4 Vorderzähne vorhanden, welche durch einen Zwischenraum voneinander getrennt sind, im Unterkiefer 6. Hodgson, welcher Lücken- und Backenzähne zusammenfaßt, gibt die Zahl derselben in beiden Kiefern jederseits auf 6 an, was offenbar nur auf einer Täuschung beruht, da sich Gray, welcher diese Art zu untersuchen Gelegenheit hatte — überzeugte, daß sie seiner Gattung „*Noctulinia*" angehört, bei welcher die Zahl der Lücken- und Backenzähne zusammengefaßt, im Oberkiefer jederseits 4—5, im Unterkiefer aber beständig 5 beträgt.

Vaterland. Süd-Asien, Nepal, wo Hodgson diese Art entdeckte.

Temminck glaubte in derselben einen Grämler *(Molossus)* zu erkennen und Gray, bevor er sie noch näher kannte, hielt sie mit dem bengalischen Doggengrämler *(Nyctinomus plicatus)* für identisch. Später erkannte er diesen Irrthum und reihte sie als eine selbstständige Art seiner Gattung „*Noctulinia*" ein. Blyth stimmte früher dieser Ansicht bei, gerieth später aber in Zweifel, ob sie nicht vielleicht mit der großen Waldfledermaus *(Noctulinia Noctula)* zusammenfallen könnte.

Das Britische Museum zu London ist wohl das einzige in Europa, das diese Art besitzt.

### 7. Die wollhaarige Waldfledermaus *(Noctulinia lasiura)*.

*N. triste parum major; capite depresso; auriculis mediocribus modice longis latisque rotundatis; trago conchaeformi curvato; brachiis, scelidibus patagioque anali dense pilosis; cauda mediocri, dimidio corpore eximie longiore et antibrachio longitudine aequali;*

*corpore pilis longiusculis sat incumbentibus laneis mollibus densissime vestito ; notaeo dilute ex rufescente ferrugineo-flavo, gastraeo fuligineo-fusco griseo-lavato ; digitis ex rufescente ferrugineo-flavis ; patagiis nigrescentibus.*

Noctulinia lasiura. H o d g s. Journ. of the Asiat. Soc. of Bengal.
V. XVI. P. II. p. 896.
*Vespertilio lasiurus.* W a g n. Schreber Säugth. Suppl. B. V. S. 743.
Nr. 46.

So unvollständig diese Art uns auch bis jetzt bekannt ist, so kann es doch nicht dem geringsten Zweifel unterliegen, daß sie sich von allen übrigen specifisch unterscheidet, da sie gewisse Merkmale an sich trägt, welche sich bei keiner anderen finden.

Sie zählt zu den mittelgroßen Formen ihrer Gattung, ist nur wenig größer als die Trauer-Waldfledermaus *(Noctulinia tristis)* und merklich kleiner als die große Waldfledermaus *(Noctulinia Noctula)*, an welche sie, so wie auch an die breitlippige Waldfledermaus *(Noctulinia labiata)* in ihrer allgemeinen Körperform erinnert.

Der Kopf ist flachgedrückt. Die Ohren sind mittelgroß, mäßig lang, ziemlich breit und gerundet. Die Ohrklappe ist schneckenförmig gekrümmt. Die Oberarme, die Beine und die Schenkelflughaut sind dicht behaart. Der Schwanz ist mittellang, beträchtlich länger als der halbe Körper und von gleicher Länge wie der Vorderarm.

Die Körperbehaarung ist mäßig lang, sehr dicht, ziemlich glatt anliegend, wollig und weich.

Die Oberseite des Körpers ist hell röthlich-rostgelb, die Unterseite rußbraun und grau überflogen, da die einzelnen Haare hier in graue Spitzen endigen. Die Finger sind röthlich-rostgelb, die Flughäute schwärzlich.

Körperlänge . . . . . . . .    2″ 6‴.    Nach H o d g s o n.
Länge des Schwanzes . . . . .    1″ 9‴.
,.    „ Vorderarmes . . . .    1″ 9‴.
„ der Ohren . . . . . .    8³/₄‴.

Die Zahl der Lücken- und Backenzähne ist nicht angegeben.

V a t e r l a n d. Süd-Asien, Nepal, wo H o d g s o n diese Art entdeckte und die er auch zuerst beschrieb.

W a g n e r spricht sich der Unbekanntschaft mit den Zähnen wegen nicht aus, zu welcher Gattung er diese Art gestellt wissen will.

### 8. Die sumatranische Waldfledermaus *(Noctulinia sumatrana)*.

*N. Leisleri fere magnitudine; capite crasso, rostro brevi obtuso; auriculis brevibus latis, capite brevioribus, trigono-ovatis; trago antrorsum flexo, apicem versus dilatato, supra rotundato; alis angustissimis, infra juxta brachium et antibrachium fascia e pilis confertis formata obtectis nec non inter metacarporum radices dense pilosis, ad tarsum usque attingentibus; patagio anali calvo; cauda mediocri, dimidio corpore paullo longiore, apice prominente libera; corpore pilis brevibus incumbentibus mollibus dense vestito; notaeo gastraeoque unicoloribus ex rufescente flavo-fuscis, gastraeo paullo dilutiore.*

*Noctule de Sumatra.* Fr. Cuv. Nouv. Ann. du Mus. V. I. p. 20.

*Nycticejus noctulinus?* Temminck. Monograph. d. Mammal. V. II. p. 66.

*Scotophilus Noctula. Var. Sumatrana.* Gray. Magaz. of Zool. and Bot. V. II. p. 497.

*Vesperugo Noctule de Sumatra.* Keys. Blas. Wiegm. Arch. B. VI. (1840). Th. I. S. 2.

*Nicticejus noctulinus?* Wagn. Schreber Säugth. Suppl. B. I. S. 544. Note 3.

       –    Wagn. Schreber Säugth. Suppl. B. V. S. 765. Nr. 2.＊

Nur eine ganz kurze Notiz von Fr. Cuvier ist es, auf welche sich unsere Kenntniß von dieser Form, — die aller Wahrscheinlichkeit nach eine selbstständige Art bildet, — gründet.

In Ansehung der Größe kommt sie mit der kleinen Waldfledermaus *(Noctulinia Leisleri)* nahezu überein, daher sie zu den kleineren Formen in der Gattung und zu den mittelgroßen in der Familie gehört.

Ihre körperlichen Formen sind dieselben wie jene der großen Waldfledermaus *(Noctulinia Noctula)*, mit welcher sie allerdings sehr nahe verwandt ist, doch ist sie beträchtlich kleiner als diese und durch die Verhältnisse ihrer einzelnen Körpertheile sehr deutlich von derselben verschieden. Ihre Merkmale wären daher — vorausgesetzt, daß Fr. Cuvier's Andeutungen richtig sind, — folgende.

Der Kopf ist dick, die Schnauze kurz und stumpf. Die Ohren sind kürzer als der Kopf und von dreieckig-eiförmiger Gestalt. Die Ohrklappe ist nach vorwärts gekrümmt, nach oben zu ausgebreitet und an der Spitze abgerundet. Die Flügel sind sehr schmal, auf der Unterseite unter dem ganzen Ober- und Vorderarme mit einem Streifen dichter Haare besetzt und auch zwischen den Wurzeln der Mittelhandknochen kurz und breit, dicht behaart, und reichen bis an die Fußwurzel. Die Schenkelflughaut ist kahl. Der Schwanz ist mittellang, etwas länger als der halbe Körper und ragt mit seinem Ende frei aus der Schenkelflughaut hervor.

Die Körperbehaarung ist kurz, dicht, glatt anliegend und weich.

Die Färbung des Körpers ist einfärbig röthlich-gelbbraun, auf der Unterseite etwas lichter.

Körperlänge . . . . . . . . 2″ 2‴. Nach **Fr. Cuvier.**
Länge des Schwanzes . . . . 1″ 4‴.
Spannweite der Flügel . . . . 9″.

Über die Zahl der Lücken- und Backenzähne liegt keine bestimmte Angabe vor.

**Vaterland.** Süd-Asien, Sumatra.

**Temminck** spricht die Vermuthung aus, daß diese Form vielleicht mit der kahlschnauzigen Schwirrfledermaus *(Nycticejus noctulinus)* identisch sei und ebenso auch **Wagner**, wogegen jedoch nicht nur die Verschiedenheit des Vaterlandes, sondern auch der Umstand spricht, daß **Fr. Cuvier**, der diese Form kurz beschrieben, ausdrücklich angibt, daß sie in ihren Merkmalen der europäischen großen Waldfledermaus *(Noctulinia Noctula)* vollkommen ähnlich sei und sich nur durch die geringere Größe von derselben unterscheide; daher auch angenommen werden muß, daß sie sowohl bezüglich der Anheftung und Behaarung der Flügel, als auch in Ansehung der Färbung mit derselben übereinkomme, somit in Merkmalen, welche sich von jenen der kahlschnauzigen Schwirrfledermaus *(Nycticejus noctulinus)* wesentlich unterscheiden.

**Gray** betrachtet die von **Fr. Cuvier** beschriebene Form für eine Varietät der großen Waldfledermaus *(Noctulinia Noctula)*, und **Keyserling** und **Blasius** sehen sie für eine besondere Art ihrer Gattung „*Vesperugo*" an.

### 9. Die kurzflügelige Waldfledermaus *(Noctulinia brachyptera)*.

*N. Leisleri magnitudine; rostro brevi obtuso; auriculis magnis latis rotundatis, in margine exteriore leviter emarginatis; trago oblongo-ovato foliiformi; alis valde abbreviatis, maximam partem calvis, supra infraque juxta corporis latera fascia pilosa limbatis, ad tarsum usque attingentibus; patagio anali calvo et basi tantum fascia pilosa supra infraque circumdato; cauda mediocri, dimidio corpore perparum longiore et antibrachio paullo breviore, apice prominente libera; corpore pilis brevibus incumbentibus mollibus dense vestito; notaeo fere nigro-fusco, gastraeo dilutiore nigrescente- vel umbrino-fusco.*

*Vespertilio brachypterus.* Temminck. Monograph. d. Mammal. V. II. p. 215. t. 53. f. 5, 6.

*Vesperugo brachypteris.* Keys. Blas. Wiegm. Arch. B. VI. (1840.) Th. I. S. 2.

*Vespertilio brachypterus.* Wagn. Schreber Säugth. Suppl. B. I. S. 519. Nr. 47.

Wagn. Schreber Säugth. Suppl. B. V. S. 744. Nr. 51.

„            „            Giebel. Säugeth. S. 938. Note 2.

*Vesperugo brachypterus.* Fitz. Säugeth. d. Novara-Exped. Sitzungsber. d. math.-naturw. Cl. d. kais. Akad. d. Wiss. B. XLII. S. 390.

*Vespertilio brachypterus.* Zelebor. Reise d. Fregatte Novara. Zool. Th. B. I. S. 17.

*Vesperus brachypterus.* Zelebor. Reise d. Fregatte Novara. Zool. Th. B. I. S. 17.

Bis jetzt ist Temminck der einzige Naturforscher, welcher diese Art — über deren Selbstständigkeit nicht wohl ein Zweifel erhoben werden kann, — beschrieben.

Sie bildet eine der mittelgroßen Formen in der Familie und der kleinsten in der Gattung, da sie nur sehr wenig größer als die kleindaumige *(Noctulinia Eschholtzii)* und saumohrige Waldfledermaus *(Noctulinia circumdata)* und von gleicher Größe wie unsere europäische kleine Waldfledermaus *(Noctulinia Leisleri)* ist.

Die Schnauze ist breit und stumpf. Die Ohren sind groß, breit und gerundet und am Außenrande mit einer schwachen Ausrandung versehen. Die Ohrklappe ist länglich-eiförmig und von blattähnlicher Gestalt. Die Flügel sind auffallend kurz, größtentheils kahl, auf der Oberseite längs der Leibesseiten von einer Haarbinde umgeben, und ebenso auf der Unterseite. wo sich die Behaarung bis zum Anfange des Vorderarmes erstreckt, und reichen bis an die Fußwurzel. Die Schenkelflughaut ist wie die Flügel größtentheils kahl und auf der Ober- wie der Unterseite nur um den Steiß herum von einer Haarbinde umsäumt, die sich an jene der Flügel anschließt. Der Schwanz ist mittellang, nur sehr wenig länger als der halbe Körper, etwas kürzer als der Vorderarm und ragt mit seinem Ende frei aus der Schenkelflughaut hervor.

Die Körperbehaarung ist kurz, dicht, glatt anliegend und weich.

Die Oberseite des Körpers ist beinahe schwarzbraun, die Unterseite lichter und schwärzlich- oder umberbraun.

Körperlänge . . . . . . . . 2″ 1‴. Nach Temminck.
Länge des Schwanzes . . . . 1″ 2‴.
„ „ Vorderarmes . . . 1″ 3‴.
Spannweite der Flügel . . . 8″.

Über die Zahl der Lücken- und Backenzähne liegt keine Angabe vor.

Vaterland. Süd-Asien, Sumatra, woselbst diese Art im Districte Padang getroffen wird, und Java, wo Zelebor dieselbe sammelte.

Keyserling und Blasius reihten sie ihrer Gattung „*Vesperugo*“ ein, Giebel der Gattung „*Vespertilio*“. Wagner wagt nicht hierüber eine Ansicht auszusprechen. da das Zahlenverhältniß der Lücken- und Backenzähne nicht bekannt ist. Zelebor stellte sie ohne irgend einen Grund zur Gattung „*Vesperus*“.

### 10. Die saumohrige Waldfledermaus *(Noctulinia circumdata)*.

*N. Eschholtzii et Vesperuginis platycephali magnitudine; rostro obtuso, auriculis latis, latioribus quam longis, in margine exteriore emarginatis; trago foliiformi, apicem versus dilatato, rotundato; alis maximam partem calvis, versus corporis latera solum pilosis; patagio anali in basali triente piloso, in besse apicali calvo; cauda mediocri, dimidio corpore et antibrachio distincte longiore; corpore pilis brevibus incumbentibus mollibus nitidis dense vestito; notaeo rufescente-fusco, gastraeo in pectore rufescente, in abdomine griseo, pilis corporis omnibus bicoloribus basi nigris; patagiis nigris; auriculis nigris, ad basin flavidis et in marginibus flavescente-albis.*

*Vespertilio circumdatus.* Temminck. Monograph. d. Mammal. V. II. p. 214. t. 53. f. 3, 4.

*Vesperugo circumdatus.* Keys. Blas. Wiegm. Arch. B. VI. (1840.) Th. I. S. 2.

*Vespertilio circumdatus.* Wagn. Schreber Säugth. Suppl. B. I. S. 510. Nr. 30.

*Vesperugo circumdatus.* Wagn. Schreber Säugth. Suppl. B. I. S. 510. Nr. 30.

*Vespertilio circumdatus.* Wagn. Schreber Säugth. Suppl. B. V. S. 738. Nr. 31.

*Vesperugo circumdatus.* Wagn. Schreber Säugth. Suppl. B. V. S. 738. Nr. 31.

*Vespertilio circumdatus.* Giebel. Säugeth. S. 945.

*Vesperugo circumdatus.* Giebel. Säugeth. S. 945.

Diese durch ihre Merkmale sehr ausgezeichnete und leicht zu erkennende Art wurde uns gleichfalls durch Temminck bekannt, der uns eine vollkommen genügende Beschreibung und auch eine Abbildung von ihr mittheilte.

Sie gehört den mittelgroßen Formen in der Familie an und ist nebst der kleindaumigen Waldfledermaus *(Noctulinia Eschholtzii)* eine der kleinsten in der Gattung, indem sie mit derselben von gleicher Größe, daher eben so groß als die flachköpfige Dämmerungs-fledermaus *(Vesperugo platycephalus)* ist.

In ihrer Gestalt im Allgemeinen hat sie große Ähnlichkeit mit der großen Waldfledermaus *(Noctulinia Noctula)*.

Die Schnauze ist stumpf. Die Ohren sind ziemlich breit, breiter als lang und an ihrem Außenrande ausgerandet. Die Ohrklappe ist blattförmig, nach oben zu ausgebreitet und abgerundet. Die Flügel sind größtentheils kahl und nur an den Leibesseiten etwas behaart. Die Schenkelflughaut ist von der Wurzel an im ersten Drittel ihrer Breite behaart, in den beiden Enddritteln aber kahl. Der Schwanz ist mittellang, merklich länger als der halbe Körper und auch als der Vorderarm.

Die Körperbehaarung ist kurz, dicht, glatt anliegend, glänzend und weich.

Die Oberseite des Körpers ist röthlichbraun, die Unterseite auf der Brust röthlich und am Bauche grau, da die einzelnen Haare, welche durchgehends zweifärbig und an der Wurzel schwarz sind, auf der Oberseite in röthlichbraune, auf der Brust in röthliche und am Bauche in graue Spitzen endigen. Die Flughäute sind schwarz, die Ohren schwarz, an der Wurzel gelblich und am Rande gelblichweiß.

Körperlänge . . . . . . . 2″.    Nach Temminck.
Länge des Schwanzes . . . 1″ 4‴.
„    „ Vorderarmes . . 1″ 7‴.
Spannweite der Flügel . . . 11″ 8‴.

In beiden Kiefern sind jederseits 1 Lückenzahn und 4 Backenzähne vorhanden.

Vaterland. Süd-Asien, Java, wo diese Art im Districte Tapos getroffen wird.

Keyserling und Blasius zählen dieselbe zu ihrer Gattung „*Vesperugo*“ und Wagner und Giebel schließen sich dieser Ansicht an.

### 11. Die Trauer-Waldfledermaus (*Noctulinia tristis*).

*N. lasiura parum minor; rostro brevi obtuso; auriculis mediocribus, brevibus rotundatis; trago curvato, supra rotundato; alis ad tarsum usque attingentibus, pollice proportionaliter sat magno; cauda longa, corpori longitudine aequali et antibrachio paullo longiore; corpore pilis brevibus incumbentibus dense vestito; notaeo fuligineo-nigro pilis omnibus unicoloribus, gastraeo ejusdem coloris et grisescente-lavato, pilis singulis bicoloribus et in extremo apice grisescentibus.*

*Vespertilio tristis.* Waterh. Ann. of Nat. Hist. V. XVI. (1845.) p. 50.

„    Wagn. Schreber Säugth. Suppl. B. V. S. 743. Nr. 47.

„    Giebel. Säugeth. S. 951. Note 3.

Diese in ihren körperlichen Formen an unsere europäische
große Waldfledermaus *(Noctulinia Noctala)* lebhaft erinnernde Art
ist uns bis jetzt nur durch Waterhouse bekannt geworden, der
dieselbe kurz beschrieb.

Sie gehört zu den mittelgroßen Formen in der Gattung und ist
nur wenig kleiner als die wollhaarige Waldfledermaus *(Noctulinia
lasiura)*.

Zunächst ist sie mit der kleindaumigen Waldfledermaus *(Noctulinia Eschholtzii)* verwandt, aber die beträchtlichere Größe, die
Verschiedenheiten in den körperlichen Verhältnissen und die Färbung
trennen sie deutlich von dieser Art.

Die Schnauze ist kurz und stumpf. Die Ohren sind mittelgroß,
kurz und gerundet. Die Ohrklappe ist gekrümmt und oben abgerundet. Die Flügel reichen bis an die Fußwurzel und der Daumen ist
verhältnißmäßig ziemlich groß. Der Schwanz ist lang, mit dem Körper von gleicher Länge und etwas länger als der Vorderarm.

Die Körperbehaarung ist kurz, dicht und glatt anliegend.

Die Oberseite des Körpers ist rußschwarz und sämmtliche Haare
derselben sind einfärbig, die Unterseite ist ebenso, aber graulich
überflogen, da die einzelnen Haare hier an der äußersten Spitze graulich sind.

Körperlänge . . . . . . . 2″ 5‴.　Nach Waterhouse.
Länge des Schwanzes . . . 2″ 5‴.
　„　　„　Vorderarmes . . 2″ 1‴.
　„　　der Ohren . . . . . 3⅔‴.

Über die Zahl und Vertheilung der Lücken- und Backenzähne
liegt keine Angabe vor.

Vaterland. Südost-Asien, Philippinen.

### 12. Die kleindaumige Waldfledermaus *(Noctulinia Eschholtzii)*.

*N. circumdatae magnitudine; rostro brevi obtuso; auriculis
proportionaliter parvis, brevibus, apice rotundatis; trago brevi,
supra rotundato; alis ad tarsum usque attingentibus, pollice
parvo; cauda longa, corpori longitudine aequali et antibrachio
paullo longiore; corpore pilis brevibus incumbentibus dense vestito;
notaeo nigrescente-fusco, gastraeo grisescente.*

*Vespertilio Eschholtzii.* Walterh. Ann. of Nat. Hist. V. XVI.
(1845.) p. 51.
Wagn. Schreber Säugth. Suppl. B. V.
S. 743.

*Vespertilio Eschholtzi.* Giebel. Säugeth. S. 951. Note 3.

Auch die Kenntniß dieser Art haben wir Waterhouse zu
danken, der uns bis jetzt allein nur eine Beschreibung von derselben
mittheilte.

Sie zählt zu den mittelgroßen Formen in der Familie, obgleich
sie nebst der saumohrigen Waldfledermaus *(Noctulinia circumdata)*,
welche mit ihr von gleicher Größe ist, eine der kleinsten in ihrer
Gattung bildet und kommt auch der flachköpfigen Dämmerungsfledermaus *(Vesperugo platycephalus)* an Größe vollkommen gleich.

Offenbar steht sie mit der Trauer-Waldfledermaus *(Noctulinia
tristis)* in sehr naher Verwandtschaft und bietet auch beinahe dieselbe Körperform dar, doch unterscheidet sie sich von ihr nicht nur
durch die geringere Größe, sondern auch durch die Abweichungen
in den Verhältnissen ihrer einzelnen Körpertheile und auch in der
Färbung.

Die Schnauze ist kurz und stumpf. Die Ohren sind verhältnißmäßig klein, kurz und an der Spitze abgerundet. Die Ohrklappe ist
kurz und am oberen Ende abgerundet. Die Flügel heften sich an
die Fußwurzel an und der Daumen ist klein. Der Schwanz ist lang,
von derselben Länge wie der Körper und etwas länger als der Vorderarm.

Die Körperbehaarung ist kurz, dicht und glatt anliegend.

Die Färbung ist auf der Oberseite des Körpers schwärzlichbraun, auf der Unterseite graulich, da die einzelnen Haare hier in
grauliche Spitzen endigen.

Körperlänge . . . . . . . 2″.    Nach Waterhouse.
Länge des Schwanzes . . . 2″.
„   „ Vorderarmes . . 1″ 9‴.
„  der Ohren . . . . . 3½‴.

Das Zahlenverhältniß der Lücken- und Backenzähne ist nicht
bekannt.

Vaterland. Südost-Asien, Philippinen.

## 24. Gatt. Dämmerungsfledermaus (Vesperugo).

Der Schwanz ist mittellang oder lang, größtentheils von der Schenkelflughaut eingeschlossen und nur mit seinem Endgliede frei aus derselben hervorragend. Der Daumen ist frei. Die Ohren sind weit auseinander gestellt, mit ihrem Außenrande bis gegen den Mundwinkel oder noch über denselben hinaus verlängert und kurz, mittellang, oder lang. Die Sporen sind von einem Hautlappen umsäumt. Die Flügel reichen bis an die Zehenwurzel. Die Zehen der Hinterfüße sind dreigliederig und voneinander getrennt. Im Unterkiefer ist jederseits nur 1 Lückenzahn vorhanden, Backenzähne befinden sich in beiden Kiefern jederseits 4. Die Vorderzähne des Oberkiefers sind auch im Alter bleibend und nur äußerst selten fallen in sehr hohem Alter die beiden mittleren derselben aus.

Zahnformel: Vorderzähne $\frac{4}{6}$ oder $\frac{1-1}{6}$, Eckzähne $\frac{1-1}{1-1}$, Lückenzähne $\frac{1-1}{1-1}$ oder $\frac{0-0}{1-1}$, Backenzähne $\frac{4-4}{4-4}$ = 34 oder 32.

### 1. Die Alpen-Dämmerungsfledermaus (Vesperugo Maurus).

*V. Rüppellii paullo major; rostro lato rotundato, facie pilis longiusculis dense obtecta, rostro supra usque inter nares pilis brevissimis vestito, rhinario calvo, naribus semilunaribus; auriculis breviusculis, capite brevioribus, oblongo-ovatis rotundatis cutaneis, margine exteriore versus oris angulum protractis, externe a basi ad dimidium usque dense pilosis, interne pilis perparce dispositis obtectis; trago oblongo brevi, parum lato, in marginis exterioris medio latissimo, apicem versus valde angustato et antrorsum ac introrsum directo, supra rotundato, in margine exteriore leviter arcuato et ad basin protuberantia dentiformi alteraque minore supra istam paullo infra medium instructo, in interiore sinuato; alis modice longis sat latis cutaneis, supra infraque ad corporis latera nec non infra juxta brachia et crura pilosis, ad digitorum pedis basin usque adnatis; plantis podariorum basi callo magno transversali lato plano-rotundato et infra digitorum basin pluribus alteris instructis; patagio anali lato, maximam partem calvo, infra fibris muscularibus per 14 series disposito et oblique versus caudam decurrentibus nec non usque ad caudae dimidium pilis brevibus exilibus fasciculatis et parum confertis obsitis percurso; calcaribus lobo cutaneo limbatis; cauda sat longa corpore distincte et antibrachio vix breviore, apice articulo ultimo prominente libera; palato plicis transversalibus 7 percurso, duabus anticis integris, caeteris divisis; corpore pilis modice longis, subincumbentibus mollibus dense vestito; colore secundum aetatem variabili; notaeo in animalibus adultis obscure vel nigro-fusco flavido- vel rufescente-fusco-lavato, gastraeo dilutiore albido-fusco-vel flavido-albido-lavato; auriculis patagiisque saturate nigro-fuscis vel obscure fusco-nigris; corpore in junioribus animalibus obscuriore nigro-fusco magisque griseo-fusco-lavato.*

*Vesperugo Maurus.* Bl a s. Bullet. d. Münchener Akad. 1853. S. 260.

„ „ Blas. Anzeig. d. bayer. Akad. d. Wiss. B. XX. (1853.) S. 108.

„ „ Blas. Wiegm. Arch. B. XIX. (1853.) Th. I. S. 35.

*Vespertilio Maurus.* W a g n. Schreber Säugth. Suppl. B. V. S. 731. Nr. 14.

*Vesperugo Maurus.* W a g n. Schreber Säugth. Suppl. B. V. S. 731. Nr. 14.

*Hypsugo Maurus.* K o l e n a t i. Allgem. deutsche naturh. Zeit. B. II. (1856.) Hft. 5. S. 167, 168.

*Vesperugo Maurus.* B l a s. Fauna d. Wirbelth. Deutschl. B. I. S. 67. Nr. 6.

*Vespertilio Maurus.* G i e b e l. Säugeth. S. 947.

*Vesperugo Maurus.* G i e b e l. Säugeth. S. 947.

*Hypsugo Maurus.* K o l e n a t i. Monograph. d. europ. Chiropt. S. 60. Nr. 5.

Diese überaus ausgezeichnete und mit keiner anderen zu verwechselnde Art ist eine Entdeckung von B l a s i u s, dem wir eine sehr genaue Beschreibung derselben zu verdanken haben.

Sie ist die größte unter den kleineren Formen dieser Gattung, etwas größer als die Dongola-Dämmerungsfledermaus *(Vesperugo Rüppellii)*, und etwas kleiner als die flachköpfige *(Vesperugo platycephalus)*, welche schon zu den mittelgroßen Formen gerechnet werden muß.

Die Schnauze ist breit und gerundet, das Gesicht dicht mit
ziemlich langen Haaren besetzt, der Nasenrücken bis zwischen die
Nasenlöcher sehr kurz behaart und die Nasenkuppe kahl. Die Nasenlöcher sind halbmondförmig. Die Ohren sind ziemlich kurz, kürzer als
der Kopf, länglich-eiförmig gerundet, dickhäutig, mit dem Außenrande
bis gegen den Mundwinkel vorgezogen, auf der Außenseite von der
Wurzel bis zur Mitte dicht behaart, auf der Innenseite aber nur mit
sehr dünngestellten Haaren besetzt. Die Ohrklappe ist länglich, kurz
und nicht sehr breit, in der Mitte ihres Außenrandes am breitesten,
nach oben zu stark verschmälert und nach vor- und einwärts gerichtet, an der Spitze abgerundet, am Außenrande schwach ausgebogen,
an der Wurzel desselben mit einem zackenartigen Vorsprunge, und
über diesem etwas unter der Mitte mit einem zweiten kleineren
solchen Vorsprunge versehen, und am Innenrande eingebuchtet. Die
Flügel sind mäßig lang, ziemlich breit und dickhäutig, auf der Ober-
wie der Unterseite längs der Leibesseiten und auf der Unterseite
auch längs des Oberarmes und der Oberschenkel behaart und reichen
bis an die Zehenwurzel. Die Sohlen sind an der Wurzel mit einem
großen breiten flach-gerundeten Querwulste und mehreren kleineren
unter der Wurzel der Zehen versehen. Die Schenkelflughaut ist breit,
größtentheils kahl und auf der Unterseite mit 14 schief gegen den
Schwanz zu verlaufenden Querreihen von Muskelbündeln durchzogen,
welche bis zur Mitte des Schwanzes mit nicht sehr gedrängt stehenden
kurzen schwachen Haarbüscheln besetzt sind. Die Sporen sind von
einem Hautlappen umsäumt. Der Schwanz ist ziemlich lang, doch
merklich kürzer als der Körper, kaum etwas kürzer als der Vorderarm, und ragt mit seinem Endgliede frei aus der Schenkelflughaut
hervor. Der Gaumen ist von 7 Querfalten durchzogen, von denen die
beiden vorderen ungetheilt sind.

Die Körperbehaarung ist mäßig lang, dicht, nicht sehr glatt
anliegend und weich.

Die Färbung ist nach dem Alter etwas verschieden.

Bei alten Thieren ist die Oberseite des Körpers dunkelbraun
oder schwarzbraun und gelblich — oder röthlichbraun überflogen, die
Unterseite heller, mit weißlichbraunem oder gelblichweißem Anfluge,
da sämmtliche Körperhaare zweifärbig und zwar an der Wurzel
schwarzbraun sind und auf der Oberseite in gelblich- oder röthlichbraune, auf der Unterseite in mehr weißlichbraune oder gelblich-

weiße Spitzen endigen. Die Ohren und die Flughäute sind tief schwarzbraun oder dunkel braunschwarz.

Junge Thiere sind dunkler schwarzbraun und mehr graubraun überflogen.

Körperlänge . . . . . . . . . 1″ 11‴. Nach Blasius.
Länge des Schwanzes . . . . 1″ 3‴.
„ des Vorderarmes . . . . 1″ 3½‴.
„ der Ohren . . . . . . 6½‴.
Spannweite der Flügel . . . . 8″ 6‴.
Körperlänge . . . . . . . . . 1″ 11⅔‴. Nach Kolenati.
Länge des Schwanzes . . . . 1″ 3¼‴.
„ des Vorderarmes . . . . 1″ 3⅓‴.
„ des Kopfes . . . . . . 7½‴.
„ der Ohren . . . . . . 6½‴.
„ der Ohrklappe . . . . 2⅔‴.
Spannweite der Flügel . . . . 8″ 7⅔‴.

In beiden Kiefern sind jederseits 1 Lückenzahn und 4 Backenzähne vorhanden, und der Lückenzahn des Oberkiefers ist sehr klein und ganz aus der Reihe nach Innen gerückt. Die Vorderzähne des Unterkiefers sind schief gestellt.

Vaterland. Der südliche Theil von Mittel-Europa, wo diese Art auf die Central-Alpenkette beschränkt ist und von Savoyen durch die Schweiz, Tyrol, Kärnthen, Krain, Steyermark und Salzburg bis nach Österreich angetroffen wird.

Blasius zählt sie zu seiner Gattung „*Vesperugo*“ und ebenso auch Wagner und Giebel. Kolenati betrachtete sie aber für den Repräsentanten einer besonderen Gattung, für welche er den Namen „*Hypsugo*“ in Vorschlag brachte.

## 2. Die kahlschienige Dämmerungsfledermaus (*Vesperugo Pipistrellus*).

*V. nani fere magnitudine; capite alto paullo deplanato, fronte sulco longitudinali lato excavata et usque ad rostri medium pilis longiusculis dense vestita, facie in lateribus calva; rostro brevi angustato obtusiusculo, versus nares angulatim terminato, setis tenerrimis sicut in mento obtecto; naribus reniformibus lateraliter sitis, naso parvo, inter nares non sulcato calvo, rictu oris amplo usque infra oculos fisso, labiis in marginibus non*

crenulatis, superiore paullo tumido, inferiore antice in medio protuberantia trigona calva et pone istam fossula oblonga transversali
et sulco longitudinali brevi angusto instructo ; auriculis breviusculis
latis, capite brevioribus, minus latis quam in margine interiore
longis, trigono-ovalibus, supra obtuse rotundatis, in margine exteriore
apicem versus leviter emarginatis, usque ad oris angulum protractis et in eadem altitudine terminatis, in interiore lobulo anguli-
formi instructis, paene calvis et externe solum ad basin dense
pilosis, interne plicis 6 transversalibus percursis: marginibus
interioribus inter se minus distantibus quam a rostri apice ; trago
linguaeformi perparum falciformiter curvato, fere recto, breviusculo, vix usque ad dimidium lobuli anguliformis attingente, infra
medium latissimo, apicem versus angustato, supra obtuse rotundato
ac introrsum curvato, in margine interiore sinuato, in exteriore
arcuato et ad basin unidenticulato ; oculis parvis profunde sitis,
supra setis singulis teneris instructis ; alis breviusculis parum
latis calvis, juxta corporis latera tantum fascia pilosa brachium
ad dimidium usque et fere totum femur obtegente limbatis, ad digitorum pedis basin usque attingentibus ; patagio anali supra ad basin
ad trientem usque et juxta tibiam non ad dimidium ejus piloso,
infra calvo et 10 seriebus vasorum arcuatis, pilis brevibus flavescentibus obtectis et in angulo obliquo versus caudam decurrentibus
percurso ; calcaribus lobo pedem versus rotundato limbatis ; tibiis
externe plane calvis ; plantis transversaliter rugosis ; pedibus
parvis, digitis brevibus, unguiculis valde arcuatis ; cauda longa,
corpore parum breviore et antibrachio perparum longiore, apice
prominente libera ; palato plicis transversalibus 8 percurso, duabus anticis integris, caeteris divisis ; corpore pilis minus brevibus,
sat incumbentibus teneris mollibus vestito, in junioribus brevioribus, minus densis magisque incumbentibus ; notaeo vel obscuriore
vel dilutiore ex nigrescente ferrugineo-rufescente, saepius in
flavescentem vergente, imprimis in vertice et regione auricularum,
gastraeo paullo dilutiore languide flavo-fuscescente in grisescentem
vergente, pilis singulis in notaeo in individuis obscurioribus fere
unicoloribus nigrescentibus vel ex flavescente ferrugineo-fuscescen-
tibus, in dilutioribus in apices dilutiores terminatis, in gastraeo
magis distincte bicoloribus ad basin fusco-nigris ; macula obscuriore
supra humeros et infra aures nulla ; patagiis nigro-fuscis, alis

*inter digitum quintum et pedem interdum dilutius marginatis; naso, lateribus faciei auriculisque nigris; unguiculis grisescente-corneis; in junioribus capite notaeoque obscurioribus fuscis, gastraeo dilutiore grisescente, patagiis saturate fuscis; in japanensibus individuis corpore distincte dilutiore.*

*Vespertilio caudatus, naso oreque simplici.* L i n n é. Fauna Suec.
Edit. I. p. 7. Nr. 18.

„ L i n n é. Syst. Nat.
Edit. VI. p. 7. Nr. 2.

*Vespertilio murinus.* L i n n é. Syst. Nat. Edit. X. T. I. p. 32. Nr. 7.

*Pipistrelle.* D a u b e n t. Mém. de l'Acad. 1759. p. 381. t. 1. f. 3.
(Kopf.)

„ B u f f o n. Hist. nat. d. Quadrup. V. VIII. p, 119, 129.
t. 19. f. 1.

*Vespertilio murinus.* L i n n é. Fauna Suec. Edit. II. p. 1. Nr. 2.

„ „ L i n n é. Syst. Nat. Edit. XII. T. I. P. I. p. 47.
Nr. 6.

*Eine Art kleiner Fledermäuse.* P a l l a s. Reise d. Rußland. B. I. S. 41.

*Pipistrello.* A l e s s a n d r i. Anim. quadrup. V. III. t. 107.

*Pipistrelle bat.* P e n n a n t. Synops. Quadrup. p. 370. Nr. 289.

*Vespertilio Pipistrellus.* S c h r e b e r. Säugth. B. I. S. 167. Nr. 12.
t. 54.

*Zwergfledermaus.* M ü l l e r. Natursyst. Suppl. S. 16.

*Vespertilio Pipistrellus.* E r x l e b. Syst. regn. anim. P. I. p. 148. Nr. 5.

„ „ Z i m m e r m. Geogr. Gesch. d. Mensch. u. d.
Thiere. B. II. S. 413. Nr. 365.

*Pipistrelle Bat.* P e n n a n t. Hist. of Quadrup. V. II. p. 561. Nr. 409.

*Vespertilio Pipistrella.* B o d d a e r t. Elench anim. V. I. p. 69. Nr. 7.

*Vespertilio Pipistrellus.* G m e l i n. Linné Syst. Nat. T. I. P. I. p. 48.
Nr. 12.

*Zwergfledermaus. Vespertilio Pipistrellus.* S c h r a n k. Fauna Boica.
Bd. I. S. 63. Nr. 23.

*Pipistrelle bat.* S h a w. Gen. Zool. V. I. P. I p. 132.

*Zwergfledermaus.* B e c h s t. Naturg. Deutschl. B. I. S. 1178.

*Vespertilio Pipistrellus.* G e o f f r. Ann. du Mus. V. VIII. p. 195. Nr. 5.
t. 47, 48. (Kopf u. Schädel.)

„ K u h l. Wetterau. Ann. B. IV. S. 53. Nr. 12.
16*

*Pipistrelle.* Cuv. Règne anim. Edit. I. V. I. p. 129.
*Vespertilio Pipistrellus.* Desmar. Nouv. Dict. d'hist. nat. V. XXXV.
　　　　　p. 470. Nr. 8.
　　„　　　　„　　Desmar. Mammal. p. 139. Nr. 209.
Encycl. méth. t. 33. f. 6.
*Vespertilio Pipistrellus.* Eversm. Reise nach Buchara.
　　„　　　　„　　Griffith. Anim. Kingd. V. V. p. 267. Nr. 20.
　　„　　　　„　　Fisch. Synops. Mammal. p. 104,552. Nr. 9.
*Vespertilio pipistrellus.* Wagler. Syst. d. Amphib. S. 13.
*Vespertilio Pipistrellus.* Jäger. Würtemb. Fauna. S. 13.
　　„　　　　„　　Nilss. Skandin. Fauna. Edit. I. S. 41.
　　„　　　　　　Fitz. Fauna. Beitr. z. Landesk. Österr.
　　　　　B. I. S. 294.
*Vespertilio pipistrellus.* Gloger. Säugeth. Schles. S. 6.
　　„　　　　„　　Zawadzki. Galiz. Fauna. S. 16.
*Vespertilio Pipistrellus.* Jenyns. Linnean Transact. V. XVI. p. 163.
*Vespertilio Vipistrellus.* Bonaparte. Iconograf. della Fauna ital.
　　　　　Fasc. XX.
*Vespertilio Pipistrellus.* Temminck. Monograph. d. Mammal. V. II.
　　　　　p. 194. t. 48. f. 5. (Kopf.)
　　„　　　　„　　Bell. Brit. Quadrup. p. 23. fig. p. 30.
　　„　　　　„　　Selys Longch. Faune belge. p. 23.
*Scotophilus murinus.* Gray. Magaz. of Zool. and Bot. V. II. p. 497.
*Vesperugo Pipistrellus.* Keys. Blas. Wiegm. Arch. B. V. (1839.)
　　　　　Th. I. S. 321.
　　„　　　　Keys. Blas. Wirbelth. Europ. S. XIV. 49.
　　　　　Nr. 85.
*Vespertilio Pipistrellus.* Wagn. Schreber Säugth. Suppl. B. I.
　　　　　S. 506. Nr. 23.
*Vesperugo Pipistrellus.* Wagn. Schreber Säugth. Suppl. B. I.
　　　　　S. 506. Nr. 23.
*Vespertilio Pipistrellus.* Freyer. Fauna Krain's. S. 2. Nr. 6.
*Scotophilus murinus.* Gray. Ann. of Nat. Hist. V. X. (1842.) p. 258.
　　„　　　　„　　Gray. Mammal. of the Brit. Mus. p. 28. a. b.
　　　　　c. d. e. f. g. h. k.
*Vespertilio nigricans.* Géné. Dict. univ. d'hist. nat. V. XIII. p. 214.
*Vespertilio nigrans.* Crepson. Faune mérid. p. 24.
*Vespertilio Pipistrellus.* Blainv. Ostéograph. Chiropt.

*Vespertilio pipistrellus.* G i e b e l. Odontograph. S. 12.

*Vesperugo pipistrellus.* G e m m i n g e r, F a h r e r. Fauna Boica. t. 2. c.

*Scotophilus Pipistrellus.* B l y t h. Journ. of the Asiat. Soc. of Bengal.
V. XXI. p. 360.

*Vespertilio Pipistrellus.* W a g n. Schreber Säugth. Suppl. B. V.
S. 730. Nr. 13.

*Vesperugo Pipistrellus.* W a g n. Schreber Säugth. Suppl. B. V.
S. 730. Nr. 13.

*Vespertilio Pipistrellus.* R e i c h e n b. Deutschl. Fauna S. 2. t. 2.
f. 5, 6.

*Nannugo Pipistrellus.* K o l e n a t i. Allg. deutsche naturh. Zeit. B. II.
(1856.) Hft. 5. S. 170.

*Vesperugo Pipistrellus.* B l a s. Fauna Deutschl. B. I. S. 61. Nr. 4.

*Vespertilio pipistrellus.* G i e b e l. Säugeth. S. 946.

*Vesperugo pipistrellus.* G i e b e l. Säugeth. S. 946.

*Nannugo Pipistrellus.* K o l e n a t i. Monograph. d. europ. Chiropt.
S. 74. Nr. 11.

*Myotus murinus.* K o l e n a t i. Monograph. d. europ. Chiropt. S. 118.
Nr. 23.

J u n g.

*Vespertilio pygmaeus.* L e a c h. Zool. Journ. V. I. p. 559. t. 22.

      „         „     G r i f f i t h. Anim. Kingd. V. V. p. 256. Nr. 9.

              „     F i s c h. Synops. Mammal. p. 105, 552. Nr. 10.

              „     G l o g e r. Säugeth. Scbles. S. 6.

              „     Z a w a d z k i. Galiz. Fauna. S. 16.

      „         „     B e l l. Brit. Quadrup. p. 31.

*Scotophilus murinus. Jun.* G r a y. Magaz. of Zool. and Bot. V. II.
p. 497.

    Unter allen Arten dieser Gattung diejenige, welche am längsten
bekannt ist und zugleich auch als die typische Form derselben
betrachtet werden muß.

    Obgleich mit mehreren anderen und insbesondere mit der
Zwerg- *(Vesperugo minutissimus)* , haarschienigen *(Vesperugo
Nathusii)* und dickschnauzigen Dämmerungsfledermaus *(Vesperugo
Ursula)* nahe verwandt und leicht mit denselben zu verwechseln,
bietet sie in ihren körperlichen Merkmalen doch so manche dar,
welche sie scharf von denselben sondern, wenn man sie einer
genaueren Prüfung und sorgfältigen Vergleichung unterzieht.

Sie gehört zu den kleinsten Formen in der Gattung, indem sie der Mozambique- *(Vesperugo nanus)*, Kaffern- *(Vesperugo subtilis)*, coromandelischen *(Vesperugo coromandelicus)*, carolinischen *(Vesperugo carolinensis)* und bärtigen Dämmerungsfledermaus *(Vesperugo barbatus)* an Größe nahezu gleich kommt.

Der Kopf ist hoch und etwas abgeflacht, die Stirne von einer breiten Längsfurche ausgehöhlt und bis zur Mitte des Nasenrückens ziemlich lang und dicht behaart, das Gesicht an den Seiten aber beinahe völlig kahl. Die Schnauze ist kurz, nach vorne zu verschmälert, ziemlich stumpf, an den Nasenlöchern winkelig begrenzt und so wie das Kinn nur spärlich mit sehr feinen Borstenhaaren besetzt. Die Nasenlöcher sind nierenförmig und seitlich gestellt, und die Nase ist klein, zwischen denselben nicht gefurcht und kahl. Der Mund ist bis unter die Augen gespalten. Die Lippen sind an den Rändern nicht gekerbt und die Oberlippe ist etwas aufgetrieben. Auf der Unterlippe befindet sich vorne in der Mitte eine kahle dreieckige wulstige Erhöhung, hinter derselben ein längliches, der Quere nach gestelltes Grübchen und eine kurze, schmale Längsfurche. Die Ohren sind ziemlich kurz und breit, kürzer als der Kopf, doch weniger breit als die Länge ihres Innenrandes beträgt, von dreiseitig-eiförmiger Gestalt, oben stumpf gerundet, am Außenrande nach oben zu leicht ausgerandet, mit demselben bis dicht an den Mundwinkel vorgezogen und in gleicher Höhe mit demselben endigend; am Innenrande aber mit einem winkeligen Vorsprunge versehen. Sie sind beinahe völlig kahl und nur an der Wurzel ihrer Außenseite dicht behaart, auf der Innenseite von 6 Querfalten durchzogen und der Abstand der inneren Ränder der Ohren ist geringer als die Entfernung derselben von der Schnauzenspitze. Die Ohrklappe ist zungenförmig, nur sehr schwach sichelförmig gebogen, beinahe gerade, ziemlich kurz, nicht ganz bis zur Hälfte des winkelartigen Vorsprunges am Innenrande reichend, unter ihrer Mitte am breitesten, nach oben zu verschmälert und an der Spitze stumpf abgerundet und nach einwärts gebogen, am Innenrande eingebuchtet, am Außenrande ausgebogen und an der Wurzel desselben mit einem zackenartigen Vorsprunge versehen. Die Augen sind klein und ziemlich tief liegend, und oberhalb derselben befinden sich einzelne feine Borstenhaare. Die Flügel sind ziemlich kurz, nur wenig breit, kahl, nur längs der Leibesseiten von einer Haarbinde umgeben, welche den halben Oberarm und beinahe den ganzen

Schenkel einschließt, und reichen bis an die Zehenwurzel. Die Schenkelflughaut ist auf der Oberseite von der Wurzel an nicht ganz bis zu ihrem ersten Drittel und längs des Schienbeines nicht bis zur Hälfte desselben behaart, auf der Unterseite aber kahl und von 10 bogenförmig verlaufenden Reihen von Gefäßwülstchen durchzogen welche mit kurzen gelblichen Haaren besetzt sind und in einem schiefen Winkel gegen den Schwanz zu verlaufen. Die Sporen sind von einem gegen den Fuß zu abgerundeten Hautlappen umsäumt. Die Schienbeine sind auf der Außenseite vollständig kahl. Die Sohlen sind der Quere nach gerunzelt, die Füße klein, die Zehen kurz, die Krallen stark gekrümmt. Der Schwanz ist lang, nur wenig kürzer als der Körper, sehr wenig länger als der Vorderarm und ragt mit seinem Endgliede frei aus der Schenkelflughaut hervor. Der Gaumen ist von 8 Querfalten durchzogen, von denen die beiden vorderen nicht getheilt sind.

Die Körperbehaarung ist nicht besonders kurz, dicht, ziemlich glatt anliegend, fein und weich, bei jüngeren Thieren aber kürzer, spärlicher und mehr glatt anliegend.

Die Oberseite des Körpers ist dunkler oder heller schwärzlich rostbräunlich und häufig auch in's Gelbliche ziehend, insbesondere aber auf dem Scheitel und in der Ohrengegend, auf der Unterseite etwas heller matt gelbbräunlich, in's Grauliche ziehend, wobei die einzelnen Körperhaare auf der Oberseite bei den dunkler gefärbten beinahe einfärbig schwärzlich oder gelblich rostbräunlich und nur in der Wurzelhälfte etwas dunkler braungrau sind, bei den lichter gefärbten aber in etwas hellere Spitzen endigen, auf der Unterseite dagegen deutlicher zweifärbig und zwar an der Wurzel braunschwarz und an der Spitze gelbbräunlich in's Grauliche ziehend. Ein dunklerer Flecken in der Schultergegend und unterhalb des Ohres fehlt. Die Flughäute sind schwarzbraun, die Flügel zwischen dem fünften Finger und dem Fuße bisweilen heller gerandet. Die Sehnen der Armbeugmuskeln und des Schwanzes ziehen in's Blauliche. Die Nase, die Gesichtsseiten und die Ohren sind schwarz, die Krallen graulich hornfarben.

Bei jungen Thieren sind der Kopf und die Oberseite des Körpers dunkler braun, die Unterseite lichter graulich, und die Flughäute gesättigt braun.

Die aus Japan stammenden Exemplare zeichnen sich durch etwas hellere Haarspitzen aus.

Körperlänge . . . . . 1″ 2‴. Nach Kuhl.
Länge des Schwanzes . 11‴.
„ des Kopfes . . . 6‴.
„ der Ohren . . . 5½‴.
Breite „ „ . . . 4‴.
Spannweite der Flügel . 6″ 5‴.
Körperlänge . . . . . 1″ 4½‴.Nach Keyserling u. Blasius.
Länge des Schwanzes . 1″ 2½‴.
„ des Vorderarmes . 1″ 1‴.
„ der Ohren . . . 5⅕‴.
„ der Ohrklappe . . 1⅗‴.
„ des Kopfes . . . 6‴.
„ des dritten Fingers 1″ 11⅓‴.
„ des fünften „ 1″ 5‴.
Spannweite der Flügel . 7″.
Körperlänge . . . . . 1″ 4‴—1″ 5‴. Nach Gemminger u.
                                                          Fahrer.

Länge des Schwanzes . 1″ 2‴—1″ 5‴.
„ des Vorderarmes . 1″ 1‴.
„ der Ohren . . . 5$\frac{2}{12}$‴.
Breite „ „ . . . 3$\frac{2}{12}$‴.
Entfernung der Ohren von-
    einander . . . . . 2$\frac{1}{12}$‴.
Entfernung der Ohren von
    der Schnauzenspitze . 2$\frac{5}{12}$‴.
Länge der Ohrklappe . 1½‴.
„ des Kopfes . . . 6‴.
„ des dritten Fingers 1″ 11$\frac{8}{12}$‴.
„ des fünften „ 1″ 4$\frac{9}{12}$‴.
Spannweite der Flügel . 7″.

Die Zähne sind schwach und die Vorderzähne des Unterkiefers sind gerade gestellt und berühren sich an den Rändern. In beiden Kiefern sind jederseits 1 Lückenzahn und 4 Backenzähne vorhanden, und der Lückenzahn des Oberkiefers steht mit den Eck- und Backenzähnen in gleicher Reihe. Die Eckzähne sind ziemlich schwach und nur wenig über die übrigen Zähne hinausragend, und der obere ist stärker und doppelt so lang als der untere.

Vaterland. Mittel-Europa, wo diese Art über die ganze gemässigte Zone verbreitet ist, und — wie behauptet wird, — auch Mittel-Asien, wenn es sich bewähren sollte, daß die daselbst vorkommende Form mit dieser Art wirklich identisch sei, was jedoch noch sehr zu bezweifeln ist und wahrscheinlich auf einer Verwechselung mit der dickschnauzigen Dämmerungsfledermaus *(Vesperugo Ursula)* beruht.

In Europa reicht sie vom mittleren und südlichen Schweden über England, Frankreich, Holland, Dänemark, Belgien, Deutschland und die Schweiz durch Tyrol, Kärnthen, Krain, Steyermark, Österreich, Böhmen, Mähren, Schlesien, Ungarn, Croatien, Slavonien, Siebenbürgen, Galizien und Polen ostwärts bis nach Rußland, südwärts bis in das nördliche Spanien und Italien, wo sie auch auf der Insel Corsika noch angetroffen, wird und bis in den nördlichen Theil von Dalmatien und der Türkei.

In Asien soll sie im südlichen Sibirien, am Kaukasus, Ural und Altai angetroffen werden und sich durch die Bucharei, Tatarei und Mongolei bis nach Japan, und südwärts sogar bis an den Himalaya verbreiten.

Schon Linné hat diese Art gekannt, aber seiner damaligen Anschauung gemäß mit einigen anderen wesentlich und selbst generisch von ihr verschiedenen Formen in einer Art vereinigt. Daubenton war der erste Naturforscher, welcher ihre Artselbstständigkeit erkannte und sie von den übrigen Formen, mit welchen sie von Linné vereiniget worden war, geschieden, indem er uns nicht nur eine genaue Beschreibung von ihr gab, sondern uns auch eine Abbildung ihres Kopfes mittheilte. Prinz Bonaparte vermengte sie mit der haarbindigen Dämmerungsfledermaus *(Vesperugo Kuhlii)* und Geoffroy, Desmarest, Fischer und Temminck, so wie auch die meisten späteren Naturforscher zogen sie mit der dickschnauzigen Dämmerungsfledermaus *(Vesperugo Ursula)* zusammen, indem sie in dieser Form nur eine Varietät derselben erblicken wollten.

Kolenati, der sie sehr wohl kannte, beging den Irrthum, sie theilweise sogar mit der gemeinen Ohrenfledermaus *(Myotis murina)* zu vermengen, indem er sich durch eine Ähnlichkeit in der Namensbezeichnung verleiten ließ, Gray's „*Scotophilus murinus*" der doch mit ihr identisch ist, für die letztgenannte Art zu halten.

Crepson und Géné hielten eine etwas dunklere Abänderung derselben für eine selbstständige Art, die ersterer mit dem Namen „*Vespertilio nigrans*", letzterer mit der Benennung „*Vespertilio nigricans*" bezeichnete.

Leach beschrieb ein noch ganz junges Thier dieser Art, bei welchem — wie Gray bemerkt, — noch nicht einmal die Schädelknochen gehörig verbunden und die Gliederungen aller Epiphysen deutlich zu erkennen waren, unter dem Namen „*Vespertilio pygmaeus*" als eine besondere Art, die auch von Griffith, Fischer, Gloger, Zawadzki und Bell als solche anerkannt worden war.

Keyserling und Blasius gründeten auf diese Art ihre Gattung „*Vesperugo*", Gray seine Gattung „*Scotophilus*" und Kolenati betrachtete sie für dem Repräsentanten der von ihm aufgestellten Gattung „*Nannugo*".

### 3. Die Zwergdämmerungsfledermaus (*Vesperugo minutissimus*).

*V. Pipistrello parum major; facie supra magis dense pilosa, in lateribus pilis sat longis parce dispositis obsita; rostro parum lato obtuse acuminato-rotundato, naso pilis brevibus obtecto, in medio non sulcato, naribus late-cordiformibus obliquis, postice plicis destitutis; labio superiore in marginibus laterialibus crenato, mento sulco longitudinali, minime vero verruca instructo; auriculis brevibus angustis, capite brevioribus, oblongo-ovatis rotundatis cutaneis, leviter emarginatis, margine exteriore usque infra oris angulum protractis et externe basi parce pilosis; trago sat brevi lato obtuso, ad angulum prosilientem marginis auriculae interioris attingente, trigono-linguaeformi, in margine exteriore angulatim curvato, in medio latissimo basique protuberantia dentiformi instructo, in interiore leviter sinuato, apicem versus angustato et antrorsum ac introrsum curvato; alis modice longis sat latis calvis, ad digitorum pedis basin usque-adnatis; phalange secunda digiti quinti ultra medium phalangis secundae digiti quarti attingente; plantis padoriorum rugis transversalibus confusis percursis; patagio anali lato, supra paullo ultra dimidium, infra circa uropygium tantum et juxta tibiam dense piloso, fibrisque muscularibus per 16 series dispositis et in angulo perobliquo versus caudam decurrentibus nec non usque ad dimidium patagii pilis brevibus fascicularibus sat confertim seriatis*

*obsitis percurso; calcaribus lobo cutaneo versus pedem recte finito
limbatis; cauda longa, corpore parum et antibrachio vix breviore,
apice articulo ultimo prominente libera; palato plicis 7 transversalibus percurso, tribus anticis integris, caeteris divisis; corpore
pilis breviusculis incumbentibus mollibus dense vestito; notaeo ex
rufescente nigro-fusco vel caffeae coloris, gastraeo fere nigro fusco-
albido-lavato, pilis corporis omnibus basi nigris; naso fusco,
auriculis nigris, patagiis nigro-fuscis.*

*Vespertilio minutissimus.* S c h i n z. Verz. d. Wirbelth. Europ. B. I.
S. 9.

„           „           S c h i n z. Synops. Mammal. B. I. S. 160.

*Vespertilio stenotus.* S c h i n z. Synops. Mammal. B. I. S. 160.

*Vespertilio Pipistrellus. Var.?* W a g n. Schreber Säugth. Suppl. B. V.
S. 731. Nr. 13.

*Vesperugo Pipistrellus. Var.?* W a g n. Schreber Säugth. Suppl. B. V.
S. 731. Nr. 13.

*Vespertilio pipistrellus?* G i e b e l. Säugeth. S. 946. Note 4.

*Vesperugo pipistrellus?* G i e b e l. Säugeth S. 946. Note 4.

*Nannugo minutissimus.* K o l e n a t i. Monograph. d. europ. Chiropt.
S. 77. Nr. 12.

Obgleich die specifische Verschiedenheit dieser uns durch
S c h i n z zuerst bekannt gewordenen Form von der kahlschienigen
Dämmerungsfledermaus *(Vesperugo Pipistrellus)* von den allermeisten
Zoologen noch in Zweifel gezogen wird, so scheinen mir doch hin-
reichende Anhaltspunkte vorhanden zu sein, ihre Artberechtigung auf-
recht zu erhalten.

Sie ist nur wenig größer als die genannte Art, von derselben
Größe wie die fahlbraune *(Vesperugo Blythii)* und rothbärtige
Dämmerungsfledermaus *(Vesperugo aenobarbus)*, bisweilen aber
auch etwas kleiner und sonach eine der kleineren Formen in der
Gattung.

Das Gesicht ist oben dichter behaart, an den Seiten aber nur
mit dünngestellten ziemlich langen Haaren besetzt. Die Schnauze ist
nur wenig breit und stumpfspitzig-gerundet. Die Nase ist mit kurzen
Haaren bedeckt und in der Mitte von keiner Längsfurche durchzogen.
Die Nasenlöcher sind von breit-herzförmiger Gestalt, schief gestellt,
und hinter denselben befinden sich keine Querfalten. Die Oberlippe
ist an den Seitenrändern gekerbt, das Kinn mit einer Längsfurche,

aber keiner Warze versehen. Die Ohren sind kurz und schmal, kürzer als der Kopf, länglich-eiförmig gerundet, dickhäutig, mit einer seichten Ausrandung versehen, mit ihrem Ausrande bis unter den Mundwinkel verlängert und auf der Außenseite an der Wurzel dünn behaart. Die Ohrklappe ist ziemlich kurz, breit und stumpf, bis zum winkelartigen Vorsprunge des Innenrandes des Ohres reichend, von dreiseitig-zungenförmiger Gestalt, unter der Mitte ihres Außenrandes am breitesten, nach oben zu verschmälert und nach vor- und einwärts gekrümmt, am Innenrande sehr schwach eingebuchtet und am Außenrande winkelartig ausgebogen und an der Wurzel desselben mit einem zackenartigen Vorsprunge versehen. Die Flügel sind mäßig lang, ziemlich breit und kahl, und reichen bis an die Zehenwurzel. Das zweite Glied des fünften Fingers reicht über die Mitte des zweiten Gliedes des vierten Fingers hinaus. Die Sohlen sind von verworrenen Querrunzeln durchzogen. Die Schenkelflughaut ist breit, auf der Oberseite bis etwas über ihre Mitte, auf der Unterseite aber nur um den Steiß herum und längs des Schienbeines dicht behaart und von 16 in einem sehr schiefen Winkel gegen den Schwanz zu verlaufenden Muskelbündeln durchzogen, welche bis zur Mitte der Schenkelflughaut mit ziemlich dicht stehenden kurzen Haarbüscheln besetzt sind. Die Sporen sind von einem gegen den Fuß zu flach verlaufenden Hautlappen umsäumt. Der Schwanz ist lang, nur wenig kürzer als der Körper, kaum etwas kürzer als der Vorderarm und ragt mit seinem Endgliede frei aus der Schenkelflughaut hervor. Der Gaumen ist von 7 Querfalten durchzogen, von denen die 3 vordersten nicht getheilt sind.

Die Körperbehaarung ist ziemlich kurz, dicht, glatt anliegend und weich.

Die Oberseite des Körpers ist röthlich-schwarzbraun oder kaffeebraun, die Unterseite beinahe schwarz und braunweißlich überflogen, und sämmtliche Körperhaare sind an der Wurzel schwarz. Die Nase ist braun, die Ohren sind schwarz, die Flughäute schwarzbraun.

Körperlänge . . . . . . . . . . 1″ 3‴. Nach Schinz.
Länge des Schwanzes . . . . . 1″.
Spannweite der Flügel . . . . 6″.
Gesammtlänge . . . . . . . . 2″ 8‴. Nach Kolenati.
Körperlänge . . . . . . . . . 1″ 6‴.

Länge des Schwanzes . . . . . 1″ 2‴.

„ des Vorderarmes . . . . 1″ 3‴.

„ des Kopfes . . . . . . . 6¼‴.

„ der Ohren . . . . . . . 5‴.

„ der Ohrklappe . . . . . 2½‴.

Spannweite der Flügel . . . . . 7″ 6‴.

In beiden Kiefern sind jederseits 1 Lückenzahn und 4 Backenzähne vorhanden, der Lückenzahn des Oberkiefers ist aber etwas
nach Innen gerückt und steht außerhalb der Zahnreihe. Die Vorderzähne des Unterkiefers sind gerade gestellt und berühren sich an den
Seiten.

Vaterland. Der südliche Theil von Mittel-Europa, wo diese
Art nur in der Central-Alpenkette angetroffen wird und sich von Savoyen und der Schweiz, durch Tyrol, Kärnthen, Krain, Steyermark
und Salzburg bis nach Österreich verbreitet.

Schinz beschrieb diese Art unter zwei verschiedenen Namen,
„*Vespertilio minutissimus*“ und „*Vespertilio stenotus*“. Wagner
ist geneigt sie nur für eine Abänderung der kahlschienigen Dämmerungsfledermaus *(Vesperugo Pipistrellus)* zu halten und ebenso auch
Giebel. Kolenati, der ihre Selbstständigkeit aufrecht zu erhalten
sucht, reiht sie seiner Gattung „*Nannugo*“ ein.

### 4. Die haarschienige Dämmerungsfledermaus *(Vesperugo Nathusii)*.

*V. Rüppellii et nonnunquam Kuhlii magnitudine; facie
parum pilosa, rostro brevi lato obtuso, fere semicirculari; naribus
semicordatis, naso inter nares pilis brevissimis obtecto, labiis non
incrassatis, in marginibus crenatis, superiore setis longioribus paucis
instructo, inferiore antice in medio protuberantia parva oblonga
transversali; mento verruca majore rotundata flava setis singulis
brevibus praedita, regione supraoculari verruca simili utrinque
supra oculos instructis; auriculis breviusculis latis, capite brevioribus, latitudine marginis interioris longitudini aequalibus, trigonis
crassis, in margine exteriore apicem versus paullo emarginatis,
versus angulum oris protractis et pone ac infra istum terminatis,
in interiore leviter arcuatis, supra rotundatis et extrorsum directis,
interne versus marginem exteriorem plicis 5 transversalibus
distinctis percursis et externe a basi ad dimidium usque pilosis,*

*marginibus interioribus inter se magis distantibus quam a rostri
apice; trago linguaeformi breviusculo lato obtuso,* ¹/₃ *circa auricularum longitudine, infra medium latissimo, apicem versus angustato ac introrsum curvato, in margine interiore sinuato, in
exteriore arcuato et ad basin unidenticulato; alis modice longis,
sat latis, calvis, juxta corporis latera solum fascia pilosa brachium
ad dimidium usque et fere totum femur obtegente limbatis, ad digitorum pedis basin usque attingentibus; pollice parvo; patagio anali
supra ad dimidium usque et juxta totam tibiam dense piloso, infra
calvo, basi tantum circa prymnam fascia pilosa limbato et 12
seriebus vasorum valde oblique versus caudam decurrentibus percurso; calcaribus lobo pedem versus angustato cutaneo limbatis;
tibiis externe rare pilosis, plantis transversaliter rugosis, pedibus
parvis digitis brevibus, unguiculis acutis; cauda sat longa, corpore
eximie breviore et antibrachio longitudine aequali vel parum longiore, apice prominente libera; palato plicis transversalibus 7
percurso, duabus anticis integris, caeteris divisis; corpore pilis
minus brevibus sat incumbentibus teneris mollibus dense vestito;
colore secundum aetatem atque sexum variabili; notaeo in adultis
obscure fumigineo-fusco, gastraeo obscure sordide flavo-griseo,
versus corporis latera flavo- vel ferrugineo-rufescente-lavato et in
maribus usque ad abdominis medium; pilis corporis omnibus basi
fusco- vel schistaceo-nigris; macula infra aures obscuriore fusca
ab humeris ad mentum usque protensa; patagiis fumigineo-nigris,
alis inter digitum quintum et pedem distincte albido-flavescente-
marginatis; facie auriculisque nigris, unguiculis griseo-corneis;
gastraeo nec non corporis lateribus in junioribus albescente-griseo-
lavatis.*

*Vespertilio Ursula.* W a g l e r. Mscpt.

*Vesperugo Nathusii.* K e y s. B l a s. Wiegm. Arch. B. V. (1839.)
Th. I. S. 320. — B. VI. (1840.) Th. I. S. 11.

        „    K e y s. B l a s. Wirbelth. Europ. S. XIV, 48.
Nr. 84.

*Vespertilio Nathusii* W a g n. Schreber Säugth. Supp. B. I. S. 504.
Nr. 21.

*Vesperugo Nathusii.* W a g n. Schreber Säugth. Suppl. B. I. S. 504.
Nr. 21.

*Vesperugo Nathusii.* E v e r s m. Bullet. de la Soc. des Naturalist. de
Moscou. V. XVIII. (1845.) p. 497. t. 13.
f. 5. (Kopf.)

„       „    G e m m i n g e r, F a h r e r. Fauna Boica. t. 2. d.
*Vespertilio Nathusii.* W a g n. Sehreber Säugth. Suppl. B. V. S. 729.
Nr. 11.
*Vesperugo Nathusii.* W a g n. Schreber Säugth. Suppl. B. V. S. 729.
Nr. 11.
*Nannugo Nathusii.* K o l e n a t i. Allg. deutsche naturh. Zeit. B. II.
(1856.) Hft. 5. S. 169, 170.
*Vesperugo Nathusii.* B l a s. Fauna d. Wirbelth. Deutschl. B. I. S. 58.
Nr. 3.
*Vespertilio Nathusii.* G i e b e l. Säugeth. S. 946.
*Vesperugo Nathusii.* G i e b e l. Säugeth. S. 946.
*Nannugo Nathusii.* K o l e n a t i. Monograph. d. europ. Chiropt. S. 64.
Nr. 7.

Eine der kahlschienigen Dämmerungsfledermaus *(Vesperugo*
*Pipistrellus)* sehr nahe stehende und ohne genauere Untersuchung
leicht mit derselben zu verwechselnde Art, welche von W a g l e r entdeckt wurde, deren nähere Kenntniß wir aber erst K e y s e r l i n g und
B l a s i u s zu danken haben, welche dieselbe zuerst genau beschrieben
und ihre specifische Verschiedenheit unwiderlegbar nachgewiesen
haben.

Bezüglich ihrer Größe kommt sie mit der Dongola-Dämmerungsfledermaus *(Vesperugo Rüppellii)* überein, daher sie beträchtlich größer als die obengenannte Art ist und zu den größten unter
den kleineren Formen ihrer Gattung zählt, obgleich sie bisweilen auch
etwas kleiner und nur von der Größe der haarbindigen Dämmerungsfledermaus *(Vesperugo Kuhlii)* angetroffen wird.

Das Gesicht ist nur wenig behaart, die Schnauze kurz, breit und
stumpf, und vorne fast halbkreisförmig abgerundet. Die Nasenlöcher
sind von halbherzförmiger Gestalt und die Nase ist zwischen denselben mit sehr kurzen Haaren bedeckt. Die Lippen sind nicht aufgetrieben und an den Rändern gekerbt, und die Oberlippe ist nur
mit einigen wenigen längeren Borstenhaaren besetzt. Auf der Unterlippe befindet sich vorne in der Mitte eine kleine längliche, der Quere
nach gestellte Warze und eine größere rundliche gelbe mit einzelnen

Borsten besetzte am Kinne und ober jedem Auge. Die Ohren sind ziemlich kurz und breit, kürzer als der Kopf, von derselben Breite als die Länge ihres Innenrandes beträgt, dreiseitig, dickhäutig, am Außenrande nach oben zu etwas ausgerandet und mit demselben bis gegen den Mundwinkel vorgezogen, wo sie ungefähr in einer Entfernung von 1½ Linie hinter demselben und zwar tiefer als die Mundspalte endigen, am Innenrande aber sanft ausgebogen und oben abgerundet und nach Außen gewendet. Auf ihrer Innenseite sind sie gegen den Außenrand zu mit fünf deutlichen Querfalten versehen, auf der Außenseite von der Wurzel an fast bis zu ihrer Hälfte behaart und der Abstand ihrer Innenränder von einander ist größer als ihre Entfernung von der Schnauzenspitze. Die Ohrklappe ist zungenförmig, ziemlich kurz, breit und stumpf, ungefähr ⅓ der Ohrlänge einnehmend, unterhalb der Mitte am breitesten, gegen die Spitze zu verschmälert und nach einwärts gewendet, am Innenrande eingebuchtet, und am Außenrande ausgebogen und an der Wurzel desselben mit einem zackenartigen Vorsprunge versehen. Die Flügel sind von mässiger Länge, ziemlich breit, vollständig kahl, nur längs der Leibesseiten von einer Haarbinde umgeben, welche den halben Oberarm und fast den ganzen Schenkel einschließt, und reichen bis an die Zehenwurzel. Der Daumen ist klein. Die Schenkelflughaut ist auf der Oberseite bis zu ihrer Mitte und längs des ganzen Schienbeines fast bis zum Fußgelenke dicht behaart, auf der Unterseite aber kahl, blos um den Steiß herum von einer Haarbinde umgeben, und von 12 sehr schief verlaufenden Reihen von Gefäßwülstchen durchzogen. Die Sporen sind von einem gegen den Fuß zu verschmälerten Hautlappen umsäumt, die Schienbeine auf der Außenseite dünn behaart. Die Sohlen sind der Quere nach gerunzelt, die Füße klein, die Zehen kurz, die Krallen scharf. Der Schwanz ist ziemlich lang, doch beträchtlich kürzer als der Körper, von gleicher Länge wie der Vorderarm oder nur wenig länger als derselbe und ragt mit seinem Endgliede frei aus der Schenkelflughaut hervor. Der Gaumen ist von 7 Querfalten durchzogen, von denen die beiden vordersten nicht durchbrochen sind.

Die Körperbehaarung ist nicht besonders kurz, ziemlich glatt anliegend, dicht, fein und weich.

Die Färbung ändert etwas nach dem Alter und zum Theile auch nach dem Geschlechte.

Die Oberseite des Körpers ist bei alten Thieren dunkel
rauchbraun, die Unterseite dunkel schmutzig gelbgrau und gegen die
Leibesseiten zu gelb- oder roströthlich überflogen, welche Färbung
sich beim Männchen bis auf die Mitte des Unterleibes ausdehnt. Sämmtliche Körperhaare sind von der Wurzel an bis auf $3/4$ ihrer Länge braunschwarz oder schieferschwarz und gehen in hellere Spitzen aus. Von
den Schultern an zieht sich ein dunklerer brauner Flecken seitlich
unterhalb der Ohren auf den Unterkiefer und das Kinn. Die Flughäute sind rauchschwarz und die Flügel zwischen dem fünften Finger
und dem Fuße deutlich weißgelblich gerandet. Das Gesicht und die
Ohren sind schwarz. Die Krallen sind graulich hornfarben.

Junge Thiere unterscheiden sich von den alten durch den
weißlichgrauen Anflug längs der Leibesseiten auf der Unterseite des
Körpers.

Körperlänge . . . . . . 1″ 10‴. Nach Keyserling u. Blasius.
Länge des Schwanzes . . 1″ 3‴.
  „ des Vorderarmes . 1″ 3‴.
  „ der Ohren . . . . 6‴.
  „ der Ohrklappe . . 1⁴/₅‴.
  „ des Kopfes . . . . 7‴.
  „ des dritten Fingers 2″ 4‴.
  „ des fünften „ 1″ 7¹/₂‴.
Spannweite der Flügel . . 8″ 10‴.
Körperlänge . . . . . . 1″ 8‴. Nach Gemminger u. Fahrer.
Länge des Schwanzes . . 1″ 4‴.
  „ des Vorderarmes . 1″ 2¹/₂‴.
  „ der Ohren . . . . 5³/₄‴.
Breite „ „ . . . . 3³/₄‴.
Entfernung der Ohren von-
  einander . . . . . . 3‴.
Entfernung der Ohren von
  der Schnauzenspitze . 3‴.
Länge der Ohrklappe . . 2‴.
  · „ des Kopfes . . . . 7‴.
  „ des dritten Fingers 2″ 3³/₄‴.
  „ das fünften „ 1″ 8‴.
Spannweite der Flügel . . 8″ 9‴—8″ 10‴.

Die Differenzen, welche zwischen den Messungen von Keyserling und Blasius und jenen von Gemminger und Fahrer
bestehen, scheinen — obgleich dieselben nicht bedeutend sind, —
dennoch auf einer Unrichtigkeit von einer oder der anderen Seite zu
beruhen.

Die Zähne sind ziemlich stark und die Vorderzähne des Unterkiefers sind gerade gestellt und berühren sich an den Rändern. In
beiden Kiefern befinden sich jederseits 1 Lückenzahn und 4 Backenzähne, und der Lückenzahn des Oberkiefers steht in gleicher Reihe
mit den Eck- und Backenzähnen. Der stark vortretende Eckzahn des
Oberkiefers ist nur wenig länger als der des Unterkiefers.

Vaterland. Mittel-Europa, wo diese Art vom Rheine durch
ganz Deutschland, Österreich, Böhmen, Mähren, Schlesien, Galizien
und Ungarn ostwärts bis in das südliche Rußland reicht, südwärts
aber sich nicht weiter als bis an die Alpen zu verbreiten scheint.

Ob die Angabe einiger Zoologen richtig sei, daß sie südlich
sogar bis an's Mittelmeer hinabreiche und auch in Dalmatien und
Griechenland angetroffen werde, ist sehr zu bezweifeln und beruht
wahrscheinlich nur auf einer Verwechselung mit der haarbindigen
*(Vesperugo Kuhlii)* oder der dickschnauzigen Dämmerungsfledermaus *(Vesperugo Ursula)*.

Am häufigsten kommt sie in Braunschweig am Harze, und in
Preußen in der Umgegend von Berlin und Halle vor. In Baiern ist sie
schon in der Gegend um München selten und ebenso auch in Österreich in der Nähe von Wien.

Keyserling und Blasius reihten sie ihrer Gattung „*Vesperugo*" ein, und alle späteren Naturforscher, mit Ausnahme von Kolenati, der sie zu seiner Gattung „*Nannugo*" zählt, folgten ihrem
Beispiele.

### 5. Die haarbindige Dämmerungsfledermaus *(Vesperugo Kuhlii)*.

*V. Alcithoës magnitudine; rostro brevi lato obtuso fere semi-
circulari; naribus semicordatis, naso antice sulco longitudinali
ato pilis parce dispositis brevibus obtecto excavato; labio inferiore
antice in medio verruca trigono-rotundata calva instructo, mento
verruca majore pilosa; auriculis breviusculis latis, capite brevioribus, latitudine marginis interioris longitudini aequalibus, perfecte*

*trigonis leviter acuminatis crassis, marginibus integris, in margine exteriore versus oris angulum protractis et pone istum ac in eadem altitudine terminatis, externe basi tantum pilosis, interne plane calvis et versus marginem exteriorem plicis 4 transversalibus brevibus percursis; trago breviusculo lato obtuso, infra medium latissimo, apicem versus angustato ac introrsum curvato, in margine interiore leviter semilunariter sinuato et in exteriore ad basin unidenticulato; alis modice longis, sat latis calvis, juxta corporis latera tantum fascia pilosa limbatis, in margine incrassatis et pedem versus paullo granulatis, usque ad digitorum pedis basin attingentibus; patagio anali supra in parte basali usque ad dimidium piloso, infra basi tantum circa prymnam fascia pilosa limbato et pilis parce dispositis brevibus operto, nec non 10 seriebus vasorum in angulo acuto versus caudam decurrentibus percurso; calcaribus lobo sat magno rotundato et versus pedem repente angustato limbatis; plantis transversaliter rugosis, cauda longa, corpore non multo breviore et antibrachio vix longiore, apice prominente libera; palato plicis transversalibus 7 percurso, duabus anticis integris, caeteris divisis; corpore pilis brevibus incumbentibus mollibus dense vestito; notaeo obscuriore aut dilutiore rufescente-fusco, gastraeo pallidiore et fulvescente-fusco-lavato, pilis corporis omnibus basi fusco-nigris; patagiis obscure griseo-fuscis, alis inter digitum quintum et pedem, nec non patagio anali flavescente-marginatis.*

*Vespertilio Kuhlii.* N a t t e r e r. K u h l. Wetterau. Ann. B. IV. S. 58. Nr. 13.

„   D e s m a r. Mammal. p. 140. Nr. 212.

„   G r i f f i t h. Anim. Kingd. V. V. p. 276. Nr. 29.

„   F i s c h. Synops. Mammal. p. 106, 552. Nr. 14.

„   „   G l o g e r. Säugeth. Schles. S. 6. Anmerk.

*Vespertilio Vipistrellus.* B o n a p a r t e. Iconograf. della Fauna ital. Fasc. XX. c. fig.

„   T e m m i n c k. Monograph. d. Mammal. V. II. p. 193.

*Vespertilio Kuhlii.* T e m m i n c k. Monograph. d. Mammal. V. II. p. 196. t. 51. f. 5, 6.

*Scotophilus Kuhlii.* G r a y. Magaz. of Zool. and Bot. V. II. p. 497.

17*

*Scotophilus Vipistrellus.* G r a y. Magaz. of Zool. and Bot. V. II.
		p. 498.
*Vesperugo Kuhlii.* K e y s. B l a s. Wiegm. Arch. B. V. (1839.) Th. I.
		S. 319.
	„		„	K e y s. B l a s. Wirbelth. Europ. S. XIV, 47. Nr. 82.
*Vespertilio marginatus.* M i c h a h e l l e s. Wagn. Schreber Säugth.
		Suppl. B. I. T. 55. A.
*Vespertilio Kuhlii.* W a g n. Schreber Säugth. Suppl. B. I. S. 503.
		Nr. 19.
*Vesperugo Kuhlii.* W a g n. Schreber Säugth. Suppl. B. I. S. 503.
		Nr. 19.
*Vespertilio Kuhlii.* F r e y e r. Fauna Krain's. S. 2. Nr. 4.
	„		„	W a g n. Schreber Säugth. Suppl. B. V. S. 729.
		Nr. 10.
*Vesperugo Kuhlii.* W a g n. Schreber Säugth. Suppl. B. V. S. 729.
		Nr. 10.
*Nannugo Kuhlii.* K o l e n a t i. Allgem. deutsche naturh. Zeit. B. II.
		(1856.) Hft. 5. S. 174.
*Vesperugo Kuhlii.* B l a s. Fauna d. Wirbelth. Deutschl. B. I. S. 63.
		Nr. 5.
*Vespertilio Kuhlii.* G i e b e l. Säugeth. S. 945.
*Vesperugo Kuhlii.* G i e b e l. Säugeth. S. 945.
*Nannugo Kuhlii.* K o l e n a t i. Monograph. d. europ. Chiropt. S. 71.
		Nr. 10.

Mit dieser wohl unterschiedenen Art, welche von N a t t e r e r im
Jahre 1812 auf einer Reise in das osterreichische Küstenland entdeckt wurde, hat uns K u h l zuerst bekannt gemacht.

Sie ist eine der kleineren Formen in der Gattung und mit der
zimmtbraunen *(Vesperugo Alcythoë)*, netzhäutigen *(Vesperugo
Hesperida)* und rothfingerigen Dämmerungsfledermaus *(Vesperugo
erythrodactylus)* von gleicher Größe.

Zunächst ist sie mit der gesäumten Dämmerungsfledermaus
*(Vesperugo marginatus)* verwandt, von derselben aber sowohl durch
Abweichungen in den körperlichen Verhältnissen und die Beschaffenheit der Schenkelflughaut und der Flügel, als auch durch die Färbung
verschieden.

Die Schnauze ist kurz, breit und stumpf, und beinahe halbkreisförmig abgerundet. Die Nasenlöcher sind herzförmig und die Nase

ist vorne von einer breiten, mit kurzen dünngestellten Haaren besetzten
Längsfurche durchzogen. Auf der Unterlippe befindet sich vorne in
der Mitte eine kahle dreiseitig-rundliche Warze und eine größere
behaarte an der Kehle. Die Ohren sind ziemlich kurz und breit, kürzer
als der Kopf, ebenso breit als am Innenrande lang, schwach zugespitzt, vollkommen dreiseitig und ganzrandig, dickhäutig, mit dem
Außenrande bis gegen den Mundwinkel vorgezogen und ungefähr in
einer Entfernung von $^2/_8$ Linien hinter demselben und in gleicher
Höhe mit ihm endigend. Auf der Außenseite sind dieselben nur an
ihrer Wurzel behaart, auf der Innenseite aber völlig kahl und gegen
den Außenrand zu von vier undeutlichen kurzen Querfalten durchzogen. Die Ohrklappe ist ziemlich kurz, breit und stumpf, unter ihrer
Mitte am breitesten, nach oben zu verschmälert und nach Innen
gebogen, am Innenrande seicht halbmondförmig eingebuchtet und an
der Wurzel des Außenrandes mit einem zackenartigen Vorsprunge
versehen. Die Flügel sind mäßig lang und ziemlich breit, völlig kahl
und nur an den Leibesseiten von einer breiten Haarbinde umgeben,
am Rande wulstig und gegen den Fuß hin etwas gekörnt, und reichen
bis an die Zehenwurzel. Die Schenkelflughaut ist auf der Oberseite
im Wurzeltheile bis zu ihrer Mitte dicht behaart, auf der Unterseite
um den Steiß herum von einer breiten Haarbinde umsäumt, in ihrem
übrigen Theile aber nur mit kurzen dünngestellten Haaren besetzt
und von 10 Reihen von Gefäßwülstchen durchzogen, welche gegen
den Schwanz zu in einem spitzen Winkel verlaufen. Die Sporen sind
von einem ziemlich großen gerundeten und gegen den Fuß zu plötzlich verschmälerten Lappen umgeben. Die Sohlen sind der Qnere
nach schwach gerunzelt. Der Schwanz ist lang, nicht viel kürzer als
der Körper, kaum länger als der Vorderarm und ragt mit seinem
Endgliede frei aus der Schenkelflughaut hervor. Der Gaumen ist von
7 Querfalten durchzogen, von denen die beiden vorderen nicht getheilt
sind.

Die Körperbehaarung ist kurz, dicht, glatt anliegend und weich.

Die Färbung ist auf der Oberseite des Körpers dunkler oder
heller röthlichbraun, auf der Unterseite blaßer und rothgelblichgrau
überflogen, wobei die einzelnen Haare durchaus an der Wurzel braunschwarz sind und jene der Oberseite in röthlichbraune, die der
Unterseite aber in rothgelblichgraue Spitzen ausgehen. Die Flughäute
sind dunkel graubraun und die Flügel zwischen dem fünften Finger

und dem Fuße, so wie auch die ganze Schenkelflughaut gelblich
gerandet. Die Ohren sind dunkelbraun.

Körperlänge . . . . . . 1″ 8‴.　　Nach Kuhl.
Länge des Schwanzes . . 1″ 3½‴.
„ des Kopfes . . . 7½‴.
„ der Ohren . . . . 5½‴.
Breite „ „ . . . . 4‴.
Länge der Ohrklappe . . 2‴.
Spannweite der Flügel . 8″ 8‴.
Körperlänge . . . . . . 1″ 8‴. Nach Keyserling u. Blasius.
Länge des Schwanzes . . 1″ 4‴.
„ des Vorderarmes . 1″ 3½‴.
„ der Ohren . . . . 5⅘‴.
„ der Ohrklappe . . 1⅘‴.
„ des Kopfes . . . 7‴.
„ des dritten Fingers 2″ 3‴.
„ des fünften „ 1″ 8⅓‴.
Spannweite der Flügel . 8″ 4‴.

Die Zähne sind ziemlich stark, dick und stumpf, und die Vorderzähne des Unterkiefers sind schief gestellt. In beiden Kiefern sind
jederseits 1 Lückenzahn und 4 Backenzähne vorhanden, doch ist der
Lückenzahn des Oberkiefers sehr klein und ganz aus der Zahnreihe
herausgerückt und nach Innen gestellt.

Vaterland Süd-Europa und der südliche Theil von Mittel-
Europa, wo sich diese Art von Croatien und dem südlichen Krain
einerseits durch die Alpenthäler und Istrien — wo sie Natterer bei
Triest entdeckte, — über Ober-Italien und Sardinien — wo sie um
Turin vorkommt, — westwärts bis in das südliche Frankreich verbreitet, südwärts aber durch Toskana und den Kirchenstaat — wo
sie insbesondere in der Gegend von Rom angetroffen wird, — bis
nach Neapel reicht und daselbst bei Tursi im Basilikate aufgefunden
wurde, andererseits durch Dalmatien, — wo sie in der Umgegend
von Sebenico und Ragusa ziemlich häufig vorkommt, — bis in die
Türkei und nach Griechenland erstreckt.

In Schlesien, wo sie Gloger vermuthete, kommt sie sicherlich
nicht vor.

Keyserling und Blasius zählen sie zu ihrer Gattung „Vesperugo“ und eben so auch Wagner und Giebel. Gray rechnet sie

zu seiner Gattung „*Scotophilus*", Kolenati zu seiner Gattung „*Nannugo*".

Prinz Bonaparte hielt sie mit der kahlschienigen Dämmerungsfledermaus *(Vesperugo Pipistrellus)* für identisch und beschrieb sie unter dem Namen „*Vespertilio Vipistrellus*", wobei er uns gleichzeitig auch eine Abbildung von derselben mittheilte. Michahelles betrachtete die von ihm in Dalmatien gesammelten Exemplare für specifisch verschieden und bezeichnete sie mit dem Namen „*Vespertilio marginatus*". Nathusius klärte diesen Irrthum auf.

### 6. Die gesäumte Dämmerungsfledermaus *(Vesperugo marginatus).*

*V. Ursulae magnitudine; rostro brevi lato obtuso fere semicirculari, naribus cordiformibus, naso antice sulco longitudinali lato pilis parce dispositis brevibus obtecto excavato; labio inferiore antice in medio verruca trigono-rotundata calva instructo, gula verruca rugosa flava; auriculis breviusculis latis, capite parum longioribus, latitudine marginis interioris longitudini aequalibus, perfecte trigonis leviter acuminatis crassiusculis, marginibus integris, in margine exteriore versus oris angulum protractis et pone ac infra istum terminatis, externe basi tantum pilosis, interne plane calvis et versus marginem exteriorem plicis 4 transversalibus brevibus percursis; trago breviusculo lato obtuso, infra medium latissimo, apicem versus angustato ac introrsum curvato, in margine interiore profunde semilunariter sinuato et in exteriore ad basin unidenticulato; alis modice longis, sat latis calvis, versus corporis latera solum pilosis, in margine incrassatis non granulatis, usque ad digitorum pedis basin attingentibus; patagio anali supra in parte basali usque ad dimidium, infra basi tantum circa prymnam dense piloso et 9 seriebus vasorum in angulo acuto versus caudam decurrentibus percurso, nec non in margine pedem versus paullo granulato; calcaribus lobo rotundato sensimque dilatato limbatis; plantis transversaliter rugosis; cauda longa, corpore non multo breviore et antibrachio paullo longiore, apice prominente libera; palato plicis transversalibus 8 percurso, duabus anticis integris, caeteris divisis; corpore pilis brevibus incumbentibus mollibus dense vestito; notaeo dilute fulvescente-fusco, gastraeo albo-griseo flavescente-lavato; pilis corporis omnibus basi fusco-nigris; alis obscure griseo-fuscis, inter digitum quintum et pedem sicut et patagium anale lacteo-marginatis et maximam partem, imprimis autem versus digitum quintum valde diaphanis, nec non usque ad marginem extremam dilute griseo-fuscescentibus.*

*Vespertilio marginatus.* Cretzschm. Rüppell's Alt. S. 74. t. 29. f. a.

*Vespertilio albo-limbatus.* Küster. Isis. 1835. S. 75.

„ „ Bonaparte. Iconograf. della Fauna ital. Fasc. XX. c. fig.

*Vespertilio marginatus.* Temminck. Monograph. d. Mammal. V. II. p. 201. t. 52. f. 3, 4.

*Vesperugo albolimbatus.* Keys. Blas. Wiegm. Arch. B. V. (1839.) Th. I. S. 320.

*Vesperugo marginatus.* Keys. Blas. Wirbelth. Europ. S. XIV, 47. Nr. 83.

*Vespertilio marginatus.* Wagn. Schreber Säugth. Suppl. B. I. S. 504. Nr. 20.

*Vesperugo marginatus.* Wagn. Schreber Säugth. Suppl. B. I. S. 504. Nr. 20.

*Vespertilio Kuhlii.* Wagn. Schreber Säugth. Suppl. B. V. S. 729. Nr. 10.

*Vesperugo Kuhlii.* Wagn. Schreber Säugth. Suppl. B. V. S. 729. Nr. 10.

*Vesperugo Kuhlii.* Blas. Fauna d. Wirbelth. Deutschl. B. I. S. 63. Nr. 5.

*Vespertilio marginatus.* Giebel. Säugeth. S. 946.

*Vesperugo marginatus.* Giebel. Säugeth. S. 946.

*Nannugo marginatus.* Kolenati. Monograph. d. europ. Chiropt. S. 69. Nr. 9.

*Vesperugo marginatus.* Heugl. Fauna d. roth. Meer. u. d. Somáli-Küste. S. 14.

„ Fitz. Heugl. Säugeth. Nordost-Afr. S. 10. Nr. 13. (Sitzungsber. d. math.-naturw. Cl. d. kais. Akad. d. Wiss. B. LIV.)

„ Heugl. Beitr. z. Fauna d. Säugeth. Nordost-Afr. S. 5. (Nov. Act. Acad. Nat. Curios. V. XXIX.)

Offenbar eine der haarbindigen Dämmerungsfledermaus *(Vesperugo Kuhlii)* sehr nahe stehende, aber sicher specifisch von derselben verschiedene Form, welche von Rüppel-entdeckt und von Cretz-schmar zuerst beschrieben und auch abgebildet wurde.

Sie gehört den kleineren Formen in der Gattung an und ist mit der dickschnauzigen *(Vesperugo Ursula)* und graubauchigen Dämmerungsfledermaus *(Vesperugo leucogaster)* von gleicher Größe. Die Schnauze ist kurz, breit und stumpf, und vorne fast halbkreisförmig begrenzt. Die Nasenlöcher sind von herzförmiger Gestalt und die Nase ist auf ihrer Vorderseite von einer breiten, mit kurzen dünnstehenden Haaren bekleideten Längsfurche durchzogen. Auf der Unterlippe befindet sich vorne in der Mitte eine kahle dreiseitigabgerundete Warze und eine ähnliche gerunzelte gelbe Warze steht auf der Kehle. Die Ohren sind ziemlich kurz und breit, nur wenig kürzer als der Kopf, von derselben Breite als die Länge ihres Innenrandes beträgt, schwach zugespitzt, vollkommen dreiseitig, ganzrandig und ziemlich dickhäutig, mit ihrem Außenrande bis gegen den Mundwinkel vorgezogen und ungefähr in einer Entfernung von 1 Linie hinter diesem und zwar unterhalb desselben endigend. Auf ihrer Außenseite sind dieselben nur an ihrer Wurzel behaart, auf der Innenseite aber vollständig kahl und gegen den Außenrand zu von 4 deutlichen kurzen Querfalten durchzogen. Die Ohrklappe ist ziemlich kurz, breit und stumpf, unterhalb ihrer Mitte am breitesten, nach oben zu verschmälert und nach einwärts gebogen, am Innenrande tief halbmondförmig eingebuchtet und an der Wurzel ihres Außenrandes mit einem zackenartigen Vorsprunge versehen. Die Flügel sind mäßig lang und ziemlich breit, beinahe vollständig kahl und nur längs der Leibesseiten behaart, am Rande wulstig und nicht gekörnt, und reichen bis an die Zehenwurzel. Die Schenkelflughaut ist auf der Oberseite von der Wurzel an bis zu ihrer Mitte, auf der Unterseite aber nur um den Steiß herum dicht behaart, übrigens aber kahl und von 9 Reihen von Gefäßwülstchen besetzt, welche gegen den Schwanz zu in einem spitzen Winkel verlaufen und an ihrem Rande blos gegen den Fuß hin etwas gekörnt. Die Sporen sind von einem gerundeten, sich allmählig ausbreitenden Lappen umgeben. Die Sohlen sind der Quere nach gerunzelt. Der Schwanz ist lang, nicht viel kürzer als der Körper und nur wenig länger als der Vorderarm, und ragt mit seinem Endgliede frei aus der Schenkelflughaut hervor. Der Gaumen ist von 8 Querfalten durchzogen, deren beide ersten nicht getheilt sind.

Die Körperbehaarung ist kurz, dicht, glatt anliegend und weich.

Die Färbung ist auf der Oberseite des Körpers hell rothgelblichbraun oder fahlbraun, auf der Unterseite weißgrau und gelblich überflogen. Die einzelnen Körperhaare sind an der Wurzel braunschwarz und gehen auf der Oberseite in hell rothgelblichbraune, auf der Unterseite in licht weißgelblichgraue Spitzen aus. Die Flügel sind dunkelgraubraun und zwischen dem Fuße und dem fünften Finger, so wie die ganze Schenkelflughaut milchweiß gerandet, während der größte Theil derselben und insbesondere gegen den fünften Finger hin sehr stark durchscheinend und bis an den äußersten Rand hell graubräunlich gefärbt ist.

Körperlänge . . . . . . 1″ 7½‴. Nach Keyserling u. Blasius.

Länge des Schwanzes . 1″ 4‴.

„ des Vorderarmes 1″ 3‴.

„ der Ohren · . . 6½‴.

„ der Ohrklappe . 2‴.

„ des Kopfes . . 7‴.

„ des dritten Fingers 2″ 3‴.

„ des fünften „ 1″ 7½‴.

Spannweite der Flügel 8″.

Die Zähne sind ziemlich stark und die Vorderzähne des Unterkiefers sind schief gestellt. Im Ober- wie im Unterkiefer sind jederseits 1 Lückenzahn und 4 Backenzähne vorhanden, und der Lückenzahn des Oberkiefers ist sehr klein und völlig aus der Zahnreihe heraus- und nach Innen gerückt.

Vaterland. Süd-Europa, der mittlere und südliche Theil von West-Asien und Nord-Afrika.

In Europa ist sie bis jetzt auf der Insel Sardinien, im südlichen Italien, in Sicilien, Süd-Dalmatien, Griechenland und auf der Insel Euboea oder Negroponte angetroffen worden, in Asien in Syrien am Libanon, in Turkomanien in der Umgegend von Babylon, wo sie Kotschy gesammelt, und im peträischen Arabien, wo sie Rüppell entdeckte. In Afrika kommt sie längs der ganzen Küste des rothen und Mittel-Meeres vor, indem sie einerseits von Ägypten östlich bis nach Abyssinien und Nubien reicht, andererseits aber westlich durch Tripoli und Tunis bis nach Algier, wo sie insbesondere in der Umgegend von Oran und der Stadt Algier getroffen wird.

Küster beschrieb sie unter dem Namen „*Vespertilio albolimbatus*" und ebenso auch Prinz Bonaparte. Keyserling und

Blasius, welche früher diese Benennung beibehalten hatten, vertauschten dieselbe später mit dem von Cretzschmar gegebenen Namen „*Vespertilio marginatus*" und reihten sie ihrer Gattung „*Vesperugo*" ein, worin ihnen alle späteren Naturforscher bis auf Kolenati folgten, der sie zu seiner Gattung „*Nannugo*" zählte. Neuestens änderte Blasius und mit ihm auch Wagner seine frühere Ansicht, indem er sie nicht mehr für eine selbstständige Art betrachtet, sondern mit der haarbindigen Dämmerungsfledermaus *(Vesperugo Kuhlii)* für identisch hält.

**7. Die zimmtbraune Dämmerungsfledermaus *(Vesperugo Alcythoë).***

*V. Kuhlii magnitudine; rostro brevi obtuso rotundato, labio inferiore antice in medio verruca instructo; auriculis breviusculis, capite distincte brevioribus, trigono-ovatis, subacuminatis marginibus integris; trago semicordato breviusculo, dimidio auriculae fere paullo longiore, recto, apicem versus leviter acuminato; alis calvis, juxta corporis latera tantum fascia pilosa limbatis, usque ad digitorum pedis basin attingentibus; patagio anali supra infraque ad basin et juxta femora piloso; pedibus perparvis, vix e patagio prominentibus; cauda longa, corpore non multo breviore et antibrachio longitudine aequali, apice prominente libera; corpore pilis brevibus incumbentibus mollibus dense vestito; notaeo fuscescente-fulvo, gastraeo cinnamomeo vel ex grisescente fusco-rufo; fascia pilosa alarum nec non pilis patagii analis juxta prymnam et femora saturate cinnamomeis vel ex grisescente fusco-rufis; pilis corporis omnibus ad basin nigro-fuscis; patagiis nigris in rufescentem vergentibus; rostro nigrescente.*

*Vespertilio Alcythoe.* Bonaparte, Iconograf. della Fauna ital.
Fasc. XXI. c. fig.

„  Temminck. Monograph. d. Mammal. V. II.
p. 198.

*Scotophilus Alcitoe.* Gray. Magaz. of Zool. and Bot. V. II. p. 498.
*Vesperugo Alcythoe.* Keys. Blas. Wiegm. Arch. B. V. (1839).
Th. I. S. 322.

„  Keys. Blas. Wirbelth. Europ. S. XV, 52.
Nr. 92.

*Vespertilio Alcythoe.* Wagn. Schreber Säugth. Suppl. B. I. S. 507.
Nr. 24.

*Vesperugo Alcythoe.* Wagn. Schreber Säugth. Suppl. B. I. S. 507.
Nr. 24.

*Vespertilio Kuhlii.* Wagn. Schreber Säugth. Suppl. B. V. S. 729.
Nr. 10.

*Vesperugo Kuhlii.* Wagn. Schreber Säugth. Suppl. B. V. S. 729.
Nr. 10.

„ Blas. Fauna d. Wirbelth. Deutschl. B. I. S. 63.
Nr. 5.

*Vespertilio Alcythoe.* Giebel. Säugeth. S. 943. Note 8. — S. 946.
Note 4.

*Vesperus Alcythoe.* Giebel. Säugeth. S. 943. Note 8.

*Vesperugo Alcythoe.* Giebel. Säugeth. S. 946. Note 4.

*Nannugo Kuhlii.* Kolenati. Monograph. d. europ. Chiropt. S. 71.
Nr. 10.

Sehr alt.

*Atalapha Sicula.* Rafin. Prodrom. de Semiolog.

„     „     Desmar. Nouv. Dict. d'hist. nat. V. III. p. 43. Nr. 1.

„     „     Desmar. Mammal. p. 146. Nr. 228.

*Vespertilio Siculus.* Fisch. Synops. Mammal. p. 114. Nr. 42.\*

*Atalapha sicula.* Keys. Blas. Wirbelth. Europ. S. XV. Nr. 92. Anm.

*Nycticejus siculus.* Wagn. Schreber Säugth. Suppl. B. I. S. 547.
Note 7. c.

„     Wagn. Schreber Säugth. Suppl. B. V. S. 774.
Note 1.

Auch diese erst durch den Prinzen Bonaparte genauer
bekannt gewordene Art ist mit der haarbindigen Dämmerungsfledermaus *(Vesperugo Kuhlii)* sehr nahe verwandt und unterscheidet
sich von ihr hauptsächlich durch einige Abweichungen in den körperlichen Verhältnissen und durch die verschiedene Färbung.

In der Größe kommt sie mit derselben vollständig überein und
ebenso auch mit der netzhäutigen *(Vesperugo Hesperida)* und rothfingerigen Dämmerungsfledermaus *(Vesperugo erythrodactylus)*.

Die Schnauze ist breit und stumpf abgerundet, und die Unterlippe
vorne in der Mitte mit einer Warze besetzt. Die Ohren sind ziemlich
kurz, merklich kürzer als der Kopf, dreiseitig-eiförmig, etwas zugespitzt
und ganzrandig. Die Ohrklappe ist halbherzförmig, ziemlich kurz,
doch fast etwas länger als das halbe Ohr, gerade, unten breit, nach
oben zu verschmälert und schwach zugespitzt. Die Flügel sind kahl,

nur längs der Leibesseiten von einer Haarbinde umgeben und reichen bis an die Zehenwurzel. Die Schenkelflughaut ist auf der Ober- wie der Unterseite an der Wurzel und längs der Schenkel behaart. Die Füße sind sehr klein und ragen nur wenig aus der Schenkelflughaut hervor. Der Schwanz ist lang, nicht viel kürzer als der Körper, von gleicher Länge wie der Vorderarm und ragt mit seinem Endgliede frei aus der Schenkelflughaut hervor.

Die Körperbehaarung ist kurz, dicht, glatt anliegend und weich.

Die Färbung ist auf der Oberseite des Körpers bräunlich-rothgelb, auf der Unterseite zimmtfarben oder graulich-braunroth. Die Behaarung der Flügel längs der Leibesseiten, so wie auch der Schenkelflughaut um den Steiß herum und die Schenkel sind tief zimmtfarben oder graulich-braunroth. Sämmtliche Körperhaare sind an der Wurzel schwarzbraun und jene der Oberseite gehen in bräunlichrothgelbe, die der Unterseite in graulich-braunrothe Spitzen aus. Die Flughäute sind schwarz, in's Röthliche ziehend, die Schnauze ist schwärzlich.

Körperlänge . . . . . . . . 1″ 8‴.   Nach Prinz Bonaparte.
Länge des Schwanzes . . . . 1″ 3‴.
   „  des Vorderarmes . . . 1″ 3‴.
   „  der Ohren . . . . . .    5½‴.
   „  des Kopfes  . . . . .    7‴.
Spannweite der Flügel . . . 8″ 2‴.

In beiden Kiefern sind jederseits 1 Lückenzahn und 4 Backenzähne vorhanden, doch ist der Lückenzahn im Oberkiefer sehr klein und völlig aus der Zahnreihe heraus und nach Innen gerückt, weßhalb er vom Prinzen Bonaparte auch übersehen wurde, der deßhalb die Zahl der Lücken- und Backenzähne im Oberkiefer in jeder Kieferhälfte nur auf 4 angibt.

Im hohen Alter scheinen die beiden mittleren Vorderzähne im Oberkiefer wie bei den Gattungen Schwirrfledermaus *(Nycticejus)* und Pelzfledermaus *(Lasiurus)* auszufallen, wodurch ihre ursprüngliche Zahl von 4 auf 2 vermindert wird.

Vaterland. Süd-Europa, wo diese Art bis jetzt nur in Sicilien gefunden wurde.

Ich glaube keinen Irrthum zu begehen, wenn ich die Ehre der Entdeckung dieser Art für Rafinesque in Anspruch nehme und die

Ansicht ausspreche, daß ich die von ihm beschriebene „*Atalapha Sicula*" für identisch mit dieser Art, und zwar blos für ein sehr altes Thier derselben halte, welchem die beiden mittleren Vorderzähne im Oberkiefer ausgefallen sind. W a g n e r, welcher der einzige Zoolog ist, der eine Ansicht über die von R a f i n e s q u e beschriebene Art ausgesprochen hat, hielt sie für eine zur Gattung Schwirrfledermaus (*Nycticejus*) gehörige Art.

K e y s e r l i n g und B l a s i u s zogen die vom P r i n z e n B o n a - p a r t e beschriebene Form zu ihrer Gattung „*Vesperugo*" und ebenso auch W a g n e r. G i e b e l führt sie doppelt auf, und zwar einmal in der Gattung „*Vesperus*" und das zweite Mal in der Gattung „*Vesperugo*". Neuestens wollte B l a s i u s in ihr nur die haarbindige Dämmerungs- fledermaus (*Vesperugo Kuhlii*) erkennen, welcher Ansicht sich auch K o l e n a t i anschloß, der sie seiner Gattung „*Nannugo*" einreiht.

### 8. Die dickschnauzige Dämmerungsfledermaus (*Vesperugo Ursula*).

*V. marginati magnitudine; facie supra densissime pilosa et in lateribus pilis distantibus longis obtecta, rostro brevi crassis- simo lato, apicem versus attenuato tumido, obtuse rotundato- truncato; naribus reniformibus fere transversaliter sitis, pro- tuberantia callosa rotunda diremtis nasoque sulco longitudinali percurso et pilis parce dispositis brevibus obsito; labio in- feriore antice in medio protuberantia verrucaeformi semilunari calva et ad marginem brevipilosa instructo; gula valde pilosa verruca plane carente; auriculis breviusculis latis, capite brevioribus, tam longis quam in margine interiore latis, trigo- nis cutaneis, marginibus integris, margine exteriore usque versus oris angulum protractis et pone ac infra illum finitis, externe in basali parte fere ad dimidium usque dense pilosis, interne calvis et versus marginem exteriorem plicis tribus transversalibus distinctis et quarta minus distincta percursis; trago sat brevi lato obtuso, in margine exteriore leviter arcuato et infra medium latissimo nec non basi protuberantia dentiformi instructo, apicem versus angustato ac introrsum curvato, in margine interiore leviter semilunariter sinuato; alis modice longis sat latis calvis, infra tantum ad corporis latera fascia pilosa circumdatis, in mar- ginibus non callosis et ad digitorum pedis basin usque attingenti- bus; patagio anali supra fere ad medium usque plus minusve dense piloso, minime autem juxta tibiam, infra calvo et circa uropygium tantum limbo piloso circumdato, nec non fibris muscularibus per 8 series obliquas dispositis et in angulo acuto caudam versus decurrentibus instructo, ac in margine postico versus pedem non granuloso; calcaribus lobo cutaneo anguluto limbatis; plantis podariorum transversaliter rugosis; digitis parvis debilibus; cauda longa corpore non multo breviore et antibrachio parum longiore, apice articulo ultimo prominente libera; palato plicis 7 transversalibus percurso, duabus anticis integris, reliquis divisis; corpore pilis breviusculis incumbentibus mollibus dense vestito; notaeo ex ferrugineo-rufescente flavo-fusco, gastraeo dilute flavescente-fusco; macula obscuriore in regione scapulari et infra aures nulla; patagiis nigro-fuscis et in marginibus limbo tenerrimo albo-flavido circumdatis.*

*Vespertilio Pipistrellus. Var. Aegyptius.* Geoffroy. Descript. de l'Egypte. V. II. t. 1. f. 3.

„ Desmar. Nouv. Dict. d'hist. nat. V. XXXV. p. 470. Nr. 8.

„ Desmar. Mammal. p. 139. Nr. 209.

„ Fisch. Synops. Mammal. p. 105. Nr. 9. β.

*Vespertilio Pipistrellus.* Temminck. Monograph. d. Mammal. V. II p. 194.

*Vespertilio Ursula.* Wagn. Schreber Säugth. Suppl. B. I. S. 505. Nr. 22.

*Vesperugo Ursula.* Wagn. Schreber Säugth. Suppl. B. I. S. 505. Nr. 22.

*Scotophilus murinus.* Gray. Mammal. of the Brit. Mus. p. 28. i.

*Vesperugo Ursula.* Fitz. Sitzungsber. d. math. naturw. Cl. d. kais. Akad. d. Wiss. B. VI. (1851.) p. 100.

*Vespertilio Ursula.* Wagn. Schreber Säugth. Suppl. B. V. S. 730. Nr. 12.

*Vesperugo Ursula.* Wagn. Schreber Säugth. Suppl. B. V. S. 730. Nr. 12.

*Nannugo Ursula.* Kolenati. Sitzungsber. d. kais. Akad. d. Wiss. B. XXVIII. (1858.) S. 243.

*Vesperugo Nathusii.* B l a s. Fauna d. Wirbelth. Deutschl. B. I.
S. 58. Nr. 3.

*Vespertilio Nathusii.* G i e b e l. Säugeth. S. 926.

*Vesperugo Nathusii.* G i e b e l. Säugeth. S. 946.

*Nannugo Ursula.* K o l e n a t i. Monograph. d. europ. Chiropt. S. 67.
Nr. 8.

*Vesperugo Ursula.* F i t z. H e u g l. Säugeth. Nordost-Afr. S. 10. Nr. 14.
(Sitzungsber. d. math.-naturw. Cl. d. kais. Akad.
d. Wiss. B. LIV.)

Ebenso nahe mit der kahlschienigen *(Vesperugo Pipistrellus)*
und Zwerg-Dämmerungsfledermaus *(Vesperugo minutissimus)*, als
auch mit der haarbindigen Dämmerungsfledermaus *(Vesperugo Kuhlii)* verwandt, doch ohne Zweifel von denselben specifisch verschieden.

Entfernter steht sie der haarschienigen Dämmerungsfledermaus
*(Vesperugo Nathusii)*, von welcher sie durch mehrfache Merkmale
sehr deutlich geschieden ist.

Bezüglich ihrer Größe kommt sie mit der gesäumten *( Vesperugo
marginatus)* und graubauchigen Dämmerungsfledermaus *(Vesperugo
leucogaster)* überein, daher sie den kleineren Formen ihrer Gattung
angehört.

Das Gesicht ist auf der Oberseite sehr dicht behaart und an den
Seiten mit langen abstehenden Haaren besetzt. Die Schnauze ist kurz
und sehr dick, breit, nach vorne zu etwas verschmälert, aufgetrieben
und stumpf gerundet abgestutzt. Die Nasenlöcher sind nierenförmig
und fast der Quere nach gestellt, und zwischen denselben befindet
sich eine runde wulstige Erhöhung. Die Nase ist in der Mitte von
einer Längsfurche durchzogen und mit kurzen dünnstehenden Haaren
besetzt. Auf der Unterlippe befindet sich vorne in der Mitte eine halbmondförmige kahle und nur nach Außen kurz behaarte warzenartige
Erhöhung. Die Kehle ist sehr stark behaart und an derselben ist
keine Warze bemerkbar. Die Ohren sind ziemlich kurz und breit,
kürzer als der Kopf, von derselben Breite als die Länge ihres Innenrandes beträgt, dreiseitig, oben abgerundet, ganzrandig und dickhäutig,
mit dem Außenrande bis gegen den Mundwinkel vorgezogen, wo sie
ungefähr 1 Linie hinter demselben und zwar unter der Mundspalte
endigen, auf der Außenseite von der Wurzel an fast bis zu ihrer
Hälfte dicht behaart, und auf der Innenseite kahl und gegen den

Außenrand zu von 3 deutlichen und 1 undeutlichen Querfalte durchzogen. Die Ohrklappe ist ziemlich kurz, breit und stumpf, unter der Mitte ihres Außenrandes am breitesten, nach oben zu verschmälert und nach Innen gebogen, am Innenrande seicht halbmondförmig eingebuchtet, und am Außenrande schwach ausgebogen und an der Wurzel desselben mit einem zackenartigen Vorsprunge versehen. Die Flügel sind mäßig lang und ziemlich breit, kahl und nur auf der Unterseite längs der Leibesseiten von einer schmalen Haarbinde umgeben, am Rande nicht wulstig und reichen bis an die Zehenwurzel. Das zweite Glied des fünften Fingers ragt weit über die Mitte des zweiten Gliedes des vierten Fingers hinaus. Die Schenkelflughaut ist auf ihrer Oberseite fast bis zu ihrer Mitte mehr oder weniger dicht behaart, ohne daß sich die Behaarung jedoch längs der Schienbeine fortzieht. Auf ihrer Unterseite ist dieselbe nur um den Steiß herum von einer Haarbinde umgeben, sonst aber kahl, von 8, in einem spitzen Winkel gegen den Schwanz zu verlaufenden Reihen von Querwülstchen durchzogen und am Rande gegen den Fuß zu nicht gekörnt. Die Sporen sind von einem gegen den Fuß zu winkelartig vorspringenden Hautlappen umsäumt. Die Sohlen sind der Quere nach gerunzelt, die Zehen klein und schwach. Der Schwanz ist lang, nicht viel kürzer als der Körper und nur wenig länger als der Vorderarm, und ragt mit seinem Endgliede frei aus der Schenkelflughaut hervor. Der Gaumen ist von 7 Querfalten durchzogen, von denen die beiden vorderen nicht getheilt sind.

Die Körperbehaarung ist ziemlich kurz, dicht, glatt anliegend und weich.

Die Oberseite des Körpers ist roströthlich-gelbbraun, die Unterseite licht gelblichbraun, wobei die einzelnen Haare auf der Oberseite nur am untersten Wurzeltheile, auf der Unterseite aber fast bis zur Hälfte bräunlich schwarzgrau sind. Ein dunklerer Flecken in der Schultergegend und unterhalb des Ohres ist nicht vorhanden. Die Flughäute sind schwarzbraun, die Flügel sowohl als auch die Schenkelflughaut am Rande von einem sehr feinen weißgelben Saume umgeben.

Körperlänge . . . . . . . 1″ 7‴—1″ 7½‴. Nach W a g n e r.
Länge des Schwanzes . . . 1″ 4‴.
„ des Vorderarmes . . 1″ 2⅘‴.

| | | |
|---|---|---|
| Länge der Ohren . . . . . | 5¹/₂'''. | |
| „ der Ohrklappe . . . | 2'''. | |
| „ des Innenrandes dersel- | | |
| ben . . . . . . . . | 1¹/₄'''. | |
| „ des Kopfes . . . . . | 7'''. | |
| „ des dritten Fingers . . 2'' | 2⁴/₅'''. | |
| „ des fünften „ . . 1'' | 7¹/₂'''. | |
| Spannweite der Flügel . . . 8''. | | |
| Gesammtlänge . . . . . . 2'' | 9'''. | Nach Kolenati. |
| Körperlänge . . . . . . . 1'' | 7²/₃'''. | |
| Länge des Schwanzes . . . 1'' | 1¹/₂'''. | |
| „ des Vorderarmes . . 1'' | 2¹/₂'''. | |
| „ der Ohren . . . . . | 4²/₃'''. | |
| „ der Ohrklappe . . . | 2²/₃'''. | |
| „ des Kopfes . . . . . | 6¹/₂'''. | |
| Spannweite der Flügel . . . 7'' | 10'''. | |

Die Vorderzähne des Unterkiefers sind beinahe gerade gestellt und die seitlichen decken sich kaum an den Rändern. In beiden Kiefern befinden sich jederseits 1 Lückenzahn und 4 Backenzähne, der Lückenzahn des Oberkiefers ist aber sehr klein und ganz aus der Zahnreihe heraus und nach Innen gerückt.

Vaterland. Süd-Europa, wo diese Art in Dalmatien und insbesondere in der Umgegend von Spalatro und Fort Opus angetroffen wird und sich über die Türkei und Griechenland bis nach Morea hinab verbreitet, und Nord-Afrika, wo sie sowohl in Ägypten und vorzüglich in den unterirdischen Gewölben von Theben, als auch in Abyssinien vorkommt und sich bis in den äußersten Westen und auf die Insel Madeira erstreckte.

Geoffroy hat diese Art entdeckt und für eine klimatische Abänderung der kahlschienigen Dämmerungsfledermaus (*Vesperugo Pipistrellus*) gehalten, die er mit dem Namen „*Vespertilio Pipistrellus. Var. Aegyptius*“ bezeichnete. Desmarest, Fischer und auch Temminck schlossen sich dieser Ansicht an. Wagner erklärte sie für eine selbstständige Art, für welche er den Namen „*Vesperugo Ursula*“ in Vorschlag brachte, eine Ansicht, welcher auch Henglin und ich, so wie auch Kolenati beipflichteten, welcher letztere sie zu seiner Gattung „*Nannugo*“ zählt. Blasius und Giebel wollten aber nur die haarschienige Dämmerungsfledermaus *(Vesperugo Na-thusii)* in ihr erkennen, während Gray, der sie in seine Gattung „*Scotophilus*" einreiht, die Ansicht Geoffroy's aufrecht erhält.

### 9. Die Dongola-Dämmerungsfledermaus *(Vesperugo Rüppellii).*

*V. Nathusii magnitudine; capite valde piloso, rostro obtuso, fasciculo pilorum longiorum fuscescentium supra nasum, naribus sublateralibus, pterygiis magnis carnosis; auriculis breviusculis latis fere rotundis, antice pilis teneris obtectis, postice calvis; trago foliiformi, apicem versus dilatato, dein angustato, supra rotundato parumque introrsum curvato; alis supra infraque calvis, usque ad digitorum pedis basin attingentibus; patagio anali supra leviter piloso, infra calvo ; cauda mediocri, corpore multo breviore et antibrachio perparum longiore; corpore pilis brevibus incumben-tibus mollibus dense vestito; notaeo fusco-vel murino-griseo fusces-cente lavato, gastraeo nitide niveo, pilis singulis hujus unicolori-bus; patagiis fuscescentibus.*

*Vespertilio Temminckii.* Cretzschm. Rüppell's Atl. S. 17. t. 6.
　　　　(Männchen.)
*Vespertilio Rüppellii.* Fisch. Synops. Mammal. p. 109. Nr. 24.
*Vespertilio Temminckii.* Temminck. Monograph. d. Mammal. V. II.
　　　　p. 210.
*Vesperugo Temminckii.* Keys. Blas. Wiegm. Arch. B. VI. (1840.)
　　　　Th. I. S. 2.
*Vespertilio Rüppellii.* Wagn. Schreber Säugth. Suppl. B. I. S. 522.
　　　　Nr. 54.
*Vesperugo Rüppellii.* Wagn. Schreber Säugth. Suppl. B. I. S. 522.
　　　　Nr. 54.
*Vespertilio Rüppellii.* Wagn. Schreber Säugth. Suppl. B. V. S. 745.
　　　　Nr. 54.
*Vesperugo Rüppellii.* Wagn. Schreber Säugth. Suppl. B. V. S. 745.
　　　　Nr. 54.
*Vespertilio Rüppellii.* Giebel. Säugeth. S. 945.
*Vesperugo Rüppellii.* Giebel. Säugeth. S. 945.
*Vesperugo Rüppellii.* Fitz. Heugl. Säugeth. Nordost-Afr. S. 10.
　　　　Nr. 15. (Sitzungsber. d. math.-naturw. Cl. d.
　　　　kais. Akad. d. Wiss. B. LIV.)

Mit dieser von Rüppell entdeckten Art hat uns Cretzschmar zuerst bekannt gemacht, der uns nebst einer genauen Beschreibung auch eine Abbildung von derselben mittheilte.

Sie ist eine der größten unter den kleineren Formen ihrer Gattung und mit unserer europäischen haarschienigen Dämmerungsfledermaus (*Vesperugo Nathusii*) von gleicher Größe.

Am nächsten ist sie mit der netzhäutigen Dämmerungsfledermaus (*Vesperugo Hesperida*) verwandt, von welcher sie sich jedoch, — abgesehen von der etwas beträchtlicheren Größe, — durch die verschiedene Bildung ihrer Schenkelflughaut und auch durch die Färbung auffallend unterscheidet.

Der Kopf ist stark behaart, die Schnauze stumpf, und über der Nase befindet sich ein ungefähr 1 Linie langer und ebenso breiter Büschel bräunlicher Haare. Die Nasenlöcher sind etwas seitlich gestellt und die Nasenflügel sind groß und fleischig. Die Ohren sind mittelgroß, ziemlich kurz, breit und beinahe rund, auf der Vorderseite mit feinen Haaren besetzt, auf der Hinterseite kahl. Die Ohrklappe ist blattförmig, nach oben zu ausgebreitet, dann verschmälert, an der Spitze abgerundet und etwas nach einwärts gebogen. Die Flügel sind auf der Ober- wie der Unterseite kahl und reichen bis an die Zehenwurzel. Die Schenkelflughaut ist auf der Oberseite schwach behaart, auf der Unterseite kahl. Der mittellange Schwanz ist viel kürzer als der Körper und nur sehr wenig länger als der Vorderarm.

Die Körperbehaarung ist kurz, dicht, glatt anliegend und weich.

Die Oberseite des Körpers ist braungrau oder mausgrau und bräunlich überflogen, die Unterseite glänzend schneeweiß und die einzelnen Haare derselben sind durchaus einfärbig. Die Flughäute sind bräunlich.

Körperlänge . . . . . . . 1″ 10‴. Nach Cretzschmar.
Länge des Schwanzes . . . 1″ 2‴.
„ des Vorderarmes . . 1″ 1‴·
„ des Kopfes . . . . 6‴.
„ der Ohren . . . . 3½‴.
„ des Daumens . . . 2‴.
Spannweite der Flügel . . 7″.

In beiden Kiefern befinden sich jederseits 1 Lückenzahn und 4 Backenzähne, und der Lückenzahn des Oberkiefers ist sehr klein.

**Vaterland.** Nordost-Afrika, Nubien, Dongola, Sennaar und Galabat.

Der dieser Art von Cretzschmar gegebene Name „*Vespertilio Temminckii*" wurde von Fischer in „*Vespertilio Rüppellii*" umgeändert, da jener Name schon früher an eine andere Fledermausart, nämlich an die veränderliche Schwirrfledermaus *(Nycticejus Temminckii)* vergeben worden war.

Keyserling und Blasius wiesen derselben ihre richtige Stellung in der Gattung „*Vesperugo*" an und alle späteren Zoologen schlossen sich dieser Ansicht an.

**10. Die netzhäutige Dämmerungsfledermaus** *(Vesperugo Hesperida).*

*V. Kuhlii magnitudine; rostro ad apicem valde piloso; auriculis brevibus latiusculis, tam latis quam longis, trago foliiformi curvato, apice rotundato; alis proportionaliter breviusculis angustis, usque ad digitorum pedis basin attingentibus; patagio anali rhomboidali, venis rhombiformibus percurso et ad basin paullo piloso; cauda mediocri, corpore eximie breviore et antibrachio longitudine aequali; corpore pilis brevibus incumbentibus mollibus dense vestito; notaeo rufescente-fusco, gastraeo albido-griseo, pilis singulis in notaeo nigrescentibus, in gastraeo nigris; rostro in apice nigro; patagiis nigrescentibus, venis patagii analis dilutioribus.*

*Vespertilio Hesperida.* Temminck. Monograph. d. Mammal. V. II. p. 211.

*Vesperugo Hesperida.* Keys. Blas. Wiegm. Arch. B. VI. (1840.) S. 2.

*Vespertilio Hesperida.* Wagn. Schreber Säugth. Suppl. B. I. S. 524. Nr. 58.

„ Wagn. Schreber Säugth. Suppl. B. V. S. 748. Nr. 63.

*Vespertilio hesperida.* Giebel. Säugeth. S. 948. Note 8.

*Vesperugo? hesperida.* Giebel. Säugeth. S. 948. Note 8.

*Vesperugo Hesperida.* Fitz. Heugl. Säugeth. Nordost-Afr. S. 10. Nr. 16. (Sitzungsber. d. math.-naturw. Cl. d. kais. Akad. d. Wiss. B. LIV.)

*Vesperugo hesperida.* Hengl. Beitr. z. Fauna d. Säugeth. N.-O.- Afr. S. 5. (Nov. Act. Acad. Nat. Curios. V. XXIX.)

Diese ausgezeichnete und ohne allen Zweifel selbstständige Art wurde von Temminck aufgestellt und von ihm auch zuerst beschrieben.

Ihre Größe ist dieselbe wie die der zimmtbraunen *(Vesperugo Alcythoë)*, haarbindigen *(Vesperugo Kuhlii)* und rothfingerigen Dämmerungsfledermaus *(Vesperugo erythrodactylus)*, wornach sie zu den kleineren Formen in der Gattung gehört.

Unter allen Arten ihrer Gattung schließt sie sich zunächst an die Dongola - Dämmerungsfledermaus *( Vesperugo Rüppellii)* an, doch ist sie etwas kleiner als diese, und sowohl durch die Beschaffenheit der Schenkelflughaut, als auch durch die Färbung sehr deutlich von ihr verschieden.

Die Schnauze ist an der Spitze sehr stark behaart. Die Ohren sind kurz, ziemlich breit und ebenso breit als lang. Die Ohrklappe ist blattförmig, gekrümmt und an der Spitze abgerundet. Die Flügel sind verhältnißmäßig ziemlich kurz und schmal, und reichen bis an die Zehenwurzel. Die Schenkelflughaut ist von rautenförmiger Gestalt, von rautenförmigen Adern durchzogen und an der Wurzel etwas behaart. Der Schwanz ist mittellang, beträchtlich kürzer als der Körper und von derselben Länge wie der Vorderarm.

Die Körperbehaarung ist kurz, dicht, glatt anliegend und weich.

Die Oberseite des Körpers ist röthlichbraun, die Unterseite weißlichgrau. wobei die einzelnen Haare auf der Oberseite an der Wurzel schwärzlich sind und in röthlichbraune Spitzen ausgehen, auf der Unterseite aber an der Wurzel schwarz und an der Spitze röthlichgrau gefärbt erscheinen. Die Schnauzenspitze ist schwarz. Die Flughäute sind schwärzlich und die Schenkelflughaut ist lichter geadert.

Körperlänge . . . . . . . . 1″ 8‴. Nach Temminck.
Länge des Schwanzes . . . . 1″.
  „ des Vorderarmes . . . . 1″.

Die Zahl der Lücken- und Backenzähne ist nicht bekannt.

Vaterland. Nodost-Afrika, Abyssinien, wo diese Art in den Küstengegenden vorkommt und Ost-Sennaar, von wo sie Kotschy mitgebracht.

Keyserling und Blasius betrachten sie für eine zur Gattung „*Vesperugo*" gehörige Art und ebenso — obgleich nicht mit Sicherheit, — auch Giebel. Wagner spricht sich nicht über ihre Stellung aus.

Die zoologischen Museen zu Leyden und Wien sind vielleicht die einzigen in Europa, welche diese Art besitzen.

### 11. Die Mozambique-Dämmerungsfledermaus (*Vesperugo nanus*).

*V. subtilis magnitudine; rostro lato obtuso; auriculis emarginatis; trago securiformi, supra lato, apice introrsum flexo; alis juxta antibrachium non pilosis, plane calvis, usque ad digitorum pedis basin attingentibus; patagio anali supra calvo, infra pilis brevibus ciliato; cauda longa, corpori longitudine aequali et antibrachio paullo longiore; corpore pilis brevibus incumbentibus dense vestito; notaeo cum capite nigrescente-vel umbrino-fusco, gastraeo pallidiore, pilis singulis omnibus in besse basali saturate nigris; patagiis auriculisque nigris.*

*Vespertilio nanus.* Peters. Säugeth. v. Mossamb. S. 63. t. 16. f. 2.

„           „       Wagn. Schreber Säugth. Suppl. B. V. S. 746. Nr. 57.

*Vesperugo nanus.* Wagn. Schreber Säugth. Suppl. B. V. S. 746. Nr. 57.

*Vespertilio nanus.* Giebel. Säugeth. S. 947.

*Vesperugo nanus.* Giebel. Säugeth. S. 947.

Eine uns erst in neuester Zeit durch Peters bekannt gewordene Art, welche von demselben bis jetzt allein nur beschrieben und auch abgebildet wurde.

In der Größe kommt sie mit der Kaffern-Dämmerungsfledermaus *(Vesperugo subtilis)* vollständig überein und nahezu auch mit unserer europäischen kahlschienigen *(Vesperugo Pipistrellus)*, der coromandelischen *(Vesperugo coromandelicus)* und carolinischen Dämmerungsfledermaus *(Vesperugo carolinensis)*, daher sie den kleinsten Formen ihrer Gattung beizuzählen ist.

Sie steht der Kaffern-Dämmerungsfledermaus *(Vesperugo subtilis)* offenbar sehr nahe, unterscheidet sich von dieser aber durch den viel längeren Schwanz, die Beschaffenheit der Ohren und die Färbung.

Die Schnauze ist breit und stumpf. Die Ohren sind mit einer Ausrandung versehen. Die Ohrklappe ist von beilförmiger Gestalt, oben breit und mit der Spitze nach Innen gerichtet. Die Flügel sind längs des Vorderarmes nicht behaart, vollständig kahl und reichen bis an die Zehenwurzel. Die Schenkelflughaut ist auf der Oberseite kahl, auf der Unterseite mit kurzen Haaren gewimpert. Der Schwanz ist lang, von derselben Länge wie der Körper und etwas länger als der Vorderarm.

Die Körperbehaarung ist kurz, dicht und glatt anliegend.

Der Kopf und die ganze Oberseite des Körpers sind schwärzlich- oder umberbraun, die Unterseite ist blaßer, und sämmtliche Körper- haare sind von der Wurzel an bis zu ihrem letzten Drittel tief schwarz oder pechschwarz. Die Flughäute und die Ohren sind schwarz.

Körperlänge . . . . . . . . . 1″ 5½‴. Nach Peters.
Länge des Schwanzes . . . . . 1″ 5½‴.
„ des Vorderarmes . . . . 1″ 2‴.

Im Ober- wie im Unterkiefer befinden sich in jeder Kieferhälfte 1 Lückenzahn und 4 Backenzähne.

Vaterland. Südost-Afrika, Mozambique, wo Peters diese Art in Inhambane entdeckte.

Bis jetzt dürfte das königl. zoologische Museum zu Berlin das einzige in Europa sein, das sich im Besitze dieser Art befindet.

### 12. Die Kaffern-Dämmerungsfledermaus (*Vesperugo subtilis*).

*V. nani magnitudine; rostro paullo attenuato; auriculis oblongis, in marginibus integris; trago brevi semiovali; alis ad digito- rum pedis basin usque attingentibus; cauda longa, corpore distincte et antibrachio perparum breviore; corpore pilis brevibus incum- bentibus dense vestito; notaeo fulvescente-griseo, gastraeo albes- cente-fulvo; lateribus faciei, apice rostri, patagiis auriculisque pallide fuscis.*

*Vespertilio subtis.* Sundev. Öfversight af. k. Akad. Forhandl. 1846. p. 119.
„ Wagn. Schreber Säugth. Suppl. B. V. S. 746. Nr. 56.

*Vesperugo subtilis.* W a g n. Schreber Säugth. Suppl. B. V. S. 746.
Nr. 56.
*Vespertilio subtilis.* G i e b e l. Säugeth. S. 947. Note 6.
*Vesperugo subtilis.* G i e b e l. Säugeth. S. 947. Note 6.

Die Kenntniß dieser von W a h l e n b e r g entdeckten Art haben
wir S u n d e v a l l zu danken, der uns eine kurze Beschreibung von
derselben mittheilte.

Sie zählt zu den kleinsten Arten in der Gattung und ist mit der
Mozambique-Dämmerungsfledermaus *(Vesperugo nanus)* und nahezu
auch mit der kahlschienigen *(Vesperugo Pipistrellus)*, coromandelischen *(Vesperugo coromandelicus)* und carolinischen Dämmerungsfledermaus *(Vesperugo carolinensis)* von gleicher Größe.

Mit der erstgenannten Art scheint sie — insoweit sich dieß aus
der Beschreibung entnehmen läßt, — in sehr naher Verwandtschaft
zu stehen, obgleich sie sich von derselben sowohl durch den weit
kürzeren Schwanz, als auch durch die verschiedene Bildung der Ohren
und die abweichende Färbung sehr deutlich unterscheidet.

In ihren körperlichen Formen erinnert sie auch lebhaft an die
capische Abendfledermaus *(Vesperus minutus)*, mit welcher sie aber
bei einer nur einigermaßen genauen Untersuchung nicht verwechselt
werden kann.

Die Schnauze ist etwas verschmälert. Die Ohren sind länglich
und ganzrandig. Die Ohrklappe ist kurz und halbeiförmig. Die Flügel
reichen bis an die Zehenwurzel. Der Schwanz ist lang, merklich
kürzer als der Körper und nur sehr wenig kürzer als der Vorderarm.

Die Körperbehaarung ist kurz, dicht und glatt anliegend.

Die Oberseite des Körpers ist rothgelblichgrau, die Unterseite
weißlich rothgelb. Die Gesichtsseiten, die Schnauzenspitze und die
Flughäute sind braun, die Ohren blaß braun.

Körperlänge . . . . . . . . 1″ 5½‴. Nach S u n d e v a l l.
Länge des Schwanzes . . . 1″.
„ des Vorderarmes . . . 1″ 1‴½.

In beiden Kiefern befinden sich jederseits 1 Lückenzahn und
4 Backenzähne.

V a t e r l a n d. Südost-Afrika, Kaffernland, wo diese Art im Inneren
des Landes vorkommt.

Das königliche zoologische Museum zu Stockholm ist wohl das einzige in Europa, das diese Art besitzt.

### 13. Die flachköpfige Dämmerungsfledermaus (*Vesperugo platycephalus*).

*V. Mauro paullo major et Noctuliniae Eschholtzii magnitudine; capite depresso, rostro latissimo deplanato, rictu amplo; auriculis mediocribus, lateraliter dilatatis, tam latis quam longis, supra ad dimidium usque pilosis, in margine exteriore ad basin in lobum dilatatis et usque ad oris angulum protractis; trago foliiformi, apicem versus attenuato et introrsum curvato; alis usque ad digitorum pedis basin attingentibus; patagio anali supra basi usque ad dimidium piloso, infra plane calvo; cauda mediocri, dimidio corpore perparum longiore et antibrachio vix breviore; corpore pilis brevibus incumbentibus mollibus dense vestito; notaeo rufescente-fusco, gastraeo fuscescente-albo, regione pubis sordide alba, pilis ·singulis in notaeo ad basin nigrescente-fuscis, in gastraeo fuscis.*

*Vespertilio platycephalus.* Temminck. Monograph. d. Mammal.
V. II. p. 208.

„        „        Smuts. Mammal. cap. p. 107.

*Vesperugo platycephalus.* Keys. Blas. Wiegm. Arch. B. VI. (1840.)
Th. I. S. 2.

*Vespertilio platycephalus.* Wagn. Schreber Säugth. Suppl. B. I.
S. 524. Nr. 57.

*Scotophilus Capensis.* Gray. Mammal. of the Brit. Mus. p. 32.

*Vespertilio platycephalus.* Wagn. Schreber Säugth. Suppl. B. V.
S. 745. Nr. 55.

*Vesperugo platycephalus.* Wagn. Schreber Säugth. Suppl. B. V.
S. 745. Nr. 55.

*Vespertilio platycephalus.* Giebel. Säugeth. S. 947.

*Vesperugo? platycephalus.* Giebel. Säugeth. S. 947.

*Vesperugo platycephalus.* Fitz. Säugeth. d. Novara-Exped. Sitzungsber. d. math.-naturw. Cl. d. kais. Akad. d.
Wiss. B. XLII. S. 390.

*Vespertilio platycephalus.* Zelebor. Reise d. Fregatte Novara.
Zool. Th. B. I. S. 16.

*Vesperugo platycephalus.* Z e l e b o r. Reise d. Fregatte Novara. Zool. Th. B. I. S. 16.

S m u t s ist der Entdecker dieser Art und T e m m i n c k hat sie zuerst beschrieben.

Sie ist die kleinste unter den bis jetzt bekannt gewordenen mittelgroßen Formen ihrer Gattung, etwas größer als die Alpen-Dämmerungsfledermaus *(Vesperugo Maurus)* und von gleicher Größe wie die kleindaumige Waldfledermaus *(Noctulinia Eschholtzii).*

In ihrer Körpergestalt im Allgemeinen und zum Theile auch in den Verhältnissen ihrer einzelnen Körpertheile bietet sie manche Ähnlichkeit mit der Dongola-Dämmerungsfledermaus *(Vesperugo Rüppellii)* dar; der kürzere Schwanz, die verhältnißmäßig längeren Flügel, die durchaus verschiedene Kopfform und die Farbe trennen sie aber scharf von dieser Art.

Der Kopf ist auffallend flachgedrückt, die Schnauze abgeplattet und sehr breit, der Mund tief gespalten. Die Ohren sind mittelgroß, an den Seiten ausgebreitet, ebenso breit als lang, in ihrer oberen Hälfte behaart, und an der Wurzel ihres Außenrandes lappenartig ausgebreitet und bis an den Mundwinkel verlängert. Die Ohrklappe ist blattförmig, nach oben zu verschmälert und nach einwärts gebogen. Die Flügel reichen bis an die Zehenwurzel. Die Schenkelflughaut ist auf der Oberseite in ihrer ganzen Wurzelhälfte behaart, auf der Unterseite aber vollständig kahl. Der Schwanz ist mittellang, nur sehr wenig länger als der halbe Körper und kaum etwas kürzer als der Vorderarm.

Die Körperbehaarung ist kurz, dicht, glatt anliegend und weich.

Die Oberseite des Körpers ist röthlichbraun, die Unterseite bräunlichweiß, die Schamgegend schmutzigweiß. Auf der Oberseite sind die einzelnen Körperhaare an der Wurzel schwärzlichbraun und an der Spitze röthlichbraun, auf der Unterseite an der Wurzel braun, und an der Spitze weiß und braun gewässert.

Körperlänge . . . . . . . . 2″.    Nach T e m m i n c k.

Länge des Schwanzes . . . . 1″ 1‴.

„ des Vorderarmes . . . 1″ 1½‴.

Spannweite der Flügel . . . 9″.

Die Zahl der Lücken- und Backenzähne ist nicht mit Sicherheit bekannt.

Vaterland. Süd-Afrika, Cap der guten Hoffnung, wo diese Art in der Umgegend der Capstadt angetroffen wird.

Keyserling und Blasius betrachten sie als eine zur Gattung „Vesperugo“ gehörige Art. Derselben Ansicht hat sich auch Wagner später angeschlossen, obgleich er sich früher über die Stellung dieser Art nicht ausgesprochen hat und Giebel reiht sie gleichfalls, wenn auch mit einigem Bedenken, dieser Gattung ein.

Gray glaubte in ihr die capische Trugfledermaus (*Nyctiptenus Smithii*) zu erkennen, was jedoch offenbar unrichtig ist.

### 14. Die sammtschwarze Dämmerungsfledermaûs (*Vesperugo Krascheninikovii*).

*V. rostro lato rotundato; auriculis breviusculis, capite brevioribus cutaneis, oblongo-ovatis supra rotundatis, margine exteriore usque versus oris angulum protensis; trago brevi angusto, sesquiplus longiore quam lato, apicem versus angustato, ac antrorsum et introrsum directo, supra rotundato, in margine interiore sinuato, in exteriore arcuato et ad basin protuberantia dentiformi instructo, nequaquam altera supra istam; alis infra juxta corporis latera pilis singulis albis et juxta antibrachium per 9 series transversales dispositis ac usque ad digitum quintum extensis obtectis, ad digitorum pedis basin usque attingentibus; patagio anali supra usque versus dimidium pilis nigrescentibus obtecto; cauda sat longa, apice articulo ultimo prominente libera; corpore pilis modice longis subincumbentibus mollibus dense vestito; colore secundum aetatem variabili; notaeo in animalibus adultis fere holosericeo-nigro leviter grisescente-albo-lavato, gastraeo ejusdem coloris sed magis grisescente-albo-lavato, pilis corporis omnibus maximam partem usque ad basin holosericeo-nigris; corpore in animalibus junioribus aequali modo colorato, jugulo et inguina exceptis fere pure albis.*

*Vesperugo Krascheninikovii.* Eversm. Bullet. de la Soc. des Natualist. d. Moscou. 1853. p. 488. t. 3. f. 1. (Kopf.)

*Hypsugo Krascheninikovii.* Kolenati. Allgem. deutsche naturh. Zeit. B. II. (1856.) Hft. 5. S. 168, 169.

Kolenati. Monograph. d. europ. Chiropt. S. 63. Nr. 6.

Bis jetzt blos aus einer kurzen Beschreibung und einer derselben beigefügten Abbildung des Kopfes bekannt, welche wir von Eversmann erhalten haben.

Über ihre Größe und ihre körperlichen Verhältnisse liegen leider keine Angaben vor, doch geht schon aus ihrer eigenthümlichen und von allen übrigen verwandten Arten höchst abweichenden Färbung klar und deutlich hervor, daß sie eine selbstständige Art bildet.

Die Schnauze ist breit und gerundet. Die Ohren sind ziemlich kurz, kürzer als der Kopf, dickhäutig, länglich-eiförmig, oben abgerundet und mit dem Außenrande bis gegen den Mundwinkel verlängert. Die Ohrklappe ist kurz und schmal, ungefähr 1½mal so lang als breit, von nierenförmiger Gestalt, in der Mitte am breitesten, nach oben zu verschmälert und nach vor- und einwärts gerichtet, an der Spitze abgerundet, am Innenrande eingebuchtet, am Außenrande aber ausgebogen und an der Wurzel desselben mit einem zackenartigen Vorsprunge versehen, nicht aber mit einem zweiten kleineren oberhalb desselben. Die Flügel sind auf der Unterseite längs der Leibesseiten mit einzelnen weißen Härchen besetzt, die sich längs des Vorderarmes in 9 Querreihen bis zum fünften Finger erstrecken und reichen bis an die Zehenwurzel. Die Schenkelflughaut ist auf der Oberseite bis gegen ihre Mitte mit schwärzlichen Härchen bedeckt. Der Schwanz ist ziemlich lang und ragt mit seinem Endgliede frei aus der Schenkelflughaut hervor.

Die Körperbeharung ist mäßig lang, dicht, nicht besonders glatt anliegend und weich.

Die Färbung ändert etwas nach dem Alter.

Bei alten Thieren ist die Oberseite des Körpers beinahe sammtschwarz und schwach graulichweiß überflogen, die Unterseite ebenso, aber mit weit stärkerem graulichweißem Anfluge, da die am ganzen Körper von der Wurzei an ihrer größten Länge nach sammtschwarzen Haare hier in weit längere graulichweiße Spitzen endigen.

Bei jüngeren Thieren sind der Unterhals und Hinterbauch beinahe reinweiß, da die einzelnen Haare dieser Körperstellen ihrer ganzen Länge nach weiß sind.

Körpermaaße sind nicht angegeben.

In beiden Kiefern sind jederseits 1 Lückenzahn und 4 Backenzähne vorhanden. Die beiden inneren, oberen Vorderzähne sind zweispitzig und noch einmal so lang als die beiden äußeren, welche einspitzig sind.

Vaterland. Nordwest-Asien, wo diese Art im südlichen Sibirien am Uralfluße und insbesondere in der Gegend von Orenburg vorkommt. Kolenati reiht sie in seine Gattung „*Hypsugo*" ein.

## 15. Die spitzschnauzige Dämmerungsfledermaus (*Vesperugo Abramus*).

*V. Akokomulis et nonunquam etiam nani magnitudine; rostro brevissimo, modice lato, paullo acuminato; auriculis parvis brevibus, supra rotundatis, oblongo-ovatis, in margine exteriore basi in lobum sat magnum prosilientem dilatatis et usque ad oris angulum protractis; trago foliiformi, apicem versus angustato leviterque incurvo; alis calvis, ad corporis latera solum fascia pilosa limbatis et usque ad digitorum pedis basin attingentibus; patagio anali in parte basali tantum piloso; pedibus brevissimis; cauda longa, corpore parum breviore et antibrachio paullo longiore; corpore pilis brevibus incumbentibus mollibus' dense vestito; notaeo flavo - fusco, gastraeo cinerascente, pilis singulis omnibus basi nigris; limbo piloso alarum nec non parte pilosa patagii analis fuscescente-flavis.*

*Vespertilio Abramus.* Temminck. Monograph. d. Mammal. V. II. p. 232. t. 58. f. 1, 2.

„          „          Temminck. Fauna japon. V. I. p. 17.

*Vesperugo Abramus.* Keys. Blas. Wiegm. Arch. B. VI. (1840.) Th. I. S. 2.

*Vespertilio Abramus.* Wagn. Schreber Säugth. Suppl. B. I. S. 513. Nr. 36.

*Vesperugo Abramus.* Wagn. Schreber Säugth. Suppl. B. I. S. 513. Nr. 36.

*Vespertilio Abramus.* Wagn. Schreber Säugth. Suppl. B. V. S. 739. Nr. 33.

*Vesperugo Abramus.* Wagn. Schreber Säugth. Suppl. B. V. S. 739. Nr. 33.

*Vespertilio abramus.* Giebel. Säugeth. S. 948.

*Vesperugo abramus.* Giebel. Säugeth. S. 948.

Eine gleichfalls von Temminck beschriebene und abgebildete Art, welche ohne Schwierigkeit richtig erkannt werden kann und nicht leicht mit einer anderen zu verwechseln ist.

Sie bildet eine der kleineren Formen in der Gattung, indem sie mit der breitschnauzigen *(Vesperugo Akokomuli)*, breitohrigen *(Vesperugo macrotis)* und breitfüßigen *(Vesperugo pachypus)*, und ungefähr auch mit der haarschwänzigen Dämmerungsfledermaus *(Vesperugo imbricatus)* von gleicher Größe ist, wiewohl sie manchmal auch nur von der Größe der Mozambique- *(Vesperugo nanus)* Kaffern- *(Vesperugo subtilis)* und carolinischen Dämmerungsfledermaus *(Vesperugo carolinensis)* angetroffen wird.

In ihrer Körperform im Allgemeinen bietet sie große Ähnlichkeit mit der kahlschienigen Dämmerungsfledermaus *(Vesperugo Pipistrellus)* dar, während sie in manchen ihrer Merkmale auch lebhaft an die breitschnauzige Dämmerungsfledermaus *(Vesperugo Akokomuli)* erinnert, von welcher sie sich jedoch durch die Gestalt der Schnauze und die Verhältnisse ihrer einzelnen Körpertheile, so wie auch durch die Färbung unterscheidet.

Die Schnauze ist sehr kurz, mäßig breit und etwas zugespitzt.

Die Ohren sind klein, kurz, oben abgerundet und von länglich-eiförmiger Gestalt, und an der Wurzel ihres Außenrandes mit einem ziemlich großen lappenartigen Vorsprunge versehen, der bis an den Mundwinkel reicht. Die Ohrklappe ist blattförmig und nach oben zu verschmälert und schwach eingebogen. Die Flügel sind kahl, blos längs der Leibesseiten von einer Haarbinde umgeben und reichen bis an die Zehenwurzel. Die Schenkelflughaut ist nur an ihrer Wurzel behaart. Die Füße sind sehr kurz. Der Schwanz ist lang, nur wenig kürzer als der Körper und etwas länger als der Vorderarm.

Die Körperbehaarung ist kurz, dicht, glatt anliegend und weich.

Die Oberseite des Körpers ist gelbbraun, die Unterseite desselben aschgraulich, da die an ihrer Wurzel durchgehends schwarzen Haare auf der Oberseite in kurze bräunlichgelbe oder fahlgelbe, auf der Unterseite aber in weißlichgraue Spitzen endigen. Der Haarsaum auf den Flügeln und der behaarte Theil der Schenkelflughaut sind bräunlichgelb.

Gesammtlänge . . . . . . 2″ 8‴—3″.    Nach Temminck.
Körperlänge . . . . . 1″ 5‴.
Länge des Schwanzes . . 1″ 3‴.
„ des Vorderarmes . 1″ 2‴.
Spannweite der Flügel . 7″ 5‴—7″ 8‴.

Sehr große Individuen bieten eine Gesammtlänge von 3″ dar.
Lückenzähne befinden sich in beiden Kiefern jederseits 1, Backen-
zähne 4, doch fällt der Lückenzahn des Oberkiefers bei Zunahme des
Alters aus.

Vaterland. Ost-Asien, Japan, wo diese Art in der Umgegend
von Nangasaki vorkommt.

Keyserling, Blasius, Wagner und Giebel theilen dieselbe der Gattung „Vesperugo" zu.

### 16. Die breitschnauzige Dämmerungsfledermaus (Vesperugo Akokomuli).

V. Abrami magnitudine; rostro parum abbreviato lato obtuso,
labiis setis longis rigidis instructis; auriculis breviusculis majoribus;
trago foliiformi, apicem versus angustato, supra rotundato; alis
usque ad digitorum pedis basin attingentibus; pedibus brevissimis;
patagio anali supra ad basin piloso; cauda longa, corpore non
multo breviore; corpore pilis brevibus incumbentibus mollibus dense
vestito; colore secundum sexum variabili; notaeo in maribus rufescente-flavo, gastraeo, inguina et abdominis lateribus albis exceptis,
albescente-griseo, pilis singulis in notaeo ad basin fuscescente-vel
murino-griseis. in gastraeo nigris; notaeo in foeminis rufescente-
fusco, gastraeo albescente-rufo, pilis singulis ad basin nigris.

Vespertilio Akokomuli. Temminck. Monograph. d. Mammal. V. II.
                 p. 223. t. 57. f. 8, 9.

   „       „     Temminck. Fauna japon. V. I. p. 17.

Vesperugo Akokomuli. Keys. Blas. Wiegm. Arch. B. VI. (1840.)
                 Th. I. S. 2.

Vespertilio Akokomuli. Wagn. Schreber Säugth. Suppl. B. I.
                 S. 514. Nr. 37.

Vesperugo Akokomuli. Wagn. Schreber Säugth. Suppl. B. I. S. 514.
                 Nr. 37.

Vespertilio Akokomuli. Wagn. Schreber Säugth. Suppl. B. V.
                 S. 739. Nr. 34.

Vesperugo Akokomuli. Wagn. Schreber Säugth. Suppl. B. V. S. 739.
                 Nr. 34.

Vespertilio akokomuli. Giebel. Säugeth. S. 948.

Vesperugo akokomuli. Giebel. Säugeth. S. 948.

Auch mit dieser durch ihre körperlichen Merkmale sehr ausgezeichneten Art hat uns Temminck zuerst bekannt gemacht, indem er uns eine Beschreibung und Abbildung derselben mittheilte.

Bezüglich ihrer Größe kommt sie mit der spitzschnauzigen *(Vesperugo Abramus)*, breitohrigen *(Vesperugo macrotis)* und breitfüßigen *(Vesperugo pachypus)*, und ungefähr auch mit der haarschwänzigen Dämmerungsfledermaus *(Vesperugo imbricatus)* überein, obgleich sie bisweilen auch nur von der Größe der fahlbraunen *(Vesperugo Blythii)* und rothbärtigen Dämmerungsfledermaus *(Vesperugo aenobarbus)* angetroffen wird. Sie gehört daher zu den kleineren Formen ihrer Gattung.

Sie ist nahe mit der kahlschienigen Dämmerungsfledermaus *(Vesperugo Pipistrellus)* verwandt und schließt sich zunächst an die spitzschnauzige Dämmerungsfledermaus *(Vesperugo Abramus)* an, von welcher sie jedoch die Form der Schnauze, die Größenverhältnisse ihrer einzelnen Körpertheile und auch die Färbung deutlich unterscheiden.

Die Schnauze ist nicht sehr kurz, breit und stumpf. Die Lippen sind mit langen starken Schnurren besetzt. Die Ohren sind ziemlich kurz und verhältnißmäßig größer als bei der spitzschnauzigen Dämmerungsfledermaus *(Vesperugo Abramus)*. Die Ohrklappe ist blattförmig, nach oben zu verschmälert und an der Spitze abgerundet. Die Flügel reichen bis an die Zehenwurzel. Die Füße sind sehr kurz. Die Schenkelflughaut ist nur auf ihrer Oberseite an der Wurzel behaart. Der Schwanz ist lang und nicht viel kürzer als der Körper.

Die Körperbehaarung ist kurz, dicht, glatt anliegend und weich.

Die Färbung ist nach dem Geschlechte verschieden.

Beim Männchen ist die Oberseite des Körpers röthlichgelb, die Unterseite, mit Ausnahme des Hinterbauches und der Seitengegend, welche von weißer Farbe sind, weißlichgrau, wobei die einzelnen Haare auf der Oberseite an der Wurzel bräunlich- oder mausgrau und an der Spitze röthlichgelb, auf der Unterseite aber an der Wurzel schwarz und an der Spitze weißlichgrau sind.

Beim Weibchen ist die Oberseite röthlichbraun, die Unterseite weißlichroth, indem die einzelnen Haare hier an der Wurzel schwarz sind und in weißlichrothe Spitzen endigen.

Gesammtlänge . . . . . . 2″ 9‴—3″.      Nach Temminck.

Körperlänge . . . . . . . 1″ 6‴ — 1″ 9‴.
Länge des Schwanzes . . . 1″ 3‴.
Spannweite der Flügel . . . 8″    — 8″ 5 — 6‴.

In beiden Kiefern sind jederseits 1 Lückenzahn und 4 Backenzähne vorhanden.

Vaterland. Ost-Asien Japan.

Keyserling, Blasius, Wagner und Giebel weisen dieser
Art ihre Stellung in der Gattung „Vesperugo“ an.

### 17. Die coromandelische Dämmerungsfledermaus (*Vesperugo coromandelicus*).

*V. Pipistrelli fere magnitudine; auriculis emarginatis; trago cultriformi, in margine exteriore arcuato; cauda longa, corpore parum breviore; notaeo flavescente-fusco, gastraeo albescente, pilis singulis omnibus in dodrente basali nigris.*

*Vespertilion de Coromandel.* Fr. Cuv. Nouv. Ann. du Mus. V. I. p. 21.

*Vespertilio coromandelicus.* Temminck. Monograph. d. Mammal.
V. II. p. 262.

*Scotophilus Coromandra.* Gray. Magaz. of Zool. and Bot. V. II.
p. 498.

*Vesperugo coromandelicus.* Keys. Blas. Wiegm. Arch. B. VI. (1840.)
Th. I. S. 2.

*Vespertilio coromandelicus.* Wagn. Schreber Säugth. Suppl. B. I.
S. 514. Nr. 38.

*Vesperugo coromandelicus.* Wagn. Schreber Säugth. Suppl. B. I.
S. 514. Nr. 38.

*Scotophilus coromandelicus.* Blyth. Journ. of the Asiat. Soc. of
Bengal. V. XX. (1851.) p. 159.

*Vespertilio irretitus?* Blyth. Journ. of the Asiat. Soc. of Bengal.
V. XX. (1851.) p. 159.

*Vespertilio coromandelicus.* Wagn. Schreber Säugth. Suppl. B. V.
S. 742. Note 1.

*Vesperugo coromandelicus.* Wagn. Schreber Säugth. Suppl. B. V.
S. 742. Note 1.

*Vespertilio coromandelicus.* Giebel. Säugeth. S. 951. Note 3.

Eine zur Zeit noch sehr unvollständig, und blos aus einer höchst
nothdürftigen Notiz von Fr. Cuvier bekannte Art, welche aller

Wahrscheinlichkeit nach zwar eine selbstständige Art bilden dürfte, aber mit der fahlbraunen Dämmerungsfledermaus *(Vesperugo Blythii)* in sehr naher Verwandtschaft zu stehen scheint und sich von derselben außer der etwas geringeren Größe und einer schwachen Abweichung in der Färbung, nur durch den verhältnißmäßig längeren Schwanz unterscheidet.

In Ansehung der Größe kommt sie mit der kahlschienigen *(Vesperugo Pipistrellus)*, Mozambique- *(Vesperugo nanus)*, Kaffern- *(Vesperugo subtilis)* und carolinischen Dämmerungsfledermaus *(Vesperugo carolinensis)* nahezu überein, daher sie zu den kleinsten Formen in der Gattung gerechnet werden muß.

Die Ohren sind mit einer Ausrandung versehen. Die Ohrklappe ist messerförmig und am Außenrande ausgebogen. Der Schwanz ist lang und nur wenig kürzer als der Körper.

Die Oberseite des Körpers ist gelblichbraun, die Unterseite weißlich, wobei die einzelnen Haare bis zu ihrem letzten Viertel schwarz sind und in gelblichweiße Spitzen endigen.

Körperlänge . . . . . . . . . 1″ 4‴.  Nach Fr. Cuvier.
Länge des Schwanzes . . . . . 1″ 1‴.
Spannweite der Flügel . . . . 6″ 6‴.

In jedem Kiefer befinden sich in beiden Hälften 1 Lückenzahn und 4 Backenzähne.

Vaterland. Süd-Asien, Ost-Indien, wo Leschenault diese Form an der Küste Coromandel in der Umgegend von Pondichery entdeckte.

Blyth spricht die Ansicht aus, daß dieselbe vielleicht mit der verstrickten Abendfledermaus *(Vesperus irretitus)* zusammenfallen könnte, worin er aber sicher irrt.

Bis jetzt dürfte das naturhistorische Museum zu Paris das einzige unter den europäischen Museen sein, da sich im Besitze derselben befindet.

### 18. Die fahlbraune Dämmerungsfledermaus *(Vesperugo Blythii)*.

*V. aenobarbi magnitudine; auriculis mediocribus latis; trago auriculae dimidii longitudine, paullo antrorsum curvato, supra rotundato; cauda longa, corpore distincte breviore et antibrachio longitudine aequali; corpore pilis brevissimis incumbentibus dense vestito; notaeo obscure flavescente-fusco, gastraeo pallidiore ex grisescente flavido-fusco; patagiis obscure fuscis.*

*Scotophilus coromandelicus.* Blyth. Journ. of the Asiat. Soc. of
Bengal. V. XX. (1851.) p. 159.
*Vespertilio irretitus?* Blyth. Journ. of the Asiat. Soc. of Bengal.
V. XX. (1851.) p. 159.
*Vespertilio Blythi.* Wagn. Schreber Säugth. Suppl. B. V. S. 742.
Note 1.
*Vesperugo Blythi.* Wagn. Schreber Säugth. Suppl. B. V. S. 742.
Note 1.

Nur aus einer kurzen Beschreibung von Blyth bekannt und
offenbar mit der coromandelischen Dämmerungsfledermaus *(Vesperugo coromandelicus)* nahe verwandt, doch wie es scheint sowohl
durch die etwas beträchtlichere Größe, als auch durch den kürzeren
Schwanz und zum Theile auch durch eine geringe Abweichung in
der Färbung verschieden.

Sie ist eine der kleineren Formen in der Gattung und kommt
der rothbärtigen Dämmerungsfledermaus *(Vesperugo aenobarbus)* an
Größe vollkommen gleich.

Die Ohren sind mittellang und breit. Die Ohrklappe ist halb so
lang als das Ohr, etwas nach vorwärts gekrümmt und an der Spitze
abgestumpft. Der Schwanz ist lang, merklich kürzer als der Körper
und von gleicher Länge wie der Vorderarm.

Die Körperbehaarung ist sehr kurz, dicht und glatt anliegend.

Die Oberseite des Körpers ist trüb gelblichbraun oder fahlbraun,
die Unterseite blasser und graulich fahl- oder gelblichbraun. Die Flughäute sind dunkelbraun.

| | | |
|---|---|---|
| Körperlänge . . . . . . . . . . | 1″ 6‴. | Nach Blyth. |
| Länge des Schwanzes . . . . . . | 1″ 1½‴. | |
| „ des Vorderarmes . . . . . . | 1″ 1½‴. | |
| „ der Ohren über . . . . . . | 3‴. | |
| Spannweite der Flügel . . . . . . | 7″ 6‴. | |

Die Zahl der Lückenzähne beträgt in beiden Kiefern in jeder
Kieferhälfte 1, der Backenzähne 4, und der Lückenzahn des Oberkiefers ist sehr klein. Blyth betrachtet den vordersten Backenzahn
des Unterkiefers wohl nur irrigerweise für einen zweiten Lückenzahn.

Vaterland. Süd-Asien, Ost-Indien, Bengalen, wo diese Art in
der Umgegend von Calcutta häufig angetroffen wird.

Blyth hält diese von ihm beschriebene Form mit der coroman-delischen Dämmerungsfledermaus *(Vesperugo coromandelicus)* für identisch und ist geneigt beide Formen als zur verstrickten Abend-fledermaus *(Vesperus irretitus)* gehörig zu betrachten, was jedoch keineswegs richtig ist. Wagner erkannte in ihr eine selbstständige Art und schlug für dieselbe den Namen „*Vesperugo Blythi*" vor.

### 19. Die haarschwänzige Dämmerungsfledermaus *(Vesperugo imbricatus).*

*V. pachypodis circa magnitudine; capite brevi lato, sincipite paullo elevato, rostro brevi, lato, obtuso; fronte pilis erectis, oculos et partim auricularum rostrique basin obtegentibus, vestita; auriculis brevibus latis, rotundatis; trago brevi semilunari, fere fracto et antrorsum flexo, apicem versus angustato, supra rotun-dato; alis proportionaliter latis, ad digitorum pedis basin usque attingentibus; patagio anali transversaliter venoso; cauda infra per omnem longitudinem serie pilorum brevium instructa, apice pro-minente libera; corpore pilis brevibus incumbentibus mollibus nitidis dense vestito; colore secundum sexum diverso; notaeo in maribus nigrescente-fusco, nitide fulvescente-lavato, gastraeo rufescente, pilis singulis in notaeo ad basin nigrescente-fuscis, in gastraeo nigris; notaeo in foeminis fusco-rufo, gastraeo rufo.*

*Vespertilio pipistrelloides.* Kuhl. Mscpt.
*Vespertilio imbricatus.* Horsf. Zool. Research. Nr. VIII. p. 5.
     „     „     Griffith. Anim. Kingd. V. V. p. 265. Nr. 18.
     „     Fisch. Synops. Mammal. p. 107, 552. Nr. 17.
     „     Temminck. Monograph. d. Mammal, V. II. p. 216. t. 54. f. 1—3.
*Vesperugo imbricatus.* Keys. Blas. Wiegm. Arch. B. VI. (1840.) Th. I. S. 2.
*Vespertilio imbricatus.* Wagn. Schreber Säugth. Suppl. B. I. S. 511. Nr. 31.
*Vesperugo imbricatus.* Wagn. Schreber Säugth. Suppl. B. I. S. 511. Nr. 31.
*Vespertilio imbricatus.* Wagn. Schreber Säugth. Suppl. B. V. S. 738. Nr. 32.

*Vesperugo imbricatus.* W a g n. Schreber Säugth. Suppl. B. V. S. 738.
Nr. 32.

*Vespertilio imbricatus.* G i e b e l. Säugeth. S. 948.

*Vesperugo imbricatus.* G i e b e l. Säugeth. S. 948.

„　　„　　F i t z. Säugeth. d. Novara-Exped. Sitzungsber.
d. math.-naturw. Cl. d. kais. Akad. d. Wiss.
B. XLII. S. 390.

*Vespertilio imbricatus.* Z e l e b o r. Reise d. Fregatte Novara. Zool.
Th. B. I. S. 16.

*Vesperugo imbricatus.* Z e l e b o r. Reise d. Fregatte Novara. Zool.
Th. B. I. S. 16.

Jung.

*Vespertilio Javanica.* F r. C u v. Nouv. Ann. du Mus. V. I. p. 21.

*Vespertilio imbricatus. Jun.* T e m m i n c k. Monograph. d. Mammal.
V. II. p. 216.

*Scotophilus Javanicus.* G r a y. Magaz. of Zool. and Bot. V. II. p. 498.

*Vesperugo javanus.* K e y s. B l a s. Wiegm. Arch. B. VI. (1840.)
Th. I. S. 2.

*Vespertilio imbricatus. Jun.* W a g n. Schreber Säugth. Suppl. B. I.
S. 511. Nr. 31. Note 15.

*Vesperugo imbricatus. Jun.* W a g n. Schreber Säugth. Suppl. B. I.
S. 511. Nr. 31. Note 15.

*Vespertilio imbricatus?* W a g n. Schreber Säugth. Suppl. B. V.
S. 738. Nr. 32.

*Vesperugo imbricatus?* W a g n. Schreber Säugth. Suppl. B. V.
S. 738. Nr. 32.

*Vespertilio imbricatus.* G i e b e l. Säugeth. S. 948.

*Vesperugo imbricatus.* G i e b e l. Säugeth. S. 948.

Unstreitig eine selbstständige und durch ihre körperlichen Merkmale scharf abgegrenzte Art, welche beinahe gleichzeitig von K u h l
und von H o r s f i e l d entdeckt und von letzterem auch zuerst
beschrieben wurde.

Bezüglich ihrer Größe kommt sie ungefähr mit der breitfüßigen
*(Vesperugo pachypus)*, breitohrigen *(Vesperugo macrotis)*, spitzschnauzigen *(Vesperugo Abramus)* und breitschnauzigen Dämmerungsfledermaus *(Vesperugo Akokomuli)* überein und gehört sonach
zu den kleineren Formen ihrer Gattung.

Ihre Körpergestalt im Allgemeinen hat große Ähnlichkeit mit jener unserer europäischen kahlschienigen Dämmerungsfledermaus *(Vesperugo Pipistrellus)*.

Der Kopf ist kurz und breit, der Vorderkopf etwas erhaben, die Schnauze kurz, breit und stumpf. Die Stirne ist mit aufrechtstehenden Haaren besetzt, welche die Augen und zum Theile auch die Wurzel der Ohren und der Schnauze überdecken. Die Ohren sind kurz, breit und gerundet. Die Ohrklappe ist kurz und halbmondförmig, beinahe geknickt und nach vorwärts gebogen, nach oben zu verschmälert und an der Spitze abgerundet. Die Flügel sind verhältnißmäßig breit und bis an die Zehenwurzel reichend. Die Schenkelflughaut ist der Quere nach geadert. Der Schwanz ist auf der Unterseite seiner ganzen Länge nach mit einer Reihe kurzer Haare besetzt und ragt mit seinem Ende frei aus der Schenkelflughaut hervor.

Die Körperbehaarung ist kurz, dicht, glatt anliegend, glänzend und weich.

Die Färbung ist nach dem Geschlechte verschieden.

Beim Männchen ist dieselbe auf der Oberseite des Körpers schwärzlichbraun und glänzend rothgelblich überflogen, auf der Unterseite röthlich, da die einzelnen Haare auf der Oberseite in ihrem Wurzeltheile schwarzbraun sind und in röthlichgelbe Spitzen ausgehen, auf der Unterseite aber an der Wurzel schwarz und in röthliche Spitzen endigen.

Beim Weibchen erscheint die Oberseite braunroth, die Unterseite röther als beim Männchen.

Gesammtlänge . . . . 2″ 10‴—3″.     Nach Temminck.
Länge des Vorderarmes . 1″ 3‴—1″ 4‴.
Spannweite der Flügel . 8″ 2‴—8″ 6‴.

Die Vorderzähne des Oberkiefers sind schief und paarweise gestellt, zusammengedrückt, an den Seitenrändern übereinanderliegend und oben ausgerandet. Lückenzähne befinden sich in beiden Kiefern jederseits 1, Backenzähne 4, doch fällt der Lückenzahn des Oberkiefers bei Zunahme des Alters aus.

Vaterland. Süd-Asien, Java.

Kuhl schlug den Namen „*Vespertilio pipistrelloides*", Horsfield den Namen „*Vespertilio imbricatus*" für diese Art vor. Fr. Cuvier beschrieb das junge Thier dieser Art unter dem „*Vesper-*

*tilio Javanica"*, wie Temminck sehr richtig erkannte, während Gray, Keyserling und Blasius, Anfangs diese Form für eine verschiedene Art betrachteten. Ersterer reihte dieselbe seiner Gattung *„Scotophilus"* ein, letztere theilten beiden Formen ihrer Gattung *„Vesperugo"* zu.

## 20. Die breitfüssige Dämmerungsfledermaus *(Vesperugo pachypus)*.

*V. macrotos magnitudine; capite valde depresso, rostro obtuso; auriculis breviusculis, brevioribus quam longis, in margine exteriore ad basin in lobum prosilientem dilatatis et usque versus oris angulum protractis; trago brevissimo apicem versus dilatato rotundato; alis usque ad digitorum pedis basin attingentibus; pollice permagno, infra callo instructo; pedibus deplanatis depressis, metatarso longo, digitis brevissimis; cauda mediocri, corpore eximie breviore, antibrachio longitudine aequali apiceque prominente libera; corpore pilis brevibus incumbentibus mollibus dense vestito; notaeo vivide castaneo-fusco, pilis singulis ad basin rufo-auratis, pectore rufescente fusco-lavato, gula abdomineque sordide fuscis.*

*Vespertilio pachypus.* Temminck. Monograph. d. Mammal. V. II. p. 217. t. 54. f. 4—6.

*Vesperus pachypus.* Keys. Blas. Wiegm. Arch. B. VI. (1840.) Th. I. S. 2.

*Vespertilio pachypus.* Wagn. Schreber Säugth. Suppl. B. I. S. 509. Nr. 27.

*Vesperus pachypus.* Wagn. Schreber Säugth. Suppl. B. I. S. 509. Nr. 27.

*Vespertilio pachypus.* Wagn. Schreber Säugth. Suppl. B. V. S. 741. Nr. 41.

*Vesperugo pachypus.* Wagn. Schreber Säugth. Suppl. B. V. S. 741. Nr. 41.

*Vesperus pachypus.* Wagn. Schreber Säugth. Suppl. B. V. S. 741. Nr. 41.

*Vespertilio pachypus.* Giebel. Säugeth. S. 943.

*Vesperus pachypus.* Giebel. Säugeth. S. 943.

*Vesperugo pachypus.* Fitz. Säugeth. d. Novara-Expedit. Sitzungsber. d. math.-naturw. Cl. d. kais. Akad. d. Wiss. B. XLII. S. 390.

*Vespertilio pachypus*. Z e l e b o r. Reise d. Fregatte Novara. Zool. Th.
B. I. S. 16.

*Vesperus pachypus*. Z e l e b o r. Reise d. Fregatte Novara. Zool. Th.
B. I. S. 16.

Unter den zahlreichen Arten dieser Gattung eine der ausgezeich-
nesten, welche von T e m m i n c k aufgestellt und zuerst beschrieben
und abgebildet wurde, und von sämmtlichen Zoologen unbedingt als
eine selbstständige Art anerkannt worden ist.

Ihre Größe ist dieselbe wie jene der breitohrigen *(Vesperugo
macrotis)* und ungefähr auch wie die der haarschwänzigen *(Vesperugo imbricatus)*, spitzschnauzigen *(Vesperugo Abramus)* und
breitschnauzigen Dämmerungsfledermaus *(Vesperugo Akokomuli)*.
Sie gehört daher zu den größten unter den kleineren Formen dieser
Gattung.

Der Kopf ist auffallend flachgedrückt, die Schnauze stumpf. Die
Ohren sind ziemlich kurz, breiter als lang und mit ihrem Außenrande
lappenartig bis gegen den Mundwinkel vorgezogen. Die Ohrklappe
ist sehr kurz, nach oben zu ausgebreitet und abgerundet. Die Flügel
reichen bis an die Zehenwurzel. Der Daumen der vorderen Gliedmaßen ist sehr groß und auf seiner Unterseite mit einer Schwiele
versehen. Die Füße sind abgeflacht und ausgebreitet, der Mittelfuß
ist lang, die Zehen sind sehr kurz. Der Schwanz ist mittellang, von
derselben Länge wie der Vorderarm, doch beträchtlich kürzer als
der Körper und ragt mit seinem Ende frei aus der Schenkelflughaut
hervor.

Die Körperbehaarung ist kurz, dicht, glatt anliegend und weich.

Die Färbung ist auf der Oberseite des Körpers lebhaft kastanienbraun, wobei die einzelnen Haare an der Wurzel goldroth sind.
Die Brust ist röthlich und braun überflogen. Die Kehle und der Bauch
sind schmutzigbraun.

Körperlänge . . . . . . . . 1″ 9‴. Nach T e m m i n c k.
Länge des Schwanzes . . . . . 1″ 1‴.
  „ des Vorderarmes . . . . . 1″ 1‴.
Spannweite der Flügel . . . . 7″ 2‴—7‴ 4‴.

Im Oberkiefer ist kein Lückenzahn vorhanden, weil er wahrscheinlich schon frühzeitig ausfällt, im Unterkiefer jederseits 1.
Backenzähne befinden sich in beiden Kiefern in jeder Kieferhälfte 4.

Vaterland. Süd-Asien, Java und Sumatra.

Keyserling und Blasius, und ebenso auch Wagner, Giebel und Zelebor reihen diese Art des im Oberkiefer fehlenden Lückenzahnes wegen der Gattung „*Vesperus*" ein.

### 21. Die breitohrige Dämmerungsfledermaus (*Vesperugo macrotis*).

*V. pachypodis magnitudine; rostro obtuso; auriculis sat magnis latis; trago magno curvato foliiformi, apicem versus angustato; alis patagioque anali valde tenuibus diaphanis; cauda longa, corpore eximie breviore et antibrachio parum longiore; corpore pilis brevibus incumbentibus mollibus dense vestito; notaeo gastraeoque unicoloribus nigro-fuscis, pilis omnibus unicoloribus; rostro nigro; alis nec non patagio anali albescentibus et corpus versus paullo fuscescentibus, venis numerosis fuscis percursis.*

*Vespertilio macrotis.* Temminck. Monograph. d. Mammal. V. II. p. 218. t. 54. f. 7, 3.

*Synotus macrotus.* Keys. Blas. Wiegm. Arch. B. VI. (1840.) Th. I. S. 2.

*Vespertilio macrotis.* Wagn. Schreber Säugth. Suppl. B. I. S. 510. Nr. 29.

*Vesperugo macrotis.* Wagn. Schreber Säugth. Suppl. B. I. S. 510. Nr. 29.

*Vespertilio macrotis.* Wagn. Schreber Säugth. Suppl. B. V. S. 739. Nr. 35.

*Vesperugo macrotis.* Wagn. Schreber Säugth. Suppl. B. V. S. 739. Nr. 35.

*Vespertilio macrotis.* Giebel. Säugeth. S. 945.

*Vesperugo macrotis.* Giebel. Säugeth. S. 945.

Eine sehr ausgezeichnete und nicht leicht mit einer anderen zu verwechselnde Art, mit welcher wir seither nur durch Temminck bekannt geworden sind, der dieselbe beschrieben und auch abgebildet hat.

Sie zählt zu den größten unter den kleineren Formen in der Gattung und ist mit der breitfüßigen (*Vesperugo pachypus*) und ungefähr auch mit der haarschwänzigen (*Vesperugo imbricatus*), spitzschnauzigen (*Vesperugo Abramus*) und breitschnauzigen Dämmerungsfledermaus (*Vesperugo Akokomuli*) von gleicher Größe.

Die Schnauze ist stumpf. Die Ohren sind verhältnißmäßig ziemlich groß und breit. Die Ohrklappe ist groß, gekrümmt, blattförmig und nach oben zu verschmälert. Die Flügel und die Schenkelflughaut sind sehr dünnhäutig und durchscheinend. Der Schwanz ist lang, doch beträchtlich kürzer als der Körper und nur wenig länger als der Vorderarm.

Die Körperbehaarung ist kurz, dicht, glatt anliegend und weich.

Die Färbung ist auf der Ober- wie der Unterseite des Körpers einfärbig schwarzbraun oder bisterbraun, wobei die einzelnen Haare durchaus einfärbig sind. Die Schnauze ist schwarz. Die Flügel und die Schenkelflughaut sind weißlich, nur gegen den Leib zu etwas bräunlich, und von zahlreichen braunen Adern durchzogen.

Körperlänge . . . . . . . . . . 1″ 9‴. Nach Temminck.
Länge des Schwanzes . . . . . 1″ 3‴.
   „   des Vorderarmes . . . . . 1″ 2‴.
Spannweite der Flügel . . . . . 8″ 1‴—8″ 2‴.

In beiden Kiefern sind jederseits 1 Lückenzahn und 4 Backenzähne vorhanden, doch fällt der Lückenzahn im Oberkiefer bei zunehmendem Alter aus.

Vaterland. Süd-Asien, Sumatra, wo diese Art im Districte Padang vorkommt.

Keyserling und Blasius glaubten in ihr eine Art ihrer Gattung „*Synotus*“ erkennen zu sollen, was jedoch durchaus irrig ist. Wagner und Giebel ziehen sie mit Recht zur Gattung „*Vesperugo*“.

### 22. Die nordaustralische Dämmerungsfledermaus *(Vesperugo Greyii)*.

*V. notaeo gastraeoque unicoloribus castaneo-fuscis, in foemina mare majore dilutiore.*

*Scotophilus Greyii.* Gray. Mammal. of the Brit. Mus. p. 30.
*Vespertilio Greyii.* Wagn. Schreber Säugth. Suppl. B. V. S. 763. Note 1.

Eine bis jetzt kaum mehr als dem Namen nach bekannt gewordene Art, welche von Gray aufgestellt und von Gould entdeckt wurde.

Alles was wir über dieselbe wissen, beschränkt sich auf die kurze Angabe, daß sie auf der Ober- wie der Unterseite einfärbig kastanienbraun, und das Weibchen heller gefärbt und auch größer als das Männchen ist.

Weder über die Körpergröße, noch über die Bildung und die Verhältnisse ihrer einzelnen Körpertheile ist irgend eine Mittheilung vorhanden und ebenso mangelt auch jede Angabe über die Zahl und Vertheilung der Zähne.

Vaterland. Australien, Nord-Neu-Holland, wo diese Art in der Umgegend von Port Essington getroffen wird.

Das britische Museum zu London ist im Besitze von zwei Männchen und einem Weibchen dieser Art.

### 23. Die Mohren-Dämmerungsfledermaus (*Vesperugo Morio*).

*V. auriculis mediocribus rotundatis; trago oblongo obtuso; alis patagioque anali supra calvis, infra lineis pilosis percursis; calcaribus sat longis tenuibus; corpore pilis brevibus incumbentibus dense vestito; notaeo unicolore fuscescente- vel grisescente- nigro, gastraeo vix paullo pallidiore; genis fere nigris.*

*Scotophilus morio.* Gray. Grey's Journ. of two expedit. in Austral. V. II. Append. p. 405.

„ Gray. Mammal. of the Brit. Mus. p. 29. a. b. c. d. e. f.

„ Gray. Voy. of Erebus. V. IV. p. 166.

„ „ Gould. Mammal. of Austral. c. fig.

*Vespertilio Morio.* Wagn. Schreber Säugth. Suppl. B. V. S. 762. Nr. 107.

*Vespertilio morio.* Giebel. Säugeth. S. 951.

Jedenfalls eine selbstständige Art und bis jetzt nur allein von Gray beschrieben, der jedoch unterlassen hat uns über ihre Körpergröße und so manche andere wichtige Merkmale irgend einen Aufschluß zu geben.

Sie schließt sich zunächst der haarlinigen Dämmerungsfledermaus (*Vesperugo australis*) an, unterscheidet sich von derselben aber durch die größeren Ohren, die abweichende Form der Ohrklappe, den längeren Vorderarm und die verschiedene Färbung ihres Körpers.

Die Ohren sind von mäßiger Größe und gerundet. Die Ohrklappe ist länglich und stumpf. Die Flügel und die Schenkelflughaut sind auf der Oberseite kahl, auf der Unterseite aber mit Haarlinien besetzt. Die Sporen sind ziemlich lang und dünn.

Die Körperbehaarung ist kurz, dicht und glatt anliegend.

Die Oberseite des Körpers ist einfärbig bräunlich- oder grau-lichschwarz, die Unterseite kaum etwas blasser. Die Wangen sind beinahe schwarz.

Länge des Vorderarmes . . . . . . 1″ 10‴. Nach Gray.

Andere Körpermaße sind nicht angegeben.

Auch über die Zahl und Vertheilung der Lücken- und Backen-zähne in den Kiefern liegt keine Angabe vor.

Vaterland. Australien, Neu-Holland und Van Diemensland, wo Grey diese Art entdeckte. Gould traf sie sowohl in Van Diemens-land, als auch in Ost- und West-Neu-Holland an.

Das britische Museum zu London ist vielleicht das einzige unter den europäischen Museen, das diese Art besitzt.

### 24. Die haarlinige Dämmerungsfledermaus *(Vesperugo australis)*.

*V. Morioni affinis; auriculis parvis; trago oblongo-ovato, lanceolato, acuminato leviterque similunatim curvato; alis infra antibrachium lineis 16—18 obliquis pilosis percursis et versus corporis latera pilis dispersis notatis; corpore pilis brevibus incumbentibus dense vestito; notaeo nigrescente, dilute fusco-lavato, gastraeo nec non corporis lateribus distincte pallidioribus.*

*Scotophilus australis.* Gray. Grey's Journ. of two expedit. in Austral. V. II. Append. p. 406.

*Scotophilus morio.* Gray. Mammal. of the Brit. Mus. p. 29. g. h.

*Vespertilio australis.* Wagn. Schreber Säugth. Suppl. B. V. S. 762. Nr. 109.

„        „        Giebel. Säugeth. S. 951.

Gleichfalls eine seither nur von Gray beschriebene Art, welche in sehr naher Verwandtschaft mit der Mohren-Dämmerungsfledermaus *(Vesperugo Morio)* steht, von welcher sie sich jedoch durch klei-nere Ohren, die verschiedene Gestalt der Ohrklappe, den kürzeren Vorderarm und zum Theile auch durch die abweichende Färbung specifisch zu unterscheiden scheint.

Über ihre Körpergröße hat uns Gray leider keine Mittheilung gemacht.

Die Ohren sind klein. Die Ohrklappe ist länglich-eiförmig, lanzettartig zugespitzt und schwach halbmondförmig gekrümmt. Die Flügel sind unter dem Vorderarme mit 16—18 schief verlaufenden Querlinien von Haaren besetzt und mit zerstreut stehenden Haaren an den Leibesseiten.

Die Körperbehaarung ist kurz, dicht und glatt anliegend.

Die Oberseite des Körpers ist schwärzlich und hellbraun überflogen, da die einzelnen Haare ihrer größten Länge nach schwärzlich sind und in lichtbraune Spitzen endigen. Die Unterseite und die Leibesseiten sind merklich blasser.

Länge des Vorderarmes . . . . 1″ 5‴—1″ 7‴. Nach G r a y.

Über die Ausmaaße der übrigen Körpertheile liegt keine Angabe vor und ebenso wenig über die Zahl der Lücken- und Backenzähne und deren Vertheilung in den Kiefern.

V a t e r l a n d. Australien, Neu-Holland und Van Diemensland, wo G r e y diese Art entdeckte. G o u l d traf sie in Süd- und bei Perth in West-Neu-Holland an und brachte von dort Exemplare in das britische Museum zu London.

G r a y, welcher sie ursprünglich für eine selbstständige Art erklärte und als solche auch beschrieb, zog sie später mit der Mohren-Dämmerungsfledermaus *(Vesperugo Morio)* in eine Art zusammen.

## 25. Die doppelfärbige Dämmerungsfledermaus *(Vesperugo Gouldii).*

*V. auriculis sat magnis latis; trago semiovali; alis patagioque anali supra calvis, infra lineis pilosis notatis; corpore pilis brevibus incumbentibus dense vestito; colore variabili; notaeo in adultis vel in anteriore dimidio nigrescente, in posteriore fuscesceate, lateribus corporis nec non gastraeo toto fuscescente-cinereis, vel notaeo in posteriore dimidio nigrescente-griseo, lateribus abdominis griseis; in junioribus notaeo gastraeoque cinereo-nigris.*

*Scotophilus Gouldii.* G r a y. Grey's Journ. of two expedit. in Austral.
V. II. Append. p. 405.

„          „     G r a y. Mammal. of the Brit. Mus. p. 30.

*Vespertilio Gouldii.* W a g n. Schreber Säugth. Suppl. B. V. S. 762.
Nr. 108.

*Vespertilio Gouldi.* G i e b e l Säugeth. S. 951.

Eine bis jetzt nur aus einer kurzen und sehr unvollständigen Beschreibung von G r a y bekannt gewordene Art, welche sich durch ihre verhältnißmäßig großen Ohren und die Färbung ihres Körpers von ihren nächsten Gattungsverwandten unterscheidet.

Leider hat uns G r a y weder über ihre Größe, noch über die Verhältnisse ihrer einzelnen Körpertheile irgend einen Aufschluß gegeben.

Die Ohren sind ziemlich groß und breit. Die Ohrklappe ist von halbeiförmiger Gestalt. Die Flügel und die Schenkelflughaut sind auf der Oberseite kahl, auf der Unterseite aber mit Haarlinien besetzt.

Die Körperbehaarung ist kurz, dicht und glatt anliegend.

Die Färbung ist nicht beständig und ändert zum Theile auch nach dem Alter.

Bei a l t e n  T h i e r e n ist die Oberseite des Körpers in der Regel in der vorderen Hälfte schwärzlich, in der hinteren bräunlich, und die Leibesseiten so wie auch die ganze Unterseite sind bräunlich aschgrau. Bisweilen ist die hintere Hälfte der Oberseite des Körpers aber auch schwärzlichgrau und die Seiten des Bauches sind grau.

J u n g e  T h i e r e sind auf der Ober- wie der Unterseite grauschwarz.

Körpermaaße fehlen und auch über das Zahlenverhältniß der Lücken- und Backenzähne mangelt es an einer Angabe.

V a t e r l a n d. Australien, Neu-Holland und Van Diemensland. G r e y, der diese Art entdeckte, traf sie in Süd-Neu-Holland an, G o u l d in Van Diemensland bei Launceston, in Ost-Neu-Holland oder Neu-Süd-Wales und in Nord-Neu-Holland bei Port Essington.

Auch von dieser Art besitzt das britische Museum zu London mehrfache Exemplare.

### 26. Die schwarzwangige Dämmerungsfledermaus *(Vesperugo pumilus)*.

*V. magnitudine exigua; auriculis parvis brevibus sat tenuibus ex vellere prominentibus; trago brevi, auriculae dimidii longitudine, supra rotundato; alis paene calvis, in axillari regione tantum pilosis; patagio anali basi solum pilis obtecto, calcaribus longis, ²/₃ patagii longitudine; cauda longa, corpore nec non antibrachio parum breviore; corpore pilis brevibus incumbentibus dense vestito; notaeo griseo-fusco, gastraeo ejusdem coloris ast pallidiore, pilis corporis omnibus basi nigrescentibus; genis nigrescentibus.*

*Scotophilus pumilus.* Gray. Grey's Journ. of two expedit. in Austral.
V. II. Append. p. 406.

„          „     Gray. Mammal. of the Brit. Mus. p. 30.

*Vespertilio pumilus.* Wagn. Schreber Säugth. Suppl. B. V. S. 763.
Nr. 110.

„          „     Giebel. Säugeth. S. 951.

Auch die Kenntniß dieser Art haben wir Gray zu verdanken,
der uns eine kurze Beschreibung von derselben mittheilte.

Sie ist nebst der Mönchs-Dämmerungsfledermaus *(Vesperugo
picatus)* die kleinste Form in der Gattung und zeichnet sich von den
ihr zunächst verwandten Arten durch die verschiedene Bildung ihrer
Ohren und ihre Färbung aus.

Die Ohren sind klein und kurz, doch aus den Haaren des Kopfes
hervorragend und ziemlich dünnhäutig. Die Ohrklappe ist kurz, nur
von der halben Länge des Ohres und oben abgerundet. Die Flügel
sind beinahe völlig kahl und nur in der Achselgegend behaart. Die
Schenkelflughaut ist blos an ihrer Wurzel behaart. Die Sporen sind
lang und nehmen $2/_3$ der Schenkelflughaut ein. Der Schwanz ist lang
und nur wenig kürzer als der Körper und der Vorderarm.

Die Körperbehaarung ist kurz, dicht und glatt anliegend.

Die Färbung ist auf der Oberseite des Körpers graubraun, auf
der Unterseite ebenso, aber blasser, und sämmtliche Körperhaare sind
an der Wurzel schwärzlich. Die Wangen sind schwärzlich.

Körperlänge . . . . . . . . . .1″ 2‴. Nach Gray.

Länge des Schwanzes . . . . . . . 11‴.

„ des Vorderarmes . . . . . .1″ 2‴.

Die Zahl der Lücken- und Backenzähne ist nicht angegeben.

Vaterland. Australien, Neu-Holland, Neu-Süd-Wales, wo
Grey diese Art entdeckte. Gould traf sie daselbst in der Umgegend
von Liverpool und Yarrundi.

Das britische Museum zu London bewahrt zwei Exemplare derselben unter seinen Schätzen.

### 27. Die Mönchs-Dämmerungsfledermaus *(Vesperugo picatus)*.

*V. magnitudine exigua; auriculis brevissimis, corpore pilis
brevibus incumbentibus mollibus nitidis dense vestito; notaeo
gastraeoque unicoloribus saturate ac nitide nigris, excepta fascia*

*alba, abdomen in corporis lateribus et prymnam cingente; patagiis purpureo-fuscis.*

*Scotophilus picatus.* Gould. Proceed. of the Zool. Soc. 1852.

„　　　„　Gould. Mammal. of Austral. Fasc. IV. c. fig.

*Vespertilio picatus.* Wagu. Schreber Säugth. Suppl. B. V. S 763. Nr. 111.

Eine der ausgezeichnetsten Arten in der ganzen Gattung, welche zu den kleinsten Formen in derselben zählt und schon ihrer eigenthümlichen Färbung wegen mit keiner anderen verwechselt werden kann.

Die Ohren sind sehr kurz und die Körperbehaarung ist kurz, dicht, glatt anliegend, glänzend und weich.

Die Färbung ist auf der Ober- wie der Unterseite des Körpers einfärbig tief und glänzend schwarz, mit Ausnahme einer weißen Binde, welche den Bauch an den Leibesseiten und am Steiße halbmondförmig umsäumt. Die Flughäute sind purpurbraun.

Körpermaaße sind nicht angegeben und ebenso wenig ist eine Angabe über die Zahl und die Vertheilung der Lücken- und Backenzähne vorhanden.

Vaterland. Australien, Neu-Holland, wo Capitän Sturt diese Art im Inneren des Landes entdeckte. Gould hat dieselbe seither allein nur beschrieben und auch abgebildet.

## 28. Die carolinische Dämmerungsfledermaus *(Vesperugo carolinensis).*

*V. barbati magnitudine; fronte brevi lata, rostro paullo obtuso, naribus approximatis; auriculis longis, capiti longitudine aequalibus, oblongo-ovatis, externe a basi usque ad dimidium pilosis; trago semicordato vel fere saliciformi, auriculae dimidii longitudine; alis ad digitorum pedis basin fere attingentibus; cauda longa, corpore parum breviore, apice prominente libera; corpore pilis brevibus incumbentibus dense vestito; notaeo castaneo-fusco, gastraeo griseo-flavo, pilis singulis notaei basi nigro-cinereis, gastraei-fuscis.*

*Vespertilio fuscus.* Pal. Beauv. Mscpt.

*Vespertilio Carolinensis.* Geoffr. Ann. du Mus. V. VIII. p. 193. Nr. 2. t. 47. (Kopf.)

*Vespertilio Carolinensis.* Desmar. Nouv. Dict. d'hist. nat. V. XXXV.
p. 467. N. 3.

Desmar. Mammal. p. 136. Nr. 203.

Godman. Amer. nat. hist. V. I. p. 67.

Griffith. Anim. Kingd. V. V. S. 266.
Nr. 19.

Fisch. Synops. Mammal. p. 113, 553.
Nr. 38.

*Eptisecus melanops.* Rafin. Mscpt.

*Vespertilio Carolinensis.* Temminck. Monograph. d. Mammal. V. II.
p. 236. t. 59. f. I.

*Vesperugo Carolinensis.* Keys. Blas. Wiegm. Arch. B. VI. (1840.)
Th. I. S. 2.

*Vespertilio carolinensis.* Wagn. Schreber Säugth. Suppl. B. I.
S. 527. Nr. 63.

*Vesperugo carolinensis.* Wagn. Schreber Säugth. Suppl. B. I.
S. 527. Nr. 63.

*Vespertilio Carolinensis.* Harlan. Amer. Monthl. Journ. V. I.

„          „          Cooper. Ann. of the Lyc. of New-York.
V. IV. p. 60.

*Vespertilio carolinensis.* Wagn. Schreber Säugth. Suppl. R. V.
S. 753. Nr. 79.

*Vesperugo carolinensis.* Wagn. Schreber Säugth. Suppl. B. V.
S. 753. Nr. 79.

*Vespertilio carolinensis.* Giebel. Säugeth. S. 949.

*Vesperugo carolinensis.* Giebel. Säugeth. S. 949.

*Scotophilus fuscus.* H. Allen. Catal. of the Mammals of Massachusetts.

„          „          J. A. Allen. Catal. of the Mammals of Massachusetts. p. 208. Nr. 39.

Ohne Zweifel eine selbstständige Art, welche von Geoffroy
zuerst beschrieben und auch abgebildet wurde.

In Ansehung der Größe kommt sie mit der bärtigen *(Vesperugo
barbatus),* coromandelischen *(Vesperugo coromandelicus),* Kaffern-
*(Vesperugo subtilis),* Mozambique- *(Vesperugo nanus)* und kahlschienigen Dämmerungsfledermaus *(Vesperugo Pipistrellus)* nahezu
überein und gehört sonach zu den kleinsten Formen in der Gattung.

Die Stirne ist kurz und breit, die Schnauze etwas stumpf und
die Nasenlöcher stehen einander genähert. Die Ohren sind lang, von

derselben Länge wie der Kopf, länglich-eiförmig und auf der Außenseite von der Wurzel an bis zur Hälfte ihrer Länge behaart. Die
Ohrklappe ist halbherzförmig oder beinahe weidenblattförmig und
nur halb so lang als das Ohr. Die Flügel reichen bis gegen die
Zehenwurzel. Der Schwanz ist lang, nur wenig kürzer als der Körper
und ragt mit seinem Ende frei aus der Schenkelflughaut hervor.

Die Körperbehaarung ist kurz, dicht und glatt anliegend.

Die Oberseite des Körpers ist kastanienbraun, die Unterseite
desselben graugelb, wobei die einzelnen Körperhaare der Oberseite
an der Wurzel schwarzgrau sind und in kastanienbraune Spitzen ausgehen, jene der Unterseite aber an der Wurzel braun und in grau-
gelbe Spitzen endigen.

Gesammtlänge . . . . 2″ 3‴—2″ 5‴. Nach Temminck.
. Körperlänge . . . . 1″ 3‴—1″ 5‴.
Länge des Schwanzes . 1″.
Spannweite der Flügel 9″ 6‴—10″.
Gesammtlänge . . . . 2″ 3‴. Nach Geoffroy.
Länge des Schwanzes . 1″.
Spannweite der Flügel 9″ 7‴.

Fischer verwechselt die Gesammtlänge irrigerweise mit der
Körperlänge und gibt letztere mit 2″ 3‴ an.

In beiden Kiefern befinden sich jederseits 1 Lückenzahn und
4 Backenzähne, doch fällt der Lückenzahn im Oberkiefer bei zunehmendem Alter aus.

Vaterland. Nord-Amerika, Südliche vereinigte Staaten, und
zwar sowohl Süd-Carolina, wo diese Art in der Gegend um Charles-
ton angetroffen wird, als auch Georgien, und Mittel-Amerika, West-
Indien, wo sie auf Long-Island, einer der Bahama-Inseln vorkommt.

Keyserling und Blasius, und ebenso auch Wagner und
Giebel weisen diese Art der Gattung „*Vesperugo*" zu.

H. Allen's Angabe zu Folge ist dieselbe mit Pallisot Beau-
vois's „*Vespertilio fuscus*" und Rafinesque's „*Eptisecus melanops*" identisch, während J. A. Allen dieß in Zweifel zieht.

### 29. Die rothfingerige Dämmerungsfledermaus (*Vesperugo erythrodactylus*).

*V. Hesperidae et nonnunquam aenobarbi magnitudine; auri-
culis parvis brevibus ovatis, externe a basi usque ultra dimi-*

*dium pilosis; trago saliciformi; alis maximam partem calvis et partim solum pilosis; patagio anali supra in basali parte ad dimidium usque piloso, infra maximam partem calvo venisque pilis brevissimis obtectis rhomboidalibus percurso; cauda longa, corpore non multo breviore et antibrachio paullo longiore, apice sat prominente libera; corpore pilis brevibus incumbentibus mollibus dense vestito; notaeo rufescente-fusco, in capite colloque paullo in flavidum vergente, gastraeo rufescente-fusco; patagiis nigris; antibrachio, radicibus digitorum nec non patagio inter digitum primum rufescentibus.*

*Vespertilio erythrodactylus.* Temminck. Monograph. d. Mammal. V. II. p. 238.

*Vesperugo erythrodactylus.* Keys. Blas. Wiegm. Arch. B. VI. (1840.) Th. I. S. 2.

*Vespertilio erythrodactylus.* Wagn. Schreber Säugth. Suppl. B. I. S. 527. Nr. 64.

*Vesperugo erythrodactylus.* Wagn. Schreber Säugth. Suppl. B. I. S. 527. Nr. 64.

*Vespertilio erythrodactylus.* Wagn. Schreber Säugth. Suppl. B. V. S. 754. Nr. 80.

*Vesperugo erythrodactylus.* Wagn. Schreber Säugth. Suppl. B. V. S. 754. Nr. 80.

*Vespertilio erythrodactylus.* Giebel. Säugeth. S. 949.

*Vesperugo erythrodactylus.* Giebel. Säugeth. S. 949.

Diese mit der bärtigen Dämmerungsfledermaus *( Vesperugo barbatus)* zwar verwandte, aber sicher von derselben verschiedene Art, ist uns seither nur aus einer Beschreibung von Temminck bekannt.

Sie bildet eine der kleineren Formen in der Gattung und ist mit der netzhäutigen *(Vesperugo Hesperida)*, zimmtbraunen *(Vesperugo Alcythoë)*, und haarbindigen Dämmerungsfledermaus *(Vesperugo Kuhlii)* von gleicher Größe, bisweilen aber auch etwas kleiner und nur von der Größe der rothbärtigen *(Vesperugo aenobarbus)* und fahlbraunen Dämmerungsfledermaus *(Vesperugo Blythii)*.

Die Ohren sind klein und kurz, von eiförmiger Gestalt und von der Wurzel an bis über die Hälfte ihrer Länge auf der Außenseite behaart. Die Ohrklappe ist weidenblattförmig. Die Flügel sind nur theilweise behaart, großentheils aber kahl. Die Schenkelflughaut ist auf der Oberseite in ihrer ganzen Wurzelhälfte behaart, auf der Unterseite größtentheils kahl und von rautenförmigen, mit sehr kurzen Härchen besetzten Adern durchzogen. Der Schwanz ist lang, nicht viel kürzer als der Körper und etwas länger als der Vorderarm, und ragt mit seinem Ende ziemlich weit frei aus der Schenkelflughaut hervor. Die Behaarung des Körpers ist kurz, dicht, glatt anliegend und weich.

Die Färbung der Oberseite des Körpers ist röthlichbraun, am Kopfe und am Halse etwas in's Gelbliche ziehend, wobei die einzelnen Haare an der Wurzel schwarz, in der Mitte gelblich und an der Spitze röthlichbraun sind; jene der Unterseite ist röthlichbraun, doch sind hier die Haare an der Wurzel dunkelbraun und blos an der Spitze röthlichbraun. Der Vorderarm, die Wurzel der Finger und die Zwischenhaut des ersten Fingers sind röthlich, die Flughäute schwarz.

Körperlänge . . . . . 1″ 6‴—1″ 8‴.  Nach Temminck.
Länge des Schwanzes . . 1″ 4‴.
    „    des Vorderarmes . 1″ 2‴.
Spannweite der Flügel . . 7″ 6‴—8″.

In beiden Kiefern sind jederseits 1 Lückenzahn und 4 Backenzähne vorhanden.

Vaterland. Nord-Amerika, Vereinigte Staaten, wo diese Art in Pennsylvanien in der Umgegend von Philadelphia vorkommt.

Keyserling und Blasius, so wie auch Wagner und Giebel weisen ihr eine Stelle in der Gattung *„Vesperugo“* an.

## 30. Die rothbärtige Dämmerungsfledermaus *(Vesperugo aenobarbus)*.

*V. Blythii magnitudine; rostro brevi obtuso; auriculis tam longis quam latis, supra rotundatis; trago apicem versus introrsum flexo; patagio anali supra basi tantum pilosa; cauda proportionaliter brevi, dimidio corpori longitudine aequali et antibrachio paullo breviore, apice prominente libera; corpore pilis brevibus incumbentibus dense vestito; notaeo rufo-fusco, gastraeo albido, versus corporis latera leviter rufescente et in regione pubis pure albo; fronte, genis mentoque rufis, lateribus colli rufescentibus; pilis corporis omnibus bicoloribus et ad basin nigris.*

*Vespertilio aenobarbus.* Temminck. Monograph. d. Mammal. V. II. p. 247. t. 59. f. 4.

*Vesperugo aenobarbus.* K e y s. B l a s. Wiegm. Arch. B. VI. (1840.)
Th. I. S. 2.

*Vespertilio aenobarbus.* W a g n. Schreber Säugth. Suppl. B. I. S. 539.
Nr. 86.

„          W a g n. Schreber Säugth. Suppl. B. V. S. 760.
Nr. 97.

„          „          G i e b e l. Säugeth. S. 949. Note 6.

*Vesperugo aenobarbus.* G i e b e l. Säugeth. S. 949. Note 6.

Wir kennen diese Art nur aus einer Beschreibung und Abbildung, die wir von T e m m i n c k erhalten haben.

Sie ist nur sehr wenig kleiner als die graubauchige Dämmerungsfledermaus *(Vesperugo leucogaster)* und mit der fahlbraunen *(Vesperugo Blythii)* von gleicher Größe, sonach eine der kleineren Formen dieser Gattung.

Die Schnauze ist kurz und stumpf. Die Ohren sind ebenso breit als lang und oben abgerundet. Die Ohrklappe ist gegen die Spitze zu nach einwärts gekrümmt. Die Schenkelflughaut ist auf ihrer Oberseite, doch nur an der Wurzel allein behaart. Der Schwanz ist verhältnißmäßig kurz, nur von halber Körperlänge und auch etwas kürzer als der Vorderarm, und ragt mit seinem Ende frei aus der Schenkelflughaut hervor.

Die Körperbehaarung ist kurz, dicht und glatt anliegend.

Die Oberseite des Körpers ist rothbraun, die Unterseite weißlich, gegen die Leibesseiten schwach röthlich und in der Schamgegend rein weiß. Die Stirne, die Wangen und das Kinn sind roth, die Halsseiten röthlich. Sämmtliche Körperhaare sind zweifärbig und an der Wurzel schwarz.

Körperlänge . . . . . . . . 1″  6‴.  Nach T e m m i n c k.
Länge des Schwanzes . . . .      9‴.
„      des Vorderarmes . .     11‴.
Spannweite der Flügel  . . . 6″  6‴.

Die Zahl der Lücken- und Backenzähne ist nicht bekannt.

V a t e r l a n d. Nicht mit Sicherheit bekannt, wahrscheinlich aber Nord-Amerika.

K e y s e r l i n g und B l a s i u s reihen diese Art ihrer Gattung „*Vesperugo*“ ein und G i e b e l schließt sich dieser Ansicht an.

Wagner enthält sich hierüber eine Meinung auszusprechen, da die Zahl der Lücken- und Backenzähne bis jetzt unbekannt geblieben ist.

### 31. Die cubanische Dämmerungsfledermaus (*Vesperugo cubensis*).

*V. Noctulinae Noctulae magnitudine; auriculis mediocribus, marginibus integris; trago oblongo-ovato lanceolato acuminato; pedibus validis latis; patagio anali supra calvo, infra pilis dispersis albidis obtecto, calcaribus brevibus, apicem versus valde attenuatis; cauda mediocri, dimidio corpore eximie longiore et antibrachio longitudine aequali; corpore pilis brevibus incumbentibus dense vestito; notaeo gastraeoque unicoloribus nigrescente-fuscis; alis obscure nigrescentibus, patagio anali supra ejusdem coloris, infra albido.*

*Scotophilus Cubensis.* Gray. Ann. of Nat. Hist. V. IV. (1839.) p. 7.

*Vespertilio cubensis.* Wagn. Schreber Säugth. Suppl. B. I. S. 539.
Note 1.

*Scotophilus cubensis.* Wagn. Schreber Säugth. Suppl. B. I. S. 539.
Note 1.

*Scotophilus Cubensis.* Gray. Mammal. of the Brit. Mus. p. 30.

*Vespertilio cubensis.* Wagn. Schreber Säugth. Suppl. B. V. S. 761.
Nr. 102.

„ „ Giebel. Säugeth. S. 951. Note 3.

Blos aus einer sehr kurzen Beschreibung von Gray bekannt und ohne Zweifel eine selbstständige Art, welche sich schon durch ihre beträchtliche Größe von allen übrigen Arten dieser Gattung unterscheidet, indem sie unserer europäischen großen Waldfledermaus (*Noctulinia Noctula*) an Größe völlig gleich kommt, daher zu den größten unter den mittelgroßen Formen in der ganzen Familie gehört.

Die Ohren sind von mäßiger Größe und ganzrandig. Die Ohrklappe ist länglich-eiförmig und lanzettartig zugespitzt. Die Füße sind breit und stark. Die Schenkelflughaut ist auf der Oberseite kahl, auf der Unterseite mit zerstreutstehenden weißlichen Haaren besetzt. Die Sporen sind kurz und gegen die Spitze zu sehr stark verdünnt. Der Schwanz ist mittellang, beträchtlich länger als der halbe Körper und von gleicher Länge wie der Vorderarm.

Die Körperbehaarung ist kurz, dicht und glatt anliegend.

Die Färbung des Körpers ist auf der Ober- wie der Unterseite einfärbig schwärzlichbraun. Die Flügel sind dunkel schwärzlich. Die Schenkelflughaut ist auf der Oberseite ebenso gefärbt, auf der Unterseite aber durch die Behaarung weißlich.

Körperlänge . . . . . . . . . . . 2″ 9‴. Nach Gray.
Länge des Schwanzes . . . . . . . 1″ 9‴.
„ des Vorderarmes . . · . . . 1″ 9‴.

Das Zahlenverhältniß der Lücken- und Backenzähne ist nicht bekannt.

Vaterland. Mittel-Amerika, West-Indien, Cuba, wo Mac Leay diese Art entdeckte.

Das britische Museum zu London ist im Besitze eines Weibchens dieser Art.

### 32. Die bärtige Dämmerungsfledermaus (*Vesperugo barbatus*).

*V. carolinensis fere magnitudine; rostro brevissime piloso, in marginibus pilis longioribus et ad oris angulum utrinque barbae instar distantibus circumdato; auriculis versus apicem angustatis leviterque acuminato-obtusatis; trago basi angusto, apicem versus dilatato; cauda longa, corpore parum breviore; corpore pilis brevibus incumbentibus dense vestito; notaeo gastraeoque unicoloribus pallide castaneo-fuscis, gastraeo paullo dilutiore.*

*Vespertilio barbatus.* Gundlach. Wiegm. Arch. B. VI. (1840.)
Th. I. S. 356.

„          Wagn. Schreber Säugth. Suppl. B. V. S. 761.
Nr. 103.

Die Kenntniß dieser Form haben wir Gundlach zu verdanken, der bis jetzt der einzige Naturforscher ist, welcher sie beschrieben.

Sie scheint mit der rothfingerigen Dämmerungsfledermaus (*Vesperugo erythrodactylus*) verwandt zu sein, unterscheidet sich von derselben aber außer der geringeren Größe, durch die verschiedene Bildung der Ohren, so wie auch durch die Färbung.

Bezüglich ihrer Größe kommt sie nahezu mit der carolinischen (*Vesperugo carolinensis*), coromandelischen (*Vesperugo coromandelicus*). Kaffern- (*Vesperugo subtilis*). Mozambique- (*Vesperugo nanus*) und kahlschienigen Dämmerungsfledermaus (*Vesperugo*

*Pipistrellus)* überein, da sie nur sehr wenig größer als die schwarz-
wangige Dämmerungsfledermaus *(Vesperugo pumilus)* ist, daher sie
auch zu den kleinsten Formen in der Gattung gezählt werden muß.

Die Schnauze ist sehr kurz behaart und an ihrem Rande ringsum
von längeren Haaren umgeben, welche sich in einem Bogen von
einem Mundwinkel zum anderen ziehen und an den beiden Mundwinkeln bartähnlich vom Kiefer abstehen. Die Ohren sind nach oben
zu verschmälert, schwach zugespitzt und abgestumpft. Die Ohrklappe
ist an der Wurzel schmal und gegen die Spitze zu erweitert. Der
Schwanz ist lang und nur wenig kürzer als der Körper.

Die Körperbehaarung ist kurz, dicht und glatt anliegend.

Die Färbung ist auf der Ober- wie der Unterseite des Körpers
einfärbig blaß kastanienbraun, auf der Unterseite aber etwas heller.

Körperlänge . . . . . . . . 1″ 3‴. Nach G u n d l a c h.
Länge des Schwanzes . . . . . 1″.

Die Zahl der Lücken- und Backenzähne ist nicht angegeben.
V a t e r l a n d. Mittel-Amerika, West-Indien, Cuba.

W a g n e r wagt nicht seine Ansicht über die Stellung dieser Art
auszusprechen, da das Verhältniß der Lücken- und Backenzähne
nicht bekannt ist.

### 33. Die graubauchige Dämmerungsfledermaus *(Vesperugo leucogaster)*.

*V. Ursulae magnitudine; rostro brevissimo obtuso, sincipite
a naso inde densissime piloso; auriculis longis erectis, marginibus
integris, supra paullo rotundatis; trago mediocri recto angusto,
acuto, lanceolato; alis maximam partem calvis, ad corporis latera
tantum pilosis punctisque parvis per series parallelas dispositis
obtectis; patagio anali in besse basali piloso punctisque dispersis
notato, calcaribus brevibus auricula parum longioribus; unguiculis
validis pilis longis opertis; cauda longa, corpore non multo
breviore, apice parum prominente libera; corpore pilis brevibus
incumbentibus teneris mollibus dense vestito; notaeo obscure
nigrescente-fusco flavido-griseo-lavato, gula nec non pectore in
lateribus nigrescente-fuscis, in medio pallide fuscescente-griseo,
abdomine albido-griseo; pilis alarum albidis; patagiis, auriculis,
facie alterisque corporis partibus calvis fuscescente-nigris.*

*Vespertilio leucogaster.* Neuw. Abbild. z. Naturg. Brasil. m. Fig.

„         „         Neuw. Beitr. z. Naturg. Brasil. B. II. S. 271.
Nr. 4.

Fisch. Synops. Mammal. p. 112. Nr. 35.

Temminck. Monograph. d. Mammal. V. II.
p. 243.

Wagn. Schreber Säugth. Suppl. B. l.
S. 528. Nr. 65.

*Vesperugo leucogaster.* Wagn. Schreber Säugth. Suppl. B. l. S. 528.
Nr. 65.

*Vespertilio leucogaster.* Wagn. Schreber Säugth. Suppl. B. V.
S. 754. Nr. 82.

*Vesperugo leucogaster.* Wagn. Schreber Säugth. Suppl. B. V.
S. 754. Nr. 82.

*Vespertilio leucogaster.* Giebel. Säugeth. S. 949.

*Vesperugo leucogaster.* Giebel. Säugeth. S. 949.

Diese durch ihre Merkmale ausgezeichnete und leicht zu erkennende Art ist eine Entdeckung des Prinzen von Neuwied, der sie auch zuerst beschrieben und abgebildet hat, und nicht wohl mit irgend einer anderen zu verwechseln.

Sie ist mit der dickschnauzigen *(Vesperugo Ursula)* und gesäumten Dämmerungsfledermaus *(Vesperugo marginatus)* von gleicher Größe, sonach eine der kleineren Formen dieser Gattung.

Die Schnauze ist sehr kurz und stumpf, der Vorderkopf von der Nase an sehr dicht behaart. Die Ohren sind lang, gerade aufrechtstehend, ganzrandig und oben etwas abgerundet. Die Ohrklappe ist mittellang, gerade, schmal und spitz, und von lanzettförmiger Gestalt. Die Flügel sind größtentheils kahl, nur an den Leibesseiten behaart und daselbst mit parallel verlaufenden Reihen kleiner Punkte besetzt. Die Schenkelflughaut ist in ihrem Wurzeltheile bis auf $^2/_3$ der Länge des Schwanzes behaart und mit zerstreutstehenden Punkten besetzt. Die Sporen sind kurz und nur wenig länger als die Ohren. Die Zehenkrallen sind stark und von langen Haaren überdeckt. Der Schwanz ist lang, nicht viel kürzer als der Körper und ragt mit seinem Ende nur wenig frei aus der Schenkelflughaut hervor.

Die Körperbehaarung ist kurz, dicht, glatt anliegend, fein und weich.

Die Oberseite des Körpers ist dunkel schwärzlichbraun und gelblichgrau überflogen, da die einzelnen Haare daselbst von der Wurzel an ihrer größten Länge nach schwärzlichbraun sind und in gelblichgraue Spitzen endigen. Die Kehle und die Seiten der Brust sind schwärzlichbraun, die Mitte der Brust ist blaß braungrau und der Bauch weißlichgrau. Die Haare der Flügel längs der Leibesseiten sind weißlich. Die Flughäute, die Ohren, das Gesicht und sämmtliche kahle Theile des Körpers sind bräunlichschwarz.

Körperlänge . . . . . . . 1″ 7‴.    Nach Prinz Neuwied.
Länge des Schwanzes . . . 1″ 3‴.
    „   der Ohren . . . .    4½‴.
    „   des Daumens . . .    2½‴.
    „   der Sporen . . . .    4⅔‴.
Spannweite der Flügel . . 8″ 11¼‴.

Die Zahl der Lückenzähne beträgt in beiden Kiefern jederseits 1, der Backenzähne 4.

Vaterland. Süd-Amerika, Brasilien, woselbst diese Art an der Ostküste vorkommt und vom Prinzen von Neuwied am Mucuri-Flusse angetroffen wurde.

Wagner und Giebel reihen dieselbe wohl mit vollem Rechte in die Gattung „*Vesperugo*" ein.

# SITZUNGSBERICHTE

## KAISERLICHEN AKADEMIE DER WISSENSCHAFTEN.

MATHEMATISCH-NATURWISSENSCHAFTLICHE CLASSE.

**LXII. Band.**

ERSTE ABTHEILUNG.

## 8.

Enthält die Abhandlungen aus dem Gebiete der Mineralogie, Botanik,
Zoologie, Anatomie, Geologie und Paläontologie.

## XXI. SITZUNG VOM 6. OCTOBER 1870.

Der Präsident bewillkommt die Classe bei ihrem Wiederzusammentritte und begrüßt die neu eingetretenen Mitglieder.

Derselbe gibt Nachricht von dem am 14. September d. J. zu München erfolgten Ableben des auswärtigen correspondirenden Mitgliedes, Herrn Ministerialrathes Dr. Karl August v. Steinbeil.

Die Classe drückt ihr Beileid durch Erheben von den Sitzen aus.

Das k. und k. Reichs-Kriegs-Ministerium übermittelt mit Note vom 7. September einen Bericht des im Pyräus stationirten k. k. Kanonenbotes Reka über die vulkanische Thätigkeit der Insel Santorin zur Einsicht.

Das k. k. Handels-Ministerium theilt mit Note vom 31. August l. J. mit, daß der auf August 1870 anberaumt gewesene internationale geographisch-commercielle Congreß zu Antwerpen auf Mitte August 1871 vertagt worden ist.

Das k. k. Ministerium des Innern übersendet mit Note vom 28. August die graphischen Nachweisungen über die Eisbildung am Donaustrome und am Marchflusse in Niederösterreich im Winter 1869/70.

Das c. M. Herr Dr. J. Barrande dankt mit Schreiben vom 4. August für die ihm zur Fortsetzung seines Werkes: *„Systéme silurien du centre de la Bohême"* neuerdings bewilligte Subvention von 1500 fl.

Herr Jos. Effenberger, k. k. Finanzcommissär zu Wischau in Mähren, übersendet ein versiegeltes Schreiben mit dem Ersuchen um Aufbewahrung zur Sicherung seiner Priorität, betreffend die Idee zur Reform der Geige und des Streichbogens, dann des Resonanzbodens für das Pianoforte.

Das w. M. Herr Dir. v. Littrow zeigt die Entdeckung eines teleskopischen Kometen, welche Herrn Coggia an der Sternwarte in Marseille am 28. August d. J. gelang, als vierten Erfolg der betreffenden Preisausschreibung an.

Herr Prof. L. v. B a r t h übersendet Mittheilungen aus dem chemischen Laboratorium der Universität Innsbruck, und zwar: 8. „Über einige Umwandlungen des Phenols", von i h m s e l b s t: 9. „Über Bromphenolsulfosäuren", vom Herrn Karl S e n h o f e r; 10. „Vorläufige Notiz über einige Derivate der Gallussäure", vom Herrn O. R e m b o l d.

Herr Dr. S. v. B a s c h, Docent an der Wiener Universität, übergibt eine Abhandlung über „die ersten Chyluswege und die Fettresorption".

An Druckschriften wurden vorgelegt:

Accademia delle Scienze dell' Istituto di Bologna: Memorie. Serie II. Tomo IX, Fasc. 4; Tomo X, Fasc. 1. Bologna. 1870; 4⁰. — Rendiconto. Anno accademico 1868—1869 & 1869—1870. Bologna, 1869 & 1870; 8⁰.

Akademie der Wissenschaften und Künste, Südslavische: Rad. Knjiga XII. U Zagrebu, 1870: 8⁰. — Starine. Knjiga II. U Zagrebu, 1870: 8⁰. — *Monumenta spectantia historiam Slavorum meridionalium*. Vol. II. U Zagrebu, 1870; 8⁰. — Stari pisci hravatski. Knjiga II. U Zagrebu, 1870: 8⁰.

American Journal of Science and Arts. Vol. XLIX, Nrs. 146—147. New Haven, 1870; 8⁰.

A n n a l e n der Chemie & Pharmacie, von W ö h l e r, L i e b i g & K o p p. N. R. Band LXXVIII, Heft 3; Bd. LXXIX, Heft 1—2; VIII. Supplementband, 1. Heft. Leipzig & Heidelberg, 1870; 8⁰.

Annales des mines. VIᵉ Série. Tome XVII. 3ᵉ Livraison de 1870. Paris; 8⁰.

A p o t h e k e r - V e r e i n, allgem. österr.: Zeitschrift. 8. Jahrgang, Nr. 15—19. Wien, 1870; 8⁰.

Astronomische Nachrichten. Nr. 1809—1820. (Bd. 76. 9—20.) Altona, 1870; 4⁰.

B e l t r a m i, E., Ricerche sulla geometria delle forme binare cubiche. Bologna, 1870; 4⁰.

C a r l, Ph., Repertorium für Experimental-Physik etc. VI. Bd., 3. Hft. München, 1870; 8⁰.

C o m p t e s r e n d u s des séances de l'Académie des Sciences. Tome LXXI, Nrs. 2—9. Paris, 1870; 4⁰.

C o s m o s. XIXᵉ Année. 3ᵉ Série. Tome VII, 4ᵉ—9ᵉ Livraisons. Paris, 1870; 8⁰.

English Mechanic and Mirror of Science and „Scientific Opinion". Vol. XI, Nrs. 276—283. London. 1870; Folio.

Gesellschaft, Anthropologische, in Wien: Mittheilungen. I. Band, Nr. 4. Wien, 1870; 8⁰.

— geographische, in Wien: Mittheilungen. N. F. 3, Nr. 10—11. Wien, 1870; 8⁰.

— österr, für Meteorologie: Zeitschrift. V. Band, Nr. 14—19. Wien, 1870; 8⁰.

— Astronomische: Vierteljahrsschrift. V. Jahrgang, 3. Heft. Leipzig, 1870; 8⁰.

— Naturforschende, in Emden; LV. Jahresbericht. 1869. Emden. 1870; 8⁰.

— zoologische, zu Frankfurt a/M.: Der zoologische Garten. XI. Jahrgang, Nr. 1—6. Frankfurt a/M., 1870; 8⁰.

— Naturforschende, in Bern: Mittheilungen aus dem Jahre 1869. Nr. 684—711. Bern, 1870; 8⁰.

— Schweizerische Naturforschende: Verhandlungen in Solothurn. 53. Jahresversammlung. Solothurn. 1870; 8⁰.

Gewerbe-Verein, n.-ö.: Verhandlungen & Mittheilungen. XXXI. Jahrg. Nr. 27—37. Wien, 1870; 8⁰.

Grunert, Joh. Aug., Archiv der Mathematik & Physik. LII. Theil, 1. Heft. Greifswald. 1870; 8⁰.

Haidinger, W. Ritter v., Erinnerung an den Schwimm-Unterricht. (Aus dem 12. Jahresberichte der öffentl. Ober-Realschule in der inneren Stadt Wien, Hohermarkt Nr. 11.) Wien, 1870: 8⁰. — Das Eisen bei den homerischen Kampfspielen. (Aus den „Mittheilungen der anthropolog. Gesellsch. in Wien". Nr. 3, Bd. I.) 8⁰.

Istituto, R., Veneto di Scienze, Lettere ad Arti: Memorie. Vol. XV. Parte 1. Venezia, 1870; 4⁰. — Atti. Tomo XV. Serie III², disp. 7²—9². Venezia, 1869—70; 8⁰.

Jahrbuch, Neues, für Pharmacie und verwandte Fächer. von Vorwerk. Band XXXIII, Heft 5—6: Band XXXIV, Heft 1—2. Speyer, 1870; 8⁰.

Jahrbücher der k. k. Central-Anstalt für Meteorologie & Erdmagnetismus. Von C. Jelinek und C. Fritsch. N. F., V. Bd. Jahrg. 1868. Wien, 1870: 4⁰.

Journal für praktische Chemie, von H. Kolbe. Neue Folge. Bd. II,
1.—4. Heft. Leipzig, 1870; 8º.

Landbote, Der steirische: 3. Jahrgang, Nr. 15—20. Graz, 1870; 4º.

Landwirthschafts-Gesellschaft, k. k., in Wien: Verhandlungen und Mittheilungen. Jahrgang 1870, Nr. 23—25.
Wien; 8º.

Lotos. XX. Jahrgang, Juli—September 1870. Prag; 8º.

Mittheilungen des k. k. technischen und administrativen Militär-
Comité. Jahrgang 1870, 7. & 8. Heft. Wien; 8º.

— aus J. Perthes' geographischer Anstalt. 16. Bd., 1870,
VI.—IX. Heft. Gotha; 4º.

Moniteur scientifique. Tome XIIᵉ, Année 1870. 326ᵉ — 330ᵉ
Livraisons. Paris; 4º.

Nature. Vol. II, Nrs. 38—48. London, 1870; 4º.

Osservatorio del R. Collegio Carlo Alberto in Moncalieri:
Bullettino meteorologico. Vol. V, Nr. 4—5. Torino, 1870; 4º.

Radcliffe Observatory: Results of Astronomical and Meteorological
Observations made in the Year 1867. Vol. XXVII. Oxford,
1870; 8º.

Reichsanstalt, k. k. geologische: Jahrbuch. Jahrgang 1870.
XX. Bd. Nr. 2. Wien; 4º. — Verhandlungen. Jahrg. 1870,
Nr. 11—12. Wien; 4º.

Reichsforstverein, österr.: Österr. Monatsschrift für Forst-
wesen. XX. Band Jahrgang 1870. April-. Mai- & Juni-Heft.
Wien; 8º.

Revue des cours scientifiques et littéraires de la France et de l'é-
tranger. VIIᵉ Année, Nrs. 34—41. Paris & Bruxelles, 1870; 4º.

Société Impériale de Médecine de Constantinople: Gazette médicale d'Orient. XIVᵉ Année, Nrs. 3—5. Constantinople, 1870; 4º.

— Impériale des Naturalistes de Moscou: Bulletin. Tome XLIII.
Année 1870, Nr. 1. Moscou; 8º.

— géologique de France: Bulletin. 2ᵉ Série. Tome XXVII, Nr. 4.
Paris, 1869 à 1870; 8º.

— philomatique de Paris: Bulletin. Tome VII. Janvier—Mars 1870.
Paris; 8º.

Society, The Asiatic, of Bengal: Journal. Part I, Nrs. 1 & 4. 1869.
Calcutta, 1869 & 1870; 8º. — Proceedings. Nr. 11. December
1869; Nrs. 1—2. January — February 1870. Calcutta; 8º.

S o c i e t y, The R. Geographical, of London: Proceedings. Vol. XIV,
Nrs. 1—2. London, 1870; 8⁰. — Journal. Vol. XXXIX. 1869.
London: 8⁰.

V e r e i n, physikalischer, zu Frankfurt a. M.; Jahres-Bericht für das
Rechnungsjahr 1868—1869. Frankfurt a. M., 1870; 8⁰.
— für siebenbürgische Landeskunde: Archiv. N. F. VIII. Band,
3. Heft (1869); IX. Band, 1. Heft (1870). Kronstadt; 8⁰. —
Jahresbericht für das Vereinsjahr 1868/9. Hermannstadt: 8⁰. —
Hermannstädter Local-Statuten. Festgabe. Hermannstadt, 1869;
4⁰. — Z i e g l a u e r, Ferd. v., Harteneck, Graf der sächs. Nation
und die siebenbürgischen Parteikämpfe seiner Zeit. 1691—
1703. Hermannstadt, 1869; 8⁰. — T r a u s c h, Jos., Schrift-
steller-Lexicon oder biographisch-literärische Denkblätter der
Siebenbürger Deutschen. I. Band. Kronstadt, 1868; 8⁰.

V e r h ä l t n i ß, Über das —, des Bergkrystall-Kilogrammes, welches
bei Einführung des metrischen Maaßes und Gewichtes das Ur-
gewicht in Österreich bilden soll, zum Kilogramme der kais.
Archive zu Paris etc. (Commissionsbericht erstattet an das
k. k. Handels-Ministerium.) Wien, 1870; 4⁰.

V i e r t e l j a h r e s s c h r i f t für wissenschaftl. Veterinärkunde. XXXIII.
Band, 2. Heft. Wien, 1870; 8⁰.

W i e n e r Medizin. Wochenschrift. XX. Jahrgang, Nr. 38—47. Wien,
1870; 4⁰.

Z e i t s c h r i f t des österr. Ingenieur- und Architekten - Vereins.
XXII. Jahrgang, 5.—8. Heft. Wien, 1870; 4⁰.
— für Chemie, von B e i l s t e i n, F i t t i g und H ü b n e r. XIII. Jahrgang. N. F. VI. Band, 12.—14. Heft. Leipzig, 1870; 8⁰.
— für die gesammten Naturwissenschaften, von C. G. G i e b e
und M. S i e w e r t. N. F. 1870, Band I. (Der g. R. XXXV. Band.)
Berlin, 1870: 8⁰.

# Herpetologische Notizen (II).

## Von dem c. M. Dr. **Franz Steindachner.**

(Mit 8 Tafeln.)

(Vorgelegt in der Sitzung am 19. Mai 1870.)

### I.

## Reptilien gesammelt während einer Reise in Senegambien (October bis December 1868).

---

### Chelonii.

#### 1. Testudo sulcata Mill.

*Testudo sulcata* Miller, Var. subj. of nat. hist. tab. 26, A—C, D. Bibr, Erpét. gen. II, p. 74, pl. XIII, Fig. 1 adult; A. Strauch Chelonol· Stud. Mém. de l' Acad. impér. des Sc. de St. Pétersb. Tom. V, Nr. 7. 1862 pag. 78.

In der Umgebung von St. Louis und Dagana nicht selten; die größte Landschildkröte Senegambiens.

#### 2. Pelomedusa galeata Schoepff.

Syn. *Testudo galeata* Schöpff, Hist. Test. p. 12. tab. III, Fig. 1 juv.

*Pentonyx capensis* Dum. Bibr. Erpét. gen. II, pag. 390, pl. XIX, Fig. 2 adult., Aug. Dum. Rept. et Poiss. de l'Afrique occid., Archiv du Mus. t. X, pl. XIII, Fig. 3.

*Pelomedusa galeata* Wagl. Natürl. Syst. d. Amphib. p. 136, tab. II, Fig. XXXVI, XXXVII.

*Pelomedusa galeata* Strauch, Chelonologische Studien pag. 150.

Ein kleines gut erhaltenes Exemplar aus der Umgebung von Dagana mit stark entwickeltem Vertebralkiel ohne seitliche Rinne.

#### 3. Trionyx aegyptiacus Geoffr.

*Trionyx aegyptiacus* Geoffr. Ann. d. Mus. XIV, pag. 12, pl. I, II, Descript. de l'Egypte, 2. édit. XXIV. p. I, Atl. Rept. pl. I, Strauch l. c. pag. 175.

*Trionyx labiatus* Bell, Monogr. of the Test. (jun.)

Das uns vorliegende junge Exemplar aus dem Senegal bei Dagana stimmt in Färbung und Zeichnung fast ganz genau mit B e l l's Abbildung l. c. überein, nur sind die Rückenflecken viel schärfer ausgeprägt, fast viereckig.

## Saurii.

### 4. Crocodilus vulgaris Cuv.

*Crocodilus vulgaris* C u v. Annal. du Muséum X p. 40, pl. I, Fig. 5, 12, pl. II. Fig. 7, D. Bibr. Erpét. gén. III, p. 104, etc., S t r a u c h l. c. p. 43. *Crocodilus marginatus* G e o f f r., Descr. de l'Egypte, 2*e*. edit. XXIV, pag. 567. etc. etc.

Während meiner Reise am Senegal bis Bakel und meines Aufenthaltes in Dagana und Taoué babe ich nur eine Crocodilart, den *Croc. vulgaris*, und zwar in sehr großer Menge bei Bakel und im Marigot von Taoué gesehen. Exemplare von geringer Größe bezeichnete man mir allgemein als *Crocodile noir*, während ich ein Exemplar riesiger Größe, dessen Kopf $28\frac{1}{2}$ Zoll lang ist, von einem Eingebornen in Dagana als *Crocodile vert* acquirirte.

Da auch das Pariser Museum kein Exemplar des *Croc. cataphractus* C u v. aus dem Senegal besitzt, so halte ich es für nicht unmöglich, daß im genannten Strome nur das Nilcrocodil vorkomme und der Verbreitungsbezirk des *Croc. cataphractus* mit dem Gambia seinen nördlichen Abschluß finde.

### 5. Chamaeleo senegalensis Cuv.

*Chamaeleo senegalensis* C u v., D. B i b r. Erpét. gen. III, pag. 221, pl. 27, Fig. 2.

Kommt in sehr großer Menge in Senegambien vor. Wir sammelten mehr als 20 Exemplare bei St. Louis, Dagana und Bakel.

### 6. Platydactylus aegyptiacus Cuv.

*Platydactylus aegyptiacus* C u v. Règn. anim. II, pag. 53, D. B i b r. l. c. III, pag. 322.
*Gecko annulaire,* G e o f f r. Descr. de l'Egypte, Atlas. Rept. pl. 5, Fig. 6—7.
*Gecko de Savigny,* ibid. Atl., Suppl. Rept. pl. I, Fig. 1.

Sehr häufig in den Spalten und Löchern der Festungsmauern des Castelles zu Gorée und bei Dagana. Wir sammelten an einem Abende 8 Exemplare dieser Art zu Gorée, welche durch bedeutende

Größe und lebhafte Färbung der Nackenflecken ausgezeichnet sind, und ein Exemplar bei Dagana, welches ganz einfärbig hellgrau am Rücken ist.

### 7. Hemidactylus affinis n. sp.

Unterscheidet sich von *H. verruculatus* Cuv. nur durch das Vorkommen zahlreicher Femoral-Poren.

Die zahlreichen Tuberkeln der Rückenseite sind kaum kleiner, und ebenso gestaltet wie bei *H. verruculatus*. Während bei letztgenannter Art aber nur Praeanalporen (bei Männchen) vorkommen, besitzen die Männchen des *Hem. affinis* Schenkel- und Präanalporen im Ganzen c. 26—30. Die Schuppen an der Unterseite des Schenkels bis zu jenen der durchbohrten Reihe (inclus.), hinter welcher auffallend kleine Schuppen liegen, sind bedeutend größer als bei *H. verruculatus*. — Kopf vorne konisch zugespitzt, an der Oberseite querüber schwach gewölbt.

9 Supralabialia, 7—8 Infralabialia.

Rostrale groß, mit einer mittleren Längsfurche.

Nasenlöcher über dem seitlichen Ende des oberen Rostralrandes gelegen.

Mentale groß, mit seiner dreieckigen Spitze zwischen zwei großen Submentalschildern gelegen, die nach Innen an einander stoßen und auf welche nach außen noch eine kaum halb so große, rundliche Schuppe folgt.

Ohröffnung nierenförmig, lang.

Zwischen der Granulation des Rückens liegen zahlreiche, dreieckige, gekielte Tuberkel, welche in regelmäßigen Längsreihen stehen, und zwar zu jeder Seite der Rückenlinie in 7—8 Reihen.

Die Tuberkeln des Schwanzes sind bedeutend größer und ordnen sich in Querreihen. Querüber am Bauche 32—34 Schuppen.

Die Unterseite des Schwanzes ist in der Mitte bald nur mit einer, bald mit drei Reihen großer Schuppen bekleidet.

Rücken hellbraun oder aschgrau mit dunkelbraunen oder dunkelgrauen Flecken, welche häufig zu Querbinden sich vereinigen.

3 Exemplare, 1 Männchen und 2 Weibchen von Dagana und Gorée.

Das Wiener Museum besitzt von derselben Art noch ein Männchen aus Sicilien.

## 8. Gymnodactylus Kotschyi n. sp. (?)

Wir untersuchten eine beträchtliche Anzahl von Exemplaren einer *Gymnodactylus*-Art aus Cypern, Syra, Ägypten (?), Persien und aus Gorée, welche sowohl in der Zeichnung des Rückens, und in der Kürze der Extremitäten als auch in der geringen Größe der Bauchschuppen mit *Gymn. caspius* übereinstimmt; da jedoch bei letzterer Art nach Aug. Dumeril's Beschreibung (Catal. meth. de la Collect. des Rept. du Muséum d'Hist. natur. de Paris pag. 45, Nr. 8 bis) die Tuberkeln der Rückenseite größer sind als bei *Gymn. scaber* und sowohl Präanal- als Femoralporen in beträchtlicher Anzahl (27) vorkommen, so wage ich es nicht, die uns vorliegende Art zu *G. caspius* zu beziehen.

Die Tuberkeln des Rückens sind bei sämmtlichen 42 Exemplaren der Wiener Sammlung von den früher genannten Fundorten auffallend constant kleiner als bei *Gymn. scaber* und es kommen bei Männchen nur Präanalporen in geringer Zahl (3—5) vor.

Bei *Gymn. scaber* zähle ich querüber am Bauche 16—20, bei *G. Kotschyi* 24—28 Schuppen in etwas schiefen Reihen, die vorderen und hinteren Extremitäten sind bei letzterem kürzer und gedrungener als bei ersterer, somit wie bei *G. caspius*.

Die Tuberkeln des Rückens, in 10—12 Längsreihen, sind bei *G. Kotschyi* fast nur halb so breit wie bei *Gymn. scaber* und wie bei diesem gekielt; der Kopf aber ist gestreckter und minder breit als bei *Gym. scaber*. (Bei *Gymn. caspius* soll nach Prof. Aug. Dumeril der Kopf breiter und stärker deprimirt sein als bei *Gymn. scaber*.) Die Tuberkeln des Schwanzes sind bedeutend größer als die des Rückens und in Querreihen gestellt. Jederseits 8 Supra- und 6—7 Infralabialia.

Eine Reihe breiter Querschilder an der Unterseite des Schwanzes. Rücken rauchgrau mit einem schwachen Stiche ins Grünliche (im Leben) mit wellig gebogenen intensiv röthlichbraunen, in der Regel sehr schmalen Querstreifen, welche in der Mittellinie des Rückens winkelförmig gebrochen sind (mit nach hinten gekehrter Spitze).

Kopf sehr häufig braun gefleckt und gestrichelt, mit kleinen runden Tuberkeln am Hinterhaupte und am Halse.

Oberseite des Schwanzes mit dunkelbraunen Querbinden.

In der Körpergestalt stimmt *Gymnod. Kotschyi* mit *Gymn. scaber* überein.

Ein Exemplar aus Gorée.

### 9. Varanus niloticus D. B.

Taf. I, Fig. 1, 2.

In Senegambien von der Mündung des Senegal bis Bakel in der Nähe des Stromes und seiner Marigots sehr gemein. Während der Stromfahrt sah ich sie zu Hunderten am abschüssigen Ufer sich sonnen und bei Annäherung in Erdlöcher oder in den Strom sich flüchten.

Ich fing mehrere Exemplare aus Erdlöchern in den Hofräumen der Häuser, in welchen sie dem Geflügel nachstellten.

Der lange fleischige Schwanz wird gebraten oder gesotten auch von Europäern genossen und schmeckt fischähnlich.

Herr Prof. Peters trennt *Varanus saurus* Laur. = *Lac. capensis* Sparm. specifisch von *Varanus niloticus*. Ich bin trotz genauer Untersuchung zahlreicher Exemplare aus dem Nile, Senegal, von Liberia, von dem Cap der guten Hoffnung nicht im Stande, den geringsten Unterschied von einiger Bedeutung zu finden, denn bei allen diesen sind die Nackenschuppen insbesondere bei jungen Individuen, die sich auch durch intensivere Färbung auszeichnen, größer als die des Rückens. Bei sehr alten Exemplaren sind die Nackenschuppen nur ganz unbedeutend oder nicht größer als die Rückenschuppen, aber nie fand ich erstere kleiner als letztere.

Ich müßte somit sämmtliche Exemplare aus den genannten Localitäten zu *Varanus saurus* im Sinne Peters beziehen, falls eine Trennung in zwei Arten sich als naturgemäß erwiese. Die lederartigen Eier erreichen fast die Größe von Hühnereiern.

### 10. Agama colonorum Daud.

Diese behende *Agama*-Art, die sich hauptsächlich auf Baumstämmen und auf Gemäuern aufhält, kommt zu Tausenden im Senegalgebiete vor und lebt hauptsächlich von Heuschrecken und Fliegen. Alte Exemplare haben einen hellgelben Kopf, einen schmutzig gelbbraunen Rücken und eine dunkelviolete Schwanzspitze und sind fleckenlos. Bei jungen Individuen ist der Kopf goldbraun und himmelblau gefleckt; die rothgelben Flecken des Rückens liegen in Querreihen, sind häufig dunkelbraun ringartig eingefaßt und zuweilen durch dunkelbraune Flecken von einander querüber getrennt.

Zuweilen kommt bei ihnen auch ein orangerother Strich an den Seiten des Rumpfes vor, der Schwanz ist auf hellbraunem Grunde mit braunen, quergestellten Flecken geziert, die Extremitäten sind hell- und dunkelbraun gebändert.

Wir sammelten circa 20 Exemplare auf dem Wege zum Castelle von Gorée, an den Mauern der einzeln stehenden Häuser von Dakar und der Vorstadt Sor bei St. Louis, auf stacheligen Stämmen der Bombaxbäume vor dem Posten von Dagana.

## 11. Acanthodactylus scutellatus D. B.

Sehr häufig am feinsandigen Uferstriche des Senegal bei Sor, einer Vorstadt von St. Louis.

## 12. Euprepes Perottetii D. B.

Syn.? *Euprepes pleurostictus* Pet. Berlin. Monatsb. 1864, pag. 52.

Das Wiener Museum besitzt drei vortrefflich erhaltene Exemplare von Lagos, Ashantée und sechs Exemplare aus der Umgebung von Dagana, Dakar und von dem Castellberge Gorée's in Senegambien. Das größte von uns in Senegambien gefangene Exemplar ist kleiner als die beiden übrigen von Lagos und Ashantée und 11″ lang.

Die ganze obere Hälfte des Körpers und der Extremitäten ist braun und mit zahlreichen himmelblauen Fleckchen geziert. Eine drei Schuppen breite dunkelbraune Binde zieht vom hinteren Augenrande zur Lendengegend und ist gleichfalls mit runden blauen Flecken besetzt.

Eine himmelblaue, nach oben intensiv dunkelbraun eingefaßte schmale Binde unter dem Auge am fünften Oberlippenschilde oder bis zum hinteren Ende des letzten Oberlippenschildes ausgedehnt und durch eine Reihe von dicht an einander gedrängten Flecken derselben Färbung bis zur Achselgegend fortgesetzt; hier schließt sich die Fleckenreihe an jene an, welche die dunkle Seitenbinde nach unten begränzt.

Schuppen des Rückens an den Seiten dunkler als im mittleren Theile, wodurch zahlreiche der Zahl der Rückenschuppenreihen entsprechende schmale schwach ausgeprägte Längsstreifen sich bilden.

Die Zahl der Schuppenreihen rings um den Rumpf beträgt 33 bei dem eben beschriebenen kleineren Exemplare von Dakar, bei den zwei größeren aber 35. Bei diesen letzteren fehlt die dunkle Seitenbinde, nicht aber die blauen Flecken (in etwas geringerer Anzahl) an den Seiten des Kopfes, des Rückens und die charakteristische schmale blaue Binde unter dem Auge.

*E. Perrottetii* besitzt 4 nicht aber 6 Supraorbitalschilder, wie Prof. Peters l. c. p. 53, erste Zeile (wohl nur aus Versehen) bemerkt, es dürfte somit der Hauptunterschied zwischen *E. Perrotteti* und *E. pleurostictus* hinwegfallen.

Bei dem 15½'' langen Exemplare von Lagos ist die Schläfengegend des Kopfes auffallend stark gewölbt.

3—4 kleine Schüppchen sitzen am Vorrande der ziemlich weiten, länglichrunden queren Ohröffnung; 2 Frenalia von gleicher Höhe, das hintere fast doppelt so groß wie das vordere und quadratisch. 4 Supraorbitalia, das zweite bei Weitem größte mit nach vorne concavem Vorderrande, dessen vorderes oberes Ende die hintere Spitze des Präfrontale berührt.

Erstes Supraorbitale klein mit nur zwei Rändern, nämlich einem geradlinigen äußeren und einem halbkreisförmigen inneren Rande, welcher letztere in seiner ganzen hinteren Hälfte von dem Vorderrande des zweiten Supraorbitale begrenzt wird.

Sehr gemein am Castellberge von Gorée, in der Umgebung von St. Louis und Dagana, insbesondere zwischen den Heckenwänden zum Schutze junger Palmenpflanzungen und zwischen Gartenzäunen.

## Serpentes.

### 13. Mizodon coronatus sp. Schleg.

*Coronella (Mizodon) coronata* Jan, Elenco sist. degli Ofidi pag. 48, Iconogr. gén. des Ophid. 15ᵉ. Livr. pl. III, Fig. 1; Enum. sistem. degli ofidi appartenenti al Gruppo Coronellidae, Archiv. per la Zool. Vol. II, fasc. 2, pag. 254.
*Calamaria coronata* Schleg. Ess. II, pag. 46.

Wir sammelten zwei Exemplare dieser seltenen Art bei Taoué und Dakar.

Das kleinere Exemplar aus Dakar entspricht in Größe und Zeichnung dem von Prof. Jan abgebildeten Individuum ganz genau;

bei dem zweiten größeren von 17½" Länge reicht die Binde der Schläfengegend nur bis zum Seitenrande der Occipitalia, die Halsbinde ist ferner in der oberen Hälfte nur schwach ausgeprägt, die darauffolgende am Seitentheile des Rumpfes (an dessen Beginne) aber breiter als bei dem kleinen Exemplare. Bauchschilder 195, Subcaudalschilder in 63 Paaren; Schwanz stark, stachelförmig zugespitzt und circa 5½mal in der Länge des ganzen Körpers bei dem Exemplare von 17½" Länge enthalten. Temporalia 1 + 2 bis 1 + 3. Schuppenreihen 19; Oberlippenschilder 8, das vierte und fünfte an das Auge grenzend; 1 Prä- und 2 Postocularia, das untere der letzteren sehr klein.

### 14. Psammophis elegans Sh.

Sehr häufig um Dagana, in Cayor.

4 Exemplare.

### 15. Psammophis sibilans L.

Die gemeinste Schlange des Senegalgebietes von der Mündung des Senegal bis Bakel; sowohl auf Sandebenen mit spärlichem Graswuchse und auf grasreichen Steppen im Inneren des Landes, als zwischen Gebüschen sehr häufig. Erreicht eine Länge von 5 bis 6 Schuh.

### 16. Dromophis praeornatus sp. Schleg.

*Dendrophis praeornata* Schleg. Ess. II, pag. 236.
*Oxyrhopus praeornatus* D. Bibr. Erp. gén. VII, p. 1039.
*Chrysopelea praeornata* Gthr., Catal. of Colubr. Snakes, pag. 147; Jan. El. sist. degli Ofidi pag. 86.
*Dromophis praeornatus* Peters, Berl. Monatsb. 1869, pag. 447.

Im Leben mit einer drei Schuppen breiten morgenrothen medianen Rückenbinde, die in einiger Entfernung vor dem Beginne des Schwanzes endet und nach dem Tode bei Weingeist-Exemplaren bald verschwindet.

Ziemlich häufig bei Taoué und Dakar an buschigen Orten.

### 17. Boodon unicolor Boie.

Ziemlich häufig um Dakar und Dagana, an denselben Localitäten wie *Psammophis sibilans* und *Ps. elegans* von mir gefangen.

**18. Lycophidion Horstockii** Schleg. Var. **albomaculata** m.

Ein Prachtexemplar der *Var. albomaculata*, vollkommen mit Günther's Abbildung und Beschreibung „Fifth Acc. of Snakes in the Coll. of Brit. Mus." in Ann. Mag. Nat. Hist. Juli 1866, pl. VII, Fig. *A* übereinstimmend.

Aus der Umgebung von Dakar.

### 19. Naja nigricollis Reinh.

Sehr selten. Ein kleines, wohlerhaltenes Exemplar aus der Umgebung von Taoué.

### 20. Naja haje L. var. nigra.

Die gefürchtetste Giftschlange Senegambiens und allgemein *Serpent noir* genannt; erreicht eine Länge von 6—9 Schuh. Sie ist bei Dagana selbst in den Wohnungen der Eingebornen nicht selten, welche sich nur äußerst schwer bewegen lassen diese gefährliche Schlange zu tödten, die durch Vertilgung von Ratten und Mäusen nützlich ist.

Wir besitzen zwei Exemplare riesiger Größe aus der Umgebung von St. Louis und Dakar.

### 21. Echidna arietans Merr.

Wird von den Eingebornen Senegambiens weniger als *Naja haje* Lin. gefürchtet, wohl nur aus dem Grunde, daß sie in entlegenen, meist feuchten Wäldern und in Sumpfgegenden vorkommt, die selten betreten werden.

*Echidna arietans* ist übrigens weit über Senegambien verbreitet, scheint jedoch nirgends in großer Menge vorzukommen.

Wir erhielten Exemplare aus dem gegenüber von Dagana am nördlichen Senegalufer gelegenen Walde, aus einem sumpfigen Gehölze in der Nähe von Taoué und endlich aus einem Walde einige Meilen nordöstlich von St. Louis.

### 22. Python Sebae D. B.

Nicht selten in der weiteren Umgebung von Taoué südwärts gegen den See von Merinaghen. Aus dieser Gegend sah ich zwei große circa 7½″ lange lebende Exemplare bei Richardtoll.

## Batrachia.

### 23. Rana nilotica Seetz.

Häufig in der Nähe des Senegals und am Marigot von Taoué zur Regenzeit, doch sehr selten in der trockenen Jahreszeit. Wir fanden nur zwei Exemplare bei Taoué und St. Louis im November 1868.

### 24. Rana occipitalis Gthr.

Ein trefflich erhaltenes, ziemlich großes Exemplar von Dagana am Senegal-Ufer, genau mit Dr. Günther's Beschreibung und Abbildung übereinstimmend.

### 25. Bufo pantherinus Boie.

Kommt in ungeheurer Menge in ganz Senegambien an feuchten Orten vor.

Wir sammelten viele Exemplare im nördlichen Theile der Insel St. Louis, bei Sor, im Schloßgarten von Taoué, in Sümpfen bei Bakel und in Dakar.

### 26. Hyperolius citrinus Gthr.

Zur Regenzeit sehr häufig in der Umgebung von Taoué.

### 27. Hyperolius Bocagei Steind.

(Amphib., Novara-Exped. pag. 51.)

Ein kleines Exemplar von Richardtoll.

## II.

## Über einige neue oder seltene Reptilien des Wiener Museums.

### 1. Lacerta oxycephala Schleg.

Taf. I, Fig. 3—6.

Kommt in sehr bedeutender Individuenzahl am Monte Agudo bei Murcia und in der Umgebung von Alicante auf felsigen Stellen vor und weicht in der Zeichnung von den bisher beschriebenen Exemplaren aus Dalmatien und Corsika ab.

Der Rücken ist bleigrau, seltener aschfarben, grünlichgrau oder braun. Bei Weibchen kommen in der Regel 4—6 helle Längsbinden vor, welche zuweilen an den Rändern schwärzlich gesprenkelt oder gesäumt sind.

Bei den Männchen finden sich fast immer 3 schwarze Längsbinden am Rücken, und jederseits 2 an den Seiten des Rumpfes vor. Die Binden sind fast immer durch sehr kleine, unregelmäßige Zwischenräume schwach und unvollständig unterbrochen. Kopf stark zugespitzt und plattgedrückt. Ventralschilder in sechs Reihen. In der Mitte der Schläfengegend sehr häufig kein größeres Schildchen. Jederseits 16—17 Schenkelporen, die nach Innen nicht ganz um die Breite der zwei medianen Bauchschilder-Reihen von einander getrennt bleiben.

### 2. Eremias argus Pet.

(Berl. Monatsb. Jänner 1869, pag. 61, Fig. 3.)

Taf. II, Fig. 1, 2.

Durch die Trennung des Internasale in zwei Schilder unterscheidet sich *Erem. argus* von allen bisher bekannten *Eremias*-Arten so auffallend, daß er wohl als Vertreter einer besonderen Untergattung angesehen werden kann.

Im allgemeinen Habitus und auch in der Zeichnung des Rückens steht *Eremias argus* dem *Eremias elegans* sehr nahe.

Rostralschild bedeutend breiter als hoch, dreieckig; auf das Rostrale folgen 9 (—10) Supralabialia, die bis zum vierten (oder fünften) allmählig an Höhe und Breite zunehmen, und von da gegen das neunte wieder abnehmen. Das zweite Supralabiale ist zuweilen in zwei Hälften getheilt, so daß man zehn Supralabialia unterscheiden kann. Über den zwei ersten Supralabialschildern liegt das untere Nasofrenale. Das Nasorostrale ist das größte der drei das Nasenloch umgebenden Schilder und grenzt nach Innen an das Nasorostrale der entgegengesetzten Kopfseite, nach vorne an das Rostrale und nach hinten an das paarige Internasale (Präfrontale). Das obere Nasofrenale ist ein sehr kleines ovales Schildchen, welches nach hinten an das Internasale und das Frenale grenzt.

Das Internasale (Präfrontale) ist getheilt, der vordere Rand ist bogenförmig gerundet, der hintere Rand jeder (selbstständigen) Hälfte schwach concav; nach unten folgt das schiefgestellte Frenale. Die beiden Frontonasalia (Frontalia) sind ebenso häufig durch ein oder zwei Schildchen von einander getrennt.

Das Frontalschild (Verticale) ist mehr als $1\frac{1}{2}$mal so lang wie breit, seine vordere Spitze schiebt sich tief nach vorne zwischen die beiden Frontonasalia oder trennt sich als ein selbstständiges kleines Schildchen ab, in diesem Falle sind letztgenannte Schilder durch zwei Schildchen von einander geschieden.

Nach hinten ist das Frontalschild quer abgestutzt.

Die Frontoparietalia sind fünfeckig, $\frac{2}{3}$mal so lang wie das Frontale, der vordere und hintere Rand ist sehr schmal, das Interparietale ist sehr klein, fast rhombenförmig, doch ist die hintere Hälfte dieses Rhombus länger als die vordere.

Die großen Parietalschilder zeigen einen sehr stark gerundeten äußeren, hinteren rechten Winkel und einen convexen Innenrand. Der Orbitaldiscus ist oval und wird von drei Schildern gebildet, von denen die beiden vorderen groß, das hintere sehr klein sind.

Der vordere Theil des Discus ist mit zahlreichen Granulationen bedeckt, auch am Außenrande liegen Körnchen in 1—2 Reihen. Augenlider mit Schüppchen bedeckt.

Ohröffnung groß, breit oval, mit tief eingesenktem Trommelfell.

Mentalschild breit, mit schwach gebogenem hinteren Rande. 6 Infralabialschilder, niedrig, viereckig, stark in die Länge gezogen.

Raum zwischen dem Mentale und den Infralabialschildern von 5 Schilderpaaren erfüllt, von denen die 3 vorderen in der Mittellinie der Kehle an einander grenzen. Die Schilderpaare nehmen bis zum dritten rasch an Umfang zu. Gaumenzähne fehlen.

Das Halsband zeigt einen convexen hinteren Rand, ist mit 8 bis 12 Schildern besetzt, die nach den Seiten allmählig an Größe abnehmen, und setzt sich nach oben als zarte Falte fort, mit welcher sich die Ohrfalte vereinigt.

Hautfalte der Kehlgegend undeutlich.

Bauchschilder in schiefen Querreihen, deren Zahl in der mittleren Bauchgegend 12 beträgt. Männchen jederseits mit 10 Schenkelporen. Präanalporen fehlen. Präanalgegend mit polygonalen Schildchen, Rücken mit feinen Kornschuppen bedeckt, die gegen die Bauchseite allmählig an Größe ein wenig zunehmen.

Rücken bläulichgrau mit weißlichen rundlichen Flecken, welche mehr oder minder breit schwarz oder dunkel rothbraun eingefaßt sind. Stellenweise vereinigen sich bei manchen Exemplaren die weißen Flecke zu Längsbinden, insbesondere an den Flanken; 2 weißliche Binden an den Seiten des Kopfes.

Fünf Exemplare aus der Umgebung von Peking, durch Herrn Bar. Eugen Ransonnet. Von derselben Localität erhielten wir noch *Lycodon rufozonatus* Cant.

### 3. Euprepes damaranus n. sp. (?).
#### Taf. III. Fig. 1—3.

Kopf kurz, keilförmig, im vorderen Theile rasch an Höhe abnehmend, deprimirt, eckig, Seiten der Kopfoberfläche scharfkantig vortretend, eine zweite scharfe Kante längs der Höhenmitte der Supralabialia, Seiten des Kopfes stark eingedrückt, rinnenförmig. Orbitaldiscus convex, durch eine Art von Rinne vom Frontale und den Frontonasalschildern getrennt, mit vier Schildern, nach vorne zu gespitzt. Augenlid mit durchsichtiger schuppenloser Scheibe von sehr bedeutender Größe. Supralabialia 7, von denen das fünfte am größten ist und den ganzen unteren Augenrand bildet.

Supranasalia schmal, schief gestellt, vorne an einander stoßend. 7 Infralabialia. Frontale nach hinten rasch sich verschmälernd, zugespitzt. Ohröffnung durch drei lange, zugespitzte Schuppen der ganzen geringen Breite nach überdeckt.

Rückenschuppen mit drei Kielen. Mittlere Schuppen auf der Oberseite des im vorderen Theile breiten, deprimirten Schwanzes mit 4—5 Kielen. 30 Schuppen in dem mittleren Theile des Rumpfes ringsum den Leib. Bauchschuppen glatt, mit stark gerundetem hinteren Rande. Schwanz nicht ganz 1³/₄mal so lang wie der übrige Körper, an der Unterseite mit einer Reihe breiter Schilder.

Rücken und Flanken mit 5 gelblichbraunen, hellen Längsbinden, durch mehr als 2—3mal so breite braune Zwischenräume getrennt, auf welchen zahlreiche schwarzbraune Querbinden liegen. Hinter jeder derselben liegen 2—3 weißliche Flecken, zuweilen unterbrechen sie die Querbinden. Eine schmale schwarzgraue Längsbinde trennt die Flanken von der weißlichen Bauchfläche. Eine schwarze Linie längs der Mitte der Oberfläche des Schwanzes. — Vielleicht ist die hier beschriebene Art nur eine Varietät des *Eupr. varius* Pet., welchem sie mindestens sehr nahe steht.

Viele Exemplare vom Damara-Lande und ein Exemplar aus der Cap-Gegend.

#### 4. Eumeces (Mabouya) Nattereri n. sp.

Taf. III. Fig 4.

Dem *Eumeces Spixii* in Zeichnung und Form sehr nahe stehend.

Die Form des Kopfes ist etwas variabel, bei zwei Exemplaren unserer Sammlung vorne abgestumpft und daher ziemlich gedrungen, bei dem dritten mehr zugespitzt und verlängert.

Nur ein Frontoparietalschild. Supranasalia schmal, sehr schief gestellt, vorne an einander stoßend. Internasale rhombenförmig viel breiter als lang. Frontale kurz, hinten mehr oder minder stark abgestumpft, vorne nahezu einen rechten Winkel bildend, dessen Spitze die beiden Frontonasalia trennt. Orbitaldiscus mit vier Schildern, vorne und hinten zugespitzt. Interparietale mit vier Seiten, von denen die hinteren länger als die vorderen sind. Unteres Augenlid mit durchsichtiger Scheibe.

Ohröffnung ziemlich klein, von geringer Höhe, suboval, ohne vorspringende Schuppen.

8 Supralabialia, von denen das sechste, längste an das Auge grenzt.

30 Schuppen ringsum den Leib, der Länge nach gestrichelt, glatt. Pränanalschuppen ein wenig breiter als die vorangehenden.

Eine breite, an den Rändern ausgezackte schwärzliche Längsbinde vom hinteren Augenrande, am Schwanzanfange an Breite ab-

22*

nehmend und noch vor dem Ende des ersten Drittels oder Viertels
der Schwanzlänge verschwindend. Rücken mit 3—5 Reihen von
Flecken, von denen die mittleren sich zuweilen zu Längsbinden vereinigen.

Fundort: Brasilien durch Johann Natterer.

### 5. Eumeces (Mabouya) adspersus n. sp.

Taf. IV, Fig. 1.

Frontoparietale einfach, Interparietale vorhanden, Schuppen
sehr klein, circa 57 rings um den Körper in der Rumpfmitte. Ohröffnung rund, tief eingesenkt, ohne vorspringende Schuppen.

Olivenbraun mit verschwommenen dunklen Fleckchen am
Rücken, größere in die Länge gezogene Fleckchen an den Seiten
zwischen schwärzlichen Marmorirungen, die zwischen Achsel und
Ohröffnung sich zu einem Längsfleck vereinigen.

Kopf zugespitzt, etwas mehr als $1\frac{1}{2}$mal so lang wie breit.
Supranasalia durch das rhombenförmige Internasale getrennt, letzteres etwas breiter als lang, mit abgestumpfter vorderer und hinterer
Winkelspitze. Frontale mit concaven vorderen Seitenrändern, nach
hinten verschmälert mit abgestumpfter Spitze. Interparietale länger
wie breit, nach vorne convex, hinten zugespitzt mit schwach convexen Seitenrändern, klein. Schuppen des Rumpfes von der Rückenlinie gegen die Bauchfläche an Größe abnehmend. Bauchschuppen
größer als die mittleren größten Rückenschuppen. Durchsichtige
Scheibe des unteren Augenlides näher zum hinteren als zum vorderen Augenwinkel liegend. 8 Supralabialia, von denen das sechste
am längsten ist und mit einem kleinen Theile des siebenten an das
Auge grenzt.

Präanalschuppen bedeutend größer als die vorangehenden.

Vierte Zehe der vorderen Extremitäten nur ganz wenig länger
als die dritte. Fußsohlen mit körnigen Schuppen. Unterfläche der
Zehe mit einer Schuppenreihe besetzt.

Fundort: Samoa-Inseln. (Aus dem Mus. Godeffroy; Nr. 2063;
als *Eumeces atrocostatus* eingesendet.)

## 6. Eumeces (Mabouya) singaporensis n. sp.
### Taf. IV. Fig. 2.

Supranasalia schmal, nach Innen nicht an einander stoßend, sondern durch das vorne quer abgestutzte Internasale (*Praefrontale* G t h r.) weit von einander getrennt.

Frontale nach hinten rasch sich verschmälernd, vorne ziemlich breit mit abgerundeter Spitze des vorderen stumpfen Winkels. Augenlid mit durchsichtiger Scheibe.

8 Supralabialia, von denen das sechste am größten ist und an das Auge nach oben grenzt.

6 Infralabialia; Mentale sehr groß, mit geradlinigem hinteren Rande, 1 3/5 mal so breit wie lang. Rostrale am oberen oder hinteren Rande gleichmäßig, schwach gerundet.

Ohröffnung rundlich, nur mäßig groß, ohne vorspringende Schuppen am Vorderrande.

Vierte Zehe der Vorderfüße nur wenig länger als die dritte. Extremitäten ziemlich gedrungen, Spitze der nach vorne gelegten Hinterfüße die Achsel nahezu erreichend, die der Vorderfüße bis zum Seitenrande des Rostrale reichend. 34 Schuppen ringsum den Leib in der Rumpfmitte; 43 zwischen den beiden Extremitäten.

Analschilder etwas größer als die vorangehenden.

Kopf zugespitzt, 1 1/2 mal so lang wie breit.

Schwanz an dem uns vorliegenden Exemplare in Regeneration begriffen mit zwei Stummeln.

Körper gelbgrau; an den Flanken, welche schwach grau angeflogen sind, einzelne Schuppen viel heller.

Singapore.

## 7. Eumeces (Senira) Dumerili n. sp.
### Taf. III, Fig. 5.

In der Körperform und zum Theile in der Zeichnung dem *Senira bicolor* G r a y sehr ähnlich, doch in der Gestalt des Frontale wesentlich abweichend. Letzteres ist nämlich länglich, von bedeutend geringerer Breite, die auch nach vorne nur wenig zunimmt.

Die Supranasalia grenzen nach Innen an einander. Internasale 7seitig, viel breiter als lang.

Das Frontale zeigt sieben Seiten, es ist vorne quer abgestutzt, die vorderen seitlichen Ränder sind sehr kurz, die mittleren Seitenränder lang, die hinteren kurz und unter einem spitzen Winkel nach hinten zusammenstossend.

Die Breite des Frontale ist $1^3/_5$mal in seiner Länge enthalten. Praefrontalia klein, fast rhombenförmig.

Ohröffnung klein, kreisrund. Unteres Augenlid schuppig, ohne durchsichtige mittlere Scheibe. Vier Schilder über dem Auge.

Extremitäten sehr kurz, gedrungen; Zehen, insbesondere die der Vorderfüße, sehr kurz. Die Vorderfüße reichen nach vorne gelegt bis zum Ohre, die Zehen derselben nehmen bis zur mittleren allmählig und im Ganzen nur unbedeutend an Länge zu. Die dritte und vierte Zehe der Hinterfüße sind gleich lang.

26 Schuppen rings um den Rumpf wie *Senira bicolor*, circa 36 zwischen den vorderen und hinteren Extremitäten.

Rücken olivenfarben, Bauchseite schmutzig weiß. Ein brauner Fleck oder breiter Strich auf jeder Schuppe des Rumpfes und Schwanzes; an den Flanken liegt fast in der Mitte der einzelnen braunen Flecken ein bläulich-weißer runder Fleck.

Schwanz sehr dick und ein wenig kürzer als die Entfernung der Afterspalte von der Ohröffnung.

Ein wohlerhaltenes Exemplar, angeblich von Zanzebar, durch Herrn Salmin.

### 8. Hinulia gracilipes n. sp.

#### Taf. V.

Körper cylindrisch, sehr gestreckt mit auffallend langem Schwanze, Extremitäten kurz, zart, mit sehr dünnen Zehen; Kopf klein. Zwei sehr große Analschuppen. Schwanz fast $1^3/_4$mal so lang wie der übrige Körper. 21 Schuppen rings um den Leib in der Mitte des Rumpfes, 48—50 zwischen den vorderen und hinteren Extremitäten. Frontale und die übrigen nach hinten folgenden Schilder an der Oberseite des Kopfes in die Länge gezogen.

Ohröffnung mäßig groß, rundlich, ohne vorspringende Schüppchen am vorderen Rande.

7 Supralabialia, ebenso viele Infralabialia. Nasale seitlich, vier Supraocularschilder. Das schmale Frontale hinten stark abgerundet.

Kopf 1½mal so lang wie breit. Oberseite des Kopfes schwach gewölbt. Schnauze konisch, vorne abgestumpft.

Rücken intensiv röthlichbraun mit 3—5 Längsreihen schwarzer Flecken, häufig zu schmalen Längsbinden sich vereinigend, dies gilt insbesondere von der mittleren Fleckenreihe. Am oberen Rande der Flanken eine etwas breitere schwarze Längsbinde, unter dieser zahlreiche schwarze Fleckchen in ziemlich regelmäßigen Längsreihen mit weißen runden Flecken gemischt. Kopf mit kleinen Fleckchen, an den Seiten in schiefen Reihen nach hinten ziehend.

Dritte und vierte Zehe der vorderen Extremitäten gleich lang, vierte Zehe der hinteren Extremitäten länger als die dritte, die fünfte etwas länger als die zweite; sämmtliche Zehen sehr schmal und zart.

Fundort: Neuholland, vielleicht Rockhampton oder Cap-York. Vier Exemplare durch Herrn Salmin in Hamburg.

### Stenodactylopsis n. gen.

Vereinigt in der Zehenbildung Eigenthümlichkeiten der Gattung *Stenodactylus* und *Phyllodactylus*.

Die Unterseite der schwach deprimirten Zehen ist mit körnigen konisch zugespitzten Schüppchen besetzt, auf welche zwei ovale Plättchen folgen, zwischen welchen zuletzt ganz hinten der kleine Nagel, klauenförmig umgebogen, bemerkbar ist. Schwanz dick, spindelförmig mit viereckigen platten Schuppen.

### 9. Stenodactylopsis pulcher n. sp.
#### Taf. II, Fig. 3—5.

Kopf stark zugespitzt, gewölbt, in der allgemeinen Form dem eines ganz jungen Vogels sehr ähnlich. Rostrale groß, breiter als hoch, mit einem seichten Einschnitte im oberen Theile und eingebuchtetem oberen Rande, welcher daher zwei Spitzen bildet, zwischen welchen ein polygonales Schildchen sich zum Theile einschiebt.

Narinen seitlich gelegen, im größeren vorderen Theile von drei Schildchen umgeben, von denen das vordere größte den ganzen Vorderrand bildet; unter den Narinen liegen die zwei ersten Supralabialia, auf welche nach hinten noch 13—14 viel kleinere folgen, von welchen die zwei letzten sich kaum von den Granulirungen des übrigen Kopfes unterscheiden. Mentale oval. Erstes Infralabiale viel

größer als die zehn übrigen, hinter welchen noch zwei Kornschüpp-
chen den hintersten Theil des unteren Mundrandes begrenzen.

Granulirung des Kopfes sehr zart und klein, ebenso die des
Bauches. Rückenkörnchen etwas größer.

Schwanz dick spindelförmig, mit pflasterähnlich gelagerten
viereckigen Schuppen, dünner umgebogener Schwanzspitze.

Rücken prachtvoll rothbraun, mit hellen, dunkelbraun gesäumten Querbinden mit ausgezackten Rändern. Ein Exemplar unserer
Sammlung mit einer breiten hellen, medianen Längsbinde und wellenförmig gebogenem Seitenrande.

Seiten des Rumpfes hell gefleckt. Bauchseite weißlich.

Fundort: Swan-River in Neuholland.

Fig. 2 der Taf. V stellt die Unterseite einer Zehe etwas vergrößert vor, Fig. 3 die Unterseite des Kopfes im vorderen Theile.

Note. Bei *Gymnodactylus Girardi* m. ist die ganze Unterseite des Rumpfes,
der Ober- und Unterschenkel und die Vorderseite des Ober- und
Unterarmes mit großen Schuppen bedeckt. Am Bauche bilden sie
15 Reihen querüber, von denen die äußersten seitlichen rasch an Größe
abnehmen. Durch diese Eigenthümlichkeit (der Schuppengröße) unterscheidet sich *Gymnodactylus Girardi* in auffallender Weise von *Gymn.*
*Arnouxii* D. B.

### 10. Ficimia olivacea Gray.

Syn. *Amblymetopon variegatum* Gthr.

#### Taf. VI.

Die uns vorliegenden drei Exemplare stimmen bezüglich der
Kopfschilder genau mit Gray's Beschreibung überein und wurden
bei Tustla in Mexico gefangen. Das Rostrale stoßt hinten an das
Frontale medium oder Verticalschild, das Internasale ist mit dem
Präfrontale vereinigt.

Das Männchen ist hellbraun gefärbt, die dunkelbraunen Quer-
flecken am Rücken sind schwärzlich eingefaßt. Die beiden Weibchen sind dunkelgrau violet, die schmäleren schwärzlichen Querbinden hell eingefaßt.

Bei einem Exemplare ist das Nasale mit dem ersten Supralabiale
vereinigt, an den beiden anderen aber getrennt.

Körperschuppen in 17 Reihen: 151—148 Abdominalia. Anale
getheilt, 35—38paarige Subcaudalia.

## 11. Simotes taeniatus Gthr.

Syn. *Simotes quadrilineatus* Jan.

Das Wiener Museum besitzt fünf trefflich erhaltene Exemplare dieser Art aus Burma, von denen vier mit 19 Schuppenreihen versehen sind. Bei keinem Exemplare zeigt sich eine Spur von beiden in Günther's Beschreibung erwähnten Schwanzflecken.

Die dunklen Rumpfbinden sind zuweilen, insbesondere bei großen Individuen, in der vorderen Rumpfhälfte nur schwach angedeutet. Häufig sind die vorderen, unteren Ränder der Rumpfschuppen schwarz gesäumt und so entstehen hie und da, in regelmäßigen Abständen von einander, schiefe Streifen an den Seiten des Rumpfes, der Richtung der Querschuppenreihen folgend.

## 12. Philodryas Nattereri n. sp.

Taf. VII. Fg. 1—3.

Schuppen glatt, mit zwei Gruben an der hinteren Spitze, rhombenförmig, in 21 Längsreihen.

Rostrale schwach convex, oben mit seiner Spitze die Oberseite des Kopfes erreichend.

Seiten des Kopfes concav. Seitenrand der Kopfoberfläche kantig vorspringend.

Auge ziemlich groß; Präoculare groß, mit dem obersten Theile auf die obere Kopffläche umgebogen, doch das Verticalschild nicht erreichend.

2 Postocularia.

Temporalia 2 + 2—3; 8 Supralabialia, von denen das vierte und fünfte das Auge begrenzen. 11 Infralabialia, von denen fünf an die Submentalia stoßen, doch das fünfte Paar nur mit einem kleinen Theile des Innenrandes. Das Frenalschild liegt über dem zweiten und dritten Supralabiale, an letzteres grenzt noch das Präoculare mit dem unteren Rande.

Verticalschild sehr lang, mit eingebogenen Seitenrändern und spitzem hinteren Winkel, nahezu zweimal so lang wie breit, und länger als die Parietalia, welche hinten abgerundet und circa $1\frac{1}{3}$ bis $1\frac{1}{2}$mal so lang wie breit sind. Schuppen im vorderen Theile des Rückens zunächst der Mitte sehr schmal, weiter zurück an Breite etwas zunehmend; Schuppen der untersten Seitenreihe fast 1¹/₂mal breiter, mit abgerundetem hinteren Winkel.

225 Ventralia, 1 getheiltes Anale und 114 Paar Subcaudalia.

Letzter Oberkieferzahn gefurcht, größer als die vorangehenden Zähne und von diesen durch einen Zwischenraum getrennt.

In der Form und Zeichnung des Kopfes dem *Dromicus Temminckii* sehr ähnlich.

Ein schmaler gelber Streif an den Rändern der Oberfläche des Kopfes bis zum Beginne des Halses.

Eine gelbe, schwarzbraun gesäumte Binde längs den Oberlippenschildern, am Mundwinkel an Breite zunehmend, daselbst braun punktirt, und hierauf bis in die Nähe der Aftergegend am seitlichen aufgebogenen Theile der Bauchschilder sich fortsetzend. Ein schwarzbrauner Strich trennt sie scharf von der Bauchfläche, nach oben ist sie nur im vorderen Drittel der Rumpflänge durch die dunkel grünlichgraue Färbung der Rumpfschuppen ganz deutlich und scharf abgegrenzt und stellenweise bräunlich gesprenkelt; weiter zurück wird die seitliche Binde schmäler, mehr bräunlich-gelb, der dunkle Strich an ihrem unteren Rande allmählig undeutlicher. Nackenschuppen dicht und fein braun gesprenkelt.

Unterseite des Kopfes und des Halses rostbraun, mit zahlreichen, kleinen unregelmäßigen gelben Flecken, die dunkelbraun gerandet und an den Unterlippenschildern am schärfsten ausgebildet sind, wie gesprenkelt. Oberseite des Schwanzes und des hintersten Theiles des Rumpfes röthlichbraun, Bauchseite gelblich.

Ein Exemplar von Matogrosso durch Joh. N a t t e r e r.

### 13. Herpetodryas quinquelineatus n. sp.

Schuppen glatt, rhomboidal, in 17 Reihen, mit zwei äußerst kleinen Grübchen. Schuppen im vordersten Rumpftheile langgestreckt, sehr schmal. Kopf minder stark zugespitzt als bei *Herp. Boddaertii*, mehr dem der *H. carinatus* j u v. ähnlich. Rostrale bedeutend breiter als hoch, mit seinem oberen stumpfen Winkel auf die Oberseite der Schnauze gekrümmt. Internasalia c. 1¹/₃mal in der Länge der Praefrontalia enthalten. Frenale ziemlich lang, von sehr geringer Höhe.

Auf einer Seite 8, auf der anderen 9 Supralabialia bei dem uns vorliegenden Unicum, daher rechts das vierte und fünfte, links das fünfte und sechste Supralabiale an das Auge stossend. Frenale über

dem zweiten und dritten links und nur über dem zweiten Supralabiale rechts liegend. Präorbitale groß, auf die Oberseite des Kopfes
überlangend, doch das Frontale (oder Verticalschild) nicht erreichend.

2 Postocularia. Temporalia $2 + 2$; auf einer Kopfseite ist das
obere Schild der ersten Reihe mit dem oberen der zweiten zu einem
sehr langen, schmalen Schilde verbunden, auf der anderen aber
ersteres in zwei getrennt.

10 Infralabialia, davon 6 an die Submentalia grenzend.

Von den Unterlippenschildern ist das sechste, von den Oberlippenschildern das vorletzte am größten. Submentalia in zwei Paaren,
die hinteren sehr lang und schmal, nach hinten auseinander
weichend.

Auge groß, $1\,2/3$mal in der Stirnbreite und circa $1\,1/2$mal in der
Schnauzenlänge enthalten.

Scuta abdominalia 187, Anale getheilt, Subcaudalia in 72 Paaren
bei dem uns vorliegenden Exemplare, bei welchem jedoch die
Schwanzspitze mit vielleicht 8—10 Schilderpaaren fehlt.

Oben braun, mit grünlichem Stiche insbesondere im vordersten Körpertheile. Eine schmale schwarze Binde von der Schnauzenspitze bis zum Ende des letzten Oberlippenschildes, etwas die
oberen Ränder der Supralabialia streifend, hinter dem Auge an Breite
zunehmend; ein schwarzbrauner Streif am unteren Rande der Supralabialia.

Fünf schwarze Linien im vordersten Theile des Rumpfes, die
unterste ist gleichsam die Fortsetzung der Seitenbinde des Kopfes,
jedoch von dieser in der Halsgegend durch einen ziemlich langen
Zwischenraum getrennt. Unterseite des Kopfes graubraun mit wenigen gelben Fleckchen. Unterseite des Halses gleichfalls graubraun,
doch mit zahlreichen gelben Flecken, welche noch weiter nach hinten
immer größer und an Zahl zunehmend, zuletzt die Grundfarbe bilden
und die graubraunen Flecken gegen das Ende der Rumpflinien, das
ist circa am Beginne des zweiten Fünftels der Rumpflänge (ohne
Schwanz) vollständig verdrängen, nur der hintere Rand der Abdomi-
nalschilder bleibt graubraun gesäumt.

Ein Exemplar (bis zum Anus fast 34 Zoll lang), Weibchen, vom
Rio Vaupé, durch Joh. Natterer. Es war im Wiener Museum als

*Philodryas sp.*? aufgestellt, gehört jedoch nicht zur Gattung *Philodryas*, da die Maxillarzähne gleich lang sind und ungefurcht.

## 14. Herpetodryas affinis n. sp.

### Taf. VII, Fig. 4 und 5.

Schuppen in 15 Reihen. 13 davon gekielt, die der untersten Reihe glatt.

9 Supralabialia, von denen das fünfte und sechste ans Auge stoßen; 12 Infralabialia, 7 in Berührung mit den Submentalia. Ein Anteorbitale, zwei Postorbitalia, das untere kaum halb so groß wie das obere.

Rücken olivenfarben; Bauchseite mit Ausnahme des vordersten Theiles, der schwarzgrau gefärbt und hie und da hell gelbbraun gefleckt ist, gelbbraun.

Oberlippenschilder gelb, mit Ausnahme des unteren schwarz gesäumten Randes; über demselben eine schwarze Längsbinde vom Nasale bis zum hinteren Kopfende. Oberseite des Kopfes zart schwärzlich gesprenkelt. Vorderster Theil des Rückens mit fünf schmalen, schwarzen Längsbinden. Die mittlere löst sich hie und da in zwei Linien auf; die unterste Binde beginnt erst in einiger Entfernung hinter den oberen.

Fundort Brasilien. Durch Johann Natterer.

## 15. Bothrops (Teleuraspis) nigroadspersus n. sp.

### Taf. VIII.

Kopf breit, flachgedrückt, Rumpf comprimirt.

Nasalschild getheilt, über dem ersten Supralabiale gelegen.

Zwei Schuppen am oberen Augenrand, gleich den Zacken einer Krone in die Höhe gerichtet. Ein großes halbovales glattes Schild über dem Auge. Schnauzenrand scharfkantig.

Sämmtliche Schuppen an der Oberfläche und an den Seiten des Kopfes mit Ausnahme des Supraorbitale, der Lippenschilder und der die Thränengrube umschließenden Schilder gekielt.

9 Oberlippen- und 11 Unterlippenschilder.

Das zweite Oberlippenschild bildet die Vorderwand der Thränengrube mit seinem oberen Theile; von den beiden Schildern der Hinterwand reicht das obere bis zum Auge, das untere ist durch eine Reihe sehr kleiner Schüppchen, drei an der Zahl, nach unten von dem

dritten großen Supralabiale und nach hinten durch ein Schüppchen
von der langen schmalen Unteraugenrand-Schuppe getrennt, letztere
selbst wieder durch zwei Schuppenreihen von dem vierten Supralabiale.

23 Schuppenreihen am Rumpfe, 162 Bauchschilder; Anale einfach; Schwanz kurz, eingerollt, mit 55 Schildern, von denen nur
das vorderste getheilt oder paarig ist.

Rumpfschuppen stark zugespitzt mit vorspringender Kielspitze.
Schwanz konisch abgestumpft mit kleinen Schildchen umgeben.
Oberseite des Körpers intensiv gelb, Bauchseite hellgelb. Zahllose
blauschwarze Fleckchen und Punkte an den Seiten des Rumpfes und
auf der Oberseite des Kopfes; Bauch nur hie und da mit einzelnen
schwärzlichen Punkten.

Ein Prachtexemplar aus Central-Amerika durch Herrn Erber
aus der versteigerten Sammlung Sr. k. Hoheit des durch seine kühnen
Reisen berühmten Prinzen von Württemberg.

## 16. Bothrops Castelnaudi D. B.

Ein Exemplar von riesiger Größe, bei welchem die ersten
13 Subcaudalschilder, das 15., 20. bis 22., das 24., 27., 31., 45.
bis 51. Schild einfach, die übrigen aber sämmtlich getheilt oder
paarig sind.

Das Vorkommen einfacher oder paariger Schilder an der
Unterseite des Schwanzes ist daher für die Arten der Gattung
*Bothrops* von keiner zu großen Bedeutung.

Fundort: Central-Amerika. Aus der Sammlung des Prinzen von
Württemberg.

# Erklärung der Tafeln.

## Taf. I.

Fig. 1, 2. *Gymnodactylus Kotschyi* Steind.

„   3—6. *Lacerta oxycephala* Schleg. var. *hispanica.*

## Taf. II.

Fig. 1—2. *Eremias argus* Pet.

„   3—5. *Stenodactylopsis pulcher* Steind.

## Taf. III.

Fig. 1—3. *Euprepes damaranus* Steind.

„   4.    *Eumeces Nattereri* Steind.

„   5.    *Eumeces (Senira) Dumerili* Steind.

## Taf. IV.

Fig. 1. *Eumeces adspersus* Steind.

„   2. *Eumeces singaporensis* Steind.

## Taf. V.

Fig. 1, 2. *Hinulia gracilipes* Steind.

## Taf. VI.

*Ficimia olivacea* Gray

## Taf. VII.

Fig. 1—3. *Philodryas Nattereri* Steind.

„   4—5. *Herpetodryas affinis* Steind.

## Taf. VIII.

*Bothrops nigroadspersus* Steind.

El. Miropitzky n. d. Natur gez. u. lith. k. k. Hof-u. Staatsdruckerei

Sitzungsb. d. k. Akad. d. W. math. naturw. Cl. LXII. Bd. I. Abth. 1870.

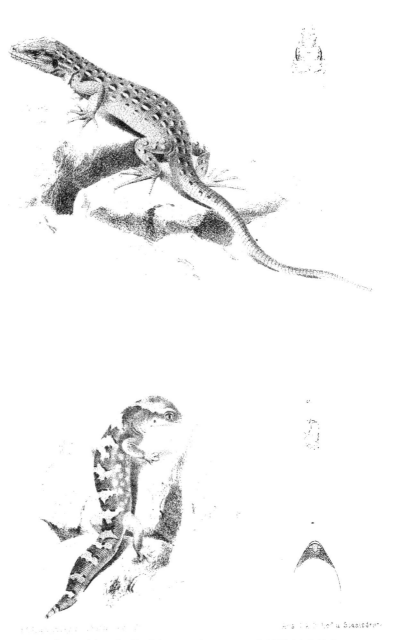

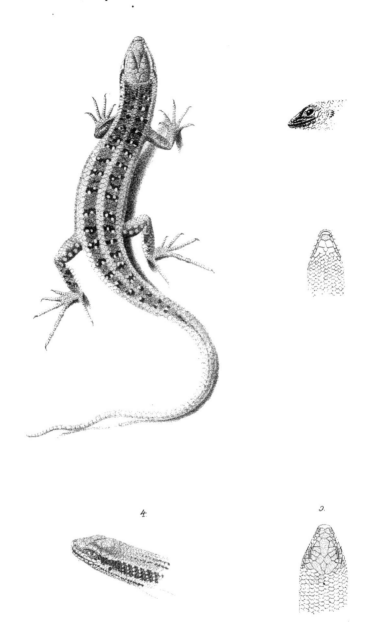

4.       5.

Ed. Konopitzky u. d. Natur gez. u. lith.

Sitzungsb. d. k. Akad. d. W. math. naturw. Cl. LXII Bd. I. Abth 1870.

Pinsky n. d. Natur gez. u. lith.                    Aus d k k Hof-u Staatsdruckerei

Sitzungsb. d k Akad d W. math. naturw. Cl. LXII Bd. I Abth. 1870.

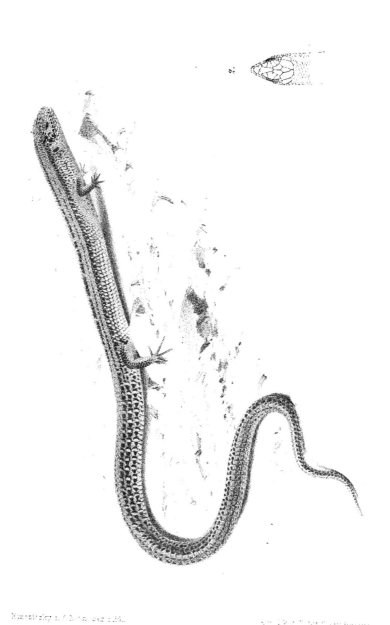

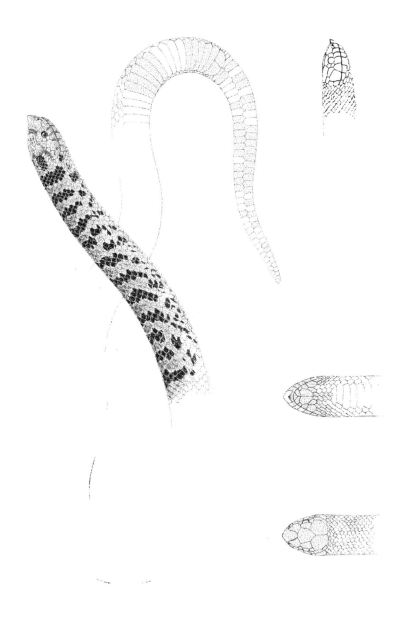

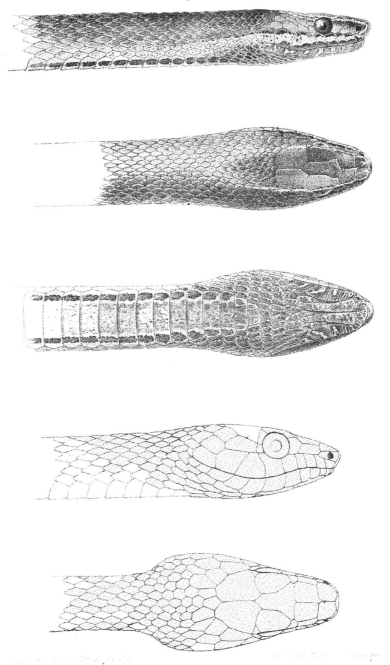

El. Konopicky n. d. Natur gez. u. lith.

# XXII. SITZUNG VOM 13. OCTOBER 1870.

---

Herr Prof. Dr. Ferdinand Ritter v. Hochstetter dankt mit Schreiben vom 8. October l. J. für seine Wahl zum wirklichen Mitgliede der Akademie.

Der Secretär legt folgende eingesendete Abhandlungen vor:

„Kritische Durchsicht der Ordnung der Flatterthiere oder Handflügler *(Chiroptera)*. Familie der Fledermäuse *(Vespertiliones.)*" V. Abtheilung, vom Herrn Dr. L. J. Fitzinger in Pest.

„Die Cerussit-Krystalle von Kirlibaba in der Bukowina", vom Herrn Oberbergrath & Prof. Dr. V. Ritt. v. Zepharovich in Prag.

„Über die Bildung elektrischer Ringfiguren durch den Strom der Influenzmaschine", vom Herrn Julius Peterin, Prof. an der k. k. Marine-Akademie zu Fiume.

Herr Hofrath Dr. E. Brücke überreicht eine Abhandlung: „Über die Contraction des Trommelfellspanners", vom Herrn A. Schapringer *cand. med.*

Herr Prof. Dr. J. Loschmidt übergibt eine Abhandlung, betitelt: „Experimental-Untersuchungen über die Diffusion von Gasgemengen", vom Herrn Andr. Wretschko.

Herr Dr. J. Peyritsch legt die II. Folge seiner Abhandlung: „Über Pelorien bei Labiaten" vor.

An Druckschriften wurden vorgelegt:

Bellucci, Giuseppe, Sull' Ozono. Prato, 1869; 8⁰.

Gesellschaft, Deutsche geologische: Zeitschrift. XXII. Band. 2. Heft. Berlin, 1870; 8⁰.

Gewerbe-Verein, n.-ö.: Verhandlungen und Mittheilungen. XXXI. Jahrg., Nr. 32. Wien, 1870; 8⁰.

Instituut, Kon. Nederlandsch meteorologisch: Nederlandsch meteorologisch Jaarboek voor 1869. I. Deel. Utrecht, 1869; Quer-4⁰.

Jahresbericht des physikalischen Central-Observatoriums zu
St. Petersburg für 1869, St. Petersburg, 1870; 4º.
— Siehe auch Programme.

Journal für praktische Chemie, von H. Kolbe. N. F. Band II,
5. Heft. Leipzig, 1870; 8º.

Leyton Astronomical Observations taken during the Years 1865—
1869 at the Private Observatory of Joseph Gurney Barclay,
Lyton, Essex. Vol. II. London, 1870; 4º.

Nature. Vol. II, Nr. 49. London, 1870; 4º.

Pest, Universität: Akademische Gelegenheitsschriften aus dem
Jahre 1869/70. 4º & 8º.

Programme und Jahresberichte der Gymnasien zu Bistritz, Brixen,
Brünn, Capodistria, Eger, Essek, Feldkirch, Hermannstadt
Iglau, Kronstadt, Böhm.-Leipa, Leoben, Marburg, Meran, Pilsen,
Preßburg, Rosenau, Schäßburg, Trient, Vinkovci, Varasdin, des
akademischen Gymnasiums und jenes zu den Schotten in Wien
und des Obergymnasiums zu Zengg, sowie der Oberrealschule
zu Böhm.-Leipa, der Landes-Unterreal- und Gewerbeschule
zu Waidhofen a. d. Ybbs, der Oberrealschule am Hohenmarkt in
Wien und des k. k. polytechnischen Institutes in Wien.

Regnault, V., Relation des expériences entreprises pour déter-
miner les lois et les données physiques nécessaires au calcu
des machines à feu. Tome III. Paris, 1870; 4º.

Reichsforstverein, österr.: Österr. Monatsschrift für Forstwesen.
XX. Band. Jahrgang 1870, Juli-Heft. Wien; 8º.

Wiener Medizin. Wochenschrift. XX. Jahrgang, Nr. 48. Wien,
1870; 4º.

# Kritische Durchsicht der Ordnung der Flatterthiere oder Hand-flügler (Chiroptera).

## Familie der Fledermäuse (Vespertiliones).

### V. Abtheilung.

Von dem w. M. Dr. **Leop. Jos. Fitzinger.**

### 25. Gatt.: **Schwirrfledermaus (Nycticejus).**

Der Schwanz ist mittellang, lang oder sehr lang, größtentheils von der Schenkelflughaut eingeschlossen und nur mit seinem End-gliede frei aus derselben hervorragend. Der Daumen ist frei. Die Ohren sind weit auseinander gestellt, mit ihrem Außenrande bis gegen den Mundwinkel oder noch über denselben hinaus verlängert und kurz, mittellang oder lang. Die Sporen sind von einem Hautlappen umsäumt. Die Flügel reichen bis an die Zehenwurzel. Die Zehen der Hinterfüße sind dreigliederig und voneinander getrennt. Im Unter-kiefer ist jederseits nur 1 Lückenzahn vorhanden, der in sehr hohem Alter zuweilen auch ausfällt. Backenzähne befinden sich in beiden Kiefern jederseits 4. Die beiden mittleren Vorderzähne des Oberkiefers fallen schon sehr frühzeitig aus. Die Schenkelflughaut ist auf der Oberseite kahl, oder nur in ihrem Wurzeltheile mehr oder weniger dicht mit kurzen Haaren bedeckt. Die Nasenlöcher sind nicht röhren-förmig gestaltet.

Zahnformel: Vorderzähne $\frac{2-2}{6}$ oder $\frac{1-1}{6}$, Eckzähne $\frac{1-1}{1-1}$,

Lückenzähne $\frac{1-1}{1-1}$, $\frac{0-0}{1-1}$ oder $\frac{0-0}{0-0}$, Backenzähne $\frac{4-4}{4-4} = 34$,

32, 30 oder 28.

### 1. Die veränderliche Schwirrfledermaus *(Nycticejus Temminckii)*.

*N. leucogastri magnitudine: capite cuneiformi supra et in lateribus plano, rostro mediocri obtuso abrupte terminato, sicut et labia pilis longioribus teneris obtecto; naso leviter emarginato, naribus deorsum directis; auriculis valde distantibus oblongis, breviusculis, capite brevioribus latis, in margine exteriore parum excisis et versus oris angulum protractis, supra rotundatis; trago oblongo falciformi, apicem versus attenuato et paullo antrorsum curvato, supra rotundato; oculis proportionaliter majusculis protuberantibus, collo crasso, trunco incrassato in posteriore parte sensim attenuato; alis longiusculis latis, maximam partem calvis, juxta corporis latera tantum parce pilosis diaphanis, ad digitorum pedis basin usque attingentibus; patagio anali lato, supra infraque calvo, in medio fibris muscularibus percurso et in margine postico calcaribus tenuibus suffulto; cauda longa, corpore distincte breviore et antibrachii fere longitudine, articulo ultimo prominente libera; corpore toto pilis brevissimis incumbentibus mollibus sericeis dense ac large vestito; colore valde inconstante; secundum aetatem, nec non tempora anni variabili; in animalibus adultis in majore anni parte aut notaeo vivide castaneo-fusco, gastraeo rufo, aut notaeo nitide rufo-fusco, gastraeo albido rufescente-lavato et interdum notaeo castaneo-fusco et obscurius fusco-variegato, gastraeo albido et flavido-vel rubido-maculato, aut notaeo fusco, gastraeo sordide flavo, lateribus corporis capitisque nitide dilute rufescente-lavatis; in vernali tempore notaeo nitide olivaceo-fusco, gastraeo ex flavescente fusco-griseo; alis fuscis nitore fulvo; colore in animalibus junioribus supra sordide olivaceo vel rufescente, infra flavescente-rufo.*

*Vespertilio Temminckii* Horsf. Zool. Research. Nr. VIII. p. 1. c. fig.

„          „          Griffith. Anim. Kingd. V. V. p. 261. Nr. 14.

„          „          Fisch. Synops. Mammal p. 108, 552. Nr. 21.

*Nycticejus Temminckii.* Temminck. Monograph. d. Mammal. V. II. p. 149. t. 47. f. 3—6.

*Scotophilus Temminckii.* Gray. Magaz. of Zool. and Bot. V. II. p. 497.

*Nycticejus Temminckii.* W a g n. Schreber Säugth. Suppl. B. I. S. 541.
Nr. 3.

*Scotophilus Temminckii.* G r a y. Mammal. of the Brit. Mus. p. 31. b. c.

*Nycticejus Temminckii.* H o r s f. Catal. of the Mammal. of the East-
Ind. Comp. p. 37.

„        C a n t o r. Journ. of the Asiat. Soc. of Bengal.
V. XV. p. 185.

„        B l y t h. Journ. of the Asiat. Soc. of Bengal.
V. XXI. (1853.) p. 345.

„        W a g n. Schreber Säugth. Suppl. B. V. S. 764.
Nr. 2.

*Nycticejus Temmincki.* G i e b e l. Säugeth. S. 928.

*Nycticejus Temminckii.* F i t z. Säugeth. d. Novara-Expedit. Sitzungsber. d. math.-naturw. Cl. d. kais. Akad. d.
Wiss. B. XLII. S. 390.

*Nycticejus Temmincki.* Z e l e b o r. Reise d. Fregatte Novara Zool.
Th. B. I. S. 17.

Eine sehr ausgezeichnete Art, welche zuerst von H o r s f i e l d
und später auch von T e m m i n c k beschrieben und abgebildet wurde
und für den Repräsentanten dieser von R a f i n e s q u e aufgestellten
und auf einige amerikanische Arten gegründeten Gattung angesehen
werden kann, die jedoch später von G r a y aus derselben ausgeschieden und zu einer besonderen Gattung erhoben wurden.

Sie ist eine der mittelgroßen Formen in der Gattung, nur sehr
wenig kleiner als die weißlichgelbe *(Nycticejus Tickellii)* und von
derselben Größe wie die weißbauchige *(Nycticejus leucogaster)* und
meistens auch wie die olivengraue Schwirrfledermaus *(Nycticejus
murino-flavus)*, daher beträchtlich kleiner als die den großen Formen
angehörige kahlbauchige *(Nycticejus Belangeri)* und fahlgelbe
Schwirrfledermaus *(Nycticejus luteus)*.

Der Kopf ist keilförmig, oben und an den Seiten flach, die
Schnauze mittellang, stumpf und plötzlich abgeschnitten, und so wie
die Lippen mit längeren zarten Haaren besetzt, welche diese fast
gänzlich verstecken. Die Nase ist seicht ausgerandet und die Nasenlöcher sind nach abwärts gerichtet. Die Ohren sind weit auseinander
gestellt, länglich, ziemlich kurz, kürzer als der Kopf und breit, am
Außenrande nur wenig ausgeschnitten, mit demselben bis gegen den
Mundwinkel vorgezogen und gegen die Spitze abgerundet. Die Ohr-

klappe ist von länglich-sichelförmiger Gestalt, nach oben zu verdünnt, etwas nach vorwärts geneigt und abgerundet. Die Augen sind verhältnißmäßig ziemlich groß und vorstehend. Der Hals ist dick, der Leib untersetzt und nach rückwärts zu allmählig verdünnt. Die Flügel sind ziemlich lang und breit, größtentheils kahl, längs der Leibesseiten mit dünnstehenden Haaren besetzt, durchscheinend und reichen bis an die Zehenwurzel. Die Schenkelflughaut ist breit, auf der Ober- wie der Unterseite kahl, in der Mitte von Muskelbündeln durchzogen und an den Rändern von dünnen Sporen unterstützt. Der Schwanz ist lang, doch merklich kürzer als der Körper, fast von gleicher Länge wie der Vorderarm und ragt mit seinem Endgliede frei aus der Sebenkelflughaut hervor.

Die Körperbehaarung ist reichlich und dicht, sehr kurz, glatt anliegend, seidenartig und weich, und sämmtliche Körperstellen sind behaart.

Die Färbung ist sehr unbeständig und ändert sowohl nach dem Alter, als auch nach der Jahreszeit.

Bei alten Thieren ist den größten Theil des Jahres hindurch die Oberseite entweder lebhaft kastanienbraun, die Unterseite roth, oder die Oberseite glänzend rothbraun, die Unterseite weißlich und röthlich überflogen. Bisweilen ist die Oberseite aber auch kastanienbraun und dunkler braun gescheckt, die Unterseite weißlich und gelblich oder roth gefleckt, oder die Oberseite braun und die Unterseite schmutzig gelb, während die Leibesseiten so wie auch die Seiten des Kopfes licht röthlich glänzend überflogen sind.

Im Frühjahre und vorzüglich im März, ist die Oberseite glänzend olivenbraun, die Unterseite gelblich braungrau.

Die Flügel sind braun und rothgelb glänzend.

Junge Thiere sind auf der Oberseite schmutzig olivenfarben oder röthlich, auf der Unterseite gelblich — oder fahlroth.

Gesammtlänge . . . . . 4″ 6‴.          Nach Horsfield.
Länge des Kopfes ungefähr  1″.
Länge des Schwanzes fast
    gleich jener des Rumpfes.
Spannweite der Flügel . . 1′.
Körperlänge  . . . . .  2″ 6‴ — 2″ 7‴. Nach Temminck.
Länge des Schwanzes etwas
    über . . . . . . .  2″.

Länge des Vorderarmes fast    2''.
Spannweite der Flügel  . 1'    6'''.
Länge des Vorderarmes .    2''.                    Nach Blyth.

Vaterland. Süd-Asien, Indischer Archipel, woselbst diese Art sowohl auf den Sunda-Inseln, Java, Sumatra, Borneo und Timor, als auch auf der zu den Molukken gehörigen Insel Banda angetroffen wird.

Gray reiht sie seiner Gattung „*Scotophilus*" ein.

### 2. Die kastanienbraune Schwirrfledermaus *(Nycticejus Kuhlii)*.

*N. auriculis valde distantibus parvis; digitis podariorum mediocribus subaequalibus, unguiculis compressis arcuatis; patagio anali usque versus caudae apicem producto acuminato, calcaribus flexuosis suffulto; cauda apice prominente libera; colore secundum sexum paullo variabili; corpore in maribus unicolore rufo-vel castaneo-fusco, in foeminis fusco; alis, auriculis nasoque fuscescentibus.*

*Scotophilus Kuhlii.* Leach. Linnean Transact. V. XIII. P. I. p. 72.
     „       „    Griffith. Anim. Kingd. V. V. p. 239. Nr. 1.
            „    Fisch. Synops. Mammal. p. 99, 551. Nr. 1.
     „       „    Wagler. Syst. d. Amphib. S. 12. Note 2.
*Scotophilus Leachii.* Gray. Magaz. of Zool. and Bot. V. II. p. 497.
*Vespertilio Kuhlii.* Wagn. Schreber Säugth. Suppl. B. I. S. 539. Note 1.
*Scotophilus Kuhlii.* Wagn. Schreber Säugth. Suppl. B. I. S. 539 Note 1.
*Scotophilus Leachii.* Gray. Mammal. of the Brit. Mus. p. 31.
*Vespertilio Kuhlii.* Wagn. Schreber Säugth. Suppl. B. V. S. 744. Note 1.
*Scotophilus Kuhlii.* Wagn. Schreber Säugth. Suppl. B. V. S. 744. Note 1.

Eine kurze und nur sehr unvollständige Beschreibung von Leach und einige wenige höchst ungenügende Zusätze, welche uns Gray mitgetheilt, sind Alles, was wir über diese Form, deren Selbstständigkeit als Art noch sehr in Zweifel steht, seither erfahren haben.

Leach gründete auf dieselbe der Zahl der Zähne wegen seine Gattung „*Scotophilus*", welche auch von Gray, jedoch in einem anderen Sinne beibehalten wurde, indem er die Gattungen „*Vesperugo*" und „*Nycticejus*" mit ihr vereinigte.

Über die Körpergröße dieser Form haben weder Leach, noch Gray uns irgend einen Aufschluß gegeben.

Die Merkmale mit welchen uns diese beiden Zoologen bekannt gemacht, sind folgende.

Die Ohren sind weit auseinander gestellt und klein. Der Zeigefinger der vorderen Gliedmaßen ist eingliederig, der dritte, vierte und fünfte Finger sind zweigliederig. Die Zehen der Hinterfüße sind mittellang und von ungleicher Länge, die Krallen zusammengedrückt und gekrümmt. Die Schenkelflughaut ist bis gegen die Schwanzspitze vorgezogen und zugespitzt, und wird von gekrümmten Sporen unterstützt. Der Schwanz ragt mit der Spitze frei aus der Schenkelflughaut hervor.

Die Färbung ist nach dem Geschlechte etwas verschieden.

Beim Männchen ist dieselbe einfärbig rothbraun oder kastanienbraun, beim Weibchen braun. Die Flügel, die Ohren und die Nase sind bräunlich.

Körpermaaße fehlen.

Im Oberkiefer sind bei jungen Thieren 4 Vorderzähne vorhanden, im Unterkiefer 6. Die Zahl der Lücken- und Backenzähne zusammengefaßt, beträgt bei denselben in beiden Kiefern jederseits 4. Die oberen Vorderzähne sind zugespitzt und von ungleicher Länge, die seitlichen kürzer und gespalten, die unteren Vorderzähne dreilappig. Die Eckzähne sind länger, die Backenzähne mit spitzen Fortsätzen versehen.

Diese Angabe rührt von Leach, der nur ein junges Thier, das sich im Brooks'schen Museum befand, beschrieben hatte, wie Gray, welcher dessen Original-Exemplar, das dermalen im Universitäts-Museum zu London aufbewahrt ist, zu untersuchen Gelegenheit fand, ausdrücklich bemerkt. Ohne Zweifel war der hinterste Backenzahn in beiden Kiefern bei demselben noch nicht entwickelt.

Die Behauptung von Leach, daß die fünf letzten Schwanzglieder frei aus der Schenkelflughaut hervorragen, beruht offenbar auf einer Täuschung.

Vaterland. Süd-Asien, Ost-Indien.

Das Britische Museum zu London ist im Besitze mehrerer Exemplare dieser Art.

Aus der Stellung, welche Gray derselben in seiner „List of the Specimens of Mammalia in the Collection of the Britisch Museum" anweist, ist zu ersehen, daß sie in die Gattung Schwirrfledermaus *(Nycticejus)* einzureihen sei.

### 3. Die fahlgelbe Schwirrfledermaus *(Nycticejus luteus)*.

*N. Belangeri non multo minor et Heathii similis; alis longi-usculis latis, ad digitorum pedis basin usque attingentibus; cauda sat longa, circa ²/₃ corporis longitudine et antibrachio longitudine aequali, articulo ultimo prominente libera; corpore toto pilis bre-vibus incumbentibus mollibus dense vestito; colore valde variabili; notaeo flavo-fusco vel fusco-aurato in diversis gradationibus, gastraeo flavo plus minusve saturato et non raro vivide rufes-cente-flavo-lavato.*

*Nycticejus flaveolus.* Blyth. Mscpt.

    „      „    Horsf. Catal. of the Mammal. of the East-Ind. Comp. p. 37.

*Nycticejus luteus.* Blyth. Journ. of the Asiat. Soc. of Bengal. V. XX. (1851.) p. 157.—V. XXI. (1853.) p. 345.

    „  Wagn. Schreber Säugth. Suppl. B. V. S. 765. Nr. 2.* und Note 1. Nr. 2.

Obgleich die nahe Verwandtschaft dieser seither nur durch Blyth näher bekannt gewordenen Art mit der flachköpfigen Schwirr-fledermaus *(Nycticejus Heathii)* nicht zu verkennen ist und beide in so manchen Merkmalen, insbesondere aber in der Färbung große Ähnlichkeit miteinander haben, so bieten sich doch in ihren körper-lichen Verhältnissen so beträchtliche Unterschiede dar, daß an eine Zusammengehörigkeit derselben nicht zu denken ist.

Sie ist weit größer als die genannte Art und nicht viel kleiner als die kahlbauchige Schwirrfledermaus *(Nycticejus Belangeri)*, an welche sie hauptsächlich bezüglich ihrer Färbung erinnert, daher eine der großen Formen in der Gattung.

In ihren körperlichen Formen kommt diese zur Zeit noch sehr unvollständig gekannte Art mit der flachköpfigen Schwirrfledermaus *(Nycticejus Heathii)* überein. Die Flügel sind nicht besonders lang, breit und reichen bis an die Zehenwurzel. Der Schwanz ist ziemlich lang, ungefähr ²/₃ der Körperlänge einnehmend, von gleicher Länge wie der Vorderarm und ragt mit seinem Endgliede frei über die Schenkelflughaut hinaus.

Der ganze Körper ist behaart und die Behaarung desselben ist dicht, kurz, glatt anliegend und weich.

Die Färbung ist sehr veränderlich.

Die Oberseite des Körpers ist gelbbraun oder goldbraun in mancherlei Farbenübergängen, die Unterseite gelb, mehr oder weniger tief oder gesättigt und nicht selten röthlichgelb überflogen, und zwar lebhafter als bei der veränderlichen Schwirrfledermaus *(Nycticejus Temminckii).*

| | | | |
|---|---|---|---|
| Gesammtlänge . . . . . . . . . | 5″ | 7½‴. | Nach Blyth. |
| Körperlänge . . . . . . . . . . | 3′ | 4½‴. | |
| Länge des Schwanzes . . . . . . | 2″ | 3″. | |
| „ des Vorderarmes . . . . . | 2′ | 3″. | |
| „ des längsten Fingers . . . . | 3″ | 9″. | |
| „ des Schienbeines . . . . . | | 11¼‴. | |
| „ des Fußes sammt den Krallen | | 6‴. | |
| Spannweite der Flügel . . . . . . .1′ | 2″ | 9″. | |
| Länge des Vorderarmes eines anderen | | | |
| Individuums . . . . . . . . . | 2′ | 4½‴. | Nach Blyth. |

Vaterland. Süd-Asien, Ost-Indien, wo diese Art seither nur in Vorder-Indien, und zwar sowohl auf der Küste Coromandel bei Pondichery, als auch in Bengalen in der Umgegend von Calcutta angetroffen wurde.

Blyth, der dieselbe entdeckte, hatte sie Anfangs mit dem Namen „*Nycticejus flaveolus*" bezeichnet, welchen er jedoch später in „*Nycticejus luteus*" veränderte.

### 4. Die flachköpfige Schwirrfledermaus *(Nycticejus Heathii).*

*N. Temminckii minor; capite depresso supra perfecte plano, in lateribus compresso, rostro lato obtuso, ore parum fisso, labiis pilosis; auriculis brevibus, capite brevioribus oblongis supra rotundatis, in margine exteriore paullo emarginatis et versus oris angulum protractis; trago brevi angusto, auricula breviore, leviter curvato lineari; alis modice longis latiusculis, ad digitorum pedis basin usque attingentibus; patagio anali supra infraque calvo; cauda longissima, corpore nec non antibrachio eximie longiore, articulo ultimo prominente libera; corpore toto pilis breviusculis incumbentibus dense vestito ; notaeo obscure fusco rufescentelavato, gastraeo grisescente-fulvo.*

*Nycticejus Heathii* H o r s f. Proceed. of the Zool. Soc. V. I. (1831.)
p. 113.

„ T e m m i n c k. Monograph. d. Mammal. V. II.
p. 148.

*Scotophilus Heathii.* G r a y. Magaz. of Zool. and Bot. V. II. p. 498.

*Scotophilus Leachii. Var?* G r a y. Magaz. of Zool. and Bot. V. II.
p. 498.

*Nycticejus Heathii.* W a g n. Schreber Säugth. Suppl. B. I. S. 541.
Nr. 2.

„ K e l a a r t. Catal. of the Mammal. of Ceylon.

„ K e l a a r t. Fauna Ceylon.

„ „ B l y t h. Journ. of the Asiat. Soc. of Bengal.
V. XX. (1851.) p. 157, 184.—V. XXI. (1853.)
p. 346.

„ W a g n. Schreber Säugth. Suppl. B. V. S. 764.
Nr. 1.

*Nycticejus Heathi.* G i e b e l. Säugeth. S. 928.

Jedenfalls eine selbstständige Art, welche wir durch H o r s f i e l d zuerst kennen gelernt haben, und die in mancher Beziehung und insbesondere in Ansehung der Färbung, lebhaft an die fahlgelbe Schwirrfledermaus *(Nycticejus luteus)* erinnert, aber sowohl durch die weit geringere Körpergröße, als auch durch die Verhältnisse ihrer einzelnen Körpertheile wesentlich von dieser verschieden ist.

Sie gehört zu den kleineren unter den mittelgroßen Formen ihrer Gattung und ist kleiner als die veränderliche *(Nycticejus Temminckii)* und merklich größer als die kahlschnauzige Schwirrfledermaus *(Nycticejus noctulinus)*.

Der Kopf ist flachgedrückt, oben beinahe völlig flach, an den Seiten aber zusammengedrückt, die Schnauze breit und stumpf, der Mund nur wenig gespalten. Die Lippen sind behaart. Die Ohren sind kurz, kürzer als der Kopf, länglich und oben abgerundet, am Hinter- oder Außenrande etwas ausgerandet und mit demselben bis gegen den Mundwinkel vorgezogen. Die Ohrklappe ist kurz und schmal, kürzer als das Ohr, schwach gebogen und linienförmig. Die Flügel

sind mäßig lang und ziemlich breit, und reichen bis an die Zehenwurzel. Die Schenkelflughaut ist auf der Ober- und der Unterseite
kahl. Der Schwanz ist sehr lang, beträchtlich länger als der Körper
und auch als der Vorderarm, und ragt mit seinem Endgliede frei aus
der Schenkelflughaut hervor.

Die Körperbehaarung ist dicht, glatt anliegend und ziemlich
kurz, da die längsten Haare nur 1 Linie in der Länge halten und alle
Körperstellen sind behaart.

Die Oberseite des Körpers ist dunkelbraun und röthlich überflogen, die Unterseite graulich-rothgelb.

| | | |
|---|---|---|
| Gesammtlänge . . . . . . . . | 6″. | Nach Horsfield. |
| Spannweite der Flügel . . . . | 1′ 6″. | |
| Gesammtlänge eines alten Männ-| | |
| chens . . . . . . . . . . . | 6″. | Nach Blyth. |
| Körperlänge . . . . . . . . | 2″ 4½‴. | |
| Länge des Schwanzes . . . . . | 3″ 7½‴. | |
| „ des Vorderarmes . . . . | 2″ 7½‴. | |
| „ des längsten Fingers . . | 4″ 6‴. | |
| „ des Schienbeines . . . . | 1″ 1½‴. | |
| „ des Fußes sammt den Krallen | 6⅜‴. | |
| Spannweite der Flügel . . . . | 1′ 4″ 6‴. | |
| Länge des Vorderarmes eines | | |
| anderen Individuums . . . | 2″ 9‴. | Nach Blyth. |

Vaterland. Süd-Asien, Vorder-Indien, wo diese Art sowohl
in der Präsidentschaft Madras, als auch auf der Insel Ceylon getroffen
wird, auf welcher letzteren Insel sie Kelaart gesammelt hat.

Gray war früher geneigt, sie für eine Abänderung seines „Scotophilus Leachii“ oder der kastanienbraunen Schwirrfledermaus
(Nycticejus Kuhlii) zu halten.

Das Museum der zoologischen Gesellschaft zu London dürfte
zur Zeit das einzige unter den europäischen Museen sein, das sich im
Besitze dieser Art befindet.

### 5. Die weißlichgelbe Schwirrfledermaus (Nycticejus Tickellii).

*N. Temminckii perparum major; facie, regione ophthalmica
nec non rostro pilosis; auriculis longiusculis obtuse acuminatis
trigonis, margine exteriore versus oris angulum protractis, externe
in basali dimidio pilosis; trago lato semicirculari, apicem versus*

*repente attenuato; alis modice longis latis, ad digitorum pedis basin*
*usque attingentibus; patagio anali lato, supra ad basin et juxta*
*tibiam valde piloso; digitis podariorum pilosissimis; cauda longa,*
*corpore distincte et antibrachio paullo breviore, articulo ultimo*
*prominente libera; corpore pilis modice longis sat incumbentibus*
*mollibus adstrictis vel paullo undulatis dense vestito; notaeo*
*gastraeoque unicoloribus pallide fulvescentibus vel isabellinis, aut*
*albido-flavis, dorso plus minusve castaneo-fusco-vel flavido-fusco-*
*lavato; alis obscure nigrescente-fuscis, juxta digitos dilute rufes-*
*centibus; patagio anali toto dilute rufescente.*

*Nycticejus isabellinus* Kelaart. Catal. of the Mammal. of Ceylon.

       „         „      Kelaart. Fauna Ceylon.

          „      Blyth. Mscpt.

          „      Horsf. Catal. of the Mammal. of the East-Ind.

               Comp. p. 37.

*Nycticejus Tickelli.* Blyth. Journ. of the Asiat. Soc. of Bengal.

               V. XX. (1851.) p. 157, 184.

        „      Wagn. Schreber Säugth. Suppl. B. V. S. 766.

               Nr. 3. — S. 765. Note 1. Nr. 3.

Eine von Kelaart entdeckte und bis jetzt nur von ihm und
Blyth allein näher beschriebene Art, welche schon durch die eigenthümliche Färbung ihres Körpers ausgezeichnet ist und bezüglich
der Farbenzeichnung ihrer Flügel ebenso wie die mit ihr verwandte
gezierte Schwirrfledermaus *(Nycticejus ornatus)*, lebhaft an die
bunte Nachtfledermaus *(Nyctophylax pictus)* erinnert.

An Größe übertrifft sie die veränderliche *(Nycticejus Temmin-*
*ckii)* und weißbauchige Schwirrfledermaus *(Nycticejus leucogaster)*
nur sehr wenig und gehört sonach so wie diese, zu den mittelgroßen
Formen ihrer Gattung.

In ihren körperlichen Formen kommt sie ungefähr mit der erstgenannten Art überein. Das Gesicht, die Augengegend und die
Schnauze sind behaart. Die Ohren sind verhältnißmäßig ziemlich
lang, stumpf zugespitzt und von dreieckiger Gestalt, mit dem Außenrande bis gegen den Mundwinkel vorgezogen und auf der Außenseite
in der Wurzelhälfte behaart. Die Ohrklappe ist breit, halbkreisförmig
und gegen die Spitze zu plötzlich verschmälert. Die Flügel sind nur
von mäßiger Länge, breit und reichen bis an die Zehenwurzel. Die

Schenkelflughaut ist breit, auf der Oberseite an der Wurzel und längs des Schienbeines stark behaart, und noch stärker ist die Behaarung an den Zehen. Der Schwanz ist lang, doch merklich kürzer, als der Körper und auch etwas kürzer als der Vorderarm, und ragt mit seinem Endgliede frei aus der Schenkelflughaut hervor.

Die Körperbehaarung ist mäßig lang, dicht, ziemlich glatt anliegend und weich, das Haar gerade oder auch etwas gewellt.

Die Färbung ist einfärbig blaß rothgelblich oder Isabellfarben, oder auch weißlichgelb, und auf dem Rücken mehr oder weniger kastanienbraun oder gelblichbraun überflogen. Die Flügel sind dunkel schwärzlichbraun, und längs der Finger wie bei der bunten Nachtfledermaus (*Nyctophylax pictus*) lichtröthlich gefärbt, doch breitet sich diese helle Färbung hier weniger aus. Die Schenkelflughaut ist ihrer ganzen Ausdehnung nach lichtröthlich.

Gesammtlänge . . . . . . . . . . 4″ 9‴.   Nach Blyth.
Körperlänge . . . . . . . . . . 2″ 7½‴.
Länge des Schwanzes . . . . . . 2″ 1½‴.
    „  des Vorderarmes . . . . . 2″ 4½‴.
    „  der Ohren . . . . . . . . 7½‴.
    „  des längsten Fingers . . . 4″ 3‴.
    „  des Schienbeines . . . . . 11¼‴.
    „  des Fußes sammt den Krallen 6‴.
Spannweite der Flügel . . . . . . 1′ 4″.

Im Oberkiefer sind 4, im Unterkiefer 6 Vorderzähne vorhanden und von den oberen Vorderzähnen steht das zweite, kleine, kurze flache, stumpf drei- oder vierlappige Paar nicht neben, sondern hinter dem großen Paare und zwar unmittelbar an der Stelle, wo sich dieses an die Eckzähne anschließt, was bis jetzt bei keiner anderen Art dieser Gattung beobachtet wurde.

Vaterland. Süd-Asien, Ost-Indien, wo diese Art von Blyth in Central-Indien angetroffen wurde, und Ceylon, wo sie Kelaart entdeckte.

Kelaart hatte sie mit dem Namen „*Nycticejus isabellinus*", Blyth später mit dem Namen „*Nycticejus Tikelli*" bezeichnet.

### 6. Die gezierte Schwirrfledermaus (*Nycticejus ornatus*).

*N. borbonico perparum minor; auriculis longiusculis oblongo-ovatis; trago parvo falciformi; alis modice longis latis, ad digi-*

*torum pedis basin usque attingentibus; patagio anali latiusculo;
cauda mediocri, dimidio corpore distincte longiore et antibrachio
perspicue breviore, articulo ultimo prominente libera; corpore
pilis modice longis sat incumbentibus mollibus dense vestito; notaeo
pallide ferrugineo-rufescente-isabellino, stethiaeo saturatiore, tergo
minus saturato, stria longitudinali supra dorsum decurrente alba;
gastraeo ejusdem coloris, ast pallidiore; rostro obscure fusco, fronte
in medio macula alba signata, humeris supra axillas macula simili
alba notatis; gula fascia lata alba semicincta, pone eam fascia
ejusdem latitudinis obscure fusca et juxta illam fascia angustiore
pure alba; alis nigris, versus corporis latera sicut et brachia ac
digiti et juxta digitos dilute flavescente-rufis; patagio anali toto
flavescente-rufo.*

*Nycticejus ornatus.* Blyth. Journ. of the Asiat. Soc. of Bengal. V.
XX. (1851.) p. 159, 517.

„  Wagn. Schreber Säugth. Suppl. B. V. S. 766.<br>Nr. 4.

Mit dieser schon durch ihre eigenthümliche Färbung höchst ausgezeichneten Art sind wir erst in neuerer Zeit durch Blyth bekannt
geworden, der dieselbe entdeckt und auch zuerst beschrieben hat.

Sie ist nur sehr wenig kleiner als die bourbonische *(Nycticejus
borbonicus)* und kaum etwas größer als die gelbbauchige Schwirrfledermaus *(Nycticejus flavigaster),* daher eine der größten unter
den mittelgroßen Formen ihrer Gattung.

In ihren körperlichen Formen im Allgemeinen kommt sie nahezu
mit der veränderlichen Schwirrfledermaus *(Nycticejus Temminckii)*
und den derselben zunächst stehenden Arten überein.

Von der weißlichgelben Schwirrfledermaus *(Nycticejus Tickellii),* mit welcher sie am meisten verwandt ist und auch in der Färbung
einige Ähnlichkeit hat, unterscheidet sie sich, außer der etwas
beträchtlicheren Größe, durch den kräftigeren Bau, verhältnißmäßig
etwas längere Ohren, verschiedene Form der Ohrklappe, auffallend
stärkere Füße, einen viel kürzeren Schwanz, und wesentliche Abweichungen in der Färbung.

Die Ohren sind länglich-eiförmig und ziemlich lang, und die
Ohrklappe ist klein und von sichelförmiger Gestalt. Die Flügel sind
mäßig lang, breit und heften sich an die Zehenwurzel an. Die Schen-

kelflughaut ist nicht besonders breit und der mittellange Schwanz ist merklich länger als der halbe Körper, deutlich kürzer als der Vorderarm, und ragt mit seinem Endgliede frei aus der Schenkelflughaut hervor.

Die Körperbehaarung ist mäßig lang, dicht, ziemlich glatt anliegend und weich.

Die Oberseite des Körpers ist blaß roströthlich-isabellbraun, auf dem Vorderrücken gesättigter, auf dem Hinterrücken minder lebhaft, mit einem weißen Längsstreifen, der über die Mitte des Rückens verläuft. Die Unterseite ist von derselben Färbung, aber etwas blasser, wobei die einzelnen Körperhaare durchgehends, auf der Ober- wie der Unterseite, von der Wurzel an in ihrem ersten Viertel schwarz, dann weißlich und an der Spitze roströthlichbraun sind. Die Schnauze ist dunkelbraun und die Stirne in der Mitte mit einem weißen Flecken gezeichnet. Ein ähnlicher weißer Flecken befindet sich auch jederseits über den Achseln auf der Schulter. Um die Kehle verläuft ein breiter weißer Halsring, der von einem Ohre zum anderen zieht, hinter demselben ein ebenso breiter dunkelbrauner, und hinter diesem ein schmälerer von rein seidenweißer Farbe. Die Flügel sind schwarz, gegen den Leib zu nebst den Armen und den Fingern, so wie auch längs der Finger, ähnlich wie bei der weißlichgelben Schwirrfledermaus *(Nycticejus Tickellii)* und bunten Nachtfledermaus *(Nyctophylax pictus)*, lichtgelblichroth gezeichnet. Die Schenkelflughaut ist durchaus gelblichroth.

Körperlänge . . . . . . . . . . . 2″ 10½‴. Nach Blyth.
Länge des Schwanzes . . . . . . 1″ 10½‴.
„ des Vorderarmes . . . . . 2″ 3‴.
„ der Ohren . . . . . . . . 7½‴.
„ der Ohrklappe . . . . . . 3‴.

Im Oberkiefer sind nur 2, durch einen Zwischenraum von einander getrennte Vorderzähne vorhanden, im Unterkiefer 6. Die beiden kleinen Vorderzähne, welche bei der weißlichgelben Schwirrfledermaus *(Nycticejus Tickellii)* hinter den großen Vorderzähnen stehen, sind bei dieser Art nicht vorhanden.

Vaterland. Süd-Asien, Ost-Indien, wo diese Art in Cherra Punji in den Khasia Bergen nördlich von Sylhet vorkommt.

**7. Die kahlschnauzige Schwirrfledermaus** *(Nycticejus noctulinus)*.

*N. viridis fere magnitudine; rostro elongato, antice et in lateribus calvo; auriculis trigonis, margine exteriore versus oris angulum protractis et sat procul ab illo finitis; trago longo recto aequilato supra rotundato; alis longiusculis latis, ad digitorum pedis basin usque attingentibus; patagio anali supra basi pilosa, infra verruculis parvis striatim dispositis et pilis aliquot tenerrimis albidis instructis obtecto; cauda mediocri, dimidio corpore parum longiore et antibrachio paullo breviore, articulo ultimo prominente libera; corpore toto, pilis brevibus incumbentibus mollibus dense vestito; notaeo rufescente-flavo, gastraeo dilute ex rufescente flavo-fusco vel isabellino-flavo, in lateribus pectoris rufescente-lavato.*

*Vespertilio noctulinus.* Isid. Geoffr. Bélang. Voy. aux Ind. Zool. p. 82.

„ Temminck. Monograph. d. Mammal. V. II. p. 211.

*Nycticejus noctulinus.* Temminck. Monograph. d. Mammal. V. II. p. 266.

„ Wagn. Schreber Säugth. Suppl. B. I. S. 543. Nr. 7.

*Nycticejus Temminckii, Pull.* Cantor. Journ. of the Asiat. Soc. of Bengal. V. XV. p. 185.

*Nycticejus noctulinus.* Wagn. Schreber Säugth. Suppl. B. V. S. 765. Nr. 2.*

*Nycticejus Temminckii. Pull?* Wagn. Schreber Säugth. Suppl. B. V. S. 765.Nr. 2. *

*Nycticejus noctulinus.* Giebel. Säugeth. S. 929.

Die Kenntniß dieser Art haben wir Isidor Geoffroy zu danken, der uns zuerst eine Beschreibung von derselben mittheilte.

Sie ist die kleinste unter den mittelgroßen Formen in der Gattung, fast von derselben Größe wie die olivengrüne *(Nycticejus viridis)* und viel kleiner als die zu den großen Formen gehörige fahlgelbe Schwirrfledermaus *(Nycticejus luteus)*, mit welcher sie sehr nahe verwandt ist und an welche sie auch in der Färbung erinnert, von der sie sich aber durch die Verschiedenheit in den körperlichen Verhältnissen specifisch zu unterscheiden scheint.

Die Schnauze ist verlängert, vorne und an den Seiten kahl. Die
Ohren sind von dreieckiger Gestalt und mit ihrem Außenrande bis
gegen den Mundwinkel vorgezogen, wo sie in ziemlicher Entfernung
vor demselben endigen. Die Ohrklappe ist lang, gerade, gleich breit
und oben abgerundet. Die Flügel sind ziemlich lang und breit, und
reichen bis an die Zehenwurzel. Die Schenkelflughaut ist auf der
Oberseite an der Wurzel behaart und auf der Unterseite mit streifen-
artig gestellten kleinen Wärzchen besetzt, aus denen einige sehr
feine weißliche Härchen entspringen. Der Schwanz ist mittellang,
nur wenig länger als der halbe Körper und etwas kürzer als der
Vorderarm, und ragt mit seinem Endgliede frei über die Schenkelflughaut hinaus.

Die Körperbehaarung ist dicht, kurz, glatt anliegend und weich,
und alle Körperstellen sind behaart.

Die Oberseite des Körpers ist röthlichgelb, die Unterseite licht
röthlich gelbbraun oder Isabellgelb und an den Brustseiten schwach
röthlich überflogen.

Körperlänge . . . . . . . 2″.      Nach Isid. Geoffroy.
Länge des Schwanzes . . . 1″ 2‴.
   „  des Vorderarmes . . 1″ 4‴.
Spannweite der Flügel . . . 8″ 6‴.

Vaterland. Süd-Asien, Ost-Indien, wo diese Art sowohl in
der Präsidentschaft Bengalen, als auch anf der Insel Singapore vorkommt.

Cantor hält sie für den Jugendzustand der veränderlichen
Schwirrfledermaus (*Nycticejus Temminckii*) und Wagner ist
geneigt, sich dieser Ansicht anzuschließen.

### 8. Die kahlbauchige Schwirrfledermaus (*Nycticejus Belangeri*).

*N. luteo paullo major; rostro brevi lato, naribus distantibus;
auriculis brevibus rotundatis valde dissitis, margine exteriore versus oris angulum protractis et prope hunc finitis; trago mediocri
introrsum curvato; alis modice longis latis valde diaphanis, ad
digitorum pedis basin usque attingentibus; patagio anali supra
infraque calvo; cauda mediocri, dimidio corpore parum longiore
et antibrachio paullo breviore, articulo ultimo prominente libera;
facie, genis, femoribus nec non regione uropygii et pubis plane*

*calvis, caeteris corporis partibus pilis brevibus incumbentibus mollibus dense vestitis; colore secundum aetatem variabili; notaeo in animalibus adultis castaneo-fusco nitore olivaceo-rufescente-cupreo, gastraeo flavo; in junioribus animalibus notaeo fusco, gastraeo dilute flavo, pectore et gula exceptis fere albis, regione pubis et inguinalis nec non femoribus minus depilatis.*

*Vespertilio Belangeri.* Isid. Geoffr. Bélang.Voy. aux Ind. p. 87. t. 3.

*Nycticejus Belangeri.* Temminck. Monograph. d. Mammal. V. II. p. 151.

*Scotophilus Temminckii. Iun.* Gray. Magaz. of Zool. and Bot. V. II. p. 497.

*Nycticejus Belangeri.* Wagn. Schreber Säugth. Suppl. B. I. S. 542. Nr. 4.

*Scotophilus Temminckii.* Gray. Mammal. of the Brit. Mus. p. 31. a.

*Nycticejus Temminckii.* Cantor. Journ. of the Asiat. Soc. of Bengal. V. XV. p. 185.

*Nycticejus Belangeri.* Kelaart. Catal. of the Mammal. of Ceylon.

„          „          Kelaart. Fauna Ceylon.

„          Blyth. Journ. of the Asiat. Soc. of Bengal. V. XX. (1851.) p. 157.

„          Wagn. Schreber Säugth. Suppl. B. V. S. 765. Nr. 2. *

*Nycticejus Temminckii. Adult?* Wagn. Schreber Säugth. Suppl. B. V. S. 765. Nr. 2. *

*Nycticejus Belangeri.* Giebel. Säugeth. S. 929.

„          „          Fitz. Säugeth. d. Novara-Expedit. Sitzungsber. d. math. naturw. Cl. d. kais. Akad. d. Wiss. B. XLII. S. 390.

*Nycticejus Temmincki.* Zelebor. Reise d. Fregatte Novara. Zool. Th. B. I S. 17.

Ohne Zweifel eine selbstständige Art, deren Kenntniß wir Isidor Geoffroy zu danken haben, der dieselbe zuerst beschrieben und auch abgebildet hat.

Sie zählt zu den großen Formen in der Gattung, indem sie beträchtlich größer als die veränderliche *(Nycticejus Temminckii)* und auch etwas größer als die gleichfalls zu den großen Formen gehörige fahlgelbe Schwirrfledermaus *(Nycticejus luteus)* ist, mit welcher sie in naher Verwandtschaft steht und von welcher sie sich hauptsächlich, so wie auch von der erstgenannten Art, durch die kahlen Körperstellen unterscheidet.

Die Schnauze ist kurz und breit, und die Nasenlöcher stehen von-einander entfernt. Die weit auseinander gestellten Ohren sind kurz und abgerundet, und mit ihrem Außenrande bis gegen den Mund-winkel vorgezogen, wo sie nahe an demselben endigen. Die Ohrklappe ist mittellang und gegen den Kopf nach einwärts gekrümmt. Die Flügel sind mäßig lang und breit, sehr stark durchscheinend und reichen bis an die Zehenwurzel. Die Schenkelflughaut ist auf der Ober- wie der Unterseite kahl. Der Schwanz ist mittellang, nur wenig länger als der halbe Körper, etwas kürzer als der Vorderarm, und mit seinem Endgliede frei aus der Schenkelflughaut hervorragend.

Nicht alle Stellen des Körpers sind behaart. Das Gesicht, die Wangen, die Schenkel, die Steiß- und Schamgegend sind vollständig kahl, wobei sich die Behaarung in einem nach rückwärts gekehrten Bogen vom Kreuze abgrenzt. Die Behaarung der übrigen Körpertheile ist kurz, dicht, glatt anliegend und weich.

Die Färbung ist nach dem Alter verschieden.

Bei alten Thieren ist die Oberseite des Körpers kastanien-braun mit kupferröthlichem Olivenschimmer, die Unterseite gelb. Die Haare der Oberseite sind durchaus zweifärbig, an der Wurzel bräunlichgelb und an der Spitze kastanienbraun mit kupferröthlichem Olivenschimmer, jene der Unterseite aber einfärbig gelblich oder blaß bräunlich- oder fahlgelb und nur an der Spitze etwas dunkler.

Junge Thiere sind auf der Oberseite braun, auf der Unter-seite lichtgelb, und auf der Brust und Kehle beinahe weiß. Auch sind bei denselben die Schamgegend, die Lenden und die Hinterschenkel minder kahl.

Körperlänge  . . . .  3″ 6‴—3″ 7‴. Nach Isid. Geoffroy.
Länge des Schwanzes .  1″ 11‴.
  „  des Vorderarmes  2″ 2‴.
Spannweite der Flügel .  1′ 1″—1′ 5″.

Wagner gibt die Körperlänge in seinem fünften Supplement-bande nur mit 2″ 7‴ an, was offenbar nur auf einem Druckfehler beruht, da er diese Art nicht selbst zu untersuchen Gelegenheit hatte.

Alte Thiere haben im Oberkiefer nur 2, im Unterkiefer aber 6 Vorderzähne und der Lückenzahn fehlt in beiden Kiefern gänzlich.

so daß nur die 4 Backenzähne in jeder Kieferhälfte vorhanden sind. Bei jungen Thieren befinden sich im Oberkiefer 4, im Unterkiefer 6 Vorderzähne und der äußere Vorderzahn des Oberkiefers ist sehr klein.

Der Lückenzahn des Oberkiefers scheint schon sehr frühzeitig auszufallen, da er regelmäßig fehlt, dagegen ist im Unterkiefer sehr oft ein kleiner Lückenzahn jederseits vorhanden.

Vaterland. Süd-Asien, Ost-Indien, wo diese Art sowohl in Vorder-Indien auf der Küste Coromandel in der Umgegend von Pondichery und in der Präsidentschaft Madras, so wie auch in Bengalen um Calcutta und auf der Insel Ceylon angetroffen wird, auf welcher letzteren sie von Kelaart gesammelt wurde, als auch in Hinter-Indien vorkommt, von wo sie Cantor erhielt, und Süd-China, von wo sie Zelebor von Shanghai brachte.

Bélanger hat dieselbe entdeckt und Isid. Geoffroy, der sie zuerst beschrieben, für eine selbstständige Art anerkannt. Gray, welcher sie seiner Gattung „*Scotophilus*" zuweist, hält sie mit der veränderlichen Schwirrfledermaus *(Nycticejus Temminckii)* für identisch und ebenso auch Cantor und Zelebor. Wagner schließt sich dieser Ansicht nur mit einigem Vorbehalte an.

### 9. Die weissbauchige Schwirrfledermaus *(Nycticejus leucogaster)*.

*N. Temminckii et interdum murino-flavi magnitudine; rostro longiusculo lato, naribus valde distantibus; auriculis mediocribus rotundatis, margine exteriore versus oris angulum protensis; trago elongato angusto, apice antrorsum directo; alis longis latisque calvis, ad digitorum pedis basin usque attingentibus; patagio anali latiusculo calvo; cauda mediocri, dimidio corpore paullo longiore et antibrachio distincte breviore, maximam partem patagio anali inclusa, articulo ultimo prominente libera; corpore pilis breviusculis incumbentibus mollibus dense vestito. facie genisque calvis; notaeo aut olivaceo-fusco, aut dilute flavescente- vel cinnamomeo-fusco, gastraeo albo plerumque leviter flavescente-lavato; facie genisque carneo-rufis, alis fuscis rufescente-lavatis.*

*Nycticejus leucogaster.* Cretzschm. Rüppel's Atlas. S. 71. t. 28. f. a. (Thier.) f. 1, 2. (Schädel.)

*Nycticejus leucogaster.* Temminck. Monograph. d. Mammal. V. II.
p. 153.

        „     Wagn. Schreber Säugth. Suppl. B. I. S. 543.
Nr. 6.

             Wagn. Schreber Säugth. Suppl. B. V.
S. 768. Nr. 8.

    „       „     Giebel. Säugeth. S. 928.

Eine sehr leicht zu erkennende Art, welche von Rüppell entdeckt und von Cretzschmar zuerst beschrieben und abgebildet
wurde.

Bezüglich ihrer Größe kommt sie mit der veränderlichen Schwirrfledermaus *(Nycticejus Temminckii)* vollständig und häufig auch mit
der olivengrauen *(Nycticejus murino-flavus)* überein, daher sie den
mittelgroßen Formen in der Gattung angehört.

Die Schnauze ist ziemlich lang und breit. Die Nasenlöcher stehen
weit voneinander entfernt. Die Ohren sind mittellang und abgerundet, und mit ihrem Außenrande bis gegen den Mundwinkel verlängert. Die Ohrklappe ist gestreckt, schmal, und mit der Spitze nach
vorwärts gewendet. Die Flügel sind lang, breit, kahl, und reichen
bis an die Zehenwurzel. Die Schenkelflughaut ist ziemlich breit und
kahl. Der Schwanz ist mittellang, etwas länger als der halbe Körper,
merklich kürzer als der Vorderarm, und ragt mit seinem Endgliede
frei aus der Schenkelflughaut hervor.

Die Körperbehaarung ist ziemlich kurz, dicht, glatt anliegend und
weich. Das Gesicht und die Wangen sind kahl.

Die Oberseite des Körpers ist entweder olivenbraun, oder licht
gelblich- oder zimmtbraun, die Unterseite weiß und meistens schwach
gelblich überflogen, wobei die einzelnen Haare auf der Oberseite an
der Wurzel viel heller als an der Spitze, auf der Unterseite aber einfärbig, oder nur an der Spitze schwach in's Gelbliche ziehend gefärbt
sind. Das Gesicht und die Wangen sind fleischroth, die Flügel braun
und röthlich überflogen.

Körperlänge . . . . . 2″ 6‴—2″ 7‴. Nach Cretzschmar.
Länge des Schwanzes . 1″ 6‴.
   „  des Vorderarmes . 1″ 10½‴.
Spannweite der Flügel . 10″ 8‴.

Vaterland. Nordost-Afrika, Kordofän.

### 10. Die Hundskopf-Schwirrfledermaus *(Nycticejus Nigrita)*.

*N. Belangeri eximie major et Molossi ferocis magnitudine; rostro lato crasso, supra arcuato, labiis longis verrucis destitutis; auriculis valde distantibus trigono-ovatis brevissimis, ⅓ capitis longitudine, margine exteriore versus oris angulum protractis; trago breviusculo obtuse acuminato; alis longis ad digitorum pedis basin usque attingentibus; patagio anali latissimo; cauda longa, ¾ corporis longitudine, maximam partem patagio anali inclusa, articulo ultimo prominente libera; corpore pilis breviusculis incumbentibus mollibus dense vestito; notaeo ex rufescente flavido-fusco, gastraeo griseo-flavo; patagiis nigrescentibus.*

*Marmotte volante.* Daubent. Mém. del'Acad. 1759. p. 385.

*Chauve-souris étrangère.* Buffon. Hist. nat. d. Quadrup. V. X. p. 182, t. 18.

*Senegal bat.* Pennant. Synops. Quadrup. p. 366. Nr. 281.

*Vespertilio Nigrita.* Schreber Säugth. B. I. S. 171. Nr. 16. t. 58.

*Spitzöhrige Fledermaus. Vespertilio Marmotte.* Müller. Natursyst. Suppl. S. 18.

*Vespertilio Nigrita.* Erxleb. Syst. regn. anim. P. I. p. 151. Nr. 9.

„ „ Zimmerm. Geogr. Gesch. d. Mensch. u. d. Thiere. B. II. S. 415. Nr. 369.

*Senegal Bat.* Pennant. Hist. of Quadrup. V. II. p. 556. Nr. 400.

*Vespertilio Nigrita.* Boddaert. Elench. anim. V. I. p. 70. Nr. 11.

„ „ Gmelin. Linné Syst. Nat. T. I. P. I. p. 49. Nr. 16.

*Senegal bat.* Shaw. Gen. Zool. V. I. P. I. p. 138.

*Vespertilio Nigrita.* Geoffr. Ann. du Mus. V. VIII. p. 201. Nr. 12. t. 46. (Kopf.)

„ Desmar. Nouv. Dict. d'hist. nat. V. XXXV. p. 474. Nr. 15.

„ „ Desmar. Mammal. p. 142. Nr. 217.

Encycl. méth. t. 34. f. 1.

*Vespertilio Nigrita.* Griffith. Anim. Kingd. V. V. p. 254. Nr. 7.

„ „ Fisch. Synops. Mammal. p. 108, 552. Nr. 23.

*Nycticejus Nigrita.* Temminck. Monograph. d. Mammal. V. II. p. 147. t. 47. f. 1. 2. (Kopf.)

*Nycticejus Nigrita.* W a g n. Schreber Säugth. Suppl. B. I. S. 540.
Nr. 1.

„ W a g n. Schreber Säugth. Suppl. B. V. S. 768.
Nr. 6.

*Nycticejus nigrita.* G i e b e l. Säugeth. S. 928.

Diese überaus ausgezeichnete und mit keiner anderen zu verwechselnde Art ist unter allen die am längsten bekannte, da uns schon
D a u b e n t o n im Jahre 1759 mit derselben bekannt gemacht hat.

Sie ist zugleich auch die größte Art der Gattung, beträchtlich
größer als die kahlbauchige Schwirrfledermaus *(Nycticejus Belangeri)* und von gleicher Größe wie der bissige Grämler *(Molossus
ferox)*.

Die Schnauze ist breit und dick, der Nasenrücken gewölbt, und
die Lippen sind lang und nicht mit Warzen besetzt. Die Ohren stehen
sehr weit voneinander entfernt und sind von dreiseitig-eiförmiger
Gestalt, sehr kurz, nur ⅓ der Kopflänge einnehmend, und mit ihrem
Außenrande bis gegen den Mundwinkel vorgezogen. Die Ohrklappe
ist nicht sehr kurz und stumpf zugespitzt. Die Flügel sind lang und
reichen bis an die Zehenwurzel. Die Schenkelflughaut ist sehr breit.
Der Schwanz ist lang ¾ der Körperlänge einnehmend und ragt mit
seinem Endgliede frei aus der Schenkelflughaut hervor.

Die Körperbehaarung ist ziemlich kurz, dicht, glatt anliegend
und weich.

Die Oberseite des Körpers ist röthlich gelbbraun, die Unterseite
graugelb. Die Flughäute sind schwärzlich.

| | | |
|---|---|---|
| Körperlänge . . . . . . . . | 4″. | Nach D a u b e n t o n. |
| Länge des Schwanzes . . . . . | 3″. | |
| Spannweite der Flügel . . . . . | 1′ 6″. | |

Die Zahl der Vorderzähne im Oberkiefer beträgt bei jüngeren
Thieren 4, von denen die beiden äußeren sehr klein sind, bei alten
2. Im Unterkiefer sind 6 Vorderzähne vorhanden.

V a t e r l a n d. West-Afrika, Senegambien, wo A d a n s o n diese
Art am Senegal entdeckte.

## 11. Die olivengraue Schwirrfledermaus *(Nycticejus murino-flavus)*.

*N. leucogastri fere magnitudine; rostro latissimo obtuso
auriculis mediocribus latis obtuse acuminato-rotundatis; alis lon-*

*giusculis latis ad digitorum pedis basin usque attingentibus; pata-*
*gio anali lato; cauda longa, ultra* ³/₄ *corporis longitudine, articulo*
*ultimo prominente libera; corpore pilis brevibus incumbentibus*
*mollibus dense vestito; notaeo ex fuscescente olivaceo-griseo,*
*gastraeo olivaceo-flavo, gula et femoribus interne saturatissimis,*
*dentibus laniariis violascentibus.*

*Nycticejus murino-flavus.* Heuglin. Beitr. z. Fauna N. O.-Afr. S. 5,
15. (Nov. Art. Acad. Nat. Curios. V. XXIX.)

Diese Art ist eine der jüngsten Entdeckungen von Henglin
und von demselben bis jetzt allein nur beschrieben.

Zunächst ist sie mit der flachschnauzigen *(Nycticejus plani-*
*rostris),* olivengrünen *(Nycticejus viridis)* und natalischen Schwirrfledermaus *(Nycticejus Dinganii)* verwandt, doch ist sie — abgesehen von anderen Merkmalen, — hauptsächlich durch die Färbung
von diesen verschieden.

Von der gelbbauchiger Schwirrfledermaus *(Nycticejus flavi-*
*gaster),* mit welcher sie in der Färbung einige Ähnlichkeit hat, unterscheidet sie sich außer der geringeren Größe, durch die verschiedene
Bildung der Schnauze und der Ohren und die Abweichungen in den
Verhältnissen ihrer einzelnen Körpertheile.

In Ansehung der Größe kommt sie nahezu mit der weißbauchigen *(Nycticejus leucogaster),* natalischen *(Nycticejus Dinganii),*
flachschnauzigen *(Nycticejus planirostris)* und veränderlichen
Schwirrfledermaus *(Nycticejus Temminckii)* überein, wornach sie
zu den mittelgroßen Formen in der Gattung gerechnet werden muß.

Die Schnauze ist sehr breit und stumpf. Die Ohren sind mittellang, breit und stumpfspitzig gerundet. Die Flügel sind ziemlich lang
und breit, und reichen bis an die Zehenwurzel. Die Schenkelflughaut
ist breit. Der Schwanz ist lang, über ³/₄ der Körperlänge einnehmend,
und ragt mit seinem Endgliede frei aus der Schenkelflughaut hervor.

Die Körperbehaarung ist kurz, dicht, glatt anliegend und weich.

Die Oberseite des Körpers ist bräunlich-olivengrau, die Unterseite olivengelb, an der Kehle und der Innenseite der Schenkel am
gesättigtsten. Die Eckzähne sind in's Violete ziehend gefärbt.

Körperlänge . . . . . . . . . 2″ 6‴.    Nach Henglin.
Länge des Schwanzes gegen  . .  2″.
  „    der Ohren kaum . . . . .     6½‴.
Spannweite der Flügel . . . . . 11″ 6‴.

Vaterland. Nordost-Afrika, Abyssinien, wo diese Art sowohl an der Sambara-Küste vorkommt und von Henglin bei M'kullu gesammelt wurde, als auch bei Gondar in Central-Abyssinien angetroffen wird.

## 12. Die gelbbauchige Schwirrfledermaus (*Nycticejus flavigaster*).

*N. borbonico parum minor; rostro lato obtuso, inter oculos et nares tumido pilisque paucis crassioribus obtecto, rhinario paullo tumescente, naribus prosilientibus antrorsum ac extrorsum directis, labio inferiore leviter fisso; auriculis mediocribus latis rotundatis fere plane calvis, in margine exteriore basi tantum pilis teneris virescentibus obtectis, in margine interiore ad basin horizontaliter abscisis, in exteriore infra lobo semicirculari et in margine reflexo instructis, nec non versus oris angulum protensis, interne plicis 5—6 indistinctis percurso; trago breviusculo falciformi antrorsum directo basique semicirculariter exciso; alis sat longis latis, infra juxta brachium et hic illic pilis teneris virescente-flavis obtectis, ad digitorum pedis basin usque attingentibus; patagio anali lato, postice in angulum acutum excurrente; calcaribus nec non halluce podariorum lobo cutaneo limbatis; cauda longa, fere $^2/_3$ corporis longitudine, articulo ultimo prominente libera; corpore pilis brevibus incumbentibus mollibus dense vestito; notaeo olivaceo-fusco, vel dilutiore, vel obscuriore, vel obscuriore, gastraeo sulphureo; capitis lateribus nitide flavo-viridibus vel pistacinis, labiis nigrescente-carneis, auriculis nigrescente-fuscis, patagiis fere nigris, unguiculis podariorum dilute virescente-griseis apice viride flavis.*

*Nycticejus flavigaster.* Henglin. Beitr. z. Fauna d. Säugeth. N. O.-Afr. S. 5, 14. (Nov. Art. Acad. Nat. Curios. V. XXIX.)

Bisher nur aus einer Beschreibung von Henglin bekannt, der diese wohlbegründete Art erst in neuester Zeit entdeckte.

Sie gehört den größten unter den mittelgroßen Formen ihrer Gattung an, indem sie nur wenig kleiner als die bourbonische (*Nycticejus borbonicus*) und gezierte Schwirrfledermaus (*Nycticejus ornatus*) ist.

Mit der erstgenannten Art ist sie ziemlich nahe verwandt, doch unterscheidet sie sich von derselben, — abgesehen von anderen

Merkmalen, — durch den verhältnißmäßig längeren Schwanz und hauptsächlich durch die völlig verschiedene Färbung.

Die Schnauze ist breit und stumpf, zwischen der Nase und den Augen aufgetrieben und mit einigen wenigen stärkeren Haaren besetzt. Die Nasenkuppe ist etwas aufgetrieben und die vorspringenden Nasenlöcher sind nach vor- und seitwärts gerichtet. Die Unterlippe ist schwach gespalten. Die Ohren sind mittellang, breit und gerundet, beinahe völlig kahl und nur an der Wurzel ihres Außenrandes mit sehr feinen grünlichen Haaren besetzt, am Innenrande an der Wurzel wagrecht abgeschnitten, am Außenrande mit einem halbkreisförmigen, am Rande umgeschlagenen Lappen besetzt und bis gegen den Mundwinkel verlängert, und auf der Innenseite von 5—6 undeutlichen Querfalten durchzogen. Die Ohrklappe ist nicht besonders kurz, von sichelförmiger Gestalt, nach vorwärts gerichtet, und an der Wurzel mit einem halbkreisförmigen Ausschnitte versehen. Die Flügel sind ziemlich lang und breit, auf der Unterseite längs des Oberarmes und hie und da auch an anderen Stellen mit feinen grünlichgelben Härchen besetzt, und reichen bis an die Zehenwurzel. Die Schenkelflughaut ist breit und endiget in einen spitzen Winkel. Die Sporen und das erste Glied des Daumens der Hinterfüße sind von einem Hautlappen umsäumt. Der Schwanz ist lang beinahe $^2/_3$ der Körperlänge einnehmend und ragt mit seinem spitzen Endgliede frei aus der Schenkelflughaut hervor.

Die Körperbehaarung ist kurz, dicht, glatt anliegend und weich.

Die Oberseite des Körpers ist olivenbraun, bald heller und bald dunkler, die Unterseite schwefelgelb. Die Kopfseiten sind glänzend gelbgrün oder pistaciengrün, die Lippen schwärzlich-fleischfarben, die Ohren schwärzlichbraun, die Flughäute beinahe schwarz. Die Krallen der Hinterfüße sind licht grünlichgrau und an der Spitze lebhaft gelb.

| | | |
|---|---|---|
| Körperlänge . . . . . . . | 2″ 10‴. | Nach H e n g l i n. |
| Länge des Schwanzes · . . . | 1″ 9‴. | |
| „ der Ohren . . . . . | 7‴. | |
| „ der Ohrklappe . . | 3$^3/_4$‴. | |
| Spannweite der Flügel . . . 1′ 1″. | | |

Im Oberkiefer sind nur 2 Vorderzähne vorhanden, welche durch einen Zwischenraum voneinander getrennt und von eckzahnähnlicher

Gestalt sind. Die vordere Spitze des ersten oberen Backenzahnes ist kegelförmig und stark verlängert.

Vaterland. Südost-Afrika Abyssinien, woselbst diese Art im Samhara-Gebiete in der Nähe von Kérén in den Bogosländern angetroffen wird.

### 13. Die flachschnauzige Schwirrfledermaus *(Nycticejus planirostris)*.

*N. Heathii vix major; capite breviusculo, rostro latissimo depresso ; auriculis mediocribus, capite* 1/3 *circa brevioribus, longioribus quam latis, margine exteriore versus oris angulum protractis; trago dimidii auriculae longitudine falciformi; alis ad digitorum pedis basin usque attingentibus ; patagio anali latissimo, calcaribus femore longioribus; cauda longa, corpore paullo breviore et antibrachio perparum longiore , maximam partem patagio anali inclusa, articulo ultimo prominente libera; corpore pilis brevibus incumbentibus mollibus dense vestito ; notaeo obscure olivaceo-fusco, gastraeo albo flavescente-làvato; macula magna ante humeros fuscescente ; patagiis auriculisque obscurioribus fuscis, unguiculis flavescente-albis.*

*Nycticejus planirostris.* Peters. Säugeth. v. Mossamb. S. 65. t. 17. f. 1.

    „   Wagn. Schreber Säugth. Suppl. B. V. S. 769. Nr. 10.

  „    „   Giebel. Säugeth. S. 927.

Mit dieser ausgezeichneten Art sind wir erst in neuerer Zeit durch Peters bekannt geworden, der dieselbe entdeckt und bis jetzt auch allein nur beschrieben und abgebildet hat.

Sie bildet eine der mittelgroßen Formen in der Gattung, da sie etwas kleiner als die veränderliche *(Nycticejus Temminckii)*, weißbauchige *(Nycticejus leucogaster)*, natalische *(Nycticejus Dinganii)* und olivengraue *(Nycticejus murino-flavus)*, und kaum etwas größer als die flachköpfige Schwirrfledermaus *(Nycticejus Heathii)* ist.

Mit der olivengrauen *(Nycticejus murino-flavus)*, olivengrünen *(Nycticejus viridis)* und natalischen Schwirrfledermaus *(Nycticejus Dinganii)* ist sie sehr nahe verwandt, theils sind es aber Verschiedenheiten in der Größe und in den körperlichen Verhältnissen, theils aber auch in der Färbung, welche ihre specifische Trennung von denselben erfordern.

Der Kopf ist ziemlich kurz, die Schnauze sehr breit und flachgedrückt. Die Ohren sind mittellang, ungefähr um $1/3$ kürzer als der Kopf, länger als breit und mit ihrem Außenrande bis gegen den Mundwinkel verlängert. Die Ohrklappe ist nur von halber Ohrlänge und von sichelförmiger Gestalt. Die Flügel reichen bis an die Zehenwurzel hinab. Die Schenkelflughaut ist sehr breit und die Sporen sind länger als der Schenkel. Der Schwanz ist lang, nicht ganz von der Länge des Körpers und nur sehr wenig länger als der Vorderarm, und ragt mit seinem Endgliede frei aus der Schenkelflughaut hervor.

Die Behaarung des Körpers ist kurz, dicht, glatt anliegend und weich.

Die Färbung ist auf der Oberseite des Körpers dunkel olivenbraun, auf der Unterseite weiß und gelblich überflogen. Vor dem Schultergelenke befindet sich ein großer bräunlicher Flecken. Die Flughäute und die Ohren sind dunkler braun, die Krallen gelblichweiß.

Körperlänge . . . . . . . . . . 2″ 5‴.   Nach Peters.
Länge des Schwanzes . . . . . 2″ 1/2‴.
  „ des Vorderarmes . . . . . 1″ 11‴.
  „ des Kopfes . . . . . . . 10‴.
  „ der Ohren . . . . . . . 6‴.
Die Vorderzähne des Unterkiefers sind dreilappig.

Vaterland. Südost-Afrika, Mozambique, woselbst Peters diese Art im Inneren des Landes bei Tette entdeckte.

### 14. Die olivengrüne Schwirrfledermaus *(Nycticejus viridis)*.

*N. noctulini fere magnitudine; capite sat brevi, rostro lato crasso tumido; auriculis mediocribus, dimidii capitis longitudine, longioribus quam latis, margine exteriore versus oris angulum protractis; trago falciformi leviter curvato, in margine anteriore recto; alis ad digitorum pedis basin usque attingentibus; patagio anali latissimo; calcaribus femore brevioribus; cauda longa, 3/4 corporis longitudine et antibrachio paullo breviore, articulo ultimo prominente libera; corpore pilis brevibus incumbentibus mollibus dense vestito; notaeo obscure olivaceo-viridi, gastraeo virescente-flavo; patagiis auriculisque fusco-nigris, unguiculis albis.*

Nycticejus viridis. Peters. Säugeth. v. Mossamb. S. 67. t. 17. f. 2.

„ „ Wagn. Schreber Säugth. Suppl. B. V. S. 770. Nr. 11.

„ „ Giebel. Säugeth. S. 927.

Gleichfalls eine Entdeckung von Peters und von demselben bis jetzt allein nur beschrieben und abgebildet.

Bezüglich ihrer Größe kommt sie nahezu mit der kahlschnauzigen Schwirrfledermaus *(Nycticejus noctulinus)* überein, daher sie zu den kleinsten unter den mittelgroßen Formen dieser Gattung gerechnet werden muß.

Von der flachschnauzigen *(Nycticejus planirostris)*, olivengrauen *(Nycticejus murino-flavus)* und natalischen Schwirrfledermaus *(Nycticejus Dinganii)*, mit welchen sie in ziemlich naher Verwandtschaft steht, trennen sie — abgesehen von der geringeren Größe, — die verschiedenartige Bildung und die abweichenden Verhältnisse ihrer einzelnen Körpertheile, so wie auch die ihr eigenthümliche Färbung.

Der Kopf ist ziemlich kurz, die Schnauze breit, dick und wulstig. Die Ohren sind mittellang, nur von der halben Länge des Kopfes, länger als breit und mit ihrem Außenrande bis gegen den Mundwinkel vorgezogen. Die Ohrklappe ist schwach sichelförmig gekrümmt und am vorderen Rande fast gerade. Die Flügel reichen bis an die Zehenwurzel. Die Schenkelflughaut ist sehr breit und die Sporen sind kürzer als der Schenkel. Der Schwanz ist lang, $3/4$ der Körperlänge einnehmend, etwas kürzer als der Vorderarm und ragt mit seinem Endgliede frei aus der Schenkelflughaut hervor.

Die Körperbehaarung ist kurz, dicht, glatt anliegend und weich.

Die Färbung ist auf der Oberseite des Körpers dunkel olivengrün, auf der Unterseite grünlichgelb. Die Flughäute und die Ohren sind braunschwarz. die Krallen weiß.

| | |
|---|---|
| Körperlänge . . . . . . . . . . . | 2″ 1/2‴. Nach Peters. |
| Länge des Schwanzes . . . . . . | 1″ 6‴. |
| „ des Vorderarmes . . . . . | 1″ 8 1/2‴. |
| „ des Kopfes . . . . . . . | 9‴. |
| „ der Ohren . . . . . . . . | 5‴. |

Die unteren Vorderzähne sind dreilappig.

Vaterland. Südost-Afrika, Mozambique.

## 15. Die natalische Schwirrfledermaus *(Nycticejus Dinganii).*

*N. leucogastri magnitudine; capite sat magno, rostro lato truncato, naribus prosilientibus anticis; auriculis valde distantibus oblongis breviusculis latis, capite brevioribus, margine exteriore versus oris angulum protensis ; trago proportionaliter longo, dimidio auriculae longiore, angustissimo falciformi fere lineari, leviter antrorsum curvato, supra rotundato ; alis longiusculis, ad digitorum pedis basin usque attingentibus; patagio anali lato; cauda longa, fere ³/₄ corporis longitudine et antibrachio paullo breviore, articulo ultimo prominente libera ; corpore pilis brevibus incumbentibus mollibus dense vestito; notaeo aut fuscescente-flavo vel colore melleo in aurantio-fuscum vergente, aut olivaceo-fuscescente in pure flavum vergente, gastraeo dilute fuscescente-favo aut colore melleo et interdum virescente-flavo ; patagiis dilute fuscorufescentibus obscurius adumbratis, auriculis fuscescente-rufis carneo-rufescente-lavatis.*

*Scotophilus Dinganii.* A. Smith. South-Afr. Quart. Journ. V. I. (1832.)

*Vesperugo Dinganii.* Sundev. Oefversigt af kongl. Vetensk. Akad. Förhandl. V. III. (1846.) p. 119.

*Scotophilus Dinganii.* A. Smith. Illustr. of the Zool. of South-Afr. V. I. t. 53.

*Nycticejus Dinganii.* Wagn. Schreber Säugth. Suppl. B. V. S. 769, 810. Nr. 9.

*Nycticejus Dingani.* Giebel. Säugeth. S. 927.

A. Smith hat diese Art entdeckt und zuerst beschrieben, und später haben wir auch durch Sundevall eine Beschreibung von derselben erhalten.

Sie zählt zu den mittelgroßen Formen in der Gattung und kommt mit der weißbauchigen *(Nycticejus leucogaster)*, veränderlichen *(Nycticejus Temminckii)* und olivengrauen *(Nycticejus murino-flavus)*, und nahezu auch mit der flachschnauzigen Schwirrfledermaus *(Nycticejus planirostris)* in der Größe überein.

Mit den beiden letztgenannten Arten, so wie auch mit der olivengrünen Schwirrfledermaus *(Nycticejus viridis)* steht sie in sehr
naher Verwandtschaft; aber theils sind es Unterschiede in der
Körpergröße und den Verhältnissen ihrer einzelnen Körpertheile,
theils auch Abweichungen in der Färbung, welche sie von diesen
Arten trennen.

Der Kopf ist ziemlich groß, die Schnauze breit und abgestutzt.
Die Nasenlöcher sind vorspringend und öffnen sich auf der Vorderseite der Schnauze. Die Ohren sind weit auseinander gestellt, länglich, ziemlich kurz und breit, kürzer als der Kopf, breiter als lang
und mit ihrem Außenrande bis gegen den Mundwinkel verlängert. Die
Ohrklappe ist verhältnißmäßig lang, länger als das halbe Ohr, sehr
schmal, fast linienförmig, mit der Spitze schwach sichelförmig nach
vorwärts gebogen und oben abgerundet. Die Flügel sind ziemlich
lang und reichen bis an die Zehenwurzel. Die Schenkelflughaut ist
breit. Der Schwanz ist lang, nahezu von $^3/_4$ der Körperlänge, etwas
kürzer als der Vorderarm, und ragt mit seinem Endgliede frei aus
der Schenkelflughaut hervor.

Die Körperbehaarung ist kurz, dicht, glatt anliegend und weich.

Die Oberseite des Körpers ist entweder bräunlich- oder honiggelb in's Orangebraune ziehend, oder olivenbräunlich in rein Gelb
übergehend, ohne Beimischung von Roth, die Unterseite entweder
lichtbräunlich- oder honiggelb, oder auch grünlichgelb. Die Flughäute sind hell braunröthlich, mit dunkler Bräunlichroth schattirt,
die Ohren licht bräunlichroth und fleischröthlich überflogen.

| | | | |
|---|---|---|---|
| Körperlänge | . . . . . . | 2″ 6‴. | Nach A. Smith. |
| Länge des Schwanzes | . . | 2″. | |
| „ des Vorderarmes | . . | 2″ 3‴. | |
| Spannweite der Flügel | . . | 1′. | |
| Körperlänge | . . . . . . | 2″ 6²/₃‴ | Nach Sundevall. |
| Länge des Schwanzes | . . . | 1″ 10.‴. | |
| „ des Vorderarmes | . . | 2″ 1/₂‴. | |

Wagner gibt die Körperlänge — wahrscheinlich nur in Folge
eines Druckfehlers, — mit 3″ 6‴ an.

Im Oberkiefer sind nur 2 Vorderzähne vorhanden, die sich dicht
an die Eckzähne anreihen, im Unterkiefer 6, welche zweilappig und
schief der Quere nach gestellt sind. Von Lückenzähnen ist im Oberkiefer keiner, im Unterkiefer jederseits nur 1 vorhanden.

Vaterland. Südost-Afrika, Kaffernland, wo A. Smith diese Art zwischen Port Natal und der Delagoa-Bay entdeckte und das Innere des Landes, von wo Sundevall dieselbe durch Wahlberg erhielt.

A. Smith reihte sie der Gattung „*Scotophilus*", Sundevall der Gattung „*Vesperugo*" ein, und erst Wagner wies ihr die richtige Stellung in der Gattung „*Nycticejus*" an.

**16. Die boarbonische Schwirrfledermaus** *(Nycticejus borbonicus).*

*N. ornato perparum major; capite brevi lato, rostro obtuso; auriculis valde distantibus trigono-ovatis brevibus, dimidio capite brevioribus et calvaria vix altioribus, margine exteriore versus oris angulum protensis; trago proportionaliter longo foliiformi vel semicordato introrsum curvato; alis longis calvis, ad digitorum pedis basin usque attingentibus; unguicula pollicis antipedum valde debili; patagio anali lato calvo; cauda mediocri, dimidio corpore paullo longiore et antibrachio parum breviore, articulo ultimo prominente libera; corpore pilis brevibus incumbentibus mollibus nitidis dense vestito; notaeo viride rufo, gastraeo pure albo leviter rufescente-lavato; patagiis fuscis.*

*Vespertilio Borbonicus.* Geoffr. Ann. du Mus. V. VIII. p. 201. Nr. 11. t. 47. (Kopf.)

„ Desmar. Mammal. p. 142. Nr. 216.

„ Griffith. Anim. Kingd. V. V. p. 270. Nr. 23.

„ Fisch. Synops. Mammal. p. 108, 552. Nr. 22.

*Nycticejus Borbonicus.* Temminck. Monograph. d. Mammal. p. 153. t. 47. f. 7. (Kopf.)

*Nycticejus borbonicus.* Wagn. Schreber Säugth. Suppl. B. I. S. 543. Nr. 5.

„ Wagn. Schreber Säugth. Suppl. B. V. S. 768. Nr. 7.

„ „ Giebel. Säugeth. S. 928.

Eine schon durch ihre eigenthümliche Färbung höchst ausgezeichnete und mit keiner anderen zu verwechselnde Art, deren Kenntniß wir Geoffroy zu danken haben, der sie zuerst beschrieb und uns auch eine Abbildung ihres Kopfes mittheilte.

Sie ist die größte unter den mittelgroßen Arten dieser Gattung und nur sehr wenig größer als die gelbbauchige *(Nycticejus flavigaster)*, und vollends als die gezierte Schwirrfledermaus *(Nycticejus ornatus)*.

Ihr Kopf ist kurz und breit, die Schnauze stumpf. Die Ohren stehen sehr weit voneinander entfernt, sind von dreiseitig-eiförmiger Gestalt, kurz, kürzer als der halbe Kopf, kaum höher als der Schädel und mit ihrem Außenrande bis gegen den Mundwinkel verlängert. Die Ohrklappe ist verhältnißmäßig lang, blatt- oder halbherzförmig und gegen den Kopf nach einwärts gebogen. Die Flügel sind lang, kahl und reichen bis an die Zehenwurzel. Die Daumenkralle der vorderen Gliedmaßen ist sehr schwach. Die Schenkelflughaut ist breit und kahl. Der Schwanz ist mittellang, etwas länger als der halbe Körper und nur wenig kürzer als der Vorderarm, und ragt mit seinem Endgliede frei aus der Schenkelflughaut hervor.

Die Körperbehaarung ist kurz, dicht, glatt anliegend, glänzend und weich.

Die Oberseite des Körpers ist lebhaft roth, die Unterseite desselben rein weiß und schwach röthlich überflogen, welche Färbung dadurch bewirkt wird, daß die Haare der Oberseite an der Wurzel gelblich und an der Spitze roth, jene der Unterseite aber beinahe ihrer ganzen Länge nach einfärbig rein weiß und nur an der äussersten Spitze röthlich überflogen sind. Die Flughäute sind braun.

Körperlänge . . . . . . . 2″ 11‴. Nach Geoffroy.
Länge des Schwanzes . . . . 1″ 6‴.
Körperlänge . . . . . . . 2″ 11‴. Nach Temminck.
Länge des Schwanzes . . . . 1″ 7‴.
„ des Vorderarmes . . . 1″ 9‴.
Spannweite der Flügel fast . . . 1′.

Vaterland. Südost-Afrika, Maskarenen-Insel Bourbon, woselbst diese Art von Macé entdeckt wurde.

### 17. Die zimmtfarbene Schwirrfledermaus *(Nycticejus cinnamomeus)*.

*N. noctulino perparum minor; auriculis mediocribus infundibuliformibus; trago angusto cultriformi; alis ad digitorum pedis basin usque attingentibus; patagio anali modice lato; cauda mediocri, dimidii corporis fere longitudine et antibrachio distincte breviore, articulo ultimo prominente libera; corpore pilis brevibus incumbentibus mollibus dense vestito, fere unicolore cinnamomeo-rufo, notaeo paullo obscuriore, gastraeo dilutiore.*

*Vespertilio ruber.* D'Orbigny. Voy. dans l'Amér. mérid. Mammif.
p. 14. t. 11. f. 5, 6.

„  Wagn. Schreber Säugth. Suppl. B. I. S. 452.
Note 4.

„  Wagn. Schreber Säugth. Suppl. B. V. S. 755.
Nr. 83.

*Vesperugo cinnamomeus.* Wagn. Schreber Säugth. Suppl. B. V.
S. 755. Nr. 83.

*Vespertilio ruber.* Giebel. Säugeth. S. 950.

*Vesperugo ruber.* Giebel. Säugeth. S. 950.

Bis jetzt nur nach einer kurzen Beschreibung und einer derselben beigefügten Abbildung bekannt, welche wir D'Orbigny, der diese Art entdeckte, zu verdanken haben, und aus welchen ihre Artselbstständigkeit unzweifelhaft hervorgeht.

Bezüglich ihrer Größe steht sie der kahlschnauzigen Schwirrfledermaus *(Nycticejus noctulinus)* nur sehr wenig nach, daher sie eine kleinere Form in ihrer Gattung bildet.

Die Ohren sind von trichterförmiger Gestalt und nur von mässiger Größe. Die Ohrklappe ist messerförmig und schmal, und schmäler als bei der kahlschienigen Dämmerungsfledermaus *(Vesperugo Pipistrellus)*. Die Flügel heften sich an die Zehenwurzel an. Die Schenkelflughaut ist mäßig breit und der mittellange Schwanz. welcher beinahe von halber Körperlänge, doch merklich kürzer als der Vorderarm ist, ragt mit seinem Endgliede frei aus der Schenkelflughaut hervor.

Die Körperbehaarung ist kurz, dicht, glatt anliegend und weich.

Die Färbung des Körpers ist beinahe einfärbig zimmtroth, auf der Oberseite etwas dunkler, auf der Unterseite heller. Die einzelnen Körperhaare sind auf der Oberseite beinahe einfärbig zimmtroth, auf der Unterseite an der Wurzel bräunlich.

Körperlänge . . . . . . . 1″ 11‴.   Nach D'Orbigny.
Länge des Schwanzes . . . 1″.
„  des Vorderarmes . . 1″ 4½‴.

Vorderzähne befinden sich im Oberkiefer 2, welche durch einen weiten Zwischenraum voneinander getrennt sind, im Unterkiefer 6. Lückenzähne sind in beiden Kiefern jederseits 1, Backenzähne 4 vorhanden.

Vaterland. Süd-Amerika, Argentinische Republik, woselbst diese Art im Staate Corrientes vorkommt.

D'Orbigny glaubte in seiner Art den von Geoffroy beschriebenen „*Vespertilio ruber*" zu erkennen, welcher aber — wie Rengger nachgewiesen, — einer durchaus verschiedenen Gattung angehört und mit dem zimmtfarbenen Hasenschärtler *(Noctilio ruber)* identisch ist, und ebenso auch Giebel, obgleich der letztere so wie Wagner, die von D'Orbigny beschriebene Art der Gattung „*Vesperugo*" einreihen.

## 26. Gatt.: **Pelzfledermaus (Lasiurus)**.

Der Schwanz ist mittellang, lang oder sehr lang, größtentheils von der Schenkelflughaut eingeschlossen und nur mit seinem Endgliede frei aus derselben hervorragend. Der Daumen ist frei. Die Ohren sind weit auseinander gestellt, mit ihrem Außenrande bis gegen den Mundwinkel oder noch über denselben hinaus verlängert, und kurz, mittellang oder lang. Die Sporen sind von einem Hautlappen umsäumt. Die Flügel reichen bis an die Zehenwurzel. Die Zehen der Hinterfüße sind dreigliederig und voneinander getrennt. Im Unterkiefer ist jederseits nur 1 Lückenzahn vorhanden, der in sehr hohem Alter zuweilen auch ausfällt, Backenzähne befinden sich in beiden Kiefern jederseits 4. Die beiden mittleren Vorderzähne des Oberkiefers fallen schon sehr frühzeitig aus. Die Schenkelflughaut ist auf der Oberseite beinahe vollständig von langen zottigen Haaren bedeckt. Die Nasenlöcher sind nicht röhrenförmig gestaltet.

Zahnformel. Vorderzähne $\frac{2-2}{6}$, $\frac{1-1}{6}$, $\frac{0-0}{6}$ oder $\frac{0-0}{0-0}$, Eckzähne $\frac{1-1}{1-1}$, Lückenzähne $\frac{1-1}{1-1}$, $\frac{0-0}{1-1}$ oder $\frac{0-0}{0-0}$, Backenzähne $\frac{4-4}{4-4}$ =

34. 32, 30, 28, 26. 24, 22 oder 20.

## 1. Die graubauchige Pelzfledermaus *(Lasiurus Pearsonii).*

*L. pruinosi circa magnitudine et interdum Nycticejo Heathii vix minor; capite parvo brevi lato; auriculis breviusculis, capite ¹/₃ brevioribus, sat rotundatis; trago brevi lanceolato, ad dimidium lobuli auricularis usque attingente; alis longis, ad corporis latera dense pilosis; patagio anali in parte basali et ad basin femorum pilis dense obtecto, in apicali parte lineis transversalibus regularibus parallelis percurso pilisque teneris parce dispositis et marginem posteriorem superantibus sparso; cauda mediocri, dimidio corpore nec non dimidio antibrachii perparum breviore; corpore pilis longiusculis mollibus sericeis dissolutis leviter crispis vestito, in gastraeo paullo brevioribus magisque confertis; colore secundum actatem variabili; in animalibus adultis capite, nucha humerisque fuscescente-griseis ferrugineo-rufo-lavatis pilisque albidis intermixtis; dorso et parte alarum, scelidum et patagii analis pilosa saturate castaneo-vel rufescente-fuscis; gastraeo griseo, in pectore et jugulo dilutiore; patagiis fuscis; in animalibus junioribus notaeo unicolore rufo-fusco, gastraeo sordide griseo et albido-griseo-lavato, imprimis in pectore; capite humerisque albido-griseo lavatis.*

*Lasiurus Pearsonii.* H o r s f. Catal. of the Mammal. of the East-Ind.
Comp. p. 36.

        „      B l y t h. Journ. of the Asiat. Soc. of Bengal.
V. XX. (1851.) p. 524.

*Nycticejus Pearsonii.* W a g n. Schreber Säugth. Suppl. B. V.
S. 767. Nr. 25.

Mit dieser höchst ausgezeichneten Art, welche der einzige bis jetzt bekannt gewordene asiatische Repräsentant der von G r a y aufgestellten und beinahe ausschließlich auf Amerika beschränkten Gattung „L a s i u r u s" ist, sind wir zuerst durch H o r s f i e l d und bald darauf auch näher durch B l y t h bekannt geworden, indem uns beide eine Beschreibung von derselben mittheilten.

Sie bildet nebst der bereiften Pelzfledermaus *(Lasiurus pruinosus),* mit welcher sie so wie auch mit der fahlgelben Schwirrfledermaus *(Nycticejus luteus)* ungefähr von gleicher Größe ist, die größte Form in der Gattung, obgleich sie zuweilen auch kleiner und

25 *

kaum von der Größe der flachköpfigen Schwirrfledermaus *(Nycti-cejus Heathii)* angetroffen wird.

Der Kopf ist klein, kurz und breit. Die Ohren sind ziemlich kurz, um $\frac{1}{3}$ kürzer als der Kopf und ziemlich stark abgerundet, und zwar mehr als bei den meisten der übrigen bis jetzt bekannten Arten. Die Ohrklappe ist kurz, nur bis zur Mitte des Ohrlappens reichend und von lanzettförmiger Gestalt. Die Flügel sind lang und längs der Leibesseiten dicht behaart. Die Schenkelflughaut ist in ihrem Wurzeltheile und an der Basis der Schenkel dicht mit Haaren bedeckt, in ihrem Endtheile aber von regelmäßigen parallelen Querlinien durchzogen und mit feinen zerstreutstehenden Haaren besetzt, welche über den Band derselben hinausragen. Der Schwanz ist mittellang, nur sehr wenig länger als der halbe Körper und auch als der halbe Vorderarm.

Die Körperbehaarung ist auf der Oberseite ziemlich lang, locker, schwach gekräuselt, seidenartig und sehr weich, auf der Unterseite etwas kürzer und dicht.

Die Färbung ist nach dem Alter etwas verschieden.

Bei alten Thieren sind der Kopf, der Nacken und die Schultern bräunlichgrau und rostroth überflogen, mit eingemengten weißlichen Haaren. Der Rücken, der behaarte Theil der Flügel, der Schenkel und der Schenkelflughaut, so wie auch die feinen Haare auf derselben sind tief kastanien- oder röthlichbraun. Die Unterseite des Körpers ist grau, an der Brust und Gurgel aber heller. Die Flughäute sind braun.

Bei jüngeren Thieren ist die Oberseite des Körpers einfärbig rothbraun, die Unterseite schmutzig grau und weißgrau überflogen, besonders aber an der Brust. Auch der Kopf und die Schultern bieten einen weißgrauen Anflug dar.

| | | | |
|---|---|---|---|
| Körperlänge | 3″. | Nach Horsfield. |
| Länge des Schwanzes | 1″ 6‴. | |
| „ des Vorderarmes | 2″ 3‴. | |
| Spannweite der Flügel | 1′ 2″. | |
| Körperlänge | 2″ 3‴. | Nach Blyth. |
| Länge des Schwanzes | 1″ 3‴. | |
| „ des Vorderarmes | 1″ 10$\frac{1}{2}$‴. | |
| „ des Kopfes | 9‴. | |
| „ der Ohren | 6″. | |

Die Zahl der Vorderzähne beträgt bei jüngeren Thieren im Oberkiefer 4, bei alten 2. Die beiden äußeren sind viel kleiner.

Vaterland. Süd-Asien, Ost-Indien, Darjiling.

## 2. Die schwarzschulterige Pelzfledermaus *(Lasiurus humeralis).*

*L. funebris circa magnitudine; auriculis longis, capite longioribus, oblongo-ovatis; oculis parvis pilis occultis; cauda longa, corporis fere longitudine, articulo ultimo acuto sat prominente libera; notaeo saturate fusco, humeris nigris, gastraeo griseo; patagiis griseis, auriculis rostroque nigris.*

*Vespertilio humeralis.* Rafin. Amer. Monthly Magaz.
*Nycticejus humeralis.* Rafin. Journ. d. Phys. V. LXXXVIII. p. 417.

„         „         Desmar. Nouv. Dict. d'hist. nat. V. XXXV.
                        p. 464.

„         „         Desmar. Mammal. p. 133. Note 1.

*Vespertilio humeralis.* Fisch. Syn. Mammal. p. 115. Nr. 42. ⋆
*Nycticeyx humeralis.* Wagler. Syst. d. Amphib. S. 13.
*Nycticejus humeralis.* Temminck. Monograph. d. Mammal. V. II.
                        p. 160.

„         Wagn. Schreber Säugth. Suppl. B. I. S. 546.
            Note 7. a.

„         Wagn. Schreber Säugth. Suppl. B. V. S. 774.
            Note 1.

„         Giebel. Säugeth. S. 930. Note 6.

Wir kennen diese Form, welche ohne Zweifel eine selbstständige Art darstellt, bis jetzt nur aus einer kurzen Beschreibung von Rafinesque, der seine Gattung „*Nycticejus*“ auf dieselbe gründete.

Sie bildet eine der kleineren Formen in der Gattung, indem sie mit der Trauer- *(Lasiurus funebris),* braunrothen *(Lasiurus Blossevillei)* und marmorirten Pelzfledermaus *(Lasiurus bonariensis)* ungefähr von gleicher Größe ist.

Die Ohren sind lang, länger als der Kopf und von länglicheiförmiger Gestalt, die Augen klein und unter den Haaren versteckt. Der Schwanz ist lang, nahezu von derselben Länge wie der Körper und ragt mit seinem spitzen Endgliede ziemlich weit aus der Schenkelflughaut frei hervor.

Die Oberseite des Körpers ist gesättigt braun und die Schultern sind schwarz. Die Unterseite ist grau. Die Flughäute sind grau, die Ohren und die Schnauze schwärzlich.

Gesammtlänge . . . . . . . . 3″ 6‴. Nach Rafinesque.

Körperlänge . . . . . . . . 1″ 10‴.

Länge des Schwanzes beinahe . 1″ 9‴.

Im Oberkiefer sind nur 2 Vorderzähne vorhanden, die an die Eckzähne angeschlossen, durch einen weiten Zwischenraum voneinander getrennt und mit spitzen Kerben an der Kronenschneide versehen sind. Im Unterkiefer befinden sich 6, an der Kronenschneide abgestutzte Vorderzähne. Die Eckzähne bieten an ihrer Basis keinen Fortsatz dar.

Vaterland. Nord-Amerika, Vereinigte Staaten, wo diese Art im Staate Kentucky angetroffen wird.

### 3. Die bärtige Pelzfledermaus *(Lasiurus mystax)*.

*L. Vespero innoxio paullo minor; rostro calvo, naribus paullo prosilientibus rotundatis, vibrissis longis; auriculis capite longioribus, interne plicis transversalibus percursis ; cauda longissima, corpore duplo longiore, maximam partem patagio anali inclusa, apice acuminata prominente libera; notaeo gastraeoque fulvis, capite supra fusco ; patagiis nigris, auriculis fuscis.*

*Hypexodon mystax.* Rafin. Journ. de Phys. V. LXXXVIII. p. 417.

„        „    Desmar. Nouv. Dict. d'hist. nat. V. XXXV. p. 464.

„        „    Desmar. Mammal. p. 133. Note.

*Vespertilio mystax.* Fisch. Synops. Mammal. p. 115. Nr. 42. *

*Hypexodon Mystax.* Wagler. Syst. d. Amphib. S. 12. Note 2.

*Vespertilio? mystax.* Wagn. Schreber Säugth. Suppl. B. I. S. 547. Note 7. d.

*Nycticejus? mystax.* Wagn. Schreber Säugth. Suppl. B. I. S. 547. Note 7. d.

*Nycticejus mystax.* Wagn. Schreber Säugth. Suppl. B. V. S. 774. Note 1.

„        „    Giebel. Säugeth. S. 930. Note 6.

Ebenfalls eine uns seither nur durch Rafinesque bekannt gewordene Form, welche den Typus seiner Gattung „*Hypexodon*“

bildet, und wie aus der kurzen Beschreibung hervorgeht, eine selbstständige Art.

Sie ist die kleinste unter allen bis jetzt bekannt gewordenen nicht nur in ihrer Gattung, sondern in der ganzen Familie der Fledermäuse, da sie noch etwas kleiner als die peruanische Abendfledermaus *(Vesperus innoxius)* und als die zimmtfarbene Scheibenfledermaus *(Thyroptera discifera)* ist.

Die wenigen Merkmale mit welchen Rafinesque diese Art charakterisirt, sind folgende:

Die Schnauze ist kahl. Die Nasenlöcher sind etwas vorspringend und rundlich, die Schnurren lang. Die Ohren sind länger als der Kopf und auf der Innenseite von Querfalten durchzogen. Der Schwanz ist sehr lang, doppelt so lang als der Körper, größtentheils in die Sehenkelflughaut eingeschlossen und geht in eine über dieselbe hinausragende Spitze aus.

Die Ober- sowohl als Unterseite des Körpers ist rothgelb, der Kopf auf der Oberseite braun. Die Flügel und die Schenkelflughaut sind schwarz, die Ohren braun.

| | | |
|---|---|---|
| Gesammtlänge . . . . . . . | 3″. | Nach Rafinesque. |
| Körperlänge . . . . . . . . | 1″. | |
| Länge des Schwanzes . . . . | 2″. | |
| Spannweite der Flügel . . . . | 1′ 2″. | |

Im Oberkiefer fehlen die Vorderzähne gänzlich, im Unterkiefer sind 6 vorhanden, welche an der Kronenschneide ausgerandet sind. Die Eckzähne des Unterkiefers sind an ihrer Basis an der Außenseite mit einem warzenartigen Vorsprunge versehen.

Der gänzliche Mangel der oberen Vorderzähne beruht aller Wahrscheinlichkeit nach nur auf höherem Alter.

Vaterland. Nord-Amerika, Vereinigte Staaten, wo diese Art im Staate Kentucky angetroffen wird.

Fischer zählte diese Art zur Gattung „*Vespertilio*" und Wagner, welcher früher im Zweifel war, ob sie der Gattung „*Vespertilio*" oder „*Nycticejus*" einzureihen sei, entschied sich später für diese letztere Ansicht.

### 4. Die bereifte Pelzfledermaus *(Lasiurus pruinosus)*.

*L. Pearsonii paullo major et interdum Nycticeji Nigritae magnitudine; rostro brevi obtuso; auriculis proportionaliter magnis capite brevioribus, tam latis quam longis aut paullo latioribus, externe a basi ultra dimidium pilosis; trago brevi foliiformi, apice obtusissimo introrsum curvato; alis longiusculis latis, maximam partem calvis, supra infraque versus corporis latera nec non in margine exteriore ac inferiore et infra juxta antibrachium pilosis, ad digitorum pedis basin usque attingentibus; patagio anali lato. supra infraque sicut et pedes pilis villosis large obtecto; cauda mediocri, dimidio corpori longitudine aequali vel parum longiore et antibrachio perparum breviore, articulo ultimo prominente libera; corpore pilis longis villosis dissolutis mollibus vestito; notaeo nigrescente-fusco, tergum versus in saturate ferrugineo-rufum vergente undique albo-adsperso, pilis omnibus basi nigro-fuscis, dein flavido-fuscis, supra nigrescentibus albo-apiculatis, gula fascia transversali flavescente-alba cincta, pectore fuscescente, abdomine dilute nigro-fusco; macula alba ad insertionem alarum et altera ad cubitum; patagio anali ferrugineo-rufo albo-adsperso; maxilla inferiore, marginibus auricularum alisque nigris.*

*Vespertilio pruinosus.* Say. Long's Expedit. V. I. p. 167.

    „        „    Godman. Amer. nat. hist. V. I. p. 68. f. 3.

           „    Richards. Fauna bor. amer. V. I. p. 1.

    „        „    Fisch. Synops. Mammal. p. 113. Nr. 41.

*Nycticejus pruinosus.* Temminck. Monograph. d. Mammal. V. II. p. 154.

*Scotophilus pruinosus.* Gray. Magaz. of Zool. and Bot. V. II. p. 498.

*Lasiurus pruinosus.* Gray. Magaz. of Zool. and Bot. V. II. p. 498.

*Nycticejus pruinosus.* Wagn. Schreber Säugth. Suppl. B. I. S. 544. Nr. 8.

*Vespertilio pruinosus.* De Kay. Zool. of New-York. V. I.

*Lasiurus pruinosus.* Gray. Mammal. of the Brit. Mus. p. 32.

*Vespertilio Pruinosus.* Harlan. Amer. Monthly Journ. V. I.

*Nycticejus pruinosus.* Cooper. Ann. of the Lyc. of New-York. V. IV. p. 55.

    „    Neuw. Reise in Nord-Amerika. B. I. S. 403.

*Nycticejus pruinosus.* W a g n. Schreber Säugth. Suppl. B. V.
S. 770. Nr. 12.

„ „ G i e b e l. Säugeth. S. 929.

*Lasiurus cinereus.* H. A l l e n.

„ „ J. A. A l l e n. Mammal. of Massachusetts. p. 208.

S a y hat diese Art entdeckt und ihm verdanken wir auch die
erste Beschreibung von derselben.

Sie ist die größte unter allen bis jetzt bekannt gewordenen
Arten dieser Gattung und meistens noch etwas größer als die graubauchige Pelzfledermaus *(Lasiurus Pearsonii)*, ja bisweilen sogar
von der Größe der Hundskopf-Schwirrfledermaus *(Nycticejus Nigrita)*, welche zu den größten Formen in der ganzen Familie zählt.

Die Schnauze ist kurz und stumpf. Die Ohren sind verhältnißmäßig groß, ebenso breit oder fast noch etwas breiter als lang, doch
kürzer als der Kopf und auf der Außenseite von der Wurzel an bis
über ihre Hälfte behaart. Die Ohrklappe ist kurz und blattförmig, an
der Spitze sehr stumpf und nach einwärts gegen den Kopf gekrümmt.
Die Flügel sind ziemlich lang und breit, größtentheils kahl, auf der
Ober- wie der Unterseite an den Leibesseiten so wie auch am äus-
seren und unteren Rande und auf der Unterseite auch längs des Vorderarmes behaart, und reichen bis an die Zehenwurzel. Die Schenkelflughaut ist breit und auf der Ober- sowohl als Unterseite reichlich
und zottig behaart, und ebenso auch die Füße. Der Schwanz ist mittellang, ebenso lang oder nur wenig länger als der halbe Körper und
nur sehr wenig kürzer als der Vorderarm, und ragt mit seinem Endgliede frei aus der Schenkelflughaut hervor.

Die Körperbehaarung ist lang, zottig; locker und weich.

Die Oberseite des Körpers ist schwärzlichbraun, gegen den
Hinterrücken in gesättigt Rostroth übergehend und allenthalben
weiß bestäubt, wobei die einzelnen Haare an der Wurzel schwarzbraun, dann gelblichbraun, weiter nach oben zu schwärzlich und an
der kurzen Spitze weiß sind. Um die Kehle zieht sich eine gelblichweiße Querbinde, die Brust ist bräunlich, der Bauch licht schwärzlichbraun, welche Färbung dadurch bewirkt wird, daß die Haare an
der Kehle in gelblichweiße, auf der Brust in bräunliche, und am
Bauche in licht schwärzlichbraune Spitzen endigen. An der Einlenkung der Flügel befindet sich ein weißer Flecken und ebenso auch

am Ellenbogen. Die Schenkelflughaut ist rostroth und weiß bestäubt. Der Unterkiefer, die Ohrränder und die Flügel sind schwarz.

Gesammtlänge . . . . . 4″ 5‴—4″ 6‴. Nach Say.  
Körperlänge . . . . . . 4″.        Nach Richardson.  
Länge des Schwanzes . . . 2″.  
„ der Ohren . . . . . 6‴.  
Breite „ „ . . . . 6‴.  
Spannweite der Flügel . . 1′ 3″.  
Länge des Vorderarmes . . 1″ 11‴. Nach Temminck.  
Spannweite der Flügel . . 1′ 1″ 6‴.  
Körperlänge . . . . . . 3″.       Naeh Cooper.  
Länge des Schwanzes . . 1″ 8‴.  
„ des Vorderarmes . . 2″.

Im Oberkiefer sind 2 durch einen weiten Zwischenraum voneinander getrennt stehende Vorderzähne vorhanden, welehe nahe an den Eckzähnen stehen, von kegelförmiger Gestalt und an der Außenseite mit einem kleinen Höcker versehen sind. Im Unterkiefer befinden sich 6. Die Eckzähne sind groß und vorstehend. Die Zahl der Lückenzähne beträgt in beiden Kiefern jederseits 1, der Backenzähne 4, doch fällt der Lückenzahn des Oberkiefers bei zunehmendem Alter aus. Richardson, der die Zahl der Lücken- und Backenzähne zusammenfaßt, gibt dieselbe im Oberkiefer auf 5, im Unterkiefer auf 6 an, welche letztere Angabe aber offenbar nur auf einer Täuschung beruht.

Vaterland. Nord-Amerika, wo diese Art in den vereinigten Staaten bis zum 54. Grade Nordbreite vorkommt und sich vom Saskatchewan, dem rothen Fluße und Missuri durch Neu-Schottland, Neu-England, Massachusetts, New-York, Pennsylvanien, Louisiana, Matamoras, Neu-Mexiko und Californien südwärts bis nach Süd-Carolina erstrecken soll.

H. Allen hat den Namen „*Lasiurus cinereus*“ für dieselbe gewählt und J. A. Allen, welcher sie gleichfalls mit diesem Namen bezeichnet, bezweifelt die angebliche weite Verbreitung dieser Art gegen Süden und macht darauf aufmerksam, daß die meisten in den Sammlungen mit der Benennung „*Lasiurus pruinosus*“ bezeichneten Exemplare nicht dieser Art, sondern der New-York-Pelzfledermaus *(Lasiurus noveboracensis)* angehören, mit welcher sie so häufig verwechselt wird.

## 5. Die New-York-Pelzfledermaus *(Lasiurus noveboracensis)*.

*L. rufo major ; rostro fisso fere bilobo; auriculis brevibus latis rotundatis ; alis modice longis calvis, parvo spatio ad radices digitorum piloso in superiore, et stria pilosa juxta antibrachium in inferiore parte exceptis, ad digitorum pedis basin usque attingentibus; patagio anali sat lato, supra pilis longis villosis obtecto ; scelidibus valde gracilibus ; cauda mediocri, dimidio corpore distincte longiore et antibrachio longitudine aequali, articulo ultimo brevi acuto prominente libera; corpore pilis longis villosis dissolutis mollibus vestito; colore inconstante et partim secundum sexum variabili; notaeo ex rufescente flavo-fusco, vel obscuriore et magis ferrugineo-flavo, vel dilutiore et in anteriore corporis parte pallidiore, pilis singulis a basi dilute fusco-flavis vel ochraceis, versus apicem ex rufescente flavo-fuscis vel fulvis et non raro albo-apiculatis; gastraeo ejusdem coloris, ast pallidiore et paullo in rufescentem vergente; patagio anali magis vivide fulvescente-fusco ; macula alba ad insertionem alarum, nulla macula alba autem ad cubitum; labiis mentoque rufis ; alis obscure nigrescentibus, pilis juxta antibrachium flavescente-fuscis; colore in maribus saturatius dilute fulvescente, in foeminis obscure rufescente-fusco.*

*New-York bat.* P e n n a n t. Synops. Quadrup. p. 367. Nr. 283. t. 31. f. 2.

*Nordamerikanische Fledermaus.* S c h r e b e r. Säugth. B. I. S. 176. Nr. 21.

*Neujorker. Vespertilio borealis.* M ü l l e r. Natursyst. Suppl. S. 20.

*Vespertilio noueboracensis.* E r x l e b. Syst. regn. anim. P. I. p. 155. Nr. 14.

*Vespertilio noveboracensis.* Z i m m e r m. Geogr. Gesch. d. Mensch. u. d. Thiere. B. II. S. 418. Nr. 347.

*New-York Bat.* P e n n a n t. Hist. of Quadrup. V. II. p. 557. Nr. 403.

*Vespertilio Noveboracus.* B o d d a e r t. Elench. anim. V. I. p. 71. Nr. 15.

*Vespertilio noveboracensis.* G m e l i n. Linné Syst. Nat. T. I. P. I. p. 50. Nr. 21.

*New-York Bat.* S h a w. Gen. Zool. V. I. P. I. p. 135.

*Atalapha Americana.* Rafin. Prodrom. de Semiolog.

„          „          Desmar. Nouv. Dict. d'hist. nat. V. III. p. 43.
Nr. 2.

„          „          Desmar. Mammal. p. 146. Nr. 227.
Encycl. méth. t. 34. f. 6.

*Nycticejus noveboracensis.* Creztschm. Rüppell's Atlas. t. 28.
f. 3, 4.

*Vespertilio Noveboracensis* Fisch. Synops. Mammal. p. 114. Nr. 42.

*Nycticeyx noveboracensis.* Wagler. Syst. d. Amphib. S. 13.

*Nycticejus Noveboracensis.* Temminck. Monograph. d. Mammal.
V. II. p. 158.

*Scotophilus Noveboracensis.* Gray. Magaz. of Zool. and. Bot. V. II.
p. 498.

*Lasiurus? Noveboracensis.* Gray. Magaz. of Zool. and Bot. V. II. p. 498.

*Nycticejus novaeboracensis.* Wagn. Schreber Säugth. Suppl. B. I.
S. 546. Nr. 10.

*Vespertilio Noveboracensis.* Harlan. Amer. Monthly Journ. V. I.

„          „          Cooper. Ann. of the Lyc. of New-York.
V. IV. p. 57.

*Nycticejus lasiurus.* Wagn. Schreber Säugth. Suppl. B. V. S. 771.
N. 13.

*Nycticejus noveboracensis.* Wagn. Schreber Säugth. Suppl. B. V.
S. 773. Nr. 15.

Giebel. Säugeth. S. 929.

Zelebor. Reise d. Fregatte Novara.
Zool. Th. B. I. S. 17.

*Lasiurus noveboracensis.* J. A. Allen. Mammal. of Massachusetts.
p. 207.

Unter allen Arten dieser Gattung, die schon am längsten bekannte, indem uns schon Pennant im Jahre 1771 durch eine kurze Angabe ihrer Merkmale die erste Nachricht von ihr gab und einige Jahre später Schreber und Erxleben dieselbe näher beschrieben.

Sie gehört zu den mittelgroßen Formen in der Gattung, indem sie größer als die rothscheckige *(Lasiurus rufus)* und kleiner als die marmorirte Pelzfledermaus *(Lasiurus varius)* ist.

In ihren körperlichen Formen kommt diese Art mit der bereiften *(Lasiurus pruinosus)*, Trauer- *(Lasiurus funebris)* und rothscheckigen Pelzfledermaus *(Lasiurus rufus)* beinahe vollständig überein.

Von der ersteren unterscheidet sie sich durch die weit geringere Größe, und den verhältnißmäßig längeren Schwanz, von den beiden letzteren durch die etwas bedeutendere Größe und den viel kürzeren Schwanz, von allen dreien aber auch durch die verschiedene Färbung.

Die Schnauze ist beinahe zweispaltig. Die Ohren sind kurz, breit und gerundet. Die Flügel sind mäßig lang und kahl, mit Ausnahme einer kleinen Stelle an der Wurzel der Finger auf der Oberseite und eines Haarstreifens längs des Vorderarmes auf der Unterseite, und reichen bis zur Zehenwurzel.

Die Schenkelflughaut ist ziemlich breit und auf der Oberseite von langen zottigen Haaren bedeckt. Die hinteren Gliedmaßen sind sehr schlank. Der Schwanz ist mittellang, merklich länger als der halbe Körper, von derselben Länge wie der Vorderarm, beinahe vollständig von der Schenkelflughaut eingeschlossen und ragt nur mit seinem kurzen spitzen Endgliede frei aus derselben hervor.

Die Körperbehaarung ist lang, zottig, locker und weich.

Die Färbung ist nicht beständig und ändert zum Theile etwas nach dem Geschlechte.

Die Oberseite des Körpers ist röthlich-gelbbraun oder röthlichfahl, bald dunkler und mehr rostgelb, bald aber auch heller und am vorderen Theile des Körpers blasser, die Unterseite ebenso, aber blasser und etwas in's Röthliche ziehend. Die einzelnen Haare der Oberseite sind von der Wurzel an licht braungelb oder ochergelb, gegen das Ende aber röthlich-gelbbraun oder röthlichfahl oder bisweilen auch rostgelb oder rothgelb und geben nicht selten in kurze weiße Spitzen aus. Die Schenkelflughaut ist lebhafter rothgelblichbraun gefärbt. An der Einlenkung der Flügel befindet sich ein weißer Flecken, keiner aber am Ellenbogengelenke. Der Haarstreifen längs des Vorderarmes auf der Unterseite der Flügel ist hell gelblich- oder fahlbraun. Die Flügel sind dunkel schwärzlich, die Lippen und das Kinn roth.

Das Männchen ist lebhafter licht gelblichroth, da die weißen Haarspitzen seltener sind, das Weibchen gewöhnlich dunkler, indem das licht Gelblichroth der Männchen bei demselben durch dunkel Röthlichbraun ersetzt wird und die Färbung der Haare daher unterhalb der weißen Spitze mehr oder weniger dunkel erscheint.

Körperlänge . . . . . . . . . 2″ 6‴. Nach Schreber.
Länge des Schwanzes . . . . . 1″ 9⅗‴.
Gesammtlänge . . . . . . . 3″ 8‴. Nach Cooper.
Körperlänge . . . . . . . . 2″ 3‴.
Länge des Schwanzes . . . . . 1″ 5‴.
„  des Vorderarmes . . . . 1″ 5‴.

Im Oberkiefer sind 2 Vorderzähne vorhanden, die durch einen weiten Zwischenraum voneinander getrennt sind, im Unterkiefer 6. Bei sehr alten Thieren fehlen die Vorderzähne in beiden Kiefern gänzlich.

Vaterland. Nord-Amerika, Vereinigte Staaten, wo diese Art insbesondere im Staate New-York häufig angetroffen wird.

Rafinesque hat auf ein sehr altes Exemplar dieser Art, welches sämmtliche Vorderzähne in beiden Kiefern schon verloren hatte, eine besondere Gattung gegründet, die er mit dem Namen „Atalapha" bezeichnet hatte, und Wagner glaubte in der von Cooper beschriebenen Form, welche offenbar mit dieser Art identisch ist, die rothscheckige Pelzfledermaus (Lasiurus rufus) zu erkennn, was jedoch sicher auf einem Irrthume beruht, wie die Körpermaaße dieß deutlich beweisen.

### 6. Die Trauer-Pelzfledermaus (Lasiurus funebris).

*L. Blossevillii et interdum Vesperuginis aenobarbi magnitudine ac Lasiuro noveboracensis valde similis, ast corpore minore, cauda multo longiore et colore diversus; patagio anali latissimo supra toto, infra basali parte tantum pilis longis villosis obtecto; cauda longa, corpori longitudine aequali et antibrachio eximie longiore, articulo ultimo prominente libera; corpore pilis longis villosis dissolutis mollibus vestito; notaeo unicolore fusco paullo in rufescentem vergente et in anteriore corporis parte paullo obscuriore, gastraeo ejusdem coloris ast dilutiore; alis ad basin macula parva alba notatis, nulla macula alba autem ad cubitum; patagio anali supra infraque unicolore fusco paullo in rufescentem vergente; alis nigrescentibus.*

*Nycticejus Noveboracensis.* Temminck. Monograph. d. Mammal.
V. II. p. 158.

*Nycticejus novaeboracensis.* W a g n. Schreber Säugth. Suppl. B. I.
S. 546. Nr. 10.
*Nycticejus noveboracensis.* W a g n. Schreber Säugth. Suppl. B. V.
S. 773. Nr. 15.
„            „     G i e b e l. Säugeth. S. 929.
*Lasiurus noveboracensis.* J. A. A l l e n. Mammal. of Massachusetts.
p. 207.

Eine der New-York-Pelzfledermaus *(Lasiurus noveboracensis)*
zwar nahe verwandte und seither immer mit derselben verwechselte,
aber sicher specifisch von ihr verschiedene Art, welche wir nur aus
einer Beschreibung von T e m m i n c k kennen, und die in so manchen
ihrer Merkmale nicht nur an diese, sondern auch an die bereifte
*(Lasiurus pruinosus)* und rothscheckige Pelzfledermaus *(Lasiurus
rufus)* erinnert.

Von den beiden erstgenannten Arten unterscheidet sie sich
jedoch durch den viel längeren Schwanz und von allen dreien durch
die geringere Körpergröße und die abweichende Färbung.

Sie zählt zu den kleineren Formen in der Gattung, indem sie in
der Regel der braunrothen *(Lasiurus Blossevillei)* und marmorirten
Pelzfledermaus *(Lasiurus bonariensis)* an Größe gleich kommt,
obgleich sie bisweilen auch merklich kleiner und nur von der Größe
der rothbärtigen *(Vesperugo aenobarbus)*, fahlbraunen *(Vesperugo
Blythii)* und Zwerg-Dämmerungsfledermaus *(Vesperugo minutissimus)* angetroffen wird.

Ihre körperlichen Formen weichen kaum von denen der oben-
genannten ihr zunächst verwandten Arten ab.

Die Schenkelflughaut ist sehr breit, auf der Oberseite vollständig, auf der Unterseite aber nur in ihrem Wurzeltheile mit langen
zottigen Haaren bedeckt. Der Schwanz ist lang, von derselben Länge
wie der Körper und beträchtlich länger als der Vorderarm, und ragt
mit seinem Endgliede frei aus der Schenkelflughaut hervor.

Die Körperbehaarung ist lang, zottig, locker und weich.

Die Färbung ist auf der Oberseite des Körpers einfärbig braun,
etwas in's Röthliche ziehend und am Vordertheile etwas dunkler, auf
der Unterseite ebenso, aber lichter. An der Basis der Flügel befindet
sich ein kleiner weißer Flecken, keiner aber am Ellenbogengelenke.
Die Schenkelflughaut ist auf der Ober- wie der Unterseite einfärbig
braun und etwas in's Röthliche ziehend. Die Flügel sind schwärzlich.

Körperlänge . . . . . . . . 1″ 9‴. Nach Temminck.
Länge des Schwanzes . . . . . 1″ 9‴.
　　　„ des Vorderarmes . . . . 1″ 4‴.
Spannweite der Flügel . . . . 11″.
Körperlänge . . . . . . . . 1″ 6‴. Nach Wagner.
Länge des Schwanzes . . . . . 1″ 6‴.

Im Oberkiefer sind 2 durch einen weiten Zwischenraum getrennte Vorderzähne vorhanden.

Vaterland. Nord-Amerika, Vereinigte Staaten und insbesondere Tennessee und Missuri.

Temminck verwechselte diese Art irrigerweise mit der New-York-Pelzfledermaus *(Lasiurus noveboracensis)* und ebenso auch Wagner, Giebel und J. A. Allen.

### 7. Die weissachselige Pelzfledermaus *(Lasiurus tessellatus)*.

*L. rufi fere magnitudine; naso fisso fere bilobo; auriculis brevibus rotundatis pilis fere occultis; cauda longa, corpori longitudine aequali, maximam partem patagio anali inclusa apice verrucaeformi prominente libera; notaeo rufescente-fusco, gastraeo fulvo, fascia angusta collum cingente flavescente; axillis albis; alis rufo punctatis reticulatisque.*

*Vespertilio tessellatus.* Rafin. Amer. Monthly Magaz.
*Nycticejus tessellatus.* Rafin. Journ. d. Phys. V. LXXXVIII. p. 417.
　　„　　　　„　　Desmar. Nouv. Dict. d'hist. nat. V. XXXV. p. 464.
　　　　　　„　　Desmar. Mammal. p. 133. Note 2.
　　　　　　„　　Fisch. Synops. Mammal. p. 115. Nr. 42. ✳
*Nycticeyx tessellatus.* Wagler. Syst. d. Amphib. S. 13.
*Nycticejus tessellatus.* Temminck. Monograph. d. Mammal. V. II. p. 160.
　　　　　„　　Wagn. Schreber Säugth. Suppl. B. I. S. 547. Note 7. b.
*Nycticejus lasiurus?* Wagn. Schreber Säugth. Suppl. B. V. S. 771. Nr. 13.
*Nycticejus tessellatus.* Giebel. Säugeth. S. 930. Note 6.

Sowie die vorhergehende, so kennen wir auch diese Form nur aus einer gedrängten und ungenügenden Beschreibung von Rafin e s q u e, aus welcher jedoch hervorzugehen scheint, daß dieselbe zwar mit der rothscheckigen Pelzfledermaus *(Lasiurus rufus)* sehr nahe verwandt, aber dennoch specifisch von ihr verschieden sei, da sich nicht nur einige nicht unwesentliche Unterschiede bezüglich der Färbung zwischen diesen beiden Formen ergeben, sondern auch in Ansehung der verhältnißmäßigen Länge der Ohren.

In der Größe kommt sie mit der genannten Art nahezu überein, daher sie zu den kleinsten unter den mittelgroßen Formen dieser Gattung gezählt werden muß.

Die Nase ist gespalten und erscheint beinahe zweilappig. Die Ohren sind kurz und gerundet, und fast unter den Haaren versteckt. Der Schwanz ist lang, von derselben Länge wie der Körper, größtentheils von der Schenkelflughaut eingeschlossen, und ragt mit seinem warzenartigen Endgliede frei aus derselben hervor.

Die Oberseite des Körpers ist röthlichbraun, die Unterseite rothgelb, mit einer schmalen gelblichen Binde, welche sich um den Hals herum zieht. Die Achseln sind weiß. Die Flügeln sind roth punktirt und netzartig geadert.

Gesammtlänge . . . . . . . . 4″. Nach R a f i n e s q u e.
Körperlänge . . . . . . . . . 2″.
Länge des Schwanzes . . . . . . 2″.

Im Oberkiefer sind nur 2, durch einen weiten Zwischenraum voneinander getrennte Vorderzähne vorhanden, im Unterkiefer 6.

V a t e r l a n d. Nord-Amerika, Vereinigte Staaten, wo diese Art im Staate Kentucky vorkommt.

W a g n e r ist geneigt dieselbe mit der rothscheckigen Pelzfledermaus *(Lasiurus rufus)* für identisch zu betrachten.

### 8. Die rothscheckige Pelzfledermaus *(Lasiurus rufus).*

*L. vel humeralis, vel tessellati magnitudine et nonunquam posteriore paullo major; capite perparvo, rostro brevi obtuso oblique truncato fisso, labiis tumescentibus; auriculis brevibus, capite brevioribus oblongo-ovatis, margine exteriore ad oris angulum usque protensis; trago brevi angusto semicordato, antrorsum ac introrsum curvato; alis longiusculis latis, maximam partem calvis, supra infraque versus corporis latera solum et infra juxta antibrachium pilosis, ad digitorum pedis basin usque attingentibus; patagio anali permagno lato, supra infraque pilis longis villosis large obtecto;*

*cauda longa, corpori longitudine aequali vel vix breviore et antibra-
chio triente longiore, articulo apicali prominente libera; corpore
pilis longis villosis mollibus dissolutis vestito; colore secundum aetatem et anni tempora variabili; in adultis aestivali tempore vertice
nuchaque flavidis rufo-variegatis pilis basi flavidis, dorso, patagio
anali scelidibusque griseo-flavescentibus et vivide cinnamomeo-rufo
vel interdum albido-variegatis pilis basi griseo-flavescentibus, mento
rufo, jugulo pectoreque flavido-rufis cinnamomeo-rufo-variegatis;
abdomine et antibrachio in superiore triente rufis; macula pure
alba in utroque latere pectoris ad alarum insertionem, nulla vero
ad cubitum, et plerumque fascia transversali alba rufo-maculata
in pectore; alis nigris, versus corporis latera et juxta totum antibrachium rufis, digitis striis longitudinalibus griseis metacarpis
exorientibus notatis; in hiemali tempore notaeo dilute flavescente
rufescente-variegato, mento juguloque dilute rufis, abdomine rufes-
cente-albido; fascia pectorali albida nec non macula alba ad alarum
insertionem rufo-marmoratis; colore in animalibus junioribus sicut
in adultis tempore hiemali.*

*Vespertilio lasiurus.* Schreber. Säugth. B. I. t. 62 B.

*Vespertilio Lasurus.* Boddaert. Elench. anim. V. I. p. 71. Nr. 16.

*Vespertilio lasiurus.* Gmelin. Linné Syst. Nat. T. I. P. I. p. 50.
          Nr. 23.

*Rough-tailed bat.* Shaw. Gen. Zool. V. I. P. I. p. 134.

*Vespertilio lasiurus.* Geoffr. Ann. du Mus. V. VIII. p. 200. Nr. 9.
          t. 47. (Kopf.)

   „          Desmar. Nouv. Dict. d'hist. nat. V. XXXV.
          p. 474. Nr. 13.

   „          Desmar. Mammal. p. 142. Nr. 215.

Encycl. méth. t. 31. f. 4.

*Taphozous rufus.* Harlan. Fauna Amer.

*Taphozous brachmanus.* Godman.

*Red bat.* Wilson. Amer. Ornithol. V. VI. p. 60. t. 50. f. 4.

*Vespertilio rufus.* Warden. Descript. des Etats-Unis. V. V. p. 608.

*Taphozous rufus.* Desmar. Dict. des Sc. nat. V. LII. p. 223.

*Vespertilio lasiurus.* Griffith. Anim. Kingd. V. V. p. 253. Nr. 6.

   „          „      Fisch. Synops. Mammal. p. 109, 552. Nr. 25.

*Taphozous? rufus.* Fisch. Synops. Mammal. p. 122. *

*Taphozous brachmanus?* Fisch. Synops. Mammal. p. 554.

*Nycticejus lasiurus*. Temminck. Monograph. d. Mammal. V. II.
p. 156. t. 47. f. 8. (Kopf.)
*Scotophilus lasiurus*. Gray. Magaz. of Zool. and Bot. V. II. p. 498.
*Lasiurus lasiurus*. Gray. Magaz. of Zool. and Bot. V. II. p. 498.
*Scotophilus pruinosus?* Gray. Magaz. of Zool. and Bot. V. II. p. 499.
*Lasiurus pruinosus?* Gray. Magaz. of Zool. and Bot. V. II. p. 499.
*Nycticejus lasiurus*. Wagn. Schreber Säugth. Suppl. B. I. S. 545.
Nr. 9.
*Lasiurus rufus*. Gray. Mammal. of the Brit. Mus. p. 32.
*Nycticejus lasiurus*. Wagn. Schreber Säugth. Suppl. B. V. S. 771.
Nr. 13.
„          „      Giebel. Säugeth. S. 929.

Nebst der New-York-Pelzfledermaus *(Lasiurus noveboracensis)*
die uns schon am längsten bekannte Art dieser Gattung, welche
zuerst von Schreber beschrieben und abgebildet wurde, und auf
welche Gray seine Gattung „*Lasiurus*" gegründet.

Sie bildet eine mittelgroße Form in der Gattung und schließt
sich zuweilen auch den kleineren Formen an, da sie meistens
von der Größe der brasilischen *(Lasiurus Nattereri)* und weißbauchigen Pelzfledermaus *(Lasiurus tessellatus)*, bisweilen aber auch
etwas größer als dieselben ist, während sie häufig auch nur nahezu
von der Größe der schwarzschulterigen Pelzfledermaus *(Lasiurus
humeralis)* angetroffen wird, und daher die mit ihr nahe verwandte
braunrothe *(Lasiurus Blossevillei)* und marmorirte Pelzfledermaus
*(Lasiurus bonariensis)* an Größe oft nur sehr wenig übertrifft.

Der Kopf ist verhältnißmäßig sehr klein, die Schnauze kurz,
stumpf, schief abgestutzt und gespalten. Die Lippen sind aufgetrieben.
Die Ohren sind kurz, kürzer als der Kopf, länglich-eiförmig und mit
ihrem Außenrande bis gegen den Mundwinkel verlängert. Die Ohrklappe ist kurz und schmal, halbherzförmig, und vor- und einwärts
gekrümmt. Die Flügel sind ziemlich lang und breit, größtentheils
kahl, auf der Ober- wie der Unterseite nur längs der Leibesseiten, und auf
der Unterseite auch längs des Vorderarmes behaart und reichen bis
an die Zehenwurzel. Die Schenkelflughaut ist sehr groß und breit,
und auf der Ober- wie der Unterseite reichlich mit langen zottigen
Haaren bedeckt. Der Schwanz ist lang, ebenso lang oder kaum etwas
kürzer als der Körper, um $1/_3$ länger als der Vorderarm, und ragt mit
seinem Endgliede frei aus der Schenkelflughaut hervor.

Die Körperbehaarung ist lang, zottig, locker und weich.

Die Färbung ändert etwas nach der Jahreszeit und dem Alter.

Bei alten Thieren sind im Sommer der Scheitel und der Nacken gelblich und roth gescheckt, da die gelblichen Haare dieser Körperstellen in rothe Spitzen endigen. Der Rücken, die Schenkelflughaut und die Beine sind graugelblich und lebhaft zimmtroth oder bisweilen auch weißlich gescheckt, wobei die einzelnen Haare an der Wurzel graugelblich, und an der Spitze zimmtroth oder zuweilen auch rein weiß sind. Das Kinn ist roth, der Unterhals und die Brust sind gelblichroth und zimmtroth gescheckt, da die Haare hier in kurze zimmtrothe Spitzen ausgehen. Der Bauch und das obere Drittel des Vorderarmes sind roth. Zu beiden Seiten der Brust an der Einlenkung der Flügel befindet sich ein rein weißer Flecken, keiner aber am Ellenbogengelenke und häufig zieht sich auch eine weiß und roth gefleckte Binde der Quere nach über die Brust. Die Flügel sind schwarz, und an den Leibesseiten, so wie auch längs des ganzen Vorderarmes roth, und graue Längsstreifen verlaufen von der Handwurzel über die Finger.

Im Winter ist die Oberseite des Körpers hellgelblich und röthlich gescheckt, da die hellgelblichen Haare in röthliche Spitzen endigen. Kinn und Unterhals sind hellroth, der Bauch ist röthlichweiß. Die weißliche Brustbinde und der weiße Flecken an der Einlenkung der Flügel sind roth marmorirt. Der behaarte Theil der Flügel ist roth.

Junge Thiere sind so wie zur Zeit des Winters die alten gefärbt.

| | | |
|---|---|---|
| Körperlänge . . . . . . . | 1″ 10½‴. | Nach Schreber. |
| Gesammtlänge . . . . . . | 4″. | Nach Temminck. |
| Körperlänge . . . . . . . | 2″. | |
| Länge des Schwanzes fast . . | 2″. | |
| „ des Vorderarmes . . . | 1″ 6‴. | |
| Spannweite der Flügel . . . | 10″—1′ 2″. | |
| Spannweite der Flügel . . . 1′. | | Nach Harlan. |

In beiden Kiefern sind jederseits 1 Lückenzahn und 4 Backenzähne vorhanden und der Lückenzahn des Oberkiefers ist sehr klein.

Vaterland. Nord- und Mittel-Amerika, wo diese Art durch die vereinigten Staaten nordwärts bis zu den Felsgebirgen und — wenn Temminck's Angabe wirklich diese Art betreffen sollte, — südwärts bis nach Guyana reicht, und namentlich in der Umgegend von Cayenne angetroffen wird.

Die von Cayenne stammenden Exemplare sind aber immer etwas größer und es frägt sich noch, ob sie nicht specifisch verschieden sind, was bei einer so großen Ausdehnung des Verbreitungsbezirkes und einer so bedeutenden Verschiedenheit des Klimas sehr wahrscheinlich ist. Fast möchte ich wagen die Ansicht auszusprechen, daß dieselben mit der weißachseligen Pelzfledermaus *(Lasiurus tessellatus)* zusammenfallen dürften.

Harlan hielt diese Art irrthümlich für eine zur Gattung Grabflatterer *(Taphozous)* gehörige Art und ebenso auch Godman, wodurch Desmarest und Fischer verleitet wurden, sie doppelt und zwar in zwei verschiedenen Gattungen aufzuführen, obgleich letzterer die Richtigkeit der Ansicht Harlan's bezweifelte. Gray sprach die Vermuthung aus, daß die von Harlan beschriebene Form vielleicht mit der bereiften Pelzfledermaus *(Lasiurus pruinosus)* zusammenfallen könnte.

### 9. Die braunrothe Pelzfledermaus *(Lasiurus Blossevillei)*.

*L. bonariensi similis et ejusdem magnitudine, ast antibrachio proportionaliter longiore et colore pilorum corporis singulorum diversus; toto corpore nec non patagio anali vivide castaneo-rufis, pilis singulis basi nigris, versus medium pallidioribus et apice vivide castaneo-rufis.*

*Vespertilio Blossevillei.* Gervais. Ramon de la Sagra Hist. d. Cuba. Mammif. p. 6. t. 1. f. 4—8. (Kopf, Schädel und Gebiß.)

*Nycticejus lasiurus?* Wagn. Schreber Säugth. Suppl. B. I. S. 550.

*Nycticejus bonariensis.* Wagn. Schreber Säugth. Suppl. B. V. S. 772. Nr. 14.

*Nycticejus Blossevillei.* Fitz. Säugeth. d. Novara-Expedit. Sitzungsber. d. math, naturw. Cl. d. kais. Akad. d. Wiss. B. XLII. S. 391.

*Nycticejus noveboracensis.* Var. α. Zelebor. Reise d. Fregatte Novara. Zool. Th. B. I. S. 17.

Eine seither nur von Gervais kurz beschriebene und von demselben irrigerweise mit der marmorirten Pelzfledermaus *(Lasiurus bonariensis)* verwechselte Art, welche mit dieser sowohl, als auch mit der bunten *(Lasiurus varius)* und brasilischen Pelzfledermaus *(Lasiurus Nattereri)* außerordentlich nahe verwandt ist und nicht minder lebhaft an die rothscheckige Pelzfledermaus *(Lasiurus rufus)* erinnert, da sie beinahe dieselbe Färbung wie die genannten Arten darbietet, sich von denselben aber zum Theile durch Verschiedenheiten in der Größe und Abweichungen in den Verhältnissen ihrer einzelnen Körpertheile, zum Theile aber auch durch die Färbung ihrer einzelnen Körperhaare unterscheidet.

In Ansehung der Größe kommt sie mit der marmorirten Pelzfledermaus *(Lasiurus bonariensis)* überein, daher sie etwas kleiner als die brasilische *(Lasiurus Nattereri)* und rothscheckige *(Lasiurus rufus)* und beträchtlich kleiner als die bunte Pelzfledermaus *(Lasiurus varius)*, sonach eine der kleineren Formen in der Gattung ist.

Ihre körperlichen Formen im Allgemeinen, so wie auch die Art und Beschaffenheit der Behaarung bieten kaum irgend ein auffallenderes Merkmal dar, durch welches sie sich von den genannten Arten unterscheiden würde, und insbesondere ist es die marmorirte Pelzfledermaus *(Lasiurus bonariensis)* an welche sie am Meisten erinnert.

Der verhältnißmäßig längere Vorderarm und die auffallend verschiedene Färbung der einzelnen Körperhaare trennen sie aber entschieden von derselben.

Der ganze Körper und auch die Schenkelflughaut sind von lebhaft kastanienrother Farbe, wobei die einzelnen Haare an der Wurzel schwarz, gegen die Mitte blasser und an der Spitze lebhaft kastanienroth gefärbt sind.

Länge des Vorderarmes . . . . . . . 1″ 7‴. Nach G e r v a i s.

Andere Körpermaaße sind nicht angegeben.

V a t e r l a n d. Mittel-Amerika, West-Indien, Cuba, wo G e r v a i s diese Art entdeckte, und Süd-Amerika, Republik Ecuador, wo Z e l e b o r sie getroffen.

W a g n e r, der sie der Gattung „*Nycticejus*" eingereiht, hielt es früher für wahrscheinlich, daß sie von der rothscheckigen Pelzfledermaus *(Lasiurus rufus)* specifisch nicht verschieden sei, schloß sich aber später der Ansicht von G e r v a i s an und zog sie mit der marmorirten Pelzfledermaus *(Lasiurus bonariensis)* in eine Art zusammen. Z e l e b o r will in ihr nur eine Abänderung der NewYork-Pelzfledermaus *(Lasiurus noveboracensis)* erblicken.

## 10. Die brasilische Pelzfledermaus *(Lasiurus Nattereri).*

*L. rufi magnitudine; capite parvo, rostro brevi obtuso; auriculis brevibus, capite brevioribus oblongo-ovatis, margine exteriore versus oris angulum protensis; trago brevi angusto semicordato, antrorsum ac introrsum curvato; alis longiusculis latis, maximam partem calvis, supra infraque versus corporis latera solum et infra juxta antibrachium pilosis, ad digitorum pedis basin usque attingentibus; patagio anali latissimo, supra infraque pilis longis villosis large obtecto; cauda longa, corpori longitudine aequali et antibrachio triente longiore, articulo ultimo prominente libera; corpore pilis longis villosis dissolutis mollibus vestito; notaeo vivide ferrugineo-rubro nigro-alboque irrorato, gastraeo ditute fuscescente-flavo, pilis singulis notaei basi nigris, dein annulo lato dilute flavo cinctis, supra illum vivide ferrugineo-rufis et in apice brevi infra nigris, supra albis, gastraei basi nigris, apice fuscescente-flavis; maxilla inferiore dilute ferrugineo-flavescente; patagio anali unicolore obscure ferrugineo-rufo; alis nigris, juxta bruchium, antibrachium et digitos rufescente-fuscis; macula parva flavescente-albida ad alarum insertionem.*

*Nycticejus lasiurus.* N a t t e r e r. Mscpt.

*Nycticejus varius.* W a g n. Schreber. Säugth. Suppl. B. V. S. 773. Nr. 14. ✳

N a t t e r e r ist der Entdecker dieser Art, welche von W a g n e r zuerst beschrieben, von demselben aber irrigerweise mit der bunten Pelzfledermaus *(Lasiurus varius)* für identisch gehalten wurde.

Die beträchtlich geringere Größe, der weit längere Schwanz und die theilweise Verschiedenheit in der Färbung trennen sie aber deutlich von dieser Art.

Sie gehört den mittelgroßen Formen in der Gattung an, da sie von derselben Größe wie die rothscheckige Pelzfledermaus *(Lasiurus rufus)* ist, mit welcher sie auch in ihren körperlichen Formen und den gegenseitigen Verhältnissen derselben, so wie auch in der Art der Behaarung vollständig übereinkommt.

Aber auch von dieser Art ist sie durch die Färbung und insbesondere der einzelnen Körperhaare verschieden.

Der Kopf ist klein, die Schnauze kurz und stumpf. Die Ohren
sind kurz, kürzer als der Kopf, von länglich-eiförmiger Gestalt und
mit ihrem Außenrande bis gegen den Mundwinkel vorgezogen. Die
Ohrklappe ist kurz und schmal, halbherzförmig und nach vor- und
einwärts gebogen. Die Flügel sind ziemlich lang, breit, größtentheils
kahl, auf der Ober- sowohl als Unterseite an den Leibesseiten und
auf der Unterseite auch längs des Vorderarmes behaart und reichen
bis an die Zehenwurzel. Die Schenkelflughaut ist sehr breit und auf
der Ober- wie der Unterseite reichlich mit langen zottigen Haaren
bedeckt. Der Schwanz ist lang, von derselben Länge wie der Körper,
um 1/3 länger als der Vorderarm und ragt mit seinem Endgliede frei
aus der Schenkelflughaut hervor.

Die Körperbehaarung ist lang, locker, zottig und weich.

Die Oberseite des Körpers ist lebhaft rostroth und schwarz und
weiß gesprenkelt, die Unterseite licht bräunlich- oder fahlgelb, wobei
die einzelnen Haare auf der Oberseite an der Wurzel schwarz, dann
von einem breiten lichtgelben Ringe umgeben, und über demselben
lebhaft rostroth sind, und in eine kurze, unten schwarze, oben aber
weiße Spitzen ausgehen, jene der Unterseite hingegen nur an der
Wurzel schwarz sind und in licht bräunlich- oder fahlgelbe Spitzen
endigen. Der Unterkiefer ist licht rostgelblich, die Schenkelflughaut
einfärbig dunkel rostroth. Die Flügel sind schwarz, längs der Arme
und der Finger röthlichbraun, und an der Einlenkung derselben
befindet sich ein kleiner gelblichweißer Flecken.

Vaterland. Süd-Amerika, Brasilien, wo Natterer diese Art
in der Provinz Mato grosso bei Cuyaba traf.

Er erhielt jedoch nur ein einziges Exemplar und zwar ein Weibchen und hielt dasselbe mit der rothscheckigen Pelzfledermaus *(Lasiurus rufus)* für identisch.

### 11. Die marmorirte Pelzfledermaus *(Lasiurus bonariensis)*.

*L. Blossevillei magnitudine; auriculis brevibus oblongo-ova-
tis; alis modice longis latis, ad digitorum pedis basin usque attingentibus; patagio anali supra pilis villosis obtecto, infra calvo;
cauda mediocri, corpore eximie et antibrachio perparum breviore,
articulo ultimo prominente libera; corpore pilis longis villosis dis-*

*solutis mollibus vestito; rostro aurorae coloris vel saturate croceo, notaeo dilute flavo albo-pruinoso, pilis singulis dilute flavis, supra nigris, apicibus albis, gastraeo dilute flavo fuscescentemixto; patagio anali supra nigro-rufo, alis rufescente-nigris.*

*Vespertilio Blossevillii.* Lesson, Garnot. Bullet. des Sc. nat. V. VIII. p. 95.

*Vespertilio Bonariensis.* Lesson, Garnot. Voy. de la Coquille Zool. p. 137. t. 2. f. 1.

*Vespertilio Blossevillii.* Fisch. Synops. Mammal. p. 110. N. 30.

*Nycticejus bonariensis.* Temminck. Monograph. d. Mammal. V. II. p. 158.

*Nycticejus lasiurus?* Temminck. Monograph. d. Mammal. V. II. p. 158.

*Scotophilus Blossevilii.* Gray. Magaz. of Zool. and Bot. V. II. p. 498.

*Lasiurus Blossevilii.* Gray. Magaz. of Zool. and Bot. V. II. p. 498.

*Nycticejus lasiurus?* Wagn. Schreber Säugth. Suppl. B. I. S. 545. Note 6.

*Vespertilio Blossevillei.* Gervais. Ramon de la Sagra Hist. d. Cuba. Mammif. p. 6.

*Nycticejus bonariensis.* Wagn. Schreber Säugth. Suppl. B. V. S. 772. Nr. 14.

*Nycticejus lasiurus.* Giebel. Säugeth. S. 929.

*Nycticejus bonariensis.* Fitz. Säugeth. d. Novara-Expedit. Sitzungsber. d. math. naturw. Cl. d. kais. Akad. d. Wiss. B. XLII. S. 391.

*Nycticejus noveboracensis.* Var. a. Zelebor. Reise d. Fregatte Novara. Zool. Th. B. I. S. 17.

Diese von Lesson und Garnot entdeckte und von denselben zuerst beschriebene und abgebildete Art ist mit der braunrothen *(Lasiurus Blossevillei)*, brasilischen *(Lasiurus Nattereri)* und bunten *(Lasiurus varius)*, so wie auch mit der rothscheckigen Pelzfledermaus *(Lasiurus rufus)* sehr nahe verwandt und beinahe von derselben Färbung, unterscheidet sich von diesen aber theils durch die verschiedene Körpergröße, theils durch die Abweichungen in den Verhältnissen ihrer einzelnen Körpertheile.

In der Größe kommt sie mit der braunrothen Pelzfledermaus *(Lasiurus Blossevillei)* überein, indem sie etwas kleiner als die brasilische *(Lasiurus Nattereri)* und rothscheckige *(Lasiurus rufus)*, und beträchtlich kleiner als die bunte Pelzfledermaus *(Lasiurus varius)* ist, daher den kleineren Formen ihrer Gattung angehört.

Ihre Körperformen sind fast dieselben wie die der genannten Arten.

Die Ohren sind kurz und länglich-eiförmig, die Flügel mäßig lang, breit und an die Zehenwurzel angeheftet. Die Schenkelflughaut ist auf der Oberseite zottig behaart, auf der Unterseite kahl. Der Schwanz ist mittellang, beträchtlich kürzer als der Körper, nur sehr wenig kürzer als der Vorderarm, und ragt mit seinem Endgliede frei aus der Schenkelfluhaut hervor.

Die Körperbehaarung ist lang, locker, zottig und weich.

- Die Schnauze ist auroraroth oder gesättigt safranroth, die Oberseite des Körpers hellgelb und weiß bereift, da die einzelnen Haare hellgelb und nach oben zu schwarz sind und in kurze weiße Spitzen endigen. Die Unterseite ist lichtgelb mit Bräunlich gemischt, die Oberseite der Schenkelflughaut ist schwarzroth, die Flügel sind röthlichschwarz.

Gesammtlänge . . . . . 3″.    Naeh Lesson und Garnot.
Körperlänge . . . . . . 1″ 9‴.
Länge des Schwanzes . . . 1″ 3‴.
„ des Vorderarmes . 1″ 4‴.
Spannweite der Flügel etwas
über . . . . . . . 8″.

Vorderzähne befinden sich im Oberkiefer 2, die durb einen weiten Zwischenraum voneinander getrennt sind, im Umterkiefer 6. Lückenzähne im Oberkiefer fehlen, im Unterkiefer ist jederseits nur 1 vorhanden und Backenzähne sind in beiden Kiefern in jeder Kieferhälfte 4.

Vaterland. Süd-Amerika, wo diese Art sowohl in der argentinischen Republik im Staate Buenos Ayres und in der Republik Uruguay in der Umgegend von Montevideo vorkommt, als auch in der Republik Ecuador angetroffen werden soll, von wo sie Zelebor gebracht haben will.

Lesson und Garnot haben dieselbe Anfangs mit dem Namen „*Vespertilio Blossevillii*“ bezeichnet, den sie später in „*Vespertilio Bonariensis*“ veränderten. Gray reihte sie mit Recht in seine

Gattung „*Lasiurus*" ein und T e m m i n i k, welcher sie zur Gattung „*Nycticejus*" zählte, war über ihre Artselbstständigkeit im Zweifel und sprach die Vermuthung aus, dass sie vielleicht mit der roth-scheckigen Pelzfledermaus *(Lasiurus rufus)* der Art nach zu ver-einigen sei. Derselben Ansicht schloß sich früher auch W a g n e r an, obgleich er später diese Form für eine eigene Art betrachtete, während G i e h e l sie unbedingt mit der rothscheckigen Pelzfleder-maus *(Lasiurus rufus)* vereinigt und Z e l e b o r sie sogar nur für eine Abänderung der New-York-Pelzfledermaus *(Lasiurus novebora-censis)* zu erklären wagt. G e r v a i s beging den Irrthum eine mit ihr verwandte, von ihm auf der Insel Cuba angetroffene Form, und zwar die braunrothe Pelzfledermaus *(Lasiurus Blossevillei)* für identisch mit ihr zu halten und vereinigte beide Formen unter dem Namen „*Vespertilio Blossevillei*" in eine Art.

### 12. Die bunte Pelzfledermaus *(Lasiurus varius)*.

*L. macrotis fere magnitudine; rostro longiusculo obtuso calvo, antice sulco longitudinali profundo percurso, buccis crassis tumidis; auriculis minimis ovatis erectis; trago brevi falciformi obtusissimo; patagio anali supra imprimis apicem versus valde piloso, infra calvo; cauda mediocri, dimidio corpore parum lon-giore; corpore pilis sat longis dissolutis mollibus sericeis vestito; notaeo ferrugineo-rufo, pectore abdomineque fuscescente-fulvis fuligineo-fusco-undulatis, gula fascia dilute flavescente trans-versali cincta; pilis notaei omnibus basi nigro-fuscis vel nigris.*

*Nicticejus varius.* P o e p p i g. Reise in Chili. B. 1. S. 451.

   „        „     P o e p p i g. Froriep's Notizen. B. XXVII. S. 217.

        „     W a g n. Schreber Säugth. Suppl. B. I. S. 547. Nr. 11.

        „     G a y. Hist nat. d. Chili. p. 37. I. 1. f. 2

        „     W a g n. Schreber Säugth. Suppl. B. V. S. 772. Nr. 15.

        ..     G i e b e l. Säugeth. S. 930.

        „     F i t z. Säugeth. d. Novara-Expedit. Sitzungsber. d. math. naturw. Cl. d. kais. Akad. d. Wiss. B. XLII. S. 390.

*Nycticejus noveboracensis.* Var. b. Z e l e b o r. Reise d. Fregatte Novara. Zool. Th. B. I. S. 17.

Mit dieser der rothscheckigen Pelzfledermaus *(Lasiurus rufus)* sehr nahe stehenden und noch mehr mit der braunrothen *(Lasiurus Blossevillei)*, brasilischen *(Lasiurus Nattereri)* und marmorirten Pelzfledermaus *(Lasiurus bonariensis)* verwandten Art sind wir zuerst durch Pöppig und später näher auch durch Gay und Wagner bekannt geworden.

So gross die Ähnlichkeit aber auch ist, welche sie bezüglich ihrer Färbung mit den genannten Arten darbietet, so kann ihre specifische Verschiedenheit von denselben kaum in Zweifel gezogen werden, da sich — abgesehen von der verschiedenen Größe, — in den Verhältnissen ihrer einzelnen Körpertheile so wesentliche Unter schiede zwischen ihnen ergeben, daß an eine Zusammengehörigkeit derselben nicht wohl zu denken ist.

Sie ist beträchtlich größer als die rothscheckige *(Lasiurus rufus)* und brasilische *(Lasiurus Nattereri)* und viel größer als die braunrothe *(Lasiurus Blossevillei)* und marmorirte Pelzfledermaus *(Lasiurus bonariensis)* da sie nahezu von derselben Größe wie die großohrige *(Lasiurus macrotis)*, sonach eine der größeren unter den mittelgroßen Formen in der Gattung ist.

Die Schnauze ist verhältnißmäßig ziemlich lang, stumpf, vorne von einer tiefen Längsfurche durchzogen und kahl. Die Backen sind aufgetrieben und dick. Die Ohren sind sehr klein, eiförmig und gerade aufrechtstehend. Die Ohrklappe ist kurz, sichelförmig und sehr stumpf. Die Schenkelflughaut ist auf der Oberseite, insbesondere gegen die Spitze zu sehr stark behaart, auf der Unterseite aber kahl. Der Schwanz ist mittellang und nur wenig länger als der halbe Körper.

Die Körperbehaarung ist ziemlich lang, locker, weich und seidenartig.

Die Oberseite des Körpers ist rostroth, die Brust und der Bauch sind bränlich rothgelb oder fahlgelb und rußbraun gewellt und um die Kehle zieht sich eine lichtgelbliche Querbinde. Die einzelnen Köperhaare sind auf der Oberseite an der Wurzel schwarzbraun oder schwarz, in der Mitte bräunlich rothgelb oder fahlgelb und an der Spitze rostroth.

Körperlänge . . . . . . . . 2″ 9‴. Nach Poeppig.
Länge des Schwanzes . . . . 1″ 7‴.

Vaterland. Süd-Amerika, Chili, wo Poeppig diese Art in der Umgegend von Antuco entdeckte.

Obgleich die Artselbstständigkeit dieser Form seither noch von keinem Zoologen in Zweifel gezogen worden ist, so wird sie dennoch von Zelebor bestritten, indem er keinen Anstand nimmt sie geradezu nur für eine Varietät der New-York-Pelzfledermaus *(Lasiurus nove-boracensis)* zu erklären.

Solche willkürliche und blos auf Vermuthungen gegründete Zusammenziehungen von oft höchst verschiedenen Arten, wie sie in neuester Zeit unter so manchen Naturforschern modern geworden sind, welche die Formen über die sie ihr gebieterisches Urtheil fällen weder je zu sehen, geschweige denn näher zu untersuchen Gelegenheit hatten, haben der Wissenschaft weit mehr Schaden gebracht, als ihr genützt.

### 13. Die grossohrige Pelzfledermaus *(Lasiurus macrotis)*.

*L. vario paullo major; auriculis longis latisque maximis, paullo latioribus quam longis, supra rotundatis, externe pilosis; trago subfalciformi arcuato, apice obtusato basique leviter denti-culato; alis calvis, infra tantum in antibrachio pilosis; patagio anali latissimo, supra piloso, infra calvo; cauda longa, corpore distincte breviore; corpore pilis sat longis dissolutis mollibus restito, unicolore griseo-fusco, notaeo obscuriore, gastraeo dilutiore.*

*Nycticejus macrotis.* G a y. Hist. nat. d. Chili. p. 38 t. 1. f. 3.

„       „       W a g n. Schreber Säugth. Suppl. B. V. S. 774. Nr. 16.

*Nycticejus macrotus.* G i e b e l. Säugeth. S. 930.

Unsere Kenntniß von dieser Form rührt erst aus der neuesten Zeit und Gay war es, der uns mit derselben bekannt gemacht und uns auch eine Beschreibung und Abbildung von derselben mit-getheilt hat.

Sie bildet die größte unter den bis jetzt bekannt gewordenen mittelgroßen Formen dieser Gattung, indem sie noch etwas größer als die bunte Pelzfledermaus *(Lasiurus varius)* ist.

Die Ohren sind sehr groß, lang und breit, etwas breiter als lang, an der Spitze abgerundet und auf der Außenseite behaart. Die

Ohrklappe ist etwas sichelförmig gebogen, an der Spitze abgestumpft und an der Wurzel schwach gezähnt. Die Flügel sind kahl und nur auf der Unterseite auf dem Vorderarme behaart. Die Schenkelflug haut ist sehr breit, auf der Oberseite behaart, auf der Unterseite kahl. Der Schwanz ist lang, doch merklich kürzer als der Körper.

Die Körperbehaarung ist ziemlich lang, locker und weich.

Die Färbung des Körpers ist einfärbig graubraun, auf der Oberseite dunkler, auf der Unterseite heller, wobei sämmtliche Körperhaare durchaus zweifärbig und zwar an der Wurzel braun, dann silbergrau und gegen die Spitze zu mehr weißlich sind. Die Schenkelflughaut ist auf der Oberseite rostfarben und gegen die Spitze lichter.

| | | |
|---|---|---|
| Körperlänge . . . . . . . . | 2″ 10‴. | Nach Gay. |
| Länge des Schwanzes . . . . | 2″ 3‴. | |
| „ der Ohren . . . . . | 11‴ — 1″. | |

Vorderzähne befinden sich im Oberkiefer nur 2, welche durch einen weiten Zwischenraum voneinander getrennt sind, im Unterkiefer 6.

Vaterland. Süd-Amerika, Chili.

Wagner spricht sich mit großem Zweifel darüber aus, ob diese von Gay beschriebene Form mit Poeppig's „*Nycticejus macrotus*" vereinigt werden könne, Giebel dagegen zieht beide Formen unbedingt zusammen, obgleich aus der von Poeppig gegebenen Beschreibung klar und deutlich hervorgeht, daß die von ihm beschriebene Form einer durchaus verschiedenen Gattung und zwar der Gattung Löffelfledermaus *(Plecotus)* angehört.

## 27. Gatt.: Moorfledermaus (Amblyotus).

Der Schwanz ist lang, größtentheils von der Schenkelflughaut eingeschlossen und nur mit seinem Endgliede frei aus derselben hervorragend. Der Daumen ist frei. Die Ohren sind weit auseinander gestellt, mit ihrem Außenrande nicht bis gegen den Mundwinkel verlängert und mittellang. Die Sporen sind von keinem Hautlappen umsäumt. Die Flügel reichen bis an die Zehenwurzel. Die Zehen der Hinterfüße sind dreigliedrig und voneinander getrennt.

Im Unterkiefer ist jederseits nur **1** Lückenzahn vorhanden, der im Alter auch bleibend ist, Backenzähne befinden sich in beiden Kiefern jederseits 4. Die Vorderzähne des Oberkiefers sind auch im Alter bleibend. Die Skhenkelflughaut ist auf der Oberseite nur in ihrem Wurzeltheile dicht mit kurzen Haaren bedeckt. Die Nasenlöcher sind nicht röhrenförmig gestaltet.

Zahnformel: Vorderzähne $\frac{4}{6}$, Eckzähne $\frac{1-1}{1-1}$, Lückenzähne $\frac{0-0}{1-1}$, Backenzähne $\frac{4-4}{4-4} = 32$.

### 1. Die schwarze Moorfledermaus *(Amblyotus atratus)*.

*A. Miniopteri Schreibersii magnitudine; facie maximam partem calva, inter oculos solum dense pilosa, rostro latissimo valde deplanato obtuse rotundato, pilis perparce dispositis obtecto, vibrissis, longissimis instructo; naribus reniformibus transversaliter sitis rugisque tenerrimis transversalibus diremtis; labio superiore ac inferiore in marginibus leviter crenatis; et inferiore protuberantia trigona versus mentum directa calva instructo, nec non mento sulco lato longitudinali plano; auriculis mediocribus, modice latis, capite distincte brevioribus rhombeis, supra rotundatis, antrorsum et apice retrorsum directis, marginibus integris, in margine interiore leviter extrorsum ac retrorsum flexis, in exteriore rectis, basi rotundatis loboque prosiliente anguloso instructis et non versus oris angulum protractis, infra tragum finitis; externe a basi usque ad dimidium densissime pilis flavescentibus obtestis, in apicali dimidio calvis rugulisque irregularibus tenerrimis transversaliter percursis, interne pilis parce dispositis sparsis; trago brevi lato cultriformi, dimidium auriculae non attingente, in margine interiore recto turmido, in exteriore valde curvato non crenato basique protuberantia dentiformi rotundata instructo, in medio latissimo, supra angustato, apice rotundato; alis longis angustis, maximam partem calvis, infra tantum juxta corporis latera pilosis et infra antibrachium pilis parce dispositis obtectis, ad digitorum pedis basin usque attingentibus; antibrachio corpori appresso non ad oris angulum attingente; metacarpis ad digitum quintum usque sensim, phalangibus autem distincte abbreviatis; phalange prima et secunda digiti tertii longitudine inaequalibus*

*prima secunda eximie longiore; plantis podariorum basi callo
rotundo et pone eum rugis irregularibus transversalibus instructis;
patagio anali lato, supra in basali parte ad ultimum trientem
usque sat dense piloso, infra in eadem extensione pitis brevibus
setosis parce dispositis obtecto fibrisque muscularibus per 14 series
aquidistantibus dispositis percurso, in margine postica non ciliato;
calcaribus limbo cutaneo destitutis; cauda longa, corpore eximie
breviore et antibrachio vix longiore, articulo ultimo longo toto
prominente libera; palato plicis 7 transversalibus percurso,
duabus anticis et ultima indivisis; corpore pilis longis sat incumbentibus mollibus dense vestito; notaeo atro, in medio dorsi
fuscescente-flavo-lavato; gastraeo nigro albido-flavo-lavato; rostro
nigro, auriculis patagiisque atris.*

*Amblyotus atratus.* Kolenati. Sitzungsber. d. mathem. naturw. Cl.
d. k. Akad. d. Wiss. B. XXIX. (1858). S. 250.
f. 1—5.

„ Kolenati. Fauna des Altvaters. Jahresber. d.
naturh. Sect. 1858. Nr. 1.

„ „ Kolenati. Europ. Chiropt. S. 87. Nr. 15.

Eine überaus ausgezeichnete und daher sehr leicht zu erkennende
Art, welche erst in neuester Zeit von Kolenati entdeckt und beschrieben und von demselben mit vollem Rechte für den Repräsentanten einer besonderen Gattung erklärt wurde, die er mit dem
Namen „*Amblyotus*“ bezeichnete.

Sie ist von der Größe der europäischen Sackfledermaus
(*Miniopterus Schreibersii*) und zählt sonach zu den größten unter
den kleineren Formen in der Familie der Fledermäuse.

Das Gesicht ist größtentheils kahl und nur zwischen den
Augen dicht behaart. Die Schnauze ist sehr breit, stark abgeflacht,
stumpf abgerundet, überaus dünn behaart und mit sehr langen
Schnurborsten besetzt. Die Nasenlöcher sind von nierenförmiger
Gestalt, der Quere nach gestellt und zwischen denselben befinden
sich sehr feine Querrunzeln. Die Ober- sowohl als Unterlippe ist
an den Rändern flach gekerbt. An der Unterlippe befindet sich ein
kahler dreieckiger, gegen das Kinn gerichteter Querwulst und am
Kinne eine breite flache Längsfurche. Die Ohren sind mittellang und
mäßig breit, merklich kürzer als der Kopf, von rautenförmiger Ge-

stalt, oben abgerundet, nach vorwärts gerichtet und mit der Spitze
nach Hinten gewendet, ganzrandig, am Innenrande schwach nach
Außen und Hinten gebogen, am Außenrande aber gerade, an der
Wurzel desselben abgerundet und mit einem winkelartig vorspringenden Lappen versehen und nicht bis gegen den Mundwinkel vorgezogen, da sie in einiger Entfernung von demselben unterhalb der
Ohrklappe endigen. Auf ihrer Außenseite sind dieselben von der
Wurzel bis zu ihrer Mitte sehr dicht mit gelblichen Haaren bedeckt,
in der oberen aber kahl und von feinen unregelmäßigen Querrunzeln
durchzogen, und auf der Innenseite mit zerstreut stehenden Haaren
besetzt. Die Ohrklappe ist kurz, breit, messerförmig, nicht bis zur
Ohrmitte reichend, am Innenrande gerade und wulstig, am Außenrande stark ausgebogen und ungekerbt, und an der Wurzel desselben
mit einem abgerundeten zackenartigen Vorsprunge versehen, in der
Mitte am breitesten, über derselben verschmälert und an der Spitze
abgerundet. Die Flügel sind lang und schmal, größtentheils kahl,
nur auf der Unterseite längs der Leibesseiten behaart, unter dem
Vorderarme mit sehr dünn stehenden Härchen besetzt und reichen bis
zur Zahnwurzel. Der an den Leib angedrückte Vorderarm reicht nicht
bis an den Mundwinkel. Die Mittelhandknochen nehmen bis zum
fünften Finger allmählig, die Phalangen aber auffallend an Länge ab.
Das erste und zweite Glied des Mittelfingers sind von ungleicher
Länge und das erste ist beträchtlich länger als das zweite. Die
Sohlen der Hinterfüße sind an der Wurzel mit einer erhabenen
runden Schwiele besetzt und hinter derselben von unregelmäßigen
Querrunzeln durchzogen. Die Schenkelflughaut ist breit, auf der
Oberseite von der Wurzel an auf $2/3$ ihrer Länge ziemlich dicht behaart, auf der Unterseite bis zu ihrem hinteren Drittel mit kurzen
dünn stehenden borstigen Haaren besetzt, von 14 gleichweit voneinander entfernten Reihen von Muskelbündeln durchzogen und am
hinteren Rande nicht gewimpert. Die Sporen sind von keinem Hautlappen umsäumt. Der Schwanz ist lang, beträchtlich kürzer als der
Körper und kaum länger als der Vorderarm, und ragt mit seinem
ganzen langen Endgliede frei aus der Schenkelflughaut hervor. Der
Gaumen ist von 7 Querfalten durchzogen, von denen die beiden vordersten und die hinterste nicht getheilt sind.

Die Körperbehaarung ist lang, dicht, ziemlich glatt anliegend
und weich.

Die Oberseite des Körpers ist tief schwarz und längs der Mitte des Rückens bräunlichgelb oder fahlgelb überflogen, die Unterseite ist schwarz und weißlichgelb überflogen, wobei die einzelnen Haare schwarz sind und auf der Oberseite längs der Mitte des Rückens in bräunlichgelbe, auf der Unterseite in weißlichgelbe Spitzen endigen. Die Schnauze ist schwarz, die Ohren und die Flughäute sind tief schwarz.

| | |
|---|---|
| Gesammtlänge . . . . . . . . . . 3″ 4²/₃‴. Naeh Kolenati. | |
| Körperlänge . . . . . . . . . . 1″ 11²/₃‴. | |
| Länge des Schwanzes . . . . . . 1″ 5‴. | |
| „ „ freien Theiles desselben . 2‴. | |
| Länge des Vorderarmes . . . . . 1″ 4²/₃‴. | |
| „ „ Oberarmes . . . . . . 11¹/₃‴. | |
| „ „ Schenkels . . . . . . 5¹/₂‴. | |
| „ „ Schienbeines . . . · . . 7¹/₂‴. | |
| „ „ Fußes . . . . . . . . 3¹/₂‴. | |
| „ „ Kopfes . . . . . . . . 7¹/₂‴. | |
| „ der Ohren . . . . . . . . 6¹/₄‴. | |
| „ „ Ohrklappe . . . . . . 2‴. | |
| „ des Mittelhandknochens des 3. | |
| Fingers . . . . . . . . . 1″ 3‴. | |
| „ des 4. Fingers . . . . . 1″ 2²/₃‴. | |
| „ „ 5. Fingers . . . . . 1″ 2¹/₄‴. | |
| „ „ Zeigefingers . . . . . 1″ 2¹/₂‴. | |
| Spanweite der Flügel . . . . . . 9″ 10²/₃‴. | |

Die Vorderzähne des Unterkiefers sind dreilappig, gerade-gestellt und berühren sich an den Seiten; der obere Eckzahn ist doppelt so lang als der untere. Im Oberkiefer ist kein Lückenzahn vorhanden, im Unterkiefer jederseits einer. Backenzähne befinden sich in beiden Kiefern in jeder Kieferhälte 4.

Vaterland. Der mittlere Theil von Ost-Europa, wo diese Art bis jetzt nur aus dem mährisch-schlesischen Gebirge oder dem Gesenke bekannt ist, höchst wahrscheinlich aber im ganzen Karpathenzuge angetroffen wird.

## 28. Gatt.: Röhrenfledermaus (Murina).

Der Schwanz ist mittellang, größtentheils von der Schenkelflughaut eingeschlossen und nur mit seiner Spitze frei aus derselben hervorragend. Der Daumen ist frei. Die Ohren sind weit auseinander gestellt, mit ihrem Außenrande bis gegen den Mundwinkel verlängert und mittellang. Die Sporen sind von keinem Hautlappen umsäumt. Die Flügel reichen bis an das Nagelglied. Die Zehen der Hinterfüsse sind dreigliederig und voneinander getrennt. Im Unterkiefer ist jederseits nur 1 Lückenzahn vorhanden, der im Alter auch bleibend ist, Backenzähne befinden sich in beiden Kiefern jederseits 4. Die Vorderzähne des Oberkiefers sind auch im Alter bleibend. Die Schenkelflughaut ist auf der Oberseite mit dünngestellten kurzen Haaren besetzt. Die Nasenlöcher sind röhrenförmig gestaltet.

Zahnformel: Vorderzähne $\frac{4}{6}$, Eckzähne $\frac{1-1}{1-1}$, Lückenzähne $\frac{1-1}{1-1}$, Backenzähne $\frac{4-4}{4-4} = 34$.

### 1. Die ferkelnasige Röhrenfledermaus *(Murina suilla)*.

*M. Vesperuginis Kuhlii magnitudine; rostro elongato, naribus porsilientibus tubuliformibus; auriculis valde distantibus mediocribus obtuse acuminato-rotundatis, in margine exteriore lobo plica longitudinali percurso instructis et versus oris angulum protractis; trago longo, perangusto fere filiformi, acuminato; alis modice longis latissimis calvis ad articulum digitorum unguicularem usque attingentibus; patagio anali modice lato, in margine postica transversaliter truncato, toto sicut et digiti pedum pilis parce dispositis obtecto; cauda mediocri et proportionaliter sat brevi, dimidio corpore paullo et antibrachio distincte breviore, maximam partem patagio anali inclusa, apice tantum paullo prominente libera; corpore pilis longissimis mollibus dense vestito; notaeo vivide rufo, gastraeo dilute et fulvescente griseo-fusco vel isabellino et nonnunquam albido; corporis lateribus grisescentibus, patagiis rufescentibus.*

*Vespertilio Suillus.* Temminck. Monograph. d. Mammal. V. II. p. 224. t. 56. f. 4—6.

*Vespertilio suillus.* Keys. Blas. Wiegm. Arch. B. VI. (1840.) Th. I. S. 2.

*Vespertilio Suillus.* Wagn. Schreber Säugth. Suppl. B. I. S. 512. Nr. 33.

*Vesperugo Suillus.* Wagn. Schreber Säugth. Suppl. B. I. S. 512. Nr. 33.

*Murina suillus* Gray. Ann. of Nat. Hist. V. X. (1842.) p. 258.

„         „     Gray. Mammal. of the Brit. Mus. p. 32.

*Vespertilio Suillus.* Wagn. Schreber Säugth. Suppl. B. V. S. 741. Nr. 39.

*Vesperugo Suillus.* Wagn. Schreber Säugth. Suppl. B. V. S. 741. Nr. 39.

*Vespertilio suillus.* Giebel. Säugeth. S. 949.

*Vesperugo suillus.* Giebel. Säugeth. S. 949.

Die Kenntniß dieser auffallenden Form, welche den einzigen bis jetzt bekannt gewordenen Repräsentanten der von Gray aufgestellten Gattung „*Murina*" bildet, haben wir Temminck zu verdanken, der uns zuerst eine Beschreibung und Abbildung von derselben mittheilte.

Sie zählt zu den kleineren Formen in der Familie und ist von derselben Größe wie die haarbindige *(Vesperugo Kuhlii)*, zimmtfarbene *(Vesperugo Alcythoë)* und netzhäutige Dämmerungsfledermaus *(Vesperugo Hesperida)*.

Die Schnauze ist gestreckt und endiget in ähnlicher Weise wie bei der rothen Harpyienfledermaus *(Harpyiocephalus rufus)*, in zwei vorspringende Röhren, welche die Nasenlöcher umschließen. Die Ohren stehen weit auseinander und sind verhältnißmäßig nicht sehr kurz, stumpfspitzig-abgerundet, an ihrem Außenrande mit einem der Länge nach von einer Falte durchzogenen Lappen versehen und mit demselben gegen den Mundwinkel zu verlängert. Die Ohrklappe ist lang, sehr schmal, beinahe fadenförmig und zugespitzt. Die Flügel sind mäßig lang und sehr breit, kahl, und reichen bis an das Nagelglied der Zehen. Die Schenkelflughaut ist nur von mäßiger Breite, an ihrem hinteren Rande der Quere nach abgestutzt und so wie die Zehen ihrer ganzen Ausdehnung nach mit dünnstehenden Haaren besetzt. Der Schwanz ist mittellang, doch verhältnißmäßig ziemlich kurz, etwas kürzer als der halbe Körper und auch merklich kürzer als der Vorderarm, und ragt mit seiner Spitze etwas über die Schenkelflughaut hinaus.

Die Körperbehaarung ist sehr lang, dicht und weich.

Die Oberseite des Körpers ist lebhaft roth, wobei die einzelnen Haare an der Wurzel röthlichweiß sind; die Unterseite ist licht rothgelblich-graubraun oder isabellfarben und bisweilen auch weißlich, die Leibesseiten sind graulich, die Flughäute röthlich.

Körperlänge . . . . . . . . 1″ 8‴. Nach Temminck.

Länge des Schwanzes . . . . . 8‴.

„ des Vorderarmes . . . . 1″.

Spannweite der Flügel . . . . . 7″ 3‴.

In beiden Kiefern befinden sich jederseits 1 Lückenzahn und 4 Backenzähne. Die Eckzähne sind klein.

Vaterland. Süd-Asien, wo diese Art sowohl im indischen Archipel auf den Inseln Java und Sumatra, als auch auf dem Festlande von Ost-Indien und zwar in Darjiling in Vorder-Indien angetroffen wird.

Keyserling und Blasius reihen diese Art ihrer Gattung „*Vespertilio*“ ein, Wagner und Giebel der Gattung „*Vesperugo*“. Gray hat sie mit Recht zu einer besonderen Gattung erhoben und für dieselbe den Namen „*Murina*“ gewählt.

## 29. Gatt.: **Harpyienfledermaus (Harpyiocephalus).**

Der Schwanz ist lang und vollständig von der Schenkelflughaut eingeschlossen. Der Daumen ist frei. Die Ohren sind weit anseinandergestellt, mit ihrem Außenrande bis gegen den Mundwinkel verlängert und kurz. Die Sporen sind von keinem Hautlappen umsäumt und nur von mäßiger Länge. Die Flügel reichen bis an die Fußwurzel. Die Zehen der Hinterfüße sind dreigliederig und voneinander getrennt. Im Unterkiefer ist jederseits nur 1 Lückenzahn vorhanden, Backenzähne befinden sich in beiden Kiefern jederseits 4. Die Nasenlöcher sind röhrenförmig gestaltet.

Zahnformel: Vorderzähne $\frac{4}{6}$, Eckzähne $\frac{1-1}{1-1}$, Lückenzähne

$\frac{1-1}{1-1}$ oder $\frac{0-0}{1-1}$, Backenzähne $\frac{4-4}{4-4} = 34$ oder $32$.

### 1. Die rothe Harpyienfledermaus (*Harpyiocephalus rufus*).

*H. Miniopteri dasythrichos et interdum Vesperi ursini magni-
tudine; rostro obtuso, naribus tubuliformibus valde divergentibus;
auriculis valde distantibus breviusculis obtuse rotundatis, margine
exteriore versus oris angulum protractis; trago lanceolato acuminato; alis longiusculis modice latis, maximam partem calvis,
supra tantum versus corporis latera et juxta antibrachium pilosis,
ad tarsum usque attingentibus; patagio anali lato, supra pilis
parce dispositis, infra verruculis minimis, concentrice et diagona-
liter seriatis nec non pilis divergentibus brevibus instructis, obtectis; pedibus ad unguiculos usque pilosis; cauda longa, corpore
distincte breviore et antibrachio paullo longiore, tota patagio
anali inclusa; corpore pilis sat longis incumbentibus mollibus
laneis dense vestito; notaeo griseo rufo-irrorato, gastraeo unicolore rufescente-griseo, versus pectoris latera magis in rufum vergente; pilis alarum et pedum nec non digitorum vivide rufis.*

*Vespertilio Harpia.* Temminck. Monograph. d. Mammal. V. II.
p. 219. t. 55. f. 5, 6.

*Vesperugo Harpyia.* Keys. Blas. Wiegm. Arch. B. VI. (1840.)
Th. I. S. 2.

*Vespertilio Harpyia.* Wagn. Schreber Säugth. Suppl. B. I. S. 511.
Nr. 32.

*Vesperugo Harpyia.* Wagn. Schreber Säugth. Suppl. B. I. S. 511.
Nr. 32.

*Harpiocephalus rufus.* Gray. Ann. of Nat. Hist. V. X. (1842.) p. 259.

*Vespertilio Harpyia.* Wagn. Schreber Säugth. Suppl. B. V. S. 740.
Nr. 38.

*Vesperugo Harpyia.* Wagn. Schreber Säugth. Suppl. B. V. S. 740.
Nr. 38.

*Vespertilio harpyia.* Giebel. Säugeth. S. 949.

*Vesperugo harpyia.* Giebel. Säugeth. S. 949.

Eine höchst merkwürdige, zuerst von Temminck beschriebene und abgebildete Form, welche mit vollem Rechte von Gray für
den Typus einer besonderen Gattung erklärt wurde, die er mit dem
Namen „*Harpiocephalus*" bezeichnete.

In Ansehung der Größe kommt sie mit der südafrikanischen
(*Miniopterus dasythrix*) und wolligen Sackfledermaus (*Minio-*

*pterus lanosus)* überein, obgleich sie bisweilen auch etwas größer und
zwar von der Größe der langkralligen Abendfledermaus *(Vesperus
ursinus)* angetroffen wird, daher sie den mittelgroßen Formen in der
Familie beizuzählen ist.

Die Schnauze ist stumpf. Die Nasenlöcher sind röhrenförmig und
bilden wie beim dickköpfigen Harpyienflughunde *(Harpyia Pallasii)*
und dem sundaischen Mantelflughunde *(Cephalotes Peronii)* zwei
weit voneinander abstehende divergirende Röhren. Die Ohren sind
weit auseinander gestellt, verhältnißmäßig ziemlich kurz, oben stumpf
abgerundet und mit ihrem Außenrande gegen den Mundwinkel zu
verlängert. Die Ohrklappe ist lanzettförmig und zugespitzt. Die Flügel
sind ziemlich lang und von mäßiger Breite, größtentheils kahl, auf
der Oberseite nur längs des Vorderarmes und an den Leibesseiten
behaart und reichen bis an die Fußwurzel. Die Schenkelflughaut ist
breit, auf der Oberseite mit dünnstehenden Haaren bekleidet und auf
der Unterseite mit sehr kleinen, in zahlreichen concentrischen Kreisen
und diagonalen Reihen vertheilten und mit kurzen divergirenden
Härchen besetzten Wärzchen bedeckt. Die Füße sind bis zu den
Krallen behaart. Der Schwanz ist lang, doch merklich kürzer als der
Körper, etwas länger als der Vorderarm und vollständig von der
Schenkelflughaut eingeschlossen.

Die Körperbehaarung ist ziemlich lang, dicht, glatt anliegend,
wollig und weich.

Die Oberseite des Körpers ist grau und roth gesprenkelt, da die
einzelnen graulichweißen Haare in lebhaft rothe Spitzen endigen,
wodurch eine röthlichgraue Färbung bewirkt wird. Die Unterseite
ist einfärbig röthlichgrau und an den Brustseiten mehr in's Rothe
ziehend. Die Behaarung der Flügel und der Füße sammt den Zehen
ist lebhaft roth.

| | | |
|---|---|---|
| Gesammtlänge . . . | 4″—4″ 2‴. | Nach Temminck. |
| Körperlänge . . . . | 2″ 3‴—2″ 4‴. | |
| Länge des Schwanzes . | 1″ 9‴—1″ 10‴. | |
| „ des Vorderarmes | 1″ 7‴—1″ 8‴. | |
| Spannweite der Flügel | 1′— 1′ 2″. | |

Vorderzähne sind im Oberkiefer 4, im Unterkiefer 6 vorhanden,
Lückenzähne in beiden Kiefern jederseits 1, von denen jedoch
die des Oberkiefers bei zunehmendem Alter schon sehr bald aus-

fallen und Backenzähne 4. Die oberen Vorderzähne sind sehr ungleich, die unteren zweilappig.

Vaterland. Süd-Asien, Java.

Keyserling und Blasius zählen diese Art zu ihrer Gattung „*Vesperugo*", Wagner und Giebel theilen dieselbe Ansicht.

## 30. Gatt.: Trugfledermaus (Nyctiptenus).

Der Schwanz ist lang und vollständig von der Schenkelflughaut eingeschlossen. Der Daumen ist frei. Die Ohren sind weit auseinander gestellt, mit ihrem Außenrande bis gegen den Mundwinkel verlängert und mittellang. Die Sporen sind von einem Hautlappen umsäumt? und nur von mäßiger Länge. Die Flügel reichen bis an die Zehenwurzel. Die Zehen der Hinterfüße sind dreigliederig und voneinander getrennt. Im Unterkiefer ist jederseits nur 1 Lückenzahn vorhanden, Backenzähne befinden sich in beiden Kiefern jederseits 4. Die Vorderzähne des Oberkiefers sind auch im Alter bleibend. Die Nasenlöcher sind nicht röhrenförmig gestaltet.

Zahnformel: Vorderzähne $\frac{4}{6}$, Eckzähne $\frac{1-1}{1-1}$, Lückenzähne $\frac{0-0}{1-1}$, Backenzähne $\frac{4-4}{4-4} = 32$.

### 1. Die capische Trugfledermaus *(Nyctiptenus Smithii)*.

*N. vel Vesperi arctoidei, vel Leucippes magnitudine; capite brevi, rostro lateribusque capitis calvis, labiis in angulo oris pilis fuscescentibus obtectis; auriculis valde distantibus mediocribus, capite brevioribus, tam longis quam latis acutiusculis, in margine exteriore non excisis et versus oris angulum protensis; trago brevi, dimidii auriculae longitudine, angusto falciformi leviter curvato; alis breviusculis, latis, ad digitorum pedis basin usque attingentibus; patagio anali latissimo postice in angulo acuto terminato; cauda longa, corpore eximie breviore et antibrachio distincte longiore, tota patagio anali inclusa; corpore pilis brevibus incumbentibus mollibus dense vestito; notaeo saturate rufescente-fusco, gastraeo albido-flavo vel pallide flavescente-fusco; patagiis ex fulvescente nigro-fuscis, rostro lateribusque capitis nigris.*

*Vespertilio Capensis.* A. S m i t h. Zool. Journ. V. IV. (1829.)
Nr. XVI. p. 435.

„ A. S m i t h. Bullet. des Sc. nat. V. XVIII.
p. 273.

„ „ F i s c h. Synops. Mammal. p. 662. Nr. 21. a.

*Vespertilio Temminckii?* F i s c h. Synops. Mammal. p. 662. Nr. 21. a.

*Vespertilio Capensis.* G r a y. Magaz. of Zool. and Bot. V. II. p. 496.

*Vespertilio megalurus. Jun?* W a g n. Schreber Säugth. Suppl. B. I.
S. 521. Nr. 51.

*Vesperus megalurus. Jun?* W a g n. Schreber Säugth. Suppl. B. I.
S. 521. Nr. 51.

*Vespertilio minutus.* A. S m i t h. Illustr. of the Zool. of South-Afr.
V. I. t. 51.

*Scotophilus Capensis?* G r a y. Mammal. of the Brit. Mus. p. 32.

*Vespertilio Smithii.* W a g n. Schreber Säugth. Suppl. B. V. S. 747.
Note 1.

*Vesperugo Smithii.* W a g n. Schreber Säugth. Suppl. B. V. S. 747.
Note 1.

*Vesperus Smithii.* W a g n. Schreber Säugth. Suppl. B. V. S. 747.
Note 1.

*Vespertilio megalurus.* G i e b e l. Säugeth. S. 941.

*Vesperus megalurus.* G i e b e l. Säugeth. S. 941.

*Vespertilio minutus.* G i e b e l. Säugeth. S. 948.

*Vesperugo minutus.* G i e b e l. Säugeth. S. 948.

Wir kennen diese Form, die ihren Merkmalen zu Folge als Typus einer besonderen Gattung angesehen werden kann, für welche
ich den Namen „*Nyctiptenus*" gewählt habe, seither nur aus einer
Beschreibung und Abbildung von A. S m i t h.

Sie gehört den mittelgroßen Formen der Familie an, da sie in
der Regel von derselben Größe wie die feinhaarige *(Vesperus arctoideus)* und kurzhaarigen Abendfledermaus *(Vesperus derasus)* ist,
obgleich sie bisweilen auch kleiner und nur von der Größe der seiden-
haarigen Abendfledermaus *(Vesperus Leucippe)* angetroffen wird.

Der Kopf ist kurz, die Schnauze und die Kopfseiten sind kahl,
die Lippen an den Mundwinkeln mit bräunlichen Haaren besetzt. Die
Ohren sind weit auseinander gestellt, mittellang, kürzer als der Kopf,
ebenso breit als lang und ziemlich spitz, am Außenrande nicht eingeschnitten und mit demselben bis gegen den Mundwinkel vorge-

zogen. Die Ohrklappe ist kurz, nur von der halben Länge des Ohres, schmal und schwach sichelförmig gekrümmt. Die Flügel sind ziemlich kurz, breit und reichen bis an die Zehenwurzel. Die Schenkelflughaut ist sehr breit und bildet einen spitzen nach rückwärts gerichteten Winkel. Der Schwanz ist lang, doch beträchtlich kürzer als der Körper, merklich länger als der Vorderarm und vollständig von der Schenkelflughaut eingeschlossen.

Die Körperbehaarung ist kurz, dicht, glatt anliegend und weich.

Die Oberseite des Körpers ist tief röthlich braun, wobei die einzelnen Haare an der Wurzel röthlich-gelbbraun oder leberbraun sind und in röthlichbraune Spitzen endigen; die Unterseite ist weißlichgelb oder blaß gelblichbraun, da die röthlich-gelbbraunen Haare in weißlichgelbe oder blaß gelblichbraune Spitzen ausgehen. Die Flughäute sind rothgelblich-schwarzbraun, die Schnauze und die Kopfseiten schwarz.

Körperlänge . . . . . 1″ 9‴—2″ 6‴. Nach A. Smith.
Länge des Schwanzes . .   9‴—2″.
  „  des Vorderarmes .     1″ 8‴.
Spannweite der Flügel . 9″.

Im Oberkiefer sind 4, im Unterkiefer 6 Vorderzähne vorhanden. Lückenzähne befinden sich im Oberkiefer keiner, im Unterkiefer jederseits 1, Backenzähne in beiden Kiefern in jeder Kieferhälfte 4.

Vaterland. Süd-Afrika, Cap der guten Hoffnung.

A. Smith hat diese Art entdeckt und Anfangs unter den Namen „*Vespertilio Capensis*" beschrieben, welchen er später aber mit der Benennung „*Vespertilio minutus*" vertauschte, da er sie irrigerweise mit der von Temminck beschriebenen capischen Abendfledermaus *(Vesperus minutus)* für identisch hielt. Fischer sprach die Vermuthung aus, daß sie vielleicht von der Dongola-Dämmerungsfledermaus *(Vesperugo Rüppellii)* der Art nach nicht verschieden sei. Gray ist im Zweifel, ob sie nicht etwa mit der flachköpfigen Dämmerungsfledermaus *(Vesperugo platycephalus)* zu vereinigen sei und Wagner war früher geneigt sie nur für den jugendlichen Zustand der langschwänzigen Abendfledermaus *(Vesperus megalurus)* zu halten, während er später sie für eine selbstständige Art erkannte und den Namen „*Vesperugo Smithii*" für sie in Vorschlag brachte. Giebel führt sie doppelt auf, indem er sie zwei durchaus verschie-

denen Arten zuweist und einmal mit der langschwänzigen Abendfledermaus *(Vesperus megalurus)*, und ein zweites Mal mit der
capischen Abendfledermaus *(Vesperus minutus)* vereinigt.

## 31. Gatt.: Halbfledermaus (Aeorestes).

Der Schwanz ist mittellang oder lang und vollständig von der
Schenkelflughaut eingeschlossen. Der Daumen ist frei. Die Ohren
sind weit auseinander gestellt, mit ihrem Außenrande bis gegen den
Mundwinkel verlängert und mittellang oder lang. Die Sporen sind
von keinem Hautlappen umsäumt? und lang. Die Flügel reichen bis
an die Fußwurzel. Die Zehen der Hinterfüße sind dreigliederig und
voneinander getrennt. Im Unterkiefer ist jederseits nur 1 Lückenzahn
vorhanden, Backenzähne befinden sich in beiden Kiefern jederseits 4.
Die Nasenlöcher sind nicht röhrenförmig gestaltet.

Zahnformel: Vorderzähne $\frac{4}{6}$, Eckzähne $\frac{1-1}{1-1}$, Lückenzähne

$\frac{1-1}{1-1}$ Backenzähne $\frac{4-4}{4-4} = 34$.

### 1. Die zottige Halbfledermaus *(Aeorestes villosissimus)*.

*Ae. Lasiuri Pearsonii et nonnunquam Vesperi derasi magni-
tudine; rostro sat alto, lato, naso prosiliente mobili; auriculis oblique sitis antrorsum ac extrorsum directis longis capite paullo
longioribus, duplo longioribus quam latis, obtuse acuminatis,
supra rotundatis, in margine interiore extrorsum ac retrorsum
resupinatis, in exteriore emarginatis et leviter duplice excisis nec
non versus oris angulum protractis; trago breviusculo dimidii auriculae longitudine, lanceolato acuminato; collo ob pilorum longitudinem crasso a trunco non discreto; alis modice longis latis maximam partem calvis, versus corporis latera cum brachiis pilis
brevibus teneris obtectis; ad tarsum usque attingentibus; patagio
anali lato, pilis brevibus teneris obtecto margine posteriore excepto,
in medio autem valde piloso et supra tarsum tibiae adnato; calcaribus longis; scelidibus tenuibus; cauda longa, corpore distincte
breviore tenui, tota patagio anali inclusa; corpore pilis longissimis
mollibus dense ac large vestito; rostro, auriculis scelidibusque
maximam partem calvis; notaeo gastraeoque unicolore pallide
fusco-vel murino-griseo; alis purpureo-nigris, versus corporis*

*latera et digitos fusco-albidis, caeteris corporis partibus nigres-
cente-fuscis.*

*Chauve-souris septième ou Chauve-souris brun-blanchâtre.* A z a r a.
Essais sur l'hist. des Quadrup. de Para-
guay. V. II. p. 284.

*Vespertilio villosissimus.* G e o f f r. Ann. du Mus. V. VIII. p. 204.
Nr. 16.

D e s m a r. Nouv. Dict. d'hist. nat. V. XXXV.
p. 476. Nr. 18.

D e s m a r. Mammal. p. 143. Nr. 219.

G r i f f i t h. Anim. Kingd. V. V. p. 278.
Nr. 31.

F i s c h. Synops. Mammal. p. 110, 553.
Nr. 27.

R e n g g e r. Naturg. d. Säugeth. v. Paraguay. S. 83.

*Nycticejus villosissimus.* P ö p p i g. Reise in Chile. B. I. S. 217.

*Nycticejus pruinosus?* T e m m i n c k. Monograph. d. Mammal. V. II.
p. 154.

*Vespertilio villosissimus.* W a g n. Schreber Säugth. Suppl. B. I.
S. 536. Nr. 82.

„        W a g n. Schreber Säugth. Suppl. B. V.
S. 761. Nr. 105.

*Nycticejus macrotus?* G i e b e l. Säugeth. S. 930. Note 8.

Diese Form, welche mir der Typus einer besonderen Gattung
zu sein scheint, für die ich den Namen „*Aeorestes*" in Vorschlag
bringe, wurde zuerst von A z a r a beschrieben und von G e o f f r o y
mit dem Namen „*Vespertilio villosissimus*" bezeichnet. Eine genauere
Kenntniß derselben haben wir erst R e n g g e r zu verdanken, der uns
später gleichfalls eine Beschreibung von ihr mitgetheilt.

Sie ist nicht nur die größte unter den bis jetzt bekannten Arten
dieser Gattung, sondern gehört auch zu den größeren Formen in der
Familie, da sie dieselbe Größe wie die graubauchige Pelzfledermaus
*(Lasiurus Pearsonii)* erreicht, obgleich sie bisweilen auch kleiner
und nur von der Größe der kurzhaarigen *(Vesperus derasus)*, fein-
haarigen *(Vesperus arctoideus)* und antillische Abendfledermaus
*(Vesperus Dutertreus)* angetroffen wird, die zu den mittelgroßen
Formen in der Familie zählen.

Die Schnauze ist ziemlich hoch und breit, die Nase über den Unterkiefer vorspringend und beweglich. Die Ohren sind schief gestellt, nach Vorne und Außen gerichtet, lang, etwas länger als der Kopf, noch einmal so lang als breit, stumpf zugespitzt und oben abgerundet, am Innenrande nach Außen und Hinten umgestülpt, am Außenrande ausgerandet und mit zwei schwachen Ausschnitten versehen und mit demselben bis gegen den Mundwinkel vorgezogen. Die Ohrklappe ist nicht besonders kurz, von der halben Länge des Ohres, lanzettförmig und zugespitzt. Der Hals erscheint durch die lange reichliche Behaarung dick und nicht vom Leibe abgegrenzt. Die Flügel sind mäßig lang, breit, größtentheils kahl, längs der Leibesseiten so wie die Arme mit kurzen feinen Haaren besetzt und reichen bis an die Fußwurzel. Die Schenkelflughaut ist breit, mit Ausnahme des Randes mit kurzen feinen Haaren besetzt, in der Mitte aber stark behaart und reicht nicht ganz bis an die Fußwurzel hinab. Die Sporen sind lang. Die hinteren Gliedmaßen sind dünn. Der Schwanz ist lang, doch merklich kürzer als der Körper, dünn und vollständig von der Schenkelflughaut eingeschlossen.

Die Körperbehaarung ist sehr lang, dicht, reichlich und weich. Die Schnauze, die Ohren und die hinteren Gliedmaßen sind größtentheils kahl.

Die Färbung ist auf der Ober- sowohl als Unterseite des Körpers einfärbig blaß braungrau oder mausgrau. Die Flügel sind purpurschwarz, gegen die Finger und den Leib zu aber braunweißlich. Die übrigen kahlen Körpertheile sind schwärzlichbraun.

| | | |
|---|---|---|
| Gesammtlänge . . . . . . . . | 4″ 4‴. | Nach Azara. |
| Körperlänge . . . . . . . . | 3″. | |
| Länge des Schwanzes . . . . | 1″ 4‴. | |
| „ der Ohren . . . . . . . | 7½‴. | |
| Spannweite der Flügel . . . . . | 11″. | |
| Körperlänge . . . . . . . . | 2″ 6‴. | Nach Rengger. |
| Länge des Kopfes . . . . . | 9‴. | |
| „ des Rumpfes . . . . . . | 1″ 9‴. | |
| „ des Schwanzes . . . . . | 1″ 10‴. | |
| „ der Ohren ungefähr . . . | 10‴. | |
| Breite der Ohren . . . . . . . | 5‴. | |
| Spannweite der Flügel . . . . . | 11″. | |

Vorderzähne sind im Oberkiefer 4, im Unterkiefer 6 vorhanden, von denen die beiden mittleren des Oberkiefers groß und durch einen beträchtlichen Zwischenraum voneinander getrennt, die beiden äußeren aber klein sind, daher Azara, welcher die großen mittleren für Eckzähne ansah, das Vorhandensein von Vorderzähnen im Oberkiefer gänzlich läugnet.

Vaterland. Süd-Amerika, Paraguay.

Pöppig betrachtete diese Art als zur Gattung „*Nycticejus*" gehörig und eben so auch Temminck, der es für möglich hielt, daß sie mit der bereiften Pelzfledermaus *(Lasiurus pruinosus)* vielleicht identisch sei. Giebel ist geneigt sich dieser Ansicht theilweise anzuschließen, indem er es für wahrscheinlich hält, daß sie mit der großohrigen Pelzfledermaus *(Lasiurus macrotis)* — mit welcher er aber auch die chilesische Löffelfledermaus *(Plecotus Poeppigii)* vereinigt, — zusammenfallen dürfte.

### 2. Die bestäubte Halbfledermaus *(Aeorestes albescens)*.

*Ae. levi perparum major et Nyctophylacis Hardwickii magnitudine; rostro proportionaliter sat alto lato obtuso, antice deplanato-truncato; auriculis longiusculis, capite brevioribus, longioribus quam latis, acuminatis; trago angusto subulaeformi valde acuminato; alis modice longis latis calvis, ad tarsum usque attingentibus; patagio anali calvo; cauda longa ²/₃ corporis longitudine, antibrachio distincte breviore, tota patagio anali inclusa; corpore pilis brevibus incumbentibus mollibus dense vestito; notaeo nigrescente vel obscure fusco, gastraeo ejusdem coloris albo-irrorato et in posteriore corporis parte fere perfecte albidis.*

Chauve-souris douzième ou Chauve-souris brun-obscur. Azara. Essais sur l'hist. des Quadrup. de Paraguay. V. II. p. 294.

„ „ „ „ *Var.* β. Azara. Essais sur l'hist. des Quadrup. de Paraguay. V. II. p. 294.

*Vespertilio albescens.* Geoffr. Ann. du Mus. V. VIII. p. 204. Nr. 18·

„ „ Desmar. Mammal. p. 114. Nr. 221.

*Vespertilio nigricans?* Neuw. Beitr. z. Naturg. Brasil. B. II. S. 266. Nr. 2.

*Vespertilio albescens.* G r i f f i t h. Anim. Kingd. V. V. p. 280. Nr. 33.

„        „        F i s c h. Synops. Mammal. p. 110, 553. Nr. 29.

„        *Var.* β. F i s c h. Synops. Mammal. p. 110.
Nr. 29. β.

*Vespertilio nigricans.* R e n g g e r. Naturg. d. Säugeth. v. Paraguay.
S. 84.

*Vespertilio albescens.* T e m m i n c k. Monograph. d. Mammal. V. II.
p. 244.

„        W a g n. Schreber Säugth. Suppl. B. I. S. 534.
Nr. 78.

*Vespertilio nigricans.* B u r m e i s t. Säugeth. Brasil. S. 78.

„        „        W a g n. Schreber Säugth. Suppl. B. V.
S. 755. Nr. 84.

*Vesperugo nigricans.* W a g n. Schreber Säugth. Suppl. B. V. S 755.
Nr. 84.

*Vespertilio albescens.* G i e b e l. Säugeth. S. 936.

Alles was uns über diese Form bis jetzt bekannt geworden ist, beschränkt sich auf eine kurze Beschreibung von A z a r a, auf welche G e o f f r o y seinen „*Vespertilio albescens*" gegründet, und eine spätere nicht minder kurze Mittheilung von B u r m e i s t e r.

Wie hieraus zu ersehen ist, steht diese Form der schwärzlichen Halbfledermaus *(Aeorestes nigricans)* außerordentlich nahe, weßhalb sie auch von B u r m e i s t e r sowohl, als auch von mehreren anderen Zoologen für identisch mit derselben gehalten worden ist.

Die Unterschiede in der Körpergröße und den Verhältnissen ihrer einzelnen Körpertheile, so wie auch die theilweise verschiedene Färbung sprechen jedoch für ihre specifische Verschiedenheit.

Sie ist merklich kleiner als die schwärzliche *(Aeorestes nigricans)* und nur sehr wenig größer als die kastanienbraune Halbfledermaus *(Aeorestes levis)*, mit der faltenohrigen Nachtfledermaus *(Nyctophylax Hardwickii)* von gleicher Größe und gehört daher zu den kleineren Formen ihrer Gattung.

Die Schnauze ist verhältnißmäßig ziemlich hoch, breit, stumpf und vorne flach abgestutzt. Die Ohren sind ziemlich lang, doch kürzer als der Kopf, länger als breit und zugespitzt. Die Ohrklappe ist schmal, pfriemenförmig und sehr stark zugespitzt. Die Flügel sind mäßig lang, breit, kahl, und reichen bis an die Fußwurzel. Die

Schenkelflughaut ist kahl. Der Schwanz ist lang, 2/3 der Körperlänge einnehmend, merklich kürzer als der Vorderarm und vollständig von der Schenkelflughaut eingeschlossen.

Die Körperbehaarung ist kurz, dicht, glatt anliegend und weich.

Die Oberseite des Körpers ist schwärzlich oder auch dunkelbraun, die Unterseite ebenso, aber weiß gesprenkelt, da die einzelnen Haare hier in weiße Spitzen endigen, und am hinteren Theile beinahe völlig weißlich.

Gesammtlänge . . . . . . . . . . 2″ 6‴. Nach Geoffroy.
Körperlänge . . . . . . . . . 1″ 6‴.
Länge des Sehwanzes . . . . . 1″.
Spannweite der Flügel . . . . 8″ 10‴.
Körperlänge . . . . . . . . 1″ 6‴. Nach Burmeister.
Länge des Schwanzes fast . . . 1″.
    „ des Vorderarmes . . . . 1″ 4‴.

Im Oberkiefer sind 4 Vorderzähne vorhanden, im Unterkiefer 6, die sehr klein und kaum bemerkbar sind. Lückenzähne befinden sich in beiden Kiefern jederseits 1, Backenzähne 4.

Vaterland. Süd-Amerika, Paraguay, wo Azara diese Art entdeckte, die er auch zuerst beschrieb, und Süd-Brasilien, wo sie von Burmeister angetroffen wurde.

Prinz von Neuwied war im Zweifel, ob diese Art nicht etwa mit der von ihm beschriebenen schwärzlichen Halbfledermaus (Aeorestes nigricans) zusammenfallen könnte, und Rengger, Burmeister, so wie späterhin auch Wagner, zogen beide wirklich in eine Art zusammen, für welche sie den vom Prinzen von Neuwied vorgeschlagenen Namen „Vespertilio nigricans“ gewählt.

Temminck dagegen hielt dieselbe irrigerweise mit der von Natterer entdeckten russigen Nachtfledermaus (Nyctophylax nubilus) für identisch, welche jedoch einer durchaus verschiedenen Gattung angehört und ebenso früher auch Wagner, der sie neuerlichst der Gattung „Vesperugo“ einreihte.

### 3. Die schwärzliche Halbfledermaus (Aeorestes nigricans).

*Ae. Miniopteri scotini magnitudine; rostro brevi, proportionaliter alto lato, rhinario sulco longitudinali diviso; auriculis mediocribus, circa capitis longitudine apice parum nutantibus, in margine interiore extrorsum ac retorsum resupinatis, in margine exteriore paullo retrorsum arcuatis, infra apicem emarginatis minime vero incisis et versus oris angulum protractis; trago parvo brevi, dimidio auriculae breviore angustissimo, lanceolato fere lineari acuminato; alis sat longis calvis et sicut patagium anale ad tarsum usque attingentibus; calcaribus longiusculis; cauda mediocri, dimidii corporis longitudine, tota patagio anali inclusa; corpore pilis brevibus incumbentibus mollibus dense vestito; rostro, auriculis artubusque calvis; notaeo fuligineo-nigrescente vel fuscescente-nigro paullo in grisescentem vergente, gastraeo dilutiore grisescente-nigro; rostro, auriculis, nec non artubus patagiisque fuscescente-nigris.*

*Vespertilio nigricans.* Neuw. Abbild. z. Naturg. Brasil. m. Fig.

„ „ Neuw. Beitr. z. Naturg. Brasil. B. II. S. 266. Nr. 2.

„ Fisch. Synops. Mammal. p. 112 Nr. 36.

„ Wagler. Syst. d. Amphib. S. 13.

„ Rengger. Naturg. d. Säugeth. v. Paraguay. S. 84.

„ Temminck. Monograph. d. Mammal. V. II. p. 242.

„ Keys. Blas. Wiegm. Arch. B. VI. (1840.) Th. I. S. 2.

„ Wagn. Schreber Säugth. Suppl. B. I. S. 533. Nr. 77.

„ Burmeist. Säugeth. Brasil. S. 78.

„ Wagn. Schreber Säugth. Suppl. B. V. S. 755. N. 84.

*Vesperugo nigricans.* Wagn. Schreber Säugeth. Suppl. B. V. S. 755. Nr. 84.

*Vespertilio nigricans.* Giebel. Säugeth. S. 936.

Unsere Kenntniß von dieser Form gründet sich auf eine Beschreibung und Abbildung, die wir durch Prinz von Neuwied von derselben erhalten haben. Später wurde sie auch von Rengger beschrieben.

Ohne Zweifel ist sie mit der bestäubten Halbfledermaus *(Aeorestes albescens)* sehr nahe verwandt, doch bietet sie mancherlei Unter-

schiede von derselben dar, welche ihre specifische Verschiedenheit
sehr wahrscheinlich erscheinen lassen, und namentlich sind es die
Unterschiede in der Körpergröße und den Verhältnissen ihrer einzelnen Körpertheile, so wie auch einige Abweichungen in der Färbung,
welche sie von dieser Art zu trennen scheinen.

In der Größe kommt sie mit der Kaffern-Sackfledermaus *(Miniopterus scotinus)* überein, daher sie viel kleiner als die zottige
*(Aeorestes villosissimus)* und merklich größer als die bestäubte
Halbfledermaus *(Aeorestes albescens)*, sonach den kleineren Formen
ihrer Gattung beizuzählen ist.

Die Schnauze ist kurz und verhältnißmäßig hoch und breit, die
Nasenkuppe durch eine Längsfurche getheilt. Die Ohren sind mittellang, ungefähr von der Länge des Kopfes, an der Spitze etwas über-
geneigt, am Innenrande nach Außen und Hinten umgestülpt, am Außenrande etwas nach Hinten gewölbt, unterhalb der Spitze ausgerandet,
ohne einen Ausschnitt und mit demselben bis gegen den Mundwinkel
vorgezogen. Die Ohrklappe ist klein und kurz, kürzer als das halbe
Ohr, sehr schmal, lanzett- und beinahe linienförmig, und zugespitzt.
Die Flügel sind ziemlich lang und kahl, und reichen so wie auch die
kahle Schenkelflughaut, bis zur Fußwurzel. Die Sporen sind ziemlich
lang. Der mittellange Schwanz, welcher von halber Körperlänge ist,
wird vollständig von der Schenkelflughaut eingeschlossen.

Die Körperbehaarung ist kurz, dicht, glatt anliegend und weich.
Die Schnauze, die Ohren und die Gliedmaßen sind kahl.

Die Oberseite des Körpers ist rußschwärzlich oder bräunlichschwarz, etwas in's Grauliche ziehend, die Unterseite lichter grau-
lichschwarz. Die Schnauze, die Ohren, die Gliedmaßen und die Flughäute sind bräunlich schwarz.

Gesammtlänge . . . . . 2″ 9½‴. N. Prinz von Neuwied.
Körperlänge . . . . . . 1″ 10½‴.
Länge des Schwanzes . . 11‴.
„ der Ohren . . . . 3⅓‴.
Spannweite der Flügel . . 8″ 8‴.
Gesammtlänge . . . . . 2″ 9‴. Nach Rengger.
Körperlänge . . . . . . 1″ 10‴.
Länge des Kopfes ungefähr 6‴.
„ des Rumpfes . . . 1″ 4‴.
„ des Schwanzes 11‴.

Länge der Ohren ungefähr .     6′′′.

„   der Ohrklappe  .  .     2½′′′.

Spannweite der Flügel  .  .  8′′  9′′′.

Im Oberkiefer sind 4, im Unterkiefer 6 Vorderzähne vorhanden.

V a t e r l a n d. Süd-Amerika, Brasilien, wo P r i n z v o n N e u w i e d diese Art am Iritiba-Fluße entdeckte, und Paraguay, wo sie von R e n g g e r angetroffen wurde.

P r i n z v o n N e u w i e d sprach die Vermuthung aus, daß dieselbe mit der zuerst von A z a r a beschriebenen bestäubten Halbfledermaus *(Aeorestes albescens)* vielleicht identisch sei. R e n g g e r, B u rm e i s t e r und späterhin auch W a g n e r, vereinigten wirklich beide Arten mit einander. K e y s e r l i n g und B l a s i u s zogen sie zu ihrer Gattung „*Vespertilio*", und W a g n e r schloß sich Anfangs dieser Ansicht an, später aber änderte er dieselbe und wies ihr eine Stelle in der Gattung „*Vesperugo*" an.

#### 4. Die kastanienbraune Halbfledermaus *(Aeorestes levis)*.

*Ae. albescente paullo minor; facie partim calva; auriculis proportionatiter longis, longioribus quam latis et capite brevioribus; corpore brachio antibrachioque breviore; alis sat longis latisque; patagio anali lato, supra pilis dispersis obtecto; cauda longa, corpori longitudine aeqali et antibrachio perparum longiore; corpore pilis brevibus incumbentibus mollibus dense vestito; notaeo obscure castaneo-fusco, gastraeo leviter in grisescentem vergente.*

*Vespertilio levis.* Isid. G e o f f r. Ann. des Sc. nat. V. III. p. 444.

     „      „  G r i f f i t h. Anim. Kingd. V. V. p. 260. Nr. 13.

     „      „  F i s c h. Synops. Mammal. p. 111, 553. Nr. 33.

*Scotophilus laevis.* G r a y. Magaz. of Zool. and Bot. V. II. p. 498.

*Pachyotus laevis* G r a y. Magaz. of Zool. and Bot. V. II. p. 498.

*Vespertilio levis.* T e m m i n e k. Monograph. d. Mammal. V. II. p. 249.

     „      „  W a g n. Schreber Säugth. Suppl. B. I. S. 535. Nr. 80.

     „      „  W a g n. Schreber Säugth. Suppl. B. V. S. 761. Nr. 106.

     „  G i e b e l. Säugeth. S. 936. Note 5.

Isidor Geoffroy ist bis jetzt der einzige Naturforscher, welcher diese Art — von der es noch sehr zweifelhaft ist ob sie dieser Gattung wirklich angehört, — beschrieben.

Jedenfalls scheint sie aber eine selbstständige Form zu sein, wie aus jener Beschreibung hervorgeht.

Sie ist die kleinste unter den seither bekannt gewordenen Formen dieser Gattung und noch etwas kleiner als die bestäubte Halbfledermaus *(Aeorestes albescens)*.

Das Gesicht ist theilweise kahl. Die Ohren sind verhältnißmäßig lang, länger als breit und kürzer als der Kopf. Der Leib ist kürzer als der Ober- und Vorderarm. Die Flügel sind ziemlich lang und breit. Die Schenkelflughaut ist breit und auf der Oberseite mit zerstreut stehenden Haaren besetzt. Der Schwanz ist lang, von derselben Länge wie der Körper und nur sehr wenig länger als der Vorderarm.

Die Körperbehaarung ist kurz, dicht, glatt anliegend und weich.

Die Oberseite ist dunkel kastanienbraun, die Unterseite schwach ins Grauliche ziehend.

Gesammtlänge . . . . 2"9'''—2"10'''. Nach Isid. Geoffroy.
Körperlänge . . . . . 1"4½'''—1"5'''.
Länge des Schwanzes . 1"4½'''—1"5'''.
„ des Vorderarmes 1"4'''.
Spannweite der Flügel . 9"—9"6'''.

Vaterland. Süd-Amerika, Brasilien.

Gray reihte sie seiner Gattung „*Scotophilus*" und zwar der Untergattung „*Pachyotus*" ein. Mir scheint es wahrscheinlich, daß sie zu der von mir aufgestellten Gattung „*Aeorestes*" gehöre, obgleich wir weder die Art der Anheftung der Flügel, noch der Einhüllung des Schwanzes in die Schenkelflughaut kennen, und uns auch die Zahl und Vertheilung der Vorder-, Lücken- und Backenzähne in den Kiefern bis jetzt völlig unbekannt geblieben ist. Die Zukunft wird es lehren, ob meine Vermuthung sich bewährt.

## 32. Gatt.: **Spornfledermaus (Natalus)**.

Der Schwanz ist sehr lang und vollständig von der Schenkel-flughaut eingeschlossen? Der Daumen ist frei. Die Ohren sind weit auseinander gestellt, mit ihrem Außenrande bis gegen den Mund-winkel verlängert und mittellang? Die Sporen sind von keinem Haut-lappen umsäumt? und überaus lang. Die Flügel reichen bis an die Fußwurzel? Die Zehen der Hinterfüße sind dreigliederig und von-einander getrennt. Die Nasenlöcher sind nicht röhrenförmig gestaltet.

Zahnformel: Unbekannt.

### 1. Die strohgelbe Spornfledermaus *(Natalus stramineus)*.

*N. capite parvo, facie depressa, naribus apicalibus distanti-bus ovatis; labio inferiore calloso scrobiculato; calcaribus longissi-mis totum patagium analem suffulcientibus; scelidibus caudaque perlongis; corpore stramineo.*

*Vespertilio longicaudatus.* Gray. Mus. Brit.

*Natalus stramineus.* Gray. Magaz. of Zool. and Bot. V. II. p. 496.

      „       „     Gray. Mammal. of the Brit. Mus. p. 28.

*Vespertilio stramineus.* Wagn. Schreber Säugth. Suppl. B. V. S. 762. Note 1.

*Natalus stramineus.* Wagn, Schreber Säugth. Suppl. B. V. S. 762. Note 1.

Unsere Kenntniß von dieser Form beruht nur auf einer sehr kurzen und höchst ungenügenden Beschreibung, welche uns Gray von derselben mitgetheilt.

Er betrachtet sie für den Repräsentanten einer besonderen Gat-tung, für welche er den Namen „*Natalus*" in Vorschlag brachte.

Leider ist diese Beschreibung so unvollständig, daß sie uns nicht einmal über die Körpergröße einen Aufschluß gibt und selbst die Färbung unberührt läßt, die blos aus dem dieser Art beigelegten Namen abgeleitet werden kann.

Die für dieselbe angegebenen Merkmale sind folgende.

Der Kopf ist klein, das Gesicht flachgedrückt. Die Nasenlöcher sind eiförmig und stehen voneinander getrennt vorne an der Spitze der Schnauze. Die Unterlippe ist schwielig und grubig. Die Sporen

sind überaus lang und nehmen die ganze Länge der Schenkelflughaut ein. Die Hinterbeine und der Schwanz sind sehr lang.

Die Färbung scheint — wie der dieser Art gegebene Name
vermuthen läßt, — strohgelb zu sein.

**Vaterland.** Süd- und Mittel-Amerika, woselbst diese Art im
südlichen Theile von Mexico im Departement Xalisco in der Umgegend von St. Blas getroffen wird.

Das Britische Museum, welches vielleicht das einzige in Europa
ist, das sich im Besitze dieser Art befindet, hat zwei Exemplare derselben unter seinen Schätzen aufzuweisen.

Wie es scheint, schließt sich diese Art zunächst der Gattung
Halbfledermaus *(Aeorestes)* an.

# Die Cerussit-Krystalle von Kirlibaba in der Bukowina.

## Von dem c. M. V. Ritter v. Zepharovich.

(Mit 1 Tafel und 5 Holzschnitten.)

Aus den oberen Regionen der um Kirlibaba im Glimmerschiefer auftretenden Galenit-Lagerstätten sind Cerussit-Krystalle schon seit längerer Zeit bekannt; F. Herbich erwähnt solcher aus einem älteren Bergbaue und beschrieb sie als kleine, nadelförmige, stets einfache Krystalle, welche Hohlräume eines porösen, ocherigen, aus Siderit entstandenen Gesteins auskleiden [1]. Von einem neuen Vorkommen des Cerussit in Kirlibaba sah ich im vorigen Jahre bei meinem Freunde A. Stelzner in Freiberg eine ansehnliche Reihe der prächtigsten Krystalle, die er von Herrn B. Walter, Bergverwalter in Borsabánya, erhalten hatte. Mit ihrer fast allseitigen trefflichen Entwicklung und den meist ausgezeichnet spiegelnden Flächen schienen sie ein sehr geeignetes Object goniometrischer Untersuchung, die wohl für diese Species um so wünschenswerther geworden ist, als sie in dieser Beziehung neuerer Zeit auffallend vernachlässigt wurde. Mit besonderer Bereitwilligkeit entsprach Stelzner meinem Ansuchen und überließ mir an 40 Krystalle zur Messung.

Die Krystalle, die bis höchstens 13 Mm. Höhe und 7 Mm. Breite erreichen, gelblich- oder graulich-weiß und pellucid in verschiedenen Graden sind, haften einzeln oder gruppenweise nur mit einem geringen Theile ihrer Oberfläche auf einem quarzigen Gestein oder zersetztem Glimmerschiefer, und sind demnach meist vollständig ausgebildet. Ganz allgemein ist ihnen die säulige Entwicklung nach der Hauptaxe, zuweilen gleichzeitig auch nach der Brachydiagonale eigen und stets sind sie der Zwillingsbildung — nach dem bekannten Gesetze, welches zwei Individuen symmetrisch gegen eine 110-Fläche

---

[1] Beschreibung der Mineralspecies der Bukowina: mein mineral. Lexikon. S. 101.

gestellt erscheinen läßt — unterworfen, wobei die manchfaltigsten Modalitäten der Wiederholung und Ausbildung vorkommen und sich nicht selten das Zwillingswesen unter dem Aussehen eines einfachen Krystalles verbirgt.

Die Cerussit-Krystalle von Kirlibaba bieten keinen besonderen Flächenreichthum. Die beobachteten Formen sind, nach der für die isomorphen rhombischen Carbonate üblichen Aufstellung bezeichnet:

$$c(001) \cdot a(100) \cdot b(010) \cdot x(102) \cdot k(101) \cdot i(201)$$
$$0P \quad \infty P\breve{\infty} \quad \infty P\bar{\infty} \quad {}^{1}/_{2}P\bar{\infty} \quad P\bar{\infty} \quad 2P\bar{\infty}$$

$$v(301) \cdot z(401) \cdot m(110) \cdot r(310) \cdot p(111) \cdot l(737)$$
$$3P\bar{\infty} \quad 4P\bar{\infty} \quad \infty P \quad \infty P\breve{3} \quad P \quad P^{7}/_{3}$$

Von diesen Formen ist allein die zuletzt genannte Brachypyramide neu, sie wurde nur an einem Krystalle beobachtet. (001) und (310) sind stets untergeordnet und nicht häufig; (301) und (401) erscheinen als Seltenheit.

Der Orientirung in den durch ungleiche Flächenausdehnung oft sehr verzerrt aussehenden Combinationen kommt eine fast constante Oberflächenbeschaffenheit einzelner Formen zu statten; so ist (010) immer fein vertical gerieft — zuweilen nachweislich durch oscillatorische Combination mit (110) — ferner ist (100) stets stark horizontal gefurcht oder treppig abfallend durch abwechselndes eintreten von Brachydomenflächen; von den letzteren zeigt nur (101) eine deutlichere Horizontal-Furchung, während (201) in gleicher Richtung fein gekerbt oder gerieft, zuweilen aber auch eben ist. (102) und (001) sind stets glatt, ebenso auch (111) und (310) während (110) theils glatt, theils mehr weniger deutlich horizontal gerieft erscheint.

Zur Ermittlung der krystallographischen Constanten dienten 14 der besten Krystalle, von deren Flächen das Fadenkreuz im Beleuchtungsfernrohr des Reflexionsgoniometers in den meisten Fällen reflectirt wurde.

Die Kante $m(110) : m'(\bar{1}10)$ wurde aus 75 Messungen bestimmt mit den folgenden Winkeln der Flächennormalen:

$$mm' = 62°45'41'(Z)16 \quad \ldots \ldots (1)$$
$$\text{aus } ma = 58°36'59'(Z)26 : mm' = 62 \ 46 \ 2 \quad \ldots \ldots (2)$$
$$\text{„ } mb = 31 \ 22 \ 52 \ \text{„ } 33 : mm' = 62 \ 45 \ 44 \quad \ldots \ldots (3)$$

Aus diesen drei Beobachtungsreihen folgt, wenn man die Anzahl der Messungen $(Z)$ als Gewichte derselben nimmt, als Mittelwerth:

$$(I) \dots m(110) : m'(110) = 62°45'50'$$

und ferner

$$m(110) : a(100) = 58\ 37\ 5$$
$$m(110) : b(010) = 31\ 22\ 55$$

$(Z)\ 75$

Vergleicht man das Gewichtsmittel (I) (genauer $62°45'49·68'$) mit den Mittelwerthen (1)—(3) so beträgt die Summe der Differenzen 27 Secunden.

Die Kante $m(110) : p(111)$ wurde durch 36 Messungen bestimmt; ich fand:

$$mp = 35°46'\ 7'\ (Z)34 \dots \dots (4)$$

aus $\quad pp = 71°31'\ (Z)2 : mp = 35\ 45\ 30 \dots \dots (5)$

Daráus ergibt sich das Gewichtsmittel:

$$(II) \dots m(110) : p(111) = 35°46'\ 5$$
$$p(111) : p(11\bar{1}) = 71\ 32\ 10$$
$$p(111) : c(001) = 54\ 13\ 55$$

$(Z)\ 36$

Die Summe der Differenzen von (II) gegen (4) und (5) beträgt 37 Secunden.

Die obigen Werthe (I) und (II) wurden aus sämmtlichen für die betreffenden Kanten (1)—(5) vorhandenen Messungen abgeleitet, wobei die einzelnen Messungen alle mit dem gleichen Gewichte in Rechnung gebracht wurden. Berücksichtigt man jedoch nur die besten Messungen der einzelnen Kanten und nimmt, entsprechend der Vollkommenheit der Flächen, die Gewichte 1, 2 und 3 in Rechnung, so ergeben sich als Resultate:

$$mm' = 62°46'36'\ (Z)\ 39\ ;\ S.\,\mathrm{diff.} = 164'$$
$$mp = 35\ 46\ 8\tfrac{1}{2}\ (Z)29\ ;\ \text{„} \qquad 41$$

welche jedenfalls schon deßhalb, weil sie im Vergleich mit den früheren I und II aus einer kleineren Zahl von Beobachtungen abgeleitet sind, einen geringeren Werth besitzen. Es ist aber auch zu berücksichtigen, daß tadellose Flächen, welche auf das schärfste das Fadenkreuz reflectiren, oft Bildungsstörungen durch Nachbarkrystalle oder die Gesteinsunterlage unterworfen waren; werden nun solche Messungen mit hohem Gewichte in Rechnung gebracht, so üben sie

einen bedeutenden Einfluß auf den Mittelwerth aus, wenn derselbe
nur auf wenigen Messungen beruht, während diese Störungen eher
ausgeglichen erscheinen, wenn man viele Messungen von verschiedener Güte mit dem gleichen Gewichte in Rechnung nimmt.

Die obigen Werthe I und II weichen nur unbedeutend ab von
jenen, welche in den mineralogischen Handbüchern angegeben sind
und sich auf die Messungen von Kupffer und von Mohs-Haidin-
ger beziehen; Naumann (Min. 1828, S. 319—1871) nahm
Kupffer's Messungen (Preisschrift, 1825, S. 120) an, aber mit
$\infty P = 62°46^*$ statt $62°44^{1}/_{2}{}'$.

|  |  | Kupffer | Naumann | Mohs-Haidinger Miller, Dana | Zepharovich |
|---|---|---|---|---|---|
| $m(110):m'(\bar{1}10):$ | | $62°44'30'$ | $62°46'$ | $62°47'$ | $62°45'50'$ |
| $p(111):p\ (11\bar{1}):$ | | $71\ 29$ | $71\ 29$ | $71\ 32$ | $71\ 32\ 10$ |

Die Kupffer'schen Messungen wurden an einem Krystalle
von nicht angegebenem Fundorte angestellt; $mm'$ wurde durch 17,
$pp$ durch 15 Repetitionen je einer Kante bestimmt.

Aus den beiden Werthen in der letzten Colonne, die aus meinen
111 Beobachtungen abgeleitet wurden, ergibt sich das Verhältniß
der Längen von Makro- und Brachydiagonale zur Hauptaxe

$$a:b:c = 1·6396:1:1·1852.$$

Die an den Krystallen von Kirlibaba gemessenen Kanten im
Vergleich mit den aus obigen Elementen berechneten, sind in der folgenden Tabelle zusammengestellt.

| | Berechnet | Gemessen | | |
|---|---|---|---|---|
| | | Mittel | Zahl | Grenzwerthe |
| $m(110) : m'(\bar{1}10)$ | 62°45'50" | *62 45¾ | 16 | 62·41—62·49 |
| $a(100)$ | 58 37 5 | *58 37 | 26 | 58·34—58·41 |
| $b(010)$ | 31 22 55 | *31 23 | 33 | 31·21—31·28 |
| $r(310) : a(100)$ | 28 39 20 | 28 39 | 10 | 28·37—28·40 |
| $m(110)$ | 29 57 45 | 29 57½ | 8 | 29·55—29·59 |
| $x(102) : c(001)$ | 19 52 18 | 19 52¾ | 3 | 19·48—20·1 |
| $a(100)$ | 70 7 42 | 70 5⅓ | 3 | 70·5 —70·6 |
| $x'(\bar{1}02)$ | 39 44 36 | 39 41 | 7 | 39·34—39·51 |
| $k(101) : c(001)$ | 35 51 44 | — | — | — |
| $a(100)$ | 54 8 16 | 54 9 | 2 | 54·5 —54·13 |
| $x(102)$ | 15 59 26 | 15 59½ | 2 | 15·53—16·6 |
| $i(201) : c(001)$ | 55 19 45 | — | — | — |
| $a(100)$ | 34 40 15 | 34 40½ | 11 | 34·34—34·45 |
| $x(102)$ | 35 27 27 | 35 27 | 2 | 35·25—35·29 |
| $k(101)$ | 19 28 1 | 19 27 | 1 | — |
| $p(111) : c(001)$ | 54 13 55 | — | — | — |
| $a(100)$ | 65 0 21 | 65 1 | 5 | 64·56—65·5 |
| $b(010)$ | 46 9 22 | 46 9 | 4 | 46·6 —46·10 |
| $m(110)$ | 35 46 5 | *35 46 | 34 | 35·41—35·53 |
| $m'(\bar{1}10)$ | 68 12 6 | 68 12½ | 5 | 68·10—68·14 |
| $p(111) : k(101)$ | 43 50 38 | 43 51½ | 1 | — |
| $i(201)$ | 47 9 25 | 47 9 | 1 | — |
| $p'(\bar{1}11)$ | 49 59 18 | 49 59¾ | 6 | 49·52—50·5 |
| $p''(1\bar{1}1)$ | 87 41 16 | 87 44 | 2 | 87·43—87·45 |
| $p(11\bar{1})$ | 71 32 10 | *71 31 | 2 | 71·30½—71·31½ |
| $l(737) : c(001)$ | 41 27 34 | — | — | — |
| $a(100)$ | 57 11 52 | — | — | — |
| $b(010)$ | 67 37 38 | — | — | — |
| $k(101)$ | 22 22 22 | 22 12 | 2 | 21·53—22·31 ca. |
| $p(111)$ | 21 28 16 | 21 56 | 2 | 21·41—22·11 ca. |
| Zwillingskanten | | | | |
| $a : (a)$ | 62 45 50 | 62 47¾ | 3 | 62·45—62·49 |
| $b : (b)$ | 117 14 10 | 117 41 | 1 | — |
| $m : (m)$ | 54 28 20 | 54 27¾ | 8 | 54·22—54·29 |
| $x : (x)$ | 20 23 28 | 20 21¼ | 4 | 20·17—20·28 |
| $k : (k)$ | 35 31 20 | — | — | — |
| $i : (i)$ | 50 43 | 50 49 | 1 | — |
| $p : (p)$ | 43 35 48 | 43 35 | 4 | 43·31—43·41 |
| $p' : (p')$ | 108 27 50 | 108 32 | 3 | 108·29—108·34 |

Auf der beigegebenen Tafel sind in Fig. 1—6 einige Haupttypen der Kirlibaba Cerussit-Krystalle dargestellt. ·

Fig. 1. $c(001)$, $x(102)$, $i(201)$, $p(111)$, $m(110)$, $a(100)$ $b(010)$. Contactzwilling $\{\overline{1}10\}$. Oft dünne, lange achtseitig säulige

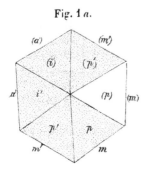

Fig. 1 a.

Formen, welche, wenn die untergeordneten Flächen $c$, $x$ und $b$ fehlen, hexagonalen Combinationen ähnlich erscheinen, wie nebenstehende Skizze zeigt. Zuweilen sind solche Krystalle nach der Kante $m'p'$ gestreckt, wodurch sie tafelartig werden und die eine horizontale Kante bildenden $p'$ und $(p')$ das Aussehen eines Doma's gewinnen.

An einem Krystalle von ungefähr dem Holzschnitte entsprechender Form hatten die der Zwillingsebene anliegenden, oberen und unteren, äußerst fein horizontal gekerbten und daher schlecht spiegelnden $i$-Flächen eine von der normalen ziemlich abweichende Lage; ich fand:

$$i'(i') = 51°21' \Big\} \text{ berechnet : } 50\cdot43$$
$$i'(i') \quad 51 \ 31 \ \Big)$$
$$a'(a') \quad 62 \ 49 \qquad \text{„} \qquad 62\cdot46.$$

Die beiden in der Zone mit $i'(i')$ liegenden $m$-Flächen waren vollkommen parallel. Die völlig ebenen $p$- und $m$-Flächen desselben Krystalles waren zu genauen Messungen geeignet; sechs solche, zwischen $35°46'$—$48'$ liegend, ergaben im Mittel:

$$mp = 35°47\frac{1}{3} \ (Z) \ 6, \text{ berechnet: } 35°46'$$
$$m'p = 68 \ 13\frac{1}{2} \quad \text{„} \quad 2 \quad \text{„} \quad 68 \ 12$$
$$m'a' = 58 \ 36 \quad \text{„} \quad 1 \quad \text{„} \quad 58 \ 37$$
$$m'b = 31 \ 22 \quad \text{„} \quad \text{ı} \quad \text{„} \quad 31 \ 23.$$

An einem anderen Krystalle von gleicher Ausbildung wurde gemessen:

$$i'(i') = 50°49' \text{ berechnet: } 50°43'$$
$$m'(m') = 180 \ 2 \quad \text{„} \quad 180 \ —$$
$$p(p) = 43 \ 36 \quad \text{„} \quad 43 \ 35\frac{3}{4}$$
$$p'm = 68 \ 14 \quad \text{„} \quad 68 \ 12.$$

Ein dritter Krystall ergab:

$$p'(p') = 108°31 \; (Z) \; 2, \text{ berechnet } 108°27\frac{3}{4}'$$
$$pm = 35 \; 44\frac{1}{2}, \quad 4 \quad , \quad 35 \; 46.$$

Fig. 2. Sechsseitige Zwillings-
säulen mit vorwaltenden Makropina-
koiden $b$, die zur scharfen Kante von
62° 46' (berechnet) zusammentreten.
An einem Krystalle ergab die Messung
ohne nachweisliche Veranlassung der
Störung, abgesehen von der Zwillingsbildung, $b\,(b) = 62·19$; an dem unteren Ende dieses Krystalles erscheinen keine einspringenden Kanten,
während am oberen die $x$ und $(x)$ eine solche bilden.

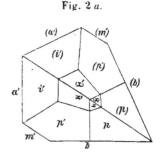

Fig. 2 a.

Fig. 3 und 4. Zwillinge welche in ihrer Ausbildung —, das
breite Makropinakoid in Fig. 3 ausgenommen —, an die Aragonit-
Krystalle von Horschencz bei Bilin erinnern. An dem in Fig. 3 dargestellten Exemplare reflectirten die Pyramiden-Flächen in ausgezeichneter Weise das Fadenkreuz; für die mit $p$ bezeichnete Fläche
ließ sich aus den Messungen eine Abweichung von der richtigen Lage
erkennen:

$$pp = 71°42\frac{3}{4}' \text{ berechnet: } 71°32$$
$$pp' = 49 \; 52 \quad , \quad 49 \; 59$$
$$p(p) = 43 \; 41 \quad , \quad 43 \; 35\frac{3}{4}.$$

Es ist auffallend, daß sich die Störung nicht auch auf der, der
Zwillingsgrenze benachbarten $(p)$ nachweisen ließ:

$$(p)(p) = 71°30\frac{1}{2}'$$
$$(p)(p') = 50 \quad \frac{1}{2}$$
$$(p')(p') = 71 \; 31\frac{1}{2}.$$

Fig. 5. Vorwaltend rechtwinklig vierseitige Säule durch die
übermäßige Entwicklung des Brachy- und Makropinakoides, ersteres
$(a)$ wie gewöhnlich stufig abfallend, letzteres $(b)$ zart vertical gerieft.
Eine äußerst schmale, parallel $m$ eingeschobene Zwillingslamelle ließ
sich in einer über die Domen hinziehenden Furche erkennen. Mit
großer Sicherheit wurden gemessen:

$am = 58°37\frac{1}{2}'$, berechnet: $58°37'$

$am^2 = 58\ 37$       „       „

$a'm^3 = 58\ 37$       „

$a'r^3 = 28\ 39\frac{1}{2}$       „       $28\ 39\frac{1}{3}$

$a'i' = 34\ 40$       „       $34\ 40\frac{1}{4}$

$ap = 65\ 2$       „       $65\ \frac{1}{3}$

$bp = 46\ 8$       „       $46\ 9\frac{1}{3}$

$pp^2 = 87\ 45$       „       $87\ 41\frac{1}{4}$.

Fig. 6. Contact-Zwilling nach (110), als einfacher Krystall ge
zeichnet mit den Flächen $c(001)$, $x(102)$, $k(101)$, $i(201)$, $l(737)$,
$p(111)$, $m(110)$, $r(310)$, $a(100)$, $b(010)$. Die neue Brachypyramide (737) wurde als schmale Abstumpfungsfläche zweier Kanten $kp$,
genau in der Zone $b'p^2$, $pb$ liegend beobachtet; ihre Neigung zu $k$
und $p$ konnte der geringen Breite wegen, nur annäherungsweise durch
Einstellung auf den lebhaftesten Reflex bei dem Beobachtungsfern-
rohre vorgeschobener Loupe gemessen werden.

$lk = 22°12\ (Z)\ 2$, berechnet: $22°22\frac{1}{3}'$

$lp = 21\ 56$  „  2       „       $21\ 28\frac{1}{4}$.

Sehr verläßliche Resultate hingegen ergaben die Kanten:

$mm' = 62°45'$ berechnet: $62°45\frac{3}{4}'$

$(m)(m') = 62\ 46$       „       „

$m(m) = 54\ 28$       „       $54\ 28\frac{1}{3}$

$(m')(r') = 29\ 56$       „       $29\ 57\frac{3}{4}$ .

$(a')(r') = 28\ 39$       „       $28\ 39\frac{1}{3}$

$p'm' = 35\ 44\frac{1}{2}$       „       $35\ 46$

$m'p' = 35\ 46$       „       „

Fig. 7.

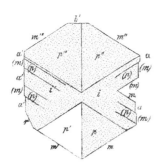

Fig. 7. Horizontal-Projection eine
scheinbar einfachen, säuligen Krystalles in der Combination $i(201)$,
$p(111)$, $a(100)$, $b(010)$, $m(110)$ und
$r(310)$. Lamellare Individuen sind
zahlreich parallel den $m$-Flächen
rechts und links in das Brachypinakoid
$a$ eingeschoben und bewirken auf demselben ein- und ausspringende Kanten
von $175°51\frac{1}{4}'$ und $184°8\frac{3}{4}$. Oben

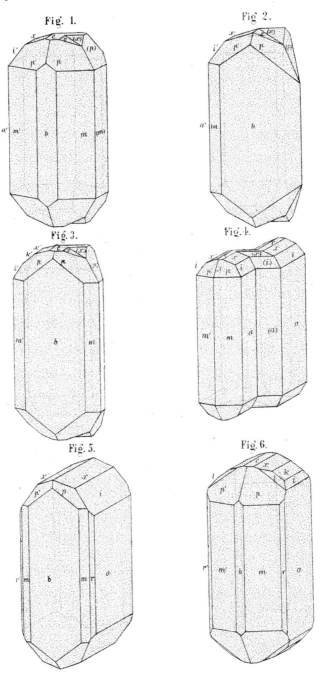

Fig. 1.

Fig. 2.

Fig. 3.

Fig. 4.

Fig. 5.

Fig. 6.

K. Vrba del.

Aus d. k. k. Hof u. Staatsdruckerei.

Sitzungsb d. k. Akad. d. W. math. naturw. Cl. LXII. Bd. II. Abth. 1870.

sind diese Zwillingslamellen wohl durch (*p*) begrenzt, da sie auf den *i*-Flächen des Hauptkrystalles verfolgt, fast gleichzeitig mit letzteren spiegelten; die bezüglichen Neigungen differiren nur wenig über einen Grad:

$$ia = 145°19'45'$$
$$pm = 144\ 13\ 55.$$

Im Dünnschliff senkrecht auf die Hauptaxe erwies sich die trübe Substanz ungeeignet zur optischen Untersuchung.

Fig. 8. und 9. Idealisirte Horizontal-Projectionen von durcheinander gewachsenen Zwillingen, die Verwachsungs- und die Zwillingsebene stehen senkrecht auf einander. In Fig. 8 erscheinen nur die Pyramiden- und Prismen-Flächen *p* und *m* und daher keine einspringenden Kanten; die sechsseitige Säule mit drei Paaren paralleler Flächen hat vier Kanten von 117°14'10' u. zwei von 125°31'40'.

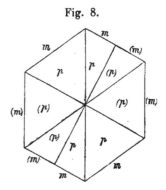

Fig. 8.

Der Fall ist ähnlich dem Contact-Zwilling Fig. 1, in welchem aber die sechsseitige Säule mit drei Kanten von 117°14'10', zwei von 121°22'55' und einer von 125°31'40', nur zwei parallele (*m*) Flächen besitzt. — In Fig. 9 treten außer den genannten Flächen noch die beiden verticalen Pinakoide *a* und *b* und das Brachydoma *i* auf, die Riefung auf letzterem parallel zur Kante mit *a* stößt auf zwei benachbarten Individuen federbartähnlich zusammen. An der Verwachsungsfläche der beiden Zwillinge erscheinen die Brachypinakoide *a* mit einspringenden Kanten; den Fall, in welchem die Makropinakoide *b* einspringend wären und die vier Brachydomen *i* auswärts liegen würden, habe ich nicht beobachtet.

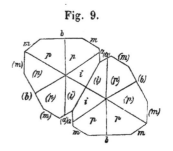

Fig. 9.

## XXIII. SITZUNG VOM 20. OCTOBER 1870.

Herr Prof. Dr. Oscar Schmidt dankt mit Schreiben vom 18. October l. J. für seine Wahl zum correspondirenden Mitgliede der Akademie.

Herr Dr. Ludwig Mandl aus Paris legt eine Abhandlung: „Über Brust- und Kopfstimme" vor.

An Druckschriften wurden vorgelegt:

Akademie der Wissenschaften, Königl. Bayer., zu München: Sitzungsberichte. 1870. I. Heft 2—4. München; 8⁰.

Annalen der Chemie & Pharmacie, von Wöhler, Liebig & Kopp. N. R. Band LXXIX, Heft 3. Leipzig & Heidelberg, 1870; 8⁰.

Apotheker-Verein, allgem. österr.: Zeitschrift. 8. Jahrg., Nr. 20. Wien, 1870; 8⁰.

Astronomische Nachrichten. Nr. 1821 (Bd. 76. 21). Altona, 1870; 4⁰.

Beobachtungen, Magnetische und meteorologische, auf der k. k. Sternwarte zu Prag im Jahre 1869. XXX. Jahrgang. Prag, 1870; 4⁰.

— Schweizerische meteorologische. September, October, November 1869. 4⁰.

Bibliothèque Universelle et Revue Suisse: Archives des Sciences physiques et naturelles. N. P. Tome XXXVIII, Nrs. 151 & 152. Genève, Lausanne et Paris, 1870; 8⁰.

Denza, Francesco, Le stelle cadenti dei periodi di Novembre 1868 ed Agosto 1869 osservate in Piemonte ed in altre contrade d'Italia. Memoria V. e VI. Torino, 1870; 8⁰.

Gesellschaft, geographische, in Wien: Mittheilungen. N. F. 3, Nr. 12. Wien, 1870; 8⁰.

— kais. russische geographische: Bericht. St. Petersburg, 1870; 8⁰. (Russisch.) — Übersicht der wichtigsten geographischen Arbeiten in Rußland im Jahre 1867 und 1868. St. Petersburg, 1870; 8⁰. (Russisch.)

Gesellschaft, Deutsche geologische: Zeitschrift. XXII. Band, 3. Heft. Berlin, 1870; 8⁰.

Isis: Sitzungs-Berichte. Jahrgang 1870, Nr. 4—6. Dresden; 8⁰.

Jena, Universität: Akademische Gelegenheitsschriften aus dem Halbjahre 1870. 4⁰ & 8⁰.

Landbote, Der steirische. 3. Jahrg., Nr. 21. Graz, 1870; 4⁰.

Mayr, Gustav L., Die mitteleuropäischen Eichengallen in Wort und Bild. I. Hälfte. Wien, 1870; 8⁰.

Mittheilungen des k. k. technischen und administrativen Militär-Comité. Jahrgang 1870, 9. Heft. Wien; 8⁰.

Musée Teyler: Archives: Vol. III. fasc. 1ᵉʳ. Harlem, Paris & Leipzig, 1870; 4⁰.

Nature. Vol. II. Nr. 50. London, 1870; 4⁰.

Pessina, Luigi Gabriele, Questioni naturali e ricerche meteorologiche. Firenze, 1870; 8⁰.

Regnoli, Carlo, Sopra alcuni minerali e rocce del Perù. Pisa, 1870; 8⁰.

Schmidt, J. Christoph, Das reguläre Siebeneck geometrisch construirt dem orthodoxen Gelehrtenthume der Gegenwart vorgelegt. München, 1870; 4⁰.

Société des Sciences de Finlande: Öfversigt. XII. 1869—1870. Helsingfors; 8⁰. — Bidrag till Kännedom af Finlands Natur och Folk. XV. & XVI. Häftet. Helsingfors, 1870; 8⁰.

Sonklar, Carl von, Über die Structur der Gletscher. (Aus der „Deutschen Vierteljahrsschrift" Nr. 131.) 8⁰.

Wiener Medizin. Wochenschrift. XX. Jahrgang, Nr. 49. Wien, 1870; 4⁰.

Zeitschrift für Chemie, von Beilstein, Fittig & Hübner. XIII. Jahrgang. N. F. VI. Band, 15. Heft. Leipzig, 1870; 8⁰.

— des österr. Ingenieur- und Architekten-Vereins. XXII. Jahrgang, 9. Heft. Wien, 1870; 4⁰.

# SITZUNGSBERICHTE

DER

## KAISERLICHEN AKADEMIE DER WISSENSCHAFTEN.

MATHEMATISCH-NATURWISSENSCHAFTLICHE CLASSE.

## LXII. Band.

ERSTE ABTHEILUNG.

# 9.

Enthält die Abhandlungen aus dem Gebiete der Mineralogie, Botanik, Zoologie, Anatomie, Geologie und Paläontologie.

## XXIV. SITZUNG VOM 3. NOVEMBER 1870.

Herr Prof. Dr. L. Pfaundler in Innsbruck dankt mit Schreiben vom 22. October für seine Wahl zum correspondirenden Mitgliede der Akademie.

Die Marine-Section des k. u. k. Reichs-Kriegs-Ministerium theilt mit Zuschrift vom 25. October l. J. mit, daß es, dem von der k. Akademie der Wissenschaften gestellten Ansuchen entsprechend, bereits die nöthigen Verfügungen getroffen habe, damit Sr. Majestät Dampfer Triest, unter Commando des Linienschiffs-Capitän Oesterreicher und der Betheiligung einiger geeigneter Seeofficere in Bereitschaft gesetzt werde, um an der von der Akademie in Anregung gebrachten Expedition zur Beobachtung der totalen Sonnenfinsterniß am 22. December l. J. Theil zu nehmen.

Herr Prof. E. Stahlberger in Fiume übersendet eine Ahhandlung, betitelt: „Die Ebbe und Fluth in Fiume."

Herr Prof. Dr. Aug. Em. Reuss überreicht eine Abhandlung: „Die Foraminiferen des Septarienthones von Pietzbuhl."

Herr Sectionsrath Dr. K. Jelinek zeigt im Namen der Adria-Commission einen von Hipp in Neuchatel construirten und für die Station Lesina bestimmten Anemometer vor.

Herr Dr. Th. Ritt. v. Oppolzer legt die I. Abhandlung „über den Winnecke'schen Kometen (Komet III. 1819)" vor.

An Druckschriften wurden vorgelegt:

Accademia, R., de' Fisiocritici: Revista scientifica. Anno I, fasc. 1—3 (1869); Anno II, fasc. 1—2 (1870). Siena; 8⁰.

Apotheker-Verein, allgem. österr.: Zeitschrift. 8. Jahrgang, Nr. 21. Wien, 1870; 8⁰.

Astronomische Nachrichten. Nr. 1822—1823. (Bd. 76. 22—23.) Altona, 1870; 4⁰.

Carl, Ph., Repertorium für Experimental-Physik etc. VI. Bd.. 4. Heft. München, 1870; 4⁰.

Cincinnati Observatory: Annual Report. June 1870. 8⁰.

Comitato, R., geologico d'Italia: Bollettino. Nr. 1—6. Firenze, 1870; 8⁰.

Gesellschaft für Meteorologie, österr.: Zeitschrift. V. Band, Nr. 20. Wien, 1870; 8⁰.

— physikalisch-ökonomische, in Königsberg: Geologische Karte der Provinz Preussen. Sect. 4. Tilsit. Folio.

Gewerbe - Verein, n.-ö.: Verhandlungen und Mittheilungen. XXXI. Jahrg. Nr. 33—34. Wien, 1870; 8⁰.

Hamelitz. X. Jahrgang, Nr. 36—37. Odessa, 1870; 4⁰.

Landbote, Der steirische. 3. Jahrgang, Nr. 22. Graz, 1870; 4⁰.

Landwirthschafts - Gesellschaft, k. k., in Wien: Verhandlungen und Mittheilungen. Jahrgang 1870, Nr. 26. Wien; 8⁰.

Mittheilungen aus J. Perthes' geographischer Anstalt. 16. Bd., 1870, Heft X. Gotha; 4⁰.

Nature. Nrs. 51—52, Vol. II. London, 1870; 4⁰.

Osservatorio del R. Collegio Carlo Alberto in Moncalieri: Bullettino meteorologico. Vol. V, Nr. 6. Torino, 1870; 4⁰.

Prym, F. E., Zur Integration der gleichzeitigen Differentialgleichungen $\dfrac{\partial u}{\partial x} = \dfrac{\partial v}{\partial y}$, $\dfrac{\partial u}{\partial y} = -\dfrac{\partial v}{\partial x}$. (Aus dem Journal für reine und angewandte Mathematik, Bd. 70.) 4⁰. — Über ein Randintegral. (Ebendaselbst, Bd. 71.) 4⁰. — Beweis zweier Sätze der Functionentheorie. (Ebendaselbst, Bd. 71.) 4⁰.

Stoliczka, F., Observations on some Indian and Malayan Amphibia and Reptilia. (From the Journ. of the Asiatic Society of Bengal, Vol. XXXIX, Part II. 1870.) 8⁰.

Verein für die deutsche Nordpolfahrt: Berichte über die Sitzungen nebst Anlagen. Bremen, 1870; 8⁰.

Vierteljahresschrift für wissenschaftliche Veterinärkunde. XXXIV. Band, 1. Heft. Wien, 1870; 8⁰.

Wiener Medizin. Wochenschrift. XX. Jahrgang, Nr. 50—51. Wien, 1870; 4⁰.

# Die Foraminiferen des Septarienthones von Pietzpuhl.

## Von dem w. M. Prof. Dr. A. E. Reuss.

Schon im Jahre 1865 habe ich eine monographische Zusammenstellung der bis dahin bekannt gewordenen Foraminiferen des deutschen Septarienthones veröffentlicht [1]). In derselben habe ich auch schon die Foraminiferen von Pietzpuhl in N. von Magdeburg namhaft gemacht, so weit ich sie durch gefällige Mittheilung des Herrn Ökonomierathes v. Schlicht und durch eigene Untersuchung kennen gelernt hatte.

Durch die von mir und von Bornemann vorgenommenen Forschungen im Gebiete des Septarienthones ist die Zahl der darin nachgewiesenen Foraminiferen eine so beträchtliche geworden, daß die dadurch erlangte Kenntniß der Foraminiferen-Fauna dieses geologischen Horizontes ziemlich vollständig genannt werden kann. Künftige Untersuchungen mögen wohl noch einzelne Species oder Formen, wie sie jede Schichte beherbergt, liefern und dadurch zur genaueren Ausführung des Details des gegebenen Bildes der Fauna beitragen; aber eine Änderung in den Hauptzügen desselben werden sie kaum herbeiführen. Es bedarf daher wohl einer kurzen Rechtfertigung, wenn ich nochmals auf die Besprechung der Foraminiferen-Fauna des Septarienthones zurückkomme´ und dieselbe zum Gegenstande der vorliegenden kleinen Arbeit mache.

Die Veranlassung dazu bot das von Herrn v. Schlicht veröffentlichte umfangreiche und schön ausgestattete Werk über diesen Gegenstand [2]), dessen Mittheilung ich der Güte des Herrn Verfassers

---

[1]) Reuss, Die Foraminiferen, Anthozoen und Bryozoen des deutschen Septarienthones. In den Denkschriften der k. Akad. d. Wiss. in Wien. Bd. 25, p. 117 bis 214. Taf. 1—11.

[2]) E. v. Schlicht, Die Foraminiferen des Septarienthones von Pietzpuhl. Mit 38 lithographirten Tafeln. Berlin 1870.

selbst verdanke. Die Verdienste dieser Arbeit einerseits, so wie die
Schwierigkeiten, welche sich anderseits der allgemeinen Benützung
derselben entgegenstellen, sind schon von anderer Seite[1]) genügend
erörtert worden, so daß ich mich einer ausführlicheren Darlegung
derselben hier füglich überheben kann. Nur die Eigenthümlichkeit
muß ich ebenfalls hervorheben, daß der Verfasser sich mit einer
einzigen Ausnahme überall auf die Bestimmung der Gattungen beschränkt, der Benennung der Species aber sich enthält, wodurch der
Gebrauch der Arbeit für jeden, der mit den Foraminiferen des Septarienthones nicht näher vertraut ist, beinahe unmöglich wird. Diesem
Umstande soll nun meine Arbeit abhelfen, indem sie die Bestimmung
der Species bringt, so weit dieselbe unter den obwaltenden Umstän-
den überhaupt erreicht werden konnte. Ich glaubte mich diesem
schwierigen und einigermaßen undankbaren Unternehmen nicht entziehen zu dürfen, da ich bei meiner langjährigen Beschäftigung mit
der Foraminiferen-Fauna des Septarienthones dabei offenbar mit
geringeren Schwierigkeiten zu kämpfen hatte, als Andere, denen
diese erleichternden Vorarbeiten nicht hilfreich zur Seite stehen. Daß
aber auch dadurch nicht alle Übelstände beseitigt wurden, lehrt ein
flüchtiger Blick auf die vorliegende Arbeit.

Bei der Durchführung derselben bot sich mir ein doppelter Weg
dar. Ich konnte nämlich nur ein einfaches Verzeichniß der Species-
namen der einzelnen auf den 38 Tafeln abgebildeten Formen in der
vom Verfasser adoptirten Reihenfolge zusammenstellen, was wohl
beim Gebrauche manche Bequemlichkeit gewährt hätte. Ich vermochte
es aber nicht, mich mit einer solchen trockenen Namenliste zu be-
gnügen, welche keine geordnete Übersicht gewährt haben würde.
Ich zog es vor, ein systematisches Bild der gesammten bisher bekannten Foraminiferen-Fauna von Pietzpuhl zu liefern, wobei sich,
abgesehen von der wissenschaftlichen Anordnung des Materiales,
vielfache Gelegenheit bot, kritische Bemerkungen über den Werth
der einzelnen Species beizufügen und einen Überblick der zahlreichen
monströsen Entwicklungsformen zu gewinnen. Der Vollständigkeit
wegen habe ich daher auch jene Species mit aufgenommen, die mir
von Pietzpuhl bekannt worden sind, ohne daß Herr v. Schlicht sie

---

[1]) H. B. Brady, Nature, a weakly illustrated journal of science 1870. n°. 19,
pag. 477—479.

erwähnt und abgebildet hätte. Und an solchen Arten fehlt es wirklich nicht, trotzdem daß Herr v. S c h l i c h t seine sehr umfassenden Untersuchungen des Pietzpuhler Septarienthones schon für erschöpfend zu halten scheint[1]). Dieser Ausdruck dürfte wohl noch lange nur auf relative Geltung Anspruch machen können, da die Untersuchung jeder einzelnen neuen Schichte immer noch zur Entdeckung mancher unbekannter Formen führen wird, die, wie schon erwähnt wurde, auf das Gesammtbild der Fauna keinen wesentlich ändernden Einfluß mehr ausüben können.

Bevor ich aber zur näheren Erörterung dieser Fauna selbst schreite, halte ich es für unerläßlich, zum besseren Verständnisse und zur Vermeidung von Wiederholungen einige Bemerkungen voranzuschicken.

Herr v. S c h l i c h t folgt in seiner Aufzählung der Gattungen noch dem O r b i g n y'schen Systeme, weil es jetzt das am meisten verbreitete und bekannteste sei, und weil bisher noch sehr verschiedene Ansichten über das einem Systeme der Foraminiferen zu Grunde zu legende Princip herrschen. Im gegenwärtigen Augenblicke wird aber wohl das O r b i g n y'sche System, das nur noch historischen Werth besitzt, von keinem Foraminiferen-Forscher mehr festgehalten. Die neueren Systeme stützen sich durchgehends auf wesentliche Organisationsverhältnisse — freilich nur der Schale — und auf die chemische Beschaffenheit derselben. Sie haben mithin schon einen festen Boden gefunden und wenn sie im weiteren Detail noch aus einander gehen, wie dieß bei den wechselnden Phasen im Fortschritte der Wissenschaft wohl immer der Fall sein wird, so läßt sich doch dadurch das Verharren auf einem längst als unhaltbar erkannten Standpunkte kaum rechtfertigen.

Ebenso begegnen wir in der S c h l i c h t'schen Arbeit den alten O r b i g n y'schen Gattungen, so weit sie dort in Betracht kommen können. Ihre theilweise Unhaltbarkeit hier wieder zur Sprache zu bringen, ist überflüssig. Herr v. S c h l i c h t hat aber zwei neue Gattungen hinzugefügt — *Atractolina* und *Rostrolina* — die er beide der Gruppe der so äußerst wandelbaren Polymorphinideen einverleibt. Es sei erlaubt, gleich hier meine Ansicht über ihre Bedeutung auszusprechen.

---

[1]) L. c. pag. VIII.

Die Gattung *Atractolina* ist, wie sie l. c. p. 69 characterisirt wird, nur sehr schwankend und unsicher begrenzt. Es heißt nämlich dort ausdrücklich, das glasige, mit einer terminalen runden Mündung versehene Gehäuse sei in seinem oberen Theile nach Art der Marginulinen — also einreihig — gebildet, während sein unterer Theil nie eine spirale Einrollung zeige. Also vorzugsweise eine negative Characteristik, die eine sehr verschiedene Anordnung der Kammern gestattet und mit gleichem Rechte auf *Dimorphina*, *Gemmulina*, *Psecadium*, abnorm gebildete Formen von *Glandulina* und *Polymorphina* u. s. w. bezogen werden kann. Daher ist es auch erklärbar, daß der Gründer der Gattung selbst sehr heterogene Elemente darin zusammenfaßt, nämlich neben echten Rhabdoideenformen offenbare Polymorphinen, welche daher ausgeschieden werden müssen. So Taf. 25, Fig. 11, 12, 13, 14, 15, 16, 23, 24.

Die übrigen stimmen aber völlig mit der von mir schon vor längerer Zeit aufgestellten Gattung *Psecadium*[1]) überein, so daß die Aufstellung eines neuen Genus überflüssig ist. Zwei Arten: *Ps. simplex* und *obovatum* beschreibt Neugeboren[2]) aus dem miocänen Tegel von Lapugy. Eine dritte Species — *Ps. subovatum* — welche sich von *Ps. simplex* hauptsächlich nur durch ihre etwas unsymmetrische schiefe Gestalt unterscheidet und daher in Betreff ihres Artenrechtes etwas zweifelhaft ist, führt Karrer[3]) von Benkovac in West-Slavonien an. Eine vierte Art — *Ps. antiquum* — kenne ich aus dem Lias vom Osterfelde bei Goslar. Die mitteloligocäne Species von Pietzpuhl, der ich den Namen: *Ps. acuminatum* beilege, unterscheidet sich von *Ps. ellipticum*, welchem sie am nächsten steht, durch das mehr verlängerte, sich oft dem Cylindrischen nähernde Gehäuse und die meistens scharfe Zuspitzung seines unteren Endes.

Muß man der Gattung *Atractolina*, soweit sie homogene Elemente umfaßt, das Verdienst der Neuheit absprechen, so kann man der

---

[1]) Reuss, Entwurf einer systematischen Zusammenstellung der Foraminiferen. 1861. pag. 36.

[2]) Foraminiferen aus der Ordnung der Stichostegier von Oberlapugy in Siebenbürgen (Denkschr. d. k. Akad. d. Wiss. in Wien). 1856. pag. 35. Taf. 5, Fig. 13, 14.

[3]) Sitzungsberichte der kais. Akademie der Wissenschaften. Bd. 50. pag. 16. Taf. 1, Fig. 7

zweiten Gattung *Rostrolina* v. Schl.[1]) keine Selbstständigkeit
zuerkennen. Sie fällt nach meiner Ansicht mit *Polymorphina* zusammen. Als einziges die Gattung characterisirendes Merkmal wird
die spaltenförmige Mündung bezeichnet. Ich selbst habe bei der
Untersuchung von Hunderten von Pietzpuhler Polymorphinen nicht
ein einziges Individuum mit deutlich ausgesprochenem Mündungsspalt
angetroffen. Nur sehr selten zeigte die Mündung eine schwache
Neigung zur Verlängerung. Aber auch dieser Umstand lehrt schon,
daß die Spaltenform derselben, sobald sie bei Polymorphinen auftritt, durch Übergänge mit der normalen Kreisform verknüpft ist und
daß ihr hier ebenso wenig eine durchgreifende generische Bedeutung
beigelegt werden könne, als bei den Cristellarien u. a.; um so weniger,
als sie nur sehr selten und in wenig ausgezeichnetem Grade vorzukommen scheint. Ein genaueres Studium der gegebenen Abbildungen
zeigt überdieß, daß die Mündungsspalte eine sehr verschiedene
Stellung einnimmt und es dürfte der Schluß erlaubt sein, daß ihre
Form mitunter nur auf abnormer Entwicklung beruhe, ja in manchen
Fällen nur auf zufällige Beschädigung des Mündungsrandes zurückgeführt werden dürfte.

Die ebenfalls unter den Characteren hervorgehobene schnabel-
förmige Hervorragung der letzten Kammer ist offenbar als eine monströse Bildung zu betrachten und fehlt, wie die Abbildungen dar-
thuen, sehr oft. In den übrigen Merkmalen stimmen die Rostrolinen
völlig mit *Polymorphina* überein und durch genauere Vergleichung
überzeugt man sich, daß die verlängerte Mündung sowohl bei solchen
Formen beobachtet wurde, welche der Gruppe der Globulinen, als auch
bei jenen, die den Guttulinen angehören; offenbar noch ein Grund
mehr für die Ansicht, daß die Spaltform der Mündung, gleich der bei
den Polymorphinen viel häufiger auftretenden Aulostomellenform,
nur als eine zufällige von dem übrigen Baue unabhängige Bildung zu
betrachten sei.

Bei der Behandlung schon bekannter Gattungen ist der Verfasser im Allgemeinen den alten Grundsätzen treu geblieben und hat
daher die nicht durchführbare Trennung von *Nodosaria* und *Dentalina*, von *Marginulina*, *Cristellaria* und *Robulina*, von *Pyrulina*,
*Globulina*, *Guttulina* und *Polymorphina* u. s. w. beibehalten, jedoch

---

[1]) L. c. pag. 72.

nicht, ohne in einzelnen speciellen Fällen diese adoptirten Grenzen selbst zu überschreiten.

Die Gegenwart mancher Gattungen, z. B. *Dimorphina*, *Gemmulina* vermochte ich unter den Pietzpuhler Foraminiferen weder nach dem von mir selbst untersuchten Materiale, noch nach den von Herrn v. Schlicht gebotenen Abbildungen und Beschreibungen nachzuweisen.

Die namentliche Bestimmung der einzelnen Species ist in dem besprochenen Werke ganz vermieden worden[1]) und wir finden die Namen durch fortlaufende Nummern ersetzt, wobei jedoch die zusammengehörigen Formen bei weitem nicht immer in angemessener Reihenfolge neben einander gestellt wurden[2]). Dadurch ist dem Verfasser wohl, wie er selbst anerkennt, ein wesentliches Stück Arbeit erspart worden, indem er es nicht nöthig hatte, die aufgefundenen Formen „mit den in einer weitläufigen Literatur schon beschriebenen Gattungen und Arten in ängstliche Vergleichung zu stellen“[3]). Die Mühe ist einfach auf denjenigen übertragen worden, der von den gegebenen Abbildungen einen Gebrauch machen will, denn es dürfte kaum angemessen sein. daß die Ziffer so lange den Namen vertritt, bis jeder einzelnen Gattung und Art ihr Platz in einem von der Wissenschaft dereinst allgemein adoptirten Systeme mit Sicherheit angewiesen werden kann. Es ist dieß um so weniger zulässig, als der größte Theil der abgebildeten Formen auf schon beschriebene und mit Namen belegte Arten zurückgeführt werden muß.

Bei diesem von mir vorgenommenen Geschäfte waren aber mancherlei nicht unbeträchtliche Schwierigkeiten zu überwinden, deren zur Entschuldigung etwaiger Irrthümer hier noch kurze Erwähnung geschehen muß.

So treu im Allgemeinen, wie mich eigene Anschauung lehrte, die gegebenen Abbildungen auch sind, so stehen doch die verschiedenen von demselben Individuum gebotenen Ansichten nicht immer mit einander in Einklang. So bieten sie z. B. bei den Miliolideen

---

[1]) Aus unbekannten Gründen ist nur bei einer *Dentalina* — *D. Edelina* v. Schlicht — eine Ausnahme gemacht (l. c. pag. 31. Taf. 9, Fig. 17).

[2]) Ein mißlicher Umstand ist es überdieß, daß die Reihenfolge der Abbildungen jener der Beschreibungen nicht entspricht, wodurch das Aufsuchen einzelner Formen im Texte sehr erschwert wird. Mancher geschieht im Texte gar keine Erwähnung.

[3]) L. c. p. VII.

oft sehr abweichende, nicht mit einander vereinbare Zahnformen u. s. w.

Die Beschreibungen sind oft sehr unzureichend und fassen nicht selten wenig wichtige individuelle Unterschiede in das Auge, während sie wesentliche Merkmale mit Stillschweigen übergehen.

Ein dritter Übelstand geht aus der Wahl der abgebildeten Objecte hervor. Der vorwiegende Theil der gegebenen Figuren stellt Individuen dar, welche, auf irgend eine Weise in ihrer regelmäßigen Entwickelung gestört, einen abnormen Bildungsgang genommen haben, oft als wahre Monstrositäten zu betrachten sind, sei es durch Verwachsung zweier oder mehrerer Individuen, sei es durch Mangel oder Überfluß und wuchernde Entwicklung einzelner Theile. Es kann nicht in Abrede gestellt werden, daß das Studium einer größeren Anzahl solcher Mißbildungen ein hohes Interesse gewährt, ja selbst von Bedeutung werden kann für die schärfere Begrenzung einzelner Sippen, indem wir aus dem stattfindenden Übergange eines Bildungstypus in den anderen nicht selten auf die innige Verwandtschaft und Zusammengehörigkeit mit großer Wahrscheinlichkeit schließen können. Die Betrachtung der mehr weniger zahlreichen Formen, welche eine Species möglicher Weise annehmen kann, gibt uns willkommene Aufschlüsse über den Umfang und die Begrenzung derselben und bewahrt uns am sichersten vor der unnöthigen und störenden Trennung zusammengehöriger Formen in unhaltbare Species. In dem v. Schlicht'schen Werke finden wir aber eine so reiche Darstellung solcher Bildungsanomalien, wie in keinem anderen, und gerade in diesem Umstande sehen wir eines der vorzüglichsten Verdienste der in Rede stehenden Arbeit und ihren hauptsächlichen Werth für die Systematik der Foraminiferen.

Von der anderen Seite läßt sich aber kaum in Abrede stellen, daß der Verfasser in seiner Vorliebe für die Darstellung monströser Formen sich nicht von Einseitigkeit freigehalten hat, indem wir von mancher Species nur solche Entwicklungsanomalien dargestellt finden, dagegen die Abbildung der normalen Typen, die nach unseren eigenen Erfahrungen bei Pietzpuhl nicht fehlen, ganz oder beinahe ganz vermissen.

Daß durch diesen Umstand, so wie durch die früher schon erwähnten Verhältnisse in der Abbildung und der Beschreibung der einzelnen Species die Bestimmung mancher derselben sehr erschwert

oder selbst vereitelt werden mußte, kann keinem Zweifel unterliegen
und es ist darin die Erklärung und zugleich die Entschuldigung zu
suchen, wenn wir in der Speciesbestimmung nicht überall den
wünschenswerthen Grad von Genauigkeit erreicht haben sollten.
Manche Species konnten überhaupt nicht mit einiger Sicherheit festgestellt werden; ja in nicht wenigen Fällen war es selbst nicht
möglich die Gattung zu bestimmen, welcher die abgebildeten Formen
beizuzählen sind.

Ich lasse hier das Verzeichniß der wegen monströser Entwicklung und
unzureichender Beschreibung generisch nicht bestimmbaren Formen folgen:

36. 36—39. 1) ob *Triloculina?* ob *Quinqueloculina?*
37. 20—23. Ob *Triloculina?*
37. 14—16. Unbestimmbare Miliolideen.
22. 1—3. *Discorbina? Pulvinulina?*
22. 4—6. *Pulvinulina? Truncatulina?*
23. 25—27. *Rotalia? Bulimina?*
33. 10—12. Ob *Textilaria*, wohin sie v. Schlicht rechnet? Ob *Bolivina.*
    der sie im Habitus am meisten gleicht? Ob *Proroporus?* Die Lage und
    Form der Mündung ist weder aus der Abbildung, noch aus der Beschrei-
    bung ersichtlich.
33. 13—14. Ob *Bolivina*, *Textilaria* oder *Polymorphina?* Wird wegen nicht
    beobachteter Mündung selbst vom Verfasser als zweifelhaft bezeichnet.
35. 24—26. Unbestimmbar. Gewiß keine *Cornuspira*, als welche sie ange-
    führt wird.

Neue noch nicht beschriebene Formen bringt die S c h l i c h t-
sche Arbeit nur in sehr geringer Anzahl. Da ich die meisten derselben nicht selbst in Originalexemplaren beobachtete, sind ihre Beschreibungen nur nach den vorliegenden Abbildungen und nach den
kurzen Andeutungen im Texte entworfen. Einige derselben bleiben
mir daher noch etwas zweifelhaft.

Ich lasse nun sämmtliche bisher bei Pietzpuhl beobachtete
Foraminiferenspecies in systematischer Anordnung folgen mit Angabe der zugehörigen Abbildungen im v Schlicht'schen Werke.

---

1) Die größeren Ziffern bedeuten hier, so wie auf den folgenden Blättern, stets die
Zahl der lithographirten Tafel, die kleineren die Zahl der Figuren jeder Tafel.

# FORAMINIFEREN.

### A. Mit kieseliger Schale.

**Gaudryina** d'Orb.

1. **G. siphonella** Rss. (Reuss Septarienthon pag. 4)[1]). 24. 26 27, verlängerte Form mit abnorm gebildeter letzter Kammer; 24. 28, 29, monströses, knieförmig gebogenes Individuum.

2. **G. sp.** Nicht näher bestimmbare, mehr weniger monströs gebildete Formen, welche im Habitus mit *G. chilostoma* Rss. (l. c. pag. 4, Taf. 1, Fig. 5—7) einige Ähnlichkeit besitzen. 24. 10—13; 24. 14—17; 24. 18—21; 24. 22—25, auf deren sandsteinartige Beschaffenheit v. Schlicht ausdrücklich hinweist.

### B. Mit kalkiger Schale.

### I. Schale emailartig, porenlos.

#### 1. Cornuspiridea.

**Cornuspira** M. Schultze.

1. **C. polygyra** Rss. (l. c. pag. 5). 35. 1, 2; 35. 3, 4.

2. **C. angigyra** Rss. (l. c. pag. 5). Wird von v. Schlich; nicht abgebildet.

3. **C. Reussi** Born. (l. c. pag. 5, Taf. 1, Fig. 10). 35. 5, 6 35. 9, 10.

*C. Reussi* scheint ebenfalls abnorme Formen zu bilden, bei welchen die Windungen nicht in einer Ebene liegen, sondern in einer mehr weniger offenen Spirale aufgerollt sind. Das Gehäuse zeigt dann auf einer, mitunter auch auf beiden Seiten eine kegelförmige Hervorragung. Ähnliche Anomalien habe ich schon früher an *C. cretacea* Rss. aus dem deutschen Gault beobachtet und beschrie-

---

[1]) Ich beschränke die *Citate* in den meisten Fällen auf meine Monographie der Foraminiferen, Anthozoen und Bryozoen des deutschen Septarienthones im 25. Bande der Denkschriften der k. Akademie d. Wiss. in Wien, wo man ausführlichere Hinweisungen auf die Synonymik finden wird.

ben[1]). Hieher dürften als Var. *excentrica* 35. 13–15; 35. 16–17; 35. 18–20; 35. 21–23 zu rechnen sein.

4. C. foliacea Phil. sp. (l. c. pag. 5, Taf. 1, Fig. 8, 9). 35. 11, 12 stellt die Var. *cassis* Rss. dar.

## 2. Miliolidea genuina.

### Biloculina d'Orb.

1. B. globulus Born. (l. c. pag. 6). 35. 30–32.

2. B. turgida Rss. (l. c. pag. 7). Sie ist wohl von *B. clypeata* d'Orb. specifisch nicht verschieden und daher als Var. *turgida* zu betrachten. 35. 27–29; 36. 1–3 mit weniger scharfem Randumschlag der letzten Kammer.

3. B. caudata Born. (l. c. pag. 7). 35. 33–35; 35. 36–37. Die Mündungs- und Zahnform von Fig. 38 steht mit Fig. 36 in offenem Widerspruche.

### Spiroloculina d'Orb.

1. Sp. dorsata Rss. (l. c. pag. 7). 37. 24–26. Monströse Formen: 37. 27–29 und 37. 30–32.

2. Sp. tenuis Cziž. sp. *(Quinqueloculina tenuis* Cziž l. c. pag. 10). Sie wurde bisher nur selten im Septarienthon gefunden. 37. 8–10 und 37. 11–13 dürften aber wohl darauf zu beziehen sein.

### Triloculina d'Orb.

1. Tr. enoplostoma Rss. (l. c. pag. 7). 36. 4–7; 36. 8–10, 36. 11–15. Auch 36. 15–17 stellt wohl nur eine abnorm entwickelte Form dieser Species dar; jedoch passen die gegebenen Ansichten gar nicht zusammen.

2. Tr. sp. 36. 18–21; 36. 29–32; 37. 5–7; 37. 33–35 sind in Beziehung auf die Species unbestimmbar. Vielleicht stellt 36. 29–32 nur eine breite monströs gebildete Form von *Tr. lamellidens* Rss. dar. Die einzelnen Ansichten harmoniren nicht mit einander. 37. 5–7 ähnelt im Umrisse der *Tr. nitens* Rss., *Tr. consobrina* d'Orb. und *Quinqueloculina angusta* Phil. sp.

---

[1]) Reuss, Die Foraminiferen des deutschen Hils und Gault in den Sitzungsber. der k. Akad. d. Wiss. Bd. 46, pag. 34. Taf. 1, Fig. 11, 12.

## Quinqueloculina d'Orb.

**1. Q. impressa** Rss. (l. c. pag. 8). 36. 25–28. Die einzelnen Ansichten entsprechen jedoch einander nicht.

**2. Q. ovalis** Born.? (l. c. pag. 9).

**3. Q. lamellidens** Rss. (l. c. pag. 9). 37. 1–4. Monströse Form mit abnormer Spitze am unteren Ende.

**4. Q. triangularis** d'Orb. (l. c. pag. 9). 36. 22–24 dürfte wohl zu der Form *Q. Ermani* Born. gehören. Die abgebildeten verschiedenen Ansichten passen jedoch nicht zu einander.

**5.** Bei 37. 17–19, deren Zeichnung nur unvollständig ist, bleibt es zweifelhaft, ob sie zu *Quinqueloculina* oder zu *Spiroloculina* zu rechnen sei.

## II. Schale glasig, porös.

### 1. Rhabdoidea.

#### a) Lagenidea.

## Lagena Walk.

**1. L. globosa** Mont. (l. c. pag. 10). 1. 5; 1. 8, deren Glanzlosigkeit der Schale wohl nur durch beginnende Arrosion bedingt sein dürfte; l. 13 an der Basis monströs gebildet mit einer zweiten röhrigen Mündung, übereinstimmend mit *L. distoma* P. et F. Ich halte diese überhaupt nur für eine monströse Bildung, welche bei den verschiedensten Lagena-Arten vorkommen kann und auch vorkömmt. [*L. distoma* — *L. distoma polita* — *L. distoma aculeata* — *L. distoma margaritifera* P. et J.[1])]. Auch könnten wohl einzelne abgebrochene *Nodosaria*- Glieder mitunter für *L. distoma* gehalten werden.

Sollte bei 1. 13. wie im beschreibenden Texte angedeutet wird, am unteren Ende keine Mündung, sondern ein gespaltener Stachel

---

[1]) On some foraminifera from the north Atlantic and Arctic Oceans, pag. 348. Taf. 18, Fig. 5, 6, 8. — Brady, a Catal. of the rec. Foramin. of Northumberland and Durham in the nat. hist. transactions of Northumb. and Durh. pag. 15. Taf. 12. Fig. 4.

vorhanden sein, so hätte man es nur mit einer monströsen sehr breiten Form von *L. apiculata* Rss. zu thun.

α) Var. *ovalis* m. 1. 6; 1. 7 eine bei den Lagena-Arten so häufige Entosolenien-Form. 1. 9 bildet wohl den Übergang zu *L. emaciata* Rss., die nur als Varietät von *L. globosa* zu betrachten sein dürfte.

β) Var. *emaciata* m. (*L. emaciata* Rss. l. c. pag. 10). 1. 10 eine abnorm gebogene Form.

γ) Var. *spinulosa* m. mit (7) kurzen im Kreise stehenden Stacheln an der Basis. 2. 2.

2. **L. apiculata** Rss. (l. c. pag. 13). Im Umrisse sehr wandelbar. 2. 1 stimmt beinahe vollkommen mit dem von mir früher[1]) abgebildeten Exemplare überein; 1. 11; 1. 14, 17, 20; 1. 12, eine breitere, 1. 18 eine schmälere Form; 1. 16 abnorm verlängert und gekrümmt.

1. 15 würde dem Umrisse des oberen Endes entsprechend mehr auf eine *Fissurina* passen. Da jedoch im Texte die Übereinstimmung der leider nicht bildlich dargestellten Mündung mit den übrigen Lagenen ausdrücklich betont wird, so dürfte sie doch hierher zu stellen sein.

Vielleicht ist *L. apiculata* Rss. überhaupt nur als eine Var. *apiculata* der *L. globosa* zu betrachten.

3. **L. vulgaris** Will. (l. c. pag. 11). 2. 3 stimmt fast ganz mit meiner früheren Abbildung[2]) überein, nur ist die röhrige Mündung abgebrochen. 2. 6, 7, 8 verschiedene schmälere Formen; 2. 11 eine schmale langhalsige Form.

α) Var. *apiculata* m. 2. 4, 5 mit kurzem Basalstachel, entsprechend der *L. apiculata* Rss. aus der Reihe der *L. globosa*.

β) Var. *semistriata* 2. 7; 3. 6, 12; 2. 18. etwas abnorm gebildet.

4. **L. tenuis** Born. (l. c. pag. 11). 2. 12; 2. 13—16; 2. 21, 22 2. 23 mit einem Stachelkranze an der Basis, übereinstimmend mit Taf. 3, Fig. 36 in Reuss Monographie der Lagenideen.

---

[1]) Reuss, Die Familie der Lagenideen. Taf. 1, Fig. 13 (ebenfalls von Pietzpuhl).

[2]) Fam. d. Lagenideen. Taf. 2, Fig. 17.

5. L. gracilicosta Rss. (l. c. pag. 11). Wird von v. Schlicht nicht abgebildet. Sie könnte als Var. *striata* der *L. vulgaris* gelten und würde dann die Reihe schließen, deren Mittelglied die Var. *semistriata* bildet. Auch dürfte sie von *L. striata* d'Orb. kaum specifisch verschieden sein.

6. L. striata d'Orb. (l. c. pag. 11). 3. 1, 7; 3. 2, 8; 3. 3, 9; 3. 4, 10.

α) Var. *striaticollis* d'Orb. mit spiralstreifigem Halse. 3. 5, 11.

7. L. strumosa Rss. (l. c. pag. 11). 2. 10; 2. 9 eine monströse Form oder wahrscheinlicher ein Bruchstück einer Nodosaria.

8. L. mucronulata Rss. (l. c. pag. 11). 3. 18, 24.

9. L. Isabella d'Orb. (l. c. pag. 11). 3. 13, 19; 3. 14, 20.

10. L. acuticosta Rss.[1]) 3. 17, 23 ist wohl mit dieser Species, welche ich aus dem Kreidetuff von Maastricht beschrieben habe, zu verbinden. Nur reichen an der tertiären Form die 13 schwach geflügelten Rippen[2]) nicht ganz bis zum oberen Ende und verschmelzen an der Basis zu einer kleinen polygonen Scheibe.

11. L. alifera nov. spec. 3. 15, 21; 3. 16, 22. Eine schöne Form, die aber vielleicht doch nur eine Varietät der *L. acuticosta* Rss. darstellt. Auf der kugel- oder eiförmigen Schale, die sich nach oben zum Mündungsende kurz und allmälig zuspitzt, erheben sich 8—9 stark und ungleich geflügelte Längsrippen, von denen ein Theil — etwa die Hälfte — sich an der Basis durchkreuzt oder zu einem vorragenden Ringe zusammenfließt, während die übrigen erst etwas über der Basis entspringen und gewöhnlich auch nicht bis zum oberen Ende hinaufreichen. Bisweilen werden sie auch mehr weniger unregelmäßig.

12. L. amphora Rss.[3]) (l. c. pag. 11). Wird in dem v. Schlicht'schen Buche nicht erwähnt.

13. L. gracilis Will. (l. c. pag. 11). 2. 19, 20 mit etwas gebogenem Halse. 2. 24, 23 etwas breitere Formen.

---

[1]) Sitzungsber. d. k. Akad. d. Wiss. Bd. 44, p. 305. T. 1, Fig. 4.
[2]) An den Maastrichter Exemplaren 12.
[3]) Fam. d. Lagenideen pag. 330. Taf. 4, Fig. 57.

14. **L. foveolata** R s s. (l. c. pag. 11). 3. 25.

15. **L. oxystoma** R s s.[1]) (l. c. pag. 11). Von v. S c h l i c h t nicht abgebildet.

16. **L. seriato-granulosa** nov. spec. 36. 20. Das verlängerte schmal-elliptische Gehäuse, welches oben in einen dünnen röhrigen Hals mit umgeschlagenem Mundsaum ausläuft, ist mit flachen, durch schmale seichte Furchen geschiedenen Längsrippchen bedeckt, die durch vertiefte Querlinien in kleine körnerartige Erhöhungen zerschnitten sind.

17. **L. hispida** R s s. (l. c. pag. 12). 3. 26, 27.

18. **L. hystrix** R s s. (l. c. pag. 12). 3. 20.

19. **L. marginata** W i l l.[2]).

α) Var. *tricarinata* m. 4. 1—3.

Wenn man *L. marginata* als Collectivspecies betrachtet, so umfaßt sie auch die hier in Rede stehende Form, die ich mit dem Namen *L. tricarinata* bezeichnen möchte. Sie stimmt in ihrem lang-flaschenförmigen Umriß mit der längeren Form von *L. marginata* Var. *lagenoides* W i l l. (l. c. pag. 11. Taf. 1, Fig. 25) überein. Das obere Ende verlängert sich in einen langen röhrigen Hals, der in einem trompetenartigen Mundstück endigt. Statt eines einfachen geflügelten Randsaumes ist aber ein dreitheiliger vorhanden, dessen mittlerer breit geflügelter und am Rande regellos ausgefranster Theil sich bis zur Mitte des Halses hinaufzieht, während die viel schmäleren Nebensäume nur bis zum Beginne des Halses reichen. Die innere röhrenförmige Verlängerung der Mündung, welche W i l l i a m s o n bei seiner Species angibt, fehlt hier.

β) Var. *semimarginata* m. 4. 4—6; 4. 10—12. Eine Form, bei welcher der Randsaum beinahe fehlt oder doch nur den oberen Theil des Gehäuses umfaßt. Sie liefert einen neuen Beweis der unendlichen Formenmannigfaltigkeit der am Rande gesäumten *Lagena*-Arten. Man kann dieselben in nachstehendem Schema zusammenfassen.

---

[1]) Fam. d. Lagenideen pag. 335. Taf. 5, Fig. 66.

[2]) W i l l i a m s o n on the recent foram. of Great Britain. pag. 9. Fig. 19—28.

<table>
<tr><td rowspan="9" style="writing-mode:vertical">*L. marginata* Will. zusammengedrückt, mit 1- bis 3fachen Randsaum.</td></tr>
</table>

*L. marginata* Will. zusammengedrückt, mit 1- bis 3fachen Randsaum.

    *a*) *L. semimarginata* m.

    *b*) *L. marginata* Will. mit ganzem einfachem Randsaum.

        α) *L. marginata typica*, breit-eiförmig oder fast kreis-förmig, mit kurzem Hals und dickerem, mitunter etwas geflügeltem Randsaum.

        β) Var. *lucida* Will., ohne verlängerten Hals, mit dünnem schmalem Saum, ohne Randleiste.

        γ) Var. *quadrata* Will., mit fast vierseitigem Umriß und parallelen Seitenrändern.

        δ) Var. *lagenoides* Will., flaschenförmig, mit langem röhrigem Halse und dünnem ungleichem Randsaum.

    *c*) *L. fasciata* Egg., mit breitem doppelt gekieltem Rand und kurzem oberen Ende.

    *d*) *L. tricarinata* m., mit dreifachem Randsaum, der mittlere breit und ungleich geflügelt, und mit verlängertem röhrigem Halse.

20. **L. quadricostulata** nov. spec. 4. 25–27; 4. 28–30. Diese schöne Species bildet ein Mittelglied zwischen *Lagena* und *Fissurina*, die ohnedieß nicht scharf von einander geschieden werden können. Da ihre Mündung beinahe rund ist, womit eine schwache Compression des Gehäuses, die nur im Mündungstheile etwas merklicher hervortritt, im Einklange steht, so glaube ich die Species der Gattung *Lagena* zuweisen zu müssen. Das Gehäuse ist im Umrisse länger oder kürzer eiförmig, mitunter beträchtlich verlängert, glasig glänzend. Von der bisweilen ein Knöpfchen tragenden Basis verläuft auf jeder Seite nächst den breiten Seitenrändern je ein schmales leistenartiges Rippchen über drei Viertheile der Höhe des Schalenkörpers. Das obere Ende ist gleich dem unteren stumpf, zugerundet. —

1. 19 dürfte entweder eine monströs gebildete glatte *Lagena* oder die abgebrochene Endkammer einer *Nodosaria* sein.

**Fissurina** Rss.

1. **F. carinata** Rss. (l. c. pag. 12). 5. 10–12; 5. 13–15; 5. 1–3 mit Entosolenienbildung.

2. **F. alata** Rss. (l. c. pag. 12). 4. 7–9; 4. 13–15[1]); 5. 19–21 Entosolenienbildung.

---

[1]) Die mannigfachen bandartigen Zeichnungen, welche die Abbildungen mancher *Lagena*- und *Nodosaria*-Arten darbieten, beruhen auf Schalenverdickungen, die sich unter dem Mikroskope auf verschiedene Weise darstellen.

3. **F. tricuspidata** nov. spec. 5. 16—18. Sie unterscheidet sich von *F. alata*, mit welcher sie in der Gegenwart eines Flügelsaumes am Rande übereinkömmt, schon durch die Kleinheit des glatten glasigen Gehäuses (0·17 : 0·15 : 0·08 Mm.). Der breite Flügelsaum läuft in drei scharfe Spitzen aus, deren eine dem Centrum der Basis entspricht, die beiden anderen aber im unteren Theile der Seitenränder befindlich und gerade auswärts gerichtet sind. Die schmale schlitzförmige Mündung verlängert sich nach- innen in eine kurze Röhre.

4. **F. globosa** B o r n. (l. c. pag. 12). 5. 4—6.

5. **F. laevigata** R s s. 4. 16—18; 4. 19—21; 2. 22—24; 5. 7—9.

6. **F. oblonga** R s s. (l. c. pag. 12). Sie entspricht unter den Lagenen der *L. emaciata* R s s. und wurde gleich der folgenden von v. S c h l i c h t nicht abgebildet.

7. **F. acuta** Rss. (l. c. pag. 12). Der *Lagena apiculata* R s s. entsprechend.

*b) Nodosaridea.*

## Nodosaria d'O r b.

*a. Rectae (Nodosaria).*

1. **N. dacrydium** R s s. (l. c. pag. 12. Taf. 1. Fig. 13, 14). 7. 4; 7. 16.

2. **N. calomorpha** R s s. (l. c. pag. 13. Taf. 1. Fig. 15—19). 7. 1—3. Die Formen mit zugerundeter unbewehrter Embryonalkammer stimmen vollkommen mit der miocänen *N. Geinitziana* N e u g e b.[1]) überein, welche mit *N. glandulinoides* N e u g e b.[2]) identisch ist.

3. **N. anomala** R s s. (l. c. pag. 13. Taf. 1. Fig. 20—22). 6. 25; 7. 6, 7 kleine Formen mit monströser letzter Kammer. Auch 7. 5 ist wohl nur eine etwas gekrümmte Form dieser Species.

---

[1]) N e u g e b o r e n, In den Verhandl. u. Mittheil. des Siebenbürg. Vereins f. Naturwiss. 1852. pag. 37. Taf. 1, Fig. 1.

[2]) N e u g e b o r e n l. c. pag. 37. Taf. 1, Fig. 2.

**4. N. subaequalis** nov. sp. 6. 23, 26. Sie bildet ein Übergangsglied zu den Glandulinen und zwar zu *Gl. aequalis* Rss. 6—8 wenig gewölbte Kammern, nur wenig höher als breit. Die erste kugelig, ohne Spitze, wenig größer als die nächstfolgende; die unteren durch lineare, die letzten durch wenig vertiefte Näthe geschieden. Mitunter werden die Kammern etwas unregelmäßig und das Gehäuse weicht dann von der geraden Linie ab.

**5. N. stipitata** Rss.[1]). 7. 21.

α) Var. *lagenifera* Neug. (*Nodosaria lag.* Neug.)[2]) 7. 10, 11, 13, 14. Endkammer eines sehr dünnen Individuums. 7. 12, Bruchstück mit einer monströs gebildeten Kammer.

Offenbar gehören zu *N. lagenifera* auch die als selbstständige Species beschriebene *N. Hauerina* Neug. (l. c. Taf. 1, Fig. 8, 9) und *N. Bruckenthaliana* (l. c. Taf 1, Fig. 13, 14), da sie sich nur in der Dicke der Kammern und in der Länge des dieselben verbindenden röhrigen Halses unterscheiden. Wegen der großen Zerbrechlichkeit des Gehäuses findet man stets nur aus wenigen Kammern bestehende Fragmente, so daß man über die Kammerzahl der vollständigen Schale im Zweifel bleibt.

β) Var. *costulata* m. 7. 20. Im Allgemeinen mit *N. stipitata* übereinstimmend, weicht sie davon durch die Längsrippchen ab, die die Einschnürungen und die nächst angrenzenden Theile der Kammern bedecken. Die Beobachtung zahlreicherer Exemplare muß jedoch erst lehren, ob diese Berippung auch an völlig normal entwickelten Individuen wiederkehre und ob sie nicht etwa nur an einem Theile des Gehäuses vorhanden sei.

**6. N. Ewaldi** Rss. (l. c. pag. 13. Taf. 2, Fig. 18). 7. 8, 9.

**7. N. exilis** Neugeb. (l. c. pag. 14. Taf. 2, Fig. 17). 7. 15.

**8. N. biformis** Rss. (l. c. pag. 14. Taf. 1, Fig. 23). 8. 5; 8. 1 stellt wohl nur ein Bruchstück dar, an welchem die feinen Rippchen nur auf die sehr seichten Natheinschnürungen beschränkt sind.

**9. N. bactridium** Rss. (l. c. pag. 14. Taf. 1, Fig. 24, 25). Wird von v. Schlicht wegen des mitunter schwach gekrümmten Gehäuses

---

[1]) Reuss, Neue Foraminiferen aus den Schichten des österreich. Tertiärbeckens. Denkschr. d. kais. Akad. d. Wiss. I. pag. 2. Taf. 1, Fig. 4.

[2]) Neugeboren, l. c. pag. 39. Taf. 1, Fig. 10—12.

den Dentalinen beigezählt. 8. ₃, ₈. Die Längsrippchen haben wohl
gewöhnlich eine etwas schräge Richtung, doch habe ich an keinem
der zahlreichen von mir untersuchten Exemplare so schräg verlaufende
Rippen beobachtet, wie sie 8. ₃ darstellt. Ob 38. ₅ auch als eine
gekrümmte Form von *N. bactridium* zu betrachten sei, bleibt bei der
monströsen Bildung der Embryonalkammer unentschieden.

10. **N. Schlichti** nov. sp. 6. ₂₉₋₃₁. Das öfters etwas gekrümmte
Gehäuse ist, wie bei *N. conspurcata*, mit kleinen unregelmäßigen
dornigen Höckern dicht bedeckt, aber von geringeren Dimensionen.
5—7 Kammern, deren erste mit einem Centralstachel versehen ist.
Die ältesten sind überdieß äußerlich gar nicht oder durch sehr seichte
Näthe geschieden, während dieselben zwischen den jüngsten Kammern
mäßig tief eingesenkt sind. Die letzte Kammer läuft in einen ziemlich
langen Schnabel aus, der die Mündung trägt. Das ganze Gehäuse
verschmälert sich nach abwärts bald nur wenig, bald in höherem
Grade.

11. **N. conspurcata** Rss. (l. c. pag. 14)[1]). v. Schlicht gibt
zwar in der Beschreibung an der Primordialkammer einen Centralstachel an; in der Abbildung 6. ₂₀ fehlt er jedoch. An den von mir
untersuchten Exemplaren habe ich ihn ebenfalls nicht gesehen. —
6. ₃₂ stellt wohl den Embryonalzustand der Species dar.

12. **N. adspersa** Rss. (l. c. pag. 14).

13. **N. rudis** d'Orb. (l. c. pag. 14). Beide sind in dem
v. Schlicht'schen Werke nicht aufgenommen.

β) *Curvatae* (*Dentalina* d'Orb.).

14. **N. grandis** Rss. (l. c. pag. 15. Taf. 1, Fig. 26—28).
8. ₁₃, ₁₄.

15. **N. soluta** Rss. (l. c. pag. 15. Taf. 2, Fig. 4—8). 8. ₂₂ mit
abnorm gebildeter Endkammer.

16. **N. inflexa** Rss. (l. c. pag. 15. Taf. 2, Fig. 1). 38 ₃.

17. **N. laxa** Rss. (l. c. pag. 16. Taf. 1, Fig. 2, 3). 6. ₂₇.

---

[1]) In Reuss Foram. etc. des deutschen Septarienthones sind bei *N. conspurcata*
irrthümlich die Abbildungen Taf. 2, Fig. 19—22 citirt, welche einer anderen
Species, der *N. subcostulata* Rss. angehören.

18. **N. consobrina** d'Orb. sp. (l. c. pag. 16. Taf. 2, Fig. 12, 13).
9. 1, 2; 9. 8 (4—5); 9. 22; 38. 2; 9. 3 schlanke Form. 10. 25, 26, 27
kurze unbewehrte abnorme Formen. Doch auch 10. 1 dürfte trotz
der anscheinend großen Verschiedenheit hierher zu ziehen sein.
Denn, wie schon früher ausgesprochen wurde, gehört *N. consobrina*
zu den vielgestaltigsten Species. Alle für dieselbe als characteristisch
bezeichneten Merkmale sind höchst wandelbar. Bald sind fast alle
Kammern etwas gewölbt und durch Natheinschnürungen gesondert,
elliptisch, höher als breit; bald sind die unteren Kammern walzig,
kürzer, mit linearen Näthen; bald findet dieß bei sämmtlichen Kammern statt mit Ausnahme der letzten oder der beiden letzten. Die
Primordialkammer ist bald etwas größer als die nächstfolgende, bald
eben so groß oder selbst noch kleiner; bald mit einem Centralstachel
versehen, bald unbewehrt, zugerundet. Das ganze Gehäuse selbst
ist bald dicker, bald schlanker.

Die 10. 1 abgebildete Form würde sich am ungezwungensten an
die ebenfalls sehr wandelbare *N. (Dent.) Reussi* Neng.[1] anschließen, welche jedoch nach meiner Überzeugung auch mit *N. consobrina* zusammenfällt.

α) Var. *emaciata* Rss. (*N. emaciata* Rss.). 8. 13. Sie stimmt
ganz überein mit *Dent. Scharbergiana* Neug.[2] ohne Centralstachel der letzten Kammer. Sie unterscheidet sich von der
typischen *N. consobrina* durch das schlankere und meistens
längere Gehäuse, die größere Zahl der Kammern, deren erste
kürzer sind, und die oft mit einem zurückgeschlagenen Lippen-
saum versehene Mündung. So auffallend die Verschiedenheit
der extremen Formen erscheint, so verliert sie doch ihre Bedeutung durch die große Zahl verbindender Zwischenglieder,
welche scharfe Grenzen zu ziehen nicht erlaubt.

19. **N. Benningseni** Rss. (l. c. pag. 17). 9. 7.

20. **N. pygmaea** Neug. (l. c. pag. 17. Taf. 2, Fig. 9). 9. 25,
26, 28.

21. **N. indifferens** Rss. (l. c. pag. 17). 9. 6 gerade Form;
9. 15 mit etwas schrägen Näthen.

---

[1] Neugeboren, In Denkschr. d. k. Akad. d. Wiss. Bd. 12. p. 21. Taf. 3, Fig. 6,
7, 17.

[2] l. c. pag. 23. Taf. 4, Fig. 4.

22. **N. vermiculum** Rss. (l. c. pag. 17. Taf. 2, Fig. 14, 15). 10. [8] typische kleine fast gerade Form; 10. [5, 6, 9, 11] (Fig. 5 etwas größer und stärker gebogen als gewöhnlich); 10. [7] etwas abnorm gebildet; 8. [18] mit umgeschlagenem Mundsaum.

23. **N. acuticauda** Rss. (l. c. pag. 17. Taf. 2, Fig. 11). 8. [17] mit umgeschlagenem Mündungssaum.

24. **N. Böttcheri** Rss. (l. c. pag. 18). 10. [12] eine Form mit weniger schiefen Näthen, vielleicht auch zu *N. vermiculum* gehörig.

25. **N. bicuspidata** nov. sp. 9. [10, 11, 12, 14, 16]. Die Species verdient diesen Namen, da sowohl die Primordial- als auch die Endkammer in eine Spitze ausläuft, die besonders an den sehr dünnen Formen scharf und lang wird. Der Umriß des meistens beinahe geraden Gehäuses ist dünner oder dicker spindelförmig, in der Mitte walzig, mit 3—8 nicht gewölbten cylindrischen, nur durch lineare Näthe gesonderten Kammern. Die Schale ist glatt, glasig glänzend.

26. **N. approximata** Rss. (l. c. pag. 18. Taf. 2, Fig. 22). 9. [13].

27. **N. plebeia** Rss.[1]). 9. [23] stimmt mit dieser Species aus der Meklenburg'schen Kreide wohl überein. Brady[2]) vereinigt damit auch eine Species aus dem mittleren und oberen Lias, welche aber, nach der gegebenen Abbildung zu urtheilen, wohl davon verschieden sein dürfte.

28. **N. obliquata** Rss. (l. c. p. 18). 38. [4]; 9. [18, 19] unterscheiden sich von den typischen Offenbacher Exemplaren durch die mitunter etwas größere, mit einem Centralstachel versehene erste und die zu einer röhrigen Spitze verlängerte letzte Kammer. — Verlängerte Formen, wie 9. [24], weichen von der vielgestaltigen *D. communis* d'Orb., welche aus der weißen Kreide bis in die jetzige Schöpfung hinaufreicht, nur durch das stumpfe nicht bewehrte untere Ende ab.

29. **N. communis** d'Orb. sp. 9. [21] eine sehr schlanke Form, sich sehr annähernd der ebenfalls zu *Dent. communis* gehörenden *D. badenensis* d'Orb. aus dem Wiener Becken[3]).

---

[1]) Jahrbuch d. deutsch. geol. Ges. Bd. 7. pag. 267. Taf. 8, Fig. 9.

[2]) Proceedings of the Somersetshire archaeol. and. nat. hist. Soc. Vol. 13. 1865—1866. pag. 108. n[ro]. 3. Taf. 1, Fig. 15.

[3]) d'Orbigny Foram. foss. du bassin tert. de Vienne, pag. 44. Taf. 1, Fig. 48, 49.

30. **N. mucronata** Neug.[1]). 9. ₂₇ stimmt besonders mit Fig. 9 l. c. wohl überein; 38. ₆; 11. ₁—₁₀ verschiedene Formen, zum Theile abnorm gebildet. Ein Theil derselben stellt Mittelformen zwischen *Dentalina* und *Marginulina* dar, besonders mit *Marg. apiculata* Rss. aus dem Senonmergel von Lemberg[2]) sehr verwandt.

31. **N. Römeri** Neug. (*Dentalina Römeri* Neug.)[3]). 10. ₂₁, ₂₂, ₂₄. Kaum von *D. Haueri* Neug.[4]) verschieden.

32. **N. inornata** d'Orb. (l. c. pag. 18). 38. ₁; 10. ₂ mit kleiner unbewehrter Primordialkammer. 10. ₄ mit stark zugespitztem Embryonalende.

33. **N. Verneuli** d'Orb.[5]). 10. ₃. Stimmt vollkommen mit *N. (Dent.) Zsigmondii* Hantk.[6]) aus dem Tegel von Klein-Zell bei Gran überein.

34. **N. abnormis** Rss. (l. c. pag. 18. Taf. 2, Fig. 10). 9. ₂₀.

35. **N. pungens** Neng. (*Dentalina pungens* Neug.). 7. ₁₈, ₁₉. α) Var. *costata* m. längsgerippt.

36. **N. capitata** Boll. (l. c. pag. 18). 8. ₁₁ eine fast gerade Form; 8. ₉ var. *brevis* (*Dent. Philippii* Rss.); 8. ₁₀ ohne Längsrippchen (var. *ecostata* m.)

37. **N. intermittens** Bronn. (l. c. pag. 19). 10. ₁₃.

38. **N. obliquestriata** Rss. (l. c. pag. 19). Wird von v. Schlicht nicht abgebildet.

39. **N. pungens** Rss. (l. c. pag. 19. Taf. 2, Fig. 16). 8. ₄. In der Abbildung sind die Längsrippen sehr stark gedreht, nach Art der *D. obliquestriata*. Ich habe die Drehung in diesem Grade niemals beobachtet. Ob 8. ₆ hierher gehöre, ist zweifelhaft; es wäre eine kürzere Form mit ungerippten jüngeren Kammern (var. *semicostata*).

---

[1]) Denkschr. d. k. Akad. d. Wiss. Bd. 12, pag. 83. Taf. 3, Fig. 8—11.

[2]) Reuss, in Haidinger's gesamm. naturwiss. Abhandl. IV. 1. pag. 28. Taf. 2, Fig. 18.

[3]) Neugeboren, in Denkschr. d. k. Akad. d. Wiss. Bd. 12, pag. 82. Taf. 2. Fig. 13 bis 17.

[4]) L. c. pag. 17. Taf. 2, Fig. 12.

[5]) D'Orbigny, Foram foss. du bass. tert. de Vienne, pag. 48. Taf. 2, Fig. 7, 8.

[6]) Hantken a magyarhoni földtani társulat munkálatai 1868. pag. 87. n. 21. Taf. 1, Fig. 12.

**40. N. seminuda** nov. sp. 8. 20. Eine sehr kleine beinahe gerade Species mit beiläufig 10 Kammern, die breiter als hoch und nur durch lineare Näthe geschieden sind. Die erste Kammer ist sehr kurz zugespitzt und mit zarten Längsrippchen besetzt, die sich auf den folgenden Kammern in kleine Höckerchen auflösen, welche meistens auf die Natheinschnürungen beschränkt sind. Die letzte Kammer ist kurz und excentrisch zugespitzt und stets ungerippt.

**41. N. subcostulata** Rss.

Reuss über d. Foram. v. Pietzpuhl in d. Zeitschr. d. deutsch. geol. Gesellsch. Bd. 10 pag. 436 (nomen).

Reuss d. Foram., Anthoz. und Bryoz. d. deutsch. Septarienthones. Taf. 2, Fig. 19—21 (unter dem irrigen Namen *N. conspurcata*) [1]).

Kürzere Exemplare, zu welchen das von v. Schlicht 8. 2 abgebildete gehört, weichen von den längeren beträchtlich ab. Die Zahl der Kammern steigt von 4 bis zu 9. Die erste Kammer ist wenig größer als die nächstfolgende und an der Basis mit einem langen kräftigen Centralstachel versehen. Zugleich wird sie von der folgenden nur durch eine lineare Nath geschieden, was jedoch bei längeren Individuen auch noch bei den angrenzenden Kammern, mitunter bis zur fünften hinauf, stattfindet. Die jüngeren Kammern selbst sind wenig höher als breit, walzenförmig. Die letzten Kammern wölben sich dagegen etwas nach außen und werden durch schwach vertiefte Näthe gesondert. Die letzte Kammer ist schief-eiförmig und trägt auf der mehr weniger excentrischen kurz konischen Spitze die mitunter gestrahlte Mündung. Stets sind die ersten 2—3 Kammern mit feinen Längsleistchen versehen, welche sich aber an längeren Exemplaren auch bis auf die siebente Kammer hinauf erstrecken. In allen Fällen bleiben aber die letzten 2—4 Kammern davon frei.

**42. N. Edelina** v. Schlicht pag. 31. 9. 17. Sie stimmt mit keiner der bekannten Arten vollständig überein. Die Beschreibung steht jedoch nicht in allen Theilen mit der gegebenen Abbildung im Einklange, z. B. in Betreff der Embryonalkammer. Ich habe die Species nicht selbst beobachtet.

---

[1]) Durch ein unliebsames Versehen im Satze und in der Correctur ist Name und Beschreibung der *N. subcostulata* im Texte weggelassen und die Abbildung fälschlich bei N. *conspurcata* pag. 14, No. 9 citirt worden.

**43. N. Adolphina** d'Orb. var. *spinescens* (*N. spinescens* Rss.
l. c. pag. 19)[1]). 8. 16. —

Nicht näher bestimmbar sind: 8. 19 Bruchstück, vielleicht zu
*N. pygmaea* Neug. gehörend, besitzt aber auch Ähnlichkeit mit
*D. badenensis* aus dem Wiener Becken; 8. 21 kann nach der Abbildung und Beschreibung eines vielleicht abnorm gebildeten Exemplares, das ich nicht selbst untersucht habe, nicht bestimmt werden.
9. 9. Jugendform irgend einer glatten *Dentalina;* 10. 10.

*c) Glandulinidea.*

**Glandulina** d'Orb.

1. **Gl. laevigata** d'Orb. (l. c. pag. 20). 6. 7, 8.

α) Var. *inflata* Born. 6. 2, 3; 6. 9—11; 6. 20 im unteren Theile
   abnorm verlängerte Form.

β) Var. *elliptica* Rss. 6. 12, 13; 6. 14 eine in das Walzenförmige übergehende Form; 6. 24 stellt eine sehr interessante
   *forma monstrosa distoma* der Var. *elliptica* dar. Sie macht es
   wahrscheinlich, daß die weit häufigeren *Lagenae distomae*
   ebenfalls abnorme Bildungen sind.

γ) Var. *strobilus* (*Gl. strobilus* Rss. pag. 20. Taf. 2, Fig. 24).
   6. 15, 16.

δ) Var. *subcylindrica* m. 6. 5.

2. **Gl. aequalis** Rss. (l. c. pag. 20). 6. 21, 22. Die Species
bildet den Übergang zur Gattung *Nodosaria.*

3. **Gl. gracilis** Rss. (l. c. pag. 21. Taf. 2, Fig. 25--27). 6. 19;
6. 6 breitere Form.

4. **Gl. globulus** Rss. (l. c. p. 21). 6. 1.

5. **Gl. obtusissima** Rss. (l. c. pag. 21). 6. 17 sich am unteren
Ende schwach zuspitzend; 6. 18 abnorme Bildung durch eine kappen-
förmig aufsitzende kleine letzte Kammer.

6. **Gl. armata** Rss. (l. c. p. 21. T. 2, Fig. 28). 6. 4.

Die unbewehrten und ungerippten Arten von *Glandulina* bilden
beinahe durchgehends eine zusammenhängende Reihe, deren einzelne

---

[1]) Die dort citirte Abbildung Taf. 2, Fig. 23 ist zu streichen. Sie gehört zu N. *Lud-
wigi* Rss. l. c. pag. 19. No. 35.

Glieder nicht durch scharfe Grenzen geschieden sind und sich sämtlich als Varietäten von *Gl. laevigata* betrachten lassen. Die Formen des Septarienthones gruppiren sich auf nachstehende Weise:

*a)* Var. *typica*, elliptisch, unten zugespitzt und mit mehr weniger ausgeschweifteu Seiten.

*b)* Var. *elliptica*, unten stumpf oder sehr kurz zugespitzt, der untere Theil der Seitenränder nicht ausgeschweift. Etwas verlängerte Formen bilden die *Gl. elongata* Born.

*c)* Var. *inflata*, mit großer aufgeblasener Endkammer.

*d)* Var. *subcylindracea*, unten zugespitzt, der Mitteltheil mit parallelen Seitenrändern, cylindrisch.

*e)* Var. *strobilus*, verlängert, nach unten sich langsam verdünnend, stumpf oder mit rudimentärer Spitze, die letzte Kammer $^2/_5 - ^1/_3$ der Gesamtlänge einnehmend.

*f)* Var. *obtusissima*, kurz, unten breit gerundet; die letzte Kammer groß, aufgeblasen.

*g)* Var. *globulus*, fast kugelig, unten kurz und plötzlich zugespitzt. Nur wenige Kammern, die letzte kugelig, sehr groß, den größten Theil des Gehäuses bildend.

*h)* Var. *rotundata*. Wie vorige, aber sehr klein, ohne Basalspitze, gerundet.

*i)* Var. *gracilis*, dünn und schlank, unten lang und scharf zugespitzt, nicht selten mit schrägen Näthen. Der Var. *emaciata* unter den Lagenen entsprechend.

*k)* Var. *aequalis*, mehr weniger verlängert cylindrisch, den Übergang zu den walzigen Nodosarien bildend.

### Psecadium Rss.

1. **Ps. acuminatum** nov. sp. 25. 1—10. Es unterscheidet sich von *Ps. ellipticum*, welchem es am nächsten steht, durch das mehr verlängerte, oft dem Cylindrischen sich nähernde Gehäuse, dessen unteres Ende in den meisten Fällen scharf zugespitzt ist. Von der anderen Seite schließt sich unsere Species an *Glaudulina gracilis* sehr nahe an, deren Näthe nicht selten eine schräge Richtung annehmen.

### Lingulina d'Orb.

1. **L. brevis** nov. sp.? 26. 19, 21; 26. 22—24. Diese Species, welche ich nicht selbst beobachtet habe, kann nur eine provisorische

sein. Es ist nicht einmal sichergestellt, ob sie wirklich der Gattung *Lingulina* angehört. Um sich darüber Aufschluß zu verschaffen, müßte eine nähere Untersuchung des inneren Baues vorgenommen werden; denn an den Polymorphinen ist der Verlauf der Kammerscheidewände äußerlich oft gar nicht wahrnehmbar. Aber vorausgesetzt, daß der innere Bau mit der gegebenen Darstellung des Äußern vollkommen übereinstimmt, so schließt sich unsere Species zunächst an *Ling. rotundata* d'Orb. und ähnliche mehr weniger unregelmäßige Formen mit kreisrundem Querschnitt an.

## 2. Cristellaridea.

### Cristellaria Lam.

*a) Subrectae (Marginulina* d'Orb.).

1. **Cr. tenuis** Born. (l. c. pag. 22). 10. 16, 17, 18; 11. 23, 24. Ein vermittelndes Zwischenglied zwischen *Dentalina* und *Marginulina.* Auch *Marg. inepta* Neug.[1]), *M. inversa* Neugeb.[2]) und *M. contraria* Cziž.[3]) gehören hierher. Die Species wird daher den letztgenannten Namen, als den ältesten führen müssen.

2. **Cr. obtusata** nov. sp. 11. 16—18. Der *Marg. ensis* Rss.[4]) aus der oberen Kreide sehr verwandt, aber breiter und nicht zusammengedrückt. Das beinahe cylindrische Gehäuse ist fast gerade oder nur sehr wenig vorwärts gebogen, unten abgerundet, oben kurz und stumpf zugespitzt. Acht bis zehn Kammern, die ersten sehr niedrig und etwas vorwärts eingerollt. Die übrigen stehen in gerader Linie über einander, sind niedrig und sehr schräge. Nur die letzte ist höher, in eine kurz-conische, excentrische gestrahlte Spitze auslaufend. Die schrägen Näthe sind linear, nicht vertieft, am unteren Theile des glasig glänzenden Gehäuses schwer erkennbar.

3. **Cr. tumida** Rss. (l. c. pag. 22). 38. 14; 11. 24; 38. 7—11 zum Theile abnorm gebildet; 10. 14, 15, 20, 21 Formen mit geradem

---

[1]) Verhandl. und Mittheil. des siebenbürg. Vereins f. Naturwiss. 1851. pag. 127. T. 4, Fig. 14.

[2]) l. c. pag. 126. Taf. 4, Fig. 12, 13; Taf. 5, Fig. 1, 2.

[3]) Czižek. Beitrag z. Kenntn. d. foss. Foram. d. Wiener Beckens pag. 4. Taf. 12, Fig. 17—20.

[4]) Reuss, in Haidinger's gesamm. naturw. Abhandl. IV. 1. pag. 27. Taf. 2, Fig. 16.

oder kaum umgebogenem Embryonalende, — Übergangsformen von *Marginulina* zu *Dentalina*. Hierher gehören wohl auch *M. dubia* und *M. incerta* N e n g. [1]). 10. 23 eine schlanke Form; 10. 19 Jugendform; 38. 13 dürfte wohl auch als solche zu betrachten sein, während 38. 12 wohl die Jugendform einer anderen vorläufig nicht näher bestimmbaren Species darstellen möchte.

4. **Cr. infarcta** R s s. (l. c. pag. 22). 11. 12, 13 abnorme Formen.

5. **Cr. attenuata** N e u g. (*Marg. attenuata* N e n g.) [2]). Die oligocänen Formen stimmen mit den miocänen von Lapugy überein. Davon können nicht getrennt werden: *Marg. Orbignyana* N e u g. [3]), *M. Reussiana* N e u g. [4]), *M. irregularis* N e n g. [5]), *M. anceps* N e u g. [6]), *M. Ehrenbergiana* N e n g. [7]), *M. Partschiana* N e u g. [8]), *M. Bronniana* N e n g. [9]), *M. eximia* N e n g. [10]) und *M. Fichteliana* N e u g. [11]), sowie auch *M. Hauerina* N e u g. [12]).

11. 15, 19—21; 11. 22 monströs. 11. 29 mit in entgegengesetzter Richtung aufgesetzter letzter Kammer. 11. 14 dürfte als Monströsität wohl auch hierher gehören.

11. 25, 26; 11. 27; 11. 30 stellen abnorm gebildete, nicht näher bestimmbare *Marginulina*-Formen dar. 11. 28 monströse Verwachsung zweier Individuen.

11. 11 stimmt am besten mit *Marg. similis* d'O r b. aus dem Wiener Becken überein; jedoch ist weder aus der Abbildung, noch aus der Beschreibung zu ersehen, ob der Querschnitt des Gehäuses kreisförmig ist.

---

[1]) Verhandl. u. Mittheil. d. siebenb. Vereins f. Naturwiss. 1851. pag. 120, 121. Taf. 4, Fig. 1, 2.

[2]) L. c. 1851. pag. 121. Taf. 4. Fig. 3—6.

[3]) L. c. pag. 122. Taf. 4, Fig. 7.

[4]) L c. pag. 123. Taf. 4, Fig. 8.

[5]) L. c. pag. 125. Taf. 4, Fig. 9.

[6]) L. c. pag. 125. Taf. 4, Fig. 10.

[7]) L. c. pag. 128. Taf. 4, Fig. 15.

[8]) L. c. pag. 131. Taf. 4, Fig. 18.

[9]) L. c. pag. 128. Taf. 4, Fig. 16.

[10]) L. c. pag. 129. Taf. 4, Fig. 17.

[11]) L. c. pag. 124. Taf. 4, Fig. 19.

[12]) L. c. pag. 130. Taf. 5, Fig. 5.

*b) Spirales ostio subrotundo (Cristellaria* L a m.).

**6. Cr. increscens** R s s. (l. c. pag. 23). 12. 3, 4; 12. 9, 10 mit abnorm gebildeter Endkammer.

**7. Cr. Böttcheri** R s s. (l. c. pag. 23). 12. 1, 2, 5, 6, 7, 8 mehr weniger abnorm ausgebildet; 38. 15.

**8. Cr. Hauerina** d'O r b. (l. c. pag. 24. Taf. 3, Fig. 2—4). 14. 27, 28; 14. 29, 30; 14. 35, 36; 15. 1—12 von den typischen Formen durch ein größeres, meist breiteres, weniger zusammengedrücktes Gehäuse abweichend.

**9. Cr. Jugleri** R s s. (l. c. pag. 24). 12. 25, 26.

**10. Cr. Gerlachi** R s s. (l. c. pag. 24. Taf. 4, Fig. 1). 14. 11, 12; 14. 15, 16 breitere Form; 14. 17, 18, 19, 20 abnorme Formen, etwas zweifelhaft.

**11. Cr. paucisepta** R s s. (l. c. pag. 25). 12. 31, 32; 12. 37, 38; 12. 39, 40; 13. 7, 8; 14. 9, 10 sehr übereinstimmend mit R e u s s, Sitzungsber. d. k. Akad. d. Wiss. Bd. 48. Taf. 4. Fig. 44; 13. 11, 12 mit theilweise scharf gekieltem Rücken; 12. 29, 30 mit nicht bis zum Spiralcentrum herabreichender letzter Kammer; 12. 27, 28 monströse Form mit abnorm aufgesetzter Endkammer.

**12. Cr. simplicissima** R s s. (l. c. p. 25). 12 . 17, 18 von den Offenbacher Exemplaren nur durch die etwas größere Zahl der Kammern abweichend[1]); 13. 19, 20; 13. 23—25 übereinstimmend mit R e u s s Sitzungsber. Bd. 48. Taf. 4, Fig. 51 von Offenbach; 13. 21, 22 mit theilweise gekielter erster Kammer und gerundeter Mündungsfläche; 14. 3, 4 Jugendform; 14. 7, 8 abnorm gebildete Jugendform.

**13. Cr. galeata** R s s. (l. c. pag. 25. Taf. 3, Fig. 8). 14. 23, 24.

. **14. Cr. excisa** B o r n. (l. c. pag. 25. Taf. 3, Fig. 18). 14. 13, 14 dickere Form mit aufgeblasener Embryonalkammer.

**15. Cr. spectabilis** R s s. (l. c. p. 25. Taf. 3, Fig. 10). 16. 1, 2 mit weniger zusammengedrückten, schwach gekielten Kammern; 16. 3, 4 monströse ungekielte Form.

---

[1]) In der S c h l i c h t'schen Abbildung entspricht die Bauchansicht der Seitenansicht nicht, da in der ersteren die Embryonalkammer mit der Endkammer nicht zusammenstößt, wie in der Seitenansicht.

16. **Cr. arcuata** d'O r b. var. (l. c. p. 26). 12. 11, 12 unterscheidet sich von der miocänen Species aus dem Wiener Becken durch die schrägeren letzten Kammern, die weniger breite Bauchfläche und die gestrahlte Mündung. 13. 9, 10; 13. 1, 2 , 3, 4, 5, 6 verschiedene Formen, zum Theile der var. *tetraedra* B o r n. sich nähernd; 12. 19, 20 mit abnorm aufgesetzten zwei letzten Kammern.

c) *Spirales ostio fisso* (*Robulina* d'O r b.).

17. **Cr. simplex** d'O r b. var. *incompta* R s s. (l. c. pag. 27). 17. 13—16; 17. 17, 18 mit schmalem Flügelsaum; 18. 1, 2 jüngeres Individuum mit schmalem Flügelsaum; 18. 7, 8, 15, 16 ältere Individuen; 18. 27—29 monströs mit doppelter in verschiedener Richtung aufgesetzter Endkammer.

18. **Cr. declivis** B o r n. (*Robulina decl.* B o r n.) [1]). 17. 3, 4. Wie schon anderwärts erwähnt wurde, dürfte sie ebenfalls in den weiten Formenkreis der *Rob. inornata* d'O r b. gehören.

19. **Cr. tangentialis** R s s. (l. c. pag. 27). 19. 11, 12.

20. **Cr. nitidissima** R s s. (l. c. pag. 28). 14. 33, 34.

21. **Cr. subangulata** R s s. (l. c. pag. 28. Taf. 3, Fig 17). 18. 17, 18; 18. 13, 14 etwas abnorm gebildet.

22. **Cr. umbonata** R s s. (l. c. pag. 29). 19. 1, 2; 19. 3, 4; 19. 9, 10 Jugendform.

23. **Cr. limbosa** R s s. (l. c. pag. 30). 19. 13, 14.

24. **Cr. platyptera** nov. sp. 19. 7, 8. Diese große Species (2·34 Mm.) ist der *Cr. calcar* F. et M. (*Cr. cultrata* d'O r b.) verwandt und vielleicht nur eine eigenthümliche Form derselben. Sie ist fast kreisrund, ziemlich gewölbt und wird am Rücken von einem breiten, gewöhnlich am Rande zerbrochenen dünnen Flügelsaum eingefaßt. Die wenig zahlreichen Kammern (7—8) sind dreieckig, niedrig und äußerlich durch schmale, aber hohe Nathleistchen geschieden, die am inneren Ende sich nicht berühren und zu einem Knötchen anschwellen. Keine Nabelscheibe. Die spaltenförmige, unten breitere und sich bisweilen theilende Mündung sitzt auf einem kleinen

---

[1]) B o r n e m a n n, in d. Zeitschr. d. deutsch. geol. Ges. 1855. pag. 333. Taf. 15, Fig. 11.

gestrahlten Höcker. Die Mundfläche der letzten Kammer ist breit-lanzettförmig, unten tief eingeschnitten, seitlich von schmalen Leistchen eingefaßt.

25. **Cr. vortex** F. et M. (l. c. pag. 30. Taf. 8, Fig. 21). 19. 5.

26. **Cr. depauperata** Rss. (l. c. pag. 30. Taf. 3, Fig. 19; Taf. 4, Fig. 2, 4—6). 16. 5, 6; 16. 9, 10: 16. 13, 14; 16. 19, 20. Verschiedene Formen der vielgestaltigen Species, die sämtlich der Formengruppe der var. *intumescens* Rss. angehören. Besonders bei Fig. 13, 14 schwillt die letzte Kammer beträchtlich an. 16. 19, 20 stellt eine Jugendform dar. 17. 1, 2 mit Flügelsaum und stark eingedrückten Näthen. 18. 9, 10 monströse breit geflügelte Form. Auch 16. 7, 8 ist wahrscheinlich eine große monströse Form dieser Species.

27. **Cr. circumlobata** nov. sp. 16. 11, 12; 16. 15, 16. Eine Species, die sich manchen Formen von *Cr. depauperata* sehr nähert und wohl nur als eine verlängerte gelappte Form derselben betrachtet werden muß. Das Gehäuse ist verlängert oval, ziemlich stark zusammengedrückt. Sechs oder sieben gewölbte, durch breite und tiefe Näthe gesonderte Kammern, die am Rücken des Gehäuses gerundet vortreten, wodurch der Rückenrand stark gelappt erscheint. Derselbe ist übrigens bald einfach winklig, bald schmal geflügelt. Die ziemlich hohen dreieckigen Kammern sind mit Ausnahme der letzten oder der zwei letzten gerade aufgesetzten in einfacher weiter Spirale eingerollt. Die letzte Kammer zieht sich am oberen Ende rasch zu einem kurzen konischen Höcker zusammen, der die spaltförmige Mündung trägt. Die Mundfläche der letzten Kammer ist lanzettförmig oder oblong, zieht sich bis zur Spira hinab und nimmt die halbe Gesamthöhe des Gehäuses oder noch etwas mehr ein. Sie wird überdieß von kantigen Seitenleisten eingefaßt. Die Schale ist glasig glänzend.

28. **Cr. articulata** Rss. (l. c. p. 31). 17. 5, 6; 17. 7, 8 mit schwach geflügeltem Rückenkiel; 17. 9—12 abnorm gebildete Formen; 18. 11, 12 jüngeres Individuum.

29. **Cr. deformis** Rss. (l. c. pag. 32). 18. 3, 4. —

Nicht wenige der von v. Schlicht abgebildeten *Cristellaria*-Formen sind nicht näher bestimmbar. 12. 13, 14 abnorm gebildet, der *Cr. Kochi* Rss. sehr verwandt. — 12. 15, 16 durch die ungemein große Embryonalkammer ausgezeichnet, aber nach der Abbildung nicht bestimmbar, da die Begrenzung der ältesten Kammern äußerlich oft nur sehr schwer oder gar nicht wahrnehmbar ist. Die Untersuchung des inneren Baues wird die Entscheidung bringen. — 12. ₂₁₋₂₄ abnorme Entwicklungen der zweifelhaften, in 12. ₁₃, ₁₄ dargestellten Form. — 12. ₃₃, ₃₄; 12. ₃₅, ₃₆. Monstrositäten, vielleicht von *Cr. paucisepta* Rss. — 13. ₁₃₋₁₈ Jugendformen irgend einer *Cr. spec.* — 14. ₁, ₂ Embryonalkammer vielleicht einer *Cristellaria* oder einer *Miliolidee*. Die entscheidende Beschreibung wird im Texte des v. Schlicht'schen Werkes vermißt. 14. ₅, ₆. Unbestimmbare Embryonalform. — 14. ₂₁, ₂₂ Monstrosität einer mit großer flacher Nabelscheibe versehenen Species, ähnlich der *Cr. grata* Rss. — 14. ₂₅, ₂₆. Unbestimmbare Monstrosität. — 14. ₃₁, ₃₂. Fragmentäre abnorm gebildete Form, ähnlich der *Cr. Hauerina* d'Orb.; aber durch viel geringere Dimensionen auffallend. 16. ₁₇, ₁₈. Monströse Form einer vollkommen involuten linsenförmigen *Robulina*. — 18. ₅, ₆ Monstrosität einer unbestimmbaren *Robulina*. 18. ₁₉₋₂₃ Monströse Form einer *Robulina*, vielleicht *R. simplex* d'Orb. var. *incompta* Rss. mit fünf Mündungen (Verwachsung von fünf Individuen?). — 18. ₂₄, ₂₆. Monstrosität irgend einer *Robulina*. — 38. ₁₇₋₁₉. Monströse *Cristellaria*, ähnlich *Cr. brachyspira* oder *paupercula* Rss.

**Pullenia** P. et Jon.

1. **P. bulloides** d'Orb. sp. (l. c. pag. 34). 20. ₁, ₂; 20. ₃, ₄ weniger kugelig, etwas zusammengedrückt.

2. **P. compressiuscula** Rss. (l. c. pag. 34). 20 ₅, ₆. Scheint durch Zwischenformen mit der vorigen Species verknüpft zu sein.

### 3. Polymorphinidea.

**Bulimina** d'Orb.

1. **B. socialis** Born. (l. c. pag. 34). 23. ₆, ₇.

2. **B. declivis** Rss. (l. c. pag. 34). 23. ₈₋₁₂. Monströse Formen.

3. **B. Buchana** d'Orb. [1]). 22. ₃₀₋₃₃. War bisher noch nicht aus dem Septarienthon bekannt gewesen.

---

[1]) D'Orbigny, Foram. foss. du bass. tert. de Vienne, pag. 186. Taf. 11, Fig. 15—18.

4. Unbestimmbare **B. sp.** 23. ₁₋₅ monströs gebildet. 23, ₁₃₋₁₇ ebenfalls anomale Bildungen, sich am meisten der *B. elongata* d'Orb. nähernd.

### Uvigerina d'Orb.

#### 1. U. tenuistriata nov. sp.

22. ₃₄₋₃₇. Es ist dieß offenbar dieselbe Species, welche ich schon früher in einem schlecht erhaltenen Exemplare im Septarienthone der Ziegelei von Herrenwiese bei Stettin gefunden hatte, aber nicht näher zu bestimmen vermochte (l. c. pag. 35). Ältere Exemplare sind verlängert mit stumpfem unterem Ende und bestehen aus 5—6 Umgängen unregelmäßiger, mäßig gewölbter, durch deutliche, aber nicht tiefe Näthe geschiedener Kammern. Ihre Oberfläche ist mit Ausnahme der letzten Kammer mit feinen erhabenen Längsstreifen — nicht Längsrippchen, wie bei *U. pygmaea* d'Orb. — bedeckt. Das Fig. 37 abgebildete Individuum, wenn es wirklich hierher gehört, entbehrt jedoch dieser Streifung gänzlich. Fig. 36 ist monströs gebildet.

Es ist übrigens sehr leicht möglich, daß die beschriebene Species doch nur eine fein gestreifte Form der so vielgestaltigen *U. pygmaea* d'Orb. ist. Das Studium zahlreicherer Exemplare wird den Zweifel lösen.

### Polymorphina d'Orb.

α) *Globulina* d'Orb. Nur drei Kammern äußerlich sichtbar.

**1. P. gibba** d'Orb (l. c. pag. 35). 27. ₁, ₂, ₃; 27. ₄₋₆ eine schmälere Form, die vielleicht auch mit *Glob. minuta* Röm., welche sich nur durch eine schwache Compression des Gehäuses unterscheidet, zusammenfällt; 20. ₃₁₋₃₄. Der Umstand, daß die einfache größere Mündung sich in mehrere punktförmige Löcher auflöst, welche die Schale siebförmig durchbohren, ist auch bei anderen Foraminiferen-Gattungen keine ganz seltene Erscheinung. — 27. ₁₈ eine abnorm gebildete schmälere Form; 27. ₁₆, ₁₇ eine sehr schmale Form.

**2. P. inflata** Rss. (l. c. pag. 35). 26. ₂₅₋₂₇. Eine Form mit zufällig etwas verlängerter Mündung.

**3. P. Römeri** Rss. (l. c. pag. 35). — *Gl. diluta* Born. — 34. ₄₋₆; 34. ₇₋₉; 34. ₁₀₋₁₂; 34. ₁₃₋₁₄. Aulostomellenformen.

4. **P. minuta** R ö m. (l. c. pag. 36). 27. 13₋15; 25. 31₋56 (*Glob. guttula* Rss.). Bisweilen treten mehr als drei Kammern äußerlich sichtbar hervor.

5. **P. amygdaloides** Rss. (l. c. pag. 36). 27. 7₋9 eine beinahe gar nicht zusammengedrückte Form. 27. 10₋12 Jugendform.

6. **P. acuta** Rss. (l. c. pag. 36). 27. 19₋21; 29. 45, 46 mit abnorm aufgesetzter Endkammer; 29. 15, 16 und 29. 43, 44 abnorm gebildete Embryonalformen.

7. **P. gracilis** nov. sp. 31. 34, 35; 32. 5₋8; 32. 27, 28.

Das kleine Gehäuse ist schlank, lanzettförmig, an beiden Enden zugespitzt, im Querschnitte rund oder nur wenig zusammengedrückt, mit drei nur durch schwache Näthe gesonderten Kammern, deren zwei letzte bis zum untern Viertheil der Schalenlänge herabreichen und die dritte nur in beschränktem Umfange sichtbare Kammer dachziegelförmig decken. Das zugespitzte obere Ende der letzten Kammer trägt die kleine gestrahlte runde Mündung. Die Schalenoberfläche glatt, glasig glänzend.

Die Species steht am nächsten der *Glob. acuta* R ö m,˙ die aber am unteren Ende stumpf oder nur wenig zugespitzt und überdieß zusammengedrückt ist. Wollte man sie aber doch in den Formenkreis dieser Species einbeziehen. so müßte man sie als var. *gracilis* derselben betrachten.

31. 36, 37 am oberen Ende abnorm gebildet; 31. 42, 45 am unteren Ende weniger scharf zugespitzt; 31. 46, 47 abnorm gebildete sehr kurze Form; 31. 48, 49 mit sehr undeutlichen Näthen; 32. 9₋12 abnorm gebildet mit nur zwei sichtbaren Kammern; 32. 13₋16 monströse Form.

8. **P. hirsuta** Br. P. et J.[1]).

Sie kommt im Umrisse mit *Glob. tuberculata* und *spinosa* d'Orb. überein, weicht aber von diesen und von verwandten Formen durch die dicht gedrängten feinen Stacheln ab, mit denen die gesammte Oberfläche bedeckt ist. — 34. 1₋3 stellt eine Aulostomellenform der Species dar.

Unbestimmbare *Globulina*-Arten: 26. 28₋30 monströse Form, keineswegs eine *Dimorphina*, als welche sie von v. Schlicht aufgeführt wird: 26. 37, 38; 34. 24₋28.

---

[1]) H. Brady, W. Parker and R. Jones a monograph of the Genus *Polymorphina* in the transact. of the Linnean Soc. Vol. 27. pag. 243. Taf. 42, Fig. 37.

β) *Guttulina* d'Orb. Die Kammern, deren mehr als drei äußerlich sichtbar sind, in einer mehr weniger deutlichen Spirale aufgerollt.

9. **P. sororia** Rss. (l. c. pag. 36). 26. 4--6; 26. 7—9; 26. 10—12; 26. 16—18; 27. 34—37; 28. 11—15; 28. 16—20; 32. 21, 22; 32. 33, 34; 32. 1—4 mit röhrig endigender letzter Kammer; 31. 9—12 mit abnormer Endkammer; 27. 38, 39 abnorme Form; 28. 21—25 monströse Form.

10. **P. turgida** Rss. (l. c. pag. 37). 28. 6—10; 29. 1—5.

11. **P. obtusa** Born. (l. c. pag. 37). 30. 41—44; 29. 6—10 etwas abnorm gebildet; 29. 13. 14 Jugendform; 34. 19—23 monströse Bildung.

12. **P. lanceolata** Rss. (l. c. pag. 37). 25. 11, 12; 25. 13, 14; 19. 17—21; 31. 5, 6; 31. 7, 8; 31. 21—24; 31. 30—33; 25. 49, 50 verlängerte Form; 26. 1—3; 31. 1—4; 31. 13—16; 31. 38—41 mit abnorm gebildeter Endkammer. — 31. 17—20 mit röhrenförmig verlängerter letzter Kammer; 31. 25—29 mit röhrenförmiger und am Ende kurz verästelter Mündung; 33. 31—34 zweifelhafte monströse Form.

13. **P. guttata** nov. sp. 30. 25—28; 30. 29—32 eine kleinere schlankere Form. Die Species schließt sich an *P. lanceolata* und *sororia* Rss. an, unterscheidet sich aber davon schon bei flüchtigem Blicke durch die sehr convexen, durch tiefe Näthe gesonderten, in undeutlicher Spirale stehenden, länglichen, tropfenförmigen Kammern. Das Gehäuse ähnelt einer kleinen verlängerten Traube. Übrigens findet, wie bei den meisten Polymorphinen, in der Form und Anordnung der Kammern große Abwechslung statt. Die letzte Kammer verdünnt sich zu einem kurzen conischen Schnabel, der die gestrahlte Mündung trägt. Die Schalenoberfläche ist glasig, glänzend.

14. **P. rotundata** Born. (l. c. pag. 37). 26. 13—15; 28. 1—5; 30. 37—40; — 25. 15, 16 mit sehr undeutlichen Näthen der untersten Kammern; 30. 33—36 abnorm gebildet.

Var. *cylindrica* Born. (l. c. pag. 37). 25. 23, 24.

15. **P. problema** d'Orb. (l. c. pag. 38). 30. 1—4; 30. 5—8 eine kurze gedrängte Form; 29. 38—42 abnorm gebildet; 30. 9—12 monströs, zweifelhaft.

Var. *deltoidea* Rss. 32. 17—20.

Var. *communis* d'Orb. (*Guttulina communis* d'Orb.) 30. 13—16.

16. **P. semiplana R s s.** (l. c. pag. 39). 27. 22–25; 27. 30–33; —
29. 31–33 etwas abnorm gebildet, eine Übergangsform zu *P. problema*
darstellend; 29. 11, 12 Jugendform mit sehr stark zugespitztem
Schnabel; 29. 24–28 mit stark hervorragender spitziger Embryonalkammer; 27. 26–29 abnorme Form; 27. 22, 23; 27. 29, 30, 36, 37 mit
abnorm gebildeter Endkammer.

Unbestimmbare *Guttulina*-Formen: 29. 47–49 monströse Form;
30. 45, 46, 47, 48 abnorme Jugendformen.

γ) *Polymorphina* d'O r b. Die Kammern mehr weniger deutlich
    in zwei alternirenden Längsreihen stehend.

17. **P. Humboldti B o r n.** (l. c. p. 39). 32. 23–26; 32. 29–32;
32. 35–38. Sehr verwandt ist auch die miocäne *P. semitecta* R s s.
aus dem Salzthone von Wieliczka [1]). —

Unbestimmbare *Polymorphina*-Formen: 26. 35, 36 keinesfalls
eine *Dimorphina*, wohin sie von v. S c h l i c h t gerechnet wird;
30. 21–24 abnorme Form einer *Polymorphina*, ähnlich der *P. Philippii*
R s s. [2]) aus dem Obéroligocän, welche jedoch viel stärker zusammengedrückt ist; 34. 15, 16, 17, 18, 29–33 nicht näher zu bestimmende Verwachsungen und Monstrositäten.

**Sphaeroidina** d'O r b.

1. **Sph. variabilis R s s.** (l. c. pag. 40). 22. 24–29.

α) Var. *conica* R s s. (l. c. pag. 40). 23. 22–24 (R e u s s in d.
   Sitzungsber. d. k. Akad. d. Wiss. Bd. 48. pag. 58. Taf. 7,
   Fig. 86.)

#### 4. Cryptostegia.

**Chilostomella** R s s.

1. **Ch. cylindroides R s s.** (l. c. pag. 40). 25. 37–40; 25. 45–48;
25. 41–44. Hier treten die äußeren Kammern etwas auseinander und
lassen die inneren theilweise sichtbar werden.

α) Var. *ovoidea* R s s. [3]). 25. 17–19; 25. 20, 21 erstere abnorm
   gebildet.

---

[1]) R e u s s, Die foss. Fauna der Steinsalzablagerung von Wieliczka pag. 75. Taf. 3,
   Fig. 10.

[2]) Sitzungsber. d. k. Akad. d. Wiss. Bd. 18, pag. 54. Taf. 7, Fig. 76.

[3]) B o r n e m a n n, Jahrb. d. deutsch. geol. Ges. 1855. pag. 343.

2. **Ch. tenuis** B o r n. 25. 23–28; 25. 29–32; 25. 33–36 zum Theil abnorm gebildet.

## 5. Textilaridea.

**Bolivina** d'O r b.

1. **B. Beyrichi** Rss. (l. c. pag. 41). 33. 24–26.

α) Var. *substriata* R s s. Die unteren Kammern fein längsgestreift. 33. 17–19.

2. **B. antiqua** d'O r b. (l. c. pag. 41). 33. 20, 21 mit abnorm aufgesetzter Endkammer (keine *Gemmulina!*); 33. 22, 23 abnorme Bildung.

**Textilaria** D e f r.

1. **T. carinata** d'O r b. (l. c. pag. 41). 33. 1, 2; 33. 3, 4.

α) Var. *attenuata* R s s. 33. 8, 9.

2. **T. globifera** R s s. 33. 27, 28. Ist von den Formen aus der Senonkreide nicht zu unterscheiden [1]). — 33. 29, 30 monströse Bildung.

33. 5–7. Nicht näher bestimmbare Monstrosität irgend einer *Text. spec.*

## 6. Globigerinidea.

Im Septarienthone von Pietzpuhl habe ich bisher noch keine *Globigerina* aufgefunden; auch die v. S c h l i c h t'schen Abbildungen bieten nichts dar, was darauf bezogen werden könnte. Wohl aber findet man in dem genannten Werke unzweifelhafte Bilder von O r b u l i n e n. 1. 1 und 1, 4 dürften die gemeine *O. universa* d'O r b. darstellen; 1. 1 mit einer zufälligen schnabelförmigen Verlängerung. 1. 2, 3 unterscheiden sich durch die sehr fein poröse Schale und möchten einer anderen Species angehören. Wie die genannten Körper mit *Lagena* verbunden werden konnten, ist nicht wohl einzusehen.

---

[1]) R e u s s, in den Sitzungsber. d. k. Akademie d. Wiss. Bd. 40, pag. 232. Taf. 13 Fig. 7, 8.

### Truncatulina d'Orb. emend.

1. **Tr. variabilis** d'Orb. (l. c. pag. 43). 21. 12–23; 21. 27–29; 22. 7–9; 22. 20–23 sehr regellos gebildet.

2. **Tr. Akneriana** d'Orb. sp. (l. c. pag. 44).

3. **Tr. Ungerana** d'Orb. sp. (l. c. pag. 45). 21. 1–3.

4. **Tr. granosa** Rss. (l. c. pag. 45).

Nicht näher bestimmbare Formen von *Truncatulina:* 20. 14–16. Vielleicht zu der Form mit regelmäßigerem Umrisse gehörig, welche als *Tr. communis* Röm. bezeichnet wird. Übrigens steht in der Schlicht'schen Abbildung die Randansicht mit der Spiral- und Nabelansicht nicht im Einklange. — 20. 32–34 ähnlich der *Tr. (Rotalia) Dutemplei* d'Orb. sp. — 21. 4, 5; 21. 6–8; 21. 9–11; 21. 24–26; 21. 30–32 monströse Bildungen.

### Pulvinulina P. et Jon.

1. **P. Partschana** d'Orb. sp. (l. c. pag. 45). 20. 23–25; 20. 29–31.

2. **P. umbonata** Rss. (l c. pag. 46). 20. 20–22; 20. 26–28.

3. **P. contraria** Rss. (l. c. pag. 46). 22. 10–13 undeutlich gebildet oder gezeichnet; 23. 18–21 monströse Bildung.

4. **P. Haueri** d'Orb. sp. (*Rotalia Haueri* d'Orb.)[1]). 22. 14–16, 17–19. Die Bestimmung ist wegen der abnormen Entwicklung der abgebildeten Exemplare etwas unsicher.

Nicht näher bestimmbar: 20. 17–19. Sie schließt sich am nächsten an manche anomale Formen der *P. Partschana* an, jedoch passen die großen Poren nicht zu der als porcellanartig angegebenen Schale. Auch stehen die gezeichneten Ansichten mit einander nicht völlig im Einklange.

### Siphonina Rss.

1. **S. reticulata** Cziž. sp. (l. c. pag. 46). Von v. Schlicht nicht erwähnt und abgebildet.

---

[1] D'Orbigny, Foram. foss. du bass. tert. de Vienne pag. 151. T. 7, Fig. 22—24.

## 7. Rotalidea.

**Rotalia.** L a m. emend.

1. **R. bulimoides** R s s. (l. c. pag. 46). 24. 1—3, 4—6, 7—9 letztere etwas abnorm gebildet; 23. 28—30 monströs.

2. **R. Girardana** R s s. (l. c. pag. 47). 20. 11—13.

## 8. Polystomellidea.

**Nonionina** d'O r b.

20. 7, 8 kleine nicht mit Sicherheit bestimmbare Species. 20. 9, 10 ein monströses Exemplar derselben Art.

---

Aus der vorhergehenden Aufzählung ergibt sich, daß die Foraminiferenfauna von Pietzpuhl bisher 164 Arten nebst 20 Varietäten dargeboten hat. Vergleicht man damit die Zahl der von mir schon früher[1]) namhaft gemachten Arten — 78 —, so ergibt sich eine Zunahme von 86 Arten, deren Vorkommen bei Pietzpuhl erst seit dieser Zeit durch Herrn v. S c h l i c h t bekannt geworden ist. Diese Zunahme dürfte sich dadurch noch etwas höher herausstellen, daß mehrere der früheren Arten jetzt nur noch als Varietäten aufgeführt werden.

Vergleicht man die Zahl der Pietzpuhler Foraminiferen mit der Gesamtzahl der von mir l. c. aus dem Septarienthone überhaupt aufgezählten Arten (227) und Varietäten (8), so ergibt sich, daß erstere 72·24 Pct. sämtlicher Arten und 250 Pct. sämtlicher Varietäten beträgt. Zugleich überzeugt man sich, daß nach den bisherigen Erfahrungen Pietzpuhl die an Foraminiferen reichste Localität des Septarienthones ist; denn Offenbach hat bisher nur 92, Hermsdorf 87, Söllingen 67 Species geliefert u. s. w. Allen diesen Zahlen ist jedoch kein bleibender Werth einzuräumen, da sie durch fortgesetzte Forschungen offenbar beträchtliche Änderungen erfahren werden.

Die angegebenen Arten und Varietäten vertheilen sich auf 26 Gattungen, und zwar in folgenden Verhältnissen:

---

[1]) Monographie des Septarienthones pag. 86 ff.

| | | | Spec. | Variet. |
|---|---|---|---|---|
| Kieselschalige Foram. {Uvellidea .... | {Gaudryina..... | | 1 | |
| Kalkschalige porenlose Foraminiferen | Cornuspiridea {Cornuspira .... | | 4 | |
| | Miliolidea genuina ... | Biloculina ..... | 3 | |
| | | Spiroloculina... | 2 | |
| | | Triloculina .... | 1 | |
| | | Quinqueloculina | 4 | |
| Kalkschalige poröse Foraminiferen | Rhabdoidea — Lagenidea ... | Lagena ....... | 20 | ' |
| | | Fissurina...... | 7 | |
| | Nodosaridea . | Nodosaria ..... | 43 | 3 |
| | | Glandulina .... | 6 | 4 |
| | Glandulinidea | Psecadium ..... | 1 | |
| | | Lingulina...... | 1 | |
| | Cristellaridea ......... | Cristellaria .... | 29 | |
| | | Pullenia....... | 2 | |
| | Polymorphinidea........ | Bulimina ...... | 3 | |
| | | Uvigerina ..... | 1 | |
| | | Polymorphina .. | 17 | 3 |
| | | Sphaeroidina... | 1 | 1 |
| | Cryptostegia .......... | Chilostomella ... | 2 | |
| | Textilaridea .......... | Bolivina ...... | 2 | |
| | | Textilaria ..... | 2 | |
| | Globigerinidea ........ | Orbulina ...... | 1 | |
| | | Truncatulina ... | 4 | |
| | | Pulvinulina .... | 4 | |
| | | Siphonina ..... | 1 | |
| | Rotalidea............. | Rotalia........ | 2 | |

164 Spec. 20 Var.

Wie im Septarienthone überhaupt, sind es auch hier wieder die Rhabdoideen, Cristellarideen und Polymorphinideen, welche an Arten- und Individuenzahl weit über die anderen Familien vorwalten. Vorzüglich die Gattungen *Lagena*, *Fissurina*, *Nodosaria*, *Glandulina* und *Cristellaria* entfalten einen großen Artenreichthum; ja *Lagena*, *Fissurina* und *Glandulina* treten bei Pietzpuhl in einer Formenfülle auf, wie in keiner anderen der bisher untersuchten Fundstätten des Septarienthones.

Aus der Gesamtzahl der namhaft gemachten Arten sind nur 16 noch nicht beschrieben gewesen und daher als neu aufgeführt worden (*Lagena alifera*, *seriatogranulosa* und *quadricostulata* m.; *Fissurina tricuspidata* m.; *Nodosaria subaequalis*, *Schlichti*, *bicuspidata*, *seminuda* m.. *N. edelina* v. Schlicht; *Psecadium acuminatum* m.; *Lingulina brevis* m.; *Cristellaria obtusata, platyptera* und *circumalata* m.; *Uvigerina tenuistriata* m.; *Polymorphina (glob.) hirsuta* B r a d y, *P. (Gutt.) guttata* m.). Ihre Beschreibungen sind großentheils nur nach den von Herrn v. S c h l i c h t gegebenen Abbildungen und den in dem beigefügten Texte gebotenen Bemerkungen entworfen: nur von den wenigsten hatte ich Gelegenheit, Originalexemplare zu untersuchen.

Fügt man diese neuen 17 Species zu den bisher schon aus dem Septarienthone bekannt gewesenen 227 Arten hinzu, so umfaßt nach den jetzigen Erfahrungen die Foraminiferen-Fauna des genannten Schichtencomplexes im Ganzen 244 Arten nebst zahlreichen Varietäten. Es unterliegt jedoch keinem Zweifel, daß durch fortgesetzte Forschungen diese Zahl noch einer beträchtlichen Erhöhung fähig ist.

## XXV. SITZUNG VOM 10. NOVEMBER 1870.

Die Handels- und Gewerbekammer für Österreich unter der Enns ladet, mit Zuschrift vom 5. November l. J., zur Beschickung der nächstjährigen internationalen Kunst- und Industrie-Ausstellung in London ein.

Das w. M. Herr Hofrath W. Ritter v. Haidinger übermittelt, mit Schreiben vom 9. November l. J., seine neueste Publication, betitelt: „Der 8. November 1845. Jubel-Erinnerungstage. Rückblick auf die Jahre 1845—1870."

Herr Dr. G. C. Laube dankt mit Schreiben vom 5. November für die ihm zum Zwecke seiner Theilnahme an der zweiten deutschen Nordpol-Expedition bewilligte Subvention.

Das w. M. Herr Prof. Dr. Joh. Gottlieb in Graz übersendet die „chemische Analyse des Königsbrunnens zu Kostreinitz in der unteren Steiermark."

Derselbe übersendet ferner die „Analyse der Gräfl. Meranschen Johannesquelle bei Stainz", ausgeführt von seinem Assistenten, Herrn Anton Franz Reihenschuh.

Das w. M. Herr Prof. Dr. J. Loschmidt überreicht eine weitere Fortsetzung der unter seiner Leitung im physikalischen Institute vom Herrn J. Benigar ausgeführten „Experimental-Untersuchungen über die Diffusion von Gasgemengen."

An Druckschriften wurden vorgelegt:

Akademie der Wissenschaften, Königl. Preuss., zu Berlin: Monatsbericht. Juli 1870. Berlin; 8º.

Astronomische Nachrichten. Nr. 1824 (Bd. 76. 24.) Altona, 1870; 4º.

Bibliothèque Universelle et Revue Suisse: Archives des Sciences physiques et naturelles. N. P. Tome XXXIX, Nr. 153. Genève, Lausanne, Paris, 1870; 8⁰.

Gelehrten-Gesellschaft, k. k., zu Krakau: Rocznik. Tom XVI & XVII. W Krakowie, 1869 & 1870; 8⁰. — Sprawozdanie komysyi fizyograficznéj. Tom IV. Kraków, 1870; 8⁰. — Majer, J., Pamiętnik pierwszego zjazdu lekarzy i przyrodników polskich odbytego w r. 1869. Kraków. 1870; 8⁰.

Gesellschaft, geographische, in Wien: Mittheilungen. N. F. 3. Nr. 13. Wien, 1870; 8⁰.

— österr., für Meteorologie: Zeitschrift. V. Band, Nr. 21. Wien 1870; 8⁰.

Gewerbe-Verein, n.-ö.: Verhandlungen und Mittheilungen. XXXI. Jahrg., Nr. 35. Wien, 1870; gr. 8⁰.

Haidinger, W. Ritter von, Der 8. November 1845. Jubel-Erinnerungstage. Rückblick auf die Jahre 1845 bis 1870. (Aus der Zeitschrift „Die Realschule", Bd. I.) Wien, 1870; 8⁰.

Instituut, Koninkl., voor de Taal-, Land- en Volkenkunde van Nederlandsch Indië: Bijdragen tot de Taal-, Land- en Volkenkunde van Nederlandsch Indië. III. Volgreeks, IV. Deel, 1ᵉ Stuk. 's Gravenhage, 1870; 8⁰.

Jahrbuch, Neues, für Pharmacie & verwandte Fächer, von F. Vorwerk. Band XXXIV, Heft 3. Speyer, 1870; 8⁰.

Nature. Nr. 53, Vol. III. London, 1870; 4⁰.

Report, XXᵗʰ and XXIIᵈ Annual, of the Regents of the University of the State of New York on the Condition of the State Cabinet of Natural History and the Historical and Antiquarian Collection annexed thereto. 1867 & 1869. Albany; 8⁰.

— of the State of the New York Hospital and Bloomingdale Asylum, for the Year 1869. New York, 1870; 8⁰.

Société géologique de France: Bulletin. 2ᵉ Série. Tomé XXVI. 1869, Nr. 7; Tome XXVII, 1870, Nrs. 1—3. Paris; 8⁰.

Society, The American Geographical and Statistical: Journal. 1870. Vol. II. Part 2. New York; 8⁰.

— the New York State Agricultural: Transactions. For the Year 1867. (II Volumes.) Albany, 1868; 8⁰. — Iˢᵗ and IIᵈ Reports of the Special Committee appointed by the Executive Board of N. Y. St. Agr. Soc. on the Statistics, Pathology and Treatment of the Epizoötic Disease known as the Rinderpest. Albany, 1867: 8⁰.

Wiener Medizin. Wochenschrift. XX. Jahrgang, Nr. 52. Wien, 1870; 4⁰.

Wilson, H., Trow's New York City Directory. Vol. LXXXI. for the Year ending May 1, 1868. New York; 8⁰. — Wilson's business Directory. 1867—68. New York; 12⁰.

# Über Pelorien bei Labiaten.

## II. Folge.

### Von Dr. J. Peyritsch.

(Mit 8 Tafeln.)

(Vorgelegt in der Sitzung am 13. October 1870.)

Das Vorkommen gipfelständiger Pelorien an einigen Labiaten, deren laubblatttragender Stengel niemals terminale zygomorphe Blüthen entwickelt, führte mich zu der Vermuthung, daß die senkrechte Stellung der Blüthenknospe die regelmäßige Ausbildung sämmtlicher Blüthentheile bei diesen Pflanzen bedinge. Es lag nahe durch Experimente neue Stützen für diese Annahme gewinnen oder dieselbe endgiltig widerlegen zu können. Zeigt schon der Augenschein bei *Galeobdolon luteum* und *Lamium maculatum*, daß die größere oder geringere Knickung der Blumenkronröhre von der Lage der Blüthenknospe zum Horizonte abhängig sei, so bestätigen die Versuche, welche ich an *Galeobdolon luteum* ausgeführt und beschrieben habe, daß wirklich eine Formänderung der Blumenkronröhre hervorgerufen werde, wenn man eine möglichst unentwickelte Blüthenknospe in die aufrechte Stellung bringt und sie in derselben erhält [1]). Weitere umfassende Versuche war ich heuer nicht in der Lage anzustellen.

Mit der gipfelständigen Stellung steht das öftere Vorkommen 4-gliederiger Typen der Pelorien (4-gliederiger Kelch, Corollen- und Staubgefäßwirtel) im engen Zusammenhange, indem gleichsam als weitere Fortsetzung der Stellung der Laubblätter ein 4-gliederiger Kelchblattwirtel auftritt, von welchem zwei Wirtelglieder, die meist vergrößert und nicht selten blattartig verbreitet sind, mit dem nächst vorhergehenden Laubblattpaare alterniren, während die übrigen diesem gegenüber stehen. In anderen Fällen decussiren jedoch die Glieder des 4-gliederigen Kelchblattwirtels mit den zwei letzten

---

[1]) Man vergl. J. Peyritsch Pelorien bei Labiaten LX. Bd. d. Sitzb. d. k. Akad. d. Wissensch. I. Abth. Juli-Heft, Jahrg. 1869.

Blattpaaren, ohne sich merklich in der Größe von einander zu unterscheiden. Der fünf- und sechsgliederige Typus ist bei den Pelorien
seltener als der viergliederige vertreten. In vielen Fällen läßt sich
ungezwungen der scheinbar 5- oder 6-gliederige Blüthenblätterwirtel auf den 4-gliederigen Typus zurückführen. Einmal fand ich
durchaus 2-gliederige Blüthenblätterwirtel, deren Stellung mit den
Laubblättern übereinstimmte. Selten kommen bei Labiaten achselständige Pelorien vor.

Die Pelorien erscheinen mit lebhaft gefärbter Blumenkrone, die
Staubgefäße sind gut ausgebildet, der Fruchtknoten ist jedoch meist
steril. Reife Früchtchen bringen solche Pelorien hervor, welche wohl
eine terminale Stellung am Stengel einnehmen, aus deren Vorblättern
aber Seitensprosse mit cymöser Verzweigung entspringen, die später
die regelmäßige Blüthe überragen.

In vielen Fällen finden Störungen in der Entwicklung der Pelorien statt, indem dieselben einerseits zu abnormen Verwachsungen,
übermäßiger Ernährung, Auftreten überzähliger Wirtelglieder, in
anderen Fällen zum Schwund einzelner Wirtelglieder führen, oder die
Ausbildung der Blüthentheile ist wohl durchaus regelmäßig, die Pelorien sind jedoch von zwergigem Wuchse, mit einer weniger lebhaft
gefärbten Blumenkrone versehen, die oft kaum aus dem Kelche hervorragt oder ganz von demselben umhüllt wird. Bei diesen Bildungen,
welche in einem jugendlichen Entwicklungszustand zurückgeblieben
sind, ist die spätere Streckung und vollkommene Ausbildung der
Blüthenblätter in Folge der Erschöpfung der Stengelspitze unter-
blieben, welche auch bei den mehr ausgebildeten und entwickelten
Formen der gipfelständigen Pelorien das Carpell meist in der Entwicklung hemmt.

Während bei den unregelmäßigen Blüthen der Labiaten die
Blüthenblätterwirtel aus verschieden geformten Gliedern bestehen,
erscheinen in jedem Wirtel der Pelorie einerlei, zuweilen jedoch
zweierlei Blattgebilde und gemeinhin jene Gebilde, welche in der
unregelmäßigen Blüthe die geringere Differenzirung zeigen. Bei
Vergleichung der einzelnen Glieder der Blüthenwirtel einer vollständig ausgebildeten und entwickelten Pelorie mit jenen der unregelmäßigen Blüthe findet man, daß jedes Glied der Blüthenblätterwirtel der Pelorie, welches in Form und Gestaltung irgend einem
Blüthenblatte der unregelmäßigen Blüthe ähnelt, in der Regel auch

genau in seinen Dimensionen mit diesem übereinstimmt. Bei den
Zwergformen der Pelorien sind die einzelnen Abschnitte jedes Blü-
thenblattes entsprechend verkleinert.

Beim Kelche der Pelorien, wo sich Übergänge zur Laubblatt-
bildung vorfinden, lassen sich diese Verhältnisse nicht immer so genau
erkennen, meist stimmt jedoch die regelmäßige mit der unregelmässigen Blüthe in der Länge der Kelchröhre überein. Sind die Kelchzipfel der Pelorien von einerlei Größe und Gestalt, so gleichen sie
seltener den seitlichen Kelchzipfeln der unregelmäßigen Blüthe, wenn
deren Kelch ungleich 5-zähnig aber nicht deutlich zweilippig ist.
Gewöhnlich und namentlich wenn letzterer vollkommen zweilippig
ist, halten die Kelchzipfel der regelmäßigen Blüthe die Mitte zwischen den Abschnitten beider Lippen. So ist zum Beispiel bei *Prunella vulgaris*, deren unregelmäßiger Kelch eine zweikielige und
abgestutzte Oberlippe und eine flache und zweispaltige Unterlippe
besitzt, der Kelchsaum der Pelorie mit so viel Kielen versehen als
Zähne vorhanden sind. Kelchröhre und Kelchzipfel der Pelorien sind
stets gestreckt.

Wichtig erscheint mir die Vergleichung der Blumenkrone der
Pelorie und der unregelmäßigen Blüthe. Der Blumenkronwirtel vieler
Labiaten wird aus Blattgebilden, die eine wesentlich verschiedene
Gestaltung haben, zusammengesetzt, indem das median vorne ste-
hende und die beiden seitlichen Blattgebilde, welche zusammen die
Unterlippe bilden, anders geformt sind und jedes derselben in seinem
freien Theile wieder von der Oberlippe und deren Hälften durch
verschiedene Gestaltung, Größe, Nervenvertheilung und eine andere
Lage und Richtung zur Blumenkronröhre sich unterscheidet. Die
Blumenkrone der Pelorien von *Galeobdolon luteum* (mit Ausnahme
eines Falles), *Lamium maculatum*, *Ballota nigra*, *Calamintha Nepeta*, *Micromeria rupestris*, *Nepeta Mussini*, *Nepeta Cataria*, *Prunella vulgaris*, welche ich heuer aufgefunden habe, ferner von der
*Betonica officinalis* und *Stachys sylvatica* wird von einerlei Blattgebilden zusammengesetzt und diese gleichen ziemlich den beiden
seitlichen der unregelmäßigen Blumenkrone. Kleine Differenzen in
der unsymmetrischen Entwicklung beider Blatthälften derselben, die
hauptsächlich auf ungleicher Länge ihrer freien seitlichen Blattränder
beruhen, werden bei den Pelorienbildungen ausgeglichen. Es gleicht
dann öfters die Länge der Seitenränder der Blumenkronzipfel der

Pelorie jener des hinteren Randes der seitlichen Zipfel der unregelmäßigen Blumenkrone, wodurch die Zipfel der ersteren merklich
größer erscheinen. Die Blumenkronröhre der Pelorien erhält in Folge
der geringeren Breite des zum seitlichen Lappen der unregelmäßigen
Blumenkrone gehörenden Röhrenstückes eine schlankere, in einzelnen
Fällen selbst eine fast fädliche Form. Niemals ist dieselbe gekrümmt
oder einseitig ausgebaucht. Sie ist an ihrer Innenfläche mit einem
Haarkranz versehen, wenn ein solcher auch bei der unregelmäßigen
Blumenkrone vorhanden ist. Selbstverständlich fehlen der Pelorie alle
Haarbildungen, welche auf Theilen der unregelmäßigen Corolle vorkommen, die im Corollenwirtel der Pelorie nicht vertreten sind. Bisweilen erscheint bei den Pelorien die Blumenkronröhre beträchtlich
länger als an der unregelmäßigen Blüthe. Ich habe bei *Betonica officinalis* einen derartigen Fall beobachtet. Dies scheint bei solchen
Labiaten vorzukommen, bei welchen die Einschnitte zwischen dem
medianen vorderen und den seitlichen Blumenkronlappen nicht bis
zum Rande des Schlundes reichen und die Unterlippe somit ein
längeres Stück ungetheilt bleibt. Die Differenz in der Länge der
Blumenkronröhre der Pelorie und der unregelmäßigen Blüthe betrifft
nämlich ein bestimmtes Stück der Unterlippe, das zwischen dem
oberen Rande der Blumenkronröhre und dem Einschnitte zwischen
den genannten Lappen sich befindet.

An einer *Calamintha Nepeta* beobachtete ich einmal eine Pelorie, deren sämmtliche Blumenkronlappen dem Mittellappen der Unterlippe annähernd glichen; bei einer Pelorie eben derselben Art und
von *Galeobdolon luteum* und einer seitenständigen Pelorie von *Salvia
pratensis* erschienen im Corollenwirtel zweierlei Blattgebilde, aber es
fehlte eine der Oberlippe ähnliche Bildung. Bei keiner Labiate glichen
sämmtliche Blumenkronlappen der Pelorie der ungetheilten Oberlippe
der unregelmäßigen Blüthe, und nur bei *Nepeta Mussini*, deren unregelmäßige Blumenkronen eine gespaltene Oberlippe haben, näherten
sich die Blumenkronlappen der Pelorie in Form und Größe ziemlich
den Zipfeln der Oberlippe [1]).

---

[1]) Nach Masters kommen zweierlei Formen von Pelorienbildungen vor, welche er
als „regular und irregular Pelorie" bezeichnet. Bei der ersteren Form entwickelt
sich der unregelmäßige (unpaare) Theil der Blüthe nicht, die zweite kommt dadurch
zu Stande, daß der unregelmäßige Theil in vermehrter Zahl auftritt. Die gespornte

In der unregelmäßigen Blüthe unterscheiden sich bekanntlich die Staubgefäße von einander durch ihre Insertion und ungleiche Länge, häufig auch durch ihre Richtung. Die Staubblätter der Pelorien erscheinen in gleichen Abständen vom Grunde der Blumenkrone eingefügt, und sie werden von der Blumenkronröhre eingeschlossen oder sie überragen dieselbe, je nachdem in der unregelmäßigen Blüthe die längeren Staubgefäße eingeschlossen sind oder im zweiten Falle die kürzeren Staubgefäße aus dem oberen Ende derselben hervorstehen. Bei den Arten, wo zweierlei Blüthen vorkommen, nämlich solche, in denen bald das weibliche, bald das männliche Geschlecht vorherrschend ist, kommen auch zweierlei Pelorien mit sämmtlich kürzeren oder längeren Staubgefäßen vor. Nicht immer sind die Staubgefäße einer und derselben Pelorie gleich lang; typisch findet man die ungleiche Länge bei einigen sechsgliederigen Staubblattwirteln ausgesprochen, wo öfters zwei längere und vier kürzere oder auch vier längere und zwei kürzere Staubblätter vorkommen.

Die Staubfäden stehen bei den Pelorien, wenn sie ausgebildet sind, aufrecht oder abstehend und sind fast immer gestreckt. Die Richtung der Antheren zum Filamente und öfters auch deren Form gleicht jener von Staubblättern einer unregelmäßigen Blüthe, die sich noch in einem jüngeren Entwicklungszustande befindet. In manchen Fällen abortiren einzelne Staubgefäße, anderseits entwickelt sich wieder das Staubgefäßpaar, das in der unregelmäßigen Blüthe fehlschlug. Für letzteren Fall bietet ein Beispiel die seitenständige Pelorie von *Salvia pratensis*, die ich im vorigen Jahre beschrieben habe. Ob die Übertragung des Pollens einer aufgesprungenen Anthere

---

Pelorie der *Linaria vulgaris*, welche schon L i n n é bekannt war, gehört zu den irregulären; G m e l i n hat später eine *Pelorie anectaria* bei dieser Art beschrieben. Dem gespornten Blüthenblatte der *Linaria* entspricht bei den Labiaten der Mittellappen der Unterlippe und das dazu gehörige Röhrenstück. Dieses ist für sich betrachtet streng genommen regelmäßig, während die beiden seitlichen Blattgebilde der *Corolla* ihrer Asymmetrie wegen, mehr unregelmäßig sind. Die „regular Pelorie" hat man nach M a s t e r s bei *Galeobdolon luteum*, *Prunella vulgaris*, einer *Salvia sp.*, bei *Teucrium campanulatum* und *Betonica Alopecurus*, die „irregular Pelorie" bei einem *Lamium*, einer *Mentha*, einer *Sideritis*, *Nepeta diffusa* (N. *Mussini*) *Galeopsis Ladanum* und *G. Tetrahit*, *Galeobdolon luteum*, *Teucrium campanulatum*, *Plectranthus fruticosus*, *Cleonia lusitanica*, *Dracocephalum austriacum* und *Phlomis fruticosa* aufgefunden. Man vergl. „Vegetable Teratologie by Maxwell T. M a s t e r s. London. (Hardwicke) 1869. S. 219—239.

auf die Narbe einer unregelmäßigen Blüthe vom Erfolge sei, habe ich
bisher noch nicht ermittelt. Anderseits bleibt es auch noch zweifelhaft, ob gut entwickelte, Pelorien angehörende Samenknospen durch
den Pollen derselben oder anderer Pelorien befruchtet werden können.

Äußerlich unterscheidet sich das Carpell der Pelorien und unregelmäßigen Blüthen mit Ausnahme der nicht selten kleineren Fruchtknotenlappen bei ersteren in keiner Weise. Die Stellung der beiden
Carpellarblätter ist von beiden Vorblättern abhängig, welche bei
vielen gipfelständigen Pelorien das letzte Laubblattpaar darstellen. Bei
solchen 4-gliederigen Typen, bei welchen zwei Kelchzipfel mit dem
letzten Laubblattpaare alterniren, die beiden kleineren diesem gegenüber stehen, alterniren die Fruchtknotenlappen mit den Kelchzipfeln;
decussiren jedoch die vier Kelchzipfel mit den zwei letzten Blattpaaren
(diese als 4-gliederiger Wirtel betrachtet), so stehen die Fruchtknotenlappen den Kelchzipfeln gegenüber. In dem einen Falle stehen
die beiden Narbenschenkel zweien Kelchzipfeln, im anderen zweien
Blumenkronzipfeln gegenüber. Sind die Blüthenblätterwirtel 5-glie-
derig, so opponirt der eine Narbenschenkel einem Kelchzipfel, der
zweite einem Blumenkronlappen. Von den Furchen, welche die
Fruchtknotenlappen von einander trennen, decussiren somit zwei mit
dem letzten Laubblattpaare und die übrigen zwei stehen auf deren
Verbindungslinie senkrecht. Sehr häufig findet jedoch eine geringe
seitliche Verschiebung statt. Der Discus, auf dem die Fruchtknotenlappen sitzen, ist regelmäßig ausgebildet und niemals auf einer Seite
stärker entwickelt.

Da die Blattgebilde der Pelorie mit gewissen Blüthenblättern
der unregelmäßigen Blüthe übereinstimmen, so kann man sich den
Bau der jeder Labiate zukommenden Pelorie leicht versinnlichen. So
abweichend letztere gestaltet sein mag, so läßt sie sich leicht von
der unregelmäßigen Blüthe ableiten, und man kann im Vorhinein die
Länge der Kelchröhre, die Länge und den Querdurchmesser der
Blumenkronröhre, so wie deren Form, die Länge, Breite und Form der
Blumenkronlappen, deren Lage und Richtung zur Blumenkronröhre,
die Insertionsstelle und Länge der Staubgefäße und des Griffels,
welche jedem Typus einer ausgebildeten Pelorie zukommt, bestimmen. Es unterscheiden sich einige Labiatengattungen von einander
durch die Pelorien ebenso, wie durch die unregelmäßigen Blüthen
selbst, wofür als exquisite Fälle die Pelorien von Galeobdolon und

*Lamium* angeführt werden mögen, von welchen erstere eine präsen-
tirtellerförmige Blumenkrone, letztere einen krugförmigen oder fast
glockigen mit Spitzen versehenen Blumenkronsaum besitzen. Doch
bieten im Allgemeinen die Pelorien der meisten Gattungen weniger
Unterscheidungskennzeichen als deren unregelmäßige Blüthen, indem
bei den letzteren die Formverschiedenheiten gerade jener Glieder, die
in den Blüthenwirteln der Pelorien fehlen, in der Regel die wichtigsten und oft nur einzigen Merkmale zur Charakterisirung der
Gattung geben. Bei der Art hingegen herrscht mehr Mannigfaltigkeit
in der Gliederung der regelmäßigen als der unregelmäßigen Blüthe,
diese wird durch die Zahl und Art der Wirtelglieder bedingt.

Die strenge architektonische Gliederung im Aufbaue der Pelorienbildungen rechtfertigt die Anschauung, daß diese Bildungen
Formen dimorpher oder polymorpher Blüthen, welche im Verlaufe
der Entwicklung der Pflanze selten zum Vorschein kommen, und nicht
zufällig abnorme Gebilde darstellen. Dafür spricht auch die bekannte
Thatsache, daß die Entwicklung gipfelständiger Pelorien ausnahms-
weise bei *Teucrium campanulatum* und *Mentha aquatica* zu den
gewöhnlichen normalen Vorkommnissen gehört [1]).

Hält man gewisse Pelorien für Rückschläge zu erloschenen Typen, so ist
begreiflich, warum bei denselben meistens die Form der seitlichen Blattgebilde
der unregelmäßigen Corolle auftritt. Es sind nämlich diese Blattgebilde einfache
weniger differenzirte Formen als die median vorn und hinten stehenden. Das Auf-

---

[1]) Die gipfelständigen Pelorien der *Mentha aquatica* sind fast durchgehends 4-glie-
derig. Die unregelmäßigen Blüthen unterscheiden sich eigentlich nur durch den
5-gliederigen Kelchblattwirtel, während die Corolla mit Ausnahme der nicht
tief gehenden Spaltung des einen der Oberlippe der übrigen Labiaten entsprechenden Blattes, ferner der Staubblattwirtel und das Carpell keinen Unterschied
bieten. Die Fruchtknotenlappen stehen bald den Kelchzipfeln, bald deren Einschnitten gegenüber, bisweilen sind sie auch etwas schief gestellt. Die Narben stehen
gewöhnlich zweien Blumenkronlappen gegenüber. Nach meinem Dafürhalten
erfordert das Vorhandensein eines 5-gliederigen Kelchblattwirtels durchaus nicht,
daß auch der Corollen- und Staubgefäßwirtel typisch 5-gliederig zu betrachten
sei. Der primäre Typus der Labiatenblüthe scheint unter der Voraussetzung der
unverändert gebliebenen Stellung der Laubblätter 4-gliederig oder vielleicht selbst
2-gliederig gewesen zu sein; aus diesem mag sich ein 5-gliederiger Kelchblattwirtel und durch Vergrößerung und Spaltung eines Corollenblattes der Übergang
zum 5-gliederigen Corollenwirtel herausgebildet, der Staubblätterwirtel den
ursprünglichen Typus jedoch bewahrt haben. Bei *Lycopus europaeus* beobachtete ich
Blüthen mit 4-spaltigem Kelche und zahlreiche Übergänge vom 4- zum 5-gliederigen
Kelchblattwirtel.

treten gipfelständiger Pelorien bei einigen Labiaten ließe sich so deuten, daß in einer nicht so fernen Zeit diese Pflanzenformen dimorphe Blüthen trugen, wie gegenwärtig sie noch bei *Teucrium campanulatum* und *Mentha aquatica* vorhanden sind, da es wohl anzunehmen ist, daß Rückschläge zu jüngst erloschenen Bildungen häufiger erfolgen, als zu längst erloschenen, wofür das Auftreten von seitenständigen Pelorien angesehen werden kann. Vom Standpunkte der Atavisten wären dann solche Arten als ältere Pflanzenformen zu erklären, bei welchen Pelorien sehr selten vorkommen, bei denen somit die ehemals regelmäßigen Blüthen sehr früh verschwunden sind, gegenüber anderen gleich häufigen Arten, welche oftmals mit Pelorien beobachtet werden.

Bei den erloschenen Pflanzenformen der Labiaten mochte eine größere Übereinstimmung in der Blüthenbildung geherrscht haben, als es gegenwärtig bei den unregelmäßigen Blüthen der Fall ist; mit dem Schwinden der regelmässigen Blüthen dürfte zugleich die Spaltung in die zahlreichen Genera der Gegenwart stattgefunden haben.

Sollte die regelmäßige Ausbildung durch die aufrechte Stellung der Blüthenknospe bedingt sein, so erklärt sich das Auftreten der seitlichen Blattgebilde der unregelmäßigen Corolle im Corollenwirtel der Pelorie auf die Weise, daß dieselben in der unregelmäßigen Blüthe schon eine mehr neutrale Lage einnehmen, während die median vorn und hinten stehenden Blattgebilde am meisten durch ihre Lage zum Horizonte afficirt werden, was anderseits wieder eine andere Structur und andere Eigenschaften des Gewebes voraussetzt. Diese letzteren zeigen bei mehreren Arten eine größere Variabilität als die seitlich stehenden. Bei den seitlich stehenden Blattgebilden der unregelmäßigen Corolle gibt sich die Abhängigkeit der Blattform von der Lage und Richtung nur durch die unsymmetrische Ausbildung ihrer Hälften zu erkennen, welche eben bei der gipfelständigen Stellung ausgeglichen wird. Beide Annahmen schließen sich nicht aus. Die Thatsache, daß seitenständige Blüthen, gegenüber dem relativ öfteren Vorkommen gipfelständiger Pelorien, nur äußerst selten sich regelmäßig ausbilden, deutet an, daß die lateral symmetrische Ausbildung von gewissen Bedingungen, die gegenwärtig mit der seitenständigen Stellung gegeben oder wenigstens eng verknüpft sind, abhängig ist. Es entwickelt sich eine verschiedene Structur der gegen den Horizont und die Abstammungsaxe auf verschiedene Weise orientirten Blattformen. Bei den längst erloschenen Formen verhinderte die Gleichartigkeit der Structur und Beschaffenheit das Auftreten verschieden differenzirter Blattformen je nach ihrer Lage und Richtung, bei den gipfelständigen Blüthen wäre auch zur Jetztzeit eine Ungleichartigkeit der Structur, die ihren Einfluß bei Lageveränderungen ausüben würde, vollkommen unnütz, da deren Blüthenblätter gleichsinnig orientirt sind.

Daß die Pelorienbildungen im Vergleiche mit den unregelmäßigen Blüthen sehr im Nachtheile seien, wird aus dem Mangel des Schutzes, den bei vielen die kurzen Blumenkronzipfel den Staubgefäßen und der Narbe im Knospenzustande nicht gewähren können, ersichtlich.

Nach den zahlreichen Pelorien zu schließen, welche ich heuer neuerdings an *Galeobdolon luteum* und außerdem an *Lamium*

*maculatum* auffand, kommen Pelorienbildungen bei diesen beiden
Arten insbesondere unter gewissen Verhältnissen vor. Es scheint
mir, daß bei denselben ungewohnte, plötzlich geänderte Einwirkung
des Lichtes und damit zusammenhängend größere Trockenheit des
Bodens und überhaupt eine andere physikalische Beschaffenheit
desselben, wie eine solche etwa durch Fällung von Bäumen, in
deren Schatten sie früher vegetirten, herbeigeführt wird, auf die
Hervorbringung gipfelständiger Blüthenknospen von Einfluß sei. Ich
fand nämlich im heurigen Jahre auf vielen, weit von einander entfernten Standorten pelorientragende Exemplare des *Galeobdolon
luteum*; ich bemerkte sie längs des Waldes an verschiedenen, son-
nigen Wegrainen, ich fand sie in vielen Holzschlägen, und ich habe
Pelorien auf ähnlich beschaffenen Standorten allenthalben angetroffen, wo ich mich genauer um dieselben umgesehen hatte. Das weit
verbreitete Vorkommen derselben auf einem Berge an solchen Stellen,
wo noch vor mehreren Jahren Waldungen gestanden, war mir sehr auffällig. Ein Umstand, den ich früher nicht beachtete, scheint mir, wenn
man ihn mit dem zuvor Gesagten zusammenhält, für die Ätiologie der
Pelorienbildungen von *Galeobdolon luteum* von Wichtigkeit zu sein.
Um einen großen Holzstrunk standen auf einer Stelle von etwa Qua-
dratklafterausdehnung zahlreiche Exemplare dieser Species, von denen
die Mehrzahl gipfelständige Pelorien trug. Es wäre nun möglich, daß
die vor mehreren Jahren erfolgte Fällung des großen Baumes die
Veranlassung zum ersten Hervortreten der Pelorien auf dieser Stelle,
wo ich sie schon seit drei Jahren (1868) beobachte, geboten habe.
Ähnliches bei *Lamium maculatum* und *Ballota nigra*. Auf Stellen im Prater, wo früher feuchte schattige Auen gestanden und jetzt
mehr trockene, dem Sonnenlichte ausgesetzte, baumlose Bodenflächen
sich ausbreiten, fand ich zahlreiche, wenn auch häufig verkümmerte
gipfelständige Pelorien namentlich an *Lamium maculatum*. Allerdings
überzeugte ich mich, daß *Galeobdolon luteum* Pelorien hervorbringt,
wenn es auch im Walde wächst, und ich traf diese Bildungen bei
*Lamium maculatum* an, das in lichten Auen üppig gedieh. In
beiden Fällen waren sie auf letzteren Stellen bei weitem nicht so
zahlreich.

Pelorienbildungen treten an solchen Labiaten, welche in botanischen Gärten cultivirt werden, relativ häufiger auf als an jenen, die
auf dem natürlichen Standorte wachsen. Ich habe Pelorien an *Cala-*

*mintha Nepeta, Nepeta Mussini,* einer anderen *Nepeta,* die unter dem Namen *Nepeta hybrida* angeführt wird und vielleicht identisch mit letzterer ist, ferner noch an *Micromeria rupestris* und *Prunella vulgaris,* welche alle im Wiener botanischen Garten gezogen werden, aufgefunden [1]). Es wäre möglich, daß verschiedene Einflüsse, wenn sie die Pflanze in ungewohnter Weise treffen, zur Hervorbringung gipfelständiger Blüthenknospen disponiren.

## Galeobdolon luteum Huds.

### Taf. I.

Die statistische Zusammenstellung der Pelorienbildungen nach den verschiedenen Typen, welche ich im Nachfolgenden gebe, weist die relative Häufigkeit derselben nach. Es sind in dem Verzeichnisse nur solche Pelorien aufgenommen, welche ich heuer zerstreut an Wegrainen oder in Holzschlägen aufgefunden habe, während von dem Standorte, auf welchem ich im vorigen Jahre so zahlreiche Pelorien angetroffen hatte, nur wenige angeführt wurden. Als ich diesen Standort heuer die beiden ersten Male aufsuchte, sah ich wie früher zahlreiche Exemplare mit gipfelständiger aber sehr unentwickelter Blüthenknospe, deren Kelch bei den meisten noch ganz geschlossen war. Bei einem neuerlichen Besuche waren sämmtliche Exemplare leider abgemäht. Einen anderen Standort, wo ich im vorigen Jahre etwa ein Dutzend pelorientragende Pflanzen angetroffen hatte, habe ich heuer nicht besucht. Ich muß bemerken, daß ich in diesem Jahre keine einzige achselständige Pelorie gesehen habe; abnorme unregelmäßige Blüthen, welche ich früher bereits beschrieben habe, beobachtete ich auch heuer. Die Mehrzahl der Pflanzen, die auf den Standorten von der geschilderten Beschaffenheit wuchsen, hatten einen ziemlich gedrungenen Bau, auch war das Colorit der Laubblätter etwas lichter.

Die im Verzeichnisse aufgeführten Pelorienbildungen habe ich am 22., 24 und 29. Mai d. J. gesammelt.

---

[1]) A. Braun beobachtete gipfelständige Pelorien an *Salvia Candelabrum,* die im Berliner botanischen Garten cultivirt wird, und gewiß waren es Garten- oder wenigstens nicht wild wachsende Exemplare von *Plectranthus fruticosus, Phlomis fruticosa, Dracocephalum austriacum, Nepeta diffusa* und *Cleonia lusitanica,* an denen man Pelorienbildungen angetroffen hatte.

Fälle

| | Fälle |
|---|---|
| Kelch-Blumenkron- und Staubblätterwirtel 2-gliederig . . | 1 |
| „ „ „ „ 3-gliederig . . | 1 |
| „ 4-gliederig . . | 18 |
| „ „ 5-gliederig . . | 2 |
| „ „ „ „ 6-gliederig . . | 4 |
| Kelch 4-gliederig, Blumenkrone 5-gliederig, Staubblätter 3 . | 1 |
| Kelch 4-gliederig, Blumenkrone 5-gliederig, Staubblätter 4 . | 2 |
| Kelch 4-gliederig, Blumenkrone 5-gliederig, Staubblätter 5 . | 2 |
| Kelch 4-gliederig, Blumenkrone 4-gliederig, Staubblätter 6 . | 1 |
| Kelch 4-gliederig, Blumenkrone 6-gliederig, Staubblätter 4 . | 1 |
| Kelch 4-gliederig, Blumenkrone 6-gliederig, Staubblätter 6 . | 1 |
| Kelch 4-gliederig, Blumenkrone u. Staubblätter abgefallen . | 1 |
| Kelch 5-gliederig, Blumenkrone 4-gliederig, Staubblätter 3 . | 1 |
| Kelch 5-gliederig, Blumenkrone 4-gliederig, Staubblätter 4 . | 1 |
| Kelch 5-gliederig, Blumenkrone 6-gliederig, Staubblätter 6 . | 1 |
| Kelch 5-gliederig, Blumenkrone 7-gliederig, Slaubblätter 5 . | 1 |
| Kelch 6-gliederig, Blumenkrone 4-gliederig, Staubblätter 4 . | 3 |
| Kelch 6-gliederig, Blumenkrone 5-gliederig, Staubblätter 5 . | 2 |
| Kelch 6-gliederig, Blumenkrone 6-gliederig, Staubblätter 4 . | 2 |
| Pelorie unvollkommen ausgebildet und monströs . . . . . | 7 |

Einige Fälle verdienen eine weitere Besprechung. Die in ihren
Wirteln durchaus 2-gliederige Pelorie besaß einen Kelch, dessen
breite, mit dem nächst vorhergehenden Laubblattpaare decussirende
Kelchlappen an der Spitze kurz 2-zähnig waren, die beiden Blumenkronlappen alternirten mit den Kelchzipfeln, die Staubgefäße standen
wieder letzteren gegenüber, die Filamente waren breit und wurden
von zwei Gefäßsträngen durchzogen, beide Antheren 4-fächerig, an
denen zwei Fächer parallel verliefen, die übrigen zwei waren an der
Spitze wagrecht angeheftet und öffneten sich durch einen queren
Spalt. Die Narben standen den Blumenkronzipfeln gegenüber.

Bei vielen Fällen, wo sich weniger Staubgefäße als Blumenkronzipfel oder Kelchzähne vorfanden, war das eine oder andere
Staubgefäß viel kräftiger als die übrigen entwickelt und mit einem
breiteren Filamente und einer 3- oder 4-fächerigen Anthere versehen.
In dem Falle, wo ich einen 4-zähnigen Kelch, eine 6-lappige Blumenkrone und 4 Staubgefäße zählte, standen die Staubgefäße den Kelchzipfeln gegenüber, oder es standen, wenn der Kelch 6-zähnig war, zwei

Staubgefäße den größeren Kelchzipfeln gegenüber und die übrigen zwei entsprachen dem Einschnitte zwischen den paarig gestellten kleineren Kelchzähnen. In den Blüthen, welche eine 4-gliederige Corolle und sechs Staubgefäße besaßen, standen je zwei Staubgefäße den kleineren Kelchzipfeln (bei 4-gliederigem Kelche) oder dem Paar der kleineren Kelchzipfel (bei 6-gliederigem Kelche) gegenüber. Bei einem Falle, wo ich einen 6-gliederigen Kelch, eine 6-gliederige Corolle und 4 Staubgefäße vorfand, glichen zwei Corollenlappen, welche zwischen dem Einschnitte der paarig gestellten kleineren Kelchzipfel standen, dem Mittellappen der Unterlippe der unregelmäßigen Blüthe, die übrigen Blumenkronzipfel den Seitenlappen der letzteren; die 4 Staubgefäße standen den kleineren (4) Kelchzähnen gegenüber. Das Carpell war in sämmtlichen Fällen 2-gliederig. Die Stellung der Narbenschenkel, die häufig schief standen und nicht selten etwas gedreht oder selbst gekrümmt waren, schien keinen sicheren Anhaltspunkt für die Stellung der Carpellarblätter zu bieten.

Die Furchen, welche die Fruchtknotenlappen von einander trennten, verliefen in den Blüthen mit 4-gliederigem Kelche in der Richtung zum Mittelnerven der Kelchlappen; in den Blüthen mit 6-zähnigem Kelche verliefen zwei Furchen zum Mittelnerven der größeren Kelchlappen, die übrigen zwei in der Richtung zu je einem Einschnitte zwischen den paarig gestellten kleineren Zipfeln; bei den Blüthen mit 5-zipfeligem Kelche verliefen sie in etwas schiefer Richtung nicht genau zur Mitte beider größeren Kelchlappen. Bei zwei Fällen waren die Kelchzipfel von gleicher Größe und alternirten mit den zwei letzten Laubblattpaaren, die Fruchtknotenlappen standen dann den Kelchzipfeln gegenüber. Am constantesten schienen mir die Furchen, welche die Fruchtknotenlappen von einander trennten, in der Richtung zum Mittelnerven der beiden Blätter des letzten Laubblattpaares und in der darauf senkrechten zu stehen.

Die Monstrositäten der Pelorien habe ich bereits im vorigen Jahre abgehandelt.

## Lamium maculatum L.

### Taf. II und III.

Pelorienbildungen bei dieser Art beobachtete ich heuer Ende Juni, im Juli und August. Die meisten waren zwergig und verkümmert und nur vier hatten eine große ausgebildete Corolle. Nicht

blos der Hauptstengel einiger Pflanzen sondern auch laubblatttragende
Zweige trugen bisweilen an ihrer Spitze Pelorien. Man konnte dieselben schon in der Entfernung an ihren orangegelben Antheren,
welche sammt dem Griffel auch wenn die Blüthenknospe noch sehr
klein war, hervorragten, mit Leichtigkeit erkennen. Der Bau der
Pelorien war im Wesentlichen, mit Ausnahme der Corolla, derselbe
wie bei *Galeobdolon luteum*. Es waren der 4-, 5- und 6-gliederige
Typus und Combinationen dieser Typen vertreten.

Der Kelch war in allen Fällen röhrig, 2 bis 6-zähnig; zwei mit dem
vorhergehenden Laubblattpaare decussirende Kelchlappen gewöhnlich
vergrößert, bei einigen blattartig verbreitet und beiderseits mehr-
zähnig, mit einem laubblattähnlichen Geäder dann versehen. In mehreren Fällen, bei welchen vier Kelchzähne vorhanden waren, decussirten sämmtliche Zähne mit den zwei letzten Laubblattpaaren.

Die Corolle ragte aus dem Kelche hervor oder sie war ganz von
demselben eingeschlossen. Die Blumenkronröhre dünn, cylindrisch,
oben erweitert, innen ober der Basis im unteren Viertel oder Fünftel
der Röhre mit einem horizontal stehenden Kranze von Haaren versehen. Der erweiterte Schlund krugförmig oder fast glockenförmig,
etwas kürzer als der dritte Theil der ganzen Röhre. Die Zipfel des
Saumes bald in die Breite gezogen oder oval, abgerundet oder ausgerandet, stets lang fädlich zugespitzt, kürzer als der erweiterte
Theil der Röhre. Die Mitte jedes Lappens wird von einem die Röhre
durchlaufenden Gefäßstrange, welcher sich in die haardünne Spitze
fortsetzt, durchzogen. An diesen Strang legen sich rechts und links
zwei Seitenstränge an, die durch mehr längs verlaufende und trans-
versale Zweigchen mit dem Mittelnerven des Lappens in Anastomose
treten. Die Corolle ist gleichmäßig rosa gefärbt und an der Außen-
fläche behaart, das Colorit bei den Zwergformen lichter.

Die Staubgefäße ragen weit aus der Blumenkronröhre hervor,
die Filamente sind letzterer an der Basis des erweiterten Schlundes
eingefügt, sie alterniren mit den Corollenlappen, sind aufrecht, die
Antheren 2-fächerig, das Connectiv verbreitert, die Fächer an der
Basis divergirend, zottig. Die Antheren bewahren bei vielen Pelorien,
die mangelhaft entwickelt sind, ihre jugendliche Form und vertrocknen
alsbald.

Griffel den Schlund der Blumenkrone überragend, Narbe
2-spaltig, Theilfrüchtchen abortirend.

Die ausgebildeten Pelorien haben mit der unregelmäßigen Blüthe
die Länge der Kelchröhre, der Blumenkronröhre und ihrer einzelnen
Abschnitte, die Länge der kürzeren Staubgefäße der unregelmässigen Blüthe und des Griffels gemein. Da die Zipfel der Blumenkrone
der Pelorien ziemlich mit den seitlichen Lappen der Unterlippe übereinstimmen, so erklärt sich aus der geringen Breite der zu letzteren
gehörenden Röhrenstücke, weßhalb der Querdurchmesser der Blumenkronröhre der Pelorien, selbst wenn man die Zahl der Wirtelglieder
nicht in Betrachtung zieht, bedeutend kleiner ist als bei der unregelmäßigen Blüthe, eine Eigenthümlichkeit, welche auch den Pelorien
der *Galeopsis*-Arten, bei denen manche Autoren eine fädliche Blumenkrone beobachtet haben, zuzukommen scheint.

Aus der folgenden statistischen Zusammenstellung der von mir
gefundenen Pelorienbildungen ersieht man , daß der 4-gliederige
Typus öfters vertreten ist als die übrigen Typen.

Kelch 2-gliederig, Blumenkrone und Staubgefäßwirtel
4-gliederig . . . . . . . . . . . . . . 1 Fall

Kelch 3-gliederig, Blumenkrone 3-gliederig, Staubgefäßwirtel 4-gliederig . . . . . . . . . . . 1 Fall

Kelch - Blumenkrone und Staubgefäßwirtel durchaus
4-gliederig . . . . . . . . . . . . . . 5 Fälle

Kelch 4-gliederig, Blumenkrone 5-gliederig, Staubgefäßwirtel 4-gliederig . . . . . . . . . . 2 Fälle

Kelch 4-gliederig, die Blumenkrone sammt den Staubgefäßen abgefallen . . . . . . . . . . . 7 Fälle

Kelch 5-gliederig, die Blumenkrone sammt den Staubgefäßen abgefallen . . . . . . . . . . . 3 Fälle

Kelch - Blumenkrone und Staubgefäßwirtel durchaus
5-gliederig . . . . . . . . . . . . . 1 Fall

Kelch 6-gliederig, Blumenkrone und Staubgefäßwirtel
4-gliederig . . . . . . . . . . . . . 1 Fall

Kelch 6-gliederig, Blumenkrone und Slaubgefäßwirtel
5-gliederig . . . . . . . . . . . . . 1 Fall

Kelch 6-gliederig, die Blumenkrone sammt den Staubgefäßen abgefallen . . . . . . . . . . . 2 Fälle

Kelch - Blumenkrone und Staubgefäßwirtel durchaus 6-
gliederig . . . . . . . . . . . . . . 2 Fälle

monströse Pelorien . . . . . . . . . . . 7 Fälle.

Die Monstrositäten der Pelorienbildungen entstanden durch abnorme Verwachsung der Pelorie mit einer der seitenständigen Blüthen, durch Verwachsung des Kelches mit der Blumenkrone, durch corollinische Ausbildung eines Theiles der Kelchröhre, Spaltung des Kelches und der Blumenkrone. Zwei Streifen der Kelchröhre, welche mit den größeren Kelchlappen alternirten, erschienen mehrmals corollinisch. In einem Falle beobachtete ich einen gespaltenen Kelch, von dem ein Stück 3-zähnig und frei war, während das andere 2-zähnige Stück mit der 3-lappigen Blumenkrone eine schraubig gedrehte Portion bildete. Staubgefäße waren fünf vorhanden.

Wie bei *Galeobdolon luteum* hatten sämmtliche Pflanzen dieser Species, welche auf dem trockenen Standorte wuchsen, einen gedrungenen Bau. An einigen unregelmäßigen Blüthen beobachtete ich eine mehr minder gespaltene, ziemlich flache Oberlippe, an anderen war letztere durch einen dem Seitenlappen der Unterlippe ähnlichen Blumenkronlappen, der die Staubgefäße unbedeckt ließ, vertreten.

## Ballota nigra L.

### Taf. IV.

Auf demselben Standorte, wo ich Pelorien von *Lamium maculatum* auffand, traf ich auch mehrere Exemplare von *Ballota nigra* mit gipfelständigen Pelorien an. Diese wuchsen unter den nämlichen Verhältnissen wie *Lamium maculatum*, sie waren gleich jenen viel niedriger und gedrungener.

Außer dem Gipfel des Hauptstengels trugen auch mehrere Seitenzweige an ihrer Spitze Pelorien. Sämmtliche (26) waren mit Ausnahme eines Falles mit einem 4-gliederigen Kelchblattwirtel versehen.

Die Kelchzipfel waren von ungleicher Größe und es alternirten die zwei größeren Zipfel mit dem letzten Laubblattpaare, während die kleineren diesem gegenüber standen; oder sie glichen einander vollkommen und decussirten mit den zwei letzten Laubblattpaaren. Nur in einem einzigen Falle war der Kelch mit fünf Zipfeln versehen. Von den Pelorien, die ich beobachtete, hatten nur fünf eine gut ausgebildete Corolle, bei den übrigen war sie zwergig, vom Kelche eingeschlossen, bei einigen aber schon abgefallen. Die Blumenkronröhre der ersteren war schlank, von gleicher Länge mit jener unregelmäßiger Blüthen, innerhalb im unteren Drittel mit einem Haarkranze versehen; die Zipfel des Saumes länglich, in Form und Größe den seitlichen Lappen der Unterlippe gleichend. Die Corolle von drei Pelorien hatte einen 3-theiligen, der übrigen zwei einen 4-theiligen Saum mit trichterförmig stehenden Zipfeln. Die Nervatur der Corolla ähnlich wie bei *Lamium maculatum*. Die Staubgefäße der ausgebildeten Pelorien unterschieden sich nicht von denen unregelmäßiger Blüthen und glichen in der Länge den kürzeren der letzteren. In den Blüthen, welche mit einer 3-gliederigen Blumenkrone versehen waren, zählte ich ebenso viele Staubgefäße. Die Fruchtknotenlappen standen bald den Kelchzipfeln gegenüber, wenn die Kelchzipfel mit den zwei letzten Vorblattpaaren alternirten; oder sie decussirten mit denselben, wenn zwei Kelchzipfel dem letzten Laubblattpaare gegenüber standen. In den Blüthen, welche eine mangelhaft ausgebildete Corolle und Staubgefäße besaßen, war auch der Fruchtknoten verkümmert. Griffel vorragend.

## Clinopodium vulgare L.

Bei dieser Art habe ich nur eine einzige Pelorie aufgefunden und diese war leider nicht aufgeblüht.

Das Exemplar kam auf demselben Standorte vor, wo ich die Pelorien von *Lamium maculatum* und *Ballota nigra* beobachtet habe. Auch in diesem Falle stand die regelmäßige Blüthe an der Spitze des Stengels.

Der Kelch war 4-gliederig, die Zähne zugespitzt, an der Basis so breit wie die hinten stehenden und mit der langen Spitze der vorderen Kelchzähne einer unregelmäßigen Blüthe versehen. Blumenkrone und Staubgefäßwirtel 4-gliederig. So weit ich aus der Knospe erkennen konnte, glichen die Blumenkronlappen den seitlichen Zipfeln der unregelmäßigen Corolle.

Es ist gewiß nicht zufällig, daß auf den Strecken, welche durch die im vorigen Jahre begonnenen Donauregulirungsarbeiten devastirt wurden, mehrere Abnormitäten vorkamen. Außer Pelorienbildungen fand ich von Labiaten eine Fasciation der *Stachys recta*, Verbildungen der *Galeopsis versicolor*, von Scrofularineen die *Linaria vulgaris* mit gesporter Pelorie.

*Stachys recta* hatte einen 4½ Zoll langen Stengel, der nur zu unterst stielrund und mit einander genäherten Blattpaaren besetzt war; im weiteren Verlaufe war er 2 Linien breit und etwas gedreht, mit 4 bis 6-gliederigen, alternirenden, entfernten Laubblattwirteln versehen. Vom mittleren 4-gliederigen Laubblattwirtel hatten zwei Blätter einen tief gespaltenen Mittelnerven. Die Blüthen gehäuft; Kelch 5—9-zähnig; die Corolla mehrlappig, ließ jedoch noch deutlich eine Ober- und Unterlippe erkennen; von Staubgefäßen (4) das eine oder andere bisweilen blumenblattartig, benagelt oder ganz abortirt; Fruchtknotenlappen zahlreich (10—20) mit breitem massiven aber kurzen Griffel.

An *Galeopsis versicolor* fand ich zwar keine einzige vollkommene Pelorie aber Blüthen mit mehr minder 2-lappiger oder gespaltener Oberlippe, einen Fall, wo die Oberlippe durch ein dem seitlichen Lappen der Unterlippe vollkommen ähnliches, jedoch aufrecht stehendes Gebilde erhitzt war. Ein Fall besaß einen 3-zähnigen Kelch, dessen ein Zahn hinten jedoch nicht genau median, die beiden anderen vorne standen, eine 3-lappige Blumenkrone, 3 Staubgefäße, 4 Fruchtknotenlappen; der zwischen den vorderen Kelchzipfeln stehende Blumenkronlappen glich dem Mittellappen, die beiden anderen den Seitenlappen der Unterlippe. Bei einer 4-gliederigen Blüthe standen zwei Kelchzähne median, zwei seitlich; von den Blumenkronlappen, die mit den Kelchzähnen alternirten, glichen die zwei vorne stehenden dem Mittellappen, die beiden hinten stehenden den Seitenlappen der Unterlippe. In einer anderen Blüthe war der Mittellappen auffallend verkleinert. Eine Abnormität war besonders merkwürdig. Die Kelchzipfel sämmtlicher Blüthen 2-lappig bis 2-theilig, bei einzelnen selbst 3-theilig, stumpf, ohne Stachelspitze, lebhaft grün; Oberlippe der Corolle kürzer, ziemlich flach, mit (5—7) Kerbzähnen versehen, der Mittellappen der Unterlippe intensiv gelb mit dunklerem Geäder, 3-lappig, die Seitenlappen gleichfärbig, 2-lappig. Staubgefäße 4, 2-mächtig, Antheren öfters 3-lappig, mit gut entwickelten Pollen. Der Discus überragte vorn die Fruchtknotenlappen, Griffel bis auf den Grund 2-spaltig, sehr kurz. An der Pflanze keine einzige normale Blüthe.

Die *Linaria vulgaris* hatte nur eine einzige, ganz regelmäßige, 4-gliederige, gespornte, seitenständige Pelorie. An einem Zweige mehrere Blüthen mit 2 bis 3 Spornen und einfacher mehr nach vorne stehender Oberlippe und eine 4-gliederige unregelmäßige Blüthe ohne Sporne. Die übrigen Zweige mit normalen Blüthen und einzelnen, reifen Kapseln.

## Calamintha Nepeta Hoffm. u. Link.

### Taf. V.

Von dieser Art fand ich im hiesigen Universitäts- und oberen Belvederegarten mehrere Exemplare mit Pelorien [1]. Auch an einigen von der Stammart kaum verschiedenen Varietäten (*Calamintha subnuda* Host Fl. austr. p. 130 und *Calamintha obliqua* Host Fl.

---

[1] Herrn Regierungsrath und Professor Dr. Eduard Fenzl verdanke ich vielseitige Belehrung und Unterstützung. Indem er mir die Benützung der Bibliothek und des botanischen Gartens in liberalster Weise gestattete, wurde es mir möglich die im Garten gefundenen Pelorienbildungen genauer zu beschreiben und abzubilden.

austr. p. 131), die seit Host im letzteren Garten cultivirt werden,
beobachtete ich regelmäßige Blüthen. Diese standen stets an der
Spitze der endständigen Inflorescenz. An jedem Exemplare kamen
mehrere Pelorien vor, ohne daß jedoch sämmtliche Blüthenstände
einer Pflanze mit Pelorien bekrönt waren. Zur Entfaltung kamen sie
Ende Juli und im August.

Unter 16 Pelorien, die ich beobachtete, waren 11 in ihren ersten
drei Blüthenwirteln 4-gliederig, eine war mit einem 4-gliederigen
Kelch, 5-gliederiger Blumenkrone und 4 Staubgefäßen, zwei waren
mit 5-gliederigem Kelch, 4-gliederiger Corolle und 4 Staubgefäßen
versehen; bei zwei Pelorien waren Kelch-, Blumenkron- und Staubgefäßwirtel 5-gliederig.

Der Kelch der Pelorien röhrig, die Kelchröhre jener unregelmäßiger Blüthen gleichend, die Zähne lanzettlich, zugespitzt. In der
Form halten sie die Mitte zwischen den vorderen und hinteren Zähnen
des Kelches unregelmäßiger Blüthen, indem sie mit dem hinten stehenden den Breitendurchmesser über der Basis, mit den vorne stehenden
die lange Spitze gemein haben. Demnach erscheinen die Zähne,
welche einander stets gleichen, etwas größer als die Kelchzipfel der
unregelmäßigen Blüthe. Nach dem Verblühen wird der Schlund der
Kelchröhre durch Haare verschlossen.

Die Blumenkrone ist präsentirtellerförmig, die Röhre etwas
schmächtiger als bei der unregelmäßigen Blumenkrone, der vom
Kelch eingeschlossene Theil cylindrisch, der erweiterte vorstehend,
innen kahl oder entsprechend den Einschnitten zwischen den Lappen
zerstreut gewimpert; die Zipfel länglich oval, abgerundet (nicht ausgerandet und so breit wie der Mittellappen der Unterlippe), getüpfelt
oder ungetüpfelt. Die Seitenränder der Zipfel gleichen in der Länge
dem hinteren Seitenrande des seitlichen Zipfels der Unterlippe, die
Dimensionen der einzelnen Abschnitte der Blumenkronröhre stimmen
mit den entsprechenden der unregelmäßigen Blumenkrone überein.
In einigen Fällen glichen zwei gegenüberstehende Blumenkronlappen
in Größe und Zeichnung dem Mittellappen der Unterlippe; bei einem
Falle glichen sämmtliche vier Zipfel dem letzteren. Bei diesem war auch
die Blumenkronröhre viel weiter als bei den übrigen.

Die Staubgefäße erschienen klein und eingeschlossen mit kurzen
Filamenten versehen oder gut entwickelt mit längeren Filamenten, je
nachdem die Staubblätter der unregelmäßigen Blüthen eingeschlossen

waren, nur kurze Staubfäden hatten (Blüthen mit vorherrschend weibl. Geschlechte) oder gut ausgebildet waren (mehr männliche Blüthen); nicht selten war das eine oder andere Staubgefäß etwas länger als die übrigen und überragte ein wenig den oberen Rand der Blumenkronröhre. Sämmtliche Staubgefäße inserirten sich am Grunde des erweiterten Theils der Blumenkronröhre. Die Antheren glichen denen unregelmäßiger Blüthen.

Die Fruchtknotenlappen standen den Kelchzipfeln gegenüber und reiften bei einigen zu Früchtchen heran. Griffel aus dem Schlunde der Blumenkronröhre vorragend, von der Länge des Griffels unregelmäßiger Blüthen. Die beiden Narbenschenkel, welche zweien Blumenkronlappen (bei 4-gliederigen Blüthenblätterwirteln) gegenüberstanden, decussirten mit dem letzten Blattpaare der Blüthenspindel.

## Micromeria rupestris Benth.

### Taf. VI.

Die Pelorien kamen bei dieser Art im hiesigen botanischen Garten in der ersten Hälfte des August zur Entfaltung. Über das Vorkommen derselben an der Pflanze gilt dasselbe wie bei *Calamintha Nepeta*.

Von sechs Pelorien, die ich an zwei Exemplaren antraf, waren drei in ihren ersten drei Blüthenblätterwirteln 4-gliederig; eine hatte einen 4-gliederigen Kelch, eine 5-gliederige Corolla und 4 Staubgefäße; eine andere besaß einen 4-gliederigen Kelch, eine 6-gliederige Corolle und 5 Staubgefäße, und eine war im Kelch-Blumenkron und Staubgefäßwirtel 6-gliederig.

Die Kelchzähne alternirten mit den zwei letzten Vorblattpaaren, waren aus breiter Basis zugespitzt, so lang als die vorderen Kelchzipfel der unregelmäßigen Blüthe. Die Blumenkrone präsentirtellerförmig, die Röhre oben erweitert, innen zerstreut behaart, oder fast kahl; Zipfel länglich stumpf, lila mit Ausnahme des Randes, am Grunde bisweilen gefleckt (nicht breit und ausgerandet wie der Mittellappen der Unterlippe). Staubgefäße dem Grunde des erweiterten Theiles der Blumenkronröhre eingefügt, aus dem Schlunde der letzteren herausragend, gleich oder etwas ungleich. Griffel den Schlund überragend, von der Länge des Griffels einer unregelmäßigen Blüthe. Narbenschenkel zweien Blumenkronlappen opponirt (bei 4-gliederigen Pelorien). Reife Früchtchen habe ich nicht beobachtet.

# Nepeta Mussini Henk.

## Taf. VII.

Die regelmäßigen Blüthen dieser Art gewinnen durch die Zierlichkeit und Einfachheit des Baues, der einen merkwürdigen Contrast zu dem unregelmäßiger Blüthen bietet, ferner durch den Umstand, daß die Mehrzahl reife Samen hervorbringt, eine größere Bedeutung als die zuvor beschriebenen Bildungen. Die Pelorien dieser Art bieten ein größeres Interesse, weil die Corollenblätter der unregelmäßigen Blüthe so wesentlich sich von einander unterscheiden. Der Vorderlappen der unregelmäßigen Blumenkrone ist nämlich sehr concav und vergrößert, während die beiden seitlichen Lappen klein abgerundet, unsymmetrisch geformt und die beiden Lappen der gespaltenen Oberlippe verkehrteiförmig gestaltet erscheinen. Außerdem ist sowohl der Kelch als die Blumenkronröhre der unregelmäßigen Blüthen nach hinten convex, während die entsprechenden Gebilde der Pelorie vollkommen gestreckt sind.

An den meisten Pflanzen kamen die Pelorien früher zur Entfaltung als die Mehrzahl der übrigen Blüthen, indem aus den Achseln der beiden Vorblätter der endständigen Pelorie reich verzweigte Seitensprosse entsprangen, die bald die regelmäßige Blüthe überragten [1]). Im botanischen Garten blühten die Pelorien in der zweiten Hälfte August und anfangs September auf.

Von vierzehn Pelorien waren dreizehn in ihren ersten drei Blüthenblätterwirteln 4-gliederig; eine hatte einen 4-gliederigen Kelch, eine 5-gliederige Blumenkrone und 5 Staubgefäße.

Die vier Kelchzipfel, welche einander vollkommen in Größe und Gestalt glichen, decussirten mit den zwei letzten Vorblattpaaren und unterschieden sich nicht merklich von den Kelchzipfeln der unregel-

---

[1]) Regelmäßige Blüthen kommen öfter an endständigen verzweigten Cymen oder Thyrsen vor als an anderen Blüthenständen. Man wird zum Beispiel nicht sehr viele Exemplare einer *Calamintha Nepeta* anzusehen haben ohne eine Pelorie an denselben zu entdecken, während man vergebens an vielen Hunderten von *Betonica officinalis* oder gar Scutellaria-Arten Pelorien aufsucht. Diese Abhängigkeit der regelmäßigen Ausbildung von der Form des Blüthenstandes scheint nicht blos für Labiaten zu gelten. Bei *Vitex Agnus castus* fand ich an vielen Blüthenständen gipfelständige Pelorien, die nach 4- und 5-gliederigem Typus (in den ersten 3 Blüthenblätterwirteln) gebaut waren. Ebenso fand ich ziemlich regelmäßige (4- und 5-gliederige) Blüthen am Gipfel vieler Blüthensträuße von *Aesculus Hippocastanum·*

mäßigen Blüthe. Die Blumenkronröhre von der Länge des Kelches oder letzteren überragend, dünn, cylindrisch, oben erweitert; der erweiterte Theil kurz, innen kahl. Blumenkronzipfel wagrecht abstehend, oval, abgerundet, einfärbig (blau), viel kürzer als die Röhre. Die Staubgefäße sind an dem Grunde des erweiterten Theils der Blumenkronröhre inserirt, aufrecht, nach dem Verblühen bogig zurückgekrümmt, bisweilen sind sie verkümmert und von der Röhre eingeschlossen. Antheren wie bei der unregelmäßigen Blüthe. Griffel vorragend, von der Länge des Griffels unregelmäßiger Blüthen, Narbenschenkel 2 (zuweilen 3), decussirend mit dem letzten Vorblattpaare. Früchtchen rauh, mit gut entwickeltem, vom sparsamen Endosperm eingeschlossenem Samen, dessen Würzelchen gegen die Basis des Früchtchens gekehrt ist.

Die Blumenkronlappen der Pelorien von *Nepeta Mussini*, theilweise auch von *Calamintha Nepeta* und *Micromeria rupestris* zeigten eine größere Abweichung von den seitlichen Lappen der unregelmässigen Blumenkrone als die übrigen Arten, indem sie sich in Form, Größe und Färbung den hinteren Lappen der unregelmäßigen Blumenkrone näherten, doch spricht die mit den seitlichen Lappen der Unterlippe übereinstimmende Lage und Richtung für die grössere Verwandtschaft dieser beiden Blattgebilde.

Einzelne Blüthen, die mir terminal zu sein schienen, stellten Mittelbildungen zwischen Pelorien und normalen unregelmäßigen Blüthen dar, indem deren Kelch gekrümmt oder gestreckt, der Vorderlappen der 5-lappigen Corolle verkleinert aber doch concav sich zeigte.

### Nepeta Cataria L.

Mit den Pelorien der vorigen Art stimmen die regelmäßigen Blüthen überein, die ich an *Nepeta Cataria* auffand. Ich habe dieselben an zwei Exemplaren angetroffen, welche auf verwüsteten Stellen im Prater in unmittelbarer Nähe von einigen Pelorien tragenden Exemplaren der *Ballota nigra* standen. Die meisten fructificirenden Kelche der beiden Pflanzen waren schon vertrocknet, neben denselben standen einige Zweigchen mit Blüthenknospen. Drei solcher Zweigchen trugen an ihrer Spitze Pelorien. Die eine Pelorie war in ihren ersten drei Blüthenblätterwirteln 4-gliederig, eine andere 5-gliederig

und die dritte war mit einem 5-gliederigen Kelch und Blumenkronwirtel und nur 4 Staubgefäßen versehen.

Die Kelchröhre gerade, Zähne ziemlich gleich; Blumenkronröhre
dünn, cylindrisch mit trichterförmig erweitertem Schlunde, die Lappen
horizontal abstehend, kürzer als der erweiterte Theil der Röhre,
schwach rosa gefärbt. Die Staubgefäße fast gleich lang, ein wenig
aus dem Schlunde hervorragend. Der Griffel weit vorstehend.

Viele der unregelmäßigen Blüthen, welche an jenen Zweigchen
sich vorfanden, variirten in der Form und Größe des Mittellappens
der Unterlippe. Als Grund der Variation kann die Erschöpfung des
Stengels angesehen werden, welche schließlich das Auftreten der
Pelorien begünstigte. Diese letzteren können demnach als Hemmungs-
bildungen erklärt werden [1]).

## Prunella vulgaris L.
### Taf. VIII.

Wie bei der vorhergehenden Art und der *Nepeta Mussini* die
Glieder des Corollenwirtels von einander in Form und Gestaltung
abweichen, so sehr differiren bei *Prunella vulgaris* die beiden Kelch-
lippen. Es ist nämlich die Oberlippe des unregelmäßigen Kelches
abgestutzt, sehr kurz 3-zähnig und 2-kielig, die Unterlippe jedoch
flach und 2-spaltig. Die gipfelständige Pelorie, welche ich an einer
im botanischen Garten cultivirten Pflanze beobachtet habe, stimmt
mit den früher beschriebenen Pelorienbildungen im Baue der Corolle,
deren Zipfel den seitlichen der Unterlippe ähnlich sehen, überein,
bei der Kelchbildung kam eine Mittelform zwischen Ober- und Unterlippe der unregelmäßigen Blüthe zu Stande.

Der Kelch ist 2-lippig; die beiden einander gleichenden Lippen
stehen den beiden Vorblättern gegenüber, sind jedoch 2-zähnig. Der

---

[1]) Indem die Erschöpfung des Stengels das geförderte Wachsthum gewisser Blüthentheile in ihren späteren Entwicklungsstadien hemmt, begünstiget sie dadurch die
mehr gleichförmige Ausbildung derselben. Die geringe Ausbauchung der Blumenkronröhre von *Galeobdolon luteum* und *Lamium maculatum*, so wie der Mangel oder
doch wenigstens die geringe Ausbildung des Kammes an der Kelchröhre der Scutellaria-Arten bei jenen Blüthen, welche dem oberen Ende des Stengels zunächst
stehen, sind gewiß theilweise durch die Erschöpfung bedingt. Auch die Blüthen
mit 4-gliederigem Kelche bei *Lycopus europaeus* kommen öfter an den oberen Schein-
quirlen vor als an den unteren.

äußere Rand jedes Kelchzipfels ist ähnlich wie bei der Oberlippe der unregelmäßigen Blüthe nach innen geschlagen, wodurch zwei nicht scharfe Kiele entstehen. Die Blumenkronröhre überragt kaum den Kelch, unten cylindrisch, oben erweitert, im unteren Drittel an der Basis der Erweiterung mit einem Haarkranze versehen; Saum 4-theilig, Zipfel oval abgerundet, einfärbig, einer von denselben 2-lappig. Vom Staubgefäßwirtel sind nur zwei Glieder ausgebildet, sie überragen weit die Blumenkronröhre und gleichen den längeren Staubgefäßen unregelmäßiger Blüthen; gleich diesen sind ihre Filamente an der Spitze mit einem Zahne versehen. Griffel kürzer als die Staubgefäße, die beiden Narbenschenkel decussiren mit dem letzten Vorblattpaare.

# Erklärung der Abbildungen.

## Taf. I.

### Galeobdolon luteum Huds.

Fig. 1. Der obere Theil des Stengels mit einer gipfelständigen, 2-gliederigen Pelorie, in nat. Gr.

„ 2. Die 2-gliederige Pelorie sammt dem letzten Laubblattpaare. Vergr. 3mal.

„ 3. Der Kelch derselben, auseinander gebreitet. Vergr. 4mal.

„ 4. Die Blumenkrone sammt den Staubgefäßen, auseinander gebreitet. Vergr. 4mal.

„ 5 a u. b. Die 4-fächerigen Antheren der Pelorie. Verg. 6mal.

„ 6. Das Pistill der Pelorie. Vergr. 4mal.

„ 7. Schematische Figur, um die Stellung der Fruchtknotenlappen zu den Kelchzähnen zu zeigen.

## Taf. II.

### Lamium maculatum L.

Fig. 1. Ein Stengelstück mit der gipfelständigen Pelorie, in nat. Gr.

„ 2. Die gipfelständige Pelorie, 3mal vergr.

„ 3. Der 3-zähnige Kelch der vorigen, auseinander gebreitet. Vergr. 4mal.

„ 4. Die 3-lappige Corolle sammt den (4) Staubgefäßen, auseinander gebreitet. Vergr. 4mal.

„ 5. Der Fruchtknoten sammt einem Theile des Griffels. Vergr. 8mal.

„ 6 zeigt die Stellung der Fruchtknotenlappen zu den Kelchzipfeln.

„ 7. Die Spitze eines Stengels, der eine 4-gliederige Pelorie trägt. Die Kelchzipfel decussiren mit den Laubblättern. Vergr. 3mal.

„ 8. Die Spitze eines pelorientragenden Stengels. Die Blumenkrone jedoch schon abgefallen. Die zwei mit dem letzten Laubblattpaare decussirenden Kelchlappen blattartig verbreitet. Vergr. 3mal.

„ 9 zeigt die Stellung der Fruchtknotenlappen zu den Kelchzipfeln.

„ 10. Die Spitze eines Stengels, der eine gipfelständige Pelorie trägt. Der Kelch derselben 6-gliederig, Corolla und Staubgefäße 4-gliederig. Vergr. 3mal.

„ 11. Die Corolle letzterer Pelorie, sammt den Staubgefäßen, auseinander gebreitet. Vergr. 4mal.

„ 12 zeigt die Stellung der Fruchtknotenlappen zu den Kelchzipfeln.

## Taf. III.

### Lamium maculatum L.

Fig. 1. Das obere Stengelstück sammt der gipfelständigen Pelorie. Vergr. 2mal.

„ 2. Pelorie mit 4-gliederigem Kelche, 5-gliederiger Blumenkrone und 4 Staubgefäßen. Vergr. 3mal.

„ 3. Der Kelch derselben sammt dem Fruchtknoten, der erstere auseinander gebreitet. Vergr. 4mal.

„ 4. Die Corolle und die Staubgefäße, die Blumenkronröhre der Länge nach geöffnet, sonst aber in natürlicher Stellung abgebildet. Vergr. 3mal.

„ 5. Die auseinander gebreitete Corolle sammt den Staubgefäßen, 3mal vergr.

„ 6 zeigt die Stellung der Fruchtknotenlappen zu den Kelchzipfeln.

## Taf. IV.

### Ballota nigra L.

Fig. 1. Das oberste Stück des Stengels mit dem letzten Scheinquirl und der gipfelständigen Pelorie, an welcher jedoch die Blumenkrone bereits abgefallen war. Die 2 größeren Kelchlappen der Pelorie alterniren mit dem letzten Laubblattpaare. Vergr. 2mal.

„ 2 zeigt die Stellung der Fruchtknotenlappen dieser Pelorie zu den Kelchzipfeln.

„ 3. Das obere Ende eines Stengels mit der gipfelständigen Pelorie. Der Kelch derselben 4-gliederig, die Corolle 3-gliederig. Vergr. 3mal.

„ 4. Die gipfelständige Pelorie, 5mal vergr.

„ 5. Der Kelch der vorigen auseinander gebreitet, sammt dem Fruchtknoten. Vergr. 5mal.

„ 6. Die Corolle und die Staubgefäße der vorigen Pelorie. Vergr. 5mal.

„ 7. a u. b. Die beiden Antheren der Pelorie, von welchen die eine mit zwei, die andere mit einem Fache versehen ist. Vergr. 12mal.

„ 8. zeigt die Stellung der Fruchtknotenlappen dieser Pelorie zu den Kelchzipfeln.

„ 9. Das obere Stück eines Stengels mit dem letzten Scheinquirl und einer gipfelständigen Pelorie, deren Kelchzipfel mit den Laubblattpaaren alterniren. Die Blumenkrone der Pelorie bereits abgefallen. Vergr. 2mal.

„ 10 zeigt die Stellung der Fruchtknotenlappen der vorigen Pelorie zu den Kelchzipfeln.

## Taf. V.
### Calamintha Nepeta Hoffm. et Link.

Fig. 1. Die endständige Inflorescenz mit der gipfelständigen Pelorie. Vergr. 3mal.

„ 2. Die vorige Pelorie; der vordere rechts- und linksstehende hintere Blumenkronlappen sind klein gefleckt, die beiden anderen sind gleichfärbig. Vergr. 6mal.

„ 3. Der 5-gliederige Kelch auseinander gebreitet. Vergr. 6mal.

„ 4. Die 4-gliederige Corolle und die 4 Staubgefäße, erstere auseinander gebreitet. Um die Nervatur deutlich zur Anschauung zu bringen, wurde keine Rücksicht auf die Zeichnung der Blumenkronlappen genommen. Vergr. 6mal.

„ 5. Eine Anthere, 18mal vergr.

„ 6. Das Pistill der Pelorie, 6mal vergr.

„ 7. zeigt die Stellung der Fruchtknotenlappen zu den Kelchzipfeln.

„ 8. Das Diagramm der Blüthe und den zwei letzten Vorblattpaaren. *aa′* das vorletzte, *bb′* das letzte Laubblattpaar.

## Taf. VI.
### Micromeria rupestris Benth.

Fig. 1. Das obere Stück einer endständigen Inflorescenz sammt der gipfelständigen Pelorie. Vergr. 4mal.

„ 2. Die vorige Pelorie 8mal vergr.

„ 3. Der 4-gliederige Kelch derselben auseinander gebreitet sammt dem Fruchtknoten. Vergr. 8mal.

„ 4. Die 4-gliederige Corolle und die 4 Staubgefäße, erstere auseinander gebreitet. Vergr. 8mal.

„ 5. Die gipfelständige Pelorie einer anderen Inflorescenz mit 4-gliederigem Kelche, 5-gliederiger Blumenkrone und 4 Staubgefäßen. Vergr. 8mal.

„ 6. Die gipfelständige Pelorie einer zweiten Pflanze mit 4-gliederigem Kelche, 6-gliederiger Blumenkrone und 5 Staubgefäßen. Vergr. 8mal.

„ 7 zeigt die Stellung der Fruchtknotenlappen zu den Kelchzipfeln, welche mit den zwei letzten Vorblattpaaren alterniren.

## Taf. VII.
### Nepeta Mussini Henk.

Fig. 1. Das obere Stück eines Stengels mit einer endständigen Pelorie. Vergr. 2mal.

„ 2. Die 4-gliederige Pelorie 4mal vergr.

„ 3. Der Kelch derselben auseinander gebreitet. Vergr. 4mal.

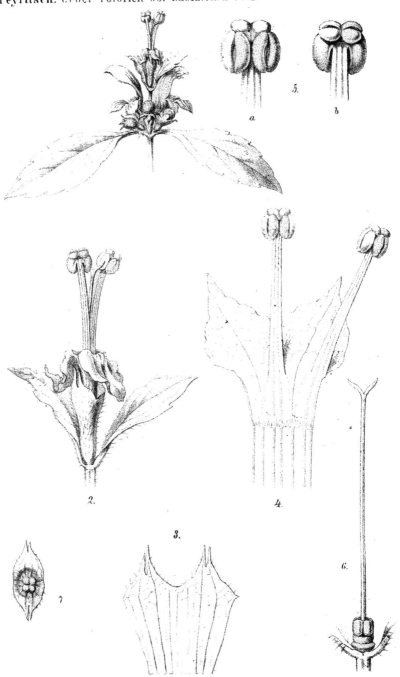

Liepol. gez.                                          Aus d. k. k. Hof-u Staatsdruckerei.

Sitzungsb. d. Akad. d. W. math. naturw. Cl. LXII Bd. I. Abth 1870

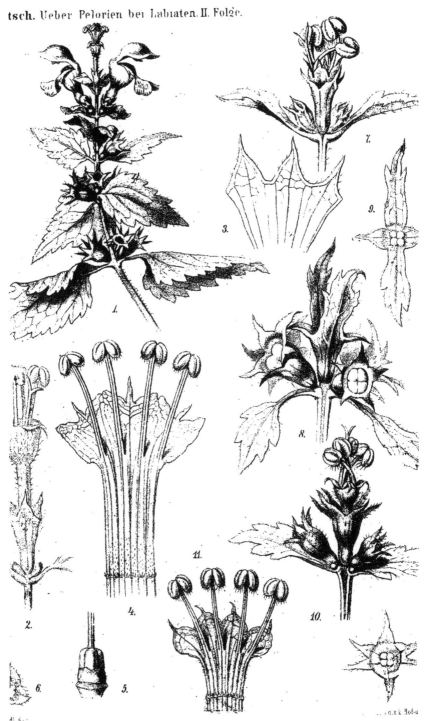

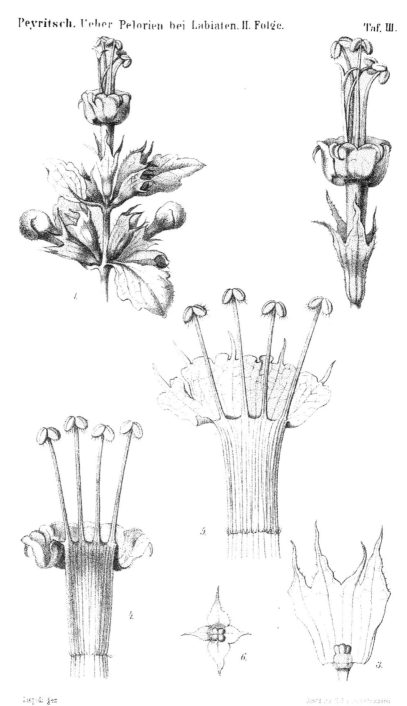

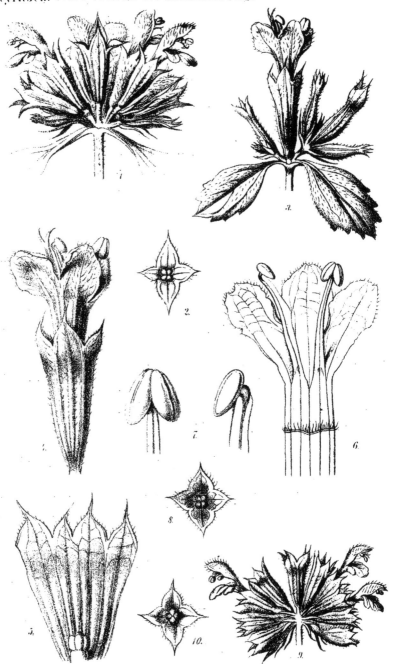

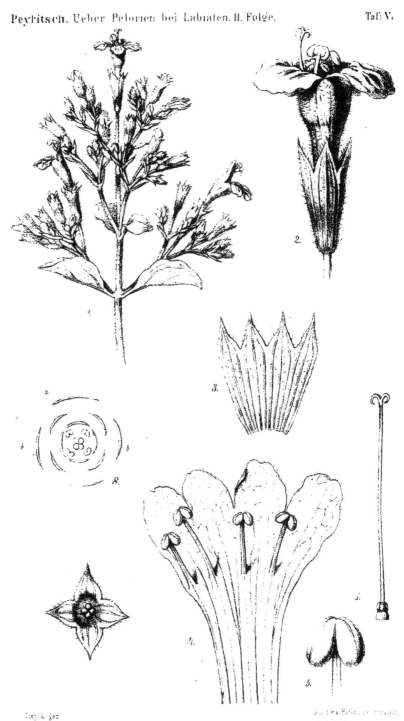

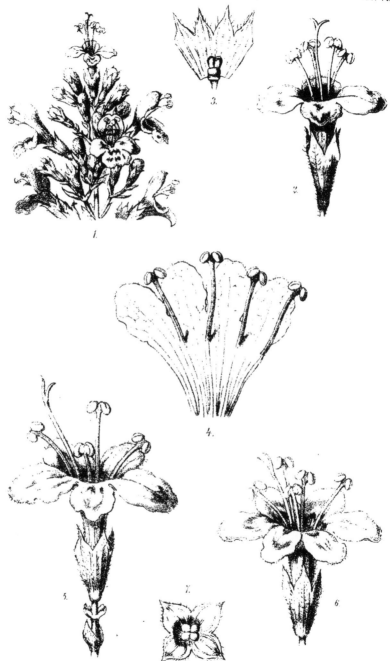

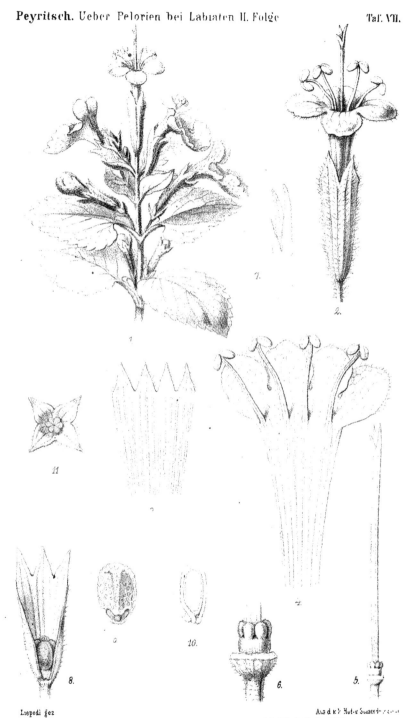

Liepodi gez                                              Aus d k k Hof-u Staatsdruckerei

Sitzungsb. d. Akad. d. W math. naturw. Cl. LXII. Bd. I. Abth. 1870.

Liepodl gez

Aus d.k.k.Hof-u.Staatsdruckerei

Sitzungsb. d. Akad. d. W. math. naturw. Cl. LXII. Bd. L. Abth. 1870.

Fig. 4. Die Corolle auseinander gebreitet, sammt den Staubgefäßen. Vergr. 5mal.

„ 5. Das Pistill mit 6 Fruchtknotenlappen und 3 Narbenschenkeln. Vergr. 4mal.

„ 6. Der Fruchtknoten 10mal verg.

„ 7. Die 3spaltige Narbe 10mal vergr.

„ 8. Der fruchttragende Kelch, der Länge nach geschlitzt. Vergr. 4mal.

„ 9. Ein Theilfrüchtchen. Verg. 8mal.

„ 10. Dasselbe, der Länge nach gespalten, um die Lage des Embryo darzustellen. Vergr. 8mal.

„ 11. Zeigt die Stellung der Fruchtknotenlappen zu den Kelchzipfeln.

## Taf. VIII.
### Prunella vulgaris L.

Fig. 1. Die endständige Inflorescenz sammt der gipfelständigen Pelorie. Vergr 2mal.

„ 2. Die Pelorie mit dem letzten Vorblattpaare und zwei Blüthenknospen in deren Achseln. Vergr. 6mal.

„ 3. Der zweilippige Kelch der Pelorie der Länge nach geöffnet und auseinander geschlagen. Vergr. 6mal.

„ 4. Die Corolla sammt den Staubgefäßen, von welchen jedes an der Spitze mit einem Zähnchen versehen ist. Die Corolla ist der Länge nach geöffnet und auseinander gebreitet. Vergr. 6mal.

„ 5. Das Pistill 4mal vergr.

„ 6 zeigt die Stellung der Fruchtknotenlappen zu den Kelchzipfeln.

„ 7. Diagramm der Blüthe und des letztern Vorblattpaares.

## XXVI. SITZUNG VOM 17. NOVEMBER 1870.

Das k. k. Handelsministerium zeigt, mit Note vom 8. November l. J. an, daß der Beginn der zu Neapel abzuhaltenden, internationalen maritimen Ausstellung jüngst wieder auf den 1. April 1871 (statt 1. December d. J.) festgesetzt wurde.

Herr Dr. L. J. Fitzinger in Pest übersendet folgende zwei Abhandlungen: I. „Kritische Durchsicht der Ordnung der Flatterthiere oder Handflügler (*Chiroptera.*) Familie der Fledermäuse (*Vespertiliones.*) VI. Abtheilung." II. „Revision der Ordnung der Halbaffen oder Äffer (*Hemipitheci.*) I. Abtheilung: Familie der Maki's (*Lemures.*)"

Das w. M. Herr Prof. Dr. Ferd. Ritter v. Hochstetter überreicht eine Abhandlung, betitelt: „Über den inneren Bau der Vulkane und über Miniatur-Vulkane aus Schwefel."

An Druckschriften wurden vorgelegt:

Adams, W., American Interoceanic Ship Canals. New York, 1870; 8⁰.

Beobachtungen, Meteorologische, angestellt in Dorpat im Jahre 1869. III. Jahrgang. Dorpat, 1870; 4⁰.

Blake, William P., Geographical Notes upon Russian America and the Stickeen River etc. Washington, 1868; 8⁰.

Cowdin, Elliot C., Report to the Department of State on Silk and Silk Manufactures. Washington, 1868; 8⁰.

Gewerbe-Verein, n.-ö.: Verhandlungen und Mittheilungen. XXXI. Jahrg. Nr. 36. Wien, 1870; 8⁰.

Helsingfors, Universität: Akademische Gelegenheitsschriften aus dem Jahre 1869/70. 4⁰ & 8⁰.

Hitchcock, C. H., First Annual Report upon the Geology and Mineralogy of the State of New Hampshire. Manchester, 1869; 8⁰.

Honors, Legislative, to the Memory of President Lincoln. Albany, 1865; 8⁰.

· Johnson, Edwin F., Railroad to the Pacific. Northern Route. Its General Character, Relative Merits etc. New Vork, 1854; 8⁰.

Landbote, Der steirische. 3. Jahrg., Nr. 23. Graz, 1870; 4⁰.

Lotos. XX. Jahrgang. October 1870. Prag; 8⁰.

Mayrhofer, Carl Albert, Aëronautisch-telegrafische Kriegs-Observations-Equipage. Wien; Folio.

Nature. Nr. 54, Vol. III. London, 1870; 4⁰.

Report, Annual, of the State Geologist of New Jersey for 1869. Trenton, 1870; 8⁰.

— Vth, VIIth & Xth Annual, of the Trustees of the Cooper Union for the Advancement of Science and Art. New York, 1864, 1866 & 1869; 8⁰.

— on Interoceanic Canals and Railroads between the Atlantic and Pacific Oceans. Washington, 1867; 8⁰.

*Societas Entomologica Rossica: Horae. Tomus VII, Nr. 2 & 3; T. VIII, Nr. 1; Supplément au VI. Vol. Petropoli*, 1869 & 1870; 8⁰. — Iroudy, (faisant suite aux deux premiers fascicules des *Horae.*) T. III, Nr. 1—4; T. IV, Nr. 1 & 2; T. V. St. Pétersbourg, 1865—1870; 8⁰. (Russisch.) — Exploration scientifique du gouvernement de St. Pétersbourg par les membres de la Société Entom. de Russie. Vol. I. St. Pétersbourg, 1864; gr. 8⁰. (Russisch.) — Du polymorphisme des organes reproductifs des champignons *Pyrénomycetes.* Par M. Woronive. St. Pétersbourg, 1866; 8⁰. (Russisch.)

Society, The Asiatic, of Bengal: Journal. Part I, Nr. 1. 1870; Part II, Nr. 1. 1870. Calcutta; 8⁰. — Proceedings. Nr. III—IV. March, April 1870. Calcutta; 8⁰.

Swinburne, John, Compound and comminuted Gun-Shot Fractures of the Thigh, and Means for their Transpartations, etc. Albany, 1864; 8⁰.

Tehuantepec Railway, its Location, Features and Advantage under the La Sere Grant of 1869. New York; 8⁰.

Verrill, A. E., Notes on the Radiata in the Museum of Yale College. New Haven, 1868; 8⁰.

Wiener Medizin. Wochenschrift. XX. Jahrgang, Nr. 53. Wien, 1870; 4⁰.

Zeitschrift für Chemie von Beilstein, Fittig & Hübner. XIII. Jahrgang. N. F. VI. Band, 16. Heft. Leipzig, 1870; 8⁰.

# Kritische Durchsicht der Ordnung der Flatterthiere oder Handflügler (Chiroptera).

## Familie der Fledermäuse (Vespertiliones).

### VI. Abtheilung.

Von dem w. M. Dr. **Leop. Jos. Fitzinger.**

### 33. Gatt.: Sackfledermaus (Miniopterus).

´Der Schwanz ist lang oder sehr lang und vollständig von der Schenkelflughaut eingeschlossen. Der Daumen ist frei. Die Ohren sind weit auseinander gestellt, mit ihrem Außenrande bis gegen den Mundwinkel oder noch über denselben hinaus verlängert, und kurz oder mittellang. Die Sporen sind von keinem Hautlappen umsäumt. Die Flügel reichen bis an die Fußwurzel oder bis an den Mittelfuß. Die Zehen der Hinterfüße sind dreigliederig und voneinander getrennt. In beiden Kiefern ist jederseits nur 1 Lückenzahn vorhanden, von denen jener des Unterkiefers bisweilen aber auch fehlt, Backenzähne befinden sich im Oberkiefer jederseits 4, im Unterkiefer 5. Die Vorderzähne des Oberkiefers sind auch im Alter bleibend.

Z a h n f o r m e l : Vorderzähne $\frac{4}{6}$, Eckzähne $\frac{1-1}{1-1}$, Lückenzähne $\frac{1-1}{1-1}$, oder $\frac{1-1}{0-0}$, Backenzähne $\frac{4-4}{5-5}$ = 36 oder 34.

#### 1. Die europäische Sackfledermaus (*Miniopterus Schreibersii*).

*M. scotini fere magnitudine; vertice fronteque valde fornicatis, rostro brevi obtuse rotundato parum dense piloso, facie pilis longiusculis confertis obtecta; naribus valde prosilientibus sat approximatis rotundatis antice paullo lateraliter sitis, protube-*

*rantia diremtis; labio inferiore protuberantia transversali calva et in utroque latere verruca magna alba obtecta instructo; auriculis valde distantibus parvis breviusculis latis, capite brevioribus et vix longioribus quam latis erectis rhomboidalibus fere rectangularibus, angulis rotundatis, apice leviter retrorsum directis, externe versus apicem usque pilosis; interne maximam partem calvis verruculosis plicisque duabus transversalibus percursis. inferiore versus marginem exteriorem in duos ramos divisa, in margine interiore pilis longiusculis ciliatis, et in angulo acuto extrorsum flexis nec non ad basin ejus obtuse rotundatis, in margine exteriore ad oris angulum usque protractis et in altitudine rictus oris terminatis; trago lanceolato breviusculo, fere aequilato ac ad auriculae dimidium attingente, in margine exteriore ad basin et versus medium levissime emarginato, in interiore sinuato, et supra rotundato ac introrsum directo; alis sat longis latis, supra circa carpum pilis longis obtectis, infra versus corporis latera et juxta brachium dense, juxta antibrachium parce pilosis, ad tarsum usque attingentibus; metacarpis digiti tertii et quarti sensim. quinti autem repente abbreviatis; antibrachio corpori appresso paullo rostri apicem superante; patagio anali latissimo sacci instar versus scelides reflexo, supra infraque ad dimidium usque parce piloso et infra 13 seriebus transversalibus ac oblique caudam versus decurrentibus vasorum percurso; in margine postica plicato; calcaribus lobo cutaneo destitutis; plantis transversaliter rugosis; cauda longissima, corpore paullo et antibrachio eximie longiore, tota patagio anali inclusa; apice incurva; palato plicis 8 transversalibus percurso, tribus anticis et postica integris, ceteris divisis; corpore pilis longiusculis parum incumbentibus mollibus densissime vestito; notaeo fusco-griseo vel ex fuscescente-albido-cinereo, gastraeo dilutiore cinereo et interdum hinc inde in flavescente-album vergente; auriculis ex nigrescente fusco-griseis, patagiis ex rufescente nigro-fuscis.*

*Vespertilio Schreibersii.* Natterer, Kuhl. Wetterau. Ann. B. IV. S. 41. Nr. 7.

„ Desmar. Mammal. p. 138. Nr. 207.

„ Griffith. Anim. Kingd. V. V. p. 275. Nr. 28.

*Vespertilio Schreibersii.* Fisch. Synops. Mammal. p. 104, 552.
                    Nr. 8.

       „        Gloger. Säugeth. Schles. S. 6.

   „       „     Zawadzki. Galiz. Fauna. S. 16.

*Miniopterus Ursinii.* Bonaparte. Iconograf. della Fauna ital.
              Fasc. XXI. c. flg.

*Vespertilio Schreibersii.* Temminck. Monograph. d. Mammal. V. II.
              p. 174.

*Vespertilio Orsinii.* Temminck. Monograph. d. Mammal. V. II.
              p. 179. t. 49. f. 1, 2.

*Miniopterus Ursinii.* Gray. Magaz. of Zool. and Bot. V. II. p. 497.

*Scotophilus Schreibersii.* Gray. Magaz. of Zool. and Bot. V. II.
              p. 497.

*Miniopterus Schreibersii.* Keys. Blas. Wiegm. Arch. B. V. (1839.)
              Th. I. S. 323. — B. VI. (1840.) Th. I.
              S. 8.

       „        Keys. Blas. Wirbelth. Europ. S. XIII,
              44. Nr. 79.

*Vespertilio Schreibersii.* Wagn. Schreber Säugth. Suppl. B. I.
              S. 508. Nr. 25.

*Miniopterus Schreibersii.* Wagn. Schreber Säugth. Suppl. B. I.
              S. 508. Nr. 25.

*Vespertilio Schreibersii.* Lüben. Säugeth. S. 269. t. 23. B. f. 1.

     „          „     Wagn. Schreber Säugth. Suppl. B. V.
              S. 735. Nr. 22.

*Miniopterus Schreibersii.* Wagn. Schreber Säugth. Suppl. B. V.
              S. 735. Nr. 22.

       „        Kolenati. Allg. deutsche naturh. Zeit.
              B. II. (1856.) Hft. 5. S. 181—183.
              Blas. Fauna d. Wirbelth. Deutschl. B. I.
              S. 46. Nr. 1.

*Vespertilio Schreibersi.* Giebel. Säugeth. S. 950.

*Miniopterus Schreibersi.* Giebel. Säugeth. S. 950.

*Miniopterus Schreibersii.* Kolenati. Europ. Chiropt. S. 123. Nr. 24.

    Eine der auffallendsten Formen unter den europäischen Fleder-
mäusen, welche von Natterer entdeckt und von Kuhl zuerst be-

schrieben wurde und den Repräsentanten einer besonderen, von
Prinz Bonaparte aufgestellten Gattung bildet.

Obgleich mit der japanischen *(Miniopterus blepotis)* und südafrikanischen Sackfledermaus *(Miniopterus dasythrix)* nahe verwandt, stellt sie sich bei genauerer Vergleichung unzweifelbar als
eine selbstständige und von beiden sehr deutlich unterschiedene Art
dar, da sich nicht nur allein einige Verschiedenheiten in der Größe
und den Verhältnissen der einzelnen Körpertheile zwischen denselben
ergeben, sondern auch die Färbung durchaus eine andere ist.

Sie ist merklich kleiner als die beiden genannten Arten und mit
der Kaffern-Sackfledermaus *(Miniopterus scotinus)* nahezu von
gleicher Größe, und zählt sonach zu den kleineren Formen ihrer
Gattung.

Stirne und Scheitel sind stark gewölbt, die Schnauze ist kurz,
stumpf abgerundet und dünn behaart, das Gesicht dicht mit ziemlich
langen Haaren bedeckt. Die Nasenlöcher sind stark vorspringend,
von rundlicher Gestalt, ziemlich nahe nebeneinanderstehend und
öffnen sich etwas seitlich vorne an der Unterseite der Schnauze.
Zwischen denselben befindet sich eine wulstige Erhöhung und an der
Unterlippe ein kahler glatter Querwulst, dessen beide Enden mit
einer großen runden weißen Warze besetzt sind. Die Ohren sind
weit auseinander gestellt, klein, ziemlich kurz und breit, kürzer als
der Kopf, kaum etwas länger als breit, aufrechtstehend, von beinahe
rechtwinkelig-rautenförmiger Gestalt, an den Winkeln etwas abgerundet und an der Spitze schwach nach hinten gekehrt, auf ihrer
Außenseite bis gegen die Spitze hin behaart, auf der Innenseite aber
größtentheils kahl und warzig, von zwei Querfalten durchzogen, von
denen sich die untere nach Außen in zwei Äste theilt und am Innenrande mit ziemlich langen Haaren gewimpert. An ihrem Innenrande
sind dieselben fast knieförmig unter einem spitzen Winkel nach
Außen gebogen und an der Wurzel desselben stumpf abgerundet und
allmählig mit dem Kiele sich vereinigend, am Außenrande bis an den
Mundwinkel vorgezogen, wo sie in gleicher Höhe mit demselben dicht
hinter der Mundspalte endigen. Die Ohrklappe ist lanzettförmig und
ziemlich kurz, fast bis zur Mitte des Ohres reichend, nahezu von
gleicher Breite, an ihrem Außenrande an der Wurzel und gegen die
Mitte mit einer sehr schwachen Ausrandung und zwischen beiden
mit einem sehr stumpfen und kaum bemerkbaren Vorsprunge versehen,

am Innenrande eingebuchtet und an der Spitze abgerundet und mit derselben nach einwärts gerichtet. Die Flügel sind ziemlich lang und breit, auf der Oberseite um die Handwurzel mit langen Haaren bedeckt, auf der Unterseite gegen die Leibesseiten und längs des Oberarmes dicht, längs des Unterarmes aber nur dünn behaart und reichen bis an die Fußwurzel, daher der ganze Fuß frei bleibt. Die Mittelhandknochen des dritten und vierten Fingers nehmen allmählig, jener des fünften Fingers aber plötzlich und zwar um das Doppelte an Länge ab. Der an den Leib angedrückte Vorderarm ragt etwas über die Schnauzenspitze hinaus. Die Schenkelflughaut ist sehr breit, gegen die Hinterbeine sackförmig nach Innen umgeschlagen, auf der Ober- wie der Unterseite bis zur Hälfte dünn behaart, auf der letzteren mit 13 schief gegen den Schwanz zu verlaufenden Querreihen von Gefäßwülstchen durchzogen und am Rande gefaltet. Die Sporen sind von keinem Hautlappen umsäumt, die Sohlen der Quere nach gerunzelt. Der Schwanz ist sehr lang, etwas länger als der Körper, beträchtlich länger als der Vorderarm, vollständig von der Schenkelflughaut eingeschlossen und mit der Spitze nach einwärts gekrümmt. Der Gaumen ist von 5 Querfalten durchzogen, von denen die der vorderen und die hinterste nicht getheilt, die vier mittleren aber durchbrochen sind.

Die Körperbehaarnng ist ziemlich lang, sehr dicht, nur wenig glatt anliegend und weich.

Die Oberseite des Körpers ist braungrau oder braunweißlich-aschgrau, die Unterseite heller aschgrau und bisweilen hie und da ins Gelblichweiße ziehend. Die Ohren sind schwärzlich braungrau, die Flughäute röthlich schwarzbraun.

Gesammtlänge . . . . . 3″ 7½‴. Nach **Kuhl**.
Länge des Körpers . . 1″ 11‴.
    „    des Schwanzes . 1″ 8½‴.
    „    der Ohren . . . 4½‴.
    „    der Ohrklappe . 2‴.
    „    des Kopfes . . 5½‴.
    „    des Daumens . 2⅓‴.
Spannweite d. Flügel . 10—11″.
Körperlänge . . . . . 1″ 11½‴. N. **Keyserling** u. **Blasius**.
Länge des Schwanzes . 2″ 1½‴.

| | | |
|---|---|---|
| Länge des Vorderarmes | 1″ | 7½‴. |
| „ der Ohren . . . | | 5‴. |
| Breite „ „ . . . | | 4⁴/₅‴. |
| Länge der Ohrklappe . | | 1⁷/₁₂‴. |
| „ des Kopfes . . | | 7½‴. |
| Spannweite d. Flügel . | 11″. | |
| Gesammtlänge . . . . | 4″ | 1½‴. Nach Kolenati. |
| Länge des Körpers . . | 2″. | |
| „ des Schwanzes . | 2″ | 2‴. |
| „ des Vorderarmes | 1″ | 7²/₈‴. |
| „ des Oberarmes . | | 11³/₄‴. |
| „ der Ohren . . | | 4³/₄‴. |
| „ der Ohrklappe . | | 2⅓‴. |
| „ des Kopfes . . | | 7³/₄‴. |
| Spannweite d. Flügel . | 11″ | ³/₄‴. |

In beiden Kiefern ist jederseits 1 Lückenzahn vorhanden und
Backenzähne befinden sich im Oberkiefer jederseits 4, im Unterkiefer
5. Die Vorderzähne des Oberkiefers sind von gleicher Größe und
jene des Unterkiefers gerade gestellt und berühren sich an den
Seiten.

Vaterland. Süd-Europa, der nordwestliche Theil von Mittel-
Asien und der nördliche Theil von West-Afrika. In Europa ist diese
Art vom südlichen Fuße der Alpen, in denen sie bis zu einer Höhe
von 8000 Fuß über dem Meeresspiegel emporsteigt, einerseits von
der südlichen Schweiz und Krain durch die Lombardie, Venezien
und Mittel-Italien — wo sie insbesondere in der Umgegend von Ascoli
im Kirchenstaate vorkommt, — bis nach Neapel und Sicilien hinab
verbreitet, andererseits längs der Karpathen von Galizien und der
Bukowina durch Ungarn und das Banat — wo sie Natterer entdeckte, — über Siebenbürgen, Serbien und Dalmatien bis in die
Türkei. In Asien kommt sie am Kaukasus, in Afrika in Algier vor.

Prinz Bonaparte beschrieb sie unter dem Namen „*Miniopterus Ursinii*".

## 2. Die indische Sackfledermaus (*Miniopterus Horsfieldii*).

*M. capite coniformi, vertice rostroque sat latis, facie pilis
setosis paucis parce dispositis obtecta: auriculis latis planis obtusis
in margine exteriore ac interiore rotundatis; trago brevi angusto*

*lineari erecto, apice rotundato; alis longis angustis, ad tarsum usque attingentibus, antibrachio gracili; patagio anali supra punctato; cauda tota patagio anali inclusa apice elongata; corpore pilis sat mollibus vestito; notaeo fuligineo, gastraeo grisescente.*

*Vespertilio tralatitius.* H o r s f. Zool. Research. N. VIII. p. 4.

    „        „        G r i f f i t h. Anim. Kingd. V. V. p. 264. Nr. 17.

                „        F i s c h. Synops. Mammal. p. 107, 552. Nr. 18.

                „        T e m m i n c k. Monograph. d. Mammal. V. II. p. 228.

                „        K e y s. B l a s. Wiegm. Arch. B. VI. (1840.) Th. I. S. 2.

                „        W a g n. Schreber Säugth. Suppl. B. I. S. 517. Nr. 44.

*Trilatitus Horsfieldii.* G r a y. Mammal. of the Brit. Mus. p. 26.

*Vespertilio Horsfieldii?* W a g n. Schreber Säugth. Suppl. B. V. S. 737. Note 1.

*Vespertilio tralatitius.* G i e b e l. Säugeth. S. 939.

Wir kennen diese Art bis jetzt nur aus einer kurzen Beschreibung von H o r s f i e l d und einigen wenigen Andeutungen, welche uns G r a y über dieselbe mitgetheilt. So unvollständig und mangelhaft dieselben aber auch sind, so erscheinen sie doch als genügend um die Überzeugung zu gewinnen, daß diese Art eine selbstständige sei. Leider haben beide aber unterlassen, uns über ihre Körpergröße irgend einen Aufschluß zu geben, denn die von H o r s f i e l d angegebenen Maaße beschränken sich nur auf die Gesammtlänge und die Spannweite der Flügel.

Der Kopf ist kegelförmig, und Scheitel und Schnauze sind ziemlich breit. Das Gesicht ist nur mit wenigen zerstreut stehenden borstigen Haaren besetzt. Die Ohren sind breit, flach und stumpf, und am Innen- wie am Außenrande abgerundet. Die Ohrklappe ist kurz, schmal, linienförmig, aufrechtstehend und an der Spitze abgestumpft. Die Flügel sind lang und schmal, und reichen bis an die Fußwurzel. Der Vorderarm ist schlank. Die Schenkelflughaut ist auf der Oberseite punktirt, der Schwanz ist vollständig von der Schenkelflughaut eingeschlossen aber die Spitze langgezogen.

Die Körperbehaarung ist ziemlich weich.

Die Oberseite des Körpers ist rußfarben, die Unterseite graulich.

Gesammtlänge . . . . . . . . . . 3″. Nach Horsfield.

Spannweite der Flügel . . . . . . 10″.

Vorderzähne befinden sich im Oberkiefer 4, die durch einen Zwischenraum voneinander getrennt und schief gestellt, und von denen die inneren an der Kronenschneide ausgerandet sind, im Unterkiefer 6. Lückenzähne sind in beiden Kiefern jederseits 1, Backenzähne im Oberkiefer 4, im Unterkiefer 5 vorhanden.

Vaterland. Süd-Asien, Java.

Temminck hielt diese Art irrigerweise mit der von ihm zuerst beschriebenen kurzzehigen Nachtfledermaus *(Nyctophylax tralatitius)* für identisch und Keyserling, Blasius und Giebel, so wie früherhin auch Wagner, folgten seinem Beispiele. Erst Gray sprach sich über die gänzliche Verschiedenheit dieser beiden, sogar verschiedenen Gattungen angehörigen Arten aus und wies der von Horsfield beschriebenen Art ihre Stelle in seiner Gattung „*Trilatitus*" an, die mit der Gattung „*Miniopterus*" identisch ist. Demungeachtet neigte sich Wagner später zu der Ansicht hin, daß sie vielleicht mit der braunen Zehenfledermaus *(Exochurus Horsfieldii)* zusammenfallen könnte.

Von den Eingebornen der Insel Java wird diese Art mit dem Namen „*Lowo-manir*" bezeichnet.

### 3. Die weichhaarige Sackfledermaus *(Miniopterus Hasseltii)*.

*M. scotino minor; rostro subelongato; auriculis longioribus quam latis, apice paullo rotundatis; trago lanceolato, apicem versus angustato, obtusato; alis longiusculis latis tenuissimis valde diaphanis, ad tarsum usque attingentibus; patagio anali pertenui diaphano, serie pilorum parce dispositorum obtecto; cauda longa, corpore distincte breviore et antibrachio longitudine aequali, tota patagio anali inclusa; corpore pilis brevibus incumbentibus mollibus laneis dense vestito; notaeo fuscescente-vel murino-griseo, gastraeo albo, pilis omnibus basi nigris, abdominis exceptis per omnem longitudinem albis.*

*Vespertilio Hasseltii.* Temminck. Monograph. d. Mammal. V. II. p. 225. t. 56. f. 7, 8.

„ Wagn. Schreber Säugth. Suppl. B. I. S. 512. Nr. 34.

*Vesperugo Hasseltii.* Wagn. Schreber Säugth. Suppl. B. I. S. 512. Nr. 34.

*Trilatitus Hasselti.* Gray. Ann. of Nat. Hist. V. X. (1842.) p. 258.

*Vespertilio Hasseltii.* Wagn. Schreber Säugth. Suppl. B. V. S. 740. Nr. 37.

*Vesperugo Hasseltii.* Wagn. Schreber Säugth. Suppl. B. V. S. 740. Nr. 37.

*Vespertilio Hassselti.* Giebel. Säugeth. S. 948. Note 3.

Mit dieser höchst ausgezeichneten von van Hasselt entdeckten Art wurden wir zuerst durch Temminck bekannt, der uns eine Beschreibung und Abbildung derselben mittheilte.

Sie ist die kleinste unter den bis jetzt bekannt gewordenen Arten dieser Gattung und selbst noch etwas kleiner als die Kaffern-Sackfledermaus *(Miniopterus scotinus)*.

Die Schnauze ist etwas gestreckt. Die Ohren sind länger als breit und an der Spitze etwas abgerundet. Die Ohrklappe ist lanzettförmig, nach oben zu verschmälert und abgestumpft. Die Flügel sind nicht sehr lang, breit, überaus dünnhäutig und sehr stark durchscheinend, und reichen bis an die Fußwurzel an das Ende des Schienbeines. Die Schenkelflughaut ist so wie die Flügel sehr dünnhäutig und durchscheinend, und mit einer Reihe dünnstehender Haare besetzt. Der Schwanz ist lang, doch merklich kürzer als der Körper, von gleicher Länge wie der Vorderarm und wird vollständig von der Schenkelflughaut eingeschlossen.

Die Körperbehaarung ist kurz, dicht, glatt anliegend, wollig und weich.

Die Färbung ist auf der Oberseite des Körpers bräunlichgrau oder mausgrau, auf der Unterseite weiß, und sämmtliche Haare, mit Ausnahme jener des Bauches, welche durchaus von weißer Farbe sind, sind an der Wurzel schwarz.

Körperlänge . . . . . . . . 1″ 9‴. Nach Temminck.
Länge des Schwanzes . . . . 1″ 3‴.
  „   des Vorderarmes . . . . 1″ 3‴.
Spannweite der Flügel . . . . 8″ 3‴—8″4‴.

Im Oberkiefer ist jederseits 1 Lückenzahn vorhanden, im Unterkiefer keiner. Backenzähne befinden sich im Oberkiefer jederseits 4, im Unterkiefer 5.

Vaterland. Süd-Asien, Java, wo diese Art im Districte Bantam angetroffen wird.

Temminck erhielt nur zwei weibliche Exemplare derselben, von denen er vermuthete, daß sie noch nicht erwachsen waren.

Wagner zählt diese Art zur Gattung „Vesperugo“, Gray zu seiner Gattung „Trilatitus“, welche mit der von Prinz Bonaparte aufgestellten Gattung „Miniopterus“ identisch ist.

### 4. Die japanische Sackfledermaus (Miniopterus blepotis).

*M. dasythriche parum minor; rostro obtuso; auriculis brevibus latis oculos fere cingentibus rotundatis, margine exteriore fere usque ad oris angulum protractis; trago brevi, per omnem longitudinem fere aeque lato apiceque introrsum directo; corpore crassiusculo; alis magnis latis longisque; patagio anali latissimo; cauda longa corpori longitudine fere vel plane aequali et antibrachio paullo longiore, tota patagio anali inclusa; corpore pilis breviusculis mollibus large ac dense vestito; colore secundum anni tempora variabili; vernali tempore notaeo nigro, capite humerisque obscure fuscis exceptis, mento, jugulo pectoreque rufescente-fuscis, abdomine nigro griseo-lavato; autumnali tempore notaeo unicolore fuligineo-nigro; gastraeo griseo-nigro.*

*Miniopterus Sciboldii.* Gray. Magaz. of Zool. and Bot. V. II. p. 497.

*Vespertilio blepotis.* Temminck. Monograph. d. Mammal. V. II. p. 212. t. 53. f. 1, 2.

„        „        Temminck. Fauna japon. V. I. p. 16.

*Miniopterus Schreibersii.* Keys. Blas. Wiegm. Arch. B. VI. (1840.) Th. I. S. 8.

*Vespertilio Schreibersii.* Wagn. Schreber Säugth. Suppl. B. I. S. 508. Nr. 25. — S. 515. Note 16.

*Miniopterus Schreibersii.* Wagn. Schreb. Säugth. Suppl. B. I. S. 508. Nr. 25. — S. 513. Note 16.

*Trilatitus blepotis.* Gray. Ann. of Nat. Hist. V. X. (1842.) p. 258.

„        „        Gray. Mammal. of the Brit. Mus. p. 26.

*Vespertilio Schreibersii.* Wagn. Schreber Säugth. Suppl. B. V. S. 735. Nr. 22. — S. 744. Note 1.

*Miniopterus Schreibersii.* Wagn. Schreber Säugth. Suppl. B. V. S. 735. Nr. 22. — S. 744. Note 1.

*Vespertilio Schreibersi.* Giebel. Säugeth. S. 950.
*Miniopterus Schreibersi.* Giebel. Säugeth. S. 950.

Auch mit dieser von Siebold entdeckten Art sind wir zuerst durch Temminck näher bekannt geworden, der uns eine genaue Beschreibung und Abbildung von derselben gegeben.

An Größe steht sie der südafrikanischen *(Miniopterus dasythrix)* und wolligen Sackfledermaus *(Miniopterus lanosus)* nur wenig nach und bildet daher eine mittelgroße Form in der Familie und eine der größeren in ihrer Gattung.

Von der europäischen Sackfledermaus *(Miniopterus Schreibersii)*, mit welcher sie zunächst verwandt ist, unterscheidet sie sich sowohl durch die etwas bedeutendere Größe und einige Abweichungen in den körperlichen Verhältnissen, als auch durch die Gestalt der Ohren und die Färbung.

Die Schnauze ist stumpf. Die Ohren sind kurz und breit, beinahe die Augen umgebend, von rundlicher Gestalt, und mit ihrem Außenrande fast bis an den Mundwinkel verlängert. Die Ohrklappe ist kurz, fast von gleicher Breite und mit der Spitze nach einwärts gewendet. Der Leib ist untersetzt. Die Flügel sind groß, breit und lang, und die Schenkelflughaut ist sehr breit. Der Schwanz ist lang, fast von gleicher oder nahezu von derselben Länge wie der Körper, etwas länger als der Vorderarm, und vollständig von der Schenkelflughaut eingeschlossen.

Die Körperbehaarung ist nicht sehr kurz, reichlich, dicht und weich.

Die Färbung ist nicht beständig und ändert nach der Jahreszeit.

Im Frühjahre ist die Oberseite des Körpers schwarz, mit Ausnahme des Kopfes und der Schultern, welche von dunkelbrauner Färbung sind. Die Unterseite erscheint am Kinne, dem Unterhalse und der Brust röthlichbraun, am Bauche schwarz und grau überflogen, da die schwarzen Haare hier in graue Spitzen endigen.

Im Herbste ist die Oberseite einfärbig rußschwarz, die Unterseite grauschwarz.

Körperlänge . . . . . . 2″— 2″ 2‴. N. Temminck.
Länge des Schwanzes . . . 2″.
„ des Vorderarmes . . 1″ 8‴—1″ 9‴.
Spannweite der Flügel . . . 11″ 2‴—1′.

Lückenzähne befinden sich in beiden Kiefern jederseits **1**, Backenzähne im Oberkiefer zu beiden Seiten **4**, im Unterkiefer **5**.

Vaterland. Südost-Asien, und zwar sowohl Japan, wo Siebold diese Art entdeckte, als auch die zu den Molukken gehörigen Inseln Amboina und Banda, und die Sunda-Insel Timor.

Gray, welcher sie vom Leydener Museum noch früher erhalten hatte, als Temminck dieselbe unter dem Namen „*Vespertilio blepotis*" beschrieb, schlug den Namen „*Miniopterus Sieboldii*" — oder nach seiner irrigen Schreibweise „*Sciboldii*" — für sie vor, den er jedoch später mit dem Namen „*Trilatitus blepotis*" vertauschte.

Keyserling und Blasius wollten derselben jedoch die Artberechtigung nicht zugestehen und vereinigten sie mit der europäischen Sackfledermaus (*Miniopterus Schreibersii*) in eine Art, worin ihnen auch Wagner und Giebel gefolgt sind.

### 5. Die Kaffern-Sackfledermaus (*Miniopterus scotinus*).

*M. Schreibersii fere magnitudine; rostro obtuso; auriculis parvis brevibus latis, tri gonis, supra rotundatis, margine exteriore ad oris angulum usque protractis; trago parvo oblongo sat angusto; alis longis latisque ad tarsum usque attingentibus; metacarpis digiti tertii ac quarti sensim abbreviatis, metacarpo quinti duplo breviore; phalange prima digiti tertii et quinti longitudine aequali, digiti quarti breviore; phalange secunda digiti tertii longissima et prima fere triplo longiore; patagio anali latissimo; cauda longa; corpore parum breviore et antibrachio perparum longiore, tota patagio anali inclusa; corpore pilis breviusculis mollibus large ac dense vestito, unicolore dilute fusco-nigro, notaeo obscuriore, gastraeo paullo dilutiore.*

*Vesperugo scotinus.* Sundev. Oefversigt af Vetensk. Akad. Förhandl. V. III. (1846.) p. 119.

*Vespertilio scotinus.* Wagn. Schreber Säugth. Suppl. B. V. S. 747. Nr. 61.

*Miniopterus scotinus.* Wagn. Schreber Säugth. Suppl. B. V. S. 747. Nr. 61.

Eine seither blos durch Sundevall näher bekannt gewordene Art, welche in naher Verwandtschaft mit der südafrikanischen (*Miniopterus dasythrix*) und wollgen Sackfledermaus (*Miniopterus*) *lanosus)* steht, sich von beiden aber sowohl durch die geringere Größe, als auch durch die Verschiedenheiten in den Verhältnissen ihrer einzelnen Körpertheile und die Färbung, und von der letztgenannten Art auch durch die Beschaffenheit der Behaarung sehr deutlich unterscheidet.

Bezüglich der Größe kommt sie nahezu mit der europäischen Sackfledermaus *(Miniopterus Schreibersii)* überein, wornach sie den kleineren Formen in der Gattung beizuzählen ist.

Die Schnauze ist stumpf. Die Ohren sind klein, kurz, breit, dreieckig, und oben abgerundet und mit ihrem Außenrande bis an den Mundwinkel vorgezogen. Die Ohrklappe ist klein, länglich und ziemlich schmal. Die Flügel sind lang und breit, und reichen bis an die Fußwurzel, so daß der ganze Fuß frei bleibt, da sie sich an das Ende des Schienbeines anheften. Die Mittelhandknochen des dritten und vierten Fingers nehmen allmählig an Länge ab, jener des fünften Fingers verkürzt sich um das Doppelte. Das erste Glied des dritten und fünften Fingers sind sich an Länge gleich, jenes des vierten Fingers ist kürzer. Das zweite Glied des dritten Fingers ist sehr lang und fast dreimal so lang als das erste. Die Schenkelflughaut ist sehr breit. Der Schwanz ist lang, nur wenig kürzer als der Körper und sehr wenig länger als der Vorderarm, und wird vollständig von der Schenkelflughaut eingeschlossen.

Die Körperbehaarung ist nicht sehr kurz, dicht, reichlich und weich.

Die Färbung des Körpers ist einfärbig licht schwarzbraun, auf der Oberseite dunkler, auf der Unterseite etwas heller, indem die schwarzbraunen Haare und insbesondere auf der Unterseite, an der Spitze etwas blasser sind.

Körperlänge . . . . . . . . . 1″ 10‴. Nach Sundevall.
Länge des Schwanzes . . . . 1″ 8½‴.
 „ des Vorderarmes . . . 1″ 7½‴.

In beiden Kiefern ist jederseits 1 Lückenzahn vorhanden; Backenzähne befinden sich im Oberkiefer 4, im Unterkiefer 5. Sundevall sieht den vordersten Backenzahn des Unterkiefers für einen zweiten Lückenzahn an.

Vaterland. Südost-Afrika, Kaffernland, wo Wahlberg diese Art entdeckte.

6. **Die südafrikanische Sackfledermaus** *(Miniopterus dasythrix).*

*M. lanosi magnitudine; rostro obtusissimo, ad apicem usque piloso ibique fasciculis duobus pilorum barbae instar obtecto; auriculis brevibus, latioribus quam longis, trigono-rotundatis, supra in angulo obtusissimo terminatis, in margine exteriore ad oris angulum usque protractis et externe a basi usque ad dimidium pilosis; trago brevi foliiformi supra rotundato; alis modice longis atisque, infra pilosis, ad tarsum usque attingentibus; patagio anali lato, supra tantum basi piloso; cauda longa, dimidio corpore eximie longiore et antibrachio paullo breviore, tota patagio anali inclusa; corpore pilis sat longis villosis dissolutis mollibus languidis vestito; notaeo unicolore languido-nigro, gastraeo fumigineo-nigro.*

*Vespertilio dasythrix.* T e m m i n c k. Monograph. d. Mammal. V. II.
　　　　　　p. 268.
*Miniopterus Schreibersii.* K e y s. B l a s. Wiegm. Arch. B. VI. (1840.)
　　　　　　Th. I. S. 9.
*Vespertilio Schreibersii.* W a g n. Schreber Säugth. Suppl. B. I. S. 508.
　　　　　　Nr. 25. — S. 523. Note 18.
*Miniopterus Schreibersii.* W a g n. Schreber Säugth. Suppl. B. I.
　　　　　　S. 508. Nr. 25. S. 523. Note 18.
*Vesperugo dasythrix.* S u n d e v. Öfversigt af Vetensk. Akad.
　　　　　　Förhandl. V. III. (1846.) p. 119.
*Miniopterus dasythrix.* A. S m i t h. Illustr. of the Zool. of South-Afr.
　　　　　　V. I. t. 52.
*Vespertilio Schreibersii.* W a g n. Schreber Säugth. Suppl. B. V.
　　　　　　S. 735. Nr. 22.
*Miniopterus Schreibersii.* W a g n. Schreber Säugth. Suppl. B. V.
　　　　　　S. 735. Nr. 22.
*Vespertilio Schreibersi.* G i e b e l. Säugeth. S. 950.
*Miniopterus Schreibersi.* G i e b e l. Säugeth. S. 950.

Ohne Zweifel eine selbstständige Art, deren Kenntniß wir Temminck zu verdanken haben, der uns eine Beschreibung von derselben mittheilte.

Sie Steht — wie es scheint, — der wolligen Sackfledermaus *(Miniopterus lanosus)* sehr nahe und ist mit derselben auch von gleicher Größe, daher eine mittelgroße Form in der Familie und eine der größten in der Gattung, unterscheidet sich von der genannten Art aber durch die kürzere Ohrklappe, den verhältnißmäßig längeren Vorderarm, die Art der Behaarung und die Färbung.

Entfernter ist sie mit der japanischen *(Miniopterus blepotis)* und europäischen Sackfledermaus *(Miniopterus Schreibersii)* verwandt, von welchen sie sich durch den verhältnißmäßig kürzeren Schwanz und die Ohrform, so wie zum Theile auch durch die Beschaffenheit der Behaarung und die Färbung sehr deutlich unterscheidet.

Die Schnauze ist sehr stumpf, bis an die Spitze behaart und daselbst mit zwei Haarbüscheln besetzt, welche einen Bart bilden. Die Ohren sind kurz, breiter als lang, von dreieckig rundlicher Gestalt, oben in einem sehr stumpfen Winkel endigend, mit ihrem Außenrande bis an den Mundwinkel vorgezogen und auf der Außenseite in ihrer Wurzelhälfte bis zu ihrer Mitte behaart. Die Ohrklappe ist kurz, blattförmig und oben abgerundet. Die Flügel sind mäßig lang und breit, auf der Unterseite behaart und reichen nur bis an die Fußwurzel, daher der Fuß vollkommen frei ist. Die Schenkelflughaut ist breit und nur auf der Oberseite an der Wurzel behaart. Der Schwanz ist lang, beträchtlich länger als der halbe Körper, etwas kürzer als der Vorderarm und vollständig von der Schenkelflughaut eingeschlossen.

Die Körperbehaarung ist ziemlich lang, buschig, locker, weich und matt.

Die Oberseite des Körpers ist einfärbig matt schwarz, die Unterseite rauchschwarz.

Körperlänge . . . . . . . . 2″ 3‴. Nach Temminck.
Länge des Schwanzes . . . . 1″ 6‴.
  „ des Vorderarmes . . . 1″ 8‴.
Spannweite der Flügel . . . . 10″.

In beiden Kiefern ist jederseits 1 Lückenzahn vorhanden. Backenzähne befinden sich im Oberkiefer in jeder Kieferhälfte 4, im Unterkiefer 5.

Vaterland. Süd-Afrika.

Keyserling und Blasius halten diese Art mit der europäischen Sackfledermaus *(Miniopterus Schreibersii)* für identisch, und Wagner und Giebel schließen sich dieser Ansicht an.

### 7. Die wollige Sackfledermaus (*Miniopterus lanosus*).

*M. dasytrichos magnitudine; capite lato, fronte alte forni cata, rostro depresso, facie pilis incomptis oculos obtegentibus large obtecta; auriculis majusculis fere semicircularibus amplis, in margine exteriore in tertio quadrante circa profunde emarginatis; trago longo angusto acuto leviter curvato; alis modice longis latissimis ad metatarsi finem fere attingentibus; patagio anali latissimo, in margine postica pilis rigidiusculis ciliato infraque fibris muscularibus per 9—10 series transversales dispositis et pilis setosis brevibus magis confertis instructis percurso; pedibus posterioribus gracilibus supra ad digitos usque dense villosis, magna parte e patagio prominentibus; cauda longa, dimidio corpore eximie et antibrachio parum longiore, tota patagio anali inclusa; corpore pilis longiusculis mollibus fere laneis crispatis et paullo dissolutis vestito; notaeo flavescente-fusco argenteo-griseo-lavato, pilis singulis tricoloribus basi nigro-fuscis, in medio fulvescente-fuscis, apice sordide vel grisescente-albidis aut interdum fuscescente-flavis; gastraeo ex rufescente griseoalbo, pilis singulis basi nigro-fuscis, apice ex rufescente griseoalbis; auriculis patagiisque fuscis.*

*Vespertilio lanosus.* A. Smith. Illustr. of the Zool. of South-Afr. V. I. t. 50.

    „      Wagner. Schreber Säugth. Suppl. B. V. S. 748. Nr. 62.

    „      Giebel. Säugeth. S. 951. Note 3.

    „      Sundev. Victorin Zoologiska Anteckningar under en Resa af Caplandet. p. 14. Nr. 7. (Vetensk. Akad. Handl. 1858. B. II. Nr. 10.)

A. Smith hat uns mit dieser Form zuerst bekannt gemacht, indem er uns eine Beschreibung und Abbildung von derselben mittheilte und Sundevall hat uns später gleichfalls eine Beschreibung von derselben gegeben.

Sie ist sehr nahe mit der südafrikanischen Sackfledermaus (*Miniopterus dasythrix*) verwandt und unterscheidet sich von derselben nur durch die längere Ohrklappe, den verhältnißmäßig kürzeren Vorderarm, die eigenthümliche Beschaffenheit der Behaarung und die Färbung.

In der Größe kommt sie vollständig mit ihr überein, wornach sie zu den mittelgroßen Formen in dieser Familie und zu den größten in der Gattung gehört.

Der Kopf ist breit, die Stirne hoch gewölbt, die Schnauze flachgedrückt, das Gesicht reichlich mit verworrenen Haaren besetzt, welche die Augen überdecken. Die Ohren sind ziemlich groß und weit, fast halbkreisförmig und an ihrem Außenrande ungefähr im dritten Viertel ihrer Länge mit einem tiefen Ausschnitte versehen. Die Ohrklappe ist lang, schmal, spitz und schwach gekrümmt. Die Flügel sind mäßig lang, sehr breit und reichen fast bis an das Ende des Mittelfußes. Die Schenkelflughaut ist sehr breit, am hinteren Rande mit steiferen Haaren gewimpert und auf der Unterseite von 9—10 Querreihen von Muskelbündeln durchzogen, welche etwas dichter mit kurzen borstigen Haaren besetzt sind. Die Hinterfüße sind schlank, auf der Oberseite dicht und zottig behaart, und ragen großentheils frei aus der Flughaut hervor. Der Schwanz ist lang, beträchtlich länger als der halbe Körper, nur wenig länger als der Vorderarm und wird vollständig von der Schenkelflughaut eingeschlossen.

Die Körperbehaarung ist ziemlich lang, etwas locker, weich, beinahe wollig und gekräuselt, das Haar verhältnißmäßig etwas dick.

Die Oberseite des Körpers ist gelblichbraun oder fahlbraun und silbergrau oder bisweilen auch bräunlichgelb überflogen, da die einzelnen Haare derselben durchaus dreifärbig und zwar an der Wurzel schwarzbraun, in der Mitte röthlich-gelbbraun und an der Spitze schmutzig oder graulichweiß und zuweilen auch bräunlichgelb gefärbt sind; die Unterseite ist röthlich-grauweiß, indem hier die an der Wurzel schwarzbraunen Haare in röthlich-grauweiße Spitzen endigen. Die Ohren und die Flughäute sind braun.

| | | |
|---|---|---|
| Körperlänge | 2″ 3‴. | Nach A. Smith. |
| Länge des Schwanzes | 1″ 6‴. | |
| „ des Vorderarmes | 1″ 4½‴. | |
| Körperlänge ungefähr | 1″ 10‴. | Nach Sundevall. |
| Länge des Schwanzes | 1″ 5½. | |
| „ des Vorderarmes | 1″ 2‴. | |
| „ des Schienbeines | 5‴. | |
| Spannweite der Flügel | 10″. | Nach Victoria. |

Die Zähne sind ziemlich groß, insbesondere die Vorderzähne und der erste ist etwas länger als der zweite.

Vaterland. Süd-Afrika, Cap der guten Hoffnung, wo A. Smith diese Art in der Umgegend der Capstadt entdeckte, und Victorin dieselbe auch um Knysna gesammelt.

Das königl. zoologische Museum zu Stockholm dürfte bis jetzt das einzige unter den europäischen Museen sein, das diese Art besitzt.

Sundevall betrachtet sie für eine der gefransten Ohren-fledermaus (*Myotis Nattereri*) nahe verwandte Art, mir scheint sie dagegen eine zur Gattung Sackfledermaus (*Miniopterus*) gehörige Art zu sein.

## 34. Gatt.: Nachtfledermaus (Nyctophylax).

Der Schwanz ist mittellang oder lang und vollständig von der Schenkelflughaut eingeschlossen. Der Daumen ist frei. Die Ohren sind weit auseinander gestellt, mit ihrem Außenrande bis gegen den Mundwinkel oder auch noch über denselben hinaus verlängert und mittellang. Die Sporen sind von einem Hautlappen umsäumt. Die Flügel reichen bis an die Zehenwurzel. Die Zehen der Hinterfüße sind dreigliederig und voneinander getrennt. In beiden Kiefern sind jederseits 2, oder auch nur 1 Lückenzahn vorhanden, Backenzähne befinden sich in beiden Kiefern jederseits 4. Die Vorderzähne des Oberkiefers sind auch im Alter bleibend.

Zahnformel: Vorderzähne $\frac{4}{6}$, Eckzähne $\frac{1-1}{1-1}$, Lücken-zähne $\frac{2-2}{2-2}$ oder $\frac{1-1}{1-1}$, Backenzähne $\frac{4-4}{4-4}$ = 38 oder 34.

### 1. Die bunte Nachtfledermaus (*Nyctophylax pictus*).

*N. nubilo non multo minor, ast interdum rufo-picto major; rostro brevi acuto; auriculis oblongo-ovatis acuminatis fere infun-dibuliformibus, latioribus quam longis, capite paullo brevioribus antrorsum directis, in margine exteriore leviter emarginatis; trago breviusculo, dimidio auriculae breviore, angusto subulae-formi acuminato; alis breviusculis latis, ad digitorum pedis basin usque attingentibus; cauda longa, corpore paullo breviore et anti-brachio longitudine aequali, tota patagio anali inclusa; corpore pilis breviusculis incumbentibus mollibus dense vestito; notaeo*

*rufo-aurato, gastraeo pallide rufescente, lateribus corporis satu-*
*ratius rufis; alis languide nigris, versus corporis latera vivide*
*rufis nec non juxta antibrachium et digitos plus minusve rufes-*
*centibus; patagio anali rufescente et uropygium versus rufo.*

*Vespertilio ternatana femina.* Seba. Thesaur. T. I. t. 56. f. 2.

*Verspertilio ternatanus mas.* Seba. Thesaur. T. I. t. 56. f. 3.

*Vespertilio Rattus Ternatanus.* Klein. Quadrup. p. 61.

*Vespertilio minor ternatanus.* Brisson. Règne anim. p. 226. Nr. 2.

*Asiatische Fledermaus.* Haller. Naturg. d. Thiere. S. 452. t. 27. A.

*Muscardin-volant.* Daubent. Mém. de l'Acad. 1759. p. 388.

*Vespertilio caudatus, naso simplici; auriculis infundibuliformibus*
　　　　　　　*appendiculatis.* Gronov. Zoophyl. Fasc. I.
　　　　　　　p. 7. Nr. 25.

*Autre chouve-souris.* Buffon. Hist. nat. d. Quadrup. V. X. p. 92.
　　　　　　　t. 20. f. 3.

*Vespertilio pictus.* Pallas. Spicil. zool. Fasc. III. p. 7.

*Striped bat.* Pennant. Synops. Quadrup. p. 368. Nr. 284.

*Vespertilio pictus.* Schreber. Säugth. B. I. S. 170. Nr. 15. t. 49.

*Buntflügel.* Müller. Natursyst. Suppl. S. 17.

*Vespertilio pictus.* Erxleb. Syst. regn. anim. P. I. p. 150. Nr. 8.

　　„　　　　„　　　Zimmerm. Geogr. Gesch. d. Mensch. u. d.
　　　　　　　Thiere. B. II. S. 415. Nr. 368.

*Striped Bat.* Pennant. Hist. of Quadrup. V. I. p. 558. Nr. 4.

*Vespertilio Kirivoula.* Boddaert. Elench. anim. V. I. p. 70. Nr. 10.

*Vespertilio pictus.* Gmelin. Linné Syst. Nat. T. I. P. I. p. 49. Nr. 15.

*Striped bat.* Shaw. Gen. Zool. V. I. P. I. p. 135.

*Vespertilio pictus.* Geoffr. Ann. du Mus. V. VIII. p. 199. Nr. 8.

　　„　　　　„　　　Desmar. Nouv. Dict. d'hist. nat. V. XXXV.
　　　　　　　p. 472. Nr. 11.

　　　　　　„　　　Desmar. Mammal. p. 141. Nr. 214.

　　　　　　„　　　Horsf. Zool. Research. Nr. VIII. p. 6.

　　　　　　„　　　Griffith. Anim. Kingd. V. V. p. 252. Nr. 5.

　　　　　　„　　　Fisch. Synops. Mammal. p. 106, 552. Nr. 16.

　　　　　　„　　　Wagler. Syst. d. Amphib. S. 13.

　　　　　　„　　　Temminck. Monograph. d. Mammal. V. II.
　　　　　　　p. 223. t. 56. f. 1—3.

　　　　　　„　　　Gray. Magaz. of Zool. and Bot. V. II. p. 496.

*Vespertilio pictus.* K e y s. B l a s. Wiegm. Arch. B. VI. (1840.)
Th. I. S. 2.

„     „     W a g n. Schreber Säugth. Suppl. B. I. S. 517.
Nr. 43.

*Kerivoula pictus.* G r a y. Ann. of Nat. Hist. V. X. (1842.) p. 258.

*Kerivoula picta.* G r a y. Mammal. of the Brit. Mus. p. 27.

„     „     C a n t o r. Journ. of the Asiat-Soc. of Bengal. V. XV.
(1846.) p. 185.

„     „     B l y t h. Journ. of the Asiat. Soc. of Bengal. V. XX.
(1851.) p. 158.

*Vespertilio pictus.* W a g n. Schreber Säugth. Suppl. B. V. S. 736.
Nr. 26.

„     „     G i e b e l. Säugeth. S. 938.

Eine schon durch ihre eigenthümliche Färbung höchst aus-
gezeichnete Art, um welche sich mehrere andere sehr nahe mit ihr
verwandte Arten gruppiren und zugleich der Repräsentant dieser
Gattung, die von G r a y aufgestellt und mit dem barbarischen Namen
„*Kerivoula*" bezeichnet wurde, den ich deßhalb mit dem Namen
„*Nyctophylax*" vertauschen zu sollen glaubte.

Unter allen Arten dieser Gattung ist sie die am längsten bereits
bekannte, da schon S é b a im Jahre 1734 eine Abbildung von ihr
gab und D a u b e n t o n im Jahre 1759 sie zuerst beschrieb. Eine
genauere Beschreibung von ihr erhielten wir aber erst durch P a l l a s.

Sie gehört den mittelgroßen Formen in der Gattung an, da sie
nicht viel kleiner als die russige (*Nyctophylax nubilus*) und nur
selten größer als die ocherfarbene Nachtfledermaus (*Nyctophylax
rufo-pictus*) ist, obgleich sie bisweilen auch kleiner und nur von
der Größe der schwarzbraunen Nachtfledermaus (*Nyctophylax parvulus*) angetroffen wird.

Die Schnauze ist kurz und spitz. Die Ohren sind länglich-
eiförmig und zugespitzt, beinahe trichterförmig, breiter als lang,
etwas kürzer als der Kopf, nach vorwärts gerichtet und am Außenrande mit einer seichten Einbuchtung versehen. Die Ohrklappe ist
ziemlich kurz, kürzer als das halbe Ohr, schmal und pfriemenförmig
zugespitzt. Die Flügel sind breit und ziemlich kurz, und reichen bis
an die Zehenwurzel. Der Schwanz ist lang, etwas kürzer als der
Körper, von gleicher Länge wie der Vorderarm und vollständig von
der Schenkelflughaut eingeschlossen.

Die Körperbehaarung ist ziemlich kurz, dicht, glatt anliegend und weich.

Die Oberseite des Körpers ist goldroth. die Unterseite blaß röthlich, die Leibesseiten sind lebhafter roth. Die Flügel sind matt schwarz, längs der Leibesseiten lebhaft roth, an den Seiten des Vorderarmes und der Finger aber mehr oder minder röthlich. Die ganze Schenkelflughaut ist röthlich und gegen den Steiß zu roth.

Körperlänge . . . . . . . 2″—2″ 6‴. Nach Pallas.
Länge des Schwanzes . . . 1″ 8‴.
Spannweite der Flügel . . . 7″.
Körperlänge . . . . . . . 1″ 9‴. Nach Temminck.
Länge des Schwanzes . . . 1″ 3‴.
„ des Vorderarmes . . . 1″ 3‴.
Spannweite der Flügel . . . 8″ 6‴—8″ 9‴.

In beiden Kiefern befinden sich jederseits 2 Lücken- und 4 Backenzähne und die Vorderzähne des Oberkiefers sind sehr klein.

Vaterland. Süd-Asien, wo diese Art nur im indischen Archipel vorkommt und sowohl in Java, Sumatra und Borneo, als auch auf den Inseln Pulo Pinang und Ternate angetroffen wird. Die Angabe, daß sie auch in Vorder-Indien und auf der Insel Ceylon vorkommen soll, scheint auf einer Verwechselung derselben mit der bengalischen Nachtfledermaus *(Nyctophylax Sykesii)* zu beruhen.

Keyserling und Blasius zählten dieselbe zu ihrer Gattung „*Vespertilio*“, und Wagner und Giebel schlossen sich derselben Ansicht an.

„*Lowo-Kembang*“ ist der Name, womit die Eingeborenen von Java diese Art bezeichnen.

### 2. Die bengalische Nachtfledermaus *(Nyctophylax Sykesii)*.

*N. picto atque formoso valde affinis et simili modo coloratus nihilominus characteribus nonnullis differentibus diversus.*

*Kerivoula Sykesii.* Gray. Mammal. of the Brit. Mus. p. 27.
*Kerivoula Sykesi.* Blyth. Journ. of the Asiat. Soc. of Bengal. V. XX. (1851.) p. 158.

Es ist dieß eine von Gray aufgestellte, aber — soviel mir bekannt ist, — seither noch nicht näher beschriebene Art, über welche uns nur Blyth noch eine kurze Andeutung gab, ohne jedoch die ihr zukommenden Merkmale zu bezeichnen oder auch nur ihre Größe anzugeben.

Sie soll mit der bunten Nachtfledermaus *(Nyctophylax pictus)* in sehr naher Verwandtschaft stehen und auch in der Färbung große Ähnlichkeit mit derselben haben, nicht minder lebhaft aber auch an die dieser Art gleichfalls sehr nahe stehende gelbbauchige Nachtfledermaus *(Nyctophylax formosus)* erinnern, weßhalb sie Gray unmittelbar an diese angereiht hat.

Auf diese überaus kurze Nachricht beschränkt sich unser ganzes Wissen von dieser Form, die ich nur, auf die Autorität von Gray gestützt, als eine besondere Art hier anführe.

Vaterland. Süd-Asien, Ost-Indien. Bengalen, woselbst diese Art in der Umgegend von Calcutta getroffen wird und wahrscheinlich auch auf der Insel Ceylon vorkommt.

Das Britische Museum zu London ist zur Zeit vielleicht das einzige in Europa, das sich im Besitze derselben befindet.

Der Name „*Kiriwoula*", mit welchem die Eingeborenen von Ost-Indien und der Insel Ceylon die Fledermäuse überhaupt zu bezeichnen pflegen, bezieht sich wohl auch auf diese Art.

### 3. Die gelbbauchige Nachtfledermaus *(Nyctophylax formosus)*.

*N. picto et Sykesii similis, ast paullo major et conformatione auriculae tragique nec non colore diversus; auriculis in margine exteriore in primo triente supra basin profunde emarginatis, dein proportionaliter angustis obtuse acuminatis; trago lanceolato brevi apice minus angustato; notaeo dilute fulvescente, gastraeo pallide flavo; alis nigris, juxta corporis latera, antibrachium et digitos vivide rufis; patagio anali rufo.*

*Vespertilio formosus.* Hodgs. Proceed. of the Zool. Soc. V. VI.(1836.) p. 46.

„ „ Hodgs. Zool. Nepal. c. fig.

*Kerivoula formosa.* Gray. Mammal. of the Brit. Mus. p. 27.

„ „ Horsf. Catal. of the Mamm. of the East.-Ind. Comp. p. 40.

„ Blyth. Journ. of the Asiat. Soc. of Bengal. V. XX. (1851.) p. 158.

*Vespertilio formosus.* Wagn. Schreber Säugth. Suppl. B. V. S. 736.
Note 1.

Nur nach einer sehr kurzen und ungenügenden Beschreibung
von Hodgson und einer uns später von Blyth mitgetheilten Bemerkung bekannt, aus welchen zu entnehmen ist, daß diese Art mit
der bunten Nachtfledermaus *(Nyctophylax pictus)* sehr nahe verwandt sei, und manche Ähnlichkeit auch mit der bengalischen Nachtfledermaus *(Nyctophylax Sykesii)* darbiete.

Von beiden soll sie sich hauptsächlich durch die etwas beträcht-
tichere Größe, die abweichende Bildung der Ohren und der Ohrklappe, und die Färbung unterscheiden.

Sie würde sonach den mittelgroßen Formen in der Familie an-
gebören und die größte in der Gattung bilden.

Die Ohren sind am Außenrande im ersten Drittel ihrer Länge
oberhalb der Basis mit einer tiefen Ausrandung versehen und über
derselben verhältnißmäßig schmal und stumpf zugespitzt. Die Ohrklappe ist lanzettförmig und kurz, kürzer als bei der bunten Nachtfledermaus *(Nyctophylax pictus)* und an der Spitze weniger verschmälert.

Die Oberseite des Körpers ist licht röthlichgelb, die Unterseite
desselben blaßgelb. Die Flügel sind schwarz und längs der Leibesseiten, des Vorderarmes und der Finger lebhaft roth. Die Schenkelflughaut ist roth.

Körpermaaße sind nicht angegeben.

In beiden Kiefern sind jederseits 2 Lücken- und 4 Backenzähne
vorhanden.

Vaterland. Süd-Asien, Nepal, wo Hodgson diese Art entdeckte.

Unter den europäischen Museen ist das Britische Museum zu
London das einzige, das dieselbe besitzt.

### 4. Die faltenohrige Nachtfledermaus *(Nyctophylax Hardwickii)*.

*N. tralatitio et tenui parum major; capite calvaria globosa
tumida, rostro brevi deplanato; auriculis longiusculis latissimis,
latioribus quam longis, in margine exteriore emarginatis, ad basin
ejus lobo rotundato instructis et versus oris angulum protractis,
externe carinatis et interne plica longitudinali meatum auditorium*

36*

*claudente instructis; trago longissimo angusto lanceolato fere line-*
*ari erecto; alis breviusculis plane calvis transversaliter venosis,*
*usque ad digitorum pedis basin usque attingentibus; patagio anali*
*latissimo calvo transversim venoso; cauda longa, corpori longi-*
*tudine aequali et antibrachio eximie longiore, tota patagio anali*
*inclusa; corpore pilis proportionaliter longissimis mollissimisque*
*laneis et ad basin sericeis dense vestito; notaeo dilute grisescente-*
*fusco, gastraeo sordide griseo rufescente-lavato.*

| | |
|---|---|
| *Vespertilio Hardwickii.* | Horsf. Zool. Research. V. VIII. p. 3. |
| „       „ | Griffith. Anim. Kingd. V. V. p. 263. Nr. 16. |
| „ | Fisch. Synops. Mammal. p. 107, 552. Nr. 19. |
| „ | Temminck. Monograph. d. Mammal. V. II. p. 222. t. 55. f. 7—9. |
| „ | Gray. Magaz. of Zool. and Bot. V. II. p. 496. |
| „ | Keys. Blas. Wiegm. Arch. B. VI. (1840.) Th. I. S. 2. |
| „ | Wagn. Schreber Säugth. Suppl. B. I. S. 516. Nr. 41. |
| *Kerivoula Hardwickii.* | Gray. Ann. of Nat. Hist. V. X. (1842.) p. 258. |
| „       „ | Gray. Mammal. of the Brit. Mus. p. 27. |
| *Vespertilio Hardwickii.* | Wagn. Schreber Säugth. Suppl. B. V. S. 736. Nr. 25. |
| *Vespertilio Hardwicki.* | Giebel. Säugeth. S. 938. |

Über die Artselbstständigkeit dieser zuerst von Horsfield und
später auch von Temminck beschriebenen und von diesem durch
eine beigefügte Abbildung erläuterten Form kann nicht wohl ein
Zweifel erhoben werden, da die ihr zukommenden Merkmale und
insbesondere die Färbung sie deutlich von den ihr verwandten Arten
trennen.

Sie ist nur wenig größer als die kurzzehige *(Nyctophylax tralatitius)* und schlanke Nachtfledermaus *(Nyctophylax tenuis)* und
etwas kleiner als die kurzohrige *(Nyctophylax Meyeni),* daher eine
der kleineren Formen in der Gattung.

Der Hirntheil des Kopfes ist kugelartig aufgetrieben, die Schnauze kurz und flachgedrückt. Die Ohren sind ziemlich lang und sehr breit, breiter als lang, am Außenrande ausgerandet, an der Wurzel desselben mit einem rundlichen Lappen versehen und bis gegen den Mundwinkel vorgezogen, auf der Außenseite gekielt und auf der Innenseite von einer Längsfalte durchzogen, durch welche die Ohröffnung ihrer ganzen Länge nach verschlossen werden kann, indem sich der äußere Rand über den inneren legt und hierdurch die Ohrklappe gänzlich einschließt. Die Ohrklappe ist sehr lang und schmal, aufrechtstehend und von lanzett- oder beinahe linienförmiger Gestalt. Die Flügel sind ziemlich kurz, vollständig kahl, der Quere nach geadert und reichen bis an die Zehenwurzel. Die Schenkelflughaut ist sehr breit, kahl und von mehreren Querreihen von Gefäßen durchzogen. Der Schwanz ist lang, von derselben Länge wie der Körper, beträchtlich länger als der Vorderarm und vollständig von der Schenkelflughaut eingeschlossen.

Die Körperbehaarung ist verhältnißmäßig sehr lang, dicht, wollig, sehr weich und an der Wurzel seidenartig.

Die Oberseite des Körpers ist licht graulichbraun, die Unterseite schmutzig grau und röthlich überflogen, da die einzelnen Haare hier in röthliche Spitzen endigen.

| | | |
|---|---|---|
| Gesammtlänge . . . . . . . . | 3″. | Nach Horsfield. |
| Körperlänge . . . . . . . . . | 1″ 6‴. | |
| Länge des Schwanzes beinahe . . | 1″ 6‴. | |
| Körperlänge . . . . . . . . . | 1″ 6‴. | Nach Temminck. |
| Länge des Schwanzes . . . . . | 1″ 6‴. | |
| Länge des Vorderarmes . . . . . | 1″ 1‴. | |
| Spannweite der Flügel . . . . . | 8″— | 8″ 1‴—2‴. |

Im Oberkiefer sind 4, im Unterkiefer 6 Vorderzähne vorhanden und die mittleren Vorderzähne sind ziemlich lang und einfach. Lückenzähne befinden sich in beiden Kiefern jederseits 2, Backenzähne 4.

Vaterland. Süd-Asien, wo diese Art sowohl in Java, als auch in Sumatra angetroffen wird.

Keyserling, Blasius, Wagner und Giebel betrachten dieselbe für eine zu ihrer Gattung *„Vespertilio"* gehörige Form, während Gray ihr eine Stelle in seiner Gattung *„Kerivoula"* einräumt.

Das Britische Museum zu London und das zoologische Museum zu Leyden sind im Besitze dieser seltenen Art.

### 5. Die kurzzehige Nachtfledermaus (*Nyctophylax tralatitius*).

*N. tenuis magnitudine; rostro brevissimo acutiusculo, serie glandularum a naribus supra oculos protensa obtecto; auriculis modice longis, capite brevioribus, sat latis acuminatis, in margine exteriore valde emarginatis et versus oris angulum usque protractis; trago brevi angusto foliiformi supra rotundato; alis longiusculis calvis, ad digitorum pedis basin usque attingentibus, antibrachio sat longo corpore non multo breviore; digitis podariorum brevissimis; patagio anali infra verruculis pluribus parvis brevipilosis et per series transversales dispositis obtecto; calcaribus lobo cutaneo parvo limbatis; cauda longa corpori longitudine aequali et antibrachio paullo longiore, tota patagio anali inclusa; corpore pilis breviusculis incumbentibus mollibus dense vestito; notaeo fuligineo-nigro leviter obscure fusco-lavato, gastraeo grisescente-nigro-albido-lavato.*

*Vespertilio tralatitius.* Temminck. Monograph. d. Mammal. V. II.
        p. 228. t. 57. f. 1—4.

    „    Keys. Blas. Wiegm. Arch. B. VI. (1840.)
        Th. I. S. 2.

    „    Wagn. Schreber Säugth. Suppl. B. I. S. 517.
        Nr. 44.

*Kerivoula trilatitoides.* Gray. Mammal. of the Brit. Mus. p. 27.

*Vespertilio tralatitius.* Wagn. Schreber Säugth. Suppl. B. V. S. 737.
        Nr. 27.

    „    „    Giebel. Säugeth. S. 939.

*Nyctophylax tralatitius* Fitz. Säugeth. d. Novara-Expedit. Sitzungs-
        ber. d. math.-naturw. Cl. d. kais. Akad.
        d. Wiss. B. XLII. S. 390.

*Vespertilio tralatitius.* Zelebor. Reise d. Fregatte Novara. Zool.
        Th. B. I. S. 15.

Eine von Temminck beschriebene und abgebildete, von demselben aber irrigerweise mit der zuerst von Horsfield beschriebenen indischen Sackfledermaus (*Miniopterus Horsfieldii*) für identisch gehaltene Art, die zwar in manchen ihrer Merkmale lebhaft an dieselbe erinnert, obgleich diese sogar generisch von ihr verschieden ist, und sich zunächst an die schlanke Nachtfledermaus *(Nyctophylax tenuis)* anreiht, von welcher sie die abweichende Bildung der Schnauze und der Ohren, die kräftigere Körperform und die Färbung hinreichend unterscheiden.

Ihre Größe ist dieselbe wie die der letztgenannten Art, mit welcher sie eine der kleinsten unter den seither bekannt gewordenen Arten dieser Gattung bildet.

Die Schnauze ist sehr kurz und etwas spitz. Von den Seiten der Nasenlöcher zieht sich eine Drüsenreihe über die Augen hinweg, ohne dieselben aber zu umgeben. Die Ohren sind mäßig lang, kürzer als der Kopf, ziemlich breit, zugespitzt, an ihrem Außenrande mit einer starken Ausrandung versehen und bis gegen den Mundwinkel vorgezogen. Die Ohrklappe ist kurz, schmal, blattförmig und abgerundet. Die Flügel sind ziemlich lang und kahl und reichen bis an die Wurzel der Außenzehe. Der Vorderarm ist ziemlich lang und nicht viel kürzer als der Körper. Die Zehen sind sehr kurz. Die Schenkelflughaut ist auf der Unterseite mit mehreren kleinen, in Querreihen gestellten und mit kurzen Härchen versehenen Wärzchen besetzt, die Sporen von einem rudimentären Hautlappen umsäumt. Der Schwanz ist lang, von derselben Länge wie der Körper, etwas länger als der Vorderarm und vollständig von der Schenkelflughaut eingeschlossen.

Die Körperbehaarung ist ziemlich kurz, dicht, glatt anliegend und weich.

Die Oberseite des Körpers ist rußschwarz, mit leichtem dunkelbraunem Anfluge, die Unterseite graulichschwarz und weißlich überflogen, da die einzelnen Körperhaare auf der Oberseite in feine dunkelbraune, auf der Unterseite in weißliche Spitzen ausgehen.

Gesammtlänge . . . . . 2″ 10‴—3″. Nach Temminck.
Körperlänge . . . . . 1″ 5‴.
Länge des Schwanzes . . 1″ 5‴.
    „ des Vorderarmes · 1″ 3‴.
Spannweite der Flügel . 10″.

In beiden Kiefern sind jederseits 2 Lücken- und 4 Backenzähne vorhanden.

Vaterland. Süd-Asien. wo diese Art sowohl in Java vorkommt, als auch in Sumatra angetroffen werden soll.

Keyserling, Blasius und früher auch Wagner, theilten Temminck's Ansicht und vereinigten diese Art, welche sie in ihre Gattung „Vespertilio“ eingereiht, mit der von Horsfield zuerst beschriebenen indischen Sackfledermaus *(Miniopterus Horsfieldii)* und auch Giebel schloß sich dieser Ansicht an, obgleich Gray schon früher sogar die generische Verschiedenheit dieser beiden Arten nachgewiesen hatte, indem er die von Temminck beschriebene Art mit vollem Rechte seiner Gattung „Kerivoula“ zuweist, welche mit meiner Gattung „Nyctophylax“ identisch ist.

Die zoologischen Museen zu Leyden, London und Wien besitzen diese Art.

### 6. Die schlanke Nachtfledermaus *(Nyctophylax tenuis)*.

*N. tralatitii magnitudine; capite calvaria proportionaliter angusta, rostro brevissimo obtuso; auriculis brevibus acutis; trago brevi angusto foliiformi supra rotundato; trunco gracili; alis longiusculis calvis ad digitorum pedis basin usque attingentibus; digitis podariorum brevibus; patagio anali infra verruculis parvis brevipilosis obtecto; cauda tota patagio anali inclusa; corpore pilis brevibus incumbentibus mollibus dense vestito; notaeo fusco, gastraeo grisescente.*

*Vespertilio tenuis.* Temminck. Monograph. d. Mammal. V. II. p. 229. t. 57. f. 5—7.

*Vesperugo tenuis.* Keys. Blas. Wiegm. Arch. B. VI. (1840.) Th. I. S. 2.

*Kerivoula tenuis.* Gray. Ann. of Nat. Hist. V. X. (1842.) p. 258.

*Vespertilio tenuis.* Wagn. Schreber Säugth. Suppl. B. I. S. 513. Nr. 35.

*Vesperugo tenuis.* Wagn. Schreber Säugth. Suppl. B. I. S. 513. Nr. 35.

*Kerivoula tenuis.* Cantor. Journ. of the Asiat. Soc. of Bengal. V. XV. (1846.) p. 185.

*Vespertilio tenuis.* Wagn. Schreber Säugth. Suppl. B. V. S. 740. Nr. 36.

*Vesperugo tenuis.* Wagn. Schreber Säugth. Suppl. B. V. S. 740. Nr. 36.

*Vespertilio tenuis.* G i e b e l. Säugeth. S. 939. Note 4.

„        „        Z e l e b o r. Reise d. Fregatte Novara. Zool. Th.
B. I. S. 16.

*Vesperugo tenuis.* Z e l e b o r. Reise d. Fregatte Novara. Zool. Th.
B. I. S. 16.

Mit dieser sehr leicht zu erkennenden Art sind wir zuerst durch
T e m m i n c k bekannt geworden, der uns eine Beschreibung und Abbildung von derselben mitgetheilt hat.

Sie ist nebst der kurzzehigen Nachtfledermaus *(Nyctophylax
tralatitius)*, mit welcher sie auch von gleicher Größe ist, eine der
kleinsten unter den zur Zeit bekannten Arten in dieser Gattung und
steht derselben auch außerordentlich nahe. Die verschiedene Form
der Schnauze und der Ohren, der schmächtigere Körper und die
Färbung unterscheiden sie aber deutlich von dieser Art.

Der Hirntheil des Kopfes ist verhältnißmäßig schmal, die
Schnauze überaus kurz, noch kürzer als bei der genannten Art und
stumpf. Die Ohren sind kurz und spitz und die Ohrklappe ist kurz,
schmal, blattförmig und oben abgerundet. Der Leib ist schmächtig
und die ziemlich langen kahlen Flügel heften sich an die Wurzel der
Außenzehe an. Die Zehen sind kurz und die Schenkelflughaut ist auf
ihrer Unterseite mit kleinen kurzbehaarten Wärzchen besetzt. Der
Schwanz wird vollständig von der Schenkelflughaut eingeschlossen.

Die Körperbehaarung ist kurz, dicht, glatt anliegend und weich.

Die Oberseite des Körpers ist braun, die Unterseite graulich.

Körperlänge ungefähr . . . . 1″ 5‴. Nach T e m m i n c k.

Andere Körpermaaße sind nicht angegeben.

In beiden Kiefern sind jederseits nur 1 Lückenzahn und 4 Bak-
kenzähne vorhanden.

V a t e r l a n d. Süd-Asien, wo diese Art sowohl in Java, Sumatra
und Borneo, als auch auf der Insel Pulo Pinang angetroffen wird.

K e y s e r l i n g, B l a s i u s und W a g n e r reihen dieselbe in ihre
Gattung „*Vesperugo*“ ein, G r a y in seine Gattung „*Kerivoula*“,
welcher letzteren Ansicht auch C a n t o r beigetreten ist. G i e b e l
betrachtet sie als eine zur Gattung „*Vespertilio*“ gehörige Form.
Z e l e b o r beging den Irrthum, diese Art mit einer von ihm auf den
Nikobaren gesammelten und von mir aufgestellten, aber bis jetzt noch
nicht beschriebenen Art, nämlich der nikobarischen Dämmerungs-

Fledermaus *(Vesperugo nicobaricus)* zu vermengen und mit derselben
für identisch zu erklären.

### 7. Die kurzohrige Nachtfledermaus *(Nyctophylax Meyeni)*.

*N. Hardwickii parum major; rostro brevissimo obtuse acumi-
nato-rotundato; auriculis brevibus fere trigonis apice rotundatis,
in margine exteriore emarginatis; trago brevi angusto foliiformi
paullo acuminato; alis ad digitorum pedis basin usque attingentibus, antibrachio proportionaliter breviusculo; cauda mediocri,
dimidio corpore parum longiore et antibrachio parum breviore;
corpore pilis brevibus incumbentibus mollibus dense vestito; notaeo
rufescente-fusco, pilis singulis basi albidis, gastraeo ejusdem coloris
ast cinereo-lavato.*

*Vespertilio Meyeni.* Waterh. Ann. of Nat. Hist. V. XVI. (1845.)
           p. 53.

    „     Wagn. Schreber Säugth. Suppl. B. V. S. 744.
           Nr. 49.

    „     Giebel. Säugeth. S. 951. Note 3.

    „     Zelebor. Reise d. Fregatte Novara. Zool. Th.
           B. I. S. 16.

*Vesperus Meyeni.* Zelebor. Reise d. Fregatte Novara. Zool. Th.
           B. I. S. 16.

Bis jetzt blos aus einer Beschreibung von Waterhouse bekannt, aber ohne Zweifel eine selbstständige Art, die zwar in manchen
ihrer Merkmale an die kurzzehige Nachtfledermaus *(Nyctophylax
tralatitius)* erinnert, sich von derselben aber außer der etwas beträchtlicheren Größe, durch die verschiedene Form der Schnauze
und der Ohren, die Abweichungen in den Verhältnissen ihrer einzelnen
Körpertheile, so wie auch durch die Färbung unterscheidet.

Sie zählt zu den kleineren Formen in der Gattung und übertrifft an Größe die faltenohrige Nachtfledermaus *(Nyctophylax
Hardwickii)* nur wenig.

Die Schnauze ist sehr kurz und stumpfspitzig gerundet, breiter
und mehr abgerundet als bei der kurzzehigen Nachtfledermaus
*(Nyctophylax tralatitius)*. Die Ohren sind kurz, beinahe dreiseitig,
an der Spitze abgerundet und am Außenrande mit einer Ausrandung
versehen. Die Ohrklappe ist kurz, schmal, blattförmig und etwas zu-

gespitzt. Die Flügel reichen bis an die Zehenwurzel und der Vorderarm ist verhältnißmäßig ziemlich kurz. Der Schwanz ist mittellang, doch nur wenig länger als der halbe Körper und etwas kürzer als der Vorderarm.

Die Körperbehaarung ist kurz, dicht, glatt anliegend und weich.

Die Oberseite des Körpers ist röthlichbraun, wobei die einzelnen Haare an der Wurzel weißlich sind. Die Unterseite ist ebenso gefärbt, aber aschgrau überflogen.

Körperlänge . . . . . . . 1″ 7‴. Nach Waterhouse.
Länge des Schwanzes . . . 11‴.
  „  des Vorderarmes . . . 1″ 1‴.
  „  der Ohren . . . . . .   2³/₄‴.

Über die Zahl und Vertheilung der Lücken- und Backenzähne liegt keine Angabe vor.

Vaterland. Südost-Asien, Philippinen.

Zelebor glaubte in einer von mir aufgestellten aber bis jetzt noch nicht beschriebenen Form, nämlich der philippinischen Dämmerungsfledermaus *(Vesperugo philippinensis)*, diese Art zu erkennen, was jedoch keineswegs richtig ist.

### 8. Die ocherfarbene Nachtfledermaus *(Nyctophylax rufo-pictus)*.

*N. nubili fere magnitudine; auriculis magnis longis angustis acuminatis, in margine exteriore emarginatis; trago longo angusto acuto; alis ad digitorum pedis basin usque attingentibus; cauda longa, corpore non multo breviore et antibrachio longitudine aequali; corpore pilis brevibus incumbentibus mollibus dense vestito; notaeo dilute fuscescente-flavo vel ochraceo, gastraeo flavescente-albo, pilis singulis notaei basi griseis, gastraei leviter in grisescentem vergentibus; alis nigris ad basin sicut et brachia nec non patagium anale rufis.*

*Vespertilio rufo-pictus.* Waterh. Ann. of Nat. Hist. V. XVI. (1845.) p. 54.

  „  Wagn. Schreber Säugth. Suppl. B. V. S. 744. Nr. 50.

  „  Giebel. Säugeth. S. 951. Note 3.

Waterhouse ist bis jetzt der einzige Zoolog, der diese Art beschrieben.

Obgleich in manchen ihrer Merkmale und insbesondere in der Färbung einigermaßen an die bunte Nachtfledermaus (*Nyctophylax pictus*) erinnernd, ist sie doch sehr leicht von derselben zu unterscheiden, da nicht nur die Gestalt der Ohren eine durchaus verschiedene ist, sondern auch die Verhältnisse ihrer einzelnen Körpertheile und ebenso die Färbung so beträchtliche Abweichungen darbieten, daß an eine Zusammengehörigkeit beider Arten nicht zu denken ist.

Sie ist eine der mittelgroßen Formen dieser Gattung und mit der russigen Nachtfledermaus (*Nyctophylax nubilus*) nahezu von gleicher Größe.

Die Ohren sind groß, lang und schmal, zugespitzt und am Außenrande mit einer Ausrandung versehen. Die Ohrklappe ist lang, schmal und spitz. Die Flügel reichen bis an die Zehenwurzel. Der Schwanz ist lang, nicht viel kürzer als der Körper und von derselben Länge wie der Vorderarm.

Die Körperbehaarung ist kurz, dicht, glatt anliegend und weich.

Die Oberseite des Körpers ist licht bräunlichgelb oder ocherfarben, die Unterseite desselben gelblichweiß, wobei die einzelnen Haare der Oberseite an der Wurzel grau sind, jene der Unterseite aber nur sehr schwach in's Grauliche ziehen. Die Flügel sind schwarz, und an der Wurzel, so wie die Arme und die Schenkelflughaut roth.

Körperlänge . . . . . . . 2″ 3‴. Nach Waterhouse.

Länge des Schwanzes . . . 1″ 11‴.

„ des Vorderarmes . . 1″ 11‴.

„ der Ohren . . . . . 5 3/4‴.

„ der Ohrklappe . . . 4 1/4‴.

Die Zahl der Lücken- und Backenzähne und deren Vertheilung in den Kiefern ist bis jetzt noch nicht bekannt.

Vaterland. Südost-Asien, Philippinen.

9. **Die westafrikanische Nachtfledermaus** (*Nyctophylax poënsis*).

*N. auriculis mediocribus, trago modice longo semiovali obtuso; alis ad digitorum pedis basin usque attingentibus; patagio anali infra fasciculis pilorum parvis per series transversales dispo-*

*sitis obtecto; cauda tota patagio inclusa; capite nuchaque albes-*
*cente-griseis, dorso gastraeoque flavescente-griseis, lateribus cor-*
*poris albescentibus; pilis corporis singulis basi nigris.*

*Kerivoula Poensis.* Gray. Ann. of Nat. Hist. V. X. (1842.) p. 258.

     „        „     Gray. Mammal. of the Brit. Mus. p. 28.

*Vespertilio poënsis.* Wagn. Schreber Säugth. Suppl. B. V. S. 749.
                        Nr. 64.

Wir kennen diese schon durch ihre Färbung sehr ausgezeich-
nete Art blos aus einer kurzen und ungenügenden Beschreibung von
Gray, der sogar unterlassen hat uns über ihre Körpergröße einen
Aufschluß zu geben.

Die ihr nach dieser Beschreibung zukommenden Merkmale sind
folgende:

Die Ohren sind von mittlerer Größe und die Ohrklappe ist
mäßig lang, von halbeiförmiger Gestalt und stumpf. Die Flügel heften sich an die Zehenwurzel an. Die Schenkelflughaut ist auf der
Unterseite mit kleinen Haarbüscheln besetzt, welche in Querreihen
vertheilt sind. Der Schwanz ist vollständig von der Schenkelflughaut
eingeschlossen.

Kopf und Nacken sind weißlichgrau, der Rücken und die Unterseite des Körpers gelblichgrau, die Leibesseiten weißlich. Die einzelnen Körperhaare sind an der Wurzel schwarz.

Körpermaaße sind nicht angegeben und auch über die Zahl und
Vertheilung der Lücken- und Backenzähne in den Kiefern mangelt
es an einer Angabe.

Vaterland. West-Afrika, Fernando Po.

Das Britische Museum zu London ist wohl bis jetzt das einzige
unter den europäischen Museen, das diese Art besitzt.

### 10. Die graue Nachtfledermaus *(Nyctophylax griseus)*.

*N. tenui paullo minor et Vesperuginis barbati magnitudine;*
*auriculis mediocribus; alis ad digitorum pedis basin usque attin-*
*gentibus, antibrachio corpore perparum breviore; cauda tota pa-*
*tagio anali inclusa; notaeo gastraeoque griseis, pilis singulis basi*
*rufis, apice albido-griseis; facie albescente; alis fuscis.*

*Kerivoula grisea.* Gray. Ann. of Nat. Hist. V. X. (1842.) p. 258.

     „        „     Gray. Mammal. of the Brit. Mus. p. 28.

*Vespertilio griseus.* W a g n. Schreber Säugth. Suppl. B. V. S. 763. Note 1.

Eine seither nur von G r a y ganz kurz beschriebene Form, welche aller Wahrscheinlichkeit nach eine selbstständige Art bildet, wie dieß schon aus den wenigen angegebenen Merkmalen ziemlich deutlich hervorgeht.

Sie ist die kleinste bis jetzt bekannte Form dieser Gattung, noch etwas kleiner als die kurzzehige *(Nyctophylax tralatitius)* und schlanke Nachtfledermaus *(Nyctophylax tenuis)* und nur von der Größe der bärtigen Dämmerungsfledermaus *(Vesperugo barbatus)*.

Die Ohren sind von mäßiger Größe, die Flügel bis an die Zehenwurzel reichend, und der Vorderarm ist nur sehr wenig kürzer als der Körper. Der Schwanz wird vollständig von der Schenkelflughaut eingeschlossen.

Die Färbung ist auf der Ober- wie der Unterseite des Körpers grau, wobei die einzelnen Haare an der Wurzel roth sind und in weißlichgraue Spitzen endigen. Das Gesicht ist weißlich, die Flügel sind braun.

Körperlänge . . . . . . . . . . . . 1″ 3‴. Nach G r a y.
Länge des Vorderarmes . . . . . . 1″ 2‴.

Über die Zahl und Vertheilung der Lücken- und Backenzähne liegt keine Angabe vor.

V a t e r l a n d. Unbekannt.

Das Britische Museum zu London ist vielleicht das einzige in Europa, das sich im Besitze dieser Form befindet, von welcher es jedoch nur ein einziges Exemplar und zwar ein Männchen aufzuweisen hat.

### 11. Die russige Nachtfledermaus *(Nyctophylax nubilus)*.

*N. rufo-picti fere magnitudine; rostro acuto, naribus subtubuliformibus sulco longitudinali parvo diremtis; auriculis sat longis, multo longioribus quam latis, acuminatis retrorsum directis, in margine exteriore valde emarginatis; trago subulaeformi angusto recto obtuse acuminato, apice paullo extrorsum curvato; alis modice longis calvis, ad digitorum pedis basin usque attingentibus; cauda*

*mediocri, dimidio corpore parum longiore et antibrachio vix bre-
viore, tota patagio anali inclusa; corpore pilis brevibus incumbentibus mollibus dense vestito; colore secundum aetatem et fortasse
sexum paullo variabili; notaeo in maribus adultis obscure fusco et
albo-fusco-lavato; gastraeo ejusdem coloris, ast fusco-albescente-
lavato; in animalibus junioribus notaeo nigro-vel fuligineo-fusco
ex nigrescente castaneo-fusco-lavato, gastraeo fumigineo et abdomen versus dilute flavo-fuscescente ac quasi griseo-albido asperso;
auriculis alisque fusco-nigris.*

*Vespertilio albescens.* Temminck. Monograph. d. Mammal. V: II.
        p. 244.

     „     Wagn. Schreber Säugth. Suppl. B. I. S. 534.
        Nr. 78.

*Keriroula Brasiliensis.* Gray. Ann. of Nat. Hist. V. XI. (1843.)
        p. 117.

    „     „     Gray. Mammal. of the Brit. Mus. p. 28.

*Vespertilio nubilus.* Wagn. Schreber Säugth. Suppl. B. V. S. 752.
        Nr. 76. — S. 762. Note 1.

*Vespertilio Hilarii.* Giebel. Säugeth. S. 940.

Diese wohl unterschiedene Art wurde von Natterer entdeckt
und von Temminck zuerst beschrieben, von demselben aber irrigerweise mit der bestäubten Halbfledermaus *(Aeorestes albescens)* für
identisch gehalten, welche sogar generisch von ihr verschieden ist.

Sie reiht sich zunächst der schwarzgrauen Nachtfledermaus
*(Nyctophylax parvulus)* an, von welcher sie sich jedoch durch beträchtlichere Größe, Verschiedenheiten in den Verhältnissen ihrer
einzelnen Körpertheile und die Färbung sehr deutlich unterscheidet.

Bezüglich ihrer Größe kommt sie nahezu mit der ocherfarbenen
Nachtfledermaus *(Nyctophylax rufo-pictus)* überein, daher sie eine
mittelgroße Form in ihrer Gattung bildet.

Die Schnauze ist spitz und die Nasenlöcher sind durch eine
Längsfurche geschieden und treten etwas röhrenförmig vor. Die
Ohren sind ziemlich lang, viel länger als breit, zugespitzt, nach rückwärts gekrümmt und an ihrem Außenrande mit einer starken Ausrandung versehen. Die Ohrklappe ist pfriemenförmig, gerade, schmal,
stumpf zugespitzt und mit der Spitze etwas nach auswärts gebogen.
Die Flügel sind mäßig lang, kahl und reichen bis an die Zehenwurzel.

Der Schwanz ist mittellang, nur wenig länger als der halbe Körper, kaum etwas kürzer als der Vorderarm und vollständig von der Schenkelflughaut eingeschlossen.

Die Körperbehaarung ist kurz, dicht, glatt anliegend und weich.

Die Färbung ändert etwas nach dem Alter und vielleicht auch nach dem Geschlechte.

Beim alten Männchen ist die Oberseite des Körpers dunkelbraun und weißbraun überflogen, die Unterseite ebenso mit braunweißlichem Anfluge.

Bei jüngeren Thieren erscheint die Oberseite schwarzbraun oder rußbraun und schwärzlich-kastanienbraun überflogen, wobei die einzelnen Haare an der Wurzel schwarzbraun sind und allmälig in schwärzlich Kastanienbraun übergehen; die Unterseite rauchschwarz, gegen den Bauch zu licht gelbbräunlich und gleichsam grauweiß bestäubt, und gegen das Ende heller, da die an der Wurzel schwarzbraunen Haare am Bauche in gelbbräunliche und grauweiße Spitzen endigen. Die Ohren und die Flügel sind braunschwarz.

Gesammtlänge . . . . . . . . 3″ 1‴. Nach Temminck.  
Länge des Vorderarmes . . . . 1″ 4‴.  
   „   der Ohren . . . . . . 4‴.  
Spannweite der Flügel . . . . 8″ 2‴.  
Körperlänge . . . . . . . . 2″ 2‴. Nach Wagner.  
Länge des Schwanzes . . . . 1″ 3½‴.  
   „   des Vorderarmes . . . . 1″ 4‴.  
   „   der Ohren . . . . . . 6½‴.  
   „   der Ohrklappe . . . . . 3⅔‴.  
Spannweite der Flügel . . . . 9″.

In beiden Kiefern befinden sich jederseits 2 Lücken- und 4 Backenzähne und der erste Backenzahn des Unterkiefers ist einspitzig.

Vaterland. Süd-Amerika, Brasilien, wo Natterer diese Art im südlichen Theile des Landes bei Ypanema traf.

Gray's „Kerivoula Brasiliensis" ist höchst wahrscheinlich mit ihr identisch. Giebel betrachtet sie mit der schwarzbraunen Abendfledermaus (Vesperus Hilarii) für eine und dieselbe Art.

## 12. Die schwarzgraue Nachtfledermaus *(Nyctophylax parvulus)*.

*N. Meyeni paullo major, ast interdum tenuis magnitudine; rostro brevi obtuso, labio inferiore verruca magna instructo; auriculis parvis brevibus rectis acutis, in margine exteriore emarginatis et lobuli instar versus oris angulum protractis; trago saliciformi recto, in margine externo ad basin lobo prosiliente praedito; alis modice longis latisque ad digitorum pedis basin usque attingentibus; patagio anali lato supra infraque basi piloso; cauda sat longa, corpore distincte breviore et antibrachio longitudine plane vel fere aequali, tota patagio anali inclusa; corpore pilis brevibus incumbentibus mollibus dense vestito; notaeo fumigineo-nigro vel nigrogriseo, gastraeo fuscescente vel fuscescente-griseo, jugulo, hypogastrio, inguina nec non lateribus corporis fuscescente-lavatis; collo in lateribus et pectore nigris; inguina, cruribus et patagio anali in parte pilosa in fulvescente-fuscum vel isabellinum vergentibus; patagiis griseo-nigris.*

*Vespertilio parvulus.* Temminck. Monograph. d. Mammal. V. II.
     p. 246.

   „    Wagn. Schreber Säugth. Suppl. B. I. S. 534.
     Nr. 79.

   „    Wagn. Schreber Säugth. Suppl. B. V. S.753.
     Nr. 77.

   „    „    Giebel. Säugeth. S. 940. Note 8.

Ebenfalls eine von Natterer entdeckte und zuerst von Temminck beschriebene Art, welche durch ihre Merkmale so ausgezeichnet ist, daß ihre Selbstständigkeit nicht wohl in Zweifel gezogen werden kann.

Sie ist die größte unter den kleineren Formen dieser Gattung und etwas größer als die kurzohrige Nachtfledermaus *(Nyctophylax Meyeni)*, obgleich sie bisweilen auch kleiner und nur von der Größe der kurzzehigen *(Nyctophylax tralatitius)* und schlanken Nachtfledermaus *(Nyctophylax tenuis)* angetroffen wird.

Von der russigen Nachtfledermaus *(Nyctophylax nubilus)*, mit welcher sie zunächst verwandt ist, unterscheidet sie sich, — abgesehen von der merklich geringeren Größe, — durch die Abweichungen in den

Verhältnissen ihrer einzelnen Körpertheile, so wie auch durch die Färbung.

Die Schnauze ist kurz und stumpf, und auf der Unterlippe befindet sich eine große Warze. Die Ohren sind klein, kurz, gerade und spitz, am Außenrande ausgerandet und mit demselben lappenartig bis gegen den Mundwinkel vorgezogen. Die Ohrklappe ist gerade, weidenblattförmig und an ihrem Außenrande an der Wurzel mit einem lappenartigen Vorsprunge versehen. Die Flügel sind mäßig lang und breit und reichen bis an die Zehenwurzel. Die Schenkelflughaut ist breit und auf der Ober- wie der Unterseite an der Wurzel behaart. Der Schwanz ist ziemlich lang, doch merklich kürzer als der Körper, von gleicher oder nahezu von derselben Länge wie der Vorderarm, und vollständig von der Schenkelflughaut eingeschlossen.

Die Körperbehaarung ist kurz, dicht, glatt anliegend und weich.

Die Oberseite des Körpers ist rauchschwarz oder schwarzgrau, die Unterseite bräunlich oder bräunlichgrau da die Vorderseite des Halses, der mittlere Theil des Bauches, der Hinterbauch und die Leibesseiten bräunlich überflogen sind und die einzelnen Haare hier in braune Spitzen endigen. Die Seiten des Halses und der Brust sind schwärzer als die des Rückens. Am Hinterbauche, an den Schenkeln und auf dem behaarten Theile der Schenkelflughaut zieht die Färbung in's Röthlich-gelbbraune oder Isabellfarbene. Die Flughäute sind grauschwarz.

| | | |
|---|---|---|
| Körperlänge . . . . . . . . | 1″ 5‴. | Nach Temminck. |
| Länge des Schwanzes . . . . . | 1″ 1‴. | |
| „ des Vorderarmes . . . . | 1″ 1‴. | |
| Spannweite der Flügel . . . . | 7″. | |
| Körperlänge . . . . . . . . | 1″ 9‴. | Nach Wagner. |
| Länge des Schwanzes . . . . | 1″ 1‴. | |
| „ des Vorderarmes . . . | 1″ 1½‴. | |
| „ der Ohren . . . . . . | 4‴. | |
| Spannweite der Flügel . . . . | 7″ 4‴. | |

Die Zahl der Lückenzähne beträgt in beiden Kiefern jederseits 2, der Backenzähne 4.

Vaterland. Süd-Amerika, Brasilien, wo Natterer diese Art in der Umgegend von Ypanemain der Provinz San Paulo entdeckte.

## 35. Gatt.: Stelzfussfledermaus (Comastes).

Der Schwanz ist mittellang oder lang, beinahe vollständig von der Schenkelflughaut eingeschlossen und nur mit der äußersten Spitze seines Endgliedes frei über dieselbe hinausragend. Der Daumen ist frei. Die Ohren sind weit auseinander gestellt, mit ihrem Außenrande nicht bis gegen den Mundwinkel verlängert, mittellang und kürzer als der Kopf. Die Sporen sind von keinem Hautlappen umsäumt. Die Flügel reichen bis an das Schienbein oder bis an die Fußwurzel. Die Zehen der Hinterfüße sind dreigliederig und voneinander getrennt. In beiden Kiefern sind jederseits 2 Lückenzähne vorhanden, Backenzähne befinden sich in beiden Kiefern jederseits 4. Die Vorderzähne des Oberkiefers sind auch im Alter bleibend.

Zahnformel: Vorderzähne $\frac{4}{6}$, Eckzähne $\frac{1-1}{1-1}$, Lückenzähne $\frac{2-2}{2-2}$, Backenzähne $\frac{4-4}{4-4} = 38$.

### 1. Die freischienige Stelzfussfledermaus *(Comastes Capaccinii)*.

*C. Vesperuginis Nathusii fere magnitudine; rostro brevi valde obtuso rotundato, sat dense piloso; naribus non prosilientibus reniformibus obliquis, sulco longitudinali nullo diremtis; facie pilis longis dense obtecta, labio inferiore protuberantia transversali calva instructo et mento non ad labium inferiorem usque longipiloso; auriculis mediocribus rhomboidalibus capite brevioribus ad rostri apicem fere attingentibus, angustis rotundatis, supra extrorsum directis calvis, interne plicis 4 transversalibus percursis, in margine exteriore ad basin arcuatis, supra medium profunde sinuatis, dein rectis et infra tragum in altitudine rictus oris terminatis, in margine interiore ad basin angulatim prosilientibus et in apicali dimidio oblique extrorsum directis; trago mediocri paullo ultra dimidium auriculae attingente, in basali dimidio fere recto ac aequilato, in apicali valde angustato acuminato et falciformiter extrorsum flexo, in margine exteriore crenato et ad basin ejus prominentia dentiformi instructo, in interiore leviter sinuato; alis modice longis latis maximam partem calvis, versus corporis latera tantum pilosis, in margine*

37*

*ciliatis et versus tibiae finem usque attingentibus; metacarpo digiti quinti metacarpo digiti tertii et quarti parum breviore; patagio anali sat lato, ad medium usque et infra juxta tibiam usque ad margiem piloso, nec non verruculis leviter ciliatis et per 24—26 series transversales dispositis ac oblique versus caudam decurrentibus notato; in margine postica non ciliato; calcaribus limbo cutaneo destitutis ad marginem pilosis; plantis in basali parte transversaliter, in apicali dimidio langitudinaliter rugosis; cauda longa, corpore parum breviore et antibrachio longitudine aequali, articulo ultimo dimidio prominente libera; palato plicis 7 transversalibus percurso, duabus anticis et postica integris, ceteris divisis; corpore pilis longiusculis subincumbentibus mollibus dense vestito; notaeo ex flavescente griseo-fusco, gastraeo sordide albo, pilis corporis omnibus basi nigris.*

*Vespertilio Capaccini.* Bonaparte. Iconograf. della Fauna ital.
Fasc. XX. c. fig.

„          Temminck. Monograph d. Mammal. V. II.
p. 187. t. 49. f. 3.

*Verspertilio capaccini.* Gray. Magaz. of. Zool. and Bot. V. II.
p. 296.

*Vespertilio Capaccini.* Keys. Blas. Wiegm. Arch. B. V. (1839.)
Th. I. S. 312. — B. V. (1840.) Th. I. S. 5.

*Vespertilio Capaccinii.* Keys. Blas. Wirbelth. Europ. S. XVI, 55.
Nr. 99.

*Vespertilio Capaccini.* Wagn. Schreber Säugth. Suppl. B. I. S. 495.
Nr. 10.

*Vespertilio Capaccinii* Wagn. Schreber Säugth. Suppl. B. V. S. 727.
Nr. 7*.

*Vespertilio desycnemus?* Wagn. Schreber Säugth. Suppl. B. V.
S. 727. Nr. 7*.

*Brachyotus Dasycnemus Var.* Kolenati. Allgem. deutsche naturh.
Zeit. B. II. (1856.) Hft. 5. S. 176.

*Vespertilio emarginatus.* Blas. In litteris. (1856.)

*Vespertilio Capacinii.* Blas. Fauna d. Wirbelth. Deutschl. B. I.
S. 101. Nr. 7.

*Vespertilo dasycneme Var.* Blas. Fauna d. Wirbelth. Deutschl. B. I.
S. 101. Nr. 7.

*Brachyotus Capacinii.* Kolenati. Lotos. 1858. Hft. 3. S. 48.

*Vespertilio Capaccini.* G i e b e l. Säugeth. S. 938.
*Brachyotus Capacinii.* K o l e n a t i. Monograph. d. europ. Chiropt.
S. 99. Nr. 16.
*Brachyotus Blassii.* K o l e n a t i. Monograph. d. europ. Chiropt.
S. 102. Anmerk.

Eine der ausgezeichnetsten Formen unter allen europäischen
Fledermäusen, welche sich durch die eigenthümliche Anheftung ihrer
Flügel, die sie nur mit sehr wenigen anderen gemein hat, fast
von allen übrigen Arten auffallend unterscheidet und deßhalb als
der Repräsentant einer besonderen Gattung betrachtet werden kann,
welche von mir aufgestellt und mit den Namen „*Comastes*“
bezeichnet wurde.

Sie ist zunächst mit der großfüßigen Stelzfußfledermaus
*(Comastes megapodius)* verwandt und wird von den allermeisten
Zoologen auch mit derselben verwechselt, unterscheidet sich von
dieser Art aber außer der etwas geringeren Größe, durch den viel
längeren Schwanz und auch durch die verschiedene Färbung.

In Ansehung der Größe kommt sie nahezu mit der haarschienigen Dämmerungsfledermaus *(Vesperugo Nathusii)* überein,
da sie nur sehr wenig größer als die Bart-Fledermaus *(Vespertilio
mystacinus)* und kaum merklich kleiner als die Wasser-Fledermaus
*(Vespertilio Daubentonii)* angetroffen wird, daher sie eine der
kleineren Formen in der Familie und zugleich die kleinste in dieser
Gattung bildet.

Die Schnauze ist kurz, sehr stumpf abgerundet und ziemlich
dicht behaart. Die Nasenlöcher sind nicht vortretend, schief gestellt
und von nierenförmiger Gestalt, und zwischen denselben befindet
sich keine Längsfurche. Das Gesicht ist dicht mit langen Haaren
besetzt, das Kinn aber nicht bis zur Unterlippe langhaarig, und auf
der Unterlippe befindet sich ein kahler Querwulst. Die Ohren sind
von rautenförmiger Gestalt, mittellang, doch kürzer als der Kopf,
fast bis zur Schnauzenspitze reichend, schmal und abgerundet,
mit der Spitze nach auswärts gewendet, kahl und auf der Innenseite
von vier dicken Querfalten durchzogen. Am Außenrande sind dieselben über ihrer Mitte mit einer tiefen Einbuchtung versehen, unter
derselben ausgebogen, über derselben fast gerade und endigen
unterhalb des Innenrandes der Ohrklappe in gleicher Höhe mit der
Mundspalte. Der Innenrand des Ohres springt an der Wurzel winkel

artig vor und wendet sich in der Endhälfte schräg nach Außen. Die
Ohrklappe ist mittellang, bis etwas über die Mitte des Ohres
reichend, in der Wurzelhälfte fast gerade und gleichbreit, in der
Endhälfte sichelförmig nach auswärts gebogen, stark verschmälert
und zugespitzt, am Außenrande gekerbt und an der Wurzel desselben mit einem zackenartigen Vorsprunge versehen, und am
Innenrande schwach eingebuchtet. Die Flügel sind mäßig lang,
breit, größtentheils kahl, nur längs der Leibesseiten behaart, am
Rande gewimpert, und reichen bis gegen das Ende des Schienbeines,
wo sie einen kleinen Theil desselben nebst dem ganzen Fuße frei
lassen. Das Wurzelglied des fünften Fingers ist nur wenig kürzer
als das des dritten und vierten. Die Schenkelflughaut ist ziemlich
breit, bis zur Mitte und auf der Unterseite auch längs des Schienbeines bis an den Rand behaart, von 24—26 schief nach abwärts
verlaufenden Querreihen von warzigen und schwach bewimperten Gefäßwülstchen durchzogen und am Rande nicht gewimpert. Die Sporen
sind von keinem Hautlappen umgeben und am Rande behaart. Die
Sohlen der Hinterfüße sind an ihrer Wurzel der Quere nach, in ihrer
Endhälfte aber der Länge nach gerunzelt, und bieten keine Schwielen
dar. Der Schwanz ist lang, nur wenig kürzer als der Körper. von
derselben Länge wie der Vorderarm und ragt mit seinem halben
Endgliede frei aus der Schenkelflughaut hervor. Der Gaumen ist
von 7 Querfalten durchzogen, von denen die beiden vorderen und
die hinterste nicht durchbrochen, die vier mittleren aber getheilt
sind.

Die Körperbehaarung ist ziemlich lang, dicht. nicht sehr glatt
anliegend und weich.

Die Oberseite des Körpers ist gelblich graubraun, die Unterseite trübweiß, und sämmtliche Körperhaare sind zweifärbig und an
der Wurzel schwarz, auf der Oberseite in gelblich graubraune, auf
der Unterseite in schmutzigweiße Spitzen endigend.

Körperlänge . . . . . . . 1″ 8‴. Nach Prinz Bonaparte.
Länge des Schwanzes . . . 1″ 6‴.
„ des Vorderarmes . . . 1″ 6‴.
„ der Ohren . . . . . 5½‴.
Spannweite der Flügel . . . 10″.
Gesammtlänge . . . . . . 3″ 4⅓‴. Nach Kolenati.
Körperlänge . . . . . . . 1″ 9⅔‴.

Länge des Schwanzes . . . 1″ 6²/₃‴.

„ des Vorderarmes . . . 1″ 6¹/₄‴.

„ des Oberarmes . . 11²/₃‴.

„ der Ohren . . . . . 6³/₄‴.

„ der Ohrklappe . . 3³/₄‴.

„ des Kopfes . . . . . 8¹/₄‴.

Spannweite der Flügel . . . 9″ 7²/₃‴.

Die Vorderzähne des Unterkiefers sind gerade gestellt und der dritte untere Vorderzahn ist länger als breit und etwas über halb so dick als der Eckzahn.

Vaterland. Süd-Europa und der südöstliche Theil von Mittel-Europa, wo diese Art von Sicilien durch ganz Italien, die Lombardie und Venedig, Krain, Serbien und das Banat nördlich bis nach Ober-Ungarn, Mähren und Schlesien hinaufreicht.

Prinz Bonaparte gebührt das Verdienst, diese Art welche er mit vollem Rechte für eine selbstständige betrachtete, zuerst beschrieben und abgebildet zu haben. Keyserling und Blasius zogen sie aber mit der großfüßigen Stelzfußfledermaus *(Comastes megapodius)* in eine Art zusammen, worin ihnen auch fast alle späteren Zoologen beistimmten. Blasius, welcher in der Folge in dieser Art irrigerweise auch die von Geoffroy beschriebene kerbohrige Ohrenfledermaus *(Myotis emarginata)* erkennen zu sollen glaubte, erklärte sie später nur für eine Abänderung der rauh-schienigen Stelzfußfledermaus *(Comastes dasycneme)*, welcher Ansicht zuletzt auch Wagner, obgleich mit einigem Zweifel beitrat, während Kolenati sich Anfangs ohne Vorbehalt für dieselbe aus-sprach, später aber die Artselbstständigkeit dieser Form zu ver-theidigen sich bestrebte und sogar im Zweifel war, ob die von ihm untersuchten Exemplare wircklich mit Prinz Bonaparte's „*Vespertilio Capaccini*" identisch seien, weßhalb er für dieselben den Namen „*Brachyotus Blasii*" in Vorschlag brachte.

### 2. Die grossfüssige Stelzfussfledermaus *(Comastes megapodius).*

*C. dasycneme distincte minor; auriculis mediocribus capite tertia parte brevioribus lanceolatis, in margine exeriore perparum sinuatis, infra tragum terminatis, trago brevi angustissimo, dimi-dium auriculae non attingente; alis modice longis, tibiis versus earum finem adnatis; patagio anali supra infraque ad dimidium usque pilis laneis dense obtecto; cauda mediocri dimidii corporis longitudine et antibrachio eximie breviore, articulo ultimo dimidio prominente libera; corpore pilis longiusculis subincumbentibus mollibus dense vestito; notaeo pallide griseo-rufescente vel cinnamomeo-fusco in rufescentem vergente, gastraeo griseo-flavescente, pilis corporis omnibus basi griseis.*

*Vespertilio megapodius.* Temminck. Monograph. d. Mammal. V. II.
p. 189.

*Vespertilio Capaccini.* Keys. Blas. Wiegm. Arch. B. V. (1839.)
Th. I. S. 312. — B. VI. (1840.) Th. I. S. 5.

*Vespertilio Capaccinii.* Keys. Blas. Wirbelth. Europ. S. XVI, 55.
Nr. 99.

*Vespertilio Capaccini.* Wagn. Schreber Säugth. Suppl. B. I. S. 495.
Nr. 10.

*Vespertilio Capaccinii.* Wagn. Schreber Säugth. Suppl. B. V. S. 727.
Nr. 7*.

*Vespertilio dasycnemus?* Wagn. Schreber Säugth. Suppl. B. V.
S. 727. Nr. 7*.

*Brachyotus Dasycnemus.* Var. Kolenati. Allgem. deutsche naturh.
Zeit. B. II. (1856.) Hft. 5. S. 176.

*Vespertilio Capacinii.* Blas. Fauna d. Wirbelth. Deutschl. B. I.
S. 101. Nr. 7.

*Vespertilio dasycneme.* Var. Blas. Fauna d. Wirbelth. Deutschl.
B. I. S. 101. Nr. 7.

*Brachyotus Capacinii.* Kolenati. Lotos. 1858. Hft. 3. S. 48.

*Vespertilio Capaccini.* Giebel. Säugeth. S. 938.

*Brachyotus Capacinii.* Kolenati. Manograph. d. europ. Chiropt.
S. 99. Nr. 18.

Unsere Kenntniß von dieser Form beruht nur auf einer Beschreibung von Temminck, aus welcher jedoch beinahe unzweifelhaft hervorgeht, daß dieselbe — obgleich mit der freischienigen Stelzfußfledermaus (*Comastes Capaccinii*) nahe verwandt, — eine selbstständige Art bilde.

Der auffallend kürzere Schwanz, die abweichende Färbung und die etwas beträchtlichere Größe sind die Merkmale, durch welche sie sich von der genannten Art deutlich unterscheidet.

Sie gehört den mittelgroßen Formen in der Familie und der Gattung an und ist merklich kleiner als die rauhschienige Stelzfußfledermaus *(Comastes dasycneme).*

Die Ohren sind mittellang, um $1/3$ kürzer als der Kopf, von lanzett - eiförmiger Gestalt, am Außenrande sehr schwach eingebuchtet und nicht bis gegen den Mundwinkel vorgezogen, sondern unter der Ohrklappe endigend. Die Ohrklappe ist kurz, nicht bis an die Mitte des Ohres reichend und sehr schmal. Die Flügel sind mäßig lang, an das Schienbein angeheftet und lassen den unteren Theil desselben frei. Die Schenkelflughaut ist auf der Ober- wie der Unterseite bis zu ihrer Mitte dicht und wollig behaart. Die Sporen sind von keinem Hautlappen umsäumt. Der Schwanz ist mittellang, von halber Körperlänge, beträchtlich kürzer als der Vorderarm und ragt nur mit seinem halben Endgliede frei aus der Schenkelflughaut hervor.

Die Körperbehaarung ist ziemlich lang, dicht, nicht sehr glatt anliegend und weich.

Die Färbung ist auf der Oberseite des Körpers blaß grauröthlich oder zimmtbraun etwas in's Röthliche ziehend, auf der Unterseite graugelblich, wobei die einzelnen Körperhaare der Oberseite von der Wurzel bis zur Mitte grau, die der Unterseite in ihren beiden unteren Dritttheilen kastanienbraun gefärbt sind.

Körperlänge . . . . . . . 2″.     Nach Temminck.  
Länge des Schwanzes . . . . 1″.  
„ „ Vorderarmes . . . 1″ 5‴.  
Spannweite der Flügel . . . 9″.

In beiden Kiefern sind jederseits 2 Lücken- und 4 Backenzähne vorhanden.

Vaterland. Süd-Europa, wo diese Art bis jetzt blos in Sardinien angetroffen wurde.

Keyserling und Blasius, welche dieselbe zu ihrer Gattung „*Vespertilio*" zählten, glaubten in ihr die vom Prinzen Bonaparte beschriebene freischienige Stelzfußfledermaus *(Comastes Capaccinii)* zu erkennen und alle späteren Zoologen folgten ihrem Beispiele. Blasius ging in seiner neuesten Arbeit so weit, sie sogar nur für eine Abänderung der rauhschienigen Stelzfußfledermaus *(Comastes dasycneme)* zu erklären und Wagner neigte sich — wenn auch nicht mit Bestimmtheit, — derselben Ansicht zu. Kolenati reihte sie seiner Gattung „*Brachyotus*" ein.

### 3. Die rauhschienige Stelzfussfledermaus *(Comastes dasycneme)*.

*C. megapodio parum major; rostro brevi acuminato-obtusato truncato, facie ultra rostri dimidium dense pilosa, naribus fere semilunaribus, naso antice supraque transversaliter plicato protuberantiis duabus intermediis glabris et plica longitudinali in medio percursis instructo; labio superiore in marginibus crenato, inferiore protuberantia calva notato; mento cum verruca rotunda in ejus medio piloso; auriculis mediocribus angustis rotundatis capite brevioribus et apicem rostri non attingentibus rhomboidalibus, apice paullo extrorsum directis, in margine exteriore in basali triente levissime arcuatis, infra medium subsinuatis, in superiore dimidio fere rectis et infra tragum in altitudine rictus oris terminatis, in margine interiore ad basin angulatim prosilientibus et in apicali dimidio oblique extrorsum directis, interne plicis 4 transversalibus valde distantibus percursis, externe rugulosis; trago brevi auriculae dimidium non attingente, in medio basique aequilato et apice perparum introrsum flexo, in margine exteriore subcurvato et ad basin ejus protuberantia dentiformi instructo, in interiore fere recto; alis longiusculis latis maximam partem calvis, versus corporis latera parum pilosis, juxta brachium ad antibrachii insertionem usque pilis longis dense obtectis, juxta antibrachium ad carpum usque pilis parce dispositis, ad tarsum usque attingentibus; metacarpo digiti quinti metacarpo digiti tertii et quarti parum breviore; antibrachio corpori appresso ad medium rictus oris circa attingente; patagio anali lato, supra infraque in basali triente dense piloso, infra juxta tibiam fascia pilosa ad marginem posticam decurrente et a genu usque ad digitos pretensa obtecto, nec non 18 seriebus vasorum transversalibus obliquis et caudam versus directis percurso, in margine postica pilis adstrictis parce dispositis ciliato; calcaribus limbo cutaneo destitutis ad marginem pilosis; plantis in basali parte transversaliter, in apicali dimidio longitudinaliter rugosis; cauda rospore* 1/5 *breviore et antibrachio parum longiore, articulo ultimo dimidio prominente libera; palato plicis 9 transversalibus percurso, tribus anticis et duabus posticis*

*integris, ceteris divisis; corpore pilis longiusculis fere incum-*
*bentibus mollibus dense vestito; colore secundum aetatem variabili;*
*notaeo in animalibus adultis ex fulvescente fusco-griseo, gastraeo*
*albido-griseo vel sordide albo, pilis corporis omnibus basi nigro-*
*fuscis; patagiis dilute fuscis, corpus versus dilutioribus et ad*
*marginem albescentibus, fascia pilosa patagii analis albecente;*
*notaeo in animalibus junioribus nigrescente-fusco; foeminae mari-*
*bus majores.*

*Vespertilio mystacinus.* Boie. Isis. 1823. Nr. 965.

*Vespertilio dasycneme.* Boie. Isis. 1825. Hft. 11. S. 1200.

     „   „  Fisch. Synops. Mammal. S. 106. Nr. 13.

*Vespertilio dasycnemus.* Gloger. Säugeth. Schles. S. 5. Nr. 4.
      Anmerk.

*Vespertilio dasycneme.* Selys Longch. Faune belge. p. 19.

*Vespertilio dasycnemos.* Keys. Blas. Wiegm. Arch. B. V. (1839.)
      Th. I. S. 311. — B. VI. (1840.) Th. I. S. 5.

*Vespertilio dasycnemus.* Keys. Blas. Wirbelth. Europ. S. XVI. 54.
      Nr. 98.

     „  Wagn. Schreber Säugth. Suppl. B. I.
      S. 494. Nr. 9.

     „  Eversm. Bullet. de la Soc. des Naturalist.
      de Moscou. 1853. p. 492. Nr. 3. t. 3.
      f. 3.

      Wagn. Schreber Säugth. Suppl. B. V.
      S. 726. Nr. 7.

*Brachyotus Dasycnemus.* Kolenati. Allgem. deutsche naturh. Zeit.
      B. II. (1856.) Hft. 5. S. 176.

*Vespertilio dasycneme.* Blas. Fauna d. Wirbelth. Deutschl. B. I.
      S. 103. Nr. 8.

*Vespertilio dasycnemus.* Giebel. Säugeth. S. 937.

*Brachyotus Dasycnemus.* Kolenati. Monograph. d. europ. Chiropt.
      S. 102. Nr. 19.

Offenbar eine selbstständige und durch die ihr zukommenden
Merkmale höchst ausgezeichnete Art, welche wir durch Boie zuerst
kennen gelernt haben und die nur mit der Sumpf-Stelzfußfleder-
maus *(Comastes limnophilus)* verwechselt werden kann.

  Sie ist aber nicht nur merklich kleiner als dieselbe und bietet
auch einige Verschiedenheiten in der Färbung von ihr dar, sondern

zeichnet sich auch durch den verhältnißmäßig kürzeren Schwanz
und Vorderarm unverkennbar als eine verschiedene Form aus.

In Ansehung der Größe steht sie zwischen der genannten Art
und der großfüßigen Stelzfußfledermaus *(Comastes megapodius)*
in der Mitte, wornach sie zu den mittelgroßen Formen in der Gattung
und Familie gehört.

Die Schnauze ist kurz und stumpfspitzig abgestutzt, das
Gesicht bis über die Mitte der Schnauze dicht behaart. Die Nasenlöcher sind fast halbmondförmig und die Nase ist vorne und oben
der Quere nach gefaltet und zwischen diesen Falten mit zwei flachen,
in der Mitte von einer Längsfurche durchzogenen glatten wulstigen
Erhöhungen besetzt, die Unterlippe vorne mit einem kahlen Wulste
versehen, die Oberlippe am Rande gekerbt und das Kinn mit einer
runden Warze besetzt und sammt derselben behaart. Die Ohren
sind mittellang, schmal und abgerundet, kürzer als der Kopf, nicht
ganz bis an die Schnauzenspitze reichend, von rautenförmiger
Gestalt und mit der Spitze etwas nach Außen gewendet. An ihrem
Außenrande sind dieselben in ihrem unteren Drittel sehr schwach
ausgebogen, etwas unter ihrer Mitte mit einer sehr flachen Einbuchtung versehen, in ihrer oberen Hälfte fast gerade, und endigen unter
dem Innenrande der Ohrklappe in gleicher Höhe mit der Mundspalte.
Der Innenrand des Ohres springt an der Wurzel winkelartig vor und
wendet sich in der Endhälfte schräg nach Außen. Auf der Innenseite
sind die Ohren von vier weit auseinanderstehenden Querfalten durchzogen, auf der Außenseite gerunzelt. Die Ohrklappe ist kurz, nicht
bis zur Mitte des Ohres reichend, in der Mitte ebenso breit als an
der Wurzel oberhalb des zackenartigen Vorsprunges am Außenrande
derselben, in ihrem letzten Drittel nur wenig verschmälert und an
der Spitze sehr schwach nach Innen gewendet. An ihrem Außenrande
ist dieselbe der ganzen Länge nach flach ausgebogen, am Innenrande
fast gerade. Die Flügel sind ziemlich lang, breit und großentheils
kahl, an den Leibesseiten nur wenig behaart, längs des Oberarmes
bis zur Einlenkung des Vorderarmes dicht mit langen Haaren bedeckt,
längs des Vorderarmes bis zur Handwurzel mit nur spärlich vertheilten Haaren besetzt und reichen bis dicht an die Fußwurzel,
daher der ganze Fuß frei bleibt. Das Wurzelglied des fünften
Fingers ist nur wenig kürzer als das des dritten und vierten und
der an den Leib angedrückte Vorderarm ragt ungefähr bis zur Mitte

der Mundspalte. Die Schenkelflughaut ist breit, auf der Ober- wie
der Unterseite von der Wurzel an in ihrem ersten Drittel dicht
behaart, auf der Unterseite längs des Schienbeines mit einer bis an
den Rand verlaufenden Haarbinde besetzt, welche sich vom Kniee
bis an die Zehen erstreckt und von 18 schief nach abwärts verlaufenden Querreihen von Gefäßwülstchen durchzogen, und am hinteren
Rande mit dünngestellten straffen Härchen gewimpert. Die Sporen
sind von keinem Hautlappen umsäumt und am Rande behaart. Die
Sohlen der Hinterfüße sind in ihrer Wurzelhälfte der Quere nach.
in ihrer Endhälfte der Länge nach gerunzelt und nicht mit Schwielen
besetzt. Der Schwanz ist lang, doch beträchtlich und zwar um
$1/_5$ kürzer als der Körper, nur wenig länger als der Vorderarm und
ragt mit seinem halben Endgliede frei aus der Schenkelflughaut
hervor. Der Gaumen ist von 9 Querfalten durchzogen, von denen
die drei vorderen und die beiden hinteren nicht getheilt, die vier
mittleren aber durchbrochen sind.

Die Körperbehaarung ist ziemlich kurz, dicht, beinahe glatt
anliegend und weich.

Die Färbung ist nach dem Alter verschieden.

Bei alten Thieren ist die Oberseite des Körper rothgelblich-
braungrau, die Unterseite weißlichgrau oder schmutzig weiß, und
sämmtliche Körperhaare sind an der Wurzel schwarzbraun. Die
Flughäute sind lichtbraun, um den Leib herum lichter und an den
Rändern weißlich. Der Haarstreifen auf der Schenkelflughaut ist
weißlich.

Jüngere Thiere sind auf der Oberseite schwärzlichbraun.

Das Weibchen ist beträchtlich größer als das Männchen.

Gesammtlänge des Weibchens . 4″.        Nach Boie.
Länge des Kopfes . . . . . .          9‴.
  „   der Ohren . . . . . .          6‴.
  „   des Vorderarmes . . .  1″ 7‴.
  „   des Daumens ohne Kralle      3‴.
Spannweite der Flügel . . . 11″ 4‴.
Gewicht $2^1/_2$ Drachme, 2 Gran.
Gesammtlänge des Männchens . 2″ 10″.        Nach Boie.
Länge des Kopfes . . . . .        $6^1/_2$‴.
  „   der Ohren . . . . . .          5‴.

Spannweite der Flügel . . . 8″ 2‴.
Gewicht 1 Drachme, 1 Gran.

| | | | |
|---|---|---|---|
| Körperlänge . . . . . | 2″ | 3‴. | Nach Keyserling u. Blasius. |
| Länge des Schwanzes . | 1″ | 10‴. | |
| „ des Vorderarmes . | 1″ | 8½‴. | |
| „ der Ohren . . . | | 8⅕‴. | |
| „ der Ohrklappe . . | | 2⅗‴. | |
| „ des Kopfes . . . | | 9‴. | |
| „ des dritten Fingers | 2″ | 9½‴. | |
| „ des fünften „ | 2″ | 2⅕‴. | |
| Spannweite der Flügel . | 11″. | | |
| Gesammtlänge . . . . | 4″ | 1½‴. | Nach Kolenati. |
| Körperlänge . . . . . | 2″ | 4¾‴. | |
| „ des Schwanzes . | 1″ | 8¾‴. | |
| „ des Vorderarmes . | 1″ | 8⅔‴. | |
| „ des Oberarmes . | 1″ | ½‴. | |
| „ der Ohren . . . | | 8½‴. | |
| „ der Ohrklappe . | | 3½‴. | |
| „ des Kopfes . . . | | 9½‴. | |
| Spannweite der Flügel . | 11″ | 2⅔‴. | |

Der dritte untere Vorderzahn ist ebenso lang als breit. Die Eckzähne sind deutlich vortretend und der untere ist länger als die Lücken- und Backenzähne.

Vaterland. Mittel-Europa und der südöstliche Theil von Nord-Asien, wo sich diese Art von Dänemark durch Belgien, Oldenburg, Holstein, Mecklenburg, Hannover, Braunschweig, Preußen, Sachsen, Polen, Böhmen, Mähren, Schlesien, Ober-Ungarn, Galizien und das mittlere Rußland bis an den Altai in Sibirien verbreitet.

Keyserling und Blasius rechneten dieselbe zu ihrer Gattung „*Vespertilio*“ und ebenso auch alle ihre Nachfolger bis auf Kolenati, der sie zu seiner Gattung „*Brachyotus*“ zählte.

### 4. Die Sumpf-Stelzfussfledermaus (*Comastes limnophilus*).

*C. Myote murina non multo minor; rostro brevissimo obtuso fere toto piloso, in labiis setis longis divergentibus obtecto; verrucis magnis dilute flavis utrinque supra oculos; auriculis mediocribus capite brevioribus perfecte ovatis; trago brevi lato recto, alis maximam partem calvis, juxta brachium solum fascia e pilis brevibus albis formata et usque ad antibrachium protensa obtectis, ad tarsum usque attingentibus; patagio anali infra pilis tenerrimis dilute coloratis obtecto, nulla vero fascia pilosa juxta tibiam; cauda mediocri, dimidio corpore parum et antibrachio perparum longiore, apice articulo ultimo partim prominente libera; corpore pilis longiusculis subincumbentibus mollibus dense vestito; colore secundum sexum paullo variabili; notaeo lateribusque colli maximam partem in maribus obscure fuscescente-vel murino-griseis, in foeminis paullo in rufescentem vergentibus; genis, mento, jugulo, pectore et epigastrio albescentibus, hypogastrio pure albo; alis ad insertionem griseo-fuscis.*

*Vespertilio limnophilus.* Temminck. Monograph. d. Mammal. V. II.
p. 176. t. 48. f. 1, 2.

*Vespertilio dasycneme.* Selys Longeh. Faune belge. p. 19.

*Vespertilio dasycnemos.* Keys. Blas. Wiegm. Arch. B. V. (1839.)
Th. I. S. 311. — B. VI. (1840.) Th. I.
S. 5.

*Vespertilio dasycnemus* Keys. Blas. Wirbelth. Europ. S. XVI,
54. Nr. 98.

　　Wagn. Schreber Säugth. Suppl. B. I.
S. 494. Nr. 9.

　－　Wagn. Schreber Säugth. Suppl. B. V.
S. 726. Nr. 7.

*Brachyotus Dasycnemus.* Kolenati. Allgem. deutsche naturh. Zeit.
B. II. (1856.) Hft. 5. S. 176.

*Vespertilio dasycneme.* Blas. Fauna. Wirbelth. Deutschl. B. I.
S. 103. Nr. 8.

*Vespertilio dasycnemus.* Giebel. Säugeth. S. 937.

*Brachyotus Dasycnemus.* Kolenati. Monograph. d. europ. Chiropt.
S. 102. Nr. 19.

　　Auch die Kenntniß dieser Form haben wir Temminck zu verdanken, der sie zuerst beschrieben und abgebildet hat.

　　Obgleich ihre nahe Verwandtschaft mit der rauhschienigen Stelzfußfledermaus *(Comastes dasycneme)* nicht verkannt werden kann, so scheint sie sich doch specifisch von derselben zu unterscheiden, da sie nicht nur merklich größer als diese und auch etwas verschieden gefärbt ist, sondern auch durch den kürzeren Schwanz und Vorderarm deutlich von derselben abweicht.

Bezüglich ihrer Größe steht sie der gemeinen Ohrenfledermaus *(Myotis murina)* nicht viel nach, daher sie zu den größeren unter den mittelgroßen Formen in der Familie zählt und die größte in ihrer Gattung bildet.

Die Schnauze ist sehr kurz und stumpf, beinahe ganz behaart und an beiden Lippen mit langen divergirenden Borstenhaaren besetzt. Die Ohren sind mittellang, kürzer als der Kopf und vollkommen eiförmig. Die Ohrklappe ist kurz, breit und gerade. Über den Augen befinden sich beiderseits große hellgelbe Drüsen. Die Flügel sind größentheils kahl, nur längs des Oberarmes bis an den Vorderarm mit einem aus kurzen weißen Haaren bestehenden Haarstreifen besetzt und reichen bis an die Fußwurzel. Die Schenkelflughaut ist auf der Unterseite mit sehr feinen hell gefärbten Haaren bedeckt und bietet keinen Haarsteifen längs des Schienbeines dar. Der Schwanz ist mittellang, nur wenig länger als der halbe Körper und sehr wenig länger als der Vorderarm, und ragt mit einem Theile seines Endgliedes frei aus der Schenkelflughaut hervor.

Die Körperbehaarung ist ziemlich lang, dicht, nicht sehr glatt anliegend und weich.

Die Färbung ist nach dem Geschlechte etwas verschieden.

Beim Männchen ist die Oberseite des Körpers und der größte Theil der Halsseiten dunkel bräunlich- oder mausgrau, beim Weibchen etwas in's Röthliche ziehend. Die Wangen, das Kinn, der Unterhals, die Brust und der Vorderbauch sind weißlich, da die von ihrer Wurzel an schwarzer Haare in weiße Spitzen endigen. Der Hinterbauch ist rein weiß. Die Flügel sind an ihrer Einlenkung graubraun.

Körperlänge . . . . . . . 2″ 6‴. Nach Temminck.
Länge des Schwanzes . . . 1″ 6‴.
„ des Vorderarmes . . 1″ 7‴.
Spannweite der Flügel . . 11″.

In beiden Kiefern sind jederseits 2 Lücken- und 4 Backenzähne vorhanden.

Vaterland. Der nordwestliche Theil von Mittel-Europa, von wo diese Form bis jetzt nur aus Holland und Belgien bekannt ist, aller Wahrscheinlichkeit nach sich aber noch weiter nord- und ostwärts hin verbreiten und mindestens auch in Dänemark, Holstein und Mecklenburg angetroffen werden dürfte.

Alle Nachfolger Temminck's wollen derselben ihre Art-selbstständigkeit verweigern und betrachten sie mit der rauh-schienigen Stelzfußfledermaus *(Comastes dasycneme)* für identisch.

Keyserling und Blasius, so wie auch Wagner und Giebel zählen sie zu ihrer Gattung „*Vespertilio*", Kolenati zu seiner Gattung „*Brachyotus*".

# SITZUNGSBERICHTE

DER

## KAISERLICHEN AKADEMIE DER WISSENSCHAFTEN.

### MATHEMATISCH-NATURWISSENSCHAFTLICHE CLASSE.

## LXII. Band.

## ERSTE ABTHEILUNG.

# 10.

Enthält die Abhandlungen aus dem Gebiete der Mineralogie, Botanik, Zoologie, Anatomie, Geologie und Paläontologie.

## XXVII. SITZUNG VOM 1. DECEMBER 1870.

Der Secretär legt folgende eingesendete Abhandlungen vor:

„Über Evoluten räumlicher Curven," vom Herrn Dr. Emil Weyr in Mailand.

„Über die Einwirkung des Ozons auf explosible Salpetersäure-Äther", vom k. k. Artillerie-Oberlieutenant Herrn K. Beckerhinn.

Herr Regierungsrath Dr. K. v. Littrow zeigt die abermalige Entdeckung eines neuen teleskopischen Kometen durch Herrn Hofrath C. Winnecke in Carlsruhe an.

Derselbe theilt ferner mit, daß die beiden Herren Professoren Dr. Th. v. Oppolzer und Dr. Edm. Weiß am 28. November am Bord des Dampfers Triest zur Beobachtung der totalen Sonnenfinsterniß vom 22. December nach Albanien und beziehungsweise nach Tunis abgegangen sind.

Herr Hofrath Dr. E. Brücke überreicht eine Abhandlung des Herrn *stud. med.* Wilh. Svetlin, betitelt: „Einige Bemerkungen zur Anatomie der *Prostata.*"

Herr Dr. S. v. Basch übergibt eine von ihm gemeinschaftlich mit Herrn Dr. Sigm. Mayer ausgeführte Abhandlung: „Untersuchungen über Darmbewegungen."

Herr Docent Dr. M. Rosenthal legt eine Abhandlung: „Experimentaluntersuchungen über galvanische Joddurchleitung durch die thierische Haut" vor.

An Druckschriften wurden vorgelegt:

Akademie der Wissenschaften, Königl. Preuss., zu Berlin: Abhandlungen aus dem Jahre 1869. Bd. I & II. Berlin, 1870; 4⁰. — Monatsbericht. Juni 1870. Berlin; 8⁰.

American Institute of the City of New York: XXIX[th] Annual Report, for the Year 1868—9. Albany, 1869; 8⁰.

Apotheker-Verein, allgem. österr.: Zeitschrift. 8. Jahrgang, Nr. 22. Wien, 1870; 8⁰.

Astronomische Nachrichten. Nr. 1825. (Bd. 77. 1.) Altona, 1870; 4⁰.

Colding, A., Extrait d'un mémoire sur les lois des courants dans les conduites ordinaires et dans la mer. 4⁰.

de Colnet d'Huart, Mémoire sur la théorie mathématique de la Chaleur et de la Lumière. Luxembourg, 1870; 4⁰.

Gesellschaft, Kurländische, für Literatur und Kunst: Sitzungs-berichte aus dem Jahre 1869. Mitau; 4⁰.

— österr., für Meteorologie: Zeitschrift. V. Band, Nr. 22. Wien, 1870; 8⁰.

Gewerbe-Verein, n.-ö.: Verhandlungen & Mittheilungen. XXXI. Jahrg., Nr. 37—38. Wien, 1870; kl. 4⁰.

Institut Royal Grand-Ducal de Luxembourg: Publications. Section des Sciences naturelles et mathématiques. Tome XI. Années 1869 et 1870. Luxembourg, 1870; 8⁰.

Istituto, R., tecnico di Palermo: Giornale di Scienze naturali ed economiche. Anno 1869. Vol. V., fasc. 3 e 4. Palermo; 4⁰.

Journal für praktische Chemie, von H. Kolbe. Neue Folge. Bd. II, 6. Heft. Leipzig, 1870; 8⁰.

Landbote, Der steirische. 3. Jahrgang, Nr. 24. Graz, 1870; 4⁰.

Landwirthschafts-Gesellschaft, k. k., in Wien: Ver-handlungen und Mittheilungen. Jahrgang 1870, Nr. 27—28. Wien; 8⁰.

Mittheilungen des k. k. technischen und administrativen Militär-Comité. Jahrgang 1870, 10. Heft. Wien; 8⁰.

— aus J. Perthes' geographischer Anstalt. 16. Bd., 1870, XI. Heft. Gotha; 4⁰.

Nature. Nrs. 55—56, Vol. 3. London, 1870; 4⁰.

Prestel, M. A. F., Der Boden der ostfriesischen Halbinsel nebst der Geschichte der Veränderung des Bodens und des Klimas der Nordseeküste seit der Eiszeit. Emden, 1870; gr. 8⁰.

Reichsanstalt, k. k. geologische: Jahrbuch. Jahrgang 1870. XX. Bd. Nr. 3. Wien; 4⁰. — Verhandlungen. Jahrg. 1870, Nr. 13—14. Wien; 4⁰.

Reichsforstverein, österr.: Österr. Monatsschrift für Forst-wesen. XX. Band. Jahrgang 1870. August- & September-Heft. Wien; 8⁰.

Wiener Medizin. Wochenschrift. XX. Jahrgang, Nr. 54—55. Wien, 1870; 4⁰.

Zeitschrift des österr. Ingenieur- und Architekten-Vereins. XXII. Jahrgang, 10. Heft. Wien, 1870; 4⁰.

Zittel, Carl Alfred, Denkschrift auf Christ. Erich Hermann von Mayer. München, 1870; 4⁰.

# Einige Bemerkungen zur Anatomie der Prostata.

### Von med. stud. Wilhelm Svetlin.

*(Aus dem physiologischen Institute der Wiener Universität.)*

(Mit 1 Tafel.)

Die verschiedenen Meinungen. die von den verschiedenen Forschern über die Prostata im Allgemeinen und über den Bau ihrer Drüsen insbesondere aufgestellt wurden, waren Ursache, daß ich die Prostata einer näheren Untersuchung unterzog.

Ich verwendete zur Untersuchung nur jene Vorsteherdrüsen, die ich möglichst frischen Leichen von Kindern und Erwachsenen entnahm. Die Objecte wurden in 96% Alkohol gehärtet, auf die gewöhnliche Weise behandelt und der mikroskopischen Untersuchung unterzogen.

Um die Drüsen in ihrem ganzen Verlaufe besser übersehen zu können, fertigte ich dickere, auf die Urethra senkrechte Schnitte an, legte sie durch 1—2 Stunden in verdünnte Oxalsäure (zwei Theile Oxalsäure auf drei Theile Wasser) und untersuchte sie mit dem einfachen Mikroskope.

Was nun vor Allem den Bau der Prostatadrüsen anlangt, muß ich mich der Ansicht jener Forscher (Thompson, Rindfleisch[1]), Zeißl) anschließen, welche die *Glandulae prostaticae* für tubulös erklären.

Den Bildern entgegen, die Kölliker[2]), Frey[3]), Hessling[4]), Luschka[5]), Henle[6]) von den Prostatadrüsen ent-

---

[1]) Rindfleisch's Lehrb. der patholog. Gewebelehre Leipzig 1866—1869.

[2]) Kölliker's Handbuch der Gewebelehre des Menschen, 1867.

[3]) Frey's Histologie und Histochemie des Menschen, 1870.

[4]) Hessling's Grundzüge der Gewebelehre des Menschen, 1866.

[5]) Luschka's Anatomie des Menschen, II. Bd., II. Abthlg., 1864.

[6]) Henle's Anatomie des Menschen, II. Bd., II. Liefrg., 1864.

werfen, sah ich die Endverzweigungen der Drüsengänge in 2 bis
3 kurze, einfach abgerundete Endgebilde (siehe Fig. 1) auslaufen,
die nur sehr selten die Kolben- oder Birnform annehmen, und in
diesen wenigen Fällen zeigten sich in ihnen zahlreiche, abgestoßene
Epithelialzellen angehäuft.

Alle Autoren geben richtig an, daß die Ausführungsgänge mit
einem Cilinderepithelium ausgekleidet sind, das sich von der Urethra
in die Drüsenschläuche fortsetzt; ebenso allgemein aber heißt es,
daß die Terminalgebilde mit Pflasterepithelium ausgekleidet seien [1]).
Diese Angabe ist nicht richtig.

Meine Untersuchung zeigte mir den ganzen Drüsengang mit
Einschluß der Endgebilde mit Cilinderepithelium ausgekleidet. Ich
konnte im ganzen Verlaufe des Drüsenschlauches keine Verschiedenheit der Epithelialzellen erkennen — alle waren Cilinderzellen
mit ovalen, mehr am Grunde der Zellen liegenden Kernen.

Die Angaben der Autoren scheinen durch schräge Schnitte
hervorgerufen zu sein; denn ein schief geschnittener Tubulus, besonders an einer Umbiegungsstelle, wie sie ja bei diesen Drüsen so
häufig vorkommt, getroffen, stellt sich dem Auge als ein birnför-
miges Bläschen vor, ausgekleidet mit vieleckigen, niedrigen Zellen
und runden Kernen.

Dieses Bild nun gleicht genau den von den übrigen Forschern
entworfenen Schilderungen.

Auch die Anzahl der Drüsen wird von den einzelnen Forschern
verschieden angegeben. So zählte Kölliker 30—50, Hessling
15—30, Luschka 16—25 Drüsen.

Ich präparirte aus frischen Leichen von Erwachsenen die Prostata heraus, schnitt die obere, die Urethra überdachende Portion
derselben (die bekanntlich keine Drüsen enthält) auf, trocknete die
Urethralwandung sorgfältig ab, und indem ich, an einem Ende der
Prostata beginnend, successive an allen Stellen einen mäßigen,
seitlichen Druck anbrachte, zeigten mir die austretenden Secret-
tröpfchen die Mündungen und die Anzahl der Drüsenschläuche.

---

[1]) Inzwischen hat E. Klein in Stricker's Geweblehre Cap. XXIX eine Abhandlung
veröffentlicht, in der er richtig angiebt, daß die Endgebilde der Prostata, die
er als Drüsenblasen bezeichnet, mit einschichtigem Cilinderepithel ausgekleidet sind.

Da man dieselbe Procedur an derselben Prostata mehrmals wiederholen kann, so ist die Zählung leicht zu controliren.

Ich bestimmte die Anzahl der Drüsen auch noch auf andere Weise:

Ich schnitt die obere Wand der *Pars prostatica urethrae* einer frischen Leiche auf und spannte die ganze Prostataportion der Harnröhre mit Nadeln auf eine ebene Fläche; hierauf bestrich ich, nachdem ich sorgfältig abgetrocknet, die Harnröhrenwand mit trocknem Zinnober oder mit löslichem Berlinerblau. Die Farbstoffe legten sich nun in die Löcher der Drüsengänge hinein, und man konnte an den rothen, respective an den blauen Punkten die Zahl der Drüsen bestimmen. Da sich aber der Zinnober sowohl, wie das Berlinerblau in jede Unebenheit der Schleimhaut hineinlegt, so ist diese Methode nicht so verläßlich, wie die oben beschriebene.

Ich theile die Resultate von 10 untersuchten Prostatis mit:

| 1 | zeigte | 22 | Drüsengänge |
|---|---|---|---|
| 2 | „ | 26 | „ |
| 3 | „ | 18 | „ |
| 4 | „ | 23 | „ |
| 5 | „ | 15 | „ |
| 6 | „ | 21 | „ |
| 7 | „ | 32 | „ |
| 8 | „ | 20 | „ |
| 9 | „ | 31 | „ |
| 10 | „ | 25 | „ |

Ich fand daher die Zahl der Drüsenschläuche zwischen 15—32 schwankend.

Die Blutzufuhr zu den Drüsen geschieht auf zweifache Weise:

Es treten von den Mastdarm- und Blasenarterien Zweige in die Substanz der Prostata, umspinnen aber nicht nur, wie allgemein angenommen wird, die Drüsenendigungen, sondern überbrücken auch häufig mit einem zierlichen Kapillarnetze die Drüsengänge, die überhaupt stets von stärkeren Arterienstämmchen begleitet erscheinen.

Meiner Untersuchung nach geben aber auch die, die Urethra verfolgenden Arterien Ramificationen ab, die centrifugal laufend, dieselbe Aufgabe erfüllen, wie die oben beschriebenen.

Für den Abfluß des Blutes ist auf dieselbe Weise gesorgt. Theils vereinigen sich die austretenden Gefäße mit den die Urethralschleimhaut begleitenden, theils aber treten sie, und zwar meiner Ansicht nach der überwiegend größere Theil, an die Peripherie der Prostata hinaus und entleeren ihr Blut in die daselbst verlaufenden Blutadern des *Plexus venosus Santorini*.

*Fig 1.*

*Fig. 2*

*Mit Oxalsäure behandelter Schnitt aus*

# Revision der Ordnung der Halbaffen oder Äffer (Hemipitheci).

—

## I. Abtheilung.

## Familie der Maki's (Lemures).

Von dem w. M. Dr. Leop. Jos. Fitzinger.

(Vorgelegt in der Sitzung am 17. November 1870.)

Die höchst verschiedenen und' oft weit auseinander gehenden Ansichten, welche unter den Zoologen über die Abgrenzung der einzelnen Arten dieser in den europäischen naturhistorischen Museen fast allenthalben nur sehr spärlich vertretenen Ordnung bestehen und die große Verwirrung, welche hierdurch in ihrer Synonymie hervorgerufen wurde, veranlaßten mich, da mir ein ziemlich reichhaltiges Material zu Gebote stand, auf das ich meine Untersuchungen gründen konnte, dieselben einer sorgfältigen Revision zu unterziehen, da weder Van der Hoeven's, noch Isidor Geoffroy's Bemühungen, — welche vorzugsweise dieser Ordnung gewidmet waren — vermochten, jene Differenzen vollständig und genügend aufzuklären und bei einer sehr beträchtlichen Anzahl von Arten immer noch große Zweifel fortbestehen, die ihrer Lichtung harren.

Ob es mir gelungen, die mir gestellte Aufgabe in befriedigender Weise zu lösen, überlasse ich der Entscheidung derjenigen meiner Fachgenossen, welche durch Benützung reicherer Sammlungen in der Lage sind, meine Ansichten prüfen und über dieselben ein begründetes Urtheil fällen zu können.

Ich übergebe somit die erste Abtheilung dieser der Ordnung der Halbaffen oder Äffer *(Hemipitheci)* gewidmeten Abhandlung, welche die Familie der Maki's *(Lemures)* umfaßt, der öffentlichen Beurtheilung und behalte mir vor, die zweite Abtheilung, welche die Familien der Schlafmaki's *(Stenopes)*, Galago's *(Otolicni)* und

Flattermaki's *(Galeopitheci)* behandeln und zugleich den Schluß der ganzen Arbeit bilden wird, ehestens nachfolgen zu lassen.

Ich beginne mit der Familie der Maki's *(Lemures)*, welche unstreitig die höchst stehenden Formen dieser Ordnung enthält und dieselbe mit der Ordnung der Anthropomorphen *(Anthropomorphi)* gleichsam zu verbinden scheint, indem sie sich einerseits an die derselben angehörige Familie der Seidenaffen *(Hapalae)*, andererseits an die Familie der Schlafmaki's *(Stenopes)* anschließt.

Sie ist die artenreichste in der ganzen Ordnung und zählt bis jetzt 30 verschiedene Arten, welche sich in 7 Gattungen vertheilen.

Die typische Gattung Maki *(Lemur)* wurde zuerst von B r i s s o n aufgestellt und mit den Namen „*Prosimia*" bezeichnet. L i n n é, welcher die Benennung „*Lemur*" für sie in Anwendung gebracht, gab ihr jedoch eine viel weitere Begrenzung, indem er alle ihm bekannt gewesenen Arten sämmtlicher Familien dieser Ordnung in derselben vereinigte.

Die Verschiedenheit im Zahnbaue und in der Form und Beschaffenheit der einzelnen Körpertheile veranlaßte die Zoologen diese in ihrer damaligen Ausdehnung den neueren Anschauungen nicht mehr entsprechende Gattung in mehrere zu zerfällen.

So errichtete der Abweichungen im Zahnbaue und der langen Hinterfüße wegen C u v i e r für die mit nur 2 Vorderzähnen im Unterkiefer versehenen Arten die Gattung „*Indri*", für welche I l l i g e r den Namen „*Lichanotus*" wählte.

J o u r d a n trennte in dieser Gattung wieder die langschwänzigen von den kurzschwänzigen ab und errichtete für erstere eine besondere Gattung für welche er den Namen „*Microrhynchus*" oder „*Avahis*" in Vorschlag brachte, den W a g n e r jedoch in „*Habrocebus*" verändern zu sollen für nothwendig erachtete. L e s s o n hingegen, wollte für die kurzschwänzigen den Namen „*Pithelemur*", für die langschwänzigen die Benennung „*Semnocebus*" angewendet wissen.

Eine weitere Trennung der langschwänzigen Arten in der von C u v i e r aufgestellten Gattung „*Indri*" nahmen B e n n e t t und A. S m i t h vor, indem sie für jene Art, welche sich durch beinahe aneinander geschlossene Vorderzähne im Oberkiefer auszeichnet, eine besondere Gattung errichteten, welche ersterer mit den Namen „*Propithecus*", letzterer mit dem Namen „*Macromerus*" bezeichnete.

Wegen der Verschiedenheit in der Gestalt des Kopfes vereinigte G e o f f r o y die mit kurzer stumpfer Schnauze und gewölbtem Nasenrücken versehenen Arten dieser Familie in einer eigenen Gattung, für welche er den Namen „*Chirogaleus*" gewählt.

I s i d o r  G e o f f r o y schied hiervon diejenigen Arten, welche behaarte Ohren haben und bei denen die Vorderzähne des Oberkiefers nicht in gleicher Reihe stehen, aus und vereinigte sie in seiner Gattung „*Hapalemur*", welche Benennung G i e b e l in den richtiger gebildeten Namen „*Hapalolemur*" veränderte.

Aus einer kahlohrigen Art, welcher die Vorderzähne im Oberkiefer gänzlich fehlen, errichtete I s i d o r  G e o f f r o y endlich seine Gattung, „*Lepilemur*", welche G i e b e l „*Lepidilemur*", W a g n e r aber „*Galeocebus*" genannt wissen wollte.

Wie bei meinen früheren Abhandlungen über verschiedene Familien der Säugethiere, so will ich auch bei dieser, bevor ich an den speciellen Theil derselben gehe, einige Bemerkungen über das Knochengerüste und den Zahnbau voraussenden.

Was das Skelet betrifft, so zeigt dasselbe bei allen Formen dieser Familie im Allgemeinen große Übereinstimmung und die Hauptunterschiede, welche sich bezüglich desselben bei den einzelnen Gattungen ergeben, beruhen auf der Bildung des Schädels und der Zahl und Vertheilung der Wirbel.

Der Schädel der Arten der Gattung Maki *(Lemur)*, welcher rücksichtlich seiner Bildung im Allgemeinen für die typische Form in der ganzen Familie betrachtet werden kann und sich durch seine Gestalt mehr als jener irgend einer anderen Gattung dieser Ordnung an den Schädel der Familie der Flattermaki's *(Galeopitheci)* anschließt, zeichnet sich durch seine gestreckte Form und den breiten gewölbten, beinahe kugeligen Hirntheil aus, der hinten nur allmählig sich erhebt, nach vorne zu aber am Stirnbeine sehr flach abfällt und sich nach einer schwachen Aushöhlung an die nur wenig schief abfallenden Nasenbeine anschließt. Der Schnauzentheil ist lang und mehr oder weniger schmal. Die Scheitel-, Stirn- und Nasenbeine sind im minder vorgeschrittenen Alter voneinander getrennt und die Nasenbeine sehr lang. Die Nasengrube ist ziemlich steil gestellt und befindet sich am vorderen Ende der Schnauze. Der

Scheitel ist flach oder auch mit einem Kamme versehen und das Hinterhauptsbein reicht mit seiner Spitze bis auf die obere Schädelfläche vor. Die Augenhöhlen sind groß, mehr nach vor- als seitwärts gerichtet, doch bei Weitem nicht in so hohem Grade als dieß bei der Familie der Schlafmaki's *(Stenopes)* der Fall ist, von einem hohen Rande umgeben und durch eine dünne Scheidewand getrennt. Die Thränengrube liegt außerhalb der Augenhöhle und diese ist von der Schläfengrube nicht vollständig durch eine knöcherne Scheidewand geschieden, sondern stößt mit derselben zusammen, da der Jochfortsatz des Stirn- und Wangenbeines, welche den äußeren Augenhöhlenring bilden, nur sehr schmal ist und daher zwischen ihm und dem großen Keilbeinflügel hinten eine breite Lücke läßt. Der untere Augenhöhlen-Kanal ist weit abgerückt und mündet einfach nach Außen. Am Jochfortsatze des Schläfenbeines und zwar unmittelbar vor der äußeren Gehöröffnung und dicht hinter der Gelenkgrube für den Unterkiefer befindet sich wie bei der Familie der Affen *(Simiae)* und den übrigen derselben zunächst verwandten Familien, ein blattähnlicher Fortsatz, der den Gelenkfortsatz des Unterkiefers hinten festhält. Die äußere Ohröffnung ist rundlich, die Gehörkapsel ziemlich groß und blasenartig aufgetrieben und der Griffelfortsatz derselben ist durch eine wagrecht gestellte Spitze angedeutet. Der hintere Gaumenrand ist wulstig. Der Unterkiefer ist lang und schmal, der hintere Winkel desselben erweitert und breit gerundet, der senkrechte Ast nieder und der Kronenfortsatz weit höher als der Gelenkfortsatz.

Vom Schädel der Gattung Maki *(Lemur)* etwas abweichend in seiner Bildung, ist jener der Gattung Vliessmaki *(Habrocebus)*, indem derselbe kurz und insbesondere der Schnauzentheil sehr kurz und dick ist. Die Augenhöhlen sind sehr groß, schief gestellt und durch einen breiten Zwischenraum voneinander geschieden. Die Paukenknochen sind sehr stark gewölbt und blasenartig aufgetrieben, und eine ähnliche Auftreibung bietet auch das Schläfenbein oberhalb des äußeren Gehörganges dar. Die Gelenkfläche für den Unterkiefer ist nicht nur hinten durch einen Fortsatz, der sich mit der Pauke vereinigt, geschlossen, sondern auch durch einen vom Jochfortsatze des Schläfenbeines ausgehenden und nach abwärts gerichteten blattähnlichen Fortsatz nach Außen, wodurch der Gelenkfortsatz des Unterkiefers fest eingeschlossen wird.

Von ähnlicher Form wie der Schädel der Gattung Vliessmaki *(Habrocebus)*, ist auch jener der Gattungen Schleiermaki *(Propithecus)* und Indri *(Lichanotus)*. Beide sind kurz und vorzüglich im Schnauzentheile, doch ist dieser bei der letzteren Gattung minder dick.

Bei den Gattungen Seidenmaki *(Hapalolemur)* und Katzenmaki *(Chirogaleus)* ist der Schädel kurz, beinahe rund und zeichnet sich durch die gewölbten Nasenbeine aus.

Der Schädel der Gattung Frettmaki *(Galeocebus)*, welcher uns bis jetzt aber noch nicht näher bekannt geworden ist, scheint sich — nach der äußeren Kopfform des Thieres zu schließen — zunächst an jenen der Gattung Maki *(Lemur)* anzureihen.

Was die Wirbelsäule betrifft, so ist hervorzuheben, daß der Atlas mit einem starken Flügelfortsatze, der Epistropheus mit einem sehr großen Dornfortsatze versehen ist, während die fünf folgenden Halswirbel nur schmale Dornfortsätze von gleicher Höhe und kurze stumpfe Querfortsätze haben.

Die Rückenwirbel bieten nur schmale geneigte Dornfortsätze dar, die Lendenwirbel dagegen sehr breite und völlig nach vorwärts gewendete Dorn- und nicht minder breite nach abwärts gerichtete Querfortsätze.

Die Kreuzwirbel sind schmal und mit getrennten hohen Dornfortsätzen versehen, von denen der erste nach vorne, die folgenden aber nach hinten gerichtet sind.

Die vier ersten Schwanzwirbel sind kurz mit starken Querfortsätzen, aber ohne Dornfortsätze, die übrigen, welche sich sehr schnell verlängern, sehr lang und walzenförmig.

Die Zahl der Wirbel schwankt — in soweit uns das Skelet bis jetzt bekannt ist, — nach den verschiedenen Arten zwischen 51 und 59, und zwar die Zahl der Rückenwirbel zwischen 10 und 13, der Lendenwirbel zwischen 6 und 10, der Kreuzwirbel zwischen 2 und 4, und der Schwanzwirbel zwischen 22 und 30.

Nachstehende Tabelle enthält die seither in dieser Beziehung untersuchten Arten.

| | Rücken-wirbel | Lenden-wirbel | Kreuz-wirbel | Schwanz-wirbel | Gesammtz. mit Einschl. der 7 Hals-wirbel | Nach |
|---|---|---|---|---|---|---|
| *Lemur Catta* . . . . | 12 | 7 | 3 | 24 | 53 | G. Fischer. |
| „ *Macaco* . . . | 12 | 7 | 3 | 25 | 54 | Cuvier. |
| „ *Mongoz* . . . | 10 | 10 | 2 | 22 | 51 | Giebel. |
| „ *anjuanensis* . | 13 | 6 | 3 | 30 | 59 | Peters. |
| „ *albifrons* . . | 12 | 7 | 3 | 27 | 56 | Cuvier. |
| „ „ . . | ? | ? | 4 | 26 | ? | Giebel. |
| „ *spec. indeterm.* | 12 | 8 | 3 | 29 | 59 | Cuvier. |

Die Zahl der echten Rippen scheint zwischen 6 und 8, der falschen zwischen 4 und 6 Paaren zu schwanken und sämmtliche Rippen sind schneidig und schmal.

Das Brustbein ist aus 6 Wirbeln zusammengesetzt, die Handhabe sehr breit mit schlankem Schwertfortsatze. Die Schlüsselbeine sind lang und stark. Das Schulterblatt ist schief dreiseitig, vorne bogenartig erweitert, an der hinteren Ecke verlängert und mit einer sehr hohen, etwas vor seiner Mitte liegenden Gräthe versehen.

Die Armknochen sind schlank und der Oberarm bietet eine sehr starke, nach vorne gelegene Deltaleiste dar und ist unten scharfkantig und flach. Der innere Knorren desselben ist durchbohrt und dem inneren Rollhügel gegenüber befindet sich ein kleiner Ansatz. Das Ellenbogenbein ist vollständig, stark und kantig, der Ellenbogenhöcker kurz und dick. Das Speichenbein ist stark gekrümmt und unten scharfkantig.

Das Becken ist groß, sehr stark gestreckt und schwach. Die Hüftbeine sind lang und schmal, vorne erweitert und an den Seiten mit einem starken Ausschnitte versehen. Die Scham- und Sitzbeine sind schwach.

Die Knochen der hinteren Gliedmassen sind schlank. Der Oberschenkelknochen ist stark, gerade und mit einem dritten Rollhügel versehen, das Schienbein dreikantig, und das Wadenbein dünn, doch ziemlich stark. Das Fersen- und Sprungbein sind lang und stark zusammengedrückt.

Die Fingerglieder sind schlank, der Daumen der Hinterhände aber ist sehr stark, mit großem breitem Nagelgliede.

In Ansehung der Zahl und Vertheilung der Zähne herrscht unter den zu dieser Familie gehörigen Arten im Allgemeinen eine ziemlich große Übereinstimmung, obgleich sich nach beiden Rich-

tungen hin je nach den einzelnen Gattungen mancherlei Verschiedenheiten ergeben

Die Zahl der Zähne schwankt bei denselben zwischen 30 und
36, indem sie bei den Gattungen Indri *(Lichanotus)*, Vliessmaki
*(Habrocebus)* und Schleiermaki *(Propithecus)* 30, bei den Gattungen Maki *(Lemur)*, Seidenmaki *(Hapalolemur)* und Katzenmaki
*(Chirogaleus)* 36 und bei der Gattung Frettmaki *(Galeocebus)* 32
beträgt.

Nicht minder veränderlich als ihre Zahl ist auch deren Vertheilung in den Kiefern. So trifft man bei den Gattungen Maki
*(Lemur)*, Seidenmaki *(Hapalolemur)* und Katzenmaki *(Chi-*
*rogaleus)* beständig 4 Vorderzähne in beiden Kiefern an, bei
den Gattungen Indri *(Lichanotus)*, Vliessmaki *(Habrocebus)* und
Schleiermaki *(Propithecus)* hingegen im Oberkiefer 4, im Unterkiefer aber nur 2, und bei der Gattung Frettmaki *(Galeocebus)* im
Oberkiefer keinen, im Unterkiefer 4.

Ein ähnliches Verhältniß findet auch bei den Lückenzähnen
statt, indem bei den Gattungen Maki *(Lemur)*, Seidenmaki *(Hapa-*
*lolemur)*, Katzenmaki *(Chirogaleus)* und Frettmaki *(Galeocebus)*
in beiden Kiefern jederseits 3, bei den Gattungen Indri *(Lichanotus)*,
Vliessmaki *(Habrocebus)* und Schleiermaki *(Propithecus)* aber in
beiden Kiefern in jeder Kieferhälfte nur 2 Lückenzähne vorhanden sind.
Dagegen ist die Zahl der Backenzähne bei sämmtlichen Gattungen
dieser Familie gleich und beträgt in beiden Kiefern jederseits 3.

Sämmtlichen Arten ist aber in jedem Kiefer zu beiden Seiten
ein Eckzahn eigen.

Das Gebiß der Gattung Maki *(Lemur)*, das als die typische Form für die ganze Familie gelten kann, bietet folgende Merkmale dar.

Die oberen Vorderzähne sind meistens sehr klein und stumpf,
und an der Krone erweitert. Die beiden mittleren sind etwas größer,
durch einen Zwischenraum voneinander getrennt und vor die
äußeren gestellt. Die unteren Vorderzähne sind lang, schmal und
zugespitzt, aneinander gereiht und beinahe wagrecht schief nach
auswärts gewendet.

Die oberen Eckzähne sind länger und viel breiter als die sich
daran schließenden Vorderzähne, zusammengedrückt, scharf zugespitzt und auf der Vorderseite flach, auf der Hinterseite aber von

einer schneidigen Längskante durchzogen. Die unteren Eckzähne sind von derselben Gestalt wie die äußeren Vorderzähne, aber größer, dicht an dieselben angereiht und vor dem oberen Eckzahne eingreifend, und werden von vielen Zoologen ihrer Gestalt wegen für Vorderzähne betrachtet.

Die drei oberen Lückenzähne sind an der Krone dreiseitig. Der erste ist der kleinste und einspitzig, der zweite etwas größer und mit einem kleinen inneren Ansatze versehen und der dritte ebenso mit einem inneren stumpfen Höcker. Der erste untere Lückenzahn ist kleiner, aber breiter als der obere Eckzahn, flach und zugespitzt, und von den beiden folgenden etwas getrennt. Der zweite und dritte sind größer und mit einem äußeren Ansatze versehen.

Die drei oberen Backenzähne sind viel breiter als lang und der vorderste derselben ist der größte, während die beiden folgenden an Größe wieder abnehmen. An seinem Außenrande ist derselbe mit zwei großen, an seinem Innenrande mit zwei kleineren Spitzen versehen und in der Mitte zwischen den beiden Rändern befindet sich eine vordere sehr große und eine hintere sehr kleine Spitze. Der zweite Backenzahn ist am äußeren Rande zweispitzig, am inneren aber nur einspitzig, indem die hintere kleine Spitze fehlt und die mittlere Spitze verlängert sich zu einer Leiste. Der dritte oder letzte, welcher auch der kleinste ist, bietet am Außenrande zwei Spitzen, am Innenrande einen Ansatz dar. Die drei unteren Backenzähne nehmen gleichfalls von vorne nach hinten an Größe ab und der hinterste ist um die Hälfte kleiner als der vorderste. Sie sind in ihrer Mitte durch eine Grube ausgehöhlt und bieten auf der Außenseite zwei, auf der Innenseite aber nur eine Spitze dar.

Wenig abweichend vom Gebiße der Gattung Maki (Lemur) ist das der Gattung Katzenmaki (Chirogaleus).

Die Vorderzähne des Oberkiefers sind auch bei dieser Gattung paarweise gestellt und beide Paare sind durch einen weiten Zwischenraum voneinander getrennt. Die beiden mittleren sind walzenförmig und stumpf, und stehen mit den äußeren, welche viel kleiner und kegelförmig sind, in gleicher Reihe, nicht aber vor denselben, wie dieß bei der Gattung Maki (Lemur) der Fall ist. Die unteren Vorderzähne sind schmal, beinahe linienförmig, zugespitzt und vorwärts geneigt.

Die oberen Eckzähne sind kegelförmig und stumpf, die unteren größer als die an dieselben sich anreihenden Vorderzähne und schief gegen dieselben geneigt.

Die beiden ersten oberen Lückenzähne sind klein, einspitzig und einwurzelig, und der dritte ist an seinem äußeren Rande mit einem Höcker und an seinem inneren mit einem kleinen Ansatze versehen. Der erste untere Lückenzahn ist kegelförmig und kleiner als der obere Eckzahn, die beiden folgenden sind gleichfalls kegelförmig und einwurzelig.

Von den drei Backenzähnen des Oberkiefers sind die beiden ersten am Außenrande mit zwei Höckern und an ihrem Innenrande mit einem Ansatze versehen, der von einer schwachen Leiste umgeben ist. Der dritte ist von ähnlicher Gestalt, aber viel kleiner. Die Backenzähne des Unterkiefers zeigen dieselbe Form und sind an ihrem Außenrande mit zwei sehr stumpfen Höckern und am inneren Rande mit einer leistenförmigen Verlängerung besetzt.

Erheblichere Abweichungen bietet der Zahnbau bei einigen der übrigen Gattungen dieser Familie dar und werde ich dieselben im speciellen Theile dieser Abhandlung bei den einzelnen Gattungen besonders hervorheben.

Bezüglich der Weichtheile ist noch folgendes besonders zu bemerken.

Die Zunge ist frei und lang, doch nicht sehr weit ausstreckbar, weich und auf der Oberseite mit zahlreichen zackigen Papillen besetzt. Unterhalb derselben befindet sich ein kleiner zungenartiger Vorsprung, welcher in zwei Spitzen ausläuft oder eine Nebenzunge. Das Gaumenzäpfchen fehlt gänzlich.

Die Ruthe ist von keiner Scheide eingeschlossen, sondern frei und hängend und wird durch einen Knochen unterstützt. Die Eichel ist bei den Arten der Gattung Maki *(Lemur)* mit hornigen Stacheln besetzt, bei jenen der Gattung Katzenmaki *(Chirogaleus)* aber nicht. Der Fruchthälter ist zweihörnig, mit sehr kurzen Hörnern.

Wie im Knochenbaue, so ergibt sich auch in den äußerlichen körperlichen Merkmalen im Allgemeinen eine große Übereinstimmung unter den einzelnen dieser Familie angehörigen Arten.

Bei allen sind die Gliedmaßen Gangbeine und das Auftreten auf den Boden findet mit ganzer Sohle statt. Vorder- sowohl als Hinterfüße sind fünfzehig und mit einem abstehenden, den übrigen

Fingern entgegensetzbaren Daumen versehen, daher wahre Hände. Nur der Daumen ist mit einem Plattnagel bedeckt, während alle übrigen Finger derselben, mit Ausnahme des Zeigefingers der Hinterhände, der eine spitze pfriemenförmige Kralle trägt, mit Kuppennägeln besetzt sind. Der Zeigefinger der Vorder- und Hinterhände ist nicht sehr stark verkürzt und der vierte Finger der längste. Die Fußwurzel ist nicht verlängert und kürzer als das Schienbein. Die Nasenlöcher sind schmal und eingerollt. Die Augen sind mittelgroß, nicht sehr nahe nebeneinander stehend und liegen an der Vorderseite des Kopfes. Die Ohren sind klein und kurz. Sämmtliche Arten sind geschwänzt, doch ist die Länge des Schwanzes bei denselben sehr verschieden. Bei der Gattung Indri *(Lichanotus)* ist der Schwanz sehr kurz und stummelartig, bei allen übrigen aber mehr oder weniger lang oder auch sehr lang. Von Zitzen ist nur ein einziges Paar vorhanden, das auf der Brust liegt.

Der Verbreitungsbezirk der Familie der Maki's ist blos auf den südöstlichen Theile von Afrika beschränkt und die allermeisten Arten derselben kommen ausschließlich in Madagaskar vor. Nur sehr wenige werden auch auf den komorischen Inseln und den Maskarenen angetroffen.

Sämmtliche Arten führen eine halb nächtliche Lebensweise und entziehen sich dem grellen Sonnenlichte bei Tage. Sie nähren sich hauptsächlich von kleinen Vögeln, Säugethieren und Reptilien, so wie auch von Eiern und verzehren nebstbei auch Insecten, Wurzeln und Früchte. In ihren Bewegungen zeigen sie sich ungemein lebhaft und gewandt, indem sie sich mit großer Leichtigkeit auf den Bäumen, auf denen sie leben, umhertreiben und ziemlich weite Sprünge ausführen. Dagegen bewegen sie sich auf ebenem Boden nur schwer und gezwungen.

Nach diesen allgemeinen Bemerkungen, welche ich vorausschicken zu sollen für nöthig erachtete, wende ich mich nun dem speciellen Theile dieser Abhandlung zu.

# Familie der Maki's (Lemures).

**Charakter.** Die Gliedmaßen sind Gangbeine. Vorder- und Hinterfüße sind mit einem den übrigen Zehen entgegensetzbaren Daumen versehen und fünfzehig. Die Fußwurzel ist kürzer als das Schienbein. Die Ohren sind klein. Nur der Zeigefinger der Hinterhände ist mit einem Krallennagel versehen, alle übrigen Zehen haben Platt- oder Kuppennägel. Der Zeigefinger der Vorderhände ist nur äußerst selten, jener der Hinterhände nicht verkürzt. Die Augen stehen nicht sehr nahe beisammen.

## 1. Gatt.: Indri (Lichanotus.)

Die hinteren Gliedmaßen sind viel länger und fast doppelt so lang als die vorderen. Der Kopf ist schwach gestreckt und dreiseitig, die Schnauze kurz und spitz. Die Ohren sind kurz, gerundet, behaart, oben mit einem schwachen Haarbüschel versehen und ragen frei aus den Haaren hervor. Die Augen sind mittelgroß. Der Nasenrücken ist nicht gewölbt. Der Schwanz ist überaus kurz, fast unter den Haaren versteckt und ziemlich kurz behaart. Die Nägel sind nicht gekielt. Im Oberkiefer sind 4 Vorderzähne vorhanden, von denen die beiden mittleren durch einen Zwischenraum voneinander getrennt sind, im Unterkiefer nur 2. Lückenzähne befinden sich in beiden Kiefern in jeder Kieferhälfte 2.

**Zahnformel:** Vorderzähne $\frac{2-2}{2}$, — Eckzähne $\frac{1-1}{1-1}$, — Lückenzähne $\frac{2-2}{2-2}$, — Backenzähne $\frac{3-3}{3-3}$ = 30.

### 1. Der schwarze Indri *(Lichanotus brevicaudatus).*

*L. Semnopitheci Morionis circa magnitudine; capite sat magno leviter elongato trigono, rostro breviore quam in Lemuribus et acuto; facie pilosa; oculis mediocribus parum approximatis, in antica parte capitis sitis; auriculis parvis brevibus rotundatis pilosis, supra leviter penicillatis; corpore sat gracili; scelidibus antipedibus fere duplo longioribus, tarso tibia breviore; manibus longis, pollice maximo valde distante, unguiculo lamnari.*

*ovali instructo, digitis ceteris, indice podariorum, falcula subu-*
*laeformi excavata acuta instructo excepto, unguiculis tegularibus;*
*cauda brevissima, pilis fere occulta; corpore pilis modice longis*
*mollibus sericeis et in regione anali paullo crispatis dense vestito;*
*vertice, occipite, nucha dorsoque ad prymnam usque nigrescenti-*
*bus, prymna, regione anali, cauda nec non margine exteriore tarsi*
*albis flavescente-lavatis; pectore et abdomine fusco-nigris, lateribus*
*abdominis cruribusque interne grisescente-albis; brachiis, cruri-*
*bus tibiisque externe cinerascentibus; fronte, temporibus genisque*
*cinerascentibus, his in lateribus macula magna supra rufa, infra*
*flava signatis; rostro grisescente-albo.*

*Indri.* Sonnerat. Voy. aux Ind. orient. V. II. p. 142. t. 88.
*Indri Maucauco.* Pennant. Hist. of Quadrup. V. I. p. 228.
*Lemur Indri.* Schreber. Säugth. t. 38. C.
   „      „     Gmelin. Linné Syst. Nat. T. I. P. I. p. 42. Nr. 9.
   „      „     Cuv. Tabl. élém. d'hist. nat. p. 101. Nr. 3.
*Indri Indri.* Cuv. Tabl. élém. d'hist. nat. p. 101. Nr. 3.
*Lemur Indri.* Cuv. Leç. d'Anat. comp. V. IV. P. I. p. 254. (Gebiß.)
*Indri brevicaudatus.* Geoffr. Magas. encycl. V. VII. p. 20.
*Indri niger.* Audeb. Hist. nat. des Singes et des Makis. Indris. p. 7. t. 1.
*Lemur Indri.* Shaw. Gen. Zool. V. I. P. I. p. 94. t. 32.
   „      „     G. Fisch. Anat. d. Makis. S. 102. t. 2. (Gebiß.)
*Lichanotus Indri.* Illiger. Prodrom. p. 72.
*Indri brevicaudatus.* Geoffr. Ann. du Mus. V. XIX. p. 157. Nr. I.
*Indri.* Cuv. Règne anim. Edit. I. V. I. p. 118.
*Indri brevicaudatus.* Desmar. Nouv. Dict. d'hist. nat. V. XVI.
         p. 170. N. 1.
   „          „          Desmar. Mammal. p. 96. Nr. 107.
Encycl. méth. tab. suppl. 2. f. 2.
*Indri brevicaudatus.* Desmar. Dict. des Sc. nat. V. XXVIII. p. 129.
         c. fig.
   „          „          Isid. Geoffr. Dict. class. V. VIII. p. 533.
*Indri.* Fr. Cuv. Dents des Mammif. p. 27. (Gebiß.)
   „     Cuv. Règne anim. Edit. II. V. I. p. 108.
*Lemur niger.* Griffith. Anim. Kingd. V. V. p. 123. Nr. 1.
*Lichanotus niger.* Griffith. Anim. Kingd. V. V. p. 123. Nr. 1.
*Indri brevicaudatus.* Fisch. Synops. Mammal. p. 72, 548. Nr. 1.

*Lichanotus Indri.* W a g l e r. Syst. d. Amphib. S. 8.
*Lichanotus brevicaudatus.* B l a i n v. Ostéograph. Lemur. p. 36. t. 4.
(Skelet), t. 8. f. 1. (Schädel), t. 11.
f. 7. (Zähne).
W a g n. Schreber Säugth. Suppl. B. I.
S. 257. Nr. 1.
*Pithelemur Indri.* L e s s o n. Spec. des Mammif. biman. et quadrum.
*Lichanotus brevicaudatus.* V a n d. H o e v e n. Tijdschr. V. XI.
(1844.) p. 8, 44. t. 1. f. 5 (Schädel
u. Zähne).
„        „        G i e b e l. Odontograph. S. 6. t. 3. f. 5, 6.
*Indris brevicaudatus.* I s i d. G e o f f r. Catal. des Primates. p. 68.
*Lichanotus brevicaudatus.* W a g n. Schreber Säugth. Suppl. B. V.
S. 140. Nr. 1.
*Indri brevicaudatus.* F i t z. Kollar, Über Ida Pfeiffer's Send. v.
Natural. S. 4. (Sitzungsb. d. math. naturw.
Cl. d. kais. Akad. d. Wissensch. B. XXXI.
S. 340.)
*Lichanotus brevicaudatus.* G i e b e l. Säugeth. S. 1025.

Der einzige bekannte Repräsentant dieser Gattung, welche ursprünglich jedoch in einer weiteren Begrenzung von C u v i e r unter den Namen „*Indri*" aufgestellt, und von I l l i g e r mit dem Namen „*Lichanotus*" bezeichnet, später aber von W a g n e r blos auf diese Art beschränkt wurde. L e s s o n brachte für dieselbe den Namen „*Pithelemur*" in Vorschlag.

Sie ist nebst dem rothem Maki *(Lemur ruber)* die größte Art in der ganzen Ordnung und ungefähr von der Größe des Mohren-Schlankaffen *(Semnopithecus Morio)*.

Der Kopf ist ziemlich groß und schwach gestreckt, kürzer als bei den Arten der Gattung Maki *(Lemur)* und von dreiseitiger Gestalt, die Schnauze kürzer und spitz. Das Gesicht ist behaart. Die Augen sind von mittlerer Größe, nicht sehr nahe aneinander stehend und liegen auf der Vorderseite des Kopfes. Die Ohren sind klein, kurz und gerundet, behaart und oben mit einem schwachen Haarbüschel versehen. Der Leib ist ziemlich schlank und die hinteren Gliedmaßen sind weit länger als die vorderen und fast von doppelter Länge. Die Fußwurzel ist kürzer als das Schienbein. Alle vier

Hände sind lang und der Daumen derselben ist sehr groß, weit abstehend und mit einem eiförmigen Plattnagel versehen. Die Nägel der übrigen Finger, mit Ausnahme des Zeigefingers der Hinterhände, welcher eine pfriemenförmige spitze ausgehöhlte Kralle trägt, sind mehr zugespitzt, schwach zusammengedrückt und Kuppennägel. Der Schwanz ist überaus kurz und unter dem Haare fast ganz versteckt.

Die Körperbehaarung ist mäßig lang, dicht, seidenartig und weich, das Haar in der Aftergegend etwas gekräuselt.

Der Scheitel, der Hinterkopf, der Nacken und der Rücken bis an das Kreuz sind schwärzlich, das Kreuz, die Aftergegend und der Schwanz, so wie auch der äußere Rand der Fußwurzel matt weiß und gelblich gewässert. Die Brust und der Bauch sind braunschwarz und der letztere ist an den Seiten, so wie auch die Innenseite der Schenkel graulichweiß. Die Außenseite der Arme, der Schenkel und der Schienbeine ist aschgraulich. Die Stirne, die Schläfen und die Wangen sind aschgraulich und an den Seiten der letzteren befindet sich ein großer oben rother, unten gelber Flecken. Die Schnauze ist graulichweiß.

Höhe in aufrechter Stellung 3′.    Nach Geoffroy.

Körperlänge . . . . . . 2′ 1″.

Länge des Kopfes . . . . 5″.

  „  des Rumpfes . . . 1′ 8″.

  „  des Schwanzes kaum 1″.

Körperlänge . . . . . 1′ 10″ 8‴. Nach Van der Hoeven.

Länge des Schwanzes . . 1″ 5½‴.

Die Vorderzähne des Oberkiefers sind viel breiter und auch mehr nach vorwärts gerichtet, als bei den Arten der Gattung Maki (Lemur). Sie sind paarweise gestellt, die beiden mittleren durch einen Zwischenraum voneinander getrennt und größer. Die beiden Vorderzähne des Unterkiefers sind ebenfalls nach vorwärts geneigt, sehr lang, dünn und zugespitzt, auf der Außenseite gewölbt, auf der Innenseite ausgehöhlt und gefurcht. Die Eckzähne des Oberkiefers stehen von den Vorderzähnen abgerückt und sehr nahe an den Lückenzähnen, und sind in ihrem Längendurchmesser breiter als im Querdurchmesser. Die des Unterkiefers reihen sich an die Vorderzähne an, denen sie in der Gestalt auch völlig ähnlich sind, nur sind sie merklich dicker. Die beiden Lückenzähne beider Kiefer und der vorderste Backenzahn des Oberkiefers sind einspitzig.

Vaterland. Südost-Afrika, Madagaskar, wo diese Art ziemlich selten ist.

„*Indri*" ist der Name, welchen dieselbe bei den Eingeborenen führt.

Durch eine lange Reihe von Jahren war diese Art blos nach einem einzigen Exemplare bekannt, das Sonnerat um das Jahr 1780 von seiner Reise in das naturhistorische Museum nach Paris gebracht und das zuerst von ihm und später auch von Audebert beschrieben und abgebildet wurde, und worauf auch Geoffroy und alle übrigen Zoologen bis in die neuere Zeit ihre Beschreibung gegründet hatten. Erst in den Jahren 1834, 1838 und 1842 erhielt das Pariser Museum eine Anzahl von Exemplaren verschiedenen Alters durch den Reisenden Goudot. Auch das naturhistorische Museum zu Leyden gelangte in neuerer Zeit in den Besitz eines Exemplars dieser seltenen Art, welches Van der Hoeven zu seiner Beschreibung benützte und ebenso auch das kaiserliche zoologische Museum zu Wien, welchem die bekannte Reisende Ida Pfeiffer im Jahre 1858 ein solches zugesendet hatte.

## 2. Gatt.: Vliessmaki (Habrocebus).

Die hinteren Gliedmaßen sind viel länger und fast doppelt so lang als die vorderen. Der Kopf ist sehr schwach gestreckt und beinahe rund, die Schnauze kurz, dick und stumpf. Die Ohren sind kurz, gerundet, behaart und fast völlig unter den Haaren versteckt. Die Augen sind ziemlich groß. Der Nasenrücken ist nicht gewölbt. Der Schwanz ist lang, kürzer als der Körper und ziemlich kurz behaart. Die Nägel sind nicht gekielt. Im Oberkiefer sind 4 Vorderzähne vorhanden, von denen die beiden mittleren durch einen Zwischenraum voneinander getrennt sind, im Unterkiefer nur 2. Lückenzähne befinden sich in beiden Kiefern in jeder Kieferhälfte 2.

Zahnformel: Vorderzähne $\frac{2-2}{2}$, Eckzähne $\frac{1-1}{1-1}$, — Lückenzähne $\frac{2-2}{2-2}$, — Backenzähne $\frac{3-3}{3-3} = 30$.

### 1. Der bräunlichgelbe Vliessmaki *(Habrocebus lanatus)*.

*H. Propitheco Diademate dimidio minor; capite perparum elongato fere rotundo, in posteriore parte parvo, fronte lata, rostro brevi crasso obtuso, facie pilosa; oculis proportionaliter sat magnis, parum approximatis, antice sitis; auriculis parvis brevibus rotundatis pilosis, pilis fere plane occultis; corpore propter pilos copiosos crassiusculo; scelidibus antipedibus fere duplo longioribus, tarso tibia breviore; pollice manuum distante, posteriorum indice membrana conjuncto, ceteris digitis ad phalangem primam usque membrana connexis; unguiculis pollicum lamnaribus, ceterorum digitorum tegularibus, indice podariorum excepto, unguiculo subulaeformi instructo; cauda longa, corpore parum breviore, pilis laneis, dense obtecta; corpore pilis sat longis laneis leviter crispis mollissimis fere fasciculatis dense ac large vestito; capite, dorso artubusque externe ex griseo-rufescente fusco-flavis, nucha paullo obscuriore, prymna flavescente-grisea; gula, jugulo, pectore, abdomine nec non artubus interne sordide albis vel albido-griseis dilute ex rufescente fusco-flavo-lavatis; femoribus postice et regione anali albescentibus; rostro supra macula magna nigra, nasum et labii superioris partem tegente ac frontem versus in acumen excurrente notato; cauda manibusque externe ex fulvescente ferrugineo-fuscis, his pilis griseis intermixtis; digitis, unguiculis manibusque interne nigris; cute corporis plus minus nigrescente.*

*Maquis à bourres.* Sonnerat. Voy. aux Ind. orient. V. II. p. 142. t. 89.

*Autre espéce de Maki, Maki fauve.* Buffon. Hist. nat. d. Quadrup. Suppl. VII. p. 123. t. 35.

*Lemur lanatus.* Schreber Säugth. t. 42. A.

*Lemur laniger.* Gmelin. Linné Syst. Nat. T. I. P. I. p. 44. Nr. 10.

„ „ Cuv. Tabl. élém. d'hist. nat. p. 101. Nr. 3.

*Indri laniger.* Cuv. Tabl. élém. d'hist. nat. p. 101. Nr. 3.

*Lemur laniger.* Cuv. Leç. d'Anat. comp. V. II. p. 194, 318.

„ „ Shaw. Gen. Zool. V. I. P. I. p. 99. t. 34.

*Lemur brunneus.* Linck.

*Lichanotus Laniger.* Illiger. Prodrom. p. 72.

*Indri longicaudatus.* Geoffr. Ann. du Mus. V. XIX. p. 158. Nr. 2.

„ „ Desmar. Nouv. Dict. d'hist. nat. V. XVI. p. 171. Nr. 2.

Desmar. Mammal. p. 97. Nr. 108.

*Indri longicaudatus.* D e s m a r. Diet. des Sc. nat. V. XXVIII. p. 130.

" " I s i d. G e o f f r. Diet. class. V. VIII. p. 534.

*Lemur laniger.* G r i f f i t h. Anim. Kingd. V. V. p. 124. Nr. 1.

*Indris laniger.* G r i f f i t h. Anim. Kingd. V. V. p. 124. Nr. 1.

*Indri laniger.* F i s c h. Synops. Mammal. p. 73, 548. Nr. 1.✳

*Microrhynchus s. Avahis.* J o u r d a n. Insitut. 1834. p. 232.

*Lemur laniger.* B l a i n v. Ostéograph. Lemur. t. 8. f. 2. (Schädel),
t. 11. (Gebiss).

*Habrocebus lanatus.* W a g n. Schreber Säugth. Suppl. B. I. S. 258.
Note 1.

*Semnocebus Avahis.* L e s s o n. Spec. des Mammif. biman. et quadrum.

*Indris laniger.* G r a y. Mammal. of the Brit. Mus. p. 16.

*Lichanotus Avahi.* V a n d. H o e v e n. Tijdschr. V. XI. (1844.) p. 27,
44. t. 3. (Thier), t. 1. f. 6. (Schädel).

*Habrocebus lanatus.* G i e b e l. Odontograph. S. 7. t. 3. f. 10.

*Avahis laniger.* I s i d. G e o f f r. Catal. des Primates. p. 69.

*Habrocebus lanatus.* W a g n. Schreber Säugth. Suppl. B. V. S. 140.
Nr. 1.

*Propithecus laniger.* G i e b e l. Säugeth. S. 1024.

Gleichfalls eine von S o n n e r a t entdeckte und von demselben
auch zuerst beschriebene und abgebildetete Art, und zwar die einzige
zur Zeit bekannte dieser Gattung, die von J o u r d a n aufgestellt
wurde und für welche er den Namen *„Microrhynchus"* oder
*„Avahis"* in Vorschlag brachte, der jedoch von W a g n e r in
*„Habrocebus"* verändert wurde. L e s s o n wollte den Namen
*„Semnocebus"* auf dieselbe angewendet wissen, G r a y die Benennung *„Indris"*, I s i d o r G e o f f r o y den Namen *„Avahis"*.

Sie ist um die Hälfte kleiner als der schwarze Indri *(Lichano-*
*tus brevicaudatus)* und auch als der bindenstirnige Schleiermaki
*(Propithecus Diadema)*, welchem sie sehr nahe verwandt ist, und
steht dem ringelschwänzigen Maki *(Lemur Catta)* nur wenig an
Größe nach.

Der Kopf ist sehr schwach gestreckt, noch weniger als beim
schwarzen Indri *(Lichanotus brevicaudatus)* und beinahe rund, der
Hinterkopf klein, die Stirne breit, die Schnauze kurz, dick und
stumpf. Das Gesicht ist behaart. Die Augen sind verhältnißmäßig
ziemlich groß, nicht sehr nahe aneinander stehend und liegen auf

der Vorderseite des Kopfes. Die Ohren sind klein, kurz, gerundet und behaart, und fast völlig unter den Pelze versteckt. Der Leib erscheint in Folge der reichlichen Behaarung untersetzt und ziemlich dick. Die hinteren Gliedmaßen sind viel länger als die vorderen und fast doppelt so lang als diese. Die Fußwurzel ist kürzer als das Schienbein. Der Daumen aller vier Hände ist abstehend und jener der Hinterhände durch eine Spannhaut mit dem Zeigefinger verbunden, die übrigen Finger derselben sind aber bis zum ersten Gliede durch eine Spannhaut miteinander vereinigt. An den Vorder- sowohl als Hinterhänden ist nur der Daumen mit einem eiförmigen Plattnagel versehen, während die übrigen Finger, mit Ausnahme des Zeigefingers an den Hinterhänden, der eine spitze pfriemenförmige Kralle trägt, Kuppennägel haben, die schwach zusammengedrückt und auch etwas spitzer sind. Der Schwanz ist lang, nur wenig kürzer als der Körper, dicht und wollig behaart.

Die Körperbehaarung ist ziemlich lang, reichlich und dicht, wollig, schwach gekräuselt, beinahe flockenartig und sehr weich.

Der Kopf, der Rücken und die Außenseite der Gliedmaßen sind grauröthlich-braungelb, wobei die einzelnen Haare an der Wurzel grau, im weiteren Verlaufe aber röthlich-braungelb sind; der Nacken ist etwas dunkler, die Kreuzgegend dicht an der Schwanzwurzel gelblich-grau. Die Kehle, der Unterhals, die Brust, der Bauch und die Innenseite der Gliedmaßen sind schmutzigweiß oder weißlich-grau und lichtröthlich-braungelb überflogen. Die Hinterseite der Schenkel und die Aftergegend sind weißlich. Auf dem Schnauzen-rücken befindet sich ein großer schwarzer Flecken, der die Nase sammt den Nasenlöchern und einen Theil der Oberlippe deckt und gegen die Stirne zu in eine Spitze ausläuft. Der Schwanz und die Außenseite der vier Hände sind rothgelblich-rostbraun, letztere mit eingemengten grauen Haaren. Die Finger, die Nägel und die Innen-seite der Hände sind schwarz. Die Körperhaut ist mehr oder weniger schwärzlich.

| | | | |
|---|---|---|---|
| Körperlänge | 11″ 6‴. | Nach Sonnerat. | |
| Länge des Schwanzes | 9″. | | |
| „ des Kopfes | 2″ 3‴. | | |
| Körperlänge | 11″ 6‴. | Nach Jourdan. | |
| Länge des Schwanzes | 10″. | | |
| Körperlänge | 11″. | Nach Van der Hoeven. | |

Länge des Schwanzes ohne

Haar . . . . . . . . . 9″ 2‴.

Die oberen Vorderzähne sind paarweise gestellt und die beiden mittleren durch einen Zwischenraum voneinander getrennt. Die unteren sind aneinander geschlossen, nach vorwärts geneigt und lang. Die Eckzähne beider Kiefer sind von der Form der Lückenzähne. Diese sind im Oberkiefer klein, der Quere nach abgeflacht und dreiseitig, im Unterkiefer aber nach vorwärts geneigt. Die Backenzähne des Oberkiefers sind groß, ihre inneren Höcker halbmondförmig gereiht und an die äußeren Höcker schließen sich andere kleine Höcker an. An den Backenzähnen des Unterkiefers sind dieselben Höcker, aber in entgegengesetzter Anordnung vorhanden.

Vaterland. Südost-Afrika, Madagaskar, wo diese Art an der Ostküste vorkommt und von der Mündung des Manangara-Flusses bis zur Antongil- oder Mangha-Bay angetroffen wird.

Die Eingebornen nennen sie „*Avahi*“.

Durch lange Zeit war dieselbe nur aus Sonnerat's Beschreibung und Abbildung bekannt und erst im Jahre 1834 erhielt Jourdan zu Lyon ein Exemplar dieser Art. Später gelangten auch die Museen zu Paris und Leyden, so wie das Britische Museum zu London in den Besitz derselben.

Schreber bezeichnete diese Art mit dem Namen „*Lemur lanatus*“, Gmelin mit dem Namen „*Lemur laniger*“ und Linck wählte für dieselbe den Namen „*Lemur brunneus*“. Geoffroy führte die Benennung „*Indri longicaudatus*“ für dieselbe ein und Lesson schlug den Namen "*Semnocebus Avahis*“ für sie vor.

## 3. Gatt.: **Schleiermaki (Propithecus).**

Die hinteren Gliedmaßen sind viel länger und doppelt so lang als die vorderen. Der Kopf ist schwach gestreckt und rundlich, die Schnauze kurz, dick und stumpf. Die Ohren sind kurz, gerundet, behaart und völlig unter den Haaren versteckt. Die Augen sind mittelgroß. Der Nasenrücken ist nicht gewölbt. Der Schwanz ist lang, kürzer als der Körper und ziemlich kurz behaart. Die Nägel sind nicht gekielt. Im Oberkiefer sind 4 Vorderzähne vorhanden, von denen die beiden mittleren nicht durch einen Zwischenraum voneinander getrennt sind, im Unterkiefer nur 2. Lückenzähne befinden sich in beiden Kiefern in jeder Kieferhälfte 2.

Zahnformel: Vorderzähne $\frac{4}{2}$, — Eckzähne $\frac{1-1}{1-1}$, — Lückenzähne $\frac{2-2}{2-2}$, — Backenzähne $\frac{3-3}{3-3}$ = 30.

### 1. Der bindenstirnige Schleiermaki (*Propithecus Diadema*).

*P. Lichanoto Indre non multo minor; capite parum elongato subrotundo, rostro brevi crasso obtuso, naribus valde approximatis in margine superiore leviter lobatis; facie paene calva, circa labia solum et in regione ophthalmica anteriore pilis brevibus obtecta; auriculis parvis brevibus rotundatis pilosis, vellere plane occultis; oculis mediocribus parum apperximatis in antica parte capitis sitis; corpore propter pilos toroso; scelidibus antipedibus duplo longioribus, tarso tibia breviore; manibus perlongis, imprimis antipedum; digitis supra pilis longis unguiculos superantibus obtectis; pollice maniculorum brevi gracili valde retrorsum posito ac distante, indice abbreviato, ad dimidium phalangis secundae usque digiti tertii attingente; pollice podariorum validissimo, valde antrorsum posito ac parum distante; cauda longa, corpore distincte breviore, crassiuscula, sat dense pilosa; corpore pilis longis dissolutis undulatis mollibus fere laneis nitidis vestito, supra prymnam brevioribus magisque laneis confertis, in cauda eximie brevioribus; fronte fascia transversali flavescente-alba supra oculos et pone aures ad collum usque protensa signata; capite colloque nigris; humeris, stethiaeo lateribusque corporis ex nigro alboque mixtis fere schistaceis, colore supra tergum sensim in album vergente, hinc lumbis parum nigrescente-irroratis; gastraeo albo juguli parte posteriore schistacea extepta; antipedibus externe supra schistaceis, deorsum versus sensim in fuscescente-flavum vergentibus, maniculis nigris, pilis digitorum fuscescente-flavis; scelidibus externe pallide fuscescente-flavis, podariis saturatioribus in digitis valde nigro-mixtis; cauda basi fulva sensimque pallescente, in apicali dimidio leviter flavescente-lavata; pilis labiorum nigrescentibus, regionis ophthalmicae flavescente albis.*

*Propithecus diadema.* B e n n e t t. Proceed. of the Zool. Soc. V. I.
(1832.) p. 20.

*Macromerus typicus.* A. S m i t h. South-Afr. Quart. Journ. V. II.
(1833.) p. 49.

*Lemur Diadema.* B l a i n v. Ostéograph. Lemur. p. 23, 37. t. 8. f. 3.
(Schädel), t. 11. (Gebiss).

*Habrocebus Diadema.* W a g n. Schreber Säugth. Suppl. B. I.
S. 260. Nr. 2.

*Propithecus diadema.* G r a y. Mammal. of the Brit. Mus. p. 16.

*Propithecus Diadema.* V a n d. H o e v e n. Tijdschr. V. XI. (1844.)
p. 44.

*Habrocebus diadema.* G i e b e l. Odontograph. S. 7. t. 3. f. 12, 13.

*Propithecus Diadema.* I s i d. G e o f f r. Catal. des Primates. p. 68.

*Habrocebus Diadema.* W a g n. Schreber Säugth. Suppl. B. V.
S. 141. Nr. 2.

*Propithecus diadema.* G i e b e l. Säugeth. S. 1023.

*Habrocebus Diadema.* F i t z. Kollar, Über Ida Pfeiffer's Send. v.
Natural. S. 5. (Sitzungsb. d. math.-naturw. Cl.
d. kais. Akad. d. Wissensch. B. XXXI. S. 341.)

Mit dieser höchst ausgezeichneten Art sind wir erst in neuerer
Zeit durch B e n n e t t und fast zu gleicher Zeit auch durch A. S m i t h
bekannt geworden, von denen der erstere dieselbe im Jahre 1832,
der letztere im Jahre 1833 beschrieb. Sie bildet den einzigen bis
jetzt bekannt gewordenen Repräsentanten dieser von B e n n e t t unter
dem Namen *„Propithecus"* aufgestellten Gattung, für welche
A. S m i t h den Namen *„Macromerus"* gebrauchte. ·

An Größe steht sie dem schwarzen Indri *(Lichanotus Indri)*
nicht viel nach, daher sie zu den größten Formen in der ganzen
Ordnung gehört.

Der Kopf ist nur wenig gestreckt und rundlich, die Schnauze
kurz, dick und stumpf. Die Nasenlöcher stehen sehr nahe beisammen
und ihr oberer Rand ist nur schwach gelappt. Das Gesicht ist beinahe völlig kahl und nur um die Lippen und in der vorderen Augengegend mit kurzen Haaren besetzt. Die Ohren sind klein, kurz, gerundet, behaart, und völlig unter den Haaren versteckt. Die Augen sind
mittelgroß, nicht sehr nahe beisammenstehend, ebenso weit auseinander gestellt als ihre Entfernung von der Schnauzenspitze beträgt

und liegen auf der Vorderseite des Kopfes. Der Leib erscheint der
reichlichen Behaarung wegen untersetzt und ziemlich voll. Die hinteren Gliedmaßen sind doppelt so lang als die vorderen und die Fußwurzel ist kürzer als das Schienbein. Die vier Hände sind sehr lang,
insbesondere aber die Vorderhände. Die Finger sind auf der Oberseite mit langen Haaren besetzt, welche die Nägel decken und über
dieselben hinausragen. Der Daumen der Vorderhände ist kurz und
schmächtig, weit nach rückwärts gestellt und sehr weit abstehend,
der Zeigefinger, dessen Kralle 6 Linien über denselben hinausragt,
verkürzt und nur bis zur Mitte des zweiten Gliedes des Mittelfingers
reichend. Der Daumen der Hinterhände ist sehr stark, weit nach
vorwärts gestellt und nur wenig von den übrigen Fingern abstehend.
Der Schwanz ist lang, doch merklich kürzer als der Körper, mäßig
dick und ziemlich dicht behaart.

Die Körperbehaarung ist lang, locker, gewellt, weich, beinahe
wollig und glänzend, am Kreuze kürzer, dichter und mehr wollig,
die Behaarung des Schwanzes beträchtlich kürzer.

Oberhalb der Augen zieht sich eine gelblichweiße Binde der
Quere nach über die Stirne und verläuft unter den Ohren bis an den
Hals. Der Kopf und Hals sind schwarz, die Schultern, der Vorderrücken und die Leibesseiten aus Schwarz und Weiß gemischt und
beinahe schiefergrau, welche Färbung auf dem Mittel- und Hinterrücken immer mehr an Weiß gewinnt, so daß die Lenden nur mehr
schwach schwärzlich gesprenkelt erscheinen. Die Unterseite des
Körpers ist durchaus weiß, mit Ausnahme des hinteren Theiles des
Unterhalses, der wie die Leibesseiten grau ist. Die vorderen Gliedmaßen sind auf der Außenseite oben schiefergrau, nach abwärts zu
aber allmählig in blaß bräunlich- oder fahlgelb übergehend, die
Vorderhände schwarz und die lange Behaarung der Finger bräunlichgelb. Die hinteren Gliedmaßen sind auf der Außenseite bräunlichgelb so wie die vorderen, aber noch blasser, die Hinterhände jedoch
gesättigter und die Finger derselben stark mit Schwarz gemischt,
wobei die langen Haare in bräunlichgelbe Spitzen ausgehen. Der
Schwanz ist an der Wurzel rothgelb, im weiteren Verlaufe aber allmählig blasser und in seiner Endhälfte weiß und schwach gelblich
überflogen. Die kurzen Haare an den Lippen sind schwärzlich, jene
unterhalb der Augen gelblichweiß.

Körperlänge . . . . . . . . 1′ 9″.    Nach Bennett.

Länge des Schwanzes . . . . 1′ 5″.

„ der Ohren . . . . . . 1″.

Breite „ „ . . . . . 1″ 6‴.

Entfernung der Augen von der
Schnauzenspitze . . . . . 1″ 3‴.

Länge der vorderen Gliedmaßen
bis zu den Händen . . . . 7″ 6‴.

Länge des Daumens der Vorderhände . . . . . . . . . . 1″ 6‴.

Länge des Zeigefingers der Vorderhände . . . . . . . . 1″ 6‴.

Länge des Mittelfingers der Vorderhände . . . . . . . . 3″.

Länge des vierten Fingers der
Vorderhände . . . . . . 3″ 3‴.

Länge der Handwurzel und Mittelhand . . . . . . . . 2″.

Länge der hinteren Gliedmaßen
bis zu den Händen . . . . . 1′ 3″ 6‴.

Länge des Daumens der Hinterhände . . . . . . . . . 2″.

Länge des Zeigefingers der Hinterhände . . . . . . . . 2″ 6‴.

Länge des Mittelfingers der Hinterhände . . . . . . . . 3″ 6‴.

Länge der Fußwurzel und des
Mittelfußes . . . . . . . 3″.

Die oberen Vorderzähne sind viel stärker als bei den Arten der
Gattung Maki *(Lemur)*, vorne gegen die Krone zu seitlich ausgebreitet, die beiden mittleren nahe nebeneinander stehend und mit den
seitlichen beinahe in eine Reihe gestellt, und die beiden äußeren
dreiseitig, gekrümmt und convergirend, die unteren, so wie auch
die Eckzähne nach vorwärts geneigt und die Eckzähne größer. Die
Lückenzähne beider Kiefer sind einspitzig, die beiden vorderen
Backenzähne des Oberkiefers lang und an der Außenseite der Krone
zweihöckerig, jene des Unterkiefers aber mehrhöckerig. Über die

Beschaffenheit des letzten Backenzahnes in beiden Kiefern mangelt es an einer Angabe.

A. Smith, welcher Lücken- und Backenzähne zusammenfaßt, gibt im Unterkiefer nur 4 an, da er der vormals bestandenen Ansicht gemäß, den vorderen Lückenzahn für einen Eckzahn und diesen für einen Vorderzahn betrachtete.

Vaterland. Südost-Afrika, Madagaskar.

Außer dem Pariser Museum sind nur das Britische Museum zu London, welches ein Exemplar durch Verreaux erhielt und das kaiserliche zoologische Museum zu Wien, das zwei erwachsene Exemplare von Ida Pfeiffer zugesendet bekam, im Besitze dieser seltenen Art.

## 4. Gatt.: **Maki (Lemur).**

Die hinteren Gliedmaßen sind nicht viel länger als die vorderen. Der Kopf ist gestreckt, die Schnauze ziemlich lang, nach vorne zu verdünnt und zugespitzt. Die Ohren sind kurz, rundlich, behaart und ragen mehr oder weniger frei aus den Haaren hervor. Die Augen sind mittelgroß. Der Nasenrücken ist nicht gewölbt. Der Schwanz ist lang oder sehr lang, kürzer oder länger als der Körper und mehr oder weniger buschig. Die Nägel sind nicht gekielt. Im Oberkiefer sind 4 Vorderzähne vorhanden, von denen die beiden mittleren durch einen Zwischenraum voneinander getrennt und vor die äußeren gestellt sind, im Unterkiefer 4. Lückenzähne befinden sich in beiden Kiefern in jeder Kieferhälfte 3.

Zahnformel: Vorderzähne $\frac{2-2}{4}$, — Eckzähne $\frac{1-1}{1-1}$, — Lückenzähne $\frac{3-3}{3-3}$, — Backenzähne $\frac{3-3}{3-3} = 36$.

### 1. Der ringelschwänzige Maki *(Lemur Catta)*.

*L. Felis maniculatae domesticae mediocris circa magnitudine; capite elongato, rostro longiusculo parum crasso apicem versus attenuato-acuminato, labio superiore prosiliente vibrissis instructo, rhinario calvo; auriculis sat brevibus obtuse acuminato-rotundatis erectis pilosis, imprimis in anteriore parte pilis longioribus vestitis; oculis mediocribus prominentibus parum approximatis in antica parte capitis sitis, circulo calvo cinctis, pupilla oblonga, nec non palpebris superioribus sutura perpendiculari instructis; verruca setis longioribus obtecta in superciliorum antica parte et altera simili in medio temporum; manibus interne nec non macula in cubiti parte interiori calvis; pollice podiorum unguiculo lamnari ovali instructo, digitis ceteris, indice podariorum falcula instructo excepto, unguiculis angustioribus tegularibus; scelidibus corporis fere longitudine; cauda longissima, corpore circa* ⅓ *longiore, crassiuscula, obtusa, villosa; corpore pilis mollissimis rectiusculis subincumbentibus densissime vestito; capite supra cinerea, occipite nigro; facie auriculisque albescentibus, macula rhombiformi oculos cingente nec non apice rostri nigris; collo supra cinereo, dorso, brachiis manibusque antipedum supra dilute rufescente - cinereis, scelidibus dilute cinereis, podariis supra albis; gastraeo sordide albo, cauda alba nigro annulata; macula cubiti calva et manibus podiorum interne nigris; iride rufescente-fusca.*

*Vary.* Flacourt. Hist. de la grande isle Madagascar. p. 153.
*Simia-sciurus madagascariensis sive Maucauco.* Edwards. Birds. V. IV. p. 197. t. 197.
*Cebus capite vulpino, Füchsel-Männchen.* Klein. Quadrup. p. 90.
*Prosimia cinerea, cauda cincta annulis alternatim albis et nigris.* Brisson. Règne anim. p. 222. Nr. 4.
*Fuchsaffe.* Haller. Naturg. d. Thiere. S. 560.
*Lemur Catta.* Linné. Syst. Nat. Edit. X. T. I. p. 30. Nr. 2.
*Spookdier met een gebandeerte Staart.* Houtt. Nat. hist. V. I. p. 399. t. 7. f. 2.
*Lemur Catta.* Linné. Mus. Ad. Frid. T. II. p. 5.
„      „      Toreen. Ostind. Reise nach Suratte. S. 440.
*Mocok ou Mococco.* Buffon. Hist. nat. d. Quadrup. V. XIII. p. 173. t. 22.
„:      Daubent. Buffon Hist. nat. d. Quadrup. V. XIII. p. 184. t. 23, 24. (Anat.) t. 25. (Skelet).
*Lemur Catta.* Linné. Syst. Nat. Edit. XII. T. I. P. I. p. 45. Nr. 4.
*Ring-tail Maucauco.* Pennant. Synops. Quadrup. p. 137. Nr. 106.
*Mococo.* Alessandri. Anim. quadrup. V. III. t. 148.
*Maukauko.* Berlin. Sammlung. B. V. S. 376.

*Eichhornaffe.* Müller. Natursyst. B. I. S. 148. t. 7. f. 2.

*Lemur Catta.* Schreber. Säugth. B. I. S. 143. Nr. 5. t. 41.

„　　„　Erxleb. Syst. regn. anim. P. I. p. 68. Nr. 4.

„　　„　Zimmerm. Geogr. Gesch. d. Menschen u. d. Thiere.
　　　　　B. II. S. 216. Nr. 122.

*Ringtailed Maucauco.* Pennant. Hist. of Quadrup. V. I. p. 214.
　　　　　Nr. 131.

*Prosimia Catta.* Boddaert. Elench. anim. V. I. p. 65. Nr. 3.

*Lemur Catta.* Hermann. Naturforsch. B. XV. S. 159.

„　　„　Gmelin. Linné Syst. Nat. T. I. P. I. p. 43. Nr. 4.

*Lemur catta.* Cuv. Tabl. élém. d'hist. nat. p. 100. Nr. 2.

*Ring-tailed Lemur.* Shaw. Mus. Lever. p. 43. Nr. 6. t. 11.

*Mococo.* Audeb. Hist. nat. des Singes et des Makis. Makis p. 14. t. 4.

*Lemur Catta.* Schreber. Säugth. t. 41*.

*Ring-tailed Lemur.* Shaw. Gen. Zool. V. I. P. I. p. 103. t. 35.

*Lemur Catta.* Hermann. Observ. Zool. T. I. p. 12.

„　　„　G. Fisch. Anat. d. Makis. S. 17. t. 14. (Schädel),
　　　　　t. 13. (Skelet).

*Mococo.* Geoffr. Ménag. du Mus. V. II. p. 15. c. fig.

*Lemur Catta.* Illiger. Prodrom. p. 73.

„　　„　Geoffr. Ann. du Mus. V. XIX. p. 162. Nr. 12.

„　　„　Desmar. Nouv. Dict. d'hist. nat. V. XVIII. p. 435.
　　　　　Nr. 1.

„　　„　Desmar. Mammal. p. 98. Nr. 111.

Encycl. méth. t. 20. f. 3.

*Lemur Catta.* Desmar. Dict. des Sc. nat. V. XXVIII. p. 122.

„　　„　Isid. Geoffr. Dict. class. V. X. p. 47.

*Mococo.* Cuv. Règne anim. Edit. I. V. I. p. 117.

„　Fr. Cuv. Geoffr. Hist. nat. d. Mammif. V. I. Fasc. 5.
　　　c. fig.

„　Griffith. Anim. Kingd. V. I. p. 329. c. fig.

*Lemur Catta.* Griffith. Anim. Kingd. V. V. p. 127. Nr. 3.

*Prosimia Catta.* Griffith. Anim. Kingd. V. V. p. 127. Nr. 3.

*Mococo.* Cuv. Règne anim. Edit. II. V. I. p. 107.

*Lemur Catta.* Geoffr. Cours del' hist. nat. des Mammif. P. I.
　　　　　Leç. 11. p. 18.

„　　„　Fisch. Synops. Mammal. p. 74, 548. Nr. 2.

„　　„　Wagler. Syst. d. Amphib. S. 8.

*Lemur Catta.* Blainv. Ostéograph. Lemur.

| | | |
|---|---|---|
| „ | „ | Wagn. Schreber Säugth. Suppl. B. I. S. 266. Nr. 1. |
| „ | „ | Gray. Mammal. of the Brit. Mus. p. 15. |
| „ | „ | Van d. Hoeven. Tijdschr. V. XI. (1844.) p. 32. |
| „ | „ | Giebel. Odontograph. S. 6. |
| „ | _ | Isid. Geoffr. Catal. des Primates. p. 70. |
| „ | „ | Peters. Säugeth. v. Mossamb. S. 21. |
| „ | „ | Wagn. Schreber Säugth. Suppl. B. V. S. 142. Nr. 1. |
| „ | „ | Fitz. Naturg. d. Säugeth. B. I. S. 110. f. 22. |

*Lemur catta.* Giebel. Säugeth. S. 1020.

Diese überaus ausgezeichnete und nicht leicht zu verkennende Art, welche als die typische Form dieser Gattung angesehen werden kann, ist eine der zuerst bekannt gewordenen in derselben und von allen übrigen durch den geringelten Schwanz sehr deutlich unterschieden.

Sie ist ungefähr von der Größe einer mittelgroßen Hauskatze *(Felis maniculata domestica)*.

Der Kopf ist gestreckt, die Schnauze ziemlich lang, nicht sehr dick, nach vorne zu verdünnt und zugespitzt, die Oberlippe vorstehend und mit Schnurren besetzt. Die Schnauzenspitze ist kahl. Die Ohren sind ziemlich kurz, stumpf zugespitzt und abgerundet, aufrechtstehend und behaart, insbesondere aber vorne mit längeren Haaren bedeckt. Die Augen sind mittelgroß und vorstehend, nicht sehr stark einander genähert und liegen auf der Vorderseite des Kopfes. Die Pupille ist länglich und die oberen Augenlider sind mit einer senkrecht verlaufenden Haarnaht versehen. Ein Kreis um die Augen ist kahl und oberhalb derselben befindet sich vorne an den Augenbrauen eine mit längeren Borstenhaaren besetzte Warze. Eine ähnliche Warze liegt auch in der Mitte der Schläfen. Die Sohlen der vier Hände sind kahl und auch auf der Innenseite des Ellenbogenbeines befindet sich eine kahle Stelle. Die Nägel sind schmäler als die Finger, die Daumennägel flach und eiförmig, die der übrigen Finger aber, mit Ausnahme jenes des Zeigefingers der Hinterhände, welcher einen Krallennagel trägt, mehr zugespitzt und schwach zusammengedrückt. Die hinteren Gliedmaßen sind nahezu von der Länge des Körpers. Der Schwanz ist sehr lang, ungefähr um 1/3 länger als der Körper, ziemlich dick, stumpf und buschig.

Die Körperbehaarung ist sehr dicht, sehr weich, ziemlich straff und etwas gesträubt.

Die Oberseite des Kopfes ist aschgrau, das Hinterhaupt schwarz. Das Gesicht und die Ohren sind weißlich, ein rautenförmiger Flecken um die Augen und die Schnauzenspitze schwarz. Der Hals ist oben aschgrau, der Rücken, die Arme und die Oberseite der Vorderhände sind hell röthlich-aschgrau, die Beine licht aschgrau, die Hinterhände auf der Oberseite weiß. Die Unterseite des Körpers ist schmutzig weiß, der Schwanz weiß und schwarz geringelt. Die kahle Stelle am Arme und die Innenseite der vier Hände ist schwarz. Die Iris ist röthlichbraun.

| | | |
|---|---|---|
| Körperlänge . . . . . . . | 1′ 2″ 4‴. | Nach Geoffroy. |
| Länge des Schwanzes . . . | 1′ 6″. | |
| „ des Kopfes . . . . . | 3″ 4‴. | |
| „ des Rumpfes . . . . | 11″. | |
| Kreuzhöhe . . . . . . . | 10″. | |
| Körperlänge . . . . . . . | 1′ 1″. | Nach Wagner. |
| Länge des Schwanzes . . . | 1′ 6″ — 1′ 7″. | |

Vaterland. Südost-Afrika, Madagaskar, und wenn die Angaben älterer Naturforscher sich bewähren sollten, auch Mauritius oder Isle de France und die komorische Insel Anjouan oder Johanna.

Von den Eingeborenen in Madagaskar wird diese Art mit den Namen „*Vari*“ und „*Mokoko*“ bezeichnet.

## 2. Der Nonnen-Maki (*Lemur Macaco*).

*L. rubro eximie minor; capite elongato, rostro longiusculo apicem versus attenuato-acuminato; auriculis brevibus rotundatis, vellere fere absconditis; facie mystace e pilis longis formato et infra collum confluente circumcincta; corpore propter pilos valde toroso; cauda longa corpore fere ¹/₇ breviore, cum pilis autem ejusdem longitudinis, crassiuscula, villosa laxa; corpore pilis longis mollissimis laneis dense ac large vestito; colore secundum sexum et aetatem variabili; notaeo semper albo maculis aliquot plus minusve magnis irregularibus nigris notato; gastraeo, manibus nec non cauda unicoloribus nigris; dorso in maribus et animalibus junioribus plerumque albo, in foeminis nigro et in medio fascia transversa alba cincto.*

*Varicossi.* Flacourt. Hist. de la grande isle Madagascar. p. 153.

*Vari.* Buffon. Hist. nat. d. Quadrup. V. XIII. p. 174. t. 27. (Mas).

„    Daubent. Buffon. Hist. nat. d. Quadrup. V. XIII. p. 204.
t. 28, 29. (Anat.)

*Lemur Macaco.* Linné. Syst. Nat. Edit. XII. T. I. P. I. p. 144.
Nr. 3.

*Vari.* Alessandri. Anim. quadrup. V. III. t. 150.

*Lemur Macaco.* Schreber Säugth. B. I. S. 142. Nr. 4. t. 40. B.

„      „      Erxleb. Syst. regn. anim. P. I. p. 67. Nr. 3.

„      „      Zimmerm. Geogr. Gesch. d. Menschen u. d. Thiere.
B. II. S. 215. Nr. 121.

*Prosimia Macaco.* Boddaert. Elench. anim. V. I. p. 65. Nr. 2.

*Lemur Macaco. Var. ♂.* Gmelin. Linné Syst. Nat. T. I. P. I. p. 43.
Nr. 3. ♂.

*Lemur macaco.* Cuv. Tabl. élém. d'hist. nat. p. 100. Nr. 1.

*Vari.* Geoffr. Magas. encycl. V. VII. p. 20. (Mas).

*Vari à ceinture.* Geoffr. Magas. encycl. V. VII. p. 70. (Foem.)

*Vari.* Audeb. Hist. nat. des Singes et des Makis. Makis. p. 16.
t. 5. (Mas).

*Vari à ceinture.* Audeb. Hist. nat. des Singes et des Makis. Makis.
t. 6. (Foem.)

*Ruffed Lemur.* Shaw. Gen. Zool. V. I. P. I. p. 98.

*Lemur Macaco.* G. Fisch. Anat. d. Makis. S. 21.

„      „      Geoffr. Ann. du Mus. V. XIX. p. 159. Nr. 1.

Desmar. Nouv. Dict. d'hist. nat. V. XVIII.
p. 437. Nr. 2.

„      „      Desmar. Mammal. p. 97. Nr. 109.

Encycl. méth. t. 20. f. 2.

*Lemur Macaco.* Desmar. Dict. des Sc. nat. V. XXVIII. p. 121.

„      „      Isid. Geoffr. Dict. class. V. X. p. 46.

*Vari.* Cuv. Règne anim. Edit. I. V. I. p. 117.

*Lemur Macaco.* Fr. Cuv. Geoffr. Hist. nat. d. Mammif. Fasc. 43.
c. fig.

*Vari.* Griffith. Anim. Kingd. V. I. p. 228. c. fig.

*Lemur Macaco.* Griffith. Anim. Kingd. V. V. p. 125. Nr. 1.

*Prosimia Macaco.* Griffith. Anim. Kingd. V. V. p. 125. Nr. 1.

*Vari.* Cuv. Règne anim. Edit. II. V. I. p. 107.

„    Geoffr. Cours de l'hist. nat. des Mammif. P. I. Leç. 11. p. 18.

*Lemur Macaco.* W a g l e r. Syst. d. Amph. S. 8.

　　„　　　„　　O w e n. Proceed. of the Zool. Soc. V. I. p. 58.

　　„　　　„　　W a g n. Schreber Säugth. Suppl. B. I. S. 266.
　　　　Nr. 2.

*Lemur ruber.* W a g n. Schreber Säugth. Suppl. B. I. S. 272. Nr. 8.

*Lemur Macaco.* G r a y. Mammal. of the Brit. Mus. p. 15.

　　,　　„　　V a n d. H o e v e n. Tijdschr V. XI. (1844.) p. 33.

*Lemur varius.* I s i d. G e o f f r. Catal. des Primates. p. 71.

*Lemur Macaco.* W a g n. Schreber Säugth. Suppl. B. V. S. 142.
　　　　Nr. 2.

*Lemur macaco.* G i e b e l. Säugeth. S. 1020.

*Lemur ruber.* G i e b e l. Säugeth. S. 1021.

Eine sehr leicht zu erkennende und mit keiner anderen zu verwechselnde Art, welche zu den ältesten unter den uns bis jetzt
bekannt gewordenen dieser Gattung gehört und durch die ihr eigenthümliche auffallende Färbung sich scharf von allen andern sondert.

Sie gehört zu den größten Arten in der Gattung, obgleich sie
beträchtlich kleiner als der rothe Maki *(Lemur ruber)* ist.

Der Kopf ist gestreckt, die Schnauze ziemlich lang, nach vorne
zu verschmälert und zugespitzt. Die Ohren sind kurz und gerundet,
und beinahe unter den Haaren versteckt. Das Gesicht ist von einem
aus sehr langen Haaren gebildeten Backenbarte umsäumt, der auf
der Unterseite des Unterkiefers mit dem der entgegengesetzten Seite
zusammenstößt und den ganzen Vorderhals umgibt. Der Leib ist dick
und erscheint durch die reichliche Behaarung voller als bei den allermeisten anderen Arten. Der Schwanz ist lang, doch fast um $1/_7$ kürzer
als der Körper und blos in Folge der langen Behaarung von gleicher
Länge wie derselbe, ziemlich dick, buschig behaart, und schlaff.

Die Körperbehaarung ist reichlich und dicht, das Haar lang,
wollig und sehr weich.

Die Färbung ist in Bezug auf die Farbenvertheilung nicht
beständig und ändert zum Theile auch nach dem Alter und Geschlechte.

Immer ist die Oberseite des Körpers aber weiß und mit einigen
unregelmäßigen großen schwarzen Flecken gezeichnet, wobei bald
die weiße, bald die schwarze Farbe mehr an Ausdehnung gewinnt.
Die Unterseite des Körpers, die vier Hände und der Schwanz sind
einfärbig schwarz.

Bei den **Männchen** und **jüngeren Thieren** ist der Rücken in der Regel weiß, bei den **alten Weibchen** schwarz, mit einer weißen Querbinde in der Mitte.

Körperlänge . . . . . . . . 1′ 8″.      Nach G e o f f r o y.
Länge des Schwanzes ohne
Haar . . . . . . . . . 1′ 5″.
Länge des Kopfes . . . .      3″ 4‴.
Körperlänge . . . . . . .      11″.      Nach E r x l e b e n.
Länge des Schwanzes . . . 1′ 4″ und darüber.

Die von E r x l e b e n angegebenen Maaße sind offenbar ungenau.

V a t e r l a n d. Südost-Afrika, Madagaskar.

„*Varicossi*" und „*Vari*" sind die Namen welche diese Art bei den Eingeborenen in Madagaskar führt.

W a g n e r hielt G r i f f i t h 's „*Vari*", welcher offenbar diese Art darstellt, irrigerweise mit dem rothen Maki *(Lemur ruber)* für iden-tisch, und G i e b e l wurde durch ihn verleitet, denselben Irrthum zu begehen.

**2. a. Der graufleckige Nonnen - Maki.** *(Lemur Macaco, griseo-*
*maculatus).*

*L. Macaco, notaeo albo maculis magnis irregularibus fusco-*
*griseis notato, gastraeo, manibus nec non cauda unicoloribus*
*fusco-griseis.*

*Lemur Macaco. Var.* D e s m a r. Mammal. p. 97. Nr. 109. Var.
   „      „      „ β. F i s c h. Synops. Mammal. p. 74. Nr. 1. β.

Diese nur äußerst selten vorkommende und bis jetzt blos nach einer sehr kurzen Charakteristik von D e s m a r e s t bekannte Form ist offenbar nur eine auf unvollkommenen Albinoismus zurückzuführende Farbenabänderung des Nonnen-Maki *(Lemur Macaco)*, da sie in allen ihren körperlichen Merkmalen vollkommen mit demselben über-einkommt und sich nur dadurch von ihrer Stammart unterscheidet, daß sie nicht so wie diese schwarz auf weißem Grunde gezeichnet, sondern mit braungrauen Flecken besetzt ist und alle jene Körper-theile, welche bei jener durchaus von schwarzer Farbe sind, bei ihr braungrau gefärbt erscheinen, wie namentlich die Unterseite des Körpers, die vier Hände und der Schwanz.

V a t e r l a n d. Südost-Afrika, Madagaskar.

**2. b. Der weisse Nonnen-Maki** *(Lemur Macaco, albus).*

*L. Macaco, corpore toto unicolore albo.*

*Antauarre tout blanc.* Cauche Relat. de l'isle de Madagaskar et du Bresil. p. 127.

*Lemur Macaco.* Erxleb. Syst. regn. anim. P. I. p. 67. Nr. 3.

*Lemur Macaco Var.* γ. Gmelin. Linné Syst. Nat. T. I. P. I. p. 43. Nr. 3. γ.

„    „    „  Fisch. Synops. Mammal. p.74 Nr. 1. γ.

*Lemur Macaco. Weiße Abänd.* Wagn. Schreber Säugth. Suppl. B. I. S. 267. Nr. 3.

*Lemur macaco. Weiße Abänd.* Giebel. Säugeth. S. 1021.

Wir kennen diese Form nur nach einer sehr kurzen Angabe von Cauehe, welcher der einzige unter allen Naturforschern und Reisenden ist, der dieselbe und zwar schon vor mehr als 220 Jahren zu beobachten Gelegenheit hatte.

Schon nach der Färbung und noch mehr aus dem so überaus seltenen Vorkommen derselben läßt sich wohl mit Grund die Vermuthung aussprechen, dass sie nur ein Albino und höchst wahrscheinlich des Nonnen-Maki *(Lemur Macaco)* sei.

Der ganze Körper ist einfärbig weiß.

Vaterland. Südost-Afrika Madagaskar.

Die Eingeborenen bezeichnen diese Form mit dem Namen „*Antavarre*".

### 3. Der schwarze Maki *(Lemur niger).*

*L. Lemuris Macaco magnitudine, facie mystace e pilis longis laxis formato et infra collum confluente circumdata; corpore pilis longis laneis mollibus dense ac large vestito, toto unicolore saturate nigro; Iride vivide aurantio-flava.*

*Black Maucauco.* Edwards. Glean. of. Nat. Hist. V. I. p. 13. t. 217.

*Lemur Macaco.* Linné. Syst. Nat. Edit. XII. T. I. P. I. p. 44. Nr. 3.

*Ruffed Maucauco.* Pennant. Synops. Quadrup. p. 138. Nr. 107.

*Bartkragen.* Müller. Natursyst. B. I. S. 147.

*Lemur Macaco.* Schreber. Säugth. B. I. S. 142. Nr. 4. t. 40. A.

„    „  Erxleb Syst. regn. anim. P. I. p. 67. Nr. 3.

*Lemur Macaco.* Zimmerm. Geogr. Gesch. d. Mensch. u. d. Thiere. B. II. S. 215. Nr. 121.

*Ruffed Maucauco.* Pennant. Hist. of. Quadrup. V. I. p. 215. Nr. 132.

*Prosimia Macaco.* Boddaert. Elench. anim. V. I. p. 65. Nr. 2.

*Lemur Macaco.* Gmelin. Linné Syst. Nat. T. I. P. I. p. 43. Nr. 3.

*Lemur niger.* Geoffr. Ann. du Mus. V. XIX. p. 159. Nr. 2.

   ,,   ,,   Desmar. Nouv. Dict. d'hist. nat. V. XVIII. p. 438. Nr. 3.

   ,,   ,,   Desmar. Mammal. p. 99. Nr. 112.

   ,,   ,,   Desmar. Dict. des Sc. nat. V. XXVIII. p. 123.

   ,,   ,,   Isid. Geoffr. Dict. class. V. X. p. 47.

   ,,   ,,   Griffith. Anim. Kingd. V. V. p. 128. Nr. 4.

*Prosimia nigra.* Griffith. Anim. Kingd. V. V. p. 128. Nr. 4.

*Lemur niger.* Geoffr. Cours de l'hist. nat. des Mammif. P. I. Leç. 11. p. 19.

*Lemur Macaco.* Fisch. Synops. Mammal. p. 73, 548. Nr. 1.

*Lemur niger.* Fisch. Synops. Mammal. p. 75, 548. Nr. 4.

   ,,   ,,,   Bennett. Proceed. of the Zool. Soc. V. I. (1833.) p. 68.

   ,   ,,,   Wagn. Schreber Säugth. Suppl. B. I. S. 267. Nr. 3.

*Lemur Macaco. Var?* Wagn. Schreber Säugth. Suppl. B. I. S. 267. Nr. 3.

*Lemur Macaco.* Van d. Hoeven. Tijdschr. V. XI. (1844.) p. 33.

*Lemur varius.* Isid. Geoffr. Catal. des Primates. p. 71.

*Lemur niger.* Peters. Säugeth. v. Mossamb. S. 21.

*Lemur Macaco. Var.* β. Wagn. Schreber Säugth. Suppl. B. V. S. 142. Nr. 2 β.

*Lemur macaco. Schwarze Abänd.* Giebel. Säugeth. S. 1021.

Mit dieser Form sind wir zuerst durch Edwards bekannt geworden, der im Jahre 1755 ein lebendes Exemplar zu London sah, das er auch beschrieben und abgebildet hatte. Seit jener Zeit bis zum Jahse 1833, wo ein solches Thier, das in die Menagerie zu London kam, von Bennett beschrieben wurde, ist keines mehr von irgend einem Zoologen beobachtet worden. Erst in neuerer Zeit bot sich wieder die Gelegenheit dar, über diese Form Nachricht zu erhalten. indem sie Peters, der sie in ihrer Heimath traf, genauer untersuchte und beschrieb.

In ihrer Gestalt im Allgemeinen, so wie auch in der Bildung und den Verhältnissen ihrer einzelnen Körpertheile kommt dieselbe vollständig mit dem Nonnen-Maki *(Lemur Macaco)* überein und ebenso auch in der Größe; und der einzige Unterschied, welcher zwischen diesen beiden Formen zu bestehen scheint, liegt in der Verschiedenheit der Färbung, weßhalb von vielen Zoologen die Ansicht ausgesprochen wird, sie nur für eine Farbenabänderung der genannten Art zu halten und zwar hauptsächlich aus dem Grunde, weil auch ein Albino bekannt ist, den man derselben zuschreibt und man sich deßhalb für berechtiget hält, die dieser Form eigenthümliche Färbung durch Melanismus zu erklären.

Nachdem es jedoch an Erfahrungen hierüber fehlt und ihr Vorkommen keineswegs zu den besonderen Seltenheiten zu gebören scheint, so dürfte die Annahme wohl gestattet sein, sie einstweilen für eine selbstständige Art zu betrachten.

Wie beim Nonnen-Maki *(Lemur Macaco)* ist auch bei dieser Form der Hals von langen schlaffen Haaren umgeben, das Gesicht an den Seiten von einem aus langen Haaren bestehenden Barte umsäumt und die Körperbehaarung lang, dicht, reichlich, wollig und weich.

Die Färbung ist am ganzen Körper einfärbig tief schwarz. Die Iris ist lebhaft orangegelb, die Pupille schwarz.

**Vaterland.** Südost-Afrika, Madagaskar.

#### 4. Der Mongus-Maki *(Lemur Mongoz)*.

*L. albimani magnitudine et forma Lemuri Cattae similis, ast rostro longiore crassiore, auriculis brevioribus et partim pilis occultis oculisque minus protuberantibus; cauda longissima, corpore fere ¹/₆ longiore; corpore pilis sat longis laneis mollissimis et in auricularum regione longissimis dense vestito; notaeo fere unicolore griseo fulvescente-lavato, gastraeo rufescente-albo; fronte fascia transversali nigra vel oculos includente et supra eos protensa, vel capitis medium solum obtegente, signata; rostro nigrescente, genis albescentibus; cauda grisea, basi macula fusca notata; iride aurantio-rufescente.*

*Vary.* Flacourt. Hist. de la grande isle Madagascar. p. **153.**
c. fig.

*Mongooz.* E d w a r d s. Glean. of Nat. Hist. V. I. p. 13.

*Maki.* B o m a r e. Dict. d'hist. nat. T. III. p. 7.

*Mongous.* B u f f o n. Hist. nat. d. Quadrup. V. XIII. p. 174. t. 26.

„   D a u b e n t. Buffon Hist. nat. d. Quadrup. V. XIII. p. 198.

*Lemur Mongoz.* L i n n é. Syst. Nat. Edit. XII. T. I. P. I. p. 44. Nr. 2.

*Woolly Maucauco.* P e n n a n t. Synops. Quadrup. p. 136. Nr. 105.

*Mongus.* A l e s s a n d r i. Anim. quadrup. V. III. t. 149.

*Ringauge.* M ü l l e r. Natursyst. B. I S. 147.

*Lemur Mongoz.* S c h r e b e r. Säugth. B. I. S. 137. Nr. 3. t. 39. A.

*Mongus.* M ü l l e r. Natursyst. Suppl. S. 12.

*Lemur Mongoz.* E r x l e b. Syst. regn. anim. P. I. p. 66. Nr. 2.

„   „   Z i m m e r m. Geogr. Gesch. d. Mensch. u. d. Thiere.
B. II. S. 214. Nr. 120.

*Woolly Maucauco.* P e n n a n t. Hist. of Quadrup. V. I. p. 213. Nr. 130.

*Prosimia Mongoz.* B o d d a e r t. Elench. anim. V. I. p. 65. Nr. 1.

*Lemur Mongoz.* G m e l i n. Linné Syst. Nat. T. I. P. I. p. 42. Nr. 2.

„   „   *Var. β.* G m e l i n. Linné Syst. Nat. T. I. P. I.
p. 42. Nr. 2. β.

„   „   *Var. ζ.* G m e l i n. Linné Syst. Nat. T. I. P. I. p. 43.
Nr. 2. ζ.

„   „   S h a w. Gen. Zool. V. I. P. I. p. 96.

„   „   I l l i g e r. Prodrom. p. 73.

„   „   G e o f f r. Ann. du Mus. V. XIX. p. 161. Nr. 8.

„   „   D e s m a r. Nouv. Dict. d'hist. nat. V. XVIII. p. 439.
Nr. 5.

„   „   D e s m a r. Mammal. p. 99. Nr. 113.

E n c y c l. m é t h. t. 20. f. 1.

*Lemur Mongoz.* D e s m a r. Dict. des Sc. nat. V. XXVIII. p. 124.

„   „   I s i d. G e o f f r. Dict. class. V. X. p. 47.

*Mongous.* C u v. Règne anim. Edit. I. V. I. p. 117.

*Mongooz.* G r i f f i t h. Anim. Kingd. V. I. p. 327.

*Lemur Mongooz.* G r i f f i t h. Anim. Kingd. V. V. p. 129. Nr. 5.

*Prosimia Mongooz.* G r i f f i t h. Anim. Kingd. V. V. p. 129. Nr. 5.

*Lemur Mongoz.* F i s c h. Synops. Mammal. p. 75, 548. Nr. 5.

„   „   W a g l e r. Syst. d. Amphib. S. 8.

„   „   B l a i n v. Ostéograph. Lemur.

„   „   W a g n. Schreber Säugth. Suppl. B. I. S. 267. Nr. 4.
— S. 268. Note 24.

*Lemur mongoz.* Giebel. Odontograph. S. 6.

*Lemur Mongoz.* Isid. Geoffr. Catal. des Primates. p. 73.

    „    „    *Var.* α. Wagn. Schreber Säugth. Suppl. B. V.
                S. 144. Nr. 10. α.

*Lemur mongoz.* Giebel. Säugeth. S. 1022.

Eine ebenfalls schon seit langer Zeit her bekannte und gleichzeitig mit dem ringelschwänzigen *(Lemur Catta)* und Nonnen-Maki
*(Lemur Macaco)* uns bekannt gewordene Art, welche von den älteren
Naturforschern vielfach mit anderen Formen verwechselt wurde und
deren genauere Kenntniß wir erst Geoffroy zu verdanken haben,
der die Unterscheidungsmerkmale derselben von den ihr verwandten
Arten deutlich hervorhob und ihre Begrenzung feststellte.

Sie ist merklich kleiner als der Nonnen-Maki *(Lemur Macaco)*
und mit dem weißhändigen *(Lemur albimanus)* und Fuchs-Maki
*(Lemur collaris)* von gleicher Größe.

In ihrer Gestalt im Allgemeinen hat sie große Ähnlichkeit mit
dem ringelschwänzigen Maki *(Lemur Catta)*, doch ist ihre Schnauze
länger und dicker, die Ohren sind kürzer und zum Theile unter den
Haaren versteckt und die Augen minder vorstehend.

Der Schwanz ist sehr lang und fast um $\frac{1}{6}$ länger als der
Körper.

Die Körperbehaarung ist ziemlich lang, dicht, wollig und sehr
weich, am längsten aber in der Gegend um die Ohren.

Die Oberseite des Körpers ist fast einfärbig grau und rothgelblich gewässert, die Unterseite röthlichweiß. Über die Stirne zieht
sich eine schwarze Querbinde, welche bald bis über die Augen hinaus
reicht und dieselben umfaßt, bald aber auch nur die Mitte des Kopfes
einnimmt. Die Schnauze ist schwärzlich, die Wangen sind weißlich.
Der Schwanz ist grau und an der Wurzel desselben befindet sich
ein brauner Flecken. Die Iris ist orangeröthlich.

    Körperlänge  . . .  . . . . 1′ 5″. Nach Geoffroy.

    Länge des Schwanzes . . . . . 1′ 8″.

    „   des Kopfes . . . . . .    3″ 6‴.

    Schulterhöhe . . . . . . . .    10″.

    Kreuzhöhe . . . . . . . . .    11″.

    Vaterland. Südost-Afrika, Madagaskar.

Von den Eingeborenen in Madagaskar wird diese Art „*Vari*“
und „*Mongus*“ genannt.

## 5. Der schwarzstirnige Maki *(Lemur nigrifrons).*

*L. albifrontis magnitudine; cauda longissima, corpore fere*
*¹/₆ longiore; corpore pilis laneis mollissimis dense vestito; vertice*
*occipite, nucha, stethiaeo, humeris nec non antipedibus tibiisque*
*externe obscure cinereis, subtilissime nigro-irroratis, tergo, prymna*
*cruribusque externe ex fulvescente fusco-griseis; fascia ab auri-*
*culis circa gulam protensa, jugulo, pectore et stria longitudinali*
*angusta in antipedum latere interiore albescentibus vel albis;*
*abdomine cruribusque interne fulvescente-griseis; fronte fascia*
*transversali lata fusco-nigra extra et infra oculos protensa sig-*
*nata; genis fusco-nigris rostrum versus pallidioribus; rostro*
*magisque albescente, vibrissis nigris; manibus externe albescente-*
*cinereis, interne nigris; cauda maximam partem dilutius cinerea,*
*absque macula fusca ad basin, apice nigrescente-grisea.*

*Lemur nigrifrons.* Geoffr. Ann. du Mus. V. XIX. p. 160. Nr. 4.

　„　　　„　　Desmar. Nouv. Dict. d'hist. nat. V. XVIII. p. 127.

　　　　　„　　Desmar. Mammal. p. 101. Nr. 119.

　　　　　„　　Desmar. Dict. des Sc. nat. V. XXVIII. p. 127.

　„:　　　„　　Griffith. Anim. Kingd. V. V. p. 135. Nr. 11.

*Prosimia nigrifrons.* Griffith. Anim. Kingd. V. V. p. 135. Nr. 11.

*Lemur nigrifrons.* Geoffr. Cours de l'hist. nat. des Mammif.
　　　　　　　P. I. Leç. 11. p. 19.

　　　　　„　　Fisch. Synops. Mammal. p. 77. 548. Nr. 10.

　　　　　„　　Bennett. Gardens and Menag. of the Zool.
　　　　　　　Soc. V. I. p. 301. c. fig.

*Lemur dubius.* Fr. Cuv. Geoffr. Hist. nat. des Mammif. c. fig.

*Lemur Mongoz.* Wagn. Schreber Säugth. Suppl. B. I. S. 267.
　　　　　　　Nr. 4.

*Lemur nigrifrons.* Gray. Mammal. of the Brit. Mus. p. 16.

　„　　　„　　Van d. Hoeven. Tijdschr. V. XI. (1844.) p. 35.

　„　　　„　　Isid. Geoffr. Catal. des Primates. p. 73.

*Lemur Mongoz. Var. β.* Wagn. Schreber Säugth. Suppl. B. V.
　　　　　　　S. 144. Nr. 10. β.

*Lemur mongoz.* Giebel. Säugeth. S. 1022.

　　Geoffroy hat uns mit dieser dem Mongus-Maki *(Lemur*
*Mongoz)* zwar nahe stehenden, aber deutlich von demselben ver-

schiedenen Form zuerst bekannt gemacht und später wurde dieselbe auch von Bennett und Fr. Cuvier beschrieben und abgebildet.

Ihre Körpergestalt ist dieselbe wie die der genannten Art, mit welcher sie auch ungefähr in der Größe übereinkommt, da sie nicht viel größer als der ringelschwänzige *(Lemur Catta)* und von gleicher Größe wie der weißstirnige Maki *(Lemur albifrons)* ist.

Der Schwanz ist sehr lang und fast um $1/_6$ länger als der Körper.

Die Körperbehaarung ist dicht, wollig und sehr weich.

Der Scheitel, der Hinterkopf, der Nacken, der Vorderrücken, die Schultern und die Außenseite der vorderen Gliedmaßen und der Schienbeine sind rein dunkel aschgrau und sehr fein schwarz gesprenkelt, wobei die einzelnen Haare schwarz und weiß geringelt sind. Der Mittel- und Hinterrücken, das Kreuz und die Außenseite der Schenkel sind rothgelblich-braungrau, da die einzelnen Körperhaare hier schwarz und rothgelblich-braungrau geringelt sind. Eine Binde, die von den Ohren um die Kehle herum verläuft, der ganze Unterhals, die Brust und ein schmaler Längsstreifen auf der Innenseite der vorderen Gliedmaßen sind weiß oder weißlich, der Bauch und die Innenseite der Schenkel rothgelblichgrau. Über die Stirne zieht sich zwischen den Augen und den Ohren eine breite braunschwarze Querbinde, welche bis außerhalb und unterhalb der Augen reicht. Die Wangen sind braunschwarz und gegen die Schnauze allmählig lichter werdend. Die Schnauze zieht mehr in's Weißliche und die Schnurren sind schwarz. Die Hände sind auf der Außenseite weißlich-aschgrau, auf der Innenseite schwarz. Der Schwanz ist seiner größten Länge nach lichter aschgrau ohne Spur eines braunen Fleckens an der Wurzel, und an der Spitze schwärzlichgrau.

Körpermaaße fehlen.

Vaterland. Südost-Afrika, Madagaskar.

Fr. Cuvier hat diese Art unter dem Namen „*Lemur dubius*" beschrieben und abgebildet. Wagler hielt sie mit dem Mongus-Maki *(Lemur Mongoz)* für identisch und ebenso Giebel und früher auch Wagner, der sie später jedoch für eine besondere Abänderung desselben betrachtete. Auch Van der Hoeven vereinigt sie mit diesem in eine Art, für welche er jedoch den Namen „*Lemur nigrifrons*" gewählt.

### 6. Der komorische Maki *(Lemur anjuanensis)*.

*L. cauda longissima, corpore* 1/3 *fere longiore; colore secundum sexum et aetatem variabili; in foeminis adultis notaeo gastraeoque in anteriore corporis parte ad humeros et pectus usque cinereis, in posteriore ad caudae basin usque vivide ferrugineo-rufo; artubus caudaque griseo-rufescentibus; in foeminis junioribus, capite supra, nucha, stethiaeo, antipedibus externe nec non cauda griseis, tergo usque ad caudae basin et scelidibus griseo-fuscis; lateribus faciei, gula, pectore et antipedibus interne albis, abdomine ad caudam usque ferrugineo-fusco; partibus faciei calvis manibusque interne nigris; in maribus junioribus capite unchaque griseis ferrugineo-rufescente-lavatis; notaeo griseo, hic illic nigro-irrorato, gastraeo albo; cauda nigrescente.*

*Lemur Anjuanensis.* Geoffr. Ann. du Mus. V. XIX. p. 161. Nr. 10.

„           „           Fisch. Synops. Mammal. p. 76. Nr. 9.∗

„           „           Isid. Geoffr. Catal. des Primates. p. 73.

*Lemur anjuanensis.* Peters. Säugeth. v. Mossamb. Nr. 21.

„           „           Wagn. Schreber Säugth. Suppl. B. V. S. 145. Nr. 11.

„           „           Giebel. Säugeth. S. 1022.

Gleichfalls eine von Geoffroy aufgestellte, dem Mongus-Maki *(Lemur-Mongoz)* verwandte Art, welche sich durch die ihr eigenthümliche Färbung scharf von demselben sondert und erst in neuerer Zeit von Peters wieder aufgefunden und beschrieben wurde.

Der Schwanz ist sehr lang und ungefähr um 1/3 länger als der Körper.

Die Färbung ist nicht beständig und ändert nach dem Geschlechte und dem Alter.

Beim alten Weibchen ist die Ober- sowohl als Unterseite am vorderen Körpertheile bis zu den Schultern und der Brust aschgrau, von da an aber bis an die Schwanzwurzel lebhaft rostroth. Die Gliedmaßen und der Schwanz sind grauröthlich.

Beim jüngeren Weibchen sind der Oberkopf, der Nacken, der Vorderrücken, die Außenseite der vorderen Gliedmaßen und der Schwanz grau, der Hinterrücken bis zur Schwanzwurzel und die hinteren Gliedmaßen graubraun. Die Gesichtsseiten, die Kehle, die

Brust und die Innenseite der vorderen Gliedmaßen sind weiß, der
Bauch aber ist bis zur Schwanzwurzel rostbraun. Die kahlen Theile
des Gesichtes und die Innenseite der vier Hände sind schwarz.

Beim sehr jungen Männchen sind der Kopf und Nacken
grau und roströthlich überflogen. Die Oberseite des Körpers ist
grau und hie und da schwarz gesprenkelt da die zerstreut hervor-
stehenden langen Haare schwarz sind. Die ganze Unterseite des
Körpers ist weiß. Die Schnauze ist schwärzlich.

Körperlänge eines jüngeren Weibchens 1′ 1″.   Nach Peters.
Länge des Schwanzes . . . . . . . 1′ 7″.

Vaterland. Südost-Afrika, woselbst diese Art auf der zu den
Komoren gehörigen Insel Anjouan oder Johanna getroffen wird.

Geoffroy kannte nur ein einziges Exemplar, das sich im
naturhistorischen Museum zu Paris befindet und ein erwachsenes
Weibchen ist. Die beiden anderen seither bekannt gewordenen
Exemplare und zwar ein jüngeres Weibchen und ein noch sehr
junges Männchen brachte Peters von seiner Reise in das zoologische Museum zu Berlin.

### 7. Der weissstirnige Maki *(Lemur albifrons).*

*L. Cattae magnitudine; corpore pilis laneis mollibus dense
vestito, lateribus capitis mystace laneo circumcinctis; occipite
obscure nigro-fusco fere nigro, facie violaceo-vel purpureo-nigra,
fronte fascia lata alba, oculos auresque amplectente et mystace
supra genas explanato nec non ad mandibulae inferiorem partem
usque protenso confluente notata; dorso lateribusque corporis ex
rufescente fusco-griseis vel grisescente-fuscis leviter rubido-aurato-
lavatis; nucha albida, humeris griseis; artubus externe castaneo-
vel rufo-fusco-auratis; gastraeo nec non artubus interne albis,
interdum dilute ex olivaceo fusco-grisescente-lavatis; manibus
externe fulvescentibus, interne violaceo- vel purpureo-nigris;
cauda in basali parte aut in primo triente solum, aut in besse suae
longitudinis castaneo-vel rufo-fusco-aurata, in apicali parte nigra;
iride aurantio-flava.*

*Prosimia fusca, rufo admixto, facie nigra, pedibus fullvis.*
        Brisson. Règne anim. p. 221. Nr. 3.
*Monkos.* Waleh. Naturforsch. B. VIII. S. 26. t. 1.

*Lemur Mongoz.* Erxleb. Syst. regn. anim. P. I. p. 66. Nr. 2.

  „      „    Gmelin. Linné Syst. Nat. T. I. P. I. p. 42. Nr. 2.

  „      „    *Var.* ζ. Gmelin. Linné Syst. Nat. T. I. P. I. p. 43,
             Nr. 2. ζ.

*Lemur albifrons.* Geoffr. Magas. encycl. V. I. p. 20.

  „      „    Andeb. Hist. nat. des Singes et des Makis.
             Makis. p. 13. t. 3.

  „          Schreber. Säugth. t. 39. D.

  „          G. Fisch. Anat. d. Makis. S. 23.

  „          Geoffr. Ann. du Mus. V. XIX. p. 160. Nr. 6.

  „          Desmar. Nouv. Diet. d'hist. nat. V. XVIII.
             p. 442. Nr. 9.

  „          Desmar. Mammal. p. 100. Nr. 118.

  „          Desmar. Dict. des Sc. nat. V. XXVIII. p. 123.
             c. fig.

  „      „    Isid. Geoffr. Dict. class. V. X. p. 47.

*Mongous á front blanc.* Cuv. Règne anim. Edit. I. V. I. p. 117.

*Lemur albifrons. Mas.* Fr. Cuv. Geoffr. Hist. nat. d. Mammif.
             c. fig.

  „          Mac Leay. Linnean Transact. V. XIII. p. 624.

  „      „    Griffith. Anim. Kingd. V. V. p. 134. Nr. 10.

*Prosimia albifrons.* Griffith. Anim. Kingd. V. V. p. 134. Nr. 10.

*Mongous á front blanc.* Cuv. Règne anim. Edit. II. V. I. p. 107.

*Lemur albifrons.* Geoffr. Cours de l'hist nat. des Mammif. P. I.
             Leç. 11. p. 19.

  „          Fisch. Synops. Mammal. p. 76, 548. Nr. 9.

  „          Wagler. Syst. d. Amphib. S. 8.

  „          Bennett. Gardens and Menag. of the Zool. Soc.
             V. I. p. 299. c. fig.

  „          Bennett. Tower Menag. p. 151.

  „          Blainv. Ostéograph. Lemur. t. 7. f. 1. (Schädel).

  „          Wagn. Schreber Säugth. Suppl. B. I. S. 271. N. 7.

  „          Gray. Mammal. of the Brit. Mus. p. 15.

  „          Van d. Hoeven. Tijdschr V. XI. (1844.) p. 36.

  „          Giebel. Odontograph. S. 6. t. 3. f. 1, 2.

  „          Isid. Geoffr. Catal. des Primates. p. 72.

  „          Wagn. Schreber Säugth. Suppl. B. V. S. 144.
             Nr. 9.

*Lemur albifrons.* Fitz. Naturg. d. Säugeth. B. I. S. 111. f. 23.

　　„　　　　„　　Giebel. Säugeth. S. 1022.

Brisson war der erste unter den Naturforschern, der diese Art gekannt und dieselbe auch kurz charakterisirt hatte. Auch sie ist mit dem Mongus-Maki *(Lemur Mongoz)* verwandt und wurde von den älteren Naturforschern oftmals mit demselben verwechselt, bis endlich Geoffroy die Unterschiede zwischen diesen beiden Formen nachgewiesen und ihre Artselbstständigkeit begründet hatte.

Sie ist von der Größe des ringelschwänzigen Maki *(Lemur Catta)* und kommt in der Gestalt nahezu mit dem Fuchs-Maki *(Lemur collaris)* überein.

Die Körperbehaarung ist dicht, wollig und weich, und die Kopfseiten sind von einem aus wolligen Haaren gebildeten Backenbarte umgeben.

Der Hinterkopf ist dunkel schwarzgrau oder beinahe schwarz, das Gesicht violet- oder purpurschwarz. Über die Stirne zieht sich eine breite weiße Binde, welche die Augen und die Ohren einschließt und sich mit dem weißen Backenbarte vereinigt, der sich über die Wangen ausbreitet, das Gesicht umsäumt und bis an die Unterseite des Unterkiefers reicht. Der Rücken und die Leibesseiten sind röthlich braungrau oder graulichbraun mit leichtem goldröthlichem Anfluge. Der Nacken ist weißlich, die Schultern sind grau. Die Außenseite der Gliedmaßen ist goldig kastanien- oder rothbraun. Die Unterseite des Körpers und die Innenseite der Gliedmaßen sind weiß und bisweilen licht olivenbraungraulich überflogen. Die Außenseite der vier Hände ist rothgelblich, die Innenseite derselben violet- oder purpurschwarz. Der Schwanz ist in seinem Wurzeltheile entweder nur im ersten, oder auch in beiden Dritteln seiner Länge goldig kastanien- oder rothbraun, in seinem Endtheile aber schwarz. Die Iris ist orangegelb.

Körpermaße fehlen.

Die Vorderzähne des Oberkiefers sind sehr klein und der dritte oder letzte obere Lückenzahn ist von quer-vierseitiger Gestalt und bietet am Innenrande einen sehr dicken Wulst dar. Der Backenzahn des Oberkiefers ist an beiden Ecken mit einem kleinen vortretenden Höcker versehen, der zweite und dritte blos an der vorderen Ecke. Die Backenzähne des Unterkiefers sind dick und der dritte oder hinterste ist schmal und von vierseitiger Gestalt.

Am Schädel ist die Stirne steil abfallend, der Schnauzentheil sehr dick und der Scheitelkamm ziemlich stark entwickelt.

Vaterland. Südost-Afrika, Madagaskar.

## 8. Der rothstirnige Maki *(Lemur rufifrons)*.

*L. Cattae circa magnitudine; rostro longiore et acutiore quam in Lemure albifronte, lateribus capitis mystace e pilis longioribus formato et ad mentum usque protenso circumdatis; cauda corpore longiore cylindrica villosa; notaeo cinereo, gastraeo rufescente-albo; lumbis artubusque, imprimis posterioribus externe, rufescente-lavatis; fronte in inferiore parte alba, in superiore fascia transversali lata rufa inter aures protensa et in medio stria longitudinali angusta nigra supra rostrum ad nasum usque decurrente ac inter oculos quasi partita interrupta, notata; mystace pallide rufo, fascia frontali confluente; regione ophthalmica utrinque macula fere circulari alba supra, infra et extra oculos signata; cauda obscure cincrea, infra sicut et regio analis nigra.*

*Lemur Mongoz.* Sechste Spielart. S c h r e b e r Säugth. Suppl. B. I. S. 139. Nr. 3.

*Lemur rufifrons.* B e n n e t t. Proceed. of the Zool. Soc. V. I. (1833.) p. 106.

„     W a g n. Schreber Säugth. Suppl. B. I. S. 269. Nr. 5.

„     F r a s e r. Zool. typ. p. 6. c. fig.

„     W a g n. Schreber Säugth. Suppl. B. V. S. 145. Nr. 12.

„     „     G i e b e l. Säugeth. S. 1023.

Es kann wohl kaum einem Zweifel unterliegen, daß schon S c h r e b e r diese durch ihre Farbenzeichnung höchst ausgezeichnete Art gekannt hatte, da er dieselbe — obgleich er sie nur für eine Abänderung des Mongus-Maki *(Lemur Mongoz)* betrachtete, — in unverkennbarer Weise beschrieb. Näher wurden wir mit derselben aber erst durch B e n n e t t im Jahre 1833 bekannt, der uns eine genauere Beschreibung von derselben mittheilte, und durch F r a s e r, der uns im Jahre 1849 eine Abbildung von ihr gab.

Ihre Größe ist ungefähr dieselbe wie die des ringelschwänzigen Maki *(Lemur Catta).*

In ihrer Körpergestalt im Allgemeinen kommt sie mit diesem sowohl, als auch mit dem Nonnen-Maki *(Lemur Macaco)* und den allermeisten übrigen Arten dieser Gattung überein, doch ist ihre Schnauze länger und spitzer als beim weißstirnigen *(Lemur albifrons)* und Fuchs-Maki *(Lemur collaris)* und den dieser letzteren Art verwandten Formen.

Der Kopf ist an den Seiten von einem aus längeren Haaren bestehenden Backenbarte umsäumt, der fast so wie beim Fuchs-Maki *(Lemur collaris)* sich um das Kinn herumzieht. Der Schwanz ist walzenförmig und buschig, und länger als der Körper.

Die Oberseite des Körpers ist aschgrau, wobei die einzelnen Haare an der Wurzel dunkler gefärbt sind, die Unterseite desselben ist röthlichweiß. Die Hüften und die Gliedmaßen, insbesondere aber die Außenseite der hinteren, sind röthlich überflogen. Der untere Theil der Stirne ist weiß und über den oberen Theil derselben zieht sich eine breite rothe Querbinde von einem Ohre zum anderen. Diese Binde wird in der Mitte durch einen schmalen schwarzen Längsstreifen durchbrochen, der sich zwischen den Augen ausbreitet und gleichsam theilt, und über den ganzen Schnauzenrücken verläuft, um sich mit der tief oder kohlschwarzen Nasenkuppe zu vereinigen. Der blasser roth gefärbte Backenbart schließt sich an die Stirnbinde an und unter dieser befindet sich jederseits über und unter den Augen, so wie auch außerhalb derselben, ein weißer, fast kreisförmiger Flecken. Der Schwanz ist dunkel aschgrau, dunkler als der Rücken und auf der Unterseite an der Wurzel, so wie auch die Gegend um den After schwarz.

Körperlänge über . . . . . . . . . . 1′. Nach Bennett.
Länge des Schwanzes noch darüber.

Vaterland. Südost-Afrika, Madagaskar.

### 9. Der gekrönte Maki *(Lemur coronatus).*

L. *Lemuris Mongoz magnitudine; cauda longissima, corpore fere* 1/3 *longiore, crassa villosa; notaeo obscure cinereo, gastraeo pallide rufescente-cinereo; artubus pallidioribus cinereis rufescentelavatis; facie albida, genis nec non fascia semilunari supra oculos extensa et supra frontem confluente dilute rufescentibus; vertice in medio macula magna nigra notato; cauda rufescente, apicem versus nigrescente.*

*Lemur coronatus.* Gray. Ann. of Nat. Hist. V. X. (1842.) p. 257.

„ „ Gray. Zool. of the Voy. of Sulphur. Mammal. p. 15. t. 4.

„ Gray. Mammal. of the Brit. Mus. p. 16.

„ Van d. Hoeven. Tijdschr. V. XI. (1844.) p. 37.

„ Isid. Geoffr. Catal. des Primates. p. 74.

„ Wagn. Schreber Säugth. Suppl. B. V. S. 146. Nr. 13.

„ „ Giebel. Säugeth. S. 1023. Note 3.

*Lemur rufifrons?* Giebel. Säugeth. S. 1023. Note 3.

Diese höchst ausgezeichnete Art, welche sich zunächst dem rothstirnigen Maki *(Lemur rufifrons)* anreiht und ebenso lebhaft an den rothbindigen Maki *(Lemur chrysampyx)* erinnert, sich von beiden aber durch die Farbenzeichnung sehr deutlich unterscheidet, wurde uns erst durch Gray im Jahre 1842 bekannt. Später hat dieselbe auch Isidor Geoffroy beschrieben.

In der Größe kommt sie vollständig mit dem Mongus-Maki *(Lemur Mongoz)* überein.

Der Schwanz ist sehr lang, fast um ⅓ länger als der Körper, dick und buschig behaart.

Die Oberseite des Körpers ist dunkel aschgrau, wobei die einzelnen Haare an der Wurzel grau, dann schwärzlich und nach oben zu grauweiß sind, und in kurze schwarze Spitzen endigen. Die Unterseite des Körpers ist blaß röthlich-aschgrau. Die Gliedmaßen sind blasser aschgrau und röthlich gewässert. Das Gesicht ist weißlich. Die Wangen und eine breite halbmondförmige Binde, welche sich zu beiden Seiten oberhalb der Augen befindet und über der Stirne zusammenfließt, sind licht röthlich. Der Scheitel ist in seiner Mitte mit einem großen schwarzen Flecken gezeichnet. Der Schwanz ist röthlich und gegen das Ende schwärzlich, da die einzelnen Haare hier in schwarze Spitzen ausgehen.

Körperlänge . . . . . . . . . . . . 1′ 5″. Nach Gray.

Länge des Schwanzes . . . . . . . 1′ 10″.

Vaterland. Südost-Afrika, Madagaskar.

Das Britische Museum zu London ist im Besitze eines Exemplares dieser Art, das naturhistorische Museum zu Paris besitzt aber deren sechs.

Giebel hält es für möglich, daß diese Form mit dem rothstirnigen Maki *(Lemur rufifrons)* der Art nach zu vereinigen sei.

### 9. a. Der weisse gekrönte Maki *(Lemur coronatus, albus)*.

*L. coronatus corpore toto unicolore albo, fascia semilunari utrinque supra oculos extensa flava nec non pilis singulis pone eam et versus oris angulum sitis ejusdem coloris exceptis.*

*Lemur coronatus. Var. blanche.* Isid. Geoffr. Catal. des Primates. p. 74.

*Lemur coronatus. Albino.* Wagn. Schreber Säugth. Suppl. B. V. S. 146. Nr. 13.

„ „ „ Giebel. Säugeth. S. 1023. Note 3.

Ohne Zweifel nur ein Albino des gekrönten Maki *(Lemur coronatus)*, wie dieß aus den Mittheilungen von Isidor Geoffroy, der uns mit dieser Form bekannt machte, klar und deutlich hervorgeht.

Die Färbung ist der einzige Unterschied, welcher zwischen ihr und der genannten Art besteht.

Der ganze Körper ist einfärbig weiß, mit Ausnahme einer halbmondförmigen gelben Binde zu beiden Seiten der Stirne über den Augen und einiger gelben Haare, welche sich hinter derselben und auch gegen die Mundwinkel befinden.

Vaterland. Südost-Afrika, Madagaskar.

Das naturhistorische Museum zu Paris bewahrt das Exemplar, das Isidor Geoffroy zur Beschreibung diente.

### 10. Der rothbindige Maki *(Lemur chrysampyx)*.

*L. coronato paullo minor; cauda longissima, corpore parum longiore gracili; capite supra et stethiaeo dilute nigrescente-griseis, tergo rufescente, gastraeo albo, antipedibus griseis; fascia utrinque supra oculos semilunari, in fronte interrupta rufo-aurata, vertice immaculato; cauda nigro-grisescente.*

*Lemur chrysampyx.* Schuermans. Bullet. de l'Acad. de Bruxell. V. I. (1847.) p. 78.

Schuermans. Mém. cour. et Mém. des savants étrang. publ. par l'Acad. de Belge. V. XXII. p. 1. Avec. fig. (Thier u. Schädel).

*Lemur chrysampyx.* Isid. Geoffr. Catal. des Primates. p. 74.

„      „      Wagner. Schreber Säugth. Suppl. B. V. S. 146. Nr. 14.

„      „      ʼ  Giebel. Säugeth. S. 1023. Note 3.

*Lemur rufifrons?* Giebel. Säugeth. S. 1023. Note 3.

Schuermans hat uns mit dieser Form im Jahre 1847 zuerst bekannt gemacht und später hat uns auch Isidor Geoffroy eine Beschreibung von derselben mitgetheilt.

So nahe die Verwandtschaft auch ist, welche zwischen ihr und dem gekrönten Maki *(Lemur coronatus)* besteht, so bietet die Farbenzeichnung zwischen beiden doch so erhebliche Unterschiede dar, daß ihre specifische Verschiedenheit nicht wohl in Zweifel gezogen werden kann.

An Größe steht sie der genannten Art etwas nach.

Der Schwanz ist sehr lang, doch nur wenig länger als der Körper und schmächtig.

Die Oberseite des Kopfes und der Vorderrücken sind licht schwärzlichgrau, der Hinterrücken ist röthlich. Die Unterseite des Körpers ist weiß, die vorderen Gliedmaßen sind grau. Über den Augen befindet sich jederseits eine halbmondförmige goldrothe Binde, die aber nicht über der Stirne mit der entgegengesetzten zusammenfließt und auf dem Scheitel ist auch kein schwarzer Flecken vorhanden, wodurch sich diese Art wesentlich von dem gekrönten Maki *(Lemur coronatus)* unterscheidet. Der Schwanz ist schwarzgraulich.

Körperlänge . . . . . . 1′ 3″ 4‴. Nach Schuermans.
Länge des Schwanzes . ·. 1′ 4″.

Vaterland. Südost-Afrika, Madagaskar.

Schuermans hat diese Art nur nach einem Weibchen beschrieben, Isidor Geoffroy aber nach drei Exemplaren beiderlei Geschlechtes, die das naturhistorische Museum zu Paris in neuerer Zeit erhalten hatte.

Giebel ist im Zweifel, ob sie nicht vielleicht doch mit dem rothstirnigen Maki *(Lemur rufifrons)* zu einer und derselben Art gehöre.

## 11. Der rothe Maki (*Lemur ruber*).

*L. Lichanoti brevicaudati fere magnitudine, ast interdum Lemure Mongoz paullo minor; capite circa aures pilis longis obtecto, margine supraorbitali prosiliente; cauda longissima, corpore fere ¼ longiore; corpore supra sicut et cauda pilis perlongis laneis mollibus vestito, infra pilis brevioribus; vertice nec non lateribus capitis obscure fusco-rufis, genis paullo dilutioribus, facie nigra; nucha, dorso artubusque externe, manibus exceptis, vivide fusco vel castaneo-rufis, gastraeo, artubus interne, manibus podiorum nec non cauda saturate nigris; nucha macula magna flavescente-alba versus latera colli protensa et semitorquem formante notata, podariis stria transversali angusta albida signatis; cute faciei manuumque saturate rufa; iride dilute flava paullo in rufescentem vergente.*

*Lemur ruber.* Péron, Lesueur.

„ „ Geoffr. Ann. du Mus. V. XIX. p. 159. Nr. 3.

*Maki rouge.* Cuv. Règne anim. Edit. I. V. I. p. 117.

*Lemur ruber.* Desmar. Nouv. Dict. d'hist. nat. V. XVIII. p. 438. Nr. 4.

„ „ Desmar. Mammal. p. 98. Nr. 110.

„ „ Desmar. Dict. des Sc. nat. V. XXVIII. Nr. 122.

„ „ Isid. Geoffr. Dict. class. V. X. p. 47.

*Maki rouge.* Fr. Cuv. Geoffr. Hist. nat. d. Mammif. V. I. Fasc. 15. c. fig.

*Red lemur.* Griffith. Anim. Kingd. V. I. p. 324.

*Lemur ruber.* Griffith. Anim. Kingd. V. V. p. 126. Nr. 2.

*Prosimia rubra.* Griffith. Anim. Kingd. V. V. p. 126. Nr. 2.

*Maki rouge.* Geoffr. Cours de l'hist. nat. des Mammif. P. I. Leç. 11. p. 19.

*Lemur ruber.* Fisch. Synops. Mammal. p. 74, 548. Nr. 3.

„ „ Wagler. Syst. d. Amphib. S. 8.

„ „ Bennett. Gardens and Menag. of the Zool. Soc. V. I. p. 145. c. fig.

„ „ Blainv. Ostéograph. Lemur. t. 11.

„ „ Wagn. Schreber Säugth. Suppl. B. I. S. 272. Nr. 8.

„ „ Gray. Mammal. of the Brit. Mus. p. 15.

„ „ Van d. Hoeven. Tijdschr. V. XI. (1844.) p. 34.

*Lemur ruber.*  G i e b e l. Odontograph. S. 6. t. 3. f. 3, 4.

„  „  I s i d. G e o f f r. Catal. des Primates. p. 71.

„  „  W a g n.·Schreber Säugth. Suppl. B. V. S. 142. Nr. 3.

„  „  G i e b e l. Säugeth. S. 1021.

Unter allen Arten dieser Gattung bezüglich ihrer Färbung eine der auffallendsten und deßhalb auch sehr leicht zu erkennen und mit keiner anderen zu verwechseln.

P é r o n und L e s u e u r haben dieselbe entdeckt und G e o f f r o y hat sie zuerst beschrieben. Später theilten uns auch Fr. C u v i e r und B e n n e t t eine Beschreibung und Abbildung von derselben mit.

Sie ist die größte Art der Gattung, beträchtlich größer als der Nonnen-Maki *(Lemur Macaco)* und bisweilen sogar nahezu von der Größe des schwarzen Indri *(Lichanotus brevicaudatus)*, obgleich sie bisweilen auch etwas kleiner als der Mongus-Maki *(Lemur Mongoz)* angetroffen wird.

Der Kopf ist um die Ohren mit langen Haaren bekleidet und der obere Augenhöhlenrand ist vorspringend. Der Schwanz ist sehr lang, fast um ¹/₄ länger als der Körper.

Die Behaarung ist auf der Oberseite des Körpers und am Schwanze sehr lang, dicht, wollig und weich, auf der Unterseite des Körpers aber kürzer.

Der Scheitel und die Kopfseiten sind dunkel braunroth, die Wangen etwas heller, das Gesicht schwarz. Der Nacken, der Rücken und die Außenseite der Gliedmaßen mit Ausnahme der Hände, sind lebhaft braunroth oder kastanienroth, die Unterseite des Körpers, die Innenseite der Gliedmaßen, die vier Hände und der Schwanz sind tief schwarz oder kohlschwarz. Auf dem Nacken befindet sich ein großer gelblichweißer Flecken, der sich gegen die Halsseiten zieht und ein halbes Halsband bildet, und über die Hinterhände verläuft ein schmaler weißlicher Querstreifen. Die Haut des Gesichtes und der Hände ist gesättigt roth. Die Iris ist hellgelb, etwas in's Röthliche ziehend.

Körperlänge . . . . . . . . 1′ 4″. Nach G e o f f r o y.

Länge des Schwanzes . . . . 1′ 6″ 9‴.

„ des Kopfes . . . . . . 4″.

Schulterhöhe . . . . . . . 1′.

Körperlänge . . . . . . . 2′.    Nach B e n n e t t.

Länge des Schwanzes über . . 2′.

Die Vorderzähne des Oberkiefers sind größer als bei den anderen Arten, die oberen Lückenzähne mit einem starken inneren Ansatze versehen. Von den Backenzähnen des Oberkiefers bietet nur der erste einen großen Höcker in der Mitte dar, während der zweite, sehr schief vierseitige und der dritte kleine dreiseitige nur am inneren Rande eine einfache wulstige Leiste zeigen. Die Lückenzähne des Unterkiefers sind von beträchtlicher Dicke, die Backenzähne aber lang und schmal, der erste nach Innen zu verschmälert, der zweite unregelmäßig und der dritte vollständig nach hinten zusammengedrückt.

Vaterland. Südost-Afrika, Madagaskar.

Diese seltene Art befindet sich sowohl im naturhistorischen Museum zu Paris, als auch im Britischen zu London, welches zwei Exemplare derselben besitzt.

### 12. Der rothbauchige Maki *(Lemur rubriventer)*.

*L. rubro affinis, ast colore diversus; notaeo rufo-fusco obscurius irrorato, gastraeo, artubus nec non mystace vivide castaneorufis; cauda nigrescente.*

*Lemur rubriventer.* Isid. Geoffr. Compt. rend. V. XXXI. (1850.)
p. 876.

Isid. Geoffr. Revue zool. 1851. p. 64.

Isid. Geoffr. Catal. des Primates. p. 71.

Wagn. Schreber Säugth. Suppl. B. V. S. 142.
Nr. 4.

„ „ Giebel. Säugeth. S. 1021.

Diese Art, welche seither nur von Isidor Geoffroy beschrieben wurde, reiht sich zunächst dem rothen Maki *(Lemur ruber)* an, unterscheidet sich von demselben aber sehr deutlich durch die sehr beträchtliche Abweichung in der Färbung und insbesondere der Unterseite des Körpers, welche auch nicht die entfernteste Ähnlichkeit mit jener der genannten Art darbietet.

Die Oberseite des Körpers ist rothbraun und dunkler gesprenkelt, die Unterseite desselben, die Gliedmaßen und der Backenbart sind lebhaft kastanienroth und von ähnlicher Färbung wie die Oberseite des rothen Maki *(Lemur ruber)*. Der Schwanz ist schwärzlich.

Körpermaaße sind nicht angegeben.

Vaterland. Südost-Afrika, Madagaskar.

Das naturhistorische Museum zu Paris ist zur Zeit das einzige unter den europäischen Museen, das diese Art unter seinen reichen Schätzen bewahrt.

### 13. Der gelbbauchige Maki *(Lemur flaviventer)*.

*L. rubiventri affinis, ast colore diversus; lateribus capitis mystace parum extenso circumcinctis; notaeo rufo-fusco obscurius irrorato; gula alba, abdomine flavo; artubus externe custaneo-rufis, interne flavescentibus; facie nigra, mystace castaneo-rufo; cauda nigrescente.*

*Lemur flaviventer.* Isid. Geoffr. Revue zool. 1851. p. 24.

„      „      Isid. Geoffr. Catal. des Primates. p. 72.

„      Wagn. Schreber Säugth. Suppl Suppl. B. V. S. 143. Nr. 5.

„      „      Giebel. Säugeth. S. 1021. Note 6.

*Lemur rubriventer?* Giebel. Säugeth. S. 1021. Note 6.

Auch diese Art ist uns bis jetzt nur aus einer Beschreibung von Isidor Geoffroy bekannt.

Sie ist mit dem rotbauchigen Maki *(Lemur rubriventer)* nahe verwandt, aber durch die Färbung sehr deutlich von demselben verschieden.

Die Kopfseiten sind von einem nur wenig ausgedehnten Backenbarte umgeben.

Die Oberseite des Körpers ist rothbraun und dunkler gesprenkelt. Die Kehle ist weiß, der Bauch gelb. Die Außenseite der Gliedmaßen ist kastanienroth, die Innenseite gelblich. Das Gesicht ist schwarz, der Backenbart kastanienroth, der Schwanz schwärzlich.

Körpermaaße fehlen.

Vaterland. Südost-Afrika, Madagaskar.

Das naturhistorische Museum zu Paris dürfte bis jetzt das einzige in Europa sein, das diese Art besitzt.

Giebel hält es für nicht unwahrscheinlich, daß diese Form mit dem rothbauchigen Maki *(Lemur rubriventer)* der Art nach zusammenfallen könne.

## 14. Der Fuchs-Maki *(Lemur collaris)*.

*L. albimani magnitudine; lateribus capitis mystace e pilis longioribus formato et usque infra gulam protenso sed non ultra aures ascendente, circumcinctis; corpore pilis laneis mollibus dense vestito; colore secundum sexum paullo variabili ; in maribus vertice nigro, fronte ex nigro et cinerascente mixta; mystace aurantio rufo cum vibrissis ejusdem coloris confluente; occipite, notaeo artubusque externe fuscis rufescente-lavatis. gastraeo nec non artubus interne pallide fuscescente-flavis; mento apice albescente; facie, auriculis manibusque interne obscure violaceis; cauda fusca rufescente-lavata, apicem versus nigra; in foeminis maribus semper paullo minoribus, vertice cinerascente, notaeo flavescentefusco olivaceo- vel flavido-lavato.*

*Simius Zambus.* Nieremb. Hist. nat. maxime peregrinae. p. 361. c. fig.

*Prosimia fusca.* Brisson. Règne anim. p. 220. Nr. 1.

*Mongooz* Edwards. Glean. of Nat. Hist. V. I. p. 12. t. 216.

*Lemur cauda floccosa, corpore fusco.* Gronov. Zoophylac. Fasc. I. p. 220. Nr. 1.

*Lemur Mongoz.* Schreber. Säugth. B I. S. 137. Nr. 3. t. 39. B.

*Mongus.* Müller. Natursyst. Suppl. S. 12.

*Lemur Mongoz.* Erxleb. Syst. regn. anim. P. I. p. 66. Nr. 2.

*Lemur Macaco.* Erxleb. Syst. regn. anim. P. I. p. 67. Nr. 3.

*Lemur Mongoz.* Zimmerm. Geogr. Gesch. d. Mensch. u. d. Thiere B. II. S. 214. Nr. 120.

*Prosimia Mongoz.* Boddaert. Elench. anim. V. I. p. 65. Nr. 1.

*Lemur Mongoz.* Gmelin. Linné Syst. Nat. T. I. P. I. p. 42. Nr. 2.

*Lemur Mongoz. Var.* ε. Gmelin. Linné Syst. Nat. T. I. P. I. p. 43. Nr. 2. ε.

*Lemur Macaco. Var.* β. Gmelin. Linné Syst. Nat. T. I. P. I. p. 43. Nr. 3. β.

*Lemur mongoz.* Cuv. Tabl. élém. d'hist. nat. p. 101. N. 3.

*Lemur collaris.* Geoffr. Ann. du Mus. V. XIX. p. 161. N. 11.

„        „        Desmar. Nouv. Dict. d'hist. nat. V. XVIII. p. 443. Nr. 10.

„        „        Desmar. Mammal. p. 100. N. 117.

„        „        Desmar. Dict. des Sc. nat. V. XXVIII. p. 126.

*Lemur collaris.* I s i d. G e o ffr. Dict. class. V. X. p. 47.

*Mongous. Varieté.* F r. C u v. G e o ffr, Hist. nat. d. Mammif. V. I. Fasc.
2. c. fig.

*Lemur collaris.* G r i f f i t h. Anim. Kingd. V. V. p. 133. N. 9.

*Prosimia collaris.* G r i f f i t h. Anim. Kingd. V. V. p. 133. N. 9.

*Lemur Mongoz.* F i s c h. Synops. Mammal. p. 75, 548. Nr. 5.

*Lemur albimanus.* F i s c h. Synops. Mammal. p. 76, 548. Nr. 8.

*Lemur collaris. Var. α.* W a g n. Schreber Säugth. Suppl. B. I. S. 270.
Nr. 6. α.

*Lemur Mongoz.* V a n. d. H o e v e n. Tijdschr. V. XI. (1844.) p. 34.

*Lemur collaris.* I s i d. G e o ffr. Catal. des Primates. p. 72.

   „     „     W a g n. Schreber Säugth. Suppl. B. V. S. 143.
Nr. 6.

   „     „     F i t z. Kollar, Über Ida Pfeiffer's Send. v. Natural.
S. 5. (Sitzungsb. d. math.-naturw. Cl. d. kais.
Akad. d. Wissensch. B. XXXI. S. 341.)

   „     „     G i e b e l. Säugeth. S. 1021.

Es ist dieß eine der ausgezeichnetsten Arten in der ganzen
Gattung und zugleich diejenige, von deren Existenz wir zuerst Kenntniß erhalten haben, indem schon N i e r e m b e r g im Jahre 1635 uns
eine kurze Beschreibung und auch eine Abbildung von derselben
mittheilte.

Von den allermeisten späteren Naturforschern wurde sie vielfach
mit dem Mongus-Maki *(Lemur Mongoz)* verwechselt und erst G e o f-
f r o y wies ihre specifische Verschiedenheit von dieser Art in unwi-
derlegbarer Weise dar.

Sie ist nur wenig größer als der ringelschwänzige Maki *(Lemur
Catta)* und mit dem weißhändigen *(Lemur albimanus)*, braunen
*(Lemur brunneus)* und Mongus-Maki *(Lemur Mongoz)* von gleicher
Größe.

Die Kopfseiten sind von einem aus längeren Haaren gebildeten
Backenbarte umsäumt, der sich bis an die Kehle hinabzieht und eine
Art von Halsband bildet, nicht aber bis über die Ohren hinaufreicht.

Die Körperbehaarung ist dicht, wollig und weich.

Die Färbung ist nach dem Geschlechte etwas verschieden.

Beim M ä n n c h e n ist der Scheitel schwarz, die Stirne aus
Schwarz und Aschgraulich gemischt. Der Backenbart ist orangeroth

und die ebenso gefärbten Schnurren fließen mit demselben zusammen.
Der Hinterkopf, die Oberseite des Körpers und die Außenseite der
Gliedmaßen sind braun und röthlich gewässert, die Unterseite des
Körpers und die Innenseite der Gliedmaßen sind blaß bräunlichgelb.
Die Kinnspitze ist weißlich, das Gesicht, die Ohren und die Innen-
seite der Hände sind dunkel violet. Der Schwanz ist so wie der
Rücken braun und röthlich gewässert und gegen das Ende schwarz.

Beim Weibchen ist der Scheitel aschgraulich und die Oberseite des Körpers gelblichbraun und olivenfarben oder gelblich gewässert. Auch ist dasselbe immer etwas kleiner als das Männchen.

Körpermaaße fehlen.

Vaterland. Südost-Afrika, Madagaskar.

Fischer hielt sie mit dem weißhändigen Maki (*Lemur albimanus*) für identisch und verwechselte sie zum Theile auch mit dem
Mongus-Maki (*Lemur Mongoz*), und Georg und Friedrich Cuvier
so wie auch Van der Hoeven übertragen auf sie den Namen „*Lemur Mongoz*".

Das naturhistorische Museum zu Paris und das kaiserl. zoologische Museum zu Wien sind im Besitze dieser Art.

### 15. Der graubauchige Maki (*Lemur fulvus*).

*L. Catta tertia parte major; capite magis rotundato quam in
Lemure Mongoz, rostro tenuiore, fronte elevata subcarinata, cauda
minus crassa, magis lanata, apicem versus attenuata; capite toto
nigro; notaeo fusco, prymna cruribusque fulvescente-olivaceo-
lavatis, gastraeo griseo; iride vivide aurantio-flava.*

*Grand Mougous.* Buffon. Hist. nat. d. Quadrup. Suppl. VII. p. 118.
        t. 33.

*Lemur fulvus.* Geoffr. Ménag. du Mus. V. II. p. 22. c. fig.
   „      „   G. Fisch. Anat. d. Makis. S. 21.
   „      „   Geoffr. Ann. du Mus. V. XIX. p. 161. Nr. 9.
   „      „   Desmar. Nouv. Dict. d'hist. nat. V. XVIII. p. 440.
            Nr. 6.
   „      „   Desmar. Mammal. p. 99. Nr. 114.
   „      „   Desmar. Dict. des Sc. nat. V. XXVIII. p. 125.
   „      „   Isid. Geoffr. Dict. class. V. X. p. 47.
   „      „   Griffith. Anim. Kingd. V. V. p. 130. Nr. 6.

*Prosimia fulva.* G r i f f i t h. Anim. Kingd. V. V. p. 130. Nr. 6.
*Lemur fulvus.* F i s c h. Synops. Mammal. p. 75, 548. Nr. 6.
*Lemur collaris. Var. α.* W a g n. Schreber Säugth. Suppl. B. I. S. 270.
     Nr. 6. α.
*Lemur Mongoz.* V a n  d.  H o e v e n. Tijdschr. V. XI. (1844.) p. 34.
*Lemur collaris.* I s i d.  G e o f f r. Catal. des Primates. p. 72.
  „  „  W a g n. Schreber Säugth. Suppl. B. V. S. 143.
     Nr. 6.
  „  „  G i e b e l. Säugeth. S. 1021.

  Obgleich wir mit dieser Form schon durch B u f f o n in der zweiten Hälfte des verflossenen Jahrhunderts bekannt geworden sind, der uns eine kurze Beschreibung und auch eine Abbildung von derselben gab, so haben wir doch erst im zweiten Decennium des gegenwärtigen Jahrhunderts genauere Kenntniß von ihr erhalten, und G e o f f r o y gebührt das Verdienst die Merkmale hervorgehoben zu haben, durch welche sie sich von dem ihr verwandten Fuchs-Maki *(Lemur collaris)* specifisch unterscheidet.

  Sie ist um ein Drittel größer als der ringelschwänzige *(Lemur Catta)* und weißstirnige Maki *(Lemur albifrons).* Der Kopf ist mehr gerundet und die Schnauze dünner als beim Mongus-Maki *(Lemur Mongoz),* die Stirne erhaben und beinahe schneidig, und der Schwanz minder dick, mehr wollig und gegen die Spitze zu verdünnt.

  Der ganze Kopf ist schwarz, die Oberseite des Körpers braun, das Kreuz und die Schenkel sind rothgelblich-olivenfarben überflogen, da an diesen Körperstellen die Haare in rothgelbe Spitzen endigen. Die Unterseite des Körpers ist grau, die Iris lebhaft pomeranzengelb.

  Körpermaaße fehlen.

  V a t e r l a n d. Südost-Afrika, Madagaskar.

  W a g n e r betrachtete diese Art nur für eine Abänderung des Fuchs-Maki *(Lemur collaris)* und auch I s i d o r  G e o f f r o y, der sie Anfangs von demselben der Art nach für verschieden hielt, vereinigte später beide miteinander. G i e b e l schloß sich dieser Ansicht an, und V a n  d e r  H o e v e n zieht gleichfalls beide Formen in eine Art zusammen, die er aber mit dem Namen „*Lemur Mongoz*“ bezeichnet, ohne jedoch den Mongus-Maki *(Lemur Mongoz)* hierunter zu verstehen.

  Das Pariser Museum ist im Besitze desselben Exemplares, das G e o f f r o y zu seiner Beschreibung benützte.

### 16. Der weisshändige Maki *(Lemur albimanus)*.

*L. collaris magnitudine; lateribus faciei mystace e pilis longi-
oribus formato et ultra aures ascendente circumcinctis; cauda
corpore longiore; corpore pilis laneis mollissimis dense vestito;
notaeo artubusque externe, manibus sordide flavis vel albidis exceptis, fusco-griseis, gula pectoreque albis, abdomine rufescente; facie
nigrescente, genis ac mystace ferrugineis vel cinnamomeo-rufis;
cauda grisea.*

*Prosimia fusca, naso, gutture et pedibus albis.* B r i s s o n. Règne
anim. p. 221. Nr. 2.

*Lemur Mongoz.* S c h r e b e r. Säugth. B. I. S. 137. Nr. 3.

„    „    E r x l e b. Syst. regn. anim. P. I. p. 66. Nr. 2.

„    „    Z i m m e r m. Geograph. Gesch. d. Mensch. u. d. Thiere.
B. II. S. 214. Nr. 120.

*Lemur Mongoz. Var.* ♂. G m e l i n. Linné Syst. Nat. T. I. P. I. p. 43.
Nr. 2. ♂.

*Mongouz.* A u d e b. Hist. nat. des Singes et des Makis. Makis. p. 10.
t. 1.

*Lemur albimanus.* G e o f f r. Ann. du Mus. V. XIX. p. 160. Nr. 7.

„    „    D e s m a r. Nouv. Dict. d'hist. nat. V. XVIII. p. 441.
Nr. 7.

„    D e s m a r. Mammal. p. 99. N. 115.

„    D e s m a r. Dict. des Sc. nat. V. XXVIII. p. 126.

„    I s i d. G e o f f r. Dict. class. V. X. p. 47.

„    „    G r i f f i t h. Anim. Kingd. V. V. p. 131. Nr. 7.

*Prosimia albimana.* G r i f f i t h. Anim. Kingd. V. V. p. 131. Nr. 7.

*Lemur albimanus.* F i s c h. Synops. Mammal. p. 76, 548. Nr. 8.

*Lemur Mongoz.* W a g l e r. Syst. d. Amphib. S. 8.

„    „    *Var.* γ. W a g n. Schreber Säugth. Suppl. B. I. S. 268.
Nr. 4. γ.

„    „    V a n d. H o e v e n. Tijdschr. V. XI. (1844.) p. 34.

*Lemur albimanus.* I s i d. G e o f f r. Catal. des Primates. p. 72.

*Lemur collaris. Var.* β. W a g n. Schreber Säugth. Suppl. B. V.
S. 143. Nr. 6. β.

*Lemur albimanus.* G i e b e l. Säugeth. S. 1021. Note 7.

*Lemur collaris?* G i e b e l. Säugeth. S. 1021. Note 7.

Auch diese Form, welche wir durch B r i s s o n zuerst kennen gelernt haben, ist eine derjenigen, die sich um den Fuchs-Maki *(Lemur collaris)* gruppiren und mit demselben in naher Verwandtschaft stehen, daher sie auch leicht mit dieser Art verwechselt werden kann.

Die Unterschiede aber, welche sich zwischen beiden sowohl bezüglich der Färbung, als auch in Ansehung der Beschaffenheit der Behaarung der Kopfseiten ergeben, lassen nicht wohl eine Vereinigung derselben zu, wie dieß von I s i d o r  G e o f f r o y deutlich nachgewiesen wurde.

In der Größe kommt diese Art mit dem Fuchs- *(Lemur collaris)* und Mongus-Maki *(Lemur Mongoz)* überein, da sie nur wenig größer als der ringelschwänzige Maki *(Lemur Catta)* ist.

Die Gesichtsseiten sind von einem aus längeren Haaren gebildeten Backenbarte umsäumt, der sich aber weit mehr als beim Fuchs-Maki *(Lemur collaris)* nach oben zu erstreckt und daher auch das Ohr umgibt. Der Schwanz ist länger als der Körper.

Die Körperbehaarung ist dicht, wollig und sehr weich.

Die ganze Ober- und Außenseite des Körpers, mit Ausnahme der vier Hände ist braungrau, die Kehle und die Brust sind weiß, der Bauch ist röthlich. Das Gesicht ist schwärzlich, die Wangen und der Backenbart sind rostroth oder zimmtroth. Die Hände sind schmutzig gelb oder weißlich, da die schwarzen Ringe der Haare auf denselben fast verdrängt sind. Der Schwanz ist grau.

Körpermaaße sind nicht angegeben.

V a t e r l a n d. Südost-Afrika, Madagaskar.

S c h r e b e r,  E r x l e b e n,  Z i m m e r m a n n,  G m e l i n,  A u d e b e r t  und  W a g l e r, so wie anfangs auch  W a g n e r, glaubten in dieser Form nur den Mongus-Maki *(Lemur Mongoz)* oder eine Abänderung desselben zu erblicken, während sie von G e o f f r o y für eine selbstständige Art erklärt und von den allermeisten seiner Naehfolger auch als eine solche angenommen wurde. V a n  d e r  H o e v e n zog sie aber mit dem Fuchs-Maki *(Lemur collaris)* — für welchen er jedoch den Namen „*Lemur Mongoz*" in Anwendung bringt, — in eine Art zusammen und  W a g n e r, der seine frühere Ansicht hiernach geändert hatte, wollte sie gleichfalls als zu dieser Art gehörig, doch als eine besondere Abänderung derselben angesehen wissen. G i e b e l ist im Zweifel, ob sie mit dem Fuchs-Maki *(Lemur collaris)* zu vereinigen, oder als eine selbstständige Art zu betrachten sei.

Das einzige Exemplar, welches man in unseren Museen von dieser Form aufzuweisen hat, befindet sich im naturhistorischen Museum zu Paris und ist dasselbe, das von A u d e b e r t beschrieben und abgebildet wurde.

## 17. Der rothbärtige Maki (*Lemur Cuvieri*).

*L. collaris magnitudine; lateribus capitis mystace e pilis longioribus formato et supra totam genarum regionem extenso circumcinctis; corpore pilis laneis mollissimis dense vestito; notaeo griseo fulvescente-lavato, gastraeo rufescente-albo; fronte fascia transversali nigra notata, mystace genisque sordide rufis; cauda grisea.*

*Maki d' Anjuan.* Fr. C u v. G e o f f r. Hist. nat. des Mammif. V. I. Fasc. 2. c. fig.

*Lemur Mongoz. Var.* β. W a g n. Schreber Säugth. Suppl. B. I. S. 267. Nr. 4. β.

*Lemur collaris. Var.?* W a g n. Schreber Säugth. Suppl. B. V. S. 145. Nr. 11.

Ohne Zweifel eine selbstständige Art, welche gleichfalls zu jener Gruppe gehört, die durch den Fuchs-Maki (*Lemur collaris*) repräsentirt wird und uns bis jetzt blos aus einer sehr kurzen Beschreibung und einer derselben beigefügten Abbildung von Fr. C u v i e r bekannt ist.

Die körperlichen Formen sind ungefähr dieselben wie beim Mongus- (*Lemur Mongoz*) und Fuchs-Macki (*Lemur collaris*), mit welchen diese Art auch in der Größe übereinkommt.

Die Seiten des Kopfes sind von einem aus längeren Haaren bestehenden Backenbarte umgeben, der die ganze Wangengegend einnimmt.

Die Körperbehaarung ist dicht, wollig und sehr weich.

Die Oberseite des Körpers ist grau, und rothgelblich überflogen, die Unterseite röthlichweiß. Über die Stirne zieht sich eine schwarze Querbinde, und der Backenbart und die Wangen sind schmutzig roth. Der Schwanz ist grau.

V a t e r l a n d. Südost-Afrika, woselbst diese Art auf der komorischen Insel Anjouan oder Johanna angetroffen wird.

Fr. Cuvier beschrieb dieselbe nur nach einem Männchen. Wagner zog sie Anfangs als eine besondere Abänderung mit dem Mongus-Maki *(Lemur Mongoz)* zusammen, änderte später aber seine Ansicht und glaubte in ihr vielleicht eine Abänderung des Fuchs-Maki *(Lemur collaris)* zu erblicken.

## 18. Der grauköpfige Maki *(Lemur rufus)*.

L. *Lemuris Mongoz magnitudine; rostro proportionaliter brevi, lateribus capitis mystace e pilis longioribus formato circumcinctis; auriculis brevibus rotundatis; cauda gracili; capite griseo, in lateribus albescente; facie fascia lata alba supra frontem extensa et in medio stria longitudinali nigra a naso ad occiput usque protensa interrupta, circumcincta; mystace flavescente-rufo, notaeo saturate rufo-aurato vel flavescente-rufo, interdum in fuscum vergente, gastraeo flavescente- vel sordide albo; cauda maximam partem rufo-aurata vel flavescente-rufa aut in fuscum vergente apice nigra.*

*Lemur Mongoz. Fünfte Spielart.* Schreber Säugth. B. I. S. 139. Nr. 3.

*Lemur rufus.* Audeb. Hist. nat. des Singes et des Makis. Makis. p. 12. t. 2.

„ „ Schreber. Säugth. t. 39. C.

„ „ Geoffr. Ann. du Mus. V. XIX. p. 160. Nr. 5.

„ „ Desmar. Nouv. Dict. d'hist. nat. V. XVIII. p. 144. Nr. 11.

„ „ Desmar. Mammal. p. 100. Nr. 116.

„ „ Desmar. Dict. des Sc. nat. V. XXVIII. p. 127.

„ „ Isid. Geoffr. Dict. class. V. X. p. 47.

„ „ Griffith. Anim. Kingd. V. V. p. 132. Nr. 8.

*Prosimia rufa.* Griffith. Anim. Kingd. V. V. p. 132. Nr. 8.

*Lemur rufus.* Fisch. Synops. Mammal. p. 76, 548. Nr. 7.

*Lemur albifrons. Var. β.* Wagn. Schreber Säugth. Suppl. B. I. S. 271. Nr. 7. β.

*Lemur rufus.* Van d. Hoeven. Tijdschr. V. XI. (1844.) p. 37.

„ „ Gray. Menag. at Knowsley-Hall. V. I. t. 3.

„ „ Isid. Geoffr. Catal. des Primates. p. 72.

„ „ Wagn. Schreber Säugth. Suppl. B. V. S. 144. Nr. 8.

*Lemur collaris.* *Var.* W a g n. Schreber Säugth. Suppl. B. V.
S. 144. Nr. 8.

*Lemur rufus.* G i e b e l. Säugeth. S. 1021.

Ebenfalls eine zur Gruppe des Fuchs-Maki ·*(Lemur collaris)*
gehörige Form, welche sich jedoch auffallender als irgend eine
andere durch ihre Farbenzeichnungen von diesem unterscheidet und
deren Kenntniß wir S c h r e b e r und A u d e b e r t zu danken haben,
die sie beschrieben und von der letzterer uns auch eine Abbildung
mitgetheilt hat, die von S c h r e b e r copirt wurde.

In der Größe kommt diese Art mit dem Mongus-Maki *(Lemur
Mongoz)* überein. Die Schnauze ist verhältnißmäßig kurz und die
Gesichtsseiten sind von einem aus längeren Haaren gebildeten
Backenbarte umgeben. Die Ohren sind kurz und gerundet, und der
Schwanz ist schmächtig.

Der Kopf ist grau und an den Seiten weißlich. Das Gesicht
ist von einer breiten weißen Binde umsäumt, die sich auch über die
Stirne zieht und auf derselben durch einen schwarzen, von der Nase
bis zum Hinterhaupte verlaufenden Längsstreifen getheilt wird. Der
Backenbart ist gelblichroth. Die Oberseite des Körpers ist gesättigt
goldroth oder gelblichroth, bisweilen auch in's Braune ziehend, die
Unterseite gelblich- oder schmutzigweiß. Der Schwanz ist seiner
größten Länge nach wie der Rücken goldroth oder gelblichroth, oder
auch in's Braune ziehend und an der Spitze schwarz.

Körpermaaße sind nicht angegeben.

V a t e r l a n d. Südost-Afrika, Madagaskar.

S c h r e b e r hielt diese Art nur für eine Abänderung des Mongus-
Maki *(Lemur Mongoz)*, während A u d e b e r t dieselbe für eine selbstständige Art betrachtete, worin ihm auch fast alle seine Nachfolger
beistimmten. Nur W a g n e r hatte eine andere Ansicht, indem er sie
Anfangs blos für eine Varietät des weißstirnigen Maki *(Lemur albifrons)* erklärte, später aber, — obgleich mit einigem Zweifel, —
eine Abänderung des Fuchs-Maki *(Lemur collaris)* in ihr erkennen
zu dürfen glaubte.

Das Exemplar, nach welchem A u d e b e r t seine Beschreibung
entworfen und welches sich im naturhistorischen Museum zu Paris
befindet, war lange Zeit das einzige in den europäischen Museen.

## 19. Der braune Maki *(Lemur brunneus)*.

*L. collaris magnitudine; lateribus faciei mystace e pilis
longioribus formato circumcinctis; corpore pilis laneis mollissimis
dense vestito; colore secundum sexum variabili; in maribus
notaeo artubusque externe unicoloribus obscure fulvescente-fuscis,
gastraeo artubusque interne dilutioribus; fronte cum facie nigra,
mystace griseo; cauda in basali parte obscure fulvescente-fusca,
in majore apicali nigra; manibus interne violaceo-nigris; in foeminis notaeo, artubus externe et cauda in primo triente fulvescente-fuscis, in besse apicali nigra; gastraeo artubusque interne
ex fulvescente fusco-griseis paullo in olivaceum vergentibus; capite
in frontali parte usque ad aures, genis, mystace nec non mandi-
bula infra obscure griseis, facie manibusque interne violaceo-
nigris; iride aurantio-flava.*

*Simia-Sciurus lanuginosus fuscus ex Johannae insula.* Petiver.
Gazophylac. p. 26. t. 17. f. 5.

*Lemur Simia-Sciurus.* Schreber Säugth. B. I. S. 137. t. 42.

*Lemur Mongoz.* Erxleb. Syst. regn. anim. P. I. p. 66. Nr. 2.

,,　　,.　　Zimmerm. Geogr. Gesch. d. Mensch. u. d. Thiere
B. II. S. 214. Nr. 120.

,.　　,,　　*Var.* γ. Gmelin. Linné Syst. Nat. T. I. P. I. p. 42.
Nr. 2. γ.

*Lemur albifrons. Foem.* Fr. Cuv. Geoffr. Hist. nat. d. Mammif.
c. fig.

*Lemur nigrifrons.* Fr. Cuv. Geoffr. Hist. nat. d. Mammif. c. fig.

*Lemur Mongoz.* Fisch. Synops. Mammal. p. 75, 548. Nr. 5.

*Lemur albifrons.* Fisch. Synops. Mammal. p. 76, 548. Nr. 9.

*Lemur nigrifrons.* Fisch. Synops. Mammal. p. 77, 548. Nr. 10.

*Lemur collaris. Var.* β. Wagn. Schreber Säugeth. Suppl. B. I.
S. 270. Nr. 6. β. — S. 272.

*Lemur nigrifrons?* Gray. Mammal. of the Brit. Mus. p. 16.

*Lemur brunneus.* Van d. Hoeven. Tijdschr. V. XI. (1844.) p. 35.

*Lemur albifrons.* Isid. Geoffr. Catal. des Primates. p. 72.

*Lemur nigrifrons.* Peters. Säugeth. v. Mossamb. S. 21.

*Lemur brunneus.* Wagn. Schreber Säugth. Suppl. B. V. S. 143.
Nr. 7.

*Lemur collaris. Var.?* W a g n. Schreber Säugth. Suppl. B. V.
S. 143. Nr. 7.

*Lemur collaris.* G i e b e l. Säugeth. S. 1021.

Mit dieser ausgezeichneten Art sind wir zuerst durch P e t i v e r
bekannt geworden, der dieselbe schon im Jahre 1702 kurz charakterisirt und abgebildet hatte. Später wurde sie auch von Fr. C u v i e r
beschrieben und abgebildet, von demselben aber, so wie von seinen
Vorgängern und dem allermeisten seiner Nachfolger mit anderen
Arten verwechselt, bis V a n d e r H o e v e n diesen Irrthum aufklärte
und die Artselbstständigkeit dieser Form außer allen Zweifel stellte.

In der Größe kommt dieselbe mit dem Fuchs- *(Lemur collaris)*
und Mongus-Maki *(Lemur Mongoz)* überein, und die Körpergestalt
ist dieselbe wie bei der erstgenannten Art.

Die Kopfseiten sind mit einem aus längeren Haaren gebildeten
Backenbarte umgeben.

Die Körperbehaarung ist dicht, wollig und sehr weich.

Die Färbung ist nach den Geschlechte verschieden.

Beim M ä n n c h e n sind die Oberseite des Körpers und die
Außenseite der Gliedmaßen einfärbig dunkel rothgelblichbraun und
zwar dunkler als beim Fuchs-Maki *(Lemur collaris)*. Die Unterseite
des Körpers und die Innenseite der Gliedmaßen sind heller. Die
Stirne und das Gesicht sind schwarz, der Backenbart ist grau. Der
Schwanz ist in seinem Wurzeltheile dunkel rothgelblich-braun wie
der Rücken, in seinem größeren Endtheile aber schwarz. Die Innenseite der vier Hände ist violetschwarz.

Beim W e i b c h e n sind die Oberseite des Körpers, die Außenseite der Gliedmaßen und das erste Drittel des Schwanzes rothgelblichbraun, die beiden letzten Drittel des Schwanzes aber schwarz.
Die Unterseite des Körpers und die Innenseite der Gliedmaßen sind
rothgelblich-braungrau, etwas in's Olivenfarbene ziehend. Der Vorder-
theil des Kopfes bis zu den Ohren, die Wangen, der Backenbart und
die Unterseite des Unterkiefers sind dunkelgrau. Das Gesicht und die
Innenseite der vier Hände sind violetschwarz. Die Iris ist orangegelb.

Körpermaße sind nicht angegeben.

V a t e r l a n d. Südost-Afrika, wo diese Art sowohl in Madagaskar, als auch auf der zu dem Komoren gehörigen Insel Anjouan oder
Johanna vorkommt.

Erxleben, Zimmermann und Gmelin zogen sie mit dem Mongus-Maki *(Lemur Mongoz)* in eine Art zusammen und letzterer betrachtete sie für eine besondere Abänderung desselben. Fr. Cuvier, der beide Geschlechter untersuchen zu können Gelegenheit hatte, hielt dieselben für zwei verschiedene Arten, indem er das Männchen unter dem Namen „*Lemur nigrifrons*" beschrieb, das Weibchen aber, das er lebend sah, mit dem weißstirnigen Maki *(Lemur albifrons)* für identisch betrachtete, da sich dasselbe in der Menagerie im Jardin des Plantes zu Paris mit einem Männchen dieser Art gepaart und auch ein Junges geworfen hatte. Fischer wurde hierdurch, so wie durch seine älteren Vorgänger verleitet, diese Art unter drei verschiedenen Namen aufzuzählen. Gray glaubte in derselben den von Geoffroy zuerst beschriebenen schwarzstirnigen Maki *(Lemur nigrifrons)*, — obgleich mit einigem Zweifel — zu erkennen und Wagner, der zuerst Fr. Cuvier's Irrthum aufgeklärt, wollte sie nur für eine besondere Abänderung des Fuchs-Maki *(Lemur collaris)* betrachtet wissen, eine Ansicht, von welcher er sich — ungeachtet er die von Van der Hoeven nachgewiesene Artselbstständigkeit später angenommen hatte, — nicht völlig lossagen konnte. Isidor Geoffroy zog sie mit dem weißstirnigen *(Lemur albifrons)*, Giebel mit dem Fuchs-Maki *(Lemur collaris)* in eine Art zusammen. Peters hingegen erkannte in ihr eine selbstständige Art, für welche er jedoch den von Fr. Cuvier vorgeschlagenen Namen „*Lemur nigrifrons*" in Anwendung brachte, ohne jedoch die von Geoffroy unter demselben Namen aufgestellte Art hierunter zu verstehen.

## 5. Gatt.: **Seidenmaki (Hapalolemur).**

Die hinteren Gliedmaßen sind nicht viel länger als die vorderen. Der Kopf ist gestreckt, die Schnauze ziemlich kurz und zugespitzt. Die Ohren sind groß, rundlich, behaart und ragen mehr oder weniger frei aus den Haaren hervor. Die Augen sind mittelgroß. Der Nasenrücken ist gewölbt. Der Schwanz ist sehr lang, länger als der Körper und buschig. Die Nägel sind nicht gekielt. Im Oberkiefer sind 4 Vorderzähne vorhanden, von denen die beiden mittleren durch einen Zwischenraum voneinander getrennt und vor die äußeren gestellt sind, im Unterkiefer 4. Lückenzähne befinden sich in beiden Kiefern in jeder Kieferhälfte 3.

Zahnformel: Vorderzähne $\frac{2-2}{4}$, Eckzähne $\frac{1-1}{1-1}$, Lücken-

zähne $\frac{3-3}{3-3}$, Backenzähne $\frac{3-3}{3-3} = 36$.

### 1. Der graue Seidenmaki (*Hapalolemur cinereus*).

*H. Lemure chrysampycho paullo minor; capite in regione frontali latissimo, rostro breviusculo valde acuminato; auriculis latis supra rotundatis pilosis; cauda longissima, ast corpore parum longiore, pilis confertis villosis obtecta; corpore pilis sat longis laneis mollibus dense vestito, imprimis supra dorsum et in apice caudae; colore secundum aetatem variabili; in animalibus adultioribus notaeo artubusque externe dilute griseis leviter fulvescente-lavatis; mento, gula, jugulo, pectore nec non antipedibus interne albescentibus, abdomine scelidibusque interne ejusdem coloris, ast flavescente et grisescente-mixtis; genis, auriculis et circulo oculos cingente unicoloribus albido-griseis; manibus caudaque dilute griseis nigro-lavatis; in animalibus junioribus notaeo griseo-fusco, supra dorsum paullo rufo-mixto; humeris antipedibusque magis coerulescente-griseis; gastraeo griseo-albo.*

*Petit Maki.* Buffon. Hist. nat. des Quadrup. Suppl. VII. t. 84.

*Lemur cinereus.* Geoffr. Magas. encycl. V. I. p. 20.

*Lemur griseus.* Audeb. Hist. nat des Singes et des Makis. Makis. p. 18. t. 7.

„ „ Schreber. Säugth. t. 40. C.

*Lemur cinereus.* Desmar. Mammal. p. 100. Nr. 120.

„ „ Desmar. Dict. des Sc. nat. V. XXVIII. p. 127.

„ Isid. Geoffr. Dict. class. V. X. p. 47.

„ „ Griffith. Anim. Kingd. V. V. p. 136. Nr. 12.

*Prosimia cinerea.* Griffith. Anim. Kingd. V. V. p. 136. Nr. 12.

*Lemur cinereus.* Fisch. Synops. Mammal. p. 77, 548. Nr. 11.

*Chirogaleus cinereus.* Wagn. Schreber Säugth. Suppl. B. I. S. 276.

Anmerk. 1.

*Lemur griseus.* P. Gervais. Dict. univ. V. III. p. 440.

„ „ Van d. Hoeven. Tijdschr. V. XI. (1844.) p. 30, 38. t. 1. f. 1. (Schädel u. Gebiß.)

*Chirogaleus griseus.* Van d. Hoeven. Tijdschr. V. XI. (1044.)
p. 30, 38. t. 1. f. 1. (Schädel u. Gebiß.)
*Hapalemur griseus.* Isid. Geoffr. Catal. des Primates. p. 75.
*Chirogaleus cinereus.* Wagn. Schreber Säugth. Suppl. B. V. S. 148.
Nr. 1.
*Hapalemur cinereus.* Wagn. Schreber Säugth. Suppl. B. V. S. 148.
Nr. 1.
*Chirogaleus griseus.* Giebel. Säugeth. S. 1019.
*Hapalolemur griseus.* Giebel. Säugeth. S. 1019.

Schon Buffon hat diese Art gekannt und auch kurz beschrieben und abgebildet, aber erst Geoffroy, welcher sie zu seiner Gattung „*Chirogaleus*" zählte, machte uns genauer mit derselben bekannt.

Sie bildet den Repräsentanten einer besonderen Gattung, welche von Isidor Geoffroy aufgestellt und mit den Namen „*Hapalemur*" bezeichnet wurde, welchen Giebel jedoch seiner völlig regelwidrigen Bildung wegen mit Recht in „*Hapalolemur*" veränderte.

Sie ist etwas kleiner als der rothbindige Maki *(Lemur chrysampyx)* und merklich größer als der große Katzenmaki *(Chirogaleus major)*.

Der Kopf ist in der Stirngegend sehr breit, die Schnauze ziemlich kurz und sehr stark zugespitzt. Die Ohren sind breit, oben abgerundet und behaart. Der Schwanz ist sehr lang, doch nur wenig länger als der Körper, dicht und buschig behaart.

Die Körperbehaarung ist ziemlich lang, dicht, wollig und weich, das Haar auf dem Rücken 6 Linien, auf dem Bauche 4 und an der Schwanzspitze 7 Linien lang.

Die Färbung ändert nach dem Alter.

Bei älteren Thieren sind die Oberseite des Körpers und die Außenseite der Gliedmaßen hellgrau und schwach blaß rothgelblich gewässert, wobei die einzelnen Körperhaare an der Wurzel mausgrau sind und in blaß rothgelbliche Spitzen ausgehen. Das Kinn, die Kehle, der Vorderhals, die Brust und die Innenseite der vorderen Gliedmaßen sind weißlich, der Bauch und die Innenseite der hinteren Gliedmaßen ebenso, aber mit Gelblich und Graulich gemischt. Die Wangen, die Ohren und ein Kreis um die Augen sind einfärbig

weißgrau, die vier Hände und der Schwanz hellgrau und schwarz
gewässert.

Jüngere Thiere sind auf der Oberseite des Körpers graubraun und auf dem Rücken etwas mit Roth gemengt. Die Schultern
und die vorderen Gliedmaßen sind mehr blaulichgrau. Die Unterseite des Körpers ist grauweiß.

Körperlänge nach der Krüm-
mung . . . . . . . . 1' 2''.     Nach Geoffroy.
Körperlänge in gerader Rich-
tung . . . . . . . . 10'' 3'''.
Länge des Schwanzes . . 1' — 3'''.
Körperlänge eines jüngeren
Exemplares . . . . . 10'' 6'''. Nach Van d. Hoeven.

Vaterland. Südost-Afrika, Madagaskar.

Sonnerat hat diese Art entdeckt und ein Exemplar derselben
in das naturhistorische Museum nach Paris gebracht, welches von
Buffon und Audebert beschrieben und abgebildet wurde und nach
welchem auch Geoffroy seine Beschreibung entwarf.

In neuerer Zeit erhielt auch das zoologische Museum zu Leyden
ein jüngeres Exemplar derselben, das von Van der Hoeven
beschrieben wurde.

### 2. Der olivenfarbene Seidenmaki *(Hapalolemur olivaceus).*

*H. cinereo valde affinis, ast corpore pilis longioribus nec non
villosioribus magisque confertis vestito; notaeo olivaceo-griseo
rufo-lavato, gastraeo unicolore dilute olivaceo-griseo; gula albido-
grisea colore minus versus pectus extensa; genis albescentibus
griseo-irroratis.*

*Hapalemur olivaceus.* Isid. Geoffr. Catal. des Prismates. p. 75.
*Chirogaleus olivaceus.* Wagn. Schreber Säugth. Suppl. B. V.
        S. 149. Nr. 1. *
*Hapalemur olivaceus.* Wagn. Schreber Säugth. Suppl. B. V.
        S. 149. Nr. 1. *
*Chirogaleus olivaceus.* Giebel. Säugeth. S. 1019.
*Hapalolemur olivaceus.* Giebel. Säugeth. S. 1019.

Eine dem grauen Seidenmaki *(Hapalolemur cinereus)* sehr
nahestehende und nur durch Abweichungen in der Behaarung und

der Färbung von demselben verschiedene Art, welche wir bis jetzt blos aus einer sehr kurzen und ungenügenden Beschreibung von Isidor Geoffroy kennen gelernt haben, die uns nicht einmal über die Körpergröße irgend einen Aufschluß gibt.

Die Merkmale, durch welche sich diese Form von der genannten Art unterscheidet, sind folgende:

Die Körperbehaarung ist länger, dichter und auch buschiger als bei dieser.

Die Färbung ist auf der Oberseite des Körpers olivengrau mit rothem Anfluge, auf der Unterseite desselben einfärbig licht olivengrau. Die Kehle ist weißlichgrau und reicht diese Färbung auch nicht so weit gegen die Brust, und die Wangen sind weißlich und grau gesprenkelt.

Auf diese wenigen Worte beschränkt sich unsere ganze Kenntniß von dieser Form, über deren Artselbstständigkeit Isidor Geoffroy selbst im Zweifel blieb.

Körpermaaße sind nicht angegeben.

Vaterland. Südost-Afrika, Madagaskar.

Bis jetzt ist das naturhistorische Museum zu Paris das einzige in Europa, das diese Art besitzt.

## 6. Gatt.: **Katzenmaki (Chirogaleus)**.

Die hinteren Gliedmaßen sind nicht viel länger als die vorderen. Der Kopf ist kurz und rund, die Schnauze kurz und abgestumpft. Die Ohren sind kurz, rundlich und kahl. Die Augen sind ziemlich groß. Der Nasenrücken ist gewölbt. Der Schwanz ist lang oder sehr lang, kürzer oder länger als der Körper und buschig. Die Nägel sind nicht gekielt. Im Oberkiefer sind 4 Vorderzähne vorhanden, von denen die beiden mittleren durch einen Zwischenraum voneinander getrennt und mit den äußeren in gleicher Reihe gestellt sind, im Unterkiefer 4. Lückenzähne befinden sich in beiden Kiefern in jeder Kieferhälfte 3.

Zahnformel: Vorderzähne $\frac{2-2}{4}$, Eckzähne $\frac{1-1}{1-1}$, Lückenzähne $\frac{3-3}{3-3}$, Backenzähne $\frac{3-3}{3-3} = 36$.

## 1. Der grosse Katzenmaki *(Chirogaleus major)*.

· *Ch. Hapalolemure cinereo distincte minor; corpore fusco, fronte saturatissima.*

*Chirogaleus major.* Geoffr. Ann. du Mus. V. XIX. p. 171. Nr. 1. t. 10. f. 1.

*Lemur Commersonii.* Wolf. Abbild. u Beschr. naturhist. Gegenst. B. II. S. 9. t. 4.

*Chirogaleus major.* Desmar. Mammal. p. 106. Note.

*Chirogaleus Milii.* Geoffr. Cours de l'hist. nat. des Mammif. P. I. Leç. 11. p. 24.

*Chirogaleus major.* Fisch. Synops. Mammal. p. 70, 547. Nr. 1.

*Chirogaleus Milii.* Wagler. Syst. d. Amphib. S. 8. Note 1.

„      „      Wagn. Schreber Säugth. Suppl. B. I. S. 274. Note 25.

Geoffroy stellt diese Art, welche sich wahrscheinlich als eine selbstständige bewähren dürfte, blos nach einer Abbildung von Commerson auf und gründete auf diese seine Gattung „*Chirogaleus*".

Später glaubte er diese Form mit zwei anderen von ihm aufgestellten und so wie diese ebenfalls nur auf Abbildungen von Commerson sich gründenden Arten, welche mit dem bräunlichen *(Chirogaleus typicus)* und zierlichen Katzenmaki *(Chirogaleus Smithii)* identisch sind, so wie auch mit dem kleinen Katzenmaki *(Chirogaleus Milii)* in eine Art vereinigen zu sollen, was jedoch offenbar irrig ist, indem die, diesen vier verschiedenen Formen zukommenden Merkmale und insbesondere die Färbung, wesentliche Verschiedenheiten darbieten.

Die ganze Charakteristik, welche Geoffroy von dieser Form gegeben, beschränkt sich auf die Angabe der Färbung und der Größe, bezüglich welcher sie dem grauen Seidenmaki *(Hapalolemur cinereus)* merklich nachsteht.

Der Körper ist braun, die Stirne am dunkelsten.

Körperlänge 11″. Nach Geoffroy.

Vaterland. Südost-Afrika, Madagaskar.

## 2. Der kleine Katzenmaki *(Chirogaleus Milii).*

*Ch. Smithii paullo major; capite rotundo latissimo crasso, rostro valde abbreviato calvo, naso brevi prosiliente, labio superiore crasso, marginem inferioris tegente, vibrissis longis instructo; oculis majusculis prominentibus parum approximatis, in antica parte capitis sitis, pupilla rotunda; auriculis brevibus ovatis valde rotundatis calvis, trago et antitrago instructis, helice nulla; corpore toroso; manibus calvis, falcula digiti indicis podariorum fere uncinata acuta; cauda longissima, dimidio corpore fere longiore, cylindrica, crassa villosa; corpore pilis mollibus dense vestito; colore in utroque sexu aequali; capite, dorso, artubus externe et cauda unicoloribus fulvescente-cinereis, maxilla inferiore, gula, gastraeo nec non artubus interne pure albis; facie manibusque carneis, fronte ad basin macula oblonga alba et in lateribus nigro-limbata infra oculos signata.*

*Lemur pusillus.* Isid. Geoffr. Diet. class. V. X. p. 48.

*Maki nain.* Fr. Cuv. Geoffr. Hist. nat. d. Mammif. V. II. Fasc. 32. c. fig.

*Myspithecus Typus.* Fr. Cuv. Geoffr. Hist. natur. d. Mammif. Edit. 4º. t. 83.

*Chirogaleus Milii.* Geoffr. Cours de l'hist. nat. des Mammif. P. I. Leç. 11. p. 24.

*Chirogaleus major?* Fisch. Synops. Mammal. p. 70, 547. Nr. 1.

*Chirogaleus Commersoni.* Wagler. Syst. d. Amphib. S. 8.

*Lemur Milii.* Blainv. Ostéograph. Lemur. t. 7. f. 3. (Schädel.)

*Chirogaleus Milii.* Wagn. Schreber Säugth. Suppl. B. I. S. 275. Nr. 1.

*Lemur Milii.* Van d. Hoeven. Tijdschr. V. XI. (1844.) p. 38.

*Chirogaleus Milii.* Van d. Hoeven. Tijdschr. V. XI. (1844.) p. 38.

„　„　Isid. Geoffr. Catal. des Primates. p. 77.

„　Wagn. Schreber Säugth. Suppl. B. V. S. 149. Nr. 2.

„　„　Fitz. Kollar, Über Ida Pfeiffer's Send. v. Natural. S. 5. (Sitzungsb. d. math. naturw. Cl. d. kais. Akad. d. Wissensch. B. XXXI. S. 341.)

„　Giebel. Säugeth. S. 1018.

Isidor Geoffroy, welcher zuerst von dieser Art uns Kenntniß gab, hielt sie ursprünglich mit dem rothen Zwergmaki *(Microcebus pusillus)* — zu welchem er auch den grauen *(Microcebus murinus)* zog, — für identisch und beschrieb sie unter den Namen „*Lemur pusillus*".

Beinahe gleichzeitig veröffentlichte auch Fr. Cuvier eine Beschreibung und Abbildung derselben unter dem Namen „*Maki nain*", doch bald hatte er sich überzeugt, daß diese Art solche Unterschiede von den oben genannten darbiete, daß sie sogar generisch von denselben getrennt werden müsse, weßhalb er sie als den Repräsentanten einer besonderen von ihm aufgestellten Gattung mit dem Namen „*Myspithecus Typus*" bezeichnete, während Etienne Geoffroy sie als zu seiner Gattung „*Chirogaleus*" gehörig betrachtete und ihr den Namen „*Chirogaleus Milii*" gab.

Ihre Körpergestalt ist dieselbe wie die des bräunlichen *(Chirogaleus typicus)* und zierlichen Katzenmaki *(Chirogaleus Smithii)*, welchen letzteren sie jedoch an Größe etwas übertrifft.

Der Kopf ist rund, sehr breit und dick; die Schnauze auffallend kurz und kahl, die Nase kurz und vorspringend. Die Oberlippe ist dick, den Rand der Unterlippe deckend und mit langen Schnurren besetzt. Die Augen sind ziemlich groß und vorstehend, doch nicht sehr stark einander genähert und liegen auf der Vorderseite des Kopfes. Die Pupille ist rund. Die Ohren sind kurz, eiförmig und sehr stark abgerundet, ohne Ohrleiste, aber mit den beiden Ohrecken versehen und kahl. Der Leib ist untersetzt. Die Hände sind kahl und die Kralle des Zeigefingers der Hinterhände ist hakenförmig und spitz. Der Schwanz ist sehr lang, fast um die Hälfte länger als der Körper, walzenförmig, dick und buschig behaart.

Die Körperbehaarung ist dicht und weich.

Beide Geschlechter sind sich in der Färbung gleich.

Der Kopf, der Rücken die Außenseite der Gliedmaßen und der Schwanz sind einfärbig rothgelblich-aschgrau, der Unterkiefer, die Kehle, die Unterseite des Körpers und die Innenseite der Gliedmaßen sind rein weiß. Das Gesicht und die Hände sind fleischfarben und zwischen den Augen befindet sich ein länglicher weißer, an den Seiten schwarz gesäumter Flecken an der Wurzel der Stirne.

Gesammtlänge über . . . . . 1'.         Nach Geoffroy.

Körperlänge . . . . . . . .         7" 6'''. Nach Fr. Cuvier.

| Länge des Schwanzes | . . . | 11″ 4‴. |
| „ des Kopfes | . . . . . | 3″ 9‴. |
| Schulterhöhe | . . . . . . . | 5″ 4½‴. |

Die Vorderzähne des Oberkiefers sind nebeneinander gestellt, die beiden mittleren durch einen weiten Zwischenraum voneinander geschieden, walzenförmig und stumpf, und die beiden äußeren beträchtlich kleiner und kegelförmig. Die Vorderzähne des Unterkiefers sind schmal, beinahe linienförmig, nach vorwärts geneigt und vorne nach hinten an der Basis dicker als an der Spitze. Die Eckzähne des Oberkiefers sind kegelförmig und stumpf, jene des Unterkiefers größer als die Vorderzähne, so wie diese nach vorwärts geneigt und schief gegen dieselben gerichtet. Die beiden vorderen Lückenzähne des Oberkiefers sind klein und einspitzig, der dritte ist aber an seinem äußeren Rande mit einem einfachen Höcker und an seinem inneren Rande mit einem kleinen Ansatze versehen. Im Unterkiefer sind alle drei Lückenzähne einspitzig. Von den Backenzähnen des Oberkiefers bieten die beiden vorderen an ihrem Außenrande zwei Höcker und am Innenrande einen einfachen Ansatz dar, der von einer schwachen Leiste umgeben ist. Der dritte oder hinterste Backenzahn ist an Gestalt den vorderen ähnlich, aber beträchtlich kleiner. Die Backenzähne des Unterkiefers sind am Außenrande mit zwei sehr stumpfen Höckern und am Innenrnde mit einer einfachen Verlängerung versehen.

Vaterland. Südost-Afrika, Madagaskar.

Fischer war im Zweifel, ob diese Art mit dem großen Katzenmaki *(Chirogaleus major)* vereinigt werden könne. Wagler führte dieselbe unter dem Namen „*Chirogaleus Commersoni*" auf, zog aber irrigerweise das von Vigors und Horsfield unter demselben Namen beschriebene Thier, welches — wie Gray nachgewiesen, — mit dem Mirikina-Nachtaffen *(Nyctipithecus felinus)* identisch ist, mit ihr zusammen.

Das naturhistorische Museum zu Paris ist im Besitze von Exemplaren beiderlei Geschlechtes und auch das kaiserl. zoologische Museum zu Wien besitzt ein Exemplar dieser Art, das Ida Pfeiffer von ihrer Reise eingesendet hatte.

### 3. Der Gabel-Katzenmaki *(Chirogaleus furcifer)*.

*Ch. Milii non multo major, forma graciliore; colore secundum aetatem variabili; corpore in animalibus adultis cinereo hic illic in flavescentem vergente, notaeo obscuriore, gastraeo dilutiore; dorso fascia longitudinali nigrescente, supra prymnam exoriente et in medio dorsi paullo dilatata nec non in occipite in duos ramos supra oculos ad rostri apicem usque protensos partita, notato; facie dilute grisea; manibus podiorum nigrescente-rufis; cauda in basili parte cinerea, in apicali sensim in nigrum transeunte; in animalibus junioribus forsitan corpore ejusdem coloris, ast fascia dorsali nigrescente exoleta et in occipitali regione nondum partita.*

*Lemur furcifer.* Blainv. Ostéograph. Lemur. p. 35. t. 7. (Schädel.)
*Chirogaleus furcifer.* P. Gervais. Dict. univ. V. III. p. 440.
      „                „        Isid. Geoffr. Revue zool. 1851. p. 23.
      –                „        Isid. Geoffr. Catal. des Primates. p. 77.
      „                        Wagn. Schreber Säugth. Suppl. B. V. S. 149.
                                Nr. 3.
      „                        Fitz. Kollar, Über Ida Pfeiffer's Send. v.
                                Natural. S. 5. (Sitzungsb. d. math. naturw.
                                Cl. d. kais. Akad. d. Wissensch. B. XXX.
                                S. 341).
      „                „        Giebel. Säugeth. S. 1018.

Die ausgezeichnetste Art dieser Gattung, welche durch ihre Farbenzeichnung von allen übrigen sehr leicht zu erkennen und daher mit keiner anderen zu verwechseln ist.

Blainville hat dieselbe aufgestellt und P. Gervais, so wie auch Isidor Geoffroy haben uns Beschreibungen von ihr gegeben.

Sie ist nicht viel größer als der kleine Katzenmaki *(Chirogaleus Milii)* und von etwas schlankerer Gestalt.

Die Körperbehaarung ist wollig und weich.

Die Färbung scheint nach dem Alter verschieden zu sein.

Bei alten Thieren ist der Körper aschgrau und hie und da in's Gelbliche ziehend, auf der Oberseite dunkler, auf der Unterseite heller. Über den Rücken verläuft eine schwärzliche Längsbinde, welche am Kreuze beginnt, auf dem Mittelrücken etwas breiter wird und sich am Hinterhaupte in zwei Äste theilt, die sich bis an die Augen und über dieselben hinwegziehen, und an der Schnauze endigen. Das Gesicht ist lichtgrau, die Hände sind schwärzlichroth. Der Schwanz ist in seiner Wurzelhälfte aschgrau, und geht in der Endhälfte allmählig in Schwarz über.

Junge Thiere scheinen sich von den alten — vorausgesetzt, daß das junge Exemplar, das ich zu untersuchen Gelegenheit hatte, wirklich dieser Art angehört, mit welcher es am Meisten übereinstimmt, — dadurch zu unterscheiden, daß der schwärzliche Rückenstreifen bei denselben zwar angedeutet, aber dessen Theilung am Hinterhaupte noch nicht wahrzunehmen ist.

Körpermaaße sind nicht angegeben.

Vaterland: Südost-Afrika, Madagaskar.

Das Pariser Museum ist im Besitze nur eines einzigen Exemplares und zwar weiblichen Geschlechtes, das Goudot, der diese Art entdeckte, im Jahre 1834 von seiner Reise mitgebracht. Das im kais. zoologischen Museum zu Wien befindliche noch junge Exemplar wurde von Ida Pfeiffer im Jahre 1858 an dasselbe eingesendet.

### 4. Der bräunliche Katzenmaki *(Chirogaleus typicus)*.

*Ch. majore non multo minor ; falcula digiti indicis podiorum? erecta acuta ; cauda corpore breviore ; capite colloque supra nec non stethiaeo pallide rufescente-fuscis argenteo-irroratis, tergo, corporis lateribus, artubusque externe caudaque cinereis ; gastraeo artubus interne striaque in utroque latere colli grisescente-albidis vel albis ; fronte dilutiore rufescente-fusca, lateribus faciei et circulo oculos cingente nigris.*

*Chirogaleus medius.* Geoffr. Ann. du Mus. V. XIX. p. 173. Nr. 2.
t. 10. f. 2.

    „          „        Desmar. Mammal. p. 106. Note.

*Chirogaleus Milii.* Geoffr. Cours de l'hist. nat. des Mammif. P. I.
Leç. 11. p. 24.

*Chirogaleus medius.* Fisch. Synops. Mammal. p. 70. Nr. 2.

*Chirogaleus Milii.* Wagler. Syst. d. Amphib. S. 8. Note 1.

*Cheirogaleus typicus.* A. Smith. South.-Afr. Quart. Journ. 1833.
p. 50.

*Chirogaleus Milii.* Wagn. Schreber Säugth. Suppl. B. I. S. 274.
Note 25.

43*

*Cheirogaleus typicus.* Gray. Mammal. of the Brit. Mus. p. 17.
*Chirogaleus typicus.* Wagn. Schreber Säugth. Suppl. B. V. S. 150.
Nr. 4.

„    „    Giebel. Säugeth. S. 1018. Note 1.

Offenbar gebührt Geoffroy das Verdienst uns mit dieser Art zuerst bekannt gemacht zu haben, denn ohne Zweifel ist es diese Form, auf welche er nach einer Abbildung von Commerson seinen „*Chirogaleus medius*" gegründet, den er jedoch später irrthümlich mit dem großen *(Chirogaleus major)*, zierlichen *(Chirogaleus minor)* und kleinen Katzenmaki *(Chirogaleus Milii)* in eine Art zusammenzog.

Eine genauere Beschreibung derselben erhielten wir aber erst im Jahre 1833 durch A. Smith, der sie mit dem Namen, „*Cheirogaleus typicus*" bezeichnete, wodurch ihre Artselbstständigkeit erwiesen wurde.

Sie steht dem zierlichen Katzenmaki *(Chirogaleus Smithii)* sehr nahe und erinnert an denselben auch rücksichtlich ihrer Farbenzeichnung, obgleich sie so wie in der Körpergröße, auch hierin von ihm abweicht.

Die Körpergestalt im Allgemeinen ist dieselbe wie jene des kleinen Katzenmaki *(Chirogaleus Milii)* und in Ansehung der Größe steht sie zwischen diesem und dem großen Katzenmaki *(Chirogaleus major)* in der Mitte, indem sie meist beträchtlich größer als der erstere und nicht viel kleiner als der letztere ist.

Die Kralle des Zeigefingers ist an allen vier Händen? aufrecht stehend und spitz. Der Schwanz ist kürzer als der Körper.

Die Oberseite des Kopfes und des Halses und auch der ganze Vorderrücken sind blaß röthlichbraun und silbergrau gesprenkelt, der Hinterrücken, die Leibesseiten, die Außenseite der Gliedmaßen und der Schwanz sind aschgrau. Die Unterseite des Körpers, die Innenseite der Gliedmaßen und ein Streifen zu beiden Seiten des Halses sind graulichweiß oder weiß. Die Stirne ist lichter röthlichbraun, die Gesichtsseiten und ein Kreis um die Augen sind schwarz.

Körperlänge . . . . . . . . . 8″ 6‴. Nach Geoffroy.
Körperlänge . . . . . . . . . 10″ 6‴. Nach A. Smith.
Länge des Schwanzes . . . . . 9″.
Vaterland. Südost-Afrika, Madagaskar.

Das Britische Museum zu London ist im Besitze eines Exemplares dieser Art, das V e r r e a u x von seiner Reise mitgebracht.

## 5. Der zierliche Katzenmaki *(Chirogaleus Smithii)*.

*Ch. Milii paullo minor; notaeo pallide griseo-fusco, capite magis in rufescente-fuscum vergente, fronte nec non stria longitudinali supra nasum decurrente et mento pallidioribus; oculis circulo nigro circumcinctis.*

*Chirogaleus minor.* G e o f f r. Ann. du Mus. V. XIX. p. 172.

„        „        D e s m a r. Mammal. p. 106. Note.

*Chirogaleus Milii.* G e o f f r. Cours de l'hist. nat. des Mammif. P. I. Leç. 11. p. 24.

*Chirogaleus minor.* F i s c h. Synops. Mammal. p. 70. Nr. 3.

*Chirogaleus Milii.* W a g l e r. Syst. d. Amphib. S. 8. Note 1.

*Chirogaleus Milii.* W a g n. Schreber Säugth. Suppl. B. I. S. 274. Note 25.

*Cheirogaleus Smithii.* G r a y. Ann. of Nat. Hist. V. X. (1842.) p. 257.

„        „        G r a y. Mammal. of the Brit. Mus. p. 16.

*Chirogaleus Smithii.* W a g n. Schreber Säugth. Suppl. B. V. S. 150. Nr. 5.

„        „        G i e b e l. Säugeth. S. 1018. Note 1.

Auch diese Art haben wir zuerst durch G e o f f r o y, wenn auch nur sehr unvollständig kennen gelernt, da er sie blos nach einer Abbildung beschrieb, die C o m m e r s o n auf seiner Reise angefertigt hatte.

Er betrachtete sie ursprünglich für eine selbstständige Art, zog sie aber später fälschlich mit drei anderen, nämlich dem bräunlichen *(Chirogaleus typicus)*, großen *(Chirogaleus major)* und kleinen Katzenmaki *(Chirogaleus Milii)* in eine Art zusammen.

Erst G r a y haben wir eine genauere Kenntniß von derselben zu verdanken, da er sie im Jahre 1842 unter dem Namen „*Cheirogaleus Smithii*" umständlicher beschrieb.

Sie reiht sich zunächst dem bräunlichen Katzenmaki *(Chirogaleus typicus)* an, unterscheidet sich von diesem aber außer der geringeren Größe, sehr deutlich durch wesentliche Abweichungen in der Färbung.

In der Körpergestalt kommt sie mit demselben sowohl als auch dem mit kleinen Katzenmaki *(Chirogaleus Milii)* überein, dessen Größe sie beinahe erreicht.

Die Oberseite des Körpers ist blaß graubraun, der Kopf mehr in's Röthlichbraune ziehend, und die Stirne so wie auch ein Längsstreifen auf der Nase, und das Kinn sind blaßer. Der Unterkiefer und die Wangen sind weiß, und die Augen von einem schwarzen Kreise umsäumt.

Körperlänge . . . . . . . . 7″.     Nach Geoffroy.

Vaterland. Südost-Afrika, Madagaskar.

Auch von dieser Art besitzt das Britische Museum zu London durch Verreaux ein Exemplar.

## 7. Gatt.: Frettmaki (Galeocebus).

Die hinteren Gliedmaßen sind nicht viel länger als die vorderen. Der Kopf ist kurz und kegelförmig, die Schnauze ziemlich kurz und stumpfspitzig. Die Ohren sind ziemlich groß, gerundet und kahl. Die Augen sind mittelgroß. Der Nasenrücken ist nicht gewölbt. Der Schwanz ist mittellang und buschig. Sämmtliche Nägel mit Ausnahme des Daumennagels an den Hinterhänden sind gekielt. Im Oberkiefer sind keine Vorderzähne vorhanden. Im Unterkiefer 4. Lückenzähne befinden sich in beiden Kiefern in jeder Kieferhälfte 3.

Zahnformel: Vorderzähne $\frac{0}{4}$, Eckzähne $\frac{1-1}{1-1}$, Lückenzähne $\frac{3-3}{3-3}$, Backenzähne $\frac{3-3}{3-3} = 32$.

### 1. Der rothe Frettmaki. *(Galeocebus mustelinus)*.

*G. Lemuris Cattae magnitudine; capite brevi coniformi, rostro sat abbreviato acuminato-obtusato; auriculis majusculis rotundatis calvis; unguiculis omnibus, pollicis podariorum exceptis, in medio carina longitudinali obsoleta instructis; cauda mediocri, infra ²/₃ corporis longitudine; notaeo rufo, fronte genisque griseis: gula alba, pectore, abdomine, artubus interne, tibiis in inferiore parte et manibus flavescente-griseis; cauda in besse basali flavescente-grisea, in apicali triente fusca; auriculis dilute carneis, externe nec non apicem versus interne obscurioribus.*

*Lepilemur mustelinus.* I s i d. G e o f f r. Catal. des Primates. p. 76.

*Galeocebus mustelinus.* W a g n. Schreber Säugth. Suppl. R. V.
S. 147. Nr. 1.

　　　　„　　　F i t z. Kollar, Über Ida Pfeiffer's Send. v.
Natural. S. 5. (Sitzungsber. d. math.
naturw. Cl. d. kais. Akad. d. Wissensch.
B. XXXI. S. 341.)

*Lepidilemur mustelinus.* G i e b e l. Säugeth. S. 1019.

Diese in ihrer Körpergestalt im Allgemeinen von allen übrigen
zur selben Familie gehörigen Arten auffallend abweichende Form,
welche seither nur von I s i d o r  G e o f f r o y beschrieben worden ist,
bildet den Repräsentanten einer besonderen Gattung, die von diesem
Zoologen aufgestellt und mit den durchaus falsch gebildeten Namen
„*Lepilemur*" bezeichnet wurde, den G i e b e l mit dem nicht minder
regelwidrig gebildeten Namen „*Lepidilemur*" vertauschte und
W a g n e r weit richtiger in „*Galeocebus*" veränderte.

Ihre Körpergröße ist etwas geringer als die des ringelschwänzigen Maki *(Lemur Catta)*.

Der Kopf ist kurz und kegelförmig, die Schnauze merklich verkürzt und stumpfspitzig. Die Ohren sind ziemlich groß, gerundet
und kahl. Sämmtliche Nägel mit Ausnahme jenes des Daumens an den
Hinterhänden sind in ihrer Mitte von einem schwachen Längskiele
durchzogen. Der Schwanz ist mittellang, kürzer als der Körper
und nimmt nicht ganz $\frac{2}{3}$ der Länge desselben ein.

Die Oberseite des Körpers ist roth, die Stirne und die W a n g e n
sind grau. Die Kehle ist weiß, die Brust, der Bauch, die Innenseite
der Gliedmaßen, der untere Theil der Schienbeine und die Hände
sind gelblichgrau. Der Schwanz ist von der Wurzel an auf zwei
Drittel seiner Länge gelblichgrau, im letzten Drittel aber braun. Die
Ohren sind licht fleischfarben und auf der Außenseite so wie nach
oben zu auch auf der Innenseite dunkler.

　　Körperlänge　. . . . . 1'　　10'''. Nach I s i d. G e o f f r o y.
　　Länge des Schwanzes . .　　9''　2'''.

W a g n e r hat die Ausmaße, welche I s i d o r  G e o f f r o y im Meter-
maaße gegeben, nicht richtig auf das alte Pariser Zollmaaß über
tragen und namentlich die Körperlänge viel zu hoch angegeben.

Von Vorderzähnen ist im Oberkiefer nicht die geringste Spur zu bemerken, und es scheint daher, dass dieselben schon in der frühesten Jugend ausfallen. Die Eckzähne sind sehr stark zusammengedrückt, auf ihrer Innenseite gefurcht und hinten mit einem starken Ansatze versehen. Der dritte oder hinterste Lückenzahn steht in Bezug auf Gestalt und Größe in der Mitte zwischen dem zweiten Lückenzabne und dem ersten Backenzahne. Die Backenzähne des Oberkiefers bieten zwei äußere und einen sehr großen inneren Höcker dar. Im Unterkiefer ist der erste Lückenzahn sehr groß, zusammengedrückt und gleicht einer vierseitigen Platte; die beiden folgenden Lückenzähne und die drei Backenzähne sind gleichsam auf sich selbst von Innen nach Außen gewunden, indem sie der Länge nach von einer kleinen schiefen Furche durchzogen werden.

Vaterland. Südost-Afrika, Madagaskar.

Außer dem naturhistorischen Museum zu Paris, befindet sich nur noch das kaiserliche zoologische Museum zu Wien im Besitze eines Exemplares dieser Art. Ersteres erhielt dasselbe im Jahre 1842 durch Goudot, der diese Art entdeckte, letzteres im Jahre 1858 durch die bekannte Reisende Ida Pfeiffer.

## XXVIII. SITZUNG VOM 9. DECEMBER 1870.

In Verhinderung des Präsidenten führt Herr Hofrath Freiherr v. Ettingshausen den Vorsitz.

Der Secretär legt folgende eingesendete Abhandlungen vor:

„Über den Meteorstein von Goalpara und über die leuchtende Spur der Meteore"; von dem c. M. Herrn Director Dr. G. Tschermak.

„Chemische Untersuchung des Meteoriten von Goalpara in Assam (Indien)", vom Herrn Nicolae Teclu, eingesendet durch Herrn Director Tschermak.

„Über Coccolithen und Rhabdolithen", von dem c. M. Herrn Prof. Dr. Osc. Schmidt in Graz.

„Über die Maxima und Minima der Winkel, unter welchen krumme Flächen von Radien-Vectoren durchschnitten werden", vom Herrn Dr. K. Exner.

Das c. M. Herr Prof. Dr. E Mach in Prag übersendet eine für den „Anzeiger" bestimmte Notiz vom Herrn Dr. Cl. Neumann, betreffend eine Versuchsreihe über die Kundt'schen Staubfiguren.

An Druckschriften wurden vorgelegt:

Annalen der Chemie & Pharmacie, von Wöhler, Liebig & Kopp. N. R. Band LXXX, Heft 1. Leipzig & Heidelberg, 1870; 8⁰.

Apotheker-Verein, allgem. österr.: Zeitschrift. 8. Jahrg., Nr. 23. Wien, 1870; 8⁰.

Astronomische Nachrichten. Nr. 1826 (Bd. 77. 2.) Altona, 1870; 4⁰.

Bibliothèque Universelle et Revue Suisse: Archives des Sciences physiques et naturelles. N. P. Tome XXXIX, Nr. 154. Genève, Lausanne et Paris, 1870; 8⁰.

Gesellschaft, österr., für Meteorologie: Zeitschrift. V. Band, Nr. 23. Wien, 1870; 8⁰.

Gewerbe-Verein, n.-ö.: Verhandlungen und Mittheilungen. XXXI. Jahrg., Nr. 39. Wien, 1870; gr. 8⁰.

Journal für praktische Chemie, von H. Kolbe. N. F. Band II, 7. Heft. Leipzig, 1870; 8⁰.

Nature. Nr. 57, Vol. 3. London, 1870; 4⁰.

Leseverein, akademischer, an der k. k. Universität und st. l. technischen Hochschule in Graz: III. Jahresbericht 1870. Graz; 8⁰.

Reichsanstalt, k. k. geologische: Verhandlungen. Jahrgang 1870, Nr. 15. Wien; 4⁰.

Société Impériale des Naturalistes de Moscou: Bulletin. Année 1870. Tome XLIII, Nr. 2. Moscou; 8⁰.

— des Sciences naturelles de Neuchatel: Bulletin. Tome VIII, 3ᵉ cahier. Neuchatel, 1870; 8⁰.

Wiener Medizin. Wochenschrift. XX. Jahrgang, Nr. 56. Wien, 1870; 4⁰.

Zeitschrift für Chemie, von Beilstein, Fittig & Hübner, XIII. Jahrgang. N. F. VI. Band. 17. Heft. Leipzig, 1870; 8⁰.

— des österr. Ingenieur- und Architekten-Vereins. XXII. Jahrgang, 11. Heft. Wien, 1870; 4⁰.

# Über Coccolithen und Rhabdolithen.

## Von Oscar Schmidt.

(Mit 2 Tafeln.)

Den Mittheilungen über die Coccolithen und eine neu entdeckte
Gattung von organisirten Körperchen des Bathybius-Schlammes,
welche ich Rhabdolithen nenne, muß ich einen kurzen Bericht über
den Verlauf derjenigen Expedition im unteren Theile des adriatischen Meeres vorausschicken, während welcher ich die erste nähere
Bekanntschaft mit jenen überaus merkwürdigen Körperchen machte.

Durch die Bearbeitung der bei der Sondirung und Vermessung
der Florida-Küste erbeuteten Spongien, so wie durch die Anregung,
welche die englischen Tiefsee-Sondirungen mir gegeben, war der
Wunsch in mir wach geworden, die Grundverhältnisse des adriatischen Meeres näher kennen zu lernen. Meine häufigen Schleppnetz-
fahrten längs der dalmatinischen Küste hatten mich kaum mit einer
größeren Tiefe als 40 bis 50 Faden bekannt gemacht. Angesichts
der überraschenden, für Geologie und Zoologie gleich wichtigen
Ergebnisse der Untersuchungen des atlantischen Meeresbodens erschien nun eine ergänzende Erforschung des mir benachbarten
Meeres von allgemeinem Interesse. Es lag aber auf der Hand, daß sie
nur mit größeren Mitteln unternommen werden konnte, und dazu
waren die Umstände ganz besonders günstig. Bei dem gänzlichen
Mangel neuerer und völlig zuverlässiger Karten für das adriatische
Meer ließ sich eine gründliche Vermessung desselben nicht mehr ab-
weisen. Mit dieser großen Arbeit ist von Seiten des Marine-Ober-
commando's der Linienschiffscapitän Herr Oesterreicher nebst
einer Anzahl Officiere betraut. Dem Hauptschiff „Triest", einem
großen, bequemen Dampfer, ist noch ein kleinerer Dampfer beige-
geben, und der „Triest" führt außer den Ruderbooten eine Dampf-
barcasse. Da nun im Sommer 1870 die Legung einiger Linien zwischen
der apulischen und albanesisch-dalmatinischen Küste bevorstand,

wandte ich mich an Herrn Vice-Admiral von Tegetthof und Herrn
L S. C. Oesterreicher und erhielt von Beiden die zuvorkom-
mendste Erlaubniß und Einladung, einige Wochen mit meinem
Freunde Herr Professor Gobanz auf dem „Triest" als Gast zuzu-
bringen, und die Zusage, daß meine Zwecke, soweit irgend thun-
lich, gefördert werden sollten. Eben so liberal war die Unterstützung
der kaiserlichen Akademie hinsichtlich unserer Ausrüstung. Und
so traf ich mit meinem Begleiter am Morgen des 20. Juni mit dem
Lloyddampfer auf der Rhede von Durazzo ein, wo der „Triest" vor
Anker lag. Wir wurden von den Herren der Vermessungs-Expedition
mit Herzlichkeit empfangen, und ich denke an jede Stunde des Bei-
sammenseins mit ihnen mit Vergnügen und Dank zurück.

Ich hatte mir Schleppnetze nach zwei Modellen anfertigen
lassen, eines, dessen Rahmen ein schmales Rechteck, und mehrere mit
dreikantigem Rahmen, deren ich mich auch früher immer mit gutem
Erfolge bedient habe. Die einzige Neuerung, auf welche mich Pro-
fessor Lovén aufmerksam gemacht, besteht darin, daß von den drei
Bügeln, welche den Ring für das Seil tragen, nur zwei mit einander
vernietet sind, während der dritte durch ein etwas schwächeres Stück
Seil mit ihnen verbunden ist. Bei etwaigem Festsitzen des Netzes
wird dann diese Verbindung eher reißen, als das Zugseil, und das
Netz wird leichter frei werden. Ich kam nicht in die Lage, diese
Erfahrung zu machen. Das dreikantige Netz erwies sich bis auf
Tiefen von 630 Faden, der höchsten, welche wir erreichten, vollkommen brauchbar, nachdem in den Ecken Bleigewichte bis zu
80 Pfund angebracht waren. Als Zugleine wurde daumdickes
Schiffstau benutzt, und in Ermangelung einer kleinen Dampfmaschine
zum Heraufholen erwiesen sich die zahlreichen Hände der Mann-
schaft mehr als ausreichend. Während der Operationen mit dem
Schleppnetz wurden auch die Lothungen und Temperaturmessungen
vorgenommen. Über die Temperaturen liegen mir jetzt keine zusammenhängenden Reihen vor; dieser Theil der Vermessungsarbeit
wird jedoch specieller von Herrn Linienschiffslieutenant Weyprecht
bearbeitet werden. Auf den tiefsten Stellen des Golfes sinkt die
Wärme bei 18° Oberflächentemperatur nicht unter 12 bis 10 Grad
R., so daß diese Differenzen kaum von irgend einem wesentlichen
Einfluß auf Entfaltung oder Zurückdrängung des Lebens sein können.
Ferner sind in dem beckenartigen Theile des adriatischen Meeres,

in dem wir unsere Beobachtungen anstellten, die Strömungen außerordentlich gering und scheinen die größeren Tiefen von einigen
hundert Faden gar nicht zu berühren. Ich setze die außerordentliche
Armuth jener Tiefen an allen höheren Lebensformen hauptsächlich
auf Rechnung dieses Umstandes. An den oberen Theilen der dalmatinischen Küste, wo der Golf sich mehr verengt hat, die Küsten-
strömung bemerkbarer ist und die Lage langgestreckter Inseln und
Scoglien-Gruppen Veranlassung zu stärkeren localen Strömungen
gibt, sind gerade diese Strecken mit der reichsten Pflanzen- und
Thierwelt ausgestattet. Wie Heller und ich uns überzeugt, nimmt
dieser Reichthum gegen Ragusa zu ab, und unterhalb dieses Punktes
ist die Küste fast ganz steril.

An Bord des „Triest" habe ich drei Linien mit dem Schleppnetz abgesucht, Sasano-Brindisi, Bari-Durazzo und Dulcigno-Viesti.
Die größte Tiefe der ersten Linie wurde mit 480 Faden, die der
dritten mit 630 Faden erreicht. Das Schleppnetz konnte so oft geworfen werden und faßte trotz seiner Einfachheit mit solcher Sicherheit, daß aus seinem Inhalt ein ziemlich richtiges Bild der Beschaffenheit und Bevölkerung des Bodens sich ergeben muß. Die erste
frisch untersuchte Bodenprobe aus 170 Faden brachte mir die Gewißheit, daß ich Bathybius-Schlamm vor mir hatte. Seine gelbgraue
Farbe, die höchst charakteristische schmierige Beschaffenheit war
den Officieren so bekannt, daß mir die einstimmige Versicherung
wurde, dieser „Urschlamm" herrsche von den oberen Theilen des
adriatischen Meeres an vor und wechsle nur hie und da mit wenigen
ausgedehnten sandigen Strecken ab. Die untersuchten Grundproben
aus den früheren Jahren haben dies bestätigt. Und so brachte auch
mir das Netz immer und immer wieder diesen Schlamm herauf aus
allen Tiefen aller drei Linien. Es ergab sich auch augenblicklich,
daß er reich sei an Foraminiferen (vorherrschend *Globigerina, Orbu-
lina, Uvigerina, Rotalia, Textilaria*); allein vergeblich sah ich mich
nach anderen Dingen um, welche ich erwartet hatte. Ein junges,
und deßhalb nicht mit voller Sicherheit bestimmbares Exemplar eines
*Echinus*, wahrscheinlich *melo* (= *Flemmingii?*), aus 230 Faden, so
wie eine leere, aber vollständige Schale von *Terebratula vitrea* aus
430 Faden ist die ganze Ausbeute! Daß aus derselben Tiefe einige
ganz junge Muscheln von kaum $3/4$ Mm. Durchmesser sich vorfanden,
während keine Spur erwachsener Thiere zu finden war, läßt sich

wohl nur mit der Annahme erklären, daß die mit dem Segel versehenen Larven ungewöhnlich weit in die offene See getrieben
waren.

Ich wende mich nun zu dem Bathybius-Schlamm und den
Coccolithen. Sehr bald nach meiner Rückkehr veröffentlichte
ich im „Ausland“, Nr. 30, eine kurze Notiz über den Fund jener
Körper in allen Tiefen des adriatischen Meeres von 50 Faden an mit
dem Zusatz, daß sie ohne Zweifel auch in noch geringeren Tiefen
vorhanden sein würden. Ich war damit der Publicirung von ausgedehnten Untersuchungen und Entdeckungen Gümbel's zuvorge-
kommen, wie derselbe in Nr. 32 derselben Zeitschrift erklärte. Es
liegt jetzt eine ausführlichere Darlegung dieser schönen Beobachtungen vor [1]), welche die ungemeine Verbreitung des Bathybius und
der Coccolithen in allen Tiefen aller Meere der Jetztwelt und die
kolossale Betheiligung beim Aufbau der Erdrinde zeigt. Auch ich
hatte schon die Entdeckung gemacht, daß in dem gehobenen Terrain
von Brindisi die Coccolithen stark vertreten sind. Da nun fast zur
selben Zeit auch Haeckel die Coccolithen mit gewohnter Gründ-
lichkeit untersucht [2]), so könnte es überflüssig erscheinen, wenn ich
auf denselben Gegenstand eingehe. Allein da Gümbel's Arbeit,
so weit sie bis jetzt vorliegt, sich bloß auf den Nachweis der Coccolithen in den verschiedensten Kalk- und Mergelablagerungen und in
den Sedimenten der Gegenwart, so wie auf gewisse Reactionen des
Bathybius erstreckt, und da ich den Bau der Coccolithen in mehreren
wesentlichen Punkten anders auffassen muß, als Haeckel, da
endlich bei der fast unübersehbaren Bedeutung der Coccolithen
jeder Beitrag zu ihrer näheren Kenntniß willkommen sein muß, so
wird die gegenwärtige Abhandlung sich vollkommen rechtfertigen
können.

Ich will zuerst einem Satze Gümbel's begegnen, „daß es allerdings denkbar sei, daß Bathybius in der Sarcode der niederen Thierwelt seinen Ursprung nimmt“. Er wird hiezu durch die Beobachtung veranlaßt „daß wenn man von kalkschaligen Foraminiferen die
Schale durch verdünnte Säure auflöst, dünne punktirte Häutchen und

---

[1]) Gümbel. Vorläufige Mittheilungen über Tiefseeschlamm. N. Jahrbuch für Mineralogie, 1870. 6. Heft.

[2]) Haeckel. Beiträge zur Plastidentheorie. Jenaische Zeitschrift. V. 3.

körnige Flocken ungelöst im Rückstand bleiben, welche letztere die Form und Reaction des Bathybius besitzen. Es können diese Reste freilich sowohl Unterbleibsel der Sarcode der Foraminiferen sein, als auch unser Bathybius, der nur in die Hohlräume der Foraminiferen abgesetzt gewesen wäre und auf diese Weise wieder zum Vorscheine kommt". Die Sarcode der Foraminiferen wird höchst wahrscheinlich dieselben Reactionen zeigen, wie das Bathybius-Protoplasma, so daß ich aus einer solchen Gleichheit durchaus noch nicht auch die übrige Identität beider Körper erschließen möchte. Nun aber war mir, noch ehe ich Gümbel's Mittheilungen im Jahrbuch gelesen, durch die directe Beobachtung bekannt geworden, daß nicht nur leere Schalen von Foraminiferen von Bathybius-Schlamm erfüllt werden, sondern daß auch lebende Foraminiferen Bathybius-Flocken sammt Coccolithen aufnehmen, ohne Zweifel als Nahrung. Die Ableitung des Bathybius von Foraminiferen und anderen Protisten ist geradezu undenkbar, wenn man die Massenverhältnisse berücksichtigt. ᵃWenn man einige Pfund des adriatischen Bathybius-Schlammes auswäscht und abseiht, so bleibt ein winziges Häuflein Foraminiferen zurück. Und ferner, das Bathybius-Protoplasma, als von Foraminiferen herstammend gedacht, müßte ja doch in Zersetzung übergehen, ehe es sich zu solchen unberechenbaren Massen ansammelt. Der frisch aus dem Meere gebobene Bathybius zeigt sehr träge Bewegungen, noch träger, als sie in dem Sarcodenetze der meisten Spongien sich vollziehen, im Übrigen aber genau jene Erscheinungen, welche die in Weingeist conservirten Proben wahrnehmen lassen. Dies stimmt genau überein mit meinen vielen vergleichenden Beobachtungen frischer und in Weingeist gehaltener Spongien. Von den letzteren herrührende Präparate der feinsten Sarcodenetze sind absolut nicht, von der trägen Verschiebbarkeit abgesehen, von frischen, unmittelbar aus dem Meere genommenen Präparaten zu unterscheiden. Ich glaube daher, daß die fernere Beobachtung des lebenden Bathybius keine besonderen Aufschlüsse über seine Natur geben wird.

Bis jetzt scheinen die Coccolithen untrennbare Begleiter des Bathybius-Protoplasma zu sein. Eine ganz andere Frage ist aber, ob sie bloß auf dem Boden dieses Protoplasma gedeihen als selbstständige Lebewesen, oder ob sie Producte desselben sind, Theile oder Organe. Es wird sich im Folgenden eine Deutung

ergeben, wonach die Coccolithen einen selbstständigen Entwicklungs-
cyclus durchmachen.

Sowohl Huxley als Haeckel nehmen an, daß es zwei verschiedene, wiewohl nahe verwandte Formen von Coccolithen gebe,
eine einfach scheibenförmige, die Discolithen und eine andere,
welche die Gestalt einer durch einen centralen Zapfen verbundenen
Doppelscheibe zeigt, die Cyatholithen. Ich muß ganz entschieden behaupten, daß dieser Unterschied nicht stattfindet, daß
vielmehr alle jene Formen, welche Haeckel als vollständig entwickelte Discolithen mit Außenring beschrieben hat, Cyatholithen sind, daß, mit anderen Worten,
der Außenring nichts ist, als der Rand jenes Schildes, welches bei
den Cyatholithen sich durch einen etwas größeren Abstand von den
übrigen Theilen besser abhebt. Es ist mir also kein vermeintlicher
Discolith vorgekommen, dessen Rand sich nicht mit Geduld als Be-
standtheil einer ganzen Scheibe hätte nachweisen lassen. Den Leser,
welchem die Haeckel'sche Arbeit zur Hand, ersuche ich, die
Figuren 25 (Discolith) und 72 (Cyatholith) zu vergleichen. Beide
haben, von der Fläche betrachtet, dasselbe Aussehen und auch in
72 erscheint *e*, der Rand der großen Scheibe, als *e* in 25, als
Außenring. Wenn aber 72 auf die Kante gestellt, etwa wie Fig. 33
und 62 aussieht, die Fig. 25 aber in gleicher Stellung einen Contour
wie Fig. 44 gibt, so rührt das nur davon her, daß in dem letzteren
Falle die inneren Kreise und Scheiben von dem äußersten becken-
förmigen Schilde völlig überdeckt werden.

Ich wollte die Aufmerksamkeit von vorne hinein auf diesen
wichtigen Punkt gerichtet wissen, da er die Frage nach dem Bau
der Coccolithen wesentlich vereinfacht, und gehe nun zur speciel-
leren Untersuchung über.

Auf Taf. I, 15 sieht man einen Coccolithen von der flachen,
der Bauchseite. Die einzelnen Theile hat Haeckel so genannt:
*a* Centralkorn, *b* Markfeld, *c* Markring, *d* Körnerring, *e* Außenring.
Ich muß bemerken, daß ich nur in seltenen Fällen den Markring
anders als in meiner Zeichnung und so wie Haeckel ihn zeichnet,
gesehen habe. Er erscheint mir fast ausnahmslos als der einfache
Contour des Markfeldes und wird nur in dem Falle mehr schattirt,
als das Markfeld eine concavere Form annimmt. Wir verfolgen nun
zuerst die Coccolithen bis zur Ausbildung des Körnerringes, der

häufig zu einer Körnerscheibe wird. Zahlreiche Körperchen mit einfacher oder doppelter Contour und im Durchmesser von 0·001 bis 0·004 Mm. gehend erscheinen als isolirte Centralkörner und als Centralkörner mit dem Markfeld (1·2). Das wichtigste Stadium für Coccolithenentwicklung ist aber dasjenige der Bildung des Körnerringes. Haeckel bezeichnet diesen einfach als eine granulirte Zone, und nach seinen Bildern ist das von ihm untersuchte Material schon so verändert gewesen, daß die Zusammensetzung des Körnerringes aus wirklichen kugelförmigen Portionen nicht deutlich hervortrat. Körper wie auf unserer Tafel Fig. 3 sind nicht selten. Er besteht aus einem linsenförmigen Centraltheil mit einem Ringe von 7 bis 10 Kugeln. Auch Haeckel hat in Fig. 10 ein ähnliches Gebilde, das aber nach seiner Angabe aus bloßen Sarcodegranulationen besteht. Die Körper von denen ich spreche, sind fest, können aber allerdings aus einer sarcodinen Grundlage hervorgegangen sein. Man mag nun über diese Kategorie von Körperchen in Zweifel bleiben, bei einer anderen sehr häufigen Form ist dies nicht mehr der Fall. In Fig. 4 sehen wir Centralkorn und Markfeld umgeben von einem deutlichen Kranze von Kugeln, und aus einer Vergleichung sehr vieler Exemplare und Stadien geht hervor, daß dieser Kugelring in einer Wucherung und später dazu kommenden Theilung des Randes des Markfeldes seine Entstehung findet. Der Rand des Markfeldes wulstet sich auf, und solche Exemplare wie Fig. 5 zeigen, daß der Randwulst sich nicht gleichmäßig zu bilden braucht und erst allmälig einen vollständig geschlossenen Kranz bildet. Fast ausnahmslos nimmt das ganze Gebilde mit dem Auftreten des Kugelkranzes die Form einer Schüssel an, wobei in der Anzahl der Kugelportionen und der Größe der einzelnen kugelförmigen Theile die allergrößte Variabilität stattfindet.

In zwei Fällen bleibt es bei der Bildung einer bloßen Kugeloder Körnerzone. Hierauf beziehen sich die Figuren 6, 7, 9, 10, 11. Der eine ist, daß nur ein Kreis größerer Kugelportionen den Markring umgibt. Ein sehr häufiges Vorkommniß dieser Art zeigt Fig. 6 aus dem frischen Bathybius und Fig. 9 aus den gehobenen Ablagerungen bei Brindisi. Es kann zwar, wie ich später zeigen werde, auch hier die Vervollständigung durch den Außenring, respective die Rückenscheibe eintreten, doch scheint im Allgemeinen mit dem Wachsthum der großen Kugelportionen die Ausbildung des

Körpers geschlossen, auch habe ich kein Anzeichen, daß diese großen Kugeln in kleinere Portionen zerfielen. Solche Körper, wie Fig. 11, gehören zu den größten Seltenheiten. Er zeigt im Umkreis der Centralscheibe einen Kranz großer zellenartiger Kugeln, und dieser Körper kommt wenig verändert auch in den Schichten von Brindisi vor (Fig. 10). Die Centra in den Kugeln des Kranzes erscheinen ganz deutlich zu einer Art von Kern verdichtet, der auch in dem Exemplar von Brindisi zwar unregelmäßig aber ganz bestimmt sich abhebt.

Im zweiten Falle, Fig. 27, finden wir statt eines einfachen Kugelkranzes eine Körnerzone, d. h. eine Zone, in welcher kleinere Kugeln etwa vom Durchmesser des Centralkornes in zwei- bis vierfacher Reihe neben und zum Theil auch über einander hegen. Sowohl diese, wie die oben geschilderten Körper können, wie wir unten zeigen, mit dem Rückenschilde sich bedecken, häufig aber tritt dieser Gang der Weiterentwicklung nicht ein und es entstehen Körper wie Fig. 8 und, deutlicher 12. Sie sind halbkugelförmig. In Fig. 12 sieht man in die Kugel hinein, 13 ist die Ansicht von der Seite, 14 von hinten. Statt einer Körnerzone ist ein ganzer Körnermantel vorhanden. Unsicher ist mir die Beobachtung, daß mitunter eine ganze Hohlkugel entsteht. Wie sich die Sonderung in die kugligen Theile mit der nicht seltenen concentrischen Streifung, also Schichtung verträgt, ist mir noch nicht klar (Fig. 8).

Eine nicht seltene Form des unvollendeten Coccolithen gebe ich auf Taf. II, 16, 17. Centralkorn und Markfeld sind vorhanden, letzteres unzweifelhaft als eine Scheibe. Auch ist ein Markring nicht da, sondern, was etwa dafür angesehen werden könnte, ist der wirkliche Rand des Markfeldes. Die Körnerzone ist im Entstehen, sie tritt aber nicht im ganzen Umfange auf, sondern schreitet als eine Wucherung von einem Punkte ausgehend rings um den Rand.

Wenn die Entwicklung des Coccolithen die Richtung wie in Fig. 12 genommen hat, so scheint sie mit der Körnerschichte abgeschlossen zu sein. In allen anderen Fällen pflegt sich der Coccolith dadurch zu vervollständigen, daß eine concav-convexe Scheibe, welche gewöhnlich homogen, seltener unregelmäßig gekerbt und gekörnt erscheint, die früher gebildeten Theile bedeckt und mehr oder weniger überwölbt. Ich habe mich, wie schon erwähnt, auf das Bestimmteste überzeugt, daß nie der sogenannte Außenring Haeckel's mit dem Außenrande der Körnerzone zusammenhängt, sondern daß er nur der über die Körnerzone hervorragende Rand eines ganzen Schildes ist. An jedem Objecte, das zu wenden und auf die Kante zu stellen mir gelang, babe ich diesen Rückenschild verfolgen und constatiren können.

Auf Taf. I zeigen Fig. 16 und 17, sowie auf Taf. II die meisten Abbildungen das Verhältniß des Rückenschildes. In 1 und 2 ist der Fall dargestellt, wo das Centralkorn eine ganz excessive Entwickelung erhalten hat. Es dürfte damit die Erklärung eines Vorkommnisses von Brindisi (II, 18) gegeben werden, wo nicht nur das Centralkorn gehoben ist, sondern seine Basis und der dem Markfelde entsprechende Theil granulirt erscheint. Mit einem mächtigen Körnerringe ist dieser Coccolith abgeschlossen. In 3 und 4 mangelt das Centralkorn. Alle diese und die übrigen Abbildungen von Discolithen mit Rückenschild (5, 6, 7, 10, 11, 12, 13, 14, 15) zeigen einzeln und mit einander verglichen, daß der Rückenschild im Centrum der convexen Seite des Coccolithen entweder mit dem Markfelde selbst oder mit einer zapfenartigen Verlängerung der dem Centralkorn entsprechenden Stelle zusammenhängt. Im frischen Zustande scheint diese Verbindung so fest und vielleicht elastisch zu sein, daß ein Abbrechen des Rückenschildes kaum vorkommt. Aus den Lagern von Brindisi babe ich aber wiederholt Coccolithen wie II, 19 gefunden, mit einem regelmäßigen Loch im Centrum des Markfeldes, was ich mir durch das Ausbrechen des Rückenschildes sammt seinem Zapfen entstanden denke. Nach allen diesen Beobachtungen kann also das Rückenschild gar nicht anders entstehen, als indem es allmälig die übrigen Theile vom Rückenpole des Coccolithen aus überwächst. Die Beobachtung solcher Zwischenstadien ist äußerst schwierig, weil das Rückenschild bis zu dem Zeitpunkt, wo es über den Umkreis des Körnerringes hervortritt, in Form einer feinsten Platte der Rückenseite sich eng anzuschmiegen scheint. Fig. 13, Taf. II zeigt einen Coccolithen von der Rückenseite, wie rings über die etwas unregelmäßigen Contouren des Schildes die Körnerzone hervorragt. Es kann auch eine monströse Schildbildung erfolgen, wie II, 8. 9, wo das Schild auf der einen Hälfte ganz angewachsen und auf der andern zungenförmig hervorgewuchert ist.

Selten, wie in Fig. 5, ist der Schildrand gekerbt und so gewulstet
daß er dem Rande der Körnerzone ähnelt.

Wir kommen nun zu einer sehr wichtigen und, wie mir scheint,
unerledigten Frage, nämlich der nach dem Verhältniß der Coccolithen zum Bathybius-Protoplasma Sind sie selbstständige Organismen oder sind sie Organe oder Theile des Bathybius? Mit anderen
Worten, vermehren sie sich selbst, indem sie einen bestimmten
Entwicklungskreis durchlaufen, wobei ihnen das Bathybius-Protoplasma als Boden dient, oder geschieht auch ihre Anlage aus Theil-
chen des Protoplasma? Zunächst hätte man wohl zu untersuchen,
ob die, auch von Haeckel in einer Reihe von Bildern gegebene
Verdoppelung des Centralkornes nebst Theilung der umliegenden
Partien eine Vermehrung einleitet. Haeckel stellt einfach das
Factum bin und sagt bloß, daß die elliptischen Discolithen sich oft
durch ein doppeltes Centralkorn auszeichneten. Die Bedeutung
des Centralkorns scheint aber überhaupt keine große zu sein, da es
oft bei sonst ganz regelmäßig und wohl ausgebildeten Coccolithen
fehlt. Manche im Bathybius vorkommende Körperchen mit Theilungs-
vorgängen oder Verdoppelungen sind entweder entschieden anderer
Natur oder mindestens zweifelhaft. So dürfte Taf. I, Fig. 24 eine
Alge, Fig. 19 vielleicht eine Alge sein, könnte aber auch ein Doppel-
Centralkorn mit entsprechend getheiltem Markring sein. Von Körperchen wie Fig. 18 mit hellem Centrum und getrübter Peripherie
läßt sich, wenn man sie isolirt betrachtet, kaum eine Vermuthung
aufstellen, aber verglichen mit den nicht seltenen Stadien von Coccolithen wie Fig. 20, könnten sie im Zusammenhang damit stehen.
Wie man sich durch die Randstellung überzeugen kann, ist I, 20
ein entschiedener Coccolith mit vollem Rückenschild, der dunklere,
nicht körnige Theil entspricht der Körnerzone; die hellen Ausschnitte darin einem getheilten Markfelde ohne Centralkorn. Als
Unicum ist mir Taf. I, 22, 23 erschienen. Structur und Größe lassen
keinen Zweifel, daß es ein Coccolith, allein die Entwicklung in der
Höhenrichtung ist eine ganz ungewöhnliche. Der Rückenschild ist
zu einer oben offenen Kapsel geworden und die beiden Centralkörner erscheinen tief in dieselbe eingesenkt.

Fasse ich den Eindruck aus den zahlreichen Einzelbeobach-
tungen, verglichen mit den Thatsachen der Fortpflanzung anderer

niedrigster Organismen zusammen, so erscheint mir der Coccolith als ein selbstständiges Lebenswesen. Daß Ernährung und Wachsthum durch die Centraltheile, Korn und Markscheibe vermittelt werden, geht aus der Anlage und dem Zusammenhange der übrigen Theile mit jenen unzweifelhaft hervor. Der Rückenschild ist nichts anderes als ein Deckstück und trotz seiner Ausdehnung von untergeordneter Bedeutung. In der Kugel- und Körnerzone erblicke ich aber den Vermehrungsapparat. Hierfür sprechen mehrere Gründe. So lange man mit den früheren Beobachtern in der Körnerzone nur ganz unbestimmte Granulirungen entdeckte, ließ sich die Frage nach der Bedeutung dieses Theiles des Coccolithen kaum aufwerfen. Durch die gegenwärtige Untersuchung dürfte aber die Körnerzone in ein ganz anderes Licht gestellt sein. Daß die Bildung der Coccolithen von Körperchen ausgeht, welche in Form und Größe eben so variiren, wie die kugligen oder ellipsoidischen Portionen der Körnerzone, ist leicht zu beobachten. Gerade der Spielraum, den wir in der Anlage der Coccolithen sehn, wiederholt sich in den Dimensionen der Theile der Körnerzone, von den kleinen Kügelchen an, wie sie in Coccolithen wie Taf. I, 15 sich finden, bis zu den großen linsenförmigen Körpern in Taf. I, Fig. 11. Erstere werden isolirt als Centralkörner, letztere als Centralkörner mit Markfeld erscheinen. Eine Mittelstufe sind die Kugeln in Fig. 1 und 3, Taf. II, und ihr vollständiges Abbild ist die Centralkugel Taf. I, Fig. 3. Die außerordentliche Variabilität der fertigen Coccolithen wird daher im Einklang stehn mit einem eben so weiten Spielraum ihrer Anlage, und überhaupt beweisen die mannigfaltigen, durch Haeckel und mich noch keineswegs erschöpften Formen des Coccolithenkreises (— trotz der Identität von Discolithen und Cyatholithen —), daß wir es mit einer nichts weniger als festen Species zu thun haben. Wenn man aber einmal die Vermuthung gefaßt hat, daß die Körperchen der Körnerzone die Sporen der Coccolithen seien, so erklärt sich daraus das Aussehen vieler Coccolithen, wie z. B. Taf. II, 6, 10. 14. In der That sieht man oft statt der sonst so deutlichen Körnerzone einen unregelmäßigen Ring oder einen leeren Scheibenrand. Ich wüßte dafür keine andere Deutung, als daß die Körner abgefallen sind mit Zurücklassung jenes, dem Markfelde angehörigen Randes, von welchem aus die Wucherung und Entstehung der Körperchen der

Körnerzone stattfand. Es ist allerdings auffallend, daß Exemplare
wie Taf. II, 14 selten sind, sie zeigen aber ganz offenbar eine Rück-
bildung und einen Zerfall an, der sich in dem Brüchigwerden der
Centralscheibe und in dem Einschrumpfen des Rückenschildes aus-
spricht. Man wird einwenden, daß sich das nicht mit der, wie es
scheint, ununterbrochenen Anhäufung der Coccolithen vertrüge. Dagegen läßt sich aber sagen, daß die fossilen Coccolithen noch
viel zu wenig untersucht sind. Die unter den lebenden Coccolithen
so ungemein häufige Form mit kleinkörniger Körnerzone (I, 15)
kann ich in den Lagern von Brindisi kaum nachweisen; sie aber
käme gerade bei der Vermehrung am nächsten in Betracht. Der
Einwurf ist also vor der Hand wenigstens kein ernstlicher.

Meine begründete Vermuthung über die Selbstständigkeit und
die Fortpflanzung der Coccolithen wird aber noch durch die Entdeckung eines zweiten, den Bathybius begleitenden Körpers befestigt,
welcher weit einfacher und klarer und deßwegen in seiner Selbstständigkeit leichter zu controliren ist. Er bietet gleichwohl sichere
Vergleichungspunkte mit den Coccolithen dar. Wir nennen ihn
Rhabdolithes (Taf. II, 20—35). Die erste Anlage ist ein Stäbchen,
welches man in allen Größen von etwa 0·001 bis 0·005 Mm. verfolgen
kann. Die ausgebildeten Formen bewegen sich zwischen 0·0054 und
0·004 Mm. Länge. Neben dem cylindrischen Stäbchen kommen in
ungefähr gleicher Menge solche vor, die an dem einen Ende dicker
als am anderen sind (22). Sie erhalten nun eine knopf- oder kugel-
förmige Endanschwellung (21, 23) und um diese herum entsteht
ein Kranz von Kugeln (24 ff.), welche selten die Zahl sechs über-
steigen.

Der gewöhnlichste Anblick des ausgebildeten Körperchens ist
wie in 31 und 27 links, indem die Theile des Kranzes cylindrisch
oder stabförmig werden und es ist wohl nicht daran zu zweifeln,
daß sie zur Ablösung und Vermehrung bestimmt sind. Ihre Größe
und ganzes Aussehen stimmt mit den oben erwähnten kleinsten
freien stabförmigen Körperchen überein. Bilder wie 29 und 32 sind
seltener und kommen, wie man sich durch Drehen und Winden des
Objectes überzeugt, davon her, daß die Portionen des Kranzes enger
an einander gedrückt sind. Man kann namentlich immer daran die
einzelnen kugel- oder stäbchenförmigen Theile unterscheiden, wenn
es gelingt, die Körper auf den kranzlosen Scheitel zu stellen. Im

Schaft der größeren, namentlich der keulenförmigen Exemplare bemerkt man einen feinen Strich, die Andeutung eines Centralcanals wie aus Fällen wie Fig. 30 sicher hervorgeht. Nicht selten hat man auch Bilder wie Fig. 26, wo der Hauptcontour von einem sehr blassen äußeren Contour umzogen ist und es den Anschein gewinnt, als sei der Stab eine größere Höhlung. Die Fig. 33, 34, 35 zeigen seltener unregelmäßige Bildungen. So sieht man in 33 eine Sprosse in der Nähe des kranzlosen Endes; in 34 ist ein Kranzstück in der Verlängerung der Schaftaxe entstanden und in 35 entsteht der Kranz oberhalb seiner gewöhnlichen Anheftungsstelle.

In allen Schlammproben des adriatischen Meeres, welche den Bathybius und die Coccolithen enthalten, finden sich auch die Rhabdolithen in unzähligen Mengen, so daß man fast in jeder mikroskopischen Menge sich eine vollständige Übersicht daran verschaffen kann. Sie sind eben so wohl conservirt, als die Coccolithen, in den gehobenen Lagern von Brindisi enthalten und ihre Zusammensetzung aus einer organischen Grundlage und kohlensaurem Kalk läßt sich ebenso, wie bei den Coccolithen nachweisen. Vergleicht man nun die Körnerzone der Coccolithen mit dem Kugelkranze der Rhabdolithen, die Centralscheibe (Markfeld) der Coccolithen, als die Brutstätte der Kugeln mit dem Schaft der Rhabdolithen, erwägt man, daß, wie ich gezeigt zu haben glaube, die Rückenscheibe oder das Deckstück der Coccolithen von minderer Bedeutung ist, so wird man trotz der Verschiedenheit der Form die innigste Verwandtschaft dieser Kalkorganismen anerkennen müssen. Die Rhabdolithen für Organe oder Formbestandtheile des Bathybius-Protoplasma zu halten, liegt nicht der geringste Grund vor, und damit sind auch. wie mir scheint, die letzten Zweifel gehoben, ob die Coccolithen selbstständige Wesen seien. Beide Körper bleiben darum nicht weniger interessant, wie früher, wo die Coccolithen allein als die Denkmünzen des mystischen Bathybius galten. Diese letztere organische Materie ist nach ihrem Herkommen und ihrer Bedeutung noch nicht hinlänglich aufgeklärt. Wie ich schon oben berührt, scheint mir die Vermuthung, das Bathybins-Protoplasma sei das Residuum anderer niederer organischer Wesen, gänzlich abzuweisen. Es ist aber auch kein Protist oder

ein Moner in der bis jetzt geläufigen Bedeutung, wonach alle
diese einfachsten Lebewesen doch eine räumliche Begrenzung und
eine Entwicklung haben. Ein Lebendiges von unbegrenzter Ausdehnung widerstreitet unseren bisherigen Begriffen vom Leben und
Organismus so sehr, daß Vorstellungen und Begriffe sich erst darauf
einrichten müssen.

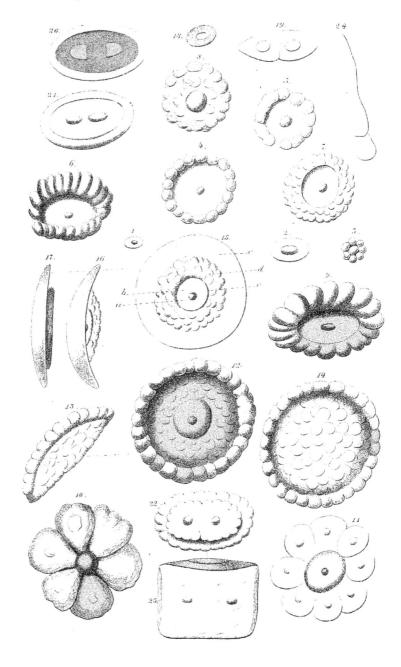

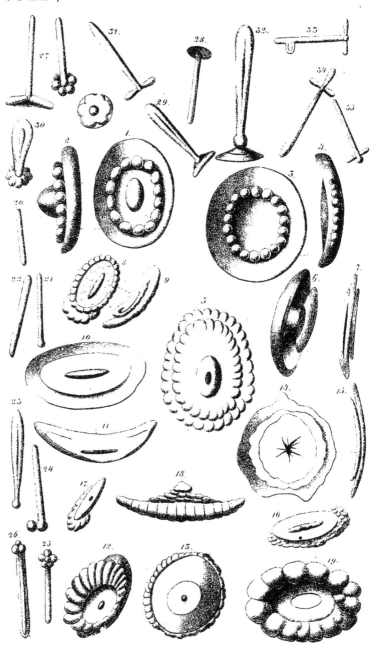

...n.d.Nat.M.Schmidschen lith.     Gedr.bei Jos.Wagner.

Sitzungsb. der kais Akad.d W math.naturw Cl. LXII Bd.I.Abth.1870

## XXIX. SITZUNG VOM 15. DECEMBER 1870.

Herr Dr. L. J. Fitzinger in Pest übersendet die II. Abtheilung seiner Abhandlung: „Revision der Ordnung der Halbaffen oder Äffer (*Hemipitheci*)".

Herr Regierungsrath Dr. K. v. Littrow legt eine für die Denkschriften bestimmte Abhandlung vor, betitelt: „Physische Zusammenkünfte der Planeten (1) bis (82) während der nächsten Jahre".

Herr Prof. J. Seegen überreicht eine Abhandlung: „Zur Frage über die Ausscheidung des Stickstoffes der im Körper zersetzten Albuminate".

Herr A. Wassmuth, Assistent für Physik am Wiener k. k. Polytechnikum, übergibt eine Abhandlung: „Über die Arbeit, die beim Magnetisiren eines Eisenstabes durch den elektrischen Strom geleistet wird".

Herr Dr. Sigm. Exner legt eine Abhandlung vor, betitelt: „Untersuchungen über die Riechschleimhaut des Frosches".

Das Damen-Comité für die Feier des 80. Geburtstages Fr. Grillparzer's ladet mit Circular-Schreiben vom December l. J. zur Theilnahme an dieser Feier ein.

An Druckschriften wurden vorgelegt:

Astronomische Nachrichten. Nr. 1827 (Bd. 77. 3). Altona, 1870; 4⁰.

Boni, Carlo, e Giovanni Generali, Sulle Terremare Modenesi. Modena, 1870; 8⁰.

Ferdinandeum für Tirol und Vorarlberg: Zeitschrift. III. Folge, XV. Heft. Innsbruck, 1870; 8⁰.

Gesellschaft, geographische, in Wien: Mittheilungen. N. F. 3. Nr. 14. (Schluß.) Wien, 1870; 8⁰.

Gewerbe-Verein, n.-ö.: Verhandlungen und Mittheilungen. XXXI. Jahrg., Nr. 40. Wien, 1870; gr. 8º.

Haller, Carl, Das Ozon und sein Verhältniß zu den entzündlichen Krankheiten der Athmungsorgane etc. (Aus d. Jahresberichte des k. k. allgem. Krankenhauses. 1870.) Wien; 8º.

Landbote. Der steirische. 3. Jahrgang, Nr. 25. Graz, 1870; 4º.

Lotos. XX. Jahrgang, November 1870. Prag; 8º.

Mittheilungen des k. k. technischen & administrativen Militär-Comité. Jahrgang 1870, 11. Heft. Wien; 8º.

Museum Francisco-Carolinum in Linz. XXIX. Bericht. Linz, 1870; 8º.

Nature. Nr. 58. Vol. III. London, 1870; 4º.

Osservatorio del R. Collegio Carlo Alberto in Moncalieri: Bullettino meteorologico. Vol. V, Nr. 7. Torino, 1870; 4º.

Wiener Medizin. Wochenschrift. XX. Jahrgang, Nr. 57. Wien, 1870; 4º.

# Revision der Ordnung der Halbaffen oder Äffer (Hemipitheci).

## II. Abtheilung.

## Familie der Schlafmaki's (Stenopes), Galago's (Otolicni) und Flattermaki's (Galeopitheci).

Von dem w. M. Dr. **Leop. Jos. Fitzinger.**

### Familie der Schlafmaki's *(Stenopes).*

Diese kleine scharf abgegrenzte natürliche Familie, welche ein Bindeglied zwischen der Familie der Maki's *(Lemures)* und jener der Galago's *(Otolicni)* bildet, ist nur sehr arm an Arten, indem wir bis zur Stunde nicht mehr als 6 derselben kennen, die sich in drei Gattungen vertheilen.

Linné reihte die beiden ihm bekannt gewesenen Formen, welche er aber nicht der Art nach für verschieden hielt, in seine Gattung *„Lemur"* ein, und Boddaert schied sie aus derselben aus und errichtete für sie und eine andere mittlerweile bekannt gewordene verwandte Form eine besondere Gattung, die er mit dem Namen *„Tardigradus"* bezeichnete, eine Benennung, welche von Cuvier in *„Loris"* und von Illiger in *„Stenops"* umgeändert wurde.

Geoffroy erkannte zuerst die große Verschiedenheit, welche zwischen den in dieser Gattung vereinigt gewesenen Arten bestand und sah sich veranlaßt zwei Gattungen aus denselben zu bilden, für deren eine er den von Cuvier gewählten barbarischen Namen *„Loris"* beibehielt, den Kuhl aber wohl mit Recht mit dem schon von Illiger gebrauchten Namen *„Stenops"* vertauschte, während er für die andere den Namen *„Nycticebus"* in Anwendung brachte.

Die dritte Gattung dieser Familie, nämlich die Gattung „*Perodicticus*", wurde von Bennett auf eine Art gegründet, welche — obgleich schon seit sehr langer Zeit dem Namen nach bekannt und von den Zoologen auf die verschiedenste Weise gedeutet, — erst durch ihn näher bekannt geworden ist.

Einige Bemerkungen über das Knochengerüste und den Zahnbau mögen der speciellen Bearbeitung dieser Familie vorangehen.

Wie bei allen übrigen Familien dieser Ordnung, so ist auch bei dieser das Skelet im Allgemeinen nach der typischen Form oder jener der Gattung Maki *(Lemur)* gebildet, doch ergeben sich bezüglich der einzelnen Theile desselben mancherlei und zum Theile sehr erhebliche Verschiedenheiten.

Der Hirntheil des Schädels ist groß und gewölbt, und hinten am breitesten, der Gesichtstheil dagegen kurz und schmal, und viel kürzer als bei der Gattung Maki *(Lemur)*. Die Augenhöhlen sind mehr vorwärts gestellt und stehen auch näher beisammen, und bei den Arten der Gattung Schlafmaki *(Stenops)* sind sie nur durch eine dünne Wand von einander geschieden. Dieselben sind rund mit scharf aufgeworfenen Rändern und zwischen denselben bietet das Stirnbein vorne eine ziemlich starke Einsenkung dar. Die Jochfortsätze des Stirn- und Wangenbeines bilden eine schmale, weit abstehende Knochenbrücke, wodurch zwischen der Augenhöhle und der Schläfengrube eine sehr geräumige Verbindung hergestellt wird. Die Jochbögen werden nach hinten zu breit und bilden an dieser Stelle eine weite Aushöhlung, die unmittelbar in den Gehörgang verläuft, ein Merkmal, das bei der Gattung Maki *(Lemur)* durchaus nicht vorhanden ist. Die Thränengrube liegt außerhalb der Augenhöhle. Die bogenförmigen Linien sind weit auseinandergestellt und treten sehr stark hervor, und das Hinterhauptbein ragt mit seiner breiten Spitze über die Querleiste hinaus. Die Pauke ist beträchtlich aufgetrieben und bietet keine Spur eines Griffelfortsatzes dar. Der Winkel des Unterkiefers ist erweitert. Der Schnauzentheil des Schädels ist nach den Gattungen verschieden. Bei der Gattung Schlafmaki *(Stenops)* springen die Nasenbeine über die obere Zahnreihe vor, indem sie nebst dem oberen Rande der Seitentheile der Zwischenkieferbeine den Alveolarrand derselben um 2 Linien überragen. Bei der Gattung Faulthiermaki *(Nycticebus)* hingegen endigen die Nasenbeine senkrecht über dem Alveolarrande der oberen Vorderzähne. Der Unterkiefer ist ähnlich wie bei der Gattung Maki *(Lemur)* gebildet, nur ist er des kürzeren Schnauzentheiles wegen kürzer und kommt daher mehr mit jenem der Gattung Katzenmaki *(Chirogaleus)* und Zwergmaki *(Microcebus)* überein.

Die Wirbelsäule ist durch die beträchtliche Länge der Lendengegend ausgezeichnet und die Zahl der Wirbel schwankt, insoweit das Skelet bis jetzt bekannt ist, zwischen 41 und 44, und zwar die Zahl der Rückenwirbel zwischen 13 und 16, der Lendenwirbel zwischen 8 und 10, der Kreuzwirbel zwischen 2 und 5, und der Schwanzwirbel zwischen 8 und 9.

Die Halswirbel sind sehr kurz und der Epistropheus ist mit einem hohen Dornfortsatze versehen, während die übrigen Halswirbel nur niedere breite Dornfortsätze darbieten. Die Querfortsätze der Lendenwirbel sind sehr breit und kurz.

Die Rippen sind breit und ihre Zahl beträgt 14—16 Paare, von denen 9 wahre und 5—6 falsche Rippen sind.

Die hier beigefügte Tabelle gibt einen Überblick über das Zahlenverhältniß der Wirbel bei den einzelnen in dieser Beziehung seither untersuchten Arten dieser Familie.

| | Rücken-wirbel | Lenden-wirbel | Kreuz-wirbel | Schwanz-wirbel | Gesammtz. mit Einschl. der 7 Hals-wirbel | Nach |
|---|---|---|---|---|---|---|
| *Stenops gracilis*...... | 14 | 9 | 2 | 9 | 41 | Cuvier. |
| „  „  *(St. ceylonicus?)* | 13 | 10 | 3 | 8 | 41 | Giebel. |
| *Nycticebus bengalensis* | 16 | 8 | 5 | 8 | 44 | Cuvier. |
| „  „  *(N. sondaicus?)* | 15 | 9 | 3 | 8 | 42 | G. Fischer. |

Das Schulterblatt ist ziemlich breit wie bei den Arten der Gattung Maki *(Lemur)* mit weit vor der Mitte liegender, nach aufwärts gekrümmter Gräthe. Die Schlüsselbeine sind dünn und stark gewunden.

Die Gliedmaßen sind sehr lang und dünn, das Oberarmbein ist besonders lang, ziemlich gerade und am inneren Gelenkknorren so wie auch in der Olecranongrube durchbohrt. Das Ellenbogenbein ist länger als das Oberarmbein, schmächtiger und mehr gerade als bei der Gattung Maki *(Lemur)*, die Speiche nicht viel dicker als das Ellenbogenbein und merklich gekrümmt. Die Handwurzel ist aus 9 kleinen Knochen gebildet. Die Mittelhand und die Finger sind kurz, der

vierte ist der längste, der zweite der kürzeste und die beiden letzten
Glieder desselben sind sehr stark verkürzt.

Die Hüftbeine sind noch schmäler als bei der Gattung Maki
(*Lemur*), beinahe walzenförmig und der Kamm ist breiter und über-
legt, daher ähnlich wie bei der Gattung Springmaki (*Tarsius*).
Die Sitzbeine sind kurz, die Schambeine lang, schmal und gerade.
Ober- und Unterschenkel sind lang und gerade. Das Wadenbein
ist vollständig, die Fußwurzel kürzer als das Schienbein, das
Fersenbein stark gebogen. Der Mittelfußknochen des Daumens ist
lang und dick, jener des zweiten Fingers am dünnsten. Das zweite
Glied desselben ist außerordentlich kurz und etwas nach oben gekrümmt, das erste beträchtlich stark, das dritte sehr kurz, gebogen
und spitz, und ganz vom Krallennagel umgeben. Das Nagelglied der
übrigen Finger ist am Ende breiter und runder. Der vierte Finger
der Hinterhände ist der längste.

Bezüglich des Zahnbaues besteht unter sämmtlichen Formen
dieser Familie eine außerordentliche Übereinstimmung.

Die Zahl der Zähne schwankt nur zwischen 34 und 36 und
zwar sind es die Vorderzähne, auf welchen diese Schwankung beruht,
indem bei den Gattungen Schlafmaki (*Stenops*) und Potto (*Perodicticus*) immer in beiden Kiefern 4, bei der Gattung Faulthiermaki
(*Nycticebus*) aber bald in beiden Kiefern 4, bald aber auch im
Oberkiefer nur 2 und im Unterkiefer 4 vorkommen.

Lückenzähne sind bei sämmtlichen Arten in beiden Kiefern
jederseits 3 und ebenso auch 3 Backenzähne vorhanden, Eckzähne
in beiden Kiefern jederseits 1.

Bei den Gattungen Schlafmaki (*Stenops*) und Faulthiermaki
(*Nycticebus*) sind die oberen Vorderzähne paarweise gestellt, durch
einen Zwischenraum voneinander geschieden und in gleicher Reihe
stehend, mit meißelförmiger Kronenschneide. Die beiden mittleren
sind bei der Gattung Schlafmaki (*Stenops*) klein und von gleicher
Größe wie die äußeren, bei der Gattung Faulthiermaki (*Nycticebus*)
aber groß und die beiden äußeren sehr klein. Die unteren Vorderzähne sind lang, schmal, zugespitzt und schief nach vorwärts gerichtet.

Der obere Eckzahn ist lang, schmal, dick, gekrümmt und spitz,
der untere an Gestalt und Richtung den unteren Vorderzähnen
gleich, aber größer als dieselben.

Die Lückenzähne des Oberkiefers sind durch einen kleinen Zwischenraum von dem Eckzahne geschieden und einspitzig, der erste ist der größte, der dritte breiter als lang und mit einem inneren Ansatze versehen. Der erste Lückenzahn des Unterkiefers ist der größte und wie der obere Eckzahn gebildet. Die beiden folgenden sind beträchtlich kleiner und gleichfalls einspitzig.

Die oberen Backenzähne sind breiter als lang und greifen über die untere Zahnreihe hinaus. Der erste ist der größte und so wie der zweite auf der Außenseite mit zwei scharfen Zacken und auf der Innenseite mit einem Ansatze und zwei kleinen stumpfen Höckern versehen. Der dritte ist der kleinste, mit zwei Zacken an der Außenseite und einem einfachen Ansatze auf der Innenseite. Die Backenzähne des Unterkiefers sind länger als breit, vierspitzig und auf der Außen- wie der Innenseite mit zwei Zacken versehen. Der hinterste ist der kleinste und bietet auf der Innenseite noch einen kleinen Ansatz dar.

Bei der Gattung Potto (*Perodicticus*) sind die oberen Vorderzähne gleichfalls durch einen Zwischenraum von einander getrennt und beinahe gleich, die unteren dünn und nach vorwärts geneigt.

Der obere Eckzahn ist kegelförmig, zusammengedrückt und am vorderen und hinteren Rande scharf, der untere von derselben Form und Richtung wie die unteren Vorderzähne.

Der erste obere Lückenzahn ist klein, der zweite größer und so wie der erste kegelförmig. Der dritte ist an der Außenseite mit zwei, an der Innenseite mit einem Zacken versehen. Der erste untere Lückenzahn ist von der Gestalt des oberen Eckzahnes, der zweite und dritte sind kegelförmig.

Der erste Backenzahn des Oberkiefers ist von ähnlicher Bildung wie der dritte obere Lückenzahn, aber mit einem größeren inneren Höcker, der erste Backenzahn des Unterkiefers ist auf der Außenseite mit zwei scharfen Zacken, auf der Innenseite mit einem Höcker versehen. Über den zweiten und dritten Backenzahn beider Kiefer mangelt es noch an einer Angabe, da dieselben bei dem einzigen in dieser Beziehung bis jetzt untersuchten Exemplare noch nicht entwickelt waren.

In Ansehung der Weichtheile ist Nachstehendes hervorzuheben.

Die Zunge ist frei und ziemlich lang, doch nicht sehr weit ausstreckbar. Bei den Gattungen Schlafmaki (*Stenops*) und Faulthiermaki (*Nycticebus*) ist dieselbe auf der Oberseite glatt und mit drei wallförmigen Warzen, welche in ein Dreieck gestellt sind besetzt. Die unter der Zunge liegende Nebenzunge ist mehrfach tief gespalten. Bei der Gattung Potto (*Perodicticus*) ist die Zunge ziemlich groß, dünn, vorne abgerundet, auf der Oberseite mit kleinen Wärzchen besetzt und rauh. Die Nebenzunge ist kürzer und endiget in eine kamm-förmige Spitze, welche durch ungefähr sechs ziemlich lange lanzett-förmige Zacken gebildet wird.

Die Ruthe ist frei und hängend, und die Hoden liegen im Inneren des Leibes. Der Fruchthälter ist klein und zweihörnig.

Ebenso wie im Knochen- und Zahnbaue, zeigt sich auch be-züglich der äußeren körperlichen Merkmale unter den zu dieser Familie gehörigen Formen im Wesentlichen eine auffallende Über-einstimmung.

Die Gliedmaßen sind Gangbeine und das Schreiten auf dem Boden findet mit ganzer Sohle statt. Vorder- und Hinterfüsse sind fünfzehig und beide sind mit einem den übrigen Fingern entgegen-setzbaren Daumen versehen, sonach wahre Hände. Nur der Daumen derselben trägt einen Plattnagel und alle übrigen Finger, mit Aus-nahme des Zeigefingers der Hinterhände, welcher mit einem langen spitzen pfriemenförmigen Krallennagel besetzt ist und bei der Gattung Potto (*Perodicticus*) auch des Zeigefingers der Vorderhände, welcher vollkommen nagellos ist, sind mit Kuppennägeln bedeckt. Der Zeige-finger ist bei den Gattungen Schlafmaki (*Stenops*) und Faulthier-maki (*Nycticebus*) an den Vorder- sowohl als Hinterhänden sehr kurz und verkrümmt, bei der Gattung Potto (*Perodicticus*) hingegen nur jener der Vorderhände außerordentlich kurz, der der Hinter-hände aber nur wenig verkürzt. Bei allen Gattungen ist der vierte Finger an den Vorder- und Hinterhänden der längste. Die Glied-maßen sind sehr lang und schmächtig, die hinteren fast von gleicher Länge oder nicht viel länger als die vorderen. Die Fußwurzel ist nicht verlängert und kürzer als das Schienbein, der Oberschenkel bei der Gattung Schlafmaki (*Stenops*) sehr lang, bei den Gattungen Faulthiermaki (*Nycticebus*) und Potto (*Perodicticus*) mittellang. Der Kopf ist rundlich, die Schnauze bei der Gattung Schlafmaki (*Stenops*) kurz und spitz, mit über den Unterkiefern vorspringender Nase, bei der Gattung Faulthiermaki (*Nycticebus*) aber kurz und stumpf abgestutzt, und bei der Gattung Potto (*Perodicticus*) schwach gestreckt und stumpf. Die Nasenlöcher sind schmal und eingerollt.

Die Augen sind bei den Gattungen Schlafmaki *(Stenops)* und Faulthiermaki *(Nycticebus)* sehr groß und stehen auf der Vorderseite
des Kopfes sehr nahe beisammen, während sie bei der Gattung Potto
*(Perodicticus)* zwar groß, aber nicht so stark einander genähert
und etwas seitlich an die Vorderseite des Kopfes gestellt sind. Die
Ohren sind mittelgroß, gerundet und behaart, und bei der Gattung
Potto *(Perodicticus)* ziemlich kurz. Der Schwanz fehlt bei der Gattung Schlafmaki *(Stenops)* gänzlich oder ist nur durch einen kleinen
Knoten angedeutet, während er bei der Gattung Faulthiermaki *(Nycticebus)* sehr kurz und höckerartig, und bei der Gattung Potto *(Perodicticus)* sehr kurz und stummelartig ist. Zitzen sind zwei Paare
vorhanden, von denen ein Paar auf der Brust gegen die Achselhöhle,
das andere etwas tiefer am Oberbauche gegen den Nabel liegt.

Der Verbreitungsbezirk dieser Familie ist verhältnißmäßig von
nicht sehr großer Ausdehnung, da er nur über den südlichen Theil
von Asien und einen Theil des westlichen Afrika reicht. Ziemlich
scharf grenzt sich derselbe aber je nach den verschiedenen Gattungen ab, da die Gattung Schlafmaki *(Stenops)* nur auf der Insel
Ceylon im mittleren Theile von Süd-Asien, die Gattung Faulthiermaki
*(Nycticebus)* blos im mittleren und östlichen Theile von Süd-Asien
und die Gattung Potto (*Perodicticus*) ausschließlich im tropischen
Theile von West-Afrika angetroffen wird.

Alle Arten dieser Familie sind lichtscheu und vollkommene
Nachtthiere, welche sehr träge und langsam in ihren Bewegungen
sind, und sich von Insecten, kleinen Vögeln und Vogeleiern, und nebstbei auch von süßen und saftigen Früchten nähren.

An diese allgemeinen Betrachtungen reihe ich nun den speciellen Theil dieser Thierfamilie an.

## Familie der Schlafmaki's (Stenopes).

Charakter. Die Gliedmaßen sind Gangbeine. Vorder- und
Hinterfüße sind mit einem den übrigen Zehen entgegensetzbaren
Daumen versehen und fünfzehig. Die Fußwurzel ist kürzer als das
Schienbein. Die Ohren sind mittelgroß. Nur der Zeigefinger der
Hinterhände ist mit einem Krallennagel versehen, alle übrigen Finger

haben Plattnägel und nur selten ist der Zeigefinger der Vorderhände nagellos. Der Zeigefinger der Vorder- und häufig auch der Hinterhände ist verkürzt.

## 1. Gatt.: Schlafmaki (Stenops).

Der Kopf ist rundlich, die Schnauze kurz und spitz, die Nase über den Unterkiefer vorspringend. Die Ohren sind mittelgroß, gerundet und behaart. Die Augen sind sehr groß und stehen sehr nahe nebeneinander an der Vorderseite des Kopfes. Die Gliedmaßen sind sehr lang und schmächtig, die hinteren nicht viel länger als die vorderen. Der Oberschenkel ist sehr lang. Der Zeigefinger der Vorder- sowohl als Hinterhände ist ziemlich stark verkürzt, der erstere trägt einen Plattnagel, der letztere eine spitze Kralle. An den Vorder- wie den Hinterhänden ist der vierte Finger der längste. Der Schwanz fehlt gänzlich oder ist nur durch einen kleinen Knoten angedeutet. Im Ober- wie im Unterkiefer sind 4 Vorderzähne vorhanden.

Zahnformel. Vorderzähne $\frac{2-2}{4}$, Eckzähne $\frac{1-1}{1-1}$, Lückenzähne $\frac{3-3}{3-3}$, Backenzähne $\frac{3-3}{3-3} = 36$.

### 1. Der röthlichbraune Schlafmaki (Stenops gracilis).

*St. Otolicno Alleni paullo major et Stenopis ceylonici magnitudine; rostro brevi alto acuto, naso prosiliente infra excavato; oculis maximis valde approximatis in antica capitis parte sitis; auriculis minoribus brevibus, interne valvulis tribus prosilientibus instructis; corpore artubusque gracilibus, femoribus valde elongatis dimidii trunci fere longitudine; manibus interne calvis; cauda plane nulla; corpore pilis brevibus teneris mollissimis dense vestito; notaeo unicolore, aut rufescente, aut flavido-griseo vel flavescente-fusco; pectore abdomineque grisescentibus vel flavescente-albis, artubus interne cinerascentibus albido- vel flarido-lavatis; facie fusca, imprimis supra oculos, rostro lateribusque capitis albescentibus, fronte macula alba signata, rostro supra stria longitudinali alba inter oculos nasum versus decurrente notato.*

*Animalculum cynocephalum ceilonicum , Tardigradum dictum,*
    *Simii species.* Seba. Thesaur. T. I. p. 55. t. 35.
    f. 1. (Mas.) f. 2. (Foem.)
*Simia parva ex cinereo-fusca, naso productiore, brachiis, manibus*
    *pedibusque longis tenuibus — Belgiseen Loeris.*
    Mus. Petropol. p. 339. Nr. 38—44.
*Simia mammis quaternis, capite ad aures crinito.* Linné. Syst.
    Nat. Edit. II. p. 42.
*Simia acauda, digitorum indicum ungue subulato.* Linné. Amoen.
    acad. T. I. p. 279. Nr. 2.
*Simia ecaudata, unguibus indicis subulatis.* Linné. Syst. Nat.
    Edit. VI. p. 3. Nr. 2.
*Der Faule mit dem Hundskopf.* Meyer. Thiere. B. III. t. 3.
*Simia rostro canino, capite elato.* Klein. Quadrup. p. 86.
*Simia acauda; unguibus indicis subulatis.* Hill. Hist. anim.
    p. 536.
*Lemur tardigradus.* Linné. Mus. Ad. Frid. T. I. p. 3.
*Simia cynocephala ceylonica.* Brisson. Règne anim. p. 191. Nr. 2.
*Langgestreckter röthlicher Affe.* Haller. Naturg. d. Thiere S. 551.
*Lemur tardigradus.* Linné. Syst. Nat. Edit. X. T. I. p. 29. Nr. 1.
*Makis.* Dict. des anim. V. III. p. 11.
*Spookdier zonder Staart.* Houtt. Nat. hist. V. I. p. 398. t. 7. f. 1.
*Kleiner ostindischer Affe, ohne Schwanz, mit dem Hundskopf,*
    *Menschenhänden und langen spitzigen Nägeln*
    *an dem zweyten Zehen des Fusses.* Wagner.
    Beschreib. d. Bareuther Naturaliencab. (1763.)
    S. 19. t. 9. f. 1. (Weibch.)
*Allerkleinster ostindischer röthlicher Affe ohne Schwanz, mit dem*
    *Hundskopf, Menschenhänden und langen spitzi-*
    *gen Nägeln am zweyten Zehen des Fusses.*
    Wagner. Beschreib. d. Bareuther Naturaliencab.
    (1763.) S. 19. t. 9. f. 2. (Männch.)
*Loris.* Buffon. Hist. nat. d. Quadrup. V. XIII. p. 210. t. 30.
  „    Daubent. Buffon Hist. nat. d. Quadrup. V. XIII. p. 213.
    t. 31. (Anat.) t. 32. (Skelet.)
*Lemur tardigradus.* Linné. Syst. Nat. Edit. XII. T. I. P. I. p. 44.
    Nr. 1.
*Loris.* Bomare Dict. d'hist. nat. T. II. p. 716.

*Tailless Maucauco.* Pennant. Synops. Quadrup. p. 135. Nr. 104.

*Langschleicher.* Müller. Natursyst. B. I. S. 147. t. 7. f. 1.

*Ceylonischer Affe.* Martini. Allg. Gesch. d. Natur. B. I. S. 563.

*Lori.* Alessandri. Anim. quadrup. V. IV. t. 160.

*Lemur tardigradus.* Schreber. Säugth. B. I. S. 134. Nr. 1. t. 38.

„ „ Erxleb. Syst. regn. anim. P. I. p. 63. Nr. 1.

*Lemur Lori.* Zimmerm. Geogr. Gesch. d. Menschen u. d. Thiere. B. II. S. 211. Nr. 118.

*Tailless Maucauco.* Pennant. Hist. of Quadrup. V. I. p. 212. Nr. 128.

*Tardigradus Loris.* Boddaert. Elench. anim. V. I. p. 67. Nr. 1.

*Lemur tardigradus.* Gmelin. Linné Syst. Nat. T. I. P. I. p. 41. Nr. 1.

*Lemur gracilis.* Cuv. Tabl. élém. d'hist. nat. p. 101. Nr. 5.

*Loris gracilis.* Cuv. Tabl. élém. d'hist. nat. p. 101. Nr. 5.

„ „ Geoffr. Magas encycl. V. VII. p. 20.

„ „ Audeb. Hist. nat. des Singes et de Makis. Loris. p. 24. t. 2.

„ „ Schreber. Säugth. t. 38. *

*Loris.* Shaw. Gen. Zool. V. I. P. I. p. 93. t. 31.

*Loris gracilis.* G. Fisch. Anat. d. Makis. S. 26. t. 11, 12. (Schädel.) t. 22. (Skelet.)

*Stenops tardigradus.* Illiger. Prodrom. S. 73.

*Loris gracilis.* Geoffr. Ann. du Mus. V. XIX. p. 163. Nr. 1.

*Loris grêle.* Cuv. Règne anim. Edit. I. V. I. p. 118.

*Loris gracilis.* Desmar. Nouv. Dict. d'hist. nat. V. XVIII. p. 199. Nr. 1.

*Loris gracilis.* Desmar. Mammal. p. 101. Nr. 121.

Encycl. méth. t. 19. f. 4.

*Loris gracilis.* Fr. Cuv. Dict. des Sc. nat. V. XXVIII. p. 221.

*Stenops gracilis.* Kuhl. Beitr. zur Zool. u. vergl. Anat. Abth. II. S. 37. t. 6. * f. 2—6. (Eingeweide.)

*Loris gracilis.* Isid. Geoffr. Dict. class. V. IX. p. 509.

*Stenops gracilis.* Spix. Cephalogenes. t. 6. f. 11. (Schädel.)

*Loris gracilis.* Fr. Cuv. Dents des Mammif. p. 28.

*Lemur gracilis.* Griffith. Anim. Kingd. V. I. p. 331. c. fig. — V. V. p. 137. Nr. 1.

*Stenops gracilis.* G r i f f i t h. Anim. Kingd. V. I. p. 331. c. fig. —
        V. V. p. 137. Nr. 1.

*Loris grèle.* C u v Règne anim. Edit. II. V. J. p. 108.

*Nycticebus Lori.* F i s c h. Synops. Mammal. p. 70, 547. Nr. 1.

*Nycticebus tardigradus.* F i s c h. Synops. Mammal. p. 71, 547.
        Nr. 2.

*Stenops gracilis.* W a g l e r. Syst. d. Amphib. S. 8.

    „      „    M a r t i n. Proceed. of the Zool. Soc. V. I. (1823.)
        p. 22.

*Lemur gracilis.* B l a i n v. Ostéograph. Lemur. t. 7. f. 5. (Schädel),
        t. 11. (Zähne.)

*Stenops tardigradus.* W a g n. Schreber Säugth. Suppl. B. I. S. 285.
        Nr. 1.

*Stenops gracilis.* W a g n. Schreber Säugth. Suppl. B. I. S. 287.
        Nr. 2.

*Loris gracilis.* G r a y. Mammal. of the Brit. Mus. p. 16.

*Stenops gracilis.* V r o l i k. Nieuwe Verhandel. d. I. Kl. van het
        Neerl. Instit. van Wetenschapp. V. X. (1843.)
        p. 75.

    „    V a n d. H o e v e n. Tijdschr. V. XI. (1844.) p. 39.
        t. 1. f. 4. (Schädel.)

*Loris gracilis.* T e m p l e t o n. Ann. of Nat. Hist. V. XIV. (1844.)
        p. 362.

    „      „    I s i d. G e o f f r. Catal. des Primates. p. 79.

*Arachnocebus.* L e s s o n. Spec. des Mammif. biman. et quadrum.
        p. 243.

*Stenops gracilis.* W a g n. Schreber Säugth. Suppl. B. V. S. 151.
        Nr. 1.

    „    F i t z. Naturg. d. Säugeth. B. I. S. 115. f. 25.

    „      „    G i e b e l. Säugeth. S. 1016.

*Stenops tardigradus.* G i e b e l. Säugeth. S. 1017.

*Stenops gracilis.* F i t z. Säugeth. d. Novara-Expedit. Sitzungsber.
        d. math. naturw. Cl. d. kais. Akad. d. Wiss.
        B. XLII. S. 389.

    „    Z e l e b o r. Reise der Fregatte Novara. Zool. Th.
        B. I. S. 9.

Wir haben diese Art, welche zu den ausgezeichnetsten in der
ganzen Familie gehört und als die typische Form derselben angese-

hen werden kann, zuerst durch S e b a kennen gelernt, der uns schon im Jahre 1734 eine kurze Beschreibung nebst zwei Abbildungen von derselben mittheilte.

L i n n é, der sie mit dem ihm gleichfalls nur aus einer Abbildung von S e b a bekannt gewesenen schwarzrückigen Schlafmaki (*Stenops ceylonicus*) in eine Art vereinigt hatte, beschrieb sie unter dem Namen „*Lemur tardigradus*", B u f f o n unter dem Namen „*Loris*".

P e n n a n t, S c h r e b e r, E r x l e b e n und G m e l i n vermengten sie auch mit dem mittlerweile bekannt gewordenen indischen Faulthiermaki (*Nycticebus bengalensis*), was in der Folge zu mancherlei Irrthümern Veranlassung gab.

Z i m m e r m a n n und B o d d a e r t hoben zuerst die Verschiedenheiten dieser beiden Formen hervor und B o d d a e r t errichtete für dieselben sogar eine besondere Gattung, welche er mit dem Namen „*Tardigradus*" bezeichnet hatte und wählte für diese Art den Namen „*Tardigradus Loris*", für den indischen Faulthiermaki (*Nycticebus bengalensis*) aber den Namen „*Tardigradus Coucang*".

C u v i e r, der beide Formen in seiner Gattung „*Loris*" vereinigt hatte, welche später von I l l i g e r mit dem Namen „*Stenops*" bezeichnet wurde, schlug für erstere den Namen „*Loris gracilis*" für letztere den Namen „*Loris tardigradus*" vor.

Erst G e o f f r o y sah sich veranlasst diese von B o d d a e r t und C u v i e r unter verschiedenen Benennungen aufgestellte Gattung in zwei zu zerfällen und behielt für jene, welche durch diese Art repräsentirt wird, den Namen „*Loris*" bei, während er für die andere, deren Repräsentant der indische Faulthiermaki (*Nycticebus bengalensis*) ist, den Namen „*Nycticebus*" in Anwendung brachte.

K u h l folgte seinem Beispiele, vertauschte aber den barbarischen Namen „*Loris*" mit dem regelrecht gebildeten Namen „*Stenops*", der nur L e s s o n nicht gefiel und für welchen er deßhalb den Namen „*Arachnocebus*" in Vorschlag bringen zu sollen glaubte.

Von allen späteren Naturforschern wurde die Artverschiedenheit dieser, zwei besonderen Gattungen angehörigen Formen anerkannt und dennoch fand bisweilen eine theilweise Vermengung derselben statt, indem sich einige Zoologen und namentlich F i s c h e r, W a g n e r und G i e b e l zu der Annahme verleiten ließen, daß L i n n é unter seinem „*Lemur tardigradus*" nicht diese Art, sondern

den indischen Faulthiermaki *(Nycticebus bengalensis)* verstanden
habe, was jedoch völlig irrthümlich ist.

In Ansehung der Grösse kommt diese Art mit dem schwarzrückigen Schlafmacki *(Stenops ceylonicus)* überein, indem sie etwas
grösser als der langfingerige Galago *(Otolicnus Alleni)* ist, und
obgleich sie bisweilen auch von derselben Grösse wie der indische
Faulthiermaki *(Nycticebus bengalensis)* angetroffen wird, so ist sie
doch in der Regel fast immer beträchtlich kleiner als derselbe.

Die Schnauze ist kurz, hoch und spitz, die Nase 2 Linien über
den Unterkiefer vorspringend und auf der Unterseite ausgehöhlt. Die
Augen sind sehr groß und auf der Vorderseite des Kopfes sehr nahe
nebeneinander stehend. Die Ohren sind nicht besonders klein, kurz,
gerundet und nur mit dünn gestellten Haaren besetzt, und in ihrem
Inneren mit drei klappenartigen Vorsprüngen versehen. Der Leib ist
schlank. Die Gliedmaßen sind schmächtig und der Oberschenkel ist
sehr stark verlängert und fast vor der halben Länge des Rumpfes.
Die Innenseite der Hände ist kahl und der Schwanz fehlt gänzlich.

Die Körperbehaarung ist kurz, dicht, sehr weich und fein.

Die Oberseite des Körpers ist einfärbig röthlich, gelblichgrau
oder gelblichbraun. Brust und Bauch sind graulich oder gelblichweiß und die Innenseite der Gliedmaßen ist aschgraulich und weißlich oder gelblich überflogen. Das Gesicht ist braun, insbesondere
aber oberhalb der Augen, und die Schnauze und die Kopfseiten sind
weißlich. Auf der Stirne befindet sich ein weißer Flecken und von
derselben zieht sich ein weißer Streifen zwischen den Augen über
den Schnauzenrücken.

Körperlänge . . . . . . 5″—7″ 6‴. Nach Geoffroy.
Länge des Kopfes . . . . 1″ 10‴.
Körperlänge . . . . . 7″—8″. Nach Wagner.
Körperlänge . . . . . . 8″ 9‴. Nach Martin.
Länge des Oberarmes . . 2″.
   „  des Vorderarmes . . 3″.
   „  der Hinterbeine ohne
       Fuß . . . . . 5″ 6‴.
   „  des Oberschenkels . 2″ 6‴.
   „  des Schienbeines . . 3″.

Die Vorderzähne des Oberkiefers sind klein und von gleicher
Größe.

Vaterland. Der mittlere Theil von Süd-Asien, wo diese Art bis jetzt blos auf der Insel Ceylon und zwar sowohl im westlichen, als östlichen Theile derselben angetroffen wurde.

„*Tevangan*" ist der Name, mit welchem dieselbe von den Eingebornen bezeichnet wird.

### 2. Der schwarzrückige Schlafmaki *(Stenops ceylonicus).*

*St. gracilis fere magnitudine et Otolicno Mohole parum major; naso prosiliente infra arcuato, vestigio caudae nodulo parvo indicato; corpore unicolore nigrescente-fusco, dorso multo obscuriore fere nigro.*

*Animal elegantissimum Robinsoni.* Rajus. Synops. quadrup. p. 161.

*Cercopithecus ceilonicus, seu tardigradus dictus, major, mas.* Seba. Thesaur. T. I. p. 75. t. 47. f. 1.

*Simia acauda, digitorum indicum ungue subulato.* Linné. Amoen. acad. T. I. p. 279. Nr. 2.

*Simia ceylonica, superiori labio leporino.* Klein. Quadrup. p. 86.

*Simia ceylonica.* Brisson. Règne anim. p. 190. Nr. 3.

*Affe von Ceilon.* Haller. Naturg. d. Thiere S. 55.

*Loris.* Buffon. Hist. nat. d. Quadrup. V. XIII. p. 210.

*Lemur tardigradus.* Linné. Syst. Nat. Edit. XII. T. I. P. I. p. 44. Nr. 1.

*Loris.* Bomare. Dict. d'hist. nat. T. II. p. 716.

*Tailless Maucauco.* Pennant. Synops. Quadrup. p. 135. Nr. 104.

*Ceylonischer Affe.* Martini. Allg. Gesch. d. Natur. B. I. S. 563.

*Lemur tardigradus.* Schreber. Säugth. B. I. S. 134. Nr. 1.

　　„　　　　　　„　　　Erxleb. Syst. regn. anim. P. I. p. 63. Nr. 1.

*Lemur Lori.* Zimmerm. Geogr. Gesch. d. Mensch. u. d. Thiere. B. II. S. 211. Nr. 118.

*Tailles Maucauco.* Pennant. Hist. of Quadrup. V. I. p. 212. Nr. 128.

*Tardigradus Loris.* Boddaert. Elench. anim. V. I. p. 67. Nr. 1.

*Lemur tardigradus.* Gmelin. Linné Syst. Nat. T. I. P. I. p. 41. Nr. 1.

*Loris Ceylonicus.* G. Fisch. Anat. d. Makis. S. 28. t. 7, 8. (Schädel.) t. 9, 10. (Skelet).

*Nycticebus Zeylonicus.* Geoffr. Ann. du Mus. V. XIX. p. 164. Nr. 3.

　　„　　　　　　„　　　Desmar. Mammal. p. 103. N. 124.

*Nycticebus Zeylonicus.* Desmar. Dict. des Sc. nat. V. XXXV.
p. 240.

„ · „ Isid. Geoffr. Dict. class. V. XII. p. 26.

*Lemur Zeylonicus.* Griffith. Anim. Kingd. V. V. p. 140. Nr. 3.

*Nycticebus Zeylonicus.* Griffith. Anim. Kingd. V. V. p. 140. Nr. 3.

*Nycticebus Lori.* Fisch. Synops. Mammal. p. 70, 547. Nr. 1.

*Nycticebus Zeylonicus.* Fisch. Synops. Mammal. p. 72, 548. Nr. 4*.

*Stenops gracilis.* Wagler. Syst. d. Amphib. S. 8.

*Stenops tardigradus. Var?* Wagn. Schreber Säugth. Suppl. B. I.
S. 286. Note 12.

*Stenops gracilis.* Wagn. Schreber Säugth. Suppl. B. I. S. 287.
·Nr. 2.

*Loris gracilis.* Gray. Mammal. of the Brit. Mus. p. 16.

*Stenops gracilis.* Giebel. Säugeth. S. 1016.

Die erste Kunde welche wir von der Existenz dieser Form erhielten, rührt wahrscheinlich von Rajus her, der schon im Jahre
1693 eine kurze Andeutung von derselben gab, doch wurden wir
erst im Jahre 1734 etwas näher mit ihr bekannt, indem uns Seba
im ersten Bande seines „Thesaurus rerum naturalium" eine Abbildung von ihr mittheilte.

Auf diese gründete sich unsere Kenntniß von dieser Form,
welche von den älteren Naturforschern theils für eine selbstständige
Art betrachtet, theils mit dem röthlichbraunen Schlafmaki *(Stenops
gracilis)* für identisch gehalten wurde, durch eine lange Reihe von
Jahren, bis es endlich G. Fischer gelang, im Jahre 1804 uns nähere
Aufschlüsse über dieselbe geben und ihre Artberechtigung nachweisen zu können.

Sie scheint nicht ganz die Größe des röthlichbraunen Schlafmaki
*(Stenops gracilis)* zu erreichen, da sie nur wenig größer als der
südafrikanische Galago *(Otolicnus Moholi)* ist, obgleich die erstge-
nannte Art häufig auch viel kleiner angetroffen wird.

Die wesentlichsten Merkmale, wodurch sie sich von dieser unterscheidet, sind die verschiedene Bildung der Schnauze, die verhältnißmäßig längeren Oberarme und Schenkel und die Abweichungen
in der Färbung.

Die Körpergestalt ist fast dieselbe und ebenso auch die Bebaa-
rung.

Die Nase springt über die Mundöffnung vor und ist auf ihrer Unterseite gewölbt. Der Schwanz ist nur durch einen kleinen Knoten angedeutet.

Die Färbung ist einfärbig schwärzlich braun, der Rücken viel dunkler und beinahe schwarz.

Körperlänge . . . . . . . . 7″ 10‴. Nach G. Fischer.
Länge des Kopfes . . . . . . 1″ 10‴.
„ des Oberarmes . . . . 2″ 1/2‴.
„ des Vorderarmes . . . 2″ 5‴.
„ des Schenkels . . . . 2″ 6‴.
„ des Schienbeines . . . 2″ 5 1/4‴.
„ der Hinterbeine ohne den
Fuß . . . . . . . . 4″ 11 1/4‴.

Vaterland. Süd-Asien, Ceylon.

Ungeachtet G. Fischer die Artselbstständigkeit dieser Form durch Hervorhebung ihrer Unterscheidungsmerkmale darzulegen sich bestrebt hatte, wurde dieselbe doch wieder von einigen seiner Naehfolger in Zweifel gezogen, was zu mancherlei Irrthümern Veranlassung gab.

Johann Fischer, der diese Art in seiner „Synopsis Mammalium“ zwar angenommen hatte, hielt die von G. Fischer beschriebene Form nicht mit der von Geoffroy beschriebenen für identisch und glaubte in derselben den röthlichbraunen Schlafmaki *(Stenops gracilis)* zu erkennen, daher er diese Art unter zwei verschiedenen Namen aufgeführt. Auch Wagner verfiel in einen ähnlichen Irrthum, indem er die von G. Fischer beschriebene Form ebenfalls mit dem röthlichbraunen Schlafmaki *(Stenops gracilis)* vereinigte, die von Geoffroy beschriebene dagegen nur für eine Abänderung des indischen Faulthiermaki's *(Nycticebus bengalensis)* halten zu dürfen glaubte. In seiner letzten Arbeit überging er beide Formen gänzlich, woraus wohl zu vermuthen ist, daß er an seiner früheren Ansicht festhielt. Gray und Giebel lassen gleichfalls die Geoffroy'sche Form gänzlich außer Acht und ziehen die von G. Fischer beschriebene mit dem röthlichbraunen Schlafmaki *(Stenops gracilis)* zusammen.

## 2. Gatt.: **Faulthiermaki (Nycticebus).**

Der Kopf ist rundlich, die $_Sc_{hn}au_{ze}$ kurz, stumpf und abgestutzt, die Nase nicht über den Unterkiefer vorspringend. Die Ohren
sind mittelgroß, gerundet und behaart. Die Augen sind sehr groß
und stehen sehr nahe nebeneinander an der Vorderseite des Kopfes.
Die Gliedmaßen sind sehr lang und schmächtig, die hinteren nicht
viel länger als die vorderen. Der Oberschenkel ist mittellang. Der
Zeigefinger der Vorder- sowohl als Hinterhände ist ziemlich stark
verkürzt, der erstere trägt einen Plattnagel, der letztere eine spitze
Kralle. An den Vorder- wie den Hinterhänden ist der vierte Finger
der längste. Der Schwanz ist sehr kurz und höckerartig. Im Oberkiefer sind 4 oder 2, im Unterkiefer 4 Vorderzähne vorhanden.

Zahnformel: Vorderzähne $\frac{2-2}{4}$, oder $\frac{1-1}{4}$, Eckzähne $\frac{1-1}{1-1}$,

Lückenzähne $\frac{3-3}{3-3}$, Backenzähne $\frac{3-3}{3-3} = 36$ oder $34$.

### 1. **Der indische Faulthiermaki** *(Nycticebus bengalensis)*.

*N. Lemuris Cattae fere magnitudine et interdum minor;
rostro lato obtuso apice calvo; facie pilis brevibus obtecta; oculis
maximis valde approximatis in antica capitis parte sitis; auriculis mediocribus brevibus ovatis, valde tenuibus erectis pilosis,
pilis fere occultis; corpore torosiusculo; artubus subgracilibus,
femoribus longis, trunco tertia parte brevioribus; digitis pilis brevibus obtectis, manibus interne calvis; cauda brevissima tuber-
culiformi; corpore pilis teneris mollibus densissime vestito, imprimis gastraeo pilis valde confertis obtecto; notaeo obscuriore,
gastraeo dilutiore flavescente-griseo vel fuscescente-flavo, lateribus corporis artubusque externe plus minusve rufescente-lavatis;
dorso stria longitudinali lata ferrugineo-fusca a capite ad uropygium usque supra rhachin decurrente ac in vertice in duos ramos
interstitio albo diremtos partita, signato, uno circa aures protracto,
altero ad oculos usque protenso; fronte nec non circulo oculos
circumcingente fuscis; rostro albescente, supra stria longitudinali
angusta et supra oculos evanescente alba notato; rhinario manibusque interne nigrescente-carneis in olivaceum vergentibus; iride
obscure-fusca.*

*Paresseux pentadactyle de Bengale.* Vosmaer. Descript. des differ.
anim. de la Menag. du Prince d'Orange. c. fig.

*Tailless Maucauco.* Pennant. Synops. Quadrup. p. 135. Nr. 104.
t. 16. f. 1.

*Lemur tardigradus.* Schreber. Säugth. B. I. S. 134. Nr. 1.

„        „        Erxleb. Syst. regn. anim. P. I. p. 63. Nr. 1,

„        „        Zimmerm. Geogr. Gesch. d. Mensch. u. d.
Thiere. B. II. S. 212. Nr. 119.

*Tailless Maucauco.* Pennant. Hist. of Quadrup. V. I. p. 212.
Nr. 128. t. 26.

*Tardigradus Coucang.* Boddaert. Elench. anim. V. I. p. 67. Nr. 2.

*Lemur tardigradus.* Gmelin. Linné Syst. Nat. T. I. P. I. p. 41.
Nr. 1.

*Loris de Bengale.* Buffon. Hist. nat. d. Quadrup. Suppl. VII.
p. 125. t. 36.

*Lemur tardigradus.* Cuv. Tabl. élem. d'hist. nat. p. 101. Nr. 4.

*Loris tardigradus.* Cuv. Tabl. élem. d'hist. nat. p. 101. Nr. 4.

„        „        Audeb. Hist. nat. des Singes et de Makis. Loris.
p. 21. t. 1.

*Slow-paced Lemur.* Shaw. Specul. Linn. V. I. t. 5.

„        „        „        Shaw. Gen. Zool. V. I. P. I. p. 81. t. 29.

*Loris Bengalensis.* G. Fisch. Anat. d. Makis. S. 30.

*Stenops tardigradus.* Illiger. Prodrom. p. 73.

*Nycticebus Bengalensis.* Geoffr. Ann. du Mus. V. XIX. p. 164.
p. 164. Nr. 1.

*Loris paresseux.* Cuv. Règne anim. Edit. I. V. I. p. 118.

*Nycticebus Bengalensis.* Desmar. Nouv. Dict. d'hist. nat. V. XXIII.
p. 136. Nr. 1.

„        „        Desmar. Mammal. p. 102. Nr. 122.

Encycl. méth. Suppl. t. 2. f. 6.

*Nycticebus Bengalensis.* Desmar. Dict. des Sc. nat. V. XXXV.
p. 239. c. fig.

Kuhl. Beitr. zur Zool. u. vergl. Anat
Abth. II. S. 61.

„        „        Isid. Geoffr. Dict. class. V. XII. p. 26.

*Stenops Bengalensis.* Schinz. Cuvier's Thierr. B. IV. S. 286.

*Stenops tardigradus.* Pander, D'Alton. Vergl. Osteol. t. 7. (Skelet.)
f. 6. (Schädel )

*Loris tardigradus.* Fr. Cuv. Dents des Mammif. p. 28.

*Poukan.* Fr. Cuv. Geoffr. Hist. nat. des Mammif. V. II. c. fig.

*Lemur Bengalensis.* Griffith. Anim. Kingd. V. V. p. 138. Nr. 1.

*Nycticebus Bengalensis.* Griffith. Anim. Kingd. V. V. p. 138. Nr. 1.

*Loris paresseux.* Cuv. Règne anim. Edit. II. V. I. p. 108.

*Nycticebus tardigradus.* Fisch. Synops. Mammal. p. 71, 547. Nr. 2.

*Stenops tardigradus.* Wagler. Syst. d. Amphib. S. 8.

*Lemur tardigradus.* Blainv. Ostéograph. Lemur. t. 2. (Skelet.) t. 11. (Zähne.)

*Stenops tardigradus.* Wagn. Schreber Säugth. Suppl. B. I. S. 285. Nr. 1.

    „    Van d. Hoeven. Tijdschr. V. VIII. (1841.) p. 337. t. 6. f. 3, 4. (Schädel.) f. 8. (Kopf.) — V. XI. (1844.) p. 39.

*Nycticebus tardigradus.* Gray. Mammal. of the Brit. Mus. p. 194.

*Stenops tardigradus.* Vrolik. Nieuwe Verhandel. d. I. Kl. van het Neerl. Instit. van Wetenschapp. V. X. (1843.) p. 75. t. 1. f. 1. (Kopf.)

*Nycticebus tardigradus.* Blyth. Ann. of Nat. Hist. V. XV. (1845.) p. 461.

    „    Cantor. Journ. of the Asiat. Soc. of Bengal. V. XV. (1846.) p. 177.

    „    Horsf. Catal. of the Mammal. of the East-Ind. Comp. p. 23.

    „    „    Isid. Geoffr. Catal. des Primates. p. 78.

*Bradylemur.* Lesson. Spec. des Mammif. biman. et quadrum. p. 239.

*Stenops tardigradus.* Giebel. Odontograph. S. 7. t. 3. f. 9.

    „    „    Wagn. Schreber Säugth. Suppl. B. V. S. 151. Nr. 2.

    „    Fitz. Naturg. d. Säugeth. B. I. S. 112. f. 24.

    „    „    Giebel. Säugeth. S. 1017.

Linné hatte diese Art noch nicht gekannt und erst im Jahre 1770 haben wir durch Vosmaer Kenntniss von deren Existenz erhalten, indem er uns eine Beschreibung und Abbildung von derselben mittheilte.

Pennant hielt sie mit dem röthlichbraunen *(Stenops gracilis)* und schwarzrückigen Schlafmaki *(Stenops ceylonicus)* für identisch und ebenso auch Schreber, Erxleben und Gmelin.

Zimmermann und Boddaert waren die ersten Zoologen, welche ihre Selbstständigkeit erkannten und Cuvier, Audebert, Geoffroy und alle ihre Nachfolger traten dieser Ansicht bei, obgleich manche von ihnen — irregeführt durch den von Cuvier nicht glücklich für dieselbe gewählten Namen „*Loris tardigradus*" — verleitet wurden, den röthlichbraunen *(Stenops gracilis)* und schwarzrückigen Schlafmaki *(Stenops ceylonicus)*, welche Linné unter dem Namen „*Lemur tardigradus*" vereinigt hatte, mit derselben theilweise zu vermengen und sie daher unter zwei verschiedenen Namen in ihren Schriften anzuführen.

Sie bildet den Repräsentanten einer besonderen Gattung, welche von Geoffroy aufgestellt und mit den Namen „*Nycticebus*" bezeichnet wurde, eine Benennung, welche Lesson ohne Grund in den barbarischen Namen „*Bradylemur*" zu verändern vorgeschlagen hatte.

Bezüglich ihrer Grösse kommt sie nahezu mit dem ringelschwänzigen Maki *(Lemur Catta)* überein, obgleich sie bisweilen auch kleiner als derselbe und nur von der Grösse des röthlichbraunen *(Stenops gracilis)* und schwarzrückigen Schlafmaki *(Stenops ceylonicus)* angetroffen wird.

Die Schnauze ist breit und an der stumpfen Spitze kahl, das Gesicht mit kurzen Haaren besetzt. Die Augen sind sehr groß, und auf der Vorderseite des Kopfes sehr nahe nebeneinander stehend. Die Ohren sind mittelgroß, kurz, eiförmig, sehr dünn, aufrechtstehend, behaart und fast völlig unter den Haaren versteckt. Der Leib ist etwas untersetzt. Die Gliedmaßen sind verhältnißmäßig nicht besonders schmächtig. Der Oberschenkel ist lang, doch um ein Drittel kürzer als der Rumpf. Die Finger sind mit kurzen Haaren besetzt und die Innenseite der Hände ist kahl. Der Schwanz ist höckerartig.

Die Körperbehaarung ist kurz, sehr dicht, fein und weich, und etwas filzartig, insbesondere aber am Unterleibe.

Die Färbung ist licht gelblichgrau oder auch bräunlichgelb, auf der Oberseite des Körpers etwas dunkler, auf der Unterseite heller und auf den Leibesseiten und der Aussenseite der Gliedmaßen mehr oder weniger röthlich überflogen. Über das Rückgrath verläuft ein breiter rostbrauner Längsstreifen, der am Kopfe beginnt und sich auf dem Scheitel jederseits in zwei Äste theilt, von denen sich der

eine um das Ohr, der andere bis an das Auge zieht. Der Zwischenraum zwischen diesen beiden Ästen ist weiß. Die Stirne und ein
Ring, der die Augen umgibt, sind braun, und über den Schnauzenrücken verläuft ein schmaler weißer Längsstreifen, der über den
Augen verlischt. Die Schnauze ist weißlich und an ihrem kahlen Ende
so wie auch die Innenseite der Hände schwärzlich fleischfarben, ins
Olivenfarbene ziehend. Die Iris ist dunkelbraun.

Körperlänge . . . . 1′ 1″.   Nach V o s m a e r.
Länge des Schwanzes   2‴—3‴.
Körperlänge . . . .   7″ 6‴.
Körperlänge . . . .   11″—1′ 1″. Nach I s i d. G e o f f r o y.

F i s c h e r gibt die Schwanzlänge in Folge eines Druckfehlers
statt zu 3 Linien, mit 3 Zoll an.

Von den Vorderzähnen des Oberkiefers sind die beiden mittleren
beträchtlich größer als die beiden äußeren, welche sehr klein sind.

V a t e r l a n d. Der mittlere und östliche Theil von Süd-Asien,
wo diese Art auf dem Festlande von Ost-Indien und zwar sowohl
in Hinter-Indien, in Siam, Tenasserim, Sylhet, Arrakan und Assam
vorkommt, als auch in Vorder-Indien in der Provinz Bengalen, doch
nicht im südlichen Theile derselben angetroffen wird.

In Bengalen wird sie „*Tonger*“ oder „*Tevang*“, von den
Hindus aber „*Lajja Banar*“ genannt.

## 2. Der sundaische Faulthiermaki *(Nycticebus sondaicus).*

*N. bengalensi similis, ast distincte major; corpore vel toto
obscure cinereo-fuscescente-lavato, vel obscure fusco; stria longitudinali supra dorsum decurrente nigra vel obscure castaneo-fusca.*

*Lemur tardigradus.* R a f f l e s. Linnean Transact. V. XIII. P. I.
p. 247.

B a i r d. Edinb. New Philos. Journ. (1827.)
p. 195.

*Nycticebus tardigradus.* F i s c h. Synops. Mammal. p. 71, 547.
Nr. 2.

„   *Var β. Major.* F i s c h. Synops. Mammal.
p. 71. Nr. 2. β.

*Stenops tardigradus.* B e n n e t t. Gardens and Menag. of the Zool.
Soc. V. I. p. 139. c. fig.

*Stenops tardigradus,* W a g n. Schreber Säugth. Suppl. B. I. S. 285.
Nr. 1. — S. 286. Note 12.
*Nycticebus Javanicus.* G r a y. Mammal. of the Brit. Mus. p. 16.
*Nycticebus tardigradus.* G r a y. Mammal. of the Brit. Mus. p. 194.
*Stenops tardigradus.* G i e b e l. Säugeth. S. 1017.

Unsere Kenntniß von dieser Form ist nur auf eine sehr kurze
Mittheilung beschränkt, welche wir theils durch R a f f l e s, theils durch
B a i r d über dieselbe erhalten haben und auf eine Beschreibung von
B e n n e t t.

So dürftig diese wenigen Notizen aber auch sind, so scheint
doch aus denselben hervorzugehen, daß sie vom indischen Faulthiermaki *(Nycticebus bengalensis)* — mit welchem sie allerdings in
sehr naher Verwandtschaft steht, — specifisch verschieden sei; denn
nicht nur der Unterschied in der Körpergröße und die wesentliche
Abweichung in der Färbung, sondern auch die verschiedene Heimath
sprechen für ihre Artselbstständigkeit.

Sie ist merklich größer als die genannte Art, mit welcher sie
in ihrer Gestalt im Allgemeinen sowohl, als auch in der Bildung ihrer
einzelnen Körpertheile übereinkommen soll.

Die Färbung ist am ganzen Körper einfärbig dunkel aschgrau
und bräunlich überflogen oder auch dunkelbraun und über den
Rücken verläuft ein schwarzer oder dunkel kastanienbrauner Längsstreifen.

Körpermaaße sind nicht angegeben.

V a t e r l a n d. Südost-Asien, indischer Archipel, woselbst diese
Art sowohl in Sumatra — wo sie R a f f l e s entdeckte, — als auch
auf den Inseln Pulo-Pinang und Singapore vorkommt, und auch in
Borneo angetroffen wird.

B a i r d erhielt sie von der Insel Pulo-Pinang, das Britische Museum zu London von Sumatra und Singapore.

Von den Eingeborenen auf Sumatra wird sie „*Bru-samundi*"
genannt.

R a f f l e s, B a i r d, F i s c h e r, B e n n e t t, G r a y, W a g n e r und
G i e b e l betrachten diese Form mit dem indischen Faulthiermaki
*(Nycticebus bengalensis)* für identisch oder nur für eine Varietät
desselben, während G r a y früher in ihr den javanischen Faulthiermaki *(Nycticebus javanicus)* erkennen wollte.

### 3. Der javanische Faulthiermaki *(Nycticebus javanicus)*.

*N. bengalensis magnitudine; rostro angusto; femoribus trunco tertia parte brevioribus; cauda brevissima parum prominente; notaeo gastraeoque unicoloribus rufescentibus, stria longitudinali saturatiore supra dorsum decurrente; fronte macula rhomboidali magna alba notata; temporibus macula parva alba utrinque inter oculos et aures signatis; rostro supra taenia longitudinali alba picto; dentibus primoribus superioribus duobus.*

*Nycticebus Javanicus.* Geoffr. Ann. du Mus. V. XIX. p. 164. Nr. 2.

„            „            Desmar. Nouv. Dict. d'hist. nat. V. XXIII.
p. 137. Nr. 2.

„            Desmar. Mammal. p. 103. Nr. 123.

„            Desmar. Dict. des Sc. nat. V. XXXV. p. 240.

„            „            Isid. Geoffr. Dict. class. V. XII. p. 26.

*Lemur Javanicus.* Griffith. Anim. Kingd. V. V. p. 139. Nr. 2.

*Nycticebus Javanicus.* Griffith. Anim. Kingd. V. V. p. 139. Nr. 2.

„            „            Fisch. Synops. Mammal. p. 72, 548. Nr. 4\*.

*Stenops tardigradus.* S. Müller. Verhandel. V. I. p. 18.

„            „            *Var?* Wagn. Schreber Säugth. Suppl. B. I.
S. 286. Note 12.

*Stenops javanicus.* Van d. Hoeven. Tijdschr. V. VIII. (1841.)
p. 337. t. 6. f. 2. (Schädel.) f. 5. (Kopf.) f. 6
7. (Vorder- und Hinterhände.) t. 7. (Skelet.)

*Nycticebus Javanicus.* Gray. Mammal. of the Brit. Mus. p. 16.

*Loris Kukang.* Schröder. Van d. Hoeven Tijdschr. V. VIII. (1841.)
p. 277. — V. XI. (1844.) p. 123 (Anat.)

*Stenops javanicus.* Vrolik. Nieuwe Verhandel. d. I. Kl. van het
Neerl. Instit. van Wetenschapp. V. X. (1843.)
p. 75. (Anat.)

*Loris Kukang.* Schröder, Vrolik. Bijdrag tot de Dierkunde. V. II.
(1851.) p. 29. t. 1, 2. (Anat.)

*Nycticebus Javanicus.* Isid. Geoffroy. Catal. des Primates p. 78.

*Stenops javanicus.* Wagn. Schreber Säugth. Suppl. B. V. S. 152.
Nr. 2.

„            „            Giebel. Säugeth. S. 1017.

*Nycticebus javanicus.* Fitz. Säugeth. d. Novara-Expedit. Sitzungsber. d. math. naturw. Cl. d. kais. Akad. d.
Wiss. B. XLII. S. 389.

*Stenops javanicus.* Zelebor. Reise d. Fregatte Novara. Zool. Th.
· B. I. S. 9.

Leschenault de la Tour hat diese Art entdeckt und
Geoffroy dieselbe zuerst beschrieben.

Sie ist zwar nahe mit dem indischen Faulthiermaki *(Nycticebus
bengalensis)* verwandt, ohne Zweifel aber specifisch von diesem verschieden, da nicht nur die Schnauze schmäler und die Färbung eine
andere ist, sondern sich auch bezüglich der Zahl der oberen Vorderzähne ein constanter Unterschied zwischen diesen beiden Formen
ergibt.

Die Körpergröße und die Gestalt im Allgemeinen ist dieselbe
wie bei der genannten Art, und ebenso auch die Behaarung des
Körpers.

Die Schnauze ist schmal, der Oberschenkel um ein Drittel kürzer als der Rumpf, und der Schwanz nur ein sehr kurzer Stummel.

Die Färbung des Körpers ist auf der Ober- wie der Unterseite
einfärbig röthlich und über den Rücken verläuft ein gesättigterer
röthlicher Längsstreifen. Die Stirne ist mit einem großen weißen
rautenförmigen Flecken gezeichnet und ein kleiner deutlich abge-
grenzter weißer Flecken befindet sich jederseits zwischen dem Auge
und dem Ohre an den Schläfen. Über den Schnauzenrücken zieht
sich eine weiße Längsbinde.

Körperlänge . . . . . . . . . 1′ 1″. Nach Geoffroy.

Im Oberkiefer sind nur 2 Vorderzähne vorhanden, die durch
einen Zwischenraum von einander getrennt sind und die beiden äus-
seren kleinen Vorderzähne, welche den anderen Arten dieser Gattung
eigen sind, fehlen gänzlich und lassen auch nicht eine Spur ihres
Vorhandenseins in einem früheren Alter erkennen.

Vaterland. Südost-Asien, Java.

S. Müller betrachtete diese Art mit dem indischen Faulthiermaki *(Nycticebus bengalensis)* für identisch und auch Wagner
neigte sich früher dieser Ansicht zu, indem er es für wahrscheinlich
hielt, daß sie nur eine Abänderung der genannten Art bilden dürfte.
Später änderte er aber seine Ansicht und führte sie als eine selbstständige Art in seinem Werke auf.

### 3. Gatt.: **Potto** (Perodicticus).

Der Kopf ist rundlich, die Schnauze schwach gestreckt und stumpf, die Nase nicht über den Unterkiefer vorspringend. Die Ohren sind ziemlich kurz, gerundet und behaart. Die Augen sind groß und stehen ziemlich nahe nebeneinander etwas seitlich an der Vorderseite des Kopfes. Die Gliedmaßen sind sehr lang und schmächtig, die hinteren nicht viel länger als die vorderen. Der Oberschenkel ist mittellang. Der Zeigefinger der Vorderhände ist sehr stark verkürzt und nagellos, jener der Hinterhände nur wenig verkürzt. An den Vorderwie den Hinterhänden ist der vierte Finger der längste. Der Schwanz ist sehr kurz und stummelartig. Im Ober- wie im Unterkiefer sind 4 Vorderzähne vorhanden.

Zahnformel: Vorderzähne $\frac{2-2}{4}$, Eckzähne $\frac{1-1}{1-1}$, Lücken-zähne $\frac{3-3}{3-3}$, Backenzähne $\frac{3-3}{3-3} = 36.$

### 1. Der braune Potto *(Perodicticus Potto).*

*P. Nycticebo bengalensi paullo minor; naribus angustis sinuatis lateralibus, in medio fossa versus labium superiorem extensa instructis; oculis rotundis sublateralibus obliquis; auriculis breviusculis ovato-rotundatis amplis, externe ac interne leviter pilosis; corpore subgracili, artubus longis gracilibus, posterioribus anterioribus longitudine fere aequalibus, digitis modice longis; pollice antipedum magno, indice brevissimo exunguiculato; unguiculis podiorum planis rotundatis, indice podariorum excepto, falcula longa subulaeformi curvata acuta armato; cauda brevissima truncata; corpore pilis mollibus laneis vestito, rostro mentoque pilis paucis obtectis, fere calvis; colore secundum aetatem variabili; in animalibus adultis notaeo rufescente- vel castaneofusco nigrescente-lavato, gastraeo pallidiore magisque griseoflavescente, pilis griseis intermixtis; cauda unicolore rufescente- vel castaneo-fusca; iride fusca; in junioribus animalibus notaeo rufescente-fusco leviter cinereo-lavato, gastraeo multo pallidiore.*

*Sluggard.* Barbot. Descript. of the Coasts of North and South-Guinea. Churchill's Collect. of voyages and travels. 1704. p. 212.

*Potto.* Bosman. Beschryvinge van de Guin. Goud-Tand en Slaven-
    kust. 1704. V. II. p. 30. f. 4.

„    Bosman. Reise nach Guinea. S. 296.

*Potto ou Sluggard.* Dict. des anim. V. III. p. 556.

*Potto.* Schreber. Säugth. B. I. S. 137.

*Bradypus didactylus.* Exleb. Syst. regn. anim. P. I. p. 88. Nr. 2.

*Potto.* Zimmerm. Geogr. Gesch. d. Mensch. u. d. Thiere. B. II.
    S. 211. Nr. 118. a.

*Viverra Caudivolvula.* Boddaert. Elench. anim. V. I. p. 68. Observ.

*Lemur Potto.* Gmelin. Linné Syst. Nat. T. I. P. I. p. 42. Nr. 6.

*Nycticebus Potto.* Geoffr. Ann. du Mus. V. XVII. p. 164. — V. XIX.
    p. 165. Nr. 4.

*Galago Guineensis.* Desmar. Mammal. p. 104. Nr. 127.

*Stenops? Potto.* Temminck. Monograph. d. Mammal. V. I.

*Lemur Guineensis.* Griffith. Anim. Kingd. V. V. p. 143. Nr. 3.

*Galago Guineensis.* Griffith. Anim. Kingd. V. V. p. 143. Nr. 3.

*Nycticebus Potto.* Fisch. Synops. Mammal. p. 71, 548. Nr. 3.

*Stenops? Potto.* Wagler. Syst. d. Amphib. S. 8. Note 2.

*Perodicticus Geoffroyi.* Bennett. Philos. Magaz. 1831. p. 389.

„        „    Bennett. Proceed. of the Zool. Soc. V. I.
        (1831.) p. 109.

*Perodicticus Potto.* Wagn. Schreber Säugth. Suppl. B. I. S. 289. Nr. 1.

*Perodicticus Geoffroyi.* Van d. Hoeven. Tijdschr. V. XI. (1844.)
    p. 20, 41. t. 1. f. 3. (Jung. Schädel.) t. 2.
    (Thier.)

„        „    Van d. Hoeven. Verhandel. d. I. Kl. van
        het Neerl. Instit. van Wetenschapp.
        V. IV. p. 3. t. 1. (Thier u. Weichth.)
        t. 2. (Skel. u. Gebiß d. alt. Thieres.)

„        Temminck. Esquiss. zool. sur la côte de
        Guiné.

*Perodicticus Potto.* Wagn. Schreber Säugth. Suppl. B. V. S. 153,
    792. Nr. 1.

„        „    Giebel. Säugeth. S. 1015.

Von der Existenz dieses höchst merkwürdigen und von den
älteren Naturforschern mehrfach völlig verkannten Thieres haben
wir schon vor sehr langer Zeit und zwar bereits im Jahre 1704
gleichzeitig durch Barbot und Bosman Kenntniß erhalten. Ersterer

beschrieb es in kurzen ungenügenden Umrissen unter dem Namen „*Sluggard*", letzterer unter der Benennung „*Potto*".

S c h r e b e r erkannte in ihm ganz richtig eine den Arten der Gattungen Schlafmaki *(Stenops)* und Faulthiermaki *(Nycticebus)* nahe verwandte Form, während E x l e b e n dasselbe mit dem guianischen Krüppelfaulthiere *(Choloepus guianensis)* aus der Ordnung der Klammerthiere *(Tardigrada)* und B o d d a e r t — durch den Namen „*Potto*" verleitet, den auch der antillische Wickelbär *(Cercoleptes megalotus)* führt — mit dieser, der Ordnung der Raubthiere *(Rapacia)* angehörigen Art vereinigen zu sollen glaubte. Z i m m e r m a n n und G m e l i n schlossen sich der Ansicht S c h r e b e r's an und G e o f f r o y reihte dasselbe geradezu in die Gattung Faulthiermaki *(Nycticebus)* ein, worin ihm auch F i s c h e r folgte. D e s m a r e s t hingegen glaubte dasselbe für eine zur Gattung Galago *(Otolicnus)* gehörige Form ansehen zu dürfen und ebenso auch G r i f f i t h. T e m m i n c k, welcher dessen nahe Verwandtschaft mit den Gattungen Schlafmaki *(Stenops)* und Faulthiermaki *(Nycticebus)* zwar erkannte, war ursprünglich jedoch im Zweifel, ob es mit einer dieser beiden Gattungen vereinigt werden könne und deßgleichen auch W a g l e r. Erst B e n n e t t war es vorbehalten diese Zweifel endgiltig zu lösen, indem er im Jahre 1831 Gelegenheit hatte, ein Exemplar dieser Art selbst untersuchen zu können, und wodurch er sich bestimmt fand eine besondere Gattung für dieselbe zu errichten, die er mit dem Namen „*Perodicticus*" bezeichnete. Genauere Aufschlüsse über dieselbe erhielten wir im Jahre 1841 durch V a n d e r H o e v e n und im Jahre 1853 durch T e m m i n c k, welche beide in der Lage waren, dieses Thier durch Selbstanschauung kennen zu lernen.

In Ansehung der Körpergröße steht diese Art dem indischen *(Nycticebus bengalensis)* und javanischen Faulthiermaki *(Nycticebus javanicus)* nur wenig nach.

Die Nasenlöcher sind schmal und buchtig, mit einer mittleren gegen die Oberlippe vorgezogenen Grube und stehen an den Seiten der Schnauze. Die Augen sind rund, schief und etwas seitlich gestellt. Die Ohren sind ziemlich kurz, eiförmig gerundet, weit geöffnet und auf der Innen- wie der Außenseite schwach behaart. Der Leib ist etwas schlank. Die Gliedmaßen sind lang und schmächtig, die hinteren fast von gleicher Länge wie die vorderen, die Finger mäßig lang. Der Daumen der Vorderhände ist groß, der Zeigefinger aber nur ein äußerst kurzer Stummel, indem das erste Glied nicht hervortritt und nur das nagellose Nagelglied frei ist. Die Nägel der Vorder- sowohl als Hinterhände sind flach und abgerundet und der Nagel des Zeigefingers der Hinterhände ist eine lange spitze, gekrümmte pfriemenförmige Kralle. Der Schwanz ist sehr kurz und stummelartig.

Die Körperbehaarung ist dicht, wollig und weich. Die Schnauze und das Kinn sind nur mit einigen wenigen Härchen besetzt und beinahe kahl.

Die Färbung ändert nach dem Alter.

Bei alten Thieren ist die Oberseite des Körpers röthlich- oder kastanienbraun und schwärzlich überflogen, da die einzelnen Haare an der Wurzel grauen Haare von der Mitte an röthlich- oder kastanienbraun sind und in schwarze Spitzen endigen. Die Unterseite ist blasser und mehr graugelblich, mit eingemengten grauen Haaren. Die Schnauze und das Kinn sind weißlich behaart. Der Schwanz ist einfärbig und von der Farbe des Rückens. Die Iris ist braun.

Jüngere Thiere sind auf der Oberseite röthlichbraun und schwach aschgrau überflogen, wobei die einzelnen Haare an der Wurzel mausgrau, von der Mitte an aber röthlichbraun und an der Spitze blasser sind, und zum Theile auch in graue oder weiße Spitze ausgehen. Die Unterseite ist viel blasser.

| | | |
|---|---|---|
| Körperlänge . . . . . . | 1′ | Nach Temminck. |
| Länge des Schwanzes . . | 3″ 6‴. | |
| Körperlänge etwas über . | 9″. | Nach Van der Hoeven. |
| Länge des Schwanzes ohne | | |
| Haar . . . . . . . | 1″ 9‴. | |
| Körperlänge . . . . . . | 8″ 2‴. | Nach Bennett. |
| Länge des Kopfes . . . . | 2″ 2‴. | |
| Breite des Kopfes vor den | | |
| Ohren . . . . . . . | 1″ 4‴. | |
| Länge des Rumpfes . . . | 6″. | |
| „ des Schwanzes ohne | | |
| Haar . . . . . . . | 1″ 6‴. | |
| „ „ mit dem Haare | 2″ 3‴. | |
| „ der Ohren am Innen- | | |
| rande . . . . . . | 5‴. | |
| „ der Ohren von der | | |
| Ohröffnung an . . | 8‴. | |

| | |
|---|---|
| Breite der Ohren . . . . | 5′′′. |
| Entfernung der Augen von-<br>einander . . . . . . | 4′′′. |
| „        „  von der<br>Schnauzenspitze . . . | 7′′′. |
| Länge des Oberarmes . . | 1″ 7′′′. |
| „ des Vorderarmes . | 2″ 1′′′. |
| „ der Vorderhand bis<br>zur Spitze des vierten<br>Fingers . . . . . | 1″ 8′′′. |
| Länge des Daumens sammt<br>dem Mittelhandknochen | 1″. |
| Länge des zweiten Fingers | 4′′′. |
| „ des Nagelgliedes<br>desselben . . . . . | 1′′′. |
| Länge des dritten Fingers | 9′′′. |
| „ des vierten „ | 1″ 1′′′. |
| „ des fünften „ | 9′′′. |
| Spannweite der Vorder-<br>hand . . . . . . . | 2″ 4′′′. |
| Länge des Oberschenkels | 1″ 8′′′. |
| „ des Schienbeines . | 1″ 9′′′. |
| „ der Hinterhand bis<br>zur Spitze des vierten<br>Fingers . . . . . . | 2″ 3′′′. |
| Länge des Daumens sammt<br>dem Mittelhandknochen | 1″ 1′′′. |
| Länge des zweiten Fingers | 8′′′. |
| „ des dritten „ | 9′′′. |
| „ des vierten „ | 1″ 2′′′. |
| „ des fünften „ | 9′′′. |
| Spannweite der Hinterhand | 2″ 7′′′. |

Vaterland. Der tropische Theil von West-Africka, wo iese Art in Guinea und insbesondere in Sierra Leone in Ober-Guinea angetroffen wird.

Das naturhistorische Museum zu Leyden ist im Besitze mehrfacher Exemplare derselben.

## Familie der Galago's (Otolicni).

Auch diese Familie ist scharf von den übrigen dieser Ordnung geschieden und reiht sich einerseits an die Familie der Schlafmaki's *(Stenopes)*, andererseits an jene der Flattermaki's *(Galeopitheci)* an.

Die Zahl der ihr angehörigen Arten ist ziemlich gering, da uns seither nur 17 bekannt geworden sind, die 3 verschiedene Gattungen bilden.

Die älteren Naturforscher hatten die ihnen bekannt gewesenen Arten dieser Familie in die von Linné aufgestellte Gattung Maki *(Lemur)* eingereiht.

Storr schied eine dieser Formen, welche sich durch einen beinahe kahlen und blos an der Spitze mit einer Haarquaste versehenen Schwanz und zwei mit spitzen Krallennägeln versehenen Fingern an den Hinterhänden auszeichnet, aus und errichtete aus derselben die Gattung „*Tarsius*".

Auf einige andere Formen mit buschigem Schwanze, großen Ohren und Augen gründete Cuvier seine Gattung „*Galago*", für welche Illiger den Namen „*Otolicnus*" wählte und die als die typische Form der ganzen Familie gelten kann.

Geoffroy endlich trennte von dieser Gattung wieder die mit längerer Schnauze, kleineren Ohren, schlankeren Gliedmaßen und kürzeren Hinterbeinen versehenen Arten ab und vereinigte dieselben in einer besonderen Gattung, die er mit dem Namen „*Microcebus*" bezeichnete.

Es dürfte zweckmäßig erscheinen, wenn ich der speciellen Bearbeitung dieser Familie einige Bemerkungen über das Skelet und den Zahnbau der ihr angehörigen Formen voraussende.

Das Skelet kommt in seiner Bildung im Allgemeinen mit dem der Gattung Maki *(Lemur)* überein und unterscheidet sich von demselben hauptsächlich durch die Gestalt des Schädels, der jedoch je nach den verschiedenen Gattungen mancherlei Abweichungen darbietet.

Bei der Gattung Galago *(Otolicnus)*, welche als die typische Form dieser Familie angesehen werden kann, ist der Hirntheil des Schädels groß, der Schnauzentheil stark verkürzt. Ein Zwischen-

scheitelbein fehlt und der Scheitelkamm ist entwickelt. Die Augenhöhlen sind sehr groß und die Schläfengruben treffen auf dem
Scheitel mehr oder weniger zusammen. Die Orbitalfortsätze des
Stirnbeines sind mit denen des Jochbeines verbunden. Die Thränengrube liegt außerhalb der Augenhöhle. Die Pauken sind sehr groß,
der Zitzenfortsatz ist blasenartig aufgetrieben und der hintere
Winkel des Unterkiefers stark erweitert.

Bei der Gattung Zwergmaki *(Microcebus)* kommt der Schädel
im Allgemeinen zwar mit jenem der Gattung Galago *(Otolicnus)* überein, doch ist bei demselben ein Zwischenscheitelbein vorhanden, der
Schnauzentheil ist verhältnißmäßig etwas länger und schmäler, die
Augenhöhlen sind kleiner, der Zitzenfortsatz ist nicht blasenartig aufgetrieben, der Gaumenausschnitt weiter nach hinten gelegen, die
Gaumenbeinlöcher sind sehr groß, die Zwischenkiefer schließen sich
breit an die Nasenbeine an und der Unterkiefer bietet einen spitzen
hakigen Winkel und einen sehr hohen, nach hinten gerichteten
Kronfortsatz dar.

Bei der Gattung Springmaki *(Tarsius)* ist der Hirntheil des
Schädels sehr groß und nach allen Seiten hin gewölbt, die Schnauze
überaus kurz. Die Augenhöhlen sind außerordentlich groß und vollständig nach vorwärts gerichtet. Die Augenhöhlenränder springen
sehr stark vor, stehen aber weiter als bei der Gattung Schlafmaki
*(Stenops)* von einander und die Scheidewand der Augenhöhlen ist
nach unten zu überaus dünn. Die Augenhöhle und die nur wenig
umfangreiche Schläfengrube sind weit stärker als bei allen übrigen
Gattungen der ganzen Ordnung abgegrenzt und es bleibt nur ein
großer rundlicher aber unregelmäßiger Ausschnitt zwischen beiden
nach vorne frei. Die Schläfengruben sind klein und weit voneinander
getrennt und die außerordentlich großen Pauken stoßen unten miteinander zusammen.

Die Anzahl der Wirbel schwankt nach unserer bisherigen
Kenntniß des Skeletes zwischen 51 und 63, und zwar die Zahl der
Rückenwirbel zwischen 13 und 14, der Lendenwirbel zwischen
6 und 7, und der Schwanzwirbel zwischen 22 und 33, während die
Zahl der Kreuzwirbel bei sämmtlichen Arten gleich zu sein und bei
allen 3 zu betragen scheint.

Bei der Gattung Springmaki *(Tarsius)*, deren Skelet am genaue-
sten bekannt ist, ist der Atlas groß, mit ansehnlichen Flügelfort-

sätzen und einem nach unten gerichteten Knochenzapfen, der Epistropheus mit einem sehr hohen knopfförmig getheilten Dornfortsatze versehen. Der dritte und vierte Halswirbel sind ohne Dornfortsätze, die drei folgenden mit einem höckerartigen Dornfortsatze und sehr großen Querfortsätzen versehen. Die Rückenwirbel haben spitze, die Lendenwirbel sehr breite Dornfortsätze und ebenso breite wagrechte Querfortsätze. Die Kreuzwirbel sind mit hohen, senkrecht gestellten Dornfortsätzen versehen und ebenso die ersten Schwanzwirbel bis zum vierten, von welchem an sich dieselben verlieren und die Wirbel verlängern.

Die nachstehende Tabelle, welche eine Zusammenstellung der in Bezug auf die Wirbelsäule seither untersuchten Arten enthält, wird die Vertheilung der Wirbel bei denselben ersichtlich machen.

| | Rücken-wirbel | Lenden-wirbel | Kreuz-wirbel | Schwanz-wirbel | Gesammtz. mit Einschl. der 7 Hals-wirbel | Nach |
|---|---|---|---|---|---|---|
| *Microcebus myoxinus* ... | 13 | 7 | 3 | 28 | 58 | Peters. |
| *Otolicnus crassicaudatus* | 13 | 6 | 3 | 25 | 54 | „ |
| „ ? | 13 | 7 | 3 | 25 | 55 | Cuvier. |
| „ *senegalensis* .. | 13 | 6 | 3 | 22 | 51 | Wagner. |
| „ „ *(O. Teng.?)*. | 13 | 6 | 3 | 27 | 56 | Giebel. |
| *Tarsius? (T.Daubentonii?)* | 13 | 7 | 3 | ? | ? | Cuvier. |
| „ *fuscomanus* ..... | 13 | 6 | 3 | 28 | 57 | G. Fischer. |
| „ „ ..... | 13 | 6 | 3 | 31 | 60 | Burmeister. |
| „ *Spectrum* ....... | 14 | 6 | 3 | 33 | 63 | „ |

Rippen sind 13—14 Paare vorhanden, von denen 7 Paare echte, und 6—7 Paare falsche Rippen sind.

In Ansehung der übrigen Skelettheile ist Nachstehendes zu bemerken.

Bei der Gattung Springmaki *(Tarsius)* ist das Brustbein aus fünf Wirbeln gebildet. Die Schlüsselbeine sind schwach S-förmig gekrümmt. Das Schulterblatt ist sehr schmal, von gleichschenkelig dreiseitiger Gestalt und mit einer sehr hohen, nahe am Vorderrande liegenden und parallel mit demselben verlaufenden Gräthe versehen, welche sich nach abwärts beugt.

Der Oberarmknochen ist kurz und stark, unten sehr breit, mit einer kurzen Deltaleiste versehen und am inneren Knorren durchbohrt. Der Vorderarm ist etwas länger, der Ellenbogenhöcker sehr groß, das Speichenbein schwach gekrümmt.

Die Handwurzel wird aus neun Knochen gebildet und der dritte oder Mittelfinger ist an den Vorderhänden der längste.

Das Becken ist gestreckt und zeichnet sich durch lange, sehr schmale, beinahe walzenförmige und dem Kreuzbeine parallel gestellte Hüftbeine aus.

Der Oberschenkelknochen ist stark, aber sehr schlank, gerade, gerundet und mit einem dritten Trochanter versehen. Das Schienbein ist von der Länge des Oberschenkels und sehr stark, das Wadenbein dünn und mit dem Schienbeine schon in der Mitte desselben verwachsen, von wo es sich dann blos als eine Leiste nach abwärts zieht.

Das Sprung-, Fersen- und Kahnbein sind sehr stark verlängert und die beiden ersteren sind fast von der halben Länge des Schienbeines. Die Fingerglieder sind schlank und etwas gekrümmt, und der vierte Finger der Hinterhände, welcher der längste ist, hat auch die längsten Phalangen. Auf dem Nagelgliede des Zeige- und Mittelfingers der Hinterhände befindet sich ein knöcherner Ansatz für die Kralle.

Bei der Gattung Galago *(Otolicnus)*, welche bezüglich des Skeletbaues großentheils mit der Gattung Springmaki *(Tarsius)* übereinkommt, ist der innere Knorren des Oberarmknochens gleichfalls durchbohrt. Die Hüftbeine sind lang, schlank und schmal, parallel mit dem Kreuzbeine verlaufend und breiten sich von vorne nach rückwärts aus. Das Fersen-, Sprung- und Kahnbein sind sehr stark verlängert und das Fersenbein ist sehr stark. An den Vorder- wie den Hinterhänden ist der vierte Finger der längste.

Bei der Gattung Zwergmaki *(Microcebus)* endlich, deren Skelet sich zunächst an das der Gattung Galago *(Otolicnus)* anreiht, ist das Brustbein siebenwirbelig und die Handhabe desselben sehr breit. Die Fußwurzelknochen sind gestreckt und das Fersenbein ist zwar merklich verlängert, doch kommt dasselbe nur $1/3$ der Länge des Schienbeines gleich. Auch bei dieser Gattung ist der vierte Finger an den Vorder- und Hinterhänden der längste.

Was die Zahl der Zähne und die Vertheilung derselben in den Kiefern betrifft, so zeigt sich unter den einzelnen Gattungen dieser Familie eine große Übereinstimmung, indem nur die Vorderzähne es sind, welche bisweilen eine Verschiedenheit in dieser Beziehung darbieten.

Die Gesammtzahl der Zähne schwankt zwischen 32 und 36, und zwar der Vorderzähne zwischen 4 und 8, während die Zahl der

Lücken- und Backenzähne bei allen Gattungen fast beständig gleich ist und bei sämmtlichen Formen derselben beinahe immer 12 Lücken- und 12 Backenzähne im Ganzen vorhanden sind. Nur bei einer einzigen Art der Gattung Galago (*Otolicnus*) ist bis jetzt das Vorkommen eines kleinen überzähligen vierten Backenzahnes im Oberkiefer beobachtet worden, wornach die Zahnzahl sich auf 38 steigen würde, was jedoch aller Wahrscheinlichkeit nach nur als eine Abnormität zu betrachten ist, so wie der bei einer Art der Gattung Zwergmaki (*Microcebus*) beobachtete Abgang des dritten Backenzahnes im Unterkiefer wohl nur auf einer unvollständigen Entwickelung beruht. Allen Arten ist auch in beiden Kiefern jederseits 1 Eckzahn eigen.

Die Vertheilung der Vorderzähne ist aber bei den einzelnen Gattungen verschieden. So sind bei der Gattung Zwergmaki (*Microcebus*) in beiden Kiefern immer 4 Vorderzähne vorhanden, bei der Gattung Galago (*Otolicnus*) hingegen bald in beiden Kiefern 4, bald aber auch im Oberkiefer nur 2 und im Unterkiefer 4, da die beiden äußeren des Oberkiefers in Folge der Entwickelung des Eckzahnes häufig verdrängt und ausgestoßen werden. Bei der Gattung Springmaki (*Tarsius*) endlich sind im Oberkiefer bald 4, bald aber auch nur 2, im Unterkiefer dagegen immer nur 2 Vorderzähne vorhanden und es scheint, daß auch bei dieser Gattung die beiden äußeren Vorderzähne blos durch den Eckzahn verdrängt werden.

Auch die Form und Bildung der Zähne ist nach den einzelnen Gattungen theilweise verschieden.

Bei der Gattung Zwergmaki (*Microcebus*) stehen die Zähne ziemlich stark aneinander gedrängt.

Die Vorderzähne des Oberkiefers sind mit einer breiten zweilappigen Kronenschneide versehen. Die beiden mittleren sind kurz, schmal, meißelförmig, etwas stärker als die unteren und durch einen Zwischenraum voneinander getrennt, die beiden äußeren an der Außenkante mit einem kleinen Nebenzacken versehen. Die unteren Vorderzähne sind verlängert und zusammengedrückt, schief nach vorwärts gerichtet und der äußere ist auf der Außenseite gefurcht.

Der obere Eckzahn ist länger als die übrigen Zähne, zusammengedrückt, gekrümmt und mit einem starken hinteren Zacken versehen. Der untere Eckzahn ist stärker als die unteren Vorderzähne und so wie diese schief nach vorwärts gerichtet.

Der erste Lückenzahn des Oberkiefers ist einfach, der zweite viel größer und mit einem vorderen und hinteren Zacken versehen, und der dritte mit einem kleinen inneren Höcker. Der erste Lückenzahn des Unterkiefers ist von der Gestalt des Eckzahnes aber kürzer, doch so wie dieser schief nach vorwärts geneigt. Der zweite ist breiter, mit einem kleinen vorderen, der dritte mit einem inneren Höcker.

Von den Backenzähnen des Oberkiefers ist der erste der größte und so wie der zweite fünfhöckerig, der dritte oder hinterste, welcher auch der kleinste ist, nur dreihöckerig. Die Backenzähne des Unterkiefers sind fast von gleicher Größe. Der erste ist dreihöckerig, der zweite vierhöckerig und der dritte oder letzte durch einen kleinen hinteren Ansatz fünfhöckerig.

Bei der Gattung Galago *(Otolicnus)* sind die oberen Vorderzähne klein, schlank und meißelförmig, und stehen paarweise, die beiden mittleren durch einen Zwischenraum voneinander getrennt. Die unteren Vorderzähne sind größer, breiter und sehr lang.

Der obere Eckzahn ist lang und auf der Außenseite gefurcht, der untere wie die unteren Vorderzähne gebildet.

Der erste obere Lückenzahn ist von der Gestalt des oberen Eckzahnes, mit einem vorderen und hinteren Höcker an der Basis. Der zweite ist kürzer, mit einem inneren Ansatze, der dritte vierhöckerig. Von den Lückenzähnen des Unterkiefers sind der erste und zweite einspitzig und von der Gestalt des oberen Eckzahnes, während der dritte vierhöckerig ist.

Die Backenzähne des Oberkiefers sind durchaus vierhöckerig, von denen des Unterkiefers sind die beiden vorderen mit vier, der hintere mit fünf Höckern versehen.

Bei der Gattung Springmaki *(Tarsius)* sind die mittleren Vorderzähne des Oberkiefers sehr groß und zugespitzt, an der Wurzel und Spitze voneinander entfernt, in der Mitte aber einander genähert. Die äußeren sind sehr klein und spitz, und fallen bei zunehmendem Alter aus. Die beiden Vorderzähne des Unterkiefers sind sehr klein und spitz.

Der Eckzahn des Oberkiefers ist kleiner als die mittleren Vorderzähne, spitz, beinahe gerade, Außen abgerundet und Innen gewinkelt. Jener des Unterkiefers ist groß, gekrümmt und zugespitzt, doppelt so groß als der sich anreihende Lückenzahn und überhaupt der größte unter allen Zähnen und greift vor dem oberen Eckzahne ein.

Von den oberen Lückenzähnen ist der erste von der Gestalt des oberen Eckzahnes, aber nur halb so groß als dieser. Die beiden folgenden nehmen an Größe zu, und sind einspitzig und mit einem Höcker versehen. Die unteren Lückenzähne sind durchgehends einspitzig.

Die Backenzähne des Oberkiefers sind auf der Außenseite zweispitzig, auf der Innenseite mit einem großen Höcker versehen, der durch eine Grube, in welcher sich zwei kleine Spitzen erheben, getrennt wird und viel breiter als lang. Die unteren sind schmäler, etwas länger als breit, fast von gleicher Größe und auf der vorderen Hälfte dreispitzig, auf der hinteren aber zweispitzig.

Ebenso wie im Skelete, so bieten die zu dieser Familie gehörigen Formen auch in Ansehung ihrer äußerlichen Merkmale eine auffallende Übereinstimmung dar.

Der Kopf ist rund, die Schnauze mehr oder weniger kurz und spitz. Die Nasenlöcher sind schmal und eingerollt, die Ohren groß und kahl, und die Augen von beträchtlicher Größe und an der Vorderseite des Kopfes nahe nebeneinander stehend. Die Gliedmaßen sind Gangbeine, mehr oder weniger schlank, und die hinteren beträchtlich länger als die vorderen. Die Fußwurzel ist von ansehnlicher Länge und länger als das Schienbein. Vorder- und Hinterfüße sind mit einem den übrigen Zehen entgegensetzbaren Daumen versehen und fünfzehig und der Zeigefinger derselben ist nicht verkürzt. Nur der Zeigefinger und bei der Gattung Springmaki *(Tarsius)* auch der Mittelfinger der Hinterhände ist mit einem Krallennagel versehen, während die übrigen Finger durchgehends Plattnägel tragen. Der Schwanz ist sehr lang und entweder, wie bei der Gattung Zwergmaki *(Microcebus)* gleichmäßig buschig, oder wie bei der Gattung Galago *(Otolicnus)* buschig und an der Spitze quastenartig behaart, oder auch größtentheils kahl und blos an der Spitze mit einer Haarquaste versehen, wie bei der Gattung Springmaki *(Tarsius)*. Zitzen sind zwei oder drei Paare vorhanden, von denen je nach den verschiedenen Gattungen ein Paar auf der Brust oder auch beinahe in der Achselhöhle liegt, das zweite und dritte Paar aber am Bauche. Die Ruthe ist frei und hängend.

Die Familie der Galago's hat unter allen Familien dieser Ordnung die ausgedehnteste Verbreitung, indem dieselbe den größten Theil von Afrika und einen großen Theil von Süd-Asien umfaßt.

Die einzelnen Gattungen dieser Familie sind aber auch in dieser Beziehung scharf voneinander gesondert. So kommen sämmtliche Arten der Gattung Zwergmaki *(Microcebus)* ausschliesslich im südöstlichen Afrika und zwar blos in Madagaskar vor, während jene der Gattung Galago *(Otolicnus)* über den größten Theil von Afrika und zwar vom Wendekreise des Krebses bis an'die Südspitze dieses Welttheiles oder vom 25. Grade nördlicher, bis zum 25. Grade südlicher Breite hinabreichen, und die Arten der Gattung Springmaki *(Tarsius)* blos auf Süd-Asien beschränkt sind.

Alle dieser Familie angehörigen Arten sind Nachtthiere, bei Tage aber lebhaft und behende. Die meisten nähren sich von Früchten, jungen Trieben, Baumknospen und Gummisäften, einige aber auch nebstbei von Insekten, andere von kleinen Eidechsen.

Nach diesen allgemeinen Betrachtungen, welche ich voraussenden zu sollen für nöthig erachtete, gehe ich auf den speciellen Theil der Durchsicht dieser Thierfamilie über.

## Familie der Galago's (Otolicni).

Charakter. Die Gliedmaßen sind Gangbeine. Vorder- und Hinterfüße sind mit einem den übrigen Zehen entgegensetzbaren Daumen versehen und fünfzehig. Die Fußwurzel ist länger oder auch etwas kürzer als das Schienbein. Die Ohren sind groß. Nur der Zeigefinger und bisweilen auch der Mittelfinger der Hinterhände ist mit einem Krallennagel versehen, alle übrigen Finger haben Plattnägel. Der Zeigefinger der Vorder- sowohl als Hinterhände ist nicht verkürzt.

### 1. Gatt.: Zwergmaki (Microcebus).

Der Kopf ist rund, die Schnauze ziemlich kurz und spitz. Die Ohren sind ziemlich groß und kahl. Die Augen sind groß und stehen ziemlich nahe nebeneinander an der Vorderseite des Kopfes. Die Gliedmaßen sind schlank, die hinteren lang und beträchtlich länger als die vorderen. Die Fußwurzel ist lang. Nur der Zeigefinger der Hinterhände ist mit einem Krallennagel versehen, alle übrigen Finger haben Plattnägel. An den Vorder- wie den Hinterhänden ist der vierte Finger der längste. Der Schwanz ist sehr lang und buschig. Zitzen sind zwei Paare vorhanden, von denen ein Paar auf der Brust, das andere am Bauche liegt. Im Ober- wie im Unterkiefer sind 4 Vorderzähne vorhanden.

Zahnformel: Vorderzähne $\frac{2-2}{4}$, Eckzähne $\frac{1-1}{1-1}$, Lückenzähne $\frac{3-3}{3-3}$, Backenzähne $\frac{3-3}{3-3}$ = 36.

**1. Der graue Zwergmaki** *(Microcebus murinus)*.

*M. pusillo minor; cauda longissima, angusta deplanata; notaeo pallide griseo, dorso fuscescente-lavato, gastraeo albido, cauda ferruginea.*

*Murine Maucauco.* Pennant. Hist. of Quadrup. V. I. p. 247.

*Lemur murinus.* Miller. Various subjects of Nat. Hist. (1785). t. 13. A. B.

„     Gmelin. Linné Syst. Nat. T. I. P. I. p. 44. Nr. 7.

*Lemur pusillus.* Geoffr. Magas. encycl. V. I. p. 20.

*Murine Maucauco.* Shaw. Gen. Zool. V. I. P. I. p. 106. t. 37.

*Galago Madagascariensis.* Geoffr. Ann. du Mus. V. XIX. p. 166. Nr. 1.

„        „       Desmar. Mammal. p. 103. Nr. 125.

*Otolicnus Madagascariensis.* Schinz. Cuvier's Thierr. B. IV. S. 287.

*Galago Madagascariensis.* Fr. Cuv. Dict. des Sc. nat. V. XVIII. p. 37.

*Lemur pusillus.* Isid. Geoffr. Dict. class. V. X. p. 48.

*Lemur Madagascariensis.* Griffith. Anim. Kingd. V. V. p. 141. Nr. 1.

*Galago Madagascariensis.* Griffith. Anim. Kingd. V. V. p. 141. Nr. 1.

*Microcèbe roux.* Geoffr. Cours de l'hist. nat. des Mammif. P. I. Leç. 11. p. 26.

*Lemur? murinus.* Fisch. Synops. Mammal. p. 77, 549. Nr. 12.

*Microcebus murinus.* Martin. Proceed. of the Zool. Soc. V. III. (1835). p. 125.

*Lemur murinus.* B l a i n v. Ostéograph. Lemur. p. 11.
*Microcebus murinus.* W a g n. Schreber Säugth. Suppl. B. I. S. 278.
                                         Nr. 1.
*Galago minor.* G r a y. Ann. of Nat. Hist. V. X. (1842.) p. 257.
          „          „          G r a y. Mammal. of the Brit. Mus. p. 17.
*Galago Madagascariensis.* V a n d. H o e v e n. Tijdschr. V. XI. (1844.)
                                         ˙p. 43.
*Microcebus rufus.* I s i d. G e o f f r. Compt. rend. V. XXXIV. p. 77.
          „          „          I s i d. G e o f f r. Catal. des Primates p. 80.
*Microcebus pusillus.* P e t e r s. Säugeth. v. Mossamb. S. 18.
*Otolicnus minor.* W a g n. Schreber Säugth. Suppl. B. V. S. 159
                                         Nr. 5.
*Microcebus murinus?* W a g n. Schreber Säugth. Suppl. B. V. S. 159.
                                         Nr. 5.
*Microcebus? minor.* W a g n. Schreber Säugth. Suppl. B. V. S. 154.
                                         Note 1.
*Microcebus murinus.* G i e b e l. Säugeth. S. 1014.

P e n n a n t hat diese Form, welche mit dem rothen Zwergmaki
*(Microcebus pusillus)* in sehr naher Verwandtschaft zu stehen und
sich von demselben hauptsächlich durch die Färbung zu unterscheiden
scheint, schon im Jahre 1771 beschrieben, ohne daß wir seit jener
Zeit bis zum Jahre 1842, wo sie G r a y wieder beschrieben, näher
bekannt geworden wären, wodurch auch beinahe alle Zoologen verleitet wurden, ihre Artselbstständigkeit in Zweifel zu ziehen und sie
mit der genannten Art für identisch zu betrachten.

Leider ist G r a y's Beschreibung so kurz gehalten, daß man
selbst über die wichtigsten körperlichen Merkmale keinen genügenden
Aufschluß erhält und nicht einmal die Körpergröße mit irgend einer
Sicherheit aus derselben entnommen werden kann.

Aus der Angabe, daß sie nur halb so groß als der senegalische
Galago *(Otolicnus senegalensis)* sei, scheint jedoch hervorzugehen,
daß sie noch kleiner als der rothe *(Microcebus pusillus)* und Bilch-
Zwergmaki *(Microcebus myoxinus)* sei, wornach sie nicht nur die
kleinste Art in ihrer Gattung, sondern auch eine der kleinsten in der
Familie und überhaupt in der ganzen Ordnung wäre.

Der Schwanz ist sehr lang, schmal und flachgedrückt.

Die Oberseite des Körpers ist blaßgrau, der Rücken bräunlich
überflogen, die Unterseite weißlich, der Schwanz rostfarben.

Körpermaaße sind nicht angegeben.

Vaterland. Südost-Afrika, Madagaskar.

Das Britische Museum zu London ist wohl das einzige in Europa, welches ein Exemplar dieser Art besitzt, und das von Verreaux gesammelt wurde.

## 2. Der rothe Zwergmaki (*Microcebus pusillus*).

*M. Otolicno Peli minor et Tarsii bancani magnitudine; capite rotundo, rostro sat brevi angusto acuto, vibrissis parum validis instructo; oculis magnis approximatis, lateraliter paullo prosilientibus; auriculis majusculis, dimidii capitis fere longitudine, externe calvis, interne sat pilosis plicisque 4 transversalibus percursis; artubus gracilibus, posterioribus anterioribus eximie longioribus, digitis sat longis; tibia elongata, tarso tibia paullo breviore; cauda longissima, corpore paullo longiore, villosa, imprimis versus apicem; corpore pilis modice longis laneis mollibus dense vestito; notaeo artubusque externe saturate rufo-auratis vel vivide ferrugineo-flavis, gastraeo artubusque interne rufescente-griseis vel flavescente-albis; cauda dorsi colore; regione ophthalmica fusca, auriculis interne ferrugineo-pilosis, pilis singulis notaei caudaeque in parte basali schistaceo-griseis, gastraei coerulescente-griseis.*

*Rat de Madagascar.* Buffon. Hist. nat. d. Quadrup. Suppl. III.
p. 149. t. 20.

*Little Maucauco.* Brown. New Illustr. of Zool. 1776. t. 44.

*Rat de Madagascar.* Zimmerm. Geogr. Gesch. d. Mensch. u. d.
Thiere. B. II. S. 219. b.

*Little Maucauco.* Pennant. Hist. of Quadrup. V. I. p. 217. Nr. 134.

*Prosimia Minima.* Boddaert. Elench. anim. V. I. p. 66. Nr. 6.

*Lemur pusillus.* Geoffr. Magas. encycl. V. I. p. 20.

„　　„　Andeb. Hist. nat. des Singes et de Makis. Makis.
p. 19. f. 8.

„　　„　Schreber. Säugth. t. 40. D.

„　　„　G. Fisch. Anat. d. Makis. S. 24.

*Galago Madagascariensis.* Geoffr. Ann. du Mus. V. XIX. p. 166.
Nr. 1.

*Galago madagascariensis.* Kuhl. Beitr. z. Zool. u. vergl. Anat.
Naturh. Fragm. S. 35. t. 6* (Magen.)

*Galago Madagascariensis.* Desmar. Mammal. p. 103. Nr. 125.

*Otolicnus Madagascariensis.* Schinz. Cuvier's Thierr. B. IV. S. 287.

*Galago Madagascariensis.* Fr. Cuv. Dict. des Sc. nat. V. XVIII.
p. 37.

*Lemur pusillus.* Isid. Geoffr. Dict. class. V. X. p. 48.

„          „     Spix. Cephalogenes. t. 6. f. 10. (Schädel.)

*Lemur Madagascariensis.* Griffith. Anim. Kingd. V. V. p. 141.
Nr. 1.

*Galago Madagascariensis.* Griffith. Anim. Kingd. V. V. p. 141.
Nr. 1.

*Microcèbe roux.* Geoffr. Cours de l'hist. nat. des Mammif. P. I.
Leç. 11. p. 26.

*Lemur? murinus.* Fisch. Synops. Mammal. p. 77, 549. Nr. 12.

*Microcebus murinus.* Martin. Proceed. of the Zool. Soc. V. III
(1835.) p. 125. (Anat.)

*Scartes.* Swainson. Nat. Classif. p. 322.

*Lemur murinus.* Blainv. Ostéograph. Lemur. p. 11.

*Gliscebus.* Lesson.

*Microcebus murinus.* Wagn. Schreber Säugth. Suppl. B. I. S. 278.
Nr. 1. — S. 291. Note 15.

*Galago minor?* Gray. Mammal. of the Brit. Mus. p. 17.

*Galago Madagascariensis.* Van d. Hoeven. Tijdschr. V. XI. (1844.)
p. 43.

*Microcebus rufus.* Isid. Geoffr. Compt. rend. V. XXXIV. p. 77.

„          „     Isid. Geoffr. Catal. des Primates. p. 80.

*Myscebus.* Lesson. Spec. des Mammif. biman. et quadrum. p. 236.

*Microcebus pusillus.* Peters. Säugeth. v. Mossamb. S. 18.

*Microcebus murinus.* Wagn. Schreber Säugth. Suppl. B. V. S. 154.
Nr. 1.

„     Giebel. Säugeth. S. 1014.


Eine schon seit langer Zeit her bekannte und von Buffon zuerst
beschriebene und abgebildete Art, welche fast von allen Zoologen
mit dem von Pennant beschriebenen grauen Zwergmaki *(Microcebus murinus)* verwechselt wurde und den Repräsentanten der von
Geoffroy aufgestellten Gattung „*Microcebus*" bildet, für welche
Swainson den Namen „*Scartes*", Lesson die Benennungen „*Gliscebus*" und „*Myscebus*" in Vorschlag brachte.

Sie ist die größte unter den bis jetzt bekannten Arten dieser Gattung, doch kleiner als der wollige Galago *(Otolicnus Peli)* und höchstens von der Größe des weißbauchigen Springmaki *(Tarsius Bancanus)*, daher eine der kleineren Arten in der Familie.

Der Kopf ist rund, die Schnauze ziemlich kurz, schmal und spitz, und mit nicht sehr starken Schnurren besetzt. Die Augen sind groß, ziemlich nahe nebeneinander stehend und seitlich etwas vorspringend. Die Ohren sind ziemlich groß, nicht ganz von halber Kopflänge, auf der Außenseite kahl, auf der Innenseite ziemlich stark behaart und von 4 Querfalten durchzogen. Die Gliedmaßen sind schlank, die hinteren beträchtlich länger als die vorderen, die Finger verhältniß- mäßig ziemlich lang. Das Schienbein ist verlängert und die Fußwurzel etwas kürzer als dasselbe. Der Schwanz ist sehr lang, etwas länger als der Körper, buschig behaart und insbesonders an der Spitze.

Die Körperbehaarung ist mäßig lang, dicht, wollig und weich.

Die Oberseite des Körpers und die Außenseite der Gliedmaßen ist gesättigt goldroth oder lebhaft rostgelb, die Unterseite des Körpers und die Innenseite der Gliedmaßen röthlichgrau oder gelblichweiß. Der Schwanz ist von der Farbe des Rückens. Die Augengegend ist braun, die Behaarung der Innenseite der Ohren rostfarben. Die ein- zelnen Haare der Oberseite des Körpers und der Gliedmaßen, sowie auch die Haare des Schwanzes sind schiefergrau und an der Spitze goldroth oder rostgelb, jene der Unterseite des Körpers bis zur Hälfte blaugrau.

Körperlänge . . . . . . . . . . 5″ 6‴. Nach Buffon.
Länge des Schwanzes etwas mehr .
Körperlänge . . . . . . . . . . 5″ 6‴—6″. Nach Geoffroy.
Schwanzlänge etwas weniger. . .
Körperlänge . . . . . . . . . . 5″. Nach Wagner.
Länge des verstümmelten Schwanzes . 3″ 4‴.
 „ der Ohren . . . . . . . . 7‴.
Körperlänge . . . . . . . . . . 5″. Nach Martin.
Länge des Schwanzes . . . . . . 6″.
Körperlänge . . . . . . . . . . 5″ 4‴. Nach Peters.
Länge der Ohren . . . . . . . . 7‴.
 „ des Hinterfußes . . . . . 1″ 2½‴.
Die Zähne sind fein und stehen sehr gedrängt.

Vaterland. Südost-Afrika, Madagaskar, woselbst diese Art an der Ostküste angetroffen wird.

Exemplare derselben befinden sich in den naturhistorischen Museen zu Paris und Frankfurt a/M.

### 3. Der Bilch-Zwergmaki *(Microcebus myoxinus)*.

*M. pusillo distincte minor; capite rotundato, rostro brevi acutiusculo, vibrissis longis instructo, naso sat prosiliente, naribus lateralibus obliquis involutis; rictu oris profunde ac usque infra oculos fisso; oculis magnis sat approximatis, pupilla magna verticali instructis; auriculis proportionaliter magnis, capite 1/8 brevioribus, externe calvis, interne in marginibus et protuberantiis tantum pilis teneris brevibus parce dispositis obtectis plicisque transversalibus profundis percursis; digitis brevioribus, unguiculis digitos non superantibus parvis, falcula digiti indicis podariorum oblique truncata; manibus antipedum interne pulvillis quinque, podariorum sex instructis; podario tibiae longitudine aequali; cauda longissima, corpore distincte longiore, pilis breviusculis adstrictis ac longioribus intermixtis obtecta, apicem versus villosa; palato plicis transversalibus 8 percurso; corpore pilis modice longis teneris mollibus laneis dense vestito, genis pilis antrorsum versis, manibus externe pilis brevibus obtectis; notaeo dilute rufo-aurato ferrugineo-fusco-lavato, lateribus corporis artubusque externe ejusdem coloris ast languidioribus; fronte et regione ophthalmica saturatioribus; gastraeo artubusque interne nec non manibus abrupte niveis; fronte ad basin macula nigro-fusca ab oculorum cantho interno supra et infra oculos extensa notata striaque longitudinali alba supra rostrum ad nasum usque decurrente; cauda nitide ex fuscescente flavo-aurata ferrugineo-rufo-lavata, supra obscuriore, infra dilutiore; auricularum parte calva, labiis, rhinario manibusque interne carneis: vibrissis nigro-fuscis; unguiculis albis; iride rufo-fusca.*

*Microcebus myoxinus* Peters. Säugeth. v. Mossamb. S. 14. t. 3.
(Thier), t. 4. f. 6—9. (Schädel.)

„    „    Wagn. Schreber Säugth. Suppl. B. V. S. 154.
Nr. 2.

„    Giebel. Säugeth. S. 1013.

Mit dieser wohl unterschiedenen Art sind wir erst in neuerer Zeit durch P e t e r s bekannt geworden, der sie entdeckt, beschrieben und abgebildet hat.

An Grösse steht sie dem rothen Zwergmaki *(Microcebus pusillus)* merklich nach, doch kommt sie hierin bisweilen demselben ziemlich nahe und ist sonach eine der kleineren Formen in der Familie.

Der Kopf ist rund, die Schnauze kurz und ziemlich spitz, und mit langen Schnurren besetzt. Die Nase ragt ziemlich weit über den Unterkiefer vor und die Nasenlöcher sind eingerollt, schief und seitlich gestellt. Die Mundspalte ist tief und reicht bis unter die Augen. Die Augen sind groß, ziemlich nahe nebeneinanderstehend und mit einer großen senkrechten Pupille versehen. Die Ohren sind verhältnißmäßig groß, um 1/3 kürzer als der Kopf, auf der Außenseite kahl, auf der Innenseite nur an den Rändern und Vorsprüngen mit dünngestellten kurzen feinen Haaren besetzt, und der Quere nach tief gefaltet. Die Finger sind verhältnißmäßig kürzer als beim rothen Zwergmaki *(Microcebus pusillus)*, die Nägel sehr klein und nicht vorragend, und die Kralle des Zeigefingers der Hinterhände ist schief abgestutzt. Die Innenseite der Vorderhände ist mit fünf, jene der Hinterhände mit sechs Wülsten besetzt. Der Hinterfuß ist von gleicher Länge wie das Schienbein. Der Schwanz ist sehr lang, merklich länger als der Körper, mit ziemlich kurzen straffen und eingemengten längeren Haaren bedeckt und gegen das Ende buschig. Der Gaumen ist von 8 Querfalten durchzogen.

Die Körperbehaarung ist mäßig lang, dicht, fein, weich und wollig, und an den Wangen ist das Haar nach vorwärts gerichtet. Die Hände sind auf der Oberseite mit kurzen Haaren besetzt.

Die Oberseite des Körpers ist hell goldroth und rostbraun überflogen, und von derselben Färbung sind auch die Leibesseiten und die Außenseite der Gliedmaßen, aber matter. Die Stirne und die Gegend um die Augen sind lebhafter gefärbt. Die Unterseite des Körpers, die Innenseite der Gliedmaßen und die vier Hände sind schneeweiß und scharf von der goldrothen Färbung abgegrenzt. Auf der Oberseite des Körpers sind die einzelnen Haare von der Wurzel an über 2/3 ihrer Länge blaugrau oder schieferfarben und gehen in lange rostbraune Spitzen aus; auf der Unterseite sind dieselben aber nur an der Wurzel schieferfarben, dann gelblich und endlich weiß. Vom vorderen Augenwinkel zieht sich nach oben und unten ein schwarzbrauner Flecken am Auge hin und längs des Schnauzenrückens verläuft ein weißer Streifen von der Stirne bis zur Nase. Der Schwanz ist glänzend bräunlich goldgelb und rostroth überflogen, auf der Oberseite dunkler, auf der Unterseite heller, wobei die einzelnen Haare einfärbig bräunlich goldgelb, die Spitzen der zerstreuten längeren Haare aber rostroth sind. Der kahle Theil der Ohren, die Lippen, die Nasenkuppe und die Innenseite der Hände sind fleischfarben. Die Schnurren sind schwarzbraun, die Nägel weiß. Die Iris ist rothbraun.

| | | |
|---|---|---|
| Körperlänge . . . . . . . . 5″ 2″. | Nach Peters. |
| Länge des Schwanzes . . . 5″ 11‴. | |
| „ des Kopfes . . . . . 1″ 3‴. | |
| „ der Ohren . . . . . 10½‴. | |
| „ des Schienbeines . . . 1″ 3‴. | |
| „ des Hinterfußes . . . 1″ 3‴. | |

Die Zunge ist an der Wurzel mit drei warzenförmigen Papillen und zerstreuten knopfförmigen Wärzchen besetzt, die Nebenzunge von einem dreifachen hornigen Längskiele durchzogen.

Vaterland. Südost-Afrika, Madagaskar, woselbst diese Art an der Westküste angetroffen wird.

Peters erhielt nur drei Exemplare, die er zu seinen Untersuchungen benützte. Das königliche zoologische Museum zu Berlin dürfte bis jetzt das einzige unter den europäischen Museen sein, das sich im Besitze dieser Art befindet.

## 2. Gatt.: **Galago (Otolicnus).**

Der Kopf ist rund, die Schnauze kurz und spitz. Die Ohren sind groß und kahl. Die Augen sind groß und stehen ziemlich nahe nebeneinander an der Vorderseite des Kopfes. Die Gliedmaßen sind nicht sehr schlank, die hinteren sehr lang und doppelt so lang als die vorderen. Die Fußwurzel ist sehr lang. Nur der Zeigefinger der Hinterhände ist mit einem Krallennagel versehen, alle übrigen Finger haben Plattnägel. An den Vorder- wie den Hinterhänden ist der Mittelfinger der längste. Der Schwanz ist sehr lang, mehr oder weniger buschig und endiget in eine Quaste. Zitzen sind drei Paare vorhanden, von denen ein Paar auf der Brust, die beiden anderen aber am Bauche liegen. Im Oberkiefer sind 4 oder 2, im Unterkiefer 4 Vorderzähne vorhanden.

Zahnformel: Vorderzähne $\frac{2-2}{4}$ oder $\frac{1-1}{4}$, Eckzähne $\frac{1-1}{1-1}$, Lückenzähne $\frac{3-3}{3-3}$, Backenzähne $\frac{3-3}{3-3}$ = 36 oder 34.

### 1. Der grosse Galago *(Otolicnus crassicaudatus)*.

*O. Lemure Catta parum minor et Leporis Cuniculi domestici circa magnitudine; capite magno, lato rotundato; rostro sat brevi, naso prosiliente calvo, naribus augustis involutis sulco longitudinali diremtis; oculis magnis, pupilla verticali ampla instructis; auriculis maximis, capite circa* $\frac{1}{3}$ *brevioribus, oblongo-ovatis, in margine posteriore leviter emarginatis, fere plane calvis, externe in marginibus tantum, interne in prominentiis parce pilosis; cauda longissima, cum pilis corpore* $\frac{1}{3}$ *longiore, crassissima villosa; corpore pilis longis laneis mollibus dense vestito, multis longioribus intermixtis, cauda pilis duplo longioribus, capite pilis brevioribus et supra genas antrorsum directis; digitis pilis brevibus rigidis obtectis; colore in utroque sexu aequali, ast secundum aetatem variabili; in adultis capite supra ferrugineo-fusco; dorso griseo ferrugineo-lavato; lateribus corporis artubusque externe griseis minus ferrugineo-lavatis; gastraeo toto griseo vel flavescente albo; pilis singulis in notaeo omnibus basi coerulescente- vel nigrescentegriseis, in gastraeo maximam partem griseis, multis unicoloribus albis intermixtis; cauda pallide ferruginea; manibus ferrugineofuscis; digitis nigro-fuscis; facie flavescente-fusca, rostro supra taenia longitudinali dilutiore a naso ad frontem usque protensa et juxta angulum oculorum internum obscurius coloratum ad genas usque protracta, signato; vibrissis nigris; rhinario auriculisque fuscis; iride fusco-rufa; in junioribus corpore unicolore griseo et interdum fere albo.*

*Galago crassicaudatus.* Geoffr. Ann. du Mus. V. XIX. p. 166. Nr. 2.

*Grand Galago.* Cuv. Règne anim. Edit. I. V. I. p. 119. — V. IV. t. 1. f. 1.

*Galago crassicaudatus.* Desmar. Nouv. Dict. d. hist. nat. V. XII. p. 351. Nr. 2. — V. XIII. t. E. f. 31.

*Galago crassicaudatus.* Desmar. Mammal. p. 103. Nr. 126.

„       „       Fr. Cuv. Dict. des Sc. nat. V. XVIII. p. 37.

„       „       Desmoul. Dict. class. V. VII. p. 106.

*Lemur crassicaudatus.* Griffith. Anim. Kingd. V. V. p. 142. Nr. 2.

*Galago crassicaudatus.* Griffith. Anim. Kingd. V. V. p. 142. Nr. 2.

„       „       Geoffr. Cours de l'hist. nat. des Mammif.
P. I. Leç. 11. p. 34.

*Grand Galago.* Cuv. Règne anim. Edict. II. V. I. p. 109. — V. IV.
t. 1. f. 1.

*Galago crassicaudatus.* Fisch. Synops. Mammal. p. 67, 547. Nr. 1.

„       „       Blainv. Ostéograph. Lemur. t. 7. f. 4.
(Schädel).

*Otolicnus crassicaudatus.* Wagn. Schreber Säugth. Suppl. B. I.
S. 292. Nr. 1.

Van d: Hoeven. Tijdschr. V. XI. (1844.)
p. 43.

*Galago crassicaudatus.* Isid. Geoffr. Catal. des Primates. p. 82.

*Otolicnus crassicaudatus.* Peters. Säugeth. v. Mossamb. S. 5. t. 2.
(Thier.) t. 4. f. 1—5 (Schädel.)

Bianconi. Memor. della Acad. delle scienze dell Istituto di Bologna. V. V.
(1854). p. 225.

Wagn. Schreber Säugth. Suppl. B. V.
S. 156, 792. Nr. 1.

„       „       Giebel. Säugeth. S. 1011.

Unter allen Arten dieser Gattung die ausgezeichnetste Form und deßhalb auch mit keiner anderen zu verwechseln.

An Größe steht sie dem ringelschwänzigen Maki *(Lemur Catta)* nicht viel nach und kommt ungefähr mit dem zahmen Königs-Hasen *(Lepus Cuniculis domesticus)* überein, doch ist sie viel größer als der langfingerige Galago *(Otolicnus Alleni)*, daher die größte Form in der Gattung.

Der Kopf ist groß, breit und gerundet, die Schnauze kurz, doch etwas länger als bei den übrigen Arten dieser Gattung und mit kurzen feinen Schnurren besetzt, die Nase vorspringend und kahl. Die Nasen-löcher sind schmal und eingerollt, und durch eine Längsfurche von-einander geschieden. Die Augen sind groß, mit senkrechter, sehr weiter Pupille. Die Ohren sind sehr groß, ungefähr um $1/_3$ kürzer

als der Kopf, von länglich eiförmiger Gestalt, am Hinterrande mit
einer schwachen Ausrandung versehen, beinahe völlig kahl und nur
an den Rändern auf der Außenseite und den Vorsprüngen auf der
Innenseite spärlich mit Haaren besetzt. Der Schwanz ist sehr lang,
mit dem Haare um ⅛ länger als der Körper, sehr dick und buschig
behaart.

Die Körperbehaarung ist lang, dicht, wollig und weich, und am
Rücken sind viele längere Haare eingemengt. Das Haar des Schwanzes
ist doppelt so lang als das des Körpers und am Kopfe ist dasselbe
kürzer als am Leibe, und auf der Unterseite desselben und den
Wangen nach vorwärts gerichtet. Die Finger sind mit kurzen, steifen,
anliegenden Haaren besetzt.

Die Färbung ist bei beiden Geschlechtern gleich, ändert aber
nach dem Alter.

Bei alten Thieren ist der Oberkopf rostbraun, der Rücken
grau, mit starkem rostfarbenem Anfluge. Die Leibesseiten und die
Außenseite der Gliedmaßen sind grau und schwächer rostfarben
überflogen. Die Unterseite ist durchaus grau oder gelblichweiß. Auf
der Oberseite des Körpers sind die einzelnen Haare an der Wurzel
blaugrau oder schwarzgrau und gegen die Spitze silbergrau und
schwarz und rostbraun geringelt; die längeren Haare endigen in
schwarze Spitzen. Auf der Unterseite sind die Haare größtentheils
an der Wurzel grau und an der Spitze weiß, viele aber auch ihrer
ganzen Länge nach weiß. Der Schwanz ist blaß rostfarben. Die Hände
sind rostbraun, die Finger schwarzbraun behaart. Das Gesicht ist
gelblichbraun und von der Nase an verläuft eine hellere Binde der
Länge nach über den Schnauzenrücken bis zur Stirne und zieht sich
um die dunkleren inneren Augenwinkel auf die Wangen herab. Die
Schnurren sind schwarz, der kahle Theil der Schnauze und die Ohren
braun. Die Iris ist braunroth.

Junge Thiere sind durchaus grau und bisweilen beinahe weiß.

| | | |
|---|---|---|
| Körperlänge | 1'. | Nach Peters. |
| Länge des Schwanzes | 1' 4''. | |
| „ des Kopfes bis zur Ohr- | | |
| gegend | 2'' 11½'''. | |
| „ der Ohren | 2''. | |
| „ des Unterschenkels | 3'' 6'''. | |

Länge des Hinterfußes bis zur
    Spitze des Mittelfingers . .   3″ 3‴.
Körperlänge . . . . . . . 1′.     Nach B i a n c o n i.
Länge des Schwanzes . . . . 1′ 2″.
   „   des Kopfes . . . . .   2″ 10‴.
   „   der Ohren . . . . . .   1″ 10‴.
   „   des Unterschenkels . .   3″ 9‴.

P e t e r s traf bei einem alten Thiere im Oberkiefer einen kleinen
überzähligen vierten Backenzahn an, was wohl nur auf einer Abnormität beruht.

V a t e r l a n d. Südost-Afrika, Mozambique, von wo diese Art bis
an den 24. Grad Süd-Breite hinabreicht und im Inneren des Landes
noch in Machinga angetroffen wird.

Durch lange Zeit war das naturhistorische Museum zu Paris das
einzige unter den europäischen Museen, das sich im Besitze eines
Exemplares dieser Art, deren Vaterland durch eine lange Reihe von
Jahren völlig unbekannt geblieben war, befand und welches G e o f-
f r o y in Lissabon erhalten und auch zuerst beschrieben hatte. Viel
später gelangten wir zur Kenntniß ihrer Heimath, als S u n d e v a l l in
den Besitz eines Exemplares dieser Art kam, das an der Südost-Küste
von Afrika gesammelt und von V a n  d e r  H o e v e n beschrieben wurde.
Aber erst in der neueren Zeit gelang es P e t e r s dieses Thier in
seinem Vaterlande lebend beobachten zu können, indem er diese Art
in Mozambique getroffen, von wo er mehrere Exemplare in das königl.
zoologische Museum nach Berlin brachte. Ihm verdanken wir auch
eine sehr genaue Beschreibung derselben, so wie nach ihm auch
B i a n c o n i, der diese Art gleichfalls aus Mozambique erhielt.

## 2. Der senegalische Galago *(Otolicnus senegalensis)*.

*O. Peli et interdum Tengis magnitudine; auriculis magnis,*
*longitudine capitis calvis; cauda longissima, corpore fere* ⅕ *lon-*
*giore; corpore pilis longis mollibus dense vestito, cauda pilis lon-*
*gioribus obtecta, villosa apice penicillata; dorso coerulescente-*
*griseo ex rufo-fusco flavescente-lavato; corporis lateribus, anti-*
*brachiis femoribusque ejusdem coloris ast dilutioribus; jugulo,*
*pectore, abdomine, brachiis tibiisque flavescentibus; vertice, re-*
*gione ophthalmica genisque nigrescentibus, labiis nec non taenia*

*supra rostrum decurrente et frontem versus dilatata flavescente-*
*albis; cauda griseo-rufescente.*

*Galago.* Adans. Hist. nat. du Sénégal.

*Lemur galago.* Cuv. Tabl. élém. d'hist. nat. p. 101. Nr. 6.

*Galago galago.* Cuv. Tabl. élém. d'hist. nat. p. 101. Nr. 6.

*Galago Senegalensis.* Geoffr. Magas. encycl. V. I. p. 20. — V. VII.
p. 20. f. 1.
Audeb. Hist. nat. des Singes et de Makis.
Loris. p. 27. t. 1.

*Lemur Galago.* Schreber. Säugth. t. 38. B.

„   „   Shaw. Gen. Zool. V. I. P. I. p. 108.

*Galago Senegalensis.* G. Fisch. Anat. d. Makis. S. 42, 171. t. 1.
(Schädel.)

*Galago Geoffroyi.* G. Fisch. Mém. de la Soc. des Natural. d. Moscou.
V. I. (1806.) p. 25.

*Otolicnus Galago.* Illiger. Prodrom. S. 74.

*Galago Senegalensis.* Geoffr. Ann. du Mus. V. XIX. p. 166. Nr. 4.

*Galago moyen.* Cuv. Règne anim. Edit. I. V. I. p. 119. Note.

*Galago Senegalensis.* Desmar. Nouv. Dict. d'hist. nat. V. XII.
p. 352. Nr. 5.

„   „   Desmar. Mammal. p. 104. Nr. 129.

Encycl. méth. Suppl. t. 2. f. 7.

*Galago Senegalensis.* Fr. Cuv. Dict. des Sc. nat. V. XVIII. p 37.

„   „   Desmoul. Dict. class. V. VII. p. 106.

*Galago.* Fr. Cuv. Dents des Mammif. p. 28. t. 11. (Zähne.)

„   Fr. Cuv. Geoffr. Hist. nat. d. Mammif. Fasc. 22. c. fig.

*Lemur Senegalensis.* Griffith. Anim. Kingd. V. I. p. 331. c. fig. —
V. V. p. 145. Nr. 5.

*Galago Senegalensis.* Griffith. Anim. Kingd. V. I. p. 331. c. fig. —
V. V. p. 145. Nr. 5.
Geoffr. Cours de l'hist. nat. des Mammif.
P. I. Leç. 11, p. 34.

*Galago moyen.* Cuv. Règne anim. Edit. II. V. I. p. 109.

*Galago Senegalensis.* Fisch. Synops. Mammal. p. 68, 547. Nr. 3.

*Otolicnus senegalensis.* Wagler. Syst. d. Amphib. S. 8.

*Otolicnus Galago.* Wagner. Schreber Säugth. Suppl. B. I. S. 292.
Nr. 2.

*Myoxicebus Senegalensis.* Lesson. Spec. des Mammif. biman. et
    quadrum.

*Galago Senegalensis.* Gray. Mammal. of the Brit. Mus. p. 17.
    „        „      Blainv. Ostéograph. Lemur. t. 10 f. 11 (Hin-
    terfuß) t. 11. f. 3. (Zähne.)

*Otolicnus Galago.* Vand. Hoeven. Tijdschr. V. XI. (1844.) p. 41.

*Otolicnus galago.* Giebel. Odontograph. p. 7. t. 3. f. 7, 8.

*Galago Senegalensis.* Isid. Geoffr. Catal. des Primates. p. 81.

*Otolicnus senegalensis.* Peters. Säugeth. v. Mossamb. S. 11.

*Otolicnus Galago. Var. β. senegalensis.* Wagner. Schreber Säugth.
    Suppl. B. V. S. 158. Nr. 3. β.

*Otolicnus galago.* Giebel. Säugeth. S. 1012.

*Otolicnus Senegalensis.* Hengl. Fauna d. roth. Meer. u. d. Somáli-
    Küste. S. 13.

*Otolicnus Galago.* Fitz. Heugl. Säugeth. Nordost-Afr. S. 7. Nr. 1.
    (Sitzungsber. d. math.-naturw. Cl. d. kais.
    Akad. d. Wiss. B. LIV.)

Es it die älteste unter den uns bekannt gewordenen Arten
dieser von Cuvier unter dem Namen „*Galago*" aufgestellten und
auf diese Form begründeten Gattung, für welche Illiger den Namen
„*Otolicnus*" wählte und Lesson den Namen „*Myoxicebus*" in Vorschlag gebracht.

Sie ist zunächst mit dem Sennaar-Galago *(Otolicnus Teng)*
verwandt, mit welchem sie von den verschiedenen Zoologen auch
häufig verwechselt wurde, unterscheidet sich von demselben aber
deutlich durch die Abweichungen in den Verhältnissen ihrer einzelnen Körpertheile und auch durch die Färbung.

Ihre Körpergröße ist ungefähr dieselbe wie jene des wolligen
Galago *(Otolicnus Peli)*, obgleich sie bisweilen auch etwas größer
und von der Größe des Sennaar-Galago *(Otolicnus Teng)* angetroffen wird, wornach sie eine der kleineren Arten in der Gattung
bildet.

Die Ohren sind groß, von der Länge des Kopfes und kahl. Der
Schwanz ist sehr lang und beinahe um ¹/₅ länger als der Körper.

Die Körperbehaarung ist lang, dicht und weich, der Schwanz
ist länger behaart und buschig, und das Haar, welches sich gegen
das Ende zu allmälig verlängert, bildet an der Spitze eine pinselförmige Quaste.

Der Rücken ist blaulichgrau und rothbraungelblich überflogen. Die Leibesseiten, die Vorderarme und die Schenkel sind ebenso, aber heller. Der Unterhals, die Brust, der Bauch, die Oberarme und die Schienbeine sind gelblich. Sämmtliche Körperhaare sind zweifärbig, auf der Oberseite von der Wurzel an ihrer größten Länge nach blaulichgrau oder schieferfarben und in rothbraungelbliche Spitzen ausgehend, auf der Unterseite aber nur in einer kurzen Strecke von der Wurzel an blaulichgrau, im weiteren Verlaufe aber gelblich. Der Scheitel, die Gegend um die Augen und die Wangen sind schwärzlich, die Lippen und eine Längsbinde, welche sich über den Nasenrücken zieht und zwischen den Augen gegen die Stirne zu breiter wird, sind gelblichweiß. Der Schwanz ist grauröthlich.

Körperlänge . . . . . . 6″ 10‴. Nach Geoffroy.

Körperlänge . . . . . . 6″ 10‴. Nach G. Fischer.

Länge des Schwanzes . . . 8″ 4‴.

„ des Kopfes . . . . . 1″ 8‴.

„ der vorder. Gliedmaßen 3″ 4‴.

„ der hinter. „ 6″ 11′′.

„ des Oberschenkels . . 2″ 2‴.

„ des Unterschenkels . . 2″ 3‴.

„ des Hinterfußes . . . 2″ 6‴.

Körperlänge . . . . . . 7″. Nach Waterhouse.

Länge des längsten Fingers der
     Vorderhand . . . 9‴.

„ des Hinterfußes . . . 2″ 7‴.

„ der längsten Zehe des
     Hinterfußes . . . . $9\frac{1}{2}$‴.

Körperlänge . . . . . . 6″ 2‴. Nach Wagner.

Länge des Schwanzes . . . 8″.

Die beiden äußeren Vorderzähne werden in Folge der Entwickelung der großen Eckzähne sehr bald verdrängt.

Vaterland. West-Afrika, Senegambien, wo diese Art sowohl am Senegal, als auch am Gambia angetroffen wird.

„Galago“ ist der Name, mit welchem dieselbe von den Eingeborenen am Senegal bezeichnet wird.

Adanson hat diese Art entdeckt und Cuvier, der sie zuerst beschrieben, dieselbe mit dem Namen „Galago galago“ bezeichnet.

Geoffroy veränderte diesen Namen in „*Galago Senegalensis*“ und G. Fischer, welcher früher denselben Namen für diese Art gebrauchte, schlug später den Namen „*Galago Geoffroyi*“ für sie vor, daher denn auch von den späteren Naturforschern bald diese, bald jene Benennung für sie in Anwendung gebracht wurde. Wagner, Van der Hoeven, Isidor Geoffroy, Peters und Giebel zogen sie mit dem Sennaar — *(Otolicnus Teng)* und südafrikanischen Galago *(Otolicnus Moholi)* in eine Art zusammen und auch Heuglin und ich vereinigten sie mit der erstgenannten Form. Seither habe ich jedoch meine frühere Ansicht geändert, wozu ich nicht nur durch die Verschiedenheiten in den Verhältnissen der einzelnen Körpertheile und in der Färbung, sondern auch durch die Entlegenheit der Heimath dieser beiden Formen bestimmt worden bin.

### 3. Der Sennaar-Galago *(Otolicnus Teng)*.

*O. senegalensis fere magnitudine et Mohole distincte minor; auriculis magnis, longitudine capitis ovalibus acuminatis plane calvis; cauda longissima corpore fere ¹/₃ longiore; corpore pilis sat longis mollissimis dense vestito, cauda pilis longioribus obtecta villosa, apice penicillata; notaeo argenteo-griseo, capite, nucha dorsoque rufescente-lavatis; gastraeo artubusque interne albidis; genis taeniaque inter oculos exoriente et supra rostrum usque ad ejus apicem decurrente albis; cauda grisescente-ferruginea.*

*Galago senegalensis.* Rüppell. Neue Wirbelth. B. I. S. 8.
*Otolicnus Galago.* Wagner. Schreber Säugth. Suppl. B. I. S. 292. Nr. 2.
*Galago sennaariensis.* Hedenborg. In schedul.
*Otolicnus Teng.* Sundev. Vetensk. Akad. Handl. 1842. p. 201.
„        „        Wagn. Wiegm. Arch. B. X. (1844.) Th. II. S. 153.
*Otolicnus Galago.* Van d. Hoeven. Tijdschr. B. XI. (1844.) p. 41.
*Galago Senegalensis.* Isid. Geoffr. Catal. des Primates. p. 81.
*Otolicnus senegalensis.* Peters. Säugeth. v. Mossamb. S. 11.
*Otolicnus Galago. Var. α. sennariensis.* Wagn. Schreber Säugth. Suppl. B. V. S. 158. Nr. 3. α.
*Otolicnus galago.* Giebel. Säugeth. S. 1012.
*Otolicnus Senegalensis.* Hengl. Fauna d. roth. Meer. u. d. Somáli-Küste. S. 13.

*Otolicnus Galago.* Fitz. Hengl. Säugeth. Nordost-Afr. S. 7. Nr. 1.
(Sitzungsber. d. math. naturw. Cl. d. kais. Akad.
d. Wiss. B. LIV.)

Sehr nahe mit dem senegalischen (*Otolicnus senegalensis*) und südafrikanischen Galago (*Otolicnus Moholi*) verwandt, aber durch die Verhältnisse der einzelnen Körpertheile, so wie zum Theile auch durch die Färbung von beiden Formen verschieden.

Der Sennaar-Galago ist eine der kleineren Formen in der Gattung, merklich kleiner als der südafrikanische (*Otolicnus Moholi*) und fast von gleicher Größe wie der senegalische (*Otolicnus senegalensis*), doch meistens etwas größer als derselbe.

Die Ohren sind groß, von der Länge des Kopfes, eiförmig, zugespitzt und vollständig kahl. Die Nägel der Finger sind flach und die Kralle des Zeigefingers der Hinterhände ist zusammengedrückt und gebogen. Der Schwanz ist sehr lang und beinahe um $1/3$ länger als der Körper.

Die Körperbehaarung ist nicht sehr lang, dicht und sehr weich. Der Schwanz ist länger behaart, buschig und das Haar bildet an der Spitze eine pinselartige Quaste.

Die Oberseite des Körpers ist silbergrau und Kopf, Nacken und Rücken sind röthlich überflogen. Die Unterseite des Körpers und die Innenseite der Gliedmaßen sind weißlich. Die Wangen und eine Längsbinde, welche zwischen den Augen beginnt und sich über den ganzen Nasenrücken bis an das Ende der Nase zieht, sind weiß. Der Schwanz ist graulich-rostfarben.

| | | |
|---|---|---|
| Körperlänge . . . . . . . | 7″. | Nach Wagner. |
| Länge des Schwanzes . . . . | 9″. | |
| „ der Ohren . . . . . . | 1″ 6‴. | |
| „ des Hinterfußes bis an die | | |
| Krallenspitze d. Mittel- | | |
| zehe . . . . . . | 2″ 6‴. | |

Im Oberkiefer sind 4, im Unterkiefer 6 Vorderzähne vorhanden.

Vaterland. Nordost-Afrika, wo diese Art von der Sahara durch Sennaar, Kordofán und Fazoglo südwärts bis an den Bahr-el-abiad reicht und ostwärts sich durch Ost- und West-Abyssinien bis nach Schoa hinab verbreitet.

Von den Arabern wird sie „*Tenn*“ oder „*Teng*“ genannt.

Exemplare derselben befinden sich in den Museen zu Paris, Wien, Stockholm, Stuttgart und Frankfurt a/M.

Rüppell ist der Entdecker dieser Form, die er jedoch von dem senegalischen Galago *(Otolicnus senegalensis)* nicht für verschieden hielt, worin ihm auch Wagner Anfangs beistimmte. Hedenborg, der sie fast gleichzeitig in Sennaar entdeckte, betrachtete sie aber für eine von dieser Form verschiedene selbstständige Art und bezeichnete sie mit dem Namen „*Galago sennaariensis*" und Sundevall, der dieselbe Ansicht theilte, beschrieb sie unter dem Namen „*Otolicnus Teng*", der jetzt auch von Wagner für diese Form angenommen wurde. Van der Hoeven, Isidor Geoffroy und Peters wollten in ihr aber nur den senegalischen Galago *(Otolicnus senegalensis)* erkennen und vereinigten sie mit diesem und dem südafrikanischen Galago *(Otolicnus Moholi)* in einer einzigen Art, worin ihnen zuletzt auch Wagner und Giebel folgten. Auch ich und Heuglin theilten diese Ansicht, doch hielten wir den südafrikanischen Galago *(Otolicnus Moholi)* für eine besondere Art.

#### 4. Der südafrikanische Galago *(Otolicnus Moholi)*.

*O. Tenge et senegalense distincte major et conspicillati circa magnitudine; auriculis magnis capitis longitudine plane calvis; cauda longissima, corpore fere dimidia parte longiore; corpore pilis sat longis mollissimis dense vestito, cauda pilis longioribus obtecta villosa, apice penicillata; notaeo griseo rufescente-lavato, gastraeo albido; oculis macula fusca circumdatis, rostro stria longitudinali et frontem versus dilatata alba notato; cauda ex rufescente fusco-grisea in nigrescentem vergente.*

*Galago Maholi.* A. Smith. Rep. of the South. Afr. Assoc. p. 42.
*Galago Moholi.* A. Smith. Illustr. of the Zool. of South-Afr. V. I. t. 8, 8 bis.
*Otolicnus Moholi.* Wagn. Wiegm. Arch. B. VII. (1841.) Th. II. S. 20.
*Galago Maholi.* Gray. Mammal. of the Brit. Mus. p. 194.
*Otolicnus Galago.* Van d. Hoeven. Tijdschr. V. XI. (1844.) p. 41.
*Galago Senegalensis.* Isid. Geoffr. Catal. des Primates. p. 81.
*Otolicnus senegalensis.* Peters. Säugeth. v. Mossamb. S. 11. t. 4. f. 10, 11 (Schädel.)

*Otolicnus Galago. Var.* γ. Wagner. Schreber Säugth. Suppl. B. V.
S. 158. N. 3. γ.
*Otolicnus galago.* Giebel. Säugeth. S. 1012.

Wenn auch die nahe Verwandtschaft dieser Form mit dem
Sennaar-Galago *(Otolicnus Teng)* sowohl, als auch mit dem Brillen-
Galago *(Otolicnus conspicillatus)* nicht zu verkennen ist, so ergeben
sich bei einer genaueren Vergleichung derselben miteinander doch
solche Unterschiede, welche eine Vereinigung dieser drei Formen in
eine Art nicht wohl gestatten, und insbesondere sind es die Verschiedenheiten in den körperlichen Verhältnissen und zum Theile auch in
der Färbung, welche gegen eine solche Annahme sprechen.

Sie ist merklich größer als der Sennaar-*(Otolicnus Teng)* und
senegalische *(Otolicnus senegalensis)*, und nur wenig kleiner als
der langfingerige Galago *(Otolicnus Alleni)* und kommt in Ansehung
der Größe ungefähr mit dem Brillen-Galago *(Otolicnus conspicillatus)* überein, wornach sie eine mittelgroße Form in ihrer Gattung
bildet.

Die Ohren sind groß, von der Länge des Kopfes und völlig kahl.
Der Schwanz ist sehr lang und beinahe um die Hälfte länger als der
Körper.

Die Körperbehaarung ist nicht besonders lang, dicht und sehr
weich. Der Schwanz ist länger behaart, buschig und das Haar bildet
an der Spitze eine pinselförmige Quaste.

Die Oberseite des Körpers ist grau und röthlich überflogen, die
Unterseite weißlich. Um die Augen befindet sich ein brauner Flecken
und über den Schnauzenrücken verläuft ein weißer, gegen die Stirne
sich ausbreitender Längsstreifen. Der Schwanz ist röthlich-braun-
grau ins Schwärzliche ziehend.

Körperlänge . . . . . . . . . . . 7″ 6‴. Nach Peters.
Länge des Schwanzes sammt dem Haare 10″ 6‴.

Vaterland. Südost-Afrika, Mozambique, woselbst diese Art
im Inneren des Landes vorkommt und selbst noch am Flusse Limpopo
angetroffen wird.

Die Eingebornen bezeichnen dieselbe mit dem Namen „Moholi“.

A. Smith hat diese Form zuerst beschrieben und abgebildet
und für eine selbstständige Art erklärt, während alle seine Nachfolger

dieselbe mit dem senegalischen Galago *(Otolicnus senegalensis)* in eine Art vereinigen. Das Britische Museum zu London befindet sich im Besitze derselben.

### 5. Der Brillen-Galago *(Otolicnus conspicillatus).*

*O. Moholis circa magnitudine; auriculis proportionaliter permagnis calvis; cauda longissima, corpore eximie longiore; corpore pilis sat longis mollissimis dense vestito, cauda pilis longioribus obtecta, villosa, apice penicillata ; notaeo griseo rufescente-lavato gastraeo albido; oculis macula fere circulari nigra et ad rostri basin valde saturata circumcinctis, macula intermedia alba; cauda dilute ferrugineo-rufa.*

*Otolicnus conspicillatus.* Isid. Geoffr. Revue Zool. 1851. p. 24.

„ „ Isid. Geoffr. Catal. des Primates. p. 81,

Wagn. Schreber Säugth. Suppl. B. V. S. 159. Nr. 3\*.

*Otolicnus Galago. Var. α. sennariensis?* Wagn. Schreber Säugth. Supl. B. V. S. 159. Nr. 3\*.

*Otolicnus conspicillatus.* Giebel. Säugeth. S. 1012. Note 8.

Wir kennen diese Form bis jetzt blos aus einer Beschreibung, welche wir durch Isidor Geoffroy von derselben erhalten haben.

Offenbar steht sie dem südafrikanischen Galago *(Otolicnus Moholi)* sehr nahe und insbesondere ist es die Färbung, welche lebhaft an denselben erinnert, doch die verhältnißmäßig größeren Ohren und die deutlicher abgegrenzte Farbenzeichnung scheinen genügende Merkmale zu sein, beide Formen als specifisch verschiedene zu betrachten.

In Ansehung der Größe kommt sie ungefähr mit demselben überein, daher sie zu den mittelgroßen Formen in der Gattung zählt.

Die Ohren sind verhältnißmäßig sehr groß und kahl. Der Schwanz ist sehr lang und beträchtlich länger als der Körper.

Die Körperbehaarung ist nicht besonders lang, dicht und sehr weich. Der Schwanz ist länger behaart und buschig, und geht an seiner Spitze in eine pinselartige Quaste aus.

Die Oberseite des Körpers ist grau und röthlich überflogen, die Unterseite weißlich. Die Augen sind von einem schwarzen, beinahe kreisförmigen Flecken umgeben, der an der Nasenwurzel besonders stark hervortritt und durch einen weißen Flecken von jenem der ent-

gegengesetzten Seite geschieden wird. Der Schwanz ist hell rostroth.

Körpermaaße fehlen.

Vaterland. Süd-Afrika, Port Natal.

Das naturhistorisehe Museum zu Paris ist im Besitze eines
Exemplares dieser Art, das von Delagorgue, der diese Form entdeckte, gesammelt wurde.

Wagner hielt es für wahrscheinlich, daß dieselbe mit dem
Sennaar-Galago *(Otolicnus Teng)* zusammenfallen dürfte, welchen
er nur für eine Varietät des senegalischen Galago *(Otolicnus senegalensis)* betrachtet.

### 6. Der langfingerige Galago *(Otolicnus Alleni).*

*O. Mohole distincte major; auriculis magnis; digitis antipe-
dum scelidumque longis; cauda longissima, corpore ¼ longiore,
villosa, apice penicillata; notaeo obscure schistaceo- vel plumbeo-
griseo ferrugineo-flavescente-lavato; gastraeo dilutiore plumbeo-
griseo sordide flavescente-lavato; mento juguloque albido-antipe-
dibus ferrugineo-lavatis; pedibus saturate fuscis, cauda obscure
fusca.*

*Otolicnus Alleni.* Waterh. Proceed. of the Zool. Soc. V. V. (1836.)
        p. 87.
    „    Wagn. Schreber Säugth. Suppl. B. I. S. 294.
        Nr. 3.
    „    Gray. Mammal. of the Brit. Mus. p. 17.
    „    Van d. Hoeven. Tijdschr. V. XI. (1844.) p. 42.
    „    Temminck. Esquiss. zool. sur la côte de Guiné.
    „    Wagn. Schreber Säugth. Suppl. B. V. S. 159.
        Nr. 4.
    „    Giebel. Säugeth. S. 1013.

Eine schon durch ihre großen Ohren und langen Finger höchst
ausgezeichnete und mit keiner anderen zu verwechselnde Art, deren
Kenntniß wir Waterhouse zu danken haben, der sie bis jetzt allein
nur beschrieben.

Sie gehört zu den größeren Formen in der Gattung, da sie
merklich größer als der südafrikanische *(Otolicnus Moholi)*, aber
viel kleiner als der große Galago *(Otolicnus crassicaudatus)* ist.

Die Ohren sind groß, größer als beim senegalischen Galago *(Otolicnus senegalensis)* und den ihm zunächst verwanden Arten, und ebenso lang als ihre Entfernung von der Schnauzenspitze beträgt. Die Finger der Vorder- sowohl als Hinterhände sind auffallend lang. Der Schwanz ist sehr lang und um $1/4$ länger als der Körper, buschig und an der Spitze mit einer Quaste versehen.

Die Oberseite des Körpers ist dunkel schiefergrau oder bleigrau und rostgelblich überflogen, die Unterseite lichter bleigrau mit schmutzig gelblichem Anfluge, wobei die einzelnen Körperhaare auf der Ober- wie der Unterseite ihrer größten Länge nach schiefergrau oder bleigrau sind und auf der Oberseite in rostgelbliche, auf der Unterseite in schmutzig gelbliche Spitzen endigen. Das Kinn und der Unterhals sind weißlich überflogen, da die Haarspitzen an diesen Körpertheilen von weißlicher Farbe sind. Die vorderen Gliedmaßen bieten einen rostfarbenen Anflug dar. Die Füße sind tief braun, der Schwanz ist dunkelbraun.

| | |
|---|---|
| Körperlänge . . . . . . . | 8″ 1‴. Nach Waterhouse. |
| Länge des Schwanzes . . . . | 10″ |
| „ der Ohren . . . . . . | 1″ 2½‴. |
| Breite der „ . . . . . . | 11‴. |
| Länge des Daumens der Vorderhände . . . . . . . | 6‴. |
| „ des längsten Fingers der Vorderhände . . . . . | 1″ 1‴. |
| „ des Daumens der Hinterhände . . . . . . | 7‴. |
| „ des längsten Fingers der Hinterhände . . . . . | 1″ 2‴. |
| „ des Hinterfußes vom Hakengelenke bis zur Fingerspitze . . . . . | 2″ 11‴. |

Im Oberkiefer sind 4, im Unterkiefer 6 Vorderzähne vorhanden.

Vaterland. West-Afrika, woselbst diese Art sowohl auf der Insel Fernando Po — wo sie Allen entdeckte, — als auch in Ober-Guinea an der Goldküste — von wo Temminck ein altes weibliches Thier zugesandt erhielt, — angetroffen wird.

Exemplare derselben befinden sich im Britischen Museum zu London und im zoologischen Museum zu Leyden.

### 7. Der schwarzbraune Galago *(Otolicnus Garnettii)*.

*O. Alleni circa magnitudine; auriculis magnis sat rotundatis; digitis antipedum in duos fasciculos partitis, pollice et indice ab alteris distantibus; cauda longissima cylindrica villosa, pilis laneis vestita; notaeo gastraeoque unicoloribus obscure vel nigro-fuscis, auriculis nigris.*

*Otolicnus Garnetti.* Ogilby. Proceed. of the Zool. Soc. V. VIII.
        (1838.) p. 6.

  „        „    Ogilby. Ann. of nat. Hist. V. II. p. 148.

*Otolicnus Garnettii.* Wagn. Schreber Säugth. Suppl. B. I. S. 314.

*Otolicnus Alleni.* Temminck. Esquiss. zool. sur la côte de Guiné.

*Otolicnus Garnetti.* Wagn. Schreber Säugth. Suppl. B. V. S. 157.
        Nr. 2. — S. 793.

  „        „    Giebel. Säugeth. S. 1012. Note 8.

Ogilby ist der einzige Naturforscher, welcher diese Art bis jetzt beschrieben.

Sie ist beträchtlich größer als der senegalische *(Otolicnus senegalensis)* und ungefähr von derselben Größe wie der langfingerige Galago *(Otolicnus Alleni)*, von welchem sie aber schon durch die Färbung sich auffallend unterscheidet, und gehört daher zu den größeren Formen in der Gattung.

Die Ohren sind groß und ziemlich stark abgerundet und die Finger der Vorderhände deutlich in zwei Gruppen geschieden, indem der Daumen und der Zeigefinger von den drei übrigen Fingern etwas entfernt stehen. Der Schwanz ist sehr lang, walzenförmig, wollig behaart und buschig.

Die Oberseite sowohl als auch die Unterseite des Körpers ist einfärbig dunkelbraun oder schwarzbraun. Die Ohren sind schwarz.

Körpermaaße sind nicht angegeben.

Vaterland. Unbekannt, höchst wahrscheinlich aber West-Afrika.

Ogilby beschrieb diese Art nach einem Exemplare, das er lebend zu sehen Gelegenheit hatte. Temminck sprach die Ansicht aus, daß diese Form mit dem langfingerigen Galago *(Otolicnus Alleni)* zu einer und derselben Art gehöre, wogegen jedoch die durchaus verschiedene Färbung spricht.

## 8. Der kleine Galago *(Otolicnus Cuvieri)*.

*O. Ratto domestico minor et Otolicni Demidoffii magnitudine; auriculis magnis, capite brevioribus; cauda longissima, corpore longiore villosa, apice penicillata; notaeo gastraeoque unicoloribus fuscescente- vel murino-griseis.*

*Lemur minutus.* Cuv. Tabl. élém. d'hist. nat. p. 101. Nr. 7.

*Galago minutus.* Cuv. Tabl. élém. d'hist. nat. p. 101. Nr. 7.

*Galago Cuvieri.* G. Fisch. Mém. de la Soc. des Natural. d. Moscou. V. I. (1806.) p. 25.

*Galago Dimidoffii.* Fisch. Synops. Mammal. p. 68, 547. Nr. 2.

*Otolicnus Galago.* Jun. Wagn. Schreber Säugth. Suppl. B. I. S. 292. Note 15.

*Otolicnus galago.* Giebel. Säugeth. S. 1012.

Eine von Cuvier aufgestellte, aber bis zur Stunde beinahe noch völlig unbekannte Form, welche wir blos aus einer sehr kurzen Charakteristik kennen und die deßhalb auch von den späteren Zoologen in der verschiedenartigsten Weise gedeutet wurde.

Sie soll kleiner als die Haus-Ratte *(Rattus domesticus)* und nur von der Größe des rothen Galago *(Otolicnus Demidoffii)* sein, daher nebst diesem die kleinste Form in ihrer Gattung bilden.

Die Ohren sind groß, doch kürzer als der Kopf und merklich kleiner als beim senegalischen Galago *(Otolicnus senegalensis)*. Der Schwanz ist sehr lang, länger als der Körper, buschig und an der Spitze quastenartig behaart.

Die Färbung ist auf der Ober- wie der Unterseite des Körpers einfärbig bräunlichgrau oder mausgrau.

Körpermaaße fehlen, doch dürfte die Körperlänge dieser Art zwischen 5—6 Zoll betragen.

Im Oberkiefer sind nur 2 Vorderzähne vorhanden, welche durch einen weiten Zwischenraum voneinander geschieden sind.

Vaterland. West-Afrika, Senegambien.

Cuvier und G. Fischer erkannten in dieser Form eine selbstständige Art, welche ersterer mit dem Namen „*Galago minutus*" letzterer mit dem Namen „*Galago Cuvieri*" bezeichnete. Joh.

Fischer vereinigte sie in seiner „Synopsis Mammalium" mit dem rothen Galago *(Otolicnus Demidoffii)* in einer Art und Wagner wollte in ihr nur den Jugendzustand des senegalischen Galago *(Otolicnus senegalensis)* erkennen, welcher Ansicht sich auch Giebel anschloß.

## 9. Der wollige Galago *(Otolicnus Peli)*.

*O. Demidoffii parum major; auriculis magnis calvis; cauda longissima, corpore* 1/6 *longiore; corpore in animalibus adultis pilis longis mollibus laneis crispis large vestito, cauda villosa crassa, apice nitida, in junioribus animalibus cauda pilis minus longis obtecta, apice languida et in hornotinis cauda brevipilosa; colore secundum aetatem variabili; in animalibus adultis vertice, nucha, dorso artubusque externe sordide rufescente-fuscis; gastraeo nec non artubus interne dilute rufis, excepto pectore leviter aurantio-flavo-lavato; rostro supra taenia longitudinali angusta alba signato; regione infra aures taenia longitudinali aurantio-flava notata; cauda obscure fusca argenteo-albo-lavata; in junioribus animalibus; imprimis in foeminis notaeo nec non cauda ad basin magis in rufum vergente; in hornotinis notaeo artubusque externe vivide rufis, gastraeo et artubus interne rufescente-albis, taenia alba rostrali minus distincta fere obsoleta.*

*Otolicnus Peli.* Temminck. Esquiss. zool. sur la côte de Guiné. p. 42.

„   „ Wagn. Schreber Säugth. Suppl. B. V. S. 793.

„   „ Giebel. Säugeth. S. 1012. Note 8.

Jung.

*Otolicnus Demidoffii?* Temminck. Esquiss. zool. sur la côte de Guiné. p. 42.

Bis jetzt blos aus einer kurzen Beschreibung von Temminck bekannt, aber ohne Zweifel eine selbstständige Art, welche nur mit dem rothen Galago *(Otolicnus Demidoffii)* verwechselt werden könnte, von welchem sie sich jedoch durch die Beschaffenheit der Behaarung, so wie auch durch die Färbung unterscheidet.

Sie ist nur wenig größer als die genannte Art und meistens merklich kleiner als der senegalische *(Otolicnus senegalensis)* und Sennaar-Galago *(Otolicnus Teng)*, sonach eine der kleineren Formen in der Gattung.

Die Ohren sind groß und kahl. Der Schwanz ist sehr lang und fast um ¹/₆ länger als der Körper.

Die Körperbehaarung ist bei alten Thieren lang, sehr reichlich, wollig und gekräuselt, der Schwanz dick und buschig und an der Spitze glänzend. Bei jüngeren, halberwachsenen Thieren ist der Schwanz kürzer behaart und an der Spitze matt und bei sehr jungen einjährigen Thieren noch kürzer behaart und das Haar nicht länger als am Rücken.

Auch die Färbung ändert nach dem Alter.

Bei alten Thieren sind der Scheitel, der Nacken, der Rücken und die Außenseite der Gliedmaßen schmutzig röthlichbraun und die einzelnen Haare dieser Körpertheile sind an der Wurzel matt schwärzlichgrau. Die Unterseite des Körpers und die Innenseite der Gliedmaßen sind hellroth, welche Färbung auf der Brust in Orangegelb übergeht. Unterhalb der Ohren befindet sich eine orangegelbe Längsbinde und über den Nasenrücken verläuft eine schmale weiße Längsbinde, welche in jeder Altersstufe angetroffen wird. Der Schwanz ist dunkelbraun und silberweiß überflogen, da die einzelnen Haare in silberweiße Spitzen endigen. Die Ohren sind schwarz.

Bei jüngeren, halberwachsenen Thieren und namentlich beim Weibchen ziehen die Oberseite des Körpers und die Schwanzwurzel mehr ins Rothe.

Sehr junge einjährige Thiere sind auf der Oberseite des Körpers und der Außenseite der Gliedmaßen lebhaft roth, auf der Unterseite des Körpers und der Innenseite der Gliedmaßen aber röthlichweiß und die weiße Längsbinde auf dem Schnauzenrücken ist nur sehr schwach angedeutet.

| | | |
|---|---|---|
| Gesammtlänge eines . . . | | |
| erwachsenen Thieres . . | 1′ 1″ 3‴. | Nach Temminck. |
| Körperlänge . . . . . | 6″ 3‴. | |
| Länge des Schwanzes . . . | 7″. | |
| Gesammtlänge eines halber- | | |
| wachsenen Weibchens . | 7″ 6‴. | „ |
| Gesammtlänge eines sehr | | |
| jungen 1jährigen Thieres | | |
| etwas über . . . . . . | 6″. | „ „ |

Vaterland. West-Afrika, Guinea, wo Pel diese Art bei Dabocrom entdeckte.

Das zoologische Museum zu Leyden ist zur Zeit wohl das einzige in Europa, das diese Art und zwar in mehrfachen Exemplaren unter seinen Schätzen aufzuweisen hat.

Temminck war Anfangs der Meinung, daß der rothe Galago *(Otolicnus Demidoffii)* auf den jungen Thieren dieser Art beruhen dürfte, gab aber bald diese Ansicht wieder auf.

### 10. Der rothe Galago *(Otolicnus Demidoffii).*

*O. Cuvieri et Microcebi pusilli magnitudine; auriculis magnis, capite brevioribus, genis barba malari e pilis perlongis formata et angulum oris operiente cinctis; cauda longissima, corpore longiore, maximam partem pilis sat longis obtecta, apice penicillata; corpore pilis modice longis mollibus dense vestito; notaeo gastraeoque unicoloribus ex fuscescente-flavo-rufis, cauda rufescente, rostro nigrescente.*

*Galago Demidoffii.* G. Fisch. Mém. de la Soc. des Naturalist. de Moscou. V. I. (1806.) p. 24. f. 1.

*Macropus Demidoffii.* G. Fisch. Mém. de la Soc. des Naturalist. de Moscou. V. I. (1806.) p. 24. f. 1.

*Galago Demidoffii.* Geoffr. Ann. du Mus. V. XIX. p. 166. Nr. 3.

„ „ Desmar. Nouv. Dict. d'hist. nat. V. XII. p. 352. Nr. 4.

„ Desmar. Mammal. p. 104. Nr. 128.

„ Fr. Cuv. Dict. des Sc. nat. V. XVIII. p. 38.

„ „ Desmoul. Dict. class. V. VII. p. 106.

*Lemur Demidoffii.* Griffith. Anim. Kingd. V. V. p. 144. Nr. 4.

*Galago Demidoffii.* Griffith. Anim. Kingd. V. V. p. 144. Nr. 4.

„ „ Fisch. Synops. Mammal. p. 68, 547. Nr. 2.

„ Wagn. Schreber Säugth. Suppl. B. I. S. 291. Note 15.

*Microcebus mnrinus?* Wagn. Schreber Säugth. Suppl. B. I. S. 291. Note 15.

*Otolicnus Peli. Jun?* Temminck. Esquiss. zool. sur la côte de Guiné. p. 42.

*Galago Demidoffii.* Isid. Geoffr. Catal. des Primates. p. 81.

*Otolicnus Peli. Jun.* Peters. Säugeth. v. Mossamb. S. 11.

*Otolicnus Demidoffii.* Wagn. Schreber Säugth. Suppl. B. V. S. 160. Nr. 6.

*Otolicnus Peli?* W a g n. Schreber Säugth. Suppl. B. V. S. 793.
*Otolicnus Demidoffi.* G i e b e l. Säugeth. S. 1012. Note 8.

G. F i s c h e r gebührt das Verdienst uns zuerst mit dieser ausgezeichneten Art bekannt gemacht zu haben, indem er uns eine Beschreibung und Abbildung von derselben mittheilte. Durch eine lange
Reihe von Jahren haben wir aber keine weiteren Nachrichten mehr
über diese Art erhalten und erst in neuerer Zeit kam I s i d o r  G e o f-
f r o y in die Lage diese selbst untersuchen zu können, wodurch er
sich bestimmt fand sich der Ansicht G. F i s c h e r's zuzuneigen, daß
diese Form vielleicht den Repräsentanten einer besonderen Gattung
bilden dürfte, für welche dieser den Namen „*Macropus*" vorgeschlagen hatte.

Da mir die Merkmale aber nicht bekannt sind, auf welche sich
eine generische Sonderung derselben von der Gattung Galago *(Otolicnus)* gründen soll, so reihe ich sie einstweilen — dem Beispiele
meiner Vorgänger folgend — noch in diese Gattung ein.

In Ansehung der Größe kommt diese Art mit dem rothen Zwergmaki *(Microcebus pusillus)* und kleinen Galago *(Otolicnus Cuvieri)*
überein, wornach sie zu den kleinsten Formen dieser Gattung
gehört.

Ihre Körpergestalt ist ungefähr dieselbe wie bei den übrigen
Arten der Gattung Galago *(Otolicnus)*.

Die Ohren sind groß, doch kürzer als der Kopf und über die
Wangen zieht sich ein aus sehr langen Haaren gebildeter Bart, der
die äußeren Augenwinkel und auch die Mundwinkel überdeckt. Der
Schwanz ist sehr lang, länger als der Körper, seiner größten Länge
nach mit nicht sehr langen Haaren bedeckt, welche sich gegen das
Ende zu aber verlängern und an der Spitze eine pinselartige Quaste
bilden.

Die Körperbehaarung ist mäßig lang, dicht und weich.

Die Ober- sowohl als Unterseite des Körpers ist einfärbig
bräunlich-gelbroth, der Schwanz röthlich, die Schnauze schwärzlich.

Körpermaaße sind mir nicht bekannt, doch geht aus der Mittheilung I s i d o r  G e o f f r o y's, daß diese Art von der Größe des
rothen Zwergmaki's *(Mycrocebus pusillus)* sei, hervor, daß ihre
Körpergröße 5—6 Zoll betrage.

Im Oberkiefer sind nur 2 Vorderzähne vorhanden, die durch
einen weiten Zwischenraum voneinander getrennt sind.

Vaterland. West-Afrika, Ober-Guinea, wo diese Art am Ga-
bon-Flusse vorkommt, und wahrscheinlich auch Senegambien.

Wagner glaubte früher, daß dieselbe vielleicht mit dem
rothen Zwergmaki *(Microcebus pusillus)* zusammenfallen dürfte,
änderte aber später seine Ansicht, indem er es für möglich hielt, daß
sie mit dem wolligen Galago *(Otolicnus Peli)* zu einer und derselben Art gehöre, da Temminck Anfangs dieß vermuthete und sie
für den Jugendzustand dieser Art gehalten, worin auch Peters ihm
gefolgt war.

Das naturhistorische Museum zu Paris ist seit dem Jahre 1833
im Besitze eines Exemplares dieser Art, das in Ober-Guinea am Ga-
bon-Flusse gesammelt wurde.

## 3. Gatt.: **Springmaki (Tarsius).**

Der Kopf ist rund, die Schnauze sehr kurz und spitz. Die Ohren
sind ziemlich groß und kahl. Die Augen sind sehr groß und stehen nahe
nebeneinander an der Vorderseite des Kopfes. Die Gliedmaßen sind
sehr schlank, die hinteren sehr lang und doppelt so lang als die vorderen. Die Fußwurzel ist sehr lang. Der Zeigefinger sowohl, als auch
der Mittelfinger der Hinterhände ist mit einem Krallennagel versehen,
alle übrigen Finger haben Plattnägel. An den Vorderhänden ist der
Mittelfinger, an den Hinterhänden der fünfte Finger der längste. Der
Schwanz ist sehr lang, nur an der Wurzel dicht behaart, seiner
größten Länge nach kahl und an der Spitze mit einer Haarquaste
versehen. Zitzen sind zwei Paare vorhanden, von denen ein Paar beinahe in der Achselhöhle, das andere am Bauche seitlich vor dem
Nabel liegt.

Im Oberkiefer sind 4 oder 2, im Unterkiefer 2 Vorderzähne
vorhanden.

Zahnformel: Vorderzähne $\frac{4}{2}$ oder $\frac{1-1}{2}$, Eckzähne $\frac{1-1}{1-1}$,

Lückenzähne $\frac{3-3}{3-3}$, Backenzähne $\frac{3-3}{3-3}$ = 34 oder 32.

### 1. Der spitzohrige Springmaki *(Tarsius Spectrum).*

*T. Daubentonii distincte major et Microcebo myoxino parum
minor; capite brevi, rotundo crasso, rostro supra basi impresso,*

*oris rictu amplo; naribus longitudinalibus valde dissitis, sulco longitudinali profundo diremtis; facie pilosa; auriculis majusculis longis, capite paullo longioribus, acuminatis erectis tenuissimis diaphanis, externe pilis perparum confertis obtectis, interne calvis; oculis maximis approximatis anticis; collo brevi, trunco gracili inguinam versus attenuato; artubus gracillimis, scelidibus antipedibus duplo longioribus, tarso metatarso triplo longiore calvo; manibus externe pilosis, interne calvis, callisque planis obtectis pollice magno distante, digitis breviusculis, articulis unguicularibus infra pulvillis disciformibus plicatis instructis; digito tertio in manibus antipedum, quinto in manibus scelidum longissimo; pollice unguiculo lamnari rotundato, ceteris digitis unguiculis lamnaribus trigonis instructis, indice et digito tertio podariorum exceptis, falcula subulaeformi compressa acuta erecta armatis; cauda longissima, corpore fere duplo longiore tenui, basi tantum dense pilosa, maximam partem autem fere plana calva et pilis singulis perparce dispositis ac triplice coadunatis brevibus obtecta, ad apicem floccosa; corpore pilis longiusculis tenerrimis mollibus leviter crispis dense vestito; vertice nuchaque obscure fuscis, fronte nigra rufo-fusco-lavata; notaeo dilute flavo-fusco leviter ex rufo fuscescente-lavato; gastraeo dilute ex flavescente fusco-griseo, pectore albido.*

*Lemur Spectrum.* Pallas. Nov. spec. Quadrup. e Glirium ord. p. 275. Nota.

*Prosimia Spectrum.* Boddaert. Elench. anim. V. I. p. 66. Nr. 5.

*Lemur tarsius.* Cuv. Tabl. élém. d'hist. nat. p. 102.

*Tarsier tarsius.* Cuv. Tabl. élém. d'hist. nat. p. 102.

*Didelphis macrotarsos.* Nau. Naturforsch. B. XXV. S. 1. t. 1.

*Tarsius Spectrum.* Schreber. Säugth. t. 38. E.

*Tarsius Spectrum s. Pallasii.* G. Fisch. Anat. d. Makis. S. 36.

*Tarsius Spectrum.* Geoffr. Ann. du Mus. V. XIX. p. 168. Nr. 1.

    „     „     Desmar. Mammal. p. 105. Nr. 130.

*Tarsius Daubentonii.* Temminck. Monograph. d. Mammal. V. I. p. XVI.

*Lemur Spectrum.* Griffith. Anim. Kingd. V. V. p. 149. Nr. 1.

*Tarsius Spectrum.* Griffith. Anim. Kingd. V. V. p. 149. Nr. 1.

    „     „     Geoffr. Cours de l'hist. nat. des Mammif. P. I. Leç. 11. p. 39.

*Tarsius Spectrum.* F i s c h. Synops. Mammal. p. 69, 547. Nr. 1.

„  „  S. M ü l l e r. Verhandel. V. I. p. 19.

„  Wa g n. Schreber Säugth. Suppl. B. I. p. 297. Nr. 1.

„  Va n d. H o e v e n. Tijdschr. V. XI. (1844.) p. 45.

„  B u r m e i s t. Beitr. z. näh. Kenntn. d. Gatt. Tarsius. 1846.

„  W a g n. Schreber Säugth. Suppl. B. V. S. 160.
Nr 1.

*Tarsius spectrum.* G i e b e l. Säugeth. S. 1010.

P a l l a s war es, der uns zuerst von dieser Form, welche eine
besondere Art in ihrer Gattung bildet, Kenntniß gab. Aber nicht nur
von seinen nächsten Nachfolgern, sondern auch von den allermeisten
späteren Zoologen wurde dieselbe nicht als eine solche anerkannt
und irrigerweise mit dem schon früher von B u f f o n und D a u b e n-
t o n beschriebenen grauen Springmaki *(Tarsius Daubentonii)* für
identisch angesehen, ungeachtet G. F i s c h e r bereits im Jahre 1804
die specifische Verschiedenheit beider Formen genau bezeichnet
hatte.

Sie gehört den mittelgroßen Formen in der Gattung an, da sie
merklich größer als der graue Springmaki *(Tarsius Daubentonii)*
und nur wenig kleiner als der Bilch-Zwergmaki *(Microcebus myoxinus)* ist.

Der Kopf ist kurz, rund und dick, die Schnauze sehr kurz, zugespitzt und an der Nasenwurzel eingedrückt, der Mund ziemlich
weit gespalten. Die Nasenlöcher sind länglich, weit auseinandergestellt und durch eine tiefe Längsfurche voneinander geschieden. Das
Gesicht ist behaart. Die Ohren sind ziemlich groß und lang, etwas
länger als der Kopf, zugespitzt, aufrechtstehend, sehr dünn und
durchscheinend, und auf der Außenseite nur mit sehr dünnstehenden
Härchen bekleidet, auf der Innenseite aber vollständig kahl. Die Ohrleiste ist gleichsam doppelt, die Gegenleiste abgesondert und beide
Leisten schlagen sich unten übereinander. In der Mitte der Ohröffnung befindet sich noch ein doppeltes Knorpelblättchen. Die Augen
sind sehr groß, auf der Vorderseite des Kopfes liegend und nahe
nebeneinander stehend. Der Hals ist sehr kurz, der Leib schlank und
gegen die Weichen zu verdünnt. Die Gliedmaßen sind sehr schlank,
die Hinterbeine doppelt so lang als die Vorderbeine, und die Fußwurzel kahl und um das Dreifache länger als der Mittelfuß. Die Hände

sind auf der Außenseite behaart, auf der Innenseite aber kahl und mit flachen Wülsten besetzt. Der Daumen ist groß und abstehend und die Finger sind ziemlich kurz und unter dem Nagelgliede mit einem scheibenförmigen faltigen Ballen besetzt. An den Vorderhänden ist der Mittelfinger der längste und etwas länger als die beiden seitlichen, an den Hinterhänden ist der fünfte Finger der längste und der zweite und dritte sind die kürzesten.

Der Daumen der Vorder- sowohl als Hinterhände ist mit einem rundlichen Plattnagel versehen, während die übrigen Finger mit Ausnahme des zweiten und dritten der Hinterhände, welche eine aufrechtstehende zusammengedrückte spitze pfriemenförmige Kralle tragen, mit dreieckigen Plattnägeln bedeckt sind. Der Schwanz ist sehr lang, fast doppelt so lang als der Körper, dünn, an der Wurzel dicht behaart, im weiteren Verlaufe aber bis gegen das Ende beinahe völlig kahl und nur mit vereinzelten, zu dreien gestellten kurzen Härchen besetzt, und an der Spitze mit einer aus längeren Haaren gebildeten Quaste versehen.

Die Körperbehaarung ist ziemlich lang und dicht, das Haar sehr dünn, zart, weich und schwach gekräuselt.

Der Scheitel und der Nacken sind dunkelbraun, die Stirne ist schwarz und rothbraun überflogen. Die Oberseite des Körpers ist licht gelbbraun mit schwachem rothbräunlichen Anfluge. Die Unterseite desselben ist licht gelblich-braungrau, die Brust weißlich. Die einzelnen Körperhaare sind auf der Ober- wie der Unterseite von der Wurzel an schmutzig gelb und gehen auf der Oberseite in rothbräunliche, auf der Unterseite in braungraue und auf der Brust in weißliche Spitzen aus.

| | | | |
|---|---|---|---|
| Gesammtlänge | . . . . . | 1′ 1″. | Nach N a u. |
| Körperlänge | . . . . . . | 4″ 5‴. | |
| Länge des Schwanzes | . . | 8″ 7‴, | |
| „ des Kopfes | . . . . | 11‴. | |
| „ der Ohren | . . . . | 1″ 2½‴. | |
| „ des Vorderarmes | . | 1″ 5‴. | |
| „ der Vorderhand bis zur Spitze des längsten Fingers | . . . | 1″ 3¾‴. | |
| „ des Schienbeines | . | 2″ ½‴. | |
| „ der Hinterhand | . . | 2″. | |

Körperlänge  . . . . .. 　　 4″ 6‴. Nach Burmeister.
Länge des Schwanzes . . 　 8″ 6‴.

Die Vorderzähne sind stumpf, die beiden mittleren des Oberkiefers kurz und aneinander stoßend. Die Zahl der Rückenwirbel
beträgt 14.

Vaterland. Südost-Asien, Molukken und insbesondere Amboina.

Von den Malayen wird diese Art „Podjé“ genannt.

Nau, der sie sehr genau beschrieben und auch abgebildet hat,
hielt sie — so wie auch die allermeisten seiner Nachfolger, — von
dem grauen Springmaki (Tarsius Daubentonii) nicht für specifisch
verschieden und reihte sie, dem Vorgange Schreber's folgend, der
Gattung Beutelratte (Didelphys) ein.

### 2. Der braunhändige Springmaki (Tarsius fuscomanus).

T. Daubentonii fere magnitudine; auriculis proportionaliter
magnis obtuse acuminato-rotundatis; brachio manibusque externe
parum pilosis; cauda longissima, corpore fere duplo longiore; vertice nuchaque fusco-griseis, macula dilute flavescente-alba pone
aures; dorso aut rufescente- vel caffeaceo-fusco, aut ex rufescente
flavo-griseo; gastraeo dilutiore grisescente-albo; brachio manibusque antipedum externe ejusdem coloris, ast digitis nigrescente- vel
caffeaceo-fuscis; manibus scelidum nigrescente-fuscis; cauda apice
rufo-fusca.

Tarsius fuscus s. fuscomanus. G. Fisch. Anat. d. Makis. S. 37.
　　　　　　　　　　t. 4 — 6. (Skelet.) Titelbl. (Schädel.)
Tarsius fuscomanus. Geoffr. Ann. du Mus. V. XIX. p. 168. Nr. 2.
Tarsius Fischeri. Desmar. Dict. d'hist. nat. Edit. I.
Tarsius fuscomanus. Desmar. Mammal. p. 105. Nr. 131.
Encycl. méth. Suppl. t. 2. f. 8.
Tarsius Fischeri. Horsf. Zool. Research. Nr. II.
Tarsius Daubentonii. Temminck. Monograph. d. Mammal. V. I,
　　　　　　　　　　p. XVI.
Tarsius fuscomanus. Spix. Cephalogenes. t. 6. f. 12.
Lemur fuscomanus. Griffith. Anim. Kingd. V. V. p. 150. Nr. 2.
Tarsius fuscomanus. Griffith. Anim. Kingd. V. V. p. 150. Nr. 2.
　　„　　　　　„　　　Geoffr. Cours de l'hist. nat. des Mammif. P. I.
　　　　　　　　Leç. 11. p. 39.

*Tarsius Spectrum.* Fisch. Synops. Mammal. p. 69, 547. Nr. 1.

*Malmay.* Cuming. Ann. of. Nat. Hist. V. III. (1837.) p. 67.

*Tarsius Spectrum.* S. Müller. Verhandel. V. I. p. 19.

„          „          Wagn. Schreber Säugth. Suppl. B. I. S. 297.
Nr. 1.

„          Van d. Hoeven. Tijdschr. V. XI. (1844.)
p. 45.

*Tarsius Fischeri.* Burmeist. Beitr. z. näh. Kennt. d. Gatt. Tarsius.
1846.

*Tarsius Spectrum.* Wagn. Schreber Säugth. Suppl. B. V. S. 160.
Nr. 1.

*Tarsius Fischeri.* Giebel. Säugeth. S. 1010.

G. Fischer hat uns mit dieser Form zuerst bekannt gemacht
und ihm gebührt auch das Verdienst, die Artselbstständigkeit derselben
richtig erkannt und durch Hervorhebung ihrer Unterscheidungsmerkmale deutlich nachgewiesen zu haben.

Sie ist nebst dem grauen Springmaki *(Tarsius Daubentonii)*,
mit dem sie fast von gleicher Größe ist, die kleinste unter allen Arten
nicht blos dieser Gattung und Familie, sondern auch der ganzen
Ordnung.

Die Ohren sind verhältnißmäßig groß und stumpfspitzig gerundet.
Der Oberarm und die Außenseite der Vorderhände sind nur wenig
behaart. Der Schwanz ist sehr lang und fast doppelt so lang als der
Körper.

Der Scheitel und der Nacken sind braungrau und hinter den
Ohren befindet sich ein lichter gelblichweißer Flecken. Der Rücken
ist röthlich- oder kaffebraun oder auch röthlich-gelbgrau, wobei die
einzelnen Haare gegen die Wurzel graulichweiß und an der Spitze
röthlich- oder kaffebraun, oder auch röthlich-gelbgrau sind. Die
Unterseite des Körpers ist heller graulichweiß, und von derselben
Farbe sind auch der Oberarm und die Außenseite der Vorderhände,
die Finger derselben sind aber dunkler schwärzlich- oder kaffebraun.
Die Hinterhände sind schwarzbraun, die Schwanzspitze ist rothbraun.

Gesammtlänge . . . . . 1′ 1″ ³/₄‴. Nach G. Fischer.

Körperlänge . . . . . . 4″ 7³/₄‴.

Länge des Schwanzes . . 8″ 5‴.

Die Vorderzähne sind spitz, die beiden mittleren des Oberkiefers
an der Außenseite flachgedrückt und scharf gerandet, und schon von

der Wurzel an auseinanderweichend. Die Zahl der Rückenwirbel beträgt 13, der Lendenwirbel 6.

Vaterland. Südost-Asien, Philippinen, wo diese Art auf den
Inseln Mindanao und Bobol vorkommt.

Von den Eingeborenen daselbst wird sie „Malmay" genannt.

Temminck, Joh. Fischer, S. Müller, Van der Hoeven
und Wagner vereinigen siese Form mit den übrigen bekannten in
eine einzige Art.

### 3. Der graue Springmaki (Tarsius Daubentonii).

*T. fuscomani fere magnitudine; auriculis majusculis obtuse
acuminato-rotundatis erectis; corpore artubusque gracillimis; cauda
longissima, corpore multo longiore; capite unicolore cinereo; dorso
abdomineque nigrescente - cinereis obscure ex rufescente flavo-
fusco lavatis; lateribus corporis nec non artubus ejusdem coloris,
ast dilutioribus.*

*Tarsier.* Buffon. Hist. nat. d. Quadrup. V. XIII. p. 87. t. 9.

     „     Daubent. Buffon Hist. nat. d. Quadrup. V. XIII. p. 90.

*Woolly Jerboa.* Pennant. Synops. Quadrup. p. 298. Nr. 225.

*Tarsiere.* Alessandri. Anim. quadrup. V. III. t. 145.

*Didelphis macrotarsos.* Schreber. Säugth. B. I. S. 554. Nr. 12.
           t. 155.

*Lemur Tarsier.* Erxleb. Syst. regn. anim. P. I. p. 71. Nr. 6.

     „        „     Zimmerm. Geogr. Gesch. d. Mensch. u. d. Thiere.
           B. II. S. 217. Nr. 124.

*Prosimia Spectrum.* Boddaert. Elench. anim. V. I. p. 66. Nr. 5.

*Didelphis macrotarsus.* Gmelin. Linné Syst. Nat. T. I. P. I. p. 109.
           Nr. 12.

*Tarsius.* Storr. Prodrom. Methodi Mammal.

*Lemur tarsius.* Cuv. Tabl. élém. d'hist. nat. p. 102.

*Tarsier tarsius.* Cuv. Tabl. élém. d'hist. nat. p. 102.

*Tarsius Daubentonii.* Geoffr. Magas. encycl. V. VII.

*Macrotarsus indicus.* Lacépède. Tabl. des divis. des Mammif.

     „        „     Link.

*Tarsius Daubentonii.* Audeb. Hist. nat. des Singes et de Makis.
           Tars. p. 29. t. 1.

*Lemur Tarsier.* Shaw. Gen. Zool. V. I. P. I. p. 105.

*Didelphis macrotarsos.* Nau. Naturforsch. B. XXV. S. 1.

*Tarsius Daubentonii.* G. Fisch. Anat. d. Makis. S. 37.

*Tarsius macrotarsus.* Illiger. Prodrom. p. 74.

*Tarsius Spectrum.* Geoffr. Ann. du Mus. V. XIX. p. 168. Nr. 1.

　　　　„　　　„　　Desmar. Mammal. p. 105. Nr. 130.
Encycl. méth. t. 22. f. 5.

*Tarsius Spectrum.* Fr. Cuv. Dents des Mammif. p. 29. t. 11.
　　　　(Zähne.)

*Tarsius Daubentonii.* Temminck. Monograph. d. Mammal. V. I.
　　　　p. XVI.

*Tarsius Spectrum.* Vrolik. Disquisit. anat. physiol. de pecul. arter.
　　　　extremit. in nonnull. animal. disposit. 1826.
　　　　(Anat.)

*Lemur Spectrum.* Griffith. Anim. Kingd. V. V. p. 149. Nr. 1.

*Tarsius Spectrum.* Griffith. Anim. Kingd. V. V. p. 149. Nr. 1.

　　　　„　　　„　　Geoffr. Cours. de l'hist. nat. des Mammif. P. I.
　　　　Leç. 11. p. 39.

　　　　„　　　„　　Fisch. Synops. Mammal. p. 69, 547. Nr. 1.

*Tarsius macrotarsus.* Wagler. Syst. d. Amphib. S. 9.

*Tarsius Daubentonii.* Schlegel. Essai sur la physionom. des
　　　　Serpents. V. I. p. 241.

*Tarsius Spectrum.* S. Müller. Verhandel. V. I. p. 19.

　　　　„　　　„　　Wagn. Schreber Säugth. Suppl. B. I. S. 297.
　　　　Nr. 1.

　　　　„　　Van. d. Hoeven. Tijdschr. V. XI. (1844.) p. 45.
　　　　t. 1. f. 7, 8. (Schädel und Gehirn.)

*Cephalopachus.* Swainson. Nat. Classif.

*Tarsius Spectrum.* Blainv. Ostéograph. Lemur. t. 1. (Skelet), t. 11.
　　　　(Gebiß.)

*Hypsicebus.* Lesson. Spec. des Mammif. biman. et quadrum.

*Tarsius Spectrum.* Horsf. Catal. of the Mammal. of the East-Ind.
　　　　Comp. p. 25.

*Tarsius spectrum.* Giebel. Odontograph. p. 7. t. 3. f. 11.

*Tarsius Spectrum.* Wagn. Schreber Säugth. Suppl. B. V. S. 160.
　　　　Nr. 1.

*Tarsius spectrum.* Giebel. Säugeth. S. 1010.

　　Diese höchst ausgezeichnete Art, deren Kenntniß wir schon
Buffon und Daubenton zu danken haben, ist die älteste unter den

uns bekannt gewordenen Formen dieser von Storr unter dem Namen „Tarsius" aufgestellten Gattung, als deren Hauptrepräsentant sie betrachtet werden kann und für welche Cuvier den Namen „Tarsier" und Lacépède die Bezeichnung „Macrotarsus" in Anwendung gebracht, während. Swainson den Namen „Cephalopachus" und Lesson den Namen „Hypsicebus" für dieselbe in Vorschlag brachten.

Ihre Körpergröße ist beinahe genau dieselbe wie die des braunhändigen Springmaki (Tarsius fuscomanus), daher sie nebst diesem zu den kleinsten Formen und zwar nicht nur dieser Gattung und Familie, sondern überhaupt der ganzen Ordnung gehört.

Die Ohren sind ziemlich groß, stumpfspitzig gerundet und aufrechtstehend. Der Leib und die Gliedmaßen sind sehr schlank. Der Schwanz ist sehr lang und viel länger als der Körper.

Der Kopf ist fast einfärbig aschgrau. Der Rücken und der Bauch sind schwärzlich-aschgrau und dunkel röthlich-gelbbraun überflogen, wobei die einzelnen Haare an der Wurzel schwärzlichgrau und an der Spitze dunkel röthlich-gelbbraun sind. Die Leibesseiten und die Gliedmaßen sind ebenso, aber heller gefärbt.

Körperlänge vom Scheitel an . . . 3″ 6½‴. Nach G. Fischer.

Die Vorderzähne sind spitz, die deiden mittleren des Oberkiefers lang und gerundet. Die Zahl der Rückenwirbel beträgt 13, der Lendenwirbel 7.

Vaterland. Südost-Asien, wo diese Art die Inseln Celebes, Salayer und Borneo bewohnt.

### 4. Der weissbauchige Springmaki (Tarsius Bancanus).

*T. Spectro eximie major et Otolicni Peli fere magnitudine; auriculis majusculis capite brevioribus, obtuse acuminato-rotundatis horizontalibus; cauda longissima, corpore circa* ⅓ *longiore; notaeo artubusque externe fuscis in griseum vergentibus leviterque rufescente-lavatis, imprimis in capite et artubus; gastraeo artubusque interne griseis in albidum vergentibus; cauda in parte calva multo obscuriore quam in pilosa parte apicali.*

*Lemur Tarsier.* Raffles. Linnean Transact. V. XIII. p. 337.

*Tarsius Bancanus.* Horsf. Zool. Research. Nr. II. c. fig. t. 3. f. g.

(Gebiß.)

*Tarsius Daubentonii Jun.* Temminck. Monograph d. Mammal.
V. I. p. XVI.
*Lemur Bancanus.* Griffith. Anim. Kingd. V. V. p. 151. Nr. 3.
*Tarsius Bancanus.* Griffith. Anim. Kingd. V. V. p. 151. Nr. 3.
*Tarsius Spectrum. Jun.* Fisch. Synops. Mammal. p. 69, 547.
Nr. 1.
*Tarsius macrotarsus Jun.* Wagler. Syst. der Amphib. S. 9.
*Tarsius Spectrum.* S. Müller. Verhandel. V. I. p. 19.
  „    „    *Jun.* Wagn. Schreber Säugth. Suppl. B. I.
S. 297. Nr. 1.
  „    Van d. Hoeven. Tijdschr. V. XI. (1844.) p. 45.
  „    Wagn. Schreber Säugth. Suppl. B. V. S. 160.
Nr. 1.
*Tarsius spectrum.* Giebel. Säugeth. S. 1010.

Wir kennen diese Form, deren Selbstständigkeit als Art bei
einer vorurtheilsfreien Prüfung ihrer Merkmale nicht wohl in Zweifel
gezogen werden kann, blos aus einer kurzen Notiz von Raffles und
einer Beschreibung von Horsfield.

Sie ist die größte Art der Gattung, beträchtlich größer als der
spitzohrige Springmaki *(Tarsum Spectrum)* und mit dem wolligen
Galago *(Otolicnus Peli)* nahezu von gleicher Größe.

Die Ohren sind ziemlich groß, doch kürzer als der Kopf, stumpfspitzig gerundet und wagrecht gestellt. Der Schwanz ist sehr lang
und ungefähr um 1/3 länger als der Körper.

Die Oberseite des Körpers und die Außenseite der Gliedmaßen
ist braun ins Graue ziehend und schwach röthlich überflogen, insbesondere am Kopfe und den Gliedmaßen. Die Unterseite des Körpers
und die Innenseite der Gliedmaßen ist grau ins Weißliche ziehend.
Der kahle Theil des Schwanzes ist viel dunkler als das behaarte
Ende.

Gesammtlänge . . . . . . . . . 1′ 3″. Nach Raffles.
Körperlänge ungefähr . . . . . . 6″.
Länge des Schwanzes ungefähr . . . 9″.

Im Oberkiefer sind nur 2 Vorderzähne vorhanden, welche durch
einen Zwischenraum voneinander getrennt sind und die mittleren
Vorderzähne fehlen gänzlich.

**Vaterland.** Süd-Asien, wo diese Art auf den beiden Inseln Sumatra und Banka angetroffen wird.

Auf Sumatra wird dieselbe von den Eingeborenen „*Singapua*" genannt.

Temminck wollte in dieser Form nur das junge Thier des grauen Springmaki (*Tarsius Daubentonii*) erkennen, eine Ansicht, welche auch alle seine Nachfolger theilten, obgleich schon der beträchtliche Unterschied in der Größe gegen dieselbe spricht, da doch nicht wohl angenommen werden kann, daß das junge Thier größer als das alte sei.

---

## Familie der Flattermaki's (Galeopitheci).

Die Familie der Flattermaki's (*Galeopitheci*) ist unstreitig die merkwürdigste und auch am schärfsten begrenzte der ganzen Ordnung, da sie bezüglich der Gesammtform der ihr angehörigen Arten auffallend von der Bildung sämmtlicher Arten der übrigen Familien abweicht und auch in Ansehung des Zahnbaues auffallend von denselben verschieden ist.

Dieß ist auch der Grund, weßhalb die Ansichten der Zoologen über die natürliche Stellung derselben im Systeme so beträchtlich voneinander abweichen.

Linné, Pennant, Schreber, Erxleben, Zimmermann, Boddaert, Gmelin, Audebert, Fischer, Wagler und Blainville wiesen ihr eine Stelle in der Ordnung der Halbaffen oder Äffer (*Hemipitheci*) an, während Cuvier, Geoffroy, Desmarest, Friedrich Cuvier, Illiger und Giebel sie zur Ordnung der Flatterthiere oder Handflügler (*Chiroptera*) zählen, und Wagner, welcher früher gleichfalls diese letztere Ansicht theilte, sie später mit den insektenfressenden Raubthieren in einer besonderen Ordnung vereinigte, die er mit dem Namen „Spitzzähner" (*Insectivora*) bezeichnete.

Daß die Ansicht Linné's und der älteren Zoologen die richtigere sei, kann bei einer eingehenden Prüfung der den Gliedern dieser Familie zukommenden Merkmale wohl kaum einem Zweifel unterliegen; denn nicht nur die äußeren körperlichen Merkmale sind es, welche sie weit mehr mit den Halbaffen oder Äffern *(Hemipitheci)* als mit den Flatterthieren oder Handflüglern *(Chiroptera)* gemein hat, sondern auch das Knochengerüste, das eine Vereinigung mit der letztgenannten Ordnung als völlig unnatürlich erscheinen läßt.

Noch weniger kann aber die neuere Ansicht Wagner's gebilliget werden, sie mit den insektenfressenden Raubthieren in einer besonderen Ordnung zusammenzufassen, da durch einen solchen Vorgang — der durch keinen der angeführten Unterstützungsgründe gerechtfertigt werden kann, — die nicht zu verkennende Gesetzmäßigkeit in der Zahl der großen Gruppen unseres natürlichen zoologischen Systemes nicht nur gewaltsam gestört, sondern gänzlich vernichtet werden würde.

Die frei liegende und nicht von einer Scheide umschlossene Ruthe und die brustständigen Zitzen in der Nähe der unteren Achselgegend sind Merkmale, welche — abgesehen von der Übereinstimmung des Knochenbaues in seinen wesentlichen Kennzeichen, — über die Stellung dieser Familie in der Reihe der Primaten *(Primates)* entscheiden.

Offenbar nimmt dieselbe die niederste Stufe in der Ordnung der Halbaffen oder Äffer *(Hemipitheci)* ein, indem sie diese mit der Ordnung der Flatterthiere oder Handflügler *(Chiroptera)* gleichsam zu verbinden scheint und einen scheinbaren Übergang zwischen diesen beiden Ordnungen vermittelt, wobei sie sich einerseits an die Familie der Galago's *(Otolicni)*, andererseits an die Familie der Flughunde *(Cynopteri)* anreiht.

Sie ist die kleinste unter den wenigen Familien dieser Ordnung und auch sehr arm an Arten, die sämmtlich in einer einzigen Gattung vereinigt sind, welche von Pallas aufgestellt und mit dem Namen „*Galeopithecus*" bezeichnet wurde.

Eine kurze Darstellung der Beschaffenheit des Skeletes und des Zahnbaues der dieser Familie angehörigen Formen scheint mir zu deren näheren Kenntniß von einiger Wichtigkeit zu sein, daher ich sie der speciellen Bearbeitung derselben voraussende.

Was das Skelet betrifft, so ist dasselbe im Allgemeinen nach dem Typus jenes der Gattung Maki *(Lemur)* gebildet und insbesondere ist es der Schädel, welcher in seiner Gestalt große Ähnlichkeit mit dem der genannten typischen Gattung dieser Ordnung darbietet.

Derselbe ist langgestreckt, ziemlich flach und breit, oben nur wenig gebogen und nach vorne zu abfallend. Der Schnauzentheil ist ziemlich kurz, gewölbt, nach vorne zu schwach verschmälert und am vorderen Ende abgerundet. Zwischen den Jochbögen und den hinteren Fortsätzen des Stirnbeines ist der Schädel von ansehnlicher Breite und die Jochbögen sind beträchtlich hoch. Die Augenhöhle ist auf ihrer vorderen, unteren und oberen Seite von einer scharf vorspringenden Kante umsäumt, welche auf der oberen Seite, wo das Stirnbein mit einem hinteren Fortsatze beinahe dachförmig vorragt, am stärksten hervortritt, keineswegs aber vollständig abgegrenzt, da die Fortsätze des Stirn- und Jochbeines auf der hinteren Seite nicht zusammenstoßen, sondern einen freien Zwischenraum zwischen sich lassen; ein Merkmal, wodurch sich der Schädel dieser Familie auffallend von der typischen Form der Gattung Maki *(Lemur)* unterscheidet. Die Thränengrube liegt auch nicht so wie bei dieser außerhalb, sondern im Inneren der Augenhöhle, da das Oberkieferbein sich vorne zu einem scharfen Rande für die Augenhöhle umschlägt. Von den hinteren Stirnfortsätzen läuft jederseits zur Abgrenzung des Schläfenmuskels ein vorspringender Wulst zur Hinterhauptsleiste, ohne daß sie jedoch an derselben miteinander zusammenstoßen. Das Hinterhaupt ist breit und nieder, und jederseits mit einer tiefen Aushöhlung zur Aufnahme der Gelenkköpfe des Unterkiefers versehen. Der Unterkiefer ist langgezogen, am Winkel breit und tief gesenkt, der Kronfortsatz nur wenig höher als der Gelenkfortsatz.

Der knöcherne Gaumen ist lang und breit, und verhältnißmäßig länger als bei der Gattung Maki *(Lemur)*. Die Grube hinter demselben, welche von dem aufgeworfenen Rande des Gaumenbeines und den mit diesem zusammenhängenden Flügelfortsätzen des Keilbeines gebildet wird, ist leierförmig in ihrem äußeren Umrisse.

Die Wirbelsäule bietet im Allgemeinen keine wesentlichen Abweichungen unter den einzelnen Formen dieser Familie dar und blos die Zahl und Vertheilung der Wirbel ist bei denselben verschieden.

Die Halswirbel sind lang und breit, und mit Ausnahme des Epistropheus, welcher einen hohen Dornfortsatz trägt, nur mit kurzen Dorn- und Querfortsätzen versehen. Die Rücken- und Lendenwirbel nehmen von vorne nach hinten an Breite allmählig zu, sind aber von gleicher Höhe und die Querfortsätze der Lendenwirbel stellen sich nur als eine Leiste dar. Die Kreuzwirbel sind miteinander verwachsen. Die beiden ersten Schwanzwirbel erscheinen wieder breiter und die übrigen verlängern sich vom fünften angefangen rasch und nehmen eine sehr langgestreckte walzenförmige Form an, ohne irgend einen Fortsatz darzubieten.

Die Zahl der Wirbel scheint je nach den verschiedenen Arten — insoweit uns das Skelet derselben bis jetzt bekannt ist, — zwischen 40 und 52 zu schwanken, und zwar die Zahl der Kreuzwirbel zwischen 2 und 5, und der Schwanzwirbel zwischen 12 und 21.

Die nachstehende Tabelle enthält eine Übersicht der in dieser Beziehung seither untersuchten Arten.

| | Rücken-wirbel | Lenden-wirbel | Kreuz-wirbel | Schwanz-wirbel | Gesammtz. mit Einschluß d. 7 Halsw. | Nach |
|---|---|---|---|---|---|---|
| *Galeopithecus..?(G.va-riegatus?)* ..... 13 | 13 | 6 | 2 | 12 | 40 | Cuvier. |
| „ ...?(G. Colugo?) 13 | 13 | 6 | 5 | 16 | 47 | Blainville. |
| „ ..?(G. undatus?) 10 | 10 | 9 | 4 | 18 | 48 | Giebel. |
| „ *macrurus* ....... 13 | 13 | | | 21 | | Blainville. |

Die Rippen, deren Zahl 13 Paare beträgt, von denen 7 Paare echte und 6 Paare falsche Rippen sind, bilden einen gestreckten und viel längeren Brustkasten als dieß bei den Flatterthieren oder Handflüglern *(Chiroptera)* der Fall ist. Die drei ersten Rippenpaare sind schmal, die folgenden aber sehr breit. Das Brustbein ist schmal, aus fünf breiten Wirbelkörpern gebildet und mit einer sehr hohen Handhabe ohne Spina versehen.

Die Schlüsselbeine sind lang und dünn, verhältnißmäßig kürzer als bei den Flatterthieren oder Handflüglern *(Chiroptera)*, nur wenig gewölbt und ziemlich flach. Das Schulterblatt ist dreiseitig und mit einer sehr hohen Gräthe versehen, und das Acromion endiget in zwei lange Fortsätze, von denen der innere oder obere sich an das Schlüsselbein lehnt, der äußere oder untere aber nach rückwärts gerichtet ist und das Ausweichen des Oberarmes nach vorne verhindert.

Der Oberarmknochen ist sehr schlank und gerade, mit hoher scharfer Deltaleiste und wie bei den Arten aller übrigen Familien dieser Ordnung am inneren Knorren des unteren Endes durchbohrt, die Gelenkgrube wie bei den Schlafmaki's *(Stenopes)* durchbrochen und die Knochenbrücke nach vorne gerückt. Der Vorderarm ist sehr langgestreckt. Das Ellenbogenbein ist dünn, an seiner Wurzel mit einem kurzen sehr breiten Ellenbogenhöcker versehen und Anfangs vom Speichenbeine getrennt, unter seiner Mitte aber mit demselben verschmolzen und fadenförmig auslaufend. Das Speichenbein ist um $1/4$ länger als der Oberarm und gerade.

Die Handwurzel ist klein und aus 8 Knochen gebildet, von denen einer aber sehr klein ist und an den meisten Skeleten fehlt. Die Mittelhandknochen und Phalangen der Finger sind wie bei der Gattung Maki *(Lemur)* gebildet, der Daumen ist aber viel dünner als bei dieser, die Phalangen der zweiten Reihe sind länger als die der ersten und die Nagelglieder sind mehr zusammengedrückt und höher.

Das Becken ist fast ebenso wie bei den Arten der Familie der Schlafmaki's *(Stenopes)* gebildet, nur ist die Einlenkung mit dem Kreuzbeine etwas mehr nach rückwärts gerückt und der Schambeinrand schiefer gestellt. Die Hüftbeine sind sehr schmal und walzenförmig. Die Schambeinfuge ist sehr kurz und geöffnet und auch das große eiförmige Loch ist nach hinten offen.

Der Oberschenkel ist stark gestreckt, schlank und gerade, mit einem schwach angedeuteten dritten Rollhügel, die Kniescheibe breit, eiförmig und flach. Das Schienbein ist von der Gestalt und Länge des Oberschenkels, das Wadenbein dünn und beinahe fadenförmig, insbesondere aber nach oben zu und ebenso lang als das Schienbein.

Das Sprungbein hat keine Rolle und das Fersenbein ist sehr kurz und vollständig zusammengedrückt. Die Zehen sind kürzer und dünner als die Finger und die Phalangen der ersten und zweiten Reihe nur wenig an Länge verschieden.

Die Zahl und Vertheilung der Zähne ist bei allen Arten dieser Familie vollkommen gleich und die Zahl derselben beträgt 34.

Im Oberkiefer sind 2, im Unterkiefer 6 Vorderzähne vorhanden. Eckzähne fehlen gänzlich und die Zahl der Lückenzähne beträgt im Oberkiefer jederseits 3, im Unterkiefer 2, der Backenzähne in beiden Kiefern in jeder Kieferhälfte 4.

Die oberen Vorderzähne sind sehr klein und durch einen weiten Zwischenraum voneinander getrennt. Bei den allermeisten Arten sind dieselben nur von geringer Breite und durch zwei Kerben in drei

Zacken getheilt, von denen die vorderste die größte ist. Nur eine einzige Art ist bis jetzt bekannt, bei welcher die oberen Vorderzähne
sehr schmal und einkerbig sind.

Von den unteren Vorderzähnen, welche durchaus einwurzelig
sind, sind die beiden mittleren Paare bis an die Wurzel gespalten
und erscheinen hierdurch kammartig. Das vordere Paar bietet 7,
das folgende etwas größere, je nach den verschiedenen Arten, 8—9
ziemlich lange schmale kammartige Zacken dar. Der dritte oder
äußere Vorderzahn, welcher etwas abgerückt und kleiner ist, steht
dem oberen Vorderzahne gegenüber und wird durch vier Kerben in
fünf kurze Zacken getheilt.

Der erste Lückenzahn des Oberkiefers ist viel größer als der
Vorderzahn, schmal und zweiwurzelig und bildet an der Krone einen
Winkel, dessen vorderer Schenkel bei den allermeisten Arten durch
eine Kerbe unterhalb der Spitze zweizackig und dessen hinterer
Schenkel durch drei Kerben vierzackig erscheint. Der zweite ebenfalls zweiwurzelige Lückenzahn ist von derselben Bildung wie der
erste, nur ist der hintere Schenkel seines Winkels durch vier Kerben
fünfzackig und steht derselbe von den übrigen Zähnen etwas abgesondert. Blos bei einer einzigen von den seither bekannt gewordenen
Arten sind die Ränder des ersten und zweiten oberen Lückenzahnes
ungekerbt und oben stößt auch der zweite Lückenzahn mit den übrigen Zähnen zusammen. Der dritte obere Lückenzahn ist länger als
breit und dreiseitig mit nach vorne gerichteter Spitze und wird durch
eine tiefe, von Außen nach Innen verlaufende Querfurche in zwei
spitze Höcker getheilt, von denen der hintere nach Außen mit einer
starken Ausschweifung versehen ist.

Der erste Lückenzahn des Unterkiefers ist zweiwurzelig und
von derselben Gestalt wie der obere; der zweite ist der längste,
vorne schmal, hinten breiter und aus zwei sehr ungleichen Haupt-
stücken gebildet. Das vordere gleicht dem ersten Lückenzahne, bietet
vorne zwei kleine Zacken dar und geht dann in eine große Spitze
über, welche an ihrem hinteren Abfalle wieder mit einem kleinen
Zacken versehen ist. An dieselbe schließt sich der Breite nach das
hintere Hauptstück an, das aus zwei kurzen spitzen Höckern besteht,
die durch eine Grube sowohl voneinander, als auch von dem vorderen
Hauptstücke getrennt sind und von welchen der äußere Höcker einfach, der innere hingegen durch zwei seichte Kerben ausgezackt ist.

Die Backenzähne des Oberkiefers sind sich in der Gestalt völlig gleich, von Außen nach Innen breiter als lang und durchaus dreiwurzelig. Jeder ist aus drei Haupttheilen gebildet, zwei äußeren Erhöhungen, welche schmalen gleichschenkeligen Dreiecken gleichen, deren Grundflächen auf der Außenseite des Zahnes liegen und deren Spitzen sich nach Innen und abwärts wenden, während die innere Seite des Zahnes einen starken spitzen kegelförmigen Höcker bildet. Diese drei Haupttheile sind durch eine tiefe Grube voneinander geschieden und zwischen dem hinteren Dreiecke und dem inneren Höcker ist noch ein kleiner spitzer Zacken eingeschoben.

Die Backenzähne des Unterkiefers sind ihrer Bildung nach nicht voneinander verschieden, nur ist der vordere etwas länger als die hinteren, welche minder lang als breit sind. Jeder besteht aus zwei nach Innen zu liegenden dreiseitigen zackigen Prismen, die voneinander, so wie auch von dem auf der Außenseite liegenden starken kegelförmigen Höcker durch eine tiefe Grube geschieden sind. Sie sind durchgehends zweiwurzelig, doch sind die Wurzeln der beiden hinteren miteinander verwachsen und in einer gemeinschaftlichen Alveole eingeschlossen, während die beiden vorderen für jede Wurzel eine besondere Alveole haben.

Bezüglich der äußeren Körpertheile zeigt sich unter den einzelnen Arten dieser Familie eine sehr große Übereinstimmung.

Der Kopf ist gestreckt, die Schnauze ist kurz und mehr oder weniger stumpfspitzig abgerundet. Die Nasenlöcher sind halbmondförmig und stehen einander genähert. Die Schnurren sind kurz und dünn. Die Augen sind mittelgroß, etwas seitlich auf der Vorderseite des Kopfes liegend und nicht sehr nahe nebeneinander stehend. Die Ohren sind klein, gerundet und behaart, und mit keiner Ohrklappe versehen. Der Leib ist gestreckt und von einer dicken, auf beiden Seiten behaarten Flatterhaut umgeben, welche hinter dem Unterkiefer beginnt, die vorderen Gliedmaßen umsäumt, die Zehen derselben bis an die frei vorstehenden Krallen miteinander verbindet, sich zwischen den Vorder- und Hinterbeinen — wo sie beträchtlich breiter wird — ausspannt, auch die Zehen der Hinterfüße bis an die Krallen einhüllt und die beiden Hinterbeine miteinander verbindet und den ganzen Schwanz einschließt, ohne jedoch durch knöcherne Sporen unterstützt zu werden. Die Gliedmaßen sind daher Flatterbeine und gestreckt, und die Fußwurzel ist kürzer als das Schienbein. Vorder- und Hinterfüße sind fünfzehig, die Zehen kurz und die der Vorderfüße nur wenig länger als jene der Hinterfüße. Der Daumen weder der Vorder- noch der Hinterfüße ist den übrigen Zehen entgegensetzbar und der Zeigefinger derselben nicht verkürzt. Die drei äußeren sind sich an Länge beinahe völlig gleich und sämmtliche Zehen verkürzen sich nur allmählig nach Innen, daher die äußere die längste, die Daumenzehe aber die kürzeste ist. Die Krallen sind kurz und schmal, zusammengedrückt, stark gekrümmt und spitz, und an der Wurzel sehr hoch. Der Schwanz ist mehr oder weniger kurz. Die Zunge ist frei, mäßig lang und nur wenig ausstreckbar. Von Zitzen sind zwei Paare vorhanden, von denen jederseits ein Paar in der vorderen Achselgegend liegt und die einzelnen Zitzen sind nicht sehr weit voneinander entfernt und über einander gestellt. Die Ruthe ist frei und hängend.

Der Verbreitungsbezirk der Familie der Flattermaki's hat keine besonders große Ausdehnung und erstreckt sich blos über den südlichen Theil von Ost-Asien und einen sehr kleinen Theil des westlichen Australien.

Sämmtliche Arten nähren sich vorzugsweise von Früchten, doch stellen sie auch Insekten und selbst kleinen Vögeln nach.

Sie sind vollkommene Nachtthiere und bringen den Tag schlafend zu, wobei sie sich — so wie die Flatterthiere oder Handflügler *(Chiroptera),* — mit den Hinterfüßen an einen Ast klammern und Kopf und Leib nach abwärts hängen lassen.

Das Weibchen wirft zwei Junge, die, so lange sie noch saugen, beständig an den Zitzen der Mutter hängen und von derselben überall herumgetragen werden.

Nach diesen allgemeinen Bemerkungen wende ich mich nun der speciellen Bearbeitung dieser Thierfamilie zu.

# Familie der Flattermaki's (Galeopitheci).

**Charakter.** Die Gliedmaßen sind Flatterbeine, indem sie durch eine Flatterhaut miteinander verbunden sind. Weder Vorder- noch Hinterfüße sind mit einem den übrigen Zehen entgegensetzbaren Daumen versehen und beide sind fünfzehig. Die Fußwurzel ist kürzer als das Schienbein. Die Ohren sind klein. Alle Zehen haben Krallennägel. Der Zeigefinger der Vorder- sowohl als Hinterfüße ist nicht verkürzt.

## 1. Gatt.: Flattermaki (Galeopithecus).

Der Leib ist von einer dicken, auf beiden Seiten behaarten Flatterhaut umgeben, welche alle vier Gliedmaßen und den Schwanz vollständig einschließt, die Zehen der Vorder- und Hinterfüße bis zu den Krallen miteinander verbindet und sich an den Seiten des Halses hinter dem Unterkiefer anheftet. Die Schnauze ist kurz und mehr oder weniger stumpfspitzig abgerundet. Die Ohren sind behaart. Die Augen sind mittelgroß und stehen nicht sehr stark einander genähert etwas seitlich an der Vorderseite des Kopfes. Die Zehen sind kurz und die fünfte oder Außenzehe ist die längste. Der Schwanz ist kurz. Zitzen sind zwei Paare vorhanden, von denen ein Paar in der vorderen Achselgegend, das andere in geringer Entfernung von demselben unter diesem liegt.

Zahnformel: Vorderzähne $\frac{1-1}{6}$, Eckzähne $\frac{0-0}{0-0}$, Lückenzähne $\frac{3-3}{2-2}$, Backenzähne $\frac{4-4}{4-4}$ = 34.

### 1. Der rothe Flattermaki *(Galeopithecus rufus)*.

*G. undato minor et fere Lemuris Mongoz magnitudine; rostro brevi, apicem versus angustato obtuse acuminato-rotundato; naribus semilunaribus lateralibus sat approximatis, vibrissis teneris brevibus; auriculis parvis rotundatis; oculis mediocribus; cauda brevi, dimidio corpore distincte longiore; corpore pilis breviusculis incumbentibus mollibus dense vestito, antibrachio pilis laneis parum confertis; lateribus corporis et regione axillari calvis; notaeo unicolore fusco- vel castaneo-rufo, gastraeo ejusdem coloris ast dilutiore; lateribus colli artubusque interne in albidum vergentibus.*

*Galeopithecus rufus.* Cuv. Tabl. elém. d'hist. nat. p 107. Nr. 1.

„ „ Geoffr. Magas. encycl. V. VII.

„ Audeb. Hist. nat. des Singes et de Makis. Galéopith. p. 35. t. 1.

„ Schreber. Säugth. t. 307. E.

„ Desmar. Nouv. Dict. d'hist. nat. V. XII. p. 376. Nr. 1.

„ Desmar. Mammal. p. 108. Nr. 153.

„ Fr. Cuv. Diet. des Sc. nat. V. XVIII. p. 81.

„ Desmoul. Dict. class. V. VII. p. 122. Nr. 1.

„ Raffles. Linnean Transact. V. XIII. p. 248.

„ Griffith. Anim. Kingd. V. V. p. 286. Nr. 1.

„ Geoffr. Cours de l'hist. nat. des Mammif. P. I. Leç. 12. p. 37.

*Galeopithecus variegatus.* Temminck. Monograph. d. Mammal. V. I. p. XVI.

*Goleopithecus volans.* Fisch. Synops. Mammal. p. 78, 549. Nr. 1.

„ „ Wagl. Syst. d. Amphib. S. 9.

*Galeopithecus Temminckii.* Waterh. Proceed. of the Zool. Soc. V. VI. (1836.) p. 119.

„ „ Blainv. Ostéograph. Lemur. p. 48.

*Galeolemur.* Lesson.

*Galeopithecus rufus.* Wagner. Schreber Säugth. Suppl. B. I. S. 324. Nr. 1.

*Galeopithecus Temminckii.* Cantor. Journ. of the Asiat. Soc. of Bengal. V. XV. (1846.) p. 177.

*Galeopithecus volans.* Gray. Mammal. of the Brit. Mus. p. 17.

„ „ Wagn. Schreber. Säugth. Suppl. B. V. S. 523. Nr. 1.

*Galeopithecus rufus.* Fitz. Naturg. d. Säugeth. B. I. S. 120. f. 27.

*Galeopithecus volans.* Giebel. Säugeth. S. 1005.

Cuvier hat die Artselbstständigkeit dieser Form zuerst erkannt und dieselbe mit dem Namen „*Galeopithecus rufus*" bezeichnet. Bald darauf wurde sie auch von Geoffroy unter eben diesem Namen beschrieben und von Audebert abgebildet. Viele ihrer

Nachfolger haben sich dieser Ansicht angeschlossen, während so manche andere sich bestimmt fanden, sie mit verschiedenen Formen dieser Gattung in eine Art zu vereinigen.

Sie ist nicht ganz von der Größe des Mongus-Maki *(Lemur Mongoz)*, kleiner als der gewellte *(Galeopithecus undatus)* und vollends als der stumpfschnauzige *(Galeopithecus philippinensis)*, und merklich größer als der gelbbraune Flattermaki *(Galeopithecus Colugo)*, daher eine der kleineren Arten in der Gattung.

Zunächst ist sie mit dem grauen *(Galeopithecus ternatensis)*, braungelben *(Galeopithecus Colugo)*, gescheckten *(Galeopithecus variegatus)* und gewellten Flattermaki *(Galeopithecus undatus)* verwandt, mit denen sie in der Gestalt im Allgemeinen sowohl, als auch in der Bildung ihrer einzelnen Körpertheile so wie in der Behaarung beinahe vollständig übereinzukommen scheint und von denen sie sich nur durch die Verschiedenheit in der Größe, der gegenseitigen Verhältnisse der einzelnen Theile ihres Körpers und der Färbung unterscheidet.

Die Schnauze ist kurz, gegen das vordere Ende zu verschmälert und stumpfspitzig abgerundet. Die Nasenlöcher sind halbmondförmig, seitlich gestellt und ziemlich nahe nebeneinander liegend, die Schnurren kurz und dünn. Die Ohren sind klein und abgerundet, die Augen von mittlerer Größe. Der Schwanz ist kurz, doch merklich länger als der halbe Körper.

Die Körperbehaarung ist ziemlich kurz, glatt anliegend und weich, auf der Oberseite und längs der Unterseite so wie auch auf dem Oberarme dicht, auf dem Vorderarme dagegen aber dünngestellt und wollig. Die Leibesseiten und die Achselgegend sind kahl.

Die Oberseite des Körpers ist einfärbig braunroth oder kastanienroth, die Unterseite ebenso, aber lichter. Die Seiten des Halses und die Innenseite der Gliedmaßen ziehen in's Weißliche.

Körperlänge . . . . . . 1′ 4″.     Nach Cantor.
Länge des Schwanzes . .     9″.
Körperlänge . . . . . .     11″ 10‴. Nach Geoffroy.

Vaterland. Süd-Asien, Hinter-Indien, wo diese Art in Siam, auf der Halbinsel Malakka und der Insel Singapore und Pulo-Pinang angetroffen wird. Diard hat dieselbe von Siam gebracht, Cantor von den übrigen Punkten her erhalten.

Das naturhistorische Museum zu Paris besitzt ein Exemplar dieser Art.

### 2. Der graue Flattermaki *(Galeopithecus ternatensis).*

*G. rufo similis, ast colore diversus; corpore unicolore griseo, notaeo paullo obscuriore, gastraeo dilutiore.*

*Felis volans Ternatana.* Seba Thesaur. T. I. p. 93. t. 58. f. 2. (Foem.) f. 3. (Mas).

*Fliegende Katze von Ternate.* Meyer. Thiere. B. III. t. 37 (Weibch.). t. 38 (Männch.).

*Fliegende Katze.* Haller. Naturg. d. Thiere. S. 453.

*Lemur volans.* Linné. Syst. Nat. Edit. X. T. I. p. 30. Nr. 3.

*Vliegend Spookdier met een Staart.* Houtt. Nat. Hist. V. I. p. 401. t. 7. f. 3.

*Lemur volans.* Linné. Syst. Nat. Edit. XII. T. I. P. I. p. 45. Nr. 5.

*Flying Maucauco.* Pennant. Synops. Quadrup. p. 139. Nr. 109.

*Fliegende Katze.* Müller. Natursyst. B. I. S. 149. t. 7. f. 3.

*Lemur volans.* Schreber. Säugth. B. I. S. 146. Nr. 7. t. 43.

„       „       Erxleb. Syst. regn. anim. P. I. p. 71. Nr. 7.

„       „       Zimmerm. Geogr. Gesch. d. Mensch. u. d. Thiere. B. II. S. 216. Nr. 123.

*Galeopithecus volans.* Pallas. Act. Acad. Petropol. V. IV. (1780.) P. I. p. 208.

*Flying Maucauco.* Pennant. Hist. of Quadrup. V. I. p. 218. Nr. 135. t. 27.

*Prosimia volans.* Boddaert. Elench. anim. V. I. p. 65. Nr. 4.

*Lemur volans.* Gmelin. Linné Syst. Nat. T. I. P. I. p. 44. Nr. 5.

*Maki volant.* Encycl. méth. t. 22. f. 2.

*Galeopithecus Ternatensis.* Geoffr. Magas. encycl. V. VII.

*Galeopithecus volans.* Shaw. Gen. Zool. V. I. P. I. t. 38.

„             „       Illiger. Prodrom. p. 117.

*Galeopithecus Ternatensis.* Desmar. Nouv. Dict. d'hist. nat. V. XII. t. 377. Nr. 3.

Desmar. Mammal. p. 108. Nr. 135.

Fr. Cuv. Dict. des Sc. nat. V. XVIII. p. 81.

Desmoul. Dict. class. V. VII. p. 123. Nr. 3.

*Galeopithecus Ternatensis.* Griffith. Anim. Kingd. V. V. p. 288.
Nr. 3.
Geoffr. Cours de l'hist. nat. des
Mammif. P. I. Leç. 12. p. 38.
*Galeopithecus variegatus.* Temminck. Monograph. d. Mammal.
V. I. p. XVI.
*Galeopithecus volans.* Fisch. Synops. Mammal. p. 78. 549. Nr. 1.
„         „    Wagler. Syst. d. Amphib. S. 9.
*Galeopithecus Temminckii.* Waterh. Proceed. of the Zool. Soc. V.
VI. (1836.) p. 119.
„         „    Blainv. Ostéograph. Lemur. p. 48.
*Galeopithecus rufus.* Wagner. Schreber Säugth. Suppl. B. I. S. 524.
Nr. 1. — S. 326. Note 14.
*Galeopithecus volans.* Gray. Mammal of the Brit. Mus. p. 17.
„         „    Wagn. Schreber. Säugth. Suppl. B. V. S. 523.
Nr. 1.
„         „    Giebel. Säugeth. S. 1005.

Schon Seba hat diese Art gekannt und uns im Jahre 1734
eine Abbildung derselben mitgetheilt. Schreber hat dieselbe zuerst beschrieben und Geoffroy ihre Merkmale genauer auseinander-
gesetzt.

So wie fast alle übrigen Arten dieser Gattung, so wurde auch
diese von vielen späteren Naturforschern häufig mit anderen Arten
verwechselt.

Über die Größe derselben mangelt es bis jetzt an irgend einer
bestimmten Angabe und ebensowenig liegen nähere Andeutungen
über ihre körperlichen Formen und deren gegenseitige Verhältnisse
vor; doch läßt sich aus den Abbildungen, welche wir von ihr besitzen und die uns als Anhaltspunkt zu einer Vergleichung dienen
können, ersehen, daß sie in Ansehung der Gestalt des Kopfes mit
dem rothen *(Galeopithecus rufus)*, braungelben *(Galeopithecus
Colugo)* und gewellten Flattermaki *(Galeopithecus undatus)* übereinstimmt.

Dagegen ist die Färbung von jener der genannten Arten gänzlich verschieden, da dieselbe durchaus einfärbig grau und auf der
Oberseite etwas dunkler, auf der Unterseite heller erscheint.

Vaterland. Südost-Asien, Molukken, Insel Ternate.

## 3. Der gelbbraune Flattermaki *(Galeopithecus Colugo).*

*G. rufo distincte minor et Lemuris Cattae fere magnitudine;
rostro apicem versus angustato, obtuse acuminato-rotundato;
cauda brevi, dimidio corpore paullo breviore; corpore patagioque
pilis longiusculis incumbentibus mollibus dense vestitis, unicoloribus fusco- vel rufo-flavis, notaeo paullo obscuriore, gastraeo
dilutiore.* ?

*Vespertilio admirabilis.* Bontius. Hist. nat. Ind. orient. p. 68.
      fig. p. 69.

*Felis volans Frisch.* Vögel Teutschl. Cl. VIII. t. 104.

*Galeopithecus volans.* Pallas. Act. Acad. Petropol. V. IV. (1780.)
      P. I. p. 208. t. 8. f. 1. (Thier.) f. 2—5.
      (Schädel.)

    „     Schreber. Säugth. t. 307. C. (Thier.) f.
      f. 1—4. (Schädel.)

*Lemur volans.* Gmelin. Linné Syst. Nat. T. I. P. I. p. 44. Nr. 5.

*Colugo.* Griffith. Anim. Kingd. V. I. p. 158. c. fig.

*Galeopithecus variegatus.* Temminck. Monograph. d. Mamal. V. I.
      p. XVI.

*Galeopithecus volans.* Fisch. Synops. Mammal. p. 78, 549. Nr. 1.

*Galeopithecus Temminckii.* Waterh. Proceed. of the Zool. Soc. V.
      VI. (1836.) p. 119.

*Galeopithecus volans.* Blainv. Ostéograph. Lemur. p. 48. t. 6.
      (Skelet.) t. 11. (Gebiß.)

*Galeopithecus rufus.* Wagn. Schreber Säugth. Suppl. B. I. S. 324.
      Nr. 1.

*Galeopithecus volans.* Owen. Odontograph. p. 433. t. 114. fig. 1.
      (Gebiß).

    „     Giebel. Odontograph. S. 8. t. 3. f. 4. (Zähne.)

    „     Wagner. Schreber Säugth. Suppl. B. V.
      S. 523. Nr. 1.

   „     „     Giebel. Säugeth. S. 1005.

Unter allen Arten dieser Gattung die am längsten bekannte, da
uns schon Bontins im Jahre 1658 Kunde von ihr gab. Von allen
späteren Naturforschern wurde sie jedoch mehrfach mit anderen Arten
verwechselt und bis zur Stunde wurden noch von keinem Zoologen
ihre Unterscheidungsmerkmale festgestellt.

Selbst Pallas, der uns zuerst eine genauere Beschreibung von derselben gab, vermengte sie mit anderen Arten und gründete auf sie seine Gattung „*Galeopithecus*", indem er sämmtliche zunächst mit ihr verwandte Formen, welche Linné in seiner Gattung „*Lemur*" vereinigt hatte, aus derselben ausschied. Lesson, der sich darin gefiel selbst für die bestgebildeten Gattungsnamen neue zu schaffen, die bezüglich der Regelwidrigkeit ihrer Zusammensetzung häufig nichts zu wünschen übrig lassen, schlug statt des von Pallas eingeführten Gattungsnamens den Namen „*Galeolemur*" vor.

In Ansehung der Größe kommt diese Form nahezu mit dem ringelschwänzigen Maki *(Lemur Catta)* überein, da sie nur sehr wenig größer als derselbe ist. Sie steht sonach dem rothen Flattermaki *(Galeopithecus rufus)* an Größe merklich nach und bildet die kleinste unter allen zur Zeit bekannten Arten dieser Gattung.

Ihre Körperform ist dieselbe wie die der genannten Art, so wie auch jene des grauen *(Galeopithecus ternatensis)* und gewellten Flattermaki's *(Galeopithecus undatus)*.

Die wesentlichsten Merkmale, wodurch sie sich von diesen Formen unterscheidet, sind — abgesehen von der verschiedenen Körpergröße, — theils die Abweichungen in den Verhältnissen ihrer einzelnen Körpertheile, theils aber auch die Verschiedenheiten in der Färbung.

Die Schnauze ist nach vorne zu verschmälert, stumpf zugespitzt und abgerundet. Der Schwanz ist kurz, nicht ganz von halber Körperlänge.

Die Körperbehaarung ist ziemlich lang, dicht, glatt anliegend und weich, und ebenso auch die Behaarung der Flatterhaut.

Die Färbung ist einfärbig braungelb oder rothgelb, auf der Oberseite des Körpers etwas dunkler, auf der Unterseite heller.

Gesammtlänge . . . . . . . . . 1' 9" 6'''. Nach Pallas.
Körperlänge . . . . . . . .. . . 1' 2" 6'''.
Länge des Schwanzes fast . . . . .. 7".

Vaterland. Süd-Asien, woselbst diese Art sowohl in Java, als auch auf der Insel Timor angetroffen wird.

Exemplare derselben befinden sich in den zoologischen Museen zu Leyden, London und Wien.

## 4. Der gescheckte Flattermaki *(Galeopithecus variegatus)*.

*G. philippinense forsan eximie major et Lemuris rubri circa magnitudine; capite crasso, rostro brevi apicem versus angustato obtuse acuminato-rotundato; cauda brevi; colore secundum aetatem variabili; corpore in animalibus adultis rufescente-griseo, notaeo obscuriore, gastraeo dilutiore; patagio supra artubusque griseo et albido variegatis; in animalibus junioribus corpore magis obscure griseo-fusco, notaeo patagioque supra nec non artubus maculis nigris ac griseis et parvis punctiformibus albis notatis.*

*Galeopithecus variegatus.* Cuv. Tabl. élém. d'hist. nat. p. 107. Nr. 2.

    „    Geoffr. Magas. encycl. V. VII.

    „    Andeb. Hist. nat. des Singes et de Makis. Galéopith. p. 37. t. 2.

    „    Schreber. Säugth. t. 307. D.

    „    Desmar. Nouv. Dict. d'hist. nat. V. XII. p. 376. Nr. 2.

    „    Desmar. Mammal. p. 108. Nr. 134.

    „    Fr. Cuv. Dict. des Sc. nat. V. XVIII. p. 81.

    „    Desmoul. Dict. class. V. VII. p. 123, Nr. 2.

    „    *Jun.* Temminck. Monograph. d. Mammal. V. I. p. XVI.

    „    Griffith. Anim. Kingd. V. V. p. 287. Nr. 2.

    „    Geoffr. Cours de l'hist. nat. des Mammif. P. I. Leç. 12. p. 38.

*Galeopithecus volans.* β. *Jun.* Fisch. Synops. Mammal. p. 79, 549. Nr. 1. β.

*Galeopithecus volans.* Wagler. Syst. d. Amphib. S. 9.

*Galeopithecus Temminckii.* Waterh. Proceed. of the Zool. Soc. V. VI. (1836). p. 119.

    „        „    Blainv. Ostéograph. Lemur. p. 48.

*Galeopithecus rufus.* β. *Jun.* Wagn. Schreber Säugth. Suppl. B. I. S. 325. Nr. 1. β. — Note 14.

*Galeopithecus volans.* G r a y. Mammal. of the Brit. Mus. p. 17.

„          „     W a g n. Schreber Säugth. Suppl. B. V. S. 523. Nr. 1.

„          „     *Jun.* G i e b e l. Säugeth. S. 1005.

Eine zuerst von C u v i e r unterschiedene, aber blos nach einem jungen Thiere aufgestellte Art, welche auch von G e o f f r o y und seinen Nachfolgern als eine selbstständige Art anerkannt und von A u d e b e r t abgebildet wurde.

T e m m i n c k, welcher den rothen *(Galeopithecus rufus)*, grauen *(Galeopithecus ternatensis)*, gelbbraunen *(Galeopithecus Colugo)* und gewellten Flattermaki *(Galeopithecus undatus)* in eine Art zusammen warf, erklärte sie nur für das junge Thier derselben und dieser Ansicht traten auch die späteren Zoologen bei, indem sie diese Form mit mehreren der genannten Arten für identisch und zwar blos für den jugendlichen Zustand derselben hielten.

Diese Ansicht scheint aber keineswegs gerechtfertigt und diese von C u v i e r, G e o f f r o y und A u d e b e r t beschriebene Form wohl eine selbstständige Art zu sein.

Über die Körpergröße, welche dieselbe erreicht, liegt zwar keine bestimmte Angabe vor, doch ist es wahrscheinlich, daß sie zu den größeren in der Gattung zählt und — wenn das von W a t e r - h o u s e für seinen „*Galeopithecus Temminckii*" angegebene Maaß, wie ich vermuthe, sich auf sie beziehen sollte, — die größte Form in der Gattung bilden dürfte, indem sie den stumpfschnauzigen Flattermaki *(Galeopithecus philippinensis)* an Größe noch beträchtlich übertreffen und ungefähr die Größe des rothen Maki *(Lemur ruber)* erreichen würde.

Der Kopf ist dick, die Schnauze kurz, gegen das vordere Ende zu verschmälert und stumpfspitzig abgerundet. Der Schwanz ist kurz.

Die Färbung ändert etwas nach dem Alter.

A l t e T h i e r e sind röthlichgrau, auf der Oberseite des Körpers dunkler, auf der Unterseite heller und auf der Oberseite der Flatterhaut und der Gliedmaßen graulich und weißlich gescheckt.

J u n g e T h i e r e sind dunkler und mehr graubraun, mit schwarzen und grauen Flecken und kleinen punktförmigen weißen Flecken auf der Oberseite der Flatterhaut und der Gliedmaßen.

Körperlänge . . . . . . . . . . 2′. Nach W a t e r h o u s e.
Körperlänge eines jungen Thieres 5″ 11‴. Nach G e o f f r o y.
V a t e r l a n d. Südost-Asien, Molukken und West-Australien,
Pelew-Inseln, wo L e s s o n diese Art getroffen.
Das naturhistorische Museum zu Paris ist im Besitze dieser Art.

### 5. Der gewellte Flattermaki *(Galeopithecus undatus)*.

*G. philippinense minor et Lemure Mongoz paullo major;*
*rostro brevi apicem versus angustato, obtuse acuminato-rotundato;*
*cauda brevi fere* ¼ *corporis longitudine; corpore pilis longius-*
*culis incumbentibus mollibus dense vestito, lateribus et regione*
*axillari exceptis calvis, brachiis dense ac longe pilosis, antibra-*
*chiis pilis laneis parum confertis obtectis; colore secundum aetatem*
*variabili; notaeo in animalibus adultis ex nigro et flavescente-albo*
*mixto, patagio supra striis transversalibus undulatis nigris et in*
*margine anteriore sicut in maniculis guttis oblongis albidis signato;*
*occipite nuchaque in dilute flavescente-griseum vergentibus, sin-*
*cipite obscuriore; gastraeo patagioque infra ferrugineo-fuscescen-*
*tibus, abdomine obscuriore; artubus ejusdem coloris ast dilutioribus;*
*notaeo in junioribus animalibus ex flavescente et griseo mixto,*
*capite in fuscescentem vergente, dorso patagioque supra striis*
*transversalibus undulatis nigris notatis, gastraeo albido.*

*Galeopithecus volans.* P a l l a s. Act. Acad. Petropol. V. IV. (1780.)
P. I. p. 208. t. 7.
„            „    S c h r e b e r. Säugth. t. 307. B.
*Lemur volans.* G m e l i n. Linné Syst. Nat. T. I. P. I. p. 44. Nr. 5.
*Galeopithecus marmoratus* T e m m i n c k. Siebold Fana japon.
*Galeopithecus variegatus.* T e m m i n c k. Monograph. d. Mammal.
V. I. p. XVI.
*Galeopithecus volans.* F i s c h. Synops. Mammal. p. 78, 549. Nr. 1.
*Galeopithecus Temminckii.* W a t e r h. Proceed. of the Zool. Soc.
V. VI. (1836.) p. 119.
*Galeopithecus volans.* B l a i n v. Ostéograph. Lemur. p. 48.
*Galeopithecus undatus.* W a g n. Schreber Säugth. Suppl. B. I.
S. 324. Note 10. — S. 325. Note 14.
— S. 326. Nr. 2.
*Galeopithecus volans.* W a g n. Schreber Säugth. Suppl. B. V. S. 523.
Nr. 1.

*Galeopithecus rufus. Jun.* Fitz. Naturg. d. Säugeth. B. I. S. 120.
*Galeopithecus volans. Var.* Giebel. Säugeth. S. 1005. Note 3.

Die erste, wenn auch nur kurze Beschreibung, welche wir von dieser Art erhielten, rührt von Pallas, der nur ein junges Thier derselben kannte und uns auch eine Abbildung von diesem gab, diese Form aber nicht von den übrigen ihm bekannt gewesenen für eine specifisch verschiedene betrachtete.

Erst Temminck erkannte in ihr eine selbstständige Art dieser Gattung und bezeichnete sie mit dem Namen „*Galeopithecus marmoratus*" ohne sie jedoch näher zu beschreiben.

Eine genauere Kenntniß von derselben haben wir aber Wagner zu verdanken, der uns eine ausführliche Beschreibung dieser Form mittheilte, die er Anfangs wohl mit vollem Rechte für eine selbstständige Art erklärte und welcher er den Namen „*Galeopithecus undatus*" gab, während er später seine Ansicht änderte und sie nur als eine Abänderung seines aus mehreren sehr verschiedenen Arten zusammengesetzten „*Galeopithecus volans*" angesehen wissen wollte.

Sie bildet eine der größeren Arten in der Gattung, indem sie etwas größer als der Mongus-Maki *(Lemur Mongoz)* ist und scheint nicht ganz die Größe des stumpfschnauzigen Flattermaki *(Galeopithecus philippinensis)* zu erreichen, da sie in der Regel merklich kleiner als dieser angetroffen wird.

Die Schnauze ist kurz, nach vorne zu verschmälert und stumpfspitzig abgerundet. Der Schwanz ist kurz und nimmt nicht ganz 1/4 der Körperlänge ein. Die einzelnen Zitzen, von denen zwei übereinander auf jeder Seite in der vorderen Achselgegend liegen, stehen 7 Linien voneinander entfernt.

Die Körperbehaarung ist weich, auf der Oberseite und längs der Mitte der Unterseite ziemlich lang, glatt anliegend und dicht, und ebenso auch auf beiden Seiten der Flatterhaut. Die Leibesseiten und die Achselgegend sind kahl. Die Oberarme sind dicht mit langen Haaren bedeckt, die Vorderarme aber nur mit dünngestellten wolligen Haaren.

Die Färbung ist nach dem Alter etwas verschieden.

Bei alten Thieren ist die Oberseite des Körpers aus Schwarz und Gelblichweiß gemischt, wobei die einzelnen Haare an der Wurzel schieferschwarz, dann in einer breiten Strecke lichtbräunlich, über derselben von einem schwarzen Ringe umgeben und an der Spitze hellgelb sind. Auf der Oberseite der Flatterhaut fließt das Schwarz zu gewellten Querstreifen zusammen, während der vordere Rand derselben nebst den Händen mit länglichen tropfenartigen weißlichen Flecken gezeichnet ist. Die einzelnen Haare sind hier an den lichten Stellen in der unteren Hälfte schwarz, in der oberen gelblich. Der Hinterkopf und Oberhals ziehen in's licht Gelblichgraue, da die Haare an diesen Körpertheilen nur an der Wurzel in einer kleinen Strecke schwarz und einzelne schwarze Haare blos eingemengt sind. Der Vorderkopf ist dunkler, indem die Haare hier von schwarzen Ringen umgeben sind. Die Unterseite des Körpers und der Flatterhaut ist rostbräunlich und am dunkelsten am Bauche. Die Gliedmaßen sind hell rostbräunlich gefärbt.

Junge Thiere sind auf der Oberseite aus Gelblich und Grau gemischt, auf dem Kopfe in's Bräunliche ziehend, auf dem Rücken und der Flatterhaut mit schwarzen gewellten Querstreifen gezeichnet und auf der Unterseite weißlich.

Körperlänge nach der Krümmung . 1' 6''.     Nach Wagner.
Länge des Schwanzes . . . . .    4''.
Spannweite der Flatterhaut über . 2'.
Körperlänge eines jungen Thieres .  6'' 6'''.  Nach Pallas.

Das zweite Paar der unteren Vorderzähne bietet 9 Kerben dar.
Vaterland. Süd-Asien, Sumatra und Borneo.

Die zoologischen Museen zu Leyden, München und Pest sind im Besitze dieser Art.

### 6. Der stumpfschnauzige Flattermaki *(Galeopithecus philippinensis)*.

*G. undato distincte major et Lemuris Macaco fere magnitudine; capite parum lato, rostro brevi latiusculo obtuso; auriculis majoribus maniculisque longioribus; cauda brevi, dimidio corpore distincte longiore; colore secundum aetatem variabili; corpore in animalibus adultis aut unicolore obscure nigrescente-fusco, cinereo vel flavescente-griseo, aut nigro alboque variegato; in animalibus junioribus fusco, striis transversalibus albidis in dorso longioribus, in patagio brevioribus notato.*

*Caguang.* Camellus. De Quadrup. Philippin. Rajus Hist. stirp. Ins. Luzon. T. III. .

*Cato-Simius Cameli.* Petiv. Gazophyl. p. 14. t. 9. f. 8.

„    „    „    Petiv. Philos. Transact. Nr. 277. p. 1065.

*Lemur volans.* Linné. Syst. Nat. Edit. X. T. I. p. 30. Nr. 3.

„    „    Linné. Syst. Nat. Edit. XII. T. I. P. I. p. 45. Nr. 5.

*Flying Maucauco.* Pennant. Synops. Quadrup. p. 139. Nr. 109.

*Lemur volans.* Schreber. Säugth. B. I. S. 146. Nr. 7.

„    „    Erxleb. Syst. regn. anim. P. I. p. 71. Nr. 7.

„    „    Zimmerm. Geogr. Gesch. d. Mensch. u. d. Thiere.
B. II. S. 216. Nr. 123.

*Galeopithecus volans.* Pallas. Act. Acad. Petropol. V. IV. (1780.)
P. I. p. 208.

*Flying Maucauco.* Pennant. Hist. of Quadrup. V. I. p. 218.
Nr. 135.

*Prosimia Volans.* Boddaert. Elench. anim. V. I. p. 65. Nr. 4.

*Lemur volans.* Gmelin. Linné Syst. Nat. T. I. p. 44. Nr. 5.

*Galeopithecus volans.* Fisch. Synops. Mammal. p. 78, 579. Nr. 1.

*Caguang.* Cuming. Proceed. of the Zool. Soc. V. VI. (1836.) p. 67.

*Galeopithecus philippinensis.* Waterh. Proceed. of the Zool. Soc.
V. VI. (1836.) p. 119.

Waterh. Transact. of the Zool. Soc.
V. II. p. 335. t. 58. (Schädel.)

Blainv. Ostéograph. Lemur. p. 48.

Wagn. Schreber Säugth. Suppl. B. I.
S. 324. Note 10. — S. 326.
Note 15.

*Galeopithecus volans?* Gray. Mammal. of the Brit. Mus. p. 17.

*Galeopithecus philippinensis.* Wagn. Schreber Säugth. Suppl.
B. V. S. 524. Nr. 2.

„    „    Giebel. Säugeth. S. 1005.

Obgleich wir schon im Jahre 1704 durch Camellus Kunde
von der Existenz dieser Form erhielten, welche von allen späteren
Naturforschern vielfach mit den anderen Arten dieser Gattung verwechselt und mit denselben für identisch gehalten wurde, so gelangten
wir erst in neuerer Zeit zu einer genaueren Kenntniß von derselben,
indem uns Waterhonse im Jahre 1836 eine auf sorgfältige Untersuchungen gegründete, vergleichende Beschreibung von derselben
mittheilte.

An Größe kommt sie nahezu mit dem Nonnen-Maki *(Lemur Macaco)* überein, da sie merklich größer als der gewellte Flatter-maki *(Galeopithecus undatus)* ist, obgleich sie bisweilen auch kleiner als derselbe und nicht viel größer als der rothe Flattermaki *(Galeopithecus rufus)* angetroffen wird. Sie zählt sonach zu den größeren Formen in der Gattung.

Der Kopf ist nur wenig breit, die Schnauze kurz, ziemlich breit und stumpf. Die Ohren sind verhältnißmäßig größer als bei allen übrigen Arten und der Fuß der vorderen Gliedmaßen länger als bei denselben. Der Schwanz ist kurz, doch merklich länger als der halbe Körper.

Die Färbung ist nicht beständig und ändert auch nach dem Alter.

Alte Thiere sind entweder einfärbig dunkel schwärzlich-braun, aschgrau oder gelblichgrau, oder auch schwarz und weiß gescheckt.

Junge Thiere sind braun und auf der Oberseite des Körpers mit weißlichen Querstreifen gezeichnet, welche auf dem Rücken länger, auf der Flatterhaut aber kürzer sind.

Körperlänge . . . . 1′ 5″—1′ 8″.      Nach Waterhouse.
Länge des Schwanzes . 10″— 11″.
„ der Ohren . . 9‴.

Die Vorderzähne des Oberkiefers sind sehr schmal und ein-kerbig. Der erste obere Lückenzahn ist beträchtlich größer als bei den anderen Arten und seine Ränder sind — so wie auch jene des zweiten, — ungekerbt und eben, auch stößt der zweite Lückenzahn mit den übrigen Zähnen zusammen. Die Backenzähne sind beträcht-lich größer und länger, die Augenhöhlen kleiner als bei den übrigen Arten, und die Schläfenleisten stoßen an der Hinterhauptsleiste ent-weder ganz zusammen oder bleiben nur durch einen sehr kleinen Zwischenraum voneinander getrennt.

Vaterland. Südost-Asien, Philippinen, wo diese Art auf den Inseln Mindanao und Bohol vorkommt.

### 7. Der langschwänzige Flattermaki *(Galeopithecus macrurus)*.

*G. ex sceleto tantum cognitus, costis angustioribus, scapula majore magisque rotundata, brachio breviore, cubito et fibula perfectioribus crassioribusque, digitis longioribus et vertebris caudalibus 21 ab alteris speciebus diversus.*

*Galeopithecus macrurus.* T e m m i n c k. Monograph. d. Mammal. V.
>                I. p. XVI.

„                Blainv. Ostéograph. Lemur. p. 31.

„                Wagn. Schreber Säugth. Suppl. B. I.
>                S. 324. Note 10. — S. 327. Note 15.

„                Wagn. Schreber Säugth. Suppl. B. V.
>                S. 524. Nr. 2*.

„                „                Giebel. Säugeth. S. 1005. Note 3.

Über diese Form, von welcher man bis jetzt blos einen Theil des Skeletes und zwar nur das Skelet des Rumpfes, Schwanzes und der Gliedmaßen kennt und von der es daher noch sehr zweifelhaft ist, ob sie eine selbstständige Art bilde oder mit einer anderen schon bekannten zu vereinigen sei, haben wir seither blos von T e m m i n c k, der uns zuerst von ihrer Existenz Kunde gab, und später auch von B l a i n v i l l e Nachricht erhalten, und insbesondere sind es die Angaben des letzteren Zoologen, welche uns über die Beschaffenheit des vorhandenen Knochengerüstes nähere Aufschlüsse gaben.

Leider ist uns über die Größe dieser Form und die Verhältnisse ihrer einzelnen Körpertheile durchaus keine Mittheilung gemacht worden und selbst über das Vaterland derselben haben wir keine nähere Andeutung erhalten, wodurch auch jeder Versuch sie mit irgend einer der bereits bekannten Arten zu vereinigen sehr erschwert wird, weßhalb ich sie denn einstweilen als eine besondere Art hier anführe.

Aus einer Vergleichung der Skelettheile mit dem Knochengerüste anderer Arten dieser Gattung und insbesondere jenes des gelbbraunen *(Galeopithecus Colugo)* und wahrscheinlich auch des geschecktem Flattermaki's *(Galeopithecus variegatus)*, die B l a i n v i l l e hierzu benützte, hat sich ergeben, daß zwischen denselben bedeutende Unterschiede stattfinden.

Die Rippen, deren Zahl zwar ebenfalls 13 beträgt, sind beträchtlich schmäler, das Schulterblatt ist größer und auch mehr gerundet, der Oberarm kürzer, das Ellenbogen- und Wadenbein sind vollständiger und dicker, die Finger länger, und die Wirbelsäule bietet 21 Schwanzwirbel dar.

Nach der großen Zahl der Schwanzwirbel zu urtheilen könnte diese Form nur mit einer der länger geschwänzten Arten dieser Gattung zusammenfallen und zwar entweder mit dem rothen *(Galeopithecus rufus)*, oder — was noch wahrscheinlicher ist — mit dem stumpfschnauzigen Flattermaki *(Galeopithecus philippinensis)*, von welchem man jedoch das Rumpfskelet bis jetzt noch nicht kennt.

**Vaterland.** Süd-Asien.

Lightning Source UK Ltd.
Milton Keynes UK
UKHW010622260119
336090UK00006B/615/P